최신 출제기준에 맞춘 **최고의 수험서**

토목산업기사 시험대비

2021 개정 16판

www.kkwbooks.com

토목산업기사
[7개년] 과년도
기출·유형문제

고행만 저

최근 개정된 '콘크리트 구조 기준' 적용

핵심 포인트

- 최근 7개년 기출문제 및 유형문제 재구성
- 다년간 실무 및 강의 경험이 풍부한 최상급 저자
- 각 과목별 핵심 요약 수록
- 정확한 답과 명쾌한 해설
- 질의응답 카페 운영

 질의응답 사이트 운영   cafe.daum.net/khm116(토목, 건설재료, 콘크리트)
본서로 공부하면서 내용에 관한 궁금한 점과 각종 시험에 관련하여 회원님들과 상호 의견 공유하시기 바랍니다.

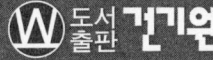

책을 읽는 분들에게

건설공사에 있어서 자격증의 필요성은 해를 거듭할수록 높아가고 있으며 각 분야의 수험생들이 응시하고자 합니다. 그런데 토목분야의 산업기사 과목은 공식이 워낙 많아 공부하기가 무척 힘듭니다. 그러나 결코 힘들지 않습니다. 왜냐하면 공부하는 방법을 개선하면 말입니다.

모든 분야에 있어, 즉 사업, 운동경기, 취직시험 등의 목적 달성을 한 사례를 보면 공통된 점을 발견할 수 있습니다. 그것은 계획, 실천 등을 체계적으로 실행에 옮겨서 이루어진 것입니다.

수험자 여러분!

공부하는 것도 운동경기와 같이 치밀한 작전이 필요합니다.

꼭 실천하세요!

첫째, 과목별로 각 분야의 공식과 이론의 핵심사항을 요약할 것.

둘째, 과년도 기출문제를 중점적으로 문제 풀이할 것.

수년간 강단에서 느낀 점은 공부하는 방법을 몰라 중도에 포기하는 수험자를 볼 때 안타까운 마음이 듭니다. 그래서 수험자 여러분의 고통을 덜어 드리고자 본 책자를 발간하게 되었습니다.

이 책자의 특징은 각 과목별 핵심사항을 간결하게 요약하였고 기출문제를 중심으로 해설 및 보충에 충실하였습니다. 공부하시는데 자신감이 생길 것입니다.

수험자 여러분 힘내세요!

끝으로 수험자 여러분의 합격과 더불어 본 책자 보급을 위해 협조해 주신 여러 선생님과 제자분 그리고 건기원 가족의 무한한 발전을 기원합니다.

저자 올림

차 례

핵/심/요/약

제 1 과목 응용역학

01	힘	11
02	단면의 성질	11
03	재료의 역학적 성질	12
04	구조물의 개론	13
05	정정보	14
06	정정라멘 및 아치	20
07	보의 응력	22
08	기둥	23
09	트러스	24
10	처짐	24
11	부정정보	26

제 2 과목 측량학

01	총론	28
02	거리측량	29
03	평판측량	30
04	수준측량	31
05	트랜싯 측량	31
06	GPS 측량	33
07	노선측량	34
08	삼각측량	35
09	지형측량	36
10	면적 및 체적 측량	36
11	하천측량	37
12	사진측량	38

제 3 과목

수리 · 수문학

01	유체의 기본 성질	40
02	정수역학	40
03	동수역학	42
04	오리피스	43
05	위　　어	44
06	관 수 로	45
07	개 수 로	46
08	지하수와 유사이론	48
09	수 문 학	49

제 4 과목

철근콘크리트 및 강구조

01	철근콘크리트의 기본 개념	51
02	구조물의 역학적 거동과 설계	52
03	강도 설계법	52
04	보의 전단 설계	53
05	정착 및 이음	54
06	기　　둥	54
07	슬 래 브	55
08	옹　　벽	56
09	확대 기초	56
10	강구조와 교량	57
11	프리스트레스트 콘크리트	57

제 5 과목
토질 및 기초

01	흙의 기본적 성질	59
02	흙의 분류	60
03	흙의 투수성과 동해	61
04	지중응력	62
05	흙의 다짐	63
06	흙의 압밀이론	64
07	흙의 전단강도	65
08	토　압	67
09	사면안정	69
10	기 초 공	70
11	연약지반 개량공법	72

제 6 과목
상하수도공학

01	상수도 시설 계획	74
02	상수관로 시설	75
03	정수장 시설	77
04	하수도 시설 계획	80
05	하수관로 시설	82
06	하수처리장 시설	83

기/출/문/제

토목산업기사
2014년도 시행
2014년 3월 2일 시행	3
2014년 5월 25일 시행	37
2014년 9월 20일 시행	72

토목산업기사
2015년도 시행
2015년 3월 8일 시행	3
2015년 5월 31일 시행	37
2015년 9월 19일 시행	75

토목산업기사
2016년도 시행
2016년 3월 6일 시행	3
2016년 5월 8일 시행	38
2016년 10월 1일 시행	71

토목산업기사
2017년도 시행
2017년 3월 5일 시행	3
2017년 5월 7일 시행	36
2017년 9월 23일 시행	70

Contents

토목산업기사
2018년도 시행

2018년 3월 4일 시행	3
2018년 4월 28일 시행	37
2018년 9월 15일 시행	69

토목산업기사
2019년도 시행

2019년 3월 3일 시행	3
2019년 4월 27일 시행	35
2019년 9월 21일 시행	71

토목산업기사
2020년도 시행

2020년 6월 13일 시행 (1·2회 통합 시험)	3
2020년 8월 23일 시행	37

토목산업기사

핵심요약

01 응용역학
02 측량학
03 수리·수문학
04 철근콘크리트 및 강구조
05 토질 및 기초
06 상하수도공학

01 응용역학
02 측량학
03 수리·수문학
04 철근콘크리트 및 강구조
05 토질 및 기초
06 상하수도공학

효율적으로 공부하여 합격합시다!

1. 특정 과목을 선택하여 문제를 처음부터 끝까지 그 과목만 우선 마무리 진행합니다.

2. 해설의 풀이 과정을 이해하고 관련된 공식을 암기하도록 합니다.(연습장에 관련 공식을 10번 정도 반복하여 기재하면서 외웁니다. 그리고 기호와 숫자의 대입을 파악합니다.)

3. 해설이나 보충 내용은 아주 중요한 부분이므로 절대 소홀히 보시면 안되겠습니다.(보충 내용은 시험에 많이 출제된 내용으로 편성되었습니다.)

4. 문제를 접하면서 어려운 부분이나 핵심이 되는 내용은 별도의 노트를 준비하여 요약을 간단히 합니다.

5. 또 다른 특정 과목을 선택하여 위 방법으로 진행하면서 앞에 공부했던 과목을 같이 병행해 나가는데 이때 어려운 부분이나 관련된 핵심의 공식을 점검합니다.

6. 위와 같은 방법으로 반복하여 5회 정도 하면 합격을 하실 수 있습니다.

7. 시험의 출제경향을 살펴보면 문제가 과년도와 똑같거나 숫자만 약간 변경되어 나오고 있으므로 풀이 과정만 잘 이해하시면 합격을 하실 수 있습니다.

8. 시험 보기 일주일 전에는 과목별로 노트에 요약된 내용을 총 점검하면서 오전, 오후로 나눠 과목별 문제를 가볍게 빠르게 점검합니다.

응용역학

응용역학 / 측량학 / 수리·수문학 / 철근콘크리트 및 강구조 / 토질 및 기초 / 상하수도공학

01 힘

1. 힘의 합성과 분해

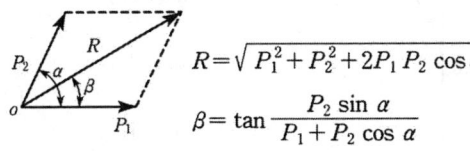

$$R=\sqrt{P_1^2+P_2^2+2P_1P_2\cos\alpha}$$

$$\beta=\tan\frac{P_2\sin\alpha}{P_1+P_2\cos\alpha}$$

① P_1, P_2가 서로 직교하여 $\alpha=90°$인 경우

$$R=\sqrt{P_1^2+P_2^2},\quad \beta=\tan\frac{P_2}{P_1}$$

② 힘의 분해(sin법칙 적용)

$$\frac{P_1}{\sin(\alpha-\beta)}=\frac{P_2}{\sin\beta}$$

$$=\frac{R}{\sin(180-\alpha)}=\frac{R}{\sin\alpha}$$

$$\therefore P_1=\frac{\sin(\alpha-\beta)}{\sin\alpha}R \quad \therefore P_2=\frac{\sin\beta}{\sin\alpha}R$$

③ $\alpha=90°$ 되게 분해하면

$$P_1=R\cos\beta,\quad P_2=R\sin\beta$$

2. 모멘트에 대한 바리논의 정리

① 여러 힘들에 대한 임의의 점 0에 대한 모멘트들의 합계는 여러 힘들의 합력에 의한 그 점에 대한 모멘트와 같다.

② 한 점에 작용하는 많은 힘들의 평형

$$R=\sqrt{(\Sigma H)^2+(\Sigma V)^2}$$

$$\beta=\tan\frac{\Sigma V}{\Sigma H}$$

평형조건식 $\Sigma H=0,\ \Sigma V=0,\ \Sigma M=0$

3. 라미의 정리

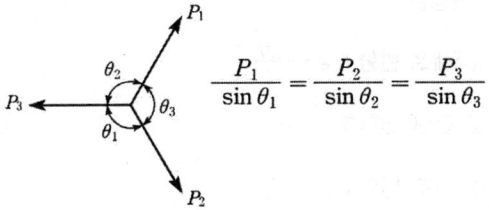

$$\frac{P_1}{\sin\theta_1}=\frac{P_2}{\sin\theta_2}=\frac{P_3}{\sin\theta_3}$$

02 단면의 성질

1. 단면 1차 모멘트(cm³)

① $G_x=A\cdot y_o$ ② $G_y=A\cdot x_o$

2. 도 심(cm)

① $\bar{x}=\dfrac{G_y}{A}$ ② $\bar{y}=\dfrac{G_x}{A}$

③ 사다리꼴 도심

$$y_1=\frac{h}{3}\cdot\frac{2a+b}{a+b}$$

$$y_2=\frac{h}{3}\cdot\frac{a+2b}{a+b}$$

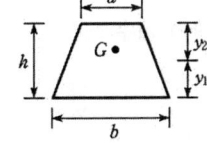

$$G_x=\frac{2}{3}r^3$$

$$A=\frac{\pi r^2}{2}$$

$$y_o=\frac{4r}{3\pi}$$

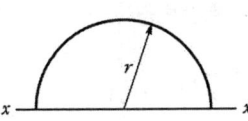

$$G_x=\frac{1}{3}r^3$$

$$A=\frac{\pi r^2}{4}$$

$$y_o=\frac{4r}{3\pi}$$

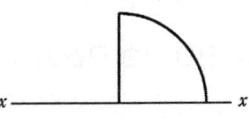

3. 단면 2차 모멘트(cm⁴)

① $I_X=\Sigma A\cdot y^2$

② $I_Y=\Sigma A\cdot x^2$

③ 평행축의 정리

$$I_x=I_X+A\cdot y^2,\qquad I_y=I_Y+A\cdot x^2$$

4. 기본 도형의 단면 2차 모멘트

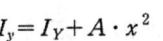

$$I_X=\frac{bh^3}{12}$$

$$I_x=\frac{bh^3}{3}$$

$$I_B=\frac{b^3h^3}{6(b^2+h^2)}$$

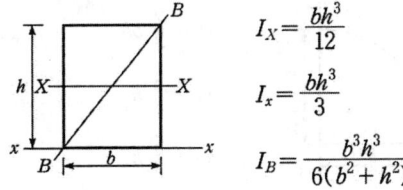

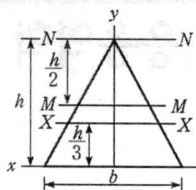

$I_X = \dfrac{bh^3}{36}$ $I_M = \dfrac{bh^3}{24}$

$I_x = \dfrac{bh^3}{12}$ $I_N = \dfrac{bh^3}{4}$

$I_y = \dfrac{b^3h}{48}$

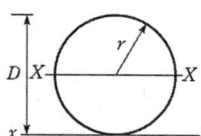

$I_X = \dfrac{\pi D^4}{64} = \dfrac{\pi r^4}{4}$

$I_x = \dfrac{5\pi D^4}{64} = \dfrac{5\pi r^4}{4}$

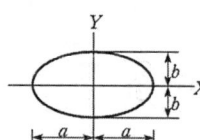

$I_X = \dfrac{\pi ab^3}{4}$

$I_Y = \dfrac{\pi a^3 b}{4}$

5. 단면 계수(cm³)

① $Z_1(W_1) = \dfrac{I_X}{y_1}$ ② $Z_2(W_2) = \dfrac{I_X}{y_2}$

6. 회전반경(단면 2차 반경, cm)

① $r_X = \sqrt{\dfrac{I_X}{A}}$ ② $r_Y = \sqrt{\dfrac{I_Y}{A}}$

7. 단면 2차 극 모멘트(cm⁴, m⁴)

① $I_P = I_X + I_Y$

8. 단면 상승 모멘트(cm⁴, m⁴)

① 단면 상승 모멘트의 평행이동

$I_{xy} = I_{XY} + A \cdot x \cdot y$

9. 주단면 2차 모멘트

① $I_X = \dfrac{I_x + I_y}{2} \pm \dfrac{1}{2}\sqrt{(I_x - I_y)^2 + 4I_{xy}^2}$

② 주축의 방향(θ)

$\tan 2\theta = \dfrac{2I_{xy}}{I_y - I_x} = -\dfrac{2I_{xy}}{I_x - I_y}$

10. 기타 도형의 단면적 및 도심거리

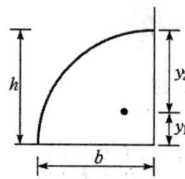

$A = \dfrac{2}{3}bh$

$y_1 = \dfrac{3}{8}h$

$y_2 = \dfrac{5}{8}h$

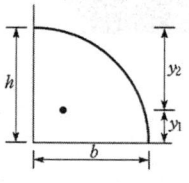

$A = \dfrac{2}{3}bh$

$y_1 = \dfrac{2}{5}h$

$y_2 = \dfrac{3}{5}h$

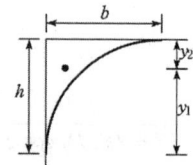

$A = \dfrac{1}{3}bh$

$y_1 = \dfrac{3}{4}h$

$y_2 = \dfrac{1}{4}h$

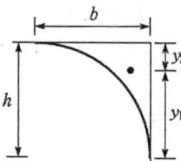

$A = \dfrac{1}{3}bh$

$y_1 = \dfrac{7}{10}h$

$y_2 = \dfrac{3}{10}h$

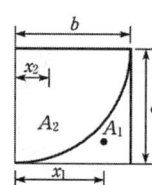

$A_1 = \dfrac{1}{3}ab$

$A_2 = \dfrac{2}{3}ab$

$x_1 = \dfrac{3}{4}b$

$x_2 = \dfrac{3}{8}b$

03 재료의 역학적 성질

1. 응 력

① 압축 응력 : $\sigma_c = \dfrac{P}{A}$

② 인장 응력 : $\sigma_t = \dfrac{P}{A}$

③ 전단 응력 : $\tau = \dfrac{S}{A} = \dfrac{S \cdot G}{I \cdot b}$

④ 휨 응력 : $\sigma = \dfrac{M}{I}y$

2. 변형률

① 세로 변형 : $\varepsilon = \dfrac{\Delta l}{l}$

② 전단 변형률 : $\gamma = \dfrac{\lambda}{l}$

③ 가로 변형 : $\beta = \dfrac{\Delta d}{d}$

④ 포아송 비 : $\nu = \dfrac{\beta}{\varepsilon} = \dfrac{\frac{\Delta d}{d}}{\frac{\Delta l}{l}} = \dfrac{\Delta d \cdot l}{d \cdot \Delta l}$

⑤ 포아송 수 : $m = \dfrac{1}{\nu}$

3. 탄성계수

① 종 탄성계수 : $E = \dfrac{\sigma}{\varepsilon} = \dfrac{\frac{P}{A}}{\frac{\Delta l}{l}} = \dfrac{P \cdot l}{A \cdot \Delta l}$

② 전단 탄성계수 : $G = \dfrac{\tau}{\gamma} = \dfrac{\frac{S}{A}}{\frac{\lambda}{l}} = \dfrac{S \cdot l}{A \cdot \lambda}$

③ 체적 탄성계수 : $K = \dfrac{\sigma}{\varepsilon_V} = \dfrac{\frac{P}{A}}{\frac{\Delta V}{V}} = \dfrac{P \cdot V}{A \cdot \Delta V}$

④ 탄성계수(E, G, K)와 포아송수(m)의 관계

$\begin{cases} G = \dfrac{mE}{2(m+1)} = \dfrac{E}{2(\nu+1)} \\ K = \dfrac{mE}{3(m-2)} = \dfrac{E}{3(1-2\nu)} \end{cases}$

⑤ 탄성 에너지 : $U = \dfrac{P^2 \cdot l}{2EA}$

⑥ 리질리언스 계수 : $R = \dfrac{\sigma^2}{2E}$

4. 축 응력과 변형률

① 경사면 1축 응력

- $\sigma_\theta = \dfrac{\sigma_x}{2} + \dfrac{\sigma_x}{2} \cos 2\theta$
- $\tau_\theta = \dfrac{\sigma_x}{2} \sin 2\theta$

② 경사면 평면응력

- $\sigma_\theta = \dfrac{\sigma_x + \sigma_y}{2} + \dfrac{\sigma_x - \sigma_y}{2} \cos 2\theta + \tau_{xy} \sin 2\theta$
- $\tau_\theta = \dfrac{\sigma_x - \sigma_y}{2} \sin 2\theta - \tau_{xy} \cos 2\theta$

③ 주응력

- 최대 주응력 $\sigma_1 = \dfrac{\sigma_x + \sigma_y}{2} + \sqrt{\left(\dfrac{\sigma_x - \sigma_y}{2}\right)^2 + \tau_{xy}^2}$
- 최소 주응력 $\sigma_2 = \dfrac{\sigma_x + \sigma_y}{2} - \sqrt{\left(\dfrac{\sigma_x - \sigma_y}{2}\right)^2 + \tau_{xy}^2}$

④ 2축 응력을 받는 경우 체적 변화율

$\varepsilon_v = \dfrac{\Delta V}{V} = \dfrac{1 - 2\nu}{E}(\sigma_x + \sigma_y)$

5. 재료의 파괴

① $\sigma_n = \dfrac{P}{A} \cos^2 \alpha$ ② $\tau = \dfrac{1}{2} \cdot \dfrac{P}{A} \sin 2\alpha$

6. 여러 가지의 응력

① 온도변화에 의한 응력 : $\sigma_t = E \cdot \alpha (t - t')$

② 비틀림 응력 : $\tau = \dfrac{T \cdot r}{J} = \dfrac{16T}{\pi d^3} = \dfrac{2T}{\pi r^3}$

③ 단동 응력 : $\sigma_m = \dfrac{P}{A} + \dfrac{\omega \cdot l}{2}$

④ 조합 응력(합성 응력)

- $\sigma_c = \dfrac{P \cdot E_c}{(A_c \cdot E_c + A_s \cdot E_s)}$
- $\sigma_s = \dfrac{P \cdot E_s}{(A_c \cdot E_c + A_s \cdot E_s)}$

⑤ 원환 응력 : $\sigma_t = \dfrac{PD}{2t}$

7. 전단류(f)

① $f = \dfrac{T}{2 \cdot A_m} = \dfrac{T}{2bh}$

② 전단 응력 : $\tau = \dfrac{f}{t} = \dfrac{T}{2bht}$

04 구조물의 개론

1. 단층 구조물의 판별식(합성재는 안됨)

$N = r - 3 - h$

여기서, $\begin{cases} N : \text{부정정 차수}(N<0 : \text{불안정}, \\ \qquad N=0 : \text{정정}, N>0 : \text{부정정}) \\ r : \text{지점 반력수} \\ h : \text{힌지(활절)수} \end{cases}$

2. 모든 구조물의 판별식

$N = r + m + s - 2k$

여기서, $\begin{cases} r : \text{지점 반력수} \\ m : \text{점과 점 사이의 부재수} \\ s : \text{강절점수} \\ k : \text{절점수(지점 및 자유단 포함)} \end{cases}$

- 라멘의 부정정 차수

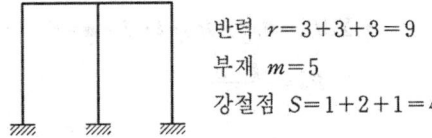

반력 $r = 3 + 3 + 3 = 9$
부재 $m = 5$
강절점 $S = 1 + 2 + 1 = 4$

여기서,

절점(부재가 만나는 곳) $k=6$

$\therefore N = r + m + S - 2k$
$= 9 + 5 + 4 - 2 \times 6 = 6$차

05 정정보

1. 전단력과 휨모멘트와의 관계

① 하중과 전단력과의 관계 : $\dfrac{dS}{dx} = -\omega$

② 전단력과 휨모멘트와의 관계 : $\dfrac{dM}{dx} = S$

③ 하중, 전단력, 휨모멘트의 관계
$\dfrac{d^2M}{dx^2} = \dfrac{dS}{dx} = -\omega$

2. 단순보

① 집중하중이 작용하는 경우

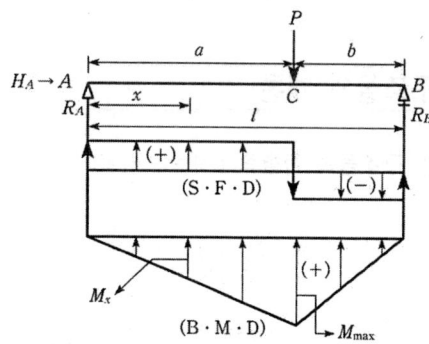

㉠ 지점반력
- $\Sigma H = 0$ $\therefore H_A = 0$
- $\Sigma V = 0$, $R_A - P + R_B = 0$
  $\therefore R_A + R_B = P$
- $\Sigma M_B = 0$, $R_A \cdot l - P \cdot b = 0$
  $\therefore R_A = \dfrac{P \cdot b}{l}$
- $\Sigma M_A = 0$, $-R_B \cdot l + P \cdot a = 0$
  $\therefore R_B = \dfrac{P \cdot a}{l}$

㉡ 전단력(S)
$S_{A-C} = R_A = \dfrac{P \cdot b}{l}$
$S_{B-C} = R_A - P = -R_B = -\dfrac{P \cdot a}{l}$

㉢ 휨모멘트(M)
$M_x = R_A \cdot x = \dfrac{P \cdot b}{l} \cdot x$
$M_A = M_B = M_{x=0=l} = 0$
$M_{\max} = M_c = M_{x=a} = \dfrac{P \cdot a \cdot b}{l}$

만일 $a = b = \dfrac{l}{2}$ 이면 $\therefore M_{\max} = \dfrac{P \cdot l}{4}$

② 경사집중하중이 작용할 때

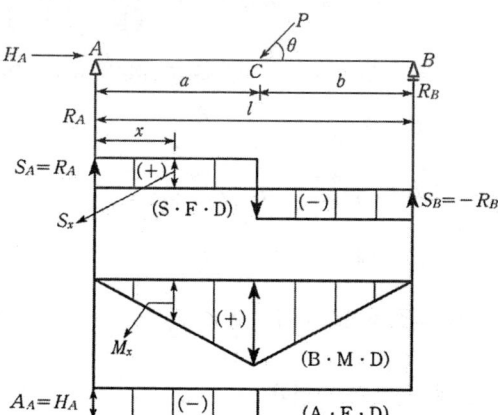

㉠ 지점반력(R)
$\Sigma V = 0$, $R_A + R_B - P \sin \theta = 0$
$\therefore R_A + R_B = P \sin \theta$
$\Sigma H = 0$, $H_A - P \cos \theta = 0$
$\therefore H_A = P \cos \theta$
$\Sigma M_B = 0$, $R_A \cdot l - P \sin \theta \cdot b = 0$
$\therefore R_A = \dfrac{P \sin \theta \cdot b}{l}$

㉡ 전단력(S)
$S_x = R_A - P \cdot \sin \theta$ 에서
$\begin{cases} x = a : S_{A-C} = R_A = \dfrac{P \cdot \sin \theta \cdot b}{l} \\ x = l - a : S_{C-B} = -R_B = -\dfrac{P \cdot \sin \theta \cdot a}{l} \end{cases}$

ⓒ 휨모멘트(M)

$M_A = 0$, $M_C = R_A \cdot a = M_{max}$, $M_B = 0$

ⓓ 축방향력(A)

$\begin{cases} A_{A-C} = -H_A = -P \cdot \cos\theta \\ A_{C-B} = 0 \end{cases}$

③ 모멘트 하중을 받는 경우

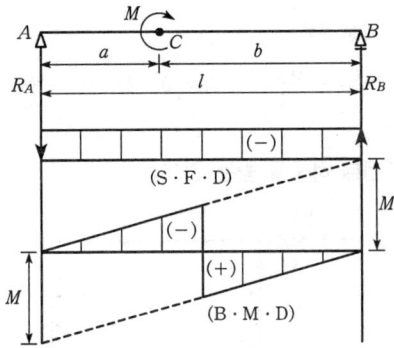

㉠ 반력

$\sum M_B = 0$, $R_A \cdot l + M = 0$ $\therefore R_A = -\dfrac{M}{l}$

$\sum V = 0$, $R_B = -R_A = \dfrac{M}{l}$

㉡ 전단력

$S_{A-B} = R_A = -\dfrac{M}{l}$ (일정)

㉢ 휨모멘트

$M_{c_1} = R_A \cdot a = -\dfrac{M}{l} \cdot a$

$M_{c_2} = R_A \cdot a + M = -\dfrac{M}{l} \cdot a + M = \dfrac{M}{l} \cdot b$

④ 등분포하중이 작용하는 경우

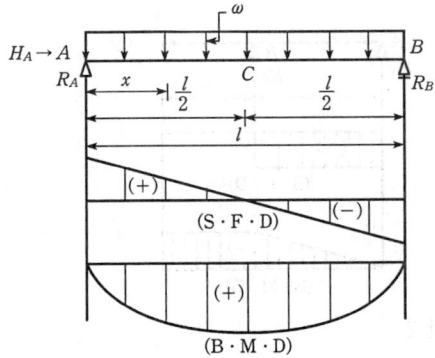

㉠ 반력 → $H_A = 0$, $R_A = R_B = \dfrac{\omega l}{2}$

㉡ 전단력 → $S_x = R_A - \omega \cdot x$

$\begin{cases} S_A = R_A = \dfrac{\omega l}{2} \\ S_C = R_A - \dfrac{\omega l}{2} = 0 \\ S_B = R_A \cdot \omega l = -R_B \end{cases}$

㉢ 휨모멘트 → $M_x = R_A \cdot x - \dfrac{\omega x^2}{2}$

$\begin{cases} M_A = 0 \\ M_C = M_{max} = R_A \cdot \dfrac{l}{2} - \dfrac{\omega}{2} \cdot \left(\dfrac{l}{2}\right)^2 = \dfrac{\omega l^2}{8} \\ M_B = R_A \cdot l - \dfrac{\omega l^2}{2} = 0 \end{cases}$

⑤ 등변분포하중을 받을 경우

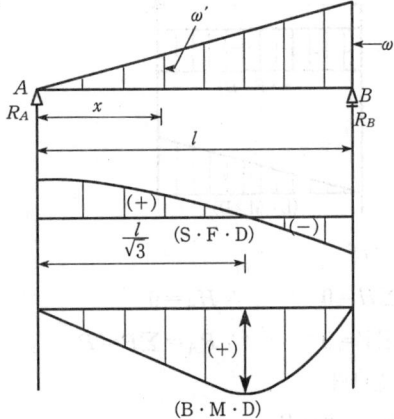

㉠ 반력

$\sum M_B = 0$, $R_A \cdot l - \left(\dfrac{\omega l}{2}\right) \cdot \dfrac{l}{3} = 0$

$\therefore R_A = \dfrac{\omega l}{6}$

$\sum V = 0$, $R_A + R_B - \dfrac{\omega l}{2} = 0$

$\therefore R_B = \dfrac{\omega l}{3}$

㉡ 전단력

$S_x = R_A - \dfrac{\omega' x}{2}$

전단력(S_x)이 0이 되는 위치(x)를 찾으면

$\left(\omega' : \omega = x : l, \quad \therefore \omega' = \dfrac{\omega x}{l}\right)$

즉, $R_A - \dfrac{\omega' x}{2} = \dfrac{\omega l}{6} - \dfrac{\omega x^2}{2l} = 0$

$\therefore x = \dfrac{l}{\sqrt{3}} = 0.577 l$

ⓒ 휨모멘트

$M_x = R_A \cdot x - \left(\dfrac{\omega' x}{2}\right) \cdot \dfrac{x}{3}$

$\therefore M_A = M_B = 0$

$\therefore M_{\max} = \dfrac{\omega l^2}{9\sqrt{3}}$

3. 캔틸레버(외팔보)

① 집중하중이 작용하는 경우

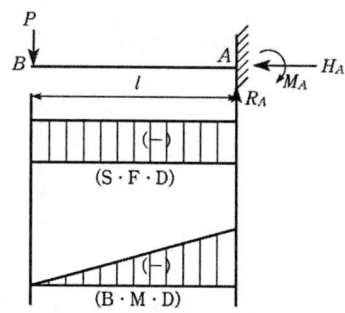

㉠ 반력

$\Sigma H = 0 \quad \therefore H_A = 0$

$\Sigma V = 0 \quad \therefore R_A = \Sigma P = P$

ⓒ 전단력

$S_{B-A} = -P$

ⓒ 휨모멘트

$M_B = 0 \quad \therefore M_A = -P \cdot l$

② 등분포 하중을 받는 경우

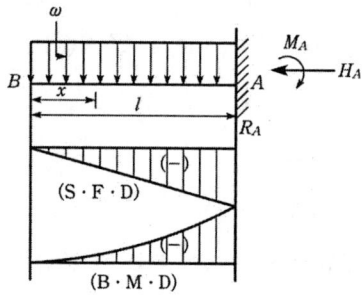

㉠ 반력

$\Sigma H = 0 \quad \therefore H_A = 0$

$\Sigma V = 0 \quad \therefore R_A = \omega l$

$\Sigma M_A = 0 \quad \therefore M_A = \dfrac{\omega l^2}{2}$

ⓒ 전단력

$S_x = -\omega \cdot x \quad \therefore S_B = 0, \ S_A = -\omega l$

ⓒ 휨모멘트

$M_x = -\dfrac{\omega x^2}{2}, \ M_B = 0, \ M_A = -\dfrac{\omega l^2}{2}$

③ 모멘트 하중을 받는 경우

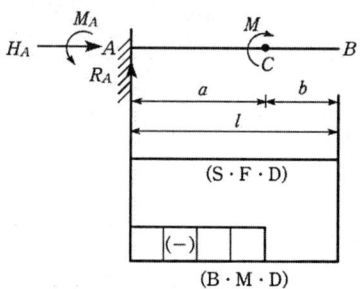

㉠ 반력

$\Sigma V = 0 \quad \therefore R_A = 0$

$\Sigma H = 0 \quad \therefore M_A = M$

ⓒ 전단력

$S_{A-B} = 0$

ⓒ 휨모멘트

$M_{A-C} = -M, \ M_{C-B} = 0$

4. 내민보

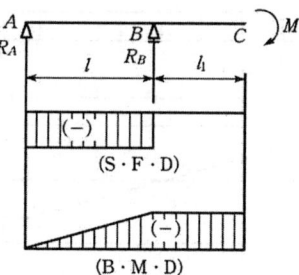

㉠ 반력

$\Sigma M_B = 0, \ R_A \cdot l + M = 0 \quad \therefore R_A = -\dfrac{M}{l}$

$\Sigma V = 0$, $R_A + R_B = 0$ ∴ $R_B = \dfrac{M}{l}$

ⓛ 전단력

$S_{A-B} = R_A = -\dfrac{M}{l}$

$S_{B-C} = 0$

ⓒ 휨모멘트

$M_A = 0$

$M_{B-C} = R_A \cdot l = -\dfrac{M}{l} \cdot l = -M$

5. 게르버보

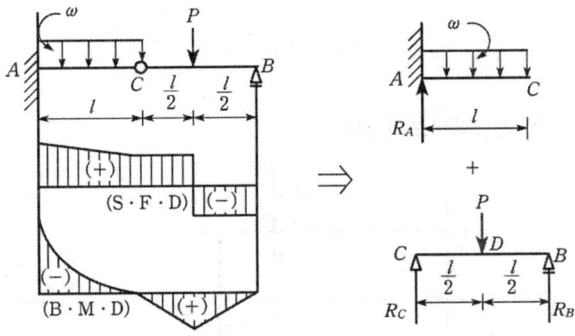

㉠ 반력(힌지부분 C점을 나누어서 준다.)

$R_C = R_B = \dfrac{P}{2}$ → 단순보 구간

$R_A = \Sigma V = \omega l + \dfrac{P}{2}$ → 캔틸레버 구간

ⓛ 전단력

$S_A = R_A = \omega l + \dfrac{P}{2}$

$S_{C-D} = R_A - \omega l = \left(\omega l + \dfrac{P}{2}\right) - \omega l = \dfrac{P}{2}$

$S_{D-B} = R_B = -\dfrac{P}{2}$

ⓒ 휨모멘트

$M_A = -R_C \cdot l - \dfrac{\omega l^2}{2} = -\left(\dfrac{P}{2} \cdot l + \dfrac{\omega l^2}{2}\right)$

$M_C = 0$

$M_D = -R_B \cdot \dfrac{l}{2} = \dfrac{P \cdot l}{4}$

6. 영향선

① 단순보의 경우

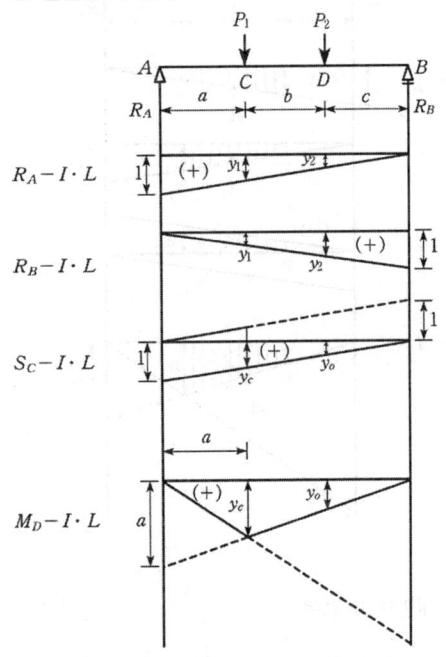

$R_A = P_1 \cdot y_1 + P_2 \cdot y_2$

$R_B = P_1 \cdot y_1 + P_2 \cdot y_2$

$S_C(우) = P_1 \cdot y_C + P_2 \cdot y_D$

$M_D = P_1 \cdot y_C + P_2 \cdot y_D$

여기서 $a : y_c = l : (l-a)$

∴ $y_c = \dfrac{a}{l}(l-a)$

② 등분포 하중의 경우

$R_A = \omega \cdot A_1 = \omega \left[\dfrac{(y_1 + y_2) \cdot a_2}{2}\right]$

$R_B = \omega \cdot A_2 = \omega \left[\dfrac{(y_1 + y_2) \cdot a_2}{2}\right]$

$S_C(좌) = -\omega \cdot A_3 = -\omega \left[\dfrac{(y_1 + y_2) \cdot a_2}{2}\right]$

$M_C = \omega \cdot A_4 = \omega \cdot \left[\dfrac{(y_1 + y_2) \cdot a_2}{2}\right]$

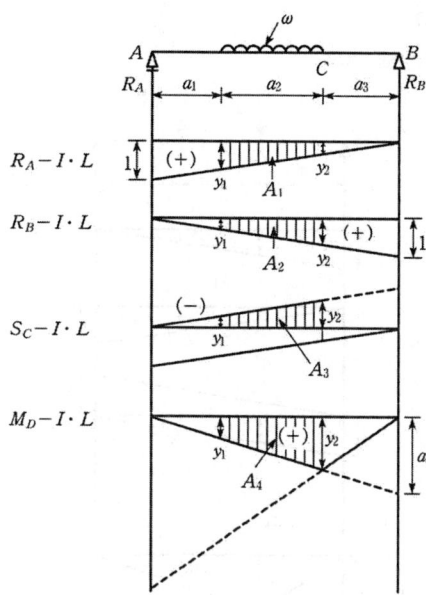

③ 내민보의 경우

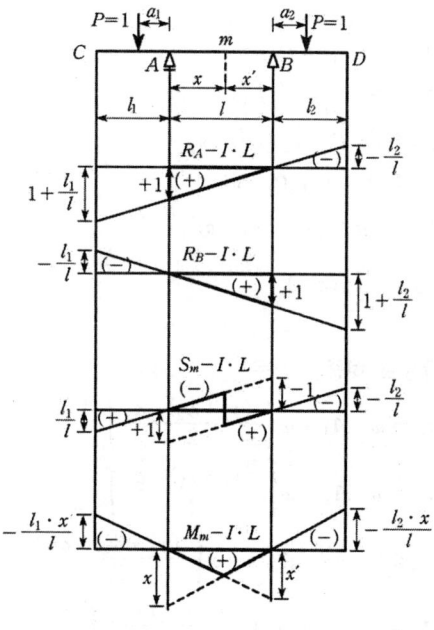

㉠ 반 력

(A~C 구간) $\begin{cases} a_1=0, \ R_A=1 \\ a_1=l_1, \ R_A=1+\dfrac{l_1}{l} \end{cases}$

(B~D 구간) $\begin{cases} a_2=0, \ R_B=1 \\ a_2=l_2, \ R_B=1+\dfrac{l_2}{l} \end{cases}$

㉡ 전단력

(A~C 구간) $\begin{cases} a_1=0, \ S_m=0 \\ a_1=l_1, \ S_m=\dfrac{l_1}{l} \end{cases}$

(B~D 구간) $\begin{cases} a_2=0, \ S_m=0 \\ a_2=l_2, \ S_m=-\dfrac{l_2}{l} \end{cases}$

㉢ 휨모멘트

(A~C 구간) $\begin{cases} a_1=0, \ M_m=0 \\ a_1=l_1, \ M_m=-\dfrac{l_1 \cdot x'}{l} \end{cases}$

④ 캔틸레버보의 경우

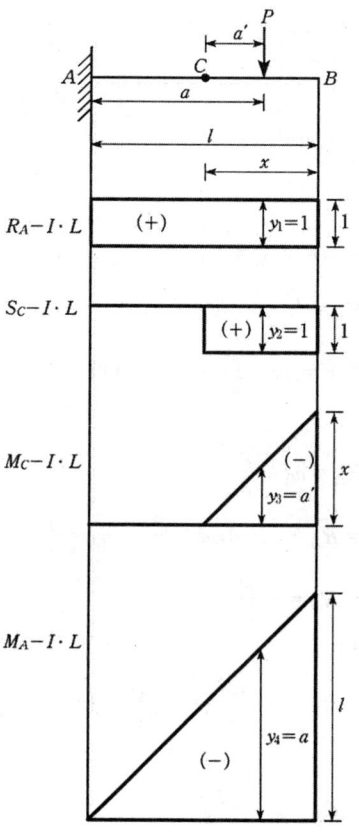

$R_A = P \cdot y_1 = P$
$S_C = P \cdot y_2 = P$

$$M_C = -P \cdot y_3 = -P \cdot a'$$
$$M_A = -P \cdot y_4 = -P \cdot a$$

⑤ 게르버보의 경우

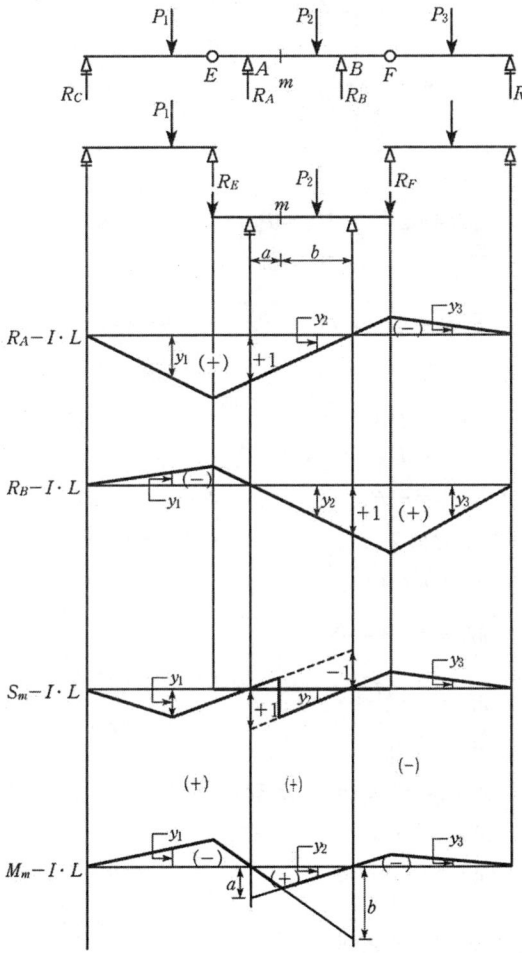

$$R_A = P_1 \cdot y_1 + P_2 \cdot y_2 - P_3 \cdot y_3$$
$$R_B = -P_1 \cdot y_1 + P_2 \cdot y_2 + P_3 \cdot y_3$$
$$S_m = P_1 \cdot y_1 + P_2 \cdot y_2 - P_3 \cdot y_3$$
$$M_m = -P_1 \cdot y_1 + P_2 \cdot y_2 - P_3 \cdot y_3$$

⑥ 트러스의 경우

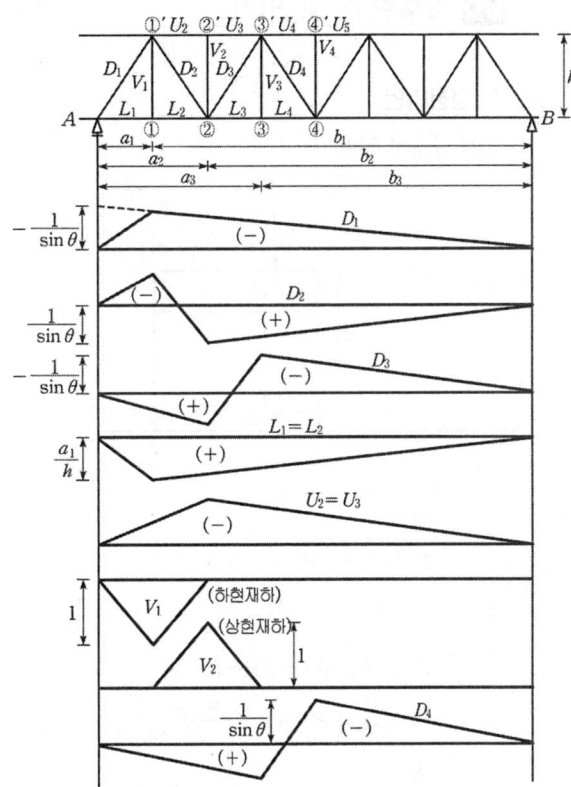

$\sum V = 0$, $R_A + D_1 \sin\theta = 0$

$\therefore D_1 = -\dfrac{1}{\sin\theta}$

전단력법에 의하여

$R_A - D_2 \sin\theta = 0$ $\therefore D_2 = \dfrac{1}{\sin\theta}$

$R_A + D_3 \sin\theta = 0$ $\therefore D_3 = -\dfrac{1}{\sin\theta}$

$\sum M_{①'} = 0$, $-L_1 \times h + R_A \times a_1 = 0$

$\therefore L_1 = \dfrac{a_1}{h}$

$\sum M_{①'} = 0$, $-L_2 \times h + R_A \times a_1 = 0$

$\therefore L_2 = \dfrac{a_1}{h}$

$R_A = D_4 \sin\theta = 0$ $\therefore D_4 = \dfrac{1}{\sin\theta}$

06 정정라멘 및 아치

1. 정정라멘

① 단순계 라멘

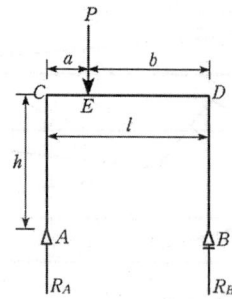

㉠ 반력

$\sum M_B = 0$, $R_A \cdot l - P \cdot b = 0$

$\therefore R_A = \dfrac{P \cdot b}{l}$

$\sum V = 0$, $R_A + R_B - P = 0$

$\therefore R_B = P - R_A = \dfrac{P \cdot a}{l}$

㉡ 전단력

$S_{A-C} = 0$

$S_{C-E} = R_A = \dfrac{P \cdot b}{l}$

$S_{E-D} = R_A - P = -R_B = -\dfrac{P \cdot a}{l}$

$S_{D-B} = 0$

㉢ 휨 모멘트

$M_{A-C} = 0$

$M_E = R_A \cdot a = \dfrac{P \cdot a \cdot b}{l}$

$M_D = R_A \cdot l - P \cdot b = 0$

㉣ 축 방향력

$A_{A-C} = -R_A = -\dfrac{P \cdot b}{l}$ (압축력)

$A_{C-D} = 0$

$A_{D-B} = -R_B = -\dfrac{P \cdot a}{l}$ (압축력)

② 캔틸레버계 라멘

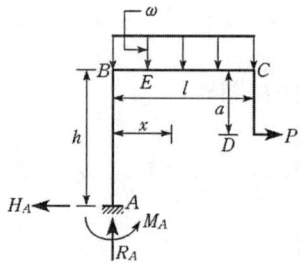

㉠ 반력

$\sum H = 0$, $\therefore H_A = P$

$\sum V = 0$, $\therefore R_A = \omega l$

$\sum M_A = 0$, $\therefore M_A = \dfrac{\omega l^2}{2} + P(h-a)$

㉡ 전단력

$S_{A-B} = H_A = P$

$S_{B-C} = R_A - \omega \cdot x$

$S_{C-D} = -P$

㉢ 휨 모멘트

$M_C = P \cdot a$

$M_B = P \cdot a - \dfrac{\omega l^2}{2}$

$M_A = -\dfrac{\omega l^2}{2} - P(h-a)$

㉣ 축 방향력

$A_{A-B} = -R_A = -\omega l$ (압축력)

$A_{B-C} = H_A = P$ (인장력)

$A_{C-D} = 0$

③ 이동 지점계 라멘

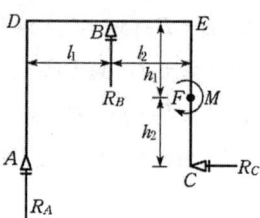

㉠ 반력

$\sum M_A = 0$, $-R_B \cdot l_1 + M = 0$

$\therefore R_B = \dfrac{M}{l_1}$

$\Sigma V=0$, $R_A+R_B=0$

$\therefore R_A=-R_B=-\dfrac{M}{l_1}(\downarrow)$

$\Sigma H=0$, $R_C=0$

ⓒ 전단력

$S_{A-D}=0$, $S_{D-B}=R_A=-\dfrac{M}{l_1}$,

$S_{B-E}=0$, $S_{E-C}=0$

ⓒ 휨 모멘트

$M_{A-D}=0$, $M_B=R_A\cdot l_1=-M$,

$M_{B-E}=M_{E-F}=-M$

ⓒ 축 방향력

$A_{A-D}=-R_A=\dfrac{M}{l}$, $A_{D-E}=A_{E-C}=0$

④ 힌지계 라멘

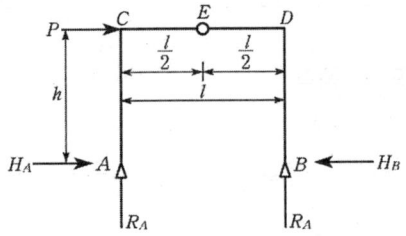

㉠ 반력

$\Sigma M_B=0$, $R_A\cdot l+P\cdot h=0$

$\therefore R_A=-\dfrac{Ph}{l}(\downarrow)$

$\Sigma V=0$, $R_A+R_B=0$

$\therefore R_B=\dfrac{Ph}{l}$

$\Sigma M_E=0$, $R_A\cdot\dfrac{l}{2}-H_A\cdot h=0$

$\therefore H_A=-\dfrac{P}{2}$, $H_B=\dfrac{P}{2}$

ⓒ 전단력

$S_{A-C}=-H_A=\dfrac{P}{2}$

$S_{C-D}=R_A=-\dfrac{P\cdot h}{l}$

$S_{D-B}=-H_A-P=\dfrac{P}{2}-P=-\dfrac{P}{2}$

ⓒ 휨 모멘트

$M_A=0$, $M_B=0$, $M_E=0$

$M_C=-H_A\times h=\dfrac{P}{2}\cdot h=\dfrac{P\cdot h}{2}$

$M_D=R_A\cdot l-H_A\cdot h$

$=-\dfrac{Ph}{l}\cdot l+\dfrac{P}{2}\cdot h=-\dfrac{P\cdot h}{2}$

ⓒ 축 방향력

$A_{A-C}=-R_A=\dfrac{Ph}{l}$

$A_{C-D}=-H_A-P=\dfrac{P}{2}-P=-\dfrac{P}{2}$

$A_{D-B}=-R_B=-\dfrac{Ph}{l}$

2. 아 치

① 단순아치(반원아치)

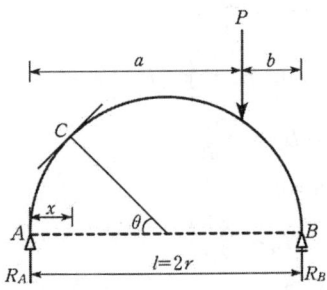

㉠ 반력

$\Sigma M_B=0$, $R_A\cdot l-P\cdot b=0$

$\therefore R_A=\dfrac{P\cdot b}{l}=\dfrac{P\cdot b}{2r}$

$\Sigma V=0$, $R_A+R_B-P=0$

$\therefore R_B=\dfrac{P\cdot a}{l}=\dfrac{P\cdot a}{2r}$

ⓒ 전단력

$S_C=R_A\cdot\sin\theta=\dfrac{P\cdot b}{2r}\sin\theta$

ⓒ 휨 모멘트

$M_C=R_A\cdot x=\dfrac{P\cdot b(r-r\cdot\cos\theta)}{2r}$

$=\dfrac{P\cdot b(1-\cos\theta)}{2}$

ⓒ 축 방향력

$A_C=-R_A\cdot\cos\theta=-\dfrac{P\cdot b}{2r}\cos\theta$

② 3활절(3 Hinge) 아치에 집중하중이 작용할 경우

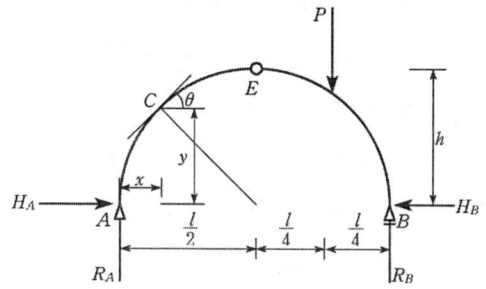

㉠ 반력

$\sum M_B = 0$, $R_A \cdot l - P \cdot \dfrac{l}{4} = 0$

$\therefore R_A = \dfrac{P}{4}$

$\sum V = 0$

$\therefore R_B = \dfrac{3P}{4}$

$M_E = 0$, $R_A \cdot \dfrac{l}{2} - H_A \cdot h = 0$

$\therefore H_A = \dfrac{P \cdot l}{8h}$

$\sum H = 0$

$\therefore H_B = \dfrac{P \cdot l}{8h}$

㉡ 전단력

$S_C = R_A \cdot \cos\theta - H_A \sin\theta$

㉢ 휨 모멘트

$M_C = R_A \cdot x - H_A \cdot y$

㉣ 축 방향력

$A_C = -(R_A \cdot \sin\theta + H_A \cdot \cos\theta)$

③ 3활절 아치에 등분포하중이 작용할 경우

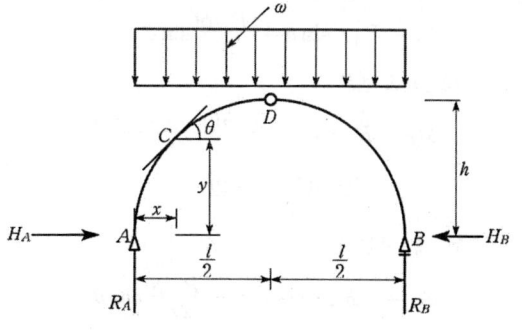

㉠ 반력

$\therefore R_A = R_B = \dfrac{\omega l}{2}$ (대칭)

$M_D = R_A \times \dfrac{l}{2} - H_A \times h - \dfrac{\omega l}{2} \times \dfrac{l}{4} = 0$

$\therefore H_A = H_B = \dfrac{\omega l^2}{8h}$

㉡ 전단력

$S_C = (R_A - \omega \cdot x)\cos\theta - H_A \sin\theta$

㉢ 휨 모멘트

$M_C = R_A \cdot x - H_A \cdot y - \dfrac{\omega \cdot x^2}{2}$

㉣ 축 방향력

$A_C = -(R_A - \omega \cdot x)\sin\theta - H_A \cdot \cos\theta$

07 보의 응력

1. 보의 휨 응력

① 상연 응력

$\sigma_C = \dfrac{M}{I} \cdot y_C = \dfrac{M}{Z_C} = \dfrac{6M}{bh^2}$

② 하연 응력

$\sigma_t = \dfrac{M}{I} \cdot y_t = \dfrac{M}{Z_t} = \dfrac{6M}{bh^2}$

③ 휨 응력은 중립축에서 0이고, 상·하 양단에서 최대

④ 휨 응력은 직선 변화

2. 보의 전단응력

① $\tau = \dfrac{S \cdot G}{I \cdot b}$

② 전단응력도는 곡선변화

③ 전단응력도는 중립축에서 최대, 상·하면에서 0이다.

④ 구형 단면의 최대 전단응력

$\tau_{max} = \dfrac{3}{2} \cdot \dfrac{S}{A}$

⑤ 원형단면의 최대 전단응력

$\tau_{max} = \dfrac{4}{3} \cdot \dfrac{S}{A}$

⑥ 삼각형 단면의 최대 전단응력(중앙 $\frac{h}{2}$ 에서 최대)

$$\tau_{max} = \frac{3}{2} \cdot \frac{S}{A}$$

3. 주응력과 Mohr의 원

① 경사응력

$$\sigma_\theta = \frac{\sigma_x + \sigma_y}{2} + \frac{\sigma_x - \sigma_y}{2} \cos 2\theta$$

$$\tau_\theta = \frac{\sigma_x - \sigma_y}{2} \cdot \sin 2\theta$$

② 평면응력

$$\sigma_\theta = \frac{\sigma_x + \sigma_y}{2} + \frac{\sigma_x - \sigma_y}{2} \cos 2\theta + \tau_{xy} \cdot \sin 2\theta$$

$$\tau_\theta = \frac{\sigma_x - \sigma_y}{2} \cdot \sin 2\theta - \tau_{xy} \cdot \cos 2\theta$$

③ 주응력 크기

$$\sigma_{max} = \sigma_1 = \frac{\sigma_x + \sigma_y}{2} + \frac{1}{2}\sqrt{(\sigma_x - \sigma_y)^2 + 4\tau_{xy}^2}$$

$$\sigma_{min} = \sigma_2 = \frac{\sigma_x + \sigma_y}{2} - \frac{1}{2}\sqrt{(\sigma_x - \sigma_y)^2 + 4\tau_{xy}^2}$$

④ 주 전단응력 크기

$$\tau_{max} = \frac{1}{2}\sqrt{(\sigma_x - \sigma_y)^2 + 4\tau_{xy}^2}$$

$$\tau_{min} = -\frac{1}{2}\sqrt{(\sigma_x - \sigma_y)^2 + 4\tau_{xy}^2}$$

4. 보의 응력

① 보에서는 $\sigma_y = 0$ 이다. 따라서 x 방향 응력

$$\sigma_x = \sigma, \quad \tau_{xy} = \tau$$

② $\sigma_{max, min} = \frac{\sigma}{2} \pm \frac{1}{2}\sqrt{\sigma^2 + 4\tau^2}$

③ $\tau_{max, min} = \pm \frac{1}{2}\sqrt{\sigma^2 + 4\tau^2}$

08 기 둥

1. 단 주

① 인장응력이 생기지 않는 편심(e)의 계산

$$e \leq \frac{I}{A \cdot y} = \frac{r^2}{y} = \frac{Z}{A}$$

② 편심하중을 받는 단주

$$\sigma = \frac{P}{A} \pm \frac{M_y}{I_y} \cdot x \pm \frac{M_x}{I_x} \cdot y$$

$$= \frac{P}{A} \pm \frac{P \cdot e_x}{I_y} \cdot x \pm \frac{P \cdot e_y}{I_x} \cdot y$$

③ 각종 단면의 인장응력이 생기지 않는 핵거리 (e)

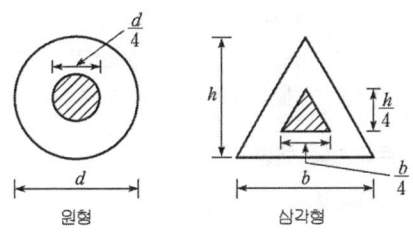

원형 삼각형

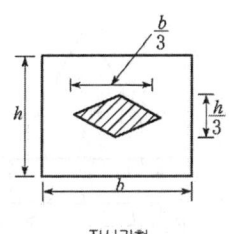

직사각형

2. 장 주

① 오일러 공식 $\lambda_P = \sqrt{\dfrac{\pi^2 \cdot E}{0.5\,\sigma_b}}$

② 좌굴하중 $P_B = \dfrac{n \cdot \pi^2 \cdot E \cdot I}{l^2}$

③ 좌굴응력 $\sigma_B = \dfrac{n \cdot \pi^2 \cdot E}{\lambda^2}$

④ 세장비 $\lambda = \dfrac{l_k}{r} = \dfrac{l_k}{\sqrt{\dfrac{I_{min}}{A}}}$

⑤ 장주의 고정계수

재단 조건	1단 자유 타단 고정	양단 힌지	1단 힌지 타단 고정	양단 고정
좌굴형				
강도(n)	$\frac{1}{4}$	1	2	4
좌굴 길이 (l_k)	$2l$	l	$0.7l$	$0.5l$

09 트러스

1. "영"부재
① 부재력이 0이 되는 부재
② 변형을 방지, 처짐방지, 구조역학적으로 안정 유지 위해 설치
③ "영"부재 판별
- 힘이 작용하지 않는 격점을 찾을 것
- 3개 이내로 부재가 모이는 격점을 찾을 것

2. 트러스의 해법
① 격점법

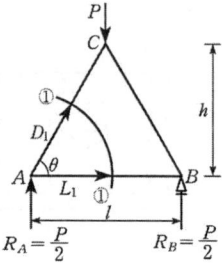

$\sum V = R_A + D_1 \sin\theta = 0 \quad \therefore D_1 = -\dfrac{R_A}{\sin\theta}$

$\sum H = D_1 \cos\theta + L_1 = 0 \quad \therefore L_1 = -D_1 \cos\theta$

② 단면법
- 모멘트법 : 현재(상·하 현재)의 부재력을 구할 때 편리($\sum M = 0$)
- 전단력법 : 복부재(수직재·경사재)의 부재력을 구할 때 편리($\sum H = 0, \sum V = 0$)

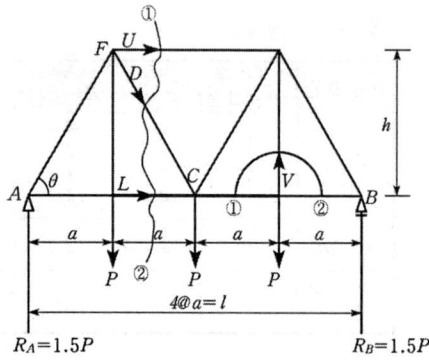

㉠ U부재
$\sum M_C = R_A \cdot 2a - P \cdot a + U \cdot h = 0$
$\therefore U = -\dfrac{2P \cdot a}{h}$

㉡ L부재
$\sum M_F = R_A \cdot a - L \cdot h = 0$
$\therefore L = \dfrac{1.5P \cdot a}{h}$

㉢ D부재
$\sum V = R_A - D \cdot \sin\theta - P = 0$
$\therefore D = \dfrac{0.5P}{\sin\theta}$

㉣ V부재
$\sum V = V - P = 0$
$\therefore V = P$

10 처 짐

1. 처짐곡선과 휨 강성
곡률 $\dfrac{1}{R} = \dfrac{M}{EI}$

2. 카스틸리아노의 정리
① 카스틸리아노 제2정리 : 탄성적이고 온도변화나 지점침하가 없는 경우
② $\theta_n = \dfrac{\partial W_i}{\partial M_n}$
③ $y_n = \dfrac{\partial W_i}{\partial P_n}$

3. 단순보의 처짐각 및 처짐
① 단순보 중앙에 집중하중이 작용할 경우

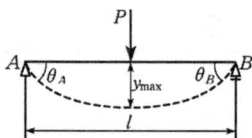

$\theta_A = \dfrac{Pl^2}{16EI} = -\theta_B \qquad y_{max} = \dfrac{Pl^3}{48EI}$

② 단순보에 등분포 하중이 작용할 경우

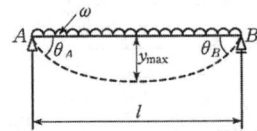

$\theta_A = \dfrac{\omega l^3}{24EI} = -\theta_B \qquad y_{max} = \dfrac{5\omega l^4}{384EI}$

③ 캔틸레버에 집중하중이 작용할 경우

$\theta_B = \dfrac{Pl^2}{2EI} \qquad y_B = \dfrac{Pl^3}{3EI} \qquad y_C = \dfrac{5Pl^3}{48EI}$

④ 캔틸레버에 등분포하중이 작용할 경우

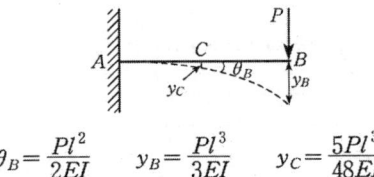

$\theta_B = \dfrac{\omega l^3}{6EI} \qquad y_B = \dfrac{\omega l^4}{8EI}$

⑤ 단순보에 모멘트 하중이 작용할 경우

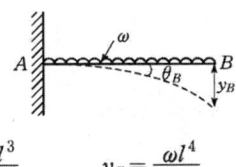

$\theta_A = \dfrac{M_A \cdot l}{3EI} \qquad \theta_B = -\dfrac{M_A \cdot l}{6EI}$

$y_{max} = \dfrac{M_A \cdot l^2}{9\sqrt{3}}$

4. 기타 형태별 처짐각 및 처짐

①

$\theta_B = \dfrac{Pl^2}{8EI} \qquad y_B = \dfrac{5Pl^3}{48EI} \qquad y_C = \dfrac{Pl^3}{24EI}$

②

$\theta_B = \dfrac{\omega l^3}{48EI} \qquad y_B = \dfrac{7\omega l^4}{384EI}$

③

$\theta_C = \dfrac{\omega \cdot a^3}{6EI} \qquad y_C = \dfrac{\omega \cdot a^4}{8EI}$

$y_B = \dfrac{\omega \cdot a^3(4l-a)}{24EI}$

④

$\theta_B = \dfrac{7\omega l^3}{48EI} \qquad y_B = \dfrac{41\omega l^4}{384EI}$

⑤

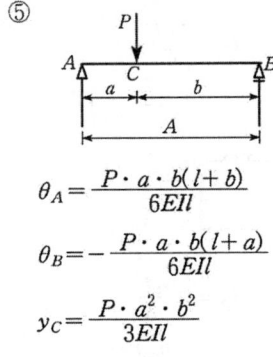

$\theta_A = \dfrac{P \cdot a \cdot b(l+b)}{6EIl}$

$\theta_B = -\dfrac{P \cdot a \cdot b(l+a)}{6EIl}$

$y_C = \dfrac{P \cdot a^2 \cdot b^2}{3EIl}$

⑥

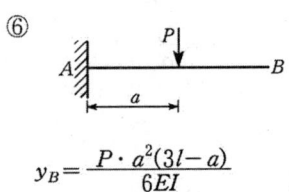

$y_B = \dfrac{P \cdot a^2(3l-a)}{6EI}$

⑦

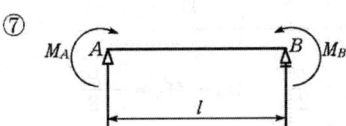

• $M_A = M_B = M$ 일 경우

$$\theta_A = -\theta_B = \frac{Ml}{2EI} \qquad y_{max} = \frac{Ml^2}{8EI}$$

• $M_A \neq M_B$ 일 경우

$$\theta_A = \frac{(2M_A + M_B)l}{6EI}$$

$$\theta_B = -\frac{(M_A + 2M_B)l}{6EI}$$

11 부정정보

1. 1단 고정지점 타단 가동지점의 보

①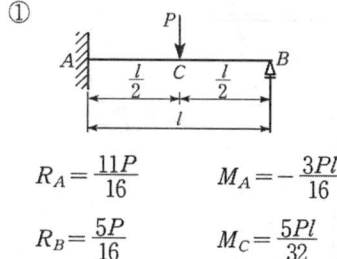

$$R_A = \frac{11P}{16} \qquad M_A = -\frac{3Pl}{16}$$

$$R_B = \frac{5P}{16} \qquad M_C = \frac{5Pl}{32}$$

②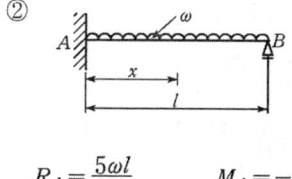

$$R_A = \frac{5\omega l}{8} \qquad M_A = -\frac{\omega l^2}{8}$$

$$R_B = \frac{3\omega l}{8} \qquad M_{max} = \frac{9\omega l^2}{128}$$

$$S_x = 0 \qquad \therefore x = \frac{5l}{8}$$

2. 양단고정보

①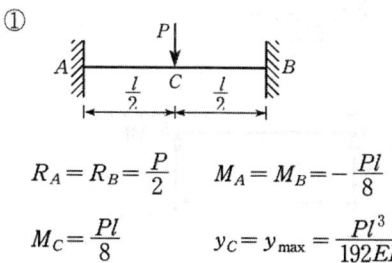

$$R_A = R_B = \frac{P}{2} \qquad M_A = M_B = -\frac{Pl}{8}$$

$$M_C = \frac{Pl}{8} \qquad y_C = y_{max} = \frac{Pl^3}{192EI}$$

②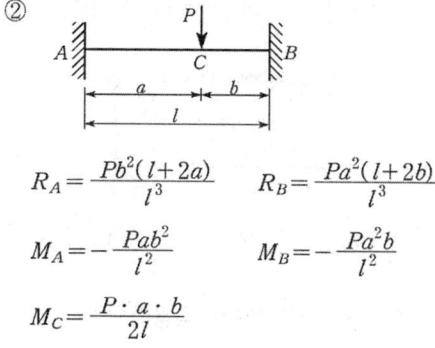

$$R_A = \frac{Pb^2(l+2a)}{l^3} \qquad R_B = \frac{Pa^2(l+2b)}{l^3}$$

$$M_A = -\frac{Pab^2}{l^2} \qquad M_B = -\frac{Pa^2b}{l^2}$$

$$M_C = \frac{P \cdot a \cdot b}{2l}$$

③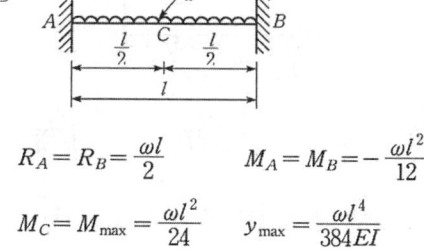

$$R_A = R_B = \frac{\omega l}{2} \qquad M_A = M_B = -\frac{\omega l^2}{12}$$

$$M_C = M_{max} = \frac{\omega l^2}{24} \qquad y_{max} = \frac{\omega l^4}{384EI}$$

3. 연속보

①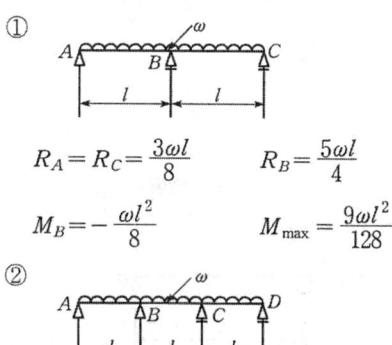

$$R_A = R_C = \frac{3\omega l}{8} \qquad R_B = \frac{5\omega l}{4}$$

$$M_B = -\frac{\omega l^2}{8} \qquad M_{max} = \frac{9\omega l^2}{128}$$

②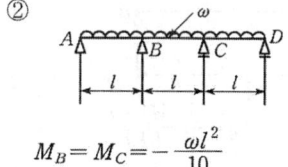

$$M_B = M_C = -\frac{\omega l^2}{10}$$

4. 3연 모멘트법

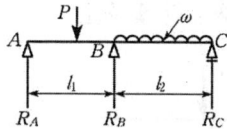

① 기본식

$$M_A\left(\frac{l_1}{I}\right) + 2M_B\left(\frac{l_1}{I} + \frac{l_2}{I}\right) + M_C\left(\frac{l_2}{I}\right)$$
$$= 6E(\theta_{BA} - \theta_{BC})$$

5. 처짐각법(재단모멘트)

① 양단절점의 경우

$$\begin{cases} M_{AB} = 2EK_{AB}(2\theta_A + \theta_B - 3R) - C_{AB} \\ M_{BA} = 2EK_{BA}(\theta_A + 2\theta_B - 3R) + C_{BA} \end{cases}$$

여기서, K : 강도 $\left(\dfrac{I}{l}\right)$

R : 부재각 $\left(\dfrac{\delta}{l}\right)$

C_{AB}, C_{BA} : 하중항

② A점 고정, B점 절점인 경우

$$\begin{cases} M_{AB} = 2EK_{AB}(\theta_B - 3R) - C_{AB} \\ M_{BA} = 2EK_{BA}(2\theta_B - 3R) + C_{BA} \end{cases}$$

③ A점 절점, B점 고정인 경우

$$\begin{cases} M_{AB} = 2EK_{AB}(2\theta_A - 3R) - C_{AB} \\ M_{BA} = 2EK_{BA}(\theta_A - 3R) + C_{BA} \end{cases}$$

④ A점 절점, B점 힌지

$$\begin{cases} M_{AB} = 2EK_{AB}(1.5\theta_A - 1.5R) - H_{AB} \\ M_{BA} = 0 \end{cases}$$

⑤ B점 절점, A점 힌지

$$\begin{cases} M_{AB} = 0 \\ M_{BA} = 2EK_{BA}(1.5\theta_B - 1.5R) + H_{BA} \end{cases}$$

6. 모멘트 분배법

① 강도 $K = \dfrac{I}{l}$

② 강비 $k = \dfrac{K}{K_o}$

여기서, K_o : 임의의 기준강도

③ 유효강비(등가강비)

㉠ 타단고정 : $k\left(\dfrac{I}{l}\right)$

㉡ 타단힌지 : $\dfrac{3}{4}k\left(\dfrac{I}{l}\right)$

㉢ 대칭변형 : $\dfrac{1}{2}k\left(\dfrac{I}{l}\right)$

㉣ 역대칭변형 : $\dfrac{3}{2}k\left(\dfrac{I}{l}\right)$

④ 분 배 율 $DF = \dfrac{k}{\sum k}$

⑤ 분배모멘트 $DM = M \times DF$

⑥ 전달모멘트 $CM = $ 전달률 $\times$ 분배모멘트

응용역학 / 측량학 / 수리·수문학 / 철근콘크리트 및 강구조 / 토질 및 기초 / 상하수도공학

측량학

01 총 론

1. 평면측량

① 지구의 곡률을 고려치 않고 반경 11km 이내를 평면으로 간주

② $\dfrac{d-D}{D} = \dfrac{1}{12}\left(\dfrac{D}{r}\right)^2$

여기서, r : 곡률반경 6370km
D : 지구표면을 따라 측정한 거리
d : 수평거리를 측정한 거리

③ $D : \dfrac{1}{10^6}$ 정밀도로 볼 때 22km

2. 구과량

$e'' = \dfrac{E\rho''}{r^2}$

여기서, e'' : 구과량(초)
ρ'' : 206265''

3. 지구의 타원체

① 자오선 곡률반경

$M = \dfrac{a(1-e^2)}{W}$

여기서, a : 지구의 장반경
b : 지구의 단반경

$W = \sqrt{1 - e^2 \sin^2 \phi}$

② 지구의 편심률

$e = \sqrt{\dfrac{a^2 - b^2}{a^2}}$

③ 지구의 편평률

$P = \dfrac{a-b}{a}$

4. 지오이드

① 평균 해수면을 육지로 연장시킨 가상의 곡면

② 특징
- 등포텐셜면, 연직선 중력방향의 직교
- 불규칙한 지형, 위치에너지가 0
- 육지에서는 타원체면 위에 존재

5. 지자기 측정의 3요소

① 편각 : 지자기 방향과 자오선과의 각
② 복각 : 수평면과의 각
③ 수평분력 : 수평면에서 지자기의 크기

6. 측량의 3대 요소 : 거리, 각, 높이

7. 기하학적 측지학

① 측지학의 3차원 위치 결정
② 길이 및 시의 결정
③ 수평위치 결정
④ 높이 결정
⑤ 천문 측량
⑥ 위성 측량
⑦ 높이 측량
⑧ 해안 측량
⑨ 체적 측량

8. 물리학적 측지학

① 지구의 형상해석
② 중력 측량
③ 지자기 측량
④ 탄성파 측량
⑤ 대륙의 부동
⑥ 지구의 열
⑦ 지구 조석

02 거리측량

1. 거리측정 값 보정

① 표준자에 대한 보정

$$L_o = L\left(1 \pm \frac{C}{L_u}\right)$$

여기서, L : 측정거리
L_u : 테이프의 길이
C : 테이프의 오차값

② 온도에 대한 보정

$$C_t = +\alpha L(t - t_0)$$

여기서, α : 테이프 열팽창 계수
L : 측정거리
t : 측정때 평균온도
t_0 : 표준온도(15°C)

③ 장력에 대한 보정

$$C_p = \frac{(P - P_0)L}{AE}$$

④ 처짐에 대한 보정

$$C_s = -\frac{L}{24} \cdot \frac{\omega^2 l^2}{P^2}$$

여기서, $L = n \cdot l$
n : 한 구간에서 지지말뚝의 간격 수
l : 지지말뚝의 간격
ω : 테이프의 단위길이 무게

⑤ 평균해면상에 대한 보정

$$C_h = -\frac{Lh}{R}$$

⑥ 경사에 대한 보정

㉠ 고저차를 알고 있을 때 $C_g = -\dfrac{h^2}{2L}$

㉡ 고저각을 알고 있을 때 $C_g = -2L\sin^2\dfrac{\theta}{2}$

2. 거리측량의 정도

① 최확값(평균값) $l_o = \dfrac{[l]}{n}$

② 잔차 $V = l_n - l_o$

③ 표준오차(중등오차) $m_o = \pm\sqrt{\dfrac{[V^2]}{n(n-1)}}$

④ 확률오차

$$r_o = \pm 0.6745\sqrt{\frac{[V^2]}{n(n-1)}} = \pm 0.6745\, m_o$$

⑤ 경중률이 다를 때

$$m_o = \pm\sqrt{\frac{[PV^2]}{[P](n-1)}}$$

$$r_o = \pm 0.6745\sqrt{\frac{[P \cdot V^2]}{[P](n-1)}}$$

3. 관측값의 처리

① 정오차(누차) $= n\delta$

② 우연오차 $= \pm\delta\sqrt{n}$

③ 중등오차와 경중률 관계

$$P_1 : P_2 : P_3 = \frac{1}{m_1^2} : \frac{1}{m_2^2} : \frac{1}{m_3^2}$$

④ 노선거리와 경중률 관계

$$P_1 : P_2 : P_3 = \frac{1}{S_1} : \frac{1}{S_2} : \frac{1}{S_3}$$

⑤ 관측횟수와 경중률 관계

$$P_1 : P_2 : P_3 = N_1 : N_2 : N_3$$

4. 도면의 축척과 면적

① $\dfrac{1}{M} = \dfrac{l}{L_o} = \dfrac{도상거리}{실제거리}$

여기서, M : 축척분모

② $\left(\dfrac{1}{M}\right)^2 = \dfrac{도상면적}{실제면적}$

∴ 도상면적 $= \dfrac{실제면적}{M^2}$

5. 축척과 정밀도

① 대축척(축척 분모수가 작은 것) : 정밀도 떨어진다.

② 소축척(축척 분모수가 큰 것) : 정밀도가 높다.

6. 거리 측량의 허용 한계

① 시가지 : $\dfrac{1}{10,000} \sim \dfrac{1}{50,000}$

② 평탄지 : $\dfrac{1}{2,500} \sim \dfrac{1}{5,000}$

③ 산간지 : $\dfrac{1}{500} \sim \dfrac{1}{1,000}$

03 평판측량

1. 평판 설치 조건
① 정준 : 평판을 수평으로
② 치심(구심) : 지상점과 도상점 일치
③ 정위(표정) : 일정한 방향 고정

2. 평판 측량의 종류
① 방사법 : 장애물이 적고 넓은 장소에 적합
② 전진법 : 시준 장애물이 많을 경우
③ 교회법
　㉠ 전방교회법 : 기지점에서 미지점 구할 때
　㉡ 측방교회법 : 기지 2점이용 미지점 구할 때
　㉢ 후방교회법 : 기지 3점이용 미지점 구할 때

3. 후방교회법(도면을 수정할 때 평판 세웠던 점을 구할 경우)
① 레만법(시오삼각형)
　㉠ 구할려는 점이 외접원주상에 있으면 곤란
　㉡ 시오삼각형 내접원의 직경이 0.4mm 이내인 경우 무시
　㉢ 시오삼각형 발생은 표정 작업 잘못 때문
② 베셀법
③ 투사지법

4. 평판측량시 발생오차
① 외심오차(표정오차) $e = q \cdot m$
② 구심오차(치심오차) $e = \dfrac{q \cdot m}{2}$
　여기서, q : 제도오차
　　　　　m : 축척의 분모수
③ 정준오차(기계적 오차)
$$e = \frac{2a}{r} \cdot \frac{n}{100} \cdot l = \frac{b}{r} \cdot \frac{n}{100} \cdot l$$
　여기서, $\dfrac{b}{r}$: 경사
　　　　　e : 위치 오차

④ 시준공, 시준사에 의한 오차
$$e = \frac{\sqrt{d^2 + t^2}}{2l} \times L$$
　여기서, d : 시준공 직경
　　　　　t : 시준사 직경
　　　　　l : 양시준판의 간격
　　　　　L : 방향선의 길이

⑤ 전진법에 의한 오차
$$e = \pm 0.3\sqrt{n}\,[\text{mm}]$$
　여기서, n : 측선수

⑥ 교회법의 중등오차
$$M = \pm\sqrt{2} \cdot \frac{0.2}{\sin\phi}\,[\text{mm}]$$
　여기서, ϕ : 그 방향선의 교회각

⑦ 자침오차
$$q = \frac{0.2l}{K}$$

5. 평판측량의 정밀도
① 평지 : $\dfrac{1}{1000}$
② 경사지 : $\dfrac{1}{800} \sim \dfrac{1}{600}$
③ 산지 : $\dfrac{1}{500} \sim \dfrac{1}{300}$

6. 앨리다드를 이용한 수평거리
① 경사거리 l을 측정할 때
$$D = \frac{100 \cdot l}{\sqrt{100^2 + n^2}}$$
② 시준판의 눈금과 표척의 높이를 알 때 두점간의 간격
$$D = \frac{100l}{n_1 - n_2}$$

7. 폐합오차의 조정
조정량 = $\dfrac{\text{폐합오차}}{\text{측선길이의 합}} \times$ 처음 측선부터 조정 측선까지 길이

04 수준측량

1. 기포관의 감도(a'')

$$a'' = \frac{\rho'' \cdot l}{nD} = 206265'' \times \frac{l}{nD}$$

여기서, n : 눈금수
l : 높이차
D : 수평거리

2. 곡률반경 $R = \dfrac{n \cdot a \cdot D}{l}$

3. 고저차 구하는 측량

① 기계고($I \cdot H$) = 지반고($G \cdot H$) + 후시($B \cdot S$)
② 지반고($G \cdot H$) = 기계고($I \cdot H$) - 전시($F \cdot S$)
③ 수준점($B \cdot M$) : 수준측량의 기준이 되는 점
  ㉠ 1등 수준점 4km마다 설치
  ㉡ 2등 수준점 2km마다 설치

4. 교호수준측량

① 하천이나 계곡 같은 곳을 지나 수준측량 할 때
② $h = \dfrac{1}{2}\{(a_1 - b_1) + (a_2 - b_2)\}$
③ 지반고 $H_B = H_A + h$

5. 2km 왕복측량시 허용오차

① 1등 수준측량 → $\pm 2.5\sqrt{L}$ [mm]
② 2등 수준측량 → $\pm 5.0\sqrt{L}$ [mm]

6. 폐합의 경우 폐합차

① 1등 수준측량 → $\pm 2.0\sqrt{L}$ [mm]
② 2등 수준측량 → $\pm 5.0\sqrt{L}$ [mm]

7. 종횡단측량시 오차

① 2회 이상 측정하여 평균값을 취한다.
② 4km에 대해
  ㉠ 유조부 10mm
  ㉡ 무조부 15mm
  ㉢ 급류부 20mm

8. 오차와 노선거리의 관계

$e_1 : e_2 = \sqrt{L_1} : \sqrt{L_2}$

9. 오차의 조정계산

각 $B \cdot M$부터 미지점의 표고 측정

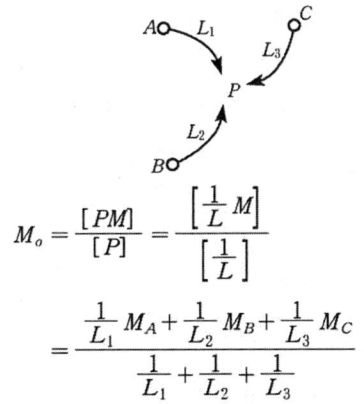

$$M_o = \frac{[PM]}{[P]} = \frac{\left[\dfrac{1}{L}M\right]}{\left[\dfrac{1}{L}\right]}$$

$$= \frac{\dfrac{1}{L_1}M_A + \dfrac{1}{L_2}M_B + \dfrac{1}{L_3}M_C}{\dfrac{1}{L_1} + \dfrac{1}{L_2} + \dfrac{1}{L_3}}$$

05 트랜싯 측량

1. 트랜싯 조정

① 제1조정 : 평판기포관 → 연직축에 직교
② 제2조정 : 십자종선 → 수평축에 직교
③ 제3조정 : 수평축 → 연직축에 직교
④ 제4조정 : 십자횡선 → 수평축과 직교
⑤ 제5조정 : 망원경 기포관 → 시준선과 기포관 축 평행
⑥ 제6조정 : 연직 분도원
※ ①②③ : 수평각 측정시 필요, ④⑤⑥ : 연직각 측정시 필요

2. 트랜싯 기계구조의 완전 조건

① 기포관축 ⊥ 연직축
② 시 준 선 ⊥ 수평축
③ 수 평 축 ⊥ 연직축

3. 호도법

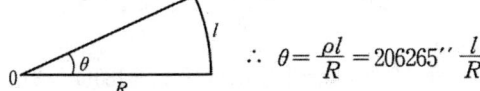

$\therefore \theta = \dfrac{\rho l}{R} = 206265'' \dfrac{l}{R}$

4. 방향각 관측법

① 기계적 오차를 제거하기 위해 정·반위의 관측값을 취한다.

② 1방향에 생기는 오차
$$m_1 = \pm\sqrt{a^2+\beta^2}$$

③ 각관측 오차(2방향의 차)
$$m_2 = \pm\sqrt{2(a^2+\beta^2)}$$

여기서, a : 시준오차, β : 읽음오차

배각법 $m_3 = \pm\sqrt{\dfrac{2}{n}\left(a^2+\dfrac{\beta^2}{n}\right)}$

④ 1회부터 n회까지의 총합오차
$$\varepsilon_a = \pm\sqrt{\dfrac{2(a^2+\beta^2)}{n}}$$

5. 각 측정시기

① 수평각 → 아침, 저녁
② 연직각 → 정오(10~14시 사이에 측정)

6. 트래버스의 종류

① 개방 트래버스 → 노선, 하천 측량의 기준점 정할 때, 정밀도가 가장 낮다.
② 폐합 트래버스 → 소규모 지역 이용, 농경지나 시가지 측량
③ 결합 트래버스 → 대규모 정밀측량에 이용

7. 폐합 트래버스 측각오차 수정

① 내각 측정시 → $\omega = [a] - 180(n-2)$
② 외각 측정시 → $\omega = [a] - 180(n+2)$
③ 오차 수정 → $\varDelta a = \dfrac{\omega}{n}$

여기서, n : 측각수
$[a]$: 측점각의 합

8. 결합 트래버스 측각오차 수정

①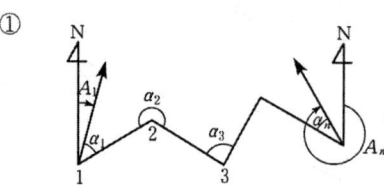

측각오차 : $\omega = [a] + A_1 - A_n - 180(n-3)$

②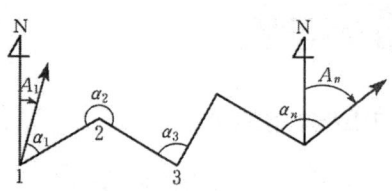

측각오차 : $\omega = [a] + A_1 - A_n - 180(n-1)$

③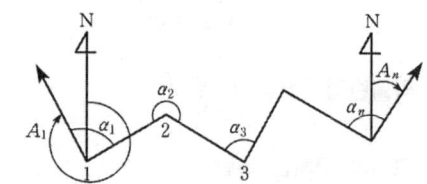

측각오차 : $\omega = [a] + A_1 - A_n - 180(n+1)$

④ 측각허용오차
 ㉠ 시가지 : $20\sqrt{n} \sim 30\sqrt{n}$ (초)
 ㉡ 평 지 : $0.5\sqrt{n} \sim 1.0\sqrt{n}$ (분)
 ㉢ 산 지 : $1.5\sqrt{n}$ (분)

여기서, n : 측각수

9. 방 위

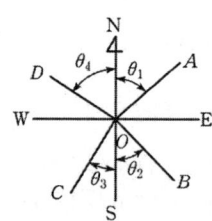

① $OA = N\theta_1 E$ ② $OB = S\theta_2 E$
③ $OC = S\theta_3 W$ ④ $OD = N\theta_4 W$

10. 방위각

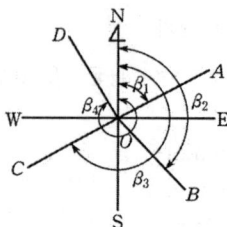

① $OA = \beta_1$ ② $OB = \beta_2$
③ $OC = \beta_3$ ④ $OD = \beta_4$

11. 위거 및 경거

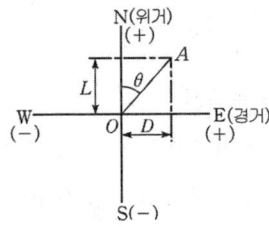

① 위거 $L = OA \cos \theta$
② 경거 $D = OA \sin \theta$
③ 폐합오차 $E = \sqrt{(E_l)^2 + (E_d)^2}$
④ 폐합비(정밀도) $= \dfrac{E}{\Sigma l}$

12. 트래버스 오차 조정

① 트랜싯 법칙(위거와 경거에 비례)
  ㉠ 임의 측선의 경거조정량
   $=$ 경거오차량 $\times \dfrac{\text{구하는 측선의 경거}}{\text{경거의 절대값의 합}}$
  ㉡ 임의 측선의 위거조정량
   $=$ 위거오차량 $\times \dfrac{\text{구하는 측선의 위거}}{\text{위거의 절대값의 합}}$

② 컴파스 법칙(측선길이에 비례)
  ㉠ 임의 측선의 위거조정량
   $=$ 위거오차량 $\times \dfrac{\text{구하는 측선의 길이}}{\text{측선길이의 합}}$
  ㉡ 임의 측선의 경거조정량
   $=$ 경거오차량 $\times \dfrac{\text{구하는 측선의 길이}}{\text{측선길이의 합}}$

13. 배면적 계산

① 어느 측선의 배횡거=전 측선의 배횡거+전 측선의 경거+그 측선의 경거
② 배면적=측선위거×배횡거
③ 면적 $= \dfrac{1}{2} \times$ 배면적

14. 좌표법에 의한 면적 계산

① 면적 $= \dfrac{1}{2} \Sigma \{$그 측점 y좌표 $\times$ (앞 측선 x좌표 $-$ 다음 측선 x좌표)$\}$
② 면적 $= \dfrac{1}{2} \Sigma \{$그 측점 x좌표 $\times$ (앞 측선 y좌표 $-$ 다음 측선 y좌표)$\}$

15. 합위거 합경거를 알고 있을 경우

① 면적 $= \dfrac{1}{2} \Sigma \{$그 측점 합위거 $\times$ (앞 측점 합경거 $-$ 다음 측점 합경거)$\}$
② 면적 $= \dfrac{1}{2} \Sigma \{$그 측점 합경거 $\times$ (앞 측점 합위거 $-$ 다음 측점 합위거)$\}$

06 GPS 측량

1. GPS 측량의 특징

① 고정밀하고 장거리 및 관측점간의 시통이 필요하지 않다.
② 수신점의 높이를 결정
③ 원궤도 운동을 하는 위성의 전파로 범지구적 지상위치 결정
④ 위성은 약 20,000km 고도와 약 12시간 주기로 운행
⑤ WGS-84 좌표계의 원점은 지구질량 중심이며 4차원 측량 가능
⑥ NNSS 도플러 기준계의 개량형으로 관측 소요시간 및 정확도 향상
⑦ 55° 궤도 경사각, 위도 60°의 6개 궤도로 구성
⑧ 기온, 기압, 습도 등의 조건에 영향을 받지 않는다.
⑨ 정확한 위치, 시간, 기선의 길이를 알 수 있다.
⑩ 절대좌표 해석, 상대좌표 해석, 변위량 보정에 활용된다.
⑪ 측지측량 분야, 차량 분야, 군사 분야 등에 응용된다.
⑫ 우주 부문, 제어 부문, 사용자 부문으로 체계 구성 가능.

07 노선측량

1. 단곡선의 설치

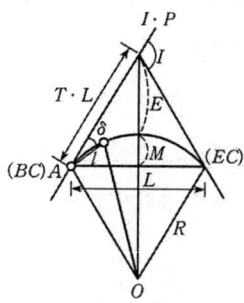

① 접선장 $TL = R \tan \dfrac{I}{2}$

② 곡선장 $CL = 0.01745\, RI° = \dfrac{\pi RI°}{180}$

③ 현의 길이 $L = 2R \sin \dfrac{I}{2}$

④ 외선길이(외할) $E = R\left(\sec \dfrac{I}{2} - 1\right)$

⑤ 중앙종거 $M = R\left(1 - \cos \dfrac{I}{2}\right)$

⑥ 편각 $\delta = 1718.87 \dfrac{l}{R}$ (분)

⑦ $BC = IP - TL$

⑧ $EC = BC + CL$

2. 종단곡선

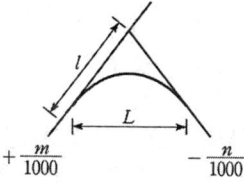

① 구배표시
  ㉠ 철도 : $\dfrac{n}{1000} \sim \dfrac{m}{1000}$ 의 천분율(‰)
  ㉡ 도로 : $\dfrac{n}{100} \sim \dfrac{m}{100}$ 의 백분율(%)

② 원곡선(원호)의 경우
  ㉠ 종곡선장 $l = \dfrac{R}{2}\left(\dfrac{m}{1000} - \dfrac{n}{1000}\right)$
  ㉡ 현길이 $L = 2l$

③ 호와 현 길이의 차
  $c - l = \dfrac{C^3}{24R^2}$

3. 도로의 종곡선

① 도로의 종곡선은 주로 포물선이 이용된다.

② 종곡선 길이 $L = \dfrac{m-n}{360} V^2$

③ 종거 $y = \dfrac{m \pm n}{2L} x^2$

여기서, $\begin{cases} V : \text{최고 제한 속도} \\ x : \text{구하고자 하는 횡거 값} \end{cases}$

4. 완화 곡선

① 고도(철도)
  $C = \dfrac{SV^2}{g \cdot R}$

여기서, $\begin{cases} V : \text{열차최고속도(km/h)} \\ S : \text{레일 간격} \end{cases}$

② 편구배(도로)
  $i = \dfrac{V^2}{127R} - f$

여기서, $\begin{cases} V : \text{차륜속도} \\ f : \text{마찰계수 70km/h 이하 때} \\ \quad 0.15,\ 70\text{km/h 이상일 때 0.1} \\ \quad \text{로 적용} \end{cases}$

5. 확폭과 확도

① 확폭(도로)
  도로의 곡선부에서 내측부분을 직선부에 비교하여 넓게 하는 것
  $\varepsilon = \dfrac{L^2}{2R}$

여기서, L : 차량 전면에서 뒷바퀴까지 거리

② 확도(철도) : 30mm 이하

6. 완화곡선의 성질

① 곡선반경은 완화곡선 시점에서 무한대, 종점에서 원곡선 R로 한다.

② 접선은 시점에서 직선에, 종점에서 원호에 접한다.

③ 곡선반경 감소율은 캔트의 증가율과 동률(다른 부호)로 된다. 또 종점에 있는 캔트는 원곡선의 캔트와 같게 된다.

7. 클로소이드 곡선

① 곡률이 곡선의 길이에 비례하는 곡선
② 나선의 일종이다.
③ 모든 클로소이드는 닮은 꼴이다.
④ 확대율을 가지고 있다.
⑤ 클로소이드의 특성점은 30°, 접선각 $\tau=45°$이며, 이 범위 내에서 접선장의 비는 1 : 2이며 τ가 적을수록 정확하다.

08 삼각측량

1. 삼각망의 종류

① 단열 삼각망 ┌ 노선 및 하천 측량
　　　　　　　├ 폭이 좁고 거리가 먼 지역
　　　　　　　└ 신속하나 정도가 낮다.
② 유심 삼각망 : 넓은 지역에 측량
③ 사변형 삼각망 : 가장 정밀하다.

2. 삼각점의 등급

① 1등 삼각본점 → 30km
② 2등 삼각보점 → 10km
③ 3등 삼각점 → 5km
④ 4등 삼각점 → 2.5km

3. 삼각측량의 순서

계획 → 답사 → 선점 → 조표 → 관측 → 계획 → 정리

4. 기계편심 계산

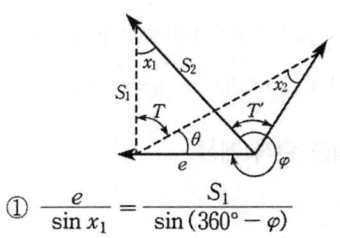

① $\dfrac{e}{\sin x_1} = \dfrac{S_1}{\sin(360°-\varphi)}$

∴ $\sin x_1 = \dfrac{e(360°-\varphi)}{S_1}$

② $T = T' + x_2 - x_1$

5. 수평각 조정

① 조건식의 총수 $= b + a - 2p + 3$
② 변 조건식의 수 $= b + S - 2p + 2$
③ 다각 조건식의 수 $= S - p + 1$
④ 측점 조건식의 수 $= \omega - S + 1$

　여기서, b : 기선의 수
　　　　　a : 관측각의 수
　　　　　p : 삼각점
　　　　　S : 변수
　　　　　ω : 한 점에 있어서 측정각의 수

6. 삼각측량의 오차 종류

① 기차(굴절오차 때문)
　• 아침, 저녁의 관측은 조심
　• 관측치 조정은 낮게
　• $-\dfrac{KS^2}{2R}$
　　여기서, $K = 0.12 \sim 0.14$
② 구차(지구곡률 때문)
　• 관측치 조정은 높게
　• $+\dfrac{S^2}{2R}$
③ 양차
　• 구차+기차
　• $\dfrac{S^2}{2R}(1-K)$

7. 삼각점의 선점

① 가급적 측점수가 적고, 세부 측량에 이용가치 클 것
② 삼각형은 정삼각형에 가까울수록 다음 계산에 영향이 적다.
③ 삼각점 상호간 시준이 잘 되고 시준선이 불규칙한 광선이나 연기, 아지랑이 영향받지 않아야 한다.
④ 삼각점은 견고한 곳에 설치
⑤ 되도록 평탄하고 부근 삼각점에 연결하는데 편리할 것

09 지형측량

1. 지형표시 방법
① 음영법(명암법) ┌ 계곡, 골짜기 → 어둡게
　　　　　　　　 └ 능선 → 밝게
② 영선법(우모법) ┌ 급경사 → 굵고 짧은 선
　　　　　　　　 └ 완경사 → 가늘고 긴선
③ 점고법 : 하천, 항만, 해양 등 심천 측량
④ 등고선 법 ┌ 같은 높이의 지점 연결
　　　　　　 └ 가장 정확, 가장 많이 사용

2. 등고선의 성질
① 같은 등고선 위에서 모든 점의 높이는 같다.
② 등고선은 폐곡선이거나 지도(도면)내 또는 밖에서 폐합된다.
③ 등고선이 도면내에서 폐합되는 부분은 산정이나 오목지가 된다.
④ 등고선은 절벽이나 동굴을 제외하고는 교차하거나 합치지 않는다.
⑤ 같은 경사지에서는 등고선 간격이 같으며 같은 경사의 평지에서는 등간격의 평행선
⑥ 등고선은 능선 또는 분수선과 직각으로 만난다.
⑦ 급경사에서 접근하고 완경사에서 떨어진다.
⑧ 가장 경사가 급한 방향은 등고선에 직각방향이다.
⑨ 등고선의 간격은 등고선간의 연직거리이다.

3. 등고선의 종류 및 간격

등고선 종류	$\frac{1}{10,000}$	$\frac{1}{25,000}$	$\frac{1}{50,000}$
주곡선(실선)	5m	10m	20m
간곡선(파선)	2.5m	5m	10m
조곡선(점선)	1.25m	2.5m	5m
계곡선(굵은실선)	25m	50m	100m

4. 등고선의 위치 계산

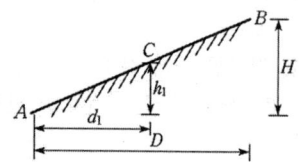

① 경사 $i = \frac{H}{D} = \frac{높이}{수평거리}$
② 임의점 C점의 수평거리
　$D : H = d_1 : h_1$
　$\therefore d_1 = \frac{D \cdot h_1}{H}$

5. 지성선
① 능선(분수선)
② 계곡선(합수선)
③ 경사변환선
④ 최대 경사선(방향변환선)

10 면적 및 체적 측량

1. 삼사법

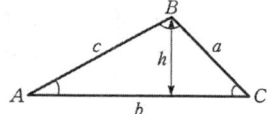

① $A = \frac{1}{2} b \cdot h$
② $A = \frac{1}{2} a \cdot b \sin C$

2. 삼변법
$A = \sqrt{S(S-a)(S-b)(S-c)}$
여기서, $S = \frac{a+b+c}{2}$

3. 심프슨 1공식 (두 구간을 1개조로)
$A = \frac{d}{3} \{y_o + y_n + 4(y_1 + y_3 + \cdots + y_{n-1})$
　　$+ 2(y_2 + y_4 + \cdots + y_{n-2})\}$
여기서, n : 짝수 숫자, 지거가 짝수인 경우 1구간 별도 계산

4. 심프슨 2공식 (3 구간을 1개조로)
$A = \frac{3}{8} d \{y_o + y_n + 3(y_1 + y_2 + y_4 + y_5 + \cdots$
　　$+ y_{n-2} + y_{n-1}) + 2(y_3 + y_6 + \cdots + y_{n-3})\}$

5. 구적기에 의한 면적 계산
① $A = C \cdot n$

② $A = C \cdot n \cdot \left(\dfrac{M}{m}\right)^2$

여기서, m : 구적기 축척 분모수
n : 눈금차

③ 축척과 면적관계

㉠ $a_1 : m_1^2 = a_2 : m_2^2$

여기서, a_1 : 정해진 단위면적
m_1 : 정해진 단위면적의 축척 분모수
a_2 : 구하려는 단위면적
m_2 : 구하려는 단위면적의 축척 분모수

㉡ $a = \dfrac{m^2}{1000} \pi \cdot d \cdot l$

6. 체적 계산

① 각주 공식 $V = \dfrac{l}{6}(A_1 + 4A_m + A_2)$

② 양단면평균법 $V = \dfrac{l}{2}(A_1 + A_2)$

③ 중앙단면법 $V = A_m \cdot l$

7. 점고법

① 직사각형

㉠ $V = \dfrac{A}{4}(\Sigma h_1 + 2\Sigma h_2 + 3\Sigma h_3 + \cdots)$

㉡ 계획고 $h = \dfrac{V}{n \cdot A}$

㉢ $A = a \cdot b$

② 삼각형

㉠ $V = \dfrac{A}{3}(\Sigma h_1 + 2\Sigma h_2 + 3\Sigma h_3 + \cdots)$

㉡ 계획고 $h = \dfrac{V}{n \cdot A}$

㉢ $A = \dfrac{1}{2} a \cdot h$

8. 등고선법

$V = \dfrac{h}{3}\{A_o + A_n + 4(A_1 + A_3 + \cdots + A_{n-1}) + 2(A_2 + A_4 + \cdots A_{n-2})\}$

여기서, n : 짝수 숫자, 지거가 짝수인 경우 1구간 별도 계산

9. 면적분할법

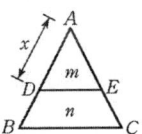

$x^2 : (\overline{AB})^2 = m : (m+n)$

$\therefore x = \sqrt{\dfrac{m}{m+n}} \cdot (\overline{AB})$

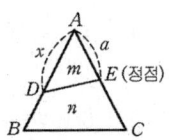

$(m+n) : n = (\overline{AB} \times \overline{AC}) : (a \times x)$

$\therefore x = \dfrac{n(\overline{AB} \times \overline{AC})}{a(m+n)}$

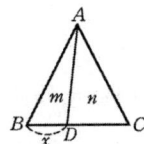

$x : \overline{BC} = m : (m+n)$

$\therefore x = \dfrac{m \cdot \overline{BC}}{m+n}$

11 하천측량

1. 측량 범위

① 유제부 → 제외지 전부와 제내지의 300m 이내
② 무제부 → 홍수시 물의 흐르는 맨 옆에서 100m 까지

2. 유량의 측정 장소

① 수위가 급변, 완만하지 않는 곳
② 유심의 이동, 하상의 변동이 없는 곳
③ 잔류, 역류, 유수가 적은 곳
④ 상·하류에 걸쳐 하폭의 4배 이상이 직선인 곳
⑤ 단면 및 하상구배가 균일한 곳
⑥ 하상과 하안이 세굴이나 퇴적이 안 되는 곳

3. 하천 수위의 종류

① 평수위 : 185일 이상 이보다 저하되지 않는 수위
② 저수위 : 275일 이상 이보다 저하되지 않는 수위
③ 갈수위 : 355일 이상 이보다 저하되지 않는 수위

4. 유속측정

① 표면부자(큰 하천 $V_m = 0.9V_s$, 작은 하천 $V_m = 0.8V_s$)
② 2중 부자(수면에서 6/10되는 깊이의 유속 측정)
③ 막대부자(봉부자)

5. 평균 유속

① 1점법 $V_m = V_{0.6}$
② 2점법 $V_m = \frac{1}{2}(V_{0.2} + V_{0.8})$
③ 3점법 $V_m = \frac{1}{4}(V_{0.2} + 2V_{0.6} + V_{0.8})$
④ 4점법 $V_m = \frac{1}{5}\{(V_{0.2} + V_{0.4} + V_{0.6} + V_{0.8}) + \frac{1}{2}(V_{0.2} + \frac{V_{0.8}}{2})\}$

6. 하천측량의 축척

① 종단 : $\frac{1}{1000} \sim \frac{1}{10000}$
② 횡단 : $\frac{1}{100} \sim \frac{1}{200}$

7. 하천의 종단측량 측정오차

① 유제부 : 10mm ⎫
② 무제부 : 15mm ⎬ 4km 왕복시
③ 급류부 : 20mm ⎭

12 사진측량

1. 항공사진의 특수 3점

① 주 점 : 렌즈 중심에서 화면에 내린 수선(렌즈 광축과 사진면이 교차하는 점)
② 연직점 : 렌즈 중심을 통한 연직선과 사진면과의 교점
③ 등각점 : 렌즈 중심에서 주점과 연직선이 이루는 각을 2등분하는 광선이 사진면과 교차하는 점

2. 사진 축척

① $M = \frac{1}{m} = \frac{f}{H}$
② $M = \frac{1}{m} = \frac{f}{H - h_1}$ (표고가 높은 경우)
③ $M = \frac{1}{m} = \frac{f}{H + h_2}$ (표고가 낮은 경우)

3. 촬 영

① 종기선 길이
$$B = m \cdot a\left(1 - \frac{p}{100}\right)$$
② 횡기선 길이
$$C = m \cdot a\left(1 - \frac{q}{100}\right)$$
여기서, a : 화면의 크기(사진의 크기)
p : 종중복도
q : 횡중복도

③ 사진크기의 실제거리
$$S = m \cdot a = \frac{H}{f} \cdot a$$
④ 주점 기선 길이
$$b_o = a\left(1 - \frac{p}{100}\right)$$
⑤ 촬영 고도
$$H = C \cdot \Delta h$$

4. 유효면적

① 사진 1매의 경우
$$A = (a \cdot m)(a \cdot m) = (a \cdot m)^2 = a^2 \cdot \left(\frac{H}{f}\right)^2$$

② 단촬영 경로인 경우

$$A_o = (m \cdot a)^2 \left(1 - \frac{p}{100}\right) = A\left(1 - \frac{p}{100}\right)$$

③ 복촬영 경로인 경우

$$A_o = (m \cdot a)^2 \left(1 - \frac{p}{100}\right)\left(1 - \frac{q}{100}\right)$$
$$= A\left(1 - \frac{p}{100}\right)\left(1 - \frac{q}{100}\right)$$

④ 사진 매수

$$N = \frac{F}{A_o} \times (1 + 안전율)$$

여기서, A : 사진 1매의 실제면적
A_o : 사진의 유효면적
a : 사진의 크기
F : 촬영대상 지역의 면적

5. 사진의 내부표정

① 사진주점을 투영기의 중심에 일치
② 초점거리(f)의 조정
③ 건판 신축 및 대기굴절, 지구곡률, 렌즈왜곡의 보정

6. 사진의 외부표정

① 상호표정
　㉠ 5개 표정인자(b_y, b_z, k, φ, ω)사용
　㉡ P_y(종시차) 소법
② 접합표정
　㉠ 7개 표정인자(λ, k, φ, ω, S_x, S_y, S_z)사용
　㉡ 입체 모형간
　㉢ 종접합모형간의 접합요소(축척, 미소변위, 위치 및 방위)
③ 절대표정
　㉠ 7개 표정인자(λ, k, φ, Ω, C_x, C_y, C_z)사용
　㉡ 축척의 결정
　㉢ 수준면의 결정
　㉣ 위치의 결정

7. 상호표정 인자중 소거 시차

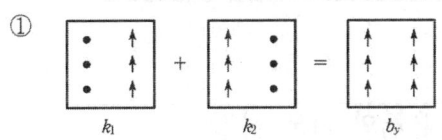

8. 표정의 순서

내부표정 → 상호표정 → 절대표정(대지표정) → 접합표정

9. 촬영 경로 및 촬영 고도

① 촬영지역을 완전히 덮고 중복도를 고려하여 결정
② 넓은 지역을 촬영할 경우 동서방향으로 직선 코스를 취하여 계획
③ 지역이 남북으로 긴 경우 남북 방향으로 계획
④ 1코스의 길이는 30km 이내

10. 항공사진과 지상사진의 차이점

① 항공사진은 감광도에 중점을 두며, 지상사진은 렌즈왜곡에 큰 비중을 둔다.
② 항공사진은 광각사진이 바람직하며, 지상사진은 보통각이 좋다.
③ 항공사진은 후방교회법이고, 지상사진은 전방교회법이다.
④ 지상사진은 수평위치의 정확도는 떨어지나 높이의 정확도는 좋다.
⑤ 좁은 지역, 소규모 대상물 및 지물의 판독에는 경제적이고 능률적이다.

수리·수문학

01 유체의 기본 성질

1. 밀도(ρ), 단위중량(ω)

① $\rho = \dfrac{m}{V}$, $\omega = \dfrac{W}{V} = \dfrac{m \cdot g}{V} = \rho \cdot g$

② 표준대기압 4℃에서 가장 높고 $\rho = 1\,\text{g/cm}^3$

③ 해수에서 $\rho = 1.025\,\text{g/cm}^3$

④ $9.8\,\text{N} = 1\,\text{kg} = 9.8\,\text{kg} \cdot \text{m/sec}^2$

2. 물의 압축성

$C = \dfrac{1}{E}$, $E = \dfrac{\text{응력도}}{\text{변형도}}$, $C = \dfrac{\frac{\Delta V}{V}}{\Delta P} = \dfrac{1}{E}$

여기서, C : 10℃일 때 1기압에서 $\dfrac{4}{100,000} \sim \dfrac{5}{100,000}\,\text{cm}^2/\text{kg}$

3. 표면장력(T)

$T = \dfrac{Pd}{4}$

여기서, P : 압력강도
d : 지름

4. 모세관 현상

① 부착력 > 응집력 : 관내 수면증가

② 부착력 < 응집력 : 관내 수면하강

③ 유리관을 세운 경우 $h = \dfrac{4T\cos\alpha}{\omega \cdot d}$

④ 2개의 연직판을 세운 경우 $h = \dfrac{2T\cos\alpha}{\omega \cdot d}$

⑤ 모세관 현상 − 부착력 + 응집력 = 표면장력

5. 점성계수는 수온이 높으면 작아지고 수온이 감소하면 커진다.(점성계수 감소 ⇒ 압력증가, 온도증가)

6. 뉴턴의 점성법칙 $\left(\tau = \mu \dfrac{dv}{dy}\right)$

① 점성계수, 속도구배

② 점성계수(μ)단위 poise = g/cm·sec

③ 동점성계수(ν)단위 stokes = cm²/sec

$\nu = \dfrac{\mu}{\rho}$

7. 전단응력은 직선분포이고 유속분포는 포물선 분포이다.

8. 차 원

① LMT계 : 길이(L), 질량(M), 시간(T)

② LFT계 : 힘(F)

③ $F = m \cdot a$에서 $F = MLT^{-2}$
$M = FL^{-1}T^2$

④ $\mu[\text{g/cm} \cdot \text{sec}]$
$L^{-1}MT^{-1} = L^{-1}FL^{-1}T^2T^{-1} = L^{-2}FT$

⑤ $\nu[\text{cm}^2/\text{sec}]$: L^2T^{-1}

9. 완전유체(이상유체)

① 비점성 유체($\mu = 0$)

② 비압축성 유체(밀도는 압력과 무관)

10. 실제유체

① 점성 유체($\mu \neq 0$, 층류와 난류)

② 압축성 유체($\rho = f(p)$)

02 정수역학

1. 정수압

① 절대압력 $P = P_a + \omega h$

② 계기압력 $P = \omega h$

③ 1기압 = $1\,\text{kg/cm}^2 ≒ 10.33\,\text{t/m}^2$

④ 정수압은 방향에 관계없이 크기가 같다.

⑤ 정수압의 방향은 물체표면에 직각방향으로 작용한다.

2. 수압기의 원리

① $\dfrac{P_1}{A_1} = \dfrac{P_2}{A_2}$

② 같은 액체일 때는 압력이 같다.

③ 같은 높이에서는 압력이 같다.

3. 압력의 측정

① 피에조미터 : $P = \omega h$

② 경사액주계 : $P = \omega \cdot l \sin\theta$

③ U자형 액주계 : $P = \omega_2 h_2 - \omega_1 h_1$

④ 역 U자형 액주계 :
$P_A - P_B = \omega_1(h_1 - h_3) + \omega_B h_2$

⑤ 시차 액주계 :
$P_A - P_B = \omega_2 h + \omega_1 (h_2 - h_1 - h)$

⑥ 미차 액주계 :
$P_A - P_B = h\left\{(\omega_3 - \omega_2) + \dfrac{a}{A}(\omega_2 - \omega_1)\right\}$

4. 연직평면에 작용하는 수압

① $P = \omega h_G A$

② $h_c = h_G + \dfrac{I_G}{h_G \cdot A}$

5. 경사평면에 작용하는 수압

① $P = \omega h_G A = \omega S_G \cdot \sin\theta A$

② $h_c = h_G + \dfrac{I_G}{h_G \cdot A} \sin^2\theta$

6. 곡면에 작용하는 수압

① 수압의 연직분력 : 곡면을 밑면으로 하는 연직 물기둥 무게이다.

② 수압의 수평분력 : 연직 투영면상에 투영된 투영면상에 작용하는 수압

③ $P = \sqrt{P_H^2 + P_V^2}$, $P_H = \omega \cdot h_G \cdot A$,
$P_V = \omega \cdot V$

7. 원관에 작용하는 수압

$t = \dfrac{PD}{2\sigma}$

8. 부 력

① $W = W' + B$, $B = \omega V'$

② $W = B$

③ 물체의 무게 = 배제된 해수의 무게

④ $W = $ 비중 $\times V$

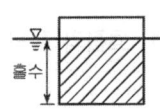

9. 부체의 안정

① 안 정 $W < B$, $h > 0$, $\dfrac{I_x}{V} > \overline{GC}$

M이 G보다 위에 있을 때

② 중 립 $W = B$, $h = 0$, $\dfrac{I_x}{V} = \overline{GC}$

$M = G$

③ 불안정 $W > B$, $h < 0$, $\dfrac{I_x}{V} < \overline{GC}$

M이 G보다 아래 있을 때

10. 수평가속도를 받는 액체

① $\tan\theta = \dfrac{a}{g} = \dfrac{(H-h)}{\dfrac{b}{2}}$

② $a = \dfrac{2g(H-h)}{b}$

11. 연직가속도를 받는 액체

① 상향가속도 $P = \omega h \left(1 + \dfrac{a}{g}\right)$

② 하향가속도 $P = \omega h \left(1 - \dfrac{a}{g}\right)$

12. 회전원통속의 수면

① $h_a = \dfrac{\omega^2 a^2}{2g} + h_o$

② $\omega = \sqrt{\dfrac{2g(h - h_o)}{a^2}}$

③ 물의 회전이 밑면의 전수압에 영향을 미치지 못한다.

03 동수역학

1. 흐름의 정의

① 정류 : $\frac{\partial V}{\partial t}=0$, $\frac{\partial Q}{\partial t}=0$, $\frac{\partial \rho}{\partial t}=0$

② 부정류 : $\frac{\partial V}{\partial t}\neq 0$, $\frac{\partial Q}{\partial t}\neq 0$, $\frac{\partial \rho}{\partial t}\neq 0$

2. 층류와 난류 구분(관수로)

① $R_e=\frac{VD}{\nu}$

② $R_e < 2000$: 층류

③ $R_e > 4000$: 난류

④ $2000 < R_e < 4000$: 과도상태

3. 상류와 사류의 구분

① $F_r=\frac{V}{C}$, $C=\sqrt{gh}$

② $V<C$, $F_r<1$ → 상류

③ $V>C$, $F_r>1$ → 사류

④ $F_r=1$ 일 때 수심을 한계수심(한계류)

4. 연속방정식

① Euler의 연속방정식, 수류의 연속방정식, 질량 불변의 법칙

② 정류에서 $Q=A_1V_1=A_2V_2$

③ 부정류에서 $\frac{\partial A}{\partial t}+\frac{\partial}{\partial S}(AV)=0$

④ 압축성 부정류

$\frac{\partial \rho}{\partial t}+\frac{\partial (\rho\mu)}{\partial x}+\frac{\partial (\rho v)}{\partial y}+\frac{\partial (\rho\omega)}{\partial Z}=0$

⑤ 압축성 정상류

$\frac{\partial (\rho\mu)}{\partial x}+\frac{\partial (\rho v)}{\partial y}+\frac{\partial (\rho\omega)}{\partial Z}=0$, $\frac{\partial \rho}{\partial t}=0$

⑥ 비압축성 정상류

$\frac{\partial (\mu)}{\partial x}+\frac{\partial (v)}{\partial y}+\frac{\partial (\omega)}{\partial Z}=0$, ρ가 붙지 않는다.

5. 운동방정식(Euler)

① 1차원 운동 $V\frac{\partial V}{\partial S}=-g\frac{\partial Z}{\partial S}-\rho\frac{\partial P}{\partial x}$

② 3차원 운동
x방향 $\rho\frac{d\mu}{dt}=\rho X-\frac{\partial P}{\partial x}$
y방향 $\rho\frac{dv}{dt}=\rho Y-\frac{\partial P}{\partial y}$
z방향도 같다.

6. Bernoulli 정리(에너지 불변의 법칙)

① $\frac{V_1^2}{2g}+\frac{P_1}{\omega}+Z_1=\frac{V_2^2}{2g}+\frac{P_2}{\omega}+Z_2=Const$

② 토리첼리의 정리 $V=\sqrt{2gH}$ (대기압 무시, 마찰손실수두 무시)

③ 피토관 튜브 $V=\sqrt{2gH}$

④ 벤투리미터
$\frac{V_1^2}{2g}+\frac{P_1}{\omega}=\frac{V_2^2}{2g}+\frac{P_2}{\omega}$
$\frac{1}{2g}(V_1^2-V_2^2)=\frac{P_1-P_2}{\omega}$

7. 에너지선과 동수경사

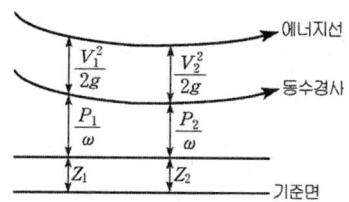

① 에너지선 − 동수경사 $=\frac{V_1^2}{2g}$

② 동수구배 $=\frac{P}{\omega}+Z$

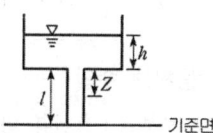

③ $P=\omega(Z-l)$

④ $Z=10.33$ m 이상이면 자유낙하

⑤ 여기서 압력은 0이 아니다.

8. 운동량과 역적

① 실제판에 작용하는 충격력

$F=\frac{\omega}{g}Q(V_1-V_2)$

② 판이 받는 압력

$F=\frac{\omega}{g}Q(V_2-V_1)$

③ 정지판에 직각 충돌

$(V_2 = 0)$ $F = \dfrac{\omega}{g} A \cdot V_1^2$

④ 정지판에 경사지게 충돌

$F_x = \dfrac{\omega}{g} A V^2 \sin\theta$

⑤ 정지판에 충돌 ($\theta < 90°$)

⑥ $F_x = \dfrac{\omega}{g} A V^2 (1 - \cos\theta)$,

$F_y = -\dfrac{\omega}{g} A V^2 \sin\theta$, $F = \sqrt{F_x^2 + F_y^2}$

⑦ $\theta > 90°$ 인 경우

$F = \dfrac{\omega}{g} A V^2 (1 + \cos\theta)$

⑧ $\theta = 180°$ 인 경우

$F = \dfrac{\omega}{g} A V^2 (1 + 1) = \dfrac{2\omega}{g} A V^2$

⑨ 움직이는 평판

$F = \dfrac{\omega}{g} A (V - u)^2$

⑩ 움직이는 곡면판

$F = \dfrac{\omega}{g} A (V - u)^2 (1 - \cos\theta)$

9. **항력**(유체속에 물체가 움직일 때)

① 마찰저항(표면저항) : R_e가 작을 때 표면저항이 크다.

② 형상저항 : 후류가 생기는 흐름

③ 조파저항 : 물체가 수면에 떠 있을 때 물체가 저항하는 항력

④ 전저항력 $D = C_D A \dfrac{\rho V^2}{2}$

10. **에너지 보정계수**

① $\alpha = \int_A \left(\dfrac{V}{V_m}\right)^3 \dfrac{dA}{A}$

② 층류일 때 $\alpha = 2$
   난류 $\alpha = 1.01 \sim 1.1$
   폭넓은 사각형 수로 $\alpha = 1.058$
   보통원관 $\alpha = 1.1$

11. **운동량 보정계수**

① $\eta = \int_A \left(\dfrac{V}{V_m}\right)^2 \dfrac{dA}{A}$

② 원관내 층류 $\eta = \dfrac{4}{3}$
   난류 $\eta = 1.0 \sim 1.05$
   보통 $\eta = 1$
   사각형 수로에서 난류 $\eta = 1.02$

04 오리피스

1. **작은 오리피스** ($H > 5d$)

① $Q = CA\sqrt{2gH}$

② $C_a = \dfrac{a}{A}$, $C = C_a \cdot C_v$

③ 일반적으로 $C_a = 0.64$ 이고, $Q = K H^{\frac{1}{2}}$

2. **큰 오리피스**

$Q = \dfrac{2}{3} Cb\sqrt{2g}\left(H_2^{\frac{3}{2}} - H_1^{\frac{3}{2}}\right)$

3. **수중 오리피스** ($Q = Q_1 + Q_2$)

$Q = \dfrac{2}{3} C_1 b\sqrt{2g}\left(H^{\frac{3}{2}} - H_1^{\frac{3}{2}}\right) + C_2 (H_2 - H) b\sqrt{2gH}$

4. **관 오리피스**

① $Q = Ka\sqrt{2gH}$ ② $K = \dfrac{C}{\sqrt{1 - \left(\dfrac{Ca}{A}\right)^2}}$

5. **오리피스의 배수시간**

① 보통 오리피스

$T = \dfrac{2A}{Ca\sqrt{2g}} \left(H_1^{\frac{1}{2}} - H_2^{\frac{1}{2}}\right)$

※ 완전배수시 $\left(H^{\frac{1}{2}}\right)$

② 수중 오리피스

$T = \dfrac{2A_1 A_2}{Ca\sqrt{2g}(A_1 + A_2)} \left(H^{\frac{1}{2}} - h^{\frac{1}{2}}\right)$

※ 수위가 동등해질 때 $T = \dfrac{2A_1 A_2}{Ca\sqrt{2g}(A_1 + A_2)} H^{\frac{1}{2}}$

6. 분수 및 손실수두

① $H_v = C_v^2 H$

② 손실수두 $h_L = (1 - C_v^2)H$

③ 손실수두 h_L = 전수두 − 분수의 높이 = 전수두 − 유속수두

7. 단 관

① 표준단관 : 단관의 길이가 직경의 2~3배
$C_a = 1$, $C = 0.83$

② 보르다단관 : 분류가 관에 접하지 않는다.
$C_a = 0.52$, $C_v = 0.98$, $C = 0.51$

05 위 어

1. 위어의 목적

① 유량측정
② 수위증가
③ 분수

2. 완전수맥(자유월류)

① $H < 0.4H_d$
② 불완전 수맥 : 소용돌이 발생
③ 부착 수맥 : 극단적인 경우 유량 30% 증가

3. 전수두 = 측정수두 + 접근유속수두 = $h + a \dfrac{V_a^2}{2g}$

4. 사각위어

① $Q = \dfrac{2}{3} Cb\sqrt{2g}\, h^{\frac{3}{2}}$

② 접근 유속수두(h_a)를 고려하면

$Q = \dfrac{2}{3} Cb\sqrt{2g} \left\{ (h + h_a)^{\frac{3}{2}} - h_a^{\frac{3}{2}} \right\}$

③ Francis 공식

$Q = 1.84 b_o h^{\frac{3}{2}}$, $b_o = b - 0.1nh$

- 양단수축 $n = 2$
- 단 수 축 $n = 1$
- 수축 없을 때 $n = 0$

5. 삼각 위어

$Q = \dfrac{8}{15} C \tan \dfrac{\theta}{2} \sqrt{2g}\, h^{\frac{5}{2}}$

6. 사다리꼴 위어

① $Q = \dfrac{2}{3} Cb\sqrt{2g}\, h^{\frac{3}{2}} + \dfrac{8}{15} C \tan \dfrac{\theta}{2} \sqrt{2g}\, h^{\frac{5}{2}}$

② 치폴레티위어 $Q = 1.86 bh^{\frac{3}{2}}$

7. 광정위어

① $Q = Cbh_2 \sqrt{2g(H - h_2)}$

② 최대 월류량 $h_2 = \dfrac{2}{3} H$(한계수심)이면

$Q = 1.7 CbH^{\frac{3}{2}}$

③ $h_2 > \dfrac{2}{3} H$이면 수중 위어라 하고 계산시 수중 위어 공식을 사용

④ 완전월류 : $h_2 < \dfrac{2}{3} H$

⑤ 불완전월류 : $h_2 > \dfrac{2}{3} H$

8. 수중 위어

① $Q = Q_1 + Q_2$

② $Q = \dfrac{2}{3} C_1 b\sqrt{2g} \left\{ (h + h_a)^{\frac{3}{2}} - h_a^{\frac{3}{2}} \right\}$

③ $Q = C_2 bh_2 \sqrt{2g(h + h_a)}$

9. 나팔형 위어

① $Q = Clh^{\frac{3}{2}} = C2\pi rh^{\frac{3}{2}}$ (자유월류시)

② $Q = Cah_2^{\frac{1}{2}}$ (완전히 물속에 잠겨 있을 때)

10. 벤투리 훌륨

① 수로의 도중을 축소시켜 유량 측정 장치
② 수로

06 관수로

1. 관수로 특성
① 자유수면을 갖지 않는다.
② 압력에 의해 흐른다.

2. Hazen-Poiseuille 법칙

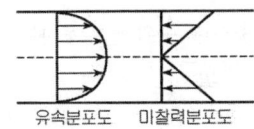
유속분포도   마찰력분포도

① 원관내 층류에 해당($R_e < 2000$)
② 평균유속 $V_m = \dfrac{\omega h_L}{8 \mu l} r^2$
③ 최대유속 $V_{max} = 2V_m$
④ 평균유량 $Q = \pi r^2 V_m$
⑤ 관벽의 마찰력 $\tau_o = \dfrac{\Delta P}{2l} \gamma$, $\Delta P = \omega h_L$

3. Darcy-Weisbach의 마찰손실공식
① $h_L = f \dfrac{l}{D} \dfrac{V^2}{2g}$
② 손실수두는 조도에 비례
③ 물의 점성에 비례

4. 마찰손실계수(f)
① 층류의 경우
  $R_e < 2000$ 일 때 $f = \dfrac{64}{R_e}$
② 난류의 경우
  $R_e > 4000$ 일 때 $f = 0.3164 R_e^{-\frac{1}{4}}$
  $f = \phi'' \left(\dfrac{1}{R_e}, \dfrac{e}{D}\right)$
③ 거친관의 경우 R_e가 크면 f는 $\dfrac{e}{D}$의 함수가 된다.
④ 매끈한 관이란 층류저층(벽면 부근의 층류부분)의 두께보다 작은 경우

5. 마찰속도
① $U = \sqrt{\dfrac{\tau}{\rho}} = V\sqrt{\dfrac{f}{8}} = \sqrt{gRI}$
② 수심에 비해 폭이 매우 큰 개수로
  $R ≒ h$, $U = \sqrt{ghI}$

6. Chezy 공식
① $V = C\sqrt{RI}$
② $C = \sqrt{\dfrac{8g}{f}}$, $f = \dfrac{8g}{C^2}$, $R = \dfrac{D}{4}$, $I = \dfrac{h_L}{l}$

7. Manning 공식
① $V = \dfrac{1}{n} R^{\frac{2}{3}} I^{\frac{1}{2}}$
② $f = \dfrac{124.6 n^2}{D^{\frac{1}{3}}}$
  여기서, n : 조도계수
③ $V = C\sqrt{RI} = \dfrac{1}{n} R^{\frac{2}{3}} I^{\frac{1}{2}}$ 에서 $C = \dfrac{1}{n} R^{\frac{1}{6}}$

8. 손실수두
① 급확 손실수두 $h_{se} = \left(1 - \dfrac{d^2}{D^2}\right) \dfrac{V_1^2}{2g}$
② 유입 손실수두 $h_i = f_i \dfrac{V^2}{2g}$, $f_i = 0.5$
③ 유출 손실수두 $h_o = f_o \dfrac{V^2}{2g}$, $f_o = 1$
④ 기타 손실은 주어지지 않을 경우 무시한다.

9. 전수두
① $H = \left(f_i + f\dfrac{l}{D} + f_o\right) \dfrac{V^2}{2g}$
  $= \left(0.5 + f\dfrac{l}{D} + 1\right) \dfrac{V^2}{2g}$
② $V = \sqrt{\dfrac{2gh}{f_i + f\dfrac{l}{D} + f_o}} = \sqrt{\dfrac{2gh}{1.5 + f\dfrac{l}{D}}}$
③ $\dfrac{l}{D} > 3000$이면 마찰 이외의 손실은 무시
  $Q = \dfrac{\pi D^2}{4} \sqrt{\dfrac{2gh}{f\dfrac{l}{D}}}$

10. 사이펀

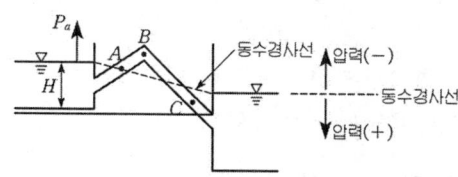

① $P=\omega h$, $P_A=0$, $P_B<0$, $P_C>0$
② 베르누이 정리 $O+O+H=\dfrac{V^2}{2g}+O+O$
③ 이론수두 $H_c=\dfrac{P_a}{\omega}=10.33\,\text{m}$, 실제는 $8\,\text{m}$

11. 역사이펀

계곡이나 하천을 횡단하기 위해 설치

12. 관망(Hardy Cross)의 근사해법 기본 가정

① 각 분기점 또는 합류점에서 유입하는 유량은 전부 유출한다.
② 각 폐합관에 대한 손실수두 합은(0)이다.(흐름의 방향은 관계없다.)
③ 마찰 이외의 손실은 무시한다.

$$\varDelta Q=-\dfrac{\sum KQ^2}{2\sum KQ}$$

13. 수차의 동력

① $E=\omega QH\,[\text{kg·m/sec}]$
② $E=9.8QH_e\eta\,[\text{KW}]$
③ $E=13.33QH_e\eta\,[\text{HP}]$
④ $1\,[\text{KW}]=102\,[\text{kg·m/sec}]$
⑤ $1\,[\text{HP}]=75\,[\text{kg·m/sec}]$
⑥ 유효수두 $H_e=H-\sum h_L$, $H_p=H+\sum h_L$

14. 펌프의 동력

① $E=9.8\dfrac{QH_p}{\eta}\,[\text{KW}]$
② $E=13.33\dfrac{QH_p}{\eta}\,[\text{HP}]$
③ 합성효율 $\eta=\eta_1\times\eta_2$

15. 관수로의 배수시간

① 자유방출
$$T=\dfrac{2A}{aK}\left(H_1^{\frac{1}{2}}-H_2^{\frac{1}{2}}\right)$$

② 두 물통을 연결
$$T=\dfrac{2A_1A_2}{aK(A_1+A_2)}\left(H_1^{\frac{1}{2}}-H_2^{\frac{1}{2}}\right)$$

여기서, $\begin{bmatrix}A:\text{물통의 단면적}\\a:\text{관의 단면적}\end{bmatrix}$

③ 완전 배출시나 수위가 같을 때 : $H^{\frac{1}{2}}$
④ $K=\sqrt{\dfrac{2g}{1.5+f\dfrac{l}{D}}}$

16. 수격작용 및 서징, 공동현상

① 수격작용 : 급히 밸브를 개폐시 압력의 증가 및 감소 현상
② 서징 : 수압 조절수조로서 급격한 압력의 변동을 완화
③ 공동현상 : 국부적 저압이 생겨 공기덩어리가 생기는 현상으로 압력은 절대 0이 아니다.
④ Pitting : 공동현상으로 인해 순간적으로 압궤하면서 고체면에 강한 충격을 주므로 침식을 당하는 작용

07 개 수 로

1. 흐름의 특징

① 자유수면을 갖는다.(수로의 경사)
② 중력의 작용

2. 하천의 평균유속

① 표면법 $V_m=0.85V_s$
② 1 점법 $V_m=V_{0.6}$
③ 2 점법 $V_m=\dfrac{V_{0.2}+V_{0.8}}{2}$
④ 3 점법 $V_m=\dfrac{V_{0.2}+2V_{0.6}+V_{0.8}}{4}$

3. 평균 유속공식

① Chezy 공식 $V = C\sqrt{RI}$

② Manning 공식 $V = \dfrac{1}{n} R^{\frac{2}{3}} I^{\frac{1}{2}}$

4. 수리학상 유리한 단면

① 직사각형 단면 $R = \dfrac{A}{P}$, $h = \dfrac{B}{2}$, $R = \dfrac{h}{2}$

② 사다리꼴 단면 $R_{\max} = \dfrac{h}{2}$, $l = \dfrac{B}{2}$

③ 원형단면 $\begin{cases} R = 0.304D, \ Q = 1.064D^{\frac{8}{3}} \\ Q_{\max}\text{의 수심은 } H = 0.94D \end{cases}$

5. 수리특성곡선

① 임의점에 대한 A, R, V, Q의 비

② $\dfrac{h}{h_o}$, $\dfrac{A}{A_o}$, $\dfrac{V}{V_o}$, $\dfrac{R}{R_o}$, $\dfrac{Q}{Q_o}$

6. 비에너지

① 수로바닥을 기준으로 한 단위무게의 물의 에너지

② $H_e = h + \alpha \dfrac{V^2}{2g}$

7. 한계수심

① 유량이 최대의 속도로 흘러갈때의 수심

② $h_c = \left(\dfrac{n\alpha Q^2}{gb^2}\right)^{\frac{1}{2n+1}}$, $h = \left(\dfrac{Q}{bC\sqrt{I}}\right)^{\frac{2}{3}}$

③ $Q_{\max}$ 일 때 $h_c = \dfrac{2}{3} H_e$ (비에너지는 최소가 된다.)

④ 사각형 단면일 때
$h_c = \left(\dfrac{\alpha Q^2}{gb^2}\right)^{\frac{1}{3}}$, $h_c = \dfrac{2}{3} H_e$

⑤ 포물선 단면일 때
$h_c = \left(\dfrac{1.5\alpha Q^2}{gb^2}\right)^{\frac{1}{4}}$, $h_c = \dfrac{3}{4} H_e$

⑥ 삼각형 단면일 때
$h_c = \left(\dfrac{2\alpha Q^2}{gm^2}\right)^{\frac{1}{5}}$, $h_c = \dfrac{4}{5} H_e$

8. 상류와 사류의 구분

① 한계유속일 때 $V_c = \sqrt{gh_c}$, $F_{rc} = \dfrac{V_c}{\sqrt{gh_c}} = 1$

② $F_r = \dfrac{V}{C} = \dfrac{V}{\sqrt{gh}}$

③ 상류일 때
$V < V_c$, $F_r < 1$, $h_c < h$,
$I < \dfrac{g}{\alpha C^2}$, $\left(\dfrac{\alpha Q^2}{gb^2}\right)^{\frac{1}{3}} < \left(\dfrac{Q}{Cb\sqrt{I}}\right)^{\frac{2}{3}}$

④ 사류일 때
$V > V_c$, $F_r > 1$, $h_c > h$,
$I > \dfrac{g}{\alpha C^2}$, $\left(\dfrac{\alpha Q^2}{gb^2}\right)^{\frac{1}{3}} > \left(\dfrac{Q}{Cb\sqrt{I}}\right)^{\frac{2}{3}}$

⑤ 한계류 $I_c = \dfrac{g}{\alpha C^2}$

9. 한계 레이놀즈수 (R_e)

① $R_e = \dfrac{VR}{\nu}$

② 관수로 $R_e = \dfrac{VD}{\nu}$

③ 넓은 직사각형수로 $h \fallingdotseq R$, $R_e = \dfrac{Vh}{\nu}$

④ 층류 $R_e < 500$

⑤ 난류 $R_e > 500$

10. 도 수

① 사류에서 상류로 변할 때 맴돌이 현상

② $h_2 = \dfrac{h_1}{2}\left(-1 + \sqrt{1 + 8F_r^2}\right)$

③ 에너지 손실 $\Delta H_e = \dfrac{(h_2 - h_1)^3}{4h_2 h_1}$

④ 완전 도수 $F_r \geq \sqrt{3}$

⑤ 파상 도수 $1 < F_r < \sqrt{3}$

⑥ $F_r = 1$ 이면 한계류(도수가 일어나지 않는다.)

⑦ 지배단면 : 상류에서 사류로 변하는 단면

⑧ 도수전이나 후에 변하지 않는 것 : 비력, 유량

11. 비력(충력치)

$$M = h_G A + \eta \frac{QV}{g}$$

12. 부등류의 수면형

① 배수곡선($h > h_o > h_c$) : 상류댐 또는 Weir 등 설치시
② 저하곡선($h_o > h > h_c$) : 폭포같은 것, 볼록한 곡선 형태

13. 곡선수로

① 상류의 경우 V×R=Const(일정)
② 안쪽의 유속이 가장 크다.
③ 사류의 경우(충격파) $\sin \beta = \frac{1}{F_r}$

여기서, β : 마하각

14. 기본 운동방정식

① 부등류 $\frac{\partial V}{\partial t} = 0$

$$-i + \frac{dh}{dx} + \alpha \frac{d}{dx}\left(\frac{V^2}{2g}\right) + \frac{V^2}{C^2 R} = 0$$

② 등류 $\frac{\partial V}{\partial t} = 0, \frac{\partial h}{\partial x} = 0, \frac{dV}{dx} = 0$

$$I = i = f \frac{1}{4R} \frac{V^2}{2g} = \frac{V^2}{C^2 R}$$

08 지하수와 유사이론

1. Darcy 법칙의 적용 범위

① 지하수의 흐름이 층류인 경우에 잘 맞는다.
② $R_e < 4$
③ $V_s = \frac{V}{n} = \frac{KI}{n}$

2. Dupuit의 침윤선 공식

$$q = \frac{K}{2l}(h_1^2 - h_2^2)$$

3. 불투수층에 달하는 집수암거

① $Q = \frac{Kl}{R}(H^2 - h_0^2)$
② 일면 집수시 $Q \times \frac{1}{2}$

4. 굴착정

① $Q = \frac{2\pi a K (H - h_o)}{2.3 \log\left(\frac{R}{r_o}\right)}$

여기서, a : 대수층 두께

② 피압대수층 : 지하수가 자유수면을 갖지 않는 상태

5. 깊은 우물(심정호)

$$Q = \frac{\pi K (H^2 - h_o^2)}{2.3 \log\left(\frac{R}{r_o}\right)}$$

6. 얕은 우물(천정호)

① 집수정 바닥이 수평인 경우
$Q = 4Kr_o(H - h_o)$
② 둥근 경우
$Q = 2\pi K r_o(H - h_o)$

7. 유사이론

① 부유유사 : 유수속에 퍼서 이동되는 토사
② 소류사(하상유사) : 수로바닥 근처에서 이동되는 토사
③ 총유사량 : 부유유사량+소류사량

8. 소류력

① 유수가 윤변에 작용하는 마찰력
② 소류력 $\tau_o = \omega R I = \omega R \frac{h}{l}$
③ 한계소류력 $D = C_D A \frac{\rho V^2}{2}$
④ 마찰속도 $V = \sqrt{gRI} = \sqrt{ghI}$

9. 상사성

① 기하학적 상사성 : 형태만을 생각, 수심, 길이 등(체적)

② 운동학적 상사성 : 운동의 모양을 생각, 속도, 시간 등
③ 동역학적 상사성 : 힘, 질량비

10. 상사의 법칙

① Froude의 법칙 : 중력과 관성력이 흐름을 지배(개수로에 적용)
② Reynolds의 법칙 : 마찰력 또는 점성력이 흐름을 지배(관수로에 적용)
③ Weber의 법칙 : 표면장력이 지배(바다의 해양에 적용)
④ Cauchy의 법칙 : 압축성 유체가 유동할 때 탄성력이 지배

09 수문학

1. 물의 순환

강수량(P)=유출량(R)+증발산량(E)+ 침투량(C)+저유량(S)

2. 상대습도

$h = \dfrac{e}{e_s} \times 100(\%)$

3. 풍속과 고도에 따른 경험식

$\dfrac{V}{V_o} = \left(\dfrac{Z}{Z_o}\right)^K$

4. 강수기록의 추정방법

① 산술평균법
정상 년 평균 강수량의 차가 10% 이내인 경우
$P_x = \dfrac{1}{3}(P_A + P_B + P_C)$

② 정상 년 강우량 비율법
3개의 관측소 중 어느 한 개라도 10% 이상의 차가 있을 때
$P_x = \dfrac{N_x}{3}\left(\dfrac{P_A}{N_A} + \dfrac{P_B}{N_B} + \dfrac{P_C}{N_C}\right)$

③ 단순 비례법
$P_x = \dfrac{P_A}{N_A} N_x$

5. 강우강도와 지속시간 관계

① Talbot 형 $I = \dfrac{a}{t+b}$
② Sherman 형 $I = \dfrac{c}{t^n}$
③ Japanese 형 $I = \dfrac{d}{\sqrt{t}+e}$
④ $I = \dfrac{KT^x}{t^n}$

6. 평균 강우량 산정

① 산술평균법
  ㉠ 유역면적이 500km² 미만(평야지역)
  ㉡ $P_m = \dfrac{\sum P}{N}$
② Thiessen의 가중법
  ㉠ 유역면적이 500~5000km²(널리 사용)
  ㉡ $P_m = \dfrac{\sum AP}{\sum A}$
③ 등우선법
  ㉠ 유역면적이 5000km² 이상(산악영향 고려)
  ㉡ $P_m = \dfrac{\sum AP_{im}}{\sum A}$

7. DAD 해석

우량깊이 - 유역면적 - 강우지속기간 관계 수립

8. 증발접시계수 = $\dfrac{\text{저수지의 증발량}}{\text{접시의 증발량}}$

9. 증발에 영향을 미치는 인자

① 물과 공기의 온도, 바람, 상대습도, 수질, 수표면의 성질과 형상 등
② 증발(액체→기체)
③ 승화(고체→기체)
④ 증산(식물의 엽면을 통해 방출되는 현상)

10. 물 수지 원리의 산정

$E = P + I \pm U - O \pm S$

11. 증발량의 산정 방법
① 물수지 원리
② 에너지 수지 원리
③ Peman의 이론
④ Thornthwaite - Holzman의 공식

12. 침투능 추정 방법
① ϕ - index 법
② W - index 법

13. 합리식에 의한 홍수량
$$Q = \frac{1}{3.6} CIA = 0.2778 CIA$$
(5km² 이상 사용금지)

14. 유출 해석의 분류

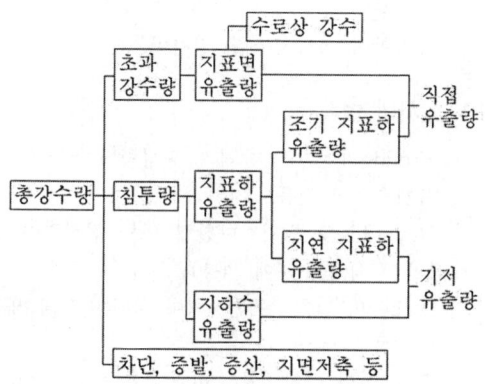

① 직접 유출량 : 강수 후 비교적 짧은 시간에 하천에 흘러 들어가는 부분
② 기저 유출량 : 비가 오기 전의 건조시 유출

15. 수위 유량 관계 곡선 추정 방법
① 전대 수지법
② Stevens 방법
③ Manning 공식에 의한 방법

철근콘크리트 및 강구조

01 철근콘크리트의 기본 개념

1. RC의 성립 이유
① 철근과 콘크리트의 부착강도가 크다.
② 콘크리트 속의 철근은 부식하지 않는다.
③ 철근은 인장에 강하고 콘크리트는 압축에 강하다.
④ 두 재료는 열팽창계수가 거의 같다.

2. RC의 장·단점
① 치수, 형상에 제약을 받지 않는다.
② 내구적, 내화적
③ 균열 발생
④ 시공이 복잡
⑤ 중량이 크다.(댐에서는 장점)

3. 콘크리트의 탄성계수
① 콘크리트의 단위질량 $m_c = 1450 \sim 2500 \, kg/m^3$ 의 경우
$$E_c = 0.077 m_c^{1.5} \sqrt[3]{f_{cu}} \, [MPa]$$
② 보통 골재를 사용한 콘크리트의 단위질량 $m_c = 2300 \, kg/m^3$ 의 경우
$$E_c = 8500 \sqrt[3]{f_{cu}} \, [MPa]$$
여기서, $f_{cu} = f_{ck} + \Delta f \, [MPa]$
Δf 는 f_{ck} 가 40 MPa 이하 4 MPa,
f_{ck} 가 60 MPa 이상 6 MPa이며,
그 사이는 직선보간한다.

4. 크리프의 특징
① 5년 후면 크리프 완료
② $\dfrac{W}{C}$ 클수록 크리프 증가
③ 단위 시멘트량 많을수록 증가
④ 상대습도 높을수록 감소

5. 크리프 계수
① $\phi = \dfrac{\varepsilon_c}{\varepsilon_e}$
② 옥내 $\phi = 3$, 옥외 $\phi = 2$, 수중 $\phi = 1$ 이하

6. 건조수축 특징
① 단위수량과 시멘트량이 많으면 건조수축 크다.
② RC는 건조수축시 철근은 압축, 콘크리트에는 인장력 발생
③ 건조수축계수
 • 라멘 0.00015
 • 아치 0.00015(철근량 0.5% 이상)
     0.0002(철근량 0.1~0.5%)
④ 수중에서 거의 일어나지 않는다.

7. 철근의 용도
① 주철근
  정철근 : +휨모멘트
  부철근 : -휨모멘트
  에 의해 일어나는 인장응력을 받도록 배치한 철근
② 배력철근
 • 주철근의 위치 확보
 • 건조수축에 의한 균열방지
③ 조립용 철근
  보조적인 철근으로 위치 확보가 주목적

02 구조물의 역학적 거동과 설계

1. 휨응력 $f = \dfrac{M}{I} y$

2. 전단응력 $v = \dfrac{V \cdot G}{I \cdot b}$

3. 설계법 비교

허용응력 설계법	강도 설계법
사용하중(실제, 작용)	극한하중(미리 많이 가해 본 하중)
응력개념	강도개념
탄성	소성
허용응력 규제해서 안전 고려	사용하중에 하중계수로 안전 고려

4. 유효환산 단면적(A')

$$f_c = \dfrac{P}{A'} = \dfrac{P}{A_g + (n-1)A'_s}$$

$(2n-1)$은 장기하중 또는 압축철근에 적용

5. 탄성계수비 $n = \dfrac{E_s}{E_c}$

① 소성이며 장기하중일 때는 n배가 아닌 $2n$배로 취한다.
② $E_s = nE_c$

6. Hooke 법칙

① $\varepsilon_c = \dfrac{f_c}{E_s} = \dfrac{f_s}{E_s}$ (열 팽창계수가 거의 같아서)

② $f_s = \dfrac{E_s}{E_c} f_c$

③ $f_s = nf_c$ (단기하중이면 탄성체인 허용응력)

03 강도 설계법

1. 가 정

① 콘크리트의 최대 변형률 0.003, 이때 $f_y \leq 600\,\text{MPa}$
② 변형률은 중립축으로부터의 거리에 비례
③ 콘크리트의 인장강도 무시

2. $a = \beta_1 \cdot c$

① $\beta_1 = 0.85$ ($f_{ck} = 28\,\text{MPa}$까지)
② β_1 값은 1MPa씩 증가하면 0.007씩 감소(단, $\beta_1 = 0.65$ 이상)

3. 하중계수

$U = 1.2D + 1.6L$

4. 단철근 직사각형보

① $c_b = \dfrac{600}{600 + f_y} \cdot d = \dfrac{0.003}{0.003 + \dfrac{f_y}{E_s}} \cdot d$

② $\rho_b = \dfrac{0.85 f_{ck} \beta_1}{f_y} \cdot \dfrac{600}{600 + f_y}$

• $\rho_{max} = \dfrac{0.003 + \dfrac{f_y}{E_s}}{0.007} \cdot \rho_b$

$f_y = 300\,\text{MPa}$ 일 때 $\rho_{max} = 0.643 \rho_b$
$f_y = 350\,\text{MPa}$ 일 때 $\rho_{max} = 0.679 \rho_b$
$f_y = 400\,\text{MPa}$ 일 때 $\rho_{max} = 0.714 \rho_b$
$f_y = 500\,\text{MPa}$ 일 때 $\rho_{max} = 0.688 \rho_b$

• $\rho_{min} = \dfrac{0.25\sqrt{f_{ck}}}{f_y}$ 또는 $\dfrac{1.4}{f_y}$ 중 큰 값 이상

③ $a = \dfrac{A_s \cdot f_y}{0.85 f_{ck} \cdot b}$

④ $\phi M_n = \phi A_s f_y \left(d - \dfrac{a}{2}\right)$
$= \phi [f_{ck} q \cdot b \cdot d^2 (1 - 0.59 q)]$
$= \phi (0.85 f_{ck} ab)\left(d - \dfrac{a}{2}\right)$

$q = \dfrac{f_y \cdot \rho}{f_{ck}}$

5. 복철근 직사각형보

① $a = \dfrac{(A_s - A_s')f_y}{0.85 f_{ck} \cdot b}$

② $\phi M_n = \phi \left[A_s' f_y (d - d') + (A_s - A_s') f_y \left(d - \dfrac{a}{2} \right) \right]$

6. T형보

[플랜지 유효폭의 결정]

Ⓐ T형보
- (양쪽으로 각각 내민 플랜지 두께의 8배) + b_w
- 양쪽 슬래브의 중심간 거리
- 보의 경간의 $\dfrac{1}{4}$

⇒ 이 중에서 가장 작은 값

Ⓑ 반T형보
- (한쪽으로 내민 플랜지 두께의 6배) + b_w
- (보의 경간의 $\dfrac{1}{12}$) + b_w
- (인접보와의 내측거리의 $\dfrac{1}{2}$) + b_w

⇒ 이 중에서 가장 작은 값

① T형보 판정: $c > t$, $a > t$

② 폭 b인 직사각형보: $c \leq t$, $a \leq t$

③ 폭 b인 구형보 $a = \dfrac{A_s f_y}{0.85 f_{ck} b} = \dfrac{\rho d f_y}{0.85 f_{ck}}$

여기서, $\begin{cases} a \leq t : \text{폭 } b\text{인 직사각형보} \\ a > t : \text{T형보} \end{cases}$

④ 인장측 철근을 $a = t$ 경우

$A_s = \dfrac{0.85 f_{ck} \cdot t \cdot b}{f_y}$

⑤ 플랜지 단면 압축력과 평형의 경우

$A_{sf} = \dfrac{0.85 f_{ck} t_f (b - b_w)}{f_y}$

⑥ 폭 b_o인 직사각형 단면의 압축력과 평형

$\left(c = \dfrac{a}{\beta_1} > t \right)$

$a = \dfrac{(A_s - A_{sf}) f_y}{0.85 f_{ck} b_w}$

⑦ $\phi M_n = \phi \left[A_{sf} f_y \left(d - \dfrac{t}{2} \right) + (A_s - A_{sf}) f_y \left(d - \dfrac{a}{2} \right) \right]$

7. 장기처짐 = 단기처짐 × $\dfrac{\xi}{1 + 50\rho'}$

① 장기처짐계수 $\lambda_\Delta = \dfrac{\xi}{1 + 50\rho'}$

② 장기처짐 = 순간처짐(탄성처짐) × 장기처짐계수

③ 최종처짐 = 순간처짐(탄성처짐) + 장기처짐

여기서, $\begin{cases} \xi : \text{시간경과계수} \\ \rho' : \text{압축철근비} \left(\dfrac{A_s'}{bd} \right) \end{cases}$

④ 지속하중에 대한 시간경과계수(ξ)
- 5년 이상: 2.0
- 12개월: 1.4
- 6개월: 1.2
- 3개월: 1.0

8. 강도감소계수(ϕ)

① 휨 부재 $\phi = 0.85$
② 전단, 비틀림 $\phi = 0.75$
③ 나선 철근 부재 $\phi = 0.7$
④ 기타 부재(띠철근) $\phi = 0.65$

04 보의 전단 설계

1. 강도설계법

① $V_u \leq \phi V_n$, $V_n = V_c + V_s$

② $V_c = \dfrac{1}{6} \lambda \sqrt{f_{ck}} b_w d$

③ $V_s = \dfrac{A_v f_{yt} d}{s}$

④ $V_s = \dfrac{A_v f_{yt} (\sin \alpha + \cos \alpha) d}{s}$

⑤ $V_s \leq \dfrac{2}{3} \sqrt{f_{ck}} b_w d$

$V_s > \dfrac{2}{3} \sqrt{f_{ck}} b_w d$이면 보의 단면을 크게 한다.

⑥ 스터럽 간격: $0.5d$ 이하, 600mm 이하

$V_s > \dfrac{1}{3} \lambda \sqrt{f_{ck}} b_w d$이면 $\dfrac{d}{4}$ 이하, 300mm 이하

⑦ $\dfrac{1}{2} \phi V_c < V_u < \phi V_c$ 일 경우 $A_v = 0.35 \dfrac{b_w s}{f_{yt}}$

여기서, $f_y = 500$ MPa 이하

⑧ $s = \dfrac{\phi A_v f_{yt} d}{V_u - \phi V_c}$

05 정착 및 이음

1. 정착 종류
① 매입길이
② 갈고리
③ T형 용접

2. 철근의 부착에 영향을 주는 요소
① 철근의 표면상태(이형철근>원형철근)
② 콘크리트의 강도
③ 철근의 지름
④ 철근의 덮개
⑤ 철근의 배치 방향
⑥ 콘크리트의 배합, 다지기

3. 매입길이
① 인장철근의 기본 정착 길이(D_{35} 이하)

$$l_{db} = \frac{0.6\,d_b \cdot f_y}{\lambda\sqrt{f_{ck}}} \geq 300\,mm$$

l_d = 보정계수 $\times l_{db}$

② 표준갈고리의 기본 정착 길이

$$l_{hb} = \frac{0.24\,\beta d_b f_y}{\lambda\sqrt{f_{ck}}}$$

l_{dh} = 보정계수 $\times l_{hb} \geq 150\,mm \geq 8d_b$

③ 압축철근의 기본 정착 길이

$$l_{db} = \frac{0.25\,d_b \cdot f_y}{\lambda\sqrt{f_{ck}}} \geq 0.043 f_y \cdot d_b$$

l_d = 보정계수 $\times l_{db} \geq 200\,mm$

④ 규정된 겹이음 길이 증가량
  ㉠ 3개 철근다발 : 20%
  ㉡ 4개 철근다발 : 33%
⑤ 겹이음(이형 인장철근)
  ㉠ A급 이음 : 1.0 l_d
  ㉡ B급 이음 : 1.3 l_d이며 단 300mm 이상

4. 철근덮개 이유
① 철근 산화 방지
② 내화구조
③ 부착응력 확보

④ 침식, 염해로부터 보호

5. 주철근 수평순간격
① 25mm 이상
② 나선철근과 띠철근 기둥에서 축방향 철근의 순간격은 40mm 이상, 철근 공칭지름의 1.5배 이상
③ 철근의 공칭지름 이상

6. 주철근 중심간격
벽체 또는 슬래브에서 휨 주철근의 간격은 벽체나 슬래브 두께의 3배 이하로 하고 또한 450mm 이하로 한다.

7. 철근의 이음
① 이어대지 않는 것 원칙
② D35 초과 철근은 겹이음이 안된다.(용접이음 한다.)
③ 겹이음길이는 인장철근이 압축철근보다 커야 한다.
④ 최대 인장응력이 일어나는 곳은 가능한 이음 피한다.
⑤ 용접이음은 철근 항복강도 125% 이상의 인장력을 발휘할 수 있는 맞댐 용접을 한다.
⑥ 휨부재에서 겹침이음된 철근은 겹침이음길이의 $\frac{1}{5}$, 150mm 중 작은 값 이상 떨어지지 않을 것.
⑦ 한 다발 내에서 각 철근의 이음은 한 곳에 중복되지 않아야 한다.

06 기 둥

1. 장주의 종류

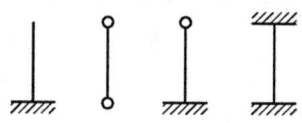

① $n = \frac{1}{4}$ 1 2 4

② $P_b = \dfrac{n \cdot \pi^2 \cdot E \cdot I}{l^2}$

2. 장·단주의 판별

① 횡방향 상대변위가 방지된 경우($K=1$)

$$\frac{K \cdot l}{r} < 34 - 12\frac{M_1}{M_2} : 단주$$

$$\frac{K \cdot l}{r} \geq 34 - 12\frac{M_1}{M_2} : 장주$$

② 횡방향 상대변위가 방지 안된 경우($K>1$)

$$\frac{K \cdot l}{r} < 22 : 단주$$

$$\frac{K \cdot l}{r} \geq 22 : 장주$$

3. 기둥의 설계강도

① 나선철근기둥($\phi = 0.7$)
$$P_u = \phi P_n = \phi 0.85(0.85 f_{ck} \cdot A_c + f_y \cdot A_{st})$$

② 띠철근 기둥($\phi = 0.65$)
$$P_u = \phi P_n = \phi 0.8(0.85 f_{ck} \cdot A_c + f_y \cdot A_{st})$$

4. 기둥단면 설계시 철근비를 1~8% 제한하는 이유

① 콘크리트 크리프와 건조수축의 영향을 최소화
② 철근량 많으면 비경제적, 콘크리트 타설 곤란
③ 콘크리트 타설 때 재료 분리로 인한 결함 보완
④ 예기치 않은 휨에 저항하기 위해

5. 띠 철근의 간격

① 축방향 철근 지름의 16배 이하
② 띠 철근 지름의 48배 이하 ┐ 가장 작은 값
③ 기둥단면의 최소치수 이하

6. 나선 철근비

① $\rho_s = \dfrac{\text{나선철근의 전체적}}{\text{심부체적}}$

$= 0.45\left(\dfrac{A_g}{A_{ch}} - 1\right)\dfrac{f_{ck}}{f_{yt}}$ 이상

② 여기서, $f_{yt} = 700\,\text{MPa}$ 이하
$f_{ck} = 21\,\text{MPa}$ 이상

7. 띠철근 기둥의 구조세목

① 최소치수 200mm, 단면적 $60000\,\text{mm}^2$ 이상
 (단, 보조기둥 최소치수 15cm)

② 축방향 철근은 16mm 이상, 4개 이상(사각형 단면), 3개 이상(삼각형 단면), 철근비는 1% 이상, 8% 이하
③ D35 미만의 축방향 철근 → D10 이상의 띠철근 사용
④ D35 이상의 철근과 축방향 철근 다발 → D13 이상의 띠철근 사용

8. 편심거리 파괴 형태

① 압축파괴 $e < e_b$, $P_u > P_b$
② 인장파괴 $e > e_b$, $P_u < P_b$
③ 평형하중 $e = e_b$, $P_u = P_b$

07 슬래브

1. 슬래브의 개요

① 1방향 슬래브 : 슬래브의 장변이 단변의 2배 이상

$$\left(\frac{L}{S} \geq 2,\ \frac{S}{L} \leq 0.5\right)$$

② 2방향 슬래브 : 슬래브의 장변이 단변의 2배 이하

$$\left(\frac{L}{S} < 2,\ 0.5 < \frac{S}{L} \leq 1.0\right)$$

2. 전단력에 대한 위험 단면

① 1 방향 슬래브 : 지점에서 d인 곳
② 2 방향 슬래브 : 지점에서 $\dfrac{d}{2}$인 곳

3. 집중하중 P가 작용시 하중 분배

① 장변 부담하중 $P_L = \dfrac{S^3}{L^3 + S^3} \cdot P$

② 단변 부담하중 $P_S = \dfrac{L^3}{L^3 + S^3} \cdot P$

4. 등분포 하중 ω가 작용시 하중 분배

① 장변 부담하중 $\omega_L = \dfrac{S^4}{L^4 + S^4} \cdot \omega$

② 단변 부담하중 $\omega_S = \dfrac{L^4}{L^4+S^4} \cdot \omega$

5. 슬래브 구조 상세

① 슬래브 두께는 100mm 이상
② 정·부 철근의 중심 간격은 최대 휨모멘트가 일어나는 단면에서 슬래브 두께의 2배 이하, 300mm 이하, 기타 단면에서는 3배 이하, 400mm 이하
③ 철근비는 항상 0.0014 이상
④ 2방향 슬래브의 위험 단면에서 철근의 간격은 슬래브 두께의 2배 이하, 30cm 이하

08 옹 벽

1. 옹벽의 안정

① 전도에 대한 안정(옹벽 저면의 중앙 $\dfrac{1}{3}$ 이내 작용 → 합력)

안전율 $F = \dfrac{저항모멘트}{전도모멘트} = \dfrac{M_r}{M_o} \geq 2.0$

② 활동에 대한 안정(수동토압 무시하고 마찰저항력 → 안정 검토)

안전율 $F = \dfrac{수평저항력}{수평력} = \dfrac{V \cdot \tan\phi}{H} \geq 1.5$

③ 지반 지지력에 대한 안정($q_{max} < q_a$ → 안정)

2. 옹벽 설계

앞부벽식	뒷부벽식
앞부벽 : 직사각형보	뒷부벽 : T형보
전면벽 : 2방향 슬래브	전면벽 : 2방향 슬래브
저 판 : 고정, 연속보	저 판 : 고정, 연속보

3. 배력철근 설치

① 뒷부벽식 옹벽(전면벽, 저판)
  인장철근의 20% 이상
② 앞부벽식 옹벽(전면벽)
  인장철근의 20% 이상

4. 덮 개

① 노출부위 : 3cm 이상
② 흙과 접하는 부위 : 5cm 이상

5. 배수공

① ϕ6.5cm 이상의 배수공을 4.5m 간격
② 뒷부벽식은 각 부벽 사이에 1개 이상
③ 배수층 두께는 30cm 이상

09 확대 기초

1. 휨모멘트에 대한 위험단면

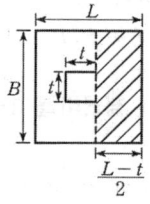

① $M = [힘] \times 거리$
$= [응력 \times 단면적] \times 도심까지 거리$
$= \left[q \times \dfrac{L-t}{2} \cdot B\right] \times \dfrac{L-t}{2} \times \dfrac{1}{2}$
$= q \cdot B \cdot \dfrac{(L-t)^2}{8}$

② 철근콘크리트 기둥을 지지하는 확대 기초
→ 기둥의 전면을 위험단면으로
③ 직사각형이 아닌 기타 기둥일 경우 :
등가 정사각형으로 환산 → 그 전면을 위험 단면으로
④ 강재기둥 지지할 경우 :
강철저판의 연단과 기둥전면과의 중간선을 위험 단면으로

2. 확대기초의 하단 철근부터 단면 상부까지의 높이

① 흙 위에 놓인 경우 : 150mm 이상
② 말뚝기초 위에 놓인 경우 : 300mm 이상

3. 확대기초의 전단응력

① $V_u = \dfrac{V}{b_p \cdot d}$

② $V = q(B \times L - B' \times B')$

③ $q = \dfrac{P}{A}$

④ $b_p = 4B' = 4(t + 1.5d)$: 2방향 위험단면 길이

10 강구조와 교량

1. 리벳의 개수(n)

$n = \dfrac{P}{\rho}$

2. 인장재 순폭(b_n)

① b_n = 총폭 − 구멍의 수 × 리벳구멍의 지름(리벳 지름 + 3mm)

② $b_n = b_g - 2d$

③ $b_n = b_g - d - \left(d - \dfrac{p^2}{4g}\right)$ 작은 값을 순폭으로 한다.

④ $b_n = b_g - d$

3. 리벳의 허용강도(ρ)

① 전단강도(ρ_s)와 지압강도(ρ_b) 중 작은 값

② 전단강도 $\begin{cases} \rho_s = v_a \times \dfrac{\pi d^2}{4} \text{ (단전단)} \\ \rho_s = v_a \times \dfrac{\pi d^2}{4} \times 2 \text{ (복전단)} \end{cases}$

③ 지압강도 $\rho_b = f_{ba} \cdot d \cdot t$

4. 필렛용접시 이음부 응력

① $f = \dfrac{P}{\sum a \cdot l}$, $a = 0.707 \times s$

② 용접부 강도 $P = (\sum a \cdot l) \cdot f$

5. 고장력 볼트 이음

① 마찰이음을 적용

② 한 이음에서 2개 이상의 고장력 볼트 사용

③ 마찰 이음에 사용하는 볼트, 너트, 와셔는 M20, M22, M24 사용

6. 현장용접시 용접부 허용응력은 공장용접의 90% 취한다.

7. 바닥판의 휨모멘트

$DB - 24 : M_l = \dfrac{L + 0.6}{9.6} P_{24} [\text{kg} \cdot \text{m/m}]$

여기서, $P_{24} = 9600 [\text{kg}]$

8. 배력철근

① 주철근이 차량진행에 직각일 때

$\dfrac{120}{\sqrt{L}}$, 최대 67%

② 주철근이 차량진행에 평행일 때

$\dfrac{55}{\sqrt{L}}$, 최대 50%

9. 강교의 충격계수

$I = \dfrac{15}{40 + L}$

10. 플랜지 단면적(A_f)

① $A_f = \dfrac{M}{f \cdot h} - \dfrac{A_w}{6}$

② $h = 1.1 \sqrt{\dfrac{M}{f_a \cdot t_f}}$

11 프리스트레스트 콘크리트

1. PC의 기본 개념

① 응력 개념

㉠ 강재가 도심에 배치된 경우

• 상연응력(압축측) $f = \dfrac{P}{A} + \dfrac{M}{I} y$

• 하연응력(인장측) $f = \dfrac{P}{A} - \dfrac{M}{I} y$

㉡ 강재가 도심에 편심배치된 경우

• 상연응력 $f = \dfrac{P}{A} + \dfrac{M}{I} y - \dfrac{P \cdot e}{I} y$

• 하연응력 $f = \dfrac{P}{A} - \dfrac{M}{I} y + \dfrac{P \cdot e}{I} y$

② 강도 개념 $C = T = P$ 개념

③ 하중 개념 $U = \dfrac{8Ps}{l^2}$,   상향력 $U = 2P\sin\theta$

2. 설계기준 강도(f_{ck})

① 프리텐션 : 35MPa 이상

② 포스트텐션 : 30MPa 이상

3. 프리스트레스 도입(재킹시 강도)

① 프리텐션 : 30MPa 이상

② 포스트텐션 : 25MPa 이상

4. 프리스트레스의 감소 원인

① 도입시 손실 : 활동, 마찰, 탄성수축

② 도입후 손실 : 크리프, 건조수축, 릴랙세이션

5. 프리텐션 공법

① 롱라인 공법

② 인디비듀얼 몰드 공법

6. 포스트텐션 공법

① 쐐기식(Freyssinet, CCL, VSL, Magnel)

② 지압식(BBRV, Dywidag, Lee-McCall)

③ 루프식(Leoba, Baur-Leonhart)

7. 프리텐션 공법 부재의 제작 순서

강재긴장 → 거푸집 조립 → 콘크리트 타설 → 양생

8. 포스트텐션 공법 부재의 제작 순서

거푸집 조립 → 쉬스 배치 → 콘크리트 타설 → 강선 긴장 → 정착 → 그라우팅

9. 탄성변형에 의한 PC강재 감소

① 프리스트레스 $\Delta f_{pe} = n \cdot f_{ci}$

② 포스트텐션 $\Delta f_{pe} = \dfrac{1}{2} f_{ci}(n-1)$

10. 콘크리트의 건조수축에 의한 감소

$$\Delta f_{ps} = E_p \cdot \varepsilon_{cs}$$

11. 콘크리트의 크리프에 의한 감소

$$\Delta f_{pc} = \phi \cdot n \cdot f_{ci}$$

12. 프리스트레스 유효율

$$R = \dfrac{P_e}{P_i}$$

① 프리텐션 방식 $R = 0.80$

② 포스트텐션 방식 $R = 0.85$

13. 프리스트레스 감소율

$$\dfrac{P_i - P_e}{P_i} \times 100$$

14. 정착시 프리스트레스 감소

① 일단정착 $\Delta f_{pa} = E_p \cdot \varepsilon = E_p \cdot \dfrac{\Delta l}{l}$

② 양단정착 $\Delta f_{pa} = E_p \cdot 2 \cdot \dfrac{\Delta l}{l}$

15. 편심 배치시 프리스트레스 감소

$$\Delta f_p = n \cdot f_c = n\left(\dfrac{P_i}{A_c} + \dfrac{P_i \cdot e}{I} \cdot e\right)$$

토질 및 기초

01 흙의 기본적 성질

1. 점토의 종류

점토 특성	카올리나이트 (Kaolinite)	일 라이트 (illite)	몬모릴로나이트 (Montmorillonite)
구 조	2층 구조	3층 구조 (교환불가능 K이온)	3층구조 (교환가능이온)
팽창, 수축	작 다	보 통	크 다
안정성	크 다	보 통	작 다
활성도(A)	비활성 점토 (A<0.75)	보통 점토 (0.75<A<1.25)	활성 점토 (A>1.25)

2. 흙의 구조

① 단립구조 : 자갈, 모래
② 봉소구조 : 점토, 실트(공극비가 크고 진동, 충격에 약하다.)
③ 면모구조 : 점토나 콜로이드(공극비가 크고 압축성이 크다.)

3. 흙의 구성

① 공극비

$$e = \frac{V_v}{V_s} = \frac{n}{100-n} = \frac{\gamma_w}{\gamma_d}G_s - 1 = \frac{\omega \cdot G_s}{S}$$

② 공극율

$$n = \frac{V_v}{V} \times 100 = \frac{e}{1+e} \times 100$$

공극율은 100%를 넘을 수 없다.
공극비는 1보다 클 수 있다.

③ 함수비

$$\omega = \frac{W_w}{W_s} \times 100 = \frac{WW - DW}{DW - TW} \times 100$$

유기질토는 함수비의 200% 이상

④ 포화도

$$S = \frac{V_w}{V_v} \times 100$$

4. 흙의 3상도

① $W = W_w + W_s = \dfrac{\omega W}{100+\omega} + \dfrac{100W}{100+\omega}$

② $V = V_v + V_s$

5. 흙의 비중

$$G_s = \frac{\gamma_s}{\gamma_w} = \frac{W_s}{V_s \cdot \gamma_w}$$

$$G_s = \frac{W_s}{W_s + W_a - W_b} \times K$$

흙의 비중은 15℃를 기준한다.(보통 2.65정도)

6. 흙의 단위중량(밀도)

① 포화밀도

$$\gamma_{sat} = \frac{G_s + e}{1+e} \cdot \gamma_w$$

② 습윤밀도

$$\gamma_t = \frac{G_s + \dfrac{S \cdot e}{100}}{1+e} \cdot \gamma_w = \gamma_d\left(1 + \frac{\omega}{100}\right)$$

③ 건조밀도

$$\gamma_d = \frac{G_s}{1+e} \cdot \gamma_w = \frac{\gamma_t}{1 + \dfrac{\omega}{100}}$$

④ 수중밀도

$$\gamma_{sub} = \frac{G_s - 1}{1+e} \cdot \gamma_w$$

$\gamma_{sub} < \gamma_d < \gamma_t < \gamma_{sat}$

7. 상대밀도

사질토지반의 조밀한 상태 및 느슨한 상태 판별

$$D_r = \frac{e_{max} - e}{e_{max} - e_{min}} \times 100$$

$$= \frac{\gamma_d - \gamma_{dmin}}{\gamma_{dmax} - \gamma_{dmin}} \times \frac{\gamma_{dmax}}{\gamma_d} \times 100$$

$e = e_{min}$이면 $D_r = 1$이므로 조밀한 상태
$e = e_{max}$이면 $D_r = 0$이므로 느슨한 상태
$D_r < \dfrac{1}{3}$: 느슨

$\frac{1}{3} < D_r < \frac{2}{3}$: 보통

$\frac{2}{3} < D_r$: 조밀

8. 흙의 연경도

- 액성한계 : 타격회수 25회 때 함수비
- 소성한계 : 3mm 국수 모양 토막날 때 함수비
- 수축한계

$$\omega_s = \left(\frac{1}{R} - \frac{1}{G_s}\right) \times 100, \quad R = \frac{W_o}{V_o \cdot \gamma_w}$$

① $I_P = \omega_L - \omega_P$ (ω_L, I_P가 크면 점토 함유율이 많아 나쁘다.)

② $I_L = \dfrac{\omega - \omega_P}{I_P}$ ($I_L \leq 0$ 안정)

③ $I_C = \dfrac{\omega_L - \omega}{I_P}$ ($I_C \geq 1$ 안정)

④ $I_L + I_C = 1$

⑤ $I_s = \omega_P - \omega_s$

⑥ $I_f = \dfrac{\omega_1 - \omega_2}{\log \dfrac{N_2}{N_1}}$

⑦ $I_t = \dfrac{I_P}{I_f}$ (I_t가 클수록 콜로이드 함유율이 많다.)

9. 활성도

$$A = \frac{I_P}{2\mu \text{ 이하의 점토 함유율(\%)}}$$

활성도는 소성지수가 큰 흙일수록 커진다.

10. 함수당량

중력의 1000배 정도의 원심력을 1시간 동안 회전시킨 후의 시료함수비 원심 함수당량이 12% 이상이면 불투성으로 본다.

02 흙의 분류

1. 입 도

- 양 입도 : 크고 작은 입자가 골고루 분포된 상태(양호하다)
- 빈 입도 : 입자의 크기가 비슷한 것만 분포된 상태(균등하다)

① 균등계수 $C_u = \dfrac{D_{60}}{D_{10}}$

일반흙 $10 < C_u$: 양호, $C_u < 4$: 균등(불량)

모 래 $6 < C_u$: 양호

자 갈 $4 < C_u$: 양호

② 곡률계수 $C_g = \dfrac{(D_{30})^2}{D_{10} \times D_{60}}$

$1 < C_g < 3$: 양호

C_u와 C_g가 동시에 만족해야 양호한 입도

2. 체 분석

No. 4, No. 10, No. 20, No. 40, No. 60, No. 140, No. 200

① 잔유율 $= \dfrac{\text{남는 무게}}{\text{전체 무게}} \times 100$

② 가적 잔유율 $= \dfrac{\text{누계 남는 무게}}{\text{전체 무게}} \times 100$

③ 가적 통과율 $= 100 -$ 가적잔유율

3. 비중계 분석

① Stokes 법칙 : 하나의 둥근입자가 액체 중에 침강시 중력가속도와 액체의 점성 때문에 일정한 속도를 가진다.

$$V = \frac{(\gamma_s - \gamma_w) g \cdot d^2}{18\mu}$$

② 비중계의 유효깊이

$$L = L_1 + \frac{1}{2}\left(L_2 - \frac{V_B}{A}\right)$$

여기서, L_1 : 시간의 경과에 따라 눈금이 변함
L : 입자의 입경을 구한다.

③ 비중계 분석법은 No. 10체 이하 시료를 가지고, No. 200체 이하의 입도분포를 알 수 있다.

④ $I_P < 20$: 규산나트륨

$20 \leq I_P$: 6%의 과산화수소

4. 삼각좌표 분류법(10종류)

모래, 실트, 점토의 세 성분으로 분류

5. 통일분류법(15종류)

① 조립토 : GW, GP, GM, GC, SW, SP, SM, SC
② 세립토 : MH, ML, CH, CL, OH, OL, P_t
③ 2중 기호 : No. 200체 통과율이 5~12%의 경우 분류

6. AASHTO 분류법(A분류법, 개정 PR법)

① 흙의 분류 종류
- 조립토(A-1, A-2, A-3)
- 실 트(A-4, A-5)
- 점 토(A-6, A-7)

② 흙의 분류 요소
흙의 입도, 액성 한계, 소성 한계, 소성 지수, 군지수

③ 군 지수
$GI = 0.2a + 0.005ac + 0.01bd$

여기서, a : No. 200체 통과율 −35(0~40)
b : No. 200체 통과율 −15(0~40)
c : 액성한계 −40(0~20)
d : 소성지수 −10(0~20)

④ 군지수 값이 클수록 세립토에 해당되므로 팽창, 수축, 소성이 커 불량한 재료가 된다.
⑤ 군지수 값은 0~20 범위

03 흙의 투수성과 동해

1. 모세관 현상

① $h_c = \dfrac{4T\cos\alpha}{\gamma_w D}$

$\alpha = 0°$, 수온 15°C시 $T = 0.075 \,(g/cm)$를 대입하면

② $h_c = \dfrac{0.3}{D}$ (cm)

③ $h_c = \dfrac{C}{e \cdot D_{10}}$

2. 흙의 투수성

① $V_s > V$

② $V_s = \dfrac{V}{n} = \dfrac{k \cdot i}{\dfrac{e}{1+e} \times 100}$

③ $k = D_s^2 \cdot \dfrac{\gamma_w}{\mu} \cdot \dfrac{e^3}{1+e} \cdot C$

④ $k = C \cdot D_{10}^2$

⑤ $k_1 : e_1^2 = k_2 : e_2^2$

⑥ $k_1 : k_2 = \dfrac{1}{\mu_1} : \dfrac{1}{\mu_2}$

⑦ 수온이 상승하면 점성계수가 작아지고 투수계수가 커진다.

3. 정수위 투수시험(자갈, 모래 $k > 10^{-3}$ cm/sec)

$Q = A \cdot V = A \cdot k \cdot i \cdot t$

$\therefore k = \dfrac{Q}{A \cdot i \cdot t}$

4. 변수위 투수시험(실트 $k = 10^{-3} \sim 10^{-6}$ cm/sec)

$k = 2.3 \dfrac{a \cdot L}{A \cdot t} \log \dfrac{h_1}{h_2}$

5. 수평층 지반의 투수계수

$k_h = \dfrac{1}{H}(k_1 \cdot H_1 + k_2 \cdot H_2 + k_3 \cdot H_3 + \cdots)$

6. 연직층 지반의 투수계수

$k_v = \dfrac{H}{\dfrac{H_1}{k_1} + \dfrac{H_2}{k_2} + \dfrac{H_3}{k_3} + \cdots}$

7. 유선망의 특징

① 각 유로의 침투유량은 같다.
② 인접한 등수두선의 수두차는 모두 같다.
③ 유선과 등수두선은 서로 직교한다.
④ 유선망을 이루는 사각형은 이론상 정사각형이다.
⑤ 침투유속 및 동수구배는 유선망폭에 반비례한다.

8. 침투유량(침투유량을 알기 위해 유선망을 그린다)

$Q = k \cdot H \cdot \dfrac{N_f}{N_d}$

투수계수가 방향에 따라 다른 경우 $k=\sqrt{k_v \cdot k_h}$
보통 $k_v < k_h$

9. 유선망의 수두

$h_t = h_e + h_p$ (총수두=위치 수두+압력 수두)

$\dfrac{N_d'}{N_d} \times H = h_e + h_p$

10. 분사현상이 안 일어나는 조건

$i < i_c$, $1 < F$인 경우

$i = \dfrac{h}{L}$, $i_c = \dfrac{\gamma_{sub}}{\gamma_w} = \dfrac{G_s - 1}{1 + e}$, $F = \dfrac{i_c}{i}$

11. 동해(동상)가 일어나는 조건

① 실트질일 경우
② 물이 존재할 것
③ 영하의 온도
④ 지속시간(기간)

12. 동상 방지 대책

① 지하수위 저하(배수구 설치)
② 지하수위 상부 조립층 설치
③ 치환
④ 단열재를 지표면 사용
⑤ 화학약액 처리

13. 동결 깊이

$Z = C\sqrt{F}$

여기서, F=영하의 온도×지속 일수

14. 흙의 연화현상 원인

① 지표수의 침입
② 지하수위 상승
③ 융해수의 저류

04 지중응력

1. 전응력, 유효응력, 공급수압

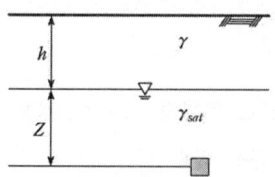

① $\sigma = \overline{\sigma} + u$
② $\sigma = \gamma h + \gamma_{sat} \cdot Z$
③ $u = \gamma_w \cdot Z$
④ $\overline{\sigma} = \gamma \cdot h + \gamma_{sub} \cdot Z$

2. 모관현상이 발생시 유효응력

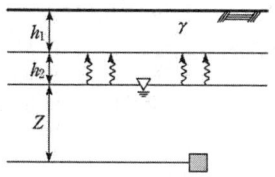

① $\sigma = \gamma \cdot h_1 + \gamma_{sat} \cdot (h_2 + Z)$
② $u = \gamma_w \cdot (h_2 + Z) - \gamma_w \cdot h_2 = \gamma_w \cdot Z$
③ $\overline{\sigma} = \gamma \cdot h_1 + \gamma_{sat} \cdot h_2 + \gamma_{sub} \cdot Z$

3. 집중하중에 의한 지중응력

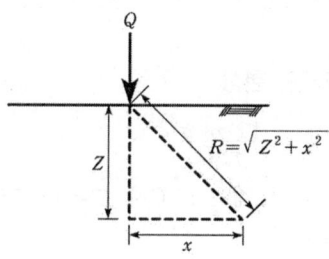

① $\sigma_z = \dfrac{3}{2\pi} \cdot \dfrac{Q \cdot Z^3}{R^5}$ (영향치 없을 때)

② $\sigma_z = \dfrac{3}{2\pi} \cdot \dfrac{Q}{Z^2}$ (지중직하시)

$= 0.4775 \cdot \dfrac{Q}{Z^2} = K \cdot \dfrac{Q}{Z^2}$

4. 등분포 하중에 의한 지중응력

① 구형단면의 모서리 작용
$$\sigma_z = K_{(m,n)} \cdot q$$

② 구형단면의 중심직하(중첩원리)
$$\sigma_z = 4K_{(m,n)} \cdot q$$

③ 성토 단면(대칭)
$$\sigma_z = 2K_{(m,n)} \cdot q$$

5. 영향원법에 의한 지중응력
$$\sigma_z = 0.005\, n \cdot q$$

6. 응력분포에 의한 지중응력 근사치(2 : 1법)

① 정사각형 $(B \times B)$의 경우
$$(B \times B)q = \sigma_z(B+Z)(B+Z)$$
$$\therefore \sigma_z = \frac{(B \times B)q}{(B+Z)(B+Z)}$$

② 직사각형 $(B \times L)$의 경우
$$(B \times L)q = \sigma_z(B+Z)(L+Z)$$
$$\therefore \sigma_z = \frac{(B \times L)q}{(B+Z)(L+Z)}$$

③ 선하중이 길게 작용하는 경우
$$(B \times 1)q = \sigma_z(B+Z)(1)$$
여기서, $B=1$을 대입
$$\therefore \sigma_z = \frac{(B \times 1)q}{(B+Z)(1)}$$

7. 기초지반에 대한 접지압 분포

① 강성 기초의 경우

• 점성토 지반   • 사질토 지반

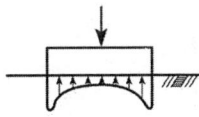 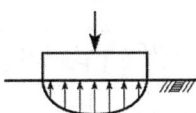

② 휨성 기초의 경우

• 점성토 지반   • 사질토 지반

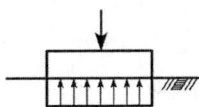 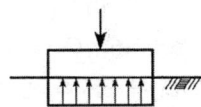

05 흙의 다짐

1. 다짐의 효과
① 밀도 증대
② 부착력 증대
③ 전단강도 증대
④ 투수성, 흡수성 감소

2. 다짐시험의 종류 (5종류 → A, B, C, D, E 다짐)
① A다짐
  (2.5kg, 30cm, 25회, 3층, 19mm, 1000cm^3)
② D다짐
  (4.5kg, 45cm, 55회, 5층, 19mm, 2209cm^3)
③ E다짐
  (4.5kg, 45cm, 92회, 3층, 37.5mm, 2209cm^3)

3. 다짐곡선의 특성
① 사질토는 다짐곡선이 급하고 $\gamma_{d\max}$이 크며 OMC가 적다.
② 점토질은 다짐곡선이 완만하고 $\gamma_{d\max}$이 작으며 OMC가 크다.
③ $\gamma_{d\max}$와 OMC는 윤활단계에서 나타난다.
④ 양입도는 $\gamma_{d\max}$가 크고 빈입도는 작다.
⑤ OMC보다 약간 건조측에서 최대 전단강도가 나오고 약간 습윤측에서 최소투수계수가 나온다.

4. 함수비 변동에 따른 흙의 변화
① 수화단계
② 윤활단계 ($\gamma_{d\max}$, OMC)
③ 팽창단계
④ 포화단계

5. 영공기 공극곡선(포화곡선)
① 다짐곡선의 습윤측에 거의 평행
② $\gamma_{d\max}$와 ω의 관계 곡선

6. 다짐 에너지
① 다짐 에너지가 커지면 OMC는 작아지고 $\gamma_{d\max}$는 증가한다.

② $E_c = \dfrac{W_R \cdot H \cdot N_B \cdot N_L}{V}$

7. 다짐도(%) $= \dfrac{\gamma_d}{\gamma_{d\max}} \times 100$

   ① 보통 다짐도는 95% 이상
   ② $\gamma_d = \dfrac{\gamma_t}{1 + \dfrac{\omega}{100}}$

8. 현장 단위중량(들밀도)시험

   ① 모래치환법(표준사 No.10~No.200체 이용)
   ② 물 치환법
   ③ 기름 치환법
   ④ 방사선(γ선 밀도계)
   ⑤ Core Cutter(절삭법)

9. 평판재하 시험

   ① 강성포장의 포장설계 등에 이용(지지력 판단)
   ② $K = \dfrac{q}{y}$ $y : 0.125\,cm$
   ③ $K_{75} = \dfrac{1}{2.2} \cdot K_{30} = \dfrac{1}{1.5} \cdot K_{40}$
   ④ $K_{75} < K_{40} < K_{30}$ (K 값은 재하판 지름이 작을수록 크다.)

10. 평판재하 시험방법

    ① 하중강도는 $0.35\,kg/cm^2$씩 증가시킨다.
    ② 침하량이 15mm에 달할 때까지 실시
    ③ 하중강도가 현장에서 예상되는 최대접지압을 초과할 때 끝낸다.
    ④ 하중강도가 그 지반의 항복점을 넘을 때 끝낸다.

11. CBR(노상토 지지력비) 시험

    ① 가요성(연성) 포장설계에 사용한다.
    ② CBR $= \dfrac{\text{시험하중강도(시험하중)}}{\text{표준하중강도(표준하중)}} \times 100$
    ③ $CBR_{5.0mm} < CBR_{2.5mm}$ 일 때 CBR값은 $CBR_{2.5mm}$
    ④ $CBR_{5.0mm} > CBR_{2.5mm}$ 일 때는 시험을 다시 한다. 똑같은 결과가 나오면 CBR값은 $CBR_{5.0mm}$
    ⑤ 2.5mm 관입시 1370kg($70\,kg/cm^2$)
    ⑥ 5.0mm 관입시 2030kg($105\,kg/cm^2$)
    ⑦ 몰드 3개를 55회, 25회, 10회 다짐 후 4일(96시간) 수침하고 팽창비, 관입시험 실시

06 흙의 압밀이론

1. Terzaghi 1차 압밀 가정

   ① 흙은 균질이다.
   ② 흙은 완전히 포화되어 있다.
   ③ 흙속의 수분은 일축적으로 배수되며 Darcy 법칙이 성립한다.
   ④ 압밀진행중 투수계수, 압밀계수, 체적변화계수은 변하지 않는다.
   ⑤ 압력과 공극비는 이상적인 직선이다.

2. 압축계수

   $a_v = \dfrac{e_1 - e_2}{P_2 - P_1}$ ($P-e$의 기울기)

3. 체적의 변화계수

   $m_v = \dfrac{a_v}{1+e}$

4. 투수계수

   $k = C_v \cdot m_v \cdot \gamma_w$

5. 최종 침하량

   ① $\Delta H = m_v \cdot \Delta P \cdot H$
   ② $\Delta H = \dfrac{e_1 - e_2}{1+e_1} \cdot H$
   ③ $\Delta H = \dfrac{C_c}{1+e} \log \dfrac{P_2}{P_1} \cdot H$

6. 압축지수

   $C_c = \dfrac{e_1 - e_2}{\log \dfrac{P_2}{P_1}}$

   ① 압축지수 C_c는 $\log P - e$의 기울기
   ② C_c가 클수록 연약한 흙이다.
   ③ 흐트러지지 않은 시료 $C_c = 0.009(\omega_L - 10)$
   ④ 흐트러진 시료 $C_c' = 0.007(\omega_L - 10)$

7. 압밀계수

$$C_v = \frac{T_v \cdot H^2}{t}$$

① $\sqrt{t}$ 법 $C_v = \dfrac{0.848 H^2}{t_{90}}$

② $\log t$ 법 $C_v = \dfrac{0.197 H^2}{t_{50}}$

양면배수일 때 $H = \dfrac{H}{2}$ 를 대입

8. 압밀도

① $U = 1 - \dfrac{u}{P}$

② $U = T_v = \dfrac{C_v \cdot t}{H^2}$

9. 임의시간 침하량

$\Delta H_t = U \cdot \Delta H$

10. 침하시간과 배수거리 관계

$t_1 : H_1^2 = t_2 : H_2^2$

11. 과압밀비

① $OCR = \dfrac{P_o(\text{선행압밀하중})}{P(\text{현재하중})}$

② $OCR = 1$ 정규압밀점토

③ $OCR > 1$ 과압밀점토

07 흙의 전단강도

1. 흙의 종류별 전단강도

① 보통 흙 $\tau = C + \sigma \tan \phi$

② 모 래 $\tau = \sigma \tan \phi$

③ 점 토 $\tau = C$

2. Mohr의 응력원

① $\sigma = \dfrac{\sigma_1 + \sigma_3}{2} + \dfrac{\sigma_1 - \sigma_3}{2} \cos 2\theta$

② $\tau = \dfrac{\sigma_1 - \sigma_3}{2} \sin 2\theta$

3. 직접전단시험

① 1면 전단시험 $\tau = \dfrac{S}{A}$

② 2면 전단시험 $\tau = \dfrac{S}{2A}$

4. 일축압축시험

① $C = \dfrac{q_u}{2 \tan\left(45 + \dfrac{\phi}{2}\right)}$

점토 $\phi ≒ 0$ 이므로 $C = \dfrac{q_u}{2}$

② 파괴면과 최대주응력면이 이루는 각

$\theta = 45 + \dfrac{\phi}{2}$

③ 파괴면과 최소주응력면이 이루는 각

$\theta' = 45 - \dfrac{\phi}{2}$

5. 예민비

① $S_t = \dfrac{q_u}{q_{ur}}$

② 예민비가 클수록 불안하므로 안전율을 크게 한다.

③ 흐트러진 시료가 최대값이 나타나지 않을 경우 $\varepsilon = 15\%$ 값을 적용한다.

④ 딕소트로피(Thixotropy)란 흙의 교란으로 인해 강도가 저하된 흙이 시간의 경과에 따라 강도가 회복하는 현상

6. 삼축압축시험

① 파괴포락곡선이란 구속응력(σ_3)를 변화시켜가며 반복적으로 최대주응력(σ_1)를 구하여 σ_3와 σ_1를 조합하여 작도한 Mohr원의 공통접선

$\tau = C + \sigma \cdot \tan \phi$

② 최대주응력(σ_1) = $\sigma_v + \sigma_3$

③ 최소주응력(σ_3) : 측압(액압)

④ $\sigma_v = \dfrac{P}{A}$, $A = \dfrac{A_o}{1 - \varepsilon}$

여기서, $\varepsilon = \dfrac{\Delta l}{l}$

7. 배수조건에 따른 분류

① UU시험(성토 직후 파괴, 단기간 안정 검토)
② CU시험(preloading, 수위 급하강시 흙댐 안정 검토)
③ CD시험(사질지반 안정문제, 점토지반 장기간 안정 검토, 중요한 공사, 시간 오래 걸려 잘 사용하지 않음)
④ $\overline{CU}$시험 : CU시험으로 간극수압을 측정하여 유효응력으로 환산하면 CD시험의 효과를 얻을 수 있다.

8. 점성토의 전단특성

① UU시험

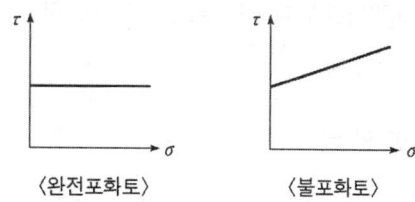

〈완전포화토〉   〈불포화토〉

② CU시험

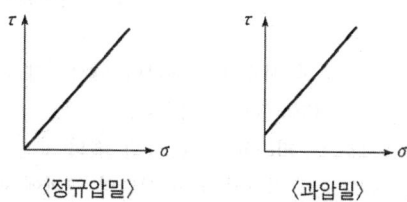

〈정규압밀〉   〈과압밀〉

③ $\overline{CU}$시험 ⇒ CD시험

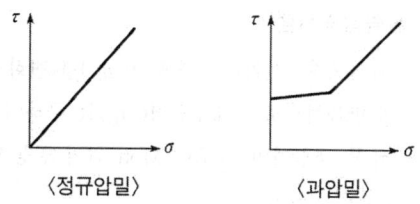

〈정규압밀〉   〈과압밀〉

④ 정규압밀은 원점을 지난다.

9. 사질토의 전단특성

① $\tau = (\sigma - u)\tan\phi$
② 다이러턴시 : 모래지반이 전단으로 인해 부피가 증가 또는 감소하는 현상
③ 밀도가 큰 사질토, 과압밀 점성토 ┐ + dilatancy(부피증가, 팽창)
④ 느슨한 사질토, 정규압밀 점성토 ┐ − dilatancy(부피감소, 수축)

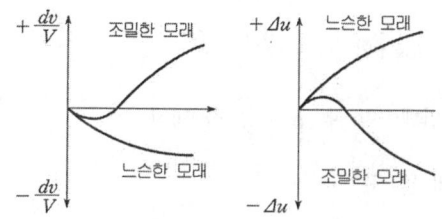

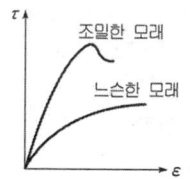

10. 현장 전단 시험

① 연약한 점토지반 적용
② 현장에서 직접 실시
③ $C = \dfrac{M_{\max}}{\pi D^2 \left(\dfrac{H}{2} + \dfrac{D}{6}\right)}$

11. 표준관입시험

① 63.5kg 해머로 75cm 높이에서 자유낙하시켜 샘플러가 30cm 관입시 타격횟수 N치를 측정
② 사질토에 더 적합하며 점토에도 적용한다.
③ 보링 충격으로 흐트러진 상태가 되므로 15cm 더 관입 후 본격적으로 30cm 관입 때 N치 구함.

12. ϕ와 N치 관계

① 입자가 둥글고 균일한 입경(입도 불량)
$\phi = \sqrt{12N} + 15$
② 입자가 둥글고 입도분포 양호, 입자가 모나고 입도분포 불량
$\phi = \sqrt{12N} + 20$
③ 입자가 모나고 입도분포 양호
$\phi = \sqrt{12N} + 25$

13. q_u와 C관계

① $q_u = \dfrac{N}{8}$

② $C = \dfrac{q_u}{2}$

③ $C = \dfrac{N}{16}$

14. 표준관입시험에 의한 N치 수정

① rod에 의한 수정

$N_R = N'\left(1 - \dfrac{x}{200}\right)$

② 토질에 의한 수정

$N = 15 + \dfrac{1}{2}(N_R - 15)$ 단, $N_R > 15$인 경우

③ 상재압에 의한 수정

$N = N'\left(\dfrac{5}{1.4P + 1}\right)$

④ N치 결과

점성토 $N < 4$: 연약한 흙
$\quad\quad N > 30$: 단단한 흙
사질토 $N < 10$: 느슨한 흙
$\quad\quad N > 30$: 조밀한 흙

15. 응력 경로

① 흙이 파괴에 이를 때까지 응력을 받는 상태를 연속해서 표시한 경로
② $\sigma_3 =$ 일정, σ_1이 증가일 때의 삼축압축의 경우 최대 전단응력을 연결하면 직선이 이루어지는 것

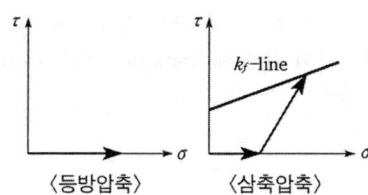

〈등방압축〉   〈삼축압축〉

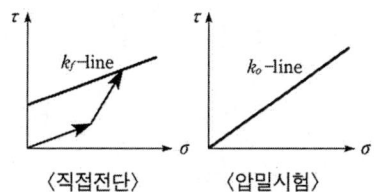

〈직접전단〉   〈압밀시험〉

16. 공극수압계수

① 등방압축 공극수압

$\Delta u = B \cdot \Delta \sigma_3$ (포화된 흙 $B = 1$, 건조된 흙 $B = 0$)

② 1축 압축 때 공극수압 $\Delta u = D(\Delta \sigma_1 - \Delta \sigma_3)$

③ 삼축압축 때 공극수압 $\Delta u = A\Delta \sigma_1$

08 토 압

1. 토압의 종류

① $P_A < P_o < P_P$

② $K_A < K_o < K_P$

③ $K_A = \dfrac{1 - \sin\phi}{1 + \sin\phi} = \tan^2\left(45 - \dfrac{\phi}{2}\right)$

④ $K_P = \dfrac{1 + \sin\phi}{1 - \sin\phi} = \tan^2\left(45 + \dfrac{\phi}{2}\right)$, $K_o = 1$

2. 정지토압으로 계산

① 지하벽체
② 바위 위의 옹벽
③ 암거(BOX)

3. 정지토압

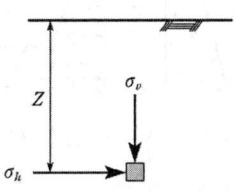

① $\sigma_v = \gamma \cdot Z$

② $K = \dfrac{\sigma_h}{\sigma_v}$

∴ $\sigma_h = K \cdot \sigma_v = K \cdot \gamma \cdot Z$

③ 사질토의 정지토압계수(Jacky식)

$K_o = 1 - \sin\overline{\phi}$

4. RanKin(랭킨) 토압론

① 흙은 비압축성, 균질

② 토압은 지표에 평행하게 작용
③ 지표면의 하중은 등분포하중
④ 지표면은 무한히 넓은 평면으로 존재
⑤ 흙입자는 입자간의 마찰력에 의해서만 평형을 유지

5. Coulomb(쿨롱) 토압론
① 벽면마찰각 고려
② 흙 쐐기론

6. 옹벽에 작용하는 토압

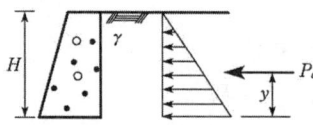

$P_a = \frac{1}{2} \gamma \cdot H^2 \cdot K_a, \quad y = \frac{H}{3}$

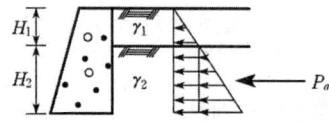

$P_a = \frac{1}{2} \gamma_1 H_1^2 K_{a_1} + \gamma_1 \cdot H_1 \cdot K_{a_1} \cdot H_2 + \frac{1}{2} \gamma_2 H_2^2 K_{a_2}$

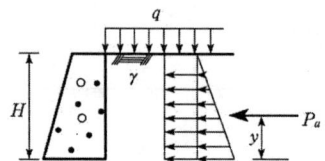

$P_a = q \cdot H \cdot K_a + \frac{1}{2} \cdot \gamma \cdot H^2 \cdot K_a$

$y = \frac{H}{3} \cdot \frac{H + 3\Delta H}{H + 2\Delta H}, \quad \Delta H = \frac{q}{\gamma}$

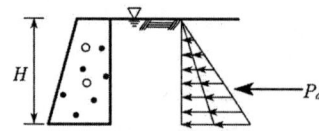

$P_a = \frac{1}{2} \gamma_{sub} H^2 K_a + \frac{1}{2} \gamma_w H^2$

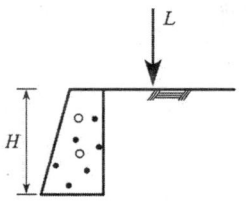

$P_a = \frac{1}{2} \gamma H^2 K_a + L \tan\left(45 - \frac{\phi}{2}\right)$

① 점착성이 있는 흙의 토압

$P_a = \frac{1}{2} \gamma H^2 \tan^2\left(45 - \frac{\phi}{2}\right) - 2CH \tan\left(45 - \frac{\phi}{2}\right)$

7. 지표면이 경사된 경우
$i = \phi$ 인 경우
$K_a = \cos i$
$P_a = \frac{1}{2} \gamma \cdot H^2 \cdot K_a$

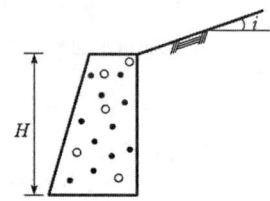

8. 인장균열 깊이(점착고)

$Z_c = \frac{2C}{\gamma} \tan\left(45 + \frac{\phi}{2}\right)$

9. 한계고
① $P_a = 0$ 이 되는 깊이
② 흙막이 구조물 없이 연직으로 굴착 가능한 깊이
③ $H_c = 2 \cdot Z_c = \frac{4C}{\gamma} \tan\left(45 + \frac{\phi}{2}\right)$

10. 연직옹벽에 흙과 벽면과의 마찰각 δ와 지표면의 경사각 i와 같을 때 Rankine 토압은 Coulomb 토압과 같다.

09 사면안정

1. 사면 파괴 형태

① 사면내 파괴 : 단단한 지반이 얕은곳에 있을 때
② 사면선단 파괴 : 균일한 흙일 때, 비교적 급한 사면 $\beta > 53°$
③ 저부파괴 : 비교적 연약한 지반 $n_d \geq 4$

2. 임계원

① 활동 파괴면을 원호로 가정
② 안전율이 최소인 원

3. 심도계수

$n_d = \dfrac{H_1}{H}$

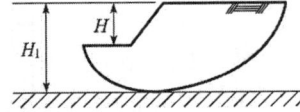

4. 한계고 (H_c)

① $H_c = 2Z_c = \dfrac{4C}{\gamma} \tan\left(45 + \dfrac{\phi}{2}\right)$

② $H_c = \dfrac{4C}{\gamma}$ (점토의 경우 $\phi \fallingdotseq 0$ 이므로)

③ $H_c = \dfrac{2q_u}{\gamma}$ (점토의 경우 $C = \dfrac{q_u}{2}$ 이므로)

④ $H_c = \dfrac{N_s \cdot C}{\gamma}$ (N_s : 안정계수, $\dfrac{1}{N_s}$: 안정수)

5. 사면의 안전율

$F = \dfrac{H_c}{H}$

6. 반무한 사면의 안정

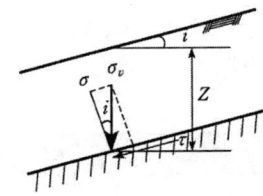

① $\sigma = \gamma \cdot Z \cos^2 i$
② $\tau = \gamma \cdot Z \cos i \sin i$
③ $\sigma_v = \gamma \cdot Z \cos i$

④ 지하의 물 흐름이 없을 경우(침투류가 없는 경우)

$\tan i \leq \tan \phi$, $F = \dfrac{\tan \phi}{\tan i}$

⑤ 침투류가 지표면과 일치한 경우(완전침수의 경우)

$\tan i \leq \dfrac{\gamma_{sub}}{\gamma_{sat}} \tan \phi$, $F \leq \dfrac{\dfrac{\gamma_{sub}}{\gamma_{sat}} \tan \phi}{\tan i}$

7. 분할법 안정해석

① 사면의 C및 ϕ가 동일하지 않을 경우
② 흙이 균일하지 않을 때
③ 분할단면 바닥을 직선으로 본다.
④ 분할 단면수는 6~10개 정도로 한다.
⑤ 지하수위가 있을 때

8. Fellenius(펠레니우스)

① $\phi = 0$ 해석법(간편법)
② 단기 안정 해석
③ 계산 간단
④ 포화점토지반의 비배수 강도만 고려

9. Bishop(비숍)

① C, ϕ해석법
② 장기 안정 해석
③ 계산 복잡
④ 실제 안전율을 구할 수 있다.

10. 사면 선단파괴 안전율

$F = \dfrac{\text{활동에 저항하는 힘}}{\text{활동을 일으키는 힘}}$

$F = \dfrac{C \cdot L \cdot R}{W \cdot x}$

여기서, $W = A \cdot \gamma$ $360° : \pi D = \theta : L$

$\therefore L = \dfrac{\pi D \cdot \theta}{360}$ $D = 2R$

11. 마찰원법

① 토층이 균일한 경우 적용
② $F = F_c = F_\phi$
③ 45°

12. 흙댐이 위험한 경우

① 상류측 : 시공 직후, 수위 급강하시
② 하류측 : 만수위, 정상침투시

10 기 초 공

1. 기초의 필요조건

① 침하량이 허용치 이내일 것.
② 부등침하가 없을 것.
③ 경제적이며 시공 가능할 것.
④ 지지력에 대해 안정할 것.
⑤ 최소한 근입깊이를 가질 것.

2. 직접기초(얕은 기초)

① $\dfrac{D_f}{B} < 1$
② 푸팅 기초, 전면 기초

3. 깊은 기초

① $\dfrac{D_f}{B} > 1$
② 말뚝 기초, 피어 기초, 케이슨 기초

4. 평판재하시험

① 지지력은 점토지반에서 재하판 폭에 무관하다.
② 침하량은 점토지반에서 재하판 폭에 비례한다.

5. 토질조사의 목적

① 공사계획 수립의 자료
② 안전하고 경제적인 설계자료
③ 구조물의 형식을 선정하는 자료

6. 토질조사의 예비조사

① 자료조사(지형도, 지반도, 토질조사도서, 항공사진)
② 현지답사(지형, 지질, 지표수, 지하수, 하천상태, 우물조사, 가설구조물 조사)

7. 토질조사의 본조사

① 현지 정밀조사
② boring, Sounding, 토질시험, 지지력, 침하량

8. 보링(boring) 조사 목적

① 지하수위 파악
② 불교란시료 채취
③ boring 구멍에서 표준관입시험 등의 원위치 시험

9. 보링의 심도

단변장 B의 2배

10. 샘플 면적비

$A_r = \dfrac{D_w^2 - D_e^2}{D_e^2} \times 100$

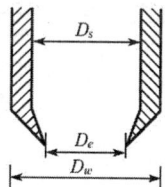

11. Sounding

① 저항체를 땅속에 삽입하여 관입, 회전, 인발 등의 저항에서 토층의 성상 탐사
② 정적인 것(점성토지반 적용)
  휴대용, 화란식, 스웨덴식 관입시험기, 이스키미터, 베인시험기
③ 동적인 것(사질토지반 적용)
  동적인 원추관입시험기, 표준관입시험기

12. Terzaghi의 극한 지지력

① $q_d = \alpha C N_c + \beta \gamma_1 B N_r + \gamma_2 D_f N_q$
② 점토지반($\phi = 0$)의 경우
  $q_d = \alpha C N_c + \gamma_2 D_f N_q$
③ 사질지반($C = 0$)인 경우
  $q_d = \beta \gamma_1 B N_r + \gamma_2 D_f N_q$
④ 기초의 형상계수

단면형상	연속기초	정사각형	원형	직사각형
α	1.0	1.3	1.3	$1 + 0.3\dfrac{B}{L}$
β	0.5	0.4	0.3	$0.5 - 0.1\dfrac{B}{L}$

⑤ Meyerhof 공식

$$q_d = 3NB\left(1 + \frac{D_f}{B}\right)$$

13. RC 말뚝의 특징
① 재질 균일, 15m 이하 경제적, 강도가 커 지지 말뚝에 적합하다.
② 무겁다. 균열 발생, 말뚝이음 신뢰성 적다.
③ $N=30$ 이상 지반 관통 힘들다.

14. PC 말뚝의 특징
① 강재부식 적다.
② 휨량이 적다.
③ 인장파괴가 발생하지 않는다.
④ 이음 쉬워 길이 조절이 쉽다.

15. 강말뚝의 특징
① 지내력이 큰 지층 항타 가능
② 휨모멘트에 대한 저항성이 크다.
③ 마찰 지지력이 크다.
④ 가격 비싸다.
⑤ 부식이 심하다.
⑥ 말뚝 타입시 소음이 심하다.

16. 피어기초의 특징
① Chicago(인력 굴착, 반원형 강제환, 중간 굳기 점토지반)
② Gow(인력굴착, 강제원통, 연약한 지반)
③ Benoto(케이싱 튜브 사용, 경사 말뚝 가능, 해머 그라브 이용)
④ Earth drill(회전식 버킷, Bentonite 용액 사용)
⑤ Reverse Circulation drill(수중굴착, 정수압이용, 연약한 지반)

17. 케이슨 기초의 특징
① 우물통 기초(침하깊이 제한없다. 시공 간단. 공사비 저렴. 보일링, 히빙 우려된다.)
② 공기 케이슨(토질 확인 가능, 35~40m 깊이, 이동경사 작고, 침하공정 빠르다. 보일링, 히빙을 방지)
③ BOX 케이슨(공기단축 가능, 공사비 저렴, 기초 세굴 우려, 대형장비 투입)

18. 케이슨 침하공법
① 재하중(철괴, 콘크리트 블록)
② 분사식
③ 물하중
④ 발파
⑤ 감압

19. 부마찰력 원인
① 지표면 침하에 따른 지하수 저하
② 압밀 진행중인 연약 점토 지반일 때
③ 점성토가 사질토 위에 놓일 때
④ 점착력이 있는 압축성 지반

20. 부마찰력
① 마찰력이 하향으로 작용
② $R_{nf} = f_s \cdot \pi \cdot D \cdot l, \ \left(f_s = \dfrac{q_u}{2}\right)$

21. Engineering news 공식
① 드롭 해머

$$R_a = \frac{W \cdot H}{6(\delta + 2.54)}$$

② 단동식 증기해머

$$R_a = \frac{W \cdot H}{6(\delta + 0.254)}$$

③ 복동식 증기해머

$$R_a = \frac{(W + a \cdot p)H}{6(\delta + 0.254)}$$

22. Sander 공식

$$R_a = \frac{W \cdot H}{8S}$$

23. 항타공법
① 드롭 해머(소규모 공사, 설비 간단)
② 증기 해머(연속타격 소음이 크다. 긴 말뚝 타입 유리)
③ 디젤 해머(기동성 풍부, 타격력 크다. 연료비 적다. 연약지반 비능률적, 중량 설비가 크다)

④ 바이브로 해머(타입 인발 쉽다. 항두 손상 적다. 사질 지반 적합)

24. 항타 순서
① 중앙에서 외측으로
② 육지에서 하천 쪽으로
③ 구조물 부근에서 외측으로

25. 군 항
① 말뚝의 간격이 $1.5\sqrt{r \cdot l}$ 이하일 때
② $E = 1 - \phi \left[\dfrac{(n-1)m + (m-1)n}{90mn} \right]$
③ $\phi = \tan^{-1} \dfrac{D}{S}$

여기서, D : 말뚝 직경
S : 말뚝 간격

④ 군항의 허용지지력 : $R_{ag} = E \cdot N \cdot R_a$

11 연약지반 개량공법

1. 점성토 지반 개량 공법
① 치환공법(두께 3m 이하 경제적, 확실한 효과)
② Preloading(잔류침하 없앤다. 공기가 길다.)
③ Sand drain(모래기둥을 통해 배수거리 짧게 압밀촉진)
④ Paper drain(폭 10cm, 3mm 두께)
⑤ 전기침투 공법
⑥ 침투압 공법
⑦ 생석회 말뚝 공법

2. 사질토지반 개량 공법
① 다짐말뚝 공법(RC, PC, 강말뚝)
② 다짐모래 말뚝공법(Sand compaction pile = Compozer)
③ 바이브로 플로테이션 공법
④ 폭파다짐 공법
⑤ 약액주입법
⑥ 전기충격법
⑦ 동압밀공법

3. 일시적 개량공법
① 웰 포인트 공법
② Deep Well 공법
③ 대기압 공법
④ 동결공법

4. Sand drain 공법
① 정삼각형 배열 $d_e = 1.05 d$
② 정사각형 배열 $d_e = 1.13 d$
③ 평균압밀도 $U_{vh} = 1 - \{(1 - U_v)(1 - U_h)\}$
④ 모래 말뚝 간격이 길이의 $\dfrac{1}{2}$ 이하인 경우 연직방향 압밀 무시

5. Paper drain 공법의 특징
① 자연함수비가 액성한계 이상인 초연약한 점성토 압밀촉진에 적합
② 시공 속도가 빠르다.
③ 배수 효과 양호
④ 타입시 교란이 거의 없다.
⑤ drain 단면이 깊이에 대하여 일정하다.
⑥ 대량 생산시 공사비가 싸다.
⑦ 장기간 사용할 때 열화현상이 생겨 배수효과 감소
⑧ $D = \alpha \dfrac{2(A+B)}{\pi}$

6. Compozer 공법의 특징
① 연직방향 충격, 진동타입
② Vibro Compozer(충격, 소음 적다. 시공능률 양호)
③ Hammering Compozer(소음 진동 크다. 시공관리 힘들다. 타입에너지 크다. 전기설비 필요없다.)

7. 바이브로 플로테이션(Vibroflotation) 공법의 특징
① 수평방향 진동
② 공기가 빠르다.
③ 깊은곳 다짐이 가능
④ 지하수위와 관계없이 시공 가능

⑤ 지반을 균일하게 다질 수 있다.
⑥ 상부구조물에 진동이 있을 때 좋다.
⑦ 공사비가 저렴하다.

8. 약액주입공법의 특징

① 시멘트 주입(강도 증진)
② 점토, Bentonite 주입(지수, 차수 효과)
③ Asphalt(강도 증진)

9. 웰 포인트 공법의 특징

① 실트질 모래지반 적용
② 강제 배수
③ 배수가능 깊이는 6m 정도

10. Deep well 공법의 특징

① 점토지반 적용
② 중력 배수
③ 배수가능 깊이 10m 정도

11. 동결공법의 특징

① 모든 토질에 적용 가능
② 완전 차수성
③ 강도가 커진다.
④ 예기치 않은 사고에 안정하다.
⑤ 공사비가 비싸다.
⑥ 지하수위, 화학물질이 있을 경우는 동결 안된다.
⑦ 동상 피해가 수반된다.

상하수도공학

01 상수도 시설 계획

1. 상수도 구성
① 수원 → 취수 → 도수 → 정수 → 송수 → 배수 → 급수
② 정수시설 배수시설 → 10~15년
③ 상수 : 가정용수, 소화용수, 공공용수

2. 계획급수량
① 1일 평균급수량 = $\dfrac{1년간의 총급수량}{365}$

② 1인 1일 평균급수량
$= \dfrac{1년간의 총급수량}{급수인구 \times 365} = \dfrac{1일 평균급수량}{급수인구}$

③ 1인 1일 최대급수량
$= \dfrac{1일 최대급수량}{급수인구} = 1일 평균급수량 \times 1.5$

④ 시간 최대급수량 $= \dfrac{1일 최대급수량}{24} \times 1.5$
$= \dfrac{1일 평균급수량}{24} \times 1.5 \times 1.5$

3. 급수율 변화를 표시하는 Goodrick 공식
$P = 180 t^{-0.1} (\%)$
여기서, t : 일(日)

4. 인구추정법
① 등차급수법 : $P_n = P_o + na$, $a = \dfrac{P_o - P_t}{t}$
② 등비급수법 : $P_n = P_o(1+r)^n$

5. 수원의 종류
① 천수
② 지표수원 : 하천수, 호소수, 저수지수
③ 지하수원 : 천층수, 심층수, 용천수, 복류수
④ 수원의 이용순 : 지표수 > 지하수 > 천수

6. 수원의 조건
① 장래성
② 위생성
③ 경제성

7. 수원의 조사 항목
① 최대홍수위
② 최대갈수량
③ 최대갈수위

8. 수원의 취수 위치 선정
① 깨끗하고 오염될 우려 적은 곳
② 해수혼입 없는 곳
③ 계획 취수량을 확보할 수 있는 곳
④ 흐름이 있어도 모래 등이 취수가 되지 않는 곳

9. 수질기준
• 상수원등급(BOD)
1급(1ppm 이하), 2급(3ppm 이하), 3급(6ppm 이하)

10. 음용수 수질 기준
① 일반세균 : 1mg 중 100 이하
② 대장균 : 50mg 중 검출되지 않을 것.
③ 납 : 0.05mg/l 이하
④ 암모니아성 질소 : 0.5mg/l 이하
⑤ 페놀 : 0.005mg/l 이하
⑥ 경도 : 300mg/l 이하
⑦ 색도 : 5도 이하
⑧ 탁도 : 2도 이하
⑨ 수소이온농도 : pH 5.8~8.5
⑩ 증발잔류물 : 500mg/l 이하
⑪ 수은, 시안 : 검출되지 않을 것.

11. 음용적부 수질검사 항목
색도, 탁도, 냄새, 맛, 암모니아성 질소, 질산성 질소, 일반세균, 대장균

12. 자정작용 인자
   ① 침전 ② 일광
   ③ 화학적 작용 ④ 생물학적 작용
   ⑤ 폭기 작용

13. 자정작용 이론
   ① 용존산소(DO) 부족량
   $$D_t = \frac{K_1 L_a}{K_2 - K_1}(10^{-K_{1t}} - 10^{-K_{2t}}) + D_a \cdot 10^{-K_{2t}}$$
   ② 자정계수
   $$f = \frac{\text{재폭기 계수}}{\text{탈산소 계수}} = \frac{K_2}{K_1}$$

14. 정체현상(성층현상)
   ① 물의 온도가 가장 큰 원인
   ② 여름, 겨울철에 안정한 상태
   ③ 취수 용이하다.

15. 전도현상(대류현상)
   ① 온도와 물의 밀도차로 일어나는 현상
   ② 봄, 가을철에 수질교란 상태
   ③ 취수 불가

16. 부영양화, 적조현상
   ① 원인 : 질소(N), 인(P)
   ② 현상 : 탁도증가, 용존산소(DO) 감소, 색도 증가, 화학적 산소 요구(COD) 증가, 수중생태계 변화
   ③ 방지대책
      ① 질소와 인 유입 방지
      ② 황산동($CuSO_4$)와 염산동($CuCl_2$) 살포

02 상수관로 시설

1. 관로형식 결정
   ① 도수로(수원 → 정수장) : 자연유하식인 개수로 적용
   ② 송수로(정수장 → 수요자) : 펌프압송식인 관수로 적용

2. 저수지 용량 결정
   ① 가정법 : $C = \dfrac{5000}{\sqrt{0.8R}}$
   ② 경험식
      ㉠ 강우량 많은 지역(1일 평균 급수량의 120일분)
      ㉡ 강우량 적은 지역(1일 평균 급수량의 200일분)
   ③ Ripple 도식법

3. 취수시설
   ① 취수관 : 하천 수위의 변화가 적은 곳
   ② 취수탑 : 수위 변화가 크고 대량 취수, 유입속도 15~30cm/sec
   ③ 취수문 : 자연유하식으로 도수할 수 있는 곳
   ④ 취수틀 : 하천의 수중에 설치
   ⑤ 취수보 : 하천에 보를 축조하여 월류위어를 이용하여 취수

4. 도수로 및 송수로 선정
   ① 계획 취수량 전량을 유입 가능할 것.
   ② 장래의 예상 증가량을 감안
   ③ 단거리인 도수로 선정
   ④ 수평, 수직의 급격한 굴곡은 피할 것.

5. 역사이펀
   ① 수로가 하천이나 계곡, 도로, 철도 등과 만날 때는 이들을 피하여 동수 경사선 아래로 가는 수로
   ② 역사이펀 내의 유속은 침전물의 침전 방지를 위하여 상류보다 크게 한다.
   ③ 역사이펀 내의 토사 퇴적이나 침전을 방지하기 위해 토사받이를 설치

6. 배수시설의 목적
   ① 배수관 내의 적정수압 유지
   ② 원활한 급수 보장
   ③ 급수량 부족분 저장

7. 배수시설의 위치
   ① 급수구역 중앙
   ② 배수고지는 30~50m

8. 소화용수량 (m³/min)

$$Q = 3.86\sqrt{P}(1-0.01\sqrt{P})$$ 여기서, $P = \dfrac{인구수}{1000}$

9. 배수시설의 특징

배수시설	배 수 지	배 수 탑	고가수조
높 이	50~60m	5~20m	3~6m
표준 유효용량	계획 1일 최대 급수량의 8~12시간분	계획 1일 최대 급수량의 3~4시간분	계획 1일 최대 급수량의 1~3시간분
최소 유효용량	계획 1일 최대 급수량의 6시간분	–	계획 1일 최대 급수량의 1시간분

10. 배수지용량

C = 계획1일 최대급수량 (m³/day) $\times \dfrac{저수시간(hr)}{24}$

11. 배수 급수계획

① 계획 배수량 = 계획시간 최대급수량 + 화재시 계획 1일 최대급수량 + 소화용수
② 배수관 수압 ┌ 1.5 kg/cm² 이상(최소)
　　　　　　　└ 1.5~4kg/cm² (적정)
③ 배수지의 유효용량 ┌ 표준 8~12시간분
　　　　　　　　　　└ 최소 6시간분

12. 배수관 배치방식

① 격자식: 격자형배치, 물의 정체가 없다. 수압유지 용이, 수압보완이 가능, 널리사용, 공사비 비싸다. 배수관망계산 복잡
② 분지식: 물의 정체현상 발생, 수압보완불가능, 수압저하가 뚜렷, 적수현상 발생, 설계가 용이, 배수관망계산 간단

13. Whipple의 4지대

분해지대 - 활발한 분해지대 - 회복지대 - 정수지대

14. 개수로의 경사

$\dfrac{1}{1000} \sim \dfrac{1}{3000}$

15. 개수로 및 관수로의 부대시설

① 침사지
　㉠ 유속 2~7cm/sec, 폭의 3~8배
　㉡ 체류시간은 계획 취수량의 10~20분
　㉢ 유효수심 3~4m
② 신축이음: 개수로 10~20m, 관수로 20~30m
③ 제수밸브
　㉠ 도송수관의 시점, 종점, 분지개소, 연결관
　㉡ 관의 파손 등 관로의 일시적 단수 및 유량조절 목적
　㉢ 상류의 수압차가 커 제수밸브의 조작이 곤란한 경우 나비형 밸브의 사용이 가능
④ 역지밸브: 수격작용방지
⑤ 도송수관 매설
　㉠ 900mm 이하 → 120cm 이상
　㉡ 1000mm 이상 → 150cm 이상

16. 급수관의 마찰손실수두

Weston 공식 → 지름 50mm 이하되는 연관, 동관, 강관에 적용

17. 급수방식

① 직결식: 수압조절 불가능, 가정주택(소규모 저층건물)
② 고치탱크식
　㉠ 아파트 단지 등의 집단시설
　㉡ 배수관내 수압이 작을 경우
　㉢ 수압은 충분하나 관경이 작을 경우
③ 가압탱크식: 대규모 건축물, 물을 다량으로 사용하는 경우, 호텔 등에 사용

18. 급수계통

배수관 → 분수전 → 지수전 → 계량기 → 급수전

19. 급수단위

Lpcd(l/인/일)

20. 펌프량 계획

① 저양정 펌프장: 취수, 도수
② 고양정 펌프장: 송수, 배수

③ 증압펌프장
　㉠ 배수구역이 넓거나 고지대 위치
　㉡ 송, 배수압이 부족하거나 급수압이 부족한 경우
④ 펌프의 용량 표시 : 흡입구경, 토출구경, 전양정, 축마력
⑤ 펌프의 구경

$$D = 146\sqrt{\frac{Q}{V}}$$

여기서, D : mm
　　　　Q : m³/분
　　　　V : m/sec

⑥ 펌프흡입구 유속 : 1.5~3m/sec
⑦ 펌프의 동력

$$E = \frac{9.8Q(H+h_f)}{\eta_1 \times \eta_2} \text{ [KW]}$$

$$E = \frac{13.33Q(H+h_f)}{\eta_1 \times \eta_2} \text{ [HP]}$$

⑧ 펌프장 위치 : 침수되지 않는 곳, 전력이용이 용이한 곳, 단거리 양수 가능지형
⑨ 펌프의 선정
　㉠ 전양정 6m 이하, 구경 200mm 이상 → 사류 축류 펌프
　㉡ 전양정 20m 이상, 구경 200mm 이하 → 원심력 펌프
⑩ 비교회전도(비속도)
　㉠ 크기는 다르나 모양이 비슷한 임펠러가 1m³/min의 유량을 1m 양수하는데 필요한 회전수

$$N_s = \frac{NQ^{\frac{1}{2}}}{H^{\frac{3}{4}}}$$

　　여기서, N : 펌프회전수(rpm)
　　　　　　Q : 유량(m³/min)
　　　　　　H : 총양정(m)

　㉡ Ns 값이
　　• 클수록 대용량(저양정, 축류펌프)
　　• 작을수록 소용량(고양정, 원심력 펌프)
⑪ 펌프 양수량 조절 방법 : 회전수 변경, 토출변 크기 변경, 행정 변경, 바이패스관 설치

⑫ 공동현상 : 펌프 임펠러 입구에서 압력이 그 수온에 해당하는 포화증기압 이하로 되면 물이 증발해서 공동이 생기고 펌프의 성능을 저하시키는 현상
⑬ 공동현상 방지 대책 : 펌프설치를 낮게, 흡입양정을 작게, 펌프 회전수를 작게, 흡입관 손실을 작게 단흡입 펌프이면 양흡입펌프 사용
⑭ 수격작용 : 펌프의 밸브를 급개폐때 일어나는 압력상승 또는 압력강하
⑮ 수격작용 방지 대책 : 플라이 휠부착, 서지탱크 설치, 체크밸브설치, 토출측 관로에 안전밸브 또는 공기밸브 설치

03 정수장 시설

1. 정수처리 순서

침사처리 → 침전처리 → 응집처리 → 여과 처리 → 소독처리

2. 정수시설

침사지 → 침전지 → 혼화지 → 여과지 → 소독지

3. 침전지 설계

$$V_o = \frac{h_o}{t} = \frac{\dfrac{C}{A}}{\dfrac{C}{Q}} = \frac{Q}{A}$$

4. 수중불순물 제거

① 부유물질 콜로이드 입자의 제거(침전, 모래여과)
　㉠ 보통 침전지 완속여과
　㉡ 약품 침전지 급속여과 → 알루미늄과 철의 염분
　※ 세균은 완전히 제거되지 않고 콜로이드는 제거가 잘됨.
② 세균제거(살균소독법)
　※ 완속여과의 세균제거율이 급속여과보다 좋다.

5. 물의 연수화

① 경도 성분인 Ca^{++} Mg^{++}등을 제거함으로써 센물을 단물로 바꾸는 조작
② 자비법

③ 석회 소오다법
④ 이온 교환법
⑤ Zeolite 법

6. 정수방법

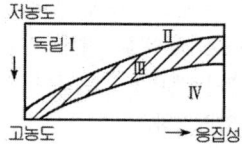

① 침전이론
   독립침전 Ⅰ 영역 → 응집침전 Ⅱ 영역 → 지역 침전 Ⅲ 영역 → 압축침전 Ⅳ 영역
② 약품침전지 : floc의 응집성이 강하여 침강하면서 다른 입자를 흡착 비대해지므로 침전속도 증가하면서 침전(Ⅱ 영역)
③ 상하류식 부유물 접촉 침전지는 Ⅲ 영역

7. 수면적 부하

① 입자가 100% 제거되기 위하여 요구되는 침전 속도
② 표면 침전율 $= \dfrac{Q}{A}$ [m³/day]
③ 월류부하 $= \dfrac{Q}{L}$ [m²/day]
④ 체류시간 $T = \dfrac{V}{Q} = \dfrac{A \times H}{Q}$ ∴ $\dfrac{Q}{A} = \dfrac{H}{T}$
⑤ 침전효율 $E = \dfrac{V_s}{V_o} = \dfrac{V_s}{\frac{Q}{A}}$ ∴ $V_s \geq \dfrac{Q}{A} \cdot V_o$

8. 보통 침전지 설계 조건

① 침전지수는 2개 이상
② 폭과 길이의 비는 1 : 3~1 : 8
③ 용량은 계획 1일 정수량의 8시간분
④ 유속은 0.5cm/sec

9. 경사판 침전지 특징

① 경사판 유효각도 : $\theta = 45° \sim 60°$
② 최대 침강거리 : $h = b \cdot \tan \theta$

10. 고속응집 침전지 종류

① 슬러리 순환형(슬러지 농도의 상시 적정 유지)
② 슬러지 블랜키트(수질과 처리수량의 변동이 작을 때)
③ 혼합형(모래 슬러리가 퇴적하지 않음)
④ 맥동형(대용량)
⑤ 제트식(유량 변동)

11. 혼화지 종류

① 기계 교반식(장방형이 원형보다 효과 크다.)
② 우류식(손실수두 크다. 완속 온화 적합)
③ 도수식(적당한 낙차있는 지역)
④ 펌프식(내산성인 펌프재질 요구)

12. 여과지 종류

※ 여과 : 침전으로 제거되지 않는 미세한 입자의 제거
① 완속 여과지(유입부, 집수부, 유출부)
② 급속 여과지(중력식, 압력식)

13. 완속여과지 설계조건

① 여과 속도 : 4~5m/day
② 여과층 높이 : 70~90cm
③ 여과사 입경 : 0.3~0.45mm
④ 여과사 균등계수 : 2.0 이하
⑤ 손실수두 : 작다.

14. 급속여과시 설계조건

① 여과 속도 : 120~150m/day
② 여과층 높이 : 60~120cm
③ 여과사 입경 : 0.45~1.0mm
④ 여과사 균등계수 : 1.7 이하
⑤ 손실수두 : 크다.
※ 모래입자의 크기가 클수록 손실수두가 작다.

15. 집수장치조건

① 물의 분산과 집수가 일정
② 손실수두 적을 것
③ 지지층 두께가 얇은 것
④ 찌꺼기나 먼지가 막히지 않을 것
⑤ 내구성, 시공성이 좋을 것

16. 접수장치 종류
① Strainer 형
② Wheeler 형(손실수두가 제일크다.)
③ 다공관형
④ 유공블록형(여과, 세정이 균등)

17. 급속여과지 여과사 세정
① 세정방식
  ㉠ 역세정방식
  ㉡ 공기 병용 세정방식
  ㉢ 공기 세정방식
② 세정조건
  ㉠ 수압수두 : 10~12m
  ㉡ 수   량 : 0.6~0.9m³/min·m²
  ㉢ 세정시간 : 4~6분

18. 응 집
① 콜로이드 전기적 특성 이용 pH 변화를 일으켜 콜로이드가 갖고 있는 반발력을 감소시킴으로써 입자가 결합
② 응집처리의 설계이론 : 혼합 → 응결 → 침전
③ 응집제 : 명반 [$Al_2(SO_4)_3$], 철염 $FeCl_3$, $FeCl_2$, $FeSO_4$
④ 응집에 영향을 미치는 인자 : pH, 수온, 교반, 응집제 종류, 콜로이드 농도와 종류 물의 전해질 농도

19. 살 균
① 염소살균이 가장 많이 사용
② 유리 잔류 염소(HOCl과 OCl를 생성)
  ㉠ pH 5 이하에서 염소분자로 존재
  ㉡ HOCl이 OCl보다 살균력이 80배
  ㉢ HOCl의 살균력은 pH 5.5에서 최대
  ㉣ OCl의 살균력은 pH 10.5에서 최대
③ 결합 잔류 염소의 특징(클로라민)
  ㉠ 냄새, 맛이 없다.
  ㉡ 살균의 지속성이 있다.
  ㉢ 유리 잔류 염소보다 살균력이 약하다.
④ 염소요구량=주입염소량−잔류염소량
⑤ 염소주입량 : 0.2ppm 이상

⑥ 염소 0.4ppm 이상
  ㉠ 소화기 계통 전염병 유행
  ㉡ 단수후 또는 감수압
  ㉢ 홍수로 원수 수질이 현저히 악화
  ㉣ 정수작업에 이상 있을 때

20. 사전 염소처리 목적
① 일반세균이 1ml 중 5000 이상 또는 대장균군이 100ml 중 2500 이상 존재할 때
② 침전지나 여과지 내부를 위생적으로 유지하기 위해
③ 약류, 소형동물, 철박테리아 등의 서식, 번식 억제하기 위해
④ 철, 망간이 용존하고 염소 소독에 의해 탁도, 색도가 증가하는 경우 이들 불용성 물질을 산화물로 제거할 때
⑤ 암모니아성 질소, 아질산성 질소, 황화수소, 페놀류, 유기물 등을 산화시킬 때

21. 염소 주입장소
① 착수정, 펌프정, 접합정
② 염소혼화정
③ 정수지 출구, 배수지 유입부

22. 정수시설
① 착수정 : 체류시간 1분 30초, 수심 3~5m, 60cm 여유
② 응집지
  ㉠ 0.01mm 이하인 것 제거, floc를 형성시켜 주기 위한 시설
  ㉡ floc 형성시간 → 20~40분
  ㉢ floccutaler 주변속도 15~80cm/sec, 평균속도 15~30cm/sec
  ㉣ 혼화시간은 계획정수량에 대하여 1~5분간을 표준
  ㉤ flash mixer의 주변속도 1.5m/sec 이상
③ 침전지
  ㉠ 원수의 연간 최고 탁도가 30도 이상
  ㉡ 원수의 탁도가 10도 이하인 경우는 보통 침전지 생략
    • 길이 : 폭의 3~8배

- 여유고 : 30cm
- 평균유속 : 보통 30cm/min 이하, 약품 40cm/min 이하
- 조의용량 : 보통 8시간분, 약품 3~5시간 고속응집 침전지 1.5~2시간
- 경사판 각도 60°, 평균유속 0.6m/min
- 고속응집 침전지의 지내 평균 상승 유속 40~50mm/분

④ 정수지 구비조건
  ㉠ 내구성, 수밀성을 가져야 하고 30~60cm 복토를 둔다.
  ㉡ 유효수심 : 3~6m
  ㉢ 고수위로부터 정수지상 슬래브까지는 30cm 이상의 여유고
  ㉣ 지저경사는 $\frac{1}{100} \sim \frac{1}{500}$
  ㉤ 정수지의 유효용량은 계획정수량의 1시간분 이상
⑤ 활성탄 처리 → 20분 이상

23. 배출수 처리(조정 → 농축 → 탈수 → 처분)
① 조정 농축 시설
  ㉠ 용량은 계획 슬러지량의 24~48시간 표준
  ㉡ 여유고 30cm, 바닥면 경사는 $\frac{1}{10}$ 이상
② 탈수시설
  ㉠ 농축 슬러지량의 함수량을 줄여 체적 감소
  ㉡ 탈수기는 2대 이상 설치
  ㉢ 진공여과기, 가압여과기, 원심분리기, 조립 탈수기
  ㉣ 드럼의 소요 단면적은 고형물 처리량 60~130kg/m²/hr
  ㉤ 고형물 부하는 10~20kg/m²/day
③ 처분시설
  케이크와 함수율이 85% 이하라야 한다.

04 하수도 시설 계획

1. 하수의 정의
① 가정하수   ② 공장폐수
③ 지하수   ④ 우수

2. 하수도 시설 목적
합리적인 건설비와 유리관리비를 투자하여 도시의 건전한 발전과 공중위생의 향상에 기여하고 공공수역의 수질을 보전하여 쾌적한 생활환경을 조성하는 것

3. 하수도의 효과
① 시가지 침수, 범람 방지
② 질병 방지로 공중위생상 효과
③ 하천의 수질보전
④ 분뇨 처분의 해결
⑤ 저습지 개량으로 토지이용 증대
⑥ 도시미관 증대
⑦ 강우시 침수방지로 시민의 정신적 안정 기대

4. 하수도 구성요소
① 하수관거
② 펌프장
③ 하수처리장

5. 하수도 계획년도 → 20년

6. 하수도 계통
① 집배수시설(하수관거)
② 처리시설(처리장)
③ 방류시설(펌프장)

7. 하수도망
가정하수거 → 지선하수거 → 연결하수거 → 부간선 하수거 → 간선 하수거 → 차집 하수거

8. 하수배제 방식 비교

합류식	분류식
• 퇴적이 많다. • 토사유입하여 퇴적 폐쇄 염려없다. • 검사 수리 용이 • 청소에 시간이 많이 소요	• 퇴적이 적다. • 소구경인 오수거의 폐쇄 우려되나 청소가 비교적 쉽다. • 측구가 있으면 관리에 시간 소요

9. 하수도 배수계통 방식

① 직각식 : 하천이 도시 중심 통과시
② 차집식 : 하수처리장 부지 확보 곤란시
③ 선상식 : 지형이 한곳으로 모이기 쉬운 곳
④ 방사식 : 시가지 중심부가 높고 주위가 낮은 곳
⑤ 집중식 : 도심지 중심부가 저지대인 경우
⑥ 평행식 : 도시가 고지대와 저지대로 구분이 되는 경우

10. 계획 오수량 산정

① 계획 오수량=생활 오수량+공장 폐수량+지하수량
② 계획 1일 최대 오수량=1인 1일 최대오수량×계획인구+공장폐수량+지하수량
③ 계획시간 최대 오수량=계획 1일 최대 오수량×(1.3~1.8)
④ 계획 하수량=계획 오수량+계획 우수량
⑤ 계획 우수량=합리식으로 우수량 산정

11. 계획 우수량

$$Q = \frac{1}{3.6} C \cdot I \cdot A \, [\text{m}^3/\text{sec}]$$

여기서, I : 강우강도(mm/hr)

12. 강우강도(I)

Talot식 (가장 널리 사용)

$$I = \frac{a}{t+b}$$

여기서, t = 유입시간(t_1) + 유하시간(t_2)

$t_2 = \frac{L}{60 \cdot V}$

t_2 : 유하시간(min)
L : 관거길이(m)
V : 유속(m/sec)

13. 교차연결

음용수로 사용하기 부적합한 물이 상수도관인 급수관으로 유입되는 것

14. 교차연결 발생원인

① 급수 상수관과 하수관이 인접해서 매설시
② 배수관에 부압 발생시
③ 오수가 흡입될 때
④ 배수관의 수압 저하시
⑤ 급수장치의 수압 상승시

15. 교차 연결 방지 대책

① 하수관거와 배수관거의 동일 매설 금지
② 부압 발생 방지를 위해 증기밸브나 진공밸브 설치
③ 역류 발생 방지 밸브 설치
④ 화장실 오수관거내 진공차단기 설치

16. 우수 방류 장치

① 목적 : 방류수역의 수질 오염 방지 및 수질 유지 관리
② 위치 : 우수를 자연 유하식으로 일시에 방류 가능한 곳

17. 우수조정지 설치 장소

① 하수관거의 유하능력이 부족한 곳
② 펌프장의 배수능력이 부족한 곳
③ 방류하천의 수로 능력이 부족한 곳

18. 방류수 수질 기준

① 하수처리장 : BOD, SS → 20ppm 이하
② 분뇨처리장 : BOD, SS → 30ppm 이하
③ 폐수처리장 : BOD, SS → 30ppm 이하, COD → 40ppm 이하

05 하수관로 시설

1. 계획하수량
① 오수관리 계획하수량=계획시간 최대 오수량
② 우수관리 계획하수량=계획우수량
③ 합류관거=계획시간 최대 오수량+계획우수량
④ 차집관거=우천시 계획오수량

2. 하수관거내 유속
① Manning $V = \dfrac{1}{n} R^{\frac{2}{3}} I^{\frac{1}{2}}$
② 분류식 : 0.6~3.0m/sec
③ 합류식 : 0.8~3.0m/sec
　※ 이상적인 유속 1.0~1.8m/sec

3. 하수관거 경사 = $\dfrac{1}{관직경\,[mm]}$

4. 하수관거의 최소관경
① 분류식 : 250mm
② 합류식 : 300mm

5. 하수관거의 종류
① 소구경관 : 도관, 콘크리트관
② 중구경관 : 철근콘크리트관, 흄관
③ 대구경관 : 현장타설 콘크리트관

6. 하수관거 매설깊이 결정 기준
① 동결깊이(남해안지방 0.3m, 서울북부 1.0m)
② 배수경사
③ 기존 시설물과 간섭

7. 하수관거 매설 깊이
① 최소 매설 깊이 : 1m 이상
② 표준 매설 깊이 : 1.5~2.0m
③ 도로사정상 1.2m로 할 수 있다.

8. 매설 폭(B)
$B = \dfrac{3}{2} \times d + 30\,[cm]$
여기서, d : 안지름

9. 하수관거 이음
① 소켓이음(강도가 약해 대구경에 사용불가)
② 인롱이음(수밀성, 연결부가 미흡)
③ 칼라이음(부설시 굴착폭이 넓어 공사비 과다)
④ 맞대기 이음(기초에 세심한 주의)

10. 하수관거 접합
① 위치 : 단면, 방향, 경사가 변하는 지점과 하수관거가 합류하는 곳
② 맨홀설치 간격

관거내경(mm)	300 이하	600 이하	1000 이하	1500 이하	1650 이하
최대간격(m)	50	75	100	150	200

③ 완경사지 접합 방법
　㉠ 수면접합, 관정접합, 중심접합, 관저접합
　㉡ 수면접합과 관정접합이 널리 쓰인다.
④ 급경사지 접합 방법
　㉠ 단차접합(계단 높이 30cm 이상)
　㉡ 계단접합(계단 높이 30cm 이내)

11. 하수관거 기초
① 모래기초(연약한 지반의 경우 하중을 균등 분포)
② 쇄석기초(콘크리트 기초와 병행 시공)
③ 비계기초(철근콘크리트관에 사용)
④ 사다리기초(관거 길이 방향의 부등침하 방지 위해)
⑤ 콘크리트 기초, 철근콘크리트 기초(중심각은 90°가 경제적)
⑥ 말뚝기초(대구경 관거에 이용)
⑦ 지질섬유기초, 소일시멘트 기초

12. 하수관거 부식
① 원인 : H_2SO_4
② 생성과정 : $H_2S + O_2 \longrightarrow H_2SO_4$
③ 위치 : 관정부식

13. 하수도 펌프장 종류
배수펌프장, 중계펌프장, 하수처리장내 펌프장

14. 펌프장 구성

하수유입 → 침사지 → 스크린 → 펌프장 → 침전지

15. 스크린 설계

① 조목 스크린 : 침사지 앞에 설치
② 세목 스크린 : 침사지 뒤에 설치

16. 펌프 흡입구 유속

1.5~3.0m/sec 표준

06 하수처리장 시설

1. 하수 처리 순서

1차 처리 → 2차 처리 → 고차 처리 → 슬러지 처분

2. 하수처리 방법

① 살수여상법
  ㉠ 호기성 미생물이 생물화학적 작용으로 하수 중의 유기물 제거
  ㉡ 호기성층과 혐기성층에서 유기질이 분해되어 안정화되는 방법
  ㉢ 장점
    • 슬러지량과 공기량 조절이 필요 없다.
    • 슬러지량이 적다.
    • 벌킹(Bulking)이 일어나지 않는다.
② 회전 원판법
③ 활성 슬러지법 : 최초 침전지에서 제거하지 못한 부유물질, 콜로이드성 물질, 용해성 물질을 호기성 미생물의 흡착, 산화, 동화작용으로 안정화 시키는 방법

3. 고정 생물법(생물막법)

살수여상법, 회전원판법, 접촉산화법

4. 부유생물법

① 표준활성 슬러지법
② 합성 슬러지 변화법

5. 활성슬러지 변화법의 종류

단계별 폭기법, 장시간 폭기법, 수정식 폭기법, 접촉 안정법, 고속 폭기 침진접, 산화구법, 순산소식 활성슬러지법

6. 슬러지 용적지수(SVI)

$$SVI = \frac{30분간 침전된 슬러지부피 [ml/l]}{MLSS 농도 [mg/l]} \times 1000$$

• SVI가 50~150이면 침강성이 양호하며, SVI가 200 이상이면 슬러지 팽화를 유발한다.
• SVI가 작을수록 침강 농축성이 좋고 SVI가 클수록 침강 농축성이 나쁘다.

7. 슬러지 밀도지수(SDI)

$$SDI = \frac{MLSS량 [g]}{침전 슬러지 100 [ml]} = \frac{100}{SVI}$$

8. F/M비

$$= \frac{1일\ BOD\ 유입량\ [kg \cdot BOD/day]}{MLVSS량\ [kg]}$$

$$= \frac{BOD\ 농도 \times Q}{MLVSS \times V}$$

9. BOD 용적부하

$$= \frac{BOD\ 농도 \times Q}{V}\ [kg/m^3 \cdot day]$$

10. BOD - SS부하

$$= \frac{BOD\ 농도 \times Q}{MLSS \times V}$$

11. 수리학적 부하

$$= \frac{Q}{A}$$

12. 슬러지 벌킹(Bulking)

① 최종 침전지에서 슬러지의 침전과 농축이 힘들어지는 현상
② 원인
  ㉠ F/M비가 클 때
  ㉡ pH가 낮을 때(pH 6 이하)
  ㉢ 유입하수에 질소가 적을 때
  ㉣ 용존산소(DO)가 낮을 때

ⓜ 탄수화물이 많을 때
ⓗ 탄수화물 계통의 유기물질을 분해할 때

13. 하수처리시설

침사지, 펌프장, 침전지, 폭기조, 소독시설(살균시설), 방류시설

14. 슬러지 처리 순서

농축 → 소화 → 개량 → 탈수 → 최종처분

15. 소화조의 소화과정

산성발효기(2주) → 산성감퇴기(3주) → 알칼리성 발효기(1개월)

16. 소화온도

① 중온소화 : 33~37°C(32°C 많이 이용)
② 고온소화 : 50~57°C

17. 소화가스성분 분포 순서

CH_4 → CO_2 → N → H_2 → H_2S

18. 고온소화 문제점

① 냄새가 심하다.
② 탈수가 힘들 때가 있다.
③ 온도 변화에 민감하다.

19. 폭기조 용량 결정인자

① 계획하수량   ② 유입하수의 BOD 농도
③ F/M 비   ④ MLSS 농도
⑤ 폭기시간

20. 슬러지 탈수

① 진공탈수   ② 가압탈수
③ 원심탈수   ④ 벨트프레스탈수

21. 천일건조 소요면적(A)

$$A = \frac{Q \times T}{D}$$

여기서, A : 소요면적(m^2)
Q : 투입되는 슬러지량(m^3/day)
T : 건조일수(day)=15~20일
D : 투입되는 슬러지층의 두께(m)=10~20cm

22. 슬러지 최종처분

① 매립처분(샌드위치식, 폰드식)
② 퇴비화 처분(비료)
③ 토양살포와 주입
④ 슬러지 소각
⑤ 해양투기

23. 슬러지 토양살포와 주입시 완충거리

구 분	호수, 도로, 하천	상수도 수원	고밀도 주거지역
토양주입	15~60m	90~460m	90~460m
토양살포	90~460m	90~460m	460m 이상

24. 슬러지 소각로 구성(다단 소각로)

① 상부 : 건조용
② 중간 : 소각용
③ 하부 : 냉각용

25. 슬러지 소각법 장점

① 위생적으로 안전하다.
② 부식성이 없다.
③ 혐오감이 적다.
④ 슬러지 체적이 감소된다.
⑤ 타처리법에 비해 부지가 적게 든다.

2014

- 01 응용역학
- 02 측량학
- 03 수리학
- 04 철근콘크리트 및 강구조
- 05 토질 및 기초
- 06 상하수도공학

기출문제

2014년 3월 2일 시행
2014년 5월 25일 시행
2014년 9월 20일 시행

효율적으로 정답을 선택합시다!
(정답을 모르는 문제는 이렇게 골라보심이 어떨까요?)

1. 우선 본인이 공부를 하시고 50% 정답을 맞힐 수 있는 능력을 갖도록 해야 합니다.
2. 과목별 과락은 넘고 평균 60점이 안 되시는 분을 위해 적용하는 것입니다.
3. 확실히 아는 문제의 답만 답안지에 표시합니다.
4. 확실히 정답을 모르는 문제 중 정답이 아닌 지문 2개를 선택합니다.
   예) 가, 나, 다, 라
5. 다시 모르는 문제의 지문 2개를 연구하여 선택합니다. 이때 확신이 없으면 정답으로 선택해서는 안 됩니다.(절대 추측은 금물입니다.)
6. 답안지에 확실히 정답을 표시한 문제 10개의 정답 분포를 나열합니다.
   예) 가 나 다 라
        3   0   2   5
7. 나머지 정답을 모르는 문제 10개를 나열해 봅니다.

1번	가 나 다 라	14번	가 나 다 라
5번	가 나 다 라	15번	가 나 다 라
7번	가 나 다 라	17번	가 나 다 라
10번	가 나 다 라	19번	가 나 다 라
12번	가 나 다 라	20번	가 나 다 라

8. 위와 같이 정답을 모르는 문제들 중에 2개 지문이 정답이 아닌 것을 사전에 알 정도로 공부가 되어 있어야 합니다.
9. 이제 정답을 모르는 문제의 답을 확신한 정답 분포와 비교하여 선택해 봅니다.
   1번 나, 5번 가, 7번 나, 10번 다, 12번 다, 14번 다, 15번 나, 17번 나, 19번 가, 20번 나
10. 공부를 하시고 이 방법으로 적용하여야 합니다.

01 응/용/역/학

001 지간이 l인 그림과 같은 양단 고정보의 중앙에 집중하중 P가 작용할 경우 고정단의 모멘트는?

㉮ $\dfrac{Pl}{2}$ ㉯ $\dfrac{Pl}{4}$

㉰ $-\dfrac{Pl}{8}$ ㉱ $\dfrac{Pl}{16}$

해설
- $R_A = R_B = \dfrac{P}{2}$
- $M_A = M_B = -\dfrac{Pl}{8}$ • $M_C = \dfrac{Pl}{8}$

002 임의의 도형에서 도심을 지나는 대한 단면 2차 모멘트는?

㉮ 0보다 작다.   ㉯ 0이다.
㉰ 0보다 크다.   ㉱ 0에서 1사이의 값이다.

해설 단면 1차 모멘트는 여러 가지 구조물의 단면 도심을 구할 때 이용된다.

003 그림과 같은 구조물을 밀어 넘길 수 있는 수평 집중하중 (P)은?

㉮ 1t
㉯ 2t
㉰ 2.5t
㉱ 5t

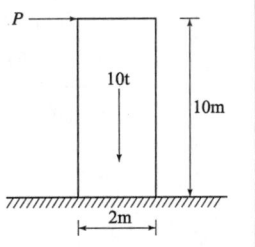

해설 $P \times 10 = 10 \times 1$ ∴ $P = 1t$

해답 001. ㉰   002. ㉯   003. ㉮

004 다음 그림과 같은 세 힘에 대한 합력의 작용점은 0점에서 얼마의 거리에 있는가?
㉮ 1m
㉯ 2m
㉰ 3m
㉱ 4m

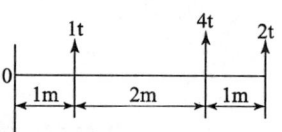

해설 $\sum P = 1+4+2 = 7t$
$7 \times x = 1 \times 1 + 4 \times 3 + 2 \times 4$ ∴ $x = 3m$

005 그림과 같이 ABC의 중앙점에 10t의 하중을 달았을 때 정지하였다면 장력 T의 값은 몇 t인가?
㉮ 5
㉯ 10
㉰ 8.66
㉱ 15

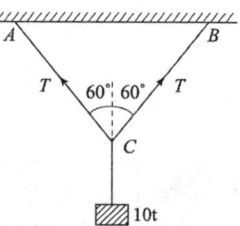

 $\dfrac{T}{\sin 120°} = \dfrac{10}{\sin 120°}$
∴ $T = 10t$

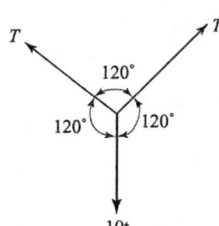

006 다음 단순보의 지점 A에서의 처짐각 θ_A는 얼마인가? (단, EI는 일정하다.)
㉮ $\dfrac{Pl^2}{6EI}$
㉯ $\dfrac{Pl^2}{16EI}$
㉰ $\dfrac{Pl^2}{8EI}$
㉱ $\dfrac{Pl^2}{4EI}$

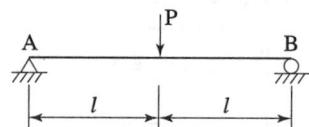

 길이가 l이고 집중하중 P가 보의 중앙에 작용할 때 처짐각 $\theta_A = \dfrac{Pl^2}{16EI}$ 이므로
$\theta_A = \dfrac{P(2l)^2}{16EI} = \dfrac{P4l^2}{16EI} = \dfrac{Pl^2}{4EI}$

해답 004. ㉰ 005. ㉯ 006. ㉱

007 그림과 같은 트러스에서 사재(斜材) D의 부재력은?

㉮ 3.112t
㉯ 4.375t
㉰ 5.465t
㉱ 6.522t

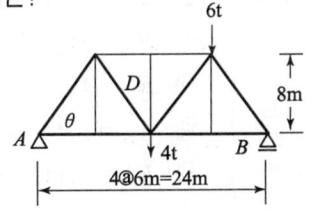

• $\Sigma M_B = 0$
$V_A \times 24 - 4 \times 12 - 6 \times 6 = 0$
∴ $V_A = 3.5\,t$
• $\Sigma V = 0$ (D사재를 절단법에 의해)
$3.5 - D \times \dfrac{8}{10} = 0$
∴ $D = 4.375\,t$

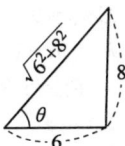

008 지름 D인 원형단면에 전단력 S가 작용할 때 최대 전단응력의 값은?

㉮ $\dfrac{4S}{3\pi D^2}$ ㉯ $\dfrac{2S}{3\pi D^2}$
㉰ $\dfrac{16S}{3\pi D^2}$ ㉱ $\dfrac{3S}{4\pi D^2}$

$\tau_{max} = \dfrac{4}{3}\dfrac{S}{A} = \dfrac{4}{3} \times \dfrac{S}{\dfrac{\pi D^2}{4}} = \dfrac{16S}{3\pi D^2}$

009 단면적 5cm²인 강봉이 그림과 같은 힘을 받을 때 이 강봉은 얼마나 늘어나겠는가? (단, $E = 2,100,000\,kg/cm^2$이다.)

㉮ 0.424cm
㉯ 0.504cm
㉰ 0.586cm
㉱ 0.619cm

구간별로 계산하면

$\Delta l = \Delta l_1 + \Delta l_2 + \Delta l_3 = \dfrac{1}{EA}(P_1 l_1 + P_2 l_2 + P_3 l_3)$
$= \dfrac{1}{2.1 \times 10^6 \times 5}(6 \times 3 + 3 \times 4 + 7 \times 5) \times 10^5 = 0.619\,cm$

해답 007.㉯ 008.㉰ 009.㉱

010 다음 단순보에서 지점의 반력을 계산한 값으로 옳은 것은?

㉮ $R_A = 1t$, $R_B = 1t$
㉯ $R_A = 1.9t$, $R_B = 0.1t$
㉰ $R_A = 1.4t$, $R_B = 0.6t$
㉱ $R_A = 0.1t$, $R_B = 1.9t$

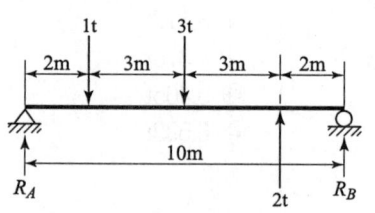

해설
- $\Sigma M_B = 0$
  $R_A \times 10 - 1 \times 8 - 3 \times 5 + 2 \times 2 = 0$
  $\therefore R_A = 1.9t$
- $\Sigma V = 0$
  $R_A + R_B + 2 - 1 - 3 = 0$
  $\therefore R_B = 0.1t$

011 그림과 같은 구조물은 몇 차 부정정 구조물인가?

㉮ 3
㉯ 4
㉰ 5
㉱ 6

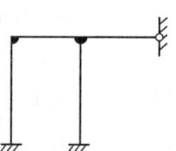

해설 $N = r + m + s - 2k = 8 + 4 + 3 - 2 \times 5 = 5$차 부정정
여기서, m : 부재수(절점 사이 부재수)
s : 강절점수(기존 부재에 붙어 있는 부재수)
k : 지점 및 자유단을 포함하는 절점수

012 그림과 같은 보에서 C점의 처짐을 구하면? (단, $EI = 2 \times 10^9 kg \cdot cm^2$이다.)

㉮ 0.821cm
㉯ 1.406cm
㉰ 1.641cm
㉱ 2.812cm

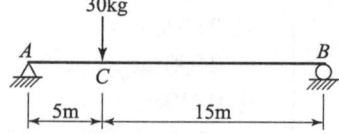

해설 $y_c = \dfrac{Pa^2b^2}{3EIl} = \dfrac{30 \times 500^2 \times 1500^2}{3 \times 2 \times 10^9 \times 2000} = 1.406\,cm$

보충 $\theta_A = \dfrac{Pab}{6EIl}(a + 2b)$

해답 010.㉯ 011.㉰ 012.㉯

013
다음과 같은 단순보에서 A점의 반력(R_A)으로 옳은 것은?

㉮ 0.5t(↓)
㉯ 2.0t(↓)
㉰ 0.5t(↑)
㉱ 2.0t(↑)

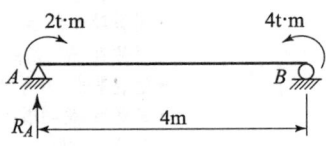

해설)
$\Sigma M_B = 0$
$R_A \times 4 + 2 - 4 = 0$
$\therefore R_A = \frac{1}{4}(4-2) = 0.5t(\uparrow)$

014
탄성 에너지에 대한 설명으로 옳은 것은?

㉮ 응력에 반비례하고 탄성계수에 비례한다.
㉯ 응력의 제곱에 반비례하고 탄성계수에 비례한다.
㉰ 응력에 비례하고 탄성계수의 제곱에 비례한다.
㉱ 응력의 제곱에 비례하고 탄성계수에 반비례한다.

해설)
- $U = \dfrac{M^2 l}{2EI}$

참고)
- 캐스틸리아노의 정리
  탄성체가 가지고 있는 탄성변형에너지를 작용하고 있는 하중으로 편미분하면 그 하중점에서 작용 방향의 변위가 된다.
- 에너지 불변의 법칙
  탄성체에 외력이 작용하면 이 탄성체에 생기는 외력의 일과 내력이 한 일의 크기는 같다.

015
정사각형의 중앙에 지름 20cm의 원이 있는 그림과 같은 도형에서 빗금친 부분의 X축에 대한 단면 2차 모멘트를 구한 값은?

㉮ 205,479cm⁴
㉯ 215,479cm⁴
㉰ 225,479cm⁴
㉱ 235,479cm⁴

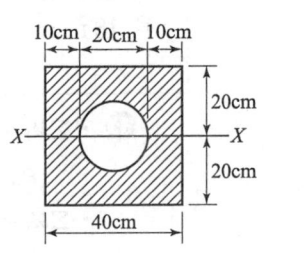

해설)
$I_X = \dfrac{bh^3}{12} - \dfrac{\pi d^4}{64} = \dfrac{40 \times 40^3}{12} - \dfrac{\pi \times 20^4}{64} = 205479 \text{ cm}^4$

016
다음 중 부정정 구조물의 해법으로 틀린 것은?

㉮ 3연 모멘트 정리   ㉯ 처짐각법
㉰ 변위일치의 방법   ㉱ 모멘트 면적법

정답) 013. ㉰ 014. ㉱ 015. ㉮ 016. ㉱

2014년 3월 2일 시행

- 부정정 구조물은 그 연속성 때문에 처짐의 크기가 작다.
- 3연 모멘트법은 부정정 연속보의 해석에 가장 적당하다.
- 처짐각법은 보와 라멘에 모두 적용가능하고 지점 침하나 부재가 회전했을 경우에도 사용할 수 있으며 고정단 모멘트를 계산해야 한다.
- 전달률을 이용하여 부정정 구조물을 해석하는 방법을 모멘트 분배법이라 한다.
- 모멘트 분배법은 라멘, 연속보의 해석시 불균형 모멘트를 분배, 전달하여 재단 모멘트를 구하는 근사적인 해법이다.
- 부정정 구조물의 해석 방법에는 응력법(변형일치법, 3연 모멘트법, 최소일의 정리, 가상일의 원리)과 변위법(처짐각법, 모멘트 분배법)이 있다.
- 부정정 트러스 해법은 가상일의 원리(단위 하중법)가 적당하다.

017. 다음 그림에서 도심에서의 핵거리 k_o는?

㉮ $\dfrac{r}{4}$ ㉯ $\dfrac{r}{8}$

㉰ $\dfrac{r}{12}$ ㉱ $\dfrac{r}{24}$

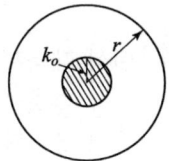

- 핵거리(반경) $= \dfrac{Z}{A} = \dfrac{\dfrac{\pi D^3}{32}}{\dfrac{\pi D^2}{4}} = \dfrac{D}{8} = \dfrac{2r}{8} = \dfrac{r}{4}$

- 핵지름 $= \dfrac{r}{4} \times 2 = \dfrac{r}{2}$

018. 그림과 같은 3활절 라멘에 일어나는 최대 휨모멘트는?

㉮ 9t·m
㉯ 12t·m
㉰ 15t·m
㉱ 18t·m

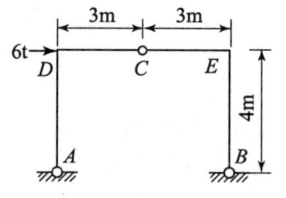

- $\Sigma M_B = 0$ $R_A \times 6 + 6 \times 4 = 0$
  ∴ $R_A = \dfrac{1}{6}(-6 \times 4) = -4\text{t}$
- $\Sigma M_C = 0$ $R_A \times 3 - H_A \times 4 = 0$
  $-4 \times 3 - H_A \times 4 = 0$
  ∴ $H_A = \dfrac{-4 \times 3}{4} = -3\text{t}(\leftarrow)$
- $M_D = H_A \times 4 = 3 \times 4 = 12\text{t·m}$

017. ㉮ 018. ㉯

019 그림 (A)의 양단힌지 기둥의 탄성좌굴하중이 10t이었다면, 그림 (B)기둥의 좌굴하중은?
㉮ 2.5 t
㉯ 10 t
㉰ 20 t
㉱ 40 t

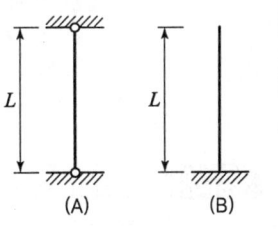

해설
- 좌굴하중 $P = \dfrac{n\pi^2 EI}{l^2}$
- 양단힌지 $n=1$, 일단 자유 타단 고정 $n=\dfrac{1}{4}$
- (B) 기둥의 좌굴하중 $P = \dfrac{10}{4} = 2.5\,t$

020 그림과 같은 직사각형 단면의 보가 최대 휨모멘트 $M_{max}=2t\cdot m$를 받을 때 a-a 단면의 휨응력은?
㉮ 22.5 kg/cm²
㉯ 37.5 kg/cm²
㉰ 42.5 kg/cm²
㉱ 46.5 kg/cm²

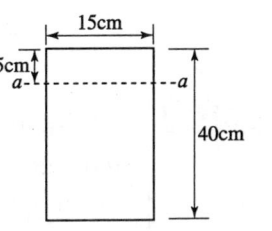

해설
- $I = \dfrac{bh^3}{12} = \dfrac{15 \times 40^3}{12} = 80000\,cm^4$
- $\sigma = \dfrac{M}{I}y = \dfrac{200000}{80000} \times (20-5) = 37.5\,kg/cm^2$

02 측/량/학

021 주로 지형도 제작에 이용되는 측량방법으로 거리가 먼 것은?
㉮ 시거 측량(스타디아 측량)   ㉯ 항공사진 측량
㉰ 토털스테이션 측량   ㉱ GPS 측량

해설   시거측량은 보통 시준거리가 300m정도에 적용되며 대단히 큰 정밀도의 결과를 얻을 수 없다.

022 다음과 같은 삼각망의 각 방정식 수는?
㉮ 3   ㉯ 4
㉰ 5   ㉱ 6

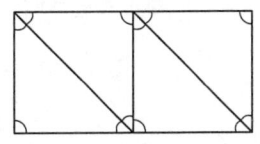

해답 019. ㉮ 020. ㉯ 021. ㉮ 022. ㉯

해설 각 방정식 수
S−P+1=9−6+1=4
여기서, S : 변의 수
P : 삼각점의 수

023 면적이 1km²인 지역이 도상면적 25cm²의 도면으로 제작되었을 경우 이 도면의 축척은?

㉮ $\frac{1}{10,000}$ ㉯ $\frac{1}{20,000}$

㉰ $\frac{1}{30,000}$ ㉱ $\frac{1}{40,000}$

해설 $\left(\frac{1}{M}\right)^2 = \frac{도상면적}{실제면적} = \frac{25}{10,000,000,000}$

∴ $\frac{1}{M} = \frac{1}{20,000}$

024 평판 측량에 의한 세부 측량법의 하나로 시준 시 장애물이 없는 지역에 평판을 설치하여 여러 점의 위치를 결정하는 방법은?

㉮ 전진법 ㉯ 방사법
㉰ 교회법 ㉱ 지거법

해설 방사법은 측량구역 내에 장애물이 없어 시준이 용이한 소지역에 주로 사용되며 방향선을 그은 후 거리를 재어 각 점을 연결하는 것이다.

025 원곡선에 의한 종단곡선을 상향구배 3%, 하향구배 4% 사이에 곡선 반경 R=150m로 설치할 경우 종단곡선의 길이는?

㉮ 6m ㉯ 10.5m
㉰ 15.2m ㉱ 30.4m

해설 $l = R(m±n)$
$= 150\left(\frac{3}{100} - \frac{-4}{100}\right) = 10.5\,m$

026 하천측량의 종류 중 고저측량에 해당되지 않는 것은?

㉮ 심천측량 ㉯ 횡단측량
㉰ 종단측량 ㉱ 유량측량

해설 하천측량은 평면측량, 수준측량, 유량측량으로 나눈다.

해답 023. ㉯ 024. ㉯ 025. ㉯ 026. ㉱

027 사진측량의 특징으로 옳지 않은 것은?
㉮ 4차원 측정이 가능하고 축척 변경이 용이하다.
㉯ 접근하기 어려운 대상물을 측정할 수 있다.
㉰ 기상조건의 영향을 받지 않는다.
㉱ 연속 촬영으로 움직이는 대상물의 상태 변화를 감지할 수 있다.

해설 기상조건 및 태양 고도의 영향을 받는다.

028 다음 각 점의 좌표를 보고 삼각형 ABC의 면적은?
㉮ 8.5m²
㉯ 10.5m²
㉰ 21m²
㉱ 30.5m²

점	X(m)	Y(m)
A	3	4
B	6	7
C	7	1

해설 좌표법에 의한 면적 계산

면적 $= \frac{1}{2}\sum\{$그 측점 y좌표$\times$(앞 측선 x좌표$-$다음 측선 x좌표)$\}$

$= \frac{1}{2}\{4(7-6)+7(3-7)+1(6-3)\}$

$= 10.5 \text{ m}^2$

029 어떤 측선의 길이를 3군으로 나누어 측정하였다. 이때 측선길이의 최확값은?

측정군	측정값	측정회수
Ⅰ	100.350	2
Ⅱ	100.340	5
Ⅲ	100.353	3

㉮ 100.344m ㉯ 100.346m
㉰ 100.348m ㉱ 100.350m

해설 측선 길이 최확값

$100 + \dfrac{0.35\times 2 + 0.34\times 5 + 0.353\times 3}{2+5+3} = 100.346\,\text{m}$

030 항공사진에서 건물의 높이를 결정하기 위하여 건물의 정점과 밑뿌리의 시차차를 측정하니 0.04이었다. 이 건물의 높이는? (단, 촬영고도 3000m, 주점기선장은 15.96mm이었다.)
㉮ 6.5m ㉯ 7.0m
㉰ 7.5m ㉱ 8.0m

해설 $0.00004 = \dfrac{h}{3000}\times 0.01596$ ∴ $h = 7.5\,\text{m}$

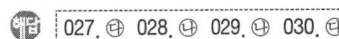
정답 027. ㉰ 028. ㉯ 029. ㉯ 030. ㉰

031 평면직각좌표에서 삼각점의 좌표가 $X = -4500.36$m, $Y = -654.25$m일 때 좌표원점을 중심으로 한 이 삼각점의 방위각은?

㉮ 8° 16′
㉯ 81° 44′
㉰ 188° 16′
㉱ 261° 44′

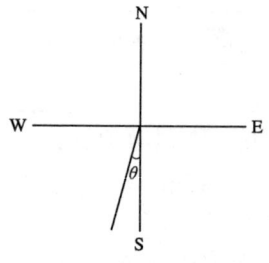

$\theta = \tan^{-1} \dfrac{654.25}{4500.36} = 8° 16′$

∴ 방위각 $= 180° + 8° 16′ = 188° 16′$

032 축척 1:25000 지형도상에서 어느 산정으로부터 산 밑까지의 수평거리가 5.6cm일 때 산정의 표고가 335.75m, 산 밑의 표고가 102.50m인 사면의 경사는 약 얼마인가?

㉮ $\dfrac{1}{3}$
㉯ $\dfrac{1}{4}$
㉰ $\dfrac{1}{6}$
㉱ $\dfrac{1}{7}$

축척 1:25000 지형도상 수평거리가 5.6cm이므로
실제 수평거리는 $25000 \times 5.6 = 140000$ cm $= 1400$ m

경사 $= \dfrac{l}{D} = \dfrac{233.25}{1400} = \dfrac{1}{6}$

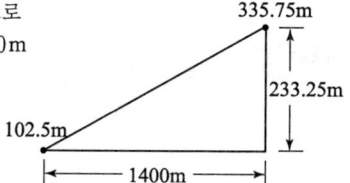

033 도로의 단곡선 계산에서 노선기점으로부터 교점까지의 추가거리와 교각을 알고 있을 때 곡선시점의 위치를 구하기 위해서 계산되어야 하는 요소는?

㉮ 접선장(T.L)
㉯ 곡선장(C.L)
㉰ 중앙종거(M)
㉱ 접선에 대한 지거(Y)

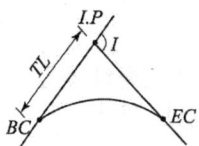

- 접선장(TL)을 구하여 교점(IP)으로부터 접선장의 길이를 잡아 시점(BC)와 종점(EC)을 정한다.
- $TL = R \tan \dfrac{I}{2}$
- $BC = IP - TL$

해답 031.㉰ 032.㉰ 033.㉮

034 산지에서 동일한 각관측의 정확도로 폐합 트래버스를 관측한 결과 관측점 수가 11개이고, 측각오차는 1′15″였다면 어떻게 처리해야 하는가?

㉮ 오차가 1′ 이상이므로 재측해야 한다.
㉯ 각 측점간 거리에 반비례하여 배분한다.
㉰ 각 측점간 거리에 비례하여 배분한다.
㉱ 각 관측점의 각에 등분하여 배분한다.

해설
- 산림지 및 복잡한 경사지 측각오차의 허용범위가 $1.5\sqrt{n}$(분) $= 1.5\sqrt{11} = 4′58″$ 으로 측각오차가 허용범위 내에 있으므로 각각에 등분배한다.
- 시가지의 경우 : $20\sqrt{n} \sim 30\sqrt{n}$(초)
- 평지의 경우 : $1.0\sqrt{n}$(분)

035 곡선 설치에서 교각이 32° 15″이고 원곡선 반지름이 500m일 때 도로 기점으로부터 곡선 시점까지의 추가거리가 315.45m이면 곡선 종점까지의 추가거리는 얼마인가?

㉮ 593.38m ㉯ 596.88m
㉰ 623.63m ㉱ 625.36m

해설
- 곡선장 $CL = 0.01745RI = 0.01745 \times 500 \times 32°15′ = 281.38\,m$
- $EC = BC + CL = 315.45 + 281.38 ≒ 596.88\,m$

036 수준측량의 야장 기입법 중 중간점(I.P)이 많을 경우 가장 편리한 방법은?

㉮ 승강식 ㉯ 횡단식
㉰ 고차식 ㉱ 기고식

해설
- 기고식
  중간점이 많을 경우 편리하지만 완전한 검산을 할 수 없는 것이 결점이다.
- 승강식
  완전한 검사로 정밀측량에 적당하지만 중간점이 많으면 계산이 복잡하다.

037 노선측량의 완화곡선에 대한 설명 중 옳지 않은 것은?

㉮ 완화곡선의 접선은 시점에서 원호에, 종점에서 직선에 접한다.
㉯ 완화곡선의 반지름은 시점에서 무한대, 종점에서 원곡선 R로 한다.
㉰ 클로소이드의 조합형식에는 S형, 복합형, 기본형 등이 있다.
㉱ 모든 클로소이드는 닮은 꼴이며, 클로소이드 요소는 길이의 단위를 가진 것과 단위가 없는 것이 있다.

해설
- 완화곡선의 접선은 시점에서 직선에 종점에서 원호에 접한다.
- 종점의 칸트는 원곡선의 칸트와 같다.
- 완화곡선에 연한 곡선반경의 감소율은 칸트의 증가율과 같다.
- $C = \dfrac{SV^2}{gR}$

정답 034. ㉱ 035. ㉯ 036. ㉱ 037. ㉮

038 지반고 120.50m의 지점 A에 기계고 1.23m의 트랜싯을 세워 수평거리 90m 떨어진 지점 B에 세운 높이 1.95m의 측선을 시준하면서 부(−)각 30°를 얻었다면 B점의 지반고는?

㉮ 41.84m
㉯ 65.36m
㉰ 67.82m
㉱ 69.26m

- $H = L\tan\alpha + I - h = 90\tan(-30°) + 1.23 - 1.95 = 52.68\,m$
- $H_B = H_A - H = 120.5 - 52.68 = 67.82\,m$

039 지구반경 $r=6370$km이고 거리의 허용오차가 $1/10^5$이면 직경 몇 km까지를 평면측량으로 볼 수 있는가?

㉮ 69.78km
㉯ 34.89km
㉰ 64.27km
㉱ 36.67km

$\dfrac{1}{m} = \dfrac{1}{12}\left(\dfrac{D}{R}\right)^2 \quad \dfrac{1}{100,000} = \dfrac{1}{12}\left(\dfrac{D}{6370}\right)^2$

∴ $D = 69.78\,km$

040 삼각측량에서 삼각점을 선점할 때 주의사항으로 잘못된 것은?

㉮ 삼각형은 정삼각형에 가까울수록 좋다.
㉯ 가능한 측점의 수를 많게 하고 거리가 짧을수록 유리하다.
㉰ 미지점은 최소 3개, 최대 5개의 기지점에서 정, 반 양방향으로 시통이 되도록 한다.
㉱ 삼각점의 위치는 다른 삼각점과 시준이 잘 되어야 한다.

- 가능한 측점의 수는 적고 삼각점간의 거리는 비교적 길게 취하는 것이 좋다.
- 기선상의 점들은 서로 잘 보여야 한다.
- 기선은 부근의 삼각점과 연결이 편리한 곳이어야 한다.

03 수/리/학

041 바늘이나 철사를 용기에 든 물에 가만히 놓으면 물 위에 뜬다. 이 이유와 관계가 되는 것은?

㉮ 표면장력
㉯ 마찰력
㉰ 점성력
㉱ 부력

표면장력이 물 위에 막을 형성하고 있기 때문에 뜬다.

038. ㉰ 039. ㉮ 040. ㉯ 041. ㉮

042 유체의 흐름에 대한 설명 중 옳은 것은?
㉮ 한 단면을 지나는 유량이 시간에 따라 변하지 않은 흐름을 정유, 홍수 시 흐름을 부등류라 한다.
㉯ 개수로 또는 관수로 흐름은 거의 난류이고 층류상태의 흐름은 지하수에서나 많이 볼 수 있다.
㉰ 유체 흐름이 흐름방향만 이동되고 직각 방향에는 이동이 없는 흐름을 난류라 한다.
㉱ 인공수로와 같은 수심, 수로폭이 어느 단면에서나 동일한 경우 수로 내의 유속은 일정하므로 등류라 하고 수로단면적이 같지 않을 때 부정류라 한다.

해설
· 한 단면에 있어서 유량이 시간에 따라 변하는 흐름을 부정류라 한다.
· 수로의 단면에 따라 유적, 유속, 흐름의 방향이 변하는 것을 부등류라 한다.
· 층류는 흐름방향에 수직인 속도 성분이 없다.

043 노즐의 사출수가 도달하는 수평 최대 거리는?
㉮ 최대 연직 높이의 1.3배이다.
㉯ 최대 연직 높이의 1.5배이다.
㉰ 최대 연직 높이의 2.0배이다.
㉱ 최대 연직 높이의 4.0배이다.

해설
· 최대 연직 높이 $y = \dfrac{V^2}{2g}$
· 최대 수평 거리 $x = \dfrac{V^2}{g}$

044 수조의 3m 수심 위치에 2개의 원형 오리피스를 설치하여 20L/s의 물을 흐르게 하려고 한다. 오리피스 지름은? (단, C=0.63)
㉮ 3.5cm ㉯ 4.3cm
㉰ 5.1cm ㉱ 6.2cm

해설 $Q = CA\sqrt{2gH}$
$20000 = 0.63 \times 2 \times \dfrac{3.14 \times d^2}{4} \times \sqrt{2 \times 980 \times 300}$ ∴ $d = 5.1$cm

045 수면에 수평으로 놓인 면적이 A인 평판이 h되는 수심에 있다. 이 면에 작용하는 전수압은? (단, 물의 단위중량은 ω이다.)
㉮ $P = \dfrac{1}{2}\omega h^2 A$ ㉯ $P = \omega h^2 A$
㉰ $P = \dfrac{1}{2}\omega h A$ ㉱ $P = \omega h A$

해설 물 속에 놓인 고체 표면에 작용하는 정수압은 그 면에 수직으로 작용하고 표면이 평면이면 전수압 $P = \omega h A$이다.

정답 042.㉯ 043.㉰ 044.㉰ 045.㉱

2014년 3월 2일 시행

046 에너지선을 설명한 것으로 옳은 것은?
- ㉮ 이상유체에서는 수평기준면과 평행하다.
- ㉯ 위치수두와 압력수두를 합한 점을 연결한 선이다.
- ㉰ 유체 흐름의 방향을 결정한다.
- ㉱ 유량이 일정한 흐름에서는 동수경사선과 평행하다.

[해설]
- 에너지선은 위치수두, 압력수두, 속도수두 세 항을 합한 점을 연결한 선이다.
- 완전유체에서 기준면과 에너지선은 평행하다.

047 길이가 80m인 관의 양단 압력 수두차가 15m, 송수량 1.5m³/s일 경우 관의 지름은? (단, 마찰손실계수 f=0.03)
- ㉮ 0.355m
- ㉯ 0.452m
- ㉰ 0.495m
- ㉱ 0.535m

[해설]
- $V = \dfrac{Q}{A} = \dfrac{Q}{\dfrac{\pi D^2}{4}} = \dfrac{4Q}{\pi D^2}$

- $h_L = f\dfrac{l}{D}\dfrac{V^2}{2g} = f\dfrac{l}{D}\dfrac{\left(\dfrac{4Q}{\pi D^2}\right)^2}{2g}$

  $h_L = f\dfrac{l}{D}\dfrac{16Q^2}{\pi^2 D^4 2g}$

  $15 = 0.03 \times \dfrac{80}{D} \times \dfrac{16 \times 1.5^2}{3.14^2 \times D^4 \times 2 \times 9.8}$

  ∴ $D = 0.495\,\text{m}$

048 개수로에서 한계수심에 대한 설명으로 옳은 것은?
- ㉮ 최대 비에너지에 대한 수심
- ㉯ 최소 비에너지에 대한 수심
- ㉰ 상류흐름의 수심
- ㉱ 사류흐름의 수심

[해설]
- 개수로의 한계수심 (h_c)은 최소 비에너지에 대한 수심이다.
- 비에너지 $H_e = h + \alpha\dfrac{V^2}{2g}$
- $H_c = \dfrac{2}{3} H_e$
- 사각형 단면 $h_c = \left(\dfrac{\alpha Q^2}{g b^2}\right)^{\frac{1}{3}}$

[해답] 046. ㉮ 047. ㉰ 048. ㉯

[049] 유체 내부의 임의의 점 (x, y, z)에 있어서의 속도의 방향 성분을 시간 t에 있어서 각각 u, v, w로 표시할 때 유체의 밀도를 ρ라고 하면 비압축성 유체에 대하여 연속방정식을 간단하게 정리한 식은?

㉮ $\dfrac{\partial u}{\partial x} + \dfrac{\partial y}{\partial y} + \dfrac{\partial w}{\partial z} = 0$

㉯ $\phi\left(\dfrac{\partial u}{\partial x} + \dfrac{\partial v}{\partial y} + \dfrac{\partial w}{\partial z}\right) = 0$

㉰ $\dfrac{\partial \rho}{\partial t} + \dfrac{\partial \rho u}{\partial x} + \dfrac{\partial \rho v}{\partial y} + \dfrac{\partial \rho \omega}{\partial z} = 0$

㉱ $\dfrac{\partial \rho}{\partial t} + \dfrac{\partial u}{\partial x} + \dfrac{\partial v}{\partial y} + \dfrac{\partial w}{\partial z} = 0$

해설
- 압축성 부정류 흐름
$\dfrac{\partial \rho}{\partial t} + \dfrac{\partial (\rho u)}{\partial x} + \dfrac{\partial (\rho v)}{\partial y} + \dfrac{\partial (\rho w)}{\partial z} = 0$
- 비압축성 정류 흐름
$\dfrac{\partial u}{\partial x} + \dfrac{\partial v}{\partial y} + \dfrac{\partial w}{\partial z} = 0$

[050] 다음 그림과 같은 배의 무게가 89ton일 때 이 배가 운항하는데 필요한 최소수심은?

㉮ 1.2m
㉯ 1.5m
㉰ 18m
㉱ 20m

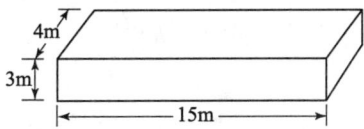

해설
$W = \omega \cdot V$
$89 = 1 \times 15 \times 4 \times h$
$\therefore h = \dfrac{89}{1 \times 15 \times 4} \fallingdotseq 1.5\,\mathrm{m}$

[051] 지름이 D인 관수로에서 만관으로 흐를 때 경심 R은?

㉮ D ㉯ $\dfrac{D}{2}$

㉰ $\dfrac{D}{4}$ ㉱ $2D$

해설
$R = \dfrac{A}{P} = \dfrac{\dfrac{\pi D^2}{4}}{\pi D} = \dfrac{D}{4}$

해답 049. ㉮ 050. ㉯ 051. ㉰

2014년 3월 2일 시행

052 다음 중 수리상 유리한 단면조건은?

㉮ 경심(R)이 최소이어야 한다.
㉯ 윤변(P)이 최대가 되어야 한다.
㉰ 경심(R)과 윤변(P)의 곱이 최대가 되어야 한다.
㉱ 경심(R)이 최대가 되든지 윤변(P)이 최소가 되어야 한다.

- 수리학상 유리한 단면은 단면적이 일정할 때 최대유량을 흐르게 하는 단면이므로 경심(R)이 최대가 되거나 윤변(P)가 최소가 되는 단면형이다.
- 직사각형 단면의 경우
$$h = \frac{B}{2}, \quad B = 2h$$
$$R = \frac{A}{P} = \frac{B \times h}{B + 2h} = \frac{2h \times h}{2h + 2h} = \frac{2h^2}{4h} = \frac{h}{2}$$
- 폭이 무한히 넓은 개수로의 수리반경(R)은 개수로의 수심과 같다.
- 수심을 반경으로 하는 반원에 외접하는 직사각형 단면이 된다.

053 다음 중 다르시(Darcy) 법칙에 관한 식으로 옳은 것은? (여기서, v : 평균유속, h : 수두, dh : 수두차, ds : 흐름의 길이, k : 투수계수)

㉮ $v = \frac{1}{k} \frac{dh}{ds}$
㉯ $v = -k \frac{dh}{ds}$
㉰ $v = h \frac{dh}{ds}$
㉱ $v = -\frac{1}{h} \frac{dh}{ds}$

- $Q = A \cdot V = A \cdot k \cdot i = A \cdot k \cdot \frac{h}{l}$
- 다르시 법칙 성립 범위는 층류상태로 $R_e < 4$이다.

054 후르드수와 한계경사 및 흐름의 상태 중 상류일 조건으로 옳은 것은? (단, F_r : 후르드수, I : 수로경사, I_c : 한계경사, V : 유속, V_c : 한계유속, y : 수심, y_c : 한계수심)

㉮ $V > V_c$
㉯ $F_r > 1$
㉰ $I < I_c$
㉱ $y < y_c$

- $I < I_c = \frac{g}{\alpha C^2}$: 상류(완경사)
- $I = I_c$: 한계류
- $I > I_c$: 사류(급경사)
- $F_r = \frac{V}{\sqrt{gh}} < 1$: 상류
- $F_r > 1$: 사류

052. ㉱ 053. ㉯ 054. ㉰

055 삼각 위어의 유량(Q)과 수심(h)의 관계로 옳은 것은?

㉮ $Q \propto h$
㉯ $Q \propto h^2$
㉰ $Q \propto h^{3/2}$
㉱ $Q \propto h^{5/2}$

해설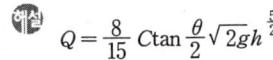

056 베르누이(Bernoulli) 정리의 적용 조건이 아닌 것은?

㉮ 임의의 두 점은 같은 유선 위에 있다.
㉯ 정상류의 흐름이다.
㉰ 마찰을 고려한 실제유체이다.
㉱ 비압축성 유체의 흐름이다.

해설 • 마찰저항이 없는 비압축성 유체가 동일 유선상에서 정상류로 흐르고 있을 때 위치에너지와 운동에너지를 구하는 경우에 적용한다.

보충 • 베르누이 정리
$$\frac{P}{w} + \frac{V^2}{2g} + Z = H$$
• 베르누이 방정식이 성립하려면 정상류의 흐름, 이상유체, 동일 유선이어야 한다.

057 물의 성질을 설명한 것 중 옳지 않은 것은?

㉮ 압력이 증가하면 물의 압축계수(C_w)는 감소하고 체적탄성계수(E_w)는 증가한다.
㉯ 내부마찰력이 큰 것은 내부마찰력이 작은 것보다 그 점성계수의 값이 크다.
㉰ 물의 점성계수는 수온(℃)이 높을수록 그 값이 커지고 수온이 낮을수록 그 값은 작아진다.
㉱ 공기에 접촉하는 액체의 표면장력은 온도가 상승하면 감소한다.

해설 • 물의 점성계수는 수온이 높을수록 그 값이 작아지고 수온이 낮을수록 그 값이 커진다.
• 물의 밀도나 단위중량은 4℃에서 최대이고 온도가 낮거나 높아지면 감소한다.
• 동점성계수는 수온에 따라 변하며 온도가 낮을수록 크다.

058 Manning 공식의 조도계수 n과 마찰손실계수 f와의 관계식으로 옳은 것은? (단, 지름 D인 원관의 경우)

㉮ $12.7\,n^2 D^{1/3}$
㉯ $124.5\,n^2 D^{-1/3}$
㉰ $12.7\,n D^{-1/3}$
㉱ $124.5\,n D^{-1/3}$

해설 $f = \dfrac{124.5 n^2}{D^{\frac{1}{3}}}$ (여기서, D : m단위)

해답 055.㉱ 056.㉰ 057.㉰ 058.㉯

059 Dupuit의 침윤선(浸潤線) 공식의 유량은? (단, 직사각형 단면 제방 내부의 투수인 경우이며, 제방의 저면은 불투수층이고 q : 단위폭당 유량, L : 침윤거리, h_1, h_2 : 상하류의 수위, k : 투수계수)

㉮ $q = \dfrac{k}{2L}(h_1^2 - h_2^2)$

㉯ $q = \dfrac{k}{2L}(h_1^2 + h_2^2)$

㉰ $q = \dfrac{k}{L}(h_1^2 - h_2^2)$

㉱ $q = \dfrac{k}{L}(h_1^2 + h_2^2)$

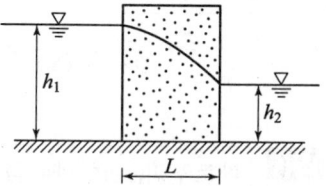

해설
- $q = \dfrac{k}{2L}(h_1^2 - h_2^2)$ 또는
  $Q = A \cdot k \cdot i = \left(\dfrac{h_1 + h_2}{2}\right) \times 단위폭 \times k \times \dfrac{h_1 - h_2}{L}$

060 개수로에서 도수가 발생할 때 도수 전의 수심이 0.5m, 유속이 7m/sec이면 도수 후의 수심은?

㉮ 2.5m ㉯ 2.0m
㉰ 1.8m ㉱ 1.5m

해설
- $F_{r1} = \dfrac{V}{\sqrt{gh}} = \dfrac{7}{\sqrt{9.8 \times 0.5}} = 3.16$
- $h_2 = \dfrac{h_1}{2}(-1 + \sqrt{1 + 8F_{r1}^2}) = \dfrac{0.5}{2} \times (-1 + \sqrt{1 + 8 \times 3.16^2}) = 2.0\,\text{m}$

04 철/근/콘/크/리/트 /및/ 강/구/조

061 철근 콘크리트 구조 부재의 설계에 대한 다음 내용 중 틀린 것은?

㉮ 철근 콘크리트 보는 연성파괴가 되게 과소철근단면으로 설계한다.
㉯ 철근 콘크리트 시공 시에는 균형 파괴를 유도하도록 규정하고 있다.
㉰ 부(−)모멘트와 정(+)모멘트를 받는 부재는 복철근으로 설계한다.
㉱ 단면설계는 자중인 고정하중의 가정 값과 차이가 적게 되도록 반복한다.

해설 철근 콘크리트 시공시에는 반드시 연성파괴를 유도하도록 규정하고 있다.

062 콘크리트 구조기준에서 철근의 설계기준 항복강도(f_y) 최대값은?

㉮ 500MPa ㉯ 550MPa
㉰ 600MPa ㉱ 650MPa

해설 휨철근의 설계기준 항복강도는 600MPa 값을 초과하지 않아야 한다.

059. ㉮ 060. ㉯ 061. ㉯ 062. ㉰

063 콘크리트에 프리스트레스 힘이 가해지면 콘크리트 부재는 탄성재료로 전환되어 이에 대한 해석이 탄성이론으로 가능하다는 개념은?
㉮ 균등질보 개념
㉯ 하중 평형 개념
㉰ 내력 모멘트 개념
㉱ 외력 모멘트 개념

해설 균등질보 개념은 널리 통용되는 PSC 기본적 개념으로 콘크리트에 프리스트레스를 도입하면 콘크리트가 탄성체로 전환된다는 의미이다.

064 철근 콘크리트의 전단철근에 대한 설명 중 틀린 것은?
㉮ $V_u \leq \phi V_n$ 관계식이 성립된다.
㉯ $V_s \leq \frac{1}{3}\sqrt{f_{ck}}b_w d$ 이면 수직 스트럽 간격을 $\frac{d}{2}$ 이하, 600mm 이하로 한다.
㉰ $\frac{1}{2}\phi V_c < V_u \leq \phi V_c$의 경우 최소 전단철근을 배근한다.
㉱ $\frac{1}{3}\sqrt{f_{ck}}b_w d < V_s \leq \frac{2}{3}\sqrt{f_{ck}}b_w d$의 경우 수직 스터럽 간격을 $\frac{d}{5}$ 이하, 200mm 이하로 한다.

해설 $\frac{1}{3}\sqrt{f_{ck}}b_w d < V_s \leq \frac{2}{3}\sqrt{f_{ck}}b_w d$의 경우 수직 스터럽 간격은 $\frac{d}{4}$ 이하, 300mm 이하로 한다.

065 PSC 응력해석 시 균열발생 전의 가정으로 옳지 않은 것은?
㉮ 콘크리트 전단면을 유효하게 이용할 수 있다.
㉯ 단면의 변형률은 중립축에서 거리에 비례한다.
㉰ 콘크리트, PS강재, 보강철근을 탄성체로 본다.
㉱ RC에서 적용하는 강도이론을 그대로 반영한다.

해설 RC에 사용되는 철근과 PSC에 사용되는 긴장재가 서로 달라서 PSC의 극한강도를 구하는 것이 복잡해진다.

066 그림과 같이 지간 중앙점에서 강선을 꺾었을 때 이 중앙점에서 상향력 U의 값은?
㉮ $2F\sin\theta$
㉯ $4F\sin\theta$
㉰ $2F\tan\theta$
㉱ $4F\tan\theta$

해설 $U = 2F\sin\theta = 2 \times 2F\sin\theta = 4F\sin\theta$

정답 063.㉮ 064.㉱ 065.㉱ 066.㉯

067

강도 설계법에서 f_{ck}가 40MPa일 때 β_1의 값은 얼마인가? (단, β_1은 $a=\beta_1 c$에서 사용되는 계수)

㉮ 0.731
㉯ 0.766
㉰ 0.836
㉱ 0.85

해설
- $f_{ck} \leq 28\,\text{MPa}$일 때 $\beta_1 = 0.85$
- $f_{ck} > 28\,\text{MPa}$일 때 $\beta_1 = 0.85 - 0.007(f_{ck} - 28) \geq 0.65$
- $\therefore \beta_1 = 0.85 - 0.007(40 - 28) = 0.766$

068

옹벽의 안정에 관한 다음 내용 중 잘못된 것은?

㉮ 활동에 대한 저항력은 옹벽에 작용하는 수평력의 1.5배 이상이라야 한다.
㉯ 전도에 대한 저항모멘트는 횡토압에 의한 전도모멘트의 2배 이상이라야 한다.
㉰ 지반에 작용하는 최대 압력이 지반의 허용지지력을 초과하지 않아야 한다.
㉱ 기초지반에 작용하는 외력의 합력 작용점은 반드시 저판 중앙 1/3 안에 위치해야 한다.

해설
- 모든 외력의 합력의 작용점이 옹벽 저면 중앙 $\dfrac{1}{3}$ 이내에 있어야 한다.
- 뒷부벽은 T형보로 설계한다.
- 캔틸레버식 옹벽의 전면벽은 저판에 지지된 캔틸레버로 설계할 수 있다.

069

강도 설계법으로 그림과 같은 단철근 T형단면을 설계할 때의 설명 중 옳은 것은? (단, $f_{ck} = 21\text{MPa}$, $f_y = 400\text{MPa}$이다.)

㉮ 폭이 1200mm인 직사각형 단면보로 계산한다.
㉯ 폭이 400mm인 직사각형 단면보로 계산한다.
㉰ T형 단면보로 계산한다.
㉱ T형 단면보나 직사각형 단면보나 상관없이 같은 값이 나온다.

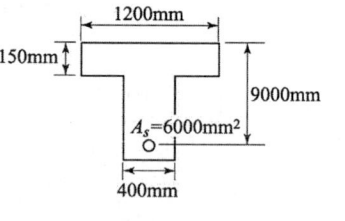

해설
- $a = \dfrac{A_s \cdot f_y}{0.85 f_{ck} \cdot b} = \dfrac{6000 \times 400}{0.85 \times 21 \times 1200} = 112\,\text{mm}$
- $a \leq t$이면 폭이 b인 직사각형 단면보로 설계한다.
- $a > t$이면 T형보 단면으로 설계한다.

정답 067. ㉯ 068. ㉱ 069. ㉮

[070] 연성파괴를 일으키는 직사각형 단면에서 중립축의 거리(c)는 얼마인가? (단, $f_{ck}=30$MPa, $f_y=500$MPa, $A_s=3-D25=1520$mm²)

㉮ 175.3mm
㉯ 178.3mm
㉰ 182.7mm
㉱ 185.4mm

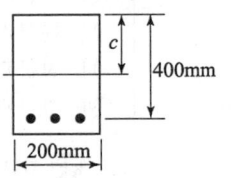

해설
- $\beta_1 = 0.85 - (f_{ck}-28) \times 0.007 \geq 0.65$
  $= 0.85 - (30-28) \times 0.007 = 0.836$
- $a = \dfrac{A_s \cdot f_y}{0.85 f_{ck} b} = \dfrac{1520 \times 500}{0.85 \times 30 \times 200} = 149.02$ mm
- $a = \beta_1 \cdot c$ ∴ $c = \dfrac{a}{\beta_1} = \dfrac{149.02}{0.836} ≒ 178.3$ mm

[071] 단면이 300×500mm이고, 150mm²의 PS 강선 6개를 강선군의 도심과 부재단면의 도심축이 일치하도록 배치된 프리텐션 PC 부재가 있다. 강선의 초기 긴장력이 1000MPa일 때 콘크리트의 탄성변형에 의한 프리스트레스의 감소량은? (단, $n=6$)

㉮ 36 MPa
㉯ 30 MPa
㉰ 6 MPa
㉱ 4.8 MPa

해설
- $P = 1000 \times 150 \times 6$개 $= 900000$ N
- $f_{ci} = \dfrac{P}{A} = \dfrac{900000}{300 \times 500} = 6$ MPa
- 감소량 $\Delta f_p = n f_{ci} = 6 \times 6 = 36$ MPa

[072] 인장력을 받는 이형철근의 겹침이음길이는 A급과 B급으로 분류한다. 여기서 A급 이음의 조건으로 옳은 것은?

㉮ 배치된 철근량이 이음부 전체 구간에서 해석결과 요구되는 소요철근량의 2배 이상이고 소요 겹침이음길이 내 겹침이음된 철근량이 전체 철근량의 1/2 이하인 경우
㉯ 배치된 철근량이 이음부 전체 구간에서 해석결과 요구되는 소요철근량의 2배 이하이고 소요 겹침이음길이 내 겹침이음된 철근량이 전체 철근량의 1/2 이하인 경우
㉰ 배치된 철근량이 이음부 전체 구간에서 해석결과 요구되는 소요철근량의 2배 이상이고 소요 겹침이음길이 내 겹침이음된 철근량이 전체 철근량의 1/2 이상인 경우
㉱ 배치된 철근량이 이음부 전체 구간에서 해석결과 요구되는 소요철근량의 2배 이하이고 소요 겹침이음길이 내 겹침이음된 철근량이 전체 철근량의 1/2 이상인 경우

해설 A급 이음 $1.0 l_d$, B급 이음 $1.3 l_d$ 이상으로 하며 300mm 이상이어야 한다.

정답 070. ㉯ 071. ㉮ 072. ㉮

073 철근콘크리트가 성립하는 이유에 대한 설명으로 틀린 것은?

㉮ 철근과 콘크리트와의 부착력이 크다.
㉯ 콘크리트 속에 묻힌 철근은 부식하지 않는다.
㉰ 철근과 콘크리트의 탄성계수는 거의 같다.
㉱ 철근과 콘크리트는 온도에 대한 팽창계수가 거의 같다.

해설 철근의 탄성계수가 콘크리트의 탄성계수보다 크다.

074 경간 10m인 대칭 T형 보에서 양쪽 슬래브의 중심간 거리가 2100mm, 플랜지 두께는 100mm, 복부의 폭(b_w)은 400mm일 때 플랜지의 유효폭은?

㉮ 2,500mm ㉯ 2,250mm
㉰ 2,100mm ㉱ 2,000mm

해설
• $16t + b_w = 16 \times 100 + 400 = 2000$ mm
• 양쪽 슬래브의 중심간 거리 = 2100 mm
• 보의 경간의 $\frac{1}{4} = \frac{10000}{4} = 2500$ mm
∴ 가장 작은 값 2000mm이다.

075 그림에 나타난 직사각형 단철근보의 공칭 전단강도 V_n을 계산하면? (단, 철근 D10을 수직스터럽(stirrup)으로 사용하며, 스터럽 간격은 200mm, 철근 D10 1본의 단면적은 71mm², $f_{ck}=28$MPa, $f_{yt}=350$MPa이다.)

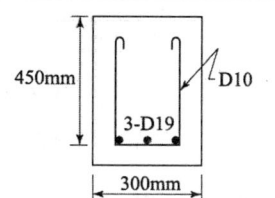

㉮ 119 kN ㉯ 176 kN
㉰ 231 kN ㉱ 287 kN

해설
• $V_c = \frac{1}{6}\sqrt{f_{ck}}\, b_w d = \frac{1}{6}\sqrt{28} \times 300 \times 450 = 119058$ N
• $V_s = \frac{A_v f_{yt} d}{s} = \frac{(2 \times 71) \times 350 \times 450}{200} = 111825$ N
∴ $V_n = V_c + V_s = 119058 + 111825 = 230883$ N = 231 kN

076 다음 그림은 필렛(fillet) 용접한 것이다. 목두께 a를 표시한 것으로 옳은 것은?

㉮ $a = S_2 \times 0.707$
㉯ $a = S_1 \times 0.707$
㉰ $a = S_2 \times 0.606$
㉱ $a = S_1 \times 0.606$

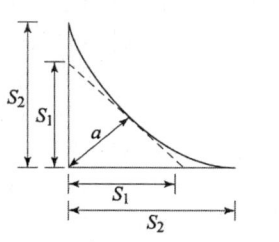

해설 목두께 $a = \frac{1}{\sqrt{2}} S_1 = 0.707 S_1$

정답 073. ㉰ 074. ㉱ 075. ㉰ 076. ㉯

077 휨부재에서 $f_{ck}=28$MPa, $f_y=400$MPa일 때 인장철근 D29(공칭지름 28.6mm, 공칭단면적 642mm²)의 기본정착길이(l_{db})는 약 얼마인가?

㉮ 1,200mm ㉯ 1,250mm
㉰ 1,300mm ㉱ 1,350mm

해설 $l_{db}=\dfrac{0.6d_b f_y}{\sqrt{f_{ck}}}=\dfrac{0.6\times 28.6\times 400}{\sqrt{28}}\fallingdotseq 1300\,\text{mm}$

078 그림과 같은 판형(plate girder)의 각부 명칭으로 틀린 것은?

㉮ A - 상부판(Flange)
㉯ B - 보강재(Stiffener)
㉰ C - 덮개판(cover plate)
㉱ D - 횡구(Bracing)

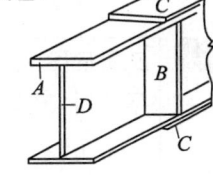

해설 D - 복부판

079 그림에 나타난 직사각형 단철근 보가 공칭 휨강도 M_n에 도달할 때 인장철근의 변형률은 얼마인가? (철근 D22 4개의 단면적 1,548mm², $f_{ck}=28$MPa, $f_y=350$MPa)

㉮ 0.003
㉯ 0.005
㉰ 0.010
㉱ 0.012

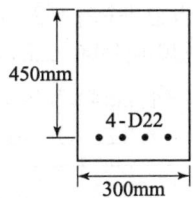

해설
- $a=\dfrac{A_s\cdot f_y}{0.85 f_{ck} b}=\dfrac{1548\times 350}{0.85\times 28\times 300}=75.88\,\text{mm}$
- $a=\beta_1\cdot c$, β_1값은 $f_{ck}\leq 28$MPa일 때 0.85이다.
- $\therefore c=\dfrac{a}{\beta_1}=\dfrac{75.88}{0.85}=89.27\,\text{mm}$
- $0.003:c=\varepsilon_y:(d-c)$
- $\therefore \varepsilon_y=\dfrac{0.003\times(450-89.27)}{89.27}=0.012$

080 길이가 4m인 캔틸레버보에서 처짐을 계산하지 않는 경우 보의 최소두께로 옳은 것은? (단, $f_{ck}=28$MPa, $f_y=350$MPa)

㉮ 465mm ㉯ 484mm
㉰ 500mm ㉱ 516mm

해답 077. ㉰ 078. ㉱ 079. ㉱ 080. ㉮

해설
- f_y가 400MPa인 최소 두께(h)

$$\frac{l}{8} = \frac{4000}{8} = 500\,mm$$

- f_y가 400MPa 이외인 경우 최소 두께(h)

$$\frac{l}{8} \times \left(0.43 + \frac{f_y}{700}\right) = \frac{4000}{8} \times \left(0.43 + \frac{350}{700}\right) = 465\,mm$$

05 토/질/및/기/초

081 포화도(S)가 100%인 시료의 체적이 1000cm³이다. 노건조시킨 후 물의 무게가 300g이었다면 이 시료의 간극률(n)은?

㉮ 10% ㉯ 30%
㉰ 60% ㉱ 70%

해설
- 간극률

$$n = \frac{V_v}{V} \times 100 = \frac{300}{1000} \times 100 = 30\,\%$$

082 압밀계수가 0.3×10^{-2}cm²/sec, 일면배수 상태의 3m 두께 점토층에서 90% 압밀이 일어나는데 소요되는 시간은?

㉮ 2.54×10^7 sec ㉯ 4.51×10^7 sec
㉰ 6.25×10^7 sec ㉱ 8.36×10^7 sec

해설 $C_v = \dfrac{0.848 H^2}{t_{90}}$

$\therefore t_{90} = \dfrac{0.848 H^2}{C_v} = \dfrac{0.848 \times 300^2}{0.3 \times 10^{-2}} = 25,440,000$초

083 유선망에 관련된 용어의 설명으로 옳지 않은 것은?

㉮ 흙 속에서 물 입자의 이동 경로를 유선이라 한다.
㉯ 유선과 등수두선이 이루는 통로를 유로라 한다.
㉰ 유선망은 유선과 유선상의 수두가 같은 점을 연결한 등포텐셜선으로 이루어 지는 망이다.
㉱ 유선에서 전수두가 같은 점을 연결한 선을 등수두선이라 한다.

해설
- 유선과 유선이 이루는 통로를 유로라 한다.
- 유선과 등수두선은 직교한다.

정답 081.㉯ 082.㉮ 083.㉰

084 모관상승 속도가 가장 느리지만 모관상승고는 가장 높은 흙은?
㉮ 모래 ㉯ 점토
㉰ 실트 ㉱ 자갈

• 모관상승고는 점토 > 실트 > 모래 > 자갈 순이다.
• 실트는 투수계수가 점토보다 크므로 동상의 영향을 받는다.

085 흙의 직접 전단시험에서 수직하중이 40kg일 때 전단력이 10kg이었다. 수직응력(σ)과 전단응력(τ)은? (단 시료의 지름은 6cm, 두께는 2cm이다.)
㉮ $\sigma=1.42\text{kg/cm}^2$, $\tau=0.35\text{kg/cm}^2$
㉯ $\sigma=0.35\text{kg/cm}^2$, $\tau=1.42\text{kg/cm}^2$
㉰ $\sigma=2.53\text{kg/cm}^2$, $\tau=0.64\text{kg/cm}^2$
㉱ $\sigma=0.64\text{kg/cm}^2$, $\tau=2.53\text{kg/cm}^2$

• 시료의 단면적
$A = \dfrac{3.14 \times 6^2}{4} = 28.26\,\text{cm}^2$
• 수직응력
$\sigma = \dfrac{P}{A} = \dfrac{40}{28.26} = 1.42\,\text{kg/cm}^2$
• 전단응력
$\tau = \dfrac{S}{A} = \dfrac{10}{28.26} = 0.35\,\text{kg/cm}^2$

086 다음의 연약지반개량공법 중에서 사질지반의 개량공법에 속하지 않는 것은?
㉮ 생석회 말뚝공법 ㉯ 다짐말뚝공법
㉰ 폭파다짐공법 ㉱ 다짐모래말뚝공법

생석회말뚝공법은 점성토 지반의 개량공법이 종류에 속한다.

087 정수위 투수시험을 아래 그림과 같이 실시하였다. 15분 동안 침투한 유량이 600cm³일 경우 투수계수는?
㉮ 3.33×10^{-2} cm/sec
㉯ 6.33×10^{-2} cm/sec
㉰ 7.45×10^{-2} cm/sec
㉱ 9.45×10^{-2} cm/sec

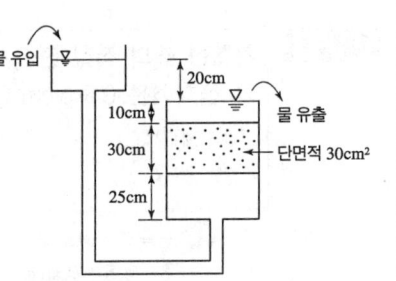

$k = \dfrac{Q \cdot L}{A \cdot h \cdot t} = \dfrac{600 \times 30}{30 \times 20 \times 15 \times 60} = 0.0333\,\text{cm/sec}$

084. ㉯ 085. ㉮ 086. ㉮ 087. ㉮

088 현장에서 습윤단위중량을 측정하기 위해 표면을 평활하게 한 후 시료를 굴착하여 질량을 측정하니 1,230g이었다. 이 구멍의 부피를 측정하기 위해 표준사로 채우는데 1,037g이 필요하였다. 표준사의 단위중량이 1.45g/cm³이면 이 현장 흙의 습윤단위중량은?

㉮ 1.72g/cm³
㉯ 1.61g/cm³
㉰ 1.48g/cm³
㉱ 1.29g/cm³

해설
$\gamma_{모래} = \dfrac{W}{V}$, $V = \dfrac{W}{\gamma} = \dfrac{1037}{1.45} = 715.2 \text{ cm}^3$

$\gamma_t = \dfrac{W}{V} = \dfrac{1230}{715.2} = 1.72 \text{ g/cm}^3$

---

089 점토의 예민비(Sensitivity ratio)는 다음 시험중 어떤 방법으로 구하는가?

㉮ 삼축압축시험
㉯ 일축압축시험
㉰ 직접전단시험
㉱ 베인시험

해설
- 일축압축시험으로 예민비를 알 수 있다.
- $S_t = \dfrac{q_u}{q_{ur}}$
- 예민비가 크면 공학적으로 불안정한 흙이므로 안전율을 크게 고려해야 한다.

---

090 흙의 다짐에 대한 다음 사항 중 옳지 않은 것은?

㉮ 최적함수비로 다질 때에 건조밀도는 최대가 된다.
㉯ 세립토의 함유율이 증가할수록 최적함수비는 증대된다.
㉰ 다짐에너지가 클수록 최적함수비는 커진다.
㉱ 점성토는 조립토에 비하여 다짐곡선의 모양이 완만하다.

해설
- 다짐에너지가 클수록 최적함수비는 작다.
- $E_c = \dfrac{W_R \cdot H \cdot N_B \cdot N_L}{V}$

---

091 건조한 흙의 직접 전단시험 결과 수직응력이 4kg/cm²일 때 전단저항은 3kg/cm²이고 점착력은 0.5kg/cm²이었다. 이 흙의 내부마찰각은?

㉮ 30.2°
㉯ 32°
㉰ 36.8°
㉱ 41.2°

해설
$\tau = C + \sigma \tan\phi$
$3 = 0.5 + 4\tan\phi$
$\phi = \tan^{-1}\dfrac{2.5}{4} \fallingdotseq 32°$

해답 088. ㉮ 089. ㉯ 090. ㉰ 091. ㉯

092 다음 중 직접기초에 속하지 않는 것은?
- ㉮ 독립기초
- ㉯ 복합기초
- ㉰ 전면기초
- ㉱ 말뚝기초

해설 깊은 기초는 말뚝기초, 피어기초, 케이슨 기초가 있다.

093 다음 그림에서 점토 중앙 단면에 작용하는 유효압력은?
- ㉮ 2.8t/m²
- ㉯ 1.2t/m²
- ㉰ 2.5t/m²
- ㉱ 4.4t/m²

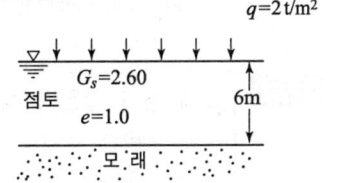

해설
- $\gamma_{sat} = \dfrac{G_s + e}{1+e}\gamma_w = \dfrac{2.6+1}{1+1} \times 1 = 1.8\,\text{t/m}^3$
- $\gamma_{sub} = \gamma_{sat} - 1 = 1.8 - 1 = 0.8\,\text{t/m}^3$
- $\overline{p} = q + \gamma_{sub} \cdot h = 2 + 0.8 \times 3 = 4.4\,\text{t/m}^2$

094 일반적인 기초의 필요조건으로 거리가 먼 것은?
- ㉮ 동해를 받지 않는 최소한의 근입깊이를 가질 것
- ㉯ 지지력에 대해 안정할 것
- ㉰ 침하가 전혀 발생하지 않을 것
- ㉱ 시공성, 경제성이 좋을 것

해설 침하가 허용침하량 이내가 되어야 할 것

095 테르쟈기(Terzahi)의 극한 지지력 공식 $q_u = \alpha c N_c + \beta \gamma B N_\gamma + \gamma D_f N_q$ 에 대한 다음 설명 중 옳지 않은 것은?
- ㉮ α, β는 기초 형상 계수이다.
- ㉯ 원형기초에서 B는 원의 직경이다.
- ㉰ 정사각형 기초에서 α의 값은 1.3이다.
- ㉱ N_c, N_γ, N_q는 지지력 계수로서 흙의 점착력에 의해 결정된다.

해설 N_c, N_γ, N_q는 지지력 계수로서 흙의 내부 마찰각에 의해 결정된다.

정답 092.㉱ 093.㉱ 094.㉰ 095.㉱

096 사면 안정해석법에 관한 설명 중 틀린 것은?

㉮ 해석법은 크게 마찰원법과 분할법으로 나눌 수 있다.
㉯ Fellenius방법은 주로 단기안정해석에 이용된다.
㉰ Bishop방법은 주로 장기안정해석에 이용된다.
㉱ Bishop방법은 절편의 양측에 작용하는 수평방향의 합력이 0이라고 가정하여 해석한다.

해설 Bishop방법은 절편에 작용하는 연직방향의 힘이 합력은 0이라고 가정하여 해석한다.

097 모래 등과 같은 점성이 없는 흙의 전단강도 특성에 대한 설명 중 잘못된 것은?

㉮ 조밀한 모래의 전단과정에서는 전단응력의 피크(peak)점이 나타난다.
㉯ 느슨한 모래의 전단과정에서는 응력의 피크점이 없이 계속 응력이 증가하여 최대 전단응력에 도달한다.
㉰ 조밀한 모래는 변형의 증가에 따라 간극비가 계속 감소하는 경향을 나타낸다.
㉱ 느슨한 모래의 전단과정에서는 전단파괴될 때까지 체적이 계속 감소한다.

해설
• 조밀한 모래는 변형의 증가에 따라 간극비가 계속 증가하는 경향을 나타낸다.(체적이 팽창한다.)
• 느슨한 모래에서는 (−) 다이러턴시 현상이 발생한다.(체적이 수축한다.)

098 실내다짐시험 결과 최대건조 단위무게가 $1.56 t/m^3$이고, 다짐도가 95%일 때 현장 건조 단위무게는 얼마인가?

㉮ $1.64 t/m^3$ ㉯ $1.60 t/m^3$
㉰ $1.48 t/m^3$ ㉱ $1.36 t/m^3$

해설 다짐도 $= \dfrac{\gamma_d}{\gamma_{d\max}} \times 100$

$95 = \dfrac{\gamma_d}{1.56} \times 100$ ∴ $\gamma_d = \dfrac{95 \times 1.56}{100} = 1.482 t/m^3$

099 단위체적중량이 $1.6 t/m^3$인 연약점토($\phi=0$) 지반에서 연직으로 2m까지 절취할 수 있다고 한다. 이때 이 점토지반의 점착력은?

㉮ $0.4 t/m^2$ ㉯ $0.8 t/m^2$
㉰ $1.6 t/m^2$ ㉱ $1.72 t/m^2$

해설 $H_c = \dfrac{4C}{\gamma}$

$2 = \dfrac{4 \times C}{1.6}$

∴ $C = \dfrac{2 \times 1.6}{4} = 0.8 t/m^2$

정답 096. ㉱ 097. ㉰ 098. ㉰ 099. ㉯

- $H_c = \dfrac{4C}{\gamma}\tan\left(45°+\dfrac{\phi}{2}\right)$
- $H_c = \dfrac{2q_u}{\gamma}$
- $H_c = \dfrac{N_s C}{\gamma}$

100 어떤 점토 지반에서 베인(Vane) 시험을 지반깊이 3m 지점에서 실시하였다. 최대 회전모멘트가 120 kg·cm이면 이 점토의 점착력 C는 얼마인가? (단, 베인의 직경과 높이의 비는 1 : 2이고, 직경은 5cm였다.)
㉮ 0.65 kg/cm² ㉯ 1.25 kg/cm²
㉰ 0.26 kg/cm² ㉱ 0.86 kg/cm²

- $C = \dfrac{M_{max}}{\pi D^2\left(\dfrac{H}{2}+\dfrac{D}{6}\right)} = \dfrac{120}{\pi \times 5^2\left(\dfrac{10}{2}+\dfrac{5}{6}\right)} = 0.26\,\text{kg/cm}^2$
- 베인 시험은 연약한 점토의 전단강도를 추정한다.

06 상/하/수/도/공/학

101 완속여과의 효과와 가장 관련이 없는 것은?
㉮ 취미 제거 ㉯ 철, 망간 제거
㉰ 경도유발물질 제거 ㉱ 색도, 세균 제거

완속여과로 경도를 제거할 수 없다.

102 하천, 저수지, 호수의 바닥이나 자갈, 모래층에 흐르는 물로 수원으로 사용하기도 하는 것은?
㉮ 심층수 ㉯ 복류수
㉰ 용천수 ㉱ 천층수

- 심층수
  피압면 지하수
- 천층수
  자유면 지하수
- 용천수
  지하에서 솟아 나오는 물

해답 100. ㉰ 101. ㉰ 102. ㉯

103 도수와 송수계획 시 관경이 1000mm 이상의 경우 흙덮기의 깊이는 얼마 이상으로 하는가?

㉮ 90cm
㉯ 100cm
㉰ 120cm
㉱ 150cm

해설 관경이 900mm 이하의 경우에는 흙덮기를 120cm 이상으로 한다.

104 저수조식(탱크식) 급수방식을 채택하는 이유와 관련이 먼 것은?

㉮ 배수관의 수압이 소요압에 비해 부족할 경우
㉯ 일시에 많은 수량을 필요로 하는 경우
㉰ 역류에 의해 배수관의 수질을 오염시킬 우려가 없는 경우
㉱ 항시 일정한 수량을 필요로 하는 경우

해설
• 역류에 의해 배수관의 수질을 오염시킬 우려가 있는 경우
• 배수관의 고장에 따른 단수에도 어느 정도의 급수를 지속시킬 필요가 있을 경우
• 배수관의 수압이 과대하여 급수장치에 고장을 일으킬 염려가 있을 경우

105 접촉산화법에 대한 설명으로 옳지 않은 것은?

㉮ 반송슬러지가 필요하지 않으므로 운전관리가 용이하다.
㉯ 고부하에서 운전하면 생물막이 비대화되어 접촉재가 막히는 경우가 발생한다.
㉰ 생물상이 다양하여 처리효과가 안정적이다.
㉱ 비표면적이 큰 접촉재를 사용하며 부착생물량을 다량으로 부유할 수 있기 때문에 유입기질의 변동에 유연히 대응할 수 없다.

해설
• 비표면적이 큰 접촉재를 사용하며 부착생물량을 다량으로 부유할 수 있기 때문에 유입기질의 변동에 유연히 대응할 수 있다.
• 슬러지의 자산화가 기대되어 잉여슬러지량이 감소한다.
• 부착생물량을 임의로 조정할 수 있어서 조작 조건의 변경에 대응하기 쉽다.
• 접촉재가 조 내에 있기 때문에 부착생물량의 확인이 어렵다.

106 유량 30,000m³/day, BOD 2ppm인 하천에 배수량 2,000m³/day, BOD 400ppm인 오수를 방류하여 즉시 균등하게 혼합된다면 하천의 BOD는?

㉮ 20.5ppm
㉯ 26.9ppm
㉰ 42.3ppm
㉱ 50.4ppm

해설 $\text{BOD농도} = \dfrac{Q_1 C_1 + Q_2 C_2}{Q_1 + Q_2} = \dfrac{30,000 \times 2 + 2,000 \times 400}{30,000 + 2,000} = 26.9\,\text{ppm}$

정답 103. ㉰ 104. ㉰ 105. ㉱ 106. ㉯

107 침전지에서 침전효율을 크게 하기 위한 조건으로 옳은 것은?

㉮ 유량을 적게 하거나 표면적을 크게 한다.
㉯ 유량을 많게 하거나 표면적을 크게 한다.
㉰ 유량을 적게 하거나 표면적을 적게 한다.
㉱ 유량을 많게 하거나 표면적을 적게 한다.

해설 침전지에서 침전 효율을 증대시키는 방법
- 유량을 적게하거나 표면적을 크게 한다.
- 침전내 유속, 침전속도를 작게 한다.
- 유입부에 정류벽을 설치한다.
- 침전지의 길이에 비해 폭을 좁게 한다.
- 플록의 침강 속도를 크게 한다.

108 도시화에 의한 우수유출량의 증대로 하수관거 및 방류수로의 유하능력이 부족한 곳에 설치하여 하류 지역의 우수유출이나 침수방지에 효과적인 기능을 발휘하는 시설은 다음 중 어느 것인가?

㉮ 토구 ㉯ 침사지
㉰ 우수받이 ㉱ 유수지

해설 유수지(우수조정지)는 초기 강우시 증가한 도시의 우수 유출량을 일시 저장하여 하류 지역의 시설 및 방류수로의 유하능력을 증가시키기 위한 시설물이다.

109 직경 20cm, 길이 30m의 주철관으로 유량 1.8m³/min의 정수를 높이 15m까지 양수할 경우 필요한 펌프의 축동력은 얼마인가? (단, 마찰손실만 고려하고, 마찰손실계수는 0.04, 관내 유속은 2m/sec, 펌프의 효율은 85%이다.)

㉮ 7.63 kW ㉯ 7.06 kW
㉰ 6.59 kW ㉱ 5.60 kW

해설
- $Q = 1.8 \text{m}^3/\text{min} = 0.03 \text{m}^3/\text{sec}$
- $h_L = f \dfrac{l}{D} \dfrac{V^2}{2g} = 0.04 \times \dfrac{30}{0.2} \times \dfrac{2^2}{2 \times 9.8} = 1.22 \text{m}$
- 전양정 $H_p = 15 + 1.22 = 16.22 \text{m}$
- $P_s = \dfrac{9.80 \, QH_p}{\eta} = \dfrac{9.8 \times 0.03 \times 16.22}{0.85} = 5.6 \text{kW}$
- $P_s = \dfrac{13.33 \, QH_p}{\eta}$ (HP)

110 하수관거 설계시 계획오수량을 산정할 때 지하수량은 1인1일 최대오수량의 어느 정도로 가정하여 산정하는가?

㉮ 10~20% ㉯ 20~30%
㉰ 30~40% ㉱ 40~50%

정답 107. ㉮ 108. ㉱ 109. ㉱ 110. ㉮

2014년 3월 2일 시행

해설
- 지하수량은 1인 1일 최대오수량의 10~20%로 한다.
- 계획1일 평균오수량은 계획1일 최대오수량의 70~80%를 표준한다.
- 계획시간 최대오수량은 계획1일 최대오수량의 1시간당 수량의 1.3~1.8배를 표준한다.

111 수격작용으로 관로에 미치는 영향을 경감하기 위한 방법에 대한 설명으로 틀린 것은?
㉮ 펌프에 플라이휠(fly wheel)을 설치한다.
㉯ 토출측 관로에 표준형 조압수조(conventional surgetank)를 설치한다.
㉰ 펌프의 토출부에 완폐식 체크밸브를 설치한다.
㉱ 펌프의 흡입부에 맨홀(manhole)을 설치한다.

해설
- 펌프의 급정지, 급시동 또는 토출밸브를 급폐쇄하면 관로내 유속에 급격한 변화가 생기고 압력변동이 발생하는 현상을 펌프의 수격작용이라 한다.
- 펌프의 수격작용 방지 방법
  ① 펌프의 흡입부에는 공기가 유입되지 않도록 한다.
  ② 토출관로에 안전밸브 또는 공기 밸브를 설치한다.
  ③ 펌프의 급정지를 피한다.
  ④ 관내의 유속을 저하시킨다.
- 펌프의 급정지를 피한다.
- 에어 챔버(air-chamber)를 설치한다.

112 총인구 20000명인 어느 도시의 급수인구는 18,600명이며 일년간 총 급수량이 2,000,000톤이었다. 급수보급률과 1인1일당 평균급수량(L)으로 옳은 것은?
㉮ 93%, 274L   ㉯ 93%, 295L
㉰ 107%, 274L   ㉱ 107%, 295L

해설
- 급수 보급률 $\dfrac{\text{급수인구}}{\text{총인구}} \times 100 = \dfrac{18,600}{20,000} \times 100 = 93\%$
- 1인1일당 평균급수량 $\dfrac{\frac{\text{1년총급수량}}{365일}}{\text{급수인구}} = \dfrac{\frac{2,000,000}{365}}{18,600} = 0.295\,t = 295L$

113 계획취수량의 기준이 되는 수량으로 옳은 것은?
㉮ 계획1일 평균급수량   ㉯ 계획1일 최대급수량
㉰ 계획시간 최대급수량   ㉱ 계획1일1인 평균급수량

해설
- 계획 취수량은 계획1일 최대급수량이 설계기준이다.
- 계획 배수량은 평상시 계획1시간 최대급수량을 기준으로 한다.

114 유량이 3000m³/day인 처리수에 5.0mg/L의 비율로 염소를 주입시켰더니 잔류염소량이 0.2mg/L이었다. 이 처리수의 염소요구량은?
㉮ 14.4 kg/day   ㉯ 19.4 kg/day
㉰ 20.4 kg/day   ㉱ 24.4 kg/day

해답 111.㉱ 112.㉯ 113.㉯ 114.㉮

[해설] 염소요구량 = 염소요구량 농도 × 유량 = $4.8 \times 10^{-3} \times 3000 = 14.4\,kg/day$
여기서, 염소요구량 농도는 염소주입량 농도 − 잔류염소농도 = $5 - 0.2 = 4.8\,mg/l$

115. 분류식 계통에 비교하여 합류식 하수관거 계통의 특징에 대한 설명으로 옳지 않은 것은?

㉮ 하수처리장에서 오수처리비용이 많이 소요된다.
㉯ 청천시 관내에 오염물이 침전되기 쉽다.
㉰ 오수관거와 우수관거의 2계통을 건설하는 것보다 건설비용이 크게 소요된다.
㉱ 검사 및 관리가 비교적 용이하다.

[해설]
- 합류식이 분류식보다 건설비가 일반적으로 적게 든다.
- 합류식은 분류식에 비해 관의 단면적이 커 검사 등이 편리하고 환기가 잘 된다.
- 합류식은 강우시에 비점원 오염물질을 하수처리장에 유입시킨다.

116. 용존산소에 대한 설명 중 옳지 않은 것은?

㉮ 오염된 물은 용존산소량이 적다.
㉯ BOD가 큰 물은 용존산소도 많다.
㉰ 용존산소량이 적은 물은 혐기성 분해가 일어나기 쉽다.
㉱ 용존산소가 극히 적은 물은 어류의 생존에 적합하지 않다.

[해설]
- BOD가 높은 물은 오염되어 용존산소(DO)가 낮다.
- 하천의 용존산소를 높이기 위해서는 하천의 유량 증가, 수중 폭기시설 설치, 하천의 유속 증대, 하상의 퇴적물 준설, 비점원 오염원의 감소 등을 조치한다.

117. 하수관거의 길이가 1.8km인 하수관거 내에서 우수가 1.5m/sec의 유속으로 흐르고, 유입시간이 8분일 때 유달시간은 얼마인가?

㉮ 8분   ㉯ 18분
㉰ 28분   ㉱ 38분

[해설]
- 유달시간 = 유입시간 + 유하시간
$$t = t_1 + \frac{L}{V} = 8 + \frac{1800}{1.5 \times 60} = 28\text{분}$$

118. 하수관거의 접합에 있어서 경사가 급한 경우에 원칙적으로 적용 가능한 접합 방법은?

㉮ 관정접합   ㉯ 수면접합
㉰ 단차접합   ㉱ 관저접합

[정답] 115. ㉱ 116. ㉯ 117. ㉰ 118. ㉰

해설
- 관저접합
  하수관의 접합방식 중 수위상승을 방지하고 양정고를 줄일 수 있어 펌프로 배수하는 지역에 적합하지만 상류부에서는 동수경사선이 관정보다 높이 올라갈 우려가 있다.
- 단차접합 혹은 계단접합
  지표의 경사가 급한 경우에는 관내의 유속조정과 필요한 최소한도의 흙덮이를 유지하기 위하여 지표 구배에 따라서 적당한 간격으로 맨홀을 설치하여 단차접합 혹은 계단접합으로 한다.
- 관정접합
  유수의 흐름은 원활하지만 굴착깊이가 증가되어 공사비가 증대되고 펌프로 배수하는 지역에서는 양정이 높게 되는 단점이 있다.

119 슬러지의 함수율이 95%에서 90%로 저하되었다. 이 때 전체 슬러지의 부피는 어떻게 되는가? (단, 슬러지의 비중은 1.0으로 한다.)

㉮ 1/2로 감소한다. ㉯ 1/3로 감소한다.
㉰ 1/4로 감소한다. ㉱ 1/5로 감소한다.

해설 $\dfrac{V_1}{V_2} = \dfrac{100 - \omega_2}{100 - \omega_1} = \dfrac{100 - 90}{100 - 95} = \dfrac{10}{5} = 2$ ∴ $V_2 = \dfrac{1}{2} V_1$

120 어떤 폐수의 최종 BOD가 300mg/L이고 탈산소계수 K_1는 0.2/day라고 하면 BOD_5 값은?

㉮ 230mg/L ㉯ 240mg/L
㉰ 260mg/L ㉱ 270mg/L

해설 $Y = La(1 - 10^{-k \times t})$
$= 300(1 - 10^{-2 \times 5}) = 270 \, mg/L$

해답 119. ㉮ 120. ㉱

토목산업기사

응용역학 / 측량학 / 수리학 / 철근콘크리트 및 강구조 / 토질 및 기초 / 상하수도공학

[2014년 5월 25일 시행]

▌ 알려드립니다 ▌

한국산업인력공단의 저작권법 저촉에 대한 언급(2013년 2회 시험)이 있어 과거에 출제된 동일한 문제나 그 유형의 문제로 재구성하였습니다.

01 응/용/역/학

001 길이 1m, 지름 1.5cm의 강봉을 8t으로 당길 때 이 강봉은 얼마나 늘어나겠는가? (단, $E = 2.1 \times 10^6 \text{kg/cm}^2$)

㉮ 2.2mm
㉯ 2.6mm
㉰ 2.8mm
㉱ 3.1mm

[해설]

$$E = \frac{\sigma}{\varepsilon} = \frac{\frac{P}{A}}{\frac{\Delta l}{l}} = \frac{Pl}{A \Delta l}$$

$$\therefore \Delta l = \frac{Pl}{EA} = \frac{8000 \times 100}{2.1 \times 10^6 \times \frac{\pi \times 1.5^2}{4}} = 0.2156 \text{ cm} \fallingdotseq 2.2 \text{mm}$$

002 P_1, P_2가 0(zero)으로부터 작용하였다. B점의 처짐이 P_1으로 인하여 δ_1 P_2로 인하여 δ_2가 생겼다면 P_1이 하는 일은?

㉮ $\dfrac{1}{2}P_1\delta_1 + \dfrac{1}{2}P_2\delta_2$

㉯ $\dfrac{1}{2}P_1\delta_1 + \dfrac{1}{2}P_1\delta_2$

㉰ $\dfrac{1}{2}P_1\delta_1 + P_2\delta_2$

㉱ $\dfrac{1}{2}P_1\delta_1 + P_1\delta_2$

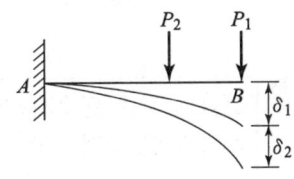

[해설]
- 외력 P_1이 행한 일 $W = \dfrac{1}{2}P_1\delta_1 + P_1\delta_2$
- M 작용시 변형에너지 $U = \int_0^l \dfrac{M^2}{2EI} dx$
- N 작용시 축방향 변형에너지 $U = \int_0^l \dfrac{N^2}{2EA} dx$

[해답] 001. ㉮ 002. ㉱

[003] 중심축하중을 받는 장주에서 좌굴하중은 Euler 공식 $P_{cr} = n\dfrac{\pi^2 EI}{l^2}$ 로 구한다. 여기서 n은 기둥의 지지상태에 따르는 계수인데 다음 중에서 n값이 틀린 것은 어느 것인가?

㉮ 일단 고정, 일단 자유단일 때, $n = \dfrac{1}{4}$
㉯ 일단 고정, 일단 힌지일 때, $n = 3$
㉰ 양단 고정일 때, $n = 4$
㉱ 양단 힌지일 때, $n = 1$

해설 일단 고정, 일단 힌지일 때 $n = 2$

[004] 직사각형 단면의 단순보가 등분포하중 w를 받을 때 발생되는 최대처짐에 대한 설명으로 옳은 것은?

㉮ 보의 폭에 비례한다.
㉯ 보의 높이의 3승에 비례한다.
㉰ 보의 길이의 2승에 반비례한다.
㉱ 보의 탄성계수에 반비례한다.

해설 $y = \dfrac{5wl^4}{384EI}$
보의 탄성계수에 반비례한다.

[005] 지름 32cm의 원형단면보에 3.14t의 전단력이 작용할 때 최대 전단응력은?

㉮ $6.0\,\text{kg/cm}^2$　　㉯ $5.21\,\text{kg/cm}^2$
㉰ $12.2\,\text{kg/cm}^2$　　㉱ $21.8\,\text{kg/cm}^2$

해설
- 원형 단면의 최대 전단응력 $\tau_{max} = \dfrac{4}{3}\dfrac{S}{A} = \dfrac{4}{3}\dfrac{3140}{\dfrac{\pi \times 32^2}{4}} = 5.21\,\text{kg/cm}^2$
- 구형 단면의 최대 전단응력 $\tau_{max} = \dfrac{3}{2}\dfrac{S}{A}$

[006] 그림과 같은 단순지지된 보의 A점에서 수직반력이 '0'이 되게 하려면 C점의 하중 P는?

㉮ 4t　　㉯ 6t
㉰ 8t　　㉱ 16t

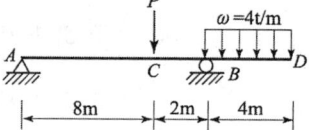

해설 $\Sigma M_B = 0$　　$R_A \times 10 - P \times 2 + 4 \times 4 \times \dfrac{4}{2} = 0$
여기서, A점의 수직반력 $R_A = 0$이므로
$2P = 32$
∴ $P = \dfrac{32}{2} = 16\,\text{t}$

해답 003. ㉯　004. ㉱　005. ㉯　006. ㉱

007 직경 20mm, 길이 2m인 봉에 20t의 인장력을 작용시켰더니 길이가 2.08m, 직경이 19.8mm로 되었다면 푸아송비는 얼마인가?
- ㉮ 0.5
- ㉯ 2
- ㉰ 0.25
- ㉱ 4

• $\nu = \dfrac{\beta}{\varepsilon} = \dfrac{\frac{\Delta d}{d}}{\frac{\Delta l}{l}} = \dfrac{\Delta d \cdot l}{d \cdot \Delta l} = \dfrac{0.02 \times 200}{2 \times 8} = 0.25$

• $E = \dfrac{\sigma}{\varepsilon} = \dfrac{P \cdot l}{A \cdot \Delta l}$

• $G = \dfrac{E}{2(1+\nu)}$

• 푸아송수 $m = \dfrac{1}{\nu} = \dfrac{\varepsilon}{\beta}$

008 그림과 같은 내민보에서 A지점에서 5m 떨어진 C점의 전단력 V_C와 휨모멘트 M_C는?
- ㉮ $V_C = -1.4$t, $M_C = -17$t·m
- ㉯ $V_C = -1.8$t, $M_C = -24$t·m
- ㉰ $V_C = 1.4$t, $M_C = -24$t·m
- ㉱ $V_C = 1.8$t, $M_C = -17$t·m

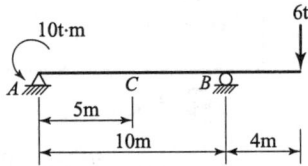

• $\Sigma M_B = 0$
$R_A \times 10 - 10 + 6 \times 4 = 0$
∴ $R_A = \dfrac{1}{10}(10 - 24) = -1.4$t
∴ $V_c = R_A = -1.4$t
• $M_C = R_A \times 5 - 10 = -1.4 \times 5 - 10 = -17$t·m

009 경간 $l = 8$m, 단면 30×40cm 되는 단순보의 중앙에 10t 되는 집중하중이 작용할 때 최대 휨응력은?
- ㉮ 200 kg/cm²
- ㉯ 250 kg/cm²
- ㉰ 300 kg/cm²
- ㉱ 350 kg/cm²

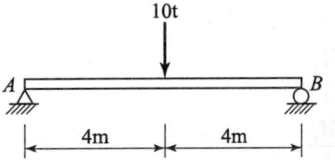 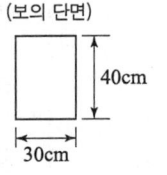

• $M_{max} = \dfrac{Pl}{4} = \dfrac{10 \times 8}{4} = 20$t·m
• $Z = \dfrac{bh^2}{6} = \dfrac{30 \times 40^2}{6} = 8{,}000$ cm³
• $\sigma = \dfrac{M_{max}}{Z} = \dfrac{2{,}000{,}000}{8{,}000} = 250$ kg/cm²

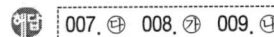

010 그림과 같은 I형 단면에서 중립축 $X-X$ 에 대한 단면 2차 모멘트는?

㉮ 4374.00cm⁴
㉯ 6666.67cm⁴
㉰ 2292.67cm⁴
㉱ 3574.76cm⁴

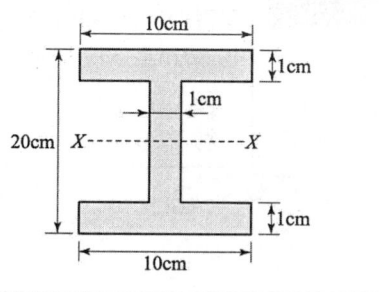

해설) $I_X = \dfrac{BH^3}{12} - \dfrac{bh^3}{12} = \dfrac{10 \times 20^3}{12} - \dfrac{9 \times 18^3}{12} = 2292.67\,\text{cm}^4$

011 그림과 같은 구조물에서 부재 AC가 받는 힘의 크기는?

㉮ 6t
㉯ 5t
㉰ 4t
㉱ 3t

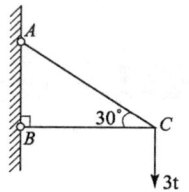

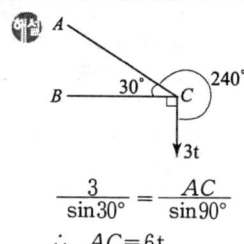

$\dfrac{3}{\sin 30°} = \dfrac{AC}{\sin 90°}$

∴ $AC = 6\text{t}$

012 다음 보의 지점 A에서 모멘트 하중 M_o를 가할 때 타단 B의 고정단 모멘트의 크기는?

㉮ M_o
㉯ $\dfrac{M_o}{2}$
㉰ $\dfrac{M_o}{3}$
㉱ $\dfrac{M_o}{4}$

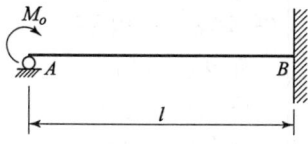

해설)
• 전달율은 고정단일 경우에 항상 $\dfrac{1}{2}$ 이다.
• 전달율에 의해 한쪽에 작용된 모멘트의 $\dfrac{1}{2}$ 이 다른 고정단으로 전달 모멘트가 된다. 즉 $M_B = \dfrac{M_o}{2}$ 이다.

010. ㉰ 011. ㉮ 012. ㉯

013

그림과 같은 보에서 C점의 전단력은?

㉮ $-0.5t$
㉯ $0.5t$
㉰ $-1t$
㉱ $1t$

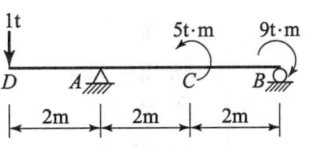

- $\Sigma M_A = 0$
  $-1 \times 2 - 5 + 9 - R_B \times 4 = 0$
  $\therefore R_B = 0.5t(\uparrow)$
- C점을 잘라서 오른쪽만을 고려하면
  $S_C = -0.5t$

014

그림과 같은 단면의 x축에 대한 단면 1차 모멘트는 얼마인가?

㉮ $128cm^3$
㉯ $138cm^3$
㉰ $148cm^3$
㉱ $158cm^3$

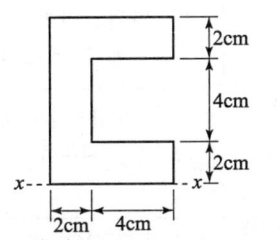

$G_x = A_1 \cdot y_1 + A_2 \cdot y_2 + A_3 \cdot y_3$
$= 2 \times 6 \times 7 + 2 \times 4 \times 4 + 2 \times 6 \times 1$
$= 128 cm^3$

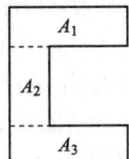

015

그림과 같은 1차 부정정 구조물의 C점의 휨모멘트는? (단, EI는 일정하다.)

㉮ $\dfrac{5Pl}{16}$
㉯ $\dfrac{11Pl}{16}$
㉰ $-\dfrac{3Pl}{16}$
㉱ $\dfrac{5Pl}{32}$

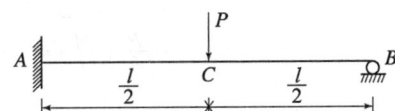

- $R_A = \dfrac{11P}{16}$
- $R_B = \dfrac{5P}{16}$
- $M_A = -\dfrac{3Pl}{16}$
- $M_C = \dfrac{5Pl}{32}$

013. ㉮ 014. ㉮ 015. ㉱

016 다음 그림의 트러스에서 DE의 부재력은?

㉮ 0t
㉯ 2t
㉰ 5t
㉱ 10t

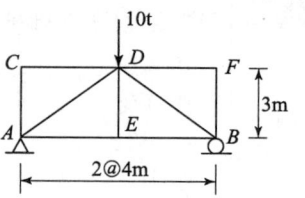

해설 • $AE = EB$, $DE = 0$부재

017 탄성곡선의 기울기를 미지수로 하여 부정정 구조물을 해석하는 방법으로 요각법이라고 하는 해법은?

㉮ 변위일치법
㉯ 처짐각법
㉰ 모멘트 분배법
㉱ 최소일의 방법

해설 처짐각법은 보와 라멘에 적용가능하고 지점 침하나 부재가 회전했을 경우에도 사용할 수 있으며 고정단 모멘트를 계산해야 한다.

018 그림과 같은 단주에서 편심거리(e) 6cm에 하중이 작용할 때 발생하는 최대 인장응력은?

㉮ 13.3kg/cm²
㉯ 35kg/cm²
㉰ 66.7kg/cm²
㉱ 80kg/cm²

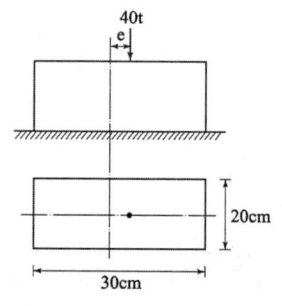

해설
• $I = \dfrac{b^3 h}{12} = \dfrac{30^3 \times 20}{12} = 45000 \, cm^4$
• $\sigma_c = -\dfrac{P}{A} + \dfrac{M}{I}y = -\dfrac{40000}{20 \times 30} + \dfrac{40000 \times 6}{45000} \times \dfrac{30}{2} = 13.3 \, kg/cm^2$

019 그림과 같은 3활절 라멘에서 A점의 수평반력 H_A는?

㉮ $P(\rightarrow)$
㉯ $P(\leftarrow)$
㉰ $\dfrac{P}{2}(\rightarrow)$
㉱ $\dfrac{P}{2}(\leftarrow)$

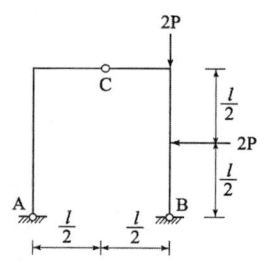

해답 016. ㉮ 017. ㉯ 018. ㉮ 019. ㉯

해설
- $\Sigma M_B = 0$

  $R_A \times l - 2P \times \dfrac{l}{2} = 0$

  $\therefore R_A = P$

- $\Sigma M_C = 0$

  $R_A \times \dfrac{l}{2} - H_A \times l = 0$

  $\therefore H_A = \dfrac{P}{2}(\rightarrow)$

020 다음 중 처짐을 구하는 방법과 관련이 가장 먼 것은?
㉮ 모멘트 면적법
㉯ 탄성하중법
㉰ 탄성곡선의 미분방정식 이용법
㉱ 3연 모멘트법

해설 3연 모멘트법은 연속보에서 임의 연속된 3개 지점의 모멘트와 지점 사이에 작용하는 하중 상호간의 관계를 나타낸다.

02 측/량/학

021 전진법에 의하여 6각형의 토지를 측정하였다. 측점 A를 출발하여 B, C, D, E, F, A에 돌아왔을 때 폐합오차가 20cm였다면 측점 D점의 오차배분량은? (단, AB=60m, BC=50m, CD=30m, DE=50m, EF=40m, FA=20m)
㉮ 0.033m
㉯ 0.056m
㉰ 0.112m
㉱ 0.156m

해설
- 측점 D의 오차분배량

  $\dfrac{E}{\Sigma l} \times l_D = \dfrac{0.2}{(60+50+30+50+40+20)} \times (60+50+30) = 0.112\,\text{m}$

- 폐합비 $= \dfrac{E}{\Sigma l} = \dfrac{1}{m}$
- 전진법의 폐합오차 $= 0.3\sqrt{n}\,(\text{mm})$

보충
- 구심오차 $e = \dfrac{qM}{2}$
- 방사법은 측량지역이 소지역이며 장애물이 적어 시계가 좋은 경우에 가장 능률적인 세부측량 방법이다.

해답 020. ㉱ 021. ㉰

2014년 5월 25일 시행

022 GPS측량으로 측점의 표고를 구하였더니 89.123m였다. 이 지점의 지오이드 높이가 40.150m라면 실제 표고(정표고)는 얼마인가?

㉮ 129.273m ㉯ 48.973m
㉰ 69.048m   ㉱ 89.123m

해설 실제 표고 = GPS 측정표고 − 지오이드 높이 = $89.123 - 40.15 = 48.973\,m$

023 다음 부지의 토량은 얼마인가?

㉮ 1200m³
㉯ 1755m³
㉰ 2037m³
㉱ 2276m³

1.2	1.4	1.8	2.1
1.5	2.1	2.4	1.4
1.2	1.2	1.8	

(10, 20) [단위 : m]

해설 $V = \dfrac{a}{4}\{\Sigma h_1 + 2\Sigma h_2 + 3\Sigma h_3 + 4\Sigma h_4\}$

$= \dfrac{10 \times 20}{4}\{(1.2+2.1+1.4+1.8+1.2) + 2(1.4+1.8+1.2+1.5) + 3(2.4) + 4(2.1)\}$

$= 1755\,m^3$

024 노선의 종단측량 결과는 종단면도에 표시하고 그 내용을 기록하게 된다. 이 때 포함되지 않는 내용은?

㉮ 지반고와 계획고의 차   ㉯ 측점의 추가거리
㉰ 계획선의 경사   ㉱ 용지 폭

해설 종단면도에는 관측점의 계획고, 추가거리, 지반고와 계획고의 차, 경사 등을 기록한다.

025 삼각측량에서 B점의 좌표 X_B=50.000m, Y_B=200.000m, BC의 길이 25.478m, BC의 방위각 77°11′56″일 때 C점의 좌표는?

㉮ X_C=26.156m, Y_C=205.645m   ㉯ X_C=55.645m, Y_C=224.845m
㉰ X_C=74.165m, Y_C=194.355m   ㉱ X_C=74.845m, Y_C=205.645m

해설
- $X_C = 50 + 25.478\cos 77°11′56″ = 55.645\,m$
- $Y_C = 200 + 25.478\sin 77°11′56″ = 224.845\,m$

해답 022. ㉯ 023. ㉯ 024. ㉱ 025. ㉯

026 교호수준 측량을 실시하여 다음의 결과를 얻었다. A점의 표고가 25.020m일 때 B점의 표고는 얼마인가? (단, $a_1=2.62$m, $a_2=0.48$m, $b_1=3.88$m, $b_2=2.11$m)

㉮ 23.065m
㉯ 23.575m
㉰ 26.465m
㉱ 26.975m

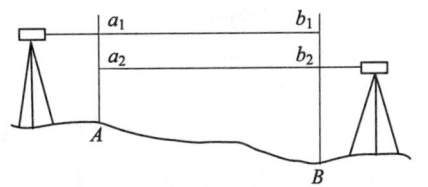

- $h=\frac{1}{2}\{(a_1-b_1)+(a_2-b_2)\}=\frac{1}{2}\{(2.62-3.88)+(0.48-2.11)\}=-1.445\,\text{m}$
- $H_B=H_A+h=25.02+(-1.445)=23.575\,\text{m}$

 027 1/25000 지형도상에서 면적을 측정한 결과가 84cm²이었을 때 실제면적은?

㉮ 6.25 km²   ㉯ 5.25 km²
㉰ 4.25 km²   ㉱ 3.25 km²

실제면적 = 도상면적 × $(m_1 \times m_2)$
= 84 × (25000 × 25000)
= 5.25 × 10¹⁰ cm²
= 5.25 km²

 028 완화곡선의 극각(σ)이 45°일 때 클로소이드 곡선, 렘니스케이트 곡선, 3차 포물선 중 가장 곡률이 큰 곡선은?

㉮ 클로소이드 곡선   ㉯ 렘니스케이트 곡선
㉰ 3차 포물선   ㉱ 모두 같다.

- 클로소이드 곡선은 곡률반경의 역수인 곡률 $\frac{1}{R}$이 곡선장에 비례하여 증가하는 곡선이다.
- 렘니스케이트 곡선은 가장 짧은 곡선이 된다.

 029 구면삼각형에 대한 설명으로 틀린 것은?

㉮ 구면삼각형의 내각의 합은 180°보다 크다.
㉯ 구면삼각형의 각 변은 측지선으로 이루어진다.
㉰ 구면삼각형의 내각의 합과 180°와의 차이를 구과량이라 한다.
㉱ 구의 중심과 구면상 두 점을 연결한 것을 구면삼각형이라 한다.

- 구면 삼각형은 측량대상지역이 넓은 경우 세 측점을 잡아 삼각형을 만드는데 세변이 직선이 아닌 호의 형태가 되어 삼각형 내각의 합이 180°를 넘는다.
- 구과량은 구면삼각형의 면적에 비례한다.
- 구과량은 평면삼각형 내각의 합과 구면삼각형 내각의 합에 대한 차이다.

026. ㉯ 027. ㉯ 028. ㉮ 029. ㉱

030 교각 $I=60°$, 곡선반지름 $R=200m$일 때 중앙종거법에 의해 원곡선을 측설할 때 8등분점의 중앙종거(M_3)는?

㉮ 26.80m   ㉯ 6.81m
㉰ 1.71m   ㉱ 0.43m

$M_3 = R\left(1-\cos\dfrac{I}{8}\right) = 200\left(1-\cos\dfrac{60°}{8}\right) = 1.71\,m$

- $M_1 = R\left(1-\cos\dfrac{I}{2}\right)$
- $M_2 = R\left(1-\cos\dfrac{I}{4}\right)$
- $M_4 = R\left(1-\cos\dfrac{I}{16}\right)$

 031 클로소이드 매개변수(Parameter) A가 커질 경우에 대한 설명으로 옳은 것은?

㉮ 곡선이 완만해진다.
㉯ 자동차의 고속 주행이 어려워진다.
㉰ 곡선이 급커브가 된다.
㉱ 접선각(τ)도 비례하여 커진다.

- $A^2 = RL$ ∴ $R = \dfrac{A^2}{L}$
- A값이 클수록 곡률반경(R)이 커지므로 곡선이 급하지 않고 완만해 고속주행이 용이하다.
- $\tau = \dfrac{L}{2R}$에서 L(곡선길이)이 일정할 때 곡률반경(R)이 커지면, 즉 A값이 크면 접선각(τ)은 작아진다.

 032 등고선의 성질에 대한 설명으로 옳지 않은 것은?

㉮ 경사가 급한 지역은 등고선 간격이 좁다.
㉯ 어느 지점의 최대경사 방향은 등고선과 평행한 방향이다.
㉰ 동일 등고선 상의 지점들은 높이가 같다.
㉱ 계곡선은 등고선과 직교한다.

- 어느 지점의 최대경사 방향은 등고선에 직각방향이다.
- 지표면의 경사가 같을 때는 등고선의 간격은 같고 평행하다.
- 높이가 다른 두 등고선은 동굴이나 절벽의 지형이 아닌 곳에서는 교차하지 않는다.
- 등고선은 도중에 끊어지는 일이 없고 반드시 일단에서 시작하여 타단에서 끝나든가 도상에서 폐합한다.
- 등고선 간의 최단거리를 잇는 선은 최대경사선이다.

030. ㉰ 031. ㉮ 032. ㉯

033 거리와 각도의 조합을 통해 위치를 구하는 다각측량에서 거리의 정밀도가 1/10,000일 때, 이와 같은 정도의 정밀도를 위한 각관측 오차는 약 얼마인가?

㉮ 10″ ㉯ 21″
㉰ 41″ ㉱ 100″

해설
$$\frac{1}{m} = \frac{\theta}{\rho''}$$
$$\frac{1}{10000} = \frac{\theta}{206265''}$$
$$\therefore \theta = \frac{206265''}{10000} = 21''$$

034 측지학 및 측량에 대한 설명으로 옳지 않은 것은?

㉮ 측지학이란 지구 내부의 특성, 지구의 형상, 지구 표면의 상호위치 관계를 정하는 학문이다.
㉯ 기하학적 측지학에는 천문 측량, 위성 측지, 높이의 결정 등이 있다.
㉰ 물리학적 측지학에는 지구의 형상 해석, 중력의 측정, 지자기 측정 등을 포함한다.
㉱ 측지측량(대지측량)이란 지구의 곡률을 고려하지 않은 측량으로서 11km 이내를 평면으로 취급한다.

해설
• 측지측량은 지구의 곡률을 고려한 정밀한 측량이다.
• 기하학적 측지학은 지구표면상에 있는 점들간의 상호 위치관계를 결정하는 것이다.
• 탄성파 측정에서 지표면으로부터 낮은 곳은 굴절법을 이용한다.

035 삼각측량 시 노선측량, 하천측량, 철도측량 등에 많이 사용하며 동일한 도달거리에 대하여 측점 수가 가장 적으므로 측량이 간단하고 경제적이나 정확도가 낮은 삼각망은?

㉮ 사변형 삼각망 ㉯ 유심 삼각망
㉰ 기선 삼각망   ㉱ 단열 삼각망

해설
• 사변형 삼각망
  시간과 경비가 많이 소요되나 가장 정밀한 측량성과를 얻을 수 있는 삼각망이다.

036 수준측량에서 연직각이 α, 경사거리가 S일 때 두 점간의 수평거리 D는?

㉮ $S\cos\alpha$ ㉯ $S\sin\alpha$
㉰ $S\tan\alpha$ ㉱ $S\cot\alpha$

해설 수평거리 $D = S\cos\alpha$

해답 033. ㉯ 034. ㉱ 035. ㉱ 036. ㉮

2014년 5월 25일 시행

037 그림과 같은 단열삼각망의 조정각이 $\alpha_1=40°$, $\beta_1=60°$, $\gamma_1=80°$, $\alpha_2=50°$, $\beta_2=30°$, $\gamma_2=100°$일 때 $\overline{CD}$의 길이는? (단, $\overline{AB}$기선 길이는 500m임)

㉮ 212.5m
㉯ 323.4m
㉰ 400.7m
㉱ 568.6m

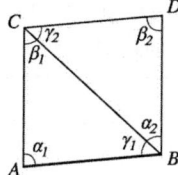

해설
- $\dfrac{500}{\sin 60°} = \dfrac{\overline{CB}}{\sin 40°}$
  $\therefore \overline{CB} = 371.11\,\text{m}$
- $\dfrac{371.11}{\sin 30°} = \dfrac{\overline{CD}}{\sin 50°}$
  $\therefore \overline{CD} = 568.6\,\text{m}$

038 촬영고도 800m의 연직사진에서 높이 20m에 대한 시차차의 크기는 얼마인가? (단, 초점거리는 21cm, 화면의 크기는 23×23cm, 종중복도는 60%이다.)

㉮ 0.8mm ㉯ 1.3mm
㉰ 1.8mm ㉱ 2.3mm

해설 시차차와 주점기선 길이(b)

$b = a\left(1 - \dfrac{p}{100}\right)$
$= 23\left(1 - \dfrac{60}{100}\right) = 9.2\,\text{cm}$

$\dfrac{dp}{b} = \dfrac{h}{H}$

$\therefore dp = \dfrac{h}{H} \cdot b = \dfrac{20}{800} \times 92 = 2.3\,\text{mm}$

039 다음 하천측량의 설명 중 틀린 것은?

㉮ 무제부에서의 측량범위는 홍수의 영향 구역보다 약간 넓게 한다.
㉯ 횡단측량은 2km마다의 거리표를 기준한다.
㉰ 홍수 시 유속을 측정할 경우 막대 부자를 이용한다.
㉱ 심천측량을 하여 지형을 표시할 때는 점고법이 이용된다.

해설 횡단측량은 200m 마다의 거리표를 기준으로 선상의 고저를 측량하는 것으로 지면이 평탄한 경우에도 5~10m 간격으로 관측한다.

해답 037. ㉱ 038. ㉱ 039. ㉯

040 항공사진의 기복변위에 대한 설명 중 틀린 것은?

㉮ 기복변위량은 촬영고도가 낮을수록 크게 발생한다.
㉯ 기복변위는 지표면의 기복에 의해서 발생한다.
㉰ 사진면에서 등각점의 상하방향으로 변위가 발생하는 것이다.
㉱ 기복변위량은 초점거리에 비례한다.

해설
- 기복변위는 사진면에서 연직점을 중심으로 방사상의 변위가 발생하는 것이다.
- 기복변위는 비고가 클수록 크게 발생하며 기복변위량은 촬영고도에 반비례한다.

03 수/리/학

041 콘크리트 직사각형 수로 폭이 8m, 수심이 6m일 때 Chezy의 공식에서 유속계수 (C)의 값은? (단, 매닝의 조도계수 n=0.014이다.)

㉮ 79   ㉯ 83
㉰ 87   ㉱ 92

해설
- $R = \dfrac{A}{P} = \dfrac{8 \times 6}{8+6+6} = 2.4\,\text{m}$
- $C = \dfrac{1}{n} R^{\frac{1}{6}} = \dfrac{1}{0.014} \times 2.4^{\frac{1}{6}} \fallingdotseq 83$

042 내경 2cm의 관내를 수온 20℃의 물이 25cm/sec의 유속을 갖고 흐를 때 이 흐름의 상태는? (단, 20℃일 때의 물의 동점성계수 v=0.01cm²/sec)

㉮ 상류   ㉯ 층류
㉰ 난류   ㉱ 불완전 층류

해설
- $R_e = \dfrac{VD}{\nu} = \dfrac{25 \times 2}{0.01} = 5000$
- $R_e < 2000$: 층류
- $R_e > 4000$: 난류

043 개수로의 흐름을 상류(常流)와 사류(射流)로 구분할 때 기준으로 사용할 수 없는 것은?

㉮ 후루드 수(Froude number)   ㉯ 한계유속(critical velocity)
㉰ 한계수심(critical depth)   ㉱ 레이놀즈 수(Reynolds number)

해설 레이놀즈 수(R_e)는 관수로 흐름에 적용한다.

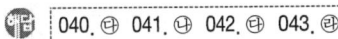

044 물에 대한 성질을 설명한 것 중 틀린 것은?

㉮ 내부마찰력이 큰 것은 내부마찰력이 작은 것보다 그 점성계수의 값이 크다.
㉯ 물의 압축률(C_W)과 체적탄성계수(E_W)는 서로 역수의 관계가 있다.
㉰ 물의 점성계수는 수온(℃)이 높을수록 그 값이 커지고 수온이 낮을수록 그 값은 작아진다.
㉱ 물은 특별한 경우를 제외하고는 일반적으로 비압축성 유체로 취급한다.

■ • 물의 점성계수와 온도 관계
$$\mu = \frac{0.0179}{1+0.0337t+0.000221\,t^2}$$
즉, 물의 점성계수는 수온 t가 높을수록 그 값이 낮아지고 수온이 낮을수록 그 값은 커진다.
• 물의 밀도나 단위중량은 4℃에서 최대이고 4℃보다 온도가 낮거나 높아지면 감소한다.

045 그림과 같은 수중 오리피스에서 오리피스 단면적이 30cm²일 때 유출량 Q는? (단, 유량계수 $C=0.6$)

㉮ 약 13.7 l/sec
㉯ 약 12.5 l/sec
㉰ 약 10.2 l/sec
㉱ 약 8.0 l/sec

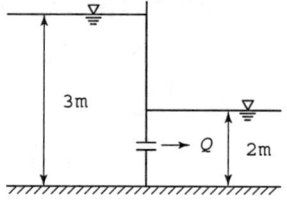

■ $Q = C \cdot a\sqrt{2gh} = 0.6 \times 30\sqrt{2 \times 980 \times (300-200)} = 7968.94\,\text{cm}^3/\text{sec} ≒ 8\,l/\text{sec}$

• 이론유속 $V_o = \sqrt{2gh}$
• 실제유속 $V = C_v\sqrt{2gh}$
• 유량계수 $C = C_a \cdot C_v$ 여기서, C_a : 수축계수

046 높이 4.5m, 폭 2m의 직사각형 판이 수직으로 물을 지지하고 있다. 판의 상단이 수면과 일치할 때 이 판에 작용하는 전수압의 작용점 위치(H_c)는 수면으로부터 몇 m인가?

㉮ 1m   ㉯ 1.5m
㉰ 2m   ㉱ 3m

■ • $h_c = \frac{2}{3}h = \frac{2}{3} \times 4.5 = 3\,\text{m}$

• $h_c = h_G + \dfrac{I_0}{h_G \cdot A}$

$= \dfrac{4.5}{2} + \dfrac{\frac{2 \times 4.5^3}{12}}{\frac{4.5}{2} \times (2 \times 4.5)} = 3\,\text{m}$

• $P = \omega h_G A = 1 \times \dfrac{4.5}{2} \times (2 \times 4.5) = 20.25\,\text{t}$

044. ㉰ 045. ㉱ 046. ㉱

047 물이 들어 있고 뚜껑이 없는 수조가 14.7m/sec² 로 연직 상향으로 가속될 때 수조 속 깊이 2.0m에서의 압력은? (단, 물의 단위중량은 1.0ton/m³ 이다.)

㉮ 1.0 ton/m²
㉯ 3.0 ton/m²
㉰ 5.0 ton/m²
㉱ 7.0 ton/m²

해설 $P = \omega \cdot h \left(1 + \dfrac{a}{g}\right) = 1 \times 2 \left(1 + \dfrac{14.7}{9.8}\right) = 5\,\text{t/m}^2$

048 베르누이(Bernoulli) 정리의 적용 조건이 아닌 것은?

㉮ 임의의 두 점은 같은 유선 위에 있다.
㉯ 정상류의 흐름이다.
㉰ 마찰을 고려한 실제유체이다.
㉱ 비압축성 유체의 흐름이다.

해설 마찰저항이 없는 비압축성 유체가 동일 유선상에서 정상류로 흐르고 있을 때 위치에너지와 운동에너지를 구하는 경우에 적용한다.

보충 • 베르누이 정리
$\dfrac{P}{w} + \dfrac{V^2}{2g} + Z = H$

• 베르누이 방정식이 성립하려면 정상류의 흐름, 이상유체, 동일 유선이어야 한다.
• 유체의 점성으로 인해 효과는 무시한다.

049 깊은 우물(심정호)에 대한 설명으로 옳은 것은?

㉮ 집수 깊이가 100m 이상인 우물
㉯ 집수 우물 바닥이 불투수층까지 도달한 우물
㉰ 집수 우물 바닥이 불투수층을 통과하여 새로운 대수층에 도달한 우물
㉱ 불투수층에서 50m 이상 도달한 우물

해설 심정호 $Q = \dfrac{\pi k(H^2 - h^2)}{2.3 \log \dfrac{R}{r}}$

보충 • 피압지하수
두 개의 불투수성 사이에 끼어 있는 지하수면이 없는 지하수
• 굴착정(피압 대수층의 물을 양수)
$Q = \dfrac{2\pi ak(H - h)}{2.3 \log \dfrac{R}{r}}$ 여기서, a : 피압 대수층의 두께

050 관수로의 흐름에 대한 설명으로 옳지 않은 것은? (단, R_e : 레이놀즈 수)

㉮ 층류에서 관마찰에 의한 손실수두는 속도수두와 관길이에 비례한다.
㉯ Darcy-Weisbach의 마찰손실 공식에서 층류일 경우, 마찰손실계수 $f = \dfrac{64}{R_e}$ 로 표시한다.
㉰ 관로 내를 흐르는 물의 에너지 손실은 마찰력 τ에 반비례한다.
㉱ 층류의 경우 평균유속은 최대 유속의 1/2이다.

[해설]
• 관로 내를 흐르는 물의 에너지 손실은 마찰력 τ에 비례한다.
• 마찰력 $\tau_o = \omega RI = \omega \dfrac{D}{4} \dfrac{h_L}{l}$

051 유량 Q, 유속 V, 단면적 A, 도심거리 h_G라 할 때 충력치(M)의 값은? (단, 충력치는 비력이라고도 하며, η : 운동량 보정계수, g : 중력 가속도, W : 물의 중량, ω : 물의 단위중량)

㉮ $\eta \dfrac{Q}{g} + W h_G A$ ㉯ $\eta \dfrac{gV}{Q} + h_G A$
㉰ $\eta \dfrac{Q}{g} V + h_G A$ ㉱ $\eta \dfrac{Q}{g} V + \dfrac{1}{2} \omega^2$

[해설] 충력치는 단위무게당의 정수압과 동수압(운동량)을 합한 값으로서 모든 단면에서 일정하다.

052 비압축성, 비점성유체인 완전유체의 에너지선과 기준수평면과의 관계로 옳은 것은?

㉮ 압력에 따라 변한다.   ㉯ 서로 평행하다.
㉰ 위치에 따라 변한다.   ㉱ 흐름에 따라 변한다.

[해설] 완전유일체일 경우 에너지선과 기준수평면은 평행하다.

053 다르시(Darcy)의 법칙에 대한 설명으로 옳은 것은?

㉮ 지하수 흐름이 층류일 경우 적용된다.
㉯ 투수계수는 무차원의 계수이다.
㉰ 유속이 클 때에만 적용된다.
㉱ 유속이 동수경사에 반비례하는 경우에만 적용된다.

[해설]
• 투수계수(k)는 속도차원의 계수이다.
• $V = k \cdot i$ (유속은 동수경사에 비례)
• 지하수의 흐름은 지표수의 흐름에 비하여 속도가 아주 느리다.
• 지하수의 흐름은 정상류이다.
• 다르시 법칙은 $R_e < 4$에서 주로 성립한다.
• 투수계수는 물의 점성계수와 토사의 공극률 등에 의해 변한다.

[정답] 050. ㉰   051. ㉰   052. ㉯   053. ㉮

054 다음 중 힘 차원을 MLT계로 표현한 것은?
- ㉮ [MLT⁻¹]
- ㉯ [MLT⁻²]
- ㉰ [ML⁻¹T⁻¹]
- ㉱ [ML²T⁻¹]

해설 힘 $F = m(질량) \times a(가속도)$
$= g \times m/sec^2 = MLT^{-2}$

055 흐르는 물 속에 연직으로 세운 두 고정 평행판 사이의 흐름에 대한 설명으로 옳은 것은?
- ㉮ 전단응력과 유속분포는 전단면에서 일정하다.
- ㉯ 전단응력과 유속분포는 판의 벽에서 0이고 판과 판의 중점을 향해서 직선 형태로 분포한다.
- ㉰ 전단응력과 유속분포는 전단면에서 포물선 형태로 분포한다.
- ㉱ 전단응력은 두 판의 중점에서 0이고, 중점으로부터 거리에 따라 직선 형태로 분포하며, 유속은 중점에서 최대인 포물선 형태로 분포한다.

해설
- 전단응력, 즉 마찰응력의 분포는 중심에서는 0이고 중심으로부터의 거리에 직선으로 비례하여 증가하므로 벽면이 최대가 된다.
- 유속 분포는 포물선이며 마찰응력 분포는 직선이다.

056 개수로의 일정한 유량을 흐르게 하는 수심과 비에너지관계 곡선이다. A, B, C점에 해당되는 흐름으로 옳은 것은?
- ㉮ 상류, 한계류, 사류
- ㉯ 상류, 사류, 한계류
- ㉰ 사류, 한계류, 상류
- ㉱ 사류, 상류, 한계류

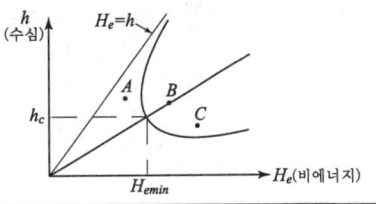

해설
- 한계수심은 일정한 유량이 흐를 때 최소의 비에너지를 갖게 하는 수심이다.
- 한계수심은 일정한 유량이 흐를 때 비력을 최소로 하는 수심이다.

057 직사각형 수로에서 폭 3m, 평균유속 2m/sec, 유량 24m³/sec라 하면 이때 수로의 수심은?
- ㉮ 2m
- ㉯ 3m
- ㉰ 4m
- ㉱ 6m

해설 $Q = A \cdot V = (B \cdot H) \times V$
$\therefore H = \dfrac{Q}{B \times V} = \dfrac{24}{3 \times 2} = 4.0\,m$

정답 054. ㉯ 055. ㉱ 056. ㉮ 057. ㉰

058 A저수지에서 500m 떨어진 B저수지에 유량 10m³/s를 송수하려고 한다. 저수지의 수면차를 8m로 하기 위한 관의 직경은? (단, 마찰손실만을 고려하며 f=0.03 이다.)

㉮ 1.52m ㉯ 1.73m
㉰ 1.85m ㉱ 2.25m

- $A = \dfrac{\pi D^2}{4}$
- $V = \dfrac{Q}{A} = \dfrac{10}{\dfrac{\pi D^2}{4}} = \dfrac{40}{\pi D^2} = \dfrac{12.74}{D^2}$
- $h_L = f \dfrac{l}{D} \dfrac{V^2}{2g}$

$8 = 0.03 \times \dfrac{500}{D} \times \dfrac{\left(\dfrac{12.74}{D^2}\right)^2}{2 \times 9.8}$

$8 = \dfrac{124.2}{D^5}$

∴ $D = 1.73 \, m$

059 물이 흐르는 동일 직경의 관로에서 두 단면의 위치수두가 각각 80cm 및 30cm, 압력이 각각 1.5kg/cm² 및 0.8kg/cm² 일 때 두 단면사이의 손실수두는?

㉮ 2.5m ㉯ 3.5m
㉰ 5.5m ㉱ 7.5m

- 베르누이 정리

$\dfrac{V_1^2}{2g} + \dfrac{P_1}{\omega} + z_1 = \dfrac{V_2^2}{2g} + \dfrac{P_2}{\omega} + z_2$

$\dfrac{V_1^2}{2g} - \dfrac{V_2^2}{2g} = \left(\dfrac{P_2}{\omega} - \dfrac{P_1}{\omega}\right) + (Z_2 - Z_1) = \left(\dfrac{15}{1} - \dfrac{8}{1}\right) + (0.8 - 0.3) = 7.5\,m$

060 그림과 같은 수로에 유량이 11m³/sec로 흐를 때 비에너지는? (단, 에너지 보정계수 $\alpha = 1$로 본다.)

㉮ 1.1566m
㉯ 1.1655m
㉰ 1.1056m
㉱ 1.0965m

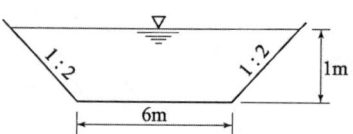

- $V = \dfrac{Q}{A} = \dfrac{11}{\left(\dfrac{6+10}{2}\right) \times 1} = \dfrac{11}{8}\,m/\sec$

- $H_e = h + \alpha \dfrac{V^2}{2g}$

$= 1.0 + 1 \times \dfrac{1}{2 \times 9.8}\left(\dfrac{11}{8}\right)^2 = 1.0965\,m$

058. ㉯ 059. ㉱ 060. ㉱

04 철/근/콘/크/리/트 /및/ 강/구/조

061 PSC에서 프리텐션 방식의 장점이 아닌 것은?
㉮ PS 강재를 곡선으로 배치하기 쉽다.
㉯ 정착장치가 필요하지 않다.
㉰ 제품의 품질에 대한 신뢰도가 높다.
㉱ 대량 제조가 가능하다.

 프리텐션 방식은 PS 강재의 곡선배치가 어렵다.

062 인장을 받는 이형철근의 겹침이음에서 배근된 철근량이 이음부 전체 구간에서 해석결과 요구되는 소요철근량의 2배 이상이고 소요 겹침이음길이 내에서 겹침이음된 철근량이 전체 철근량의 1/2 이하인 경우 A급이음에 해당한다. 이러한 A급이음의 겹침이음길이는 규정에 따라 계산된 인장 이형철근의 정착길이 l_d의 몇 배 이상이어야 하는가?

㉮ 1.0배 ㉯ 1.2배
㉰ 1.3배 ㉱ 1.5배

· A급 이음 : $1.0 l_d$
· B급 이음 : $1.3 l_d$

063 $A_s' = 1,400 mm^2$로 배근된 그림과 같은 복철근 보의 탄성처짐이 10mm라 할 때 1년 후 장기처짐을 고려한 총 처짐량은? (단, 1년 후 지속하중 재하에 따른 계수 $\xi = 1.4$이다.)

㉮ 10mm
㉯ 13.25mm
㉰ 16.43mm
㉱ 18.24mm

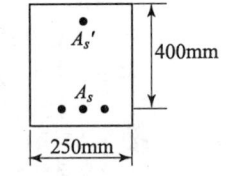

· 압축철근비 $\rho' = \dfrac{A_s'}{bd} = \dfrac{1400}{250 \times 400} = 0.014$
· 장기처짐 탄성처짐 $\times \dfrac{\xi}{1 + 50\rho'}$
  $10 \times \dfrac{1.4}{1 + 50 \times 0.014} = 8.24 mm$
· 총처짐 탄성처짐 + 장기처짐 = 10 + 8.24 = 18.24mm

061. ㉮ 062. ㉮ 063. ㉱

064 대칭 T형보에서 경간이 12m이고, 양쪽 슬래브의 중심간격이 1800mm, 플랜지의 두께 120mm, 복부의 폭 300mm일 때 플랜지의 유효 폭은 얼마인가?

㉮ 1800mm ㉯ 2000mm
㉰ 2220mm ㉱ 2600mm

해설
- $16t + b_w = 16 \times 120 + 300 = 2220\,mm$
- 양쪽 슬래브의 중심간 거리 $= 1800\,mm$
- 보의 경간의 $\frac{1}{4} = \frac{12000}{4} = 3000\,mm$
∴ 가장 작은 값인 1800mm를 유효 폭으로 한다.

065 옹벽 설계시의 안정 조건이 아닌 것은?

㉮ 전도에 대한 안정
㉯ 마찰력에 대한 안정
㉰ 활동에 대한 안정
㉱ 지반 지지력에 대한 안정

해설
- 옹벽의 안정은 전도, 활동, 지반 지지력에 대한 안정을 검토한다.
- 활동에 대한 안정 검토시 콘크리트 저판과 지반과의 마찰계수를 고려한다.

066 철근콘크리트 구조물의 전단철근 상세에 대한 다음 설명 중 잘못된 것은?

㉮ 스터럽의 간격은 어떠한 경우이든 400mm 이하로 하여야 한다.
㉯ 주인장철근에 45도 이상의 각도로 설치되는 스터럽은 전단철근으로 사용할 수 있다.
㉰ 일반적인 전단철근의 설계기준 항복강도 f_y는 500MPa을 초과하여 취할 수 없다.
㉱ 전단철근으로 사용하는 스터럽과 기타 철근 또는 철선은 콘크리트 압축연단부터 거리 d만큼 연장하여야 한다.

해설
- 스터럽의 최대간격은 $0.5d$ 이하 600mm 이하이다.
- 스터럽은 보에 작용하는 전단응력에 의한 균열을 막기 위해 배근한다.
- 철근콘크리트 부재의 경우 주인장 철근에 30° 이상의 각도로 구부린 굽힘철근을 전단철근으로 사용할 수 있다.

067 프리텐션 PSC 부재의 단면이 300mm×500mm이고 120mm²의 PS 강선 5개가 단면의 도심에 배치되어 있다. 초기 프리스트레스가 1000MPa이고 $n=6$일 때 콘크리트의 탄성수축에 의한 프리스트레스 감소량은?

㉮ 24 MPa ㉯ 27 MPa
㉰ 32 MPa ㉱ 35 MPa

정답 064. ㉮ 065. ㉯ 066. ㉮ 067. ㉮

해설
$P = 5 \times 1000 \times 120 \times 10^{-6} = 0.6\,\text{MN}$
- $f_{ci} = \dfrac{P}{A} = \dfrac{0.6}{(300 \times 500) \times 10^{-6}} = 4\,\text{MPa}$
- $\Delta f_p = n f_{ci} = 6 \times 4 = 24\,\text{MPa}$

068 아래 그림과 같은 판형에서 stiffener(보강재)의 사용목적은?

㉮ Web plate의 좌굴을 방지하기 위하여
㉯ Flange angle의 간격을 넓게 하기 위하여
㉰ Flange의 강성을 보강하기 위하여
㉱ 보 전체의 비틀림에 대한 강도를 크게 하기 위하여

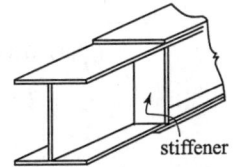

해설 복부판의 좌굴을 막기 위하여 수직 보강재를 설치한다.

069 정착길이 아래 300mm를 초과되게 굳지 않은 콘크리트를 친 상부 인장이형철근의 정착길이를 구하려고 한다. $f_{ck}=21\text{MPa}$, $f_y=300\text{MPa}$을 사용한다면 상부철근으로서의 보정계수를 사용할 때 정착길이는 얼마 이상이어야 하는가? (단, D29 철근으로 공칭지름은 28.6mm, 공칭 단면적은 642mm²이고, 기타의 보정계수는 적용하지 않는다.)

㉮ 1,461mm   ㉯ 1,123mm
㉰ 987mm   ㉱ 865mm

해설
- 기본 정착길이
$l_{db} = \dfrac{0.6 d_b f_y}{\sqrt{f_{ck}}} = \dfrac{0.6 \times 28.6 \times 300}{\sqrt{21}} = 1124\,\text{mm}$
- 정착길이
$l_d =$ 기본 정착길이 × 보정계수 $= 1124 \times 1.3 = 1461\,\text{mm}$
여기서, 상부철근의 보정계수 : 1.3

070 강도설계법에서 단철근 직사각형 보가 $f_{ck}=21\text{MPa}$, $f_y=300\text{MPa}$일 때 균형철근비는?

㉮ 0.34   ㉯ 0.034
㉰ 0.044   ㉱ 0.0044

해설
$\rho_b = 0.85 \beta_1 \dfrac{f_{ck}}{f_y} \dfrac{600}{600 + f_y} = 0.85 \times 0.85 \times \dfrac{21}{300} \times \dfrac{600}{600 + 300} = 0.034$

여기서,
- $f_{ck} \leq 28\,\text{MPa}$일 때 $\beta_1 = 0.85$
- $f_{ck} > 28\,\text{MPa}$일 때 $\beta_1 = 0.85 - 0.007(f_{ck} - 28) \geq 0.65$

정답 068. ㉮ 069. ㉮ 070. ㉯

071 다음 그림의 고장력 볼트 마찰이음에서 필요한 볼트 수는 몇 개인가? (단, 볼트는 M24(=ϕ24mm), F10T를 사용하며, 마찰이음의 허용력은 56kN이다.)

㉮ 5개
㉯ 6개
㉰ 7개
㉱ 8개

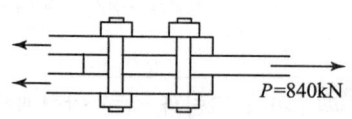
$P=840kN$

• 허용전단응력
$$v_a = \frac{허용력}{단면적} = \frac{56000}{\frac{\pi \times 24^2}{4}} = 124\,MPa$$

• 전단강도
$$\rho_s = v_a \times \frac{\pi d^2}{4} \times 2 = 124 \times \frac{\pi \times 24^2}{4} \times 2 = 112000\,MPa$$

∴ 리벳 수 $n = \frac{p}{\rho_s} = \frac{840000}{112000} ≒ 8개$

072 강도설계법에서 계수하중 U를 사용하여 구조물 설계시 안전을 도모하는 이유와 가장 거리가 먼 것은?

㉮ 구조해석 할 때의 가정으로 인한 것을 보완하기 위해
㉯ 하중의 변경에 대비하기 위하여
㉰ 활하중 작용시의 충격 흡수를 위해서
㉱ 예상하지 않은 초과 하중 때문에

• 강도설계법에서 사용하는 설계하중은 계수하중이다.
• 사용하중에 하중계수를 곱한 것을 계수하중이라 하며 하중계수를 곱하지 않은 고정하중 및 활하중을 사용하중이라 한다.
• 하중계수는 하중의 공칭치와 실제 하중과의 차이 등을 고려하기 위한 안전계수이다.

073 콘크리트 설계기준강도가 24MPa, 철근의 항복강도가 300MPa로 설계된 지간 5m인 단순지지 1방향 슬래브가 있다. 처짐을 계산하지 않는 경우의 최소 두께는?

㉮ 200mm ㉯ 215mm
㉰ 250mm ㉱ 500mm

• $f_y = 400\,MPa$의 철근은 사용한 1방향 슬래브의 최소 두께 단순지지 부재의 경우 : $l/20$

• $f_y = 400\,MPa$ 이외의 경우에는 추가로 $\left(0.43 + \frac{f_y}{700}\right)$을 곱한다.

∴ $\frac{l}{20}\left(0.43 + \frac{f_y}{700}\right) = \frac{500}{20}\left(0.43 + \frac{300}{700}\right) = 21.5\,cm = 215\,mm$

071. ㉱ 072. ㉰ 073. ㉯

074 폭이 400mm이고 유효깊이가 600mm인 철근콘크리트 직사각형 보에서 전단력과 휨모멘트만을 받는 경우 콘크리트가 받을 수 있는 전단강도 V_c는 얼마인가? (단, $f_{ck}=28$MPa, $f_y=400$MPa)

㉮ 143.4 kN
㉯ 158.3 kN
㉰ 199.7 kN
㉱ 211.7 kN

해설 $V_c = \dfrac{1}{6}\sqrt{f_{ck}}\,b_w d = \dfrac{1}{6}\sqrt{28} \times 400 \times 600 = 211660\,\text{N} = 211.7\,\text{kN}$

075 $b_w=300$mm, $d=500$mm인 단철근 직사각형보가 균형단면이 되기 위한 중립축의 위치 c는? (단, $f_y=300$MPa)

㉮ 312.5mm
㉯ 333.3mm
㉰ 345.0mm
㉱ 365.0mm

해설 $c = \dfrac{600}{600+f_y}\,d = \dfrac{600}{600+300} \times 500 = 333.3\,\text{mm}$

076 다음 그림과 같은 단철근 직사각형보의 최소 철근량은 얼마인가? (단, $f_{ck}=21$MPa, $f_y=300$MPa)

㉮ 600mm²
㉯ 687mm²
㉰ 770mm²
㉱ 840mm²

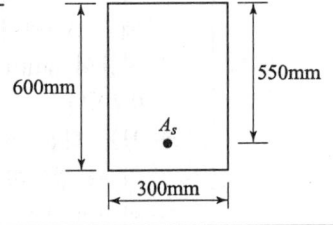

해설
- $A_{s\min} = \dfrac{1.4}{f_y}\,b_w d = \dfrac{1.4}{300} \times 300 \times 550 = 770\,\text{mm}^2$
- $A_{s\min} = \dfrac{0.25\sqrt{f_{ck}}}{f_y}\,b_w d = \dfrac{0.25 \times \sqrt{21}}{300} \times 300 \times 550 = 630\,\text{mm}^2$
- ∴ 큰 값인 770mm²이다.

077 콘크리트 설계기준압축강도 f_{ck}가 60MPa인 고강도 콘크리트의 최대응력사각형의 높이 a는? (단, 압축연단에서 중립축까지의 거리 c=450mm이다.)

㉮ 281.7mm
㉯ 292.5mm
㉰ 361.7mm
㉱ 382.5mm

해설
- $\beta_1 = 0.85 - 0.007(f_{ck}-28) \geq 0.65$
- $\beta_1 = 0.85 - 0.007(60-28) = 0.626$이나 위 기준에 따라 0.65이다.
- $a = \beta_1 \cdot c = 0.65 \times 450 = 292.5\,\text{mm}$

정답 074. ㉱ 075. ㉯ 076. ㉰ 077. ㉯

078 전단설계의 원칙에 대한 설명으로 틀린 것은?

㉮ 공칭전단강도에 강도감소계수를 곱한 값이 계수전단력보다 작게 설계하여야 한다.
㉯ 공칭전단강도는 콘크리트에 의한 공칭전단강도에 전단철근에 의한 공칭전단강도를 더한 값이다.
㉰ 콘크리트에 의한 공칭전단강도를 결정할 때, 구속된 부재에서 크리프와 건조수축으로 인한 축방향 인장력의 영향을 고려하여야 한다.
㉱ 콘크리트에 의한 전단강도를 결정할 때, 깊이가 일정하지 않은 부재의 경사진 휨압축력의 영향도 고려하여야 한다.

해설
- $V_u \le \phi V_n$
- $V_n = V_c + V_s$
- 공칭전단강도(V_n)를 결정할 때 부재에 개구부가 있는 경우에는 그 영향을 고려하여야 한다.

079 압축 이형철근의 정착에 대한 설명 중 옳지 않은 것은?

㉮ 정착길이는 기본정착길이에 적용 가능한 모든 보정계수를 곱하여 구하고 이때 구한 정착길이는 항상 200mm 이상이어야 한다.
㉯ 해석결과 요구되는 철근량을 초과하여 배치한 경우의 보정계수는 (소요 A_s/배근 A_s)이다.
㉰ 지름이 6mm 이상이고 나선간격이 100mm 이하인 나선철근의 보정계수는 0.7이다.
㉱ 서로 다른 크기의 철근을 압축부에서 겹침이음하는 경우, 이음길이는 크기가 큰 철근의 정착길이와 크기가 작은 철근의 겹침이음 길이 중 큰 값 이상이어야 한다.

해설 지름이 6mm 이상이고 나선간격이 100mm 이하인 나선철근의 보정계수는 0.75이다.

080 프리스트레스트 콘크리트 구조물 설계시 균열발생 전에 단면에 일어나는 응력해석의 방법으로 옳지 않은 것은?

㉮ 콘크리트와 PS강재 및 보강철근은 탄성체로 본다.
㉯ 단면의 변형은 중립축으로부터 거리에 반비례한다.
㉰ 콘크리트의 총 단면을 유효하다고 본다.
㉱ 긴장재를 부착시키기 전의 단면계산에서 덕트의 단면적을 공제한다.

해설 단면의 변형은 중립축으로부터 거리에 비례한다.

정답 078. ㉮ 079. ㉰ 080. ㉯

05 토/질/및/기/초

081 점토 광물 중에서 3층 구조로 구조결합 사이에 치환성 양이온이 있어서 활성이 크고, sheet 사이에 물이 들어가 팽창, 수축이 크고 공학정 안정성은 제일 약한 점토 광물은?

㉮ kaolinite ㉯ illite
㉰ montmorillonite ㉱ vermiculite

• Montmorillonite는 수축, 팽창이 커서 안정성이 제일 작다.
• Kaolinite는 수축, 팽창이 작아 안정성이 제일 높다.

082 흐트러진 흙을 자연 상태의 흙과 비교하였을 때 잘못된 설명은?

㉮ 투수성이 크다. ㉯ 간극이 크다.
㉰ 전단강도가 크다. ㉱ 압축성이 크다.

전단강도가 작다.

083 현장도로 토공에서 모래치환에 의한 흙의 단위무게 시험을 했다. 파낸 구멍의 부피가 1980cm³이었고 이 구멍에서 파낸 흙 무게가 3420g이었다. 이 흙의 토질 실험결과 함수비가 10%, 비중이 2.7, 최대 건조 단위무게가 1.65g/cm³이었을 때 이 현장의 다짐도는?

㉮ 약 85% ㉯ 약 87%
㉰ 약 91% ㉱ 약 95%

• $\gamma_t = \dfrac{W}{V} = \dfrac{3420}{1980} = 1.72 \text{ g/cm}^3$

• $\gamma_d = \dfrac{\gamma_t}{1+\dfrac{\omega}{100}} = \dfrac{1.72}{1+\dfrac{10}{100}} = 1.56 \text{ g/cm}^3$

• 다짐도 $= \dfrac{\gamma_d}{\gamma_{dmax}} \times 100 = \dfrac{1.56}{1.65} \times 100 ≒ 95\%$

084 현장에서 직접 연약한 점토의 전단강도를 측정하는 방법으로 흙이 전단될 때의 회전저항 모멘트를 측정하여 점토의 점착력(비배수 강도)을 측정하는 시험방법은?

㉮ 표준관입시험 ㉯ 더치콘(Dutch Cone)
㉰ 베인시험(Vane Test) ㉱ CBR Test

• $C = \dfrac{M_{\max}}{\pi D^2 \left(\dfrac{H}{2} + \dfrac{D}{6}\right)}$

• 예민비가 매우 큰 연약점토지반에 대해서 전단강도를 측정하는데 베인시험이 적합하다.

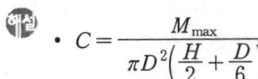

085 동해(凍害)의 정도는 흙의 종류에 따라 다르다. 다음 중 우리나라에서 가장 동해가 심한 것은?
㉮ silt
㉯ colloid
㉰ 점토
㉱ 굵은 모래

• 모관 상승고가 크고 투수성도 큰 실트질 흙이 가장 동해가 심하다.
• 토층의 동결은 지표면에서 아래쪽을 향하여 진행된다.
• 실트질, 물의 공급, 영하의 온도가 지속되어야 동상이 일어난다.
• 동상작용을 받은 흙은 동상작용을 받기 전의 흙에 비해 함수비가 증가한다.

086 어떤 유선망도에서 상하류면의 수두차가 4m, 등수두면의 수가 13개, 유로의 수가 7개일 때 단위폭 1m당 1일 침투수량은 얼마인가? (단, 투수층의 투수계수 $K = 2.0 \times 10^{-4}$ cm/sec)
㉮ 8.0×10^{-1} m³/day
㉯ 9.62×10^{-1} m³/day
㉰ 3.72×10^{-1} m³/day
㉱ 1.83×10^{-1} m³/day

$Q = k \cdot H \cdot \dfrac{N_f}{N_d} = 2 \times 10^{-4} \times \dfrac{1}{100} \times 4 \times \dfrac{7}{13} \times 1 = 4.3 \times 10^{-6}$ m³/sec
$= 4.3 \times 10^{-6} \times 60 \times 60 \times 24 = 3.72 \times 10^{-1}$ m³/day

087 비중 2.65, 간극률 50%인 경우에 quick sand 현상을 일으키는 한계 동수 경사는?
㉮ 0.325
㉯ 0.825
㉰ 0.512
㉱ 1.013

$i_c = \dfrac{\gamma_{sub}}{\gamma_w} = \dfrac{G_s - 1}{1 + e} = \dfrac{2.65 - 1}{1 + 1} = 0.825$
여기서, $e = \dfrac{n}{100 - n} = \dfrac{50}{100 - 50} = 1$

• 분사현상이 안 일어나는 조건
 $i < i_c$
 $1 < F$

088 두께 8m의 포화 점토층의 상하가 모래층으로 되어 있다. 이 점토층이 최종 침하량의 1/2의 침하를 일으킬 때까지 걸리는 시간은? (단, 압밀계수 $C_v = 6.4 \times 10^{-4}$ cm²/sec이다.)
㉮ 570일
㉯ 730일
㉰ 365일
㉱ 964일

085. ㉮ 086. ㉰ 087. ㉯ 088. ㉮

해설

$$C_v = \frac{T_v \cdot H^2}{t} = \frac{0.197\left(\frac{H}{2}\right)^2}{t_{50}}$$

$$\therefore t_{50} = \frac{0.197\left(\frac{H}{2}\right)^2}{C_v} = \frac{0.197 \times \left(\frac{800}{2}\right)^2}{6.4 \times 10^{-4}} = 49,250,000\text{초} \times \frac{1}{60 \times 60 \times 24} = 570\text{일}$$

여기서, 상하가 모래층이므로 $\frac{H}{2}$ 적용

089

그림에서 수두차 h가 최소 얼마 이상일 때 모래시료에 분사현상이 발생하겠는가? (단, 모래의 비중 $G_s=$ 2.7, 공극률 $n=50\%$, 모래시료 높이 15cm로 가정)

㉮ 12.75cm
㉯ 13.45cm
㉰ 14.30cm
㉱ 15.40cm

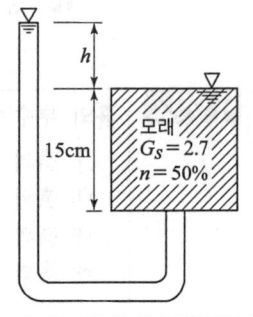

해설
- $e = \frac{n}{100-n} = \frac{50}{100-50} = 1$
- $i_c = \frac{G_s-1}{1+e} = \frac{2.7-1}{1+1} = 0.85$
- $i = \frac{h}{L} = \frac{h}{15}$
- $F = \frac{i_c}{i} = \frac{0.85}{\frac{h}{15}} = 1$

$\therefore h = 15 \times 0.85 = 12.75\text{cm}$

- 분사현상이 안 일어나는 조건
  $i < i_c$
  $1 < F$

090

말뚝 기초의 지지력에 관한 설명으로 틀린 것은?

㉮ 부의 마찰력은 아래 방향으로 작용한다.
㉯ 말뚝 선단부의 지지력과 말뚝 주변 마찰력의 합이 말뚝의 지지력이 된다.
㉰ 점성토 지반에는 동역학적 지지력 공식이 잘 맞는다.
㉱ 재하시험 결과를 이용하는 것이 신뢰도가 큰 편이다.

해설
- 사질토 지반에는 동역학적 지지력 공식이 잘 맞는다.
- 부마찰력이 생기면 말뚝의 지지력은 감소한다.
- 말뚝의 지지력을 추정하는 데는 말뚝재하시험이 가장 정확하다.
- 연약한 점토 지반에 대한 말뚝의 지지력은 항타 직후보다 시간이 경과함에 따라 증가한다.

해답 089. ㉮ 090. ㉰

2014년 5월 25일 시행

091 아래 그림에서 점토 중앙 단면에 작용하는 유효 응력은 얼마인가?

㉮ 1.25 t/m²
㉯ 2.37 t/m²
㉰ 3.25 t/m²
㉱ 4.07 t/m²

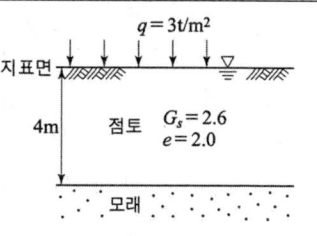

해설 $\overline{P} = q + \gamma_{sub} \cdot h = q + \dfrac{G_s-1}{1+e}\gamma_w \cdot h = 3 + \dfrac{2.6-1}{1+2.0} \times 1 \times 2 = 4.07\,\text{t/m}^2$

092 흙의 투수계수에 관한 설명으로 틀린 것은?

㉮ 흙의 투수계수는 흙 유효입경의 제곱에 비례한다.
㉯ 흙의 투수계수는 물의 점성계수에 비례한다.
㉰ 흙의 투수계수는 물의 단위중량에 비례한다.
㉱ 흙의 투수계수는 형상계수에 따라 변화한다.

해설
- $k = D_s^2 \dfrac{\gamma_w}{\mu} \dfrac{e^3}{1+e} c$
  즉, 흙의 투수계수는 물의 점성계수에 반비례한다.
- 수온이 상승하면 투수계수는 증가한다.
- $k = C \cdot D_{10}^2$
  즉, 조립토의 투수계수는 유효입경 제곱에 비례한다.

093 어떤 점토의 액성한계 값이 40%이다. 이 점토의 불교란상태의 압축지수 C_c를 Skempton 공식으로 구하면 얼마인가?

㉮ 0.27   ㉯ 0.29
㉰ 0.36   ㉱ 0.40

해설 $C_c = 0.009(w_L - 10) = 0.009(40-10) = 0.27$

094 아래 그림과 같은 옹벽에 작용하는 전주동토압을 구하면?

㉮ 9.32 t/m
㉯ 16.25 t/m
㉰ 18.64 t/m
㉱ 20.42 t/m

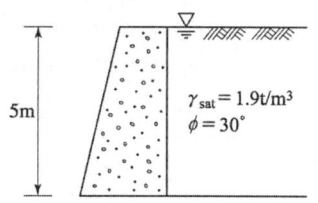

해설 $P_a = \dfrac{1}{2}\gamma_{sub}H^2 K_a + \dfrac{1}{2}\gamma_w H^2$
$= \dfrac{1}{2} \times 0.9 \times 5^2 \times \tan^2\left(45° - \dfrac{30°}{2}\right) + \dfrac{1}{2} \times 1 \times 5^2 = 16.25\,\text{t/m}$

정답 091. ㉱ 092. ㉯ 093. ㉮ 094. ㉯

095 직접전단시험에서 수직응력이 10kg/cm²일 때 전단저항이 5kg/cm²이었고, 수직응력을 20kg/cm²로 증가하였더니 전단저항이 7kg/cm²이었다. 이 흙의 점착력 값은?

㉮ 2 kg/cm²   ㉯ 3 kg/cm²
㉰ 5 kg/cm²   ㉱ 7 kg/cm²

해설
$5 = C + 10\tan\phi$ ········· ①
$7 = C + 20\tan\phi$ ········· ②
①×2
$\quad 10 = 2C + 20\tan\phi$
$-\;\; 7 = C + 20\tan\phi$
$\quad\quad 3 = C$
∴ $C = 3 \text{kg/cm}^2$

096 다짐에 관한 다음 사항 중 옳지 않은 것은?
㉮ 최대 건조단위중량은 사질토에서 크고 점성토일수록 작다.
㉯ 다짐에너지가 클수록 최적함수비는 커진다.
㉰ 양입도에서는 빈입도보다 최대 건조단위중량이 크다.
㉱ 다짐에 영향을 주는 것은 토질, 함수비, 다짐방법 및 에너지 등이다.

해설 다짐에너지가 클수록 최적함수비는 작아진다.

097 점착력이 0.4kg/cm², 내부마찰각이 35°, 습윤단위무게가 2.1t/m³이다. 이 지반을 연직으로 7m 굴착하였을 때 연직사면의 안전율은?
㉮ 1.5   ㉯ 2.1
㉰ 2.5   ㉱ 3.0

해설
• $H_c = \dfrac{4C}{\gamma}\tan\left(45° + \dfrac{\phi}{2}\right) = \dfrac{4\times 4}{2.1}\tan\left(45° + \dfrac{35°}{2}\right) = 14.6\text{m}$
여기서, 점착력 0.4 kg/cm² = 4 t/m²
• $F = \dfrac{H_c}{H} = \dfrac{14.6}{7} = 2.1$

098 다음 중 흙의 전단강도를 감소시키는 요인과 관계가 없는 것은?
㉮ 함수비의 감소에 따른 흙의 단위중량의 감소
㉯ 공극수압의 증대
㉰ 수축, 팽창 등에 의한 미세한 균열
㉱ 수분 증가로 인해 점토의 팽창

해설
• 함수비의 감소에 따른 흙의 단위중량의 감소는 전단강도가 증가시킨다.
• 흙의 다짐이 불충분할 경우 또는 수분의 증가에 따라 점토가 팽창하는 경우에도 전단강도가 감소된다.

해답 095. ㉯ 096. ㉯ 097. ㉯ 098. ㉮

099 직경이 60mm, 높이 20mm인 점토시료의 습윤중량이 300g, 건조로에서 건조시킨 후의 중량이 250g이었다. 이 흙의 함수비는?

㉮ 15% ㉯ 20%
㉰ 25% ㉱ 35%

해설) $\omega = \dfrac{W_w}{W_s} \times 100 = \dfrac{300-250}{250} \times 100 = 20\%$

100 지반의 전단파괴 형태에 속하지 않는 것은?

㉮ 전반 전단파괴 ㉯ 국부 전단파괴
㉰ 관입 전단파괴 ㉱ 극한 전단파괴

해설) 지반의 전단파괴 종류에는 전반 전단파괴, 국부 전단파괴, 관입 전단파괴가 있다.

06 상/하/수/도/공/학

101 활성슬러지 공정의 2차 침전지를 설계하는데 다음과 같은 기준을 사용하였다. 이 침전지의 수리학적 체류시간은? (단, 유입수량=5000m³/day, 표면부하율=30m³/m²day, 수심 3.5m)

㉮ 2.8시간 ㉯ 3.5시간
㉰ 4.3시간 ㉱ 5.2시간

해설) $t = \dfrac{H}{\text{표면 부하율}} = \dfrac{3.5}{30} = 0.117 \text{ day} = 0.117 \times 24 = 2.8$시간

102 상수의 소독방법 중 염소살균과 오존살균의 장·단점을 잘못 설명한 것은?

㉮ 염소살균은 발암물질인 트리할로메탄(THM)을 생성시킬 가능성이 있다.
㉯ 오존살균은 염소살균에 비하여 잔류성이 약하다.
㉰ 오존의 살균력은 염소보다 우수하다.
㉱ 오존살균은 염소살균에 비해 경제적이다.

해설)
• 오존살균은 잔류효과(잔류성)가 약하기 때문에 염소살균에 비해 비경제적이다.
• 오존살균은 물의 이상한 맛, 냄새, 색을 효과적으로 감소시키며 살균력이 강해 살균 속도가 크다.
• 오존살균은 소독의 과정 및 그 후에 취기물질이 더 이상 발생하지 않는다.

정답) 099.㉯ 100.㉱ 101.㉮ 102.㉱

103 우수조정지 설치에 대한 설명으로 옳지 않은 것은?
- ㉮ 합류식 하수도에만 설치한다.
- ㉯ 하수관거의 용량이 부족한 곳에 설치한다.
- ㉰ 방류하천의 유하능력을 고려하여야 한다.
- ㉱ 우천시 우수를 저장하여 침수방지효과가 있다.

  • 합류식과 분류식이 하수관로에 이용된다.
  • 우수의 방류방식은 자연유하를 원칙으로 한다.
  • 우수 조정지는 댐식, 굴착식, 지하식 등이 있다.

104 다음 중 부영양화(Eutrophication)의 주된 원인 물질은?
- ㉮ 질소 및 인
- ㉯ 탄소 및 유황
- ㉰ 중금속
- ㉱ 염소 및 질산화물

  부영양화 현상이란
  가정하수, 공장폐수 등이 하수 또는 저수지 등에 유입하여 질소(N), 인(P) 등 각종 영양물질의 농도가 높으며 조류가 크게 증식되어 COD가 증가되고 호소 바닥부분의 심층수는 용존산소가 줄어든다.

105 수원의 종류별 구분할 때 지표수에 해당하지 않는 것은?
- ㉮ 용천수
- ㉯ 하천수
- ㉰ 호소수
- ㉱ 저수지수

  지하에서 물이 흐르는 층을 따라 이동하던 지하수가 암석이나 지층의 틈을 통해 지표면으로 솟아나오는 물을 용천수라 한다.

106 관로의 도중에 설치하여 관로의 수압을 조절하는 설비로 계획 도수량의 1.5분 이상의 용량을 가져야 하는 것은?
- ㉮ 양수정
- ㉯ 접합정
- ㉰ 수로교
- ㉱ 흡입정

  • 종류가 다른 관 또는 도랑의 연결부, 관 또는 도랑의 굴곡부 또는 관로의 수두를 감쇄하기 위하여 도중에 설치하는 시설을 접합정이라 한다.
  • 접합정은 관로의 분기점, 동수경사의 조정이 필요한 곳, 정수압의 조정이 필요한 곳은 반드시 설치되어야 한다.

107 다음 관거별 계획하수량을 결정할 때 고려하여야 할 사항으로 틀린 것은?
- ㉮ 오수관거는 계획시간 최대우수량으로 한다.
- ㉯ 우수관거는 계획우수량으로 한다.
- ㉰ 합류식 관거는 계획1일 최대오수량에 계획우수량을 합한 것으로 한다.
- ㉱ 차집관거는 우천시 계획오수량으로 한다.

103. ㉮ 104. ㉮ 105. ㉮ 106. ㉯ 107. ㉰

해설 합리식의 계획하수량

하수 시설	하수량
관거	계획 시간 최대 오수량+계획 우수량
차집관거, 펌프장	계획 시간 최대 오수량×3 이상
처리장의 최초 침전지까지의 계통	계획 시간 최대 오수량×3 이상
소독시설의 부대설비	계획 시간 최대 오수량×3 이상
기타 처리장 시설	계획 1일 최대 오수량

108 취수구를 상하에 설치하여 수위에 따라 좋은 수질을 선택, 취수할 수 있으며, 수심이 일정 이상 되는 지점에 설치하면 연간 안정적인 취수가 가능한 시설은?
㉮ 취수언제 ㉯ 취수탑
㉰ 취수문 ㉱ 취수관거

해설 취수탑
① 연간 수위 변화가 큰 지점에서 사용된다.
② 취수구 전면에는 스크린을 설치한다.
③ 최소 수심이 갈수기에도 2m 이상은 확보되어야 한다.
④ 토사 유입의 가능성이 큰 하천에서는 유입속도를 15~30cm/s 정도로 한다.

109 배수관망 계산시 Hardy cross법을 사용하는 데 바탕이 되는 가정 사항이 아닌 것은?
㉮ 각 폐합 관로 내에서의 손실수두 합은 0(zero)이다.
㉯ 관의 교차점에서의 수압은 관의 지름에 비례한다.
㉰ 관의 교차점에서의 유량은 정지하지 않고 모두 유출된다.
㉱ 마찰 이외의 손실은 고려하지 않는다.

해설
• 관망 계산은 각 관로의 유량과 손실수두의 관계로부터 해석한다.
• 다수의 분기관과 합류관으로 혼합되어 하나의 관계통으로 연결된 관로를 관망이라 한다.
• 관망 내 모든 교차점에서는 연속방정식을 만족해야 한다.
• 두 교차점의 압력강하량은 항상 일정하다.
• Hazen-Williams 공식에 의해서 반복조사 계산법으로 관망의 유량을 설계, 해석한다.
• 관의 교차점에서의 수압은 관의 지름에 반비례한다.

110 분류식 하수배제 방식에 대한 설명으로 옳지 않은 것은?
㉮ 강우시의 오수 처리에 유리하다.
㉯ 합류식보다 관거의 부설비가 많이 소요된다.
㉰ 분류식은 오수관과 우수관을 별도로 설치한다.
㉱ 합류식보다 우수처리비용이 많이 소요된다.

해설
• 분류식은 초기에 관을 오수 및 우수관거로 매설해야 하므로 합류식보다 부설 비용이 많이 들지만 시공 후 오수의 처리비용은 적게 든다.
• 분류식은 오수를 모두 처리하므로 하천을 오염시킬 염려가 없다.
• 합류식은 관거내 퇴적물을 세척수로 세류시킬 때 분류식보다 유리하다.
• 합류식은 저지대에서 하수를 펌프로 배제할 경우 분류식보다 유리하다.

111 급수인구 추정법에서 등비급수법에 해당되는 식은? (단, P_n : n년 후 추정 인구, P_0 : 현재 인구, n : 경과년수, a, b : 상수, k : 포화인구, r : 연평균증가율)

㉮ $P_n = P_0 + r n^a$ ㉯ $P_n = P_0(1+r)^n$
㉰ $P_n = P_0 + nr$ ㉱ $P_n = \dfrac{k}{1+e^{(a-b^n)}}$

해설
- 등차급수법
  $P_n = P_o + nr$
- Logistic Curve법
  $P_n = \dfrac{K}{1+e^{(a-bn)}}$

112 용존산소에 대한 설명 중 옳지 않은 것은?

㉮ 오염된 물은 용존산소량이 적다.
㉯ BOD가 큰 물은 용존산소도 많다.
㉰ 용존산소량이 적은 물은 혐기성 분해가 일어나기 쉽다.
㉱ 용존산소가 극히 적은 물은 어류의 생존에 적합하지 않다.

해설
- BOD가 높은 물은 오염되어 용존산소(DO)가 낮다.
- 하천의 용존산소를 높이기 위해서는 하천의 유량 증가, 수중 폭기시설 설치, 하천의 유속 증대, 하상의 퇴적물 준설, 비점원 오염원의 감소 등을 조치한다.

113 배수면적 0.05km², 우수관 길이 580m, 유출계수 $C=0.6$, 재현기간 5년에 대한 강우강도식이 $I=220/t^{0.42}$ mm/hr일 때 이 우수관 하단에서의 첨두(peak) 유량은? (단, 합리식을 이용하고, 우수관 내의 유속은 1.2m/sec, 유입시간은 7분, 강우지속시간과 유달시간은 같은 것으로 한다.)

㉮ 0.508m³/sec ㉯ 0.538m³/sec
㉰ 0.588m³/sec ㉱ 0.766m³/sec

해설
- 유달시간(t)
  유입시간+유하시간 $= t_1 + \dfrac{L}{V} = 7 + \dfrac{580}{1.2 \times 60} = 15$분
- 강우강도
  $I = \dfrac{220}{t^{0.42}} = \dfrac{220}{15^{0.42}} = 70.54$ mm/hr
- $Q = \dfrac{1}{3.6} CIA = \dfrac{1}{3.6} \times 0.6 \times 70.54 \times 0.05 = 0.588$ m³/sec

114 유량이 0.1m³/sec의 물을 30m 높이로 양수하려고 한다. 관로의 마찰에 의한 손실수두가 5m, 그 밖의 양수시 발생되는 손실수두가 3m라면 이 펌프에 필요한 축동력은? (단, 펌프의 효율은 85%이다.)

㉮ 43.8 kW ㉯ 59.6 kW
㉰ 65.4 kW ㉱ 70.3 kW

해설 $P_s = \dfrac{9.8Q(H+h_f)}{\eta} = \dfrac{9.8 \times 0.1(30+8)}{0.85} = 43.8\,\text{kW}$

115 펌프에 관한 설명으로 틀린 것은?

㉮ 일반적으로 용량이 클수록 효율은 떨어진다.
㉯ 흡입구경은 유량과 흡입구의 유속에 의해 결정된다.
㉰ 토출구경은 흡입구경, 전양정, 비교회전도 등을 고려하여 정한다.
㉱ 침수 우려가 있는 곳에는 입축형 또는 수중형을 설치한다.

해설 • 펌프는 용량이 클수록 효율이 높으므로 가능한 대용량의 것으로 하는 것이 좋다.
• 펌프 흡입구의 유속은 1.5~3.0m/sec가 표준이다.
• 전양정을 크게 취할수록 관로의 동수경사는 급하게 된다.
• 전양정은 펌프의 중심고로부터 상하로 나누어 흡입수두와 토출수두로 구분한다.

116 깊이 3m, 표면적 500m²인 어떤 침전지에서 1,000m³/h의 유량이 유입된다. 독립침전임을 가정할 때 100% 제거할 수 있는 입자의 최소 침강속도는?

㉮ 0.5m/h ㉯ 1.0m/h
㉰ 2.0m/h ㉱ 2.5m/h

해설 $V = \dfrac{Q}{A} = \dfrac{1000}{500} = 2.0\,\text{m/hr}$

117 관거의 접합방법 중에서 유수(流水)는 원활하지만 관거의 매설깊이가 증가하여 공사비가 많이 들고, 펌프 배수하는 지역에서는 양정이 높게 되는 단점이 있는 것은?

㉮ 수면 접합 ㉯ 관저 접합
㉰ 관중심 접합 ㉱ 관정 접합

해설 • 관정 접합으로 관거의 접합에서 관경이 변화하는 경우 관거의 내면 상단부를 동일 높이로 맞추어서 접속한다.
• 관저 접합은 관의 내면 하부를 일치시키는 방법이다.
• 관정 접합은 수위차가 크고 자세가 급한 곳에 적합하며 토공량이 많아지는 단점이 있다.
• 관저 접합은 하수관거의 접합방법 중 수리학적으로 가장 좋지 않은 방법이다.

정답 114. ㉮ 115. ㉮ 116. ㉰ 117. ㉱

118 하수 슬러지의 탈수성을 개선하기 위한 슬러지 개량 방법으로 이용되지 않는 것은?
㉮ 오존처리 ㉯ 세정
㉰ 열처리 ㉱ 약품첨가

해설
• 오존 처리
상수의 정수처리법으로 잔류성이 약해 염소 살균에 비해 비경제적이다.

119 하수의 소독방법을 선정할 때 고려할 사항으로 옳지 않은 것은?
㉮ 오존 소독방법은 잔여오존처리 및 경제성을 고려한다.
㉯ 자외선 소독방법은 처리시설용량에 따른 시설비 및 유지관리비를 고려한다.
㉰ 염소계 소독방법 이외의 방법은 THM문제를 해결할 대책을 고려한다.
㉱ 방류수역의 이수특성, 경제성, 효율성을 검토하여 소독방법을 선정한다.

해설
• 오존 처리
염소계 소독방법은 THM문제의 해결을 위한 대책을 고려한다.

120 침전지의 침전효율을 증대시키기 위한 사항으로 옳지 않은 것은?
㉮ 침전지의 길이에 비하여 폭을 좁게 한다.
㉯ 침전지의 표면적을 크게 한다.
㉰ 유입부에 정류벽을 설치한다.
㉱ 침전지 내의 유속을 빠르게 한다.

해설 침전지 내의 유속을 적게(늦게) 한다.

해답 118. ㉮ 119. ㉰ 120. ㉱

03 토목산업기사

응용역학 / 측량학 / 수리학 / 철근콘크리트 및 강구조 / 토질 및 기초 / 상하수도공학

[2014년 9월 20일 시행]

알려드립니다

한국산업인력공단의 저작권법 저촉에 대한 언급(2013년 2회 시험)이 있어 과거에 출제된 동일한 문제나 그 유형의 문제로 재구성하였습니다.

01 응/용/역/학

001 단면이 원형(지름 D)인 보에 휨모멘트 M이 작용할 때 이 보에 작용하는 최대 휨응력은?

㉮ $\dfrac{12M}{\pi D^3}$ ㉯ $\dfrac{16M}{\pi D^3}$

㉰ $\dfrac{32M}{\pi D^3}$ ㉱ $\dfrac{38M}{\pi D^3}$

해설
- $Z = \dfrac{\pi D^3}{32}$
- $\sigma = \dfrac{M}{I} y = \dfrac{M}{Z} = \dfrac{32M}{\pi D^3}$

002 다음 중 부정정 구조물의 해법으로 틀린 것은?

㉮ 3연 모멘트정리 ㉯ 처짐각법
㉰ 변위일치의 방법 ㉱ 모멘트 면적법

해설 부정정 구조물의 해법
- 응력법 : 변위일치법, 3연 모멘트법, 최소일법, 가상일법
- 변위법 : 처짐각법, 모멘트 분배법

003 30cm×50cm인 단면의 보에 9t의 전단력이 작용할 때 이 단면에 일어나는 최대 전단응력은 몇 kg/cm²인가?

㉮ 4 ㉯ 6
㉰ 8 ㉱ 9

해설
- $\tau_{max} = \dfrac{3}{2} \cdot \dfrac{S}{A} = \dfrac{3}{2} \cdot \dfrac{9000}{30 \times 50} = 9\,\text{kg/cm}^2$
- 원형단면의 경우
  $\tau_{max} = \dfrac{4}{3} \cdot \dfrac{S}{A}$

해답 001. ㉰ 002. ㉱ 003. ㉱

004 다음 그림과 같이 양단이 고정된 강봉이 상온에서 20°C 만큼 온도가 상승했다면 강봉에 작용하는 압축력의 크기는? [단, 강봉의 단면적 $A=50\text{cm}^2$, $E=2.0\times10^6$ kg/cm^2, 열팽창계수 $\alpha=1.0\times10^{-5}$(1°C에 대해서)이다.]

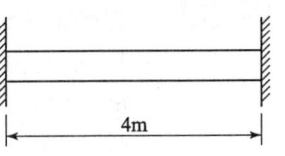

㉮ 10t ㉯ 15t
㉰ 20t ㉱ 25t

- $E = \dfrac{\sigma}{\varepsilon}$
- $\sigma = E \cdot \varepsilon = E \cdot \alpha \cdot \varDelta t$
  $\dfrac{D}{A} = E \cdot \alpha \cdot \varDelta t$
  ∴ $P = A \cdot E \cdot \alpha \cdot \varDelta t = 50 \times 2 \times 10^6 \times 10^{-5} \times 20 = 20,000\,\text{kgf} = 20\,\text{tonf}$

005 직경 20mm, 길이 2m인 봉에 20t의 인장력을 작용시켰더니 길이가 2.08m, 직경이 19.8mm로 되었다면 푸아송비는 얼마인가?

㉮ 0.5 ㉯ 2
㉰ 0.25 ㉱ 4

- $\nu = \dfrac{\beta}{\varepsilon} = \dfrac{\dfrac{\varDelta d}{d}}{\dfrac{\varDelta l}{l}} = \dfrac{\varDelta d \cdot l}{d \cdot \varDelta l} = \dfrac{0.02 \times 200}{2 \times 8} = 0.25$
- $E = \dfrac{\sigma}{\varepsilon} = \dfrac{P \cdot l}{A \cdot \varDelta l}$
- $G = \dfrac{E}{2(1+\nu)}$
- 푸아송수 $m = \dfrac{1}{\nu} = \dfrac{\varepsilon}{\beta}$

006 그림과 같은 구조물에서 부재 AC가 받는 힘의 크기는?

㉮ 6t
㉯ 5t
㉰ 4t
㉱ 3t

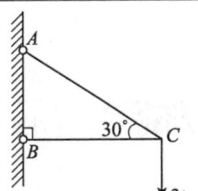

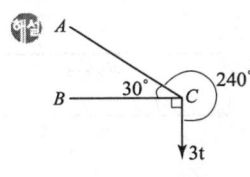

$\dfrac{3}{\sin 30°} = \dfrac{AC}{\sin 90°}$

∴ $AC = 6\text{t}$

해답 004. ㉰ 005. ㉰ 006. ㉮

007

단면적이 10cm²인 강봉이 그림과 같은 힘을 받을 때 이 강봉이 늘어난 길이는?
(단, $E = 2.0 \times 10^6 \text{kg/cm}^2$)

㉮ 0.05cm
㉯ 0.04cm
㉰ 0.03cm
㉱ 0.02cm

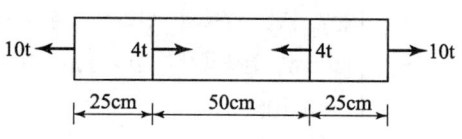

해설

$$\Delta l = \frac{Pl}{EA}$$

$$\Delta l = \frac{1}{EA}(P_1 l_1 + P_2 l_2 + P_3 l_3) = \frac{1}{2.0 \times 10^6 \times 10}(10000 \times 25 + 6000 \times 50 + 10000 \times 25)$$
$$= 0.04 \text{ cm}$$

008

다음의 2경간 연속보에서 지점 A에서의 수직 반력은 얼마인가?

㉮ $\dfrac{5\omega l}{16}$ ㉯ $\dfrac{3\omega l}{8}$

㉰ $\dfrac{5\omega l}{8}$ ㉱ $\dfrac{3\omega l}{16}$

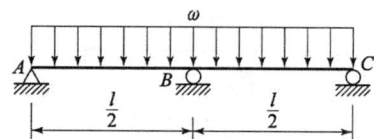

해설

- $V_A = \dfrac{3\omega l}{8} = \dfrac{3\omega\left(\dfrac{l}{2}\right)}{8} = \dfrac{3\omega l}{16}$

- $V_B = \dfrac{5\omega l}{4} = \dfrac{5\omega\left(\dfrac{l}{2}\right)}{4} = \dfrac{5\omega l}{8}$

- $M_B = -\dfrac{\omega l^2}{8} = -\dfrac{\omega\left(\dfrac{l}{2}\right)^2}{8} = -\dfrac{\omega l^2}{32}$

009

그림과 같은 내민보의 자유단 A점에서의 처짐 δ_A는 얼마인가? (단, EI는 일정하다.)

㉮ $\dfrac{3Ml^2}{4EI}$ (↑)

㉯ $\dfrac{3Ml}{4EI}$ (↑)

㉰ $\dfrac{5Ml^2}{6EI}$ (↑)

㉱ $\dfrac{5Ml}{6EI}$ (↑)

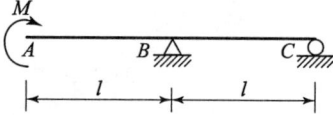

정답 007. ㉯ 008. ㉱ 009. ㉮

- $V_B = \frac{1}{2} \times M \times l \times \frac{2}{3} = \frac{Ml}{3}$
- $M_{A'} = \frac{Ml}{3} \times l + M \times l \times \frac{l}{2}$

  $= \frac{Ml^2}{3} + \frac{Ml^2}{2} = \frac{5Ml^2}{6}$

$\therefore y_A = \frac{M_{A'}}{EI} = \frac{5Ml^2}{6EI}$

010
그림과 같은 라멘에서 A점의 휨모멘트 반력은?

㉮ $-9.5\,t\cdot m$
㉯ $-12.5\,t\cdot m$
㉰ $-14.5\,t\cdot m$
㉱ $-16.5\,t\cdot m$

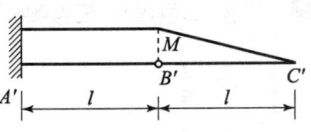

$M_A = 2.5 \times 3 - 3 \times 4 \times 2 = -16.5\,t\cdot m$

011
다음 중 힘의 3요소가 아닌 것은?

㉮ 크기 ㉯ 방향
㉰ 작용점 ㉱ 모멘트

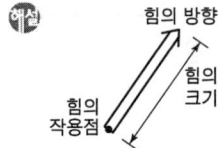

012
단면의 성질에 대한 다음 설명 중 잘못된 것은?

㉮ 단면2차 모멘트의 값은 항상 "0"보다 크다.
㉯ 단면2차 극모멘트의 값은 항상 극을 원점으로 하는 두 직교좌표축에 대한 단면2차 모멘트의 합과 같다.
㉰ 단면1차 모멘트의 값은 항상 "0"보다 크다.
㉱ 단면의 주축에 관한 단면 상승 모멘트의 값은 항상 "0"이다.

- 단면1차 모멘트가 0인 점을 단면의 도심이라 하며 도심은 그 단면의 면적 중심이 된다.
- 단면2차 반경의 제곱에 단면적을 곱하면 단면2차 모멘트이다.
- 도심에서의 단면1차 모멘트는 항상 0이다.

010. ㉱ 011. ㉱ 012. ㉰

013 다음 그림에서 도심에서의 핵거리 k_o는?

㉮ $\dfrac{r}{4}$

㉯ $\dfrac{r}{8}$

㉰ $\dfrac{r}{12}$

㉱ $\dfrac{r}{24}$

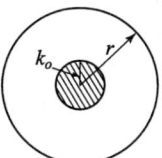

• 핵거리(반경) $= \dfrac{Z}{A} = \dfrac{\frac{\pi D^3}{32}}{\frac{\pi D^2}{4}} = \dfrac{D}{8} = \dfrac{2r}{8} = \dfrac{r}{4}$

• 핵지름 $= \dfrac{r}{4} \times 2 = \dfrac{r}{2}$

014 그림과 같은 단순보에서 최대 휨모멘트가 발생하는 위치는? (단, A점으로부터의 거리 x로 나타낸다.)

㉮ $x = 6\,\mathrm{m}$

㉯ $x = 7\,\mathrm{m}$

㉰ $x = 8\,\mathrm{m}$

㉱ $x = 9\,\mathrm{m}$

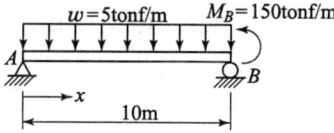

• $\Sigma M_B = 0$

$R_A \times l - wl \times \dfrac{l}{2} - M_B = 0$

$R_A \times 10 - 5 \times 10 \times \dfrac{10}{2} - 150 = 0$

∴ $R_A = \dfrac{1}{10}(5 \times 10 \times \dfrac{10}{2} + 150) = 40\,\mathrm{t}$

∴ 전단응력이 0인 지점이 최대 휨모멘트가 생긴다. (즉, $S_x = 0$인 곳)

• $S_x = R_A - w \cdot x = 0$ $40 - 5 \cdot x = 0$

∴ $x = \dfrac{40}{5} = 8\,\mathrm{m}$

015 그림의 라멘에서 수평반력 H를 구한 값은?

㉮ 9.0t

㉯ 4.5t

㉰ 3.0t

㉱ 2.25t

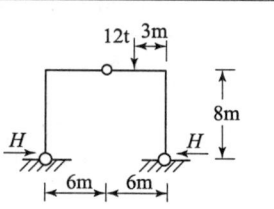

• $\Sigma M_B = 0$

$R_A \times 12 - 12 \times 3 = 0$

해답 013. ㉮ 014. ㉰ 015. ㉱

∴ $R_A = 3\,t$
- $M_c = 0$
  $3 \times 6 - H_A \times 8 = 0$
  ∴ $H_A = 2.25\,t$

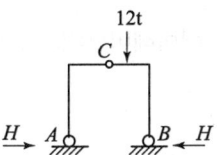

016 트러스 해석시 가정을 설명한 것 중 틀린 것은?
㉮ 부재들은 양단에서 마찰이 없는 핀으로 연결되어진다.
㉯ 하중과 반력은 모두 트러스의 격점에만 작용한다.
㉰ 부재의 도심축은 직선이며 연결핀의 중심을 지난다.
㉱ 하중으로 인한 트러스의 변형을 고려하여 부재력을 산출한다.

- 부재들은 마찰이 없는 힌지로 연결되어 있다.
- 부재 양단의 힌지 중심을 연결한 직선은 부재축과 일치한다.
- 모든 외력은 절점에 집중하중으로 작용한다.
- 외력의 작용선은 트러스와 동일 평면 내에 있다.
- 각 부재는 축방향력만 작용하고 전단력이나 휨모멘트는 생기지 않는다.
- 트러스는 해석시 변형을 고려하지 않는다.

017 단면 2차 모멘트가 I이고 길이가 l인 균일한 단면의 직선상(直線狀)의 기둥이 있다. 그 양단이 고정되어 있을 때 오일러(Euler) 좌굴하중은? [단, 이 기둥의 영(young)계수는 E이다.]

㉮ $\dfrac{4\pi^2 EI}{l^2}$ ㉯ $\dfrac{\pi^2 EI}{(0.7l)^2}$

㉰ $\dfrac{\pi^2 EI}{l^2}$ ㉱ $\dfrac{\pi^2 EI}{4l^2}$

- 좌굴하중 $P = \dfrac{n\pi^2 EI}{l^2}$
  여기서, 양단고정이므로 $n = 4$

018 단순보에 하중이 작용할 때 다음 설명으로 틀린 것은?
㉮ 중앙에 집중하중이 작용하면 양 지점에서의 처짐각이 최대가 된다.
㉯ 중앙에 집중하중이 작용하면 중앙점에서 최대처짐이 발생한다.
㉰ 등분포 하중이 만재한 경우 중앙점의 처짐각이 최대가 된다.
㉱ 등분포 하중이 만재한 경우 최대처짐은 중앙점에서 발생한다.

- 등분포 하중이 만재한 경우 중앙점의 처짐각은 0이다.

016. ㉱ 017. ㉮ 018. ㉰

019 그림과 같은 캔틸레버보에서 B점의 처짐은? (단, EI는 일정하다.)

㉮ $\dfrac{100t \cdot m^3}{EI}$

㉯ $\dfrac{116t \cdot m^3}{EI}$

㉰ $\dfrac{216t \cdot m^3}{EI}$

㉱ $\dfrac{316t \cdot m^3}{EI}$

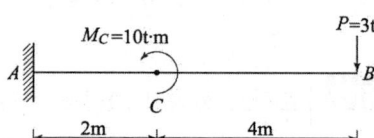

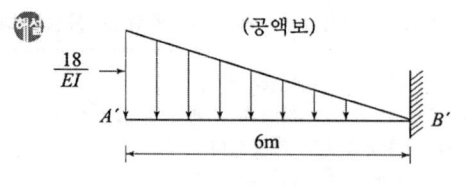

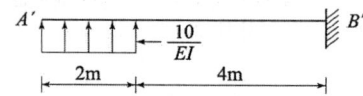

$y_B = M_B = \dfrac{1}{2} \times \dfrac{18}{EI} \times 6 \times \left(\dfrac{2}{3} \times 6\right) - \dfrac{10}{EI} \times 2 \times (1+4) = \dfrac{116t \cdot m^3}{EI}$

020 그림과 같은 포물선 단면의 도심거리 x를 구한 값으로 옳은 것은?

㉮ 50cm
㉯ 40cm
㉰ 30cm
㉱ 20cm

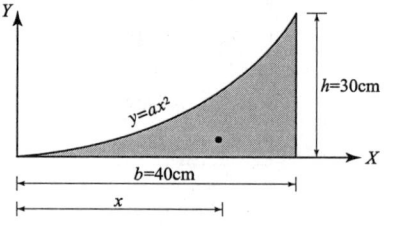

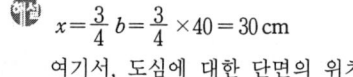

$x = \dfrac{3}{4}b = \dfrac{3}{4} \times 40 = 30\,cm$

여기서, 도심에 대한 단면의 위치

019. ㉯ 020. ㉰

02 측/량/학

021 다음은 트래버스 측량의 특징을 서술한 것이다. 이에 해당되지 않는 것은?
㉮ 복잡한 시가지나 지형의 기복이 심해 시준이 어려운 지역의 측량에 적합하다.
㉯ 도로, 수로, 철도와 같이 폭이 좁고 긴 지역의 측량에 편리하다.
㉰ 국가평면기준점 결정에 이용되는 측량방법이다.
㉱ 거리와 각을 관측하여 도식해법에 의하여 모든 점의 위치를 결정할 때 편리하다.

해설 국가평면기준점 결정에 이용되는 측량방법은 정도가 높은 삼각측량으로 한다.

022 항공사진측량의 특성을 설명한 내용 중 잘못된 것은?
㉮ 정량적 및 정성적 관측을 할 수 있다.
㉯ 정확도가 균일하다.
㉰ 움직이는 물체의 측정이 불가능한 단점이 있다.
㉱ 축척변경이 용이하다.

해설 • 사진측량은 움직이는 물체의 측정이 가능하다.
• 사진측량은 기상조건에 의해 크게 좌우되지 않는다.

023 기선의 길이 500m를 측정한 지반의 평균표고가 18.5m이었다면 기선을 평균해면 상의 길이로 환산할 때 보정량은? (단, 지구의 곡률반경은 6370km이다.)
㉮ +0.35cm ㉯ −0.35cm
㉰ +0.15cm ㉱ −0.15cm

해설 $C_h = -\dfrac{Lh}{R} = \dfrac{500 \times 18.5}{6370000} = 0.00145\,\text{m} ≒ -0.15\,\text{cm}$

024 비행고도가 2100m이고 사진(Ⅰ)의 주점기선장이 74mm, 사진(Ⅱ)의 주점기선장이 76mm일 때, 시차차가 1.8mm인 구조물의 높이는?
㉮ 20.5m ㉯ 34.7m
㉰ 50.4m ㉱ 72.5m

해설 $\dfrac{d_P}{b} = \dfrac{h}{H}$, $\dfrac{1.8}{\frac{74+76}{2}} = \dfrac{h}{2100}$ ∴ $h = \dfrac{1.8 \times 2100}{75} = 50.4\,\text{m}$

정답 021. ㉰ 022. ㉰ 023. ㉱ 024. ㉰

2014년 9월 20일 시행

[025] 그림과 같은 사각형의 면적은?

㉮ 246.5m²
㉯ 268.4m²
㉰ 275.2m²
㉱ 288.9m²

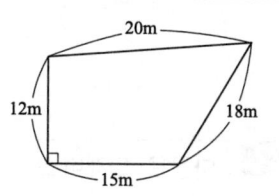

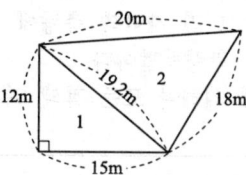 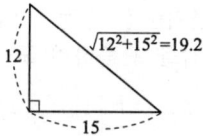

삼각형의 세 변을 이용한 삼변법으로 면적을 계산한다.

$S = \frac{1}{2}(a+b+c)$
$A = \sqrt{S(S-a)(S-b)(S-c)}$
$S_1 = \frac{1}{2}(12+15+19.2) = 23.1\,\text{m}$
$A_1 = \sqrt{23.1(23.1-12)(23.1-15)(23.1-19.2)} = 90\,\text{m}^2$
$S_2 = \frac{1}{2}(20+19.2+18) = 28.6\,\text{m}$
$A_2 = \sqrt{28.6(28.6-20)(28.6-19.2)(28.6-18)} = 156.5\,\text{m}^2$
$\therefore A = A_1 + A_2 = 90 + 156.5 = 246.5\,\text{m}^2$

[026] 매개변수 $A = 100$m인 클로소이드 곡선길이 $L = 50$m에 대한 반지름은?

㉮ 20m ㉯ 150m
㉰ 200m ㉱ 500m

$A^2 = R \cdot L$ $\therefore R = \frac{A^2}{L} = \frac{100^2}{50} = 200\,\text{m}$

[027] 교호수준측량을 하여 그림과 같은 결과를 얻었을 때 B점의 표고는? (단, A점의 표고는 100.0m임.)

㉮ 99.35m
㉯ 100.63m
㉰ 100.65m
㉱ 100.67m

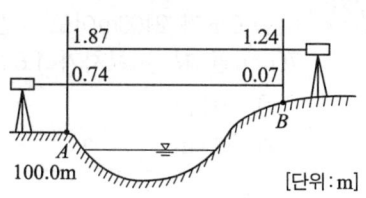

• 높이 차
$\frac{(1.87-1.24)+(0.74-0.07)}{2} = 0.65\,\text{m}$

• H_B
$100 + 0.65 = 100.65\,\text{m}$

025. ㉮ 026. ㉰ 027. ㉰

028 접선과 현이 이루는 각을 이용하여 곡선을 설치하는 방법으로 정확도가 비교적 높아 단곡선 설치에 가장 널리 사용되고 있는 방법은?

㉮ 지거설치법 ㉯ 중앙종거법
㉰ 편각설치법 ㉱ 현편거법

해설
- 단곡선 설치 방법 중에 편각설치법이 가장 많이 사용한다.
- 중앙종거법은 기존 설치된 도로를 신도로로 확장 및 포장에 있어 곡선을 정정할 때 많이 쓰이는 방법이다.

029 그림과 같은 삼각형의 정점 A, B, C의 좌표가 A(50, 20), B(20, 50), C(70, 70)일 때, 정점 A를 지나며 △ABC의 넓이를 3 : 2로 분할하는 P점의 좌표는? (단, 좌표의 단위는 m이다.)

㉮ (40, 58)
㉯ (50, 62)
㉰ (50, 63)
㉱ (50, 65)

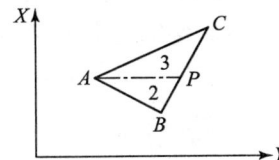

해설
- P점의 x좌표
$$20 + 50 \times \frac{2}{3+2} = 40$$
- P점의 y좌표
$$50 + 20 \times \frac{2}{3+2} = 58$$

030 캔트(C)인 원곡선에서 곡선 반지름을 3배로 하면 변화된 캔트(C')는?

㉮ $\dfrac{C}{9}$ ㉯ $\dfrac{C}{3}$
㉰ $3C$ ㉱ $9C$

해설
- $C = \dfrac{SV^2}{gR}$
- $C' = \dfrac{SV^2}{g3R} = \dfrac{1}{3}C$

031 수준측량 작업상의 주의사항에 대한 설명 중 틀린 것은?

㉮ 수준측량은 왕복측량을 원칙으로 한다.
㉯ 전시, 후시의 시준거리를 같게 하여 시준선 오차를 제거한다.
㉰ 기계는 되도록 견고한 곳에 설치하고 표척은 수직으로 세운다.
㉱ 표척 기울기에 대한 오차는 표척을 앞뒤로 흔들 때의 최대값을 읽음으로 최소화한다.

해설
- 표척 기울기에 대한 오차는 표척을 앞뒤로 흔들 때의 최소값을 읽음으로 최소화한다.
- 이기점은 중요하므로 1mm 단위까지 읽도록 한다.

정답 028. ㉰ 029. ㉮ 030. ㉯ 031. ㉱

2014년 9월 20일 시행

032 축척 1/25,000 지형도에는 얼마 간격의 경위도가 각각 포함되어 있는가?
㉮ 위도 15′ 경도 15′
㉯ 위도 7′30″ 경도 7′30″
㉰ 위도 15′ 경도 7′30″
㉱ 위도 7′30″ 경도 15′

해설
- $\frac{1}{25,000}$ 지형도 : 위도, 경도 모두 7′30″간격
- $\frac{1}{50,000}$ 지형도 : 위도, 경도 모두 15′간격

033 삼각측량의 각 삼각점에 있어 모든 각의 관측시 만족되어야 하는 조건이 아닌 것은?
㉮ 하나의 측점을 둘러싸고 있는 각의 합은 360°가 되도록 한다.
㉯ 삼각망 중에서 임의의 한 변의 길이는 계산의 순서에 관계없이 동일하도록 한다.
㉰ 삼각망 중 각각 삼각형 내각의 합은 180°가 되도록 한다.
㉱ 모든 삼각점의 포함면적은 각각 일정해야 한다.

해설 삼각점은 기준점 위치를 결정하기 위한 측량이다.

034 다음은 클로소이드 곡선에 관한 설명이다. 옳은 것은?
㉮ 곡률반경 R, 곡선길이 L, 매개변수 A와의 관계식은 RL=A이다.
㉯ 곡률반경에 비례하여 곡선길이가 증가하는 곡선이다.
㉰ 곡선길이가 일정할 때 곡률반경이 커지면 접선각은 작아진다.
㉱ 곡률반경과 곡선길이가 매개변수 A의 1/2인 점(R=L=A/2)을 클로소이드 특성점이라 한다.

해설
- $A^2 = RL$
- 곡률이 곡선 길이에 비례하는 곡선이다.
- 매개변수 A를 바꾸면 크기가 다른 클로소이드를 무수히 만들 수 있다.

035 A점에서 관측을 시작하여 A점으로 폐합시킨 폐합 트래버스 측량에서 다음과 같은 측량결과를 얻었다. 이때 측선 BC의 배횡거는?

측선	위거(m)	경거(m)
AB	15.5	25.6
BC	−35.8	32.2
CA	20.3	−57.8

㉮ 0m
㉯ 25.6m
㉰ 57.8m
㉱ 83.4m

해설
- AB측선의 배횡거 : 그 측선의 경거(25.6m)
- BC측선의 배횡거 : 하나 앞측선의 배횡거＋하나 앞측선의 경거＋그 측선의 경거
  ∴ 25.6＋25.6＋32.2＝83.4m

036 삼각형 ABC의 각을 동일한 정확도로 관측하여 다음과 같은 결과를 얻었다. ∠C의 보정각은?

> ∠A=41° 37′ 44″, ∠B=61° 18′ 13″, ∠C=77° 03′ 53″

㉮ 77° 03′ 51″ ㉯ 77° 03′ 53″
㉰ 77° 03′ 55″ ㉱ 77° 03′ 57″

해설
∠A+∠B+∠C−180°=−10″
조정량은 +3″, +3″, +4″이므로
∠C 보정각=77°03′53″+4″=77°03′57″

보충
- 삼각측량의 삼각망 중 가장 정확도가 높은 망은 사변형 삼각망이다.
- 삼각망 중 각각 삼각형 내각의 합은 180°가 되도록 한다.
- 삼각망의 구성은 등변 삼각형이 가장 좋다.
- 삼각망 중에서 임의 한 변의 길이는 계산 순서에 관계없이 동일하도록 한다.

037 축척 1:50000 지형도 상의 인접한 두 주곡선 간의 도상 수평거리가 1cm이었다. 두 지점간의 경사는 얼마인가?

㉮ 4% ㉯ 5%
㉰ 6% ㉱ 10%

해설
- 경사(%) = $\frac{H}{D} \times 100 = \frac{20}{50,000 \times 0.01} \times 100 = 4\%$

여기서, 축척 $\frac{1}{50,000}$ 의 주곡선 간격은 20m이다.

038 양수표 설치장소 선정을 위하여 고려사항에 대한 설명으로 옳지 않은 것은?

㉮ 지천의 합류점으로 지천에 의한 수위 변화가 뚜렷한 곳
㉯ 홍수시에도 양수표를 쉽게 읽을 수 있는 곳
㉰ 세굴과 퇴적이 생기지 않는 곳
㉱ 유속의 변화가 심하지 않은 곳

해설
- 지천의 합류점에서는 불규칙한 수위의 변화가 없는 곳
- 수위가 교각이나 기타 구조물에 의한 영향을 받지 않는 곳
- 양수표를 상·하류 약 100m 정도의 직선인 장소에 설치한다.

039 수치영상자료는 대개 8비트로 표현된다. pixel 값의 밝기값(grey level)범위로 옳은 것은?

㉮ 0~63 ㉯ 1~64
㉰ 0~255 ㉱ 1~256

해설 수치영상의 픽셀수치로 대상물의 상대적인 반사나 발산을 표현하는 양으로 8bit 영상에서 그레이 레벨 범위는 0~255이다.

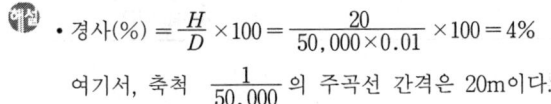
036.㉱ 037.㉮ 038.㉮ 039.㉰

040 현재 우리나라에서 사용 중인 투영법과 평면직각좌표에 대한 설명으로 옳은 것은?

㉮ 중앙자오선의 축척계수가 1.0000인 TM투영법이다.
㉯ 중앙자오선의 축척계수가 0.9996인 TM투영법이다.
㉰ 중앙자오선의 축척계수가 1.0000인 UTM투영법이다.
㉱ 중앙자오선의 축척계수가 0.9996인 UTM투영법이다.

해설 우리나라 투영원점
- 서부원점 : 경도 125° 위도 38°
- 중부원점 : 경도 127° 위도 38°
- 동부원점 : 경도 129° 위도 38°
- 동해원점 : 경도 131° 위도 38°

03 수/리/학

041 10℃의 물방울 지름이 3mm일 때 내부와 외부의 압력차는? (단, 10℃에서의 표면장력은 0.076g/cm이다.)

㉮ $1.01 g/cm^2$
㉯ $2.02 g/cm^2$
㉰ $3.03 g/cm^2$
㉱ $4.04 g/cm^2$

해설 $T = \dfrac{Pd}{4}$

$\therefore P = \dfrac{4T}{d} = \dfrac{4 \times 0.076}{0.3} = 1.01 g/cm^2$

042 부체의 경심(M), 부심(C), 무게중심(G)에 대하여 부체가 안정되기 위한 조건은?

㉮ $\overline{CM} > \overline{CG}$
㉯ $\overline{CM} < \overline{CG}$
㉰ $\overline{CM} = \overline{CG}$
㉱ $\overline{CM} < \dfrac{\overline{CG}}{2}$

해설
- 경심 M이 무게중심 G보다 위에 있으면 안정
- 경심 M이 무게중심 G와 일치하면 중립
- 경심 M이 무게중심 G보다 아래 있으면 불안정

해답 040. ㉮ 041. ㉮ 042. ㉮

043 Darcy의 마찰손실계수 f와 Manning의 조도계수 n 사이의 관계식으로 옳은 것은? (단, D는 관의 지름임.)

㉮ $f = \dfrac{124.5 n^2}{D^{\frac{1}{3}}}$ ㉯ $f = \dfrac{214.5 n^2}{D^{\frac{1}{3}}}$

㉰ $f = \dfrac{214.5 n^2}{D^{\frac{1}{2}}}$ ㉱ $f = \dfrac{124.5 n^2}{D^{\frac{1}{2}}}$

해설
- $f = \dfrac{8g}{C^2}$ $\cdot$ $C = \dfrac{1}{n} R^{\frac{1}{6}}$ $\cdot$ $f = \dfrac{124.5 n^2}{D^{\frac{1}{3}}}$
- $f = \dfrac{64}{R_e}$ $\cdot$ $f = 0.3164 R_e^{-\frac{1}{4}}$

044 정상적인 흐름 내의 한 개 유선에서 동수경사선은 다음 중 어느 값을 연결한 선의 기울기인가? (단, v=유속, g=중력가속도, w_o=물의 단위중량, P=압력, Z=위치수두)

㉮ $\dfrac{v^2}{2g} + \dfrac{P}{w_o}$ ㉯ $\dfrac{v^2}{2g} + Z$

㉰ $\dfrac{v^2}{2g} + \dfrac{P}{w_o} + Z$ ㉱ $\dfrac{P}{w_o} + Z$

해설
- 동수경사선 $= \dfrac{P}{w} + Z$
- 에너지선 $= \dfrac{V^2}{2g} + \dfrac{P}{w} + Z$

045 내경 2cm의 관내를 수온 20℃의 물이 25cm/sec의 유속을 갖고 흐를 때 이 흐름의 상태는? (단, 20℃일 때의 물의 동점성계수 $v = 0.01 \text{cm}^2/\text{sec}$)

㉮ 상류 ㉯ 층류
㉰ 난류 ㉱ 불완전 층류

해설

- $R_e = \dfrac{VD}{\nu} = \dfrac{25 \times 2}{0.01} = 5000$
- $R_e < 2000$: 층류
- $R_e > 4000$: 난류

046 오리피스에서의 실제 유속을 구하기 위한 에너지 손실은 어떻게 고려할 수 있는가?

㉮ 이론 유속에 유속계수를 곱한다. ㉯ 이론 유속에 유량계수를 곱한다.
㉰ 이론 유속에 수축계수를 곱한다. ㉱ 이론 유속에 모형계수를 곱한다.

정답 043. ㉮ 044. ㉱ 045. ㉰ 046. ㉮

해설
- 이론유속 $V=\sqrt{2gh}$
- 실제유속 $V=C_v\sqrt{2gh}$
  여기서, C_v : 유속계수

보충
- 유량계수＝수축계수×유속계수
  $C=C_a \cdot C_v$
- 오리피스의 유량 $Q=C \cdot a\sqrt{2gh}$

---

047 10cm×20cm×20cm의 체적을 갖는 6면체의 물 속 무게가 100N이었다. 이 물체의 공기 중에서의 무게와 비중은?

㉮ 206.8N, 1.32 ㉯ 206.8N, 2.07
㉰ 139.2N, 1.32 ㉱ 139.2N, 3.55

해설
- 물 속의 무게 : $100N \div 9.8 m/s^2 = 10.2kg = 0.0102t$
- 육면체 부피
  $0.1 \times 0.2 \times 0.2 = 0.004 m^3$
- $0.0102 = (x-1)0.004$
  ∴ x(비중)$= 3.55 t/m^3$
- 실제 무게
  $3.55 \times 0.004 \times 1000 \times 9.8 ≒ 139.2N$

---

048 개수로 구간에 댐을 설치했을 때 수심 h가 상류로 갈수록 등류 수심 h_0에 접근하는 수면곡선을 무엇이라 하는가?

㉮ 저하곡선 ㉯ 배수곡선
㉰ 수문곡선 ㉱ 수면곡선

해설
- 배수곡선은 댐과 같은 장애물을 설치하면 발생되는 상류부의 수면곡선이다.
- 배수곡선 : $h > h_o > h_c$
- 배수곡선 : 댐의 상류부 수면곡선

---

049 도수에 대한 설명으로 틀린 것은?

㉮ 흐름이 사류(射流)에서 상류(常流)로 바뀔 때 발생한다.
㉯ 수면이 불연속적으로 상승하는 현상이다.
㉰ 도수가 발생하기 이전의 수심을 한계수심이라고 하고, 도수가 발생한 후의 수심은 대응수심이라 한다.
㉱ 도수 전의 수심과 Froude 수만 알면 도수 후의 수심을 구할 수 있다.

예답 047. ㉱ 048. ㉯ 049. ㉰

해설
- 도수 후의 수심

$$h_2 = \frac{h_1}{2}(-1+\sqrt{1+8F_{r1}^2})$$

여기서, h_1 : 도수 전 수심
h_2 : 도수 후 수심

$$F_{r1} = \frac{V_1}{\sqrt{gh_1}}$$

- 충력치가 최소가 되는 수심은 한계수심과 같다.
- 도수로 인한 에너지 손실수두

$$\Delta H = \frac{(h_2-h_1)^3}{4h_1h_2}$$

- 도수 전의 수심을 초기수심이라 하고 도수가 발생한 후의 수심은 공액수심이라 한다.
- 대응수심은 비에너지가 같을 경우의 수심이다.

050 그림과 같은 두 개의 수조($A_1=2m^2$, $A_2=4m^2$)를 한 변의 길이가 10cm인 정사각형 단면(a_1)의 Orifice로 연결하여 물을 유출시킬 때 두 수조의 수면이 같아지려면 얼마의 시간이 걸리는가? (단, $h_1=5m$, $h_2=3m$, 유량계수 $C=0.62$이다.)

㉮ 130초
㉯ 137초
㉰ 150초
㉱ 157초

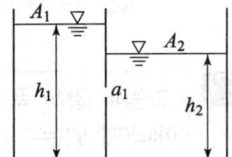

해설
$$T = \frac{2A_1A_2}{Ca\sqrt{2g}\,(A_1+A_2)}(h_1^{1/2}-h_2^{1/2})$$

$$= \frac{2\times 2\times 4}{0.62\times(0.1\times0.1)\times\sqrt{2\times9.8}\,(2+4)}(2^{1/2}-0^{1/2}) = 137초$$

여기서, '두 수조의 수면이 같아지려면'이라고 제시가 되어 $h_2=0$이 된다.

051 원관내 층류 흐름에 대한 설명 중 틀린 것은?

㉮ 최대유속은 평균유속의 제곱이다.
㉯ 원관내 유속분포는 관 벽면에서 0이고, 관 중심선에서 최대가 되는 포물선 분포를 한다.
㉰ 마찰력은 관 벽면에서 최대가 되고, 관 중심선에서 0이 되는 선형 분포를 한다.
㉱ 관마찰 손실수두는 속도수두의 항으로 표시될 수 있다.

정답 050. ㉯ 051. ㉮

해설

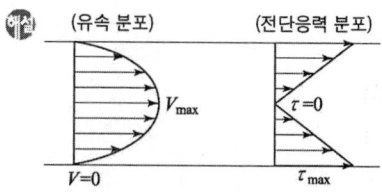

- 전단응력은 중심에서 0이고 중심으로부터의 거리에 비례하여 증가한다.
- 관벽에 작용하는 마찰력
  $\tau_o = \omega RI$
- 유속 분포는 포물선이며 마찰응력 분포는 직선이다.

052 Darcy 공식에 관한 설명으로 옳지 않은 것은?

㉮ Darcy 공식은 물의 흐름이 층류인 경우에만 적용할 수 있다.
㉯ 투수계수 k의 차원은 $[LT^{-1}]$이다.
㉰ 투수계수는 흙 입자의 성질에만 관계된다.
㉱ 동수경사는 $I = -\dfrac{dh}{ds}$ 로 표현할 수 있다.

해설 투수계수는 물의 점성, 단위중량, 입경, 공극비, 포화도 등이 관계된다.

053 그림과 같이 폭 3m, 수심 2m의 직사각형 단면 수로에 유속 5m/sec로 흐를 때 비에너지(E)는? [단, 에너지 보정계수(α)=1.0]

㉮ 3.28m
㉯ 2.28m
㉰ 1.28m
㉱ 0.28m

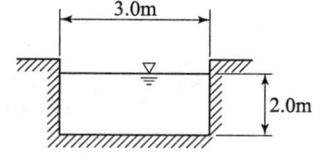

해설 $H_e = h + \alpha \dfrac{V^2}{2g} = 2 + 1.0 \times \dfrac{5^2}{2 \times 9.8} = 3.28\,\text{m}$

054 직사각형 위어의 월류수심 측정에 1%의 오차가 있었다면 유량(Q)에 미치는 오차는?

㉮ 0.5%   ㉯ 1.5%
㉰ 2.5%   ㉱ 3.0%

해설 사각형 위어

$Q = \dfrac{2}{3} Cb\sqrt{2g}\, h^{\frac{3}{2}}$

$\dfrac{\partial Q}{Q} = \dfrac{3}{2} \dfrac{\partial h}{h}$

즉, 수심 1% 오차에 유량은 1.5% 오차가 발생한다.
수심 2% 오차에 유량은 3.0% 오차가 발생한다.

해답 052. ㉰ 053. ㉮ 054. ㉯

055 Darcy의 법칙에 대한 설명으로 옳지 않은 것은?
㉮ Darcy의 법칙은 지하수의 층류흐름에 대한 마찰저항공식이다.
㉯ 투수계수는 물의 점성계수에 따라서도 변화한다.
㉰ Reynolds수가 클수록 안심하고 적용할 수 있다.
㉱ 평균유속이 동수경사와 비례관계를 가지고 있는 흐름에 적용될 수 있다.

해설 Darcy 법칙은 흐름이 정상류, 층류, $R_e < 4$의 적용범위로 한다.

056 폭 2m인 판을 접어 직사각형 개수로를 만들었을 때 수리상 유리한 단면의 단면적은?
㉮ 0.05m² ㉯ 0.125m²
㉰ 0.25m² ㉱ 0.5m²

해설
- $B = 2H$
  $1 = 2H$ ∴ $H = \dfrac{1}{2} = 0.5m$
- $A = B \cdot H = 1 \times 0.5 = 0.5m^2$

057 다음 중 물의 압축성과 관계 없는 것은?
㉮ 공기의 함유량   ㉯ 온도
㉰ 압력   ㉱ 정류

해설 모든 유체는 압력이 걸리면 다소나마 수축하고 이 압력을 제거하면 처음 체적으로 돌아가는 성질을 물의 압축성이라 한다.

058 단위시간에 속도변화가 V_1에서 V_2로 변할 때의 운동량 방정식은? (단, 유체밀도 ρ, 질량 m, 중력가속도 g, 유체의 단위중량 ω, 유량 Q)
㉮ $F = \omega Q(V_2 - V_1)$ ㉯ $F = \dfrac{\omega}{g} Q(V_2 - V_1)$
㉰ $F = \dfrac{\omega Q}{\rho}(V_2 - V_1)$ ㉱ $F = \dfrac{gQ}{\omega}(V_2 - V_1)$

해설 $F = \rho Q(V_2 - V_1) = \dfrac{\omega}{g} Q(V_2 - V_1)$

059 수면으로부터 h깊이에 면적이 A인 평판이 수평으로 놓여 있는 경우 이 평판에 작용하는 전수압 P는? (단, 물의 단위중량은 ω이다.)
㉮ $P = \omega h^2 A$ ㉯ $P = \omega^2 h A$
㉰ $P = \omega h A$ ㉱ $P = \omega h A^2$

해설 전수압은 평판의 중심에 작용하는 수압강도에 평판의 면적 A를 곱한 것과 같다.

정답 055. ㉰ 056. ㉱ 057. ㉱ 058. ㉯ 059. ㉰

2014년 9월 20일 시행

[060] Manning의 조도계수 $n=0.012$인 원관을 써서 $1m^3/sec$ 물을 동수경사 1/100로 송수하려 할 때 적당한 관의 지름은?

㉮ $d=70cm$
㉯ $d=80cm$
㉰ $d=90cm$
㉱ $d=100cm$

해설
- $V = \dfrac{1}{n} R^{2/3} I^{1/2} = \dfrac{1}{0.012}\left(\dfrac{D}{4}\right)^{2/3}\left(\dfrac{1}{100}\right)^{1/2} = 3.307 D^{2/3}$
- $Q = A \cdot V = \dfrac{\pi D^2}{4} \times 3.307 D^{2/3}$

  $1 = 2.597 D^{8/3}$

  $D^{8/3} = \dfrac{1}{2.597} = 0.38505$

  ∴ $D ≒ 0.7 m = 70 cm$

04 철/근/콘/크/리/트 /및/ 강/구/조

[061] 그림과 같은 단면의 도심에 PS 강재가 배치되어 있다. 초기 프리스트레스 힘 1500kN을 작용시켰다. 20%의 손실을 가정하여 콘크리트의 하연응력이 0이 되도록 하려면 이때의 휨모멘트 값은 얼마인가? (단, 자중은 무시함.)

㉮ $120 kN \cdot m$
㉯ $230 kN \cdot m$
㉰ $313 kN \cdot m$
㉱ $431 kN \cdot m$

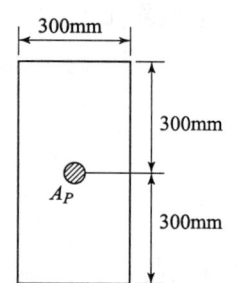

해설
- 20% 손실된 프리스트레스 힘
  $1500000 N \times 0.2 = 300,000 N$
  ∴ $1,500,000 - 300,000 = 1,200,000 N$
- 하연응력이 0인 경우
  $f = \dfrac{P}{A} - \dfrac{M}{I} y = 0$

  $\dfrac{1,200,000}{0.3 \times 0.6} - \dfrac{M}{\dfrac{0.3 \times 0.6^3}{12}} \times \dfrac{0.6}{2} = 0$

  ∴ $M = 120,000 N \cdot m = 120 kN \cdot m$
- 상연응력 $f = \dfrac{P}{A} + \dfrac{M}{I} y - \dfrac{P \cdot e}{I} \cdot y$
- 하연응력 $f = \dfrac{P}{A} - \dfrac{M}{I} y + \dfrac{P \cdot e}{I} \cdot y$

해답 060. ㉮ 061. ㉮

062 옹벽의 안정조건에 대한 설명 중 틀린 것은?
- ㉮ 전도, 활동 및 지반지지력에 대해 안전해야 하며 이에 대한 검토는 사용하중에 의한다.
- ㉯ 활동에 대한 저항력은 옹벽에 작용하는 수평력의 1.5배 이상이어야 한다.
- ㉰ 전도에 대한 저항모멘트는 횡 토압에 의한 전도모멘트의 2.0배 이상이어야 한다.
- ㉱ 지지 지반에 작용하는 최대압력은 허용지지력의 2배 이하이어야 한다.

해설 지지 지반에 작용하는 최대 압력은 지반의 허용지지력을 넘어서는 안된다.

063 강도설계법에서 전단과 휨만을 받는 부재에 콘크리트가 부담하는 공칭전단 강도 (V_c)는 얼마인가? (단, f_{ck}=21MPa, f_y=300MPa, b_w=300mm, d=500mm 이다.)
- ㉮ 114.6 kN
- ㉯ 35.7 kN
- ㉰ 150.2 kN
- ㉱ 95.5 kN

해설 $V_c = \frac{1}{6}\sqrt{f_{ck}}\, b_w \cdot d = \frac{1}{6}\sqrt{21} \times 300 \times 500 = 114.6\,kN$

064 그림과 같은 복철근 직사각형 보의 As'=1916mm², As=4790mm²이다. 등가직사각형의 응력의 깊이 a는? (단 f_{ck}=21MPa, f_y=300MPa이다.)
- ㉮ a=150mm
- ㉯ a=161mm
- ㉰ a=171mm
- ㉱ a=180mm

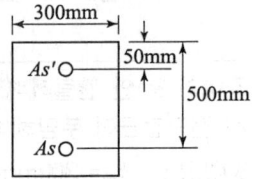

해설 복철근 직사각형 보
$C = T$
$0.85 f_{ck} ab + As' f_y = As f_y$
$\therefore a = \frac{(As - As')f_y}{0.85 f_{ck} b} = \frac{(4790-1916)\times 300}{0.85 \times 21 \times 300} = 161\,mm$

065 인장 부재의 볼트 연결부를 설계할 때 고려되지 않는 항목은?
- ㉮ 지압응력
- ㉯ 볼트의 전단응력
- ㉰ 부재의 항복응력
- ㉱ 부재의 좌굴응력

해설 부재의 좌굴응력은 기둥 설계에 고려한다.

정답 062. ㉱ 063. ㉮ 064. ㉯ 065. ㉱

066 강도설계법의 가정으로 옳지 않은 것은?

㉮ 철근과 콘크리트의 변형률은 중립축으로부터의 거리에 비례한다.
㉯ 콘크리트의 압축응력은 변형률에 비례하지 않는다.
㉰ 철근의 항복강도 f_y에 해당되는 변형률보다 더 큰 변형률에 대해서는 철근의 응력은 변형률에 비례한다.
㉱ 콘크리트의 압축응력은 $0.85f_{ck}$로 균등하고, 압축연단에서 $a = \beta_{1c}$까지 등분포한다.

해설
• 항복강도 f_y 이상에서의 철근의 응력은 변형률에 관계없이 f_y와 같다.
• 항복강도 f_y 이하에서의 철근의 응력은 변형률에 탄성계수 곱한 값이다.
즉, $f_s = \varepsilon_s \cdot E_s$

067 아래 그림과 같은 맞대기 용접의 용접부에 생기는 인장응력은?

㉮ 180 MPa
㉯ 141 MPa
㉰ 200 MPa
㉱ 223 MPa

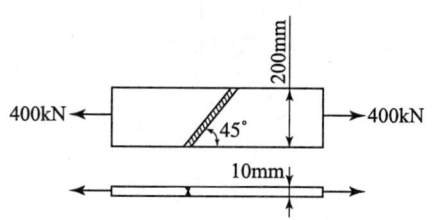

해설 $f = \dfrac{P}{\Sigma a \cdot l} = \dfrac{400,000}{200 \times 10} = 200 \text{ MPa}$

068 길이가 3m인 캔틸레버보의 자중을 포함한 계수하중이 100kN/m일 때 위험 단면에서 전단철근이 부담해야 할 전단력(V_s)은 약 얼마인가? (단, $f_{ck} = 24$MPa, $f_y = 300$MPa, $b_w = 300$mm, $d = 500$mm)

㉮ 158.2 kN ㉯ 193.7 kN
㉰ 210.9 kN ㉱ 252.8 kN

해설
• 위험 단면에서의 계수 전단강도
$V_u = \omega l - \omega d = 100 \times 3 - 100 \times 0.5 = 250 \text{ kN}$
• 콘크리트가 부담할 수 있는 전단강도
$\phi V_c = \phi \dfrac{1}{6}\sqrt{f_{ck}}\,b_w d = 0.75 \times \dfrac{1}{6}\sqrt{24} \times 300 \times 500 = 91856 \text{ N} = 91.8 \text{ kN}$
• $V_u = \phi(V_c + V_s) = \phi V_c + \phi V_s$
$\phi V_s = V_u - \phi V_c = 250 - 91.8 = 158.2 \text{ kN}$
$\therefore V_s = \dfrac{158.2}{0.75} = 210.9 \text{ kN}$

해답 066. ㉰ 067. ㉰ 068. ㉰

069 고정하중 10kN/m, 활하중 20kN/m의 등분포하중을 받는 경간 8m의 단순지지보에서 하중계수와 하중조합을 고려한 계수모멘트는?

㉮ 352 kN·m ㉯ 408 kN·m
㉰ 449 kN·m ㉱ 497 kN·m

- $\omega_n = 1.2D + 1.6L = 1.2 \times 10 + 1.6 \times 20 = 44 \text{kN/m}$
- $M_u = \dfrac{\omega_n l^2}{8} = \dfrac{44 \times 8^2}{8} = 352 \text{kN·m}$

070 f_{ck}=60MPa인 휨부재에서 등가 직사각형 응력블록의 깊이 a를 구하기 위한 β_1은 얼마인가?

㉮ 0.612 ㉯ 0.626
㉰ 0.650 ㉱ 0.698

- $\beta_1 = 0.85 - 0.007(f_{ck} - 28) \geq 0.65$
- $\beta_1 = 0.85 - 0.007(60 - 28) = 0.626$이나 위 기준에 따라 0.65이다.

071 철근 콘크리트 구조물의 강도설계법에서 사용되는 강도감소계수에 대한 다음 설명 중 틀린 것은?

㉮ 인장지배 단면에 대한 강도감소계수는 0.85이다.
㉯ 압축지배 단면 중 나선철근으로 보강되지 않은 철근 콘크리트 부재의 강도감소계수는 0.70이다.
㉰ 전단력에 대한 강도감소계수는 0.75이다.
㉱ 무근 콘크리트의 휨모멘트에 대한 강도감소계수는 0.55이다.

- 압축지배단면 중 나선철근으로 보강된 부재 : 0.70
- 압축지배단면 중 띠철근으로 보강된 부재 : 0.65

072 D-29(공칭직경 : 28.6mm)를 사용하는 압축 이형철근의 기본정착길이는? (단, f_{ck}=28MPa, f_y=400MPa이다.)

㉮ 1,298mm ㉯ 1,074mm
㉰ 541mm ㉱ 427mm

- $l_{db} = \dfrac{0.25 d_b f_y}{\sqrt{f_{ck}}} = \dfrac{0.25 \times 28.6 \times 400}{\sqrt{28}} = 541 \text{mm}$
- $l_{db} = 0.043 d_b f_y = 0.043 \times 28.6 \times 400 = 492 \text{mm}$
∴ 기본 정착길이는 큰 값인 541mm이다.

정답 069. ㉮ 070. ㉰ 071. ㉯ 072. ㉰

2014년 9월 20일 시행

073 철근 콘크리트 부재에 전단철근으로 사용할 수 없는 것은?

㉮ 주인장 철근에 30°의 각도로 설치되는 스터럽
㉯ 주인장 철근에 30°의 각도로 구부린 굽힘철근
㉰ 스터럽과 굽힘철근의 조합
㉱ 부재축에 직각으로 배치한 용접철망

해설
- 주인장 철근에 45° 이상의 각도로 설치되는 스터럽
- 주인장 철근에 30° 이상의 각도로 구부린 굽힘철근
- 부재축에 직각으로 배치한 용접철망
- 나선철근, 원형 띠철근, 또는 후프철근

074 아래 표의 조건과 같은 단철근 직사각형보의 공칭모멘트강도(M_n)는?

$b_w = 300\,mm$, $d = 600\,mm$, $A_s = 1,200\,mm^2$, $f_{ck} = 27\,MPa$, $f_y = 300\,MPa$

㉮ 206.6 kN·m ㉯ 214.1 kN·m
㉰ 227.4 kN·m ㉱ 301.2 kN·m

해설
- $a = \dfrac{A_s f_y}{0.85 f_{ck} b} = \dfrac{1,200 \times 300}{0.85 \times 27 \times 300} = 52.28\,mm$
- $M_n = A_s f_y \left(d - \dfrac{a}{2}\right) = 1,200 \times 300 \left(600 - \dfrac{52.28}{2}\right) = 206589600\,N \cdot mm$
  $= 206.6\,kN \cdot m$

075 프리스트레스의 손실 원인 중 프리스트레스 도입 후 시간이 경과함에 따라서 생기는 것은 어느 것인가?

㉮ 콘크리트의 탄성수축   ㉯ 콘크리트의 크리프
㉰ PS강재와 쉬스의 마찰   ㉱ 정착단의 활동

해설 프리스트레스 감소 원인 중 프리스트레스 도입 후 시간의 경과에 따라 PS강재의 릴랙세이션, 콘크리트 건조수축, 콘크리트의 크리프 등이 생긴다.

076 단철근 직사각형보의 폭이 300mm, 유효깊이가 500mm, 높이가 600mm일 때, 외력에 의해 단면에서 휨균열을 일으키는 휨모멘트(M_{cr})을 구하면? (단, $f_{ck} = 24MPa$, $\lambda = 1.0$)

㉮ 45.2 kN·m   ㉯ 48.9 kN·m
㉰ 52.1 kN·m   ㉱ 55.6 kN·m

정답: 073.㉮ 074.㉮ 075.㉯ 076.㉱

해설
- $f_r = 0.63\lambda\sqrt{f_{ck}} = 0.63 \times 1.0\sqrt{24} = 3.086\,\text{N/mm}^2(\text{MPa})$
- $I = \dfrac{bh^3}{12} = \dfrac{300 \times 600^3}{12} = 5,400,000,000\,\text{mm}^4$
- $f_r = \dfrac{M_{cr}}{I}y$

$\therefore M_{cr} = \dfrac{f_r \cdot I}{y} = \dfrac{3.086 \times 5,400,000,000}{300} = 55,548,000\,\text{N} \cdot \text{mm}$
$= 55,548\,\text{kN} \cdot \text{mm} ≒ 55.6\,\text{kN} \cdot \text{m}$

077. PS콘크리트의 강도개념(strength concept)을 설명한 것으로 가장 적당한 것은?

㉮ 콘크리트에 프리스트레스가 가해지면 PSC부재는 탄성재료로 전환되고 이의 해석은 탄성이론으로 가능하다는 개념
㉯ PSC 보를 RC 보처럼 생각하여, 콘크리트는 압축력을 받고 긴장재는 인장력을 받게 하여 두 힘의 우력 모멘트로 외력에 의한 휨모멘트에 저항시킨다는 개념
㉰ PS콘크리트는 결국 부재에 작용하는 하중의 일부 또는 전부를 미리 가해진 프리스트레스와 평행이 되도록 하는 개념
㉱ PS콘크리트는 강도가 크기 때문에 보의 단면을 강재의 단면으로 가정하여 압축 및 인장을 단면전체가 부담할 수 있다는 개념

해설
- 응력개념(균등질 보의 개념)
  프리스트레스가 가해지면 콘크리트 부재가 탄성재료로 전환되어 이에 대한 해석이 탄성 이론으로 가능하다는 개념이다.
- 하중평형개념(등가 하중개념)
  프리스트레싱에 의한 작용과 부재에 작용하는 하중을 평형이 되도록 하자는 개념이다.
- 강도개념(내력 모멘트 개념)
  철근 콘크리트와 같이 압축력은 콘크리트가 받고 인장력은 PS 강재가 받는 것으로 하여 두 힘에 의한 내력 모멘트가 외력 모멘트에 저항한다는 개념이다.

078. 다음 주어진 단철근 직사각형 단면이 연성파괴를 한다면 이 단면의 공칭휨강도는 얼마인가? (단, $f_{ck}=21\text{MPa}$, $f_y=300\text{MPa}$)

㉮ 252.4 kN
㉯ 296.9 kN
㉰ 356.3 kN
㉱ 396.9 kN

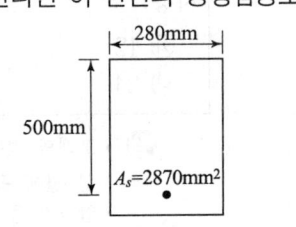

해설
- $a = \dfrac{A_s f_y}{0.85 f_{ck} b} = \dfrac{2870 \times 300}{0.85 \times 21 \times 280} = 172.3\,\text{mm}$
- $M_n = A_s f_y\left(d - \dfrac{a}{2}\right) = 2870 \times 300 \times \left(500 - \dfrac{172.3}{2}\right)$
  $= 356,324,850\,\text{N} \cdot \text{mm} = 356.3\,\text{kN} \cdot \text{m}$

해답 077. ㉯ 078. ㉰

079 그림과 같이 경간 $L=9m$인 연속 슬래브에서 반 T형 단면의 유효폭(b)은 얼마인가?

㉮ 1,100mm
㉯ 1,050mm
㉰ 900mm
㉱ 850mm

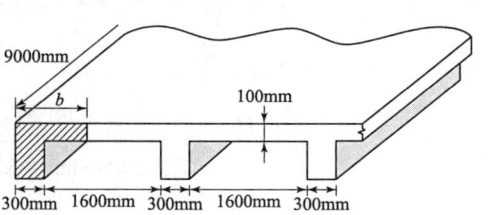

해설
- $6t+b_w = 6\times 100 + 300 = 900\,mm$
- (보 경간의 $\frac{1}{12}$) $+ b_w = \left(\frac{9000}{12}\right) + 300 = 1050\,mm$
- 인접보와의 내측거리의 $\frac{1}{2} + b_w = \frac{1600}{2} + 300 = 1100\,mm$

∴ 유효 폭은 위의 세 가지 값 중 가장 작은 값인 900mm이다.

080 철근의 피복두께를 필요로 하는 이유로 틀린 것은?

㉮ 부착응력의 증대효과
㉯ 철근의 산화방지
㉰ 인장강도의 증대효과
㉱ 화재 시 직접적인 피해방지

해설 피복두께는 기후나 기타 외부요인으로부터 철근을 보호하기 위한 것이다.

05 토/질 /및/ 기/초

081 입도 시험결과 균등계수가 6이고, 입자가 둥근 모래 흙의 강도시험 결과 내부마찰각이 32°이었다. 이 모래지반의 N치는 대략 얼마나 되겠는가? (단, Dunham의 식 사용)

㉮ 12
㉯ 18
㉰ 24
㉱ 30

해설
- 모래의 경우 $C_u>10$: 양입도, $C_u<4$ 빈입도에서 균등계수가 6이므로 입도가 양호한 편에 속한다.
- 입자가 둥글고 입도가 양호한 상태이므로
 $\phi = \sqrt{12N} + 20$ $32° = \sqrt{12N} + 20$
 $\sqrt{12N} = 32 - 20 = 12$ ∴ $N=12$

해답 079. ㉰ 080. ㉰ 081. ㉮

082 기초 지반의 지지력이 작은 곳에서 하나의 큰 슬래브로 연결하여 지반에 작용하는 단위압력을 감소시키는 형식의 기초는 어느 것인가?
㉮ 연속 기초 ㉯ 독립 기초
㉰ 복합 기초 ㉱ 전면 기초

해설) 지지력이 가장 작을 때는 전면 기초, 연속 기초 순으로 설치한다.

보충) 전면 기초는 시공면적의 $\frac{2}{3}$를 넘을 경우의 전체를 기초한다.

083 흙의 2면 전단시험에서 전단응력을 구하려면 다음의 어느 식이 적용되는가? (단, τ=전단응력, A=단면적, S=전단력)
㉮ $\tau = \dfrac{S}{A}$　　㉯ $\tau = \dfrac{S}{2A}$
㉰ $\tau = \dfrac{2A}{S}$　　㉱ $\tau = \dfrac{2S}{A}$

해설) • 2면 전단 $\tau = \dfrac{S}{2A}$　• 1면 전단 $\tau = \dfrac{S}{A}$

084 그림에서 주동토압의 크기를 구한 값은? (단, 흙의 단위중량은 1.8t/m³이고 내부마찰각은 30°이다.)
㉮ 5.6 t/m　㉯ 10.8 t/m
㉰ 15.8 t/m　㉱ 23.6 t/m

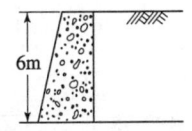

해설) $P_a = \dfrac{1}{2}\gamma \cdot H^2 \cdot K_a = \dfrac{1}{2} \times 1.8 \times 6^2 \times \tan^2\left(45° - \dfrac{30°}{2}\right) = 10.8 \text{t/m}$

085 그림에서 모래층에 분사현상이 발생되는 경우는 수두 h가 몇 cm 이상일 때 일어나는가? (단, $G_s = 2.68$, $n = 60\%$)
㉮ 20.16cm
㉯ 10.52cm
㉰ 13.73cm
㉱ 18.05cm

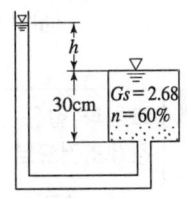

해설) • 분사현상이 일어나는 조건
$i \geq i_c$ 　　$\dfrac{h}{L} \geq \dfrac{G_s - 1}{1 + e}$
$h \geq \dfrac{G_s - 1}{1 + e} \times L$　$h \geq \dfrac{2.68 - 1}{1 + 1.5} \times 30 = 20.16 \text{cm}$
여기서, $e = \dfrac{n}{100 - n} = \dfrac{60}{100 - 60} = 1.5$

정답) 082.㉱ 083.㉯ 084.㉯ 085.㉮

086 부피 100cm³의 시료가 있다. 젖은 흙의 무게가 180g인데 노건조후 무게를 측정하니 140g이었다. 이 흙의 간극비는? (단, 이 흙의 비중은 2.65이다.)

㉮ 1.472 ㉯ 0.893
㉰ 0.627 ㉱ 0.470

- $G_s = \dfrac{W_s}{V_s}$

  $\therefore V_s = \dfrac{W_s}{G_s} = \dfrac{140}{2.65} = 52.83\,\text{cm}^3$

- $V = V_s + V_v$

  $V_v = V - V_s = 100 - 52.83 = 47.17\,\text{cm}^3$

- $e = \dfrac{V_v}{V_s} = \dfrac{47.17}{52.83} = 0.893$

087 연약점토지반($\phi=0$)의 단위중량이 1.6t/m³, 점착력 2t/m²이다. 이 지반을 연직으로 2m 굴착하였을 때 연직사면의 안전율은?

㉮ 1.5 ㉯ 2.0
㉰ 2.5 ㉱ 3.0

- $H_c = \dfrac{4C}{\gamma} = \dfrac{4\times 2}{1.6} = 5\,\text{m}$
- $F = \dfrac{H_c}{H} = \dfrac{5}{2} = 2.5$

088 압밀시험에서 시간-침하곡선으로부터 직접 구할 수 있는 사항은?

㉮ 압밀계수 ㉯ 선행압밀압력
㉰ 점성보정계수 ㉱ 압축지수

- $C_v = \dfrac{T_v \cdot H^2}{t}$ 관련 $\sqrt{t}$법과 $\log t$법이 있다.
- 압밀침하 속도를 구하기 위하여 압밀계수를 구한다.

089 그림과 같은 흙댐의 유선망을 작도하는 데 있어서 경계조건으로 틀린 것은?

㉮ $\overline{AB}$는 등수두선이다.
㉯ $\overline{BC}$는 유선이다.
㉰ $\overline{CD}$는 침윤선이다.
㉱ $\overline{AD}$는 유선이다.

$\overline{CD}$는 등수두선이다.

정답: 086.㉯ 087.㉰ 088.㉮ 089.㉰

090 흙의 동해(凍害)에 관한 다음 설명 중 옳지 않은 것은?

㉮ 동상현상은 빙층(ice lens)의 생장이 주된 원인이다.
㉯ 사질토는 모관상승높이가 작아서 동상이 잘 일어나지 않는다.
㉰ 실트는 모관상승높이가 작아서 동상이 잘 일어나지 않는다.
㉱ 점토는 모관상승높이는 크지만 동상이 잘 일어나는 편은 아니다.

해설
• 모관상승고가 크고 투수성도 큰 실트질 흙이 동상이 잘 일어난다.
• 동결심도 $Z = C\sqrt{F}$

091 어떤 흙의 전단실험결과 $c = 1.8 \text{kg/cm}^2$, $\phi = 35°$, 토립자에 작용하는 수직응력이 $\sigma = 3.6 \text{kg/cm}^2$일 때 전단강도는?

㉮ 4.89 kg/cm^2
㉯ 4.32 kg/cm^2
㉰ 6.33 kg/cm^2
㉱ 3.86 kg/cm^2

해설 $\tau = c + \sigma \tan\phi = 1.8 + 3.6 \tan 35° = 4.32 \text{kg/cm}^2$

092 사질토 지반에서 직경 30cm의 평판재하시험 결과 30t/m²의 압력이 작용할 때 침하량이 5mm라면, 직경 1.5m의 실제 기초에 30t/m²의 하중이 작용할 때 침하량의 크기는?

㉮ 28mm
㉯ 50mm
㉰ 14mm
㉱ 25mm

해설 $S_B = S_b \cdot \left[\dfrac{2B}{b+B}\right]^2 = 5\left[\dfrac{2 \times 1500}{300 + 1500}\right]^2 = 14 \text{mm}$

093 점성토 지반에 있어서 강성기초의 접지압 분포에 관한 다음 설명 중 옳은 것은?

㉮ 기초의 모서리 부분에서 최대 응력이 발생한다.
㉯ 기초의 중앙부에서 최대 응력이 발생한다.
㉰ 기초의 밑면 부분에서는 어느 부분이나 동일하다.
㉱ 기초의 모서리 및 중앙부에서 최대 응력이 발생한다.

해설 사질토 지반에 있어서 강성기초의 접지압 분포는 기초의 중앙부에서 최대응력이 발생한다.

정답 090. ㉰ 091. ㉯ 092. ㉰ 093. ㉮

094 모래 치환법에 의한 흙의 들밀도 실험결과가 아래와 같다. 현장 흙의 건조단위중량은?

- 실험구멍에서 파낸 흙의 중량 1,600g
- 실험구멍에서 파낸 흙의 함수비 20%
- 실험구멍에서 채워진 표준모래의 중량 1,350g
- 실험구멍에서 채워진 표준모래의 단위중량 1.35g/cm³

㉮ 0.93 g/cm³ ㉯ 1.13 g/cm³
㉰ 1.33 g/cm³ ㉱ 1.53 g/cm³

- $\gamma_{모래} = \dfrac{W}{V}$

  $\therefore V = \dfrac{W}{\gamma_{모래}} = \dfrac{1350}{1.35} = 1000 \, cm^3$

- $\gamma_t = \dfrac{W}{V} = \dfrac{1600}{1000} = 1.6 \, g/cm^3$

- $\gamma_d = \dfrac{\gamma_t}{1+\dfrac{\omega}{100}} = \dfrac{1.6}{1+\dfrac{20}{100}} = 1.33 \, g/cm^3$

095 말뚝의 평균 지름이 140cm, 관입깊이 15m일 때 군말뚝의 영향을 고려하지 않아도 되는 말뚝의 최소 간격은?

㉮ 약 3m ㉯ 약 5m
㉰ 약 7m ㉱ 약 9m

- 말뚝 간격이 $1.5\sqrt{r \cdot l}$ 이하이면 군항이다.
- $1.5\sqrt{r \cdot l} = 1.5\sqrt{70 \times 1500} = 486 \, cm \fallingdotseq 5 \, m$

096 영공기 간극곡선(zero air void curve)은 다음 중 어떤 토질시험 결과로 얻어지는가?

㉮ 액성한계시험 ㉯ 다짐시험
㉰ 직접전단시험 ㉱ 압밀시험

영공기 간극곡선은 다짐곡선의 습윤측에 나란하다.

097 어느 흙의 자연함수비가 그 흙의 액성한계보다 높다면 그 흙은 어떤 상태인가?

㉮ 소성상태에 있다. ㉯ 액체상태에 있다.
㉰ 반고체상태에 있다. ㉱ 고체상태에 있다.

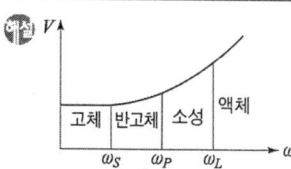

답 094. ㉰ 095. ㉯ 096. ㉯ 097. ㉯

098 다음 그림에서 $X-X$ 단면에 작용하는 유효응력은?

㉮ 4.26 t/m²
㉯ 5.24 t/m²
㉰ 6.36 t/m²
㉱ 7.21 t/m²

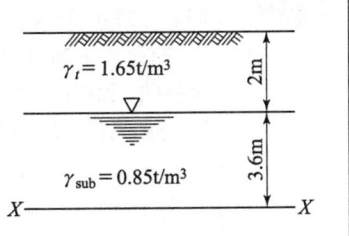

해설 $\overline{P} = 1.65 \times 2 + 0.85 \times 3.6 = 6.36 \, t/m^2$

099 평판재하시험이 끝나는 다음 조건 중 옳지 않은 것은?

㉮ 침하량이 15mm에 달할 때
㉯ 하중강도가 현장에서 예상되는 최대 접지압력을 초과할 때
㉰ 하중강도가 그 지반의 항복점을 넘을 때
㉱ 흙의 함수비가 소성한계에 달할 때

해설 평판재하시험에서 재하판의 크기에 대한 영향을 고려하면 침하량은 점토지반에서 재하판의 크기에 비례한다.

100 정규압밀점토에 대하여 구속응력 2kg/cm²로 압밀배수 삼축압축시험을 실시한 결과 파괴시 축차응력이 4kg/cm²이었다. 이 흙의 내부마찰각은?

㉮ 20°   ㉯ 25°
㉰ 30°   ㉱ 45°

해설 $\sin\phi = \dfrac{\sigma_1 - \sigma_3}{\sigma_1 + \sigma_3} = \dfrac{6-2}{6+2} = 0.5$

∴ $\phi = \sin^{-1} 0.5 = 30°$

06 상/하/수/도/공/학

101 하천을 수원으로 하는 경우의 취수시설과 가장 거리가 먼 것은?

㉮ 취수탑   ㉯ 취수틀
㉰ 집수매거   ㉱ 취수문

해설 • 취수시설은 취수문, 취수관, 취수탑 등이 있다.
• 취수탑은 수위변화가 큰 곳에 적합하다.

해답 098. ㉰ 099. ㉱ 100. ㉰ 101. ㉰

2014년 9월 20일 시행

102 다음 그림에서 간선하수거 DA의 길이는 600m이고 유역 내 최원점 E에서 간선하수거의 입구 D까지 우수가 유하하는데 걸리는 시간은 5분이다. 간선하수거내 유속이 1m/sec라면 유달시간은?

㉮ 5분 ㉯ 11분
㉰ 15분 ㉱ 20분

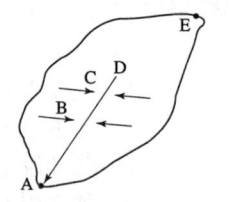

해설
- 유달시간(T) = 유입시간 + 유하시간 = $t_1 + \dfrac{L}{V}$ = 5분 + $\dfrac{600}{1 \times 60}$ = 15분
- 강우지속시간이 유달시간보다 짧을 경우에는 전배수구역으로부터 우수가 동시에 모이지 않는 지체현상이 발생한다.

103 합류식 하수관거의 설계시 사용하는 유량은?

㉮ 계획우수량 + 계획시간 최대오수량
㉯ 계획우수량 + 계획시간 최대오수량의 3배
㉰ 계획1일 최대오수량
㉱ 계획시간 최대오수량의 3배

해설 계획하수량
① 오수관거 : 계획시간 최대오수량
② 우수관거 : 계획우수량
③ 합류관거 : 계획시간 최대오수량 + 계획우수량
④ 차집관거 : 계획시간 최대오수량 × 3

104 탁도가 30mg/L인 원수를 Alum($Al_2(SO_4)_3 \cdot 18H_2O$) 25mg/L를 주입하여 응집처리할 때 1000m³/day 처리에 대한 Alum 주입량은?

㉮ 25 kg/day ㉯ 30 kg/day
㉰ 35 kg/day ㉱ 55 kg/day

해설
25×10^{-6} kg / $\left(\dfrac{1}{1000}\right)$ m³ = 0.025 kg/m³
∴ 0.025 × 1000 = 25 kg/day

105 상수도 배수시설에 대한 설명으로 옳은 것은?

㉮ 계획배수량은 해당 배수구역의 계획1일 최대급수량을 의미한다.
㉯ 소규모의 수도 및 배수량이 적은 지역에서는 소화용수량은 무시한다.
㉰ 배수지에서의 배수는 펌프가압식을 원칙으로 한다.
㉱ 대용량 배수지 설치보다 다수의 배수지를 분산시키는 편이 안정급수 관점에서 효과적이다.

해답 102. ㉰ 103. ㉮ 104. ㉮ 105. ㉱

- 배수시설의 계획 배수량은 평상시와 화재 발생시로 구분하여 고려하여야 한다.
- 배수지에서의 배수는 자연유하식이 유리하다.
- 배수관을 격자식 방식으로 하면 물이 정체하지 않고 수압도 유지하기 쉬우며 화재 시 특히 유리하나 관망의 수리계산은 복잡하다.

106 관경이 500mm인 하수관거를 직선부에 설치하고자 한다. 맨홀의(manhole) 최대간격은 얼마인가?

㉮ 50m   ㉯ 75m
㉰ 100m ㉱ 150m

맨홀 설치간격

관거내경	600mm 이하	600~1000mm	1000~1500mm	1650mm 초과
최대간격	75m	100m	150m	200m

107 다음 중 상수도 구성을 나타낸 것으로 옳은 것은?

㉮ 도수 → 취수 → 정수 → 송수 → 배수 → 급수
㉯ 취수 → 정수 → 도수 → 송수 → 급수 → 배수
㉰ 취수 → 도수 → 정수 → 송수 → 배수 → 급수
㉱ 송수 → 취수 → 정수 → 도수 → 급수 → 배수

- 상수의 공급과정 : 취수 → 도수 → 정수 → 송수 → 배수 → 급수
- 상수시설 배치 순서 : 취수탑 → 침사지 → 응집침전지 → 정수지 → 배수지
- 일반적인 상수처리 계통 : 취수 → 착수정 → 침전지 → 여과지 → 소독설비 → 배수지
- 상수의 정수과정 : 스크린 → 응집침전 → 여과 → 살균

108 정수장에서 배출수 처리방식을 순서대로 나열한 것은?

㉮ 탈수 - 조정 - 농축 - 건조
㉯ 조정 - 농축 - 탈수 - 건조
㉰ 조정 - 탈수 - 농축 - 건조
㉱ 탈수 - 조정 - 건조 - 농축

정수 처리 과정에서 발생되는 상수 슬러지는 조정(세척수, 슬러지 받고) → 농축(배출수 부피 감소) → 탈수(운반, 처분 쉽게) → 건조 → 반출(처분) 과정으로 처리한다.

109 하수관거의 단면형상에 대한 설명으로 옳지 않은 것은?

㉮ 하수관거의 단면형상은 수리학적으로 유리하며 하수량의 변동에 대해서 유속변동이 적어야 한다.
㉯ 관거의 단면형상은 암거의 경우 원형, 직사각형(정사각형 포함), 말굽형 또는 계란형 등이 있다.
㉰ 직사각형 단면은 시공장소의 흙두께, 폭원에 제한을 받는 경우에 유리하고 역학계산이 간단하다.
㉱ 원형 단면은 수리학적으로 유리하며 특히 공장제품 사용시 지하수 침투량이 없는 것이 장점이다.

정답 106. ㉰ 107. ㉰ 108. ㉯ 109. ㉱

- 원형 단면은 수리학적으로 유리하나 단점으로 연결부가 많아져 지하수 침투량이 많아질 염려가 있다.
- 계란형 단면은 하수량이 적어도 유속이 커서 고형물의 침전을 예방할 수 있다.
- 말굽형 단면은 대구경 관거에 유리하며 경제적이고 상반부의 아치 작용에 의해 역학적으로 유리하다.
- 계란형 단면은 수직방향의 시공에 정확도가 요구되므로 면밀한 시공이 필요하다.
- 원형단면은 내경 3m정도까지 공장제품을 사용할 수 있어 공사기간이 단축된다.

110. 다음 중 맛과 냄새의 제거에 주로 사용되는 것은?

㉮ 황산반토 ㉯ PAC(고분자 응집제)
㉰ 활성탄   ㉱ $CuSO_4$

- 활성탄은 높은 흡착성을 지닌 탄소질 물질, 목탄 따위를 활성화하여 만든 것으로 다공질이어서 색소나 냄새를 잘 빨아들인다.
- 황산반토(황산 알루미늄)
  저렴하고 무독성으로 수질 탁화에 적합하며 부식성과 자극성이 없어 취급이 용이하다.
- 황산동($CuSO_4$)
  조류가 많이 번식하면 부영양화를 발생시키므로 제거하기 위해 사용한다.
- 상수도에서 맛과 냄새의 주된 원인은 조류의 영향이 크다.

111. 하수처리장 계획시 고려할 사항으로 옳지 않은 것은?

㉮ 처리장의 부지면적은 확장 및 향후 고도처리 계획을 예상하여 계획한다.
㉯ 처리장의 위치는 방류수역의 이수상황 및 주변의 환경조건을 고려하여 정한다.
㉰ 처리시설은 계획시간 최대 오수량을 기준으로 하여 계획한다.
㉱ 처리시설은 이상수위에서도 침수되지 않는 지반고에 설치하거나 방호시설을 설치한다.

- 하수처리장 시설은 계획1일 최대오수량을 기준으로 계획한다.
- 하수도 계획의 목표연도는 20년 후를 원칙으로 한다.
- 하수도 기본계획 수립시 조사사항
  - 오수량
  - 하수배제 방식
  - 계획인구 및 포화 인구밀도

112. 상수도에서의 관수로의 관경 설계시 일반적으로 가장 많이 사용되는 공식은?

㉮ Horton 공식   ㉯ Manning 공식
㉰ Kutter 공식   ㉱ Hazen-Williams 공식

상수도 관로는 일반적으로 Hazen-Williams 공식을 이용하여 설계한다.

113 정수시설의 계획을 위한 기준은?

㉮ 계획1일 최대급수량 ㉯ 계획시간 최대급수량
㉰ 계획1일 평균급수량 ㉱ 계획1일 최소급수량

해설 상수관로 시설의 규모 결정은 계획1일 최대급수량으로 한다.

114 급속여과지의 여과면적, 지수 및 형상에 대한 다음 설명 중 적합하지 않은 것은?

㉮ 여과면적은 계획정수량을 여과속도로 나누어 구한다.
㉯ 1지의 여과면적은 150m² 이하로 한다.
㉰ 지수는 예비지를 포함하여 2지 이상으로 한다.
㉱ 형상은 원형을 표준으로 한다.

해설 형상은 직사각형을 표준으로 한다.

참고
- 여과의 손실 수두는 완속여과보다 급속여과가 크다.
- 완속여과는 여과속도가 급속 여과의 1/30~1/40 정도이다.
- 완속여과 속도는 보통 4~5m/day로 한다.
- 급속여과에서 이용되는 모래의 균등계수는 1.7 이하가 적합하다.

115 폭기조 MLSS를 1L 실린더에 담고 30분간 정치시켜 침전된 슬러지의 부피를 측정한 결과 600mL이었다. MLSS 농도가 3000mg/L이었다면 이 슬러지의 용적지수(SVI)는?

㉮ 100 ㉯ 150
㉰ 200 ㉱ 250

해설
- $SVI = \dfrac{30분간 침전된 슬러지 부피}{MLSS 농도} = \dfrac{600 \times 1000}{3000} = 200$
- 폭기조의 정상운전(침전성 양호)은 $SVI = 50~150$ 범위
- $SVI = \dfrac{100}{SDI}$

116 관거의 접합방법 중에서 유수(流水)는 원활하지만 관거의 매설깊이가 증가하여 공사비가 많이 들고, 펌프 배수하는 지역에서는 양정이 높게 되는 단점이 있는 것은?

㉮ 수면 접합 ㉯ 관저 접합
㉰ 관중심 접합 ㉱ 관정 접합

해설
- 관정 접합으로 관거의 접합에서 관경이 변화하는 경우 관거의 내면 상단부를 동일 높이로 맞추어서 접속한다.
- 관저 접합은 관의 내면 하부를 일치시키는 방법이다.
- 관정 접합은 수위차가 크고 자세가 급한 곳에 적합하며 토공량이 많아지는 단점이 있다.
- 관저 접합은 하수관거의 접합방법 중 수리학적으로 가장 좋지 않은 방법이다.

해답 113. ㉮ 114. ㉱ 115. ㉰ 116. ㉱

117. 계획오수량을 생활오수량, 공장폐수량 및 지하수량으로 구분할 때, 이것에 대한 설명으로 옳지 않은 것은?

㉮ 지하수량은 1인1일 최대오수량의 10~20%로 한다.
㉯ 계획1일 최대오수량은 1인1일 최대오수량에 계획인구를 곱한 후, 여기에 공장폐수량, 지하수량 및 기타 배수량을 더한 것으로 한다.
㉰ 계획1일 평균오수량은 계획1일 최대오수량의 70~80%를 표준으로 한다.
㉱ 합류식에서 우천시 계획오수량은 원칙적으로 계획시간 최대오수량의 2배 이상으로 한다.

> • 합류식에서 우천시 계획오수량은 원칙적으로 계획시간 최대오수량의 3배 이상으로 한다.
> • 계획시간 최대오수량은 계획 1일 최대오수량의 1시간당 수량의 1.3~1.8배를 표준으로 한다.
> • 하수처리장의 설계기준이 되는 기본적 하수량은 계획 1일 최대오수량을 기준한다.

118. 유입하수량 50000m³/day, 유입 BOD 200mg/L, 유입 SS 150mg/L이고, BOD제거율이 90%, SS제거율이 80%일 경우 유출 BOD와 유출SS의 농도는?

㉮ 10mg/L, 20mg/L
㉯ 20mg/L, 10mg/L
㉰ 20mg/L, 30mg/L
㉱ 30mg/L, 40mg/L

> • BOD농도
> $200 \times 0.1 = 20\,\text{mg/L}$
> • SS농도
> $150 \times 0.2 = 30\,\text{mg/L}$

119. 상수도의 펌프장에서 펌프를 병렬로 운전하면 어떤 변화가 있는가?

㉮ 양수량은 증가하나 양정은 변화가 없다.
㉯ 양수량과 양정이 변화한다.
㉰ 양수량은 변화없고 양정은 증가한다.
㉱ 양수량과 양정이 변화가 없다.

> • 양수량의 변화가 크고 양정의 변화가 적은 경우 펌프를 병렬로 연결시켜 사용한다.
> • 펌프를 직렬연결하면 양수량은 변화없고 양정은 증가한다.

120. 활성슬러지 변법 중 고형물 체류시간이 가장 긴 것은?

㉮ 계단식 포기법　　　㉯ 산화구법
㉰ 접촉안정법　　　　㉱ 표준활성슬러지법

> 산화구법은 장기포기법과 비슷하지만 폭기조 체류시간이 길다.

정답 117. ㉱　118. ㉰　119. ㉮　120. ㉯

2015

01 응용역학
02 측량학
03 수리학
04 철근콘크리트 및 강구조
05 토질 및 기초
06 상하수도공학

기 출 문 제

2015년 3월 8일 시행
2015년 5월 31일 시행
2015년 9월 19일 시행

01 토목산업기사

응용역학 / 측량학 / 수리학 / 철근콘크리트 및 강구조 / 토질 및 기초 / 상하수도공학

[2015년 3월 8일 시행]

알려드립니다

한국산업인력공단의 저작권법 저촉에 대한 언급(2013년 2회 시험)이 있어 과거에 출제된 동일한 문제나 그 유형의 문제로 재구성하였습니다.

01 응/용/역/학

001 탄성계수 E, 전단 탄성계수 G, 프아송의 수 m 사이의 관계를 옳게 표시한 것은?

㉮ $G = \dfrac{E}{2(m+1)}$ ㉯ $G = \dfrac{mE}{2(m+1)}$

㉰ $G = \dfrac{E}{2(m-1)}$ ㉱ $G = \dfrac{m}{2(m+1)}$

해설 $G = \dfrac{E}{2(1+\nu)} = \dfrac{E}{2\left(1+\dfrac{1}{m}\right)} = \dfrac{mE}{2(m+1)}$

002 다음 그림의 보에서 C점에 $\Delta_C = 0.2$cm의 처짐이 발생하였다. 만약 D점의 P를 C점에 작용시켰을 경우 D점에 생기는 처짐 Δ_D의 값은?

㉮ 0.6cm
㉯ 0.4cm
㉰ 0.2cm
㉱ 0.1cm

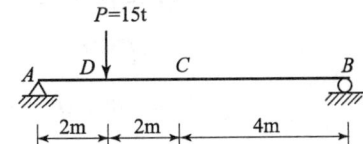

해설 상반작용의 원리
$P_1 \delta_{12} = P_2 \delta_{21}$ 에서 P_1, P_2 하중을 단일하중($P_1 = P_2 = 1$)으로 할 때 $\delta_{12} = \delta_{21}$ 이므로 0.2cm 이다.

003 아래 그림의 보에서 C점의 수직처짐량은?

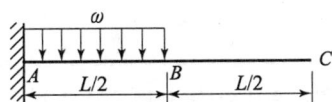

㉮ $\dfrac{7\omega L^4}{384EI}$ ㉯ $\dfrac{5\omega L^4}{384EI}$ ㉰ $\dfrac{7\omega L^4}{192EI}$ ㉱ $\dfrac{5\omega L^4}{192EI}$

해답 001. ㉯ 002. ㉰ 003. ㉮

해설 • $\theta_c = \dfrac{\omega l^3}{48EI}$　　　• $y_c = \dfrac{7\omega l^4}{384EI}$

004 단면이 원형(지름 D)인 보에 휨모멘트 M이 작용할 때 이 보에 작용하는 최대 휨응력은?

㉮ $\dfrac{12M}{\pi D^3}$　　　㉯ $\dfrac{16M}{\pi D^3}$

㉰ $\dfrac{32M}{\pi D^3}$　　　㉱ $\dfrac{38M}{\pi D^3}$

해설 • $Z = \dfrac{\pi D^3}{32}$　　• $\sigma = \dfrac{M}{I}y = \dfrac{M}{Z} = \dfrac{32M}{\pi D^3}$

005 그림과 같은 구조물에서 BC 부재가 받는 힘은 얼마인가?

㉮ 1.8t
㉯ 2.4t
㉰ 3.75t
㉱ 5.0t

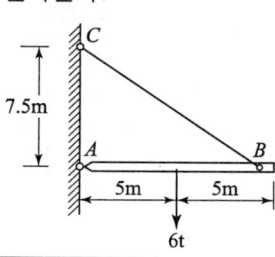

해설 • $BC = \sqrt{10^2 + 7.5^2} = 12.5\,m$
• $\sum M_A = 0$

$6 \times 5 - BC \times \dfrac{7.5}{12.5} \times 10 = 0$

∴ $BC = 5t$

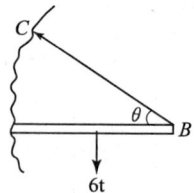

보충 수직력 : $BC\sin\theta$ 적용

006 그림과 같은 사각형 단면을 가지는 기둥의 핵 면적은?

㉮ $\dfrac{bh}{9}$　　㉯ $\dfrac{bh}{18}$

㉰ $\dfrac{bh}{16}$　　㉱ $\dfrac{bh}{36}$

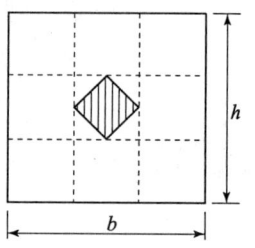

해설 • 핵 면적은 직각삼각형의 4개 면적에 해당하므로

1개 면적 $a = \dfrac{1}{2} \cdot e_x \cdot e_y = \dfrac{1}{2} \times \dfrac{b}{6} \times \dfrac{h}{6} = \dfrac{bh}{72}$

∴ $A = 4a = 4 \times \dfrac{bh}{72} = \dfrac{bh}{18}$

해답　004. ㉰　005. ㉱　006. ㉯

또는

- $\left(\dfrac{b}{6}+\dfrac{b}{6}\right) \times \left(\dfrac{h}{6}+\dfrac{h}{6}\right) \times \dfrac{1}{2}$
  $= \dfrac{b}{3} \times \dfrac{h}{3} \times \dfrac{1}{3} = \dfrac{bh}{18}$

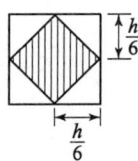

007 그림과 같은 구조물은 몇 차 부정정 구조물인가?

㉮ 3   ㉯ 4
㉰ 5   ㉱ 6

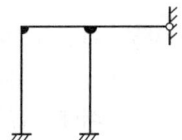

해설 $N = r + m + s - 2k = 8 + 4 + 3 - 2 \times 5 = 5$차 부정정
여기서, m : 부재수(절점 사이 부재수)
s : 강절점수(기존 부재에 붙어 있는 부재수)
k : 지점 및 자유단을 포함하는 절점수

008 반경 3cm인 반원의 도심을 통하는 $X-X$축에 대한 단면 2차 모멘트 값은?

㉮ 4.89cm^4
㉯ 6.89cm^4
㉰ 8.89cm^4
㉱ 10.89cm^4

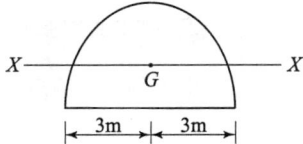

해설 • 원형의 단면2차 모멘트
$I_X = \dfrac{\pi D^4}{64} = \dfrac{\pi r^4}{4}$

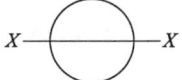

• 반원의 단면2차 모멘트
$I_X' = $ 원형의 단면2차 모멘트 $\times \dfrac{1}{2} = \dfrac{\pi r^4}{4} \times \dfrac{1}{2} = \dfrac{\pi r^4}{8}$

• 반원의 축이동에 대한 단면2차 모멘트
$I_X' = I_X + A \cdot e^2$
$\therefore I_X = I_X' - A \cdot e^2 = \dfrac{\pi r^4}{8} - \dfrac{\pi r^2}{2} \times \left(\dfrac{4r}{3\pi}\right)^2 = \dfrac{\pi r^4}{8} - \dfrac{8r^4}{9\pi} = 8.89\text{cm}^4$

009 지름 2cm의 강철봉을 8ton의 힘으로 인장할 때 봉의 지름이 가늘어진 양은? (단, 푸아송비 $\nu = 0.3$, 탄성계수 $E = 2 \times 10^6 \text{kg/cm}^2$)

㉮ 0.00076mm   ㉯ 0.0076mm
㉰ 0.042mm   ㉱ 0.42mm

해설 • 푸아송비
$\nu = \dfrac{\beta}{\epsilon} = \dfrac{\dfrac{\Delta d}{d}}{\epsilon} = \dfrac{\Delta d}{d \cdot \epsilon}$

$\therefore \Delta d = \nu \cdot d \cdot \epsilon = 0.3 \times 2 \times 0.00127 = 0.000762\text{cm} = 0.0076\text{mm}$

해답 007. ㉰ 008. ㉰ 009. ㉯

$$\cdot E = \frac{\sigma}{\epsilon} = \frac{\frac{P}{A}}{\epsilon} = \frac{P}{A \cdot \epsilon}$$

$$\therefore \epsilon = \frac{P}{A \cdot E} = \frac{8000}{\frac{\pi \times 2^2}{4} \times 2 \times 10^6} = 0.00127$$

010 길이 l=3m의 단순보가 등분포 하중 ω=0.4t/m을 받고 있다. 이 보의 단면은 폭 12cm, 높이 20cm의 사각형 단면이고 탄성계수 $E = 1.0 \times 10^5$kg/cm²이다. 이 보의 최대 처짐량을 구하면 몇 cm인가?

㉮ 0.53cm ㉯ 0.36cm
㉰ 0.27cm ㉱ 0.18cm

$\cdot I = \frac{bh^3}{12} = \frac{12 \times 20^3}{12} = 8000 \text{cm}^4$

$\omega = 0.4\text{t/m} = 400\text{kg/m} = 4\text{kg/cm}$

$\cdot y_{\max} = \frac{5\omega l^4}{384EI} = \frac{5 \times 4 \times 300^4}{384 \times 1 \times 10^5 \times 8000} = 0.53\text{cm}$

· 등분포 하중이 만재하였을 때 최대 처짐각

$\theta_{\max} = \frac{\omega l^3}{24EI}$

011 다음 중 지점(support)의 종류에 해당되지 않는 것은?

㉮ 이동지점 ㉯ 자유지점
㉰ 회전지점 ㉱ 고정지점

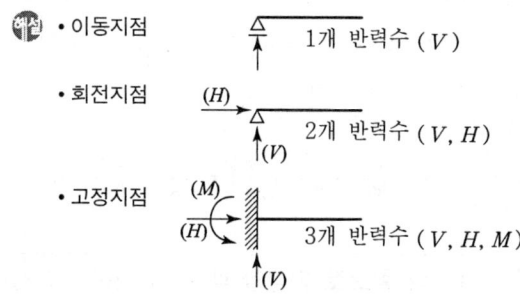

· 이동지점 1개 반력수 (V)
· 회전지점 2개 반력수 (V, H)
· 고정지점 3개 반력수 (V, H, M)

012 다음과 같은 단순보에 모멘트 하중이 작용할 때 각 지점에서의 수직반력을 구한 값은? [단, (−)는 하향]

㉮ R_A = 4t, R_B = −4t
㉯ R_A = 5t, R_B = −5t
㉰ R_A = −4t, R_B = 4t
㉱ R_A = −5t, R_B = 5t

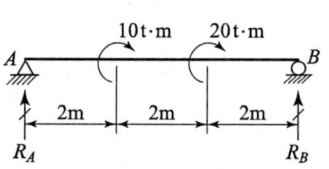

010. ㉮ 011. ㉯ 012. ㉱

- $\Sigma M_B = 0$

  $R_A \times 6 + 10 + 20 = 0$ ∴ $R_A = \frac{1}{6}(-10-20) = -5t$

- $\Sigma V = 0$

  $R_A + R_B = 0$ ∴ $R_B = -R_A = 5t$

013
그림과 같은 직사각형 단면에 전단력 $S=4.5t$이 작용할 때 중립축에서 5cm 떨어진 a-a면에서의 전단응력은?

㉮ $7\,kg/cm^2$
㉯ $8\,kg/cm^2$
㉰ $9\,kg/cm^2$
㉱ $10\,kg/cm^2$

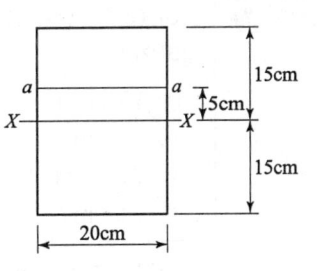

- $I = \frac{bh^3}{12} = \frac{20 \times 30^3}{12} = 45000\,cm^4$
- $G = 20 \times 10 \times (5+5) = 2000\,cm^3$
- $\tau = \frac{SG}{Ib} = \frac{4500 \times 2000}{45000 \times 20} = 10\,kg/cm^2$

014
그림의 트러스에서 CD 부재가 받는 부재응력은?

㉮ 6.7t(인장)
㉯ 8.3t(압축)
㉰ 10t(인장)
㉱ 10t(압축)

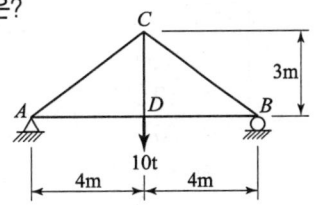

$\Sigma V = 0$, $\overline{CD} = 10t(\uparrow)$

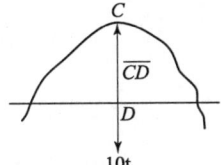

015
그림과 같은 3힌지(hinge) 아치에 하중이 작용할 때, 지점 A의 수평반력 H_A는?

㉮ 6t
㉯ 8t
㉰ 10t
㉱ 12t

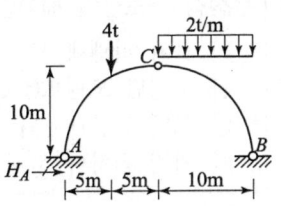

해답 013. ㉱ 014. ㉯ 015. ㉮

해설
- $\sum M_B = 0$
  $R_A \times 20 - 4 \times 15 - 2 \times 10 \times \dfrac{10}{2} = 0$ $\therefore R_A = 8t$
- $\sum M_C = 0$
  $-H_A \times 10 + 8 \times 10 - 4 \times 5 = 0$ $\therefore H_A = 6t$

016
길이 6m인 단순보에 그림과 같이 집중하중 7t, 2t이 작용할 때 최대 휨모멘트는 얼마인가?

㉮ 10.5 t·m
㉯ 8 t·m
㉰ 7.5 t·m
㉱ 7 t·m

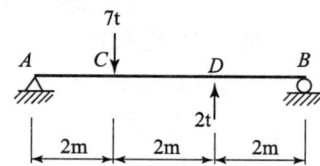

해설
- $\sum M_B = 0$
  $R_A \times 6 - 7 \times 4 + 2 \times 2 = 0$ $\therefore R_A = \dfrac{1}{6}(7 \times 4 - 2 \times 2) = 4t$
- C점에서 최대 휨모멘트가 발생하므로
  $M_C = R_A \times 2 = 4 \times 2 = 8 t \cdot m$

017
그림 (A)의 양단힌지 기둥의 탄성좌굴하중이 10t이었다면, 그림 (B)기둥의 좌굴하중은?

㉮ 2.5 t
㉯ 10 t
㉰ 20 t
㉱ 40 t

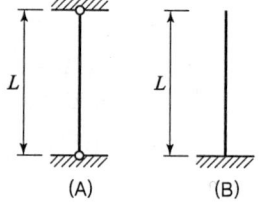

해설
- 좌굴하중 $P = \dfrac{n\pi^2 EI}{l^2}$
- 양단힌지 $n = 1$, 일단 자유 타단 고정 $n = \dfrac{1}{4}$
- (B) 기둥의 좌굴하중 $P = \dfrac{10}{4} = 2.5t$

018
부정정 구조물의 해석법인 처짐각법에 대한 설명으로 틀린 것은?

㉮ 보와 라멘에 모두 적용할 수 있다.
㉯ 고정단 모멘트(fixed end moment)를 계산해야 한다.
㉰ 모멘트 분배율의 계산이 필요하다.
㉱ 지점 침하나 부재가 회전했을 경우에도 사용할 수 있다.

해설 모멘트 분배율의 계산이 필요한 것은 모멘트 분배법이다.

해답 016. ㉯   017. ㉮   018. ㉰

019 길이 1m, 지름 1.5cm의 강봉을 8t으로 당길 때 이 강봉은 얼마나 늘어나겠는가? (단, $E=2.1\times10^6\text{kg/cm}^2$)

㉮ 2.2mm ㉯ 2.6mm
㉰ 2.8mm ㉱ 3.1mm

해설) $E=\dfrac{\sigma}{\epsilon}=\dfrac{\dfrac{P}{A}}{\dfrac{\Delta l}{l}}=\dfrac{Pl}{A\,\Delta l}$

$\therefore \Delta l=\dfrac{Pl}{EA}=\dfrac{8000\times100}{2.1\times10^6\times\dfrac{\pi\times1.5^2}{4}}=0.2156\text{cm}≒2.2\text{mm}$

020 다음 중 단면계수의 단위에 해당되는 것은?

㉮ cm^4 ㉯ cm^3
㉰ cm^2 ㉱ cm

해설) $Z=\dfrac{I}{y}=\dfrac{\text{cm}^4}{\text{cm}}=\text{cm}^3$

02 측/량/학

021 비행 고도 4600m에서 초점거리 184mm 사진기로 촬영한 수직항공사진에서 길이 150m 교량은 얼마의 크기로 표현되는가?

㉮ 8.5mm ㉯ 8.0mm
㉰ 7.5mm ㉱ 6.0mm

해설) $\dfrac{f}{h}=\dfrac{l}{L}$ $\dfrac{184}{4600}=\dfrac{l}{150}$

$\therefore l=\dfrac{184\times150}{4600}=6\text{mm}$

022 노선의 길이가 2.5km인 결합트래버스 측량에서 폐합비를 1/5000로 제한할 때 허용되는 최대 폐합차는?

㉮ 0.2m ㉯ 0.4m
㉰ 0.5m ㉱ 0.6m

해설) 폐합비(정밀도)$=\dfrac{E}{\Sigma l}$

$\dfrac{1}{5000}=\dfrac{E}{2500}$ $\therefore E=\dfrac{2500}{5000}=0.5\text{m}$

정답) 019. ㉮ 020. ㉯ 021. ㉱ 022. ㉰

023 $R=80\text{m}$, $L=20\text{m}$인 클로소이드의 종점 좌표를 단위클로소이드표에서 찾아보니 $x=0.499219$, $y=0.020810$이었다면 실제 X, Y좌표는?

㉮ $X=19.969\text{m}$, $Y=0.832\text{m}$ ㉯ $X=9.984\text{m}$, $Y=0.416\text{m}$
㉰ $X=39.936\text{m}$, $Y=1.665\text{m}$ ㉱ $X=29.109\text{m}$, $Y=1.218\text{m}$

해설
- $A^2 = R \cdot L$ $A = \sqrt{RL} = \sqrt{80 \times 20} = 40$
- $X = 0.499219 \times 40 = 19.969\text{m}$
  $Y = 0.020810 \times 40 = 0.832\text{m}$

024 평판을 설치할 때 오차가 가장 큰 영향을 주는 것은 무엇인가?

㉮ 수평맞추기(정준)   ㉯ 중심맞추기(구심)
㉰ 방향맞추기(표정)   ㉱ 높이맞추기(표고)

해설
- 표정(방향)오차는 방향선의 길이에 비례하므로 측량 결과에 가장 큰 영향을 준다.
- 시오삼각형이 발생하는 주된 요인도 평판의 표정이 정확치 않기 때문이다.

025 폐합트래버스에서 위거오차가 -0.35m이고, 경거오차가 $+0.45\text{m}$이며, 전 측선의 거리의 합이 456m일 때 폐합비는 얼마인가?

㉮ 1/204   ㉯ 1/456
㉰ 1/800   ㉱ 1/1600

해설
- 폐합오차
  $E = \sqrt{(\text{위거 오차})^2 + (\text{경거 오차})^2} = \sqrt{(E_L)^2 + (E_D)^2} = \sqrt{(-0.35)^2 + (0.45)^2} = 0.57\text{m}$
- 폐합비
  $R = \dfrac{E}{\Sigma l} = \dfrac{0.57}{456} = \dfrac{1}{800}$

보충
- 시가지의 허용 측각오차
  $E = 20\sqrt{n} \sim 30\sqrt{n}$ (초)
- 트래버스 중 정밀도는 결합 트래버스가 가장 높다.
- 보통 평지의 허용 측각오차
  $E = 1.0\sqrt{n} \sim 0.5\sqrt{n}$ (분)

026 방대한 지역의 측량에 적합하며 동일 측점 수에 대하여 포괄면적이 가장 넓은 삼각망은?

㉮ 유심 삼각망   ㉯ 사변형망
㉰ 단열 삼각망   ㉱ 복합 삼각망

해설
- 유심 삼각망은 농지 측량 등 넓은 지역에 적합
- 삼각망의 정도
  단삼각망 < 단열 삼각망 < 유심 삼각망 < 사변형 삼각망

예답 | 023. ㉮ 024. ㉰ 025. ㉰ 026. ㉮

027 수준측량에서 담장 PQ가 있어, P점에서 표척을 QP방향으로 거꾸로 세워 아래 그림과 같은 결과를 얻었다. A점의 표고 $H_A=51.25$m이면 B점의 표고는?

㉮ 51.08m
㉯ 51.42m
㉰ 52.18m
㉱ 52.22m

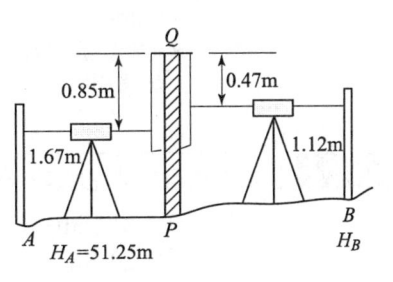

해설 $H_B = 51.25 + 1.67 - (-0.85) + (-0.47) - 1.12 = 52.18$m

028 그림과 같이 △ABC의 토지를 한 변 BC에 평행한 DE로 분할하여 면적의 비율이 ADE : BCED = 2 : 3이 되게 하려고 한다. AD의 길이를 얼마로 하면 되는가? (단, AB의 길이는 50m임.)

㉮ 32.52m
㉯ 31.62m
㉰ 30m
㉱ 20m

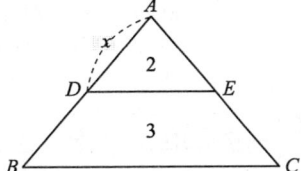

해설 $x^2 : (\overline{AB})^2 = m : (m+n)$

$\therefore x = \sqrt{\dfrac{m}{m+n}} \times (\overline{AB}) = \sqrt{\dfrac{2}{5}} \times 50 = 31.62$m

029 축척이 1 : 25000인 지형도 1매를 1 : 5000 축척으로 재편집할 때 제작되는 지형도의 매 수는?

㉮ 5매 ㉯ 10매
㉰ 15매 ㉱ 25매

해설 $\left(\dfrac{25000}{5000}\right)^2 = 25$매

030 캔트(cant)의 계산에서 속도 및 반지름을 2배로 하면 캔트는 몇 배가 되는가?

㉮ 2배 ㉯ 4배
㉰ 8배 ㉱ 16배

해설
• 캔트 $C = \dfrac{SV^2}{gR}$ 관계식에서 속도 V와 반지름 R을 1배로 하면

$C = \dfrac{S(2V)^2}{g(2R)} = \dfrac{S4V^2}{g2R} = \dfrac{2SV^2}{gR}$

$\therefore$ 2배

해답 027. ㉰ 028. ㉯ 029. ㉱ 030. ㉮

- 캔트가 커지면 곡률 반경은 감소한다.
- 종점에 있는 캔트는 원곡선의 캔트와 같다.
- 캔트란 철도에서는 캔트라 하고 도로에서는 편물매라 하며 곡선부의 바깥쪽을 높이는 것을 뜻한다.

031 다음 야장에서 빈칸에 해당되는 값으로 틀린 것은? (단위 : m)

㉮ (ㄱ) : 31.55m
㉯ (ㄴ) : 29.4m
㉰ (ㄷ) : 31.69m
㉱ (ㄹ) : 30.58m

측점	후시	전시	기계고	지반고
A	1.55		(ㄱ)	30.00
B		2.15		(ㄴ)
C	2.47	2.33		(ㄷ)
D		1.11		(ㄹ)

해설
- A점 기계고=30+1.55=31.55m
- B점 지반고=31.55−2.15=29.4m
- C점 지반고=31.55−2.33=29.22m
- C점 기계고=29.22+2.47=31.69m
- D점 지반고=31.69−1.11=30.58m

032 클로소이드의 기본식은 $A^2 = R \cdot L$을 사용한다. 이때 매개 변수(parameter) A값을 A^2으로 쓰는 이유는 무엇인가?

㉮ 클로소이드의 나선형이 2차곡선 형태이기 때문에
㉯ 도로에서의 완화곡선(클로소이드)은 2차원이기 때문에
㉰ 양변의 차원(demension)을 일치시켜야 하기 때문에
㉱ A값의 단위가 2차원이기 때문에

해설 $A^2 = R \cdot L$에서 매개 변수 A값을 A^2으로 쓰는 이유는 양변의 차원을 일치시키기 위함이다.

033 하천의 평균유속 V_m을 구하는 방법으로서 틀린 것은?(단, V_s는 표면유속 $V_{0.2}$, $V_{0.4}$, $V_{0.6}$, $V_{0.8}$는 수면으로부터 20%, 40%, 60%, 80%에 해당하는 수심을 나타낸다.)

㉮ 1점법 : $V_m = V_{0.6}$
㉯ 2점법 : $V_m = \dfrac{1}{2}(V_{0.2} + V_{0.8})$
㉰ 3점법 : $V_m = \dfrac{1}{6}(V_{0.2} + 4V_{0.6} + V_{0.8})$
㉱ 4점법 : $V_m = \dfrac{1}{5}\left[(V_{0.2} + V_{0.4} + V_{0.6} + V_{0.8}) + \dfrac{1}{2}\left(V_{0.2} + \dfrac{V_{0.8}}{2}\right)\right]$

해설 3점법 $V_m = \dfrac{1}{4}(V_{0.2} + 2V_{0.6} + V_{0.8})$

해답 031. ㉯ 032. ㉰ 033. ㉰

034 지구반경 R=6370km이고 반경이 35km까지를 평면측량으로 볼 때 거리의 허용오차는?

㉮ $\dfrac{1}{10000000}$ ㉯ $\dfrac{1}{1000000}$

㉰ $\dfrac{1}{100000}$ ㉱ $\dfrac{1}{10000}$

 $\dfrac{1}{m} = \dfrac{1}{12}\left(\dfrac{2r}{R}\right)^2 = \dfrac{1}{12}\left(\dfrac{2\times 35}{6370}\right)^2 = \dfrac{1}{100000}$

035 일반적으로 사변형 삼각망을 주고 사용할 수 있는 측량은?

㉮ 광대한 지역의 지형측량
㉯ 복잡한 지형의 골조측량
㉰ 시가지와 같이 정밀을 요하는 골조측량
㉱ 하천조사를 위한 골조측량

- 사변형 삼각망은 삼각측량에서 시간과 경비가 많이 소요되나 가장 정밀한 측량성과를 얻을 수 있으며 기선 삼각망에 이용된다.
- 단열 삼각망은 하천조사를 위한 골조측량에 적합하다.
- 유심 삼각망은 넓은 지역에 적합하고 농지측량 및 평탄한 지역에 사용된다.

036 다음의 입체시에 대한 설명 중 옳지 않은 것은?

㉮ 촬영고도가 낮은 사진이 높은 사진보다 더 높게 보인다.
㉯ 눈의 높이가 낮아짐에 따라 더 높게 보인다.
㉰ 다른 조건이 동일할 때 기선의 길이를 길게 하는 것이 짧은 경우보다 과고감이 크게 된다.
㉱ 다른 조건이 동일할 때 초점거리가 짧은 경우가 긴 경우보다 커진다.

- 눈의 높이가 높아짐에 따라 더 높게 보인다.
- 입체상의 변화는 기선고도비에 영향을 받는다.

037 교점($I.P$)의 위치가 기점으로부터 325m, 곡선 반경 $R=200$m, 교각 $I=40°$인 단곡선을 편각법에 의해 측설하고자 한다. 기점으로부터 곡선시점($B.C$)의 추가거리는? (단, 중심말뚝 간격은 20m이다.)

㉮ $No.10+12.2$m   ㉯ $No.10+17.794$m
㉰ $No.12+12.2$m   ㉱ $No.19+17.794$m

- $TL = R\tan\dfrac{I}{2} = 200\tan\dfrac{40°}{2} = 72.794$m
- $BC = IP - TL = 325 - 72.794 = 252.2$m
∴ $No.12(12\times 20=240\text{m})+12.2$

 034. ㉰ 035. ㉰ 036. ㉯ 037. ㉰

038 다음의 지형측량 방법 중에 기준점 측량에 해당하지 않는 것은?

㉮ 삼각측량 ㉯ 수준측량
㉰ 스타디아측량 ㉱ 트래버스측량

해설 스타디아측량은 두 점간의 수평거리와 고저차를 간접적으로 구하는 측량으로 거리에 따른 정도가 일정하지 않다.

039 일반도로 공사에서 횡단측량 결과 2km+120m 지점의 흙쌓기 면적이 60m²이고 2km+140m 지점은 흙깎기 면적이 20m²일 때 두 지점간의 토량을 양단면 평균법으로 구하면 다음 중 어느 것인가?

㉮ 흙쌓기 토량 400m³ ㉯ 흙쌓기 토량 800m³
㉰ 흙깎기 토량 400m³ ㉱ 흙깎기 토량 800m³

해설 $V = \dfrac{A_1 + A_2}{2} \times L = \dfrac{60 - 20}{2} \times 20 = 400\text{m}^3$

040 측량 구역이 평야지대로 어느 한 측점에서 중간에 장애물이 없는 10km 떨어진 어떤 측점을 시준할 경우 어떤 측점에 세울 측표의 최소 높이는 얼마 이상으로 하여야 하는가? (단, 지구곡률 반지름은 6370km이며 기차는 무시한다.)

㉮ 5.8m ㉯ 7.8m
㉰ 10.8m ㉱ 15.8m

해설 $h = \dfrac{S^2}{2R} = \dfrac{10^2}{2 \times 6370} = 0.0078\,\text{km} = 7.8\text{m}$

03 수/리/학

041 유량 6.28m³/sec를 송수하기 위하여 안지름 2m의 주철관 100m를 설치하였을 때 적당한 관로의 동수경사는 약 얼마인가? (단, 마찰손실계수 $f = 0.03$)

㉮ 1/1000 ㉯ 2/1000
㉰ 3/1000 ㉱ 4/1000

해설
- $f = \dfrac{124.6 n^2}{D^{1/3}}$ (D단위 : m)

∴ $n = \sqrt{\dfrac{f \cdot D^{1/3}}{124.6}} = \sqrt{\dfrac{0.03 \times 2^{1/3}}{124.6}} = 0.017$

해답 038. ㉰ 039. ㉮ 040. ㉯ 041. ㉰

- $Q = A \cdot V$

  $\therefore V = \dfrac{Q}{A} = \dfrac{6.28}{\dfrac{3.14 \times 2^2}{4}} = 2\text{m/sec}$

- $R = \dfrac{D}{4} = \dfrac{2}{4} = 0.5\text{m}$

- $V = \dfrac{1}{n} R^{2/3} I^{1/2}$

  $I^{1/2} = \dfrac{V}{\dfrac{1}{n} R^{2/3}} = \dfrac{2}{\dfrac{1}{0.017} \times 0.5^{2/3}} = 0.054$

  $\therefore I = \dfrac{3}{1000}$

042 다음 중 수리상 유리한 단면조건은?

㉮ 경심(R)이 최소이어야 한다.
㉯ 윤변(P)이 최대가 되어야 한다.
㉰ 경심(R)과 윤변(P)의 곱이 최대가 되어야 한다.
㉱ 경심(R)이 최대가 되든지 윤변(P)이 최소가 되어야 한다.

- 수리학상 유리한 단면은 단면적이 일정할 때 최대유량을 흐르게 하는 단면이므로 경심(R)이 최대가 되거나 윤변(P)가 최소가 되는 단면형이다.
- 직사각형 단면의 경우

  $h = \dfrac{B}{2}$, $B = 2h$

  $R = \dfrac{A}{P} = \dfrac{B \times h}{B + 2h} = \dfrac{2h \times h}{2h + 2h} = \dfrac{2h^2}{4h} = \dfrac{h}{2}$

- 폭이 무한히 넓은 개수로의 수리반경(R)은 개수로의 수심과 같다.
- 수심을 반경으로 하는 반원에 외접하는 직사각형 단면이 된다.

043 부체의 경심(M), 부심(C), 무게중심(G)에 대하여 부체가 안정되기 위한 조건은?

㉮ $\overline{MG} > 0$ ㉯ $\overline{MG} = 0$
㉰ $\overline{MG} < 0$ ㉱ $\overline{MG} = \overline{CG}$

- 안정

  $G(\text{중심}) < M(\text{경심})$, $0 < \overline{MG}(h)$, $\overline{CG} < \dfrac{I}{V}(\overline{CM})$

- 중립

  $G = M$, $0 = \overline{MG}$, $\overline{CG} = \dfrac{I}{V}$

- 불안정

  $G > M$, $0 > \overline{MG}$, $\overline{CG} > \dfrac{I}{V}$

- 경심고($\overline{MG}$)가 클수록 부체는 안정하다.(경심M이 중심G보다 상부에 있을 때 안정하다.)

042. ㉱ 043. ㉮

2015년 3월 8일 시행

044 정류에 대한 설명으로 옳지 않은 것은?
㉮ 어느 단면에서 지속적으로 유속이 균일해야 한다.
㉯ 흐름의 상태가 시간에 관계없이 일정하다.
㉰ 유선과 유적선이 일치한다.
㉱ 유선에 따라 유속이 일정하게 변한다.

해설 정류의 흐름에서 유선에 따라 유속은 다를 수 있다.

045 절대속도 U[m/sec]로 움직이고 있는 판에 같은 방향으로부터 절대속도 V[m/sec]의 분류가 흐를 때 판에 충돌하는 힘을 계산하는 식으로 옳은 것은? (단, ω_0는 물의 단위중량, A는 통수 단면적)

㉮ $F = \dfrac{\omega_0}{g} A(V-U)^2$ ㉯ $F = \dfrac{\omega_0}{g} A(V+U)^2$

㉰ $F = \dfrac{\omega_0}{g} A(V-U)$ ㉱ $F = \dfrac{\omega_0}{g} A(V+U)$

해설 $F = \dfrac{\omega_0}{g} Q(V_1 - V_2) = \dfrac{\omega_0}{g} AV \cdot V = \dfrac{\omega_0}{g} A(V-U)(V-U) = \dfrac{\omega_0}{g} A(V-U)^2$

046 모세관 현상에 관한 설명으로 옳지 않은 것은?
㉮ 모세관의 상승높이는 액체의 응집력과 액체와 관 벽의 부착력에 의해 좌우된다.
㉯ 액체의 응집력이 관 벽과의 부착력보다 크면 관내의 액체의 높이는 관 밖의 액체보다 낮게 된다.
㉰ 모세관의 상승높이는 모세관의 직경 d에 반비례한다.
㉱ 모세관의 상승높이는 액체의 단위중량에 비례한다.

해설 • $h = \dfrac{4T\cos\theta}{\omega d}$
• 모세관의 상승높이는 액체의 단위중량에 반비례한다.

047 그림과 같은 불투수층에 도달하는 집수암거의 집수량은? (단, 투수계수는 k, 암거의 길이는 l이며 양쪽 측면에서 유입됨.)

㉮ $\dfrac{kl}{R}(h_0^2 - h_\omega^2)$ ㉯ $\dfrac{kl}{2R}(h_0^2 - h_\omega^2)$

㉰ $\dfrac{\pi k(h_0^2 - h_\omega^2)}{2.3 \log R}$ ㉱ $\dfrac{2\pi k(h_0^2 - h_\omega^2)}{2.3 \log R}$

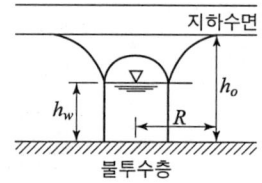

해설 • 한쪽 측면에서 유입할 때
$\dfrac{kl}{2R}(h_0^2 - h_\omega^2)$

해답 044.㉱ 045.㉮ 046.㉱ 047.㉮

[048] 다음 중 지하수 수리에서 Darcy 법칙이 가장 잘 적용될 수 있는 Reynolds수(R_e)의 범위로 옳은 것은?

㉮ $R_e < 2,000$ ㉯ $R_e < 500$
㉰ $R_e < 45$ ㉱ $R_e < 4$

해설
- $R_e < 4$인 층류에 적용된다.
- Darcy 법칙에 의해 $V = ki$
- 지하수의 흐름은 정상류이며 투수물질은 균일하고 동질이고, 대수층 내의 모관수대는 존재하지 않는다.
- 관수로에서 물이 흐를 때 층류가 되는 것은 $R_e < 2,000$이다.

[049] 다음 그림과 같이 직경 8cm인 분류가 35m/sec의 속도로 관의 벽면에 부딪힌 후 최초의 흐름 방향에서 150° 수평방향 변화를 하였다. 관의 벽면이 최초의 흐름 방향으로 10m/sec의 속도로 이동할 때, 관벽면에 작용하는 힘은? (단, 무게 1kg=9.8N)

㉮ 3.6kN (0.37ton)
㉯ 6.1kN (0.62ton)
㉰ 8.5kN (0.87ton)
㉱ 9.2kN (0.94ton)

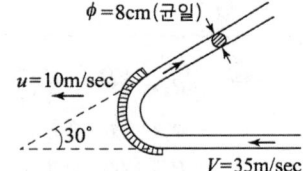

해설
- $F_x = \dfrac{w}{g} Q(V_1 - V_2) = \dfrac{1}{9.8} \times \dfrac{3.14 \times 0.08^2}{4} \times (35-10) \times (-25 - 25\cos 30°) = 0.6\text{t}$
- $F_y = \dfrac{w}{g} Q(V_1 - V_2) = \dfrac{1}{9.8} \times \dfrac{3.14 \times 0.08^2}{4} \times (35-10)(0 - 25\sin 30°) = 0.16\text{t}$
- $\therefore F = \sqrt{F_x^2 + F_y^2} = \sqrt{0.6^2 + 0.16^2} = 0.62\text{t}$

[050] 도수(跳水)에 관한 설명으로 옳지 않은 것은?

㉮ 상류에서 사류로 흐름이 변화될 때 발생된다.
㉯ 사류에서 상류로 변화될 때 생긴다.
㉰ 도수 전후의 충력치(비력)는 동일하다.
㉱ 도수로 인해 때로는 막대한 에너지 손실도 유발된다.

해설
- 도수란 사류에서 상류로 변할 때 수면이 불연속적으로 튀는 현상이다.
- 도수 후 에너지 손실 수두 : $\Delta H_e = \dfrac{(h_2 - h_1)^3}{4h_1 h_2}$

정답 048. ㉱ 049. ㉯ 050. ㉮

2015년 3월 8일 시행

[051] 물의 성질을 설명한 것 중 옳지 않은 것은?

㉮ 압력이 증가하면 물의 압축계수(C_w)는 감소하고 체적탄성계수(E_w)는 증가한다.
㉯ 내부마찰력이 큰 것은 내부마찰력이 작은 것보다 그 점성계수의 값이 크다.
㉰ 물의 점성계수는 수온(°C)이 높을수록 그 값이 커지고 수온이 낮을수록 그 값은 작아진다.
㉱ 공기에 접촉하는 액체의 표면장력은 온도가 상승하면 감소한다.

해설
- 물의 점성계수는 수온이 높을수록 그 값이 작아지고 수온이 낮을수록 그 값이 커진다.
- 물의 밀도나 단위중량은 4°C에서 최대이고 온도가 낮거나 높아지면 감소한다.
- 동점성계수는 수온에 따라 변하며 온도가 낮을수록 크다.

[052] 내경 2cm의 관내를 수온 20°C의 물이 25cm/sec의 유속을 갖고 흐를 때 이 흐름의 상태는? (단, 20°C일 때의 물의 동점성계수 $v=0.01\text{cm}^2/\text{sec}$)

㉮ 상류   ㉯ 층류
㉰ 난류   ㉱ 불완전 층류

해설
- $R_e = \dfrac{VD}{v} = \dfrac{25 \times 2}{0.01} = 5000$
- $R_e < 2000$: 층류
- $R_e > 4000$: 난류

[053] 레이놀즈의 실험장치에 의해서 구별할 수 있는 것은?

㉮ 층류와 난류   ㉯ 정류와 부정류
㉰ 상류와 사류   ㉱ 등류와 부등류

해설
- 층류의 경우 : $R_e < 2000$일 때 $f = \dfrac{64}{R_e}$
- 난류의 경우 : $R_e > 2000$일 때 $f = \phi''\left(\dfrac{1}{R_e}, \dfrac{e}{D}\right)$

[054] 오리피스에서 유출되는 실제유량은 $Q = C_a \cdot C_v \cdot A \cdot V$로 표현한다. 이 때 수축계수 C_a는? (단, A_0는 수축의 최소 단면적, A는 오리피스의 단면적, V는 실제유속, V_O는 이론유속)

㉮ $C_a = \dfrac{A_0}{A}$ ㉯ $C_a = \dfrac{V_0}{V}$

㉰ $C_a = \dfrac{A}{A_0}$ ㉱ $C_a = \dfrac{V}{V_0}$

해설
- $C_a = \dfrac{\text{수축단면의 단면적}}{\text{오리피스의 단면적}} = \dfrac{A_0}{A}$
- 유량계수 $C = C_a \cdot C_v$

정답 051. ㉰ 052. ㉰ 053. ㉮ 054. ㉮

055 Darcy-Weisbach의 마찰손실 공식에 대한 다음 설명 중 틀린 것은?

㉮ 마찰 손실 수두는 관경에 반비례한다.
㉯ 마찰 손실 수두는 관의 조도에 반비례한다.
㉰ 마찰 손실 수두는 물의 점성에 비례한다.
㉱ 마찰 손실 수두는 길이에 비례한다.

해설
- $h_L = f \dfrac{l}{D} \dfrac{V^2}{2g}$
- 마찰 손실 수두는 관의 조도에 비례한다.

056 수면의 높이가 일정한 저수지의 일부에 길이 30m의 월류 위어를 만들어 여기에 40m³/sec의 물을 취수하려면 적당한 위어 마루부로부터의 상류측 수심(H)은? (단, C=1.0으로 보며 접근 유속은 무시한다.)

㉮ 0.80m   ㉯ 0.85m
㉰ 0.90m   ㉱ 0.95m

해설 수심에 비해 폭이 대단히 넓어 광정위어이다.
$Q = 1.7CbH^{3/2}$
$40 = 1.7 \times 1 \times 30 \times H^{3/2}$
∴ $H = 0.85\text{m}$

057 20m 수면 아래의 압력을 수은주 높이로 표시한 것은? (단, 수은의 비중은 13.596이다.)

㉮ 0.68m   ㉯ 1.36m
㉰ 1.47m   ㉱ 2.94m

해설
- 수압 $P = \omega h = 1 \times 20 = 20\,\text{t/m}^2$
- 수은주 높이
  $P = \omega_m h$
  ∴ $h = \dfrac{P}{\omega_m} = \dfrac{20}{13.596} = 1.47\text{m}$

058 다음 중 유관(stream tube)에 대한 설명으로 옳은 것은?

㉮ 임의의 여러 유선으로 이루어진 유동체이다.
㉯ 개방된 곡선을 통과하는 유선으로 이루어진 평면이다.
㉰ 어떤 폐곡선을 통과하는 여러 개의 유선으로 이루어진 관이다.
㉱ 한 개의 유선으로 이루어진 관이다.

해설 폐곡선을 통과한 유선들에 의해 형성된 공간을 유관(stream tube)이라 한다.

059 다음 중 사류의 조건에 해당되지 않는 것은? (단, I : 경사, I_c : 한계경사, V : 유속, V_c : 한계유속, h : 수심, h_c : 한계수심, F_r : Froude Nmber)

㉮ $I < I_c$
㉯ $V > V_c$
㉰ $h < h_c$
㉱ $F_r > 1$

해설) $I < I_c$: 상류

060 다음의 비력(M)곡선에서 한계수심으로 옳은 것은?

㉮ h_3
㉯ $h_1 - h_3$
㉰ h_2
㉱ h_1

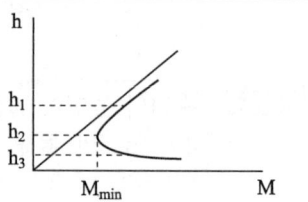

해설) 한계수심은 일정한 유량이 흐를 때 비력을 최소로 하는 수심이다.

04 철/근/콘/크/리/트 /및/ 강/구/조

061 다음의 프리스트레스 손실 원인 중 프리스트레스 도입 후 시간이 경과됨에 따라 발생하는 손실에 해당하지 않는 것은?

㉮ 정착장치의 활동
㉯ PS 강재의 릴랙세이션
㉰ 콘크리트의 크리프
㉱ 콘크리트의 건조수축

해설) 프리스트레스를 도입할 때 일어나는 손실
① 콘크리트의 탄성수축에 의한 손실
② 강재와 쉬스의 마찰에 의한 손실
③ 정착단의 활동에 의한 손실

062 강도설계법에서 보에 대한 등가깊이 $a = \beta_1 c$ 인데 f_{ck}가 45MPa일 경우 β_1의 값은?

㉮ 0.85
㉯ 0.731
㉰ 0.653
㉱ 0.631

해설) $\beta_1 = 0.85 - (45 - 28) \times 0.007 = 0.731$
여기서, β_1값이 0.65보다 작아서는 안 된다. 만약 작으면 β_1값을 0.65로 한다.

정답 059. ㉮ 060. ㉰ 061. ㉮ 062. ㉯

063 강도설계법에서 D25(공칭직경 25.4mm)의 인장철근을 겹침이음할 때 기본 정착길이 l_{db}는 얼마인가? (단, f_{ck} =21MPa, f_y =300MPa이다.)

㉮ 800mm
㉯ 998mm
㉰ 1024mm
㉱ 1138mm

해설 기본 정착길이

$$l_{db} = \frac{0.6 d_b f_y}{\sqrt{f_{ck}}} = \frac{0.6 \times 25.4 \times 300}{\sqrt{21}} = 998\text{mm}$$

064 그림과 같은 독립확대기초에서 전단에 대한 위험단면의 둘레길이는 얼마인가? (단, 2방향 작용에 의하여 펀칭전단이 발생하는 경우)

㉮ 1600mm
㉯ 2800mm
㉰ 3600mm
㉱ 4800mm

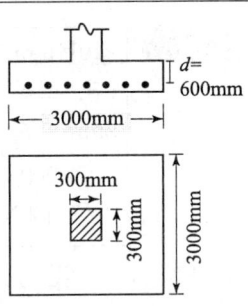

해설
- 2방향 작용에 의하여 펀칭전단이 발생하는 경우에는 집중하중을 받는 슬래브의 경우와 같으며 위험단면은 기둥 전면에서 $\frac{d}{2}$ 만큼 떨어진 곳으로 본다.
- 위험단면의 둘레 길이는
  $(t+d) \times 4 = (300+600) \times 4 = 3600\text{mm}$

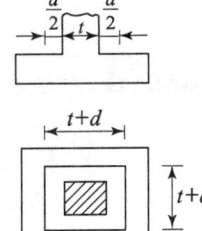

065 강도설계법의 가정으로 옳지 않은 것은?

㉮ 철근과 콘크리트의 변형률은 중립축으로부터의 거리에 비례한다.
㉯ 콘크리트의 압축응력은 변형률에 비례하지 않는다.
㉰ 철근의 항복강도 f_y에 해당되는 변형률보다 더 큰 변형률에 대해서는 철근의 응력은 변형률에 비례한다.
㉱ 콘크리트의 압축응력은 $0.85 f_{ck}$로 균등하고, 압축연단에서 $a = \beta_1 c$까지 등분포한다.

해설
- 항복강도 f_y 이상에서의 철근의 응력은 변형률에 관계없이 f_y와 같다.
- 항복강도 f_y 이하에서의 철근의 응력은 변형률에 탄성계수 곱한 값이다.
  즉, $f_s = \epsilon_s \cdot E_s$
- 콘크리트의 인장강도는 휨계산에서 무시한다.

해답 063. ㉯ 064. ㉰ 065. ㉰

066 다음 철근 중 철근콘크리트 부재의 전단철근으로 사용할 수 없는 것은?

㉮ 주인장 철근에 45°의 각도로 설치되는 스터럽
㉯ 주인장 철근에 30°의 각도로 설치되는 스터럽
㉰ 주인장 철근에 30°의 각도로 구부린 굽힘철근
㉱ 주인장 철근에 45°의 각도로 구부린 굽힘철근

해설 전단철근의 종류
① 주인장 철근을 30° 또는 그 이상의 경사로 구부린 굽힘철근
② 스터럽과 굽힘철근의 병용

067 길이 10m의 PS강선을 인장대에서 긴장 정착할 때 인장력의 감소량은 얼마인가? (단, 프리텐션 방식을 사용하며 긴장장치에서 활동량은 $\Delta l = 3$mm이고, $A_p = 5$mm^2, $E_p = 2.0 \times 10^5$MPa이다.)

㉮ 200N ㉯ 300N
㉰ 400N ㉱ 500N

해설 $\Delta f_P = E_P \cdot \epsilon_P = E_P \cdot \dfrac{\Delta l}{l} = 2.0 \times 10^5 \times \dfrac{3}{10000} = 60$N/mm^2

∴ $P = A \cdot \Delta f_P = 5 \times 60 = 300$N

068 위험단면에서 1방향 슬래브의 정철근 및 부철근의 중심 간격 규정으로 옳은 것은?

㉮ 슬래브 두께의 2배 이하이어야 하고, 또한 300mm 이하로 하여야 한다.
㉯ 슬래브 두께의 2배 이하이어야 하고, 또한 400mm 이하로 하여야 한다.
㉰ 슬래브 두께의 3배 이하이어야 하고, 또한 300mm 이하로 하여야 한다.
㉱ 슬래브 두께의 3배 이하이어야 하고, 또한 400mm 이하로 하여야 한다.

해설
- 1방향 슬래브의 두께는 100mm 이상으로 하여야 한다.
- 기타의 단면에서는 슬래브 두께의 3배 이하, 또한 450mm 이하로 하여야 한다.
- 최대 휨모멘트가 일어나는 곳에서 슬래브 두께 2배 이하, 300mm 이하로 하여야 한다.

069 $f_{ck} = 24$MPa, $f_y = 300$MPa일 때 다음 그림과 같은 보의 균형 철근비(ρ_b)는?

㉮ 0.0013
㉯ 0.0129
㉰ 0.0385
㉱ 0.0488

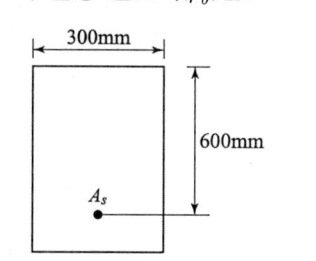

정답 066. ㉯ 067. ㉯ 068. ㉮ 069. ㉰

[해설] $\rho_b = 0.85\beta_1 \dfrac{f_{ck}}{f_y} \dfrac{600}{600+f_y} = 0.85 \times 0.85 \times \dfrac{24}{300} \times \dfrac{600}{600+300} = 0.0385$

여기서, β_1 계수는 $f_{ck} \leq 28\text{MPa}$ 에서는 0.85이다.
$f_{ck} > 28\text{MPa}$ 일 경우 $\beta_1 = 0.85 - 0.007(f_{ck}-28) \geq 0.65$

070 전체깊이가 900mm를 초과하는 휨부재 복부의 양 측면에 부재 축방향으로 배근하는 철근의 명칭은?

㉮ 배력철근 ㉯ 표피철근
㉰ 피복철근 ㉱ 연결철근

[해설] 보나 장선의 깊이 h 가 900mm를 초과하면 종방향 표피철근을 인장연단으로부터 $h/2$ 지점까지 부재 양쪽 측면을 따라 균일하게 배치하여야 한다.

071 그림에 나타난 직사각형 단철근 보에서 전단철근이 부담하는 전단력(V_s)은 약 얼마인가? (단, 철근 D13을 수직 스터럽(stirrup)으로 사용하며, 스터럽 간격은 200mm이다. 철근 D13 1본의 단면적은 127mm², $f_{ck}=28\text{MPa}$, $f_{yt}=350\text{MPa}$)

㉮ 125 kN ㉯ 150 kN
㉰ 200 kN ㉱ 250 kN

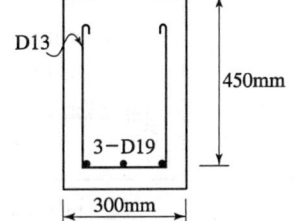

[해설] $V_s = \dfrac{A_v f_{yt} d}{s} = \dfrac{(2\times 127) \times 350 \times 450}{200} = 200{,}025\text{N} \fallingdotseq 200\text{kN}$

072 그림과 같은 지간 6m인 단순보의 직사각형 단면에 계수하중 $\omega=30\text{kN/m}$ 이 작용한다. 하면의 콘크리트 응력이 0이 될 때 PS 강재에 작용하는 긴장력은? (단, PS 강재는 단면의 도심에 위치함.)

㉮ 1,654 kN
㉯ 1,957 kN
㉰ 2,025 kN
㉱ 3,152 kN

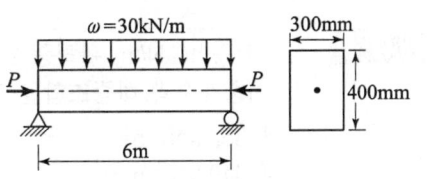

[해설]
- $M = \dfrac{\omega l^2}{8} = \dfrac{30 \times 6^2}{8} = 135\text{kN}\cdot\text{m}$
- $I = \dfrac{bh^3}{12} = \dfrac{0.3 \times 0.4^3}{12} = 0.0016\text{m}^4$
- $A = bh = 0.3 \times 0.4 = 0.12\text{m}^2$
- $f = \dfrac{P}{A} - \dfrac{M}{I}y = 0$

$\dfrac{P}{0.12} - \dfrac{135}{0.0016} \times \dfrac{0.4}{2} = 0$

$\therefore P = 2025\text{kN}$

[정답] 070. ㉯ 071. ㉰ 072. ㉰

073 다음 필렛 용접의 전단 응력은 얼마인가?

㉮ 67.7 MPa
㉯ 70.7 MPa
㉰ 72.7 MPa
㉱ 75.7 MPa

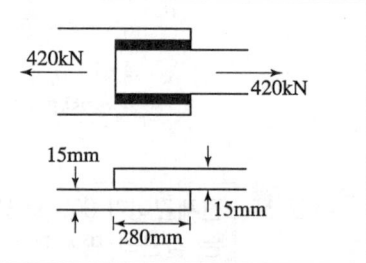

해설
- 목두께 $a = 0.707s = 0.707 \times 15 = 10.605\text{mm}$
- 유효길이 $l = 280 \times 2 = 560\text{mm}$
- 전단응력 $\nu = \dfrac{P}{\sum a \cdot l} = \dfrac{420000}{10.605 \times 560} = 70.7\text{MPa}$

074 아래 그림과 같은 강판에서 순폭은? [단, 볼트 구멍의 지름(d)은 25mm이다.]

㉮ 150mm
㉯ 175mm
㉰ 204mm
㉱ 225mm

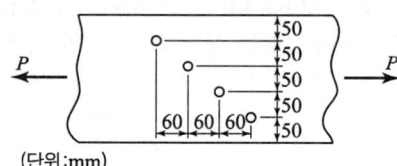

(단위:mm)

해설
- $d = 25\text{mm}$
- $\omega = d - \dfrac{p^2}{4g} = 25 - \dfrac{60^2}{4 \times 50} = 7\text{mm}$
- ① $b_n = b_g - d = 250 - 25 = 225\text{mm}$
- ② $b_n = b_g - d - \omega = 250 - 25 - 7 = 218\text{mm}$
- ③ $b_n = b_g - d - 2\omega = 250 - 25 - 2 \times 7 = 211\text{mm}$
- ④ $b_n = b_g - d - 3\omega = 250 - 25 - 3 \times 7 = 204\text{mm}$
- ∴ 204mm

075 고정하중 10kN/m, 활하중 20kN/m의 등분포하중을 받는 경간 8m의 단순지지보에서 하중계수와 하중조합을 고려한 계수모멘트는?

㉮ 352 kN·m ㉯ 408 kN·m
㉰ 449 kN·m ㉱ 497 kN·m

해설
- $\omega_n = 1.2D + 1.6L = 1.2 \times 10 + 1.6 \times 20 = 44\text{kN/m}$
- $M_u = \dfrac{\omega_n l^2}{8} = \dfrac{44 \times 8^2}{8} = 352\text{kN·m}$

해답 073.㉯ 074.㉰ 075.㉮

076 복철근 단면으로 설계하는 이유 중 틀린 것은?
㉮ 보의 높이가 제한되어 단철근 단면으로는 설계 모멘트를 감당할 수 없을 때
㉯ 정(+), 부(-) 모멘트가 한 단면에서 반복되는 경우
㉰ 처짐을 억제하여야 할 경우
㉱ 연성을 극소화시켜야 할 경우

  • 부재의 처짐을 극소화 시켜야 할 경우 사용한다.
  • 보의 인장측 뿐만 아니라 압축측에도 철근을 배치하여 철근이 압축응력을 받도록 만든 보를 복철근보라고 한다.

077 강도설계법에서 강도감소계수(ϕ)를 규정하는 목적이 아닌 것은?
㉮ 재료 강도와 치수가 변동할 수 있으므로 부재의 강도저하 확률에 대비한 여유를 반영하기 위해
㉯ 부정확한 설계 방정식에 대비한 여유를 반영하기 위해
㉰ 구조물에서 차지하는 부재의 중요도 등을 반영하기 위해
㉱ 하중의 변경, 구조해석할 때의 가정 및 계산의 단순화로 인해 야기될지 모르는 초과하중에 대비한 여유를 반영하기 위해

  공칭강도를 계산하는 데 있어서 그 정확성과 재료와 크기의 다양한 변화를 감안하기 위해 강도감소계수 ϕ가 사용된다.

078 다음과 같은 직사각형보를 강도설계 이론으로 해석할 때 콘크리트의 등가사각형 깊이 a는? (단, $f_{ck}=21$MPa, $f_y=300$MPa)
㉮ 121.6mm
㉯ 190.5mm
㉰ 109.9mm
㉱ 129.9mm

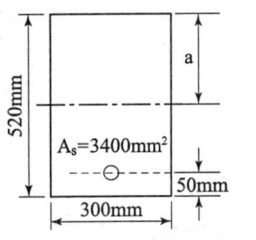

$$a = \frac{A_s \cdot f_y}{0.85 f_{ck} b} = \frac{3400 \times 300}{0.85 \times 21 \times 300} = 190.5\text{mm}$$

079 철근의 이음에 대한 설명으로 옳지 않은 것은?
㉮ D35를 초과하는 철근은 겹침이음을 하지 않아야 한다.
㉯ 이음이 부재의 한 단면에 집중하게 되게 하는 것이 유리하다.
㉰ 철근은 이어대지 않는 것을 원칙으로 한다.
㉱ 최대 인장응력이 작용하는 곳에서는 이음을 하지 않는 것이 좋다.

  철근의 이음위치는 보통 응력이 큰곳에서의 이음을 피하고 같은 곳에 이음이 집중하지 않도록 한다.

정답 076.㉱ 077.㉰ 078.㉯ 079.㉯

080 계수전단력이 80kN이고 이를 지지할 철근콘크리트 보의 설계전단강도 $\phi V_c = 110\,kN$ 이라면 전단설계에 필요한 사항으로 옳은 것은?

㉮ 보의 단면을 크게 한다.
㉯ 최소 전단철근만을 보강하여야 한다.
㉰ 실험에 의해 보강 여부를 결정하여야 한다.
㉱ 전단철근은 보강할 필요가 없다.

해설
- $\dfrac{1}{2}\phi V_c = \dfrac{1}{2} \times 110 = 55\,kN$
- $\dfrac{1}{2}\phi V_c < V_u \le \phi V_c\,(55 < 80 \le 110)$에 해당하므로 최소 전단철근만을 보강한다.

05 토/질 /및/ 기/초

081 함수비 18%의 흙 500kg을 함수비 24%로 만들려고 한다. 추가해야 하는 물의 양은 약 얼마인가?

㉮ 80 kg   ㉯ 54 kg
㉰ 39 kg   ㉱ 26 kg

해설
- 함수비 18%일 때 물 무게
$$W_w = \dfrac{\omega \cdot W}{100+\omega} = \dfrac{18 \times 500}{100+18} = 76.3\,kg$$
- 함수비 24%만들려면 6%를 증가시킨다.
$18\% : 76.3\,kg = 6\% : \chi\,kg$
$\therefore \chi = \dfrac{76.3 \times 6}{18} \fallingdotseq 26\,kg$

082 다음 그림과 같은 샘플러(sampler)에서 면적비는? (단, $D_s = 7.2\,cm$, $D_e = 7.0\,cm$, $D_w = 7.5\,cm$)

㉮ 5.9%
㉯ 14.7%
㉰ 5.8%
㉱ 14.8%

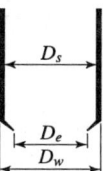

해설 면적비 $A_v = \dfrac{D_w^2 - D_e^2}{D_e^2} \times 100 = \dfrac{7.5^2 - 7^2}{7^2} \times 100 = 14.8\%$

해답 080.㉯ 081.㉱ 082.㉱

083 다음 중 점성토 지반의 개량공법으로 부적당한 것은?
㉮ 치환공법   ㉯ 바이브로 플로테이션공법
㉰ Sand drain공법   ㉱ 다짐모래말뚝공법

해설 다짐모래 말뚝공법은 점성토 지반의 개량공법에 사용할 수 있다.

084 어떤 시료에 대하여 일축압축 시험을 실시한 결과 일축압축강도가 3t/m²이었다. 이 흙의 점착력은?(단, 이 시료는 $\phi=0°$인 점성토이다.)
㉮ 1.0 t/m²   ㉯ 1.5 t/m²
㉰ 2.0 t/m²   ㉱ 2.5 t/m²

해설 $C = \dfrac{q_u}{2} = \dfrac{3}{2} = 1.5 t/m^2$

085 그림과 같은 지표면에 10t의 집중하중이 작용했을 때 작용점의 직하 3m 지점에서 이 하중에 의한 연직응력은?
㉮ 0.422 t/m²
㉯ 0.531 t/m²
㉰ 0.641 t/m²
㉱ 0.708 t/m²

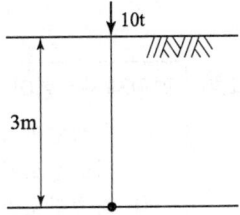

해설 $\sigma_z = 0.4775 \dfrac{Q}{Z^2} = 0.4775 \dfrac{10}{3^2} = 0.531 t/m^2$

086 평판재하시험에서 침하량 1.25mm에 해당하는 하중강도가 2.35kg/cm²일 때 지지력 계수는?
㉮ 15.5 kg/cm³   ㉯ 18.8 kg/cm³
㉰ 7.8 kg/cm³   ㉱ 5.5 kg/cm³

해설
• $K = \dfrac{q}{y} = \dfrac{2.35}{0.125} = 18.8 kg/cm^3$
• $K_{75} < K_{40} < K_{30}$

087 주동토압계수를 K_A, 수동토압계수를 K_p, 정지토압계수를 K_o라 할 때 그 크기의 순서가 맞는 것은?
㉮ $K_A > K_o > K_p$ ㉯ $K_p > K_o > K_A$
㉰ $K_o > K_A > K_p$ ㉱ $K_o > K_p > K_A$

해답 083. ㉯ 084. ㉯ 085. ㉯ 086. ㉯ 087. ㉯

해설
- $K_a < K_o < K_p$
- $P_a < P_o < P_p$

088
다음 투수층에서 피에조미터를 꽂은 두 지점 사이의 동수경사(i)는 얼마인가? (단, 두 지점간의 수평거리는 50m이다.)

㉮ 0.060
㉯ 0.079
㉰ 0.080
㉱ 0.160

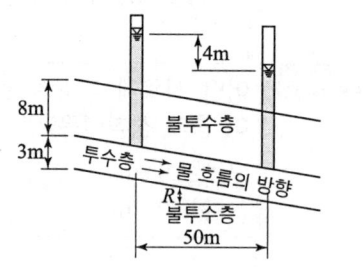

해설
- $50 = L\cos i$

$$\therefore L = \frac{50}{\cos i} = \frac{50}{\cos 8°} = 50.49\text{m}$$

- $i = \dfrac{h}{L} = \dfrac{4}{50.49} = 0.079$

089
평판재하시험이 끝나는 다음 조건 중 옳지 않은 것은?

㉮ 침하량이 15mm에 달할 때
㉯ 하중강도가 현장에서 예상되는 최대 접지압력을 초과할 때
㉰ 하중강도가 그 지반의 항복점을 넘을 때
㉱ 흙의 함수비가 소성한계에 달할 때

해설 평판재하시험에서 재하판의 크기에 대한 영향을 고려하면 침하량은 점토지반에서 재하판의 크기에 비례한다.

090
다짐에 대한 설명으로 틀린 것은?

㉮ 조립토는 세립토보다 최적함수비가 작다.
㉯ 조립토는 세립토보다 최대건조밀도가 높다.
㉰ 조립토는 세립토보다 다짐곡선의 기울기가 급하다.
㉱ 다짐 에너지가 클수록 최대건조밀도는 낮아진다.

해설
- 다짐 에너지가 클수록 최대건조밀도는 높아진다.
- 다짐 에너지 $E_c = \dfrac{W_R H N_B N_L}{V}$
- 동일한 흙에서 다짐에너지가 클수록 다짐효과는 증대한다.
- 양입도에서는 빈입도 보다 최대건조단위중량이 크다.
- 다짐에 영향을 주는 것은 토질, 함수비, 다짐방법 및 에너지 등이다.

정답 088. ㉯ 089. ㉱ 090. ㉱

091 그림과 같이 2개 층으로 구성된 지반에 대해 수평방향 등가 투수계수는?

㉮ 3.89×10^{-4} cm/sec
㉯ 7.78×10^{-4} cm/sec
㉰ 1.57×10^{-3} cm/sec
㉱ 3.14×10^{-3} cm/sec

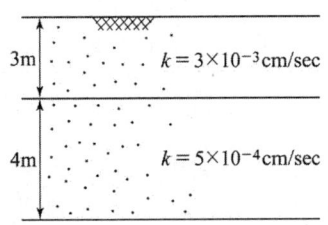

해설
- $k_h = \dfrac{1}{H_0}(k_1 H_1 + k_2 H_2) = \dfrac{1}{700}(3 \times 10^{-3} \times 300 + 5 \times 10^{-4} \times 400) = 0.00157\,\text{cm/sec}$
- 연직방향의 투수계수

$$k_v = \dfrac{H_0}{\dfrac{H_1}{k_1} + \dfrac{H_2}{k_2}}$$

092 10개의 무리 말뚝기초에 있어서 효율이 0.8, 단항으로 계산한 말뚝 1개의 허용지지력이 100kN일 때 군항의 허용 지지력은?

㉮ 500kN ㉯ 800kN
㉰ 1000kN ㉱ 1250kN

해설 $R_{ag} = E \cdot N \cdot R_a = 0.8 \times 10 \times 100 = 800\,\text{kN}$

093 어떤 흙의 건조단위중량이 1.724g/cm³이고, 비중이 2.65일 때 다음 설명 중 틀린 것은?

㉮ 간극비는 0.537이다. ㉯ 간극률은 34.94%이다.
㉰ 포화상태의 함수비는 20.26%이다. ㉱ 포화단위중량은 2.223g/cm³이다.

해설
- $e = \dfrac{\gamma_w}{\gamma_d} G_s - 1 = \dfrac{1}{1.724} \times 2.65 - 1 = 0.537$
- $n = \dfrac{e}{1+e} \times 100 = \dfrac{0.537}{1+0.537} \times 100 = 34.94\%$
- $S \cdot e = G_s \cdot \omega$

$\therefore \omega = \dfrac{S \cdot e}{G_s} = \dfrac{100 \times 0.537}{2.65} = 20.26\%$

- $\gamma_{sat} = \dfrac{G_s + e}{1+e} \cdot \gamma_w = \dfrac{2.65 + 0.537}{1 + 0.537} \times 1 = 2.074\,\text{g/cm}^3$

해답 091. ㉰ 092. ㉯ 093. ㉱

094 다음 중 직접 기초에 속하는 것은?

㉮ 후팅 기초　　　　　　㉯ 말뚝 기초
㉰ 피어 기초　　　　　　㉱ 케이슨 기초

해설) 말뚝 기초, 피어 기초, 케이슨 기초 등은 깊은 기초에 속한다.

보충)
- 직접 기초 : $\dfrac{D_f}{B} < 1$
- 깊은 기초 : $\dfrac{D_f}{B} > 1$
- 직접 기초인 전면 기초는 지지력이 가장 작은 지반에 설치한다.

095 어느 흙댐에서 동수구배 1.0, 흙의 비중이 2.65, 함수비 45%인 포화토에 있어서 분사현상에 대한 안전율은 얼마인가?

㉮ 1.33　　　　　　㉯ 1.04
㉰ 0.90　　　　　　㉱ 0.75

해설)
- $e = \dfrac{G_s\, w}{S} = \dfrac{2.65 \times 45}{100} = 1.193$
- $i_c = \dfrac{G_s - 1}{1+e} = \dfrac{2.65-1}{1+1.193} = 0.75$

∴ $F = \dfrac{i_c}{i} = \dfrac{0.75}{1} = 0.75$

보충) $i < i_c$, $1 < F$: 분사현상이 안 일어난다.

096 어떤 점성토에 수직응력 40kg/cm²를 가하여 전단시켰다. 전단면상의 간극수압이 10kg/cm²이고 유효응력에 대한 점착력, 내부마찰각이 각각 0.2kg/cm², 20°이면 전단강도는 얼마인가?

㉮ 6.4 kg/cm²　　　　　　㉯ 10.4 kg/cm²
㉰ 11.1 kg/cm²　　　　　　㉱ 18.4 kg/cm²

해설) $\tau = C + \sigma \tan\phi = 0.2 + (40-10)\tan 20° = 11.1 \text{kg/cm}^2$

097 다음은 2차 압밀에 관한 설명이다. 틀린 것은?

㉮ 과잉간극수압이 완전히 소멸된 후에 일어난다.
㉯ 유기질이고 소성이 풍부한 흙일수록 많이 일어난다.
㉰ 2차 압밀의 크기는 지층이 얇을수록 크다.
㉱ 일반토인 경우 그 양은 적다.

해설) 2차 압밀의 크기는 지층이 깊을수록 크다.

정답　094. ㉮　095. ㉱　096. ㉰　097. ㉰

098 어떤 점토 사면에 있어 안정계수가 3이고 점착력이 0.14kg/cm², 단위중량이 1.4t/m³이다. 한계고는?
- ㉮ 1.4m
- ㉯ 1.5m
- ㉰ 3m
- ㉱ 4.2m

해설 $H_c = \dfrac{N_s C}{\gamma_t} = \dfrac{3 \times 1.4}{1.4} = 3\text{m}$

099 다음 중 얕은기초의 지지력에 영향을 미치는 요소가 아닌 것은?
- ㉮ 기초의 형상
- ㉯ 지반의 경사
- ㉰ 기초의 깊이
- ㉱ 기초의 두께

해설 얕은기초의 지지력에 영향을 미치는 요소
- 기초의 형상 : 기초의 극한 지지력 계산에서 형상계수를 곱하여 준다.
- 지반의 경사 : 풍화작용을 고려하여 경사면에서 최소한 60~100cm 정도 떨어져야 한다.
- 기초의 깊이 : 풍화작용 때문에 기초의 근입깊이는 보통 1.2m 정도 이상이어야 한다.
- 푸팅의 고저차 : 지반에 전달되는 응력이 중복되지 않도록 한다.

100 다음 중 흙의 전단응력을 증가시키는 외적인 요인에 해당되지 않는 것은?
- ㉮ 함수비의 증가로 단위중량 증가
- ㉯ 공극수압의 증대
- ㉰ 발파, 지진 등에 의한 충격
- ㉱ 인장균열의 발생

해설 인위적인 절토, 유수에 의한 침식과 강우, 성토 등 외적 하중 증가 등이 전단응력을 증가시키는 요인이 된다.

06 상/하/수/도/공/학

101 오수관거 내에서 부유물 침전을 막기 위해 요구되는 최소 유속은? (단, 계획 시간 최대오수량 기준)
- ㉮ 0.2m/sec
- ㉯ 0.6m/sec
- ㉰ 2.0m/sec
- ㉱ 2.5m/sec

해설
- 오수관거(분류식) : 0.6~3.0m/sec
- 우수관거(분류식) 및 합류관거 : 0.8~3.0m/sec

정답 098. ㉰ 099. ㉱ 100. ㉱ 101. ㉯

102 하수배제 방식에 대한 설명으로 옳은 것은?

㉮ 합류식 하수관거는 청천시(晴天時) 관로내 퇴적량이 분류식 하수관거에 비하여 많다.
㉯ 합류식 하수배제 방식은 강우초기에 도로 위의 오염물질이 직접 하천으로 유입된다.
㉰ 분류식 하수배제 방식은 침수피해 다발지역에 유리한 방식이다.
㉱ 분류식 하수관거에서는 우천시 일정한 유량 이상이 되면 오수가 월류한다.

- 분류식은 강우초기에 도로 위의 오염물질이 직접 하천으로 유입하는 단점이 있다.
- 합류식은 침수피해 다발지역에 유리한 방식이다.
- 합류식에서는 우천시 일정한 유량 이상이 되면 오수가 월류한다.

103 상수도 수원으로서 요구되는 조건과 가장 거리가 먼 것은?

㉮ 수량이 풍부할 것
㉯ 공급이 용이하게 도시 중앙에 위치할 것
㉰ 위치가 수돗물 소비지에 가까울 것
㉱ 수질이 양호할 것

수원은 수질적으로 청정하고 장래 오염의 우려가 적으며 계획취수량을 확보할 수 있는 곳이라야 한다.

104 다음 중 상수도 구성을 나타낸 것으로 옳은 것은?

㉮ 도수 → 취수 → 정수 → 송수 → 배수 → 급수
㉯ 취수 → 정수 → 도수 → 송수 → 급수 → 배수
㉰ 취수 → 도수 → 정수 → 송수 → 배수 → 급수
㉱ 송수 → 취수 → 정수 → 도수 → 급수 → 배수

- 상수의 공급과정 : 취수 → 도수 → 정수 → 송수 → 배수 → 급수
- 상수시설 배치 순서 : 취수탑 → 침사지 → 응집침전지 → 정수지 → 배수지
- 일반적인 상수처리 계통 : 취수 → 착수정 → 침전지 → 여과지 → 소독설비 → 배수지
- 상수의 정수과정 : 스크린 → 응집침전 → 여과 → 살균

105 활성슬러지법에서 MLSS가 의미하는 것은?

㉮ 폐수 중의 고형물
㉯ 방류수 중의 부유물질
㉰ 폭기조 중의 부유물질
㉱ 침전지 상등수 중의 부유물질

- 폭기조 내의 혼합액 부유고형물로 미생물(활성슬러지) 농도를 나타내는 지표이다.
- 활성슬러지란 폭기조로 유입되는 하수에 산소를 공급하면 호기성 미생물(세균)이 생겨 유기물을 제거하는 것이다. 여기서, 미생물과 미립자가 뭉쳐 활성 슬러지 플록이 형성된다.

정답 102. ㉮ 103. ㉯ 104. ㉰ 105. ㉰

106 하수도 계획의 기본적 사항에 대한 설명으로 틀린 것은?

㉮ 하수도 계획의 목표년도는 원칙적으로 10년 정도로 한다.
㉯ 하수의 배제방식에는 분류식과 합류식이 있으며, 지역 특성과 방류수역의 여건 등을 고려하여 결정한다.
㉰ 하수도의 계획구역은 처리구역과 배수구역으로 구분하여 고려사항을 충분히 검토하여 결정한다.
㉱ 하수도 계획은 구상, 조사, 예측, 시설계획 등의 절차로 수립한다.

해설 하수도 계획의 목표년도는 원칙적으로 20년 정도로 한다.

107 하수도의 구성에 대한 설명으로 옳지 않은 것은?

㉮ 배제방식은 합류식과 분류식으로 대별할 수 있다.
㉯ 지역이 광대한 대도시에는 배수계통 형식 중 선형식이 가장 적합하다.
㉰ 처리시설은 물리적, 생물학적, 화학적 시설로 대별할 수 있다.
㉱ 집배수 시설은 자연유하식이 원칙이나 펌프시설도 필요하다.

해설 지역이 광대한 대도시에서는 배수 계통 형식 중 방사식이 가장 적합하다.

108 하수관거 외압 산정시 마스톤(Marston) 공식에 의해 계산되는 하중(W : [kN/m])은?
[단, C_1 : 흙 두께와 종류에 따라 결정되는 상수, γ : 매설토의 단위중량(kN/m³), B : 폭요소로서 관의 상부 90°부분에서의 관매설을 위하여 굴토한 도랑의 폭(m)]

㉮ $W = C_1 \times \gamma \times B$
㉯ $W = C_1 \times \gamma^2 \times B$
㉰ $W = C_1 \times \gamma / B$
㉱ $W = C_1 \times \gamma \times B^2$

해설 Marston 공식
$W = C_1 \cdot \gamma B^2$
여기서, $B = \dfrac{3}{2}d + 30 \text{(cm)}$

109 유입하수량 10000m³/day, 유입 BOD농도 120mg/l, 폭기조내 MLSS농도 2000mg/l, BOD부하 0.3kgBOD/kgMLSS·day일 때 폭기조의 용적은?

㉮ 600m³
㉯ 1200m³
㉰ 2000m³
㉱ 2500m³

해설
- BOD = 120mg/l = 0.12kg/m³
- MLSS = 2000mg/l = 2kg/m³
- 폭기조 용적 = $\dfrac{\text{BOD 농도} \times \text{유입유량}}{\text{MLSS 농도} \times \text{BOD 부하}} = \dfrac{0.12 \times 10,000}{2 \times 0.3} = 2,000 \text{m}^3$

110 하수관거의 관정부식 (crown corrosion)의 주된 원인물질은 어느 것인가?
㉮ N 화합물 ㉯ S 화합물
㉰ Ca 화합물 ㉱ Fe 화합물

• 관정부식의 주된 원인 물질은 황(S) 화합물이다.
• 하수관에 용존산소의 부족으로 혐기성 세균이 황화합물을 분해하여 환원시키기 때문에 관정부식에서 황화수소(H2S)가 발생하게 된다.

111 배수관망 계산시 시산법(try and error method)을 사용하여 관망의 유량을 계산하는 방법은?
㉮ Hardy Cross법 ㉯ Kutter법
㉰ Horton법 ㉱ Newman법

Hardy Cross법은 관망이 복잡한 경우 사용하며 가정된 유량을 적용하면 관망의 유량, 수두손실, 보정 유량을 정확히 구할 수 있다.

112 상수처리를 위한 급속여과지의 여과층인 모래층의 표준두께는? (단, 여과모래의 유효경 0.45~0.7mm 범위)
㉮ 5~20cm ㉯ 60~70cm
㉰ 120~130cm ㉱ 200~210cm

• 급속여과시 모래층 두께 : 60~120cm
• 완속 여과시 모래층 두께 : 70~90cm

113 응집침전에 주로 사용되는 응집제로서 가격이 저렴하고 세균, 탁도, 조류 등의 거의 모든 현탁성 물질 또는 부유물 제거에 유효하고 무독성으로 대량으로 주입할 수 있으며 부식성이 없는 결정을 갖는 것은?
㉮ 폴리염화 알루미늄 ㉯ 알모늄 명반
㉰ 황산알루미늄 ㉱ 황산 제1철

황산알루미늄(황산반토)는 가격이 저렴하고 무독성이며 응집 pH 범위는 5.5~8.5로 범위가 좁으며 플록이 가볍다.

114 강우강도 $I = \dfrac{4000}{t+30}$ mm/hr[t : 분], 유역면적 $0.5km^2$, 유입시간 7분, 유출계수 0.8, 하수관거 길이 1.2km, 관내 유속 1m/sec인 경우 우수관의 통수 단면적은? (단, 계획우수량은 합리식에 의함)
㉮ $3.8m^2$ ㉯ $5.8m^2$
㉰ $6.8m^2$ ㉱ $7.8m^2$

- 유입시간 $t_1 = 7$분
- 유하시간 $t_1 = \dfrac{L}{V} = \dfrac{1200}{1 \times 60} = 20$분

  $\therefore t = t_1 + t_2 = 7 + 20 = 27$분
- $I = \dfrac{4000}{t+30} = \dfrac{4000}{27+30} = 70.175 \,\text{mm/hr}$
- $Q = \dfrac{1}{3.6} CIA = \dfrac{1}{3.6} \times 0.8 \times 70.175 \times 0.5 = 7.8 \,\text{m}^3/\text{sec}$

  $Q = AV$
- $\therefore A = \dfrac{Q}{V} = \dfrac{7.8}{1} = 7.8 \,\text{m}^2$

115. 상수의 도수방식에 대한 설명으로 옳지 않은 것은?

㉮ 자연유하식은 지형이 평탄하면서 시점과 종점간의 유효낙차가 충분해야 한다.
㉯ 관수로식과 개수로식의 수로 형식 중 펌프가압식은 개수로식을 택한다.
㉰ 도수방식은 지형과 지세 등을 고려하여 자연유하식, 펌프가압식 및 병용식이 있다.
㉱ 도수방식은 취수 및 정수시설간의 표고, 노선의 입지조건 등을 고려하여 결정한다.

- 관수로식과 개수로식의 수로 형식 중 펌프가압식은 관수로식을 택한다.

116. 슬러지 용적지수(SVI)가 100인 활성슬러지법에 의한 처리조건에서 슬러지 밀도지수(SDI)는?

㉮ 0.5　　　　㉯ 1
㉰ 1.5　　　　㉱ 2

- $SDI = \dfrac{100}{SVI} = \dfrac{100}{100} = 1$
- 슬러지 용적지수(SVI)는 슬러지의 침강농축성을 나타내는 지표이다.

117. 상수 취수시설에 있어서 침사지의 설계에 관한 설명 중 틀린 것은?

㉮ 침사지의 형상은 장방형으로 하고 길이가 폭의 3~8배를 표준으로 한다.
㉯ 침사지의 위치는 가능한 한 취수구에 근접하여야 한다.
㉰ 유입 및 유출구에 제수밸브 또는 슬루스게이트를 설치한다.
㉱ 침사지내에서의 평균유속은 10~30cm/sec를 표준으로 한다.

- 침사지 내에서의 평균유속은 2~7cm/sec를 표준으로 한다.
- 침사지의 유효수심은 3~4m를 표준으로 한다.

115. ㉯　116. ㉯　117. ㉱

118 펌프 및 부속시설에 대한 설명 중 틀린 것은?

㉮ 펌프의 토출측에는 진공계를, 흡입측에는 압력계를 설치한다.
㉯ 펌프의 흡입관에는 공기가 혼입되지 않도록 한다.
㉰ 흡상식 펌프에서 풋밸브를 설치하지 않을 경우에 마중물용 진공펌프를 설치한다.
㉱ 필요할 경우에 냉각용, 윤활용, 축봉용 등의 급수설비를 설치한다.

해설
- 펌프의 토출측에는 압력계를, 흡입측에는 연성계 또는 진공계를 설치하여야 한다.
- 펌프 한 대에 하나의 흡입관을 설치하며 충분한 흡입수두를 가질 수 있도록 한다.

119 상수의 염소소독에 대한 설명 중 옳지 않은 것은?

㉮ 살균능력은 차아염소산($HOCl$)가 차아염소산이온(OCl^-)보다 강하다.
㉯ 결합잔류염소란 클로라민이라는 화합물이 생성되는 것을 말하며 질소화합물이 함유된 물에 염소를 주입할 때 발생한다.
㉰ 유리잔류염소란 염소를 물에 주입하여 가수분해된 차아염소산($HOCl$)을 말한다.
㉱ 살균능력은 결합잔류염소가 유리염소보다 크다.

해설
- 살균능력은 유리염소가 결합잔류염소에 비해 크다.
- 오존살균에 비해 염소소독은 가격이 저렴하다.
- 암모니아성 질소가 많으면 클로라민이 생성된다.

120 펌프에 관한 설명으로 틀린 것은?

㉮ 일반적으로 용량이 클수록 효율은 떨어진다.
㉯ 펌프의 설치대수는 유지관리상 가능한 적게 하고 동일 용량의 것으로 한다.
㉰ 과잉운전방지와 과잉운전에 의한 에너지의 소비량이 절감되도록 한다.
㉱ 펌프는 가능한 최고 효율점 부근에서 운전하도록 대수 및 용량을 정한다.

해설
- 펌프는 용량이 클수록 효율이 높으므로 가능한 대용량의 것으로 하는 것이 좋다.
- 펌프의 흡입구경은 유량과 흡입구의 유속에 의해 결정된다.
- 토출구경은 흡입구경, 전양정, 비교회전도 등을 고려하여 정한다.

해답 118. ㉮ 119. ㉱ 120. ㉮

토목산업기사

응용역학 / 측량학 / 수리학 / 철근콘크리트 및 강구조 / 토질 및 기초 / 상하수도공학

[2015년 5월 31일 시행]

알려드립니다

한국산업인력공단의 저작권법 저촉에 대한 언급(2013년 2회 시험)이 있어 과거에 출제된 동일한 문제나 그 유형의 문제로 재구성하였습니다.

01 응/용/역/학

001 그림과 같은 3활절 라멘에 일어나는 최대휨모멘트는?

㉮ 9t·m
㉯ 12t·m
㉰ 15t·m
㉱ 18t·m

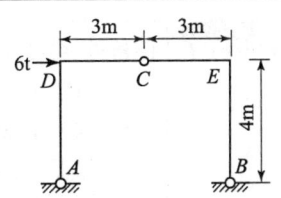

해설
- $\sum M_B = 0$
  $R_A \times 6 + 6 \times 4 = 0$
  $\therefore R_A = \dfrac{1}{6}(-6 \times 4) = -4t$
- $\sum M_C = 0$
  $R_A \times 3 - H_A \times 4 = 0$
  $-4 \times 3 - H_A \times 4 = 0$
  $\therefore H_A = \dfrac{-4 \times 3}{4} = -3t \; (\leftarrow)$
- $M_D = H_A \times 4 = 3 \times 4 = 12 \text{t} \cdot \text{m}$

002 지름이 D이고 길이가 $50D$인 원형 단면으로 된 기둥의 세장비를 구하면?

㉮ 200 ㉯ 150
㉰ 100 ㉱ 50

해설

$\lambda = \dfrac{l}{r} = \dfrac{50D}{\dfrac{D}{4}} = 200$

여기서, $r = \sqrt{\dfrac{I}{A}} = \sqrt{\dfrac{\dfrac{\pi D^4}{64}}{\dfrac{\pi D^2}{4}}} = \dfrac{D}{4}$

해답 001. ㉯ 002. ㉮

003 재료의 역학적 성질 중 탄성계수를 E, 전단탄성계수를 G, 푸아송수를 m이라 할 때 각 성질의 상호 관계식으로 옳은 것은?

㉮ $G = \dfrac{m}{2E(m+1)}$ ㉯ $G = \dfrac{mE}{2(m+1)}$

㉰ $G = \dfrac{m}{2(m-1)}$ ㉱ $G = \dfrac{E}{2(m+1)}$

해설 $G = \dfrac{E}{2(1+v)} = \dfrac{E}{2\left(1+\dfrac{1}{m}\right)} = \dfrac{mE}{2(m+1)}$

보충 푸아송비 $v = \dfrac{\beta}{\epsilon} = \dfrac{1}{m(\text{푸아송수})} = \dfrac{\Delta d/d}{\Delta l/l}$

004 다음과 같은 삼각형 단면에서 $x-x$에 대한 단면 2차모멘트 값은?

㉮ 112500cm^4
㉯ 142500cm^4
㉰ 172500cm^4
㉱ 202500cm^4

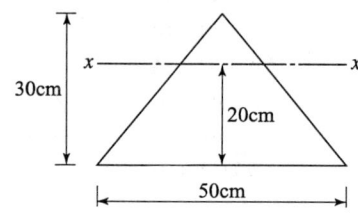

해설 $I_x = I_X + A \cdot e^2 = \dfrac{bh^3}{36} + \dfrac{1}{2}bh(e)^2 = \dfrac{50 \times 30^3}{36} + \dfrac{1}{2} \times 50 \times 30(10)^2 = 112500\text{cm}^4$

여기서, 도심축으로부터 이동축까지의 거리

$e = 20 - \dfrac{h}{3} = 20 - \dfrac{30}{3} = 10\text{cm}$

005 트러스를 정적으로 1차응력을 해석하기 위한 다음 가정사항 중 틀린 것은?

㉮ 절점을 잇는 직선은 부재축과 일치한다.
㉯ 하중은 절점과 부재내부에 작용하는 것으로 한다.
㉰ 모든 하중 조건은 Hook의 법칙을 따른다.
㉱ 각 부재는 마찰이 없는 핀 또는 힌지로 결합되어 자유로이 회전할 수 있다.

해설
• 외력(하중)은 모두 절점에만 작용한다.
• 각 부재는 직선이다.
• 부재응력은 구 부재 재료의 탄성한도 이내에 있다.
• 각 부재의 변형은 미소하여 그로 인한 2차 응력은 무시한다.

정답 003. ㉯ 004. ㉮ 005. ㉯

006 직경 20mm, 길이 2m인 봉에 20t의 인장력을 작용시켰더니 길이가 2.08m, 직경이 19.8mm로 되었다면 푸아송비는 얼마인가?

㉮ 0.5 ㉯ 2
㉰ 0.25 ㉱ 4

해설
- $\nu = \dfrac{\beta}{\epsilon} = \dfrac{\dfrac{\Delta d}{d}}{\dfrac{\Delta l}{l}} = \dfrac{\Delta d \cdot l}{d \cdot \Delta l} = \dfrac{0.02 \times 200}{2 \times 8} = 0.25$

- $E = \dfrac{\sigma}{\epsilon} = \dfrac{P \cdot l}{A \cdot \Delta l}$

- $G = \dfrac{E}{2(1+\nu)}$

- 푸아송수 $m = \dfrac{1}{\nu} = \dfrac{\epsilon}{\beta}$

007 그림과 같은 내민보에서 A지점에서 5m 떨어진 C점의 전단력 V_C와 휨모멘트 M_C는?

㉮ $V_C = -1.4t$, $M_C = -17t \cdot m$
㉯ $V_C = -1.8t$, $M_C = -24t \cdot m$
㉰ $V_C = 1.4t$, $M_C = -24t \cdot m$
㉱ $V_C = 1.8t$, $M_C = -17t \cdot m$

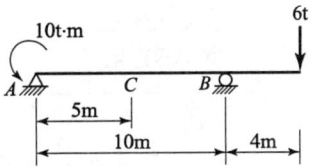

해설
- $\Sigma M_B = 0$
  $R_A \times 10 - 10 + 6 \times 4 = 0$
  $\therefore R_A = \dfrac{1}{10}(10-24) = -1.4t$
  $\therefore V_c = R_A = -1.4t$
- $M_C = R_A \times 5 - 10 = -1.4 \times 5 - 10 = -17t \cdot m$

008 정정 구조물에 비해 부정정 구조물이 갖는 장점을 설명한 것 중 틀린 것은?

㉮ 설계모멘트의 감소로 부재가 절약된다.
㉯ 지점침하 등으로 인해 발생하는 응력이 적다.
㉰ 외관이 우아하고 아름답다.
㉱ 부정정 구조물은 그 연속성 때문에 처짐의 크기가 작다.

해설 지점침하 등으로 인해 발생하는 응력이 크다.

해답 006. ㉰ 007. ㉮ 008. ㉯

009 반지름 r인 원형 단면의 단주에서 핵반경 e는?

㉮ $\dfrac{r}{2}$ ㉯ $\dfrac{r}{3}$ ㉰ $\dfrac{r}{4}$ ㉱ $\dfrac{r}{5}$

해설 • 핵거리(반지름)

$$e = \dfrac{Z}{A} = \dfrac{\dfrac{\pi D^3}{32}}{\dfrac{\pi D^2}{4}} = \dfrac{D}{8} = \dfrac{2r}{8} = \dfrac{r}{4}$$

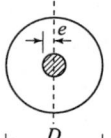

보충 • 핵거리(반지름) : $\dfrac{D}{8}$

• 핵지름 : $\dfrac{D}{8} \times 2 = \dfrac{D}{4}$

 010 길이 10m, 지름 25mm의 철근이 5mm 늘어나기 위해서는 얼마의 하중이 필요한가? (단, $E = 2 \times 10^6 \text{kg/cm}^2$이다.)

㉮ 3,724 kg ㉯ 4,127 kg
㉰ 4,502 kg ㉱ 4,909 kg

해설 $E = \dfrac{\sigma}{\epsilon} = \dfrac{\dfrac{P}{A}}{\dfrac{\Delta l}{l}} = \dfrac{P \cdot l}{A \cdot \Delta l}$

$\therefore P = \dfrac{E \cdot A \cdot \Delta l}{l} = \dfrac{2 \times 10^6 \times \dfrac{\pi \times 2.5^2}{4} \times 0.5}{1000} = 4909 \text{kg}$

 011 재질 및 단면이 같은 다음의 2개의 외팔보에서 자유단의 처짐을 같게 하는 P_1/P_2의 값이 바른 것은?

㉮ 0.216
㉯ 0.325
㉰ 0.437
㉱ 0.546

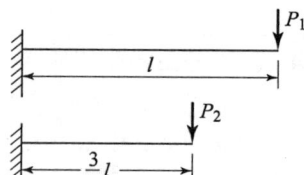

해설 • $\dfrac{P_1 l^3}{3EI}$

• $\dfrac{P_2 \cdot \left(\dfrac{3}{5}l\right)^3}{3EI}$ $\dfrac{P_1 \cdot l^3}{3EI} = \dfrac{P_2 \cdot \left(\dfrac{3}{5}l\right)^3}{3EI}$

$l^3 = \left(\dfrac{3}{5}l\right)^3$ $\therefore \dfrac{P_1}{P_2} = \dfrac{3^3}{5^3} = 0.216$

정답 009. ㉰ 010. ㉱ 011. ㉮

012 다음의 그림과 같은 직사각형 단면의 단면계수는?

㉮ 800cm³
㉯ 1,000cm³
㉰ 1,200cm³
㉱ 1,400cm³

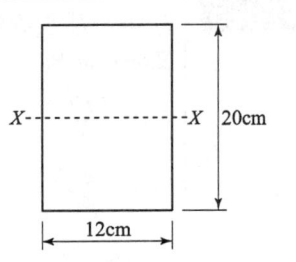

해설
- $Z = \dfrac{I_X}{y} = \dfrac{bh^2}{6} = \dfrac{12 \times 20^2}{6} = 800\text{cm}^3$
- $I_X = \dfrac{bh^3}{12}$, $y = \dfrac{h}{2}$

013 지름이 4cm인 원형 강봉을 10t의 힘으로 잡아당겼을 때 소성은 일어나지 않았고 탄성변형에 의해 길이가 1mm 증가하였다. 강봉에 축척된 탄성 변형에너지는 얼마인가?

㉮ 1.0 t·mm   ㉯ 5.0 t·mm
㉰ 10.0 t·mm   ㉱ 20.0 t·mm

해설 수직력에 의한 변형에너지 $U = \dfrac{P^2 l}{2EA}$에서

수직력에 의한 처짐 $\sigma = \dfrac{Pl}{EA}$ 이므로

∴ $U = \dfrac{1}{2} \times P \times \sigma = \dfrac{1}{2} \times 10 \times 1 = 5.0\text{t·mm}$

014 다음 트러스에서 ①부재의 부재력은 얼마인가?

㉮ 4.5kg
㉯ 6.0kg
㉰ 7.5kg
㉱ 8.0kg

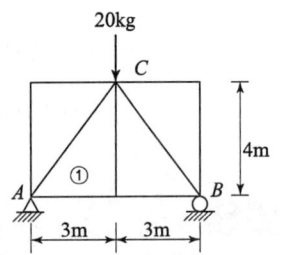

해설
- $R_A = R_B = \dfrac{20}{2} = 10\text{kg}$
- $\sum M_C = 0$
  $R_A \times 3 - ① \times 4 = 0$
  ∴ $① = \dfrac{1}{4}(10 \times 3) = 7.5\text{kg}$

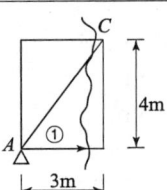

정답 012. ㉮ 013. ㉯ 014. ㉰

2015년 5월 31일 시행

015 그림과 같은 캔틸레버보의 자유단에 단위처짐이 발생하도록 하는데 필요한 등분포하중 w의 크기는? (단, EI는 일정하다.)

㉮ $\dfrac{6EI}{l^3}$ ㉯ $\dfrac{8EI}{l^4}$

㉰ $\dfrac{3EI}{l^3}$ ㉱ $\dfrac{12EI}{l^4}$

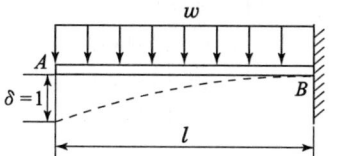

해설
$y_A = \dfrac{wl^4}{8EI}$

$1 = \dfrac{wl^4}{8EI}$

∴ $w = \dfrac{8EI}{l^4}$

016 다음 그림과 같은 단면을 가지는 단순보에서 전단력에 안전하도록 하기 위한 지간 L은? (단, 허용전단응력은 7kg/cm^2이다.)

㉮ 450cm
㉯ 440cm
㉰ 430cm
㉱ 420cm

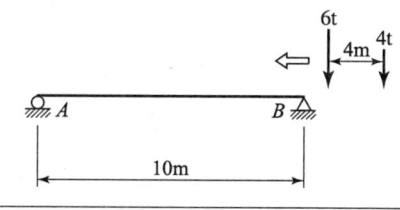

해설
• $S_{\max} = R_A = \dfrac{wl}{2} = \dfrac{10l}{2}$

• $\tau_{\max} = \dfrac{3}{2}\dfrac{S}{A}$ $7 = 1.5\dfrac{\frac{10l}{2}}{15 \times 30} = \dfrac{15l}{900}$

∴ $l = \dfrac{7 \times 900}{15} = 420\text{cm}$

• 원형단면의 최대전단응력 $\tau_{\max} = \dfrac{4}{3}\dfrac{S}{A}$

• 전단응력의 일반식 $\tau = \dfrac{GS}{Ib}$

017 다음 그림과 같은 단순보에 이동하중이 작용하는 경우 절대 최대 휨모멘트는 얼마인가?

㉮ 17.64 t·m
㉯ 16.72 t·m
㉰ 16.20 t·m
㉱ 12.51 t·m

해설
• 합력 크기 $= 6 + 4 = 10\text{t}$
• 합력이 작용하는 위치
  $10 \times x + 4 \times 4 = 0$

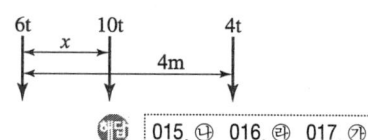

해답 015.㉯ 016.㉱ 017.㉮

$$\therefore x = \frac{16}{10} = 1.6\text{m}$$

$\Sigma M_B = 0$

$R_A \times 10 - 6 \times 5.8 - 4 \times 1.8 = 0$

$\therefore R_A = 4.2\text{t}$

• 절대 최대 휨모멘트
$M_{\max} = R_A \times 4.2 = 4.2 \times 4.2 = 17.64\text{t} \cdot \text{m}$

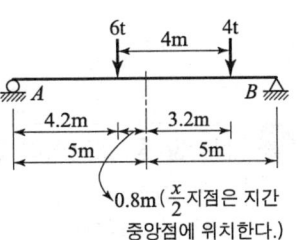

018
단면이 원형(반지름 R)인 보에 휨모멘트 M이 작용할 때 이 보에 작용하는 최대휨응력은?

㉮ $\dfrac{4M}{\pi R^3}$ ㉯ $\dfrac{12M}{\pi R^3}$

㉰ $\dfrac{16M}{\pi R^3}$ ㉱ $\dfrac{32M}{\pi R^3}$

• $Z = \dfrac{\pi D^3}{32} = \dfrac{\pi (2R)^3}{32} = \dfrac{\pi R^3}{4}$

• $\sigma = \dfrac{M}{Z} = \dfrac{4M}{\pi R^3}$

019
다음 중 구조 계산에서 자동차나 열차 바퀴와 같은 하중은 어떤 하중으로 보고 계산할 때 적용하는가?

㉮ 등분포하중 ㉯ 집중하중
㉰ 등변분포하중 ㉱ 모멘트하중

• 집중하중
어느 한 점에 의해 모든 하중을 받을 때 생기는 하중으로 자동차나 열차의 무게는 바퀴를 통하여 구조물에 전달된다.

020
다음 중 정정구조물의 처짐 해석법에 적용되지 않는 것은?

㉮ 가상일의 원리 ㉯ 처짐각법
㉰ 공액보법 ㉱ 모멘트 면적법

• 처짐각법은 보와 라멘에 적용 가능하고 지점 침하나 부재가 회전했을 경우에도 사용할 수 있으며 고정단 모멘트를 계산해야 한다.
• 처짐각법은 탄성곡선의 기울기를 미지수로 하여 부정정 구조물을 해석하는 방법으로 요각법이라고 한다.

018. ㉮ 019. ㉯ 020. ㉯

02 측/량/학

021 삼각망 중 조건식이 가장 많아 가장 높은 정확도를 얻을 수 있는 것은?
㉮ 단열삼각망 ㉯ 사변형삼각망
㉰ 유심다각망 ㉱ 트래버스망

- 삼각망의 정도 : 단삼각망<단열삼각망<유심삼각망<사변형 삼각망
- 단열삼각망은 하천조사를 위한 골조측량에 이용된다.
- 삼각측량은 점 위치를 결정하기 위한 것이다.

022 체적계산에 있어서 양 단면의 면적이 $A_1=88m^2$, $A_2=44m^2$, 중간 단면적 $A_m=70m^2$이다. A_1, A_2 단면 사이의 거리 h가 30m이면 체적은 얼마인가? (단, 각주공식 사용)
㉮ $2040m^3$ ㉯ $2060m^3$
㉰ $2460m^3$ ㉱ $2640m^3$

- $V = \dfrac{l}{6}(A_1 + 4A_m + A_2) = \dfrac{30}{6}(88 + 4 \times 70 + 44) = 2060m^3$
- 양단면 평균 $V = \dfrac{l}{2}(A_1 + A_2)$

023 축척 1:1,000에서의 면적을 측정하였더니 도상면적이 $3cm^2$이었다. 그런데 이 도면 전체가 가로, 세로 모두 1%씩 수축되어 있었다면 실제면적은?
㉮ $306m^2$ ㉯ $294m^2$
㉰ $30.6m^2$ ㉱ $29.4m^2$

- $A = m^2 \cdot a = 1000^2 \times 3 = 3,000,000 cm^2$
여기서, 도면 전체가 1% 수축된 상태이므로
$3,000,000 \times (1.01)^2 = 3,060,300 cm^2 = 306m^2$

024 우리나라의 1:5000 지형도에서 주곡선의 간격은?
㉮ 1m ㉯ 5m
㉰ 10m ㉱ 20m

- 등고선의 종류와 간격

등고선 종류	1/1000	1/2500	1/5000	1/10000	1/25000	1/50000
주곡선	1	2	5	5	10	20
간곡선	0.5	1	2.5	2.5	5	10
조곡선	0.25	0.5	1.25	1.25	2.5	5
계곡선	5	10	25	25	50	100

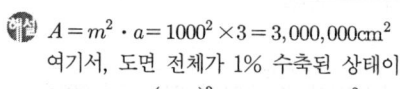
021. ㉯ 022. ㉯ 023. ㉮ 024. ㉯

025 하천의 연직선 내의 평균유속을 구할 때 3점법을 사용하는 경우, 평균유속(V_m)을 구하는 식은? (단, V_n : 수면으로부터 수심의 n에 해당되는 지점의 관측유속)

㉮ $V_m = \frac{1}{2}(V_{0.2} + V_{0.8})$ ㉯ $V_m = \frac{1}{3}(V_{0.2} + V_{0.6} + V_{0.8})$

㉰ $V_m = \frac{1}{4}(V_{0.2} + V_{0.6} + 2V_{0.8})$ ㉱ $V_m = \frac{1}{4}(V_{0.2} + 2V_{0.6} + V_{0.8})$

해설
- 1점법
  $V_m = V_{0.6}$
- 2점법
  $V_m = \frac{1}{2}(V_{0.2} + V_{0.8})$

026 결합 트래버스 측량에서 그림과 같은 형태의 각관측시 각관측 오차(E_a) 식은? (단, W_a, W_b는 A, B에서의 방위각, $[a]$는 교각의 합, n은 관측한 교각의 수)

㉮ $E_a = W_a - W_b + [a] - 180(n+3)$
㉯ $E_a = W_a - W_b + [a] - 180(n-3)$
㉰ $E_a = W_a - W_b + [a] - 180(n+1)$
㉱ $E_a = W_a - W_b + [a] - 180(n-1)$

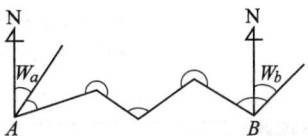

해설
- 기지점(삼각점) 2개가 자북 밖에 있는 경우
  $E_a = W_a - W_b + [a] - 180(n+1)$
- 기지점(삼각점) 2개가 자북 안에 있는 경우
  $E_a = W_a - W_b + [a] - 180(n-3)$

027 그림과 같은 터널 내 수준측량에서 C점의 표고는? (단, A점의 지반고는 20.00m, 단위는 m)

㉮ 19.49m
㉯ 20.49m
㉰ 20.51m
㉱ 20.71m

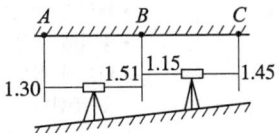

해설 $H_c = 20 + (-1.3) - (-1.51) + (-1.15) - (-1.45) = 20.51\text{m}$
여기서, 천장에 설치된 측정치는 $-$값을 적용하여 계산한다.

028 노선측량에서 평면곡선으로 공통 접선의 반대방향에 반지름(R)의 중심을 갖는 곡선 형태는?

㉮ 복심곡선 ㉯ 포물선곡선
㉰ 반향곡선 ㉱ 횡단곡선

해답 025.㉱ 026.㉯ 027.㉰ 028.㉰

해 반향곡선은 일종의 복곡선으로 공통접선이 반대쪽에 있으며 곡률변화가 심하여 철도, 도로에 사용할 때 곡률이 급격히 변화하여 불쾌감을 주기 때문에 중간에 직선을 삽입할 경우에 쓰인다.

029. 방위각 100°에 대한 역방위는?

㉮ S 80° W
㉯ N 60° W
㉰ N 80° W
㉱ S 60° W

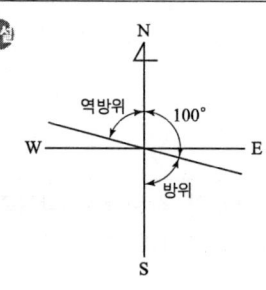

- 방위 : S 80° E
- 역방위 : N 80° W

030. 캔트(cant)의 계산에서 속도 및 반지름을 2배로 하면 캔트는 몇 배가 되는가?

㉮ 2배
㉯ 4배
㉰ 8배
㉱ 16배

- 캔트 $C = \dfrac{SV^2}{gR}$ 관계식에서 속도 V와 반지름 R을 1배로 하면

$$C = \dfrac{S(2V)^2}{g(2R)} = \dfrac{S4V^2}{g2R} = \dfrac{2SV^2}{gR}$$

∴ 2배

- 캔트가 커지면 곡률 반경은 감소한다.
- 종점에 있는 캔트는 원곡선의 캔트와 같다.
- 캔트란 철도에서는 캔트라 하고 도로에서는 편물매라 하며 곡선부의 바깥쪽을 높이는 것을 뜻한다.

031. 초점거리 210mm인 사진기로 촬영고도 3000m에서 촬영한 항공사진에서 표고 300m인 지형에서의 축척은?

㉮ 1/9825
㉯ 1/11250
㉰ 1/12857
㉱ 1/13263

$$\dfrac{1}{m} = \dfrac{f}{H-h} = \dfrac{0.21}{3,000-300} = \dfrac{1}{12857}$$

해답 029. ㉰ 030. ㉮ 031. ㉰

032 트래버스 측량에서 발생된 폐합오차를 조정하는 방법 중의 하나인 콤파스 법칙(Compass Rule)의 오차 배분 방법에 대한 설명으로 옳은 것은?

㉮ 트래버스 내각의 크기에 비례하여 배분한다.
㉯ 트래버스 외각의 크기에 비례하여 배분한다.
㉰ 각 변의 위·경거에 비례하여 배분한다.
㉱ 각 변의 측선 길이에 비례하여 배분한다.

• 컴퍼스 법칙
각관측과 거리관측의 정밀도가 같을 때 각 측선의 길이에 비례하여 폐합오차를 배분한다.
• 트랜싯 법칙
각관측의 정밀도가 거리관측의 정밀도보다 높을 때 위거, 경거의 크기에 비례하여 폐합오차를 배분한다.

033 토공작업을 수반하는 종단면도에 계획선을 넣을 때 염두에 두어야 할 것으로 옳지 않은 것은?

㉮ 절토량과 성토량은 거의 같게 한다.
㉯ 절토는 성토로 이용할 수 있도록 운반거리를 고려해야 한다.
㉰ 계획선은 될 수 있는 한 요구에 맞게 한다.
㉱ 경사와 곡선을 병설해야 하고 단조로움을 피하기 위해 가능한 많이 설치한다.

토공 작업시 종단면도 계획선을 넣을 때 경사와 곡선을 병설할 수 없다.

034 교점(*I.P*)의 위치가 기점으로부터 400m, 곡선 반지름 *R*=200m, 교각 *I*=90°인 원곡선에서 기점으로부터 곡선시점(*B.C*)의 추가거리는?

㉮ 180m   ㉯ 190m
㉰ 200m   ㉱ 600m

• $TL = R\tan\dfrac{I}{2} = 200\tan\dfrac{90°}{2} = 200m$
• 곡선시점 $BC = IP - TL = 400 - 200 = 200m$

035 삼각측량을 위한 삼각점의 위치선정에 있어서 피해야 할 장소와 가장 거리가 먼 것은?

㉮ 나무의 벌목면적이 큰 곳   ㉯ 습지 또는 하상인 곳
㉰ 측표를 높게 설치해야 되는 곳   ㉱ 편심관측을 해야 되는 곳

삼각점 선정시 고려해야 할 점
• 충분히 시준할 수 있는 거리 내에 있을 것
• 각 점이 잘 보일 것
• 측표는 같은 위치에 설치해야 할 것
• 지반은 영구 보존할 수 있는 견고한 점일 것

032. ㉱ 033. ㉱ 034. ㉰ 035. ㉱

036 오차 중 발생 원인이 불분명하여 그 크기와 방향이 불규칙으로 발생하고 오차론(확률론)으로 처리하는 오차는?

㉮ 정오차 ㉯ 우연오차
㉰ 착오 ㉱ 물리적 오차

 우연오차(상차, 부정오차, 우차)는 아무리 주의해도 제거할 수 없는 오차로 최소자승법으로 처리한다.

037 다음 수준측량의 성과에서 측점 4의 지반고는 얼마인가? (단, 단위 : m)

| 측점 | 후시 | 기계고 | 전시 || 지반고 |
			이기점	중간점	
1	0.95				10
2				1.03	
3	0.90		0.36		
4				0.96	

㉮ 9.92m ㉯ 10.53m
㉰ 10.59m ㉱ 11.13m

• 측점 2 지반고
  $10 + 0.95 - 1.03 = 9.92\,\text{m}$
• 측점 3 지반고
  $10.95 - 0.36 = 10.59\,\text{m}$
• 측점 4 지반고
  $10.59 + 0.90 - 0.96 = 10.53\,\text{m}$
  또는 $10 + 0.95 - 0.36 + 0.90 - 0.96 = 10.53\,\text{m}$

038 축척 1 : 5000의 도면에 등고선 간격을 2m, 육안으로 식별 가능한 등고선과 등고선간의 최소거리가 0.5mm라 할 때 등고선으로 표시 가능한 최대 경사각은?

㉮ 38.6° ㉯ 56.3°
㉰ 72.6° ㉱ 81.3°

 • $dl = 0.5 \times 5000 = 2500\,\text{mm}$
• $\tan\theta = \dfrac{dh}{dl} = \dfrac{2000}{2500} = 0.8$
∴ $\theta = \tan^{-1} 0.8 = 38.6°$

039 다음 중 사진판독의 요소와 관련이 먼 것은?

㉮ 화면거리, 촬영고도 ㉯ 크기, 질감
㉰ 과고감, 상호위치관계 ㉱ 모양, 색조

【해답】 036. ㉯ 037. ㉯ 038. ㉮ 039. ㉮

사진판독 요소
색조, 모양, 질감, 형상, 크기, 음영, 상호위치관계, 과고감

040 다음의 타원체 설명 중 옳은 것은?
㉮ 타원의 주축을 중심으로 회전하여 생기는 지구물리학적 형상을 회전타원체라 한다.
㉯ 준거타원체(기준타원체)는 지오이드와 일치한다.
㉰ 어느 지역의 측량좌표계의 기준이 되는 지구타원체를 준거타원체라 한다.
㉱ 지구타원체는 기하학적 타원체이므로 지표의 기복과 지하 물질의 밀도 차이로 곡면이다.

해설
• 하나 타원의 주축을 중심으로 회전하여 생기는 입체는 회전타원체라 한다.
• 준거타원체(기준타원체)는 지오이드와 일치하지 않는다.
• 단축 주위로 회전하는 타원체로 그 형상과 크기가 현실의 지구와 가장 가까운 회전타원체를 지구타원체라 한다.
• 지구타원체는 기하학적 타원체이므로 지표의 기복과 지하 물질의 밀도 차가 없는 매끈한 면이다.

03 수/리/학

041 직사각형 단면수로에 물이 흐를 경우 한계수심(h_C)과 비에너지(H_e)의 관계식으로 옳은 것은?
㉮ $h_C = \dfrac{2}{3} H_e$
㉯ $h_C = \dfrac{3}{4} H_e$
㉰ $h_C = \dfrac{4}{5} H_e$
㉱ $h_C = \dfrac{5}{6} H_e$

해설
• 비에너지 $H_e = h + \alpha \dfrac{v^2}{2g}$
• 한계수심 $h_c = \dfrac{2}{3} H_e$

042 다음 중 부체의 안정을 조사할 때 고려되지 않는 것은?
㉮ 경심
㉯ 수심
㉰ 부심
㉱ 물체중심

해설
• 경심(M)이 무게중심(G)보다 위에 있어야 안정하다.
• 위에서부터 경심(M), 무게중심(G), 부심(C) 순으로 있을 때가 안정하다.

정답 040. ㉰ 041. ㉮ 042. ㉯

2015년 5월 31일 시행

043 그림에서 (a), (b) 바닥이 받는 총수압을 각각 P_a, P_b라 표시할 때 두 총수압의 관계로 옳은 것은? (단, 바닥 및 상면의 단면적은 그림과 같고, (a), (b)의 높이는 같다.)

㉮ $P_a = 2P_b$
㉯ $P_a = P_b$
㉰ $2P_a = P_b$
㉱ $4P_a = P_b$

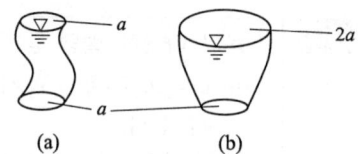

• 수압은 항상 면에 직각으로 작용한다. $P = \omega h$
• 깊이가 같은 임의 점에 대한 수압은 항상 같다.

044 흐름의 연속방정식은 어떤 법칙을 기초로 하여 만들어진 것인가?
㉮ 질량 보존의 법칙
㉯ 에너지 보존의 법칙
㉰ 운동량 보존의 법칙
㉱ 마찰력 불변의 법칙

• 흐름의 베르누이 방정식은 에너지 불변의 법칙을 기본으로 한다. 그리고 연속방정식, 운동에너지, 위치에너지, 압력에너지와 관계가 깊다.
• 흐름의 연속방정식은 질량보존의 법칙을 기본으로 한다.

045 그림과 같은 직사각형 위어(weir)의 유량(월류량)을 프란시스(Francis)의 공식에 의하여 구한 값은? (단, 양단수축이며, 접근유속은 무시한다.)

㉮ 0.732m³/sec
㉯ 0.327m³/sec
㉰ 0.632m³/sec
㉱ 0.585m³/sec

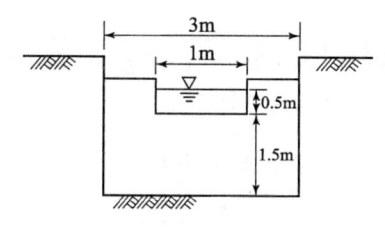

• 유효 폭
$b_o = b - 0.1nh = 1 - 0.1 \times 2 \times 0.5 = 0.9\text{m}$
• $Q = 1.84 b_o h^{\frac{3}{2}} = 1.84 \times 0.9 \times 0.5^{\frac{3}{2}} = 0.585\text{m}^3/\text{sec}$

046 다음 중 에너지선과 동수경사선이 평행하게 되는 흐름은?
㉮ 등류
㉯ 부등류
㉰ 상류
㉱ 사류

• 등류에서 에너지선과 수면구배는 모두 수로바닥 구배와 같다.
• 등류에서 속도, 위치 및 압력수두의 합은 일정하다.
• 등류의 수심은 지점에서 변하지 않는다.

043. ㉯ 044. ㉮ 045. ㉱ 046. ㉮

- 어느 단면에서나 유속이 균일한 흐름은 정류 중에서 등류에 해당한다.
- 개수로에서는 동수경사선과 자유수면은 항상 일치한다.
- 단면이 일정한 긴 관에서 마찰손실만 일어나는 경우에 에너지선과 동수경사선은 서로 나란하다.

047 폭 20m인 직사각형 단면수로에 30.6m³/sec의 유량이 0.8m의 수심으로 흐를 때 Froude수와 흐름은?

㉮ 0.683, 상류   ㉯ 0.683, 사류
㉰ 1.464, 상류   ㉱ 1.464, 사류

해설
- $V = \dfrac{Q}{A} = \dfrac{30.6}{20 \times 0.8} = 1.9125 \text{m/sec}$
- $F_r = \dfrac{V}{\sqrt{gh}} = \dfrac{1.9125}{\sqrt{9.8 \times 0.8}} = 0.683$
- $F_r < 1$: 상류, $F_r > 1$: 사류

048 다음 그림과 같이 불투수층까지 미치는 집수암거에서 H=3.0m, h_o=0.45m, k=0.009m/sec, l=300m, R=170m이면 용수량 Q는?

㉮ 0.14m³/sec
㉯ 0.24m³/sec
㉰ 0.32m³/sec
㉱ 0.34m³/sec

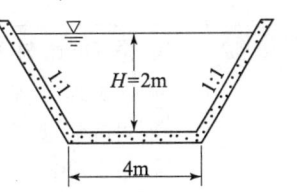

해설
- $Q = \dfrac{k \cdot l}{R}(H^2 - h_0^2) = \dfrac{0.009 \times 300}{170}(3^2 - 0.45^2) = 0.14 \text{m}^3/\text{sec}$
- 굴착정의 양수량
  $Q = \dfrac{2\pi a k (H - h_o)}{l_n(R/r)}$

049 그림과 같은 콘크리트 수로에서 수로 경사가 1/1000이며, 조도계수가 0.015일 때 유량을 계산한 값은? (단, Manning 공식 사용)

㉮ $Q = 2.44 \text{m}^3/\text{sec}$
㉯ $Q = 2.92 \text{m}^3/\text{sec}$
㉰ $Q = 24.60 \text{m}^3/\text{sec}$
㉱ $Q = 29.24 \text{m}^3/\text{sec}$

해설
- $A = \dfrac{4+8}{2} \times 2 = 12\text{m}^2$
- $R = \dfrac{A}{P}$
- $P = 4 + 2\sqrt{2} \times 2 = 9.66\text{m}$

해답 047. ㉮ 048. ㉮ 049. ㉱

$$Q = A \cdot V = A \cdot \frac{1}{n} R^{\frac{2}{3}} I^{\frac{1}{2}}$$

$$= 12 \times \frac{1}{0.015} \times \left(\frac{12}{9.66}\right)^{\frac{2}{3}} \times \left(\frac{1}{1000}\right)^{\frac{1}{2}} = 29.24 \text{m}^3/\text{sec}$$

050 다음 그림과 같은 오리피스에서 유출하는 유량은?
(단, 이론 유량을 계산한다.)

㉮ 0.12m³/sec
㉯ 0.22m³/sec
㉰ 0.32m³/sec
㉱ 0.42m³/sec

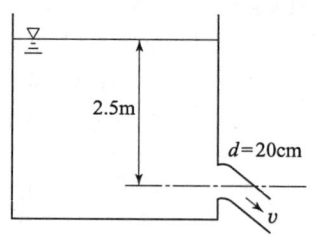

해설 $Q = A \cdot V = A \cdot \sqrt{2gh} = \frac{3.14 \times 0.2^2}{4} \times \sqrt{2 \times 9.8 \times 2.5} = 0.22 \text{m}^3/\text{sec}$

051 그림과 같이 수평으로 놓은 관의 내경이 A에서 50cm이고 B에서 25cm로 되었다. 유량이 340ℓ/sec일 때 B점과 A점의 압력차 $P_B - P_A$를 구한 값은?

㉮ 2.3kg/cm²
㉯ 0.23kg/cm²
㉰ 0.023kg/cm²
㉱ 23kg/cm²

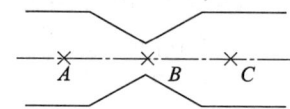

해설
• $Q = A_1 V_1 = A_2 V_2$ $340000 = \frac{3.14 \times 50^2}{4} \times V_1 = \frac{3.14 \times 25^2}{4} \times V_2$

∴ $V_1 = 173$cm/sec, $V_2 = 693$cm/sec

• $\frac{P_1}{w} + \frac{V_1^2}{2g} = \frac{P_2}{w} + \frac{V_2^2}{2g}$

$\frac{P_2}{w} - \frac{P_1}{w} = \frac{V_1^2}{2g} - \frac{V_2^2}{2g} = \frac{693^2}{2 \times 980} - \frac{173^2}{2 \times 980} = 229$cm

∴ $P_2 - P_1 = 229$g/cm²

052 다음 중 Darcy의 법칙을 층류에만 적용해야 하는 이유는?

㉮ 유속과 손실수두가 비례하기 때문이다.
㉯ 지하수 흐름은 항상 층류이기 때문이다.
㉰ 투수계수의 물리적 특성 때문이다.
㉱ 레이놀즈수가 작기 때문이다.

해설 층류는 유속이 매우 느린 가는 관내의 흐름이나 지하수의 흐름 등에서 볼 수 있으며 물 입자가 흐름의 방향에 연직인 속도 성분을 거의 가지지 않고 똑바로 유선상을 운동하여 정연하게 층상을 이루는 흐름이므로 유속과 손실수두에 비례한다.

053 그림과 같은 완전 수중 오리피스에서 유속을 구하려고 할 때 사용되는 수두는?

㉮ $H_1 - H_0$
㉯ $H_2 - H_1$
㉰ $H_2 - H_0$
㉱ $H_1 + \dfrac{H_2}{2}$

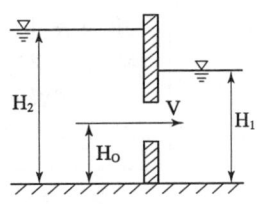

해설 양 수조의 수면차 $H_2 - H_1$

054 지름 20cm의 원형단면 수로를 물이 가득차서 흐를 때의 동수반경(R)은?

㉮ 5cm ㉯ 10cm
㉰ 15cm ㉱ 20cm

해설 $R = \dfrac{D}{4} = \dfrac{20}{4} = 5\text{cm}$

055 레이놀즈(Reynolds)수가 1,000인 관에 대한 마찰손실계수(f)는?

㉮ 0.032 ㉯ 0.046
㉰ 0.052 ㉱ 0.064

해설 $R_e < 2000$인 경우
$f = \dfrac{64}{R_e} = \dfrac{64}{1000} = 0.064$

056 수두차가 10m인 두 저수지를 직경 30cm, 길이 300m, 조도계수 0.013인 주철관으로 연결하여 송수할 때, 관을 흐르는 유량(Q)은 얼마인가? (단, 관의 유입 및 유출, 마찰손실만 존재한다.)

㉮ $Q = 0.19\text{m}^3/\text{sec}$
㉯ $Q = 0.17\text{m}^3/\text{sec}$
㉰ $Q = 0.08\text{m}^3/\text{sec}$
㉱ $Q = 0.02\text{m}^3/\text{sec}$

해설
- $f = \dfrac{124.6 n^2}{D^{\frac{1}{3}}} = \dfrac{124.6 \times 0.013^2}{0.3^{\frac{1}{3}}} = 0.0315$
- $V = \sqrt{\dfrac{2gH}{f_i + f_o + f \dfrac{l}{D}}} = \sqrt{\dfrac{2 \times 9.8 \times 10}{0.5 + 1.0 + 0.0315 \times \dfrac{300}{0.3}}} = 2.437\text{m/sec}$
- $Q = A \cdot V = \dfrac{\pi \times 0.3^2}{4} \times 2.437 = 0.17\text{m}^3/\text{sec}$

해답 053.㉯ 054.㉮ 055.㉱ 056.㉯

057 개수로에서의 흐름에 대한 설명 중 틀린 것은?
⑦ 흐름이 사류에서 상류로 바뀔 때에는 흐름의 에너지선을 변하지 않는다.
④ 한계경사란 한계수심으로 흐를 때의 경사를 뜻한다.
⑤ 지배단면는 상류에서 사류로 바뀔 때 한계수심이 생기는 단면이다.
⑥ 완경사 흐름의 하천에서 장애물에 의해 배수곡선이 발생한다.

해설 흐름이 사류에서 상류로 변하는 곳에 도수 현상이 생기며 큰 에너지 손실이 동반한다.

058 유체에 대한 기본 설명으로 옳지 않은 것은?
⑦ 점성은 액체 내부에서 유체분자가 상대적인 운동을 할 경우 이에 저항하는 전단력이 작용하는 성질이다.
④ 표면장력이란 액체와 기체의 경계면에 작용하는 분자 인력을 말한다.
⑤ 체적탄성계수는 체적 변화율에 대한 압력의 변화를 말한다.
⑥ 압축률과 체적탄성계수는 비례관계이다.

해설 체적탄성계수의 역수를 압축률이라 한다.

059 유속 V, 밀도 ρ라 할 때 동수압을 옳게 표시한 것은?
⑦ $\dfrac{V^2}{2g}$　　　④ $\dfrac{\rho V^2}{2}$
⑤ $\dfrac{V}{2g}$　　　⑥ $\dfrac{\rho V^2}{2g}$

해설 동수압(동압력)$=\dfrac{V^2}{2g}\times\omega=\dfrac{V^2}{2g}\times\rho g=\dfrac{\rho V^2}{2}$

060 다음 중 일반 물의 단위중량은 얼마인가?
⑦ 1020N/m^3　　　④ 102N/m^3
⑤ 9800N/m^3　　　⑥ 980N/m^3

• $1\text{kg}=9.8\text{N}$
• $\omega=1000\times9.8=9800\text{N/m}^3$

해답 057. ⑦　058. ⑥　059. ④　060. ⑤

04 철/근/콘/크/리/트 /및/ 강/구/조

061 단철근 직사각형 보에서 $f_{ck}=21$MPa, $f_y=400$MPa일 때 균형철근비 ρ_b의 값은?

㉮ 0.019 ㉯ 0.023
㉰ 0.027 ㉱ 0.033

- $\beta_1 = 0.85 - 0.007(f_{ck} - 28) = 0.85 - 0.007(21-28) = 0.899$
  여기서, β_1값이 0.85를 초과할 경우 0.85를 사용한다. (β_1값이 0.65보다 작아선 안된다.)
- $\rho_b = 0.85\beta_1 \dfrac{f_{ck}}{f_y} \dfrac{600}{600+f_y} = 0.85 \times 0.85 \dfrac{21}{400} \dfrac{600}{600+400} = 0.023$

062 이형철근이 인장을 받을 때 기본 정착길이를 구하는 식으로 옳은 것은? (단, d_b는 철근의 공칭지름)

㉮ $\dfrac{0.6 d_b f_y}{\sqrt{f_{ck}}}$ ㉯ $0.6 d_b f_y \sqrt{f_{ck}}$

㉰ $\dfrac{0.25 d_b f_y}{\sqrt{f_{ck}}}$ ㉱ $0.25 d_b f_y \sqrt{f_{ck}}$

- 인장 이형철근의 기본 정착길이 $l_{db} = \dfrac{0.6 d_b f_y}{\sqrt{f_{ck}}}$
- 인장 이형철근의 정착길이는 300mm 이상이어야 한다.

063 다음 그림에서 인장력 $P=400$kN이 작용할 때 용접이음부의 응력은 얼마인가?

㉮ 96.2 MPa
㉯ 101.2 MPa
㉰ 105.3 MPa
㉱ 108.6 MPa

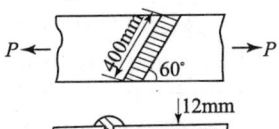

$f = \dfrac{P}{A} = \dfrac{400,000}{12 \times 400 \sin 60°} = 96.2$MPa

064 휨 부재의 단면을 산정할 때 최소철근량 규정을 지켜야 하는데, 이렇게 최소 인장철근 단면적을 규정하는 이유는 무엇인가?

㉮ 취성파괴를 피하기 위해서
㉯ 균형적인 철근 분배를 위해서
㉰ 과다철근보(과보강보)의 단점 보완을 위해서
㉱ 경제적인 단면 이용을 위해서

정답 061.㉯ 062.㉮ 063.㉮ 064.㉮

해설
- 인장철근량이 너무 적어도 취성 파괴를 일으킨다. 즉, 인장측 콘크리트에 균열이 생기는 순간 철근도 같이 끊어져서 갑작스럽게 파괴된다.
- 휨 부재의 최소 철근량은 $A_{s,\min} = \dfrac{0.25\sqrt{f_{ck}}\, b_w d}{f_y}$

$$A_{s,\min} = \dfrac{1.4}{f_y} b_w d$$

두 식에 의해 계산된 값 중 큰 값 이상으로 한다.

065 철근 콘크리트 구조물의 전단철근 상세에 대한 다음 설명 중 잘못된 것은?

㉮ 주인장 철근에 30° 이상의 각도로 구부린 굽힘철근은 전단철근으로 사용할 수 있다.
㉯ 스터럽과 굽힘철근을 조합하여 전단철근으로 사용할 수 없다.
㉰ 경사스터럽과 굽힘철근은 부재의 중간높이인 $0.5d$에서 반력점 방향으로 주인장철근까지 연장된 45° 선과 한번 이상 교차되도록 배치하여야 한다.
㉱ 용접 이형철망을 제외한 일반적인 전단철근의 설계기준 항복강도는 500MPa을 초과할 수 없다.

해설
- 스터럽과 굽힘철근을 조합하여 전단철근으로 사용할 수 있다.
- 용접 이형 철망을 사용할 경우는 600MPa을 초과할 수 없다.
- 전단철근 또는 철선은 압축연단에서 d거리까지 연장하여 정착되어야 한다.
- 수직 스터럽의 간격은 철근 콘크리트 부재일 경우 $0.5d$ 이하, 프리스트레스트 부재의 경우 $0.75h$ 이하, 또 어느 경우이든 600mm 이하로 한다.

066 PS강재가 가져야 할 일반적인 성질로 틀린 것은?

㉮ 적당한 연성과 인성이 있어야 한다.
㉯ 어느 정도의 피로강도를 가져야 한다.
㉰ 직선성이 좋아야 한다.
㉱ 항복비가 작아야 한다.

해설
- 항복비가 커야 한다.
- 릴렉세이션이 작아야 한다.
- 부착강도가 커야 한다.
- 인장강도가 커야 한다.

067 그림과 같은 단순 PSC 보에서 지간 중앙의 절곡점에서 상향력(U)과 외력(P)이 비기기 위한 PS 강선 프리스트레스 힘(F)의 크기는 얼마인가? (단, 손실은 무시한다.)

㉮ 100 kN ㉯ 50 kN
㉰ 70 kN ㉱ 30 kN

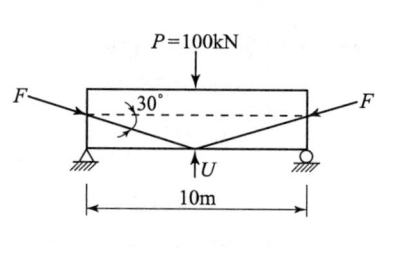

정답 065.㉯ 066.㉱ 067.㉮

- $\Sigma V = 0$
  $U - 2 \times F\sin 30° = 0$ ∴ $U = 2F\sin 30°$
- $U = P$이므로
  $U = 2F\sin 30°$
  $100 = 2F\sin 30°$ ∴ $F = 100\text{kN}$

068 보통 콘크리트 부재의 해당 지속하중에 대한 탄성처짐이 30mm이었다면 크리프 및 건조수축에 따른 추가적인 장기 처짐을 고려한 최종 총 처짐량은 몇 mm인가? (단, 하중 재하 기간은 10년이고, 압축철근비 ρ'는 0.005이다.)

㉮ 78   ㉯ 68
㉰ 58   ㉱ 48

- 탄성 처짐량 : 30mm
- 장기 처짐량 = 탄성 처짐량 × λ = $30 \times 1.6 = 48$mm
  여기서, $\lambda = \dfrac{\xi}{1+50\rho'} = \dfrac{2}{1+(50 \times 0.005)} = 1.6$
- 총 처짐량 = 탄성 처짐량 + 장기 처짐량 = $30 + 48 = 78$mm

069 그림과 같은 직사각형 보에서 압축상단에서 중립축까지의 거리(c)는 얼마인가? (단, 철근 D22 4본의 단면적은 1548mm^2, f_{ck}=35MPa, f_y=350MPa이다.)

㉮ 60.7mm
㉯ 71.4mm
㉰ 75.8mm
㉱ 80.9mm

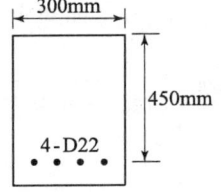

- $a = \dfrac{A_s f_y}{0.85 f_{ck} b} = \dfrac{1548 \times 350}{0.85 \times 35 \times 300} = 60.7$mm
- $\beta_1 = 0.85 - 0.007(f_{ck}-28) = 0.85 - 0.007(35-28) = 0.801$
- $a = \beta_1 \cdot c$
  ∴ $c = \dfrac{a}{\beta_1} = \dfrac{60.7}{0.801} = 75.8$mm

070 그림에 나타난 직사각형 단철근 보에서 전단철근이 부담하는 전단력(V_s)은 약 얼마인가? (단, 철근 D13을 수직 스터럽(stirrup)으로 사용하며, 스터럽 간격은 200mm이다. 철근 D13 1본의 단면적은 127mm^2, f_{ck}=28MPa, f_{yt}=350MPa)

㉮ 125 kN   ㉯ 150 kN
㉰ 200 kN   ㉱ 250 kN

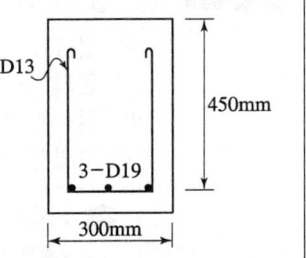

해설 $V_s = \dfrac{A_v f_{yt} d}{s} = \dfrac{(2 \times 127) \times 350 \times 450}{200} = 200{,}025\text{N} ≒ 200\,\text{kN}$

071 프리스트레스트 콘크리트에서 강재의 프리스트레스 도입시 발생되는 즉시 손실에 해당되지 않는 것은?

㉮ 정착장치의 활동에 의한 손실
㉯ PS 강재와 긴장 덕트의 마찰에 의한 손실
㉰ PS 강재의 릴랙세이션 손실
㉱ 콘크리트의 탄성 수축에 의한 손실

해설 프리스트레스 도입 후 손실은 콘크리트의 건조수축, 콘크리트 크리프, 강재의 릴랙세이션이다.

072 나선철근과 띠철근 기둥에서 축방향 철근의 순간격에 대한 설명으로 옳은 것은?

㉮ 25mm 이상, 또한 철근 공칭지름의 0.5배 이상으로 하여야 한다.
㉯ 30mm 이상, 또한 철근 공칭지름의 1배 이상으로 하여야 한다.
㉰ 40mm 이상, 또한 철근 공칭지름의 1.5배 이상으로 하여야 한다.
㉱ 50mm 이상, 또한 철근 공칭지름의 2.5배 이상으로 하여야 한다.

해설 동일 평면에서 평행한 철근 사이의 수평 순간격은 25mm 이상, 또한 철근 공칭지름 이상으로 하여야 한다.

073 아래 표의 조건과 같은 단철근 직사각형보의 공칭모멘트강도(M_n)는?

$b_w = 300\text{mm}, \ d = 600\text{mm}, \ A_s = 1{,}200\text{mm}^2, \ f_{ck} = 27\text{MPa}, \ f_y = 300\text{MPa}$

㉮ 206.6 kN·m   ㉯ 214.1 kN·m
㉰ 227.4 kN·m   ㉱ 301.2 kN·m

해설
• $a = \dfrac{A_s f_y}{0.85 f_{ck} b} = \dfrac{1{,}200 \times 300}{0.85 \times 27 \times 300} = 52.28\text{mm}$
• $M_n = A_s f_y \left(d - \dfrac{a}{2}\right) = 1{,}200 \times 300 \left(600 - \dfrac{52.28}{2}\right) = 206589600\text{N·mm} = 206.6\,\text{kN·m}$

074 강도설계법에 대한 기본 가정으로 옳지 않은 것은?

㉮ 압축측 연단에서 콘크리트의 최대 변형률은 0.003으로 한다.
㉯ 콘크리트의 인장강도는 휨계산에서 무시한다.
㉰ 철근과 콘크리트의 응력과 변형률은 중립축으로부터 거리에 비례한다.
㉱ 평면인 단면은 변형 후에도 평면을 유지한다.

해설
• 콘크리트의 압축응력은 $0.85 f_{ck}$로 균등하다.
• 철근과 콘크리트의 변형률은 중립축으로부터의 거리에 비례한다.

정답 071. ㉰ 072. ㉯ 073. ㉮ 074. ㉰

075 철근콘크리트 보에 전단력과 휨만을 작용할 경우 콘크리트가 받는 설계전단강도 (ϕV_c)는? (단, b_w=300mm, d=500mm, f_{ck}=21MPa, f_y=400MPa, λ=1.0)
㉮ 75.5 kN
㉯ 85.9 kN
㉰ 115.3 kN
㉱ 124.5 kN

해설 $\phi V_c = \phi \dfrac{1}{6} \lambda \sqrt{f_{ck}} b_w d = 0.75 \times \dfrac{1}{6} \times 1.0 \times \sqrt{21} \times 300 \times 500$
$= 85,923\text{N} = 85.9\text{kN}$

076 고정하중 10kN/m, 활하중 20kN/m의 등분포하중을 받는 경간 8m의 단순지지보에서 하중계수와 하중조합을 고려한 계수모멘트는?
㉮ 352 kN·m
㉯ 408 kN·m
㉰ 449 kN·m
㉱ 497 kN·m

해설
• $\omega_n = 1.2D + 1.6L = 1.2 \times 10 + 1.6 \times 20 = 44\text{kN/m}$
• $M_u = \dfrac{\omega_n l^2}{8} = \dfrac{44 \times 8^2}{8} = 352\text{kN·m}$

077 정착에 대한 위험단면이 아닌 곳은?
㉮ 경간 내에서 인장철근이 끝난 곳
㉯ 휨부재에서 최대 응력점
㉰ 지지점에서 d/2 떨어진 단면
㉱ 경간내에서 인장철근이 절곡된 곳

해설 전단에 대한 위험단면
① 보 및 1방향 슬래브 : 지지점에서 d 만큼 떨어진 곳
② 2방향 슬래브 : 지지점에서 $\dfrac{d}{2}$ 만큼 떨어진 곳

보충 $V_s > \dfrac{2}{3}\sqrt{f_{ck}} b_w d$ 인 경우에는 보의 단면을 더 크게 늘려야 한다.

078 다음 중 용접변형을 방지하기 위한 방법으로 옳지 않은 것은?
㉮ 용접순서를 대칭용접이 되도록 선택한다.
㉯ 용접변형이 작게 되게 이음을 선택한다.
㉰ 용접길이는 가능한 적게 한다.
㉱ 용접금속중량은 충분히 크게 하며 용접할 때 속도는 천천히 한다.

해설 용접 속도를 빠르게 하는 것이 각 변형 방지에 유효하다.

정답 075.㉯ 076.㉮ 077.㉰ 078.㉱

079 다음 중 단면의 유효깊이에 대한 용어 정의로 옳은 것은?
㉮ 콘크리트의 압축 연단에서부터 모든 인장철근군의 도심까지의 거리
㉯ 콘크리트의 인장 연단에서부터 최외단 인장철근군의 도심까지의 거리
㉰ 콘크리트의 압축 연단에서부터 최외단 인장철근군의 도심까지의 거리
㉱ 콘크리트의 인장 연단에서부터 모든 인장철근군의 도심까지의 거리

해설 단면의 유효깊이는 콘크리트의 압축 연단에서부터 모든 인장철근군의 도심까지의 거리

080 다음의 철근 콘크리트 구조물에서 피로에 대한 검토를 하지 않아도 되는 구조의 부재는?
㉮ 단순보 ㉯ 슬래브
㉰ 기둥   ㉱ 연속보

해설 기둥은 횡방향 변위를 고려한다.

05 토/질 /및/ 기/초

081 5m×10m의 장방형 기초 위에 $q=6t/m^2$의 등분포하중이 작용할 때 지표면 아래 5m에서의 증가 유효 수직응력을 2 : 1 분포법으로 구한 값은?
㉮ $1 t/m^2$ ㉯ $2 t/m^2$
㉰ $3 t/m^2$ ㉱ $4 t/m^2$

해설 $q \cdot (B \times L) = \sigma_z (B+Z)(L+Z)$
$\therefore \sigma_z = \dfrac{q \cdot (B \times L)}{(B+Z)(L+Z)} = \dfrac{6 \times (5 \times 10)}{(5+5)(10+5)} = 2t/m^2$

082 AASHTO 분류 및 통일분류법은 No.200(0.075mm)체 통과율을 기준으로 하여 흙을 조립토와 세립토로 구분한다. AASHTO 방법에서는 No.200체 통과량이 (①) 이상인 흙을 세립토로, 통일분류법에서는 (②) 이상을 세립토로 한다. ( )에 맞는 수치는?
㉮ ① 50% ② 35%   ㉯ ① 40% ② 40%
㉰ ① 35% ② 50%   ㉱ ① 45% ② 45%

해설
• AASHTO 분류법에서
  ① No.200체 통과율이 35% 이하 : 자갈, 모래
  ② No.200체 통과율이 35% 이상 : 실트, 점토
• 통일분류법에서
  ① No.200체 통과율이 50% 이하 : 자갈, 모래
  ② No.200체 통과율이 50% 이상 : 실트, 점토, 유기질토

해답 079. ㉮ 080. ㉰ 081. ㉯ 082. ㉰

083 흙의 다짐시험에서 다짐에너지를 증가시킬 때 일어나는 결과는?
- ㉮ 최적함수비와 최대건조밀도가 모두 증가한다.
- ㉯ 최적함수비와 최대건조밀도가 모두 감소한다.
- ㉰ 최적함수비는 증가하고 최대건조밀도는 감소한다.
- ㉱ 최적함수비는 감소하고 최대건조밀도는 증가한다.

$$E_c = \frac{W_R \cdot H \cdot N_B \cdot N_L}{V}$$

084 점성토 지반에 있어서 강성기초의 접지압 분포에 관한 다음 설명 중 옳은 것은?
- ㉮ 기초의 모서리 부분에서 최대 응력이 발생한다.
- ㉯ 기초의 중앙부에서 최대 응력이 발생한다.
- ㉰ 기초의 밑면 부분에서는 어느 부분이나 동일하다.
- ㉱ 기초의 모서리 및 중앙부에서 최대 응력이 발생한다.

- 강성기초가 모래지반에 위치하면 기초의 중앙부에서 최대응력이 발생한다.
- 강성기초의 접지압 분포

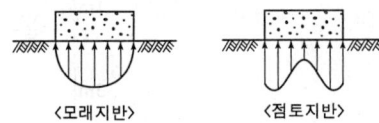

〈모래지반〉   〈점토지반〉

085 다음 중 사면의 안정해석방법이 아닌 것은?
- ㉮ 마찰원법
- ㉯ 비숍(Bishop)의 방법
- ㉰ 펠레니우스(Fellenius) 방법
- ㉱ 카사그란데(Casagrande)의 방법

통일분류법은 Casagrande가 고안하였다.

086 비중 2.65, 간극률 50%인 경우에 quick sand 현상을 일으키는 한계 동수 경사는?
- ㉮ 0.325
- ㉯ 0.825
- ㉰ 0.512
- ㉱ 1.013

$$i_c = \frac{\gamma_{sub}}{\gamma_w} = \frac{G_s - 1}{1 + e} = \frac{2.65 - 1}{1 + 1} = 0.825$$

여기서, $e = \frac{n}{100 - n} = \frac{50}{100 - 50} = 1$

- 분사현상이 안 일어나는 조건
  $i < i_c$
  $1 < F$

정답 083. ㉱ 084. ㉮ 085. ㉱ 086. ㉯

2015년 5월 31일 시행

087 원주상의 공시체에 수직응력이 1.0kg/cm², 수평응력이 0.5kg/cm²일 때 공시체의 각도 30° 경사면에 작용하는 전단응력은?

㉮ 0.17 kg/cm² ㉯ 0.22 kg/cm²
㉰ 0.35 kg/cm² ㉱ 0.43 kg/cm²

해설 $\tau = \dfrac{\sigma}{2}\sin 2\theta = \dfrac{0.5}{2}\sin 2\times 30° = 0.22 \text{kg/cm}^2$

088 연약지반 개량공법 중에서 일시적인 공법에 속하는 것은?

㉮ Sand drain 공법 ㉯ 치환공법
㉰ 약액주입공법 ㉱ 동결공법

해설 • 일시적인 개량공법
웰포인트 공법, deep well 공법, 대기압 공법, 전기침투공법, 동결공법

089 그림과 같은 모래지반의 토질실험결과 내부 마찰각 $\phi=30°$, 점착력 $c=0$일 때 깊이 4m 되는 A점에서의 전단강도는?

㉮ 1.25 t/m²
㉯ 1.72 t/m²
㉰ 2.17 t/m²
㉱ 2.83 t/m²

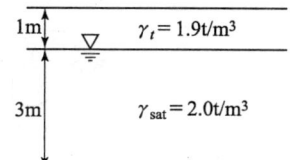

해설 • 유효응력
$\sigma = 1.9\times 1 + (2.0-1)\times 3 = 4.9 \text{t/m}^2$
• 전단강도
$\tau = c + \sigma\tan\phi = 0 + 4.9\tan 30° = 2.83 \text{t/m}^2$

090 주동토압을 P_A, 수동토압을 P_P, 정지토압을 P_0라 할 때 토압의 크기 순서로 옳은 것은?

㉮ $P_A > P_P > P_0$ ㉯ $P_P > P_0 > P_A$
㉰ $P_P > P_A > P_0$ ㉱ $P_0 > P_A > P_P$

해설 • $P_P > P_0 > P_A$
• $K_P > K_0 > K_A$

091 다음 중 표준관입시험으로 구할 수 없는 것은?

㉮ 투수계수 ㉯ 탄성계수
㉰ 일축압축강도 ㉱ 내부마찰각

해답 087.㉯ 088.㉱ 089.㉱ 090.㉯ 091.㉮

예설
- 점토지반
  연경도(컨시스턴시), 일축압축강도$\left(q_u = \dfrac{N}{8}\right)$, 점착력$\left(C = \dfrac{q_u}{2}\right)$, 파괴에 대한 허용지지력 및 극한지지력
- 사질지반
  상대밀도, 내부마찰각($\phi = \sqrt{12N} + 15$), 지지력 계수, 탄성계수, 침하에 대한 허용지지력
- 63.5kg 해머로 75cm 자유낙하시켜 샘플러가 지반에 30cm 박아 넣는 데 필요한 타격횟수를 N치라 한다.

092 표준관입시험의 N값에 대한 설명으로 옳은 것은?

㉮ 질량 (63.5±0.5)kg의 드라이브 해머를 (560±10)mm에서 타격하여 샘플러를 지반에 200mm 박아 넣는 데 필요한 타격횟수
㉯ 질량 (53.5±0.5)kg의 드라이브 해머를 (760±10)mm에서 타격하여 샘플러를 지반에 200mm 박아 넣는 데 필요한 타격횟수
㉰ 질량 (63.5±0.5)kg의 드라이브 해머를 (760±10)mm에서 타격하여 샘플러를 지반에 300mm 박아 넣는 데 필요한 타격횟수
㉱ 질량 (53.5±0.5)kg의 드라이브 해머를 (560±10)mm에서 타격하여 샘플러를 지반에 300mm 박아 넣는 데 필요한 타격횟수

예설 표준관입시험값 N은 개략적인 기초 지지력 측정에 이용되고 있다.

093 그림과 같은 다짐 곡선을 보고 다음 설명 중 틀린 것은?

㉮ A는 일반적으로 사질토이다.
㉯ B는 일반적으로 점토에서 나타난다.
㉰ C는 과잉공극수압 곡선이다.
㉱ D는 최적함수비를 나타낸다.

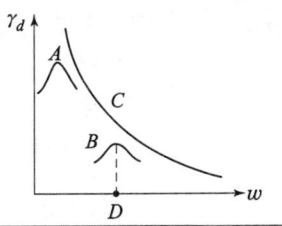

예설 C는 영공기공극곡선(포화곡선)이다.

보충
- 영공기 공극곡선은 w와 γ_{dsat} 관계로 그린다.
- 영공기 공극곡선은 다짐곡선의 습윤측에 평행하게 그린다.

094 다음은 지하수 흐름의 기본 방정식인 Laplace 방정식을 유도하기 위한 기본 가정이다. 틀린 것은?

㉮ 물의 흐름은 Darcy의 법칙을 따른다.
㉯ 흙은 등방성이고 균질하다.
㉰ 흙은 포화되어 있고 모세관 현상은 무시한다.
㉱ 흙과 물은 압축성이다.

예설 흙과 물은 비압축성이다.

해답 092. ㉰ 093. ㉰ 094. ㉱

095 압밀비배수(CU) 전단시험에 대한 설명으로 옳은 것은?

㉮ 시험 중 전응력은 구할 수 없다.
㉯ 간극수압을 측정하여 압밀배수(CD)와 같은 전단강도 값을 구할 수 있다.
㉰ 시험 중 간극수를 자유롭게 출입하게 한다.
㉱ 시험 전에 압밀할 때는 비배수로 한다.

해설
- 전응력을 구할 수 있으며 시험전에 압밀을 할 때는 배수로 한다.
- 시험과정에는 간극수를 출입을 막고 한다.
- 압밀배수(CD) 시험으로 전단강도 값을 구할 때 시간이 많이 소요되므로 압밀비배수(CU) 전단시험으로 간극수압을 측정하여 적용한다.

096 포화된 흙의 체적이 22.45cm³, 무게가 41g이다. 이 흙을 건조되었을 때 체적은 15.30cm³, 무게는 27g 이었다. 이 흙의 수축한계 값은?

㉮ 5.12% ㉯ 7.67%
㉰ 25.37% ㉱ 32.46%

해설
$$\omega_s = \omega - \left[\frac{(V-V_0)}{W_0} \times \gamma_w \times 100\right] = 51.85 - \left[\frac{(22.45-15.30)}{27} \times 1 \times 100\right] = 25.37\%$$

여기서, 자연함수비 $\omega = \dfrac{W_w}{W_s} \times 100 = \dfrac{41-27}{27} \times 100 = 51.85\%$

097 어떤 흙이 동상작용을 받았을 경우에는 동상작용을 받기 전에 비해 함수비는 어떠한가?

㉮ 동일하다. ㉯ 감소한다.
㉰ 감소하거나 증가한다. ㉱ 증가한다.

해설 동상으로 체적 팽창이 발생하므로 함수비는 증가한다.

098 토층의 두께가 10m인 견고한 점토지반 위에 설치된 구조물의 침하량을 측정한 결과 6.2cm에서 침하가 정지되어 있다. 이 지반에 구조물에 의한 평균압력이 0.8kg/cm² 증가되었다면 이 지반의 체적 변화계수(m_v)는 얼마인가?

㉮ 1.29×10^{-4} cm²/kg ㉯ 7.75×10^{-3} cm²/kg
㉰ 3.29×10^{-4} cm²/kg ㉱ 4.96×10^{-3} cm²/kg

해설 $\Delta H = m_v \Delta p\, H$

$$\therefore m_v = \frac{\Delta H}{\Delta p\, H} = \frac{6.2}{0.8 \times 1000} = 7.75 \times 10^{-3} \text{cm}^2/\text{kg}$$

해답 095. ㉯ 096. ㉰ 097. ㉱ 098. ㉯

099 다음 중 선행압밀하중은 어느 곡선에서 구할 수 있는가?

㉮ 압밀시간(log t) - 압밀침하량(d)
㉯ 압밀하중(p) - 공극비(e)
㉰ 압밀시간(t) - 압밀침하량(d)
㉱ 압밀하중(log t) - 공극비(e)

[해설] e - log t 곡선에서 선행압밀하중을 구한다.

100 다음 중 Terzaghi의 극한지지력 공식에 대한 설명으로 옳지 않은 것은?

㉮ 점토지반에서 기초 폭은 지지력에 큰 영향을 주지 않는다.
㉯ 사질토지반에서 기초 폭이 클수록 지지력은 증가하게 된다.
㉰ 기초 부분에서 지하수위가 상승하면 지지력은 증가하게 된다.
㉱ 기초 바닥 위의 흙은 등가의 상재하중으로 하여 식을 유도하였다.

[해설] 기초 부분에서 지하수위가 상승하면 지지력은 감소하게 된다.

06 상/하/수/도/공/학

101 하수배제 방식에 대한 설명으로 옳은 것은?

㉮ 합류식 하수관거는 청천시(晴天時) 관로내 퇴적량이 분류식 하수관거에 비하여 많다.
㉯ 합류식 하수배제 방식은 강우초기에 도로 위의 오염물질이 직접 하천으로 유입된다.
㉰ 분류식 하수배제 방식은 침수피해 다발지역에 유리한 방식이다.
㉱ 분류식 하수관거에서는 우천시 일정한 유량 이상이 되면 오수가 월류한다.

[해설]
• 분류식은 강우초기에 도로 위의 오염물질이 직접 하천으로 유입하는 단점이 있다.
• 합류식은 침수피해 다발지역에 유리한 방식이다.
• 합류식에서는 우천시 일정한 유량 이상이 되면 오수가 월류한다.

102 침전 슬러지를 농축하여 함수율 99%를 함수율 95%로 만들었다. 원 슬러지(함수율 99%)의 유입량이 1000m^3/day일 때 농축후 슬러지의 양은? (단, 농축 전·후 슬러지의 비중은 모두 1.0으로 가정)

㉮ 200m^3/day   ㉯ 250m^3/day
㉰ 750m^3/day   ㉱ 960m^3/day

[정답] 099.㉱ 100.㉰ 101.㉮ 102.㉮

해설
$$\frac{V_1}{V_2} = \frac{100-w_2}{100-w_1} \qquad \frac{1000}{V_2} = \frac{100-95}{100-99} = 5$$
$$\therefore V_2 = \frac{1000}{5} = 200\text{m}^3/\text{day}$$

103 하수관거의 각 관거별 계획하수량 산정이 잘못된 것은?

㉮ 우수관거는 계획우수량으로 한다.
㉯ 차집관거는 우천시 계획우수량으로 한다.
㉰ 오수관거는 계획시간 최대오수량으로 한다.
㉱ 합류식 관거는 계획시간 최대오수량에 계획우수량을 합한 것으로 한다.

해설 차집관거는 우천시 계획오수량으로 한다.

104 총인구 20000명인 어느 도시의 급수인구는 18600명이며 일년간 총 급수량이 2000000톤이었다. 급수보급률과 1인1일당 평균급수량(L)으로 옳은 것은?

㉮ 93%, 274L ㉯ 93%, 295L
㉰ 107%, 274L ㉱ 107%, 295L

해설
• 급수 보급률 $\dfrac{\text{급수인구}}{\text{총인구}} \times 100 = \dfrac{18,600}{20,000} \times 100 = 93\%$

• 1인1일당 평균급수량 $\dfrac{\frac{1\text{년총급수량}}{365\text{일}}}{\text{급수인구}} = \dfrac{\frac{2,000,000}{365}}{18,600} = 0.295\text{t} = 295\text{L}$

105 수원의 구비조건으로 옳지 않은 것은?

㉮ 최대갈수기에도 계획수량의 확보가 가능해야 한다.
㉯ 수질이 양호해야 한다.
㉰ 오염 회피를 위하여 도심에서 멀리 떨어진 곳일수록 좋다.
㉱ 수리권의 획득이 용이하고, 건설비 및 유지관리가 경제적이어야 한다.

해설 풍부한 수량, 양질의 물, 충분한 수두, 급수구역과 가까운 곳에 수원지를 취한다.

106 다음 중 계획취수량을 결정할 때의 표준으로 옳은 것은?

㉮ 계획 1일 평균급수량에 10% 정도의 여유 고려
㉯ 계획 1일 최대급수량에 10% 정도의 여유 고려
㉰ 계획 1일 평균급수량에 30% 정도의 여유 고려
㉱ 계획 1일 최대급수량에 30% 정도의 여유 고려

해설
• 취수량은 계획 1일 최대급수량에 5~10%의 여유를 더해 정한다.
• 하천의 최대 갈수량이 계획취수량 이상이 되어야 안정적인 취수가 가능하다.

해답 103. ㉯ 104. ㉯ 105. ㉰ 106. ㉯

107 하수관거 내의 유속이 너무 느리지 않도록 최저한계를 규정하는 이유와 가장 거리가 먼 것은?
㉮ 침전물의 퇴적 방지
㉯ 퇴적물의 부패 방지
㉰ 황화수소의 발생 방지
㉱ 관거내벽의 마모 방지

〔해설〕
- 하수관 내의 유속이 느리면 유기물질이 관 저부에 침전되면 황화수소(H_2S)가 발생하여 관의 부식을 초래한다.
- 오수관 유속 : 0.6~3.0m/sec
- 우수관 유속 : 0.8~3.0m/sec
- 하수관거 내벽의 마모 방지를 위해 유속의 최대한계를 규정하고 있다.

108 상수도에서 펌프가압으로 배수할 경우에 펌프의 급정지, 급기동 등으로 수격작용(水擊作用)이 일어날 경우 배수관의 손상을 방지하기 위하여 설치하는 밸브는?
㉮ 안전밸브
㉯ 배수밸브
㉰ 가압밸브
㉱ 자동지밸브

〔해설〕
- 토출 관로에 안전밸브 또는 공기밸브를 설치한다.
- 펌프에 플라이 휠을 설치한다.
- 압력조절수조를 설치한다.

109 상수도의 정수 과정이 순서대로 옳게 연결된 것은?
㉮ 응집 - 침전 - 여과 - 소독 - 배수
㉯ 응집 - 여과 - 침전 - 소독 - 배수
㉰ 응집 - 침전 - 소독 - 여과 - 배수
㉱ 응집 - 여과 - 소독 - 침전 - 배수

〔해설〕
- 정수 처리 계통
  침전지 → 완속사 여과 → 살균(소독)
- 상수도 계통
  수원 → 취수 → 도수 → 정수 → 송수 → 배수 → 급수

110 어느 도시의 인구가 500,000명이고, 1인당 폐수발생량이 300L/day, 1인당 배출 BOD가 60g/day인 경우, 발생폐수의 BOD 농도는?
㉮ 150mg/L
㉯ 200mg/L
㉰ 250mg/L
㉱ 300mg/L

〔해설〕
- 폐수 발생량 $500,000 \times 300 = 150,000,000 \, l/day$
- BOD량 $500,000 \times 60 = 30,000,000 \, g/day$
- BOD 농도 $\dfrac{30,000,000}{150,000,000} = 0.2 g/l = 200 mg/L$

 107. ㉱ 108. ㉮ 109. ㉮ 110. ㉯

111. 처리수량 3,500m³/day의 보통 침전지의 규격이 폭 10m, 길이 50m, 유효깊이 3.7m일 때, 이 침전지의 체류시간은?

㉮ 12.7시간 ㉯ 10.5시간
㉰ 8.6시간   ㉱ 7.8시간

• $t = \dfrac{V}{Q} = \dfrac{10 \times 50 \times 3.7}{3,500} = 0.53\text{day} = 0.53 \times 24 = 12.7\text{hr}$
• 침전지에서 침전효율을 크게 하기 위해 유량을 적게 하거나 표면적을 크게 한다.

112. 하수도 설계시 계획1일 평균오수량은 계획1일 최대오수량의 몇 %를 표준하는가?

㉮ 10~20%   ㉯ 30~40%
㉰ 50~60%   ㉱ 70~80%

• 지하수량은 1인1일 최대오수량의 10~20%로 한다.
• 계획시간 최대오수량은 계획1일 최대오수량의 1시간당 수량의 1.3~1.8배를 표준한다.

113. 상수 취수시설인 집수매거에 관한 설명으로 틀린 것은?

㉮ 철근콘크리트조의 유공관 또는 권선형 스크린관을 표준으로 한다.
㉯ 집수매거는 수평 또는 흐름방향으로 향하여 완경사로 설치한다.
㉰ 집수매거의 유출단에서 매거 내의 평균유속은 3m/s 이상으로 한다.
㉱ 집수매거는 가능한 직접 지표수의 영향을 받지 않도록 매설깊이는 5m 이상으로 하는 것이 바람직하다.

• 유출단의 관내 평균유속은 1m/sec 이하로 한다.
• 집수공의 유입속도는 3cm/sec 이하로 한다.
• 집수매거는 수평으로 하거나 1/500의 완만한 경사를 유지해야 한다.

114. 직경 20cm, 길이 30m의 주철관으로 유량 1.8m³/min의 정수를 높이 15m까지 양수할 경우 필요한 펌프의 축동력은 얼마인가? (단, 마찰손실만 고려하고, 마찰손실계수는 0.04, 관내 유속은 2m/sec, 펌프의 효율은 85%이다.)

㉮ 7.63 kW ㉯ 7.06 kW
㉰ 6.59 kW ㉱ 5.60 kW

• $Q = 1.8\text{m}^3/\text{min} = 0.03\text{m}^3/\text{sec}$
• $h_L = f \dfrac{l}{D} \dfrac{V^2}{2g} = 0.04 \times \dfrac{30}{0.2} \times \dfrac{2^2}{2 \times 9.8} = 1.22\text{m}$
• 전양정 $H_p = 15 + 1.22 = 16.22\text{m}$
• $P_s = \dfrac{9.80\, QH_p}{\eta} = \dfrac{9.8 \times 0.03 \times 16.22}{0.85} = 5.6\text{kW}$
• $P_s = \dfrac{13.33\, QH_p}{\eta}(\text{HP})$

해답 111. ㉮ 112. ㉱ 113. ㉰ 114. ㉱

115 다음의 설명 중 공동현상(Cavitation)의 방지책으로 틀린 것은?

㉮ 펌프 회전수를 높여 준다.　　㉯ 손실수두를 작게 한다.
㉰ 펌프의 설치 위치를 낮게 한다.　㉱ 흡입관의 손실을 작게 한다.

해설 • 펌프의 회전수를 낮추는 것이 좋다.
• 펌프의 흡입양정이 너무 적고 임펠러 회전속도가 빠르면 공동현상이 생긴다.

116 송수관이란 다음 중 어느 것을 지칭하는가?

㉮ 취수장과 정수장 사이의 관　㉯ 정수장과 배수지 사이의 관
㉰ 배수지에서 주도로까지의 관　㉱ 배수지에서 수도계량기까지의 관

해설 • 송수는 정수장에서 정수된 물을 배수지까지 보내는 과정이다.
• 송수관로는 수리학적으로 수압과의 관계로부터 개수로식과 관수로식으로 분류 가능하다.

117 급속여과지에 대한 설명으로 옳지 않은 것은?

㉮ 여과속도는 120~150m/day를 표준으로 한다.
㉯ 여과모래의 균등계수는 3.0 이상으로 가능한 한 크게 하여야 한다.
㉰ 여과모래의 유효경은 0.45~1.0mm 범위로 한다.
㉱ 여과지 1지의 여과면적은 150m² 이하로 한다.

해설 • 여과모래의 균등계수는 1.7 이하로 한다.
• 모래를 60~120cm 두께로 설치한다.
• 급속여과지 형식은 중력식과 압력식이 있다.
• 탁질의 제거는 완속여과보다 우수하여 탁한 원수의 여과에 적합하다.

118 다음은 처리장에 대한 기본계획시 고려사항으로 잘못된 것은? (단, 처리장의 시설은 처리시설과 처리장내 연결관거로 구분한다.)

㉮ 처리장 위치는 주변의 환경조건을 고려하여 정한다.
㉯ 분류식의 처리시설은 우천시 계획오수량을 기준으로 하여 계획한다.
㉰ 처리장의 부지면적은 장래확장 및 고도처리계획 등을 고려하여 계획한다.
㉱ 처리장은 건설비 및 유지관리비 등의 경제성, 유지관리의 난이도 및 확실성 등을 고려하여 정한다.

해설 • 분류식의 처리시설은 우수와 오수를 각각 분리하여 수송하므로 우천시 계획 우수량을 기준으로 계획한다.
• 하수처리시설의 처리 용량을 결정할 때는 계획 1일 최대 오수량을 기준한다.

정답 115. ㉮　116. ㉯　117. ㉯　118. ㉯

2015년 5월 31일 시행

119 다음 중 하수펌프장 시설이 필요한 경우와 관련이 가장 없는 것은?

㉮ 관거의 매설깊이가 낮고 유량 조정이 필요로 하지 않는 경우
㉯ 방류하려는 하수 수위가 방류수면의 수위보다 항상 낮은 경우
㉰ 저지대에서 자연유하식 시공으로 공사비의 증가와 공사의 위험이 초래되는 경우
㉱ 하수종말처리장의 방류구 수면을 방류하는 하천이나 해안의 고수위보다 높게 할 경우

해설 유량 조정이 필요한 경우에는 하수펌프장 시설이 필요하다.

120 다음의 정수처리 공정별 설명 중 옳지 않은 것은?

㉮ 소독을 하는 주목적은 미생물을 사멸하기 위해서 한다.
㉯ 플록형성을 위해 응집제를 주입하는 시설을 플록형성지라 한다.
㉰ 응집된 플록을 침전시키는 시설을 침전지라 한다.
㉱ 침전지에서 처리된 물을 여재를 통하여 여과하는 시설을 여과지라 한다.

해설 **플록형성지**
원수(原水)에 혼입한 약품과 물이 잘 접촉하도록 하여 플록의 형성을 촉진하는 탱크로, 기계식과 와류식이 있다.

정답 119. ㉮ 120. ㉯

03 토목산업기사

응용역학 / 측량학 / 수리학 / 철근콘크리트 및 강구조 / 토질 및 기초 / 상하수도공학

[2015년 9월 19일 시행]

▌알려드립니다 ▌

한국산업인력공단의 저작권법 저촉에 대한 언급(2013년 2회 시험)이 있어 과거에 출제된 동일한 문제나 그 유형의 문제로 재구성하였습니다.

---

01 응/용/역/학

001 트러스를 해석하기 위한 기본 가정 중 옳지 않은 것은?

㉮ 부재들은 마찰이 없는 힌지로 연결되어 있다.
㉯ 부재 양단의 힌지 중심을 연결한 직선은 부재축과 일치한다.
㉰ 모든 외력은 절점에 집중하중으로 작용한다.
㉱ 하중작용으로 인한 트러스 각 부재의 변형을 고려한다.

해설
- 하중이 작용한 후에도 격점의 위치에는 변화가 없다.
- 각 부재의 변형은 미소하여 그로 인한 2차 응력은 무시한다.
- 격점을 연결 직선은 부재의 축과 일치한다.
- 트러스에서는 각 부재에 전단력이나 휨모멘트가 작용하지 않고 축방향으로 인장력이나 압축력만이 있다.
- 모든 외력은 트러스와 동일 평면 내에 있고 하중은 절점에만 작용한다.
- 부재의 응력은 그 부재 재료의 탄성한도 이내에 있다.

002 그림과 같은 직사각형 도형의 도심을 지나는 X, Y 두 축에 대한 최소 회전 반지름의 크기는?

㉮ 9.48cm
㉯ 13.86cm
㉰ 17.32cm
㉱ 27.71cm

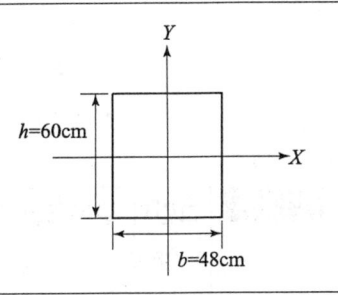

해설
- $I_{min} = I_y = \dfrac{60 \times 48^3}{12} = 552,960 \text{cm}^4$
- $r_{min} = \sqrt{\dfrac{I_{min}}{A}} = \sqrt{\dfrac{552,960}{48 \times 60}} = 13.86\text{cm}$

정답 001. ㉱ 002. ㉯

003 다음 그림과 같이 직교좌표계 위에 있는 사다리꼴 도형 OABC 도심의 좌표($\bar{x}, \bar{y}$)는? (단, 좌표의 단위는 cm)

㉮ (2.54, 3.46)
㉯ (2.77, 3.31)
㉰ (3.34, 3.21)
㉱ (3.54, 2.74)

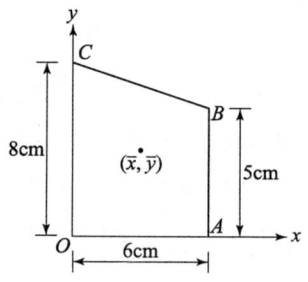

- $G_x = (6 \times 5 \times 2.5) + \left(\dfrac{1}{2} \times 6 \times 3 \times 6\right) = 129 \text{cm}^3$
- $G_y = (6 \times 5 \times 3) + \left(\dfrac{1}{2} \times 3 \times 6 \times 2\right) = 108 \text{cm}^3$
- $A = (6 \times 5) + \left(\dfrac{1}{2} \times 6 \times 3\right) = 39 \text{cm}^2$

$\therefore x_0 = \dfrac{G_y}{A} = \dfrac{108}{39} = 2.77 \text{cm}$ $\therefore y_0 = \dfrac{G_x}{A} = \dfrac{129}{39} = 3.31 \text{cm}$

004 그림과 같은 내민보에서 A지점에서 5m 떨어진 C점의 전단력 V_C와 휨모멘트 M_C는?

㉮ $V_C = -1.4\text{t}$, $M_C = -17\text{t} \cdot \text{m}$
㉯ $V_C = -1.8\text{t}$, $M_C = -24\text{t} \cdot \text{m}$
㉰ $V_C = 1.4\text{t}$, $M_C = -24\text{t} \cdot \text{m}$
㉱ $V_C = 1.8\text{t}$, $M_C = -17\text{t} \cdot \text{m}$

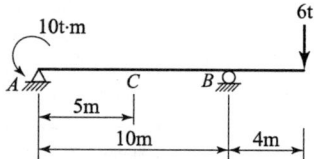

- $\Sigma M_B = 0$
  $R_A \times 10 - 10 + 6 \times 4 = 0$
  $\therefore R_A = \dfrac{1}{10}(10 - 24) = -1.4\text{t}$ $\therefore V_c = R_A = -1.4\text{t}$
- $M_C = R_A \times 5 - 10 = -1.4 \times 5 - 10 = -17\text{t} \cdot \text{m}$

005 그림과 같은 3힌지 라멘에 등분포 하중이 작용할 경우 A점의 수평반력은?

㉮ 0
㉯ $\dfrac{\omega l^2}{8}(\rightarrow)$
㉰ $\dfrac{\omega l^2}{4h}(\rightarrow)$
㉱ $\dfrac{\omega l^2}{8h}(\rightarrow)$

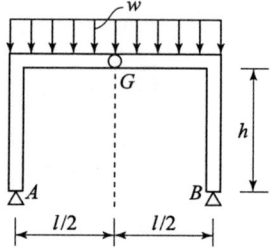

003. ㉯ 004. ㉮ 005. ㉱

해설
- $R_A = R_B = \dfrac{wl}{2}$
- $\sum M_G = 0$

$R_A \times \dfrac{l}{2} - H_A \times h - w \times \dfrac{l}{2} \times \dfrac{l}{4} = 0$

$\therefore H_A = \dfrac{1}{h}\left(\dfrac{wl}{2} \times \dfrac{l}{2} - \dfrac{wl^2}{8}\right) = \dfrac{wl^2}{8h}$

006
그림과 같이 네 개의 힘이 평형상태에 있다면 A점에 작용하는 힘 P와 AB 사이의 거리 x 는?

㉮ $P = 400\text{kg}$, $x = 2.5\text{m}$
㉯ $P = 400\text{kg}$, $x = 3.6\text{m}$
㉰ $P = 500\text{kg}$, $x = 2.5\text{m}$
㉱ $P = 500\text{kg}$, $x = 3.2\text{m}$

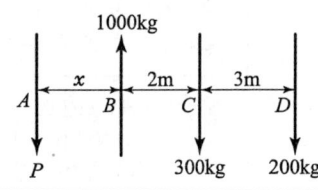

해설
- $1000 - 300 - 200 - P = 0$ $\therefore P = 500\text{kg}$
- $\sum M_A = 0$

$200 \times (x+5) + 300 \times (x+2) - 1000 \times x = 0$
$200x + 1000 + 300x + 600 - 1000x = 0$
$-500x = -1600$ $\therefore x = 3.2\text{m}$

007
지간이 10m이고, 폭 20cm, 높이 30cm인 직사각형 단면의 단순보에서 전지간에 등분포하중 $w = 2\text{t/m}$가 작용할 때 최대전단응력은?

㉮ $25\ \text{kg/cm}^2$
㉯ $30\ \text{kg/cm}^2$
㉰ $35\ \text{kg/cm}^2$
㉱ $40\ \text{kg/cm}^2$

해설
- $S_{\max} = \dfrac{wl}{2} = \dfrac{2000 \times 10}{2} = 10000\text{kg}$
- $\tau_{\max} = \dfrac{3}{2}\dfrac{S}{A} = \dfrac{3}{2} \times \dfrac{10000}{(20 \times 30)} = 25\text{kg/cm}^2$

008
그림과 같은 1차 부정정 구조물의 A지점의 반력은? (단, EI는 일정하다.)

㉮ $\dfrac{5P}{16}$
㉯ $\dfrac{11P}{16}$
㉰ $-\dfrac{3P}{16}$
㉱ $\dfrac{5P}{32}$

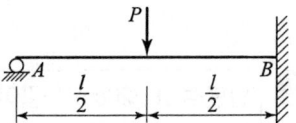

해답 006.㉱ 007.㉮ 008.㉮

- $R_A = \dfrac{5P}{16}$, $R_B = \dfrac{11P}{16}$
- $M_B = \dfrac{3Pl}{16}$

009 아래의 표에서 설명하는 것은?

> 탄성곡선상의 임의의 두 점 A와 B를 지나는 접선이 이루는 각은 두 점 사이의 휨모멘트도의 면적을 휨강도 EI로 나눈 값과 같다.

㉮ 제1 공액보의 정리 ㉯ 제2 공액보의 정리
㉰ 제1 모멘트 면적 정리 ㉱ 제2 모멘트 면적 정리

- 제1 모멘트 면적 정리
  탄성곡선상의 임의의 두 점을 지나고 접선이 이루는 각은 두 점 사이의 휨모멘트도의 면적을 휨강도 EI로 나눈 값과 같다.
- 제2 모멘트 면적 정리
  탄성곡선상의 임의의 두 점에서 한 점에서 그은 접선과 다른 한 점 사이의 연직거리는 두 점 사이의 휨모멘트도 면적의 점을 지나는 연직축에 대한 1차 모멘트를 휨강도 EI로 나눈 값과 같다.

010 다음과 같은 단순보에서 최대 휨응력은? (단, 단면은 폭 300m, 높이 400m의 직사각형이다.)

㉮ 15 MPa
㉯ 18 MPa
㉰ 22 MPa
㉱ 26 MPa

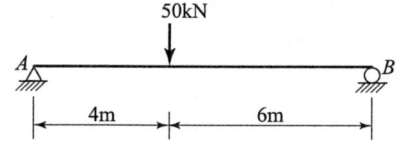

- $Z = \dfrac{bh^2}{6} = \dfrac{30 \times 40^2}{6} = 8000\text{cm}^3 = 8000000\text{mm}^3$
- $\sum M_B = 0$
  $V_A \times 10 - 50 \times 6 = 0$ ∴ $V_A = \dfrac{1}{10}(50 \times 6) = 30\text{kN}$
- 집중하중 작용점의 휨모멘트
  $M = V_A \times 4 = 30 \times 4 = 120\text{kN} \cdot \text{m}$
- $\sigma_{\max} = \dfrac{M}{Z} = \dfrac{120000000}{8000000} = 15\text{MPa}$

011 단면적 $A = 20\text{cm}^2$, 길이 $L = 50\text{cm}$인 강봉에 인장력 $P = 8\text{t}$을 가하였더니 길이가 0.1mm 늘어났다. 이 강봉의 푸아송수 $m = 3$이라면 전단탄성계수 G는 얼마인가?

㉮ 750,000 kg/cm² ㉯ 75,000 kg/cm²
㉰ 250,000 kg/cm² ㉱ 25,000 kg/cm²

해답 009. ㉰ 010. ㉮ 011. ㉮

- $\sigma = \dfrac{P}{A} = \dfrac{8000}{20} = 400 \text{kg/cm}^2$
- $\epsilon = \dfrac{\Delta l}{l} = \dfrac{0.01}{50} = 0.002$
- $E = \dfrac{\sigma}{\epsilon} = \dfrac{400}{0.0002} = 2\,000\,000 \text{kg/cm}^2$
- $v = \dfrac{1}{m} = \dfrac{1}{3}$
- $G = \dfrac{E}{2(1+v)} = \dfrac{2\,000\,000}{2\left(1+\dfrac{1}{3}\right)} = 750{,}000 \text{kg/cm}^2$

012
"여러 힘의 모멘트는 그 합력의 모멘트와 같다."라는 것은 무슨 원리인가?
㉮ 가상(假想)일의 원리 ㉯ 모멘트 분배법
㉰ Varignon의 원리 ㉱ 모어(Mohr)의 정리

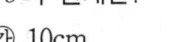
- 바리뇽(Varignon)의 정리
  여러 힘의 임의 한 점에 대한 모멘트의 합은 합력의 그 점에 대한 모멘트와 같다.

013
그림과 같은 단주에서 편심거리 e에 $P=800\text{kg}$이 작용할 때 단면에 인장력이 생기지 않기 위한 e의 한계는?
㉮ 10cm
㉯ 8cm
㉰ 9cm
㉱ 5cm

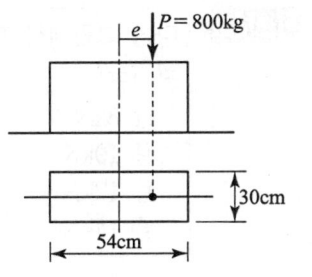

- $I = \dfrac{b^3 h}{12} = \dfrac{54^3 \times 30}{12} = 393{,}660 \text{cm}^4$
- $\sigma_c = -\dfrac{P}{A} + \dfrac{M}{I} \cdot y$, $\quad 0 = -\dfrac{800}{30 \times 54} + \dfrac{800 \times e}{393{,}660} \times \dfrac{54}{2}$ $\quad \therefore e = 9\text{cm}$

014
그림 (A)의 양단힌지 기둥의 탄성좌굴하중이 10t이었다면, 그림 (B)기둥의 좌굴하중은?
㉮ 2.5 t
㉯ 10 t
㉰ 20 t
㉱ 40 t

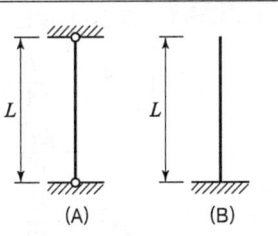

012. ㉰ 013. ㉰ 014. ㉮

2015년 9월 19일 시행

해설
- 좌굴하중 $P = \dfrac{n\pi^2 EI}{l^2}$
- 양단힌지 $n=1$, 일단 자유 타단 고정 $n=\dfrac{1}{4}$
- (B) 기둥의 좌굴하중 $P=\dfrac{10}{4}=2.5t$

015 그림과 같은 구조물에서 부재 AC가 받는 힘의 크기는?

㉮ 6t
㉯ 5t
㉰ 4t
㉱ 3t

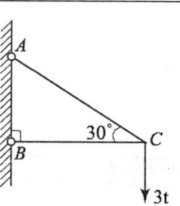

해설 $\dfrac{3}{\sin 30°} = \dfrac{AC}{\sin 90°}$
∴ $AC = 6t$

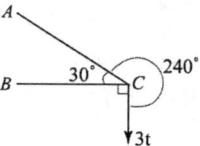

016 다음 그림에서 지점 C의 반력이 영(零)이 되기 위해 B점에 작용시킬 집중하중의 크기는?

㉮ 8kN
㉯ 10kN
㉰ 12kN
㉱ 14kN

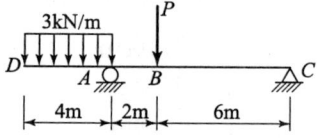

해설 $\sum M_A = 0$
$V_C \times 8 + P \times 2 - 3 \times 4 \times 2 = 0$
∴ $V_C = \dfrac{1}{8}(-P \times 2 + 24)$ 에서 $V_C = 0$ 이 될려면 $P=12\text{kN}$ 이다.

017 그림과 같은 연속보 B점의 휨모멘트 M_B의 값은?

㉮ $-\dfrac{wl^2}{24}$
㉯ $-\dfrac{wl^2}{16}$
㉰ $-\dfrac{wl^2}{12}$
㉱ $-\dfrac{wl^2}{8}$

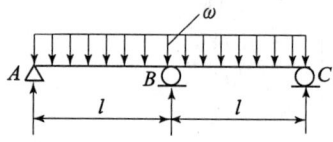

정답 015.㉮ 016.㉰ 017.㉱

해설 B점을 고정단으로 보고
AB에서 $M_{BA} = -\dfrac{\omega l^2}{8}$

BC에서 $M_{BC} = -\dfrac{\omega l^2}{8}$ ∴ $M_B = -\dfrac{\omega l^2}{4}$

분배율을 고려하면

$M_{BA} = M_{BC} = -\dfrac{\omega l^2}{4} \times \dfrac{1}{2} = -\dfrac{\omega l^2}{8}$

018 지간 8m, 높이 30cm, 폭 20cm의 단면을 갖는 단순보에 등분포 하중 w=4kN/m가 만재하여 있을 때 최대 처짐은? (단, E=10,000MPa)

㉮ 47.4mm   ㉯ 21.0mm
㉰ 9.0mm   ㉱ 0.09mm

해설
- $I = \dfrac{bh^3}{12} = \dfrac{20 \times 30^3}{12} = 45000\text{cm}^4 = 450000000\text{mm}^4$
- $y_{\max} = \dfrac{5wl^4}{384EI} = \dfrac{5 \times 4 \times 8000^4}{384 \times 10000 \times 450000000} = 47.4\text{mm}$

019 그림과 같이 고정되어 있는 인장부재의 변위를 구하면? (단, 단면적은 A이고 탄성계수는 E이다.)

㉮ $\dfrac{PL}{EA}$
㉯ $\dfrac{2PL}{EA}$
㉰ $\dfrac{3PL}{EA}$
㉱ $\dfrac{6PL}{EA}$

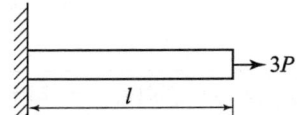

해설 $E = \dfrac{\sigma}{\varepsilon} = \dfrac{\dfrac{3P}{A}}{\dfrac{\Delta l}{l}}$ ∴ $\Delta l = \dfrac{3PL}{EA}$

020 다음 중 부정정 트러스를 해석하는 데 적합한 방법은?

㉮ 3연 모멘트법   ㉯ 모멘트 분배법
㉰ 처짐각법   ㉱ 가상일의 원리

해설 • 가상일의 원리
내부의 발생된 에너지(일)은 외부에서 가해진 에너지(일)과 동일하다는 개념으로 어떤 구조물에 특정 지점에 하중을 가하면 구조물이 조금 변형이 된다. 다시 말하면 어떤 지점에 변위가 발생하는 것과 동일한 것이다. 구조물이 변형이 되는 것은 내부 부재에 변형이 발생한 것이고, 이러한 내부 부재의 변형에 의해 외부 지점에 변위가 발생한다.

018. ㉮ 019. ㉰ 020. ㉱

02 측/량/학

021 평판의 설치에 있어서 고려하지 않아도 되는 것은?
㉮ 수평 맞추기   ㉯ 방향 맞추기
㉰ 구심 맞추기   ㉱ 외심 맞추기

> 평판세우기(정치)할 때는 수평으로 맞추고, 지상점과 도상점을 일치시키고(구심, 중심), 방향(표정) 맞추기를 한다.

022 폐합다각측량에서 트랜싯과 광파기에 의한 관측을 통해 각관측보다 거리 관측 정밀도가 높을 때 오차를 배분하는 방법으로 옳은 것은?
㉮ 해당 측선 길이에 비례하여 배분한다.
㉯ 해당 측선 길이에 반비례하여 배분한다.
㉰ 해당 측선의 위, 경거의 크기에 비례하여 배분한다.
㉱ 해당 측선의 위, 경거의 크기에 반비례하여 배분한다.

> • 트랜싯 법칙 : 각 관측의 정밀도가 거리의 정밀도보다 높을 때 이용되며 위거, 경거의 오차를 각 측선의 위거 및 경거에 비례하여 배분한다.
> • 컴퍼스 법칙 : 각 관측의 정도와 거리관측의 정도가 동일 할 때 실시하는 방법으로 각 측선의 길이에 비례하여 오차를 배분한다.

023 철도에 완화곡선을 설치하고자 할 때 캔트(cant)의 크기결정과 직접적인 관계가 없는 것은?
㉮ 레일간격   ㉯ 곡률반경
㉰ 원곡선의 교각   ㉱ 주행속도

> • $C = \dfrac{SV^2}{gR}$
>
> 여기서, g : 중력가속도
> R : 곡선반경(곡률반경)
> V : 차량속도(주행속도)
> S : 레일 중심간 거리(레일간격)
>
> • 곡선부를 통과하는 차량에 원심력이 발생하여 접선방향으로 탈선하는 것을 방지하기 위해 바깥쪽의 노면을 안쪽보다 높이는 정도를 캔트라 한다.

024 고속도로의 노선설계에 많이 이용되는 완화곡선은?
㉮ 클로소이드 곡선   ㉯ 3차 포물선
㉰ 렘니스케이트 곡선   ㉱ 반파장 sin 곡선

해답 021. ㉱ 022. ㉰ 023. ㉰ 024. ㉮

해설
- 클로소이드 곡선 : 고속도로
- 렘니스케이트 곡선 : 시가지 지하철
- 반파장 sin 곡선 : 고속철도
- 3차 포물선 : 철도

025
트래버스의 전체연장이 1.7km이고 위거오차가 +0.40m, 경거오차가 −0.34m이었다면 폐합비는?

㉮ $\dfrac{1}{3186}$ ㉯ $\dfrac{1}{4156}$

㉰ $\dfrac{1}{3238}$ ㉱ $\dfrac{1}{6168}$

해설
- 폐합오차
$$E=\sqrt{(E_L)^2+(E_D)^2}=\sqrt{(0.4)^2+(-0.34)^2}=0.525$$
- 폐합비
$$R=\dfrac{E}{l}=\dfrac{0.525}{1700}=\dfrac{1}{3238}$$

026
원곡선에서 장현 L과 그 중앙종거 M을 측정하여 반지름 R을 구할 때 알맞은 식은?

㉮ $\dfrac{L^2}{8M}$ ㉯ $\dfrac{L^2}{4M}$

㉰ $\dfrac{L^2}{2M}$ ㉱ $\dfrac{L^2}{M}$

해설

- $M_1 = R - \sqrt{R^2 - \left(\dfrac{L}{2}\right)^2}$

여기서, $\therefore x = \sqrt{R^2 - \left(\dfrac{L}{2}\right)^2}$

- $\overline{OM} = R - M_1$
- $R - \overline{CM} = \sqrt{R^2 - \left(\dfrac{L}{2}\right)^2}$

양변 제곱, $R^2 - 2R \cdot \overline{CM} + \overline{CM}^2 = R^2 - \dfrac{L^2}{4}$

$\overline{CM}^2 - 2R \cdot \overline{CM} - \dfrac{L^2}{4} = 0$

$\therefore \overline{CM} = \dfrac{L^2}{8R}$ ($\overline{CM}^2$ 생략)

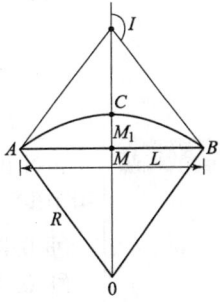

해답 025. ㉰ 026. ㉮

027 수준측량에서 전시와 후시의 거리를 같게 하여도 제거되지 않는 오차는?
㉮ 시준선과 기포관축이 평행하지 않을 때 생기는 오차
㉯ 표척 눈금의 읽음오차
㉰ 광선의 굴절오차
㉱ 지구곡률 오차

해설 관측자의 시차에 의한 오차는 제거되지 않는다.

028 그림에서 B점의 지반고는? (단, $H_A = 39.695\text{m}$)
㉮ 39.405m
㉯ 39.985m
㉰ 42.985m
㉱ 46.305m

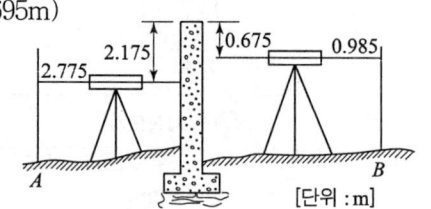

해설 $H_B = H_A + 2.775 + 2.175 - 0.675 - 0.985 = 42.985\text{m}$

029 다음은 등고선에 관한 설명이다. 틀린 내용은?
㉮ 간곡선은 계곡선보다 가는 직선으로 나타낸다.
㉯ 주곡선 간격이 10m이면 간곡선 간격은 5m이다.
㉰ 계곡선은 주곡선 보다 굵은 실선으로 나타낸다.
㉱ 계곡선은 주곡선 간격의 5배마다 굵은 실선으로 나타낸다.

해설
- 간곡선은 주곡선의 파선으로 표시한다.
- 주곡선은 기본적인 선(가는 실선)으로 표시한다.
- 등고선 중 지형을 표시하는데 기본이 되는 선은 주곡선이다.

030 수심이 h인 하천에서 수면으로부터 0.2h, 0.6h, 0.8h인 지점의 유속을 측정하여 각각 0.523m/sec, 0.456m/sec, 0.317m/sec를 얻었다. 이때 3점법으로 구한 평균유속은?
㉮ 0.420m/sec ㉯ 0.432m/sec
㉰ 0.438m/sec ㉱ 0.456m/sec

해설
$V_m = \dfrac{1}{4}(V_{0.2} + 2V_{0.6} + V_{0.8})$
$= \dfrac{1}{4}(0.523 + 2 \times 0.456 + 0.317)$
$= 0.438\text{m/sec}$

해답 027. ㉯ 028. ㉰ 029. ㉮ 030. ㉰

031 어떤 측선의 길이를 3군으로 나누어 측정하였다. 이때 측선길이의 최확값은?

측정군	측정값	측정회수
I	100.350	2
II	100.340	5
III	100.353	3

㉮ 100.344m ㉯ 100.346m
㉰ 100.348m ㉱ 100.350m

해설 측선 길이 최확값
$$100 + \frac{0.35 \times 2 + 0.34 \times 5 + 0.353 \times 3}{2+5+3} = 100.346\text{m}$$

032 그림과 같이 A점에 있어서 B점에 대하여 장애물이 있어 시준을 못하고 B'점을 시준하였다. 이때 B점의 방향각 T_B를 구함에 있어서 B'점의 방향각 T_B'에 대한 보정각(x)는? (단, $e < 1.0$m, $\rho = 206265''$, $S ≒ 4$km)

㉮ $x = \rho \dfrac{e}{S} \sin\phi$

㉯ $x = \rho \dfrac{e}{S} \cos\phi$

㉰ $x = \rho \dfrac{S}{e} \sin\phi$

㉱ $x = \rho \dfrac{S}{e} \cos\phi$

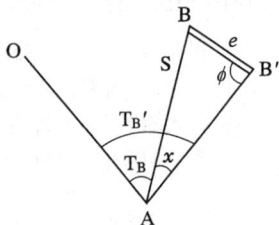

해설
- $T_B = T_B' - x$
$\dfrac{e}{\sin x} = \dfrac{S}{\sin\phi}$ $\sin x = \dfrac{e\sin\phi}{S}$ $x = \dfrac{e\sin\phi}{S}\rho''$

033 기초터파기 공사를 하기 위해 가로, 세로, 깊이를 스틸테이프로 측량하여 다음과 같은 결과를 얻었다. 토공량과 여기에 포함된 오차는? (단, 가로 40m±0.05m, 세로 20m±0.03m, 깊이 15m±0.02m)

㉮ 6,000±28.3m³ ㉯ 6,000±48.9m³
㉰ 12,000±28.4m³ ㉱ 12,000±48.9m³

해설 오차 전파식
$Y = X_1 \cdot X_2 \cdot X_3$
$M = \pm(X_1 \cdot X_2 \cdot X_3) \cdot \sqrt{\left(\dfrac{m_1}{X_1}\right)^2 + \left(\dfrac{m_2}{X_2}\right)^2 + \left(\dfrac{m_3}{X_3}\right)^2}$
$= \pm(40 \times 20 \times 15) \times \sqrt{\left(\dfrac{0.05}{40}\right)^2 + \left(\dfrac{0.03}{20}\right)^2 + \left(\dfrac{0.02}{15}\right)^2} = 28.37\text{m}^3$

정답 031. ㉯ 032. ㉮ 033. ㉰

※ 토공량
$$40 \times 20 \times 15 = 12,000\text{m}^3 = 12000 \pm 28.37\text{m}^3 = 12000 \pm 28.4\text{m}^3$$

034 교점(I.P.)의 위치가 기점으로부터 143.25m일 때 곡률반경 150m, 교각 58°14′24″인 단곡선을 설치하고자 한다면 곡선시점의 위치는? (단, 중심말뚝 간격 20m)

㉮ No.2+3.25　　　　　㉯ No.2+19.69
㉰ No.3+9.69　　　　　㉱ No.4+3.56

해설)　$IP = BC + TL$
∴ $BC = IP - TL$
　　　$= 143.25 - 83.56 = 59.69\text{m}$
　　　$= No.2 + 19.69$
여기서, $No.1 = 20\text{m}$이므로 $No.2 + 19.69 = 59.69\text{m}$이다.
여기서, $TL = R\tan\dfrac{I}{2} = 150\tan\dfrac{58°14′24″}{2} = 83.56\text{m}$

035 사진측량의 특징에 대한 설명으로 옳지 않은 것은?

㉮ 정량적, 정성적 해석이 가능하다.
㉯ 측량의 정확도가 균일하다.
㉰ 주기적인 변형측량과 같은 4차원 해석이 불가능하다.
㉱ 축척 변경이 용이하며 넓은 지역에서는 경제적이다.

해설) 사진 측량은 축척이 작을수록, 넓을수록 경제적이며 4차원 측정이 가능하다.

036 삼각측량에서 B점의 좌표 X_B=50.000m, Y_B=200.000m, BC의 길이 25.478m, BC의 방위각 77°11′56″일 때 C점의 좌표는?

㉮ X_C=26.156m, Y_C=205.645m　　㉯ X_C=55.645m, Y_C=224.845m
㉰ X_C=74.165m, Y_C=194.355m　　㉱ X_C=74.845m, Y_C=205.645m

해설)
- $X_C = 50 + 25.478\cos77°11′56″ = 55.645\text{m}$
- $Y_C = 200 + 25.478\sin77°11′56″ = 224.845\text{m}$

037 축척 1/1200 지형도상에서 면적을 측정하는데 축척을 1/1000로 잘못 알고 면적을 산출한 결과 12000m²를 얻었다면 정확한 면적은 얼마인가?

㉮ 8333m²　　　　　㉯ 12368m²
㉰ 15806m²　　　　　㉱ 17280m²

해설) 축척비² = 면적비
$\left(\dfrac{1200}{1000}\right)^2 = \dfrac{A}{12000}$　∴ $A = 17280\text{m}^2$

정답) 034.㉯　035.㉰　036.㉯　037.㉱

038 다음 중 경중률에 대한 설명으로 옳지 않은 것은?
㉮ 사용기계의 정밀도에 비례한다.
㉯ 관측 횟수에 비례한다.
㉰ 관측거리에 반비례한다.
㉱ 관측값의 오차에 비례한다.

경중률은 관측값들의 신뢰도를 나타내는 값으로 관측회수에 비례하고 관측거리에 반비례하며 평균제곱근 오차(표준편차)의 제곱에 반비례한다. 직접수준측량에서는 거리에 반비례, 간접수준측량에서는 거리의 제곱에 반비례한다.

039 촬영고도 4,500m에서 초점거리 15cm의 카메라로 평지를 촬영한 밀착사진의 종중복도가 60%, 횡중복도가 30%일 때, 이 연직사진의 유효모델의 면적은? (단, 밀착사진의 크기는 23cm×23cm이다.)
㉮ 1.33km^2
㉯ 13.33km^2
㉰ 133km^2
㉱ 1333km^2

- $\dfrac{1}{m} = \dfrac{f}{H}$, ∴ $m = \dfrac{H}{f} = \dfrac{4,500}{0.15} = 30,000$
- $A_0 = (ma)^2 \left(1 - \dfrac{p}{100}\right)\left(1 - \dfrac{q}{100}\right)$
  $= (30,000 \times 0.23)^2 \left(1 - \dfrac{60}{100}\right)\left(1 - \dfrac{30}{100}\right) = 13,330,800\,\text{m}^2 = 13.33\,\text{km}^2$

040 다음 중 지형도를 작성할 경우에 지형 표현의 원칙에 대한 설명으로 거리가 먼 것은?
㉮ 표현은 간결하게 한다.
㉯ 정량적 계획을 엄밀하게 한다.
㉰ 기호 및 도식을 가급적 많이 넣어 세밀하게 한다.
㉱ 기복을 알기 쉽게 한다.

기호 및 도식을 적절하게 넣는다.

---

03 수/리/학

041 직사각형 단면수로에 물이 흐를 경우 한계수심(h_C)과 비에너지(H_e)의 관계식으로 옳은 것은?
㉮ $h_C = \dfrac{2}{3} H_e$
㉯ $h_C = \dfrac{3}{4} H_e$
㉰ $h_C = \dfrac{4}{5} H_e$
㉱ $h_C = \dfrac{5}{6} H_e$

해답) 038. ㉱ 039. ㉯ 040. ㉰ 041. ㉮

해설
- 비에너지 $H_e = h + \alpha \dfrac{v^2}{2g}$
- 한계수심 $h_c = \dfrac{2}{3} H_e$

042 개수로에 대한 다음 설명 중 옳은 것은?
㉮ 동수경사선과 에너지 경사선은 항상 평행하다.
㉯ 에너지 경사선은 자유수면과 일치한다.
㉰ 동수경사선은 에너지 경사선과 항상 일치한다.
㉱ 동수경사선과 자유수면은 항상 일치한다.

해설
- 동수경사선 = 압력수두 + 위치수두
  즉, 개수로는 대기압의 영향과 위치와 관련이 된다.
- 개수로는 자유표면을 가지고 흐르는 수로이다.

043 다음 중 마찰속도 U를 구하는 공식으로 맞는 것은? (단, 수심=H, 수면경사=I, 중력가속도=g)
㉮ $U = \sqrt{gHI}$
㉯ $U = gHI$
㉰ $U = gH^2 I$
㉱ $U = gHI^2$

해설
마찰속도 $U = \sqrt{\dfrac{\tau}{\rho}} = \sqrt{\dfrac{wRI}{\rho}} = \sqrt{gRI} = V\sqrt{\dfrac{f}{8}}$
여기서, R = 수리평균심(H)

044 삼각 위어의 유량(Q)과 수심(h)의 관계로 옳은 것은?
㉮ $Q \propto h$
㉯ $Q \propto h^2$
㉰ $Q \propto h^{\frac{3}{2}}$
㉱ $Q \propto h^{\frac{5}{2}}$

해설 $Q = \dfrac{8}{15} C \tan \dfrac{\theta}{2} \sqrt{2g}\, h^{\frac{5}{2}}$

045 굴착정의 유량 공식으로 옳은 것은? (여기서, C : 피압대수층의 두께, K : 투수계수, h : 압력수면의 높이, h_0 : 우물 안의 수심, R : 영향원의 반경, r_0 : 우물의 반경)
㉮ $\dfrac{2\pi CK(h - h_0)}{\ln\left(\dfrac{R}{r_0}\right)}$
㉯ $\dfrac{2\pi CK(h - h_0)}{\ln\left(\dfrac{r_0}{R}\right)}$
㉰ $\dfrac{2\pi CK(h + h_0)}{\ln\left(\dfrac{r_0}{R}\right)}$
㉱ $\dfrac{2\pi CK(h + h_0)}{\ln\left(\dfrac{R}{r_0}\right)}$

해설 굴착정은 불투수층을 뚫고 내려가서 피압대수층의 물을 양수하는 우물이다.

예답 042. ㉱ 043. ㉮ 044. ㉱ 045. ㉮

046 유량 147.6l/sec를 송수하기 위하여 안지름 0.4m의 관을 700.0m 설치하고자 할 때 알맞은 관로의 경사는? (단, 조도계수 $n=0.012$이고, Manning 공식을 이용)

㉮ 1/700 ㉯ 3/700
㉰ 1/500 ㉱ 3/500

해설
- $A = \dfrac{\pi d^2}{4} = \dfrac{3.14 \times 0.4^2}{4} = 0.1256 \text{m}^2$
- $Q = A \cdot V$
  $\therefore V = \dfrac{Q}{A} = \dfrac{0.1476}{0.1256} = 1.175 \text{m/sec}$
- $V = \dfrac{1}{n} R^{\frac{2}{3}} I^{\frac{1}{2}}$

$1.175 = \dfrac{1}{0.012} \times \left(\dfrac{0.4}{4}\right)^{\frac{2}{3}} \times \left(\dfrac{x}{700}\right)^{\frac{1}{2}}$

$x \fallingdotseq 3$ $\therefore I = \dfrac{3}{700}$

047 대수층이 두께 2.7m, 폭 1.3m일 때 지하수의 유량은? (단, 상·하류 두 지점 사이의 수두차 1.8m, 수평거리 620m, 투수계수 $K=300$m/day이다.)

㉮ 3.06 m³/day ㉯ 4.28 m³/day
㉰ 5.26 m³/day ㉱ 6.38 m³/day

해설 $Q = A \cdot V = A \cdot k \cdot i = A \cdot k \cdot \dfrac{h}{L} = 2.7 \times 1.3 \times 300 \times \dfrac{1.8}{620} = 3.06 \text{m}^3/\text{day}$

048 초속 1.5m로 흐르고 있는 물의 속도수두는?

㉮ 10.1cm ㉯ 11.5cm
㉰ 12.0cm ㉱ 12.8cm

해설 $h = \dfrac{V^2}{2g} = \dfrac{1.5^2}{2 \times 9.8} = 0.115 \text{m} = 11.5 \text{cm}$

049 정수압의 성질을 설명한 것으로 틀린 것은?

㉮ 정수중에 작용하는 힘은 마찰력과 압력이다.
㉯ 정수압의 크기는 단위면적에 작용하는 힘의 크기로 표시한다.
㉰ 정수중의 임의의 한점에 작용하는 정수압의 강도는 방향에 관계없이 동일하게 작용한다.
㉱ 정수압은 작용면에 대하여 물체 표면에 수직으로만 작용한다.

해설
- 정수압은 물체 표면에 수직으로만 작용하여 마찰력은 작용하지 않는다.
- 정수압의 방향은 면에 직각으로 작용한다.

해답 046.㉯ 047.㉮ 048.㉯ 049.㉮

050 수면에서 4m 깊이에 중심이 있는 지름 2cm인 작은 오리피스에서 나오는 실제유량은? (단, C=0.62임)

㉮ 1.624 l/sec ㉯ 1.724 l/sec
㉰ 1.824 l/sec ㉱ 1.924 l/sec

해설 $Q = CA\sqrt{2gh} = 0.62 \times \dfrac{3.14 \times 0.02^2}{4}\sqrt{2 \times 9.8 \times 4} = 0.001724 \text{m}^3/\text{sec} = 1.724 l/\text{sec}$

051 한계 푸르우드 수(Froude number)를 사용하여 구분할 수 있는 흐름은 어느 것인가?

㉮ 등류와 부등류 ㉯ 정류와 부정류
㉰ 층류와 난류   ㉱ 상류와 사류

해설
- $F_r = \dfrac{V}{\sqrt{gh}} = 1$: 한계류
- $F_r < 1$: 상류
- $F_r > 1$: 사류

052 레이놀즈수가 갖는 물리적인 의미는?

㉮ 점성력에 대한 중력의 비(중력/점성력)
㉯ 관성력에 대한 중력의 비(중력/관성력)
㉰ 점성력에 대한 관성력의 비(관성력/점성력)
㉱ 관성력에 대한 점성력의 비(점성력/관성력)

해설
- $R_e = \dfrac{VD}{\nu}$
- 레이놀즈수는 점성력에 대한 관성력의 비이다.

053 직경 20cm, 길이가 100m인 관수로의 손실수두가 0.2m라면 유속은? (단, 마찰손실 계수 $f = 0.03$이다.)

㉮ 0.61m/sec ㉯ 0.57m/sec
㉰ 0.51m/sec ㉱ 0.48m/sec

해설 $h_L = f\dfrac{l}{D}\dfrac{V^2}{2g}$

$\therefore V = \sqrt{\dfrac{2gh_L}{f\dfrac{l}{D}}} = \sqrt{\dfrac{2 \times 9.8 \times 0.2}{0.03 \times \dfrac{100}{0.2}}} = 0.51 \text{m/sec}$

정답 050. ㉯ 051. ㉱ 052. ㉰ 053. ㉰

054. 그림과 같이 지름 3m, 길이 8m인 수문에 작용하는 전수압의 작용점까지 수심(h_c)는? (단, w_o=1,000kg/m³이다.)

㉮ 2.00m
㉯ 2.12m
㉰ 2.34m
㉱ 2.43m

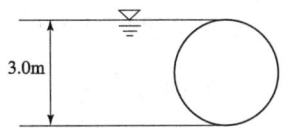

해설
- $P_H = \omega h_G A = 1 \times \dfrac{3}{2} \times (3 \times 8) = 36t$
- $P_V = \omega V = 1 \times \left(\dfrac{\pi \times 3^2}{4} \times \dfrac{8}{2}\right) = 28.3t$
- 원의 중심 O점에 대한 모멘트 $P_H \cdot y = P_V \cdot x$

  $36 \times \dfrac{3}{2}\sin\theta = 28.3 \times \dfrac{3}{2}\cos\theta$

  $\sin\theta = \dfrac{28.3}{36}\cos\theta$

  $\dfrac{\sin\theta}{\cos\theta} = 0.786$

  $\tan\theta = 0.786$

  $\therefore \theta = \tan^{-1} 0.786 = 38.2°$

- $h_c = h_G + y = \dfrac{3}{2} + \dfrac{3}{2}\sin 38.2° = 2.43m$

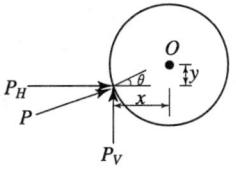

055. 지름이 20cm인 A관에서 지름이 10cm인 B관으로 축소되었다가 다시 지름이 15cm인 C관으로 단면이 변화되었다. B관의 평균유속이 3m/sec일 때 A관과 C관의 유속은? (단, 유체는 비압축성이다.)

㉮ A관의 $V_A = 1.50$m/sec, C관의 $V_C = 2.00$m/sec
㉯ A관의 $V_A = 1.00$m/sec, C관의 $V_C = 1.33$m/sec
㉰ A관의 $V_A = 0.75$m/sec, C관의 $V_C = 1.33$m/sec
㉱ A관의 $V_A = 1.50$m/sec, C관의 $V_C = 0.75$m/sec

해설 $Q = A_1 V_1 = A_2 V_2 = A_3 V_3$

$\dfrac{3.14 \times 0.2^2}{4} \times V_1 = \dfrac{3.14 \times 0.1^2}{4} \times 3$

$\therefore V_1 = V_A = 0.75$m/sec

$\dfrac{3.14 \times 0.1^2}{4} \times 3 = \dfrac{3.14 \times 0.15^2}{4} \times V_3$

$\therefore V_3 = V_c = 1.33$m/sec

정답 054. ㉱ 055. ㉰

056
관망 문제해석에서 손실수두를 유량의 함수로 표시하여 사용할 경우 지름 D인 원형 단면관에 대하여 $h_L = kQ^2$으로 표시할 경우 이 관의 특성 제원에 따라 결정되는 상수 k 값은? (여기서, f : 마찰손실계수, l : 관의 길이, 다른 손실은 무시한다.)

㉮ $0.0827 \dfrac{f \cdot l}{D^2}$ ㉯ $0.0827 \dfrac{f \cdot l}{D^5}$

㉰ $0.0827 \dfrac{f \cdot D}{l^5}$ ㉱ $0.0827 \dfrac{f \cdot D}{l^2}$

$h_L = f \dfrac{l}{D} \dfrac{v^2}{2g} = f \dfrac{l}{D} \dfrac{1}{2g} \left(\dfrac{Q}{A}\right)^2 = kQ^2$

∴ $k = f \dfrac{l}{D} \dfrac{1}{2g} \left(\dfrac{1}{A}\right)^2 = f \dfrac{l}{D} \dfrac{1}{2g} \left(\dfrac{4}{\pi D^2}\right)^2 = \dfrac{4^2}{2g\pi^2} \dfrac{f \cdot l}{D^5} = 0.0827 \dfrac{f \cdot l}{D^5}$

057
다음의 설명 중 틀린 내용은?

㉮ Darcy 법칙의 적용은 레이놀즈수에 대하여 제한을 받는다.
㉯ 베르누이의 정리는 유체의 흐름에서 이상유체에 대한 역학적 에너지의 보존법칙이라고 볼 수 있다.
㉰ 유체역학 유체 동역학에서 연속 방정식은 질량 보존의 법칙을 수학적으로 나타낸 것이다.
㉱ 부정류는 시간에 대한 변화가 없는 흐름을 말한다.

부정류는 유적, 유속 및 흐름 방향이 시간에 따라 변하는 흐름이다.

058
다음 중 뉴턴유체에 대한 설명으로 옳은 것은?

㉮ 전단응력과 전단속도의 관계는 원점을 지나는 직선이다.
㉯ 물이나 공기 등 보통의 유체는 비뉴턴유체에 속한다.
㉰ 유체가 압력의 변화에 따라 밀도의 변화를 무시할 수 없다.
㉱ 전단속도의 증가에 따라 점도가 증가한다.

- 뉴턴유체는 유체의 성질이나 유동이 외부 하중과 무관하여 일정하게 유지되어 저절로 흘러간다.(흘러가는 성질을 방해하는 힘이 내부에 없다.)
- 비뉴턴유체는 치약이나 페인트 같은 유체처럼 힘을 받으면 흘러가지만 저절로 흘러가지 않는다.(흘러가는 성질을 방해하는 힘이 내부에 있다.)
- 비뉴턴유체는 전단속도의 증가에 따라 점도는 증가한다.(전단속도의 크기에 따라 선형으로 점도가 변한다.)
- 물이나 공기 등 보통의 유체는 뉴턴유체이다.

056. ㉯ 057. ㉱ 058. ㉮

059 단면적 3.5cm², 길이 2.0m인 강봉이 공기중에서 무게가 30N이었다면 물속에서의 강봉 무게는? (단, 물의 비중은 1.0이다.)

㉮ 2.314N ㉯ 20.3N
㉰ 23.14N ㉱ 29.3N

해설) 부력 $B = \omega V =$ 공기중 무게 $-$ 수중 무게
$\omega \cdot V = 30 -$ 수중 무게, $1g/cm^3 \times (3.5 \times 200) = 30N -$ 수중 무게
$700g \times \dfrac{9.8N}{1000} = 30N -$ 수중 무게 ∴ 수중 무게 $= 23.14N$

여기서, $1kg = 9.8N$, $1000g = 9.8N$, ∴ $1g = \dfrac{9.8N}{1000}$

060 다음 중 물의 성질에 대한 설명으로 틀린 것은? (단, E_w: 물의 체적탄성률, C_w: 물의 압축률, 0℃에서의 일정한 수온상태이다.)

㉮ 압력이 증가하면 E_w는 감소하고 C_w는 증가한다.
㉯ E_w는 C_w보다 상당히 크다.
㉰ $C_w = \dfrac{1}{E_w}$ 관계이다.
㉱ 물의 압축률은 압력변화에 대한 부피의 감소율을 단위부피당으로 나타낸 값이다.

해설) 압력이 증가하면 C_w는 감소하고 E_w는 증가한다.

04 철/근/콘/크/리/트 /및/ 강/구/조

061 철근콘크리트 구조물 설계시 철근 간격에 대한 설명으로 옳지 않은 것은? (단, 굵은골재의 공칭 최대치수에 관련된 규정은 만족하는 것으로 가정한다.)

㉮ 동일 평면에서 평행한 철근 사이의 수평 순간격은 25mm 이상, 또한 철근의 공칭지름 이상으로 하여야 한다.
㉯ 상단과 하단에 2단 이상으로 배치된 경우 상하 철근은 동일 연직면 내에 배치되어야 하고, 이때 상하 철근의 순간격은 25mm 이상으로 하여야 한다.
㉰ 나선철근과 띠철근 기둥에서 축방향 철근의 순간격은 40mm 이상, 또한 철근 공칭지름의 1.5배 이상으로 하여야 한다.
㉱ 벽체 또는 슬래브에서 휨 주철근의 간격은 벽체나 슬래브 두께의 2배 이하로 하여야 하고, 또한 300mm 이하로 하여야 한다.

해설) 벽체나 슬래브의 주철근 중심간격은 최대 휨모멘트가 일어나는 단면에서 슬래브 두께의 2배 이하, 또는 300mm 이하로 하여야 한다. 기타 단면에서는 슬래브 두께의 3배 이하, 또는 400mm 이하로 하여야 한다.

해답 059. ㉰ 060. ㉮ 061. ㉱

062

f_{ck}가 24MPa, f_y가 300MPa, b_w가 400mm, d가 500mm인 직사각형 철근콘크리트보에서 콘크리트가 부담하는 공칭전단강도(V_c)는 얼마인가?

㉮ 105.7 kN ㉯ 110.1 kN
㉰ 142.7 kN ㉱ 163.3 kN

 $V_c = \frac{1}{6}\sqrt{f_{ck}}\,b_w d = \frac{1}{6}\sqrt{24}\times 400 \times 500 = 163,299\text{N} = 163.3\text{kN}$

063

단면이 300×500mm이고, 150mm²의 PS 강선 6개를 강선군의 도심과 부재단면의 도심축이 일치하도록 배치된 프리텐션 PC 부재가 있다. 강선의 초기 긴장력이 1000MPa일 때 콘크리트의 탄성변형에 의한 프리스트레스의 감소량은? (단, $n=6$)

㉮ 36 MPa ㉯ 30 MPa
㉰ 6 MPa   ㉱ 4.8 MPa

- $P = 1000 \times 150 \times 6$개 $= 900000\text{N}$
- $f_{ci} = \dfrac{P}{A} = \dfrac{900000}{300 \times 500} = 6\text{MPa}$
- 감소량 $\Delta f_p = n f_{ci} = 6 \times 6 = 36\text{MPa}$

064

다음 중 용접이음을 한 경우 용접부의 결함을 나타내는 용어가 아닌 것은?

㉮ 언더 컷(under cut)   ㉯ 오버 랩(over lap)
㉰ 크랙(crack)   ㉱ 필렛(fillet)

겹대기 이음을 하거나 T형으로 부재를 연결할 때 접합부의 구석에 용접하는 것을 필렛용접이라 한다.

065

D25(공칭직경 : 25.4mm)를 사용하는 압축 이형철근의 기본 정착길이는? (단, $f_{ck}=27\text{MPa}$, $f_y=400\text{MPa}$이다.)

㉮ 357mm ㉯ 489mm
㉰ 745mm ㉱ 1174mm

- 기본 정착길이(l_{db})

$l_{db} = \dfrac{0.25 d_b f_y}{\sqrt{f_{ck}}}$ 또한 $l_{db} = 0.043 d_b f_y$ 중 큰 값

- $l_{db} = \dfrac{0.25 \times 25.4 \times 400}{\sqrt{27}} = 489\text{mm}$

  $l_{db} = 0.043 \times 25.4 \times 400 = 437\text{mm}$ ∴ 큰 값인 489mm이다.

- 압축 이형철근의 정착길이
  $l_d = l_{db} \times$ 보정계수
  여기서, l_d는 200mm 이상이어야 한다.

 062. ㉱ 063. ㉮ 064. ㉱ 065. ㉯

066 깊은 보는 주로 어느 작용에 의하여 전단력에 저항하는가?
㉮ 장부작용(dowel action)
㉯ 골재 맞물림(aggregate interaction)
㉰ 전단마찰(shear friction)
㉱ 아치작용(arch action)

해설 깊은 보는 한쪽 면의 하중을 받고 반대쪽 면이 지지되어 하중과 받침부 사이에 압축대가 형성되는 구조요소이다.

067 b_w =300mm, d =600mm이고, A_s =3,800mm²인 단철근 직사각형 보에서 f_{ck} = 24MPa, f_y =400MPa일 때 강도설계법에 의한 등가응력의 깊이 a 는?
㉮ 203.0mm ㉯ 248.4mm
㉰ 264.5mm ㉱ 297.2mm

해설 $C = T$ $0.85 f_{ck} ab = A_s f_y$
$$\therefore a = \frac{A_s f_y}{0.85 f_{ck} b} = \frac{3800 \times 400}{0.85 \times 24 \times 300} = 248.4\text{mm}$$

068 철근콘크리트 구조물의 강도설계법에서 사용되는 강도 감소계수에 대한 설명으로 틀린 것은?
㉮ 인장지배단면에 대한 강도 감소계수는 0.85이다.
㉯ 압축지배단면에서 나선철근으로 보강되지 않은 부재에 대한 강도 감소계수는 0.65이다.
㉰ 전단력에 대한 강도 감소계수는 0.80이다.
㉱ 무근 콘크리트의 휨모멘트에 대한 강도 감소계수는 0.55이다.

해설 전단력에 대한 강도 감소계수는 0.75이다.

069 폭 b =300mm, 유효깊이 d =400mm, 압축철근량 $A_s{'}$ =1,200mm², 인장철근량 A_s =2,400mm²이 배근된 복철근보의 탄성처짐이 15mm라 할 때, 5년 후 지속하중에 의해 유발되는 장기처짐은 얼마인가?
㉮ 15mm ㉯ 20mm
㉰ 25mm ㉱ 30mm

해설 • $\lambda_\Delta = \dfrac{\xi}{1+50\rho'} = \dfrac{2}{1+50\times0.01} = 1.33$
여기서, $\rho' = \dfrac{As'}{bd} = \dfrac{1200}{300 \times 400} = 0.01$
• 장기처짐 = 탄성처짐 × λ_Δ = 15 × 1.33 = 20mm
• 총 처짐 = 탄성처짐 + 장기처짐 = 15 + 20 = 35mm

066.㉱ 067.㉯ 068.㉰ 069.㉯

070 강도설계법에서 전단 보강 철근의 공칭 전단강도 V_s가 $\frac{2}{3}\sqrt{f_{ck}}b_w d$를 초과하는 경우에 대한 설명으로 옳은 것은?

㉮ 전단철근을 $\frac{d}{4}$ 이하, 600mm로 배치해야 한다.
㉯ 전단철근을 $\frac{d}{2}$ 이하, 300mm로 배치해야 한다.
㉰ 전단철근을 $\frac{d}{4}$ 이하, 300mm로 배치해야 한다.
㉱ $b_w d$인 단면을 변경해야 한다.

해설
- V_s가 $\frac{2}{3}\sqrt{f_{ck}} \cdot b_w \cdot d$를 초과하는 경우 보의 단면($b_w \cdot d$)을 증가시킨다.
- V_s가 $\frac{1}{3}\sqrt{f_{ck}} \cdot b_w \cdot d$를 초과하는 경우 스터럽 간격은 $\frac{1}{4}d$ 이하, 300mm 이하이다.

071 복철근 단면으로 설계하는 이유 중 틀린 것은?

㉮ 보의 높이가 제한되어 단철근 단면으로는 설계 모멘트를 감당할 수 없을 때
㉯ 정(+), 부(-) 모멘트가 한 단면에서 반복되는 경우
㉰ 처짐을 억제하여야 할 경우
㉱ 연성을 극소화시켜야 할 경우

해설
- 부재의 처짐을 극소화 시켜야 할 경우 사용한다.
- 보의 인장측 뿐만 아니라 압축측에도 철근을 배치하여 철근이 압축응력을 받도록 만든 보를 복철근보라고 한다.

072 철근의 피복두께에 관한 설명 중 틀린 것은?

㉮ 철근이 산화되지 않도록 한다.
㉯ 부착응력을 확보한다.
㉰ 침식이나 염해 또는 화학작용으로부터 철근을 보호한다.
㉱ 주철근의 표면에서 콘크리트의 표면까지의 최단거리이다.

해설
- 피복두께는 콘크리트 표면과 가장 가까이 배근된 철근 표면 사이의 콘크리트의 두께를 뜻한다.
- 피복두께가 클수록 부착이 좋으며 적어도 철근의 지름 이상이어야 한다.
- 피복두께는 철근과 콘크리트의 부착력을 확보한다.

정답 070. ㉱ 071. ㉱ 072. ㉱

073 그림과 같은 단철근 직사각형보의 설계 휨강도(ϕM_n)는 얼마인가? (단, f_{ck}=28MPa, f_y=300MPa)

㉮ 240 kN·m
㉯ 389 kN·m
㉰ 458 kN·m
㉱ 538 kN·m

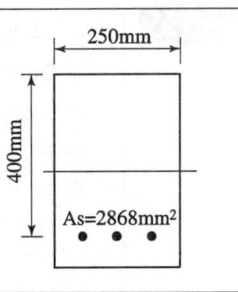

해설
- $0.85 f_{ck}\, a\, b = A_s f_y$

  $\therefore a = \dfrac{A_s f_y}{0.85 f_{ck}\, b} = \dfrac{2868 \times 300}{0.85 \times 28 \times 250} = 144.6\text{mm}$

- $M_d = \phi M_n = \phi A_s f_y \left(d - \dfrac{a}{2}\right) = 0.85 \times 2868 \times 300 \times \left(400 - \dfrac{144.6}{2}\right)$

  $= 239,660,118\text{N}\cdot\text{mm}$
  $= 239,660\text{kN}\cdot\text{mm} \fallingdotseq 240\text{kN}\cdot\text{m}$

074 강도 설계법에서 1방향 슬래브(slab)의 구조 세목에 관한 사항 중 틀린 것은?

㉮ 1방향 슬래브의 두께는 최소 100mm 이상이어야 한다.
㉯ 슬래브의 정철근 및 부철근의 중심 간격은 최대 휨모멘트가 일어나는 단면에서는 슬래브 두께의 2배 이하이어야 하고, 또한 300mm 이하로 하여야 한다.
㉰ 슬래브의 정철근 및 부철근의 중심 간격은 최대 휨모멘트가 일어나지 않는 단면에서는 슬래브 두께의 3배 이하이어야 하고, 또한 500mm 이하로 하여야 한다.
㉱ 1방향 슬래브에서는 정철근 및 부철근에 직각방향으로 수축·온도철근을 배치하여야 한다.

해설 1방향 슬래브의 정철근 및 부철근의 중심 간격은 최대 휨모멘트가 일어나지 않는 단면에서 슬래브 두께의 3배 이하, 450mm 이하라야 한다.

075 다음 그림과 같은 단철근 직사각형보의 균형철근량을 계산하면? (단, f_{ck}=21MPa, f_y=300MPa)

㉮ 5090mm²
㉯ 5173mm²
㉰ 4550mm²
㉱ 5055mm²

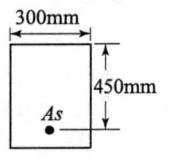

해설 $\rho_b = 0.85\beta_1 \dfrac{f_{ck}}{f_y} \dfrac{600}{600+f_y} = 0.85 \times 0.85 \times \dfrac{21}{300} \times \dfrac{600}{600+300} = 0.0337$

$\rho_b = \dfrac{As}{bd}$

$\therefore As = \rho_b \times b \times d = 0.0337 \times 300 \times 450 \fallingdotseq 4550\text{mm}^2$

해답 073. ㉮ 074. ㉰ 075. ㉰

076 PSC 부재의 프리스트레스 감소원인 중 프리스트레스를 도입한 후 시간의 경과에 의해 발생하는 것은?

㉮ PS강재의 릴랙세이션으로 인한 손실
㉯ PS강재와 쉬스의 마찰로 인한 손실
㉰ 정착장치의 활동으로 인한 손실
㉱ 콘크리트의 탄성변형으로 인한 손실

해설 프리스트레스를 도입한 후의 손실(시간적 손실)
① 강재의 릴랙세이션
② 콘크리트의 건조수축
③ 콘크리트의 크리프

077 다음 중 일반적인 철근의 정착 방법이 아닌 것은?

㉮ 갈고리에 의한 방법
㉯ 정착이 필요한 철근의 가로 방향으로 T형이 되게 철근을 용접하는 방법
㉰ 매입길이에 의한 방법
㉱ 약품을 사용하는 방법

해설 철근의 정착 방법에는 매입길이에 의한 방법, 갈고리에 의한 방법, 특별한 정착장치를 사용하는 방법, 철근의 가로 방향으로 T형이 되게 철근을 용접하는 방법이 있다.

078 강재의 용접에서 용접봉을 사용하여 용접할 경우 그 자세로 적합한 것은?

㉮ 하향 용접한다.
㉯ 상향 용접한다.
㉰ 눈높이와 같은 높이에서 용접한다.
㉱ 횡방향 용접한다.

해설 보통 강재의 용접에서 용접봉을 사용하여 용접을 할 경우에는 아래보기(하향) 용접을 한다.

079 다음 중 보의 휨파괴에 대한 설명으로 옳지 않은 것은?

㉮ 인장으로 인하여 파괴될 경우에는 중립축은 위로 이동한다.
㉯ 과소철근보는 철근이 먼저 항복하게 되지만 철근의 연성이 커서 단계적으로 파괴된다.
㉰ 균형철근보는 인장철근이 항복강도 f_y에 도달함과 동시에 콘크리트도 극한 변형율에 도달하여 파괴되는 보를 말한다.
㉱ 과다철근보는 철근의 배근량이 많아 아주 느린 속도로 파괴가 되므로 위험 예측이 가능하다.

해설 과다철근보는 철근의 배근량이 많아 아주 빠른 속도로 파괴가 되므로 위험예측이 불가능하다.

정답 076. ㉮ 077. ㉱ 078. ㉮ 079. ㉱

080 다음 그림과 같은 PSC 보가 프리스트레스 힘 P=1,000kN을 받을 때 중앙단면에서의 상향력(U)은?

㉮ 5kN
㉯ 10kN
㉰ 25kN
㉱ 50kN

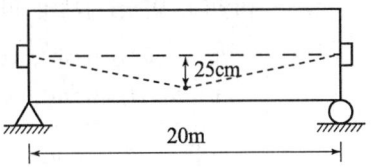

해설 단순보 중앙점 모멘트는 $M=\dfrac{Pl}{4}$ 이므로

$$P \cdot s = \dfrac{U \cdot l}{4} \qquad \therefore U = \dfrac{4Ps}{l} = \dfrac{4 \times 1,000 \times 0.25}{20} = 50\,\text{kN}$$

05 토/질/및/기/초

081 어떤 퇴적지반의 수평방향 투수계수가 4.0×10^{-3}cm/sec, 수직방향 투수계수가 3.0×10^{-3}cm/sec일 때 등가투수계수는 얼마인가?

㉮ 3.46×10^{-3}cm/sec
㉯ 5.0×10^{-3}cm/sec
㉰ 6.0×10^{-3}cm/sec
㉱ 6.93×10^{-3}cm/sec

해설 $k = \sqrt{4.0\times10^{-3} \times 3.0\times10^{-3}} = 3.46\times10^{-3}\,\text{cm/sec}$

082 직경 30cm의 평판을 이용하여 점토 위에서 평판재하시험을 실시하고 극한지지력 15t/m²을 얻었다고 할 때 직경이 2m인 원형기초의 총허용하중을 구하면? (단, 안전율은 3을 적용한다.)

㉮ 8.3ton
㉯ 15.7ton
㉰ 24.2ton
㉱ 32.6ton

해설
- 극한 지지력(q_u)

$$q_u = \dfrac{Q}{A} \qquad \therefore Q = q_u \cdot A = 15 \times \dfrac{3.14 \times 2^2}{4} = 47.1\,\text{t}$$

- 안전율(F)

$$F = \dfrac{\text{극한하중}}{\text{허용하중}} \qquad \therefore \text{허용하중} = \dfrac{47.1}{3} = 15.7\,\text{ts}$$

보충
- 모래지반에서 지지력은 재하판의 크기에 비례하지만 점토지반에서는 관계가 없다.
- 침하량은 점토지반에서 재하판의 크기에 비례한다.

정답 080. ㉱ 081. ㉮ 082. ㉯

2015년 9월 19일 시행

083 어떤 흙의 시료에 대하여 일축압축 시험을 실시하여 구한 파괴강도는 3.6kg/cm² 이었다. 이 공시체의 파괴각이 52°이면 이 흙의 점착력(c)과 내부마찰각(ϕ)은?

㉮ $c=1.41\text{kg/cm}^2$, $\phi=14°$　　㉯ $c=1.80\text{kg/cm}^2$, $\phi=14°$
㉰ $c=1.41\text{kg/cm}^2$, $\phi=0°$　　㉱ $c=1.80\text{kg/cm}^2$, $\phi=0°$

• $c=\dfrac{q_u}{2\tan\left(45°+\dfrac{\phi}{2}\right)}=\dfrac{36}{2\tan\left(45°+\dfrac{14}{2}\right)}=1.41\text{kg/cm}^2$

• $\theta=45°+\dfrac{\phi}{2}$　　$52°=45°+\dfrac{\phi}{2}$　　∴ $\phi=14°$

• $S_t=\dfrac{q_u}{q_{ur}}$

084 어느 모래층의 간극률이 30%, 비중이 2.7이다. 이 모래의 한계동수경사는?

㉮ 0.75　　㉯ 0.99
㉰ 1.19　　㉱ 1.29

• $e=\dfrac{n}{100-n}=\dfrac{30}{100-30}=0.43$

• $i_c=\dfrac{G_s-1}{1+e}=\dfrac{2.7-1}{1+0.43}=1.19$

• 안전율

$F=\dfrac{i_c}{i}$

085 단위중량이 1.6t/m³인 연약점토($\phi=0°$) 지반에서 연직으로 2m까지 보강 없이 절취할 수 있다고 한다. 이때, 이 점토지반의 점착력은?

㉮ 0.4 t/m²　　㉯ 0.8 t/m²
㉰ 1.4 t/m²　　㉱ 1.8 t/m²

• $H_c=\dfrac{4C}{\gamma}$

∴ $C=\dfrac{H_c\cdot\gamma}{4}=\dfrac{2\times1.6}{4}=0.8\text{t/m}^2$

• $H_c=\dfrac{2q_u}{\gamma}$

• $H_c=\dfrac{4C}{\gamma}\tan\left(45°+\dfrac{\phi}{2}\right)$

정답 083. ㉮　084. ㉰　085. ㉯

086 어떤 흙의 입경가적곡선에서 $D_{10}=0.05$mm, $D_{30}=0.09$mm, $D_{60}=0.15$mm이었다. 균등계수 C_u와 곡률계수 C_g의 값은?

㉮ $C_u=3.0$, $C_g=1.08$ ㉯ $C_u=3.5$, $C_g=2.08$
㉰ $C_u=3.0$, $C_g=2.45$ ㉱ $C_u=3.5$, $C_g=1.82$

- $C_u = \dfrac{D_{60}}{D_{10}} = \dfrac{0.15}{0.05} = 3.0$
- $C_g = \dfrac{(D_{30})^2}{D_{10} \times D_{60}} = \dfrac{(0.09)^2}{0.05 \times 0.15} = 1.08$

087 흙의 투수계수에 관한 설명으로 틀린 것은?

㉮ 흙의 투수계수는 흙 유효입경의 제곱에 비례한다.
㉯ 흙의 투수계수는 물의 점성계수에 비례한다.
㉰ 흙의 투수계수는 물의 단위중량에 비례한다.
㉱ 흙의 투수계수는 형상계수에 따라 변화한다.

- $k = D_s^2 \dfrac{\gamma_w}{\mu} \dfrac{e^3}{1+e} c$ 즉, 흙의 투수계수는 물의 점성계수에 반비례한다.
- 수온이 상승하면 투수계수는 증가한다.

088 어떤 점토의 액성한계 값이 40%이다. 이 점토의 불교란상태의 압축지수 C_c를 Skempton 공식으로 구하면 얼마인가?

㉮ 0.27   ㉯ 0.29
㉰ 0.36   ㉱ 0.40

$C_c = 0.009(w_L - 10) = 0.009(40-10) = 0.27$

089 말뚝에서 발생하는 부(負)의 주면 마찰력에 관한 설명으로 옳지 않은 것은?

㉮ 부마찰력은 말뚝을 아래쪽으로 끌어내리는 마찰력이다.
㉯ 부마찰력이 발생하면 말뚝의 지지력이 증가한다.
㉰ 부마찰력을 감소시키려면 표면적이 작은 말뚝을 사용한다.
㉱ 연약한 점토에 있어서 상대변위의 속도가 빠를수록 부마찰력은 크다.

- 부마찰력이 발생하면 말뚝의 지지력이 감소한다.
- 부마찰력은 연약지반에 말뚝을 박고 성토를 하거나 연약지반을 통하여 견고한 지층까지 말뚝을 박은 경우 및 지하수위 저하의 연약지반에서 발생한다.

086. ㉮ 087. ㉯ 088. ㉮ 089. ㉯

090 최대건조밀도 1.9 t/m³, 최소건조밀도 1.5 t/m³인 현장 흙의 상대밀도가 65%이다. 이 흙의 다짐도는?

㉮ 85.6%
㉯ 89.6%
㉰ 91.6%
㉱ 93.6%

해설
- $D_r = \dfrac{\gamma_d - \gamma_{d\min}}{\gamma_{d\max} - \gamma_{d\min}} \times \dfrac{\gamma_{d\max}}{\gamma_d} \times 100$

  $65 = \dfrac{\gamma_d - 1.5}{1.9 - 1.5} \times \dfrac{1.9}{\gamma_d} \times 100$ ∴ $\gamma_d = 1.74 \text{ t/m}^3$

- 다짐도 = $\dfrac{\gamma_d}{\gamma_{d\max}} \times 100 = \dfrac{1.74}{1.9} \times 100 = 91.6\%$

---

091 지표면이 수평이고 옹벽의 뒷면과 흙과의 마찰각이 0인 연직옹벽에서 Coulomb의 토압과 Rankine의 토압은 어떻게 되는가?

㉮ Coulomb의 토압은 항상 Rankine의 토압보다 크다.
㉯ Coulomb의 토압은 Rankine의 토압보다 클 때도 있고, 작을 때도 있다.
㉰ Coulomb의 토압과 Rankine의 토압은 같다.
㉱ Coulomb의 토압은 항상 Rankine의 토압보다 작다.

해설 지표면 경사각 $i = 0°$, 옹벽의 뒷면과 흙과의 마찰각 $\delta = 0°$인 연직 옹벽은 Coulomb의 토압과 Rankine의 토압이 같다.

보충 $P_a = \dfrac{1}{2} r H^2 K_a$

---

092 흙의 다짐에 대한 설명 중 틀린 것은 어느 것인가?

㉮ 다짐의 효과는 흙의 종류, 함수비, 다짐에너지 등에 따라 달라진다.
㉯ 영공기간극 곡선과 포화도 곡선은 동일하다.
㉰ 최대건조밀도에 대응한 함수비를 최적함수비라 한다.
㉱ 다짐에너지가 증가하면 일반적으로 최적함수비가 커진다.

해설
- 다짐에너지가 증가하면 최대건조밀도는 증가하고 최적함수비는 감소한다.
- 몰드 안에 들어 있는 흙의 함수비는 다짐에너지에 거의 영향을 받지 않는다.

보충
- $E_c = \dfrac{W_R \cdot H \cdot N_B \cdot N_L}{V}$
- 다짐시험의 종류는 A, B, C, D, E 5종류가 있다.

정답 090. ㉰ 091. ㉰ 092. ㉱

093 현장 토질조사를 위하여 베인 테스트(Vane Test)를 행하는 경우가 종종 있다. 이 시험은 다음 중 어느 경우에 많이 쓰이는가?
- ㉮ 연약한 점토의 점착력을 알기 위해서
- ㉯ 모래질 흙의 다짐도를 측정하기 위하여
- ㉰ 모래질 흙의 내부마찰각을 알기 위하여
- ㉱ 모래질 흙의 투수계수를 측정하기 위하여

해설 $C = \dfrac{M_{\max}}{\pi D^2 \left(\dfrac{H}{2} + \dfrac{D}{6}\right)}$

094 자연상태 흙의 일축 압축강도가 0.5kg/cm²이고 이 흙을 교란시켜 일축 압축강도 시험을 하니 강도가 0.1kg/cm²이었다. 이 흙의 예민비는 얼마인가?
- ㉮ 50
- ㉯ 5
- ㉰ 10
- ㉱ 1

해설
- $S_t = \dfrac{q_u}{q_{ur}} = \dfrac{0.5}{0.1} = 5$
- 예민비가 큰 흙은 불안정하므로 안전율을 크게 고려한다.

095 해머의 낙하고 2m, 해머의 중량 4t, 말뚝의 최종 침하량이 2cm일 때 Sander 공식을 이용하여 말뚝의 허용지지력을 구하면?
- ㉮ 50t
- ㉯ 100t
- ㉰ 80t
- ㉱ 160t

해설 $R_a = \dfrac{WH}{8\delta} = \dfrac{4 \times 200}{8 \times 2} = 50t$

096 지표면에 집중하중이 작용할때 지중연직응력(地中鉛直應力)에 관한 다음 사항 중 옳은 것은? (단, Boussinesq이론을 사용)
- ㉮ 흙의 영(young)율 E에 무관하다.
- ㉯ E에 정비례한다.
- ㉰ E의 제곱에 정비례한다.
- ㉱ E의 제곱에 반비례한다.

해설 $\sigma_z = \dfrac{3QZ^3}{2\pi R^5} = I_a \dfrac{Q}{Z^2}$

σ_z의 계산치가 실측치와 잘 맞는 것은 Boussinesg 이론에서 탄성정수가 포함되어 있지 않기 때문이다.

해답 093. ㉮ 094. ㉯ 095. ㉮ 096. ㉮

097 흙 댐에서 수위가 급강하한 경우 안전검토를 위해 어떤 조건의 삼축압축시험을 하여야 하는가?
- ㉮ CU 시험
- ㉯ CD 시험
- ㉰ UU 시험
- ㉱ Quick 시험

해설 압밀 비배수(CU) 시험을 적용하는 조건
- pre-loading(압밀 진행 후) 갑자기 파괴가 예상되는 경우
- 제방이나 흙댐의 수위가 급강하할 때 안정 검토
- 점토지반이 어느 정도 압밀 후 급속히 파괴가 예상될 경우

098 다음 중 말뚝의 지지상태에 따른 분류에 해당되지 않는 것은?
- ㉮ 마찰 말뚝
- ㉯ 다짐 말뚝
- ㉰ 선단지지 말뚝
- ㉱ pedestal 말뚝

해설 pedestal 말뚝은 현장 타설 말뚝의 종류에 해당된다.

099 함수비가 15%인 어떤 흙의 중량 550g이 있다. 이 흙의 건조 중량은?
- ㉮ 457.26g
- ㉯ 467.5g
- ㉰ 478.26g
- ㉱ 632.5g

해설 $W_s = \dfrac{W}{1+\dfrac{w}{100}} = \dfrac{550}{1+\dfrac{15}{100}} = 478.26g$

100 다음 중 표준관입시험의 결과로 추정이 가능하지 않는 것은?
- ㉮ 투수성
- ㉯ 상대밀도
- ㉰ 극한 지지력
- ㉱ 점성토의 연경도

해설 표준관입시험(N)으로 추정이 가능한 항목
- 모래지반 : 상대밀도, 내부마찰각, 침하에 대한 허용지지력, 지지력계수, 탄성계수 등
- 점토지반 : 컨시스턴시, 일축압축강도, 점착력, 파괴에 대한 극한 및 허용 지지력

해답 097. ㉮ 098. ㉱ 099. ㉰ 100. ㉮

06 상/하/수/도/공/학

101 다음의 계획오수량 산정방법에 대한 설명으로 틀린 것은?

㉮ 생활오수량의 1인1일 최대오수량은 상수도계획상의 1인1일 최대급수량을 감안하여 결정한다.
㉯ 지하수량은 1인1일 평균오수량의 10~20%로 한다.
㉰ 계획시간 최대오수량은 1인1일 최대오수량의 1시간당 수량 1.3~1.8배를 표준으로 한다.
㉱ 합류식에서 우천시 계획오수량은 원칙적으로 계획시간 최대오수량의 3배 이상으로 한다.

해설
- 지하수량은 1인1일 최대오수량의 10~20%로 한다.
- 계획1일 평균오수량은 계획1일 최대오수량의 70~80%를 표준으로 한다.
- 계획1일 최대오수량은 (계획배수인구×1인1일 최대오수량)+공장폐수량+지하수량+기타 배수량

102 하수처리장 부지 선정에 관한 설명으로 옳지 않은 것은?

㉮ 홍수로 인한 침수 위험이 없어야 한다.
㉯ 방류수가 충분히 희석, 혼합되어야 하며 상수도 수원 등에 오염되지 않는 곳을 선택한다.
㉰ 처리장의 부지는 장래 확장을 고려해서 넓게 하며 주거 및 상업지구에 인접한 곳이어야 한다.
㉱ 오수 또는 폐수가 하수처리장까지 가급적 자연유하식으로 유입하고 또한 자연유하로 방류하는 곳이 좋다.

해설 처리장의 부지는 장래의 확장을 고려하여 충분한 여유가 있어야 하며 위치는 주거지나 상업지구는 피하는 것이 좋다.

103 다음 중 맛과 냄새의 제거에 주로 사용되는 것은?

㉮ 황산반토
㉯ PAC(고분자 응집제)
㉰ 활성탄
㉱ $CuSO_4$

해설
- 활성탄은 높은 흡착성을 지닌 탄소질 물질, 목탄 따위를 활성화하여 만든 것으로 다공질이어서 색소나 냄새를 잘 빨아들인다.
- 황산반토(황산 알루미늄)
  저렴하고 무독성으로 수질 탁질에 적합하며 부식성과 자극성이 없어 취급이 용이하다.
- 황산동($CuSO_4$)
  조류가 많이 번식하면 부영양화를 발생시키므로 제거하기 위해 사용한다.

정답 101. ㉯ 102. ㉰ 103. ㉰

2015년 9월 19일 시행

104 계획 급수량에 대한 설명으로 옳지 않은 것은?

㉮ 계획1일 평균급수량은 계획1일 최대급수량의 50%이다.
㉯ 계획1일 최대급수량은 계획1일 평균급수량 × 계획첨두율로 나타낼 수 있다.
㉰ 계획1일 평균급수량은 계획1인 평균급수량 × 계획급수인구로 나타낼 수 있다.
㉱ 계획1일 최대급수량을 구하기 위한 첨두율은 소규모의 도시일수록 급수량의 변동폭이 커서 값이 커진다.

해설 계획1일 평균급수량(대도시) = 계획1일 최대급수량 × 0.85(중소도시 : 0.7)

105 급수방식을 직결식과 저수조식으로 구분할 때, 저수조식의 적용이 바람직한 경우가 아닌 것은?

㉮ 일시에 다량의 물을 사용하거나 사용수량의 변동이 클 경우
㉯ 배수관의 수압이 급수장치의 사용수량에 대하여 충분한 경우
㉰ 배수관의 압력변동에 관계없이 상시 일정한 수량과 압력을 필요로 하는 경우
㉱ 재해시나 사공 등에 의한 수도의 단수나 감수시에도 물을 반드시 확보해야 할 경우

해설
• 배수관의 수압이 낮아 직접 급수가 불가능한 경우 저수했다가 급수하는 간접적인 방식을 적용한다.
• 직결식 급수방식은 배수관의 수압이 소요압에 충분할 때 적용한다.

106 취수구를 상하에 설치하여 수위에 따라 좋은 수질을 선택, 취수할 수 있으며, 수심이 일정 이상 되는 지점에 설치하면 연간 안정적인 취수가 가능한 시설은?

㉮ 취수언제   ㉯ 취수탑
㉰ 취수문   ㉱ 취수관거

해설 취수탑
① 연간 수위 변화가 큰 지점에서 사용된다.
② 취수구 전면에는 스크린을 설치한다.
③ 최소 수심이 갈수기에도 2m 이상은 확보되어야 한다.
④ 토사 유입의 가능성이 큰 하천에서는 유입속도를 15~30cm/s 정도로 한다.

107 하천의 자정작용 중에서 가장 큰 작용을 하는 것은?

㉮ 침전   ㉯ 일광
㉰ 화학적 작용   ㉱ 생물학적 작용

해설
• 생물학적 처리방법이 가장 큰 역할을 한다.
• 생물학적 처리방법은 효율이 높으나 동력비가 많이 들고 하수의 성상 변화에 잘 대응하지 못한다.

 104. ㉮ 105. ㉯ 106. ㉯ 107. ㉱

108 응집처리공정에서 원수의 특성에 알맞게 최적의 응집제 주입량과, 최적의 pH를 주입하기 위해 일반적으로 실시하는 시험은?

㉮ BOD 시험
㉯ COD 시험
㉰ Jar Test
㉱ 탁도 시험

【해설】 약품교반시험(Jar Test)를 통해 최적의 응집제 주입량과 최적의 pH를 결정하기 위한 시험이다.

109 하수관거의 특성이 아닌 것은?

㉮ 외압에 대한 강도가 충분하고 파괴에 대한 저항이 커야 한다.
㉯ 유량의 변동에 대해서 유속의 변동이 큰 수리특성을 지닌 단면형이 좋다.
㉰ 산 및 알칼리의 부식성에 대해서 강해야 한다.
㉱ 이음의 시공이 용이하고, 그 수밀성과 신축성이 높아야 한다.

【해설】
- 유량변동에 대해서 유속변동이 적은 수리특성을 지닌 단면형이 좋다.
- 관거의 내면이 매끈하고 조도계수가 낮을 것.

110 처리수량이 6000 m³/day인 정수장에서 염소를 6mg/l의 농도로 주입할 때 잔류염소 농도가 0.2mg/l이었다. 염소 요구량은? (단, 염소의 순도는 75%임.)

㉮ 52.6 kg/day
㉯ 46.4 kg/day
㉰ 38.8 kg/day
㉱ 26.1 kg/day

【해설】
- 염소 요구량 농도 = 염소주입농도 − 잔류염소농도
  $= 6 - 0.2 = 5.8 \text{mg}/l = 5.8 \text{g/m}^3 = 0.0058 \text{kg/m}^3$
- 염소 요구량 = 염소 요구량 농도 × 유량 × $\dfrac{1}{순도}$
  $= 0.0058 \times 6000 \times \dfrac{1}{0.75} = 46.4 \text{kg/day}$

111 우수 조정지를 설치하여야 하는 곳과 가장 거리가 먼 것은?

㉮ 하류관거의 유하능력이 부족한 곳에 설치한다.
㉯ 하수처리장이 설치되지 않은 곳에 설치한다.
㉰ 하류지역의 펌프장 능력이 부족한 곳에 설치한다.
㉱ 방류수로의 유하능력이 부족한 곳에 설치한다.

【해설】
- 우수 조정지(유수지)는 초기 강우시 도시의 우수 유출량을 일시 저장하여 하류 지역의 시설 및 방류 수로의 유하 능력을 증가시키기 위한 시설물이다.(도시 지역의 홍수조절용 소규모 저수지)
- 우수 조정지의 방류 방식은 자연 유하를 원칙으로 한다.

【정답】 108. ㉰ 109. ㉯ 110. ㉯ 111. ㉯

112. 하천의 오염원을 기점으로 하여 하류 방향으로 미생물의 변화 4단계 형성 순서가 옳은 것은?

㉮ 분해지대→회복지대→활발한 분해지대→정수지대
㉯ 회복지대→분해지대→활발한 분해지대→정수지대
㉰ 활발한 분해지대→분해지대→회복지대→정수지대
㉱ 분해지대→활발한 분해지대→회복지대→정수지대

해설 Whipple의 4단계 순서
분해지대→활발한 분해지대(부패지대)→회복지대→정수지대(청수지대)

113. 1차 침전지를 생략하고 유기물부하를 낮게 하여 잉여슬러지의 발생을 제한하는 방법으로 표준활성슬러지법에 비해 잉여슬러지량의 발생이 적으며 질산화가 진행되면 pH가 저하가 활성슬러지법은?

㉮ 장기포기법 ㉯ 산화구법
㉰ 심층포기법 ㉱ 계단식포기법

해설 장기포기법은 최초 침전지가 따로 없어 유출수의 SS농도가 비교적 높아 BOD 제거율이 75~90% 정도이며 유기물을 분해하여 처리수를 안정화하고 잉여슬러지의 생산량이 매우 적다.

114. 다음 중 분류식 하수관거의 특징으로 틀린 것은?

㉮ 강우시 오수가 처리되지 않고 방류되는 단점이 있다.
㉯ 관거의 매설비용이 큰 단점이 있다.
㉰ 오수는 처리장으로 도달하여 처리된다.
㉱ 우수관과 오수관이 잘못 연결되는 경우가 있다.

해설 분류식은 우수와 오수를 별개의 관거에 배제하기 때문에 오수 배제 계획이 합리적이다.

115. 펌프의 운전 중 펌프의 임펠러 입구에서 유체의 압력이 그 때의 수온에 대한 포화 증기압 이하로 되었을 때 유체의 기화로 기포가 발생하여 유체 중의 공동이 생기는 현상은?

㉮ Cavitation ㉯ Positive Head
㉰ Specific Speed ㉱ Characteristic Curves

해설 Cavitation(공동현상)
펌프 내부에서도 흡상양정이 높거나 유속의 급변 또는 와류의 발생, 유로에서의 장애 등에 의해 압력이 국부적으로 포화 증기압 이하로 내려가 기포가 발생되는 현상

정답 112.㉱ 113.㉮ 114.㉮ 115.㉮

116. 슬러지의 반송비가 0.3이며 반송슬러지의 농도가 1%일 경우 포기조 내의 MLSS 농도는 얼마인가?

㉮ 1307mg/L ㉯ 2307mg/L
㉰ 3307mg/L ㉱ 4887mg/L

해설 슬러지의 반송비(r)

$$r = \frac{X-SS}{X_r - X}, \quad 0.3 = \frac{X-0}{10000-X} \quad \therefore X = 2307\,\text{mg/L}$$

여기서, 반송 슬러지 농도(X_r) 1%는 1×10^4 (mg/L) = 10000 mg/L이다.

117. 강우강도 Talbot형 공식의 분자상수 a값이 3000, 분모상수 b값이 20, 지속시간이 10분에 대한 강우강도는 얼마인가?

㉮ 15mm/h ㉯ 30mm/h
㉰ 60mm/h ㉱ 100mm/h

해설 강우강도 Talbot형 공식

$$I = \frac{a}{t+b} = \frac{3000}{10+20} = 100\,\text{mm/h}$$

118. 다음 중 하수관거의 유속 및 경사에 대한 설명으로 틀린 것은?

㉮ 유속이 빠르면 관거의 손상이 우려가 적어 내용 연수가 길어진다.
㉯ 유속은 보통 하류로 유하함에 따라 점차 빨라진다.
㉰ 유속이 느리게 되면 관거의 바닥에 오물이 침전되어 세척비 등의 유지 비용이 많이 든다.
㉱ 경사는 하류로 감에 따라 완만해진다.

해설 유속이 빠르면 관거의 손상이 커지므로 내용 연수가 짧아진다.

119. 다음 중 펌프에 대한 설명으로 옳지 않은 것은?

㉮ 흡입구경은 토출량과 흡입구의 유속에 의해 결정이 된다.
㉯ 수격현상은 펌프의 급정지시 발생하게 된다.
㉰ 손실수두가 작을수록 실양정은 전양정과 비슷해진다.
㉱ 비속도가 클수록 같은 시간에 많은 물을 송수할 수 있다.

해설 비속도(비교회전도)가 클수록 같은 시간에 많은 물을 송수할 수 없다.

정답 116. ㉯ 117. ㉱ 118. ㉮ 119. ㉱

120 5,000m³/day의 침전 처리수량을 여과지에서 5m³/m²·h 여과속도로 여과하고 있다. 역세척은 1일 6회, 1회 역세척 시간은 20분일 경우 1지에 소요되는 이론적인 여과 면적은? (단, 여과지의 수는 5지이다.)

㉮ 8.334m² ㉯ 9.091m²
㉰ 18.334m² ㉱ 29.091m²

- 여과시간
  24시간 - (20분 × 6회) ÷ 60분 = 22 hr/day
- 여과속도(여과지수 5지)
  5m/h × 22h/day × 5지 = 550m/day
- 1지에 소요되는 이론적인 여과 면적
  $\dfrac{5,000}{550} = 9.091\,m^2$

120. ㉯

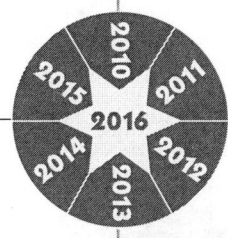

2016

01 응용역학
02 측량학
03 수리학
04 철근콘크리트 및 강구조
05 토질 및 기초
06 상하수도공학

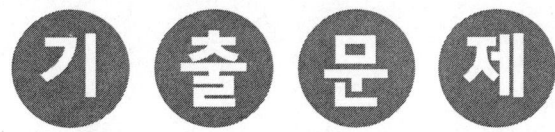

2016년 3월 6일 시행
2016년 5월 8일 시행
2016년 10월 1일 시행

01 응/용/역/학

001 그림과 같은 단순보에서 A점의 처짐각 θ_A는? (단, EI는 일정하다.)

㉮ $\theta_A = \dfrac{l}{4EI}(2M_A + M_B)$

㉯ $\theta_A = \dfrac{l}{6EI}(2M_A + M_B)$

㉰ $\theta_A = \dfrac{l}{4EI}(M_A + 2M_B)$

㉱ $\theta_A = \dfrac{l}{6EI}(M_A + 2M_B)$

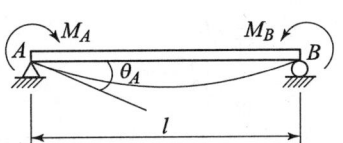

해설
- $\theta_A = \dfrac{l}{6EI}(2M_A + M_B)$
- $\theta_B = -\dfrac{l}{6EI}(M_A + 2M_B)$ 여기서, $M_A = M_B = M$일 경우 $y_{max} = \dfrac{Ml^2}{8EI}$

002 다음 도형에서 X-X축에 대한 단면2차 모멘트는?

㉮ $\dfrac{bh^3}{4}$

㉯ $\dfrac{7bh^3}{36}$

㉰ $\dfrac{bh^3}{2}$

㉱ $\dfrac{5bh^3}{36}$

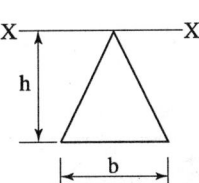

해설
- 상단축 $I = \dfrac{bh^3}{4}$
- 하단축 $I = \dfrac{bh^3}{12}$

정답 001. ㉯ 002. ㉮

003. 푸아송비(Poisson's ratio)가 0.2일 때 푸아송수는?

㉮ 2 ㉯ 3
㉰ 5 ㉱ 8

해설
- 푸아송비 $\nu = \dfrac{\beta}{\varepsilon}$
- 푸아송수 $m = \dfrac{1}{\nu} = \dfrac{1}{0.2} = 5$

004. 그림과 같은 단순보에서 최대 휨모멘트는?

㉮ $\dfrac{3}{32}wl^2$
㉯ $\dfrac{5}{32}wl^2$
㉰ $\dfrac{6}{32}wl^2$
㉱ $\dfrac{9}{32}wl^2$

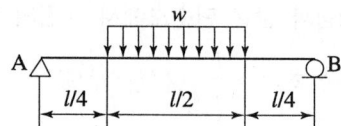

해설
- 좌우 대칭이므로 $R_A = R_B = \dfrac{wl}{4}$
- 중앙지점에서 최대 휨모멘트가 생긴다.

$$M_{\max} = \dfrac{wl}{4} \times \left(\dfrac{l}{4} + \dfrac{l}{4}\right) - \dfrac{wl}{4} \times \dfrac{l}{8} = \dfrac{wl}{4} \times \dfrac{2l}{4} - \dfrac{wl^2}{32} = \dfrac{3wl^2}{32}$$

005. 그림과 같은 3-Hinge 아치의 수평반력 H_A는 몇 ton인가?

㉮ 6
㉯ 8
㉰ 10
㉱ 12

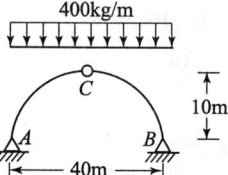

해설
- 대칭으로 $V_A = V_B = \dfrac{\omega l}{2} = \dfrac{400 \times 40}{2} = 8000\,kg$
- $\sum M_{CL} = 0$

$V_A \times 20 - H_A \times 10 - 400 \times 20 \times 10 = 0$

$\therefore H_A = \dfrac{1}{10}(8000 \times 20 - 400 \times 20 \times 10) = 8000\,kg = 8\,t$

006 변형률이 0.015일 때 응력이 1,200kg/cm²이면 탄성계수(E)는?
㉮ $6 \times 10^4 \text{kg/cm}^2$
㉯ $7 \times 10^4 \text{kg/cm}^2$
㉰ $8 \times 10^4 \text{kg/cm}^2$
㉱ $9 \times 10^4 \text{kg/cm}^2$

해설 $E = \dfrac{\sigma}{\varepsilon} = \dfrac{1200}{0.015} = 80,000 \text{kg/cm}^2$

007 30cm×50cm인 단면의 보에 9t의 전단력이 작용할 때 이 단면에 일어나는 최대 전단응력은 몇 kg/cm²인가?
㉮ 4
㉯ 6
㉰ 8
㉱ 9

해설
- $\tau_{max} = \dfrac{3}{2} \cdot \dfrac{S}{A} = \dfrac{3}{2} \cdot \dfrac{9000}{30 \times 50} = 9 \text{kg/cm}^2$
- 원형단면의 경우 $\tau_{max} = \dfrac{4}{3} \cdot \dfrac{S}{A}$

008 그림과 같은 연속보에서 B점의 지점 반력은?
㉮ 5t
㉯ 2.67t
㉰ 1.5t
㉱ 1t

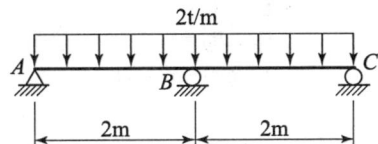

해설
- $y_{B1} = \dfrac{5\omega l^4}{384EI} = \dfrac{5\omega(2l)^4}{384EI} = \dfrac{5\omega l^4}{24EI}$
- $y_{B2} = \dfrac{Pl^3}{48EI} = \dfrac{R_B(2l)^3}{48EI} = \dfrac{4R_B l^3}{24EI}$
- $y_{B1} = y_{B2}$

$\dfrac{5\omega l^4}{24EI} = \dfrac{4R_B l^3}{24EI}$ ∴ $R_B = \dfrac{5}{4}\omega l = \dfrac{5}{4} \times 2 \times 2 = 5\text{t}$

009 그림과 같은 구조물에서 부재 AC가 받는 힘의 크기는?
㉮ 6t
㉯ 5t
㉰ 4t
㉱ 3t

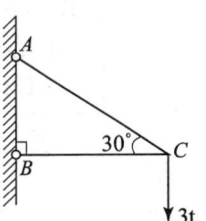

해답 006. ㉰ 007. ㉱ 008. ㉮ 009. ㉮

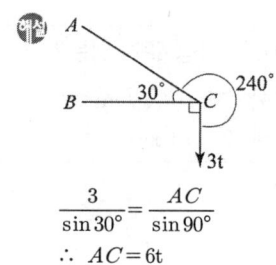

$$\frac{3}{\sin 30°} = \frac{AC}{\sin 90°}$$
$$\therefore AC = 6t$$

010 다음과 같은 단순보에 모멘트 하중이 작용할 때 각 지점에서의 수직반력을 구한 값은? (단, (−)는 하향)

㉮ $R_A = 4t$, $R_B = -4t$
㉯ $R_A = 5t$, $R_B = -5t$
㉰ $R_A = -4t$, $R_B = 4t$
㉱ $R_A = -5t$, $R_B = 5t$

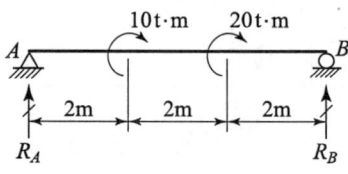

- $\Sigma M_B = 0$
  $R_A \times 6 + 10 + 20 = 0$
  $\therefore R_A = \frac{1}{6}(-10-20) = -5t$
- $\Sigma V = 0$
  $R_A + R_B = 0$
  $\therefore R_B = -R_A = 5t$

011 보의 단면에서 휨모멘트로 인한 최대 휨응력이 생기는 위치는 어느 곳인가?
㉮ 중립축
㉯ 중립축과 상단의 중간점
㉰ 단면 상·하단
㉱ 중립축과 하단의 중간점

- 보의 휨 응력은 직선 변화이며 중립축에서 0이고, 상·하 양단에서 최대가 된다.
- 보의 전단응력은 곡선 변화이며 중립축에서 최대, 상·하 양단에서 0이다.

012 동일 평면상의 한 점에 여러 개의 힘이 작용하고 있을 때, 여러 개의 힘의 어떤 점에 대한 모멘트의 합은 그 합력의 동일점에 대한 모멘트와 같다는 것은 다음 중 어떤 정리인가?
㉮ Mohr의 정리
㉯ Lami의 정리
㉰ Castigliane의 정리
㉱ Varignon의 정리

- 바리뇽(Varignon)의 정리 : 여러 힘의 임의 한 점에 대한 모멘트의 합은 합력의 그 점에 대한 모멘트와 같다.
- 라미(Lami)의 정리 : 세 힘이 서로 평형(비김)이 되고 있을 때 이들 세 개의 힘은 동일 평면상에 있고 한 점에서 만난다.

010. ㉱ 011. ㉰ 012. ㉱

013 길이 l, 직경 d인 원형 단면봉이 인장하중 P를 받고 있다. 응력이 단면에 균일하게 분포한다고 가정할 때, 이 봉에 저장되는 변형에너지를 구한 값으로 옳은 것은? (단, 봉의 탄성계수는 E이다.)

㉮ $\dfrac{4P^2 l}{\pi d^2 E}$ ㉯ $\dfrac{2P^2 l}{\pi d^2 E}$

㉰ $\dfrac{4P l^2}{\pi d^2 E}$ ㉱ $\dfrac{2P l^2}{\pi d^2 E}$

해설
- $U = \dfrac{P^2 l}{2EA} = \dfrac{P^2 l}{2E \dfrac{\pi d^2}{4}} = \dfrac{2P^2 l}{\pi d^2 E}$
- $U = \displaystyle\int_o^l \dfrac{P^2}{2EA} dx = \dfrac{P^2 l}{2EA}$

014 그림과 같이 $a \times 2a$의 단면을 갖는 기둥에 편심거리 $\dfrac{a}{2}$만큼 떨어져서 P가 작용할 때 기둥에 발생할 수 있는 최대 압축응력은? (단, 기둥은 단주이다.)

㉮ $\dfrac{4P}{7a^2}$

㉯ $\dfrac{7P}{8a^2}$

㉰ $\dfrac{13P}{2a^2}$

㉱ $\dfrac{5P}{4a^2}$

해설
- $I = \dfrac{bh^3}{12} = \dfrac{a \times (2a)^3}{12} = \dfrac{8a^4}{12}$
- $\sigma = \dfrac{P}{A} + \dfrac{M}{I} y = \dfrac{P}{a \times 2a} + \dfrac{P \times \dfrac{a}{2}}{\dfrac{8a^4}{12}} \times \dfrac{2a}{2} = \dfrac{5P}{4a^2}$

015 변형 에너지(strain energy)에 속하지 않는 것은?

㉮ 외력의 일(external work)
㉯ 축방향 내력의 일
㉰ 휨모멘트에 의한 내력의 일
㉱ 전단력에 의한 내력의 일

해설 내력 일 = 축방향 내력 일 + 전단력에 의한 내력 일 + 휨모멘트에 의한 내력 일

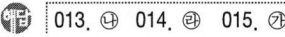
013. ㉯ 014. ㉱ 015. ㉮

016 직사각형 단면의 단순보가 등분포하중 w를 받을 때 발생되는 최대처짐에 대한 설명으로 옳은 것은?

㉮ 보의 폭에 비례한다.
㉯ 보의 높이의 3승에 비례한다.
㉰ 보의 길이의 2승에 반비례한다.
㉱ 보의 탄성계수에 반비례한다.

해설 $y = \dfrac{5wl^4}{384EI}$
보의 탄성계수에 반비례한다.

017 기둥의 해석 및 단주와 장주의 구분에 사용되는 세장비에 대한 설명으로 옳은 것은?

㉮ 기둥 부재의 길이를 단면의 최소 회전반경으로 나눈 값이다.
㉯ 기둥 단면의 길이를 단면 2차 모멘트로 나눈 값이다.
㉰ 기둥 단면의 최소 폭을 부재의 길이로 나눈 값이다.
㉱ 기둥 단면의 단면 2차 모멘트를 부재의 길이로 나눈 값이다.

해설 세장비 $\lambda = \dfrac{l}{r} = \dfrac{l}{\sqrt{I/A}}$

018 다음 설명 중 옳지 않은 것은?

㉮ 주축은 서로 45° 혹은 90°를 이룬다.
㉯ 도심축에 대한 단면 1차 모멘트는 0이다.
㉰ 단면 2차 모멘트의 부호는 항상 (+)이다.
㉱ 단면 1차 모멘트는 단면의 도심을 구할 때 사용된다.

해설 주축은 대칭인 단면에서 X축 또는 Y축 가운데 하나면 도심을 지나면 I_{xy}(단면 2차 상승 모멘트)=0이 되는 직교축을 그 단면의 주축이라 한다.

019 다음 삼각형(ABC) 단면에서 y축으로부터 도심까지의 거리는?

㉮ $\dfrac{a+2b}{2}$
㉯ $\dfrac{a+2b}{3}$
㉰ $\dfrac{2a+b}{2}$
㉱ $\dfrac{2a+b}{3}$

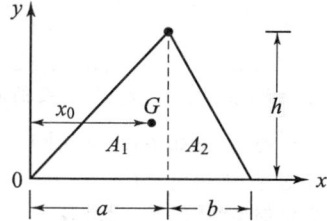

해답 016. ㉱ 017. ㉮ 018. ㉮ 019. ㉱

- 단면적

$$A_1 = \frac{a\,h}{2},\ A_2 = \frac{b\,h}{2}$$

- 도심 거리 x_0

$$x_0 = \frac{G_y}{A} = \frac{A_1 x_1 + A_2 x_2}{A_1 + A_2} = \frac{\frac{a\,h}{2} \times \frac{2}{3}a + \frac{b\,h}{2} \times \left(a + \frac{b}{3}\right)}{\frac{a\,h}{2} + \frac{b\,h}{2}} = \frac{\frac{1}{3}(2a^2 + 3ab + b^2)}{a+b} = \frac{2a+b}{3}$$

020 그림과 같은 라멘은 몇 차 부정정인가?

㉮ 1차 부정정
㉯ 2차 부정정
㉰ 3차 부정정
㉱ 4차 부정정

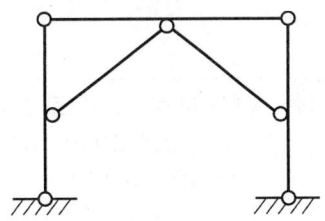

$N = r + m + s - 2k = 4 + 8 + 3 - 2 \times 7 = 1$차 부정정

02 측/량/학

021 항공사진측량에서 사진지표는 무엇을 구할 때 사용하는가?

㉮ 주점   ㉯ 표정점
㉰ 연직점   ㉱ 부점

- 사진상의 길이는 화면의 주점(중심)을 통하는 선상에서 측정해야 한다.
- 렌즈의 광축과 화면이 교차하는 점을 주점이라 한다.

022 단곡선 설치에서 교점(I.P)까지의 추가거리가 525.50m, 접선장(T.L)이 320m라고 할 때 시단현의 길이는? (단, 중심 말뚝간의 거리는 20m)

㉮ 5.50m   ㉯ 9.50m
㉰ 14.50m   ㉱ 17.50m

- $BC = IP - TL = 525.5 - 320 = 205.5\,m$
- 시단현의 길이(BC 다음 측점거리 $- BC$)
  $220 - 205.5 = 14.5\,m$
- $EC = BC + CL$

020. ㉮   021. ㉮   022. ㉰

023 두 점 간의 고저차를 레벨에 의하여 직접관측할 때 정확도를 향상시키는 방법이 아닌 것은?

㉮ 표척을 수직으로 유지한다.
㉯ 전시와 후시의 거리를 가능한 같게 한다.
㉰ 기계가 침하되거나 교통에 방해가 되지 않는 견고한 지반을 택한다.
㉱ 최소 가시거리가 허용되는 한 시준거리를 짧게 한다.

 전·후시의 시준거리를 같게하면 오차가 소거된다. 즉, 지구의 곡률오차, 빛의 굴절오차, 기포관축과 시준축이 평행되지 않기 때문에 생기는 오차 등이 소거된다.

024 측선 AB를 기선으로 삼각측량을 실시하였다. 측선 AC의 방위각은? (단, A의 좌표 (200m, 224.210m), B의 좌표(100m, 100m), $\angle A = 37°51'41''$, $\angle B = 41°41'38''$, $\angle C = 100°26'41''$)

㉮ 0°58′33″ ㉯ 76°41′55″
㉰ 180°58′33″ ㉱ 193°18′05″

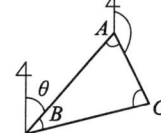

- $\theta = \tan^{-1}\dfrac{224.21 - 100}{200 - 100} = 51.16°$
- $\overline{AC}$의 방위각
  $51.16° + 180° - 37°51'41'' = 193°18'05''$
- 방위각 계산
  ① 시계 방향인 경우 : 전 측선 방위각 + 180° − 그 측점 교각
  ② 반시계 방향인 경우 : 전 측선 방위각 − 180° + 그 측점 교각

025 표준자보다 35mm가 짧은 50m 테이프로 측정한 거리가 450m일 때 실제거리는 얼마인가?

㉮ 449.685m ㉯ 449.895m
㉰ 450.105m ㉱ 450.315m

- $L_0 = L\left(1 \pm \dfrac{\Delta l}{l}\right) = 450\left(1 - \dfrac{0.035}{50}\right) = 449.685$m 또는, 측정횟수 $n = 9$
  $L_0 = (50 - 0.035) \times 9 = 449.685$m
- $C_h = -\dfrac{DH}{R}$

026 다음 중 정확도가 가장 높으나 조정이 복잡하고 시간과 비용을 많이 요하는 삼각망은?

㉮ 단열 삼각망 ㉯ 계방형망
㉰ 유심 다각망 ㉱ 사변형망

해설
- 삼각망의 정도 순서
  사변형 > 유심 > 단열 > 단삼각망
- 사변형만은 관측되는 각의 수가 삼각망 중에서 조건식이 가장 많아지고 정밀한 조정이 된다.

027 축척 1:1,000에서의 면적을 측정하였더니 도상면적이 3cm²이었다. 그런데 이 도면 전체가 가로, 세로 모두 1%씩 수축되어 있었다면 실제면적은?

㉮ 306m² ㉯ 294m²
㉰ 30.6m² ㉱ 29.4m²

해설 $A = m^2 \cdot a = 1000^2 \times 3 = 3,000,000 \text{cm}^2$
여기서, 도면 전체가 1% 수축된 상태이므로
$3,000,000 \times (1.01)^2 = 3,060,300 \text{cm}^2 = 306 \text{m}^2$

028 다음과 같은 지형도에서 저수지(빗금친 부분)의 집수면적을 나타내는 경계선으로 가장 적합한 것은?

㉮ ①과 ② 사이
㉯ ①과 ③ 사이
㉰ ②와 ③ 사이
㉱ ④와 ⑤ 사이

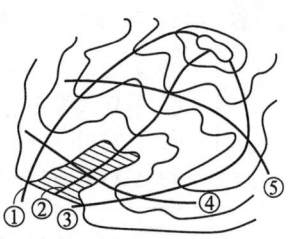

해설 빗금친 부분의 저수지 집수면적은 ①과 ③ 사이의 경계선에 있다.

029 갑, 을 두 사람이 A, B 두 점간의 고저차를 구하기 위하여 서로 다른 표척을 갖고 여러 번 왕복측정한 결과가 갑은 38.994m±0.008m, 을은 39.003m±0.004m일 때, 두 점간의 고저차의 최확값은?

㉮ 38.995m ㉯ 38.999m
㉰ 39.001m ㉱ 39.003m

해설
- $P_1 : P_2 = \dfrac{1}{(0.008)^2} : \dfrac{1}{(0.004)^2} = 1 : 4$
- 최확값
  $H_0 = 38.0 + \dfrac{1 \times 0.994 + 4 \times 1.003}{1 + 4} = 39.0012\text{m}$

정답 027. ㉮ 028. ㉯ 029. ㉰

030 원곡선 설치에 이용되는 식으로 틀린 것은? (단, R : 곡선반지름, I : 교각[단위 : 도(°)])

㉮ 접선길이 $T.L = R \tan \dfrac{I}{2}$ ㉯ 곡선길이 $C.L = \dfrac{\pi}{180°} RI$

㉰ 중앙종거 $M = R\left(\cos \dfrac{I}{2} - 1\right)$ ㉱ 외선장 $E = R\left(\sec \dfrac{I}{2} - 1\right)$

해설
- $M = R\left(1 - \cos \dfrac{I}{2}\right)$
- 현의 길이 $L = 2R \sin \dfrac{I}{2}$
- 편각 $\delta = 1718.87 \dfrac{l}{R}$ (분)
- $BC = IP - TL$
- $EC = BC + CL$

031 다음 중 종단 및 횡단 측량에 대한 설명으로 옳은 것은?

㉮ 종단도의 종축척과 횡축척은 일반적으로 같게 한다.
㉯ 횡단측량은 종단측량보다 높은 정확도가 요구된다.
㉰ 노선의 경사도 형태를 알려면 종단도를 보면 된다.
㉱ 노선의 횡단측량을 종단측량보다 먼저 실시하여 횡단도를 작성한다.

해설
- 종단도의 종축척은 1/100~1/500, 횡축척은 1/1000~1/5000이다.
- 종단측량은 횡단측량보다 일반적으로 높은 정도를 요구한다.
- 노선의 종단측량을 횡단측량보다 먼저 실시한다.

032 노선측량의 순서로 옳은 것은?

㉮ 도상 계획 - 예측 - 실측 - 공사 측량
㉯ 예측 - 도상 계획 - 실측 - 공사 측량
㉰ 도상 계획 - 실측 - 예측 - 공사 측량
㉱ 예측 - 공사 측량 - 도상 계획 - 실측

해설
- 노상 계획 → 답사 → 예측 → 공사 측량
- 노선측량은 크게 지형 측량, 중심선 측량, 종단 측량, 횡단 측량, 공사 측량으로 구분한다.

033 종단면도를 이용하여 유토곡선(mass curve)을 작성하는 목적과 가장 거리가 먼 것은?

㉮ 토량의 배분   ㉯ 교통로 확보
㉰ 토공장비의 선정   ㉱ 토량의 운반거리 산출

정답 030. ㉰ 031. ㉰ 032. ㉮ 033. ㉯

해설 • 유토곡선의 작성 목적
① 시공 방법을 정한다.
② 평균 운반거리를 산출한다.
③ 운반거리에 대한 토공기계를 선정한다.
④ 토량을 배분한다.
⑤ 운반 토량을 구한다.

034 1/50000 지형도에서 621.5m의 산정과 417.5m의 산 사이에 주곡선 간격의 등고선 개수는?

㉮ 9 ㉯ 10 ㉰ 11 ㉱ 12

해설 • 표고차 : 621.5−417.5=204m
• 1/50,000 지형도의 주곡선 간격 : 20m
• 주곡선 개수 : 204÷20=10+1=11개

035 초점거리 15cm의 카메라로 고도 3,000m에서 표고 600m 지점을 촬영할 때 사진의 축척은?

㉮ 1 : 10,000 ㉯ 1 : 12,000
㉰ 1 : 14,000 ㉱ 1 : 16,000

해설 $\dfrac{1}{m} = \dfrac{f}{H-h} = \dfrac{0.15}{3,000-600} = \dfrac{1}{16,000}$

036 하천측량에서 수면으로부터 수심의 2/10, 4/10, 6/10, 8/10 되는 곳에서 유속을 측정한 결과 각각 0.662m/sec, 0.660m/sec, 0.597m/sec, 0.464m/sec였다. 이때의 평균 유속이 0.566m/sec였다면 평균유속을 계산한 방법은?

㉮ 1점법 ㉯ 2점법
㉰ 3점법 ㉱ 4점법

해설 • 1점법
$V_m = V_{0.6} = 0.597 \text{m/sec}$
• 2점법
$V_m = \dfrac{1}{2}(V_{0.2} + V_{0.8}) = \dfrac{1}{2}(0.662 + 0.464) = 0.563 \text{m/sec}$
• 3점법
$V_m = \dfrac{1}{4}(V_{0.2} + 2V_{0.6} + V_{0.8}) = \dfrac{1}{4}(0.662 + 2 \times 0.597 + 0.464) = 0.58 \text{m/sec}$
• 4점법
$V_m = \dfrac{1}{5}\left\{(V_{0.2} + V_{0.4} + V_{0.6} + V_{0.8}) + \dfrac{1}{2}\left(V_{0.2} + \dfrac{V_{0.8}}{2}\right)\right\}$
$= \dfrac{1}{5}\left\{(0.662 + 0.66 + 0.597 + 0.464) + \dfrac{1}{2}\left(0.662 + \dfrac{0.464}{2}\right)\right\} = 0.566 \text{m/sec}$

해답 034. ㉰ 035. ㉱ 036. ㉱

037 GPS 위성의 기하학적 배치상태에 따른 정밀도 저하율을 뜻하는 것은?

㉮ A/S
㉯ 다중경로(Multipath)
㉰ 사이클 슬립(Cycle Slip)
㉱ DOP

해설 GPS의 오차는 수신기와 위성들 간의 기하학적 배치에 따라 영향을 받는데 이 때 측위 정확도가 영향을 표시하는 계수로 DOP(정밀도 저하율)가 사용된다.

038 수준측량에서 사용되는 용어에 대한 설명으로 틀린 것은?

㉮ 이기점이란 전시와 후시의 연결점이다.
㉯ 중간점이란 전시만을 취하는 점이다.
㉰ 후시란 미지점에 세운 표척의 눈금을 읽는 것을 말한다.
㉱ 전시란 표고를 구하려는 점에 세운 표척의 눈금을 읽는 것을 말한다.

해설
• 후시란 기지점(높이를 알고 있는 점)에 세운 표척의 눈금을 읽는 것을 말한다.
• 기계고란 기계를 수평으로 세웠을 때 기준면으로부터 망원경의 시준선까지의 높이이다.

039 트래버스 측량에서 각 관측 결과가 허용오차 이내일 경우 오차처리 방법으로 옳은 것은?

㉮ 변 길이에 비례하여 배분한다.
㉯ 각 관측 정확도가 같을 때는 각의 크기에 관계없이 등분배한다.
㉰ 각의 크기에 비례하여 배분한다.
㉱ 각 관측 경중률에 관계없이 등분배한다.

해설 측각 오차가 허용오차 범위를 벗어나면 재측하여야 한다.

040 다각측량에서 경거, 위거를 계산해야 하는 이유로써 거리가 먼 것은?

㉮ 오차 배분
㉯ 오차 및 정밀도 계산
㉰ 표고 계산
㉱ 좌표 계산

해설
• 경거, 위거 계산에는 각과 거리측정의 정도에 따른다.
• 표고 계산은 수준측량에 해당된다.

해답 037. ㉱ 038. ㉰ 039. ㉯ 040. ㉰

03 수/리·수/문/학

041 물의 밀도 ρ, 점성계수 μ, 그리고 동(動)점성계수 ν와의 사이에 상관식(相關式)으로 옳은 것은?

㉮ $\rho = \nu/\mu$
㉯ $\rho = \mu/(\nu-1)$
㉰ $\nu = \rho/\mu$
㉱ $\nu = \mu/\rho$

- 동점성계수 : $\nu = \dfrac{\mu}{\rho}$
- 동점성계수 차원 : $L^2 T^{-1}$
- 점성계수(μ) 차원 : $ML^{-1}T^{-1}$

042 다음 그림과 같은 원형 관에 물이 흐를 경우 1, 2, 3 단면에 대한 설명으로 옳은 것은? (단, $D_1 = 30cm$, $D_2 = 10cm$, $D_3 = 20cm$)

㉮ 유속은 $V_2 > V_3 > V_1$ 이 되며 압력은 1단면 > 3단면 > 2단면이다.
㉯ 유속은 $V_1 > V_3 > V_2$ 이 되며 압력은 2단면 > 3단면 > 1단면이다.
㉰ 유속은 $V_2 < V_3 < V_1$ 이 되며 압력은 3단면 > 1단면 > 2단면이다.
㉱ 1, 2, 3단면의 유속과 압력은 같다.

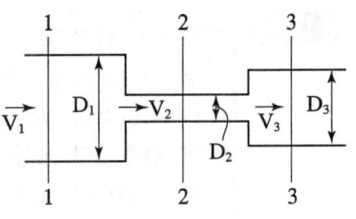

- $Q = A \cdot V$에서 A가 작아지면 V는 커진다.
- 압력은 관의 직경이 큰 것이 작은 것보다 크다.

043 양쪽의 수위가 다른 저수지를 벽으로 차단하고 있는 상태에서 벽의 오리피스를 통하여 ①에서 ②로 물이 흐르고 있을 때 유속은?

㉮ $\sqrt{2gz_1}$
㉯ $\sqrt{2gz_2}$
㉰ $\sqrt{2g(z_1+z_2)}$
㉱ $\sqrt{2g(z_1-z_2)}$

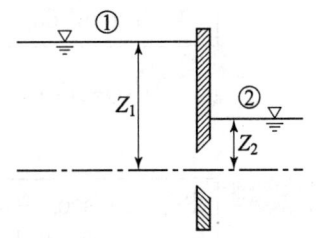

- 수중 오리피스
- $V = \sqrt{2gh} = \sqrt{2g(Z_1 - Z_2)}$
- $Q = Ca\sqrt{2gh} = Ca\sqrt{2g(Z_1 - Z_2)}$

041. ㉱ 042. ㉮ 043. ㉱

044 사각형 단면의 개수로에서 비에너지의 최소값이 $E_{min} = 1.5$m이라면 단위 폭당의 유량은?

㉮ 1.75 m³/sec
㉯ 2.73 m³/sec
㉰ 3.13 m³/sec
㉱ 4.25 m³/sec

해설
- $h_c = \dfrac{2}{3}H_e = \dfrac{2}{3} \times 1.5 = 1$m
- $Q = A \cdot V_c = b \cdot h_c \sqrt{\dfrac{gh_c}{\alpha}} = 1 \times 1 \times \sqrt{\dfrac{9.8 \times 1}{1}} = 3.13 \text{m}^3/\text{sec}$

여기서, 직사각형 단면의 한계수심
$$h_c = \left(\dfrac{\alpha Q^2}{gb^2}\right)^{\frac{1}{3}}$$
$$h_c = \left[\dfrac{\alpha(bh_cV_c)^2}{gb^2}\right]^{\frac{1}{3}}$$
$$\therefore V_c = \sqrt{\dfrac{gh_c}{\alpha}}$$

---

045 다르시의 법칙(Darcy's law)에 대한 설명으로 옳은 것은?

㉮ 점성계수를 구하는 법칙이다.
㉯ 지하수의 유속은 동수경사에 비례한다는 법칙이다.
㉰ 관수로의 흐름에 대한 수류상사의 법칙이다.
㉱ 개수로의 흐름에 대한 수류상사의 법칙이다.

해설
- $V = k \cdot i$
- Darcy의 법칙은 지하수에 적용시킬 때 층류인 경우 가장 잘 일치된다.

---

046 대수층이 두께 2.7m, 폭 1.3m일 때 지하수의 유량은? (단, 상·하류 두 지점 사이의 수두차 1.8m, 수평거리 620m, 투수계수 $K=300$m/day이다.)

㉮ 3.06 m³/day
㉯ 4.28 m³/day
㉰ 5.26 m³/day
㉱ 6.38 m³/day

해설 $Q = A \cdot V = A \cdot k \cdot i = A \cdot k \cdot \dfrac{h}{L} = 2.7 \times 1.3 \times 300 \times \dfrac{1.8}{620} = 3.06 \text{m}^3/\text{day}$

---

047 초속 20m/sec, 수평과의 각 60°로 사출된 분수가 도달하는 최대 연직 높이는? (단, 공기 등 기타 저항은 무시한다.)

㉮ 15.3m
㉯ 16.8m
㉰ 17.8m
㉱ 18.8m

해답 044. ㉰ 045. ㉯ 046. ㉮ 047. ㉮

해설 $H = \dfrac{V^2}{2g}\sin^2\theta = \dfrac{20^2}{2\times 9.8}(\sin 60°)^2 = 15.3\text{m}$

048 그림과 같은 병렬관수로에서 $d_1 : d_2 = 2 : 1$, $l_1 : l_2 = 1 : 2$이며 $f_1 = f_2$일 때 $\dfrac{V_1}{V_2}$는?

㉮ $\dfrac{1}{2}$
㉯ 1
㉰ 2
㉱ 4

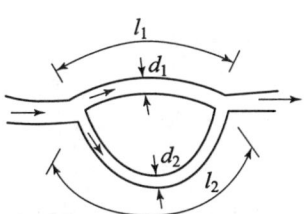

해설
- 각각 관수로에 흐르는 유량의 비에 관계없이 관 d_1과 관 d_2의 손실수두는 같다.
- $h_L = f_1 \dfrac{l_1}{D_1} \dfrac{V_1^2}{2g} = f_2 \dfrac{l_2}{D_2} \dfrac{V_2^2}{2g}$

$\dfrac{V_1^2}{V_2^2} = \dfrac{l_2}{l_1}\dfrac{D_1}{D_2} = \dfrac{2\times 2}{1\times 1} = 4$

$\therefore \dfrac{V_1}{V_2} = \sqrt{4} = 2$

049 직사각형 수로의 폭이 4m이고 유량이 12m³/sec가 1.5m의 수심으로 흐를 때 한계유속(V_c)은? (단, $\alpha = 1.1$)

㉮ 1.49 m/sec
㉯ 2.98 m/sec
㉰ 4.47 m/sec
㉱ 5.96 m/sec

해설
- $h_c = \left(\dfrac{\alpha Q^2}{gb^2}\right)^{\frac{1}{3}} = \left(\dfrac{1.1\times 12^2}{9.8\times 4^2}\right)^{\frac{1}{3}} = 1\text{m}$
- $V_c = \left(\dfrac{gh_c}{\alpha}\right)^{\frac{1}{2}} = \left(\dfrac{9.8\times 1}{1.1}\right)^{\frac{1}{2}} = 2.98\text{m/sec}$

050 Darcy-Weisbach의 마찰손실 공식에 대한 다음 설명 중 틀린 것은?

㉮ 마찰 손실 수두는 관경에 반비례한다.
㉯ 마찰 손실 수두는 관의 조도에 반비례한다.
㉰ 마찰 손실 수두는 물의 점성에 비례한다.
㉱ 마찰 손실 수두는 길이에 비례한다.

해설
- $h_L = f\dfrac{l}{D}\dfrac{V^2}{2g}$
- 마찰 손실 수두는 관의 조도에 비례한다.

해답 048. ㉰ 049. ㉯ 050. ㉯

051 그림과 같은 철근 콘크리트 케이슨을 해수에 띄었을 때 그 흘수선까지의 높이 x는? (단, 해수의 비중=1.025, 철근 콘크리트의 단위중량=2.4t/m³)

㉮ $x = 2.85$m
㉯ $x = 3.44$m
㉰ $x = 3.85$m
㉱ $x = 4.0$m

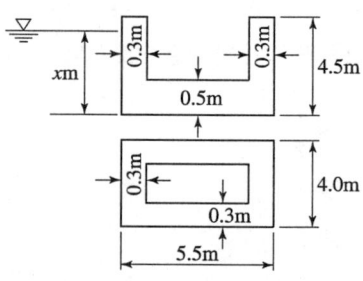

해설
- $W = \omega \cdot V = 2.4(4 \times 5.5 \times 4.5 - 3.4 \times 4.9 \times 4) = 77.664(t)$
- $B = \omega \cdot V = 1.025(4 \times 5.5 \times h) = 22.55h(t)$
- $W = B$ $77.664 = 22.55h$

$\therefore h = \dfrac{77.664}{22.55} = 3.44$m

052 직각 삼각형 위어에 있어서 월류수심이 0.25m일 때 일반식에 의한 유량은? (단, 유량계수 $C = 0.6$)

㉮ 0.0143m³/sec   ㉯ 0.0243m³/sec
㉰ 0.0343m³/sec   ㉱ 0.0443m³/sec

해설 $Q = \dfrac{8}{15} C \tan\dfrac{\theta}{2} \sqrt{2g}\, h^{\frac{5}{2}} = \dfrac{8}{15} \times 0.6 \times \tan\dfrac{90°}{2} \sqrt{2 \times 9.8} \times 0.25^{\frac{5}{2}} = 0.0443\text{m}^3/\text{sec}$

보충 직사각형 위어(Francis 공식)

$Q = 1.84(b - 0.1nh)h^{\frac{3}{2}}$ 여기서, 양단수축 $n = 2$

053 안지름 0.5m, 두께 20mm의 수압관이 15N/cm²의 압력을 받고 있다. 관벽에 작용되는 인장응력은?

㉮ 46.8N/cm²   ㉯ 93.7N/cm²
㉰ 140.6N/cm²   ㉱ 187.5N/cm²

해설 $t = \dfrac{PD}{2\sigma}$ $\therefore \sigma = \dfrac{PD}{2t} = \dfrac{15 \times 50}{2 \times 2} = 187.5\text{N/cm}^2$

해답 051. ㉯ 052. ㉱ 053. ㉱

054 관수로에 물이 흐르고 있을 때 유속을 구하기 위하여 적용할 수 있는 식은?
㉮ 파스칼의 원리
㉯ 물의 연속방정식
㉰ Torricelli 정리
㉱ 운동량 방정식

관수로에는 물의 연속방정식($Q = A_1 V_1 = A_2 V_2$, $V = \dfrac{Q}{A}$)이 적용된다.

055 사다리꼴 수로에서 수리학상 가장 경제적인 단면의 조건은? (단, R : 동수반경, B : 수면 폭, H : 수심)
㉮ $B = H$
㉯ $B = 2H$
㉰ $R = 2H$
㉱ $R = \dfrac{H}{2}$

• 수리학상 유리한 단면은 동일 단면에 최대 유량이 흐를 수 있는 단면이다.
• 경심 R이 최대인 단면, 윤변 P가 최소인 단면에 해당된다.
• 경심 $R = \dfrac{A}{P}$이며 사다리꼴 단면에서는 $R_{max} = \dfrac{H}{2}$이다.

056 모세관 현상에 의하여 상승한 액체기둥은 어떤 힘들이 평형을 이루어서 정지상태를 유지하고 있는가?
㉮ 표면장력에 의한 상방향의 힘과 중력에 의한 하방향의 힘
㉯ 부착력에 의한 상방향의 힘과 중력에 의한 하방향의 힘
㉰ 응집력에 의한 상방향의 힘과 부착력에 의한 하방향의 힘
㉱ 표면장력에 의한 상방향의 힘과 응집력에 의한 하방향의 힘

$h = \dfrac{4 T \cos \alpha}{\omega \, d}$

057 유체의 흐름이 일정한 방향이 아니고 무작위하게 3차원 방향으로 이동하면서 흐르는 흐름은?
㉮ 난류
㉯ 등류
㉰ 층류
㉱ 정상류

• 난류는 유체입자가 상하, 좌우로 불규칙하게 흐트러지면서 흐르는 흐름이다.
• 등류는 모든 흐름 단면에서 그 흐름이 일정하며 단면이 비교적 일정하고 긴 수로에서 일어난다.
• 정상류(정류)는 모든 점에서의 흐름과 특성이 시간에 따라 변하지 않는 흐름이다.
• 층류는 물입자가 흐름의 방향에 연직인 속도 성분을 거의 가지지 않고 똑바로 유선상을 운동하여 정연하게 층상을 이루는 흐름이다.

 054. ㉯ 055. ㉱ 056. ㉮ 057. ㉮

058 그림과 같은 역사이폰의 A, B, C, D점에서 압력수두를 각각 P_A, P_B, P_C, P_D라 할 때 다음 사항 중 옳지 않은 것은? (단, 점선은 동수경사선으로 가정한다.)

㉮ $P_A = 0$
㉯ $P_B < 0$
㉰ $P_C > 0$
㉱ $P_C > P_D$

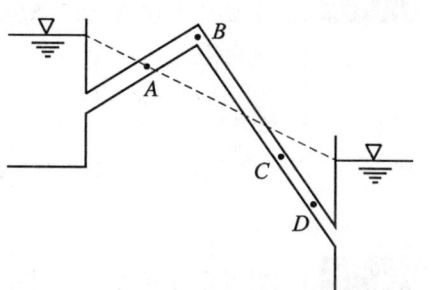

해설 압력수두에 따라 크기가 다르므로 $P_C < P_D$이다.

059 그림에서 곡면 AB에 작용하는 전수압의 수평분력은? (단, 곡면의 폭은 1m이고 γ는 물의 단위중량임)

㉮ $1.5\gamma \, \text{m}^3$
㉯ $2\gamma \, \text{m}^3$
㉰ $3.5\gamma \, \text{m}^3$
㉱ $4\gamma \, \text{m}^3$

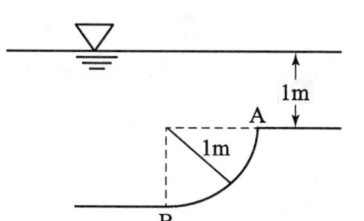

해설
- $P_H = \omega_0 \, h_G \, A = 1 \times (1 + \frac{1}{2}) \times 1 \times 1 = 1.5t = 1.5\gamma \, \text{m}^3$
- 전수압의 연직분력
$P_V = \omega_0 \times b(1 \times 1 + \pi \times 1^2 \times \frac{1}{4}) = 1000\left(2 + \frac{\pi}{2}\right) \text{kg}$

060 그림과 같은 피토관에서 A점의 유속을 구하는 식으로 옳은 것은?

㉮ $V = \sqrt{2gh_1}$
㉯ $V = \sqrt{2gh_2}$
㉰ $V = \sqrt{2gh_3}$
㉱ $V = \sqrt{2g(h_1 + h_2)}$

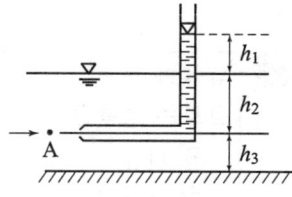

해설 피토관은 유속을 측정하는 기구로 수면 위 h_1는 동압력에 의해 나타낸 것으로 $V = \sqrt{2gh_1}$이며 속도수두 $h_1 = \dfrac{V^2}{2g}$이다.

058. ㉱ 059. ㉮ 060. ㉮

04 철/근/콘/크/리/트 /및/ 강/구/조

061 옹벽의 안정조건에 대한 설명 중 틀린 것은?

㉮ 전도, 활동 및 지반지지력에 대해 안전해야 하며 이에 대한 검토는 사용하중에 의한다.
㉯ 활동에 대한 저항력은 옹벽에 작용하는 수평력의 1.5배 이상이어야 한다.
㉰ 전도에 대한 저항모멘트는 횡 토압에 의한 전도모멘트의 2.0배 이상이어야 한다.
㉱ 지지 지반에 작용하는 최대압력은 허용지지력의 2배 이하이어야 한다.

해설 지지 지반에 작용하는 최대 압력은 지반의 허용지지력을 넘어서는 안 된다.

062 경간이 6m, 폭 300mm, 유효깊이 500mm인 단철근 직사각형 단순보가 전단철근 없이 지지할 수 있는 최대 전단강도 V_u는 얼마인가? (단, 자중의 영향은 무시하며 f_{ck} = 21MPa)

㉮ 35.8 kN ㉯ 42.9 kN
㉰ 55.8 kN ㉱ 65.8 kN

해설
- $V_u = \phi V_n$, $V_n = V_c + V_s$
- 전단철근이 필요 없으나 안전 고려하면
$V_u \geq \dfrac{1}{2}\phi V_c = \dfrac{1}{2}\phi \dfrac{1}{6}\sqrt{f_{ck}}\, b_w\, d = \dfrac{1}{2} \times 0.75 \times \dfrac{1}{6}\sqrt{21} \times 300 \times 500$
= 42,961N = 42.9kN

063 PSC 부재에서 프리스트레스(prestress)의 직접적인 감소 원인이 아닌 것은?

㉮ 콘크리트의 탄성 변형
㉯ 마찰 및 정착단 활동
㉰ 콘크리트의 건조수축 및 크리프(creep)
㉱ PS 강재의 편심량

해설
- 프리스트레스를 도입할 때 일어나는 손실(즉시 손실)
  ① 콘크리트의 탄성변형(탄성수축)에 의한 손실
  ② 강재와 쉬스의 마찰에 의한 손실
  ③ 정착단의 활동에 의한 손실
- 프리스트레스를 도입한 후의 손실(시간적 손실)
  ① 콘크리트의 건조수축
  ② 콘크리트의 크리프
  ③ 강재의 릴렉세이션

해답 061. ㉱ 062. ㉯ 063. ㉱

064 계수하중이 아래 그림과 같은 단철근 직사각형보의 전단에 대한 위험단면에서의 전단력은 얼마인가?

㉮ 120N
㉯ 180N
㉰ 210N
㉱ 240N

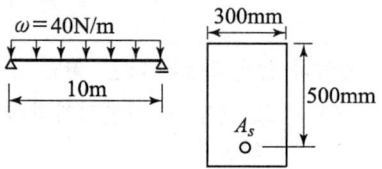

해설 $V_u = \dfrac{\omega l}{2} - \omega d = \dfrac{40 \times 10}{2} - 40 \times 0.5 = 180\text{N}$

065 철근콘크리트 1방향 슬래브에 대한 설명으로 틀린 것은?

㉮ 마주보는 두 변에만 지지되는 슬래브는 1방향 슬래브로 설계하여야 한다.
㉯ 4변에 의해 지지되는 2방향 슬래브 중에서 단변에 대한 장변의 비가 2배를 넘으면 1방향 슬래브로서 해석한다.
㉰ 슬래브의 두께는 최소 50mm 이상으로 하여야 한다.
㉱ 슬래브의 정모멘트 철근 및 부모멘트 철근의 중심간격은 위험단면에서는 슬래브 두께의 2배 이하하여야 하고, 또한 300mm 이하로 하여야 한다.

해설 1방향 슬래브에서 슬래브 두께는 100mm 이상이어야 한다.

066 다음과 같은 단철근 직사각형 단면보의 설계휨강도 ϕM_n을 구하면? (단, 인장지배단면으로 $A_s = 2000\text{mm}^2$, $f_{ck} = 21\text{MPa}$, $f_y = 300\text{MPa}$)

㉮ 213.1 kN·m   ㉯ 266.4 kN·m
㉰ 226.4 kN·m   ㉱ 239.9 kN·m

해설
- $a = \dfrac{A_s f_y}{0.85 f_{ck} b} = \dfrac{2000 \times 300}{0.85 \times 21 \times 300} = 112\text{mm}$
- $\phi M_n = \phi T \cdot Z = \phi A_s f_y \left(d - \dfrac{a}{2}\right) = 0.85 \times 2000 \times 300 \left(500 - \dfrac{112}{2}\right)$
  $= 226440000\text{N} \cdot \text{mm} = 226.4\text{kN} \cdot \text{m}$

067 PS 강재에 요구되는 일반 성질 중 옳지 않은 것은?

㉮ 늘음과 인성(靭性)이 없을 것
㉯ 인장강도가 클 것
㉰ 릴랙세이션(relaxation)이 적을 것
㉱ 응력부식에 대한 저항성이 클 것

해설
- 적당한 연성과 인성이 있어야 한다.
- 콘크리트와 부착강도가 커야 한다.
- 직선성이 좋아야 한다.
- 항복비가 커야 한다.
- 피로강도가 좋아야 한다.

정답 064. ㉯ 065. ㉰ 066. ㉰ 067. ㉮

068 보를 설계할 때 강도설계법에 대한 기본 가정 중 옳지 않은 것은?

㉮ 철근과 콘크리트의 변형률은 중립축으로부터 떨어진 거리에 비례한다.
㉯ 콘크리트 압축연단에서 허용할 수 있는 최대 변형률은 0.003으로 한다.
㉰ 항복강도 f_y 이하에서의 철근의 응력은 변형률에 관계없이 f_y와 같다.
㉱ 휨응력 계산에서 콘크리트의 인장강도는 무시한다.

해설
- 항복강도 f_y 이하에서의 철근의 응력은 그 변형률의 E_s 배로 취한다.

  즉 $E_s = \dfrac{f_y}{\varepsilon}$ ∴ $f_y = E_s \cdot \varepsilon$

- 콘크리트의 압축응력 분포도는 사각형, 사다리꼴, 포물선 또는 기타 다른 형상으로 가정할 수 있다.

069 다음 그림과 같이 용접이음을 했을 경우 전단응력은?

㉮ 78.9 MPa
㉯ 67.5 MPa
㉰ 57.5 MPa
㉱ 45.9 MPa

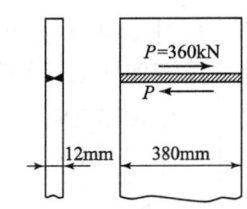

해설 $\nu = \dfrac{P}{\sum a \cdot l} = \dfrac{360000}{12 \times 380} = 78.9 \text{MPa}$

070 강교량에 주로 사용되는 판형(plate girder)의 보강재에 대한 설명 중 옳지 않은 것은?

㉮ 보강재는 복부판의 전단력에 따른 좌굴을 방지하는 역할을 한다.
㉯ 보강재는 단보강재, 중간보강재, 수평보강재가 있다.
㉰ 수평보강재는 복부판이 두꺼운 경우에 주로 사용된다.
㉱ 보강재는 지점 등의 이음부분에 주로 설치한다.

해설
- 주거더 단면의 단순화를 위해 거더 복부판에 수평 보강재를 부착한다.
- 복부판의 좌굴을 막기 위해 수직 보강재인 스티프너를 설치한다.

071 사용 고정하중(D)과 활하중(L)을 작용시켜서 단면에서 구한 휨모멘트는 각각 $M_D = 10\text{kN} \cdot \text{m}$, $M_L = 20\text{kN} \cdot \text{m}$이었다. 주어진 단면에 대해서 현행 콘크리트 구조기준에 의거, 최대 소요강도를 구하면?

㉮ 33 kN·m   ㉯ 39.6 kN·m
㉰ 40.8 kN·m   ㉱ 44 kN·m

해설 $U = 1.2D + 1.6L = 1.2 \times 10 + 1.6 \times 20 = 44 \text{kN} \cdot \text{m}$

정답 068. ㉰ 069. ㉮ 070. ㉰ 071. ㉱

072 다음과 같은 단면을 갖는 프리텐션 보에 초기 긴장력 $P_i = 250kN$이 작용할 때, 콘크리트 탄성변형에 의한 프리스트레스 감소량은 얼마인가? (단, $n=7$이고, 보의 자중은 무시한다.)

㉮ 24.3 MPa
㉯ 29.5 MPa
㉰ 34.3 MPa
㉱ 38.1 MPa

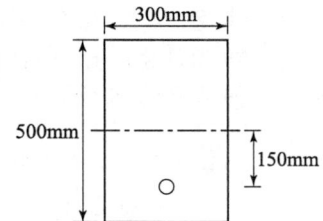

해설 $\Delta f_p = nf_c = n\left(\dfrac{P}{A} + \dfrac{P \cdot e}{I}e\right) = 7\left(\dfrac{250000}{300 \times 500} + \dfrac{250000 \times 150}{\dfrac{300 \times 500^3}{12}} \times 150\right) = 24.3MPa$

---

073 f_{ck}가 24MPa, f_y가 300MPa, b_w가 400mm, d가 500mm인 직사각형 철근 콘크리트 보에서 콘크리트가 부담하는 공칭 전단강도(V_c)는 얼마인가?

㉮ 105.7 kN　　㉯ 110.1 kN
㉰ 142.7 kN　　㉱ 163.3 kN

해설 $V_c = \dfrac{1}{6}\sqrt{f_{ck}}\,b_w d = \dfrac{1}{6} \times \sqrt{24} \times 400 \times 500 = 163,299N = 163.3kN$

---

074 일반 콘크리트에서 인장철근 D19(공칭직경 : 19.1mm)를 정착시키는 데 필요한 기본 정착길이(l_{db})는? (단, $f_{ck} = 21MPa$, $f_y = 300MPa$이다.)

㉮ 542mm　　㉯ 751mm
㉰ 987mm　　㉱ 1,125mm

해설
- $l_{db} = \dfrac{0.6 d_b f_y}{\lambda \sqrt{f_{ck}}} = \dfrac{0.6 \times 19.1 \times 300}{1.0\sqrt{21}} = 751mm$
- 압축철근 기본 정착길이
  $l_{db} = \dfrac{0.25 d_b f_y}{\lambda \sqrt{f_{ck}}}$

---

075 표준갈고리를 갖는 인장 이형철근의 정착에 대한 설명 중 틀린 것은?

㉮ 정착길이는 $8d_b$ 이상, 150mm 이상이어야 한다.
㉯ 배치된 철근량이 소요철근량을 초과하는 경우 : $\left(\dfrac{배근\ A_s}{소요\ A_s}\right)$
㉰ 갈고리는 압축을 받는 경우 철근 정착에 유효하지 않는 것으로 본다.
㉱ 정착길이는 기본정착길이에 보정계수를 곱하여 구한다.

해답 072. ㉮　073. ㉱　074. ㉯　075. ㉯

㉮ 배치된 철근량이 소요 철근량을 초과하는 경우

$$\left(\dfrac{소요\ A_s}{배근\ A_s}\right)$$

076 강도 설계법으로 그림과 같은 단철근 T형단면을 설계할 때의 설명 중 옳은 것은? (단, $f_{ck}=21\text{MPa}$, $f_y=400\text{MPa}$이다.)

㉮ 폭이 1200mm인 직사각형 단면보로 계산한다.
㉯ 폭이 400mm인 직사각형 단면보로 계산한다.
㉰ T형 단면보로 계산한다.
㉱ T형 단면보나 직사각형 단면보나 상관없이 같은 값이 나온다.

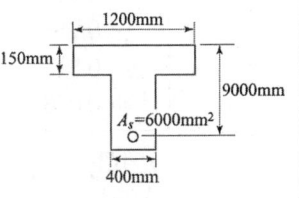

- $a = \dfrac{A_s \cdot f_y}{0.85 f_{ck} \cdot b} = \dfrac{6000 \times 400}{0.85 \times 21 \times 1200} = 112\text{mm}$
- $a \leq t$ 이면 폭이 b인 직사각형 단면보로 설계한다.
- $a > t$ 이면 T형보 단면으로 설계한다.

077 콘크리트 설계기준압축강도 f_{ck}가 60MPa인 고강도 콘크리트의 최대응력사각형의 높이 a는? (단, 압축연단에서 중립축까지의 거리 $c=450\text{mm}$이다.)

㉮ 281.7mm   ㉯ 292.5mm
㉰ 361.7mm   ㉱ 382.5mm

- $\beta_1 = 0.85 - 0.007(f_{ck} - 28) \geq 0.65$
- $\beta_1 = 0.85 - 0.007(60 - 28) = 0.626$이나 위 기준에 따라 0.65이다.
- $a = \beta_1 \cdot c = 0.65 \times 450 = 292.5\text{mm}$

078 복철근 단면으로 설계하는 이유 중 틀린 것은?

㉮ 보의 높이가 제한되어 단철근 단면으로는 설계 모멘트를 감당할 수 없을 때
㉯ 정(+), 부(−) 모멘트가 한 단면에서 반복되는 경우
㉰ 처짐을 억제하여야 할 경우
㉱ 연성을 극소화시켜야 할 경우

- 부재의 처짐을 극소화 시켜야 할 경우 사용한다.
- 보의 인장측 뿐만 아니라 압축측에도 철근을 배치하여 철근이 압축응력을 받도록 만든 보를 복철근보라고 한다.

076. ㉮ 077. ㉯ 078. ㉱

079 그림과 같이 철근콘크리트 휨부재의 최외단 인장철근의 순인장 변형률(ε_t)이 0.0040일 경우 강도감소계수 ϕ는? (단, $f_y = 400$MPa이고, 기타의 보강은 없다.)

㉮ 0.759
㉯ 0.783
㉰ 0.814
㉱ 0.826

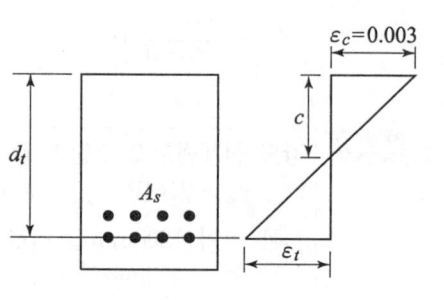

해설 $\phi = 0.65 + (\varepsilon_t - 0.002)\dfrac{200}{3} = 0.65 + (0.004 - 0.002)\dfrac{200}{3} = 0.783$
위 식은 순인장변형률 ε_t가 0.002~0.005 사이인 단면에 적용한다.

---

080 나선철근으로 둘러싸인 압축부재의 축방향 주철근의 최소 개수는?

㉮ 3개　　㉯ 4개
㉰ 5개　　㉱ 6개

해설
- 띠철근 기둥에서 축방향 주철근의 최소 개수는 직사각형이나 원형의 경우 4개, 삼각형의 경우 3개이어야 한다.
- 나선철근 기둥에서 축방향 주철근의 최소 개수는 6개이어야 한다.

---

05 토/질 /및/ 기/초

081 모래의 내부마찰각 ϕ와 N치와의 관계를 나타낸 Dunham의 식 $\phi = \sqrt{12N} + C$에서 상수 C의 값이 제일 큰 경우는?

㉮ 토립자가 모나고 입도분포가 좋을 때
㉯ 토립자가 모나고 균일한 입경일 때
㉰ 토립자가 둥글고 입도분포가 좋을 때
㉱ 토립자가 둥글고 균일한 입경일 때

해설
- 토립자가 둥글고 입도분포가 균등(불량)　　$\phi = \sqrt{12N} + 15$
- 토립자가 모나고 입도분포가 양호　　$\phi = \sqrt{12N} + 25$

해답 079. ㉯　080. ㉱　081. ㉮

082 표준관입시험에 관한 설명으로 틀린 것은?

㉮ 해머의 질량은 63.5kg이다.
㉯ 낙하고는 85cm이다.
㉰ 표준관입시험용 샘플러를 지반에 30cm 박아 넣는 데 필요한 타격횟수를 N 값이라고 한다.
㉱ 표준관입시험값 N은 개략적인 기초 지지력 측정에 이용되고 있다.

해설 낙하고는 75cm 높이에서 자유낙하 한다.

083 분사현상(quick sand action)에 관한 그림이 아래와 같을 때 수두차 h를 최소 얼마 이상으로 하면 모래시료에 분사현상이 발생하겠는가? (단, 모래의 비중 2.60, 공극률 50%)

㉮ 6cm
㉯ 12cm
㉰ 24cm
㉱ 30cm

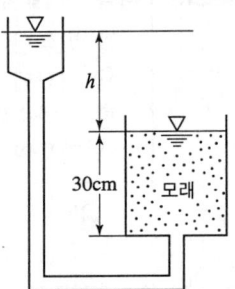

해설
- $i = \dfrac{h}{L}$
- $i_c = \dfrac{G_s - 1}{1 + e} = \dfrac{2.6 - 1}{1 + 1} = 0.8$
- $e = \dfrac{n}{100 - n} = \dfrac{50}{100 - 50} = 1$
- $i > i_c$의 경우 분사현상이 발생

  $\dfrac{h}{30} > 0.8$

  $\therefore h = 24\text{cm}$

084 말뚝의 허용지지력을 구하는 Sander의 공식은? (단, R_a : 허용지지력, S : 관입량, W_H : 해머의 중량, H : 낙하고)

㉮ $R_a = \dfrac{W_H \cdot H}{8S}$ ㉯ $R_a = \dfrac{W_H \cdot H}{4S}$

㉰ $R_a = \dfrac{W_H \cdot S}{4H}$ ㉱ $R_a = \dfrac{W_H \cdot H}{8 + S}$

해설 극한지지력

$R_a = \dfrac{W_H \cdot H}{S}$

해답 082. ㉯ 083. ㉰ 084. ㉮

085 동해(凍害)의 정도는 흙의 종류에 따라 다르다. 다음 중 우리나라에서 가장 동해가 심한 것은?
- ㉮ silt
- ㉯ colloid
- ㉰ 점토
- ㉱ 굵은 모래

해설
- 모관 상승고가 크고 투수성도 큰 실트질 흙이 가장 동해가 심하다.
- 토층의 동결은 지표면에서 아래쪽을 향하여 진행된다.
- 실트질, 물의 공급, 영하의 온도가 지속되어야 동상이 일어난다.
- 동상작용을 받은 흙은 동상작용을 받기 전의 흙에 비해 함수비가 증가한다.

086 다음 중 말뚝에 부마찰력이 생기는 원인 또는 부마찰력과 관계가 없는 것은?
- ㉮ 말뚝이 연약지반을 관통하여 견고한 지반에 박혔을 때 발생한다.
- ㉯ 지반에 성토나 하중을 가할 때 발생한다.
- ㉰ 지하수위 저하로 발생한다.
- ㉱ 말뚝의 타입시 항상 발생하며 그 방향은 상향이다.

해설 연약한 지반에 말뚝을 타입시 발생하며 그 방향은 하향이다.

087 여러 종류의 흙을 같은 조건으로 다짐시험을 하였을 경우 일반적으로 최적함수비가 가장 작은 흙은?
- ㉮ GW
- ㉯ ML
- ㉰ SW
- ㉱ CH

해설
- 조립토는 최적함수비가 작고 최대건조밀도는 크다.
- 세립토는 최적함수비가 크고 최대건조밀도는 작다.

088 유선망(flow net)의 특징에 대한 설명 중 옳지 않은 것은?
- ㉮ 인접한 두 등수두선 사이의 손실수두는 같다.
- ㉯ 유선과 등수두선은 서로 직교한다.
- ㉰ 유선망의 4각형은 이론상 정사각형이다.
- ㉱ 침투유속과 동수경사는 유선망의 폭에 비례한다.

해설
- 침투유속과 동수경사는 유선망의 폭에 반비례한다.
- 각 유로의 침투유량은 같다.
- 침투유량을 알기 위해 유선망을 그린다.

정답 085. ㉮ 086. ㉱ 087. ㉮ 088. ㉱

089 아래 그림과 같은 수중지반에서 Z지점의 유효연직응력은?

㉮ 2 t/m^2
㉯ 4 t/m^2
㉰ 9 t/m^2
㉱ 14 t/m^2

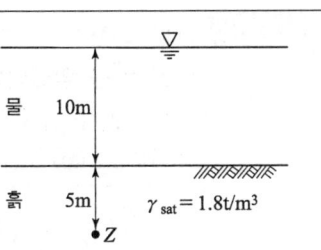

해설 $\overline{\sigma}(\overline{P}) = \gamma_{sub} \cdot h = 0.8 \times 5 = 4 \text{t/m}^2$

090 충분히 다진 현장에서 모래 치환법에 의해 현장밀도 실험을 한 결과 구멍에서 파낸 흙의 무게가 1,536g, 함수비가 15%이었고 구멍에 채워진 단위중량이 1.70g/cm³인 표준모래의 무게가 1,411g이었다. 이 현장이 95% 다짐도가 된 상태가 되려면 이 흙이 실내실험실에서 구한 최대 건조단위 중량($\gamma_{d\max}$)은 얼마인가?

㉮ 1.69 g/cm^3
㉯ 1.79 g/cm^3
㉰ 1.85 g/cm^3
㉱ 1.93 g/cm^3

해설
• 표준모래의 단위중량
$\gamma = \dfrac{W}{V}, \quad 1.7 = \dfrac{1411}{V}, \quad \therefore V = \dfrac{1411}{1.7} = 830 \text{cm}^3$

• 젖은 흙의 단위중량
$\gamma_t = \dfrac{W}{V} = \dfrac{1536}{830} = 1.85 \text{g/cm}^3$

• 건조한 흙의 단위중량
$\gamma_d = \dfrac{\gamma_t}{1 + \dfrac{\omega}{100}} = \dfrac{1.85}{1 + \dfrac{15}{100}} = 1.61 \text{g/cm}^3$

• 다짐도
$95 = \dfrac{\gamma_d}{\gamma_{d\max}} \times 100 \quad \therefore \gamma_{d\max} = \dfrac{1.61}{95} \times 100 = 1.69 \text{g/cm}^3$

091 포화도 75%, 함수비 25%, 비중 2.70일 때 간극비는 얼마인가?

㉮ 0.9
㉯ 8.1
㉰ 0.08
㉱ 1.8

해설 $S \cdot e = G_s \cdot w$
$\therefore e = \dfrac{G_s \cdot w}{S} = \dfrac{2.7 \times 25}{75} = 0.9$

정답 089. ㉯   090. ㉮   091. ㉮

092 내부마찰각 $\phi=0°$인 점토에 대하여 일축압축시험을 하여 일축압축강도 $q_u=3.2$ kg/cm²을 얻었다면 점착력 C는?

㉮ 1.2 kg/cm² ㉯ 1.6 kg/cm²
㉰ 2.2 kg/cm² ㉱ 6.4 kg/cm²

해설 $C = \dfrac{q_u}{2} = \dfrac{3.2}{2} = 1.6 \text{kg/cm}^2$

093 말뚝의 평균 지름이 140cm, 관입깊이 15m일 때 군말뚝의 영향을 고려하지 않아도 되는 말뚝의 최소 간격은?

㉮ 약 3m ㉯ 약 5m
㉰ 약 7m ㉱ 약 9m

해설
- 말뚝 간격이 $1.5\sqrt{r \cdot l}$ 이하이면 군항이다.
- $1.5\sqrt{r \cdot l} = 1.5\sqrt{70 \times 1500} = 486\text{cm} ≒ 5\text{m}$

094 그림과 같은 모래지반의 토질실험결과 내부 마찰각 $\phi=30°$, 점착력 $c=0$일 때 깊이 4m 되는 A점에서의 전단강도는?

㉮ 1.25 t/m²
㉯ 1.72 t/m²
㉰ 2.17 t/m²
㉱ 2.83 t/m²

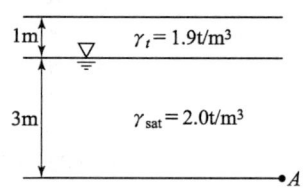

해설
- 유효응력
  $\sigma = 1.9 \times 1 + (2.0 - 1) \times 3 = 4.9 \text{t/m}^2$
- 전단강도
  $\tau = c + \sigma \tan\phi = 0 + 4.9 \tan 30° = 2.83 \text{t/m}^2$

095 일축압축강도가 0.32 kg/cm², 흙의 단위중량이 1.6t/m³이고, $\phi=0$인 점토지반을 연직굴착할 때 한계고는 얼마인가?

㉮ 2.3m ㉯ 3.2m
㉰ 4.0m ㉱ 5.2m

해설 $H_c = \dfrac{2q_u}{\gamma} = \dfrac{2 \times 3.2}{1.6} = 4\text{m}$
여기서, $0.32\text{kg/cm}^2 = 3.2\text{t/m}^2$

정답 092. ㉯ 093. ㉯ 094. ㉱ 095. ㉰

096 주동토압을 P_A, 수동토압을 P_P, 정지토압을 P_0라 할 때 토압의 크기 순서로 옳은 것은?

㉮ $P_A > P_P > P_0$
㉯ $P_P > P_0 > P_A$
㉰ $P_P > P_A > P_0$
㉱ $P_0 > P_A > P_P$

해설 · $P_P > P_0 > P_A$ · $K_P > K_0 > K_A$

097 가로 2m, 세로 3m인 직사각형 케이슨을 지중에 12m 관입하였다. 단위면적당 마찰력 $f = 0.3\,kN/m^2$일 경우에 케이슨에 작용하는 주면마찰력은?

㉮ 7.2 kN
㉯ 36 kN
㉰ 86.4 kN
㉱ 105 kN

해설 주면마찰력 $= 0.3 \times 12 \times (2+2+3+3) = 36\,kN$

098 다음 중 압밀계수(C_v)의 단위로 옳은 것은?

㉮ cm^2/sec
㉯ cm^3/sec
㉰ kg/cm^2
㉱ cm^2/kg

해설 $C_v = \dfrac{T_v\,H^2}{t}\,(cm^2/sec)$

099 흙의 입도시험에서 유효입경 D_{10}이란?

㉮ 입경가적곡선에서 10% 통과 백분율에 해당하는 입경
㉯ 입경가적곡선에서 10% 가적 잔류율에 해당하는 입경
㉰ 입경가적곡선에서 10% 통과 백분율
㉱ 10번체의 통과 백분율

해설 입경가적곡선 상에서 10% 통과 백분율에 해당되는 흙 입자의 지름을 말한다.

100 흙에 대한 일반적인 설명으로 옳지 않은 것은?

㉮ 점성토가 교란되면 투수성이 커진다.
㉯ 딕소트로피(Thixotropy)현상이란 교란된 흙이 시간경과에 따라 강도가 회복되는 현상을 말한다.
㉰ 점성토가 교란되면 전단강도가 작아진다.
㉱ 예민비란 불교란시료의 일축압축강도와 교란시료의 일축압축강도와의 비를 말한다.

해설 점성토가 교란되면 투수성이 감소한다.

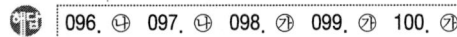

06 상/하/수/도/공/학

101 하수관에서는 95% 가량 차서 흐를 때가 가득 차서 흐를 때보다 유량이 10% 가량 더 많고 이때가 최대 유량이라고 한다면 직경 200mm, 관저 기울기 0.005인 하수관로의 최대유량은 얼마인가? (단, Manning 공식을 사용하고, $n = 0.013$)

㉮ 71.2m³/hr ㉯ 83.5m³/hr
㉰ 91.8m³/hr ㉱ 110.4m³/hr

해설
- $A = \dfrac{\pi d^2}{4} = \dfrac{3.14 \times 0.2^2}{4} = 0.0314\text{m}^2$
- $R = \dfrac{D}{4} = \dfrac{0.2}{4} = 0.05$
- $V = \dfrac{1}{n} R^{\frac{2}{3}} I^{\frac{1}{2}} = \dfrac{1}{0.013} \times 0.05^{\frac{2}{3}} \times 0.005^{\frac{1}{2}} = 0.738\text{m/sec} = 2656.8\text{m/hr}$
- $Q = A \cdot V = 0.0314 \times 2656.8 ≒ 83.5\text{m}^3/\text{hr}$
∴ $83.5 \times 1.1 = 91.85\text{m}^3/\text{hr}$

102 활성슬러지법에 의하여 폐수를 처리할 경우 폭기조 혼합액의 MLSS가 2,000mg/l 이고, 이것을 30분간 정치했을 때의 침강용적이 본래의 30%라면 슬러지 용적지수(SVI)는?

㉮ 50 ㉯ 100
㉰ 150 ㉱ 200

해설 $SVI = \dfrac{SV(\text{ml}/l) \times 10^3}{MLSS \text{ 농도}(\text{mg}/l)} = \dfrac{SV(\%) \times 10^4}{MLSS \text{ 농도}(\text{mg}/l)} = \dfrac{30 \times 10^4}{2000} = 150$

103 상수의 소독방법 중 염소살균과 오존살균의 장·단점을 잘못 설명한 것은?
㉮ 염소살균은 발암물질인 트리할로메탄(THM)을 생성시킬 가능성이 있다.
㉯ 오존살균은 염소살균에 비하여 잔류성이 약하다.
㉰ 오존의 살균력은 염소보다 우수하다.
㉱ 오존살균은 염소살균에 비해 경제적이다.

해설 오존살균은 잔류효과(잔류성)가 약하기 때문에 염소살균에 비해 비경제적이다.

104 계획취수량의 기준이 되는 수량으로 옳은 것은?
㉮ 계획1일 평균급수량 ㉯ 계획1일 최대급수량
㉰ 계획시간 최대급수량 ㉱ 계획1일1인 평균급수량

정답 101. ㉰ 102. ㉰ 103. ㉱ 104. ㉯

- 계획 취수량은 계획1일 최대급수량이 설계기준이다.
- 계획 배수량은 평상시 계획1시간 최대급수량을 기준으로 한다.

105 Ripple법에 의하여 저수지 용량을 결정하려고 한다. 그림에서 필요저수용량을 표시한 구간은? (단, 직선 $\overline{AB}$, $\overline{CD}$는 $\overline{OX}$에 평행하고 누가수량차 E가 F보다 크다.)

㉮ ①
㉯ ②
㉰ ③
㉱ ④

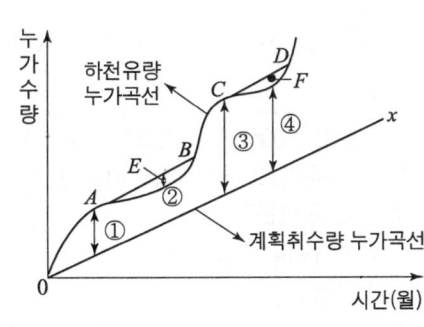

E에 해당하는 세로 길이가 필요 저수용량(부족수량)이 된다.

106 하수처리장 계획시 고려할 사항으로 옳지 않은 것은?

㉮ 처리장의 부지면적은 확장 및 향후 고도처리 계획을 예상하여 계획한다.
㉯ 처리장의 위치는 방류수역의 이수상황 및 주변의 환경조건을 고려하여 정한다.
㉰ 처리시설은 계획시간 최대 오수량을 기준으로 하여 계획한다.
㉱ 처리시설은 이상수위에서도 침수되지 않는 지반고에 설치하거나 방호시설을 설치한다.

- 하수처리장 시설은 계획1일 최대오수량을 기준으로 계획한다.
- 하수도 계획의 목표연도는 20년 후를 원칙으로 한다.

107 하수관거의 관정 부식을 유발하는 주요 원인물질은?

㉮ 질소 화합물
㉯ 칼슘 화합물
㉰ 철 화합물
㉱ 황 화합물

- 하수관거의 관정 부식은 H_2S(황화수소) 또는 황(S)이 원인으로 발생한다.
- 하수관의 관정 부식을 일으키는 황화수소(H_2S)가 발생하는 이유는 용존산소가 없으면 혐기성 세균이 황화합물을 분해하여 환원시키기 때문이다.
- 관정 부식의 대책
  하수의 유속을 증가시켜 하수관 내 유기질 퇴적을 방지한다.
  용존 산소를 증가시킨다.
  하수에 염소를 주입한다.

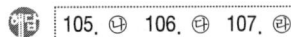
105. ㉯ 106. ㉰ 107. ㉱

108 수원 선정시 고려사항으로 잘못된 것은?
㉮ 수질이 좋아야 한다.
㉯ 수량이 풍부하여야 한다.
㉰ 정수장보다 가능한 한 낮은 곳에 위치하여야 한다.
㉱ 상수 소비지에서 가까운 곳에 위치하는 것이 좋다.

해설 정수장보다 가능한 한 높은 곳에 위치하여야 한다.

109 하수량 20,000m³/day, BOD 농도 200mg/L인 하수를 체류시간 6시간의 활성슬러지 방식인 폭기조에서 처리하려고 한다. 폭기조를 2개조 운영하려고 할 경우 1개조의 폭기조 용적은?
㉮ 2,500m³ ㉯ 3,500m³
㉰ 5,000m³ ㉱ 7,000m³

해설
- 체류시간 $t = \dfrac{V}{Q}$
- 폭기조 용적 $V = Q \cdot t = (20,000 \div 24) \times 6 = 5,000\text{m}^3$
  여기서, $Q = 20,000\text{m}^3/\text{day}$이므로 $20,000 \div 24 = 833.3\text{m}^3/\text{hr}$
- 1개조의 폭기조 용적 $V = \dfrac{5,000}{2} = 2,500\text{m}^3$
- 활성슬러지법은 호기성 미생물의 대사작용에 의하여 유기물을 제거한다.

110 계획1일 평균급수량이 400L이고 계획1일 최대급수량이 500L일 경우에 계획첨두율은?
㉮ 1.56 ㉯ 1.25
㉰ 0.8   ㉱ 0.64

해설 계획첨두율 = $\dfrac{\text{계획1일 최대급수량}}{\text{계획1일 평균급수량}} = \dfrac{500}{400} = 1.25$

111 계획우수량의 고려 사항에 관한 설명으로 틀린 것은?
㉮ 하수관거의 확률년수는 10~30년을 원칙으로 한다.
㉯ 총 유하시간은 관거 구간마다의 거리와 계획유량에 대한 유속으로부터 구한 구간 당 유하시간을 합계하여 구한다.
㉰ 유달시간은 유입시간과 유하시간을 합한 것이다.
㉱ 우수유출량의 산정을 위한 합리식에서 I는 관거의 동수경사를 나타낸다.

해설 우수유출량의 산정을 위한 합리식에서 I는 강우강도로 단위시간에 내린 강우량(mm/hr)를 나타낸다.

해답 108. ㉰ 109. ㉮ 110. ㉯ 111. ㉱

112 하천에 오수가 유입될 때 하천의 자정작용 중 최초의 분해지대에서 BOD가 감소하는 주원인은?

㉮ 탁도의 증가 ㉯ 미생물의 번식
㉰ 유기물의 침전 ㉱ 온도의 변화

> BOD는 유기물에 의해서 호기성 상태에서 분해 안정화시키는데 요구되는 산소량으로 미생물에 의해 분해(산화) 시키는데 필요한 산소량이다.

113 도수관에 설치되는 공기밸브에 대한 설명 중 틀린 것은?

㉮ 관로 중 제수밸브 사이에 공기밸브를 설치할 경우 낮은 쪽 제수밸브 바로 위에 설치한다.
㉯ 공기밸브에는 보수용의 제수밸브를 설치한다.
㉰ 매설관에 설치하는 공기밸브에는 밸브실을 설치한다.
㉱ 관로의 종단도 상에서 상향돌출부의 상단에 설치한다.

> • 관로 중 제수밸브 사이에 공기밸브를 설치할 경우 높은 쪽 제수밸브 바로 밑에 설치한다.
> • 공기밸브 설치의 목적은 관내에 공기를 배제하거나 흡인하기 위해서이다.
> • 관경 400mm 이상의 관에는 반드시 쌍구 공기밸브 또는 급속 공기밸브를 설치한다.

114 고도 정수처리가 아닌 일반 정수처리 공정에서 잘 제거되지 않는 물질은?

㉮ 질산성 질소 ㉯ 탁도
㉰ 세균 ㉱ 암모니아성 질소

> 질산성 질소는 하수(오수)의 혐기성 상태의 처리로 탈진산화 과정은 질산성 질소-아질산성 질소-질소 가스로 진행된다.

115 펌프장 설계 시 검토하여야 할 비정상 현상으로 아래에서 설명하고 있는 것은?

> 만관 내에 흐르고 있는 물의 속도가 급격히 변화하여 압력변화가 발생하는 현상이다. 이에 의한 압력상승 및 압력 강하의 크기는 유속의 변화정도, 관로 상황, 유속, 펌프의 성능 등에 따라 다르지만 펌프, 밸브, 배관 등에 이상 압력이 걸려 진동, 소음을 유발하고 펌프 및 전동기가 역회전하는 경우도 있으므로 충분한 검토가 필요하다.

㉮ 팽화현상(bulking) ㉯ 수격작용(water hammer)
㉰ 서어징(surging) ㉱ 캐비테이션(cavitation)

> 수격작용 방지방법
> • 펌프에 플라이 휠을 부착한다.
> • 토출관 쪽에 압력조절수조를 설치한다.
> • 토출측 관로에 안전밸브 또는 공기밸브를 설치한다.
> • 펌프의 급정지를 피한다.
> • 밸브를 펌프 송출구 가까이 설치한다.

정답 112. ㉯ 113. ㉮ 114. ㉮ 115. ㉯

116 상수 원수의 냄새, 맛을 제거하기 위해 사용되는 일반적인 방법이 아닌 것은?

㉮ 폭기(aeration)
㉯ 오존처리
㉰ 마이크로스트레이너(microstrainer)
㉱ 입상활성탄 처리

- 마이크로스트레이너(microstrainer)는 미세한 망을 사용하여 조류 등 동·식물성 플랑크톤이나 부유물질을 기계적으로 연속하여 제거하는 장치이다.
- 냄새, 맛 제거에는 폭기법, 염소처리, 활성탄처리, 오존처리 및 생물처리 등이 있다.

117 하수관거시설 중 연결관에 대한 설명으로 옳지 않은 것은?

㉮ 본관 열결부는 본관에 대하여 60° 또는 90°로 한다.
㉯ 연결위치는 본관의 중심선보다 아래로 한다.
㉰ 연결관의 최소 관경은 150mm로 한다.
㉱ 연결관의 경사는 1%이상으로 한다.

연결위치는 본관의 중심선보다 윗부분 45° 부분에 연결한다.

118 송수관의 유속에 대하여 ( )에 알맞은 수로 짝지어진 것은?

자연유하식의 경우에는 허용 최대한도를 ( )m/s로 하고, 송수관의 평균유속의 최소한도는 ( )m/s로 한다.

㉮ 3.0, 0.3 ㉯ 3.0, 0.6
㉰ 5.0, 0.3 ㉱ 5.0, 0.5

- 도·송수관로의 평균유속
  최대한도 : 3.0m/s
  최소한도 : 0.3m/s

119 슬러지의 혐기성 소화에 대한 설명으로 옳지 않은 것은?

㉮ 호기성처리에 비해 유지비가 경제적이다.
㉯ 정상적인 소화시 가장 많이 발생되는 가스는 CO_2이다.
㉰ 온도, pH의 영향을 쉽게 받는다.
㉱ 호기성처리보다 분해속도가 느리다.

- 정상적인 소화시 생성가스의 구성은 메탄이 2/3, CO_2가 1/3이다.
- 혐기성 소화는 호기성 소화에 비해 처리후 슬러지 생성량이 적다.
- 혐기성 소화를 위해서는 유기물 농도가 높고 특히 탄수화물 보다 단백질이나 지방질이 높아야 한다.
- 혐기성 소화는 1단계인 유기산 생성단계와 2단계인 메탄 생성단계로 구분된다.

해답 116. ㉮ 117. ㉯ 118. ㉮ 119. ㉯

120 취수원의 성층현상에 관한 설명으로 틀린 것은?

㉮ 영양염류의 유입이 원인이다.
㉯ 여름철에 두드러진 현상이다.
㉰ 수온의 변화에 따른 물의 밀도 변화가 근본 원인이다.
㉱ 수심에 따른 수온 변화가 가장 큰 원인이다.

- 성층(정체)현상이란 호소의 물이 수심에 따라 여러 개의 층으로 분리되는 현상이다.
- 성층현상은 표층부와 저층부의 온도 차이에 의해 일어나는 현상이다.
- 성층현상은 여름과 겨울에 나타나며 온도차가 클수록 두드러지게 나타난다.

120. ㉮

02 토목산업기사

응용역학 / 측량학 / 수리학 / 철근콘크리트 및 강구조 / 토질 및 기초 / 상하수도공학

[2016년 5월 8일 시행]

알려드립니다

한국산업인력공단의 저작권법 저촉에 대한 언급(2013년 2회 시험)이 있어 과거에 출제된 동일한 문제나 그 유형의 문제로 재구성하였습니다.

01 응/용/역/학

001 지름이 D인 원형 단면의 기둥에서 핵(Core)의 직경은?

㉮ $\dfrac{D}{2}$ ㉯ $\dfrac{D}{3}$ ㉰ $\dfrac{D}{4}$ ㉱ $\dfrac{D}{6}$

해설
- 핵 거리(반지름) $e = \dfrac{D}{8}$
- 핵 지름 $x = \dfrac{D}{4}$

002 그림과 같이 ABC의 중앙점에 10t의 하중을 달았을 때 정지하였다면 장력 T의 값은 몇 t인가?

㉮ 5
㉯ 10
㉰ 8.66
㉱ 15

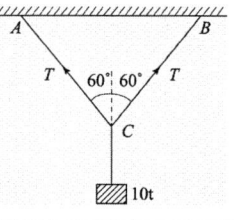

해설
$$\dfrac{T}{\sin 120°} = \dfrac{10}{\sin 120°}$$
$\therefore T = 10\text{t}$

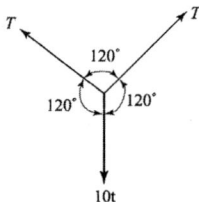

003 축방향력 N, 단면적 A, 탄성계수 E일 때 축방향 변형에너지를 나타내는 식은?

㉮ $\displaystyle\int_0^l \dfrac{N^2}{2EA}\,dx$ ㉯ $\displaystyle\int_0^l \dfrac{N}{2EA}\,dx$

㉰ $\displaystyle\int_0^l \dfrac{N^2}{EA}\,dx$ ㉱ $\displaystyle\int_0^l \dfrac{N}{EA}\,dx$

해설
- 축방향 변형에너지 $W_{iN} = \displaystyle\int \dfrac{N^2}{2EA}\,dx$
- 휨모멘트에 의한 탄성변형에너지 $U = \displaystyle\int \dfrac{M_x^2}{2EI}\,dx$

해답 001. ㉰   002. ㉯   003. ㉮

004. 재질과 단면적과 길이가 같은 장주에서 양단활절 기둥의 좌굴하중과 양단고정 기둥의 좌굴하중과의 비는?

㉮ 1 : 16　　　　　　　　　㉯ 1 : 8
㉰ 1 : 4　　　　　　　　　㉱ 1 : 2

> • 좌굴하중 $P = \dfrac{n\pi^2 EI}{l^2}$
> • 양단힌지 $n = 1$
> • 양단고정 $n = 4$

005. 지름이 D인 원형단면보에 휨모멘트 M이 작용할 때 최대 휨응력은?

㉮ $\dfrac{16M}{\pi D^3}$　　　　　　㉯ $\dfrac{6M}{\pi D^3}$
㉰ $\dfrac{32M}{\pi D^3}$　　　　　　㉱ $\dfrac{64M}{\pi D^3}$

> • $Z = \dfrac{\pi D^3}{32}$
> • $\sigma = \dfrac{M}{I} \cdot y = \dfrac{M}{Z} = \dfrac{32M}{\pi D^3}$

006. 단면적 A인 도형의 중립축(中立軸)에 대한 단면 2차 모멘트를 I_G라 하고 중립축에서 y만큼 떨어진 축에 대한 단면 2차 모멘트를 I라 하면 이때 I는?

㉮ $I = I_G + Ay^2$　　　　㉯ $I = I_G + A^2 y$
㉰ $I = I_G - Ay^2$　　　　㉱ $I = I_G - A^2 y$

> 도심축에서 임의축으로의 축이동
> $I_x = I_X + A \cdot y^2$

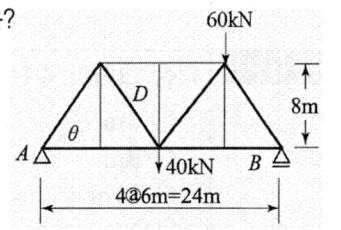

007. 그림과 같은 트러스에서 사재(斜材) D의 부재력은?

㉮ 31.12kN
㉯ 43.75kN
㉰ 54.65kN
㉱ 65.22kN

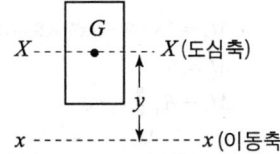

정답 004. ㉮　005. ㉰　006. ㉮　007. ㉯

- $\Sigma M_B = 0$
  $V_A \times 24 - 40 \times 12 - 60 \times 6 = 0$
  $\therefore V_A = 35\text{kN}$
- $\Sigma V = 0$ (D사재를 절단법에 의해)
  $35 - D \times \dfrac{8}{10} = 0$
  $\therefore D = 43.75\text{kN}$

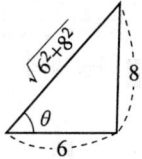

008
지름 32cm의 원형단면보에 3.14t의 전단력이 작용할 때 최대 전단응력은?

㉮ 6.0 kg/cm^2
㉯ 5.21 kg/cm^2
㉰ 12.2 kg/cm^2
㉱ 21.8 kg/cm^2

- 원형 단면의 최대 전단응력 $\tau_{max} = \dfrac{4}{3}\dfrac{S}{A} = \dfrac{4}{3}\dfrac{3140}{\dfrac{\pi \times 32^2}{4}} = 5.21\text{kg/cm}^2$

- 구형 단면의 최대 전단응력 $\tau_{max} = \dfrac{3}{2}\dfrac{S}{A}$

009
그림과 같은 1차 부정정보의 부재중에서 B지점을 제외한 모멘트가 0이 되는 곳은 A점에서 얼마 떨어진 곳인가? (단, 자중은 무시한다.)

㉮ 3m
㉯ 2.50m
㉰ 1.96m
㉱ 1.50m

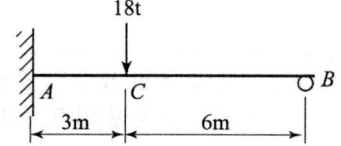

- $R_B = \dfrac{Pa^2}{2l^3}(3l - a) = \dfrac{18 \times 3^2}{2 \times 9^3}(3 \times 9 - 3) = 2.67\text{t}$
- $R_A = 18 - 2.67 = 15.33\text{t}$
- $M_A = 18 \times 3 - 2.67 \times 9 = 30\text{t} \cdot \text{m}$
- $M_x = 0$
  $M_A - R_A \times x = 0$
  $\therefore x = \dfrac{M_A}{R_A} = \dfrac{30}{15.33} = 1.96\text{m}$

010
다음 그림과 같은 역계에서 작용하중의 합력(R)의 위치 x 값은?

㉮ 6m
㉯ 9m
㉰ 10m
㉱ 12m

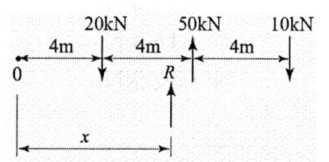

008. ㉯ 009. ㉰ 010. ㉰

- 합력 $R = -20 + 50 - 10 = 20\text{kN}(\uparrow)$
- 합력의 위치 $-20 \times x = 20 \times 4 - 50 \times 8 + 10 \times 12$
  $\therefore x = 10\text{m}$

011 그림과 같은 라멘에서 C점의 휨모멘트는?

㉮ $-11\text{t}\cdot\text{m}$
㉯ $-14\text{t}\cdot\text{m}$
㉰ $-17\text{t}\cdot\text{m}$
㉱ $-20\text{t}\cdot\text{m}$

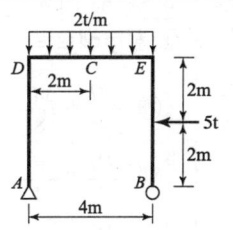

- $\Sigma M_B = 0$
  $R_A \times 4 - 2 \times 4 \times 2 - 5 \times 2 = 0$
  $\therefore R_A = 6.5\text{t}$
- $H_A = 5\text{t}(\rightarrow)$
- $M_c = 6.5 \times 2 - 5 \times 4 - 2 \times 2 \times 1 = -11\text{t}\cdot\text{m}$

012 지름 2cm의 강철봉을 8ton의 힘으로 인장할 때 봉의 지름이 가늘어진 양은? (단, 푸아송비 $\nu = 0.3$, 탄성계수 $E = 2 \times 10^6 \text{kg/cm}^2$)

㉮ 0.00076mm   ㉯ 0.0076mm
㉰ 0.042mm   ㉱ 0.42mm

- 푸아송비
  $\nu = \dfrac{\beta}{\varepsilon} = \dfrac{\frac{\Delta d}{d}}{\varepsilon} = \dfrac{\Delta d}{d \cdot \varepsilon}$
  $\therefore \Delta d = \nu \cdot d \cdot \varepsilon = 0.3 \times 2 \times 0.00127 = 0.000762\text{cm} = 0.0076\text{mm}$
- $E = \dfrac{\sigma}{\varepsilon} = \dfrac{\frac{P}{A}}{\varepsilon} = \dfrac{P}{A \cdot \varepsilon}$
  $\therefore \varepsilon = \dfrac{P}{A \cdot E} = \dfrac{8000}{\frac{\pi \times 2^2}{4} \times 2 \times 10^6} = 0.00127$

013 아래 그림과 같은 단순보에서 최대 처짐은?

㉮ $\dfrac{Pl^3}{48EI}$
㉯ $\dfrac{Pl^2}{36EI}$
㉰ $\dfrac{Pl^2}{24EI}$
㉱ $\dfrac{Pl^3}{12EI}$

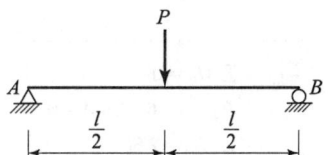

011. ㉮ 012. ㉯ 013. ㉮

- 처짐 $y = \dfrac{Pl^3}{48EI}$ 　　　　• 처짐각 $\theta = \dfrac{Pl^2}{16EI}$

014 단순보에 아래 그림과 같이 집중하중 P와 등분포하중 ω가 작용할 때 중앙점에서의 휨모멘트는?

㉮ $\dfrac{Pl}{4} + \dfrac{\omega l^2}{8}$

㉯ $\dfrac{Pl}{4} + \dfrac{\omega l^2}{4}$

㉰ $\dfrac{Pl}{8} + \dfrac{\omega l^2}{8}$

㉱ $\dfrac{Pl}{8} + \dfrac{\omega l^2}{2}$

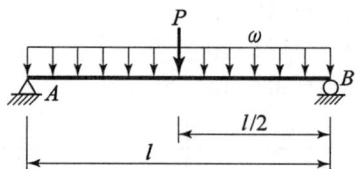

- 단순보에 집중하중 P 작용
$$M_{max} = \dfrac{Pl}{4}$$
- 단순보에 등분포하중 ω 작용
$$M_{max} = \dfrac{\omega l^2}{8}$$

015 단면의 성질을 나타내는 값 중에서 차원(dimension)이 틀리게 표시된 것은?

㉮ 단면 1차 모멘트 : $[L^3]$　　　㉯ 단면 2차 반경 : $[L]$
㉰ 단면 2차 상승모멘트 : $[L^3]$　　　㉱ 단면 2차 극모멘트 : $[L^4]$

- 단면 2차 상승모멘트 : $[L^4]$
- 단면 2차 상승모멘트 $I_{xy} = A \cdot x_o \cdot y_o$ (면적 × y축 도심 × x축 도심)

016 그림과 같은 보에서 D점의 전단력은?

㉮ $+2.8\,t$
㉯ $-2.8\,t$
㉰ $+3.2\,t$
㉱ $-3.2\,t$

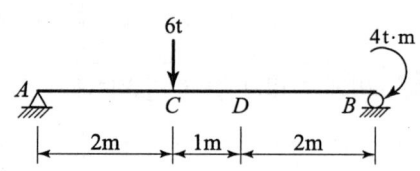

- $\Sigma M_B = 0$
　　$R_A \times 5 - 6 \times 3 + 4 = 0$
　　$\therefore R_A = 2.8\,t$
- $S_D = 2.8 - 6 = -3.2\,t$

014. ㉮　015. ㉰　016. ㉱

017 다음 라멘의 판별로 옳은 것은?

㉮ 정정
㉯ 1차 부정정
㉰ 2차 부정정
㉱ 3차 부정정

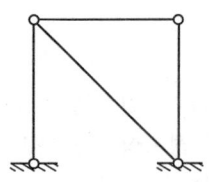

해설 $N = r + m + s - 2k$
$= 4 + 4 + 0 - 2 \times 4 = 0$(정정)
(여기서, r : 반력수, m : 부재수, s : 강절점수, k : 절점수)

018 다음 그림과 같은 보에 집중하중이 작용할 때 단면에 생기는 최대 전단응력은 얼마인가?

㉮ 8.3 kg/cm²
㉯ 10.3 kg/cm²
㉰ 13.7 kg/cm²
㉱ 16.7 kg/cm²

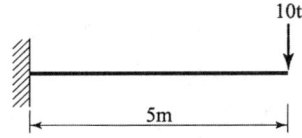 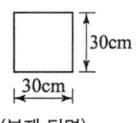

해설 · $S_{\max} = P = 10,000$ kg
· $\tau_{\max} = \dfrac{3}{2}\dfrac{S}{A} = \dfrac{3}{2}\dfrac{10,000}{30 \times 30} = 16.7$ kg/cm²

019 다음 중 부정정 구조물의 해법으로 틀린 것은?

㉮ 3연 모멘트정리
㉯ 처짐각법
㉰ 변위일치의 방법
㉱ 모멘트 면적법

해설 · 부정정 구조물의 해법
- 응력법 : 변위일치법, 3연 모멘트법, 최소일법, 가상일법
- 변위법 : 처짐각법, 모멘트 분배법

020 다음 그림의 내민보에서 D점의 휨모멘트는?

㉮ 6 t·m
㉯ −6 t·m
㉰ 18 t·m
㉱ −18 t·m

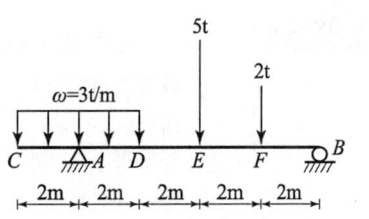

해설 · $\Sigma M_B = 0$
$R_A \times 8 - 3 \times 4 \times 8 - 5 \times 4 - 2 \times 2 = 0$
∴ $R_A = 15 t$
· $M_D = R_A \times 2 - 3 \times 4 \times 2 = 6$ t·m

해답 017. ㉮ 018. ㉱ 019. ㉱ 020. ㉮

2016년 5월 8일 시행

02 측/량/학

021 다음 그림과 같은 표고를 갖는 지형을 평탄하게 정지작업을 하면 이 지역의 평균표고는 얼마인가? (단, 단위는 m임)

㉮ 7.973m
㉯ 8.000m
㉰ 8.027m
㉱ 8.104m

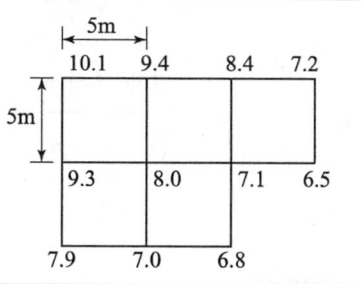

해설
- $V = \dfrac{A}{4}\{\sum h_1 + 2\sum h_2 + 3\sum h_3 + 4\sum h_4\}$

  $= \dfrac{5 \times 5}{4}\{(10.1+7.9+6.8+6.5+7.2) + 2(9.3+7+8.4+9.4) + 3(7.1) + 4(8)\}$

  $= 1000 \text{m}^3$

- 계획고

  $H = \dfrac{V}{n \cdot A} = \dfrac{1,000}{5 \times (5 \times 5)} = 8\text{m}$

022 지상고도 3,000m의 비행기 위에서 초점거리 150.0mm인 사진기로 촬영한 항공사진에서 길이가 30m인 교량의 사진에서의 길이는?

㉮ 1.3mm   ㉯ 2.3mm
㉰ 1.5mm   ㉱ 2.5mm

해설
$\dfrac{f}{H} = \dfrac{l}{L}$

$\dfrac{150}{3,000} = \dfrac{l}{30}$

$\therefore l = \dfrac{150 \times 30}{3,000} = 1.5\text{mm}$

023 완화곡선 설치에 관한 설명으로 옳지 않은 것은?

㉮ 완화곡선의 반지름은 무한대로부터 시작하여 점차 감소되고 소요의 원곡선에 연결된다.
㉯ 완화곡선의 접선은 시점에서 직선에 접하고 종점에서 원호에 접한다.
㉰ 완화곡선의 시점에서 칸트는 0이고 소요의 곡선점에 도달하면 어느 높이에 달하고 그 사이의 변화비는 일정하다.
㉱ 완화곡선의 곡률은 곡선의 어느 부분에서도 그 값이 같다.

해설
- 완화곡선의 곡률은 곡선길이에 비례한다.
- 완화곡선 종점에서의 캔트는 원곡선의 캔트와 같다.

해답 021. ㉯ 022. ㉰ 023. ㉱

024 수준측량을 할 때, 짝수 횟수로 표척을 세워 출발점에 세운 표척을 도착점에도 세우도록 함으로 소거되는 오차는?
㉮ 시준선 오차
㉯ 표척눈금의 영점오차
㉰ 표척 경사에 의한 오차
㉱ 구차에 의한 오차

해설) 표척의 0눈금의 오차를 없애기 위해 짝수 횟수로 표척을 세우도록 한다.

025 교호수준 측량을 실시하여 다음의 결과를 얻었다. A점의 표고가 25.020m일 때 B점의 표고는 얼마인가? (단, $a_1 = 2.62$m, $a_2 = 0.48$m, $b_1 = 3.88$m, $b_2 = 2.11$m)
㉮ 23.065m
㉯ 23.575m
㉰ 26.465m
㉱ 26.975m

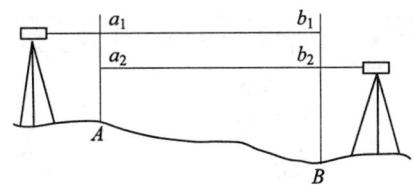

해설)
- $h = \dfrac{1}{2}\{(a_1 - b_1) + (a_2 - b_2)\} = \dfrac{1}{2}\{(2.62 - 3.88) + (0.48 - 2.11)\} = -1.445$m
- $H_B = H_A + h = 25.02 + (-1.445) = 23.575$m

026 유속 측량 장소의 선정 시 고려하여야 할 사항으로 옳지 않은 것은?
㉮ 직류부로서 흐름과 하상경사가 일정하여야 한다.
㉯ 수위 변화에 횡단 형상이 급변하지 않아야 한다.
㉰ 가급적 수위의 변화가 많은 곳이어야 한다.
㉱ 관측장소의 상, 하류의 유로가 일정한 단면을 갖고 있으며 관측이 편리하여야 한다.

해설) 잔류 및 역류가 없고 지천의 합류점이나 분류점에서 수위의 변화가 생기지 않는 곳이어야 한다.

027 도로의 단곡선 계산에서 노선기점으로부터 교점까지의 추가거리와 교각을 알고 있을 때 곡선시점의 위치를 구하기 위해서 계산되어야 하는 요소는?
㉮ 접선장(T.L)
㉯ 곡선장(C.L)
㉰ 중앙종거(M)
㉱ 접선에 대한 지거(Y)

해설)
- 접선장(TL)을 구하여 교점(IP)으로부터 접선장의 길이를 잡아 시점(BC)와 종점(EC)을 정한다.
- $TL = R \tan \dfrac{I}{2}$
- $BC = IP - TL$

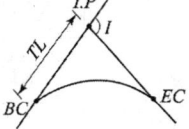

정답) 024. ㉯ 025. ㉯ 026. ㉰ 027. ㉮

028 수평각 측정시 트랜싯의 조정 불완전에서 발생되는 오차를 줄일 수 있는 방법으로 가장 적합한 것은?

㉮ 반복관측하여 최소값을 취한다.
㉯ 2회 관측하여 평균한다.
㉰ 방향 관측점으로 관측한다.
㉱ 망원경 정·반의 위치에서 관측하여 그 평균을 취한다.

해설 망원경을 정·반의 위치에서 관측하여 평균하면 소거되는 오차는 시준축 오차, 수평축 오차, 외심 오차 등이 있다. 그러나 연직축의 오차는 소거할 수 없다.

029 매개변수 $A=100m$인 클로소이드 곡선길이 $L=50m$에 대한 반지름은?

㉮ 20m ㉯ 150m
㉰ 200m ㉱ 500m

해설 $A^2 = R \cdot L$
$$\therefore R = \frac{A^2}{L} = \frac{100^2}{50} = 200m$$

030 그림과 같이 △ABC의 토지를 한변 BC에 평행한 DE로 분할하여 면적의 비율이 △ADE : △BCED=2 : 3이 되게 하려고 한다면 AB의 길이는? (단, AB의 길이는 50m)

㉮ 32.52m
㉯ 31.62m
㉰ 30m
㉱ 20m

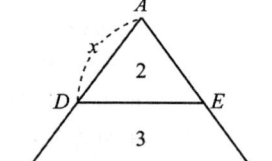

해설 $\overline{x}^2 : \overline{AB}^2 = 2 : (2+3)$
$$\therefore \overline{x} = \overline{AB}\sqrt{\frac{2}{(2+3)}} = 50\sqrt{\frac{2}{5}} = 31.62m$$

031 다음 중에서 삼각망 조정에서 조정 조건에 대한 설명으로 옳지 않은 것은?

㉮ 1점 주위에 있는 각의 합은 180°이다.
㉯ 검기선의 측정한 방위각과 계산된 방위각이 동일하다.
㉰ 임의 한 변의 길이는 계산경로가 달라도 일치한다.
㉱ 검기선은 측정한 길이와 계산된 길이가 동일하다.

해설
• 1점 주위에 있는 각의 합은 360°이다.
• 삼각형 내각의 합은 180°이다.

정답 028. ㉱ 029. ㉰ 030. ㉯ 031. ㉮

032 곡선 설치에서 교각이 32° 15″이고 원곡선 반지름이 500m일 때 도로 기점으로부터 곡선 시점까지의 추가거리가 315.45m이면 곡선 종점까지의 추가거리는 얼마인가?
  ㉮ 593.38m
  ㉯ 596.88m
  ㉰ 623.63m
  ㉱ 625.36m

- 곡선장 $CL = 0.01745RI = 0.01745 \times 500 \times 32°15' = 281.38m$
- $EC = BC + CL = 315.45 + 281.38 ≒ 596.88m$

033 축척 1 : 25,000 지형도에서 5% 경사의 노선을 선정하려면 등고선(주곡선) 사이에 취해야 할 도상거리는?
  ㉮ 8mm
  ㉯ 12mm
  ㉰ 16mm
  ㉱ 20mm

$\frac{h}{D} \times 100(\%)$, $D = \frac{100}{i}h$

여기서, h는 1/25,000 지도에서 주곡선 간격이 10m이므로

$D = \frac{100}{i}h = \frac{100}{5} \times 10 = 200m$

∴ 도상거리 $= \frac{200}{25,000} = 0.008m = 8mm$

034 촬영고도 700m에서 촬영한 사진 상에 굴뚝의 윗부분이 주점으로부터 72mm 떨어져 나타나 있으며 굴뚝의 변위가 6.98mm일 때 굴뚝의 높이는?
  ㉮ 33.93m
  ㉯ 36.10m
  ㉰ 67.86m
  ㉱ 72.20m

$\triangle r = \frac{h}{H}r$

$0.00698 = \frac{h}{700} \times 0.072$

∴ $h = 67.86m$

035 평판측량 방법 중 측량지역 내에 장애물이 없어 시준이 용이한 소지역에 주로 사용하는 방법으로 평판을 한 번 세워서 방향과 거리를 관측하여 여러 점들의 위치를 결정할 수 있는 방법은?
  ㉮ 방사법
  ㉯ 전진법
  ㉰ 교회법
  ㉱ 편각법

- 방사법은 장애물이 적고 소지역에 주로 사용한다.
- 전진법은 시준 장애물이 많을 경우에 사용한다.

032. ㉯ 033. ㉮ 034. ㉰ 035. ㉮

036 다음 중 물리학적 측지학에 속하지 않는 것은?

㉮ 지구조석측량 ㉯ 하해 측량
㉰ 지구의 형상해석 ㉱ 지구의 극운동 및 자전운동

• 물리학적 측지학에는 지구의 형상해석, 중력의 측정, 지자기 측정 등을 포함한다.
• 기하학적 측지학에는 천문측량, 위성측지, 높이 결정이 있다.

037 동일 지점간 거리 관측을 3회, 5회, 7회, 실시하여 최확값을 구하고자 할 때 각 관측 값에 대한 보정값의 비(3회, 5회, 7회)로 옳은 것은?

㉮ $\frac{1}{3} : \frac{1}{5} : \frac{1}{7}$ ㉯ $\frac{1}{3^2} : \frac{1}{5^2} : \frac{1}{7^2}$

㉰ $3 : 5 : 7$ ㉱ $3^2 : 5^2 : 7^2$

관측값에 대한 보정값의 비는 관측 횟수에 반비례 관계가 있다

038 삼각점 표석에서 반석과 주석에 대한 내용으로 틀린 것은?

㉮ 반석과 주석의 설치를 위해 인조점을 설치한다.
㉯ 반석과 주석의 십자선 중심은 동일 연직선 상에 있다.
㉰ 반석과 주석의 두부상면은 서로 수평이 되도록 설치한다.
㉱ 반석과 주석의 재질은 주로 금속을 이용한다.

반석과 주석의 재질은 화강암을 이용한다.

039 국토지리정보원에서 발행하는 1:50000 지형도 1매에 포함되는 지역의 범위는?

㉮ 위도 10′ 경도 10′ ㉯ 위도 10′ 경도 15′
㉰ 위도 15′ 경도 10′ ㉱ 위도 15′ 경도 15′

우리나라의 1:50000 지형도의 도곽 범위는 위도 15′ 경도 15′ 범위이다.

040 A점 좌표(X_A=212.32m, Y_A=113.33m), B점 좌표(X_B=313.38m, Y_B=12.27m), AP 방위각 T_{AP}=80°일 때 ∠PAB(=θ)의 값은?

㉮ 115°
㉯ 135°
㉰ 325°
㉱ 235°

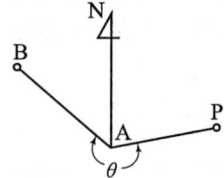

036. ㉯ 037. ㉮ 038. ㉱ 039. ㉱ 040. ㉰

해설
- T_{AP} 방위
$$\tan^{-1}\frac{\triangle Y}{\triangle X}=\tan^{-1}\frac{Y_B-Y_A}{X_B-X_A}=\tan^{-1}\frac{12.27-113.33}{313.38-212.32}=45°$$
- AB 방위각
$360°-45°=315°$
- $\angle PAB(=\theta)$
$315°-80°=235°$

03 수/리/학

041 삼각위어의 유량공식을 올바르게 나타낸 것은?

㉮ $Q=\frac{8}{15}C\tan\frac{\theta}{2}\sqrt{2g}H^{\frac{5}{2}}$ ㉯ $Q=\frac{1}{15}C\tan\frac{\theta}{2}(2gH)^{\frac{1}{5}}$

㉰ $Q=\frac{4}{15}C\tan\frac{\theta}{2}\sqrt{2gH}$ ㉱ $Q=\frac{2}{3}C\tan\frac{\theta}{2}\sqrt{2gH}$

해설
- 사각위어 $Q=\frac{2}{3}Cb\sqrt{2g}h^{\frac{3}{2}}$
- Francis 공식 $Q=1.84b\cdot h^{\frac{3}{2}}$
- 삼각위어 $Q=\frac{8}{15}C\tan\frac{\theta}{2}\sqrt{2g}h^{\frac{5}{2}}$

042 다음 그림과 같이 높이 2m인 물통에 물이 1.5m만큼 담겨져 있다. 물통이 수평으로 4.9m/sec²의 일정한 가속도를 받고 있을 때 물통의 물이 넘쳐 흐르지 않게 하기 위한 물통의 최소 길이는?

㉮ 2.0m
㉯ 2.4m
㉰ 2.8m
㉱ 3.0m

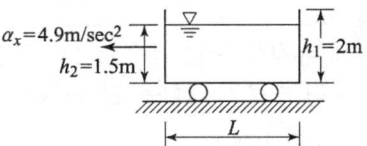

해설
$\tan\theta=\frac{\alpha}{g}$ $\frac{(2-1.5)}{\frac{L}{2}}=\frac{4.9}{9.8}$ $\therefore L=\frac{(2-1.5)\times 9.8}{4.9\times\frac{1}{2}}=2\text{m}$

043 부체의 경심(M), 부심(C), 무게중심(G)에 대하여 부체가 안정되기 위한 조건은?

㉮ $\overline{CM}>\overline{CG}$ ㉯ $\overline{CM}<\overline{CG}$

㉰ $\overline{CM}=\overline{CG}$ ㉱ $\overline{CM}<\frac{\overline{CG}}{2}$

041. ㉮ 042. ㉮ 043. ㉮

해설
• 경심 M이 무게중심 G보다 위에 있으면 안정
• 경심 M이 무게중심 G와 일치하면 중립
• 경심 M이 무게중심 G보다 아래 있으면 불안정

044 비에너지와 수심의 관계 그래프에서 한계수심보다 수심이 작은 흐름은?
㉮ 사류 ㉯ 상류
㉰ 한계류 ㉱ 난류

해설
• 비에너지가 최소인 Hemin을 한계수심(h_c)이라고 한다.
• $h_c = \dfrac{2}{3} He$

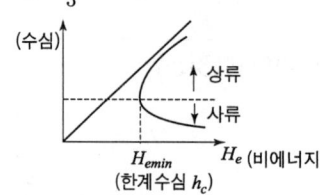

045 Darcy의 법칙을 지하수에 적용시킬 때 가장 잘 일치되는 경우는?
㉮ 층류인 경우 ㉯ 난류인 경우
㉰ 상류인 경우 ㉱ 사류인 경우

해설
• 흐름은 정상류이다.
• 흐름은 층류이다.
• 투수물질은 균일하고 동질이다.
• 대수층 내의 모관수대는 존재하지 않는다.

046 직4각형 단면 개수로의 수리상 유리한 형상의 단면에서 수로의 수심이 2m라면 이 수로의 경심은 얼마인가?
㉮ 0.5m ㉯ 1m
㉰ 2m ㉱ 4m

해설
• $R = \dfrac{A}{P} = \dfrac{B \cdot h}{B+2h} = \dfrac{4 \times 2}{4+2 \times 2} = 1\text{m}$

여기서, 수리상 유리한 단면이므로 $B = 2h = 2 \times 2 = 4\text{m}$

• 원형 관의 경우
$R = \dfrac{A}{P} = \dfrac{\dfrac{\pi D^2}{4}}{\pi D} = \dfrac{D}{4}$

정답 044. ㉮ 045. ㉮ 046. ㉯

어떠한 경우라도 전단응력 및 인장력이 발생하지 않으며 전혀 압축되지도 않고, 마찰저항 $h_L = 0$인 유체를 무엇이라 말하는가?

㉮ 소성유체 ㉯ 점성유체
㉰ 탄성유체 ㉱ 완전유체

- 유체가 연속적으로 운동하는 것을 흐름이라 하며 점성에 의한 내부마찰을 무시할 수 있는 유체를 완전유체라 한다.
- 완전유체에는 압력만이 작용하고 이 압력은 접하는 면에 수직으로 작용한다. 실제로 완전유체는 존재하지 않지만 물은 점성과 부착력이 작기 때문에 편의상 완전유체로 취급할 때가 많다.

 베르누이(Bernoulli) 정리의 적용 조건이 아닌 것은?

㉮ 임의의 두 점은 같은 유선 위에 있다.
㉯ 정상류의 흐름이다.
㉰ 마찰을 고려한 실제유체이다.
㉱ 비압축성 유체의 흐름이다.

- 마찰저항이 없는 비압축성 유체가 동일 유선상에서 정상류로 흐르고 있을 때 위치에너지와 운동에너지를 구하는 경우에 적용한다.
- 베르누이 정리
$$\frac{P}{w} + \frac{V^2}{2g} + Z = H$$
- 베르누이 방정식이 성립하려면 정상류의 흐름, 이상유체, 동일 유선이어야 한다.

049 초속 20m/sec, 수평과의 각 60°로 사출된 분수가 도달하는 최대 연직 높이는?
(단, 공기 등 기타 저항은 무시한다.)

㉮ 15.3m ㉯ 16.8m
㉰ 17.8m ㉱ 18.8m

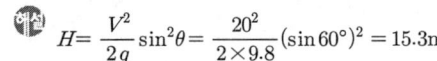

$$H = \frac{V^2}{2g} \sin^2\theta = \frac{20^2}{2 \times 9.8}(\sin 60°)^2 = 15.3\text{m}$$

050 원관내 층류 흐름에 대한 설명 중 틀린 것은?

㉮ 최대유속은 평균유속의 제곱이다.
㉯ 원관내 유속분포는 관 벽면에서 0이고, 관 중심선에서 최대가 되는 포물선 분포를 한다.
㉰ 마찰력은 관 벽면에서 최대가 되고, 관 중심선에서 0이 되는 선형 분포를 한다.
㉱ 관마찰 손실수두는 속도수두의 항으로 표시될 수 있다.

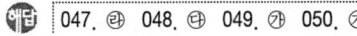 047. ㉱ 048. ㉰ 049. ㉮ 050. ㉮

- 전단응력은 중심에서 0이고 중심으로부터의 거리에 비례하여 증가한다.
- 관벽에 작용하는 마찰력
  $\tau_o = \omega R I$
- 유속 분포는 포물선이며 마찰응력 분포는 직선이다.

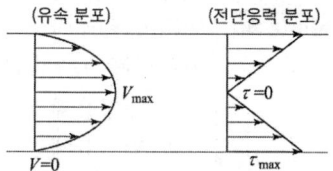

051

단면적이 200cm²인 90° 굽어진 관(1/4 원의 형태)을 따라 유량 $Q=0.05m^3/sec$의 물이 흐르고 있다. 이 굽어진 면에 작용하는 힘(P)은? (단, 무게 1kg=9.8N)

㉮ 157 N
㉯ 177 N
㉰ 1,570 N
㉱ 1,770 N

해설
- 수평방향
$$F_x = \frac{w}{g}Q(V_{1x} - V_{2x}) = \frac{w}{g}Q\left(\frac{Q}{A} - 0\right) = \frac{1}{9.8} \times 0.05 \times \left(\frac{0.05}{200 \times 10^{-4}} - 0\right)$$
$$= 0.01275t$$
- 연직방향
$$F_y = \frac{w}{g}Q(V_{1y} - V_{2y}) = \frac{w}{g}Q\left(0 - \frac{Q}{A}\right) = \frac{1}{9.8} \times 0.05 \times \left(0 - \frac{0.05}{200 \times 10^{-4}}\right)$$
$$= -0.01275t$$
- 굽어진 면에 작용하는 힘
$$F = \sqrt{F_x^2 + F_y^2} = \sqrt{(0.001275)^2 + (-0.001275)^2} = 0.0018t = 18kg ≒ 177N$$

052

등류에 대한 설명으로 옳은 것은?

㉮ 수류의 임의 단면에서 유적, 유속 및 흐름 방향이 시간에 따라 변하는 흐름
㉯ 어느 단면에서도 유속, 수심이 시간에 따라 변하지 않는 흐름
㉰ 어느 단면을 지나는 유량이 시간에 따라 변하는 흐름
㉱ 단면에 따라 유량이 일정하지만 유속과 유수 단면적이 변하는 흐름

해설
- 등류 : $\frac{\partial V}{\partial l}=0$, $\frac{\partial V}{\partial t}=0$
- ㉮ : 부정류
- ㉰ : 비정상류
- ㉱ : 부등류

053

수조 2개를 연결한 길이 4m 수평관 속에 모래가 가득차 있다. 2개의 수조 수위차가 2m, 투수계수가 0.6m/sec라 할 때 모래를 통과하는 평균 유속은?

㉮ 0.15 m/sec
㉯ 0.3 m/sec
㉰ 0.4 m/sec
㉱ 0.5 m/sec

해설
- $i = \frac{h}{L} = \frac{2}{4} = 0.5$
- $V = ki = 0.6 \times 0.5 = 0.3m/sec$

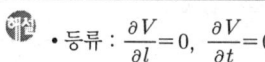

051. ㉯ 052. ㉯ 053. ㉯

054 폭이 5m인 수문을 높이 d만큼 열었을 때 유량이 12m³/sec가 흘렀다. 이때 수문 상, 하류의 수심이 각각 6m와 2m였다면 유량계수 $C=0.6$이라 할 때 수문 개방도(開放度) d는?

㉮ 0.35m
㉯ 0.45m
㉰ 0.57m
㉱ 0.67m

해설
$Q = CA\sqrt{2gh}$
$12 = 0.6 \times (5 \times d)\sqrt{2 \times 9.8(6-2)}$
$\therefore d = \dfrac{12}{0.6 \times 5 \times \sqrt{2 \times 9.8 \times (6-2)}} = 0.45\text{m}$

055 수심이 3m, 하폭이 20m, 유속이 4m/s인 직사각형 단면 개수로에서 비력은? (단, 운동량 보정계수 $\eta = 1.1$)

㉮ 107.2m³
㉯ 158.3m³
㉰ 197.8m³
㉱ 215.2m³

해설
• $Q = A \cdot V = (3 \times 20) \times 4 = 240\text{m}^3/\text{s}$
• $M = \eta \dfrac{Q}{g} V + h_G A$
$= 1.1 \times \dfrac{240}{9.8} \times 4 + \dfrac{3}{2} \times (3 \times 20) = 197.8\text{m}^3$

056 물의 성질에 대한 설명으로 틀린 것은?

㉮ 물의 비중은 그 질량에 최대밀도가 생기게 하는 온도에서 그것과 같은 체적을 갖는 순수한 물의 질량과의 비이다.
㉯ 물의 밀도는 단위 체적당 질량으로 비질량이라고도 한다.
㉰ 물은 압축성을 가지며 온도, 압력 및 물에 포함되어 있는 공기의 양에 따라 다르다.
㉱ 물의 단위중량이란 단위체적당 무게로 담수, 해수를 막론하고 항상 동일하다.

해설
• 물의 단위중량이란 단위체적당 무게로 담수(1t/m³), 해수(1.025t/m³)가 서로 다르다.
• 물의 밀도나 단위중량은 4℃에서 최대이고 온도가 높아지거나 낮아지면 감소한다.

057 직사각형 단면의 개수로에서 한계유속(V_c)과 한계수심(h_c)의 관계로 옳은 것은?

㉮ $V_c \propto h_c$
㉯ $V_c \propto h_c^{-1}$
㉰ $V_c \propto h_c^{1/2}$
㉱ $V_c \propto h_c^2$

해설 $V_c = \sqrt{\dfrac{g h_c}{\alpha}}$

058 두 단면간의 거리가 1km, 손실수두가 5.5m, 관의 지름이 3m라고 하면 관 벽의 마찰력은? (단, 무게 1kg=9.8N)
㉮ 26.0N/m²
㉯ 40.4N/m²
㉰ 65.5N/m²
㉱ 80.9N/m²

해설 마찰력 $= \omega R I$
$= 1 \times \dfrac{3}{4} \times \dfrac{5.5}{1,000} = 0.004125\,\text{t/m}^2 = 4.125\,\text{kg/m}^2 = 40.4\,\text{N/m}^2$

059 층류와 난류에 대한 설명으로 옳지 않은 것은?
㉮ 층류인 경우는 유체의 점성계수가 흐름에 미치는 영향이 유체의 속도에 의한 영향보다 큰 흐름이다.
㉯ 관수로에서 한계 레이놀즈 수의 값은 약 4000정도이고 이것은 속도의 차원이다.
㉰ 층류 및 난류는 레이놀즈 수의 크기로 구분할 수 있다.
㉱ 층류란 직선상의 흐름으로 직각방향의 속도성분이 없는 흐름을 말한다.

해설 • 관수로에서 한계 레이놀즈 수의 값은 약 2000정도이고 이것은 차원이 없다.
• $R_e < 2000$: 층류, $R_e > 4000$: 난류, $2000 < R_e < 4000$: 불완전 층류
• 난류는 유체의 흐름이 일정한 방향이 아니고 상하좌우 방향으로 이동하면서 흐르는 흐름이다.

060 관의 길이가 80m, 관경 400mm인 주철관으로 0.1m³/s의 유량을 송수할 때 손실수두는? (단, Chezy의 평균 유속계수 $C=70$이다.)
㉮ 0.092m
㉯ 0.103m
㉰ 0.129m
㉱ 1.565m

해설
• $f = \dfrac{8g}{C^2} = \dfrac{8 \times 9.8}{70^2} = 0.016$
• $V = \dfrac{Q}{A} = \dfrac{0.1}{\dfrac{3.14 \times 0.4^2}{4}} = 0.796\,\text{m/s}$
• $h_L = f\,\dfrac{l}{D}\,\dfrac{V^2}{2g} = 0.016 \times \dfrac{80}{0.4} \times \dfrac{0.796^2}{2 \times 9.8} = 0.103\,\text{m}$

정답 058. ㉯ 059. ㉯ 060. ㉯

04 철/근/콘/크/리/트 /및/ 강/구/조

061 철근의 이음 등급에서 A급 이음의 조건은 다음 중 어느 것인가?

㉮ 배근된 철근량이 이음부 전체 구간에서 해석결과 요구되는 소요 철근량의 2배 이상이고 소요 겹침이음 길이내 겹침이음된 철근량이 전체 철근량의 1/3 이상인 경우

㉯ 배근된 철근량이 이음부 전체 구간에서 해석결과 요구되는 소요 철근량의 2배 이하이고 소요 겹침이음 길이내 겹침이음된 철근량이 전체 철근량의 1/2 이상인 경우

㉰ 배근된 철근량이 이음부 전체 구간에서 해석결과 요구되는 소요 철근량의 2배 이상이고 소요 겹침이음 길이내 겹침이음된 철근량이 전체 철근량의 1/2 이하인 경우

㉱ 배근된 철근량이 이음부 전체 구간에서 해석결과 요구되는 소요 철근량의 2배 이하이고 소요 겹침이음 길이내 겹침이음된 철근량이 전체 철근량의 1/3 이하인 경우

해설 A급 이음의 조건은 배근된 철근량이 이음부 전체구간에서 해석결과 요구되는 소요 철근량의 2배 이상, 소요 겹침이음 길이내 겹침이음된 철근량이 전체 철근량의 $\frac{1}{2}$ 이하인 경우이다.

062 강재의 연결부 구조 사항으로 옳지 않은 것은?

㉮ 부재의 변형에 따른 영향을 고려하지 않는다.
㉯ 응력 집중이 없어야 한다.
㉰ 응력의 전달이 확실해야 한다.
㉱ 각 재편에 가급적 편심이 없어야 한다.

해설 부재의 변형에 따른 영향을 고려하여야 한다.

063 철근콘크리트 보에 스터럽을 배근하는 가장 주된 이유는?

㉮ 보에 작용하는 전단응력에 의한 균열을 막기 위하여
㉯ 콘크리트와 철근의 부착을 잘되게 하기 위하여
㉰ 압축측의 좌굴을 방지하기 위하여
㉱ 인장철근의 응력을 분포시키기 위하여

해설 사인장 응력에 의하여 생기는 보의 파괴를 방지하며 전단보강을 위해 스터럽 및 굽힘철근을 배근한다.

해답 061. ㉰ 062. ㉮ 063. ㉮

064 그림과 같이 등분포하중을 받는 단순보에 PS강재를 $e = 50\text{mm}$만큼 편심시켜서 직선으로 작용시킬 때, 보중앙 단면의 하연 응력은 얼마인가? (단, 자중은 무시한다.)

㉮ 69MPa(압축)
㉯ 42MPa(압축)
㉰ −33MPa(인장)
㉱ −6MPa(인장)

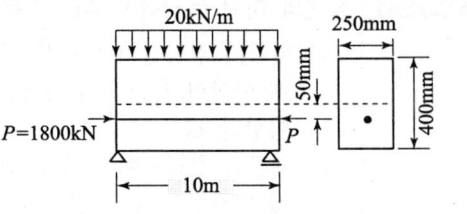

해설 $M = \dfrac{\omega l^2}{8} = \dfrac{20 \times 10^2}{8} = 250\text{kN} \cdot \text{m} = 0.25\text{MN} \cdot \text{m}$

$I = \dfrac{bh^3}{12} = \dfrac{0.25 \times 0.4^3}{12} = 0.0013\text{m}^4$

• 하연응력

$f = \dfrac{P}{A} - \dfrac{M}{I}y + \dfrac{Pe}{I}y = \dfrac{1.8}{0.25 \times 0.4} - \dfrac{0.25}{0.0013} \times \dfrac{0.4}{2} + \dfrac{1.8 \times 0.05}{0.0013} \times \dfrac{0.4}{2}$

$= 18 - 38.46 + 13.85 = -6.61\text{MPa}$

065 균형철근량보다 작은 인장철근을 가진 보가 휨에 의해 파괴되는 경우에 대한 설명으로 옳은 것은?

㉮ 인장철근이 먼저 항복한다.
㉯ 압축측 콘크리트가 먼저 파괴된다.
㉰ 압축측 콘크리트와 인장철근이 동시에 파괴된다.
㉱ 중립축이 인장측으로 내려오면서 철근이 먼저 파괴된다.

해설 인장측 철근이 먼저 항복하는 연성 파괴로 유도하기 위해 최대철근비를 고려한다.

066 다음의 프리스트레스 손실 원인 중 도입할 때 일어나는 손실(즉시 손실)이 아닌 것은?

㉮ 콘크리트의 탄성수축에 의한 손실
㉯ PS강재의 릴랙세이션에 의한 손실
㉰ 긴장재와 쉬스의 마찰에 의한 손실
㉱ 정착장치에서 긴장재의 활동에 의한 손실

해설 프리스트레스를 도입한 후의 손실은 콘크리트의 건조수축, 크리프, 강재의 릴랙세이션이 해당된다.

해답 064. ㉱ 065. ㉮ 066. ㉯

067 유효깊이가 800mm인 철근 콘크리트 보를 강도설계법에 의해 설계했을 때, 전단철근이 부담하는 전단력 V_s가 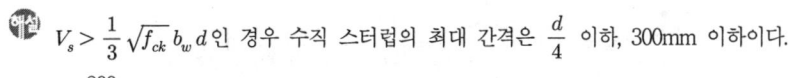를 초과한다면 수직 스터럽을 배치할 때 최대간격은 얼마인가? (단, f_{ck}: 콘크리트의 설계기준강도, b_w: 보의 폭, d: 보의 유효깊이)

㉮ 200mm ㉯ 400mm
㉰ 600mm ㉱ 800mm

해설 $V_s > \frac{1}{3}\sqrt{f_{ck}}\,b_w d$인 경우 수직 스터럽의 최대 간격은 $\frac{d}{4}$ 이하, 300mm 이하이다.

∴ $\frac{800}{4} = 200$mm

068 플랜지의 유효폭이 b이고 복부의 폭이 b_w인 복철근 T형 단면보에서 중립축이 복부내에 있고 부(−)의 휨 모멘트를 받아 복부의 아래쪽이 압축을 받게 될 때의 응력 계산방법으로 옳은 것은?

㉮ 폭이 b_w인 직사각형보로 계산
㉯ 폭이 b인 T형보로 계산
㉰ 폭이 b_w인 T형보로 계산
㉱ 폭이 b인 직사각형보로 계산

해설
• 정(+) 모멘트가 작용할 때 등가 응력사각형이 플랜지 내에 중립축이 있게 되면 폭이 b인 직사각형 단면으로 계산한다.
• 부(−) 모멘트가 작용할 때 등가 응력사각형이 복부에 중립축이 있게 되면 폭이 b_w인 직사각형 단면으로 계산한다.

069 슬래브에 배력철근을 배근하는 이유로 잘못된 것은?

㉮ 응력을 고르게 분산시킨다.
㉯ 주 철근의 간격을 유지시킨다.
㉰ 주 철근의 양을 감소시킨다.
㉱ 콘크리트의 건조 수축이나 온도변화에 의한 수축을 감소시킨다.

해설 배력철근은 응력을 분포시킬 목적으로 정철근 또는 부철근과 직각 또는 직각에 가까운 방향으로 배치된 보조적 철근이다.

정답 067. ㉮ 068. ㉮ 069. ㉰

070 $A_s' = 1,400mm^2$로 배근된 그림과 같은 복철근 보의 탄성처짐이 10mm라 할 때 1년 후 장기처짐을 고려한 총 처짐량은? (단, 1년 후 지속하중 재하에 따른 계수 $\xi = 1.4$이다.)

㉮ 10mm
㉯ 13.25mm
㉰ 16.43mm
㉱ 18.24mm

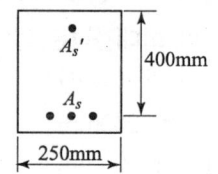

해설
- 압축철근비 $\rho' = \dfrac{A_s'}{bd} = \dfrac{1400}{250 \times 400} = 0.014$
- 장기처짐   탄성처짐 $\times \dfrac{\xi}{1+50\rho'}$

  $10 \times \dfrac{1.4}{1+50 \times 0.014} = 8.24mm$

- 총처짐 탄성처짐 + 장기처짐 = 10 + 8.24 = 18.24mm

---

071 단철근 직사각형보에서 $f_y = 300MPa$, $d = 600mm$일 때 중립축 거리 c를 구한 값 중 옳은 것은? (단, 강도설계법에 의한 균형보임.)

㉮ 400mm   ㉯ 447mm
㉰ 483mm   ㉱ 537mm

해설 $c = \dfrac{600}{600+f_y}d = \dfrac{600}{600+300} \times 600 = 400mm$

---

072 길이가 10m인 PSC 보에서 포스트텐션 공법으로 설계할 때 강선에 1,000MPa인 인장력을 가했더니 강선이 2.0mm 풀렸다. 이 때 프리스트레스의 감소량은? (단, $E_p = 2.0 \times 10^5 MPa$이고 일단정착이다.)

㉮ 20 MPa   ㉯ 30 MPa
㉰ 40 MPa   ㉱ 50 MPa

해설
- $E = \dfrac{f}{\varepsilon}$ 관계식을 적용하면

  $\Delta f_p = E_p \cdot \varepsilon_p = E_p \cdot \dfrac{\Delta l}{l} = 2 \times 10^5 \times \dfrac{2 \times 10^{-3}}{10} = 40MPa$

- 감소율 = $\dfrac{\Delta f_p}{f_p}$

해답 070. ㉱ 071. ㉮ 072. ㉰

073 강도설계법의 기본 가정에 대한 설명으로 틀린 것은?

㉮ 콘크리트의 응력은 변형률에 비례한다고 본다.
㉯ 콘크리트의 인장강도는 휨계산에서 무시한다.
㉰ 항복강도 f_y 이하에서 철근의 응력은 그 변형률의 E_s배로 본다.
㉱ 압축측 연단에서 콘크리트의 극한변형률은 0.003으로 본다.

• 콘크리트의 압축응력은 변형률에 비례하지 않는다.
• 철근과 콘크리트의 변형률은 중립축으로부터의 거리에 비례한다.
• 콘크리트의 압축응력은 $0.85f_{ck}$로 균등하고, 압축연단에서 $a=\beta_1 c$까지 등분포다.

074 어떤 철근콘크리트 기둥이 압축지배 단면이며, 나선철근으로 보강된 경우 강도감소계수의 값으로 옳은 것은?

㉮ 0.85 ㉯ 0.75
㉰ 0.70 ㉱ 0.65

• 띠철근 기둥 : 0.65
• 나선철근 기둥 : 0.70
• 전단력과 비틀림모멘트 : 0.75

075 $b_w=300$mm, $d=700$mm인 단철근 직사각형 보에서 균형철근량을 구하면? (단, $f_{ck}=21$MPa, $f_y=240$MPa)

㉮ 11,219mm² ㉯ 10,219mm²
㉰ 9,483mm² ㉱ 9,134mm²

• 균형철근비
$$\rho_b = 0.85\beta_1\frac{f_{ck}}{f_y}\frac{600}{600+f_y} = 0.85\times0.85\times\frac{21}{240}\times\frac{600}{600+240} = 0.04516$$
여기서, $f_{ck} \leq 28$MPa이므로 $\beta_1 = 0.85$
• $A_s = \rho_b bd = 0.04516\times300\times700 = 9483$mm²

076 고정하중 10kN/m, 활하중 20kN/m의 등분포하중을 받는 경간 8m의 단순지지보에서 하중계수와 하중조합을 고려한 계수모멘트는?

㉮ 352 kN·m ㉯ 408 kN·m
㉰ 449 kN·m ㉱ 497 kN·m

• $\omega_n = 1.2D+1.6L = 1.2\times10+1.6\times20 = 44$kN/m
• $M_u = \dfrac{\omega_n l^2}{8} = \dfrac{44\times8^2}{8} = 352$kN·m

정답 073. ㉮ 074. ㉰ 075. ㉰ 076. ㉮

077 강판을 리벳 이음할 때 지그재그(zigzag)형으로 리벳을 배치할 경우 재편의 순폭은 최초의 리벳구멍에 대하여 그 지름을 빼고 다음 것에 대하여는 다음 중 어느 식을 사용하여 빼 주는가? (단, g : 리벳 선간거리, p : 리벳의 피치)

㉮ $d - \dfrac{g^2}{4p}$ ㉯ $d - \dfrac{4p^2}{g}$

㉰ $d - \dfrac{p^2}{4g}$ ㉱ $d - \dfrac{4g}{p^2}$

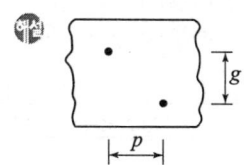

078 직사각형보($b_w = 300$mm, $d = 550$mm)에서 콘크리트가 부담할 수 있는 공칭 전단강도는? (단, $f_{ck} = 24$MPa, $\lambda = 1.0$)

㉮ 639.2kN ㉯ 741.5kN
㉰ 968.3kN ㉱ 134.7kN

$V_c = \dfrac{1}{6}\lambda\sqrt{f_{ck}}\,b_w d = \dfrac{1}{6} \times 1.0 \times \sqrt{24} \times 300 \times 550 = 134,721\text{N} = 134.7\text{kN}$

079 길이 6m의 단순 철근콘크리트보의 처짐을 계산하지 않아도 되는 보의 최소 두께는 얼마인가? (단, $f_{ck} = 21$MPa, $f_y = 350$MPa)

㉮ 349mm ㉯ 356mm
㉰ 375mm ㉱ 403mm

• 처짐을 계산하지 않는 경우의 보 또는 1방향 슬래브의 최소 두께($f_y = 400$MPa)

부 재	최소 두께 또는 높이			
	단순지지	일단연속	양단연속	캔틸레버
1방향 슬래브	$\dfrac{l}{20}$	$\dfrac{l}{24}$	$\dfrac{l}{28}$	$\dfrac{l}{10}$
보	$\dfrac{l}{16}$	$\dfrac{l}{18.5}$	$\dfrac{l}{21}$	$\dfrac{l}{8}$

• $f_y = 400$MPa 이외의 경우 위 표에 의한 계산 값에 $\left(0.43 + \dfrac{f_y}{700}\right)$을 곱하여 구한다.

• 최소 두께

$\dfrac{l}{16}\left(0.43 + \dfrac{f_y}{700}\right) = \dfrac{6000}{16}\left(0.43 + \dfrac{350}{700}\right) = 349$mm

077. ㉰ 078. ㉱ 079. ㉮

080 보통 중량골재를 사용한 콘크리트 구조물로 f_{ck}=24MPa, f_y=400MPa인 경우 표준갈고리를 갖는 인장 이형철근의 기본정착길이(l_{hb})는? (단, 도막되지 않은 D35 (공칭직경 34.9mm) 철근으로 단부에 90° 갈고리가 있다.)

㉮ 684mm
㉯ 712mm
㉰ 1250mm
㉱ 1710mm

해설) $l_{hb} = \dfrac{0.24\,\beta\,d_b\,f_y}{\lambda\,\sqrt{f_{ck}}} = \dfrac{0.24 \times 1.0 \times 34.9 \times 400}{1.0 \times \sqrt{24}} = 684\,\text{mm}$

05 토/질 /및/ 기/초

081 다음 중 테르자기(Terzaghi) 압밀이론의 가정이 아닌 것은?

㉮ 흙은 균질하다.
㉯ 토립자의 공극은 항상 물로 포화되어 있다.
㉰ 흙의 압축은 3차원적이다.
㉱ 흙속의 물은 1차원적으로 배수되고 Darcy의 법칙이 성립된다.

해설)
- 흙의 투수와 압축은 1축적(수직적)이다.
- 압력-공극비 곡선은 직선적 변화를 한다.
- 토립자와 물은 비압축성이다.

082 내부 마찰각이 영(零)인 점토질 흙의 일축압축 시험시 압축 강도가 4kg/cm²이었다면 이 흙의 점착력은?

㉮ 1 kg/cm²
㉯ 2 kg/cm²
㉰ 3 kg/cm²
㉱ 4 kg/cm²

해설) $\phi = 0$이면, $C = \dfrac{q_u}{2} = \dfrac{4}{2} = 2\,\text{kg/cm}^2$

083 아래 그림에서 지표면에서 깊이 6m에서의 연직응력(σ_v)과 수평응력(σ_h)의 크기를 구하면? (단, 토압계수는 0.6이다.)

㉮ $\sigma_v = 12.34\text{t/m}^2$, $\sigma_h = 7.4\text{t/m}^2$
㉯ $\sigma_v = 8.73\text{t/m}^2$, $\sigma_h = 5.24\text{t/m}^2$
㉰ $\sigma_v = 11.22\text{t/m}^2$, $\sigma_h = 6.73\text{t/m}^2$
㉱ $\sigma_v = 9.52\text{t/m}^2$, $\sigma_h = 5.71\text{t/m}^2$

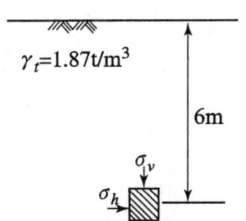

해답) 080. ㉮ 081. ㉰ 082. ㉯ 083. ㉰

예설
- $\sigma_v = \gamma \cdot Z = 1.87 \times 6 = 11.22 \text{t/m}^2$
- $K = \dfrac{\sigma_h}{\sigma_v}$
- $\therefore \sigma_h = \sigma_v \times K = 11.22 \times 0.6 = 6.73 \text{t/m}^2$

084 다음 설명 중에서 동상(凍上)에 대한 대책 방법이 될 수 없는 것은?
㉮ 지하수위와 동결 심도사이에 모래, 자갈층을 형성하여 모세관 현상으로 인한 물의 상승을 막는다.
㉯ 동결 심도 내의 silt질 흙을 모래나 자갈로 치환한다.
㉰ 동결 심도 내의 흙에 염화칼슘이나 염화나트륨 등을 섞어 빙점을 낮춘다.
㉱ 아이스 렌스(ice lense) 형성이 될 수 있도록 충분한 물을 공급한다.

예설
- 물이 공급되어서는 안된다.
- 동상은 실트질, 영하의 온도, 지속기간, 물의 공급 등의 요소와 관련된다.

085 어떤 흙의 건조단위중량이 1.64t/m³이었다. 이 흙 입자의 비중이 2.69일 때 간극률은?
㉮ 36% ㉯ 39%
㉰ 42% ㉱ 45%

예설
- $e = \dfrac{\gamma_w}{\gamma_d} G_s - 1 = \dfrac{1}{1.64} \times 2.69 - 1 = 0.64$
- $n = \dfrac{e}{1+e} \times 100 = \dfrac{0.64}{1+0.64} \times 100 = 39\%$

086 비중 2.65, 간극률 50%인 경우에 quick sand 현상을 일으키는 한계 동수 경사는?
㉮ 0.325 ㉯ 0.825
㉰ 0.512 ㉱ 1.013

예설
$i_c = \dfrac{\gamma_{sub}}{\gamma_w} = \dfrac{G_s - 1}{1 + e} = \dfrac{2.65 - 1}{1 + 1} = 0.825$

여기서, $e = \dfrac{n}{100 - n} = \dfrac{50}{100 - 50} = 1$

- 분사현상이 안 일어나는 조건
  $i < i_c$
  $1 < F$

정답 084. ㉱ 085. ㉯ 086. ㉯

087 흙의 다짐효과에 대한 설명으로 옳은 것은?

㉮ 부착성이 양호해지고 흡수성이 증가한다.
㉯ 투수성이 증가한다.
㉰ 압축성이 커진다.
㉱ 밀도가 커진다.

해설
• 투수성이 감소한다.
• 압축성이 감소한다.
• 전단강도가 증가한다.

088 평균 기온에 따른 동결지수가 520°C days였다. 이 지방의 정수 $C = 4$일 때 동결깊이는? (단, 데라다 공식을 이용)

㉮ 130cm   ㉯ 91.2cm
㉰ 45.6cm   ㉱ 22.8cm

해설 $Z = C\sqrt{F} = 4\sqrt{520} = 91.2\text{cm}$

089 연약지반 개량 공법으로 압밀의 원리를 이용한 공법이 아닌 것은?

㉮ 프리로딩 공법   ㉯ 바이브로 플로테이션 공법
㉰ 대기압 공법   ㉱ 페이퍼 드레인 공법

해설 바이브로 플로테이션(vibro flotation) 공법은 사질토 지반 개량 공법으로 느슨한 모래지반에 봉으로 선단에서 물을 뿜어주며 수평진동을 주면서 모래를 채우며 다지는 공법이다.

090 어떤 점토를 연직으로 4m 굴착하였다. 이 점토의 일축압축강도가 4.8t/m²이고, 단위중량이 1.6t/m³일 때 굴착고에 대한 안전율은 얼마인가?

㉮ 1.5   ㉯ 1.8
㉰ 2.0   ㉱ 3.0

해설
• $H_c = \dfrac{2q_u}{\gamma} = \dfrac{2 \times 4.8}{1.6} = 6\text{m}$ • $F = \dfrac{H_c}{H} = \dfrac{6}{4} = 1.5$

091 점토층이 소정의 압밀도에 도달소요시간이 단면배수일 경우 4년이 걸렸다면 양면배수일 때는 몇 년이 걸리겠는가?

㉮ 1년   ㉯ 2년
㉰ 4년   ㉱ 16년

해설 $t_1 : H_1^2 = t_2 : H_2^2$
$4 : H^2 = t_2 : \left(\dfrac{H}{2}\right)^2$ ∴ $t_2 = 1$년

해답 087. ㉱ 088. ㉯ 089. ㉯ 090. ㉮ 091. ㉮

2016년 5월 8일 시행

092 연약지반개량공사에서 성토하중에 의해 압밀된 후 다시 추가하중을 재하한 직후의 안정검토를 할 경우 삼축압축시험 중 어떠한 시험이 가장 좋은가?
- ㉮ CD 시험
- ㉯ UU 시험
- ㉰ CU 시험
- ㉱ 급속전단시험

해설 CU 시험
- 점토지반에 pre-loading 공법을 적용한 후 급속히 성토시공을 할 때 안정성 검토에 적용
- 이미 안정된 성토제방에 추가로 급속히 성토하여 제방의 높이를 더 높일 때 안정성 검토에 적용

093 도로포장 두께 설계시 필요한 시험은?
- ㉮ 표준관입시험
- ㉯ CBR 시험
- ㉰ 콘 관입시험
- ㉱ 현장베인시험

해설
- CBR 시험(노상토 지지력비)은 휨성 포장의 두께를 결정하는 데 사용된다.
- CBR은 다짐한 흙 시료에 직경 5cm의 강봉을 관입시켰을 때의 관입량과 하중강도와의 비를 백분율로 표시한 값이다.

094 말뚝에서 발생하는 부(負)의 주면 마찰력에 관한 설명으로 옳지 않은 것은?
- ㉮ 부마찰력은 말뚝을 아래쪽으로 끌어내리는 마찰력이다.
- ㉯ 부마찰력이 발생하면 말뚝의 지지력이 증가한다.
- ㉰ 부마찰력을 감소시키려면 표면적이 작은 말뚝을 사용한다.
- ㉱ 연약한 점토에 있어서 상대변위의 속도가 빠를수록 부마찰력은 크다.

해설
- 부마찰력이 발생하면 말뚝의 지지력이 감소한다.
- 부마찰력은 연약지반에 말뚝을 박고 성토를 하거나 연약지반을 통하여 견고한 지층까지 말뚝을 박은 경우 및 지하수위 저하의 연약지반에서 발생한다.

095 다음 중 현장 타설 콘크리트 말뚝의 종류가 아닌 것은?
- ㉮ 프랭키 말뚝
- ㉯ 페데스탈 말뚝
- ㉰ 레이먼드 말뚝
- ㉱ 배토 말뚝

해설 콘크리트 말뚝이나 선단 폐쇄 강관말뚝과 같은 타입말뚝은 흙을 횡방향으로 이동시켜서 주위의 흙을 다져주는 효과가 있으며 이런 말뚝을 배토 말뚝이라 한다.

096 토질 조사 방법 중 sounding에 대한 설명으로 옳은 것은?
- ㉮ 표준관입시험(S.P.T)은 정적인 sounding 방법이다.
- ㉯ Sounding은 boring이나 시굴보다도 확실하게 지반구성을 알 수 있다.
- ㉰ Sounding은 원위치 시험으로서 의의가 있으며 예비조사에 많이 사용된다.
- ㉱ 동적인 soundig 방법은 주로 점성토 지반에서 사용된다.

해답 092. ㉰ 093. ㉯ 094. ㉯ 095. ㉱ 096. ㉰

- 표준관입시험은 동적인 사운딩이다.
- 사운딩은 보링이나 시굴보다도 확실하게 지반 구성을 알 수 없다.
- 동적인 사운딩은 주로 사질토 지반에서 사용된다.

097 다음 중 직접전단시험의 특징이 아닌 것은?
㉮ 배수 조건에 대한 완벽한 조절이 가능하다.
㉯ 시료의 경계에 응력이 집중된다.
㉰ 전단면이 미리 정해진다.
㉱ 시험이 간단하고 결과 분석이 빠르다.

배수 조절이 어렵고 공극수압 측정을 못한다.

098 지름 30cm인 재하판으로 측정한 지지력계수 K_{30} = 6.6kg/cm³일 때 지름 75cm인 재하판의 지지력계수 K_{75}은?
㉮ 3.0 kg/cm³
㉯ 3.5 kg/cm³
㉰ 4.0 kg/cm³
㉱ 4.5 kg/cm³

$K_{75} = \dfrac{1}{2.2} K_{30} = \dfrac{1}{2.2} \times 6.6 = 3\,\text{kg/cm}^3$

099 말뚝의 정재하시험에서 하중 재하방법이 아닌 것은?
㉮ 사하중을 재하하는 방법
㉯ 반복하중을 재하하는 방법
㉰ 반력말뚝의 주변 마찰력을 이용하는 방법
㉱ Earth Anchor의 인발저항력을 이용하는 방법

말뚝 재하시험에는 정재하시험과 동재하시험이 있으며 정재하시험에는 압축재하시험, 인발시험, 수평재하시험이 있다.

100 모래와 같은 조립토가 조밀한 상태인지 느슨한 상태인지 판단하는데 사용되는 것은?
㉮ 포화밀도
㉯ 상대밀도
㉰ 건조밀도
㉱ 습윤밀도

- 상대밀도 $D_r < \dfrac{1}{3}$: 느슨한 상태
- 상대밀도 $D_r > \dfrac{2}{3}$: 조밀한 상태

097. ㉮ 098. ㉮ 099. ㉯ 100. ㉯

2016년 5월 8일 시행

06 상/하/수/도/공/학

101 다음 배출수 처리시설 중 농축조의 용량은 계획 슬러지량의 몇 시간분을 표준으로 하는가?

㉮ 3~6시간 ㉯ 6~12시간
㉰ 12~24시간 ㉱ 24~48시간

농축조의 용량은 계획 슬러지량의 24~48시간 분을 표준한다.

102 하수처리장의 1차 처리시설인 침전지에서 BOD 부하의 30%가 처리되고, 2차 처리시설에서 BOD 부하의 90%가 처리된다면 전체 BOD 제거율은?

㉮ 85% ㉯ 89%
㉰ 93% ㉱ 97%

- 1차 제거율=30%(미제거율=70%)
- 2차 제거율=0.7×90%=63%
- ∴ 전체 제거율=30%+63%=93%

103 1일 처리수량이 30,000m³인 정수처리장의 급속여과 시설을 120m/day의 여과속도로 5개의 여과지를 설치하고자 한다. 이 급속여과지 1개의 소요면적은?

㉮ 50.0m² ㉯ 62.5m²
㉰ 83.3m² ㉱ 125.0m²

- 1개 여과지의 처리수량
$Q = \dfrac{30,000}{5} = 6,000 \, m^3/day$
- $Q = A \cdot V$
∴ $A = \dfrac{Q}{V} = \dfrac{6,000}{120} = 50 \, m^2$

104 다음 중 하수 관정부식(crown corrosion)의 원인이 되는 물질은?

㉮ NH_4 ㉯ H_2S
㉰ PO_4 ㉱ SS

- H_2S(황화수소)가 하수관내의 공기중으로 올라가 호기성 미생물에 의해 SO_2, SO_3로 산화되어 관정부의 물방울에 녹아 H_2SO_4(황산)이 되며 이 황산이 콘크리트 관을 부식시킨다.
- 하수관거내 관정부식의 주된 원인의 물질은 황(S)화합물이다.

정답 101. ㉱ 102. ㉰ 103. ㉮ 104. ㉯

105 다음 중 펌프의 양수량을 조절하는 방식이 아닌 것은?
  ㉮ 펌프의 회전 방향을 변경하는 방법
  ㉯ 토출밸브의 개폐 정도를 변경하는 방법
  ㉰ 펌프의 회전수를 변화하는 방법
  ㉱ 펌프의 운전대수를 증감하는 방법

  펌프의 속도가 급격히 변화하게 되면 수격현상이 발생하게 된다.

106 어느 지역에 내린 강수가 하수관거에 유입되는 시간이 7min이고 하수관거의 길이는 540m이며 관내의 유속이 0.9m/s이라면 하수관거 내의 유달시간은?
  ㉮ 607min
  ㉯ 302min
  ㉰ 32min
  ㉱ 17min

  유달시간 = 유입시간 + 유하시간 = 유입시간 + $\dfrac{L}{V}$ = 7 + $\dfrac{540}{0.9}$ = 17분

107 다음 중 부영양화(Eutrophication)의 주된 원인 물질은?
  ㉮ 질소 및 인
  ㉯ 탄소 및 유황
  ㉰ 중금속
  ㉱ 염소 및 질산화물

  • 부영양화 현상이란
    가정하수, 공장폐수 등이 하수 또는 저수지 등에 유입하여 질소(N), 인(P) 등 각종 영양물질의 농도가 높으며 조류가 크게 증식되어 COD가 증가되고 호소 바닥부분의 심층수는 용존산소가 줄어든다.

108 다음은 원수조정지에 대한 설명이다. 잘못된 것은?
  ㉮ 정수시설과 배수시설 사이에 설치한다.
  ㉯ 용량은 갈수시나 수질사고 등을 고려하여 적절한 용량으로 한다.
  ㉰ 필요에 따라 펌프 및 그 외의 부속설비를 설치한다.
  ㉱ 필요에 따라서 오염방지 및 위험방지를 위한 조치를 강구하도록 한다.

  • 상수도의 급수계통
    수원 → 취수 → 도수 → 정수 → 송수 → 배수 → 급수

109 우리나라의 상수도 시설을 설계, 계획할 때 계획(목표)년도는 통상 몇 년을 표준으로 하는가?
  ㉮ 2~3년
  ㉯ 15~20년
  ㉰ 30~40년
  ㉱ 50년 이상

105. ㉮ 106. ㉱ 107. ㉮ 108. ㉮ 109. ㉯

해설
- 상수도 계통 : 수원→취수→도수→정수→송수→배수→급수
- 하수도 계획의 목표 연도는 20년을 원칙으로 한다.

110 상수의 공급과정을 바르게 나타낸 것은?
㉮ 취수→도수→정수→송수→배수→급수
㉯ 취수→도수→정수→배수→송수→급수
㉰ 취수→송수→도수→정수→배수→급수
㉱ 취수→송수→배수→정수→도수→급수

해설
- 상수도 공급 계통 : 수원→취수→도수→정수→송수→배수→급수
- 취수 지점에서 정수장까지의 원수를 수송하는 것을 도수라 한다.

111 배수지에 관한 설명으로 옳지 않은 것은?
㉮ 급수구역에서 멀리 위치할수록 좋다.
㉯ 유효용량은 일반적으로 계획1일 최대급수량의 12시간분 이상을 표준으로 한다.
㉰ 자연유하식 배수지의 표고는 최소 동수압이 확보되는 높이이어야 한다.
㉱ 유효수심은 3~6m 정도를 표준으로 한다.

해설 급수지역에서 가깝고 적당한 수두를 얻을 수 있는 곳이 좋다.

112 다음의 소독방법 중 발암물질인 THM 발생 가능성이 가장 높은 것은?
㉮ 염소 소독   ㉯ 오존 소독
㉰ 이산화염소 소독   ㉱ 자외선 소독

해설
- 폐수의 염소처리에서 발생한 THM(트리할로메탄)은 발암물질로서 상수도 수원에 심각한 문제를 발생시킨다.
- THM 대책
  ① 오존처리 ② 활성탄 흡착법 ③ 폭기법 ④ 이산화염소 ⑤ 클로라민(결합 염소)

113 다음의 설명 중 공동현상(Cavitation)의 방지책으로 틀린 것은?
㉮ 펌프 회전수를 높여 준다.
㉯ 손실수두를 작게 한다.
㉰ 펌프의 설치 위치를 낮게 한다.
㉱ 흡입관의 손실을 작게 한다.

해설
- 펌프의 회전수를 낮추는 것이 좋다.
- 펌프의 흡입양정이 너무 적고 임펠러 회전속도가 빠르면 공동현상이 생긴다.

정답 110. ㉮ 111. ㉮ 112. ㉮ 113. ㉮

114. 계획오수량에 대한 설명 중 틀린 것은?

㉮ 계획시간최대오수량은 계획1일최대오수량의 1시간당 수량의 1.3~1.8배를 표준으로 한다.
㉯ 계획 오수량은 생활오수량, 공장폐수량 및 지하수량으로 구분할 수 있다.
㉰ 지하수량은 1인1일평균오수량의 5~10%로 한다.
㉱ 계획1일평균오수량은 계획1일최대오수량의 70~80%를 표준으로 한다.

해설 지하수량은 1인1일 최대오수량의 10~20%로 한다.

115. 하수관거의 경사와 유속에 대한 설명 중 틀린 것은?

㉮ 하수관거의 최대 유속은 계획시간 최대오수량에 대하여 $1.0\,m/s$로 한다.
㉯ 관거의 경사는 하류로 갈수록 감소시켜야 한다.
㉰ 유속을 너무 크게 하면 경사가 급하게 되어 굴착 깊이가 점차 깊어져서 시공이 곤란하고 공사 비용이 증대된다.
㉱ 유속이 너무 크면 관거를 손상시키고 내용년수를 줄어들게 한다.

해설 오수관거의 최대 유속은 계획시간 최대오수량에 대하여 $3.0\,m/s$, 최소 유속은 $0.6\,m/s$로 한다.

116. 활성슬러지법에서 유입하수의 BOD_5가 180mg/L, SS가 200mg/L, 폭기조 체류시간 6시간, 폭기조의 MLSS가 2,000mg/L일 때 BOD-SS 부하(F/M비)는?

㉮ $0.02\,kg/kg \cdot MLSS \cdot d$
㉯ $0.36\,kg/kg \cdot MLSS \cdot d$
㉰ $0.40\,kg/kg \cdot MLSS \cdot d$
㉱ $0.76\,kg/kg \cdot MLSS \cdot d$

해설 $F/M = \dfrac{BOD}{MLSS \cdot t} = \dfrac{0.18}{2 \times \dfrac{6}{24}} = 0.36\,kg/kg \cdot MLSS \cdot d$

117. 취수시설 중 취수문의 시설기준으로 취수문을 통한 유입속도가 얼마 이하가 되도록 취수문의 크기를 결정하는가?

㉮ 0.3m/sec
㉯ 0.6m/sec
㉰ 0.8m/sec
㉱ 1.0m/sec

해설
• 취수문을 통한 유입속도가 0.8m/sec 이하가 되도록 취수문의 크기를 결정한다.
• 수문의 크기를 결정할 때에는 모래나 자갈의 유입을 가능한 한 적게 하는 유속으로 한다.
• 적설, 결빙 등으로 수문의 개폐에 지장이 일어나지 않도록 한다.

해답 114. ㉰ 115. ㉮ 116. ㉯ 117. ㉰

118 하수배제 방식 중 합류식 하수관거에 대한 설명으로 옳지 않은 것은?

㉮ 대구경 관거가 되면 좁은 도로에서의 매설에 어려움이 있다.
㉯ 하수처리장에 유입하는 하수의 수질변동이 비교적 작다.
㉰ 일정량 이상이 되면 우천시 오수가 월류한다.
㉱ 기존의 측구를 폐지할 경우 도로폭을 유효하게 이용할 수 있다.

> • 하수처리장에 유입하는 하수의 수질변동이 비교적 크다.
> • 대구경 관거가 되면 1계통으로 건설되어 오수관거와 우수관거의 2계통을 건설하는 것보다 저렴하다.
> • 우천시 계획 하수량 이상이 되면 하수의 월류 현상이 발생하고 오염 물질을 하수처리장에 유입시키므로 대책이 필요하다.

119 하수슬러지의 혐기성 소화에 의한 슬러지 분해 과정으로 옳은 것은?

㉮ 가수분해 단계 → 메탄 생성 단계 → 산 생성 단계
㉯ 가수분해 단계 → 산 생성 단계 → 메탄 생성 단계
㉰ 산 생성 단계 → 가수분해 단계 → 메탄 생성 단계
㉱ 산 생성 단계 → 메탄 생성 단계 → 가수분해 단계

> • 가수분해 단계
>   발효공정의 첫 단계로서 복잡한 구조의 유기화합물(탄수화물, 단백질, 지질)이 가수분해균과 발효균의 가수분해효소에 의해 분해되는 과정
> • 산 생성 단계
>   아미노산, 당류, 일부 지방산은 더 분해되어 수소, 이산화탄소와 함께 아세트산, 프로피온산, 부틸산과 소량의 발레르산이 생성된다.
> • 메탄 생성 단계
>   아세트산, 수소, 이산화탄소, 포름산, 메탄올을 직접 기질로 이용한다.

120 계획급수 인구를 추정하기 위한 방법이 아닌 것은?

㉮ 이동평균법에 의한 방법
㉯ 연평균 인구증감수와 증감률에 의한 방법
㉰ 베기곡선식에 의한 방법
㉱ 이론곡선식(logistic curve)에 의한 방법

> 계획급수 인구를 추정하기 위한 방법에는 등차급수, 등비급수, 베기함수, 지수함수, 로지스틱 수정지수 방법이 있다.

118. ㉯ 119. ㉯ 120. ㉮

03 토목산업기사

[2016년 10월 1일 시행]

> **알려드립니다**
> 한국산업인력공단의 저작권법 저촉에 대한 언급(2013년 2회 시험)이 있어 과거에 출제된 동일한 문제나 그 유형의 문제로 재구성하였습니다.

01 응/용/역/학

001 다음 단면의 도심 y를 구하면?

㉮ 2.5cm
㉯ 2.0cm
㉰ 1.5cm
㉱ 1.0cm

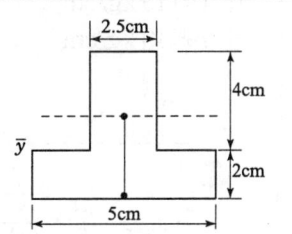

해설
- $G_X = 2.5 \times 4 \times (2+2) + 5 \times 2 \times 1 = 50 \text{cm}^3$
- $A = 2.5 \times 4 + 5 \times 2 = 20 \text{cm}^2$

$$\therefore y = \frac{G_X}{A} = \frac{50}{20} = 2.5 \text{cm}$$

002 트러스 해석시 가정을 설명한 것 중 틀린 것은?

㉮ 하중으로 인한 트러스의 변형을 고려하여 부재력을 산출한다.
㉯ 하중과 반력은 모두 트러스의 격점에만 작용한다.
㉰ 부재의 도심축은 직선이며 연결핀의 중심을 지난다.
㉱ 부재들은 양단에서 마찰이 없는 핀으로 연결되어진다.

해설 트러스는 해석시 변형을 고려하지 않는다.

003 다음 그림의 캔틸레버에서 A점의 휨 모멘트는?

㉮ $-\dfrac{wl^2}{8}$
㉯ $-\dfrac{2wl^2}{8}$
㉰ $-\dfrac{3wl^2}{4}$
㉱ $-\dfrac{3wl^2}{8}$

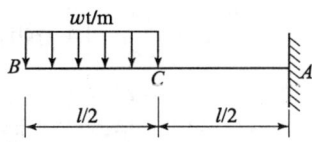

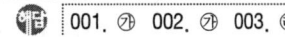

001. ㉮ 002. ㉮ 003. ㉱

예설
- $\sum V = 0$ $\dfrac{wl}{2} + V_A = 0$

  $\therefore V_A = -\dfrac{wl}{2}$

- $\sum M_A = -\dfrac{wl}{2} \times \dfrac{3}{4}l - M_A = 0$

  $\therefore M_A = -\dfrac{3wl^2}{8}$

004 그림과 같은 10m의 단순보에서 최대 휨응력은?

㉮ 180.19 kg/cm²
㉯ 185.19 kg/cm²
㉰ 190.19 kg/cm²
㉱ 195.19 kg/cm²

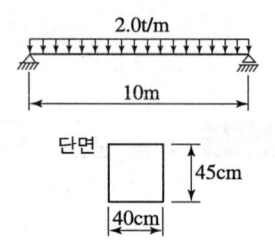

예설
- $\sigma_{\max} = \dfrac{M}{Z} = \dfrac{\dfrac{wl^2}{8}}{\dfrac{bh^2}{6}} = \dfrac{\dfrac{2 \times 10^2}{8}}{\dfrac{0.4 \times 0.45^2}{6}} = 185.19 \text{kg/cm}^2$

- $S_{\max} = \dfrac{wl}{2}$

- $\tau_{\max} = \dfrac{3}{2} \cdot \dfrac{S}{A}$

005 다음 그림과 같은 봉(棒)이 천장에 매달려 B, C, D점에서 하중을 받고 있다. 전 구간의 축강도 AE가 일정할 때 이 같은 하중 하에서 BC 구간이 늘어나는 길이는?

㉮ $-\dfrac{2PL}{3EA}$
㉯ 0
㉰ $-\dfrac{PL}{3EA}$
㉱ $-\dfrac{3PL}{2EA}$

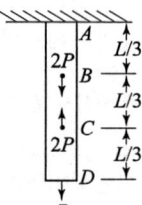

예설 $\Delta l = \dfrac{Pl}{EA}$ 식과 관련하여

$\Delta l = \dfrac{-P \times \dfrac{l}{3}}{EA} = -\dfrac{Pl}{3EA}$

답 004. ㉯ 005. ㉰

006 그림과 같은 라멘에서 C점의 휨모멘트는?

㉮ 12 t·m
㉯ 16 t·m
㉰ 24 t·m
㉱ 32 t·m

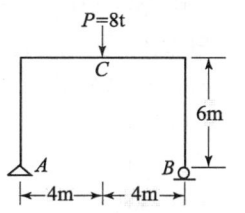

해설
- $\Sigma M_B = 0$
  $R_A \times 8 - 8 \times 4 = 0$
  $\therefore R_A = 4\text{t}$
- $M_C = R_A \times 4 = 4 \times 4 = 16\text{t} \cdot \text{m}$

007 지름 1cm, 길이 1m, 탄성계수 10000kg/cm²의 철선에 무게 10kg의 물건을 매달았을 때 철선의 늘어나는 양은?

㉮ 1.27mm ㉯ 1.60mm
㉰ 2.24mm ㉱ 2.63mm

해설
$$E = \frac{\sigma}{\varepsilon} = \frac{\frac{P}{A}}{\frac{\Delta l}{l}} = \frac{Pl}{A\Delta l}$$

$$\therefore \Delta l = \frac{Pl}{EA} = \frac{10 \times 100}{10000 \times \frac{\pi \times 1^2}{4}} = 0.127\text{cm} = 1.27\text{mm}$$

008 그림과 같이 지름 $2R$인 원형 단면의 단주에서 핵거리 K의 값은?

㉮ R
㉯ $R/2$
㉰ $R/3$
㉱ $R/4$

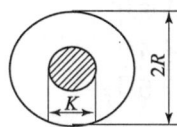

해설
- 원형 단면의 핵거리(반지름)
$$e = \frac{Z}{A} = \frac{\frac{\pi D^3}{32}}{\frac{\pi D^2}{4}} = \frac{D}{8} = \frac{2R}{8} = \frac{R}{4}$$

- $K = 2 \times \dfrac{R}{4} = \dfrac{R}{2}$

해답 006. ㉯ 007. ㉮ 008. ㉯

009 그림 (a)와 같은 장주가 10t의 하중에 견딜 수 있다면 (b)의 장주가 견딜 수 있는 하중의 크기는? (단, 기둥은 등질, 등단면이다.)

㉮ 10t
㉯ 20t
㉰ 30t
㉱ 40t

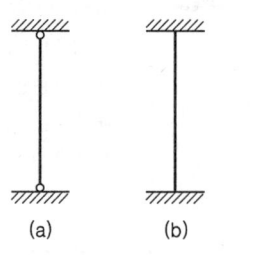
(a)　(b)

• 좌굴하중 $P = \dfrac{n\pi^2 EI}{l^2}$
• 양단힌지(a) : $n = 1$
• 양단고정(b) : $n = 4$

010 다음과 같은 단순보에서 A점의 반력(R_A)으로 옳은 것은?

㉮ 0.5t(↓)
㉯ 2.0t(↓)
㉰ 0.5t(↑)
㉱ 2.0t(↑)

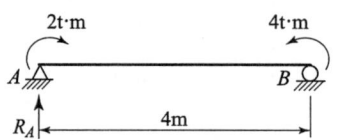

$\sum M_B = 0$
$R_A \times 4 + 2 - 4 = 0$
$\therefore R_A = \dfrac{1}{4}(4-2) = 0.5\text{t}(\uparrow)$

011 그림과 같은 구조물의 부정정 차수는?

㉮ 2차
㉯ 3차
㉰ 4차
㉱ 5차

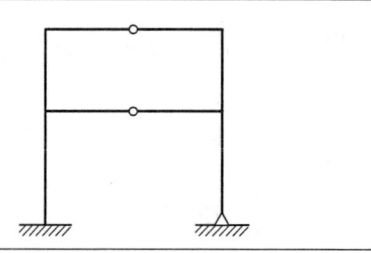

$N = r + m + S - 2k = (3+2) + 8 + 6 - 2 \times 8 = 3$차

012 연행 하중이 절대 최대 휨모멘트가 생기는 위치에 왔을 때, 지점 A에서 하중 1t까지의 거리(x)는?

㉮ 0.2m
㉯ 0.5m
㉰ 0.8m
㉱ 1.0m

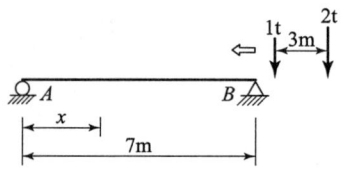

009. ㉯　010. ㉰　011. ㉯　012. ㉱

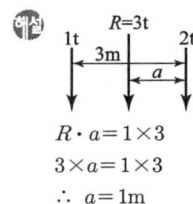
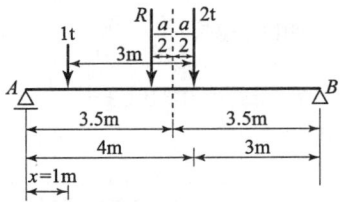

$R \cdot a = 1 \times 3$
$3 \times a = 1 \times 3$
∴ $a = 1m$

013 아래 그림과 같은 단순보에서 최대 처짐은?

㉮ $\dfrac{Pl^3}{48EI}$

㉯ $\dfrac{Pl^2}{36EI}$

㉰ $\dfrac{Pl^2}{24EI}$

㉱ $\dfrac{Pl^3}{12EI}$

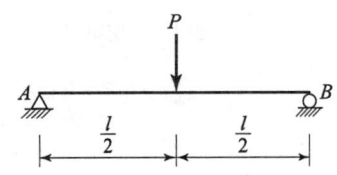

• 처짐 $y = \dfrac{Pl^3}{48EI}$ • 처짐각 $\theta = \dfrac{Pl^2}{16EI}$

014 다음 그림과 같이 한 점에 작용하는 세 힘의 합력의 크기는 얼마인가?

㉮ 374.2 kg
㉯ 426.4 kg
㉰ 513.7 kg
㉱ 597.4 kg

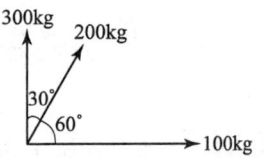

• P_1 하중을 분력하면
 $H_1 = P_1 \cos\alpha = 200 \times \cos 60° = 100kg$
 $V_1 = P_1 \sin\alpha = 200 \times \sin 60° = 173.2kg$
• $P_2 = V_2 = 300kg$
• $P_3 = H_3 = 100kg$
• $\Sigma H = H_1 + H_2 = 100 + 100 = 200kg$
• $\Sigma V = V_1 + V_2 = 173.2 + 300 = 473.2kg$
∴ $R = \sqrt{(\Sigma H)^2 + (\Sigma V)^2} = \sqrt{(200)^2 + (473.2)^2} = 513.7kg$

015 폭이 30cm, 높이가 50cm인 직사각형 단면의 단순보에 전단력 6t이 작용할 때 이 보에 발생하는 최대전단응력은?

㉮ 2 kg/cm² ㉯ 4 kg/cm²
㉰ 5 kg/cm² ㉱ 6 kg/cm²

013. ㉮ 014. ㉰ 015. ㉱

2016년 10월 1일 시행

- 최대전단응력 = $\dfrac{3}{2} \times \dfrac{S_{max}}{A} = \dfrac{3}{2} \times \dfrac{6{,}000}{30 \times 50} = 6\,\text{kg/cm}^2$
- 원형단면의 최대전단응력 = $\dfrac{4}{3} \times \dfrac{S_{max}}{A}$

016 동일 평면상의 한 점에 여러 개의 힘이 작용하고 있을 때, 여러 개의 힘의 어떤 점에 대한 모멘트의 합은 그 합력의 동일점에 대한 모멘트와 같다는 것은 다음 중 어떤 정리인가?

㉮ Mohr의 정리 ㉯ Lami의 정리
㉰ Castigliane의 정리 ㉱ Varignon의 정리

- 바리뇽(Varignon)의 정리
  여러 힘의 임의 한 점에 대한 모멘트의 합은 합력의 그 점에 대한 모멘트와 같다.
- 라미(Lami)의 정리
  세 힘이 서로 평형(비김)이 되고 있을 때 이들 세 개의 힘은 동일 평면상에 있고 한 점에서 만난다.

017 반지름이 2cm인 원형단면의 도심을 지나는 축에 대한 단면 2차 모멘트를 구하면?

㉮ $\pi\,\text{cm}^4$ ㉯ $4\pi\,\text{cm}^4$
㉰ $16\pi\,\text{cm}^4$ ㉱ $64\pi\,\text{cm}^4$

$I_X = \dfrac{\pi D^4}{64} = \dfrac{\pi \times 4^4}{64} = 4\pi\,\text{cm}^4$

018 다음 그림의 트러스에서 DE의 부재력은?

㉮ 0t
㉯ 2t
㉰ 5t
㉱ 10t

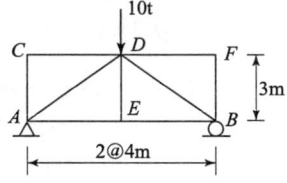

- $AE = EB$
- $DE = 0$부재

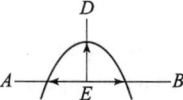

019 다음 중 처짐을 구하는 방법과 관련이 가장 먼 것은?

㉮ 모멘트 면적법 ㉯ 탄성하중법
㉰ 탄성곡선의 미분방정식 이용법 ㉱ 3연 모멘트법

3연 모멘트법은 연속보에서 임의 연속된 3개 지점의 모멘트와 지점 사이에 작용하는 하중 상호간의 관계를 나타낸다.

016. ㉱ 017. ㉯ 018. ㉮ 019. ㉱

020 요각법이라고도 하며 부재의 변형, 즉 탄성곡선의 기울기를 미지수로 하여 부정정 구조물을 해석하는 방법은?

㉮ 최소일의 방법 ㉯ 처짐각법
㉰ 모멘트 분배법 ㉱ 변위일치법

> 처짐각법은 연속보, 고차 부정정 구조 및 라멘 해석에 적용되며 한 부재의 고정단 모멘트는 그 부재 양단의 회전각, 양단을 잇는 현의 회전각 및 그 부재에 작용하는 하중에 의한 모멘트로 구성되어 있다. 균질한 단면 및 불균질 단면에도 적용 가능하다.

02 측/량/학

021 건설공사 및 도시계획 등의 일반측량에서는 변장 2.5km 이상의 삼각측량을 별도로 실시하지 않고 국가 기본삼각점의 성과를 이용하는 것이 좋다. 그 이유로 가장 적당하지 않은 것은?

㉮ 측량시간의 예측 가능 ㉯ 측량 성과의 기준 통일
㉰ 정확도의 확보 ㉱ 측량 경비의 절감

> 기본삼각점 성과를 이용하여 측량하면 정확도, 측량경비 및 시간의 절감, 측량성과의 기준치 일치 등의 효과를 볼 수 있다.

022 수준측량에서 전시와 후시의 시준거리를 같게 함으로써 소거할 수 있는 오차는?

㉮ 시준축이 기포관축과 평행하지 않기 때문에 발생하는 오차
㉯ 표척 눈금의 오독으로 발생하는 오차
㉰ 표척을 연직방향으로 세우지 않아 발생하는 오차
㉱ 시차에 의해 발생하는 오차

> 시준선과 기포관축이 평행하지 않기 때문에 생기는 오차를 제거하기 위해 전시와 후시의 시준거리를 같게 한다.

023 종중복도가 60%인 단 촬영경로로 촬영한 사진의 지상 유효면적은? (단, 촬영고도 3000m, 초점거리 150mm, 사진크기 210mm×210mm)

㉮ 15.089km² ㉯ 10.584km²
㉰ 7.056km² ㉱ 5.889km²

> $\dfrac{1}{m} = \dfrac{f}{H} = \dfrac{0.15}{3000} = \dfrac{1}{20000}$
>
> $\therefore A = m^2 a^2 \left(1 - \dfrac{P}{100}\right) = (m \cdot a)(m \cdot a)\left(1 - \dfrac{P}{100}\right) = 20000^2 \times 0.21^2 \left(1 - \dfrac{60}{100}\right)$
> $= 7,056,000\text{m}^2 = 7.056\text{km}^2$

020. ㉯ 021. ㉮ 022. ㉮ 023. ㉰

024. 등고선에 대한 다음의 설명중 틀린 것은?

㉮ 등고선은 능선 또는 계곡선과 직교한다.
㉯ 등고선은 최대경사선 방향과 직교한다.
㉰ 등고선은 지표의 경사가 급할수록 간격이 좁다.
㉱ 등고선은 어떤 경우라도 서로 교차하지 않는다.

- 높이가 다른 두 등고선은 동굴이나 절벽의 지형이 아닌 곳에서는 교차하지 않는다.
- 동일 등고선상의 모든 점은 기준면으로부터 같은 높이에 있다.
- 지표면의 경사가 같을 때는 등고선의 간격은 같고 평행하다.

025. 그림에서 AC 및 DB간에 그림과 같이 곡선을 넣으려 할 때 교점(P)에 장애물이 있어 ∠ACD=150°, ∠CDB=90° 및 CD의 거리 400m를 측정하였다. C점으로부터 A(B.C)점까지의 거리는? (단, 곡선의 반지름은 500m로 한다.)

㉮ 461.88m
㉯ 453.15m
㉰ 425.88m
㉱ 404.15m

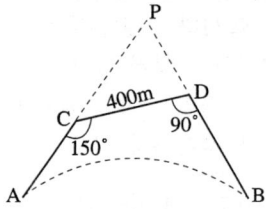

$\angle C = 180° - 150° = 30°$
$\angle D = 180° - 90° = 90°$
$\angle I \cdot P = 180° - (30° + 90°) = 60°$
$I = 180° - 60° = 120°$

- $TL = R\tan\dfrac{I}{2} = 500\tan\dfrac{120°}{2} = 866.025\text{m}$

$\dfrac{400}{\sin 60°} = \dfrac{\overline{CP}}{\sin 90°}$

$\therefore \overline{CP} = \dfrac{400 \times \sin 90°}{\sin 60°} = 461.88\text{m}$

- $\overline{AC} = TL - \overline{CP} = 866.025 - 461.88 = 404.15\text{m}$

026. 3km의 거리를 30m의 테이프로 측정하였을 때 1회 측정의 부정오차를 ±4mm로 보면 부정오차의 총합은?

㉮ ±30mm ㉯ ±35mm
㉰ ±40mm ㉱ ±45mm

- 부정오차는 측정 회수의 제곱근에 비례한다.
- $E = C\sqrt{n} = 4\sqrt{\dfrac{3000}{30}} = \pm 40\text{mm}$

024. ㉱ 025. ㉱ 026. ㉰

027 10m 깊이 하천의 평균유속을 구하기 위해 2m 마다 유속측량을 하여 다음의 결과를 얻었다. 3점법에 의해 평균유속은 얼마인가? (단, V_m : 수면에서부터 수심의 m이 되는 곳의 유속)

$V_{0.0} = 5\text{m/sec}, \ V_{0.2} = 6\text{m/sec}, \ V_{0.4} = 5\text{m/sec}, \ V_{0.6} = 4\text{m/sec}, \ V_{0.8} = 3\text{m/sec}$

㉮ 4.25m/sec ㉯ 4.50m/sec
㉰ 4.75m/sec ㉱ 5.00m/sec

해설
- 3점법 : $V_m = \dfrac{1}{4}(V_{0.2} + 2V_{0.6} + V_{0.8}) = \dfrac{1}{4}(6 + 2 \times 4 + 3) = 4.25\text{m/sec}$
- 2점법 : $V_m = \dfrac{1}{2}(V_{0.2} + V_{0.8})$
- 1점법 : $V_m = V_{0.6}$

028 곡선부에서 차량의 뒷바퀴가 앞바퀴보다 안쪽으로 주행하는 현상을 보완하기 위해 설치하는 것은?

㉮ 캔트 ㉯ 확폭
㉰ 편구배 ㉱ 차폭

해설
- 차량이 곡선부를 주행할 때 뒷바퀴가 앞바퀴보다 안쪽으로 회전하려 한다. 그러므로 곡선부에서 내측의 노폭을 넓히는 것을 확폭이라 한다.
- $\varepsilon = \dfrac{L}{2\left(R - \dfrac{W}{2}\right)}$

여기서, R : 곡선반경, W : 유효폭, L : 차륜간격

029 다음 중 국제 U.T.M. 좌표의 범위로 옳은 것은?

㉮ 남위 60°~북위 60° ㉯ 남위 72°~북위 72°
㉰ 남위 80°~북위 84° ㉱ 남위 90°~북위 90°

해설 UTM 좌표는 적도를 기준하여 남북으로 80°까지 적용범위로 한다. 좌표계 간격은 경도를 6°씩, 위도는 8°씩 나눈다.

030 폐합트래버스에서 위거오차가 −0.35m이고, 경거오차가 +0.45m이며, 전 측선의 거리의 합이 456m일 때 폐합비는 얼마인가?

㉮ 1/204 ㉯ 1/456
㉰ 1/800 ㉱ 1/1600

정답 027. ㉮ 028. ㉯ 029. ㉰ 030. ㉰

2016년 10월 1일 시행

해설 • 폐합오차

$$E = \sqrt{(위거 오차)^2 + (경거 오차)^2} = \sqrt{(E_L)^2 + (E_D)^2} = \sqrt{(-0.35)^2 + (0.45)^2}$$
$$= 0.57\text{m}$$

• 폐합비
$$R = \frac{E}{\Sigma l} = \frac{0.57}{456} = \frac{1}{800}$$

보충 • 시가지의 허용 측각오차
$$E = 20\sqrt{n} \sim 30\sqrt{n} \text{ (초)}$$

• 트래버스 중 정밀도는 결합 트래버스가 가장 높다.

• 보통 평지의 허용 측각오차
$$E = 1.0\sqrt{n} \sim 0.5\sqrt{n} \text{ (분)}$$

031 그림과 같이 O점에서 같은 정확도로 각을 관측하여 오차를 계산한 결과 $x_3 - (x_1 + x_2) = +45''$의 식을 얻었을 때 관측값 x_1, x_2, x_3에 대한 보정값 V_1, V_2, V_3는 얼마인가?

㉮ $V_1 = -12.25''$, $V_2 = -12.25''$, $V_3 = +22.5''$
㉯ $V_1 = -15''$, $V_2 = -15''$, $V_3 = +15''$
㉰ $V_1 = +12.25''$, $V_2 = +12.25''$, $V_3 = -22.5''$
㉱ $V_1 = +15''$, $V_2 = +15''$, $V_3 = -15''$

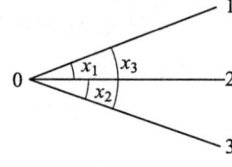

해설 조정량 $= \frac{45''}{3} = 15''$

큰 각은 $-$보정, 작은 각은 $+$보정
$V_1 = +15''$, $V_2 = +15''$, $V_3 = -15''$

032 그림과 같이 4점을 측정하였다. 면적은 얼마인가?

㉮ 87m^2
㉯ 100m^2
㉰ 174m^2
㉱ 192m^2

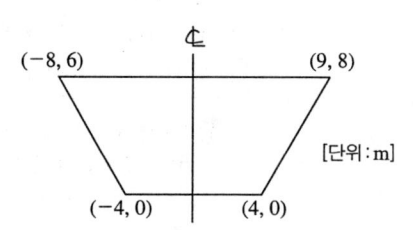

해설 • 좌표법에 의한 면적
$$\frac{1}{2}\Sigma\{\text{그 측점 } y\text{좌표} \times (\text{앞 측선 } x\text{좌표} - \text{다음 측선 } x\text{좌표})\}$$

$\therefore \frac{1}{2}\{6(-4-9) + 8(-8-4)\} = 87\text{m}^2$

031. ㉱ 032. ㉮

033 갑, 을 두 사람이 A, B 두 점간의 고저차를 구하기 위하여 서로 다른 표척을 갖고 여러 번 왕복측정한 결과가 갑은 38.994m±0.008m, 을은 39.003m±0.004m일 때, 두 점간의 고저차의 최확값은?

㉮ 38.995m
㉯ 38.999m
㉰ 39.001m
㉱ 39.003m

해설
- $P_1 : P_2 = \dfrac{1}{(0.008)^2} : \dfrac{1}{(0.004)^2} = 1 : 4$
- 최확값
$$H_0 = 38.0 + \dfrac{1 \times 0.994 + 4 \times 1.003}{1+4} = 39.0012\text{m}$$

034 다음은 완화곡선에 대한 설명이다. 옳지 않은 것은?

㉮ 완화곡선의 접선은 시점에서 직선에 접하고 종점에서 원호에 접한다.
㉯ 완화곡선의 반지름은 완화곡선의 시점에서 무한대, 종점에서 원곡선의 반지름으로 된다.
㉰ 완화곡선 종점에서의 캔트는 원곡선의 캔트와 서로 다르다.
㉱ 완화곡선의 곡률은 곡선길이에 비례한다.

해설 완화곡선 종점에서의 캔트는 원곡선의 캔트와 같다.

035 평판측량에 있어서 평판상에 도시되어 있는 2~3개의 기지점에 평판을 세우고 방향선만으로 다른 미지점의 위치를 결정하는 방법은?

㉮ 전방 교회법
㉯ 도해 전진법
㉰ 후방 교회법
㉱ 측방 전진법

해설
- 측방 교회법
기지점과 미지점에 기계를 세워 미지점의 위치를 결정한다.
- 후방 교회법
미지점에 기계를 세워 기지점을 시준하여 미지점의 위치를 결정한다.

036 항공사진에서 건물의 높이를 결정하기 위하여 건물의 정점과 밑뿌리의 시차차를 측정하니 0.04이었다. 이 건물의 높이는? (단, 촬영고도 3000m, 주점기선장은 15.96mm이었다.)

㉮ 6.5m
㉯ 7.0m
㉰ 7.5m
㉱ 8.0m

해설 $0.00004 = \dfrac{h}{3000} \times 0.01596$ ∴ $h = 7.5$m

정답 033. ㉯ 034. ㉰ 035. ㉮ 036. ㉰

037 축척 1 : 25000 지형도상에서 어느 산정으로부터 산 밑까지의 수평거리가 5.6cm 일 때 산정의 표고가 335.75m, 산 밑의 표고가 102.50m인 사면의 경사는 약 얼마인가?

㉮ $\dfrac{1}{3}$
㉯ $\dfrac{1}{4}$
㉰ $\dfrac{1}{6}$
㉱ $\dfrac{1}{7}$

축척 1 : 25000 지형도상 수평거리가 5.6cm이므로
실제 수평거리는 $25000 \times 5.6 = 140000\text{cm} = 1400\text{m}$

경사 $= \dfrac{l}{D} = \dfrac{233.25}{1400} = \dfrac{1}{6}$

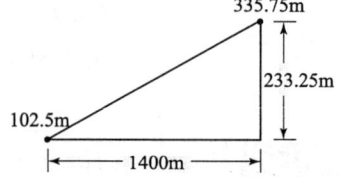

038 다음 부지의 토량은 얼마인가?

㉮ 1200m^3
㉯ 1755m^3
㉰ 2037m^3
㉱ 2276m^3

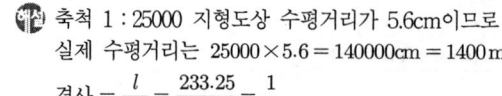

$V = \dfrac{a}{4}\{\Sigma h_1 + 2\Sigma h_2 + 3\Sigma h_3 + 4\Sigma h_4\}$

$= \dfrac{10 \times 20}{4}\{(1.2+2.1+1.4+1.8+1.2)+2(1.4+1.8+1.2+1.5)+3(2.4)+4(2.1)\}$

$= 1755\text{m}^3$

039 클로소이드 매개변수(Parameter) A가 커질 경우에 대한 설명으로 옳은 것은?

㉮ 곡선이 완만해진다.
㉯ 자동차의 고속 주행이 어려워진다.
㉰ 곡선이 급커브가 된다.
㉱ 접선각(τ)도 비례하여 커진다.

- $A^2 = RL$ ∴ $R = \dfrac{A^2}{L}$
- A값이 클수록 곡률반경(R)이 커지므로 곡선이 급하지 않고 완만해 고속주행이 용이하다.
- $\tau = \dfrac{L}{2R}$에서 L(곡선길이)이 일정할 때 곡률반경(R)이 커지면, 즉 A값이 크면 접선각(τ)은 작아진다.

037. ㉰ 038. ㉯ 039. ㉮

040 그림과 같은 단열삼각망의 조정각이 $\alpha_1 = 40°$, $\beta_1 = 60°$, $\gamma_1 = 80°$, $\alpha_2 = 50°$, $\beta_2 = 30°$, $\gamma_2 = 100°$일 때 $\overline{CD}$의 길이는? (단, $\overline{AB}$기선 길이는 500m임)

㉮ 212.5m
㉯ 323.4m
㉰ 400.7m
㉱ 568.6m

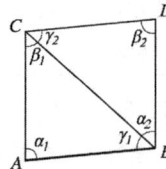

해설
- $\dfrac{500}{\sin 60°} = \dfrac{\overline{CB}}{\sin 40°}$
  $\therefore \overline{CB} = 371.11\text{m}$
- $\dfrac{371.11}{\sin 30°} = \dfrac{\overline{CD}}{\sin 50°}$
  $\therefore \overline{CD} = 568.6\text{m}$

03 수/리/학

041 지하수의 흐름에 대한 Darcy의 법칙은? (단, V는 지하수의 유속, k는 투수계수, Δh는 길이 Δl에 대한 손실수두임.)

㉮ $V = k(\Delta h/\Delta l)^2$
㉯ $V = k(\Delta h/\Delta l)$
㉰ $V = k(\Delta h/\Delta l)^{-1}$
㉱ $V = k(\Delta h/\Delta l)^{-2}$

해설 $V = k \cdot i = k \cdot \dfrac{h}{L}$

042 수로폭 4m, 수심 1.5m인 직사각형 수로에서 유량 24m³/sec가 흐를 때 프루드수(Froude number)와 흐름의 상태는?

㉮ 1.04, 상류
㉯ 1.04, 사류
㉰ 0.74, 상류
㉱ 0.74, 사류

해설
- $F_r = \dfrac{V}{\sqrt{gh}} = \dfrac{\frac{24}{4 \times 1.5}}{\sqrt{9.8 \times 1.5}} = 1.04$
- $F_r > 1$: 사류
- $F_r < 1$: 상류

정답 040. ㉱ 041. ㉯ 042. ㉯

043 관수로에 물이 흐를 때 층류(層流)가 되는 경우는? (단, Re는 레이놀즈(Reynolds) 수이다.)

㉮ Re > 4000　　㉯ 4000 > Re > 2000
㉰ Re > 2000　　㉱ Re < 2000

해설
• 층류 : $Re < 2000$
• 층류 영역에서 마찰계수 $f = \dfrac{64}{Re}$

044 그림과 같은 수중 오리피스에서 오리피스 단면적이 50cm²일 때 유출량 Q는? (단, 유량계수 $C = 0.62$임)

㉮ 약 13.7 l/sec
㉯ 약 15.7 l/sec
㉰ 약 23.7 l/sec
㉱ 약 25.7 l/sec

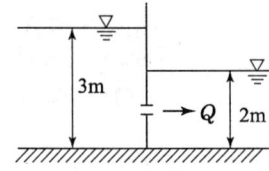

해설
$Q = CAV = CA\sqrt{2gh}$
$= 0.62 \times 50 \sqrt{2 \times 980 \times (300 - 200)}$
$= 13.7 l/\text{sec}$

045 정수압의 성질에 대한 설명으로 옳지 않은 것은?

㉮ 정수압은 작용하는 면에 수직으로 작용한다.
㉯ 정수내의 1점에 있어서 수압의 크기는 모든 방향에 대하여 동일하다.
㉰ 정수압의 크기는 수두에 비례한다.
㉱ 같은 깊이의 정수압 크기는 모두 액체에서 동일하다.

해설
• 정수압은 $P = wh$로 깊이가 같아도 액체의 단위중량이 달라서 정수압의 크기가 동일하지 않다.
• 정수압은 면에 수직으로 작용하며 정수중의 임의의 1점의 수압은 모든 방향에 그 크기가 같다.
• 정수압은 단위면적에 작용하는 압력의 크기로 나타낸다.
• 정수압(압력)은 마노미터와 피에조미터로 측정한다.

046 다르시(Darcy)의 법칙을 지하수에 적용시킬 때 다음 중 잘 일치되는 경우는?

㉮ 층류인 경우
㉯ 난류인 경우
㉰ 층류나 난류 어느 경우도 잘 적용된다.
㉱ 층류나 난류 어느 경우도 잘 적용되지 않는다.

해답 043. ㉱　044. ㉮　045. ㉱　046. ㉮

- 지하수의 흐름은 층류이다.
- 지하수의 흐름은 정상류이다.
- 유속과 동수경사는 비례관계이다. ($V = ki$)
- $R_e < 4$

047 수축단면에 대한 설명 중 옳은 것은?
㉮ 상류에서 사류로 변화할 때 발생한다.
㉯ 수축단면에서의 유속을 오리피스의 평균유속이라 한다.
㉰ 사류에서 상류로 변화할 때 발생한다.
㉱ 오리피스의 유출수맥에서 발생한다.

- 원형 오리피스에서 수축단면은 오리피스 지름의 $\frac{1}{2}$ 되는 위치에 생긴다.
- 수축단면은 모든 예연(칼날형) 오리피스에서 발생된다.
- 유출 수류가 최소단면적이 되었다가 다시 커지는데 이와 같은 최소단면적을 수축단면이라 한다.
- 오리피스의 단면적과 수축단면적의 비를 수축계수라 한다.

048 직4각형 단면 개수로의 수리상 유리한 형상의 단면에서 수로의 수심이 2m라면 이 수로의 경심은 얼마인가?
㉮ 0.5m ㉯ 1m
㉰ 2m ㉱ 4m

- $R = \dfrac{A}{P} = \dfrac{B \cdot h}{B + 2h} = \dfrac{4 \times 2}{4 + 2 \times 2} = 1\text{m}$
여기서, 수리상 유리한 단면이므로 $B = 2h = 2 \times 2 = 4\text{m}$
- 원형 관의 경우
$R = \dfrac{A}{P} = \dfrac{\dfrac{\pi D^2}{4}}{\pi D} = \dfrac{D}{4}$

049 관수로에서 흐름의 지배력은 무엇인가?
㉮ 중력 ㉯ 관성력
㉰ 점성력 ㉱ 원심력

- 점성이 흐름을 지배하는 경우 R_e수를 무차원으로 사용하며 주로 관수로 흐름의 상사법칙에서 이용된다.
- 개수로는 자유수면을 갖고 있으며 대기압의 작용에 의한 중력이 물의 흐름을 지배한다.
- 개수로에서 동수경사선은 자유수면과 일치한다.
- 개수로의 흐름이나 관수로의 흐름은 거의 난류이고 층류상태의 흐름은 지하수에서나 볼 수 있다.

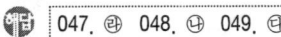
047. ㉱ 048. ㉯ 049. ㉰

050 개수로의 설계와 수공 구조물의 설계에 주로 적용되는 수리학적 상사법칙은?
㉮ Reynolds 상사법칙 ㉯ Froude 상사법칙
㉰ Weber 상사법칙 ㉱ Mach 상사법칙

> Froude 상사법칙은 개수로 내의 흐름, 댐의 여수토 흐름에 적용된다.

051 유량 Q, 유속 V, 단면적 A, 도심거리 h_G라 할 때 충력치(M)의 값은? (단, 충력치는 비력이라고도 하며, η : 운동량 보정계수, g : 중력 가속도, W : 물의 중량, ω : 물의 단위중량)

㉮ $\eta \dfrac{Q}{g} + W h_G A$
㉯ $\eta \dfrac{gV}{Q} + h_G A$
㉰ $\eta \dfrac{Q}{g} V + h_G A$
㉱ $\eta \dfrac{Q}{g} V + \dfrac{1}{2}\omega^2$

> 충력치는 단위무게당의 정수압과 동수압(운동량)을 합한 값으로서 모든 단면에서 일정하다.

052 동점성계수인 ν를 나타내는 특수단위는?
㉮ Poise ㉯ mega ㉰ Stokes ㉱ Gal

> 동점성계수의 단위는 $1\text{cm}^2/\text{sec} = 1\text{stokes}$이다.

053 긴 관로상의 유량조절 밸브를 갑자기 폐쇄시키면 관로 내의 유량은 갑자기 크게 변화하게 되며 관내의 물의 질량과 운동량 때문에 관벽에 큰 힘을 가하게 되어 정상적인 동수압보다 몇 배의 큰 압력 상승이 일어난다. 이와 같은 현상을 무엇이라 하는가?
㉮ 공동현상 ㉯ 도수현상
㉰ 수격작용 ㉱ 배수현상

> 관수로에 물이 흐를 때 밸브를 갑자기 막으면 순간적으로 유속은 0이 되고 이로 인해 압력의 증가가 발생하여 관내에 충격을 주는 작용을 수격작용이라 한다.

054 에너지선을 설명한 것으로 옳은 것은?
㉮ 이상유체에서는 수평기준면과 평행하다.
㉯ 위치수두와 압력수두를 합한 점을 연결한 선이다.
㉰ 유체 흐름의 방향을 결정한다.
㉱ 유량이 일정한 흐름에서는 동수경사선과 평행하다.

> • 에너지선은 위치수두, 압력수두, 속도수두 세 항을 합한 점을 연결한 선이다.
> • 완전유체에서 기준면과 에너지선은 평행하다.

정답 050. ㉯ 051. ㉰ 052. ㉰ 053. ㉰ 054. ㉮

055 내경 2cm의 관내를 수온 20℃의 물이 25cm/sec의 유속을 갖고 흐를 때 이 흐름의 상태는? (단, 20℃일 때의 물의 동점성계수 $v=0.01\text{cm}^2/\text{sec}$)

㉮ 상류   ㉯ 층류
㉰ 난류   ㉱ 불완전 층류

- $R_e = \dfrac{VD}{\nu} = \dfrac{25 \times 2}{0.01} = 5000$
- $R_e < 2000$: 층류
- $R_e > 4000$: 난류

056 U자관에서 어떤 액체의 높이 15cm와 수은 5cm 높이가 평형을 이루고 있을 경우 이 액체의 비중은? (단, 수은의 비중은 13.6이다.)

㉮ 1.7   ㉯ 3.4
㉰ 4.53   ㉱ 6.8

$w_1 h_1 = w_2 h_2$
$w_1 \times 15 = 13.6 \times 5$
$\therefore w_1 = \dfrac{13.6 \times 5}{15} = 4.53$

057 직사각형 단면의 개수로에서 비에너지의 최소값($E_{\min}$)이 1.5m인 경우 단위 폭당 유량은?

㉮ 1.56m³/sec   ㉯ 3.13m³/sec
㉰ 4.35m³/sec   ㉱ 5.21m³/sec

- $h_c = \dfrac{2}{3} H_e = \dfrac{2}{3} \times 1.5 = 1.0\text{m}$
- $h_c = \left(\dfrac{\alpha Q^2}{g b^2} \right)^{1/3}$
- $1.0 = \left(\dfrac{1.1 \times Q^2}{9.8 \times 1^2} \right)^{1/3}$
- $\therefore Q = 3.13\text{m}^3/\text{sec}$

058 밑면이 7.5m×3m, 깊이가 4m인 빈 상자를 물에 띄웠을 때 수면 아래로 잠기는 깊이는? (단, 빈 상자의 무게는 4×10^5N이다.)

㉮ 0.85m   ㉯ 1.81m
㉰ 2.56m   ㉱ 3.25m

055. ㉯ 056. ㉰ 057. ㉯ 058. ㉯

해설) $W = B$
$4 \times 10^5 = (7.5 \times 3 \times h) \times 9800$ 여기서, 물의 비중 $1\text{t/m}^3 = 1000\text{kg/m}^3 = 9800\text{N/m}^3$
$\therefore h = 1.81\,\text{m}$

059 그림과 같은 흐름의 단면이 A_1에서 A_2로 급하게 확대되는 경우의 손실수두를 나타내는 식은?

㉮ $h_{se} = \left(1 + \dfrac{A_2}{A_1}\right)^2 \dfrac{V_1^2}{2g}$

㉯ $h_{se} = \left(1 + \dfrac{A_2}{A_1}\right)^2 \dfrac{V_2^2}{2g}$

㉰ $h_{se} = \left(1 - \dfrac{A_1}{A_2}\right)^2 \dfrac{V_1^2}{2g}$

㉱ $h_{se} = \left(1 - \dfrac{A_2}{A_1}\right)^2 \dfrac{V_2^2}{2g}$

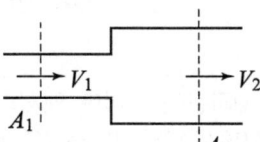

해설)
- 두 단면에 대해 베르누이 정리 적용

$\dfrac{V_1^2}{2g} + \dfrac{p_1}{w} = \dfrac{V_2^2}{2g} + \dfrac{p_2}{w} + h_{se}$

$\therefore h_{se} = \dfrac{(V_1^2 - V_2^2)}{2g} + \dfrac{(p_1 - p_2)}{w}$

- 운동식 방정식 적용

$\dfrac{w}{g} Q(V_2 - V_1) = A_2(p_1 - p_2)$

$\dfrac{p_1 - p_2}{w} = \dfrac{1}{g}(V_2^2 - V_1 V_2)$

$\therefore h_{se} = \dfrac{1}{2g}(V - V_2)^2$

- 연속 방정식 적용

$V_2 = \dfrac{A_1}{A_2} V_1$

$\therefore h_{se} = \left(1 - \dfrac{A_1}{A_2}\right)^2 \dfrac{V_1^2}{2g}$

060 지름이 변하면서 위치도 변하는 원형 관로에 1.0m³/sec의 유량이 흐르고 있다. 지름이 1.0m인 구간에서 압력이 34.3kPa(0.35kg/cm²)이라면 그 보다 2m 더 높은 곳에 위치한 지름 0.7m인 구간의 압력은? (단, 마찰 및 미소손실은 무시한다.)

㉮ 8.2kPa ㉯ 11.8kPa
㉰ 14.5kPa ㉱ 18.6kPa

정답) 059. ㉰ 060. ㉯

해설
- $A_1 = \dfrac{\pi D_1^2}{4} = \dfrac{3.14 \times 1^2}{4} = 0.785\,\text{m}^2$, $A_2 = \dfrac{\pi D_2^2}{4} = \dfrac{3.14 \times 0.7^2}{4} = 0.384\,\text{m}^2$
- $V_1 = \dfrac{Q}{A_1} = \dfrac{1.0}{0.785} = 1.27\,\text{m/sec}$, $V_2 = \dfrac{Q}{A_2} = \dfrac{1.0}{0.384} = 2.6\,\text{m/sec}$
- $\dfrac{V_1^2}{2g} + \dfrac{P_1}{w} + Z_1 = \dfrac{V_2^2}{2g} + \dfrac{P_2}{w} + Z_2$

  $\dfrac{1.27^2}{2 \times 9.8} + \dfrac{3.5}{1} + 0 = \dfrac{2.6^2}{2 \times 9.8} + \dfrac{P_2}{1} + 2$ 여기서, $P_1 = 0.35\,\text{kg/cm}^2 = 3.5\,\text{t/m}^2$

  $w = 1\,\text{t/m}^3$

  $\therefore\ P_2 = 1.2\,\text{t/m}^2 = 0.12\,\text{kg/cm}^2 = 11.8\,\text{kPa}$ 여기서, $1\,\text{kPa} = 0.0102\,\text{kg/cm}^2$

04 철/근/콘/크/리/트 /및/ 강/구/조

061 다음 사항 중 프리스트레스트 콘크리트의 장점이 아닌 것은 어느 것인가?
㉮ 구조물의 자중이 가볍고 복원성이 우수하다.
㉯ 철근콘크리트에 비하여 강성이 크고 진동이 적다.
㉰ 부재에 확실한 강도와 안전율을 갖게 할 수 있다.
㉱ 설계하중에서는 균열이 생기지 않으므로 내구성이 크다.

해설
- 철근콘크리트에 비하여 단면이 작기 때문에 변형이 크고 진동하기 쉬운 단점이 있다.
- 프리스트레스트 콘크리트는 내화성에 불리하다.
- 전단면이 유효하게 이용된다.

062 강도설계법에 의해서 전단철근을 사용하지 않고 계수하중에 의한 전단력 40kN을 지지할 수 있는 직사각형보의 최소단면적($b_w \times d$)은 얼마인가? (단, $f_{ck} = 21\,\text{MPa}$)
㉮ $114452\,\text{mm}^2$
㉯ $139659\,\text{mm}^2$
㉰ $186264\,\text{mm}^2$
㉱ $198407\,\text{mm}^2$

해설 $\dfrac{1}{2}\phi V_C \geq V_u$ (최소 전단철근을 배치하지 않아도 되는 경우)

$\dfrac{1}{2} \times 0.75 \times \dfrac{1}{6} \sqrt{f_{ck}}\, b_w d = 40000$

$\therefore\ b_w d = \dfrac{40000}{\dfrac{1}{2} \times 0.75 \times \dfrac{1}{6} \sqrt{21}} = 139659\,\text{mm}^2$

정답 061. ㉯ 062. ㉯

063 뒷부벽식 옹벽을 설계할 때 뒷부벽에 대한 설명으로 옳은 것은?

㉮ T형보로 설계하여야 한다.
㉯ 캔틸레버로 설계하여야 한다.
㉰ 직사각형보로 설계하여야 한다.
㉱ 3변 지지된 2방향 슬래브로 설계하여야 한다.

해설 앞부벽식 옹벽은 직사각형보로 뒷부벽식 옹벽은 T형보로 설계한다.

064 철근콘크리트 구조물 설계시 철근 간격에 대한 설명으로 옳지 않은 것은? (단, 굵은골재의 공칭 최대치수에 관련된 규정은 만족하는 것으로 가정한다.)

㉮ 동일 평면에서 평행한 철근 사이의 수평 순간격은 25mm 이상, 또한 철근의 공칭지름 이상으로 하여야 한다.
㉯ 상단과 하단에 2단 이상으로 배치된 경우 상하 철근은 동일 연직면 내에 배치되어야 하고, 이때 상하 철근의 순간격은 25mm 이상으로 하여야 한다.
㉰ 나선철근과 띠철근 기둥에서 축방향 철근의 순간격은 40mm 이상, 또한 철근 공칭지름의 1.5배 이상으로 하여야 한다.
㉱ 벽체 또는 슬래브에서 휨 주철근의 간격은 벽체나 슬래브 두께의 2배 이하로 하여야 하고, 또한 300mm 이하로 하여야 한다.

해설 벽체나 슬래브의 주철근 중심간격은 최대 휨모멘트가 일어나는 단면에서 슬래브 두께의 2배 이하, 또는 300mm 이하로 하여야 한다. 기타 단면에서는 슬래브 두께의 3배 이하, 또는 400mm 이하로 하여야 한다.

065 다음 그림에서 인장 철근의 배근이 잘못된 것은?

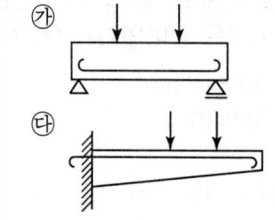
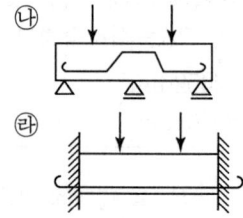

해설 슬래브 또는 보에서 부(−)의 휨모멘트에 의해서 일어난 인장응력을 받도록 배치한 주철근 즉, 부철근을 배치한다.

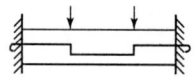

정답 063. ㉮ 064. ㉱ 065. ㉱

066 철근콘크리트의 성립요건 중 틀린 것은?

㉮ 철근과 콘크리트의 부착강도가 크다.
㉯ 부착면에서 철근과 콘크리트의 변형률은 같다.
㉰ 철근의 열팽창계수는 콘크리트의 열팽창계수보다 매우 크다.
㉱ 압축은 콘크리트가 인장은 철근이 부담한다.

> 철근 및 콘크리트의 열팽창계수는 거의 같다.

067 그림과 같은 맞대기 용접이음의 유효길이는 얼마인가?

㉮ 150mm
㉯ 300mm
㉰ 400mm
㉱ 600mm

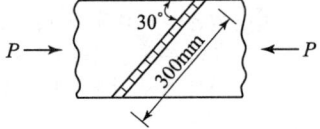

> $l = 300 \sin 30° = 150$mm

068 아래 그림의 복철근 직사각형 보에서 등가응력 높이 a는? (단, $f_{ck} = 21$MPa, $f_y = 300$MPa)

㉮ 60.2mm
㉯ 148.2mm
㉰ 156.5mm
㉱ 216.7mm

> $a = \dfrac{(A_s - A_s')f_y}{0.85 \cdot f_{ck} \cdot b} = \dfrac{(5158 - 1433) \times 300}{0.85 \times 21 \times 400} = 156.5$mm

069 D13 철근을 U형 스터럽으로 가공하여 350mm 간격으로 부재축에 직각이 되게 설치한 전단철근의 강도 V_s는? (단, $f_{yt} = 400$MPa, $d = 600$mm, D13 철근의 단면적은 127mm²)

㉮ 87.1 kN   ㉯ 125.3 kN
㉰ 174.2 kN ㉱ 204.7 kN

> $V_s = \dfrac{A_v f_{yt} d}{s} = \dfrac{2 \times 127 \times 400 \times 600}{350} = 174,171$N $= 174.2$kN

066. ㉰ 067. ㉮ 068. ㉰ 069. ㉰

070 깊은 보(deep beam)에 대한 설명으로 옳은 것은?

㉮ 순경간(l_n)이 부재 깊이의 3배 이하이거나 하중이 받침부로부터 부재 깊이의 0.5배 거리 이내에 작용하는 보
㉯ 순경간(l_n)이 부재 깊이의 4배 이하이거나 하중이 받침부로부터 부재 깊이의 2배 거리 이내에 작용하는 보
㉰ 순경간(l_n)이 부재 깊이의 5배 이하이거나 하중이 받침부로부터 부재 깊이의 4배 거리 이내에 작용하는 보
㉱ 순경간(l_n)이 부재 깊이의 6배 이하이거나 하중이 받침부로부터 부재 깊이의 5배 거리 이내에 작용하는 보

해설 깊은 보에 대한 전단설계는 순경간(l_n)이 부재 깊이(d)의 4배 이하이거나 하중이 받침부로부터 부재 깊이의 2배 거리 이내에 작용하고 하중의 작용점과 받침부가 서로 반대면에 있어서 하중 작용점과 받침부 사이에 압축대가 형성될 수 있는 부재에 적용한다.

071 철근콘크리트 구조물의 강도설계법에서 사용되는 강도 감소계수에 대한 설명으로 틀린 것은?

㉮ 인장지배단면에 대한 강도 감소계수는 0.85이다.
㉯ 압축지배단면에서 나선철근으로 보강되지 않은 부재에 대한 강도 감소계수는 0.65이다.
㉰ 전단력에 대한 강도 감소계수는 0.80이다.
㉱ 무근 콘크리트의 휨모멘트에 대한 강도 감소계수는 0.55이다.

해설 전단력에 대한 강도 감소계수는 0.75이다.

072 판형에서 보강재(stiffener)의 사용목적은?

㉮ 보 전체의 비틀림에 대한 강도를 크게 하기 위함이다.
㉯ 복부판의 전단에 대한 강도를 높이기 위함이다.
㉰ Flange angle의 간격을 넓게 하기 위함이다.
㉱ 복부판의 좌굴을 방지하기 위함이다.

해설 복부판의 좌굴을 막기 위하여 수직 보강재인 스티프너(stiffener)를 설치한다.

073 슬래브 중심간 거리 1.8m, 플랜지 두께 100mm, T형 단면 복부 폭 350mm, 지간 10m인 대칭 T형 단면 보의 플랜지 유효 폭은 얼마인가?

㉮ 1.8m ㉯ 1.95m
㉰ 2.2m ㉱ 2.5m

해답 070. ㉯ 071. ㉰ 072. ㉱ 073. ㉮

해설
- $16t + b_w = 16 \times 0.1 + 0.35 = 1.95m$
- 양쪽 슬래브의 중심간 거리 = 1.8m
- 보 경간의 $\frac{1}{4} = 10 \times \frac{1}{4} = 2.5m$

∴ 제일 작은 값인 1.8m가 유효 폭이다.

보충 반 T형보의 플랜지 유효 폭
① $6t + b_w$
② (보 경간의 $\frac{1}{12}$) + b_w
③ (인접보와의 내측거리의 $\frac{1}{2}$) + b_w
위 세 가지 값 중 가장 작은 값

---

074 휨부재에서 f_{ck} = 28MPa, f_y = 400MPa일 때 인장철근 D29(공칭지름 28.6mm, 공칭단면적 642mm²)의 기본정착길이(l_{db})는 약 얼마인가?

㉮ 1,200mm ㉯ 1,250mm
㉰ 1,300mm ㉱ 1,350mm

해설 $l_{db} = \frac{0.6 d_b f_y}{\sqrt{f_{ck}}} = \frac{0.6 \times 28.6 \times 400}{\sqrt{28}} ≒ 1300mm$

---

075 인장 이형철근의 정착길이는 기본 정착길이에 보정계수를 곱하여 결정한다. 여기서, 보정계수에 대한 설명으로 틀린 것은? (단, d_b : 철근의 공칭지름)

㉮ 상부철근(정착길이 또는 겹침이음부 아래 300mm를 초과되게 굳지 않는 콘크리트를 친 수평철근)의 보정계수는 1.3을 적용한다.
㉯ 콘크리트의 평균 쪼갬 인장강도(f_{sp})가 주어지지 않은 경량 콘크리트의 보정계수는 1.3을 적용한다.
㉰ 피복두께가 $3d_b$ 미만 또는 순간격이 $6d_b$ 미만인 에폭시 도막철근의 보정계수는 1.5를 적용한다.
㉱ 에폭시 도막철근을 경량 콘크리트에 사용하였을 경우 경량 콘크리트의 보정계수와 에폭시 도막철근의 보정계수의 곱은 1.8보다 클 필요는 없다.

해설 에폭시 도막철근이 상부철근인 경우에 상부철근의 보정계수 α와 에폭시 도막계수 β의 곱, αβ가 1.7보다 클 필요는 없다.

---

076 단철근 직사각형 보에서 f_{ck} = 21MPa, f_y = 400MPa일 때 균형철근비 ρ_b의 값은?

㉮ 0.019 ㉯ 0.023
㉰ 0.027 ㉱ 0.033

해답 074. ㉰ 075. ㉱ 076. ㉯

해설
- $\beta_1 = 0.85 - 0.007(f_{ck} - 28) = 0.85 - 0.007(21-28) = 0.899$
  여기서, β_1값이 0.85를 초과할 경우 0.85를 사용한다. (β_1값이 0.65보다 작아선 안 된다.)
- $\rho_b = 0.85\beta_1 \dfrac{f_{ck}}{f_y} \dfrac{600}{600+f_y} = 0.85 \times 0.85 \times \dfrac{21}{400} \times \dfrac{600}{600+400} = 0.023$

077
강도설계법에서 휨모멘트 또는 휨모멘트와 축력을 동시에 받는 부재의 콘크리트 압축연단의 극한변형률은 얼마로 가정하는가?

㉮ 0.001 ㉯ 0.002
㉰ 0.003 ㉱ 0.004

해설
- 콘크리트 압축연단의 최대변형률은 0.003이다.
- 철근과 콘크리트의 변형률은 중립축에서의 거리에 비례한다.
- 휨응력 계산에서 콘크리트의 인장강도는 무시한다.

078
프리스트레스트 콘크리트에서 긴장을 할 때 긴장재의 허용 인장응력에 대한 설명으로 옳은 것은? (단, f_{pu} : PS 강재의 인장강도, f_{py} : PS 강재의 항복강도)

㉮ $0.82f_{pu}$ 또는 $0.92f_{py}$ 중 작은 값 이하로 하여야 한다.
㉯ $0.82f_{pu}$ 또는 $0.85f_{py}$ 중 작은 값 이하로 하여야 한다.
㉰ $0.80f_{pu}$ 또는 $0.94f_{py}$ 중 작은 값 이하로 하여야 한다.
㉱ $0.92f_{pu}$ 또는 $0.80f_{py}$ 중 작은 값 이하로 하여야 한다.

해설
- 긴장을 할 때 긴장재의 인장응력은 $0.80f_{pu}$ 또는 $0.94f_{py}$ 중 작은 값 이하로 하여야 한다. 또한 긴장재가 정착장치 제조자가 제시하는 최대값도 초과하지 않아야 한다.
- 프리스트레스 도입 직후에 긴장재의 인장응력은 $0.74f_{pu}$ 또는 $0.82f_{py}$ 중 작은 값 이하로 하여야 한다.
- 정착구와 커플러의 위치에서 프리스트레스 도입 직후 포스트텐션 긴장재의 응력은 $0.70f_{pu}$ 이하로 하여야 한다.

079
슬래브 설계에서 직접설계법을 적용할 수 있는 제한조건으로 틀린 것은?

㉮ 모든 하중은 연직하중으로 슬래브판 전체에 등분포이고 활하중은 고정하중의 2배 이하이어야 한다.
㉯ 각 방향으로 3경간 이상 연속되어야 한다.
㉰ 연속한 기둥 중심선을 기준으로 기둥의 어긋남은 그 방향 경간의 20% 이하이어야 한다.
㉱ 슬래브 판은 단변 경간에 대한 장변 경간의 비가 2 이하인 직사각형이어야 한다.

해설 연속한 기둥 중심선을 기준으로 기둥의 어긋남은 그 방향 경간의 10% 이하이어야 한다.

해답 077. ㉰ 078. ㉰ 079. ㉰

080 다음 중 극한하중 상태에서 연성파괴를 나타내는 보는?
㉮ 균형 철근보
㉯ 과다 철근보
㉰ 과소 철근보
㉱ 균형 철근보, 과다 철근보

- 과소 철근보는 균형 철근비보다 철근을 적게 넣어 철근이 먼저 항복하는 연성파괴가 되도록 한 보를 말한다.
- 과다 철근보는 균형 철근비보다 철근을 많이 넣어 취성파괴가 되는 보를 말한다.

05 토/질 /및/ 기/초

081 흙속의 물이 얼어서 빙층(ice lens)이 형성되기 때문에 지표면이 떠오르는 현상은?
㉮ 연화현상
㉯ 다이러턴시(dilatancy)
㉰ 동상현상
㉱ 분사현상

- 흙속의 공극수가 동결되어 도중에 빙층이 형성되기 때문에 지표면층이 떠올라오는 현상을 동상현상이라 한다.
- 연화현상 : 얼음이 녹아서 흙속의 과잉수분에 의한 연약화된 현상
- 동결심도 : $Z = C\sqrt{F}$

082 흙의 분류 중에서 유기질이 가장 많은 흙은?
㉮ CH
㉯ CL
㉰ Pt
㉱ OL

- Pt : 이탄(진흙 덩어리) 및 그 외의 유기질이 극히 많은 흙
- OH : 압축성이 높은 유기질토
- MH : 압축성이 높은 실트
- SM : 실트질의 모래

083 채취된 시료의 교란정도는 면적비를 계산하여 통상 면적비가 몇 % 이하이면 잉여토의 혼입이 불가능한 것으로 보고 불교란 시료로 간주하는가?
㉮ 5%
㉯ 7%
㉰ 10%
㉱ 15%

- 불교란 시료를 채취할려면 면적비가 10% 이내가 되게 하여 잉여토의 혼입을 막는다.
- 면적비 $A_r = \dfrac{D_w^2 - D_e^2}{D_e^2} \times 100$
- 불교란 시료가 필요한 시험에는 전단강도, 압밀시험 등이 있다.

080. ㉰ 081. ㉰ 082. ㉰ 083. ㉰

084 흙의 건조단위중량이 1.60g/cm³이고 비중이 2.64인 흙의 간극비는?

㉮ 0.42 ㉯ 0.60
㉰ 0.65 ㉱ 0.64

해설
- $e = \dfrac{\gamma_w}{\gamma_d} G_s - 1 = \dfrac{1}{1.6} \times 2.64 - 1 = 0.65$
- $e = \dfrac{n}{100-n}, \quad n = \dfrac{e}{1+e} \times 100$
- $S \cdot e = G_s \cdot w$

085 어떤 토층에 있어서 흙의 단위중량이 1.6t/m³, 점착력이 0.2kg/cm², 내부마찰각이 10°일 때 이 토층을 연직으로 절취할 수 있는 깊이는 얼마인가?

㉮ 4.82m ㉯ 5.96m
㉰ 6.48m ㉱ 7.43m

해설 $H_c = \dfrac{4C}{\gamma} \tan\left(45° + \dfrac{\phi}{2}\right) = \dfrac{4 \times 2}{1.6} \tan\left(45° + \dfrac{10°}{2}\right) = 5.96\text{m}$

086 점성토지반의 성토 및 굴착시 발생하는 heaving 방지대책으로 틀린 것은?

㉮ 지반개량을 한다.
㉯ 표토를 제거하여 하중을 적게 한다.
㉰ 널말뚝의 근입장을 짧게 한다.
㉱ trench cut 및 부분 굴착을 한다.

해설 널말뚝의 근입장을 길게 한다.

087 예민비가 큰 점토란 다음 중 어떠한 것을 의미하는가?

㉮ 점토를 교란시켰을 때 강도가 많이 감소하는 시료
㉯ 점토를 교란시켰을 때 수축비가 적은 시료
㉰ 점토를 교란시켰을 때 강도가 증가하는 시료
㉱ 점토를 교란시켰을 때 수축비가 큰 시료

해설 예민비가 큰 점토는 교란시에 강도가 많이 감소하므로 안전율을 크게 고려해야 한다.

088 비중이 2.50, 함수비 40%인 어떤 포화토의 한계동수경사를 구하면?

㉮ 0.75 ㉯ 0.55
㉰ 0.50 ㉱ 0.10

정답 084. ㉰ 085. ㉯ 086. ㉰ 087. ㉮ 088. ㉮

해설
- $S \cdot e = G_s \cdot \omega$
  $\therefore e = \dfrac{G_s \cdot \omega}{S} = \dfrac{2.5 \times 40}{100} = 1$
- $i_c = \dfrac{G_s - 1}{1 + e} = \dfrac{2.5 - 1}{1 + 1} = 0.75$

089 건조한 흙의 직접 전단시험 결과 수직응력이 4kg/cm²일 때 전단저항은 3kg/cm²이고, 점착력은 0.5kg/cm²이었다. 이 흙의 내부 마찰각은?

㉮ 30.2°   ㉯ 32°
㉰ 36.8°   ㉱ 41.2°

해설 $\tau = c + \sigma \tan\phi$
$3 = 0.5 + 4\tan\phi$
$\therefore \phi = \tan^{-1}\dfrac{3 - 0.5}{4} = 32°$

090 3.0×3.6m인 직사각형 기초의 저면에 0.8m 및 1.0m 간격으로 지름 30cm, 길이 12m인 말뚝 9개를 무리말뚝으로 배치하였다. 말뚝 1개의 허용지지력을 25ton으로 보았을 때 이 말뚝 기초 전체의 허용지지력을 구하면? (단, 무리말뚝의 효율(E)은 0.543이다.)

㉮ 122.2ton   ㉯ 151.7ton
㉰ 184ton   ㉱ 225ton

해설 $R_{ag} = E \cdot N \cdot R_a = 0.543 \times 9 \times 25 = 122.2\text{ton}$

091 다음 토질 시험 중 도로의 포장 두께를 정하는 데 많이 사용되는 것은?

㉮ 표준관입시험   ㉯ C.B.R 시험
㉰ 삼축압축시험   ㉱ 다짐시험

해설 노상토 지지력비 시험(CBR)은 아스팔트 포장과 같은 연성포장(가요성 포장) 두께를 정하는 데 사용한다.

092 어떤 점토시료의 압밀시험에서 시료의 두께가 20cm라고 할 때, 압밀도 50%에 도달할 때까지의 시간을 구하면? (단, 시료의 압밀계수는 $2.3 \times 10^{-3}\text{cm}^2/\text{sec}$이고, 양면배수조건이다.)

㉮ 10.24시간   ㉯ 5.12시간
㉰ 2.38시간   ㉱ 1.19시간

정답 089. ㉯ 090. ㉮ 091. ㉯ 092. ㉰

해설 $t_{50} = \dfrac{T_v \cdot H^2}{C_v} = \dfrac{0.197 \times \left(\dfrac{20}{2}\right)^2}{2.3 \times 10^{-3}} = 8565$초 $= 2.38$시간

093 Sand drain 공법의 주된 목적은?

㉮ 압밀침하를 촉진시키는 것이다.
㉯ 투수계수를 감소시키는 것이다.
㉰ 간극수압을 증가시키는 것이다.
㉱ 지하수위를 상승시키는 것이다.

해설
- 샌드 드레인 공법은 연약한 점토지반에 모래말뚝을 설치하여 압밀을 촉진하는 공법이다.
- 정삼각형 배열의 경우 영향원 직경 : $d_e = 1.05d$

094 흙의 다짐효과에 대한 설명으로 옳은 것은?

㉮ 부착성이 양호해지고 흡수성이 증가한다.
㉯ 투수성이 증가한다.
㉰ 압축성이 커진다.
㉱ 밀도가 커진다.

해설
- 부착성이 양호해지고 흡수성이 감소한다.
- 투수성이 감소한다.
- 압축성이 감소한다.
- 전단강도가 증가한다.

095 표준관입시험(S.P.T) 결과 N치가 25이었고, 그때 채취한 교란시료로 입도시험을 한 결과 입자가 모나고, 입도분포가 불량할 때 Dunham 공식에 의해서 구한 내부마찰각은?

㉮ 약 42°   ㉯ 약 40°
㉰ 약 37°   ㉱ 약 32°

해설
- $\phi = \sqrt{12N} + 20 = \sqrt{12 \times 25} + 20 ≒ 37°$
- 입자가 둥글고 입도가 불량
  $\phi = \sqrt{12N} + 15$
- 입자가 모나고 입도가 양호
  $\phi = \sqrt{12N} + 25$

정답 093. ㉮ 094. ㉱ 095. ㉰

096 아래 그림에서 점토 중앙 단면에 작용하는 유효응력은 얼마인가?
- ㉮ 1.25 t/m²
- ㉯ 2.37 t/m²
- ㉰ 3.25 t/m²
- ㉱ 4.07 t/m²

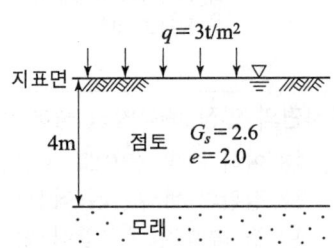

해설 $\overline{P} = q + \gamma_{sub} \cdot h = q + \dfrac{G_s - 1}{1+e} \gamma_w \cdot h = 3 + \dfrac{2.6-1}{1+2.0} \times 1 \times 2 = 4.07 \text{t/m}^2$

097 어떤 모래층에서 수두가 3m일 때 한계동수경사가 1.0이었다. 모래층의 두께가 최소 얼마를 초과하면 분사현상이 일어나지 않겠는가?
- ㉮ 1.5m
- ㉯ 3.0m
- ㉰ 4.5m
- ㉱ 6.0m

해설
- 분사현상이 안 일어나는 조건

$i < i_c, \ \dfrac{h}{L} < i_c$

$\dfrac{3}{L} < 1$

∴ $L = 3$m

- 안전율

$F = \dfrac{i_c}{i} = \dfrac{\dfrac{G_s - 1}{1+e}}{\dfrac{h}{L}}$

098 연약지반 개량공법 중에서 일시적인 공법에 속하는 것은?
- ㉮ Sand drain 공법
- ㉯ 치환공법
- ㉰ 약액주입공법
- ㉱ 동결공법

해설 일시적인 개량공법
웰포인트 공법, deep well 공법, 대기압 공법, 전기침투공법, 동결공법

099 다음 중 흙의 전단강도를 감소시키는 요인과 관계가 없는 것은?
- ㉮ 함수비의 감소에 따른 흙의 단위중량의 감소
- ㉯ 공극수압의 증대
- ㉰ 수축, 팽창 등에 의한 미세한 균열
- ㉱ 수분 증가로 인해 점토의 팽창

해답 096. ㉱ 097. ㉯ 098. ㉱ 099. ㉮

2016년 10월 1일 시행

해설
- 함수비의 감소에 따른 흙의 단위중량의 감소는 전단강도가 증가시킨다.
- 흙의 다짐이 불충분할 경우 또는 수분의 증가에 따라 점토가 팽창하는 경우에도 전단강도가 감소된다.

100 사면의 안정 해석방법 중에서 절편법에 대한 설명으로 틀린 것은?
㉮ 여러 개의 층으로 구성된 지층에는 적용이 불가능하다.
㉯ 절편의 바닥면은 직선으로 가정한다.
㉰ 흙 속에 간극수압이 존재하는 경우에도 적용이 가능하다.
㉱ 예상 활동파괴면을 원호로 가정한다.

해설 여러 개의 층으로 구성된 지층에 적용한다.

06 상/하/수/도/공/학

101 펌프를 선택할 때 고려해야 할 사항으로 적당하지 않은 것은?
㉮ 펌프의 특성   ㉯ 양정
㉰ 동력   ㉱ 펌프의 무게

해설
- 배출량이 많고 비교적 고양정이며 효율이 높을 것
- 양정의 변동이 용이하고 효율의 저하 및 운동력의 증감에 변화가 적을 것
- 펌프 내부의 검사 청소에 편리한 구조일 것
- 구조가 간단해서 취급이 간편할 것
- 모래와 니토(泥吐) 등이 혼입한 하수를 양수할 수 있을 것

102 하수종말처리장에서 발생한 슬러지는 그 처리처분을 간편하게 하기 위해서 농축처리한다. 수분 98%인 슬러지 30m³을 농축하여 수분 94%로 했을 때의 슬러지량은 얼마나 되겠는가?
㉮ 10m³   ㉯ 12m³
㉰ 15m³   ㉱ 18m³

해설 $30 : (100-94) = x : (100-98)$ ∴ $x = \dfrac{(100-98)}{(100-94)} \times 30 = 10\text{m}^3$

103 배수관을 망상(그물 모양)으로 배치하는 방식의 특징이 아닌 것은?
㉮ 고장의 경우 단수 염려가 없다.
㉯ 관내의 물이 정체하지 않는다.
㉰ 관로 해석이 편리하고 정확하다.
㉱ 수압분포가 균등하고 화재시에 유리하다.

해답 100. ㉮ 101. ㉱ 102. ㉮ 103. ㉰

해설 관로 해석이 복잡하고 건설비가 많이 소요된다.

104 강우강도 $I=\dfrac{3000}{t+15}$, 유출계수(C) 0.5, 배수면적(A) 1km², 유입시간(t) 5분, 관거 내 유속 1m/sec, 관거길이 600m인 경우 우수유출량을 합리식을 이용하여 구하면 얼마인가?

㉮ 40.8m³/sec   ㉯ 35.3m³/sec
㉰ 21.7m³/sec   ㉱ 13.9m³/sec

해설
- $t = 5 + \left(\dfrac{600}{1 \times 60}\right) = 15$분
- $I = \dfrac{3000}{t+15} = \dfrac{3000}{15+15} = 100$mm/hr
- $\therefore Q = \dfrac{1}{3.6} C \cdot A \cdot I = \dfrac{1}{3.6} 0.5 \cdot 1 \cdot 100 = 13.9$m³/sec

105 다음은 급수용 저수지의 유효저수량을 결정하기 위한 Ripple 곡선이다. 저수지의 수위가 가장 높아지는 때는?

㉮ O 시점
㉯ L 시점
㉰ M 시점
㉱ N 시점

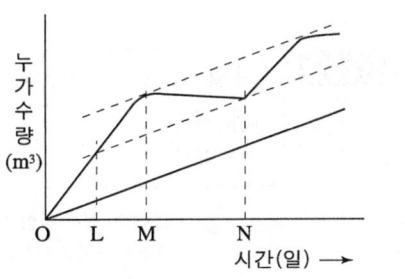

해설
- 유효 저수량 : $\overline{EF}$
- 저수 시작점 : C
- 저수지의 수위가 낮아진다. (하천 유량이 감소) : $\overline{DE}$

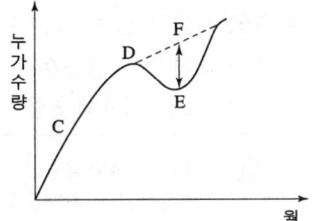

106 하천수 취수방법 중 수위변화에 대응할 수 있고 수위에 따라 좋은 수질을 선택하여 취수할 수 있으며 최소 수심 2m 이상을 유지하여야 취수가 가능한 방법은?

㉮ 취수관에 의한 방법   ㉯ 취수문에 의한 방법
㉰ 집수정에 의한 방법   ㉱ 취수탑에 의한 방법

해설
- 취수탑은 하천의 수위(유량)의 변화가 클 때 적합하다.
- 취수문은 하천에 접하는 하안이나 제방에 직접 취수구를 설치하여 취수하는 방법이다.

정답 104. ㉱ 105. ㉰ 106. ㉱

107 활성슬러지법에서 MLSS가 의미하는 것은?
㉮ 폐수 중의 부유물질   ㉯ 방류수 중의 부유물질
㉰ 폭기조 중의 부유물질   ㉱ 반송슬러지 중의 부유물질

- MLSS는 폭기조 내의 미생물(활성 슬러지) 농도를 나타내는 지표를 의미한다.
- 슬러지의 팽화 원인은 폭기조내 부유물질(MLSS)의 농도가 저하 때문에 발생한다.

108 하수처리장에서 BOD 30mg/L, 유량 20,000m³/day인 방류수를 하천에 방류하였다. 방류되기 전 하천의 BOD 3mg/L, 하천유량 0.4m³/sec일 때 방류수가 하천에 완전 혼합된다면 합류지점의 BOD 농도는?
㉮ 약 13mg/L   ㉯ 약 30mg/L
㉰ 약 23mg/L   ㉱ 약 33mg/L

혼합 BOD 농도 $= \dfrac{(30 \times 20000) + (3 \times 34560)}{20000 + 34560} ≒ 13\text{mg/L}$

여기서, $0.4\text{m}^3/\text{sec} = 0.4 \times 60 \times 60 \times 24 = 34560\text{m}^3/\text{day}$

109 원수를 음용이나 공업용 등 용도에 알맞게 처리하는 과정은?
㉮ 취수   ㉯ 정수
㉰ 도수   ㉱ 배수

- 상수의 정수과정 : 침전 → 여과 → 살균
- 계획정수량은 계획1일 최대급수량을 기준한다.

110 상수도 시설의 설계 시 계획취수량, 계획도수량, 계획정수량의 기준이 되는 것은?
㉮ 계획시간 최대급수량   ㉯ 계획1일 최대급수량
㉰ 계획1일 평균급수량   ㉱ 계획1일 총급수량

- 계획1일 최대급수량
  계획1인1일 최대급수량×급수인구×보급률
- 하수처리장 시설
  계획1일 최대오수량을 기준한다.

111 35m 지반고 위치에 지름 400mm 하수관을 매설하려고 한다. 최소 흙 두께를 고려한 관 하단부의 표고는?
㉮ 32.4m   ㉯ 33.6m
㉰ 34.0m   ㉱ 34.6m

매설 깊이가 1m 이상이므로 $35 - (1 + 0.4) = 33.6\text{m}$

정답 107. ㉰ 108. ㉮ 109. ㉯ 110. ㉯ 111. ㉯

112 다음 중 맛과 냄새의 제거에 주로 사용되는 것은?
- ㉮ 황산반토
- ㉯ PAC(고분자 응집제)
- ㉰ 활성탄
- ㉱ $CuSO_4$

> - 활성탄 : 높은 흡착성을 지닌 탄소질 물질, 목탄 따위를 활성화하여 만든 것으로 다공질이어서 색소나 냄새를 잘 빨아들인다.
> - 황산반토(황산 알루미늄) : 저렴하고 무독성으로 수질 탁질에 적합하며 부식성과 자극성이 없어 취급이 용이하다.
> - 황산동($CuSO_4$) : 조류가 많이 번식하면 부영양화를 발생시키므로 제거하기 위해 사용한다.
> - 상수도에서 맛과 냄새의 주된 원인은 조류의 영향이 크다.

113 계획오수량을 생활오수량, 공장폐수량 및 지하수량으로 구분할 때, 이것에 대한 설명으로 옳지 않은 것은?
- ㉮ 지하수량은 1인1일 최대오수량의 10~20%로 한다.
- ㉯ 계획1일 최대오수량은 1인1일 최대오수량에 계획인구를 곱한 후, 여기에 공장폐수량, 지하수량 및 기타 배수량을 더한 것으로 한다.
- ㉰ 계획1일 평균오수량은 계획1일 최대오수량의 70~80%를 표준으로 한다.
- ㉱ 합류식에서 우천시 계획오수량은 원칙적으로 계획시간 최대오수량의 2배 이상으로 한다.

> - 합류식에서 우천시 계획오수량은 원칙적으로 계획시간 최대오수량의 3배 이상으로 한다.
> - 계획시간 최대오수량은 계획 1일 최대오수량의 1시간당 수량의 1.3~1.8배를 표준으로 한다.
> - 하수처리장의 설계기준이 되는 기본적 하수량은 계획 1일 최대오수량을 기준한다.

114 하수도 계획의 기본적 사항에 대한 설명으로 틀린 것은?
- ㉮ 하수도 계획의 목표년도는 원칙적으로 10년 정도로 한다.
- ㉯ 하수의 배제방식에는 분류식과 합류식이 있으며, 지역 특성과 방류수역의 여건 등을 고려하여 결정한다.
- ㉰ 하수도의 계획구역은 처리구역과 배수구역으로 구분하여 고려사항을 충분히 검토하여 결정한다.
- ㉱ 하수도 계획은 구상, 조사, 예측, 시설계획 등의 절차로 수립한다.

> 하수도 계획의 목표년도는 원칙적으로 20년 정도로 한다.

115 완속여과지에 관한 설명으로 옳지 않은 것은?
- ㉮ 넓은 부지면적을 필요로 한다.
- ㉯ 응집제를 필수적으로 투입해야 한다.
- ㉰ 비교적 양호한 원수에 알맞은 방법이다.
- ㉱ 여과속도는 4~5m/d를 표준으로 한다.

정답 112. ㉰ 113. ㉱ 114. ㉮ 115. ㉯

해설
- 완속여과지에는 응집제를 사용하지 않는다.
- 완속여과지의 모래층의 두께는 70~90cm로 한다.
- 완속여과지의 형상은 직사각형을 표준으로 한다.

116 $K_2Cr_2O_7$은 강력한 산화제로 COD 측정에 사용된다. 수질검사에서 $K_2Cr_2O_7$의 소비량이 많은 경우 그 의미는?

㉮ 부유물질이 많다. ㉯ 유기물질이 많다.
㉰ 대장균이 많다. ㉱ 물의 경도가 높다.

해설 $K_2Cr_2O_7$(다이크로뮴산칼륨) 수용액을 유기물질에 산화제로 사용하여 소비된 산화제의 양에 상당하는 산소의 양을 나타낸다.

117 정수시설 중 응집지의 플록형성지에서 계획정수량에 대한 표준 플록형성시간(체류시간)은?

㉮ 10~30분 ㉯ 20~40분
㉰ 30~50분 ㉱ 40~60분

해설 플록형성단계에서는 평균 유속은 15~30cm/sec를 표준으로 한다.

118 상수도의 배수시설에 대한 설명으로 옳지 않은 것은?

㉮ 배수지의 유효수심은 3~6m 정도를 표준으로 한다.
㉯ 배수시설에는 배수지, 배수탑, 고가탱크 등이 있다.
㉰ 배수지의 유효용량은 배수구역의 계획 1일 평균급수량의 6시간분을 표준한다.
㉱ 배수탑과 고가탱크는 배수구역내 배수지를 설치할 적당한 높은 장소가 없을 때 설치한다.

해설 배수지의 유효용량은 급수구역의 계획 1일 최대급수량의 12시간분 이상을 표준으로 하여야 한다.

119 하수도의 관거시설 중 역사이펀에 대한 설명으로 옳지 않은 것은?

㉮ 역사이펀 관거는 일반적으로 복수로 한다.
㉯ 역사이펀 양측에 수직으로 역사이펀실을 설치한다.
㉰ 역사이펀 관거내의 유속은 상류측 관거내의 유속보다 작게 한다.
㉱ 역사이펀실은 수문설비 및 이토실을 설치한다.

해설
- 역사이펀 관거내의 유속은 상류측 관거내의 유속보다 크게 한다.
- 역사이펀실에는 수문설비 및 깊이 0.5m 정도의 이토실을 설치한다.
- 하수관거가 지하매설물을 횡단하는 경우 평면교차로서는 관거접합이 되지 않아 그 아래를 통과해야 하는데 이런 하수관거를 역사이펀이라고 한다.

정답 116. ㉯ 117. ㉯ 118. ㉰ 119. ㉰

120 그림은 사류펌프($N_S = 850$)의 펌프특성곡선이다. 축동력의 곡선은?

㉮ Ⓐ
㉯ Ⓑ
㉰ Ⓒ
㉱ Ⓓ

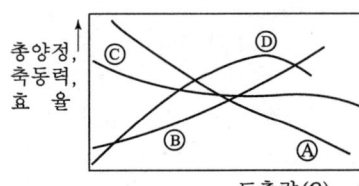

해설
- Ⓐ : 양정
- Ⓓ : 효율

정답 120. ㉯

토목산업기사

2017

01 응용역학
02 측량학
03 수리학
04 철근콘크리트 및 강구조
05 토질 및 기초
06 상하수도공학

기 출 문 제

2017년 3월 5일 시행
2017년 5월 7일 시행
2017년 9월 23일 시행

01 토목산업기사

응용역학 / 측량학 / 수리학 / 철근콘크리트 및 강구조 / 토질 및 기초 / 상하수도공학

[2017년 3월 5일 시행]

▌ 알려드립니다 ▐

한국산업인력공단의 저작권법 저촉에 대한 언급(2013년 2회 시험)이 있어 과거에 출제된 동일한 문제나 그 유형의 문제로 재구성하였습니다.

01 응/용/역/학

001 단순지지 보의 B 지점에 우력 모멘트 M_0가 작용하고 있다. 이 우력 모멘트로 인한 A 지점의 처짐각 θ_a를 구하면?

㉮ $\theta_a = \dfrac{M_0 L}{3EI}$

㉯ $\theta_a = \dfrac{M_0 L}{6EI}$

㉰ $\theta_a = \dfrac{M_0 L}{9EI}$

㉱ $\theta_a = \dfrac{M_0 L}{12EI}$

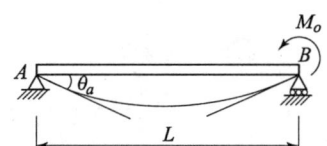

[해설] $\theta_A = \dfrac{l}{6EI}(2M_a + M_B),\ M_A = 0$

∴ $\theta_A = \dfrac{M_B \cdot l}{6EI} = \dfrac{M_0 L}{6EI}$

002 그림과 같은 등분포 하중에서 최대 휨 모멘트가 생기는 위치에서 휨응력이 $1200 kg/cm^2$라고 하면 단면계수는?

㉮ $400 cm^3$
㉯ $450 cm^3$
㉰ $500 cm^3$
㉱ $550 cm^3$

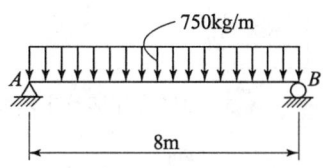

[해설]
• $M = \dfrac{wl^2}{8} = \dfrac{750 \times 8^2}{8}$
$= 6,000 kg \cdot m = 600,000 kg \cdot cm$

• $\sigma = \dfrac{M}{I} y = \dfrac{M}{Z}$

∴ $Z = \dfrac{M}{\sigma} = \dfrac{600000}{1200} = 500 cm^3$

[정답] 001. ㉯ 002. ㉰

003. EI (E는 탄성계수, I는 단면2차 모멘트)가 커짐에 따라 보의 처짐은?

㉮ 커진다.
㉯ 작아진다.
㉰ 커질 때도 있고 작아질 때도 있다.
㉱ EI는 처짐에 관계하지 않는다.

해설 처짐 $y = \dfrac{M'}{EI}$ 이므로 EI는 처짐과 반비례 관계이다.

004. 평면응력을 받는 요소가 다음과 같이 응력을 받고 있다. 최대 주응력을 구하면?

㉮ 640 kg/cm²
㉯ 1640 kg/cm²
㉰ 3600 kg/cm²
㉱ 1360 kg/cm²

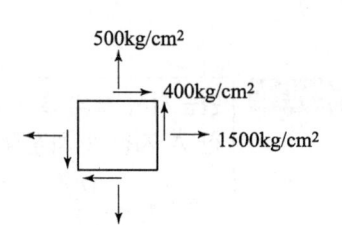

해설 최대주응력

$$\sigma = \frac{\sigma_x + \sigma_y}{2} + \sqrt{\left(\frac{\sigma_x - \sigma_y}{2}\right)^2 + \tau_{xy}^2} = \frac{1500 + 500}{2} + \sqrt{\left(\frac{1500 - 500}{2}\right)^2 + 400^2}$$
$$= 1640 \text{kg/cm}^2$$

005. 다음 보에서 B점의 수직반력은 얼마인가?

㉮ $\dfrac{M}{l}$

㉯ $\dfrac{2M}{3l}$

㉰ $\dfrac{3M}{2l}$

㉱ $\dfrac{1M}{2l}$

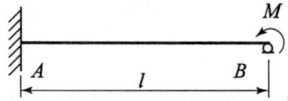

해설
- M작용시 B점의 처짐
$$y_{B1} = \frac{Ml^2}{2EI}$$
- R_B에 의한 B점의 처짐
$$y_{B2} = \frac{R_B \, l^3}{3EI} \qquad y_{B1} = y_{B2} \text{이므로}$$
$$\frac{Ml^2}{2EI} = \frac{R_B \, l^3}{3EI}$$
$$\therefore R_B = \frac{3M}{2l}$$

정답 003. ㉯ 004. ㉯ 005. ㉰

006 동일한 재료 및 단면을 사용한 다음 기둥 중 좌굴하중이 가장 작은 기둥은?

㉮ 양단 고정의 길이가 $2L$인 기둥
㉯ 양단 힌지의 길이가 L인 기둥
㉰ 일단 자유 타단 고정의 길이가 $0.5L$인 기둥
㉱ 일단 힌지 타단 고정의 길이가 $1.5L$인 기둥

해설 좌굴길이
㉮ $l_k = 0.5l = 0.5 \times 2L = L$
㉯ $l_k = l = L$
㉰ $l_k = 2l = 2 \times 0.5L = L$
㉱ $l_k = 0.7l = 0.7 \times 1.5L = 1.05L$
∴ 좌굴하중이 작은 기둥은 좌굴길이가 긴 기둥이다.

007 그림과 같은 캔틸레버보에서 휨모멘트에 의한 탄성변형에너지는? (단, EI는 일정하다.)

㉮ $\dfrac{\omega^2 L^5}{40EI}$ ㉯ $\dfrac{\omega^2 L^5}{96EI}$

㉰ $\dfrac{\omega^2 L^5}{240EI}$ ㉱ $\dfrac{\omega^2 L^5}{384EI}$

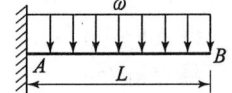

해설
$$U = \int \frac{M^2 x}{2EI} dx = \frac{1}{2EI} \int_0^l \left(-\frac{\omega x^2}{2}\right) dx = \frac{1}{2EI} \times \frac{\omega^2}{4} \left[\frac{x^5}{5}\right]_0^l$$
$$= \frac{1}{2EI} \times \frac{\omega^2}{4} \times \frac{l^5}{5} = \frac{\omega^2 l^5}{40EI}$$
여기서, $M_x = -\omega \cdot x \cdot \dfrac{x}{2} = -\dfrac{\omega x^2}{2}$

008 단면의 성질 중에서 폭 b, 높이가 h인 직사각형 단면의 단면 1차모멘트 및 단면 2차모멘트에 대한 설명으로 잘못된 것은?

㉮ 단면의 도심축을 지나는 단면 1차모멘트는 0이다.
㉯ 도심축에 대한 단면 2차모멘트는 $\dfrac{bh^3}{12}$
㉰ 직사각형 단면의 밑변축에 대한 단면 1차모멘트는 $\dfrac{bh^2}{6}$이다.
㉱ 직사각형 단면의 밑변축에 대한 단면 2차모멘트는 $\dfrac{bh^3}{3}$이다.

해설 $G_x = A \cdot y = b \cdot h \cdot \dfrac{h}{2} = \dfrac{bh^2}{2}$

정답 006. ㉱ 007. ㉮ 008. ㉰

009 직경 20mm, 길이 2m인 봉에 20t의 인장력을 작용시켰더니 길이가 2.08m, 직경이 19.8mm로 되었다면 푸아송비는 얼마인가?

㉮ 0.5　　㉯ 2　　㉰ 0.25　　㉱ 4

- $\nu = \dfrac{\beta}{\epsilon} = \dfrac{\dfrac{\Delta d}{d}}{\dfrac{\Delta l}{l}} = \dfrac{\Delta d \cdot l}{d \cdot \Delta l} = \dfrac{0.02 \times 200}{2 \times 8} = 0.25$

- $E = \dfrac{\sigma}{\epsilon} = \dfrac{P \cdot l}{A \cdot \Delta l}$

- $G = \dfrac{E}{2(1+\nu)}$

- 푸아송수 $m = \dfrac{1}{\nu} = \dfrac{\epsilon}{\beta}$

010 그림과 같이 부재의 자유단이 옆의 벽과 1mm 떨어져 있다. 부재의 온도가 현재보다 20℃ 상승할 때, 부재 내에 생기는 열응력의 크기는? (단, $E=20,000\text{kg/cm}^2$, $\alpha=10^{-5}/℃$이다.)

㉮ $1\,\text{kg/cm}^2$
㉯ $2\,\text{kg/cm}^2$
㉰ $3\,\text{kg/cm}^2$
㉱ $4\,\text{kg/cm}^2$

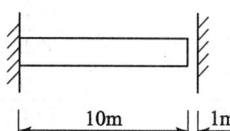

$\sigma = E \cdot \epsilon = E \cdot \dfrac{\Delta l}{l} = 20000 \times \dfrac{0.1}{1000} = 2\,\text{kg/cm}^2$

011 단면이 15cm×15cm인 정사각형이고, 길이 1m인 강재에 120kN의 압축력을 가했더니 1mm가 줄어들었다. 이 강재의 탄성계수는?

㉮ 5333.3MPa　　㉯ 5333.3kPa
㉰ 8333.3MPa　　㉱ 8333.3kPa

$E = \dfrac{\sigma}{\epsilon} = \dfrac{\dfrac{P}{A}}{\dfrac{\Delta l}{l}} = \dfrac{Pl}{A \cdot \Delta l} = \dfrac{120000 \times 1000}{(150 \times 150) \times 1} = 5333.3\,\text{N/mm}^2 = 5333.3\,\text{MPa}$

* 1MPa=1000kPa임.

012 그림과 같은 단면의 도심축(x-x축)에 대한 단면 2차 모멘트는?

㉮ $15,004\,\text{cm}^4$
㉯ $14,004\,\text{cm}^4$
㉰ $13,004\,\text{cm}^4$
㉱ $12,004\,\text{cm}^4$

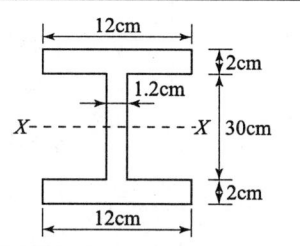

009. ㉰　010. ㉯　011. ㉮　012. ㉮

해설 $I_X = \frac{BH^3}{12} - \frac{bh^3}{12} = \frac{12 \times 34^3}{12} - \frac{10.8 \times 30^3}{12} = 15004 \text{cm}^4$

013 트러스 해법에 대한 가정 중 틀린 것은?
㉮ 각 부재는 마찰이 없는 힌지로 연결되어 있다.
㉯ 절점을 잇는 직선은 부재축과 일치한다.
㉰ 모든 외력은 절점에만 작용한다.
㉱ 각 부재는 곡선재와 직선재로 되어 있다.

해설
• 각 부재는 직선재로 되어 있다.
• 각 부재는 축방향력만 작용하고 전단력이나 휨모멘트는 생기지 않는다.

014 그림의 트러스에서 CD 부재가 받는 부재응력은?
㉮ 6.7t(인장)
㉯ 8.3t(압축)
㉰ 10t(인장)
㉱ 10t(압축)

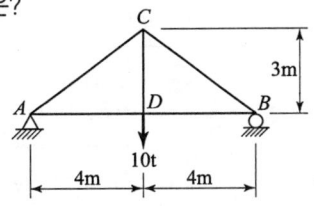

해설 $\Sigma V = 0, \overline{CD} = 10\text{t}(\uparrow)$

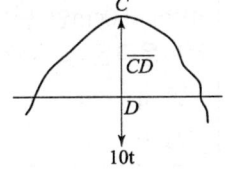

015 그림과 같은 단순보에서 전단력이 "0"이 되는 점에서 휨모멘트는?
㉮ 15.20 t · m
㉯ 14.06 t · m
㉰ 12.50 t · m
㉱ 0

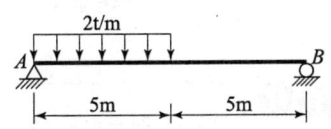

해설
• $\Sigma M_B = 0$ $R_A \times 10 - 2 \times 5 \times \left(\frac{5}{2} + 5\right) = 0$ ∴ $R_A = 7.5\text{t}$
• A점에서 x 만큼 떨어진 곳의 전단력이 0이라면
$S_{x=0}, 7.5 - 2 \times x = 0$
∴ $x = 3.75\text{m}$
• 3.75m 지점의 모멘트
$M_{x=3.75} = 7.5 \times 3.75 - 2 \times 3.75 \times \frac{3.75}{2} = 14.06\text{t} \cdot \text{m}$

정답 013. ㉱ 014. ㉰ 015. ㉯

016

다음 그림과 같은 구조물의 부정정 차수는?

㉮ 1차 부정정
㉯ 3차 부정정
㉰ 4차 부정정
㉱ 6차 부정정

해설) $N = r - 3 - h = 7 - 3 = 4$차 부정정

017

다음의 단순보에서 $B \sim D$ 구간의 전단력은?

㉮ 3.5 t
㉯ −3.5 t
㉰ 4 t
㉱ −4 t

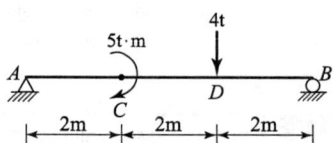

해설)
- $\Sigma M_A = 0$
  $-R_B \times 6 + 4 \times 4 + 5 = 0$
  $\therefore R_B = 3.5\text{t}$
- $S_{B \sim D} = -R_B = -3.5\text{t}$

018

30cm×50cm인 단면의 보에 9t의 전단력이 작용할 때 이 단면에 일어나는 최대 전단응력은 몇 kg/cm²인가?

㉮ 4
㉯ 6
㉰ 8
㉱ 9

해설)
- $\tau_{\max} = \dfrac{3}{2} \cdot \dfrac{S}{A} = \dfrac{3}{2} \cdot \dfrac{9000}{30 \times 50} = 9\text{kg/cm}^2$
- 원형단면의 경우 $\tau_{\max} = \dfrac{4}{3} \cdot \dfrac{S}{A}$

019

오일러 좌굴하중 $P_{cr} = \dfrac{\pi^2 EI}{L^2}$ 을 유도할 때 가정사항 중 틀린 것은?

㉮ 하중은 부재축과 나란하다.
㉯ 부재는 초기 결함이 없다.
㉰ 양단이 핀으로 연결된 기둥이다.
㉱ 부재는 비선형 탄성재료로 되어 있다.

해설) 부재는 선형 탄성재료로 되어 있다.

해답) 016. ㉰ 017. ㉯ 018. ㉱ 019. ㉱

020 외력을 받으면 구조물의 일부나 전체의 위치가 이동될 수 있는 상태를 무엇이라 하는가?
- ㉮ 안정
- ㉯ 불안정
- ㉰ 정정
- ㉱ 부정정

해설) 외력이 작용했을 경우 구조물이 평형을 이루지 못하고 위치나 모양이 변하는 상태를 불안정이라 한다.

02 측/량/학

021 3km의 거리를 30m의 테이프로 측정하였을 때 1회 측정의 부정오차를 ±4mm로 보면 부정오차의 총합은?
- ㉮ ±30mm
- ㉯ ±35mm
- ㉰ ±40mm
- ㉱ ±45mm

해설) 부정오차 = 오차 $\sqrt{횟수} = \pm 4\sqrt{\dfrac{3000}{30}} = 40mm$

022 매개변수 $A=60m$인 클로소이드의 곡선길이가 30m일 때 종점에서의 곡선반경은?
- ㉮ 60m
- ㉯ 90m
- ㉰ 120m
- ㉱ 150m

해설) $A^2 = R \cdot L$
∴ $R = \dfrac{A^2}{L} = \dfrac{60^2}{30} = 120m$

023 다음 표는 폐합 트래버스 위거, 경거의 계산 결과이다. 면적을 구하기 위한 CD측선의 배횡거는 얼마인가?
- ㉮ 180.38m
- ㉯ 202.15m
- ㉰ 311.23m
- ㉱ 360.15m

측선	위거(m)	경거(m)	측선	위거(m)	경거(m)
AB	+67.21	+89.35	CD	−69.11	−45.22
BC	−42.12	+23.45	DA	+44.02	−67.58

해설)
- 배횡거＝전 측선 배횡거＋전 측선 경거＋그 측선 경거
- AB 측선의 배횡거＝89.35m
- BC 측선의 배횡거＝89.35＋89.35＋23.45＝202.15m
- CD 측선의 배횡거＝202.15＋23.45−45.22＝180.38m

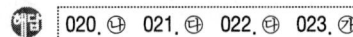

024 표고 500m인 평탄지에서의 거리 1000m를 평균 해수면상의 값으로 환산할 때의 표고 보정값은? (단, 지구의 곡률반경은 6370km로 한다.)
- ㉮ −0.078m
- ㉯ −0.098m
- ㉰ 0.088m
- ㉱ 0.118m

해설 표고에 대한 보정
$$C_h = -\frac{DH}{R} = -\frac{1 \times 500}{6370} = -0.078\text{m}$$

025 고속도로의 노선설계에 많이 이용되는 완화곡선은?
- ㉮ 클로소이드 곡선
- ㉯ 3차 포물선
- ㉰ 렘니스케이트 곡선
- ㉱ 반파장 sin 곡선

해설
- 클로소이드 곡선 : 고속도로
- 렘니스케이트 곡선 : 시가지 지하철
- 반파장 sin 곡선 : 고속철도
- 3차 포물선 : 철도

026 축척 1/1000의 지형도를 이용하여 축척 1/5000 지형도를 제작하려고 한다. 1/5000 지형도 1장의 제작을 위해서는 1/1000 지형도 몇 장이 필요한가?
- ㉮ 5매
- ㉯ 15매
- ㉰ 25매
- ㉱ 30매

해설 (축척비)² = 면적비
$$\left(\frac{5000}{1000}\right)^2 = 25\text{매}$$

027 축척 1 : 600으로 평판측량할 때 앨리데이드의 외심 거리에 의하여 생기는 외심 오차는? (단, 외심 거리는 24mm)
- ㉮ 0.04mm
- ㉯ 0.08mm
- ㉰ 0.4mm
- ㉱ 0.8mm

해설
- 외심 오차 $q = \dfrac{e}{M} = \dfrac{24}{600} = 0.04\text{mm}$
- 구심 오차 $e = \dfrac{q \cdot M}{2}$

정답 024. ㉮ 025. ㉮ 026. ㉰ 027. ㉮

028 트래버스 측량의 일반적인 순서로 옳은 것은?
㉮ 선점 - 방위각 관측 - 조표 - 수평각 및 거리 관측 - 답사 - 계산
㉯ 선점 - 조표 - 답사 - 수평각 및 거리 관측 - 방위각 관측 - 계산
㉰ 답사 - 선점 - 조표 - 방위각 관측 - 수평각 및 거리 관측 - 계산
㉱ 답사 - 조표 - 방위각 관측 - 선점 - 수평각 및 거리 관측 - 계산

- 트래버스 측량의 선점시 측점간의 거리는 될 수 있는 한 등거리로 한다.
- 삼각측량의 순서
  도상계획 → 답사 및 선점 → 조표 → 각관측 → 삼각점 전개 → 계산 및 성과표 작성

029 초점거리 120mm, 비행고도 2,500m로 연직사진을 촬영하였다. 이 사진상의 비고 400m인 작은 산의 축척은?
㉮ 1/17,500 ㉯ 1/25,000
㉰ 1/35,000 ㉱ 1/45,000

$$\frac{1}{m}=\frac{f}{H-h}=\frac{0.12}{2,500-400}=\frac{1}{17,500}$$

030 캔트(cant)의 계산에서 속도 및 반지름을 2배로 하면 캔트는 몇 배가 되는가?
㉮ 2배 ㉯ 4배
㉰ 8배 ㉱ 16배

- 캔트 $C=\frac{SV^2}{gR}$ 관계식에서 속도 V와 반지름 R을 1배로 하면
$$C=\frac{S(2V)^2}{g(2R)}=\frac{S4V^2}{g2R}=\frac{2SV^2}{gR}$$
∴ 2배
- 캔트가 커지면 곡률 반경은 감소한다.
- 종점에 있는 캔트는 원곡선의 캔트와 같다.
- 캔트란 철도에서는 캔트라 하고 도로에서는 편물매라 하며 곡선부의 바깥쪽을 높이는 것을 뜻한다.

031 삼각점 C에 기계를 세울 수 없어서 2.5m 편심하여 B에 기계를 설치하고 $T' = 31°15'40''$를 얻었다. 이때 T는? (단, $\varphi=300°20'$, $S_1=2$km, $S_2=3$km)
㉮ 31°14'49''
㉯ 31°15'18''
㉰ 31°15'29''
㉱ 31°15'41''

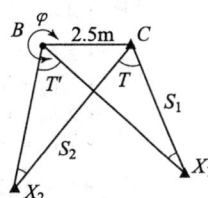

정답 028.㉰ 029.㉮ 030.㉮ 031.㉮

- $\dfrac{e}{\sin X_1} = \dfrac{S_l}{\sin(360°-\varphi)}$

  $\therefore X_1 = \sin^{-1}\dfrac{2.5}{2000}\sin(360°-300°20') = 3'43''$

- $\dfrac{e}{\sin X_2} = \dfrac{S_2}{\sin(360°-\varphi+T')}$

  $\therefore X_2 = \sin^{-1}\dfrac{2.5}{3000}\sin(360°-300°20'+31°15'40'') = 2'52''$

- $T = T' + X_2 - X_1 = 30°15'40'' + 2'52'' - 3'43'' = 31°14'49''$

032 하천에서 2점법으로 평균유속을 구할 경우 관측하여야 할 두 지점의 위치는?

㉮ 수면으로부터 수심의 $\dfrac{1}{5}$, $\dfrac{3}{5}$ 지점

㉯ 수면으로부터 수심의 $\dfrac{1}{5}$, $\dfrac{4}{5}$ 지점

㉰ 수면으로부터 수심의 $\dfrac{2}{5}$, $\dfrac{3}{5}$ 지점

㉱ 수면으로부터 수심의 $\dfrac{2}{5}$, $\dfrac{4}{5}$ 지점

- $0.2H$, $0.8H$에 해당하는 위치에서 유속을 구한다.
- 2점법 $V_m = \dfrac{1}{2}(V_{0.2} + V_{0.8})$
- 3점법은 수면에서 깊이의 $0.2H$, $0.6H$, $0.8H$ 되는 지점에서 측정한 유속을 평균한다.
- 1점법은 수면으로부터 수심 $0.6H$ 되는 곳의 유속이다.

033 토공량을 계산하기 위해 대상구역을 삼각형으로 분할하여 각 교점의 절토고를 측량한 결과 그림과 같이 얻어졌다. 토공량은? (단, 단위 m)

㉮ $85m^3$
㉯ $90m^3$
㉰ $95m^3$
㉱ $100m^3$

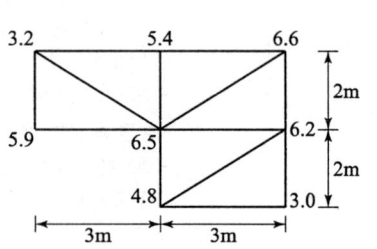

- $A = \dfrac{1}{2} \times 3 \times 2 = 3m^2$
- $\sum h_1 = 5.9 + 3.0 = 8.9m$
- $\sum h_2 = 3.2 + 5.4 + 6.6 + 4.8 = 20$
- $\sum h_3 = 6.2m$
- $\sum h_5 = 6.5m$
- $V = \dfrac{A}{3}(\sum h_1 + 2\sum h_2 + 3\sum h_3 + \cdots) = \dfrac{3}{3}(8.9 + 2 \times 20 + 3 \times 6.2 + 5 \times 6.5) = 100m^3$

032. ㉯ 033. ㉱

034 노선측량에서 노선을 선정할 때 유의해야 할 사항으로 옳지 않은 것은?

㉮ 배수가 잘 되는 곳으로 한다.
㉯ 노선 선정시 가급적 직선이 좋다.
㉰ 절토 및 성토의 운반거리를 가급적 짧게 한다.
㉱ 가급적 성토 구간이 길고 토공량이 많아야 한다.

• 가급적 성토 구간이 짧고 절토와 성토의 균형을 이루어 토공량을 적게 한다.
• 건설비, 유지비가 적게 드는 노선이어야 한다.
• 가급적 급경사 노선은 피하는 것이 좋다.

035 지형도의 등고선 간격을 결정하는 데 고려하여야 할 사항과 거리가 먼 것은?

㉮ 지형   ㉯ 축척
㉰ 측량목적   ㉱ 측량거리

지역의 넓이, 토지의 경사도 등 현재상황, 외업 및 내업에 소요되는 시간과 비용 등이 관계가 있다.

036 어떤 경사진 터널 내에서 수준측량을 실시하여 그림과 같은 결과를 얻었다. $a=1.15m$, $b=1.56m$, 경사거리(S)=31.69m, 연직각 $\alpha=+17°47'$일 때 두 측점 간의 고저차는?

㉮ 5.3m
㉯ 8.04m
㉰ 10.09m
㉱ 12.43m

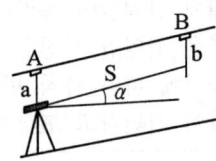

• $H_A = 1.15m$
• $H_B = 1.56 + L\tan\alpha = 1.56 + 30.18\tan 17°47' = 11.24m$
 여기서, 수평거리 $L = S\cos\alpha = 31.69\cos 17°47' = 30.18m$
∴ $H_B - H_A = 11.24 - 1.15 = 10.09m$

037 거리측량에서 발생하는 오차 중에서 착오(과오)에 해당되는 것은?

㉮ 줄자의 눈금이 표준자와 다를 때
㉯ 줄자의 눈금을 잘못 읽었을 때
㉰ 관측시 줄자의 온도가 표준온도와 다를 때
㉱ 관측시 장력이 표준장력과 다를 때

관측자의 기술 미숙, 심리상태의 혼란, 부주의 등으로 일어나는 오차를 착오라 한다.

034. ㉱ 035. ㉱ 036. ㉰ 037. ㉯

038
수준측량 용어 중 지반고를 구할려고 할 때 기지점에 세운 표척의 읽음을 의미하는 것은?

㉮ 전시 ㉯ 후시 ㉰ 표고 ㉱ 기계고

[해설] 미지점에 세운 표척의 읽음을 전시라 하고 기지점에 세운 표척을 읽음을 후시라 한다.

039
토지의 면적계산에 사용되는 심프슨의 제1법칙은 그림과 같은 포물선 AMB의 면적(빗금친 부분)을 사각형 ABCD 면적의 얼마로 보고 유도한 공식인가?

㉮ 1/2
㉯ 2/3
㉰ 3/4
㉱ 3/8

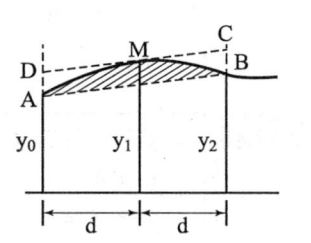

[해설] AB를 2차 곡선으로 가정한 경우이므로 심프슨의 제1법칙이며 AMB의 면적을 ABCD 면적의 약 2/3 정도이다.

040
디지털 카메라로 촬영한 항공사진측량의 일반적인 특징에 대한 설명으로 옳은 것은?

㉮ 기상 상태에 관계없이 측량이 가능하다.
㉯ 넓은 지역을 촬영한 사진은 정사투영이다.
㉰ 다양한 목적에 따라 축척 변경이 용이하다.
㉱ 기계 조작이 간단하고 현장에서 측량이 잘못된 곳을 발견하기 쉽다.

[해설]
- 기상 상태에 영향을 받는다.
- 넓은 지역을 촬영한 중심투영이다.
- 현장에서 측량이 잘못된 곳을 발견하기 쉽지 않다.

03 수/리/학

041
2m×2m×2m인 고가수조에 관로를 통해 유입되는 물의 유입량이 0.15 l/sec일 때 만수가 되기까지 걸리는 시간은 얼마인가? (단, 현재 고가수조의 수심은 0.5m이다.)

㉮ 5hr 20min
㉯ 8hr 22min
㉰ 10hr 5min
㉱ 11hr 7min

[해설] $2 \times 2 \times (2-0.5) = 0.15 \times 10^{-3} \times t$

$\therefore t = \dfrac{2 \times 2 \times (2-0.5)}{0.15 \times 10^{-3}} = 40,000 \text{sec} = 11$시간 7분

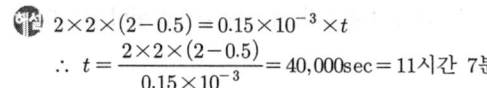

[해답] 038. ㉯ 039. ㉯ 040. ㉰ 041. ㉱

[042] 지름 100cm의 원형단면 관수로에 물이 만수되어 흐를 때의 동수반경(動水半徑)은?

㉮ 20cm   ㉯ 25cm
㉰ 50cm   ㉱ 75cm

해설
- $R = \dfrac{A}{P} = \dfrac{D}{4} = \dfrac{100}{4} = 25\text{cm}$
- 직사각형 단면 $B = 2h$, $R = \dfrac{h}{2}$

[043] 그림과 같이 원관의 중심축에 수평하게 놓여 있고 계기압력이 각각 1.8kg/cm², 2.0kg/cm²일 때 유량은?

㉮ 약 203 l/sec
㉯ 약 223 l/sec
㉰ 약 243 l/sec
㉱ 약 263 l/sec

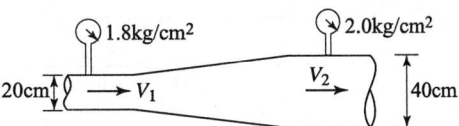

해설
$Q = A_1 \cdot V_1 = A_2 \cdot V_2$

$\dfrac{3.14 \times 20^2}{4} \times V_1 = \dfrac{3.14 \times 40^2}{4} \times V_2$ $\therefore V_1 = 4V_2$

$\dfrac{P_1}{w} + \dfrac{V_1^2}{2g} = \dfrac{P_2}{w} + \dfrac{V_2^2}{2g}$, $\dfrac{1.8}{1} + \dfrac{V_1^2}{2 \times 9.8} = \dfrac{2}{1} + \dfrac{V_2^2}{2 \times 9.8}$

$1800 + \dfrac{V_1^2}{1960} = 2000 + \dfrac{V_2^2}{1960}$

$2000 - 1800 = \dfrac{V_1^2 - V_2^2}{1960} = \dfrac{(4V_2)^2 - V_2^2}{1960}$

$\therefore V_2 = 161.66\text{cm/sec}$, $V_1 = 646.64\text{cm/sec}$

$\therefore Q = A_1 \cdot V_1 = \dfrac{3.14 \times 0.2^2}{4} \times 6.46 = 0.203\text{m}^3/\text{sec} = 203 l/\text{sec}$

[044] 정상적인 흐름 내의 한 개 유선에서 동수경사선은 다음 중 어느 값을 연결한 선의 기울기인가? (단, v =유속, g =중력가속도, w_o =물의 단위중량, P =압력, Z =위치수두)

㉮ $\dfrac{v^2}{2g} + \dfrac{P}{w_o}$ ㉯ $\dfrac{v^2}{2g} + Z$

㉰ $\dfrac{v^2}{2g} + \dfrac{P}{w_o} + Z$ ㉱ $\dfrac{P}{w_o} + Z$

해설
- 동수경사선 $= \dfrac{P}{w} + Z$
- 에너지선 $= \dfrac{V^2}{2g} + \dfrac{P}{w} + Z$

정답 042. ㉯ 043. ㉮ 044. ㉱

045 Darcy 법칙에서 투수계수의 차원은?
㉮ 동수경사의 차원이다. ㉯ 속도수두의 차원이다.
㉰ 유속의 차원이다. ㉱ 점성계수의 차원이다.

해설
• 지하수 유속이 크지 않을 때 유속 V는 동수경사에 비례한다. 즉, $V=ki$이다.
• 투수계수 k는 속도의 차원이다. 즉, cm/sec $[LT^{-1}]$이다.

046 개수로 흐름에서 수심이 1m, 유속이 2m/sec이라면 흐름의 상태는?
㉮ 상류(常流) ㉯ 난류(亂流)
㉰ 층류(層流) ㉱ 사류(射流)

해설
• $F_r = \dfrac{V}{\sqrt{gh}} = \dfrac{2}{\sqrt{9.8 \times 1}} = 0.64$
• $F_r < 1$: 상류
• $F_r > 1$: 사류

047 동점성계수인 ν를 나타내는 특수단위는?
㉮ Poise ㉯ mega ㉰ Stokes ㉱ Gal

해설 동점성계수의 단위는 1cm²/sec=1stokes이다.

048 수조1과 수조2를 단면적 A인 완전수중 오리피스 2개로 연결하였다. 수조1로부터 상시 일정한 유량의 물을 수조2로 송수할 때 양소조의 수면차(H)는? [단, 오리피스의 유량계수는 C이고, 접근유속수두(h_a)는 무시한다.]

㉮ $H = \left(\dfrac{Q}{A\sqrt{2g}}\right)^2$ ㉯ $H = \left(\dfrac{Q}{2A\sqrt{2g}}\right)^2$
㉰ $H = \left(\dfrac{Q}{2CA\sqrt{2g}}\right)^2$ ㉱ $H = \left(\dfrac{Q}{CA\sqrt{2g}}\right)^2$

해설
• $Q = CA\sqrt{2gH}$
• 수조가 2개이므로 $Q = 2CA\sqrt{2gH}$
∴ $H = \left(\dfrac{Q}{2CA}\right)^2 \div 2g = \left(\dfrac{Q}{2CA\sqrt{2g}}\right)^2$

049 개수로에서 유속을 V, 중력가속도를 g, 수심을 h로 표시할 때 장파(長波)의 전파속도를 나타내는 것은?
㉮ gh ㉯ Vh
㉰ $\sqrt{gh}$ ㉱ $\sqrt{Vh}$

해답 045. ㉰ 046. ㉮ 047. ㉰ 048. ㉰ 049. ㉰

해설
- 장파의 전달속도 $C=\sqrt{gh}$
- Froude 수 $F_r=\dfrac{V}{C}=\dfrac{V}{\sqrt{gh}}$
- $F_r<1$: 상류, $F_r>1$: 사류

050 부체가 물 위에 떠 있을 때, 부체의 중심(G)과 부심(C)의 거리를 e, 부심(C)과 경심(M)의 거리를 a, 경심(M)에서 중심(G)까지의 거리를 b라 할 때, 부체의 안정 조건은?

㉮ $a>e$ ㉯ $a<b$
㉰ $b<e$ ㉱ $b>e$

해설
- 경심(M)이 무게중심(G)보다 위에 있으면 안정하다.
- $\overline{CM}>\overline{CG}$: 안정
- 경심고 $\overline{MG}>0$: 안정
- 부체가 경심, 무게중심, 부심 순서로 있으면 안정하다.
- 부체는 부심(C)과 물 표면에 떠 있는 물체의 중심(G)이 동일 연직선 상에 있으면 안정하다.
- 경심(M)이 중심(G)보다 높은 곳에 있을 경우 복원 모멘트가 발생된다.

051 그림에서 판 AB에 가해지는 힘 F는? (단, ρ는 밀도)

㉮ $Q\dfrac{V_1^2}{2g}$
㉯ $\rho Q V_1$
㉰ $\rho Q V_1^2$
㉱ $\rho Q V_2$

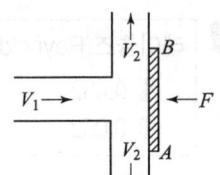

해설 $F=\dfrac{\omega}{g}Q(V_1-V_2)=\dfrac{\omega}{g}Q(V_1-0)=\rho Q V_1$

052 원관내 흐름이 포물선형 유속분포를 가질 때 관 중심선상에서의 유속을 V_o, 전단응력을 τ_o, 관 벽면에서의 전단응력을 τ_s, 관내의 평균유속을 V_m, 관 중심선에서 y만큼 떨어져 있는 곳의 유속을 V라 할 때 다음 중 옳지 않은 것은?

㉮ $V_0>V$
㉯ $V_0=2V_m$
㉰ $\tau_s=2\tau_0$
㉱ $\tau_s>\tau_0$

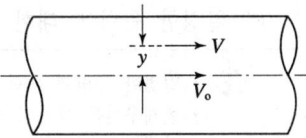

해설
- $\tau_0=0$
- 관내 최대유속 $V_{\max}=2V_m$

해답 050. ㉮ 051. ㉯ 052. ㉰

2017년 3월 5일 시행

053 Darcy의 법칙을 지하수의 흐름에 적용할 때 가장 잘 일치되는 것은?
㉮ 난류
㉯ 층류
㉰ 사류
㉱ 상류

• Darcy의 법칙은 지하수의 흐름속도가 수두구배에 비례한다.
• $1 < R_e < 10$의 조건은 지하수의 흐름에서 사용하는 층류의 조건이다.

054 정상류(steady flow)의 정의로 가장 적합한 것은?
㉮ 한 점에서 수리학적 특성이 시간에 따라 변화하지 않는 흐름
㉯ 어떤 순간에 가까운 점들의 수리학적 특성이 흐름의 상태와 같아지는 흐름
㉰ 수리학적 특성이 시간에 따라 점차적으로 흐름의 상태와 같이 변화하는 흐름
㉱ 어떤 구간에서만 수리학적 특성과 흐름의 상태가 변화하는 흐름

정류(정상류)란 모든 점에서의 흐름과 특성이 시간에 따라 변하지 않는 흐름이다.
즉, 유량, 수위, 유속 등이 시간에 관계없이 동일하다.
$\left(\frac{\partial A}{\partial t} = 0, \ \frac{\partial}{\partial l}(AV) = 0, \ \frac{\partial Q}{\partial l} = 0 \right)$
$\left(\frac{\partial V}{\partial t} = 0, \ \frac{\partial Q}{\partial t} = 0, \ \frac{\partial \rho}{\partial t} = 0 \right)$

055 레이놀즈(Reynolds)수가 1,000인 관에 대한 마찰손실계수(f)는?
㉮ 0.032
㉯ 0.046
㉰ 0.052
㉱ 0.064

$R_e < 2000$인 경우
$f = \dfrac{64}{R_e} = \dfrac{64}{1000} = 0.064$

056 개수로를 따라 흐르는 한계류에 대한 설명으로 옳지 않은 것은?
㉮ 주어진 유량에 대하여 비에너지(specific energy)가 최소이다.
㉯ 주어진 비에너지에 대하여 유량이 최대이다.
㉰ 후르드(Froude)수는 1이다.
㉱ 일정한 유량에 대한 비력(specific force)이 최대이다.

• 일정한 유량에 대한 비력(specific force)이 최소이다.
• 한계수심은 흐름의 속도가 장파의 전파속도와 같은 흐름의 수심이다.
• 한계수심은 상류에서 사류로 변할 경우에 한계수심이 지배단면이 될 수 있다.

053. ㉯ 054. ㉮ 055. ㉱ 056. ㉱

057 압력을 P, 물의 단위무게를 w라 할 때 P/w의 단위는?
㉮ 시간 ㉯ 길이
㉰ 질량 ㉱ 중량

해설) $P = w \cdot h$
∴ $h = \dfrac{P}{w} = \dfrac{kg/cm^2}{kg/cm^3} = cm$

058 폭 7.0m의 수로 중간에 폭 2.5m의 직사각형 위어를 설치하였더니 월류수심이 0.35m이었다면 이때 월류량은? (단, C=0.63이며 접근유속은 무시한다.)
㉮ 0.401 m³/s ㉯ 0.439 m³/s
㉰ 0.963 m³/s ㉱ 1.444 m³/s

해설) $Q = \dfrac{2}{3} Cb\sqrt{2g}\, H^{3/2} = \dfrac{2}{3} \times 0.63 \times 2.5 \times \sqrt{2 \times 9.8} \times 0.35^{3/2} = 0.963\,m^3/s$

059 도수(Hydraulic jump) 현상에 관한 설명으로 옳지 않은 것은?
㉮ 역적-운동량 방정식으로부터 유도할 수 있다.
㉯ 상류에서 사류로 급변할 경우 발생한다.
㉰ 도수로 인한 에너지 손실이 발생한다.
㉱ 파상도수와 완전도수는 Froude 수로 구분한다.

해설)
• 도수란 사류에서 상류로 변할 때 수면이 불연속적으로 뛰는 현상이다.
• 도수 전후의 충력치(비력)는 동일하다.

060 그림과 같이 물속에 잠긴 원판에 작용하는 전수압은? (단, 무게 1kg=9.8N)
㉮ 92.3 kN
㉯ 184.7 kN
㉰ 369.3 kN
㉱ 738.5 kN

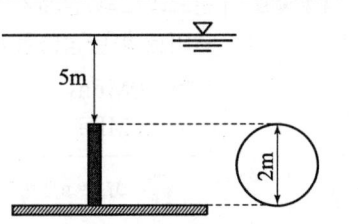

해설) $P = w\, h_G\, A = 1000 \times (5 + \dfrac{2}{2}) \times \dfrac{3.14 \times 2^2}{4} = 18840\,kg = 184632\,N = 184.7\,kN$

해답 057.㉯ 058.㉰ 059.㉯ 060.㉯

04 철/근/콘/크/리/트 /및/ 강/구/조

061 철근콘크리트 부재에서 전단철근으로 부재축에 직각인 스터럽을 사용할 때 최대 간격은 얼마이어야 하는가? [단, d는 부재의 유효깊이이며, V_s가 $(\sqrt{f_{ck}}/3)b_w d$를 초과하지 않는 경우]

㉮ d와 400mm 중 최소값 이하
㉯ d와 600mm 중 최소값 이하
㉰ $0.5d$와 400mm 중 최소값 이하
㉱ $0.5d$와 600mm 중 최소값 이하

해설 • 부재축에 직각으로 설치되는 스터럽의 간격
  $0.5d$ 이하, 600mm 이하
• $V_s > \dfrac{1}{3}\sqrt{f_{ck}} \cdot b_w \cdot d$일 경우
  $\dfrac{d}{4}$ 이하, 300mm 이하

062 콘크리트의 부착에 관한 설명 중 틀린 것은?

㉮ 이형철근은 원형 철근보다 부착강도가 크다.
㉯ 약간 녹이 슨 철근은 부착강도가 현저히 떨어진다.
㉰ 콘크리트 강도가 커지면 부착강도가 커진다.
㉱ 같은 철근량을 가질 경우 굵은 철근보다 가는 것을 여러 개 쓰는 것이 부착에 좋다.

해설 • 약간 녹이 슨 철근은 부착강도가 증가한다.
• 철근과 콘크리트 사이의 부착강도는 크다.

063 콘크리트의 설계기준강도 f_{ck}=35MPa, 콘크리트의 압축강도 f_c=8MPa일 때 콘크리트의 탄성변형에 의한 PS 강재의 프리스트레스 감소량은? (단, n은 7)

㉮ 40MPa
㉯ 48MPa
㉰ 56MPa
㉱ 64MPa

해설 $\Delta f_p = nf_c = 7 \times 8 = 56\text{MPa}$

064 PSC에서 프리텐션 방식의 장점이 아닌 것은?

㉮ PS 강재를 곡선으로 배치하기 쉽다.
㉯ 정착장치가 필요하지 않다.
㉰ 제품의 품질에 대한 신뢰도가 높다.
㉱ 대량 제조가 가능하다.

해설 프리텐션 방식은 PS 강재의 곡선배치가 어렵다.

정답 061. ㉱ 062. ㉯ 063. ㉰ 064. ㉮

065

대칭 T형보에서 경간이 12m이고, 양쪽 슬래브의 중심간격이 1800mm, 플랜지의 두께 120mm, 복부의 폭 300mm일 때 플랜지의 유효 폭은 얼마인가?

㉮ 1800mm
㉯ 2000mm
㉰ 2220mm
㉱ 2600mm

해설
- $16t + b_w = 16 \times 120 + 300 = 2220mm$
- 양쪽 슬래브의 중심간 거리 = 1800mm
- 보의 경간의 $\dfrac{1}{4} = \dfrac{12000}{4} = 3000mm$

∴ 가장 작은 값인 1800mm를 유효 폭으로 한다.

066

인장철근 D19(공칭직경 : 19.1mm)를 정착시키는 데 필요한 기본 정착길이(l_{db})는? (단, f_{ck}=21MPa, f_y=300MPa이다.)

㉮ 542mm
㉯ 751mm
㉰ 987mm
㉱ 1,125mm

해설
$$l_{db} = \dfrac{0.6 d_b f_y}{\sqrt{f_{ck}}} = \dfrac{0.6 \times 19.1 \times 300}{\sqrt{21}} = 751mm$$

- 이형철근의 정착길이
  $l_d = l_{db} \times$ 보정계수
  정착길이(l_d)는 300mm 이상이어야 한다.

067

b_w=300mm, d=600mm이고, A_s=3,800mm²인 단철근 직사각형 보에서 f_{ck}=24MPa, f_y=400MPa일 때 강도설계법에 의한 등가응력의 깊이 a는?

㉮ 203.0mm
㉯ 248.4mm
㉰ 264.5mm
㉱ 297.2mm

해설 $C = T$
$0.85 f_{ck} ab = A_s f_y$

∴ $a = \dfrac{A_s f_y}{0.85 f_{ck} b} = \dfrac{3800 \times 400}{0.85 \times 24 \times 300} = 248.4mm$

068

b_w=300mm, d=700mm인 단철근 직사각형 보에서 균형철근량을 구하면? (단, f_{ck}=21MPa, f_y=240MPa)

㉮ 11,219mm²
㉯ 10,219mm²
㉰ 9,483mm²
㉱ 9,134mm²

정답 065. ㉮ 066. ㉯ 067. ㉯ 068. ㉰

해설
- 균형철근비

$$\rho_b = 0.85\beta_1 \frac{f_{ck}}{f_y} \frac{600}{600+f_y} = 0.85 \times 0.85 \times \frac{21}{240} \times \frac{600}{600+240} = 0.04516$$

여기서, $f_{ck} \leq 28\text{MPa}$이므로 $\beta_1 = 0.85$

- $A_s = \rho_b bd = 0.04516 \times 300 \times 700 = 9483\text{mm}^2$

069 철근콘크리트 부재에 고정하중 30kN/m, 활하중 50kN/m가 작용한다면 소요강도 (U)는?

㉮ 73 kN/m ㉯ 116 kN/m
㉰ 127 kN/m ㉱ 155 kN/m

해설 $U = 1.2\omega_D + 1.6\omega_L = 1.2 \times 30 + 1.6 \times 50 = 116\text{kN/m}$

070 인장 이형철근의 정착길이는 기본 정착길이에 보정계수를 곱하여 산정한다. 이때 보정계수 중 철근배치 위치계수(α)의 값으로 옳은 것은? (단, 상부철근으로서 정착길이 또는 겹침이음부 아래 300mm를 초과되게 굳지 않은 콘크리트를 친 수평철근인 경우)

㉮ 1.2 ㉯ 1.3
㉰ 1.4 ㉱ 1.5

해설
- f_{sp}가 주어지지 않은 경량 콘크리트 : 1.3
- 일반 콘크리트 : 1.0
- 상부철근 : 1.3
- 피복두께가 $3d_b$ 미만 또는 순간격이 $6d_b$ 미만인 에폭시 도막철근 : 1.5

071 직사각형 보에서 계수 전단력 $V_u = 70\text{kN}$을 전단철근 없이 지지하고자 할 경우 필요한 최소 유효깊이 d는 약 얼마인가? (단, $b_w = 400\text{mm}$, $f_{ck} = 20\text{MPa}$, $f_y = 350\text{MPa}$)

㉮ 426mm ㉯ 587mm
㉰ 627mm ㉱ 751mm

해설
- 전단철근 없이 지지할 경우

$$V_u \leq \frac{1}{2}\phi V_c$$

$$V_u \leq \frac{1}{2}\phi \frac{1}{6}\sqrt{f_{ck}}\, b_w d$$

$$70000 = \frac{1}{2} \times 0.75 \times \frac{1}{6} \times \sqrt{20} \times 400 \times d$$

$$\therefore d = \frac{70000}{\frac{1}{2} \times 0.75 \times \frac{1}{6} \times \sqrt{20} \times 400} = 627\text{mm}$$

정답 069. ㉯ 070. ㉯ 071. ㉰

072 그림과 같은 판형(plate girder)의 각부 명칭으로 틀린 것은?
㉮ A - 상부판(Flange)
㉯ B - 보강재(Stiffener)
㉰ C - 덮개판(cover plate)
㉱ D - 횡구(Bracing)

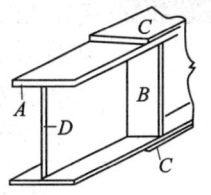

해설 D - 복부판

073 PS 강재가 가져야 할 일반적인 성질로 틀린 것은?
㉮ 적당한 연성과 인성이 있어야 한다.
㉯ 어느 정도의 피로강도를 가져야 한다.
㉰ 직선성이 좋아야 한다.
㉱ 항복비가 작아야 한다.

해설
• 항복비가 커야 한다.
• 릴랙세이션이 작아야 한다.
• 인장강도가 커야 한다.

074 강도설계법에서 휨 부재의 등가 사각형 압축응력분포의 깊이 $a = \beta_1 c$ 인데 이 중 f_{ck}가 35MPa이라면 계수 β_1의 값은?
㉮ 0.850 ㉯ 0.801
㉰ 0.776 ㉱ 0.754

해설 $\beta_1 = 0.85 - 0.007(f_{ck} - 28) = 0.85 - 0.007(35 - 28) = 0.801$
여기서, $\beta_1 \geq 0.65$이어야 한다.

075 다음 그림과 같은 단철근 직사각형보의 최소 철근량은 얼마인가? (단, f_{ck} =21MPa, f_y =300MPa)
㉮ 600mm^2
㉯ 687mm^2
㉰ 770mm^2
㉱ 840mm^2

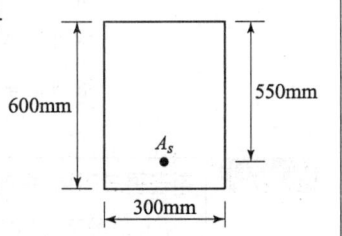

해설
• $A_{s\,min} = \dfrac{1.4}{f_y} b_w d = \dfrac{1.4}{300} \times 300 \times 550 = 770\text{mm}^2$
• $A_{s\,min} = \dfrac{0.25\sqrt{f_{ck}}}{f_y} b_w d = \dfrac{0.25 \times \sqrt{21}}{300} \times 300 \times 550 = 630\text{mm}^2$
∴ 큰 값인 770mm^{2}이다.

해답 072.㉱ 073.㉱ 074.㉯ 075.㉰

076 콘크리트에 프리스트레스 힘이 가해지면 콘크리트 부재는 탄성재료로 전환되어 이에 대한 해석이 탄성이론으로 가능하다는 개념은?

㉮ 균등질보 개념 ㉯ 하중 평형 개념
㉰ 내력 모멘트 개념 ㉱ 외력 모멘트 개념

> 균등질보 개념은 널리 통용되는 PSC 기본적 개념으로 콘크리트에 프리스트레스를 도입하면 콘크리트가 탄성체로 전환된다는 의미이다.

077 길이가 4m인 캔틸레버보에서 처짐을 계산하지 않는 경우 보의 최소두께로 옳은 것은? (단, f_{ck} =28MPa, f_y =350MPa)

㉮ 465mm ㉯ 484mm
㉰ 500mm ㉱ 516mm

> • f_y 가 400MPa인 최소 두께(h)
> $$\frac{l}{8} = \frac{4000}{8} = 500\text{mm}$$
> • f_y 가 400MPa 이외인 경우 최소 두께(h)
> $$\frac{l}{8} \times \left(0.43 + \frac{f_y}{700}\right) = \frac{4000}{8} \times \left(0.43 + \frac{350}{700}\right) = 465\text{mm}$$

078 보통 콘크리트 부재의 해당 지속하중에 대한 탄성처짐이 30mm이었다면 크리프 및 건조수축에 따른 추가적인 장기 처짐을 고려한 최종 총 처짐량은 몇 mm인가? (단, 하중 재하 기간은 10년이고, 압축철근비 ρ'는 0.005이다.)

㉮ 78 ㉯ 68
㉰ 58 ㉱ 48

> • 탄성 처짐량 : 30mm
> • 장기 처짐량 = 탄성 처짐량 × λ = 30 × 1.6 = 48mm
>   여기서, $\lambda = \frac{\xi}{1+50\rho'} = \frac{20}{1+50 \times 0.005} = 1.6$
> • 총 처짐량 = 탄성 처짐량 + 장기 처짐량 = 30 + 48 = 78mm

079 철근콘크리트 보에 스터럽을 배근하는 가장 중요한 이유로 옳은 것은?

㉮ 주철근 상호간의 위치를 바르게 하기 위하여
㉯ 보에 작용하는 사인장 응력에 의한 균열을 제어하기 위하여
㉰ 콘크리트와 철근과의 부착강도를 높이기 위하여
㉱ 압축측 콘크리트의 좌굴을 방지하기 위하여

> 전단응력에 의한 균열(사인장 균열)을 막기 위해 전단보강철근(스터럽) 또는 사인장 철근의 전단철근을 배치한다.

076. ㉮ 077. ㉮ 078. ㉮ 079. ㉯

080 강도설계법으로 부재를 설계할 때 사용하중에 하중계수를 곱한 하중을 무엇이라고 하는가?
- ㉮ 하중조합
- ㉯ 고정하중
- ㉰ 활하중
- ㉱ 계수하중

• 사용하중에 하중계수를 곱한 것을 계수하중이라 한다.
• 하중계수는 하중의 공칭치와 실제하중과의 차이 등을 고려하기 위한 안전계수이다.

05 토/질 /및/ 기/초

081 비중이 2.65, 공극율이 40%인 모래지반의 한계동수 구배 값은 어느 것인가?
- ㉮ 0.99
- ㉯ 1.18
- ㉰ 1.59
- ㉱ 1.89

• $e = \dfrac{n}{100-n} = \dfrac{40}{100-40} = 0.67$

• $i_c = \dfrac{\gamma_{sub}}{\gamma_w} = \dfrac{G_s - 1}{1+e} = \dfrac{2.65 - 1}{1 + 0.67} = 0.99$

분사현상이 안 일어나는 조건
① $i < i_c$ ② $1 < F$

여기서, $F = \dfrac{i_c}{i} = \dfrac{\dfrac{G_s - 1}{1+e}}{\dfrac{h}{L}}$

082 어떤 점토층이 어느 압밀도에 달할 때까지의 소요시간을 양면배수라고 생각하여 계산할 때 5년이라고 하면, 일면배수라고 생각할 때는 몇 년인가?
- ㉮ 10년
- ㉯ 20년
- ㉰ 30년
- ㉱ 40년

$t_1 : H_1^2 = t_2 : H_2^2$ $5 : \left(\dfrac{H}{2}\right)^2 = t_2 : H^2$

∴ $t_2 = \dfrac{5 \times H^2}{\left(\dfrac{H}{2}\right)^2} = 20$년

$C_v = \dfrac{0.848 H^2}{t_{90}}$, $C_v = 0.197 \dfrac{H^2}{t_{50}}$

정답 080.㉱ 081.㉮ 082.㉯

083 다음 중 사운딩(sounding)이 아닌 것은?
㉮ 표준관입시험 ㉯ 일축압축시험
㉰ 원추관입시험 ㉱ 베인시험

> • 사운딩이란 rod 선단에 설치한 저항체를 땅속에 삽입·관입·회전·인발 등의 저항에서 토층의 성상을 탐사하는 것이다.
> • 표준관입시험은 동적 사운딩이다.

084 연약 점토 지반에 말뚝 재하 시험을 하는 경우 말뚝을 타입한 후 20여일이 지난 다음 재하 시험을 하는 이유는?
㉮ 말뚝 주위 흙이 압축되었기 때문
㉯ 주면 마찰력이 작용하기 때문
㉰ 부 마찰력이 생겼기 때문
㉱ 타입시 말뚝 주변의 시료가 교란되었기 때문

> • 말뚝 타입시 말뚝 주변의 흙이 교란되므로 20여일 방치해두어 원지반이 안정된 후 시험한다.
> • 교란된 흙이 시간이 지남에 따라 손실된 강도의 일부가 회복되는 현상을 틱소트로피라 한다.

085 흐트러진 흙을 자연상태의 흙과 비교하였을 때 잘못된 설명은?
㉮ 투수성이 크다. ㉯ 간극이 크다.
㉰ 전단강도가 크다. ㉱ 압축성이 크다.

> 전단강도가 작다.

086 다음 중 직접기초에 속하지 않는 것은?
㉮ 독립기초 ㉯ 복합기초
㉰ 전면기초 ㉱ 말뚝기초

> • 깊은 기초는 말뚝기초, 피어기초, 케이슨 기초가 있다.
> • 깊은 기초 : $\dfrac{D_f}{B} > 1$

087 투수계수에 관한 설명으로 잘못된 것은?
㉮ 투수계수는 일반적으로 흙의 입자가 작을수록 작은 값을 나타낸다.
㉯ 수온이 상승하면 투수계수는 증가한다.
㉰ 같은 종류의 흙에서 간극비가 증가하면 투수계수는 작아진다.
㉱ 투수계수는 수두차에 반비례한다.

083. ㉯ 084. ㉱ 085. ㉰ 086. ㉱ 087. ㉰

해설 같은 종류의 흙에서 간극비가 증가하면 투수계수는 커진다.

088 1m³의 포화점토를 채취하여 습윤단위무게와 함수비를 측정한 결과 각각 1.68t/m³와 60%였다. 이 포화점토의 비중은 얼마인가?
㉮ 2.14 ㉯ 2.84
㉰ 1.58 ㉱ 1.31

해설
- $W_S = \dfrac{W}{1+\dfrac{w}{100}} = \dfrac{1.68}{1+\dfrac{60}{100}} = 1.05\text{t}$
- $W = W_w + W_S$ ∴ $W_w = W - W_S = 1.68 - 1.05 = 0.63\text{t}$
- $\gamma_w = \dfrac{W_w}{V_w}$ ∴ $V_w = \dfrac{W_w}{\gamma_w} = \dfrac{0.63}{1} = 0.63\text{m}^3$
- $V = V_a + V_w + V_s = 0 + 0.63 + V_s$ ∴ $V_s = 1 - 0.63 = 0.37\text{m}^3$
- $G_s = \dfrac{\gamma_s}{\gamma_w} = \dfrac{W_s}{\gamma_w \cdot V_s} = \dfrac{1.05}{1 \times 0.37} = 2.84$

089 실내다짐시험 결과 최대건조 단위무게가 15.6kN/m³이고, 다짐도가 95%일 때 현장 건조 단위무게는 얼마인가?
㉮ 16.40 kN/m³ ㉯ 15.62 kN/m³
㉰ 14.82 kN/m³ ㉱ 13.60 kN/m³

해설 다짐도 $= \dfrac{\gamma_d}{\gamma_{d\max}} \times 100$

$95 = \dfrac{\gamma_d}{15.6} \times 100$

∴ $\gamma_d = \dfrac{95 \times 15.6}{100} = 14.82 \text{kN/m}^3$

090 접지압의 분포가 기초의 중앙부분에 최대응력이 발생하는 기초형식과 지반은 어느 것인가?
㉮ 연성기초, 점성지반 ㉯ 연성기초, 사질지반
㉰ 강성기초, 점성지반 ㉱ 강성기초, 사질지반

해설 점토 지반의 강성 기초의 접지압 분포는 기초 모서리 부분에서 최대응력이 발생한다.

091 점토의 예민비(銳敏比)를 알기 위해 행하는 시험은?
㉮ 직접전단시험 ㉯ 삼축압축시험
㉰ 일축압축시험 ㉱ 표준관입시험

정답 088.㉯ 089.㉰ 090.㉱ 091.㉰

- 예민비

$$S_t = \frac{q_u}{q_{ur}}$$

- 예민비가 클수록 불안하므로 안전율을 크게 한다.

092 점토 지반에서 N치로 추정할 수 있는 사항이 아닌 것은?

㉮ 컨시스턴시 ㉯ 일축압축강도
㉰ 상대밀도   ㉱ 기초지반의 허용지지력

- N값으로 추정되는 사항

점 토 지 반	사질토 지반
연경도(컨시스턴시)	상대밀도
일축압축강도	내부마찰각
점착력	지지력계수
파괴에 대한 극한지지력	탄성계수
파괴에 대한 허용지지력	침하에 대한 허용지지력

093 그림과 같은 옹벽에 작용하는 전체 주동토압을 구하면? [단, 뒷채움 흙의 단위중량 $\gamma=1.72t/m^3$, 내부마찰각(ϕ)=30°]

㉮ 5.72 t/m
㉯ 6.55 t/m
㉰ 7.25 t/m
㉱ 8.15 t/m

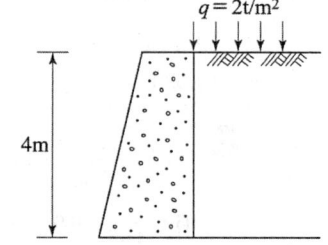

$P_a = q \cdot H \cdot K_a + \frac{1}{2}\gamma H^2 K_a = 2 \times 4 \times \frac{1}{3} + \frac{1}{2} \times 1.72 \times 4^2 \times \frac{1}{3} = 7.25 t/m$

여기서, $K_a = \tan^2\left(45° - \frac{\phi}{2}\right) = \tan^2\left(45° - \frac{30°}{2}\right) = \frac{1}{3}$

094 흙의 분류방법 중 통일분류법에 대한 설명으로 틀린 것은?

㉮ #200(0.075mm)체 통과율이 50%보다 작으면 조립토이다.
㉯ 조립토 중 #4(4.75mm체) 통과율이 50%보다 작으면 자갈이다.
㉰ 세립토에서 압축성의 높고 낮음을 분류할 때 사용하는 기준은 액성한계 35%이다.
㉱ 세립토를 여러 가지로 세분하는 데는 액성한계와 소성지수의 관계 및 범위를 나타내는 소성도표가 사용된다.

세립토에서 압축성의 높고 낮음을 분류할 때 사용하는 기준은 액성한계 50%이다.

092.㉰ 093.㉰ 094.㉰

095 다음 중 흙의 투수계수에 영향을 미치는 요소가 아닌 것은?
㉮ 흙의 입경 ㉯ 침투액의 점성
㉰ 흙의 포화도 ㉱ 흙의 비중

[해설] 공극비, 흙의 형상계수, 물의 밀도와 관련이 있다.

096 사질토 지반에 30cm×30cm 재하판의 크기로 평판재하시험을 한 결과 12t/m²의 지지력을 얻었다. 이 지반에 3m×3m의 정사각형 기초를 설치할 경우 지지력은?
㉮ 30 t/m² ㉯ 36 t/m²
㉰ 60 t/m² ㉱ 120 t/m²

[해설]
• 지지력은 사질토 지반에서 재하판의 크기에 비례한다.
• 0.3m : 12t/m² = 3m : x
∴ $x = \dfrac{12 \times 3}{0.3} = 120 \text{t/m}^2$

097 다음 중 댐 사면이 가장 불안정한 경우는?
㉮ 사면이 습윤상태인 경우 ㉯ 사면의 수위가 급히 하강할 경우
㉰ 사면이 완전히 포화된 경우 ㉱ 사면의 수위가 점차 상승한 경우

[해설] 사면의 수위가 급히 하강하면 흙 속의 공극수가 갑자기 배출되므로 붕괴하기 쉬운 상태가 된다.

098 흙의 다짐에 대한 설명 중 틀린 것은 어느 것인가?
㉮ 다짐의 효과는 흙의 종류, 함수비, 다짐에너지 등에 따라 달라진다.
㉯ 영공기간극 곡선과 포화도 곡선은 동일하다.
㉰ 최대건조밀도에 대응한 함수비를 최적함수비라 한다.
㉱ 다짐에너지가 증가하면 일반적으로 최적함수비가 커진다.

[해설]
• 다짐에너지가 증가하면 최대건조밀도는 증가하고 최적함수비는 감소한다.
• 몰드 안에 들어 있는 흙의 함수비는 다짐에너지에 거의 영향을 받지 않는다.
• $E_c = \dfrac{W_R \cdot H \cdot N_B \cdot N_L}{V}$
• 다짐시험의 종류는 A, B, C, D, E 5종류가 있다.

099 5m×10m의 장방형 기초 위에 q=6t/m²의 등분포하중이 작용할 때 지표면 아래 10m에서의 수직응력을 2 : 1법으로 구한 값은?
㉮ 1.0t/m² ㉯ 2.0t/m²
㉰ 3.0t/m² ㉱ 4.0t/m²

095. ㉱ 096. ㉱ 097. ㉯ 098. ㉱ 099. ㉮

해설

$$6 \times (5 \times 10) = \sigma_v (15 \times 20)$$
$$\therefore \sigma_v = \frac{6 \times (5 \times 10)}{(15 \times 20)} = 1 \text{t/m}^2$$

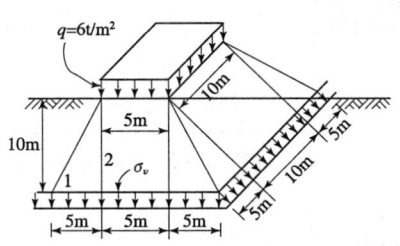

100 점토지반에 과거에 시공된 성토제방이 이미 안정된 상태에서, 홍수에 대비하기 위해 급속히 성토시공을 하고자 한다. 안정검토를 위해 지반의 강도정수를 구할 때, 가장 적합한 시험방법은?

㉮ 직접전단시험
㉯ 압밀배수시험
㉰ 압밀 비배수시험
㉱ 비압밀 비배수시험

해설 압밀 비배수시험(CU시험)은 어느 정도 압밀한 후 갑자기 파괴되는 경우에 적용하는 시험방법이다.

06 상/하/수/도/공/학

101 수격작용이 일어나기 쉬운 곳에 설치하여 배수관의 파열을 방지하는 목적으로 사용하는 밸브는?

㉮ 안전밸브
㉯ 공기밸브
㉰ 제수밸브
㉱ 압력조정밸브

해설 안전밸브를 수격작용이 발생하기 쉬운 곳에 설치하여 배수관의 파열을 방지한다.

102 배수면적이 1ha인 지역에 강우강도 $I = \dfrac{330}{\sqrt{t}+0.3}$ mm/hr 유출계수 0.85, 유달시간 9분일 때 우수량은 얼마인가?

㉮ 0.085m³/sec
㉯ 0.236m³/sec
㉰ 2.36m³/sec
㉱ 85.0m³/sec

해설
- $I = \dfrac{330}{\sqrt{t}+0.3} = \dfrac{330}{\sqrt{9}+0.3} = 100 \text{mm/hr}$
- $Q = \dfrac{1}{360} CIA = \dfrac{1}{360} \times 0.85 \times 100 \times 1 = 0.236 \text{m}^3/\text{sec}$

정답 100.㉰ 101.㉮ 102.㉯

103 인구 1인당 생활오수의 BOD오염부하 원단위를 50g/인·일이라 할 때 인구 10만 도시의 하수처리장에 유입되는 BOD부하는?

㉮ 5,000kg/일 ㉯ 500kg/일
㉰ 50kg/일 ㉱ 50ton/일

해설
- BOD부하 = 0.05kg/인·일 × 100,000인 = 5000kg/일
- BOD부하 = $\dfrac{\text{BOD 농도} \times Q}{\text{MLSS 농도} \times V}$
- ∴ 폭기조 용적 $V = \dfrac{\text{BOD 농도} \times Q}{\text{MLSS 농도} \times \text{BOD 부하}}$

104 펌프의 공동현상을 방지하는 방법 중 옳지 않은 것은?

㉮ 펌프의 설치위치를 가능한 한 낮춘다.
㉯ 흡입관의 손실을 가능한 한 작게 한다.
㉰ 펌프의 회전속도를 낮게 선정한다.
㉱ 가용 유효흡입수두를 필요 유효흡입수두보다 작게 한다.

해설
- 흡입양정(수두)을 작게 한다.
- 흡입측에서 펌프의 토출량을 감소시키는 일을 절대 피할 것.
- 흡입관은 가능한 짧은 것이 좋으며 부득이한 경우 흡입관의 직경을 크게 하여 손실을 감소시킨다.

105 다음 관거별 계획 하수량에 대한 설명 중 옳은 것은?

㉮ 오수관거는 계획1일 최대오수량으로 한다.
㉯ 우수관거는 계획우수량으로 한다.
㉰ 합류식 관거는 계획1일 최대오수량에 계획우수량을 합한 것으로 한다.
㉱ 차집관거에서는 청천시 계획오수량으로 한다.

해설
- 오수관거는 계획시간 최대오수량으로 한다.
- 합류식 관거는 계획시간 최대오수량에 계획우수량을 합한 것으로 한다.
- 차집관거에서는 우천시 계획 오수량으로 한다.

106 상수처리를 위한 침전지의 침전효율을 나타내는 지표인 표면부하율에 대한 설명 중 옳지 않은 것은?

㉮ 표면부하율은 침전지에 유입할 유량을 침전지의 표면적으로 나눈 값이다.
㉯ 표면부하율은 이상적인 침전지에서 유입구의 최상단으로부터 유입되어 유출구 쪽에서 침전지 바닥에 침강되는 플록의 침강속도를 뜻한다.
㉰ 표면부하율은 일반적으로 mm/min과 같이 속도의 차원을 가진다.
㉱ 제거의 기준이 되는 표면부하율은 이론적으로 침전지의 수심에 직접적인 관계가 있다.

정답 103. ㉮ 104. ㉱ 105. ㉯ 106. ㉱

해설 표면부하율=$\frac{Q}{A}$이므로 침전지의 수심과 직접적인 관계가 없다.

107 하수배제방식 중 분류식과 합류식에 관한 설명으로 틀린 것은?
㉮ 분류식은 관거오접에 대한 철저한 감시가 필요하다.
㉯ 우천시 합류식이 분류식보다 처리장으로의 토사 유입이 적다.
㉰ 합류식이 분류식에 비해 시공이 용이하다.
㉱ 분류식은 우천시 오수를 수역으로 방류하는 일이 없으므로 수질오염방지상 유리하다.

해설
• 우천시 합류식이 분류식보다 처리장으로의 토사 유입이 많다.
• 합류식은 관 지름이 크므로 관의 점검 및 청소가 용이하다.
• 합류식은 관거가 1개이기 때문에 시공이 비교적 쉽고, 건설비가 적게 든다.

108 20000m³/day의 물을 처리하는 데 염소 8.0kg/day를 사용한다. 접촉 10분 후 잔류염소는 0.2mg/L이다. 이때 염소 투입량과 염소요구(소비)량은 각각 몇 mg/L인가?
㉮ 0.6mg/L, 0.4mg/L   ㉯ 0.4mg/L, 0.2mg/L
㉰ 0.6mg/L, 0.3mg/L   ㉱ 0.4mg/L, 0.1mg/L

해설
• 염소주입농도(염소투입량)
$\frac{염소의 양}{유량} = \frac{8000}{20000} = 0.4g/m^3 = 0.4mg/L$
• 염소요구(소비)량
염소주입농도 − 잔류염소농도 = 0.4−0.2 = 0.2mg/L

109 펌프의 특성곡선은 펌프의 토출유량과 무엇과의 관계를 나타낸 그래프인가?
㉮ 양정, 효율, 축동력
㉯ 양정, 비속도, 수격압력
㉰ 양정, 손실수두, 수격압력
㉱ 양정, 효율, 공동현상

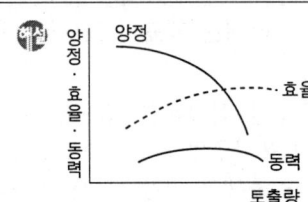

해답 107.㉯ 108.㉯ 109.㉮

110 상수의 공급과정을 바르게 나타낸 것은?
- ㉮ 취수 → 도수 → 정수 → 송수 → 배수 → 급수
- ㉯ 취수 → 도수 → 정수 → 배수 → 송수 → 급수
- ㉰ 취수 → 송수 → 도수 → 정수 → 배수 → 급수
- ㉱ 취수 → 송수 → 배수 → 정수 → 도수 → 급수

• 상수도 공급 계통
  수원 → 취수 → 도수 → 정수 → 송수 → 배수 → 급수
• 취수 지점에서 정수장까지의 원수를 수송하는 것을 도수라 한다.

111 하수처리방법 중 생물학적 처리방법이 아닌 것은?
- ㉮ 살수여상법
- ㉯ 계단식 폭기법
- ㉰ 회전원판법
- ㉱ 중화처리법

• 화학적 처리법
  응집, 중화, 소독, 산화, 환원, 이온 교환 등
• 생물학적 처리법
  활성슬러지법, 살수여상법, 회전원판법, 산화지법, 소화법 등

112 하수처리시설의 침사지에 대한 설명으로 옳지 않은 것은?
- ㉮ 평균유속은 1.5m/s를 표준으로 한다.
- ㉯ 체류시간은 30~60초를 표준으로 한다.
- ㉰ 수심은 유효수심에 모래퇴적부의 깊이를 더한 것으로 한다.
- ㉱ 오수침사지의 경우 표면부하율은 1,800m³/m²·d 정도로 한다.

 평균유속은 0.3m/sec를 표준으로 한다.

113 저수지의 유효용량을 유량누가곡선도표를 이용하여 도식적으로 구하는 방법은?
- ㉮ Sherman법
- ㉯ Ripple법
- ㉰ Kutter법
- ㉱ 도식적 분법

• 유량누가곡선의 완만한 곡선기점과 계획 취수 누가곡선과의 평행선상에서 큰 종거차가 유효 저수용량이다.
• 유량누가곡선법은 저수지의 용량을 결정하는 방법이다.

 110. ㉮ 111. ㉱ 112. ㉮ 113. ㉯

114 Jar-test의 시험목적으로 옳은 것은?
㉮ 응집제 주입량 및 최적 pH 결정
㉯ 염소 주입량 결정
㉰ 염소 접촉시간 결정
㉱ 총 수처리시간의 결정

해설 약품교반시험(Jar-test)은 황산 알루미늄의 적정 주입량을 측정하는 데 주로 사용한다.

115 수원 선정시 고려사항으로 잘못된 것은?
㉮ 수질이 좋아야 한다.
㉯ 수량이 풍부하여야 한다.
㉰ 정수장보다 가능한 한 낮은 곳에 위치하여야 한다.
㉱ 상수 소비지에서 가까운 곳에 위치하는 것이 좋다.

해설 정수장보다 가능한 한 높은 곳에 위치하여야 한다.

116 도시지역의 하수가 자연하천으로 유입될 때 일어나는 현상으로 옳지 않은 것은?
㉮ BOD의 증가   ㉯ DO의 증가
㉰ SS의 증가   ㉱ 세균수의 증가

해설
• 하수가 자연하천으로 유입되면 DO가 감소하게 된다.
• 오염된 물은 BOD(생물화학적 산소 요구량)가 높고 DO(용존산소)가 낮아진다.
• DO는 물 속에 녹아 있는 산소의 양을 나타낸다.

117 하수관거의 접합에서 고려할 사항으로 옳지 않은 것은?
㉮ 관거의 관경이 변화하는 경우 또는 2개의 관거가 합류하는 경우의 접합방법은 원칙적으로 수면접합 또는 관정접합으로 한다.
㉯ 지표의 경사가 급한 경우에는 관경변화에 대한 유무에 관계없이 원칙적으로 지표의 경사에 따라서 단차접합 또는 계단접합으로 한다.
㉰ 2개의 관거가 합류하는 경우의 중심교각은 되도록 60° 이하로 하고 곡선을 갖고 합류하는 경우의 곡률반경은 내경의 5배 이상으로 한다.
㉱ 대구경 관거에 소구경 관거가 합류하는 경우 소구경 관거의 지름이 대구경 관거지름의 1/3 이하로 한다.

해설
• 대구경 관거에 소구경 관거가 합류하는 경우 소구경 관거의 지름이 대구경 관거지름의 1/2 이하이고 수면접합 혹은 관정접합에 의한 접합이상으로 낙차를 붙이는 경우 중심교각은 90°까지를 한도로 해도 지장이 없다.
• 원칙적으로 수면접합이나 관정접합으로 하고 단차가 0.6m 이상인 경우에는 부관을 설치한다.
• 접속 관거의 계획수위를 일치시켜 접속하는 방법을 수면접합이라 한다.

정답 114.㉮ 115.㉰ 116.㉯ 117.㉱

118 급속여과지가 완속여과지에 비해 좋은 점이 아닌 것은?
㉮ 많은 수량을 단기간에 처리할 수 있다.
㉯ 부지면적을 적게 차지한다.
㉰ 원수수질 변화에 대처할 수 있다.
㉱ 시설이 단순하다.

해설
- 완속여과지가 시설이 단순하다.
- 급속여과는 응집과 침전 등의 전처리를 거친 물을 처리한다.
- 완속여과는 원수의 오염 정도가 비교적 낮을 때 적합하다.

119 ( ) 안에 들어갈 수치가 순서대로 바르게 짝지어진 것은?

침전이나 퇴적방지를 위하여 설정하는 최소 허용유속은 도수관에서는 ( )m/s, 우수관에서는 ( )m/s, 오수관에서는 ( )m/s를 적용한다.

㉮ 0.3, 0.3, 0.3   ㉯ 0.3, 0.6, 0.6
㉰ 0.3, 0.8, 0.6   ㉱ 0.6, 0.8, 3.0

해설
- 우수관거 및 합류관거는 계획우수량에 대하여 유속을 최소 0.8m/s, 최대 3.0m/s로 한다.
- 오수관거는 계획시간 최대오수량에 대하여 유속을 최소 0.6m/s, 최대 3.0m/s로 한다.

120 혐기성 소화에 의한 슬러지 처리법에서 발생되는 가스성분 중 가장 많은 양을 차지하는 것은? (단, 혐기성 소화가 정상적으로 일정하게 유지될 때로 가정한다.)
㉮ 탄산가스   ㉯ 메탄가스
㉰ 유화수소   ㉱ 황화수소

해설 정상적인 소화시 생성가스의 구성은 메탄이 2/3, CO_2(탄산가스)가 1/3이다.

정답 118. ㉱   119. ㉰   120. ㉯

토목산업기사

응용역학 / 측량학 / 수리학 / 철근콘크리트 및 강구조 / 토질 및 기초 / 상하수도공학

[2017년 5월 7일 시행]

■ 알려드립니다 ■

한국산업인력공단의 저작권법 저촉에 대한 언급(2013년 2회 시험)이 있어 과거에 출제된 동일한 문제나 그 유형의 문제로 재구성하였습니다.

01 응/용/역/학

001 그림에서 (a)의 장주(長柱)가 4ton에 견딜 수 있다면 (b)의 장주가 견딜 수 있는 하중은?

㉮ 4ton
㉯ 16ton
㉰ 32ton
㉱ 64ton

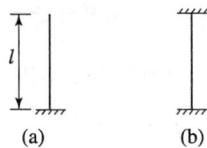

해설 • 강도

1단고정 1단자유　$n = \dfrac{1}{4}$
양단힌지　　　　$n = 1$
1단고정 1단힌지　$n = 2$
양단고정　　　　$n = 4$

• 강도가 $(a) = \dfrac{1}{4}$, $(b) = 4$

(b)는 (a)보다 16배 강하다.

∴ $4 \times 16 = 64t$

002 그림과 같은 라멘에서 C점의 휨모멘트는?

㉮ 12 t·m
㉯ 16 t·m
㉰ 24 t·m
㉱ 32 t·m

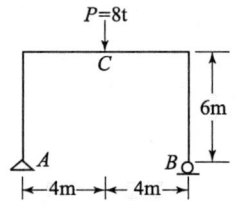

해설 • $\sum M_B = 0$
　$R_A \times 8 - 8 \times 4 = 0$
　∴ $R_A = 4t$
• $M_C = R_A \times 4 = 4 \times 4 = 16 \text{ t·m}$

정답 001. ㉱　002. ㉯

003 지름 d의 원형단면인 장주가 있다. 길이가 4m일 때 세장비를 100으로 하려면 적당한 지름 d는?

㉮ 8cm ㉯ 10cm
㉰ 16cm ㉱ 18cm

해설

- $r_{min} = \sqrt{\dfrac{I}{A}} = \sqrt{\dfrac{\dfrac{\pi d^4}{64}}{\dfrac{\pi d^2}{4}}} = \dfrac{d}{4}$

- $\lambda = \dfrac{l}{r_{min}} = \dfrac{400}{\dfrac{d}{4}} = 100$

∴ $d = 16$cm

004 다음 그림과 같은 구조물의 부정정 차수는?

㉮ 9차 부정정
㉯ 10차 부정정
㉰ 11차 부정정
㉱ 12차 부정정

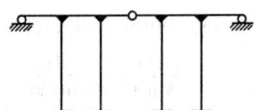

해설 $N = r + m + s - 2k = 14 + 10 + 8 - 2 \times 11 = 10$차 부정정

005 그림과 같은 3활절 라멘의 지점 A의 수평반력(H_A)은?

㉮ $\dfrac{Pl}{h}$
㉯ $\dfrac{Pl}{2h}$
㉰ $\dfrac{Pl}{4h}$
㉱ $\dfrac{Pl}{8h}$

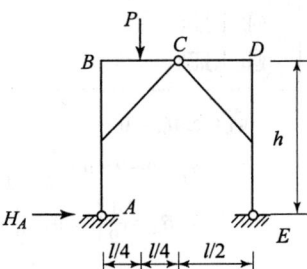

해설
- $\Sigma M_E = 0$
  $R_A \times l - P \times \dfrac{3l}{4} = 0$ ∴ $R_A = \dfrac{3P}{4}$

- $M_C = \dfrac{3P}{4} \times \dfrac{l}{2} - H_A \times h - P \times \dfrac{l}{4} = 0$
  $H_A \cdot h = \dfrac{3Pl}{8} - \dfrac{Pl}{4} = \dfrac{Pl}{8}$ ∴ $H_A = \dfrac{Pl}{8h}$

정답 003. ㉰ 004. ㉯ 005. ㉱

006
탄성계수 E는 2,000,000kg/cm² 이고 포아슨 비 $\nu=0.3$ 일 때 전단탄성계수 G는 얼마인가?

㉮ 769,231 kg/cm² ㉯ 751,372 kg/cm²
㉰ 734,563 kg/cm² ㉱ 710,201 kg/cm²

해설 $G = \dfrac{E}{2(1+\nu)} = \dfrac{2,000,000}{2(1+0.3)} = 769,231 \text{kg/cm}^2$

007
그림과 같이 로프 C점에 500kg의 무게가 작용할 때 AC가 받는 장력은?

㉮ 288 kg
㉯ 344 kg
㉰ 433 kg
㉱ 577 kg

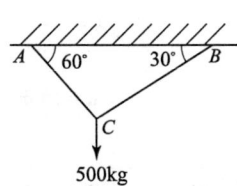

해설 라미의 정리(sin법칙) 적용

$\dfrac{500}{\sin 90°} = \dfrac{AC}{\sin 120°}$

$\therefore AC = \dfrac{500 \times \sin 120°}{\sin 90°} = 433\text{kg}$

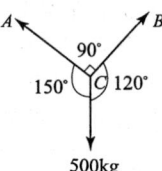

008
다음 단순보에서 A점의 반력을 구한 값은?

㉮ 10.5t
㉯ 11.5t
㉰ 12.5t
㉱ 13.5t

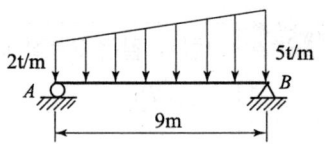

해설 $\Sigma M_B = 0$

$R_A \times 9 - 2 \times 9 \times \dfrac{9}{2} - \dfrac{1}{2} \times 3 \times 9 \times \dfrac{1}{3} \times 9 = 0$

$\therefore R_A = \dfrac{1}{9}\left(2 \times 9 \times \dfrac{9}{2} + \dfrac{1}{2} \times 3 \times 9 \times \dfrac{1}{3} \times 9\right) = 13.5\text{t}$

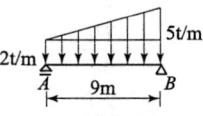

009
그림과 같은 빗금 부분의 단면적 A인 단면에서 도심 $\bar{y}$를 구한 값은?

㉮ $\dfrac{5D}{12}$

㉯ $\dfrac{6D}{12}$

㉰ $\dfrac{7D}{12}$

㉱ $\dfrac{8D}{12}$

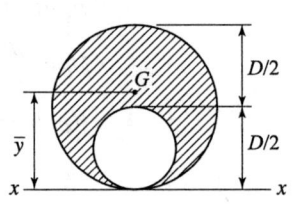

해답 006. ㉮ 007. ㉰ 008. ㉱ 009. ㉯

해설

- $G_x = A_1 \cdot y_1 - A_2 \cdot y_2 = \dfrac{\pi D^2}{4} \cdot \dfrac{D}{2} - \dfrac{\pi \left(\dfrac{D}{2}\right)^2}{4} \cdot \dfrac{D}{4} = \dfrac{\pi D^3}{8} - \dfrac{\pi D^3}{64} = \dfrac{7\pi D^3}{64}$

- $A = A_1 - A_2 = \dfrac{\pi D^2}{4} - \dfrac{\pi \left(\dfrac{D}{2}\right)^2}{4} = \dfrac{\pi D^2}{4} - \dfrac{\pi D^2}{16} = \dfrac{3\pi D^2}{16}$

$\therefore y = \dfrac{G_x}{A} = \dfrac{\dfrac{7\pi D^3}{64}}{\dfrac{3\pi D^2}{16}} = \dfrac{7D}{12}$

010

지름 10cm, 길이 25cm인 재료에 축방향으로 인장력을 작용시켰더니 지름은 9.98cm로, 길이는 25.2cm로 변하였다. 이 재료의 푸아송(Poisson)의 수는?

㉮ 3.0   ㉯ 3.5
㉰ 4.0   ㉱ 4.5

해설

- 푸아송수 $m = \dfrac{\epsilon}{\beta} = \dfrac{\dfrac{\Delta l}{l}}{\dfrac{\Delta d}{d}} = \dfrac{d \Delta l}{l \Delta d} = \dfrac{10 \times 0.2}{25 \times 0.02} = 4$

- 푸아송비 $v = \dfrac{\beta}{\epsilon}$

011

다음 그림과 같은 보에서 A점의 반력은?

㉮ 1.5t
㉯ 1.8t
㉰ 2.0t
㉱ 2.3t

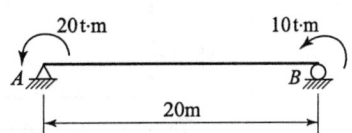

해설
- $\Sigma M_B = 0$
  $R_A \times 20 - 20 - 10 = 0$
  $\therefore R_A = \dfrac{1}{20}(20 + 10) = 1.5\text{t}$

012

다음 중 부정정 구조의 해법이 아닌 것은?

㉮ 처짐각법   ㉯ 변위일치법
㉰ 공액보법   ㉱ 모멘트 분배법

해설 공액보법은 정정구조의 해법으로 실제 보와 길이가 같고 처짐과 처짐각을 구할 때 탄성 하중법을 적용하기 위해 자유단과 고정단을 변경하여 적용한다.

해답 010. ㉰ 011. ㉮ 012. ㉰

013 그림과 같은 캔틸레버 보에서 C점에 집중하중 P가 작용할 때 보의 중앙 B점의 처짐각은 얼마인가? (단, EI는 일정)

㉮ $\dfrac{PL^2}{12EI}$ ㉯ $\dfrac{5PL^2}{12EI}$

㉰ $\dfrac{PL^2}{8EI}$ ㉱ $\dfrac{3PL^2}{8EI}$

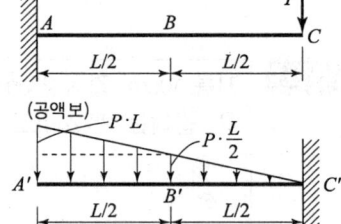

해설

- $S_B' = P \times \dfrac{L}{2} \times \dfrac{L}{2} + \dfrac{1}{2}\left(PL - \dfrac{PL}{2}\right) \times \dfrac{L}{2}$

  $= \dfrac{PL^2}{4} + \dfrac{PL^2}{8} = \dfrac{3PL^2}{8}$

- $\theta_B = \dfrac{S_B'}{EI} = \dfrac{3PL^2}{8EI}$

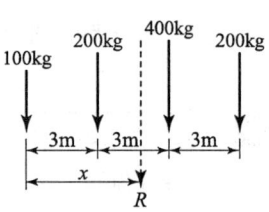

014 다음 그림에서 힘들의 합력 R의 위치(x)는 몇 m인가?

㉮ $5\dfrac{2}{3}$

㉯ $5\dfrac{1}{3}$

㉰ $4\dfrac{2}{3}$

㉱ $4\dfrac{1}{3}$

해설
- 합력 $R = 100 + 200 + 400 + 200 = 900$kg
- 왼쪽 끝점에 하중 모멘트를 적용하면

  $900 \cdot x = 200 \times 3 + 400 \times 6 + 200 \times 9$

  $\therefore x = 5.33$m

015 30cm×50cm인 단면의 보에 9t의 전단력이 작용할 때 이 단면에 일어나는 최대 전단응력은 몇 kg/cm²인가?

㉮ 4 ㉯ 6

㉰ 8 ㉱ 9

해설
- $\tau_{max} = \dfrac{3}{2} \cdot \dfrac{S}{A} = \dfrac{3}{2} \cdot \dfrac{9000}{30 \times 50} = 9$kg/cm²
- 원형단면의 경우

  $\tau_{max} = \dfrac{4}{3} \cdot \dfrac{S}{A}$

정답 013. ㉱ 014. ㉯ 015. ㉱

016 단면1차 모멘트와 같은 차원을 갖는 것은?
㉮ 회전반경 ㉯ 단면계수
㉰ 단면2차 모멘트 ㉱ 단면상승 모멘트

- $G_x(cm^3, m^3) = A \cdot y_o$
- $I_x(cm^4, m^4)$
- $Z = \dfrac{I}{y}(cm^3, m^3)$
- $I_{xy} = \int_A x \cdot y \cdot dA (cm^4, m^4)$

017 내민 보의 굽힘으로 인하여 저장된 변형 에너지는? (단, EI는 일정하다.)

㉮ $\dfrac{P^2L^3}{6EI}$ ㉯ $\dfrac{P^2L^3}{48EI}$
㉰ $\dfrac{P^2L^3}{12EI}$ ㉱ $\dfrac{P^2L^3}{38EI}$

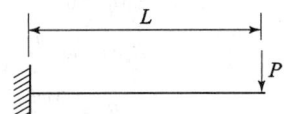

$U = \int \dfrac{M^2}{2EI}dx = \dfrac{1}{2EI}\int_0^l (Px)^2 dx = \dfrac{P^2}{2EI}\int_0^l (x^2)dx = \dfrac{P^2}{2EI}\left[\dfrac{x^3}{3}\right]_0^l = \dfrac{P^2 l^3}{6EI}$

018 단순보의 전 구간에 등분포하중이 작용할 때 지점의 반력이 2t이었다. 등분포 하중의 크기는? (단, 지간은 10m이다.)
㉮ 0.1t/m ㉯ 0.3t/m
㉰ 0.2t/m ㉱ 0.4t/m

반력 $= \dfrac{wl}{2}$
$2 = \dfrac{w \times 10}{2}$
∴ $w = 0.4 t/m$

019 단순보의 중앙에 집중하중 P가 작용할 경우 중앙에서의 처짐에 대한 설명으로 틀린 것은?
㉮ 탄성계수에 반비례한다. ㉯ 하중(P)에 정비례한다.
㉰ 단면2차 모멘트에 반비례한다. ㉱ 지간의 제곱에 반비례한다.

- 처짐 $y = \dfrac{Pl^3}{48EI}$
- 처짐각 $\theta = \dfrac{Pl^2}{16EI}$

정답 016.㉯ 017.㉮ 018.㉱ 019.㉱

020 그림과 같은 단순보에 등분포 하중이 작용할 때 이 보의 단면에 발생하는 최대 휨응력은?

㉮ $\dfrac{3wl^2}{64bh^2}$

㉯ $\dfrac{23wl^2}{64bh^2}$

㉰ $\dfrac{25wl^2}{64bh^2}$

㉱ $\dfrac{27wl^2}{64bh^2}$

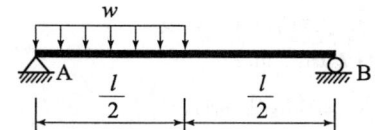
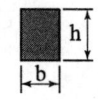
보의 단면

해설
- A점의 반력
$\Sigma M_B = 0$
$R_A \cdot l - w \cdot \dfrac{l}{2} \cdot \left(\dfrac{l}{4} + \dfrac{l}{2}\right) = 0$
$\therefore R_A = \dfrac{3wl}{8}$

- 최대 휨모멘트
전단력이 0인 곳에서 생기므로
$S_x = \dfrac{3wl}{8} - w \cdot x = 0$
$\therefore x = \dfrac{3l}{8}$
$\therefore M_{max} = R_A \cdot x - w \cdot x \cdot \dfrac{x}{2} = \dfrac{3wl}{8} \cdot \dfrac{3l}{8} - w \cdot \dfrac{3l}{8} \cdot \dfrac{3l}{16} = \dfrac{9wl^2}{128}$

- 최대 휨응력
$\sigma_{max} = \dfrac{M_{max}}{Z} = \dfrac{9wl^2/128}{bh^2/6} = \dfrac{27wl^2}{64bh^2}$

02 측/량/학

021 항공사진의 특수 3점이 하나로 일치되는 사진은?

㉮ 근사 수직사진   ㉯ 엄밀 수직사진
㉰ 경사사진   ㉱ 파노라마사진

해설
- 항공사진의 특수 3점 : 주점, 연직점, 등각점
- 항공사진의 특수 3점의 하나로 일치되는 사진은 엄밀 수직사진이며 항공사진 측정에는 주로 거의 수직사진을 사용한다.

정답 020. ㉱ 021. ㉯

022 삼각형 3변의 길이가 25.4m, 40.8m, 50.6m일 때 면적은?

㉮ 489.27m²   ㉯ 514.36m²
㉰ 531.87m²   ㉱ 551.27m²

$A = \sqrt{S(S-a)(S-b)(S-c)} = \sqrt{58.4(58.4-25.4)(58.4-40.8)(58.4-50.6)}$
$= 514.36 \text{m}^2$

여기서, $S = \frac{1}{2}(a+b+c) = \frac{1}{2}(25.4+40.8+50.6) = 58.4 \text{m}$

023 노선의 횡단측량에서 No. 1+15 측점의 절토 단면적 100m², No. 2 측점의 절토 단면적 40m²일 때 이 측점사이의 절토량은? (단, 중심말뚝 간격은 20m임.)

㉮ 350m³   ㉯ 700m³
㉰ 1,200m³   ㉱ 1,400m³

양단면 평균법
$V = \frac{(A_1+A_2)}{2} \cdot l = \frac{(100+40)}{2} \times 5 = 350 \text{m}^3$

024 수준 측량에서 전·후시 시준거리를 같게 하여 소거할 수 있는 기계오차로 가장 적합한 것은?

㉮ 거리의 부등에서 생기는 시준선의 대기중 굴절에서 생긴 오차
㉯ 기포관축과 시준선이 평행하지 않기 때문에 생긴 오차
㉰ 기포관축이 기계의 연직축에 수직하지 않기 때문에 생긴 오차
㉱ 지구의 곡률에 의해서 생긴 오차

시준선과 기포관축과 평행하지 않기 때문에 생기는 오차를 제거하기 위해 전시와 후시의 시준거리를 같게 한다.

025 다음 그림에서 $\overline{DE}$의 방위각은? (단, ∠A=48°50′40″, ∠B=43°30′30″, ∠C=46°50′00″, ∠D=60°12′45″)

㉮ 139°11′10″
㉯ 96°31′10″
㉰ 92°21′10″
㉱ 105°43′55″

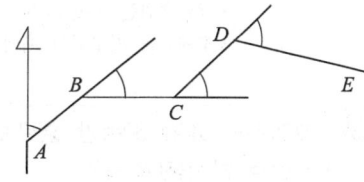

- $\overline{BC}$ 방위각 : 48°50′40″+43°30′30″ = 92°21′10″
- $\overline{CD}$ 방위각 : 92°21′10″−46°50′00″ = 45°31′10″
- $\overline{DE}$ 방위각 : 45°31′10″+60°12′45″ = 105°43′55″

026 다음 표는 도로 중심선을 따라 20m 간격으로 종단측량을 실시한 결과이다. No. 1의 계획고를 52m로 하고 3%의 상향기울기로 설계한다면 No. 5의 성토 또는 절토고는?

㉮ 2.82m(성토)
㉯ 2.22m(성토)
㉰ 2.82(절토)
㉱ 2.22m(절토)

측점	No. 1	No. 2	No. 3	No. 4	No. 5
지반고	54.50	54.75	53.30	53.12	52.18

• No.5 지점의 지반고 : 52.18m
• No.5 지점의 계획고 : $52.18 + 0.03 \times 80 = 54.4$m
• No.5 지점의 성토고 : $54.4 - 52.18 = 2.22$m

027 교호수준 측량을 실시하여 다음의 결과를 얻었다. A점의 표고가 25.020m일 때 B점의 표고는 얼마인가? (단, $a_1 = 2.62$m, $a_2 = 0.48$m, $b_1 = 3.88$m, $b_2 = 2.11$m)

㉮ 23.065m
㉯ 23.575m
㉰ 26.465m
㉱ 26.975m

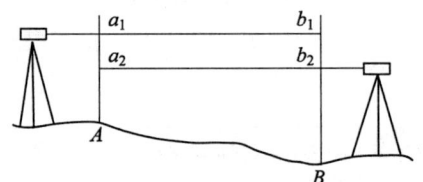

• $h = \dfrac{1}{2}\{(a_1 - b_1) + (a_2 - b_2)\} = \dfrac{1}{2}\{(2.62 - 3.88) + (0.48 - 2.11)\} = -1.445$m
• $H_B = H_A + h = 25.02 + (-1.445) = 23.575$m

028 수애선을 나타내는 수위로서 어느 기간 동안의 수위 중 이것보다 높은 수위와 낮은 수위의 관측수위의 관측수가 같은 수위는?

㉮ 평수위   ㉯ 평균수위
㉰ 지정수위   ㉱ 평균최고수위

• 평수위는 평균수위보다 약간 낮다.
• 평균수위는 어떤 기간의 관측수위를 합계하여 관측횟수로 나누어 평균값을 구한 것이다.
• 수애선은 평수위일 때의 하안과의 경계선(물가선)이다.

029 매개변수 A가 60m인 클로소이드 곡선상의 시점에서 곡선길이(L)가 30m일 때 곡선의 반지름(R)은?

㉮ 60m   ㉯ 120m   ㉰ 90m   ㉱ 150m

• $A^2 = R \cdot L$
  ∴ $R = \dfrac{A^2}{L} = \dfrac{60^2}{30} = 120$m
• A 값이 크면 곡선이 점차 완만해진다.

해답 026. ㉯ 027. ㉯ 028. ㉮ 029. ㉯

030 트래버스 측량의 종류 중 가장 정확도가 높은 방법은?
㉮ 폐합 트래버스
㉯ 개방 트래버스
㉰ 결합 트래버스
㉱ 정확도는 모두 같다.

- 폐합 트래버스
시점과 종점이 같은 점으로 정도는 보통이다. 측각 조건은 성립하나 거리 조건식은 성립하지 않는다.
- 결합 트래버스
삼각점과 삼각점을 연결하는 측량 또는 기점과 기점을 연결하는 측량으로 정도가 양호하다. 측각 및 거리 조건식이 모두 성립하기 때문에 가장 정밀도가 높다.

031 축척 1/1000의 지형도를 이용하여 축척 1/5000 지형도를 제작하려고 한다. 1/5000 지형도 1장의 제작을 위해서는 1/1000 지형도 몇 장이 필요한가?
㉮ 5매
㉯ 15매
㉰ 25매
㉱ 30매

(축척비)^2 = 면적비
$\left(\dfrac{5000}{1000}\right)^2 = 25$매

032 축척 1:600으로 평판측량할 때 앨리데이드의 외심 거리에 의하여 생기는 외심 오차는? (단, 외심 거리는 24mm)
㉮ 0.04mm
㉯ 0.08mm
㉰ 0.4mm
㉱ 0.8mm

- 외심 오차 $q = \dfrac{e}{M} = \dfrac{24}{600} = 0.04$mm
- 구심 오차 $e = \dfrac{q \cdot M}{2}$

033 도상에 표고를 숫자로 나타내는 방법으로 하천, 항만, 해안측량 등에서 수심측량을 하여 고저를 나타내는 경우에 주로 사용되는 것은?
㉮ 음영법
㉯ 등고선법
㉰ 영선법
㉱ 점고법

- 음영법은 지형의 표시법 중 입체감이 가장 좋은 방법이다.
- 영선법은 경사가 급하면 굵고 짧은 선으로, 경사가 완만하면 가늘고 긴 선으로 지형을 나타낸다.

030. ㉰ 031. ㉰ 032. ㉮ 033. ㉱

034 그림의 AC 및 DB간에 곡선을 넣으려고 하는데 그 교점에 갈 수가 없다. 그래서 ∠ACD=130°, ∠CDB=90° 및 CD=200m를 측정하여 C점에서 B.C점까지의 거리를 구하면? (단, 곡선반경은 400m라 한다.)

㉮ 787.85m
㉯ 546.66m
㉰ 230.94m
㉱ 288.66m

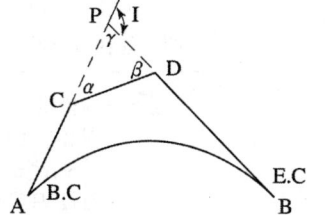

해설 $\dfrac{CD}{CP} = \cos 50°$

∴ $CP = \dfrac{CD}{\cos 50°} = \dfrac{200}{\cos 50°} = 311.14\text{m}$

• $TL = R\tan\dfrac{I}{2} = 400\tan\dfrac{140}{2} = 1098.99\text{m}$

∴ $TL - CP = 1098.99 - 311.14 = 787.85\text{m}$

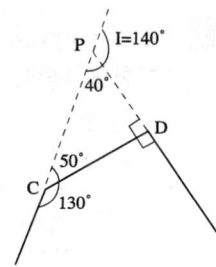

035 50m에 대하여 35mm의 오차를 갖고 있는 줄자로 450.000m를 측량하였다. 450.000m에 대한 오차의 크기는 얼마인가?

㉮ 0.035m ㉯ 0.070m ㉰ 0.105m ㉱ 0.324m

해설 우연오차
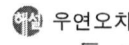
$a\sqrt{n} = 0.035\sqrt{9} = 0.105\text{m}$

여기서, 횟수 $n = \dfrac{450}{50} = 9$회

036 기준면으로부터 촬영고도 4000m에서 종중복도 60%로 촬영한 사진 2장의 기선장이 99mm, 철탑의 최상단과 최하단의 시차차가 2mm이었다면 철탑의 높이는? (단, 카메라 초점거리=150mm)

㉮ 80.8m ㉯ 82.5m ㉰ 89.2m ㉱ 92.4m

해설 $h = \dfrac{H}{b_0}\Delta p = \dfrac{4000}{99} \times 2 = 80.8\text{m}$

037 폐합 트래버스에서 전 측선의 길이가 900m이고 폐합비가 1/9000일 때, 도상 폐합오차는? (단, 도면의 축척 1:500)

㉮ 0.2mm ㉯ 0.3mm ㉰ 0.4mm ㉱ 0.5mm

정답 034. ㉮ 035. ㉰ 036. ㉮ 037. ㉮

• 폐합오차 E = 폐합비 × 전 측선의 길이 = $\frac{1}{9000} \times 900 = 0.1$m

• 1/500 도상 폐합오차 = $\frac{0.1}{500} = 0.0002$m = 0.2mm

---

038 클로소이드에 대한 설명으로 옳은 것은?

㉮ 설계속도에 대한 교통량 산정 곡선이다.
㉯ 주로 고속도로에 사용되는 완화곡선이다.
㉰ 도로 단면에 대한 캔트의 크기를 결정하기 위한 곡선이다.
㉱ 곡선길이에 대한 확폭량 결정을 위한 곡선이다.

• 클로소이드 곡선은 주로 고속도로에서 많이 사용하고 일종의 수평곡선이며 원점부터 곡선상 임의의 점에 이르는 현장이 그 점에서의 곡률반경에 반비례하는 곡선이다.
• 캔트 및 확폭량은 완화곡선과 관련이 있다.

---

039 측지학에 대한 설명으로 틀린 것은?

㉮ 평면위치의 결정이란 기준타원체의 법선이 타원체 표면과 만나는 점의 좌표, 즉 경도 및 위도를 정하는 것이다.
㉯ 높이의 결정은 평균해수면을 기준으로 하는 것으로 직접 수준측량 또는 간접 수준측량에 의해 결정한다.
㉰ 천체의 고도, 방위각 및 시각을 관측하여 관측지점의 지리학적 경위도 및 방위를 구하는 것을 천문측량이라 한다.
㉱ 지상으로부터 발사 또는 방사된 전자파를 인공위성으로 흡수하여 해석함으로써 지구자원 및 환경을 해결할 수 있는 것을 위성측량이라 한다.

• 지상으로부터 발사 또는 방사된 전자파를 인공위성으로 흡수하여 해석함으로써 지구자원 및 환경을 해결할 수 있는 것을 원격탐사라 한다.
• 지구 내부의 특성 형상 및 크기에 관한 것을 물리학적 측지학이라 한다.
• 지구 표면상의 상호위치 관계를 규명하는 것을 기하학적 측지학이라 한다.
• 탄성파 측정에서 지표면으로부터 낮은 곳은 굴절법을 이용한다.

---

040 다음 중 삼각점의 기준점 성과표가 제공하지 않는 성과는?

㉮ 직각좌표   ㉯ 경위도
㉰ 중력   ㉱ 표고

삼각점은 경위도 원점을 기준으로 경위도를 정하고, 고저 원점을 기준으로 하여 그 표고를 정하며 직각좌표, 진북방향과 거리를 관측하고 그 결과를 성과표로 작성한다.

---

038. ㉯ 039. ㉱ 040. ㉰

03 수/리/학

041 그림과 같은 직사각형 평면이 연직으로 서 있을 때 그 중심의 수심을 H_G라 하면 압력의 중심위치(작용점)를 a, b, H_G로 표현한 것으로 옳은 것은?

㉮ $H_G + \dfrac{b}{H_G \cdot a \cdot b}$

㉯ $H_G + \dfrac{ab^2}{12}$

㉰ $H_G + \dfrac{b}{12 \cdot H_G}$

㉱ $H_G + \dfrac{b^2}{12 \cdot H_G}$

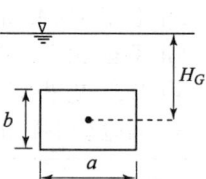

해설

$H_C = H_G + \dfrac{I_G}{H_G \cdot A} = H_G + \dfrac{a \cdot \dfrac{b^3}{12}}{H_G \cdot a \cdot b} = H_G + \dfrac{a \cdot b^3}{12 H_G \cdot a \cdot b} = H_G + \dfrac{b^2}{12 H_G}$

042 그림과 같은 사다리꼴 인공수로의 유적(A)과 경심(R)은?

㉮ $A = 27\text{m}^2$, $R = 2.64\text{m}$
㉯ $A = 27\text{m}^2$, $R = 1.86\text{m}$
㉰ $A = 18\text{m}^2$, $R = 1.86\text{m}$
㉱ $A = 18\text{m}^2$, $R = 2.64\text{m}$

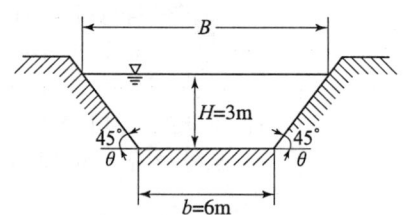

해설

- $B = 3 + 6 + 3 = 12\text{m}$
- $A = \dfrac{1}{2}(6 + 12) \times 3 = 27\text{m}^2$
- $R = \dfrac{A}{P} = \dfrac{27}{(\sqrt{3^2 + 3^2} \times 2) + 6} = 1.86\text{m}$

043 관 내의 흐름에서 레이놀즈수(Reynolds number)에 대한 설명으로 옳지 않은 것은?

㉮ 레이놀즈수는 물의 동점성계수에 비례하고 관의 내경에 반비례한다.
㉯ 난류는 레이놀즈수가 4,000보다 큰 것을 말한다.
㉰ 레이놀즈수가 2,000보다 크고 4,000보다 작은 구간을 천이영역이라 한다.
㉱ 레이놀즈수가 2,000보다 작으면 층류이다.

해설

- $R_e = \dfrac{V \cdot D}{\nu}$
- 동점성계수 $\nu = \dfrac{\mu(\text{점성계수})}{\rho(\text{밀도})}$

정답 041. ㉱ 042. ㉯ 043. ㉮

044 임의로 정한 수평기준면으로부터 유선상의 해당 점까지의 연직거리를 무엇이라 하는가?

㉮ 기준수두 ㉯ 위치수두 ㉰ 압력수두 ㉱ 속도수두

해설
• 베르누이 정리
 압력수두+속도수두+위치수두
 $$\frac{P_1}{\omega}+\frac{V_1^2}{2g}+Z_1=\frac{P_2}{\omega}+\frac{V_2^2}{2g}+Z_2$$

045 물의 성질을 설명한 것 중 옳지 않은 것은?

㉮ 압력이 증가하면 물의 압축계수(C_w)는 감소하고 체적탄성계수(E_w)는 증가한다.
㉯ 내부마찰력이 큰 것은 내부마찰력이 작은 것보다 그 점성계수의 값이 크다.
㉰ 물의 점성계수는 수온(℃)이 높을수록 그 값이 커지고 수온이 낮을수록 그 값은 작아진다.
㉱ 공기에 접촉하는 액체의 표면장력은 온도가 상승하면 감소한다.

해설
• 물의 점성계수는 수온이 높을수록 그 값이 작아지고 수온이 낮을수록 그 값이 커진다.
• 물의 밀도나 단위중량은 4℃에서 최대이고 온도가 낮거나 높아지면 감소한다.
• 동점성계수는 수온에 따라 변하며 온도가 낮을수록 그 값은 크다.
• 물은 일정한 체적을 갖고 있으나 온도와 압력의 변화에 따라 어느 정도 팽창 또는 수축을 한다.

046 3각 위어(weir)에서 $\theta=60°$일 때 월류 수심은? (여기서, Q: 유량, C: 유량계수, H: 위어 높이)

㉮ $\left(\dfrac{Q}{1.36C}\right)^{\frac{2}{5}}$ ㉯ $\left(\dfrac{Q}{1.36C}\right)^{\frac{5}{2}}$

㉰ $1.36\,CH^{\frac{5}{2}}$ ㉱ $1.36\,CH^{\frac{2}{5}}$

해설
$Q=\dfrac{8}{15}C\tan\dfrac{\theta}{2}\sqrt{2g}\,h^{\frac{5}{2}}=\dfrac{8}{15}C\tan\dfrac{60°}{2}\sqrt{2\times9.8}\,h^{\frac{5}{2}}=1.36Ch^{\frac{5}{2}}$

∴ $h=\left(\dfrac{Q}{1.36C}\right)^{\frac{2}{5}}$

047 관로의 평균유속 공식 중 Chezy 공식과 Manning 공식의 관계를 옳게 나타낸 것은? (단, C: Chezy의 유속계수, R: 경심, n: Manning의 조도계수)

㉮ $C=\dfrac{1}{n}R^{\frac{1}{6}}$ ㉯ $C=\dfrac{1}{n}R^{\frac{1}{3}}$

㉰ $C=\dfrac{1}{n}R^{\frac{1}{2}}$ ㉱ $C=\dfrac{1}{n}R$

정답 044.㉯ 045.㉰ 046.㉮ 047.㉮

해설
- $f = \dfrac{8g}{C^2}$
- $f = \dfrac{124.5n^2}{D^{1/3}}$
- $f = \dfrac{64}{R_e}$
- $C = \dfrac{1}{n}R^{1/6}$
- $f = 0.3164 R_e^{-\frac{1}{4}}$
- 수심 h가 폭 b에 비해서 매우 작아 $R \fallingdotseq h$가 될 경우 $C = \dfrac{1}{n}h^{1/6}$이다.

048. 다음 중 비에너지(specific energy)에 관한 설명으로 옳지 않은 것은?

㉮ 어느 수로단면의 수로 바닥을 기준으로 한 수두이다.
㉯ 한계류인 경우 비에너지는 가장 크게 된다.
㉰ 상류인 경우 수심의 증가에 따라 증가한다.
㉱ 사류인 경우 수심의 감소에 따라 증가한다.

해설
- 한계수심은 최소 비에너지에 대한 수심이다.
- 최대유량은 한계수심의 상태에서 흐른다.
- 한계수심 $h_c = \dfrac{2}{3}H_e$
- 비에너지 $H_e = h + \alpha \dfrac{V^2}{2g}$
- 비에너지는 단위무게의 물이 가진 흐름의 에너지이며 수류가 등류이면 비에너지는 일정한 값을 갖는다.

049. 밑면이 7.5m×3m이고 깊이가 4m인 빈 상자의 무게가 4×10^5N이다. 이 상자를 물 속에 완전히 가라앉히려면 얼마 이상의 무게를 상자 속에 넣어야 하겠는가? (단, 물의 단위무게=9,800N/m³)

㉮ 340,000 N
㉯ 375,000 N
㉰ 400,000 N
㉱ 482,000 N

해설 무게 = $(9800 \times 7.5 \times 3 \times 4) - 4 \times 10^5 = 482,000$N

050. 관로상의 유량조절 밸브나 펌프의 급조작으로 유수의 운동에너지가 압력에너지로 변환되어 관 벽에 큰 압력이 작용하게 되는 현상은?

㉮ 난류현상
㉯ 수격작용
㉰ 공동현상
㉱ 도수현상

해설 펌프의 설비 계획시 수격작용을 방지하기 위해 방법
- 펌프에 플라이 휠(fly-wheel)을 붙인다.
- 토출측 관로에 표준형 조압수조(surge tank)를 설치한다.
- 압력수조(air-chamber)를 설치한다.
- 밸브를 펌프 송출구 가까이 설치한다.
- 펌프의 토출측 관로에 안전밸브 또는 공기밸브를 설치한다.

해답 048. ㉯ 049. ㉱ 050. ㉯

051 흐름의 상태를 나타낸 것 중 옳지 않은 것은? (단, t=시간, l=공간, v=유속)

㉮ $\dfrac{\partial v}{\partial t}=0$ (정상류)

㉯ $\dfrac{\partial v}{\partial t}\neq 0$ (부정류)

㉰ $\dfrac{\partial v}{\partial l}=0$, $\dfrac{\partial v}{\partial t}=0$ (정상등류)

㉱ $\dfrac{\partial v}{\partial t}\neq 0$, $\dfrac{\partial v}{\partial l}\neq 0$ (정상부등류)

- $\dfrac{\partial v}{\partial t}\neq 0$, $\dfrac{\partial v}{\partial l}\neq 0$ (부정부등류)
- 홍수시의 하천은 부정류로 부정 부등류가 된다.
- 부정류는 속도, 유량, 밀도가 시간에 따라 변한다.
  즉, $\dfrac{\partial v}{\partial t}\neq 0$, $\dfrac{\partial Q}{\partial t}\neq 0$, $\dfrac{\partial \rho}{\partial t}\neq 0$ 이다. 아울러 일정한 구간의 속도도 일정하지 않고 변한다.

052 지하수에서의 Darcy의 법칙에 대한 설명으로 틀린 것은?

㉮ 지하수의 유속은 동수경사에 비례한다.
㉯ Darcy의 법칙에서 투수계수의 차원은 $[LT^{-1}]$이다.
㉰ Darcy의 법칙은 지하수의 흐름이 정상류라는 가정에서 성립한다.
㉱ Darcy의 법칙은 주로 난류로 취급했으며 레이놀즈 수 $R_e>2000$의 범위에서 주로 잘 적용된다.

- Darcy의 법칙은 주로 층류로 취급했으며 레이놀즈 수 $R_e<2000$의 범위에서 주로 잘 적용된다.
- 투수계수 k는 속도(cm/sec) 차원이다.

053 물의 밀도에 대한 차원으로 옳은 것은?

㉮ $[FL^{-4}T^2]$ ㉯ $[FL^{-1}T^2]$
㉰ $[FL^{-2}T]$ ㉱ $[FL]$

- $w=\rho\cdot g$ 에서
  $\rho=\dfrac{w}{g}=\dfrac{t/m^3}{m/\sec^2}=\dfrac{[FL^{-3}]}{[LT^{-2}]}=[FL^{-4}T^2]$
- $F=MLT^{-2}$
  $M=FL^{-1}T^2$

051. ㉱ 052. ㉱ 053. ㉮

054 2개의 수조를 연결하는 길이 1m의 수평관 속에 모래가 가득 차 있다. 양수조의 수위차는 0.5m이고 투수계수가 0.01cm/s이면 모래를 통과할 때의 평균유속은?

㉮ 0.05cm/s
㉯ 0.0025cm/s
㉰ 0.005cm/s
㉱ 0.0075cm/s

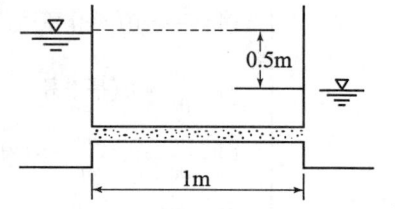

해설) $V = k \cdot i = k \cdot \dfrac{h}{L} = 0.01 \times \dfrac{50}{100} = 0.005\,\text{cm/s}$

055 오리피스에서 지름이 1cm, 수축단면(vena contracta)의 지름이 0.8cm이고 유속계수(C_v)가 0.9일 때 유량계수(C)는?

㉮ 0.584   ㉯ 0.720   ㉰ 0.576   ㉱ 0.812

해설) $C = C_v \cdot C_a = C_v \cdot \left(\dfrac{a}{A}\right) = C_v \cdot \left(\dfrac{d}{D}\right)^2 = 0.9 \times \left(\dfrac{0.8}{1}\right)^2 = 0.576$

056 개수로의 흐름이 사류일 때를 나타내는 것은? (단, h : 수심, h_c : 한계수심, F_r : Froude 수)

㉮ $h < h_c$, $F_r < 1$
㉯ $h < h_c$, $F_r > 1$
㉰ $h > h_c$, $F_r < 1$
㉱ $h > h_c$, $F_r > 1$

해설)
• 상류일 때 : $h > h_c$, $F_r < 1$, $V < V_c$
• 사류일 때 : $h < h_c$, $F_r > 1$, $V > V_c$

057 초속 20m/s, 수평과의 각 45°로 사출된 분수가 도달하는 최대 연직 높이는? (단, 공기 및 기타 저항은 무시한다.)

㉮ 10.2m   ㉯ 11.6m   ㉰ 15.3m   ㉱ 16.8m

해설) $y = \dfrac{V^2}{2g}\sin^2\theta = \dfrac{20^2}{2 \times 9.8}\sin^2 45° = 10.2\,\text{m}$

058 유체에서 1차원 흐름에 대한 설명으로 옳은 것은?

㉮ 면만으로는 정의될 수 없고 하나의 체적요소의 공간으로 정의되는 흐름
㉯ 여러 개의 유선으로 이루어지는 유동면으로 정의되는 흐름
㉰ 유동 특성이 1개의 유선을 따라서만 변화하는 흐름
㉱ 유동 특성이 여러 개의 유선을 따라서 변화하는 흐름

정답) 054.㉰ 055.㉰ 056.㉯ 057.㉮ 058.㉰

🔑 1차원 흐름은 유체 변수(속도나 압력 등)들이 유선의 방향인 한 개의 방향으로만 변하는 경우를 말한다. 그 외의 방향에 대한 변화는 무시할 수 있는 경우이다.

059 최적 수리단면(수리학적으로 가장 유리한 단면)에 대한 설명으로 틀린 것은?
㉮ 동수반경(경심)이 최소일 때 유량이 최대가 된다.
㉯ 수로의 경사, 조도계수, 단면이 일정할 때 최대유량을 통수시키게 하는 가장 경제적인 단면이다.
㉰ 최적 수리단면에서는 직사각형 수로 단면이나 사다리꼴 수로 단면이나 모두 동수반경이 수심의 절반이 된다.
㉱ 기하학적으로는 반원 단면이 최적 수리단면이나 시공상의 이유로 직사각형 단면 또는 사다리꼴 단면이 주로 사용된다.

🔑 수리학적으로 가장 유리한 단면
• 윤변이 최소이고 경심이 최대가 되는 단면이다.
• 동수반지름을 최대로 하는 단면이다.
• 직사각형 단면에서는 수심이 폭 1/2인 단면이다.
• 사다리꼴에서는 동수반지름이 수심의 반과 같다.
• 동일단면에 최대 유량이 흐를 수 있는 단면으로 수심을 반지름으로 하는 내접원 단면이다.

060 A 저수지에서 1km 떨어진 B 저수지에 유량 8m³/s를 송수한다. 저수지의 수면차를 10m로 하기 위한 관의 지름은? (단, 마찰손실만을 고려하고 마찰손실계수 $f = 0.03$이다.)
㉮ 2.15m   ㉯ 1.92m   ㉰ 1.74m   ㉱ 1.52m

🔑 $h_L = f \dfrac{l}{D} \dfrac{V^2}{2g} = f \dfrac{l}{D} \dfrac{(Q/A)^2}{2g} = 0.03 \times \dfrac{1000}{D} \times \dfrac{1}{2 \times 9.8} \times \left(\dfrac{8}{3.14 \times D^2/4}\right)^2 = 10$ 이므로

∴ $D = 1.74$m

04 철/근/콘/크/리/트 /및/ 강/구/조

061 철근콘크리트 보에서 스터럽을 배치하는 주목적은?
㉮ 보의 전단강도 보강을 위하여
㉯ 휨인장응력에 저항하게 하기 위하여
㉰ 보의 처짐을 감소시키기 위하여
㉱ 콘크리트의 균열폭을 감소시키기 위하여

🔑 • 콘크리트의 사인장 강도(전단강도)가 부족하기 때문에 스터럽과 굽힘철근으로 사인장균열을 막기 위해서 배치한다.
• 콘크리트 보의 중립축에서 사인장 응력은 중립축과 45°의 각을 이룬다.

정답 059. ㉮ 060. ㉰ 061. ㉮

062 강도 설계법에서 f_{ck}가 40MPa일 때 β_1의 값은 얼마인가? (단, β_1은 $a=\beta_1 c$에서 사용되는 계수)

㉮ 0.731
㉯ 0.766
㉰ 0.836
㉱ 0.85

해설
- $f_{ck} \leq 28$MPa일 때 $\beta_1 = 0.85$
- $f_{ck} > 28$MPa일 때 $\beta_1 = 0.85 - 0.007(f_{ck} - 28) \geq 0.65$
- ∴ $\beta_1 = 0.85 - 0.007(40-28) = 0.766$

063 다음 그림과 같이 전단력 P=300kN 작용하는 부재를 용접이음하고자 할 때 생기는 전단응력은?

㉮ 96.04 MPa
㉯ 78.13 MPa
㉰ 115.22 MPa
㉱ 80.09 MPa

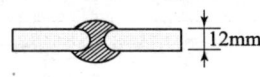
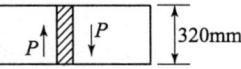

해설
$v = \dfrac{P}{\sum al} = \dfrac{300000}{12 \times 320} = 78.13 \text{N/mm}^2 = 78.13 \text{MPa}$

064 단철근 직사각형 보에서 f_{ck}=21MPa, f_y=400MPa일 때 균형철근비 ρ_b의 값은?

㉮ 0.019
㉯ 0.023
㉰ 0.027
㉱ 0.033

해설
- $\beta_1 = 0.85 - 0.007(f_{ck}-28) = 0.85 - 0.007(21-28) = 0.899$
여기서, β_1값이 0.85를 초과할 경우 0.85를 사용한다. (β_1값이 0.65보다 작아선 안 된다.)
- $\rho_b = 0.85\beta_1 \dfrac{f_{ck}}{f_y} \dfrac{600}{600+f_y} = 0.85 \times 0.85 \dfrac{21}{400} \dfrac{600}{600+400} = 0.023$

065 철근콘크리트 부재에서 부재축에 직각으로 배치된 전단철근의 최대간격에 대한 설명으로 옳은 것은? (단, d는 유효깊이)

㉮ $0.8d$ 이하이어야 하고 또한 600mm 이하로 하여야 한다.
㉯ 500mm 이하로 하여야 한다.
㉰ $0.5d$ 이하이어야 하고 또한 600mm 이하로 하여야 한다.
㉱ 800mm 이하로 하여야 한다.

해설
- 부재축에 직각으로 설치되는 전단철근(스터럽)의 간격은 0.5d 이하, 600mm 이하로 한다.
- 전단 보강 철근이 부담하는 전단력이 $\dfrac{1}{3}\sqrt{f_{ck}}b_w d$를 초과하면 $\dfrac{0.5d}{2}$ 이하, 300mm 이하로 한다.

정답 062. ㉯ 063. ㉯ 064. ㉯ 065. ㉰

066 위험단면에서 1방향 슬래브의 정철근 및 부철근의 중심 간격 규정으로 옳은 것은?

㉮ 슬래브 두께의 2배 이하이어야 하고, 또한 300mm 이하로 하여야 한다.
㉯ 슬래브 두께의 2배 이하이어야 하고, 또한 400mm 이하로 하여야 한다.
㉰ 슬래브 두께의 3배 이하이어야 하고, 또한 300mm 이하로 하여야 한다.
㉱ 슬래브 두께의 3배 이하이어야 하고, 또한 400mm 이하로 하여야 한다.

• 1방향 슬래브의 두께는 100mm 이상으로 하여야 한다.
• 기타의 단면에서는 슬래브 두께의 3배 이하, 또한 450mm 이하로 하여야 한다.
• 최대 휨모멘트가 일어나는 곳에서 슬래브 두께 2배 이하, 300mm 이하로 하여야 한다.

067 뒷부벽식 옹벽을 설계할 때 뒷부벽에 대한 설명으로 옳은 것은?

㉮ T형보로 설계하여야 한다.
㉯ 캔틸레버로 설계하여야 한다.
㉰ 직사각형보로 설계하여야 한다.
㉱ 3변 지지된 2방향 슬래브로 설계하여야 한다.

앞부벽식 옹벽은 직사각형보로 설계한다.

068 길이 6m의 단순 철근콘크리트보에서 처짐을 계산하지 않아도 되는 보의 최소 두께는 얼마인가? [단, 보통콘크리트(M_c =2,300kg/m³)를 사용하며, f_{ck}=21MPa, f_y=400MPa]

㉮ 356mm   ㉯ 403mm   ㉰ 375mm   ㉱ 349mm

• 처짐을 계산하지 않는 경우의 보 또는 1방향 슬래브의 최소 두께(f_y=400MPa)

부재	최소 두께 또는 높이			
	단순지지	일단연속	양단연속	캔틸레버
1방향 슬래브	$\frac{l}{20}$	$\frac{l}{24}$	$\frac{l}{28}$	$\frac{l}{10}$
보	$\frac{l}{16}$	$\frac{l}{18.5}$	$\frac{l}{21}$	$\frac{l}{8}$

• 최소 두께
$\frac{l}{16} = \frac{6000}{16} = 375mm$

069 강도설계법에서 균형보의 개념을 옳게 설명한 것은?

㉮ 콘크리트와 철근의 응력이 각각의 허용응력에 도달한 보를 말한다.
㉯ 사용하중 상태에서 파괴형태를 고려하지 않은 보를 말한다.
㉰ 경제적인 단면설계를 위주로 한 보를 말한다.
㉱ 철근이 항복함과 동시에 콘크리트의 압축변형률이 0.003에 도달한 보를 말한다.

 066. ㉮ 067. ㉮ 068. ㉰ 069. ㉱

2017년 5월 7일 시행

해 균형상태란 인장철근이 항복강도 f_y에 도달할 때 바로 압축을 받는 콘크리트가 극한변형률 0.003에 도달하는 상태를 말하며 이 균형상태로 파괴되는 보를 균형보라 한다.

070 보의 유효높이 600mm, 복부의 폭 320mm, 플랜지의 두께 130mm, 주형의 중심간 거리 2.5m, 지간 10.4m로 설계된 대칭 T형 형태의 보가 있다. 이 보의 플랜지의 유효폭은?

㉮ 2,080mm   ㉯ 2,400mm   ㉰ 2,500mm   ㉱ 2,600mm

해
- $16t + b_w = 16 \times 130 + 320 = 2400\text{mm}$
- 양쪽 슬래브 중심간 거리 = 2500mm
- 보 경간의 $\dfrac{1}{4} = 10400 \times \dfrac{1}{4} = 2600\text{mm}$

∴ 가장 작은 값인 2400mm가 플랜지의 유효 폭이다.

071 다음 그림과 같은 PSC 단순보에 프리스트레스 힘을 4,000kN 작용했을 때 프리스트레스에 의한 상향력은?

㉮ 40 kN/m
㉯ 64 kN/m
㉰ 80 kN/m
㉱ 400 kN/m

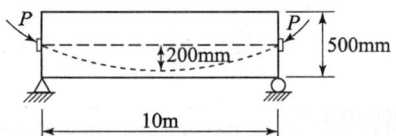

해
$$\dfrac{ul^2}{8} = P \cdot s$$
$$\therefore u = \dfrac{8Ps}{l^2} = \dfrac{8 \times 4000 \times 0.2}{10^2} = 64\text{kN/m}$$

072 아래 그림과 같은 판형에서 stiffener(보강재)의 사용 목적은?

㉮ Web plate의 좌굴을 방지하기 위하여
㉯ Flange angle의 간격을 넓게 하기 위하여
㉰ Flange의 강성을 보강하기 위하여
㉱ 보 전체의 비틀림에 대한 강도를 크게 하기 위하여

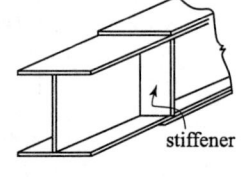

해
- 보강재는 복부판의 전단력에 따른 좌굴을 방지하는 역할을 한다.
- 복부판(web plate)의 좌굴을 막기 위해 수직 보강재인 스티프너를 설치한다.

073 전체 깊이가 900mm를 초과하는 휨부재 복부의 양 측면에 부재 축방향으로 배근하는 철근의 명칭은?

㉮ 배력철근   ㉯ 표피철근
㉰ 피복철근   ㉱ 연결철근

해답 070.㉯ 071.㉯ 072.㉮ 073.㉯

참고 보나 장선의 깊이 h가 900mm를 초과하면 종방향 표피철근을 인장 연단으로부터 $h/2$ 지점까지 부재 양쪽 측면을 따라 균일하게 배치하여야 한다.

074 그림과 같은 T형보에서 $f_{ck}=21\text{MPa}$, $f_y=400\text{MPa}$, $A_s=3,212\text{mm}^2$일 때 공칭 휨강도(M_n)는?

㉮ 463.7 kN·m
㉯ 521.6 kN·m
㉰ 578.4 kN·m
㉱ 613.5 kN·m

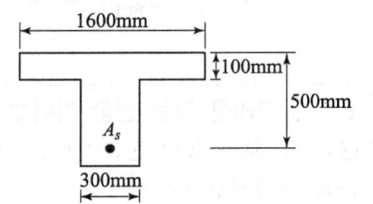

해설
- $a = \dfrac{A_s \cdot f_y}{0.85 f_{ck} b} = \dfrac{3212 \times 400}{0.85 \times 21 \times 1600} = 45\text{mm}$

  $a < t$ 이므로 직사각형 보로 해석.

- $M_n = A_s \cdot f_y \left(d - \dfrac{a}{2}\right) = 3212 \times 400 \left(500 - \dfrac{45}{2}\right) = 613{,}492{,}000\text{N}\cdot\text{mm} = 613.5\text{kN}\cdot\text{m}$

075 아래 그림과 같은 강판에서 순폭은? [단, 볼트 구멍의 지름(d)은 25mm이다.]

㉮ 150mm
㉯ 175mm
㉰ 204mm
㉱ 225mm

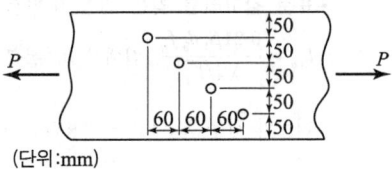

(단위:mm)

해설
- $d = 25\text{mm}$
- $\omega = d - \dfrac{p^2}{4g} = 25 - \dfrac{60^2}{4 \times 50} = 7\text{mm}$

① $b_n = b_g - d = 250 - 25 = 225\text{mm}$
② $b_n = b_g - d - \omega = 250 - 25 - 7 = 218\text{mm}$
③ $b_n = b_g - d - 2\omega = 250 - 25 - 2 \times 7 = 211\text{mm}$
④ $b_n = b_g - d - 3\omega = 250 - 25 - 3 \times 7 = 204\text{mm}$

∴ 204mm

076 그림과 같은 직사각형 보에서 압축상단에서 중립축까지의 거리(c)는 얼마인가? (단, 철근 D22 4본의 단면적은 1548mm², $f_{ck}=35\text{MPa}$, $f_y=350\text{MPa}$이다.)

㉮ 60.7mm
㉯ 71.4mm
㉰ 75.8mm
㉱ 80.9mm

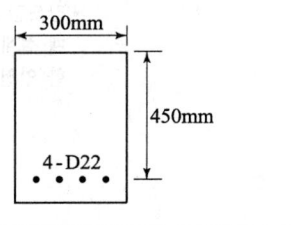

해답 074. ㉱ 075. ㉰ 076. ㉯

2017년 5월 7일 시행

해설
- $a = \dfrac{A_s f_y}{0.85 f_{ck} b} = \dfrac{1548 \times 350}{0.85 \times 35 \times 300} = 60.7 \text{mm}$
- $\beta_1 = 0.85 - 0.007(f_{ck} - 28) = 0.85 - 0.007(35 - 28) = 0.801$
- $a = \beta_1 \cdot c$

$\therefore c = \dfrac{a}{\beta_1} = \dfrac{60.7}{0.801} = 75.8 \text{mm}$

077 표준 갈고리를 갖는 인장 이형철근의 기본정착길이(l_{hb})를 구하는 식으로 옳은 것은? (단, 보통 중량 콘크리트를 사용하고, 도막되지 않은 철근을 사용하며 d_b는 철근의 공칭직경임)

㉮ $\dfrac{0.9\, d_b f_y}{\sqrt{f_{ck}}}$　　㉯ $\dfrac{0.6\, d_b f_y}{\sqrt{f_{ck}}}$

㉰ $\dfrac{0.24\, d_b f_y}{\sqrt{f_{ck}}}$　　㉱ $\dfrac{0.19\, d_b f_y}{\sqrt{f_{ck}}}$

해설
- 인장 이형철근의 기본 정착길이

$l_{db} = \dfrac{0.6\, d_b f_y}{\lambda \sqrt{f_{ck}}}$

- 표준 갈고리를 갖는 인장 이형철근의 기본정착길이

$l_{hb} = \dfrac{0.24\, \beta_1 d_b f_y}{\lambda \sqrt{f_{ck}}}$ 식에서 β_1 철근 도막계수가 도막되지 않은 경우 1.0, 보통 중량 콘크리트의 경우 $\lambda = 1.0$을 적용하면 $\dfrac{0.24\, d_b f_y}{\sqrt{f_{ck}}}$ 이 된다.

078 강도설계법에서 사용하는 용어 중 아래의 표에서 설명하는 것은?

| 강도설계법에서 부재를 설계할 때 사용하중에 하중계수를 곱한 하중 |

㉮ 계수하중　　㉯ 공칭하중
㉰ 고정하중　　㉱ 강도감소계수

해설
- 공칭강도 : 강도설계법의 규정과 가정에 따라 계산된 부재 또는 단면의 강도를 말하며, 강도감소계수를 적용하기 전의 강도
- 고정하중 : 구조물의 수명기간 중 상시 작용하는 하중으로서 자중은 물론 벽, 바닥, 지붕, 천장, 계단 및 고정된 사용장비 등을 포함한 하중
- 강도감소계수 : 재료의 설계기준강도와 실제 강도와의 차이, 부재를 제작 또는 시공할 때 설계도와의 차이, 그리고 부재 강도의 추정과 해석에 관련된 불확실성을 고려하기 위한 안전계수

077. ㉯　078. ㉮

079 정착구와 커플러의 위치에서 프리스트레스 도입 직후 포스트텐션 긴장재의 응력은 얼마 이하로 하여야 하는가? (단, f_{pu} : 긴장재의 설계기준 인장강도)

㉮ $0.4f_{pu}$　　㉯ $0.5f_{pu}$　　㉰ $0.6f_{pu}$　　㉱ $0.7f_{pu}$

- 정착구와 커플러의 위치에서 프리스트레스 도입 직후 포스트텐션 긴장재의 응력은 0.7 f_{pu} 이하로 하여야 한다.
- 프리스트레스 도입 직후에 긴장재의 인장응력은 $0.74f_{pu}$와 $0.82f_{pu}$ 중 작은 값 이하로 하여야 한다.
- 긴장을 할 때 긴장재의 인장응력은 $0.80f_{pu}$ 또는 $0.94f_{pu}$ 중 작은 값 이하로 하여야 한다. 또한 긴장재나 정착장치 제조자가 제시하는 최대 값도 초과하지 않아야 한다.

080 PSC에서 콘크리트의 응력해석에서 균열 발생 전 해석상의 가정으로 옳지 않은 것은?

㉮ 콘크리트와 PS강재 및 보강철근을 탄성체로 본다.
㉯ RC에 적용되는 강도이론을 그대로 적용한다.
㉰ 콘크리트의 전단면을 유효하다고 본다.
㉱ 단면의 변형률은 중립축에서의 거리에 비례한다고 본다.

프리스트레스를 도입할 때, 사용하중이 작용할 때, 균열하중이 작용할 때의 응력계산 가정
① 변형률은 중립축에서 떨어진 거리에 비례한다.
② 균열단면에서는 콘크리트는 인장력에 저항할 수 없다.

05 토/질 /및/ 기/초

081 다짐 에너지(Energy)에 관한 설명 중 틀린 것은?

㉮ 다짐 에너지는 램머(Rammer)의 중량에 비례한다.
㉯ 다짐 에너지는 다짐 층수에 반비례한다.
㉰ 다짐 에너지는 시료의 부피에 반비례한다.
㉱ 다짐 에너지는 다짐 횟수에 비례한다.

$$E_C = \frac{W_R \cdot H \cdot N_B \cdot N_L}{V}$$

082 주동토압을 P_A, 수동토압을 P_P, 정지토압을 P_O라 할 때 토압의 크기 순서는?

㉮ $P_A > P_P > P_O$　　㉯ $P_P > P_O > P_A$
㉰ $P_P > P_A > P_O$　　㉱ $P_O > P_A > P_P$

079. ㉱　080. ㉯　081. ㉯　082. ㉯

해설
- $P_a < P_o < P_p$
- $K_a < K_o < K_p$

083 통일 분류법에서 실트질 자갈을 표시하는 약호는?
㉮ GW ㉯ GP
㉰ GM ㉱ GC

해설
- GC : 점토질 자갈
- GP : 입도가 불량한 자갈
- CH : 압축성이 높은(소성이 큰) 점토
- GW : 입도가 양호한 자갈

084 Rod의 끝에 설치한 저항체를 땅속에 삽입하여 관입, 회전, 인발 등의 저항으로 토층의 성질을 탐사하는 것을 무엇이라 하는가?
㉮ Boring ㉯ Sounding
㉰ Sampling ㉱ Wash boring

해설 정적인 사운딩은 점성토 지반에 적합하고 동적인 사운딩은 사질토 지반에 적합하다.

085 점착력이 큰 지반에 강성의 기초가 놓여 있을 때 기초바닥의 응력상태를 설명한 것 중 옳은 것은?
㉮ 기초 밑 전체가 일정하다.
㉯ 기초 중앙에서 최대응력이 발생한다.
㉰ 기초 모서리 부분에서 최대응력이 발생한다.
㉱ 점착력으로 인해 기초바닥에 응력이 발생하지 않는다.

해설
- 사질토 지반에 강성기초가 놓인 경우는 기초 중앙에서 최대응력이 발생한다.
- 지반에 관계없이 휨성기초가 놓인 경우는 기초 밑 전체가 일정하다.

086 테르쟈기(Terzahi)의 극한 지지력 공식 $q_u = \alpha c N_c + \beta \gamma B N_\gamma + \gamma D_f N_q$에 대한 다음 설명 중 옳지 않은 것은?
㉮ α, β는 기초 형상 계수이다.
㉯ 원형 기초에서 B는 원의 직경이다.
㉰ 정사각형 기초에서 α의 값은 1.3이다.
㉱ N_c, N_γ, N_q는 지지력 계수로서 흙의 점착력에 의해 결정된다.

해설 N_c, N_r, N_q는 지지력 계수로서 흙의 내부 마찰각에 의해 결정된다.

정답 083.㉰ 084.㉯ 085.㉰ 086.㉱

087 다음 중 점성토 지반의 개량공법으로 부적당한 것은?
㉮ 치환공법 ㉯ 바이브로 플로테이션공법
㉰ Sand drain공법 ㉱ 다짐모래말뚝공법

해설) 다짐모래 말뚝공법은 점성토 지반의 개량공법에 사용할 수 있다.

088 어떤 시료에 대하여 일축압축 시험을 실시한 결과 일축압축강도가 $3t/m^2$이었다. 이 흙의 점착력은? (단, 이 시료는 $\phi=0°$인 점성토이다.)
㉮ $1.0\ t/m^2$ ㉯ $1.5\ t/m^2$
㉰ $2.0\ t/m^2$ ㉱ $2.5\ t/m^2$

해설) $C = \dfrac{q_u}{2} = \dfrac{3}{2} = 1.5 t/m^2$

089 사면의 경사각을 70°로 굴착하고 있다. 흙의 점착력 $1.5t/m^2$, 단위체적중량을 $1.8t/m^3$으로 한다면 이 사면의 한계고는? (단, 사면의 경사각이 70°일 때 안정계수는 4.8로 한다.)
㉮ 2.0m ㉯ 4.0m
㉰ 6.0m ㉱ 8.0m

해설) $H_c = \dfrac{N_s \cdot C}{\gamma} = \dfrac{4.8 \times 1.5}{1.8} = 4m$

보충)
- $H_c = \dfrac{2q_u}{\gamma}$
- $H_c = \dfrac{4C}{\gamma} \tan\left(45° + \dfrac{\phi}{2}\right)$
- $F = \dfrac{H_c}{H}$

090 동해(凍害)의 정도는 흙의 종류에 따라 다르다. 다음 중 우리나라에서 가장 동해가 심한 것은?
㉮ silt ㉯ colloid
㉰ 점토 ㉱ 굵은 모래

해설)
- 모관 상승고가 크고 투수성도 큰 실트질 흙이 가장 동해가 심하다.
- 토층의 동결은 지표면에서 아래쪽을 향하여 진행된다.
- 실트질, 물의 공급, 영하의 온도가 지속되어야 동상이 일어난다.
- 동상작용을 받은 흙은 동상작용을 받기 전의 흙에 비해 함수비가 증가한다.

해답) 087. ㉯ 088. ㉯ 089. ㉯ 090. ㉮

2017년 5월 7일 시행

091 예민비가 큰 점토란?
㉮ 입자 모양이 둥근 점토
㉯ 흙을 다시 이겼을 때 강도가 크게 증가하는 점토
㉰ 입자가 가늘고 긴 형태의 점토
㉱ 흙을 다시 이겼을 때 강도가 크게 감소하는 점토

• 예민비 $S_t = \dfrac{q_u}{q_{ur}}$
• 예민비가 클수록 강도의 변화가 크므로 공학적 성질이 나쁘다.

092 비중 2.65, 간극률 50%인 경우에 quick sand 현상을 일으키는 한계 동수 경사는?
㉮ 0.325 ㉯ 0.825
㉰ 0.512 ㉱ 1.013

$i_c = \dfrac{\gamma_{sub}}{\gamma_w} = \dfrac{G_s - 1}{1 + e} = \dfrac{2.65 - 1}{1 + 1} = 0.825$

여기서, $e = \dfrac{n}{100 - n} = \dfrac{50}{100 - 50} = 1$

• 분사현상이 안 일어나는 조건
$i < i_c$
$1 < F$

093 유선망(flow net)의 특징에 대한 설명 중 옳지 않은 것은?
㉮ 인접한 두 등수두선 사이의 손실수두는 같다.
㉯ 유선과 등수두선은 서로 직교한다.
㉰ 유선망의 4각형은 이론상 정사각형이다.
㉱ 침투유속과 동수경사는 유선망의 폭에 비례한다.

• 침투유속과 동수경사는 유선망의 폭에 반비례한다.
• 각 유로의 침투유량은 같다.
• 침투유량을 알기 위해 유선망을 그린다.

094 도로의 평판재하 시험에서 1.25mm 침하량에 해당하는 하중 강도가 2.50kg/cm²일 때 지지력 계수(K)는?
㉮ 20 kg/cm³ ㉯ 30 kg/cm³
㉰ 25 kg/cm³ ㉱ 35 kg/cm³

• $K = \dfrac{q}{y} = \dfrac{2.5}{0.125} = 20 \text{kg/cm}^3$
• $K_{75} < K_{40} < K_{30}$

해답 091. ㉱ 092. ㉯ 093. ㉱ 094. ㉮

095 어떤 점토 지반에서 베인(Vane) 시험을 지반깊이 3m 지점에서 실시하였다. 최대 회전모멘트가 120 kg·cm이면 이 점토의 점착력 C는 얼마인가? (단, 베인의 직경과 높이의 비는 1 : 2이고, 직경은 5cm였다.)

㉮ 0.65 kg/cm² ㉯ 1.25 kg/cm²
㉰ 0.26 kg/cm² ㉱ 0.86 kg/cm²

• $C = \dfrac{M_{max}}{\pi D^2 \left(\dfrac{H}{2} + \dfrac{D}{6}\right)} = \dfrac{120}{\pi \times 5^2 \left(\dfrac{10}{2} + \dfrac{5}{6}\right)} = 0.26 \text{kg/cm}^2$

• 베인 시험은 연약한 점토의 전단강도를 추정한다.

096 두께 5m의 점토층이 있다. 압축 전의 간극비가 1.32, 압축 후의 간극비가 1.10으로 되었다면 이 토층의 압밀침하량은 약 얼마인가?

㉮ 68cm ㉯ 58cm
㉰ 52cm ㉱ 47cm

• $\Delta H = \dfrac{e_1 - e_2}{1 + e_1} \cdot H = \dfrac{1.32 - 1.10}{1 + 1.32} \times 500 = 47\text{cm}$

• $\Delta H = m_v \cdot \Delta P \cdot H$

097 아래 그림과 같은 옹벽에 작용하는 전 주동토압은 얼마인가?

㉮ 16.2 t/m
㉯ 17.2 t/m
㉰ 18.2 t/m
㉱ 19.2 t/m

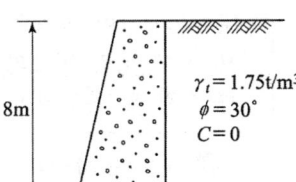

$P_a = \dfrac{1}{2}\gamma H^2 K_a = \dfrac{1}{2}\gamma H^2 \tan^2\left(45° - \dfrac{\phi}{2}\right) = \dfrac{1}{2} \times 1.8 \times 8^2 \tan^2\left(45° - \dfrac{30°}{2}\right)$
$= 19.2 \text{t/m}$

098 다음 그림에서 $X-X$ 단면에 작용하는 유효응력은?

㉮ 4.26 t/m²
㉯ 5.24 t/m²
㉰ 6.36 t/m²
㉱ 7.21 t/m²

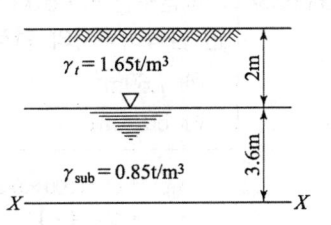

$\overline{P} = 1.65 \times 2 + 0.85 \times 3.6 = 6.36 \text{t/m}^2$

095. ㉰ 096. ㉱ 097. ㉱ 098. ㉰

099 간극비(void ratio)가 0.25인 모래의 간극률(porosity)은 얼마인가?
㉮ 20% ㉯ 25%
㉰ 30% ㉱ 35%

- $n = \dfrac{e}{1+e} \times 100 = \dfrac{0.25}{1+0.25} \times 100 = 20\%$
- $e = \dfrac{n}{100-n}$

100 피어기초의 수직공을 굴착하는 공법 중에서 기계에 의한 굴착공법이 아닌 것은?
㉮ benoto 공법 ㉯ chicago 공법
㉰ calwelde 공법 ㉱ reverse sirculation 공법

chicago 공법은 중간 굳기 점토지반을 반원형 강제환을 설치하며 인력으로 굴착하는 공법이며 Gow 공법 역시 연약한 지반에 강제원통을 설치하며 인력으로 굴착하는 공법이다.

06 상/하/수/도/공/학

101 펌프의 비회전도(N_s)에 관한 설명으로 옳지 않은 것은?
㉮ 1m³/sec의 유량에서 단위양정(1m)을 발생시킬 경우의 회전수를 의미한다.
㉯ N_s의 값이 작을수록 소수량 고양정이고 클수록 대수량 저양정 펌프가 된다.
㉰ N_s에 따라 펌프의 특성이 정해진다.
㉱ 수량 및 총양정이 같으면 회전수가 클수록 N_s가 크다.

- 크기는 다르나 모양이 비슷한 임펠러가 1m³/min의 유량을 1m 양수하는데 필요한 회전수를 의미한다.
- 축류펌프가 가장 큰 비교회전도를 나타낸다.
- N_s가 커짐에 따라 소형이 되어 펌프 값이 저렴하다.
- N_s가 같으면 펌프의 크기에 관계없이 대체로 형식과 특성이 같다.

102 계획급수인구가 5,000명이고 1인 1일 최대급수량이 0.2m³이며, 여과속도는 130m/day인 급속여과지의 면적은?
㉮ 7.69m² ㉯ 15.38m²
㉰ 30.76m² ㉱ 76.92m²

- $Q = 5000 \times 0.2 = 1000\text{m}^3/\text{day}$
- $Q = A \cdot V$
- $\therefore A = \dfrac{Q}{V} = \dfrac{1000}{130} = 7.69\text{m}^2$

099. ㉮ 100. ㉯ 101. ㉮ 102. ㉮

103 상수도 배수시설에 대한 설명으로 옳은 것은?
- ㉮ 계획배수량은 해당 배수구역의 계획1일 최대급수량을 의미한다.
- ㉯ 소규모의 수도 및 배수량이 적은 지역에서는 소화용수량은 무시한다.
- ㉰ 배수지에서의 배수는 펌프가압식을 원칙으로 한다.
- ㉱ 대용량 배수지 설치보다 다수의 배수지를 분산시키는 편이 안정급수 관점에서 효과적이다.

해설
- 배수시설의 계획 배수량은 평상시와 화재 발생시로 구분하여 고려하여야 한다.
- 배수지에서의 배수는 자연유하식이 유리하다.
- 배수관을 격자식 방식으로 하면 물이 정체하지 않고 수압도 유지하기 쉬우며 화재시 특히 유리하나 관망의 수리계산은 복잡하다.

104 우수관거 및 합류관거의 최소 관경에 대한 표준 크기는?
- ㉮ 350mm
- ㉯ 250mm
- ㉰ 200mm
- ㉱ 150mm

해설
- 오수관거 : 200mm
- 우수 및 합류관거 : 250mm

105 분류식 계통에 비교하여 합류식 하수관거 계통의 특징에 대한 설명으로 옳지 않은 것은?
- ㉮ 하수처리장에서 오수 처리비용이 많이 소요된다.
- ㉯ 청천시 관내에 오염물이 침전되기 쉽다.
- ㉰ 오수관거와 우수관거의 2계통을 건설하는 것보다 건설비용이 크게 소요된다.
- ㉱ 검사 및 관리가 비교적 용이하다.

해설
- 오수관거와 우수관거의 2계통을 건설하는 분류식 계통보다 합류식 하수관거의 건설비용은 작게 소요된다.
- 우천시에 처리장으로 다량의 토사가 유입되어 침전지에 퇴적된다.

106 계획취수량의 기준이 되는 수량으로 옳은 것은?
- ㉮ 계획1일 평균급수량
- ㉯ 계획1일 최대급수량
- ㉰ 계획시간 최대급수량
- ㉱ 계획1일1인 평균급수량

해설
- 계획 취수량은 계획1일 최대급수량이 설계기준이다.
- 계획 배수량은 평상시 계획1시간 최대급수량을 기준으로 한다.

정답 103. ㉱ 104. ㉯ 105. ㉰ 106. ㉯

107 배수관에서 분기하여 각 수요자에게 먹는 물을 공급하는 것을 목적으로 하는 시설은?

㉮ 도수시설 ㉯ 취수시설
㉰ 급수시설 ㉱ 배수시설

해설 도수시설
- 수로의 형식은 관수로식과 개수로식이 있지만 펌프가압식에서는 관수로식을 채택한다.
- 도수관의 노선은 관로가 항상 동수경사선 이하가 되도록 설정하고 항상 정압이 되도록 계획한다.
- 자연 유하식 도수관인 경우에는 평균유속의 허용 최대한도를 3m/sec로 한다.

108 활성슬러지 공법으로 하수를 처리할 때 포기량을 결정하기 위한 조건으로서 가장 중요한 것은?

㉮ 하수의 중금속 농도 ㉯ 하수의 BOD 농도
㉰ 하수의 탁도 ㉱ 하수의 pH

해설
- BOD가 높은 물은 오염되어 용존산소(DO)가 낮다.
- 용존산소량이 적은 물은 혐기성 분해가 일어나기 쉽다.

109 생물학적 처리에 주요한 역할을 하는 미생물은?

㉮ 균류 ㉯ 박테리아
㉰ 원생동물 ㉱ 조류

해설 하수처리방법 중 생물학적 처리방법에는 활성슬러지법, 살수여상법, 계단식 폭기법, 회전원판법, 산화지법, 소화법 등이 있다.

110 상수원 선정 시 고려사항으로 옳지 않은 것은?

㉮ 계획취수량은 평수기에 확보 가능한 수량으로 한다.
㉯ 수리권이 확보될 수 있어야 한다.
㉰ 건설비 및 유지 관리비가 저렴하여야 한다.
㉱ 장래 수도시설의 확장이 가능한 곳이 바람직하다.

해설
- 취수지점은 갈수기의 계획 저수위에서도 계획취수량을 확보할 수 있어야 한다.
- 수질이 양호하며 수량이 풍부하고 위치가 수돗물 소비지에 가까울 것

111 Manning 공식의 조도계수 $n=0.012$, 동수경사가 1/1000이고 관경이 250mm일 때 유량은?

㉮ $142 \, m^3/hr$ ㉯ $92 \, m^3/hr$
㉰ $73 \, m^3/hr$ ㉱ $53 \, m^3/hr$

해답 107.㉰ 108.㉯ 109.㉯ 110.㉮ 111.㉰

📝 $Q = A \cdot V = A \cdot \dfrac{1}{n} R^{2/3} I^{1/2}$

$= \dfrac{3.14 \times 0.25^2}{4} \times \dfrac{1}{0.012} \times \left(\dfrac{0.25}{4}\right)^{2/3} \times \left(\dfrac{1}{1000}\right)^{1/2} = 0.02 \, \text{m}^3/\text{sec} \times 3600 = 73 \, \text{m}^3/\text{hr}$

112. 계획우수량 산정의 고려 사항으로 틀린 것은?

㉮ 최대계획 우수유출량의 산정은 합리식에 의하는 것을 원칙으로 한다.
㉯ 유출계수는 토지 이용도별 기초 유출계수로부터 총괄 유출계수를 구하는 것을 원칙으로 한다.
㉰ 하수관거의 확률년수는 10~30년, 빗물펌프장의 확률년수는 30~50년을 원칙으로 한다.
㉱ 최상류 관거의 끝으로부터 하류관거의 어떤 지점까지의 거리를 계획유량에 대응한 유속으로 나눈 것을 유달시간으로 한다.

📝 • 우수가 배수구역의 가장 먼 지점에서 하수거에 유입할 때까지의 시간을 유입시간, 하수거에 유입한 우수가 L(m)인 거리를 V(m/s) 속도로 흘러가는 시간 $\left(\dfrac{L}{V}\right)$을 유하시간이라 하며 유달시간은 유입시간과 유하시간을 합한 것이다.
• 우수 유출량의 산정식은 합리식 $Q = \dfrac{1}{360} CIA$에 의한다.
• 계획우수량의 확률년수는 5~10년을 원칙으로 한다.

113. 합리식에서 사용하는 강우강도 공식에 관한 설명으로 틀린 것은?

㉮ Talbot형 공식, Sherman형 공식 등이 이에 속한다.
㉯ 공식 중의 정수(상수)는 지표형태에 따라 결정된다.
㉰ 강우 지속기간의 증가에 따라 강우강도는 감소한다.
㉱ 임의의 지속기간에 대한 강우강도를 구하는데 사용된다.

📝 • 강우강도 공식에서 상수결정은 강우 지속시간을 일정한 시간으로 나눠 각 시간내의 평균 강우강도가 큰 것을 n년간 수집해 확률계산을 통하여 결정한다.
• 한 지점의 강우강도는 단위 시간내에 내린 비의 깊이로서 표시하며 단위는 mm/hr이다.

114. 집수매거(infiltration galleries)에 대한 설명으로 옳은 것은?

㉮ 복류수를 취수하기 위하여 지중(地中)에 매설한 유공 관거 설비
㉯ 관로의 수두를 감소시키기 위한 설비
㉰ 배수지의 유입수 수위조절과 양수를 위한 설비
㉱ 피압지하수를 취수하기 위하여 지하의 대수층까지 삽입한 관거 설비

📝 복류수는 하천이나 호수의 바닥 또는 측면부의 자갈 및 모래층에 포함되어 있는 물로서 지표수에 비해 수질이 양호하며 철분, 망간 등의 광물질 함량도 적어 수원으로 적합하며 보통 침전지를 생략하는 지하수이다.

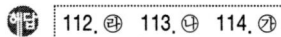

115 저수지나 배수지의 용량을 구할 때 사용하는 방법으로 옳은 것은?

㉮ 리플법(Ripple's Method)
㉯ 합리식 방식(Rational Method)
㉰ 랜니법(Ranney Method)
㉱ 하디-크로스법(Hardy-Cross Method)

해설 Ripple's Method는 저수지의 용량을 결정하는 방법으로 급수용 저수지의 필요수량을 결정하기 위해 누가곡선도를 작성한다.

116 완속여과와 급속여과에 대한 설명으로 옳지 않은 것은?

㉮ 완속여과는 모래층과 모래층 표면에 증식하는 미생물막에 의해 수중의 불순물을 포착하여 산화분해하는 정수방법이다.
㉯ 급속여과는 원수 중의 현탁물질을 약품침전 시킨 후 분리하는 방법이다.
㉰ 완속여과는 유입수의 수질이 비교적 양호한 경우에 사용할 수 있다.
㉱ 대규모 처리시에는 급속여과가 적당하나 완속여과에 비해 넓은 시설면적이 필요하다.

해설
• 소규모 처리시에는 급속여과가 적당하나 완속여과에 비해 넓은 시설면적이 필요하지 않다.
• 완속여과는 부유물질외에 세균도 제거가 가능하다.
• 완속여과지의 여과속도는 4~5m/day를 표준으로 한다.

117 상수도 정수처리의 응집-침전에 관한 설명으로 옳은 것은?

㉮ 플록형성지 내의 교반강도는 하류로 갈수록 점차 증가시키는 것이 바람직하다.
㉯ jar Tester는 종침강속도(terminal velocity)를 구하는 기기이다.
㉰ 고분자 응집제는 응집속도는 크나 pH에 의한 영향을 크게 받는다.
㉱ 침전지의 침전효율을 나타내는 기본적인 지표로는 표면부하율(surface loading)이 있다.

해설
• 플록형성지 내의 교반강도는 하류로 갈수록 점차 감소시키는 것이 바람직하다.
• jar Tester는 적정 응집제의 주입량과 적정 pH를 결정하기 위한 시험이다.
• 고분자 응집제의 특성
① 황산알루미늄만으로 처리하기 어려운 폐수에 유효하다.
② 첨가한 응집제의 석출이 일어나지 않는다.(알루미늄의 경우 침전석출이 일어날 수가 있다.)
③ pH가 변화하지 않는다.
④ 발생오니량이 알루미늄의 경우에 비하여 적다.
⑤ 탈수성이 개선된다.
⑥ 이온의 증가가 없다. 공존염류, pH, 온도의 영향을 잘 받지 않는다.

해답 115.㉮ 116.㉱ 117.㉱

118 생활하수 내에서 존재하는 질소의 주요 형태는?
- ㉮ N_2와 NO_3
- ㉯ N_2와 NH_3
- ㉰ 유기성 질소화합물과 N_2
- ㉱ 유기성 질소화합물과 NH_3

해설
- 질산화 과정은 암모니아성 질소(NH_3-N)를 함유한 물질에 오염되면 질산화의 진행 정도에 따라 오염이 발생한다.
- 탈질산화 과정
  질산성 질소(NO_3-N) - 아질산성 질소(NO_2-N) - 질소가스(N_2)

119 성공적인 하수슬러지 퇴비화를 위한 조사사항으로 거리가 먼 것은?
- ㉮ 함유된 중금속 성분 조사
- ㉯ 수요량 및 용도 조사
- ㉰ CO_2 발생량 조사
- ㉱ 슬러지 처리 공정에서의 첨가물 조사

해설 조사사항으로 함유금속, 슬러지 처리 공정에서의 첨가물, 수요량과 용도 등을 고려해야 한다.

120 지반고가 50m인 지역에 하수관을 매설하려고 한다. 하수관의 지름이 300m일 때, 최소 흙 두께를 고려한 관로 시점부의 관저고(관 하단부의 표고)는?
- ㉮ 49.7m
- ㉯ 49.5m
- ㉰ 49.0m
- ㉱ 48.7m

해설 관저고=지반고-최소 매설깊이-관 직경=50-1.0-0.3=48.7m

해답 118. ㉱ 119. ㉰ 120. ㉱

2017년 5월 7일 시행

03 토목산업기사

응용역학 / 측량학 / 수리학 / 철근콘크리트 및 강구조 / 토질 및 기초 / 상하수도공학

[2017년 9월 23일 시행]

알려드립니다

한국산업인력공단의 저작권법 저촉에 대한 언급(2013년 2회 시험)이 있어 과거에 출제된 동일한 문제나 그 유형의 문제로 재구성하였습니다.

01 응/용/역/학

001 그림과 같은 Cantilever에서 최대 처짐각은?

㉮ $\theta_{max} = \dfrac{Pl^2}{2EI}$

㉯ $\theta_{max} = \dfrac{Pl^3}{2EI}$

㉰ $\theta_{max} = \dfrac{Pl^2}{3EI}$

㉱ $\theta_{max} = \dfrac{Pl^3}{3EI}$

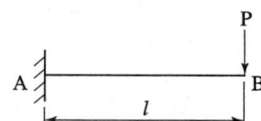

해설 $\theta_{max} = \dfrac{S_B'}{EI} = \dfrac{V_B'}{EI} = \dfrac{Pl^2}{2EI}$

$y_{max} = \dfrac{M_B'}{EI} = \dfrac{Pl^3}{3EI}$

002 다음 그림의 캔틸레버보에서 최대 휨모멘트는 얼마인가?

㉮ $-\dfrac{1}{6}ql^2$

㉯ $-\dfrac{1}{2}ql^2$

㉰ $-\dfrac{1}{3}ql^2$

㉱ $-\dfrac{5}{6}ql^2$

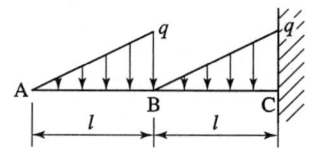

해설 $M_c = -\dfrac{ql}{2} \times \left(l + \dfrac{l}{3}\right) - \dfrac{ql}{2}\left(\dfrac{l}{3}\right) = -\dfrac{4ql^2}{6} - \dfrac{ql^2}{6} = -\dfrac{5}{6}ql^2$

정답 001. ㉮ 002. ㉱

[003] "탄성체가 가지고 있는 탄성변형 에너지를 작용하고 있는 하중으로 편미분하면 그 하중점에서의 작용방향의 변위가 된다"는 것은 어떤 이론인가?

㉮ 맥스웰(Maxwell)의 상반정리이다.
㉯ 모아(Mohr)의 모멘트-면적정리이다.
㉰ 카스틸리아노(Castigliano)의 제 2정리이다.
㉱ 클래페이론(Clapeyron)의 3연 모멘트법이다.

해설 카스틸리아노의 정리로 최소일의 원리를 유도할 수 있고 처짐 및 처짐각(회전 변위)을 구할 수 있다.

[004] 다음 그림에서 두 힘($P_1 = 5t$, $P_2 = 4t$)에 대한 합력(R)의 크기와 합력의 방향(θ)값은?

㉮ $R = 7.8t$, $\theta = 26.3°$
㉯ $R = 7.94t$, $\theta = 26.3°$
㉰ $R = 7.81t$, $\theta = 28.5°$
㉱ $R = 7.94t$, $\theta = 28.5°$

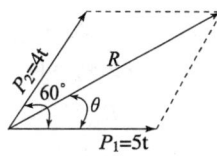

해설
- $R = \sqrt{P_1^2 + P_2^2 + 2P_1P_2\cos\alpha}$
  $= \sqrt{5^2 + 4^2 + 2 \times 5 \times 4 \times \cos 60°}$
  $= 7.81t$

- $\tan\theta = \dfrac{P_2\sin\alpha}{P_1 + P_2\cos\alpha}$
  $= \dfrac{4\sin 60°}{5 + 4\cos 60°} = 0.495$

  $\therefore \theta = \tan^{-1} 0.495 = 26.3°$

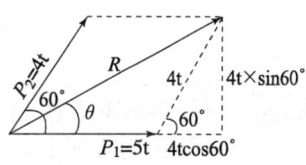

[005] 폭 b, 높이 h 단면을 가진 길이 l의 단순보 중앙에 집중하중 P가 작용할 경우에 대한 다음 설명 중 옳지 않은 것은? (단, E는 탄성계수)

㉮ 최대 처짐은 E에 반비례
㉯ 최대 처짐은 h의 세제곱에 반비례
㉰ 지점의 처짐각은 l의 세제곱에 비례
㉱ 지점의 처짐각은 b에 반비례

해설
- $y = \dfrac{Pl^3}{48EI} = \dfrac{Pl^3}{48E \times \dfrac{bh^3}{12}} = \dfrac{12Pl^3}{48Ebh^3}$

- $\theta = \dfrac{Pl^2}{16EI}$

  $\therefore$ 지점의 처짐각은 l 제곱에 비례한다.

해답 003. ㉰ 004. ㉮ 005. ㉰

006 그림과 같은 3-hinge 라멘의 수평반력 H_A 값은?

㉮ $\dfrac{\omega l^2}{4h}$

㉯ $\dfrac{\omega l^2}{8h}$

㉰ $\dfrac{\omega l^2}{16h}$

㉱ $\dfrac{\omega l^2}{24h}$

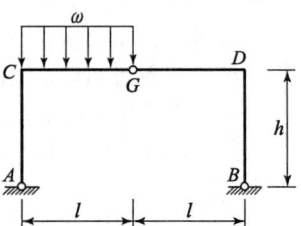

해설
- $\sum M_B = 0$

$R_A \times 2l - \omega l \times \left(\dfrac{l}{2}+l\right) = 0$

$\therefore R_A = \dfrac{1}{2l}\left(\omega l \times \dfrac{3l}{2}\right) = \dfrac{3\omega l}{4}$

- $\sum M_G = 0$

$R_A \times l - \omega l \times \dfrac{l}{2} - H_A \times h = 0$

$\dfrac{3\omega l}{4} \times l - \dfrac{\omega l^2}{2} - H_A \cdot h = 0$

$\therefore H_A = \dfrac{1}{h}\left(\dfrac{3\omega l^2}{4} - \dfrac{\omega l^2}{2}\right) = \dfrac{\omega l^2}{4h}$

007 다음 그림과 같은 단순보의 중앙에 집중하중이 작용할 때 단면에 생기는 최대 전단응력은 얼마인가?

㉮ 1.0 kg/cm^2

㉯ 1.5 kg/cm^2

㉰ 2.0 kg/cm^2

㉱ 2.5 kg/cm^2

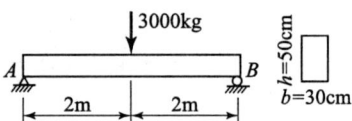

해설
- $S_{\max} = R_A = \dfrac{P}{2} = \dfrac{3000}{2} = 1500 \text{kg}$
- $A = bh = 30 \times 50 = 1500 \text{cm}^2$
- $\tau_{\max} = \dfrac{3}{2}\dfrac{S}{A} = \dfrac{3}{2} \times \dfrac{1500}{1500} = 1.5 \text{kg/cm}^2$

008 다음 그림에서 도심에서의 핵거리 k_o는?

㉮ $\dfrac{r}{4}$ ㉯ $\dfrac{r}{8}$

㉰ $\dfrac{r}{12}$ ㉱ $\dfrac{r}{24}$

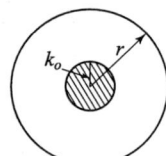

해답 006.㉮ 007.㉯ 008.㉮

• 핵거리(반경) $= \dfrac{Z}{A} = \dfrac{\dfrac{\pi D^3}{32}}{\dfrac{\pi D^2}{4}} = \dfrac{D}{8} = \dfrac{2r}{8} = \dfrac{r}{4}$

• 핵지름 $= \dfrac{r}{4} \times 2 = \dfrac{r}{2}$

009 트러스 해법상의 가정에 대한 설명으로 틀린 것은?
㉮ 모든 부재는 직선이다.
㉯ 모든 부재는 마찰이 없는 핀으로 양단이 연결되어 있다.
㉰ 외력의 작용선은 트러스와 동일 평면 내에 있다.
㉱ 집중하중은 절점에 작용시키고, 분포하중은 부재 전체에 분포한다.

• 외력(하중)은 모두 절점에만 작용한다.
• 부재의 도심축은 직선이며 연결핀의 중심을 지난다.
• 트러스는 해석시 변형을 고려하지 않는다.

010 다음 중 부정정 구조물의 해석방법이 아닌 것은?
㉮ 처짐각법   ㉯ 단위하중법
㉰ 최소일의 정리 ㉱ 모멘트 분배법

부정정 구조물의 해법
• 응력법 : 변위일치법, 3연 모멘트법, 최소일의 법, 가상일의 법
• 변위법 : 처짐각법, 모멘트 분배법

011 지름 D, 길이 l인 원형 기둥의 세장비는?
㉮ $\dfrac{4l}{D}$ ㉯ $\dfrac{8l}{D}$ ㉰ $\dfrac{4D}{l}$ ㉱ $\dfrac{8D}{l}$

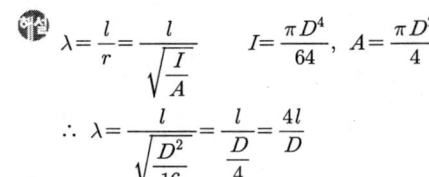

$\lambda = \dfrac{l}{r} = \dfrac{l}{\sqrt{\dfrac{I}{A}}}$ $I = \dfrac{\pi D^4}{64},\ A = \dfrac{\pi D^2}{4}$

$\therefore \lambda = \dfrac{l}{\sqrt{\dfrac{D^2}{16}}} = \dfrac{l}{\dfrac{D}{4}} = \dfrac{4l}{D}$

012 다음 그림과 같은 구조물의 부정정 차수는?
㉮ 1차 부정정
㉯ 3차 부정정
㉰ 4차 부정정
㉱ 6차 부정정

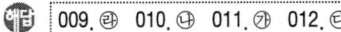

009. ㉱ 010. ㉯ 011. ㉮ 012. ㉰

해설 $N = r - 3 - h = 7 - 3 = 4$차 부정정

013 양단이 고정되어 있는 지름 3cm 강봉을 처음 10℃에서 25℃까지 가열하였을 때 온도응력은? (단, 탄성계수는 2×10^5MPa, 선팽창계수는 1.2×10^{-5}이다.)

㉮ 28MPa ㉯ 36MPa
㉰ 42MPa ㉱ 48MPa

해설 $\sigma_t = E\alpha(t_2 - t_1) = 2 \times 10^5 \times 1.2 \times 10^{-5}(25 - 10) = 36$MPa

014 직사각형 단면인 단순보의 단면계수가 2,000m³이고, 200,000t·m의 휨모멘트가 작용할 때 이 보의 최대 휨응력은?

㉮ 50 t/m² ㉯ 70 t/m²
㉰ 85 t/m² ㉱ 100 t/m²

해설 $\sigma = \dfrac{M}{I}y = \dfrac{M}{Z} = \dfrac{200,000}{2,000} = 100$t/m²

015 그림에서 음영된 삼각형 단면의 x축에 대한 단면 2차 모멘트는 얼마인가?

㉮ $\dfrac{bh^3}{4}$
㉯ $\dfrac{bh^3}{5}$
㉰ $\dfrac{bh^3}{6}$
㉱ $\dfrac{bh^3}{8}$

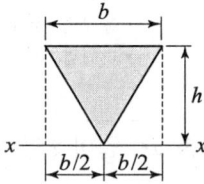

해설 $I_x = I_X + A \cdot y^2 = \dfrac{bh^3}{36} + \dfrac{bh}{2} \cdot \left(\dfrac{2}{3}h\right)^2$
$= \dfrac{bh^3}{36} + \dfrac{4bh^3}{18} = \dfrac{bh^3}{36} + \dfrac{8bh^3}{36}$
$= \dfrac{9bh^3}{36} = \dfrac{bh^3}{4}$

016 동일 평면상의 한 점에 여러 개의 힘이 작용하고 있을 때, 여러 개의 힘의 어떤 점에 대한 모멘트의 합은 그 합력의 동일점에 대한 모멘트와 같다는 것은 다음 중 어떤 정리인가?

㉮ Mohr의 정리 ㉯ Lami의 정리
㉰ Castigliane의 정리 ㉱ Varignon의 정리

해답 013.㉯ 014.㉱ 015.㉮ 016.㉱

해설
- 바리뇽(Varignon)의 정리 : 여러 힘의 임의 한 점에 대한 모멘트의 합은 합력의 그 점에 대한 모멘트와 같다.
- 라미(Lami)의 정리 : 세 힘이 서로 평형(비김)이 되고 있을 때 이들 세 개의 힘은 동일 평면상에 있고 한 점에서 만난다.

017 단면1차 모멘트와 같은 차원을 갖는 것은?
㉮ 회전반경 ㉯ 단면계수
㉰ 단면2차 모멘트 ㉱ 단면상승 모멘트

해설
- $G_x(\text{cm}^3, \text{m}^3) = A \cdot y_o$
- $I_x(\text{cm}^4, \text{m}^4)$
- $Z = \dfrac{I}{y}(\text{cm}^3, \text{m}^3)$
- $I_{xy} = \displaystyle\int_A x \cdot y \cdot dA(\text{cm}^4, \text{m}^4)$

018 다음 그림과 같은 구조물에서 지점 A에서의 수직반력의 크기는?
㉮ 0t
㉯ 1t
㉰ 2t
㉱ 3t

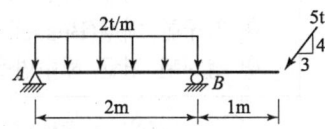

해설 $\sum M_B = 0$
$R_A \times 2 - 2 \times 2 \times 1 + 5 \times 1 \times \dfrac{4}{5} = 0$
$\therefore R_A = 0$

019 그림의 보에서 G는 내부 힌지(hinge)이다. 지점 B에서의 휨모멘트로 옳은 것은?
㉮ $-10\,\text{t}\cdot\text{m}$
㉯ $+20\,\text{t}\cdot\text{m}$
㉰ $-40\,\text{t}\cdot\text{m}$
㉱ $+50\,\text{t}\cdot\text{m}$

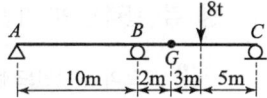

해설
- $G \sim C$ 부재
  $V_G = 5\text{t}$
- $M_B = -5 \times 2 = -10\,\text{t}\cdot\text{m}$

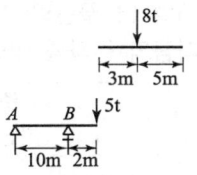

정답 017. ㉯ 018. ㉮ 019. ㉮

2017년 9월 23일 시행

020 단면적 10cm²인 원형단면의 봉이 2t의 인장력을 받을 때 변형률(ϵ)은? (단, 탄성계수 $E = 2 \times 10^6 \text{kg/cm}^2$)

㉮ 0.0001 ㉯ 0.0002
㉰ 0.0003 ㉱ 0.0004

해설
$$E = \frac{\sigma}{\epsilon} = \frac{P/A}{\epsilon} = \frac{P}{A\epsilon}$$
$$\therefore \epsilon = \frac{P}{AE} = \frac{2000}{10 \times 2 \times 10^6} = 0.0001$$

02 측/량/학

021 지오이드(Geoid)면을 가장 옳게 설명한 것은?

㉮ 지구의 형상 그대로의 표면
㉯ 지구를 회전 타원체로 가정한 표면
㉰ 지구를 베셀(Bessel)의 값으로 본 표면
㉱ 정지된 평균 해수면을 육지까지 연장한 가상 곡면

해설
• 지오이드는 중력장의 등포텐셜면으로 볼 수 있다.
• 실제로 지오이드면은 굴곡이 심하므로 측지측량의 기준으로 채택하기 어렵다.
• 지구의 형은 평균해수면과 일치하는 지오이드면으로 볼 수 있다.

022 다음 노선측량에서 도로의 종단면도에 나타나지 않는 항목은?

㉮ 관측점에서의 계획고
㉯ 각 관측점의 기점에서의 누가거리
㉰ 지반고와 계획고에 대한 성토, 절토량
㉱ 각 관측점의 지반고 및 고저기준점의 높이

해설 도로의 종단면도에는 성토량이나 절토량이 나타나지 않는다.

023 터널 양 끝단의 기준점 A, B를 포함해서 트래버스측량 및 수준측량을 실시하여 다음의 결과를 얻었다면 AB간의 경사 거리는 얼마인가?

기준점 A(X : 330123.45m, Y : 250243.89m, H : 100.12m)
기준점 B(X : 330342.12m, Y : 250567.34m, H : 120.08m)

㉮ 290.941m ㉯ 390.941m
㉰ 490.941m ㉱ 590.941m

해답 020. ㉮ 021. ㉱ 022. ㉰ 023. ㉯

024
• $X_A - X_B = 218.67$m
• $Y_A - Y_B = 323.45$m
• 경사거리 $= \sqrt{218.67^2 + 323.45^2} ≒ 390.941$m

024 종단면도를 이용하여 유토곡선(mass curve)을 작성하는 목적과 가장 거리가 먼 것은?
㉮ 토량의 배분
㉯ 토량의 운반거리 산출
㉰ 토공기계의 결정
㉱ 교통로 확보

유토곡선(토적곡선)은 토공에서 이용된다.

025 등고선의 특성 중 틀린 것은?
㉮ 등고선은 분수선과 직교하고 계곡선과는 평행하다.
㉯ 동굴이나 절벽에서는 교차한다.
㉰ 동일 등고선상의 모든 점은 높이가 같다.
㉱ 등고선은 도면 내외에서 폐합하는 폐곡선이다.

• 등고선은 계곡선과 직교한다.
• 등고선의 간격은 주곡선의 간격을 말한다.

026 동일한 구역을 같은 사진기를 이용하여 촬영할 때 비행고도를 1000m에서 2000m로 높인다고 가정하면 1000m 촬영에서 100장의 사진이 필요할 때 2000m에서는 몇장이 필요한가?
㉮ 400장
㉯ 200장
㉰ 50장
㉱ 25장

$\left(\frac{1}{1000}\right)^2 : 100$장 $= \left(\frac{1}{2000}\right)^2 : x$

$\therefore x = \left(\frac{1000}{2000}\right)^2 \times 100 = 25$장

027 축척 1/50,000 지형도에서 A점으로부터 B점까지의 도상거리가 70mm이었다. A점의 표고가 200m, B점의 표고가 10m이라면 이 사면의 경사는?
㉮ 1/18.4
㉯ 1/20.5
㉰ 1/22.3
㉱ 1/25.1

• $L = 0.07 \times 50,000 = 3,500$m
• $H = 200 - 10 = 190$m
• 경사 $D = \dfrac{H}{L} = \dfrac{190}{3,500} = \dfrac{1}{18.4}$

024. ㉱ 025. ㉮ 026. ㉱ 027. ㉮

2017년 9월 23일 시행

028 유속 측량 장소의 선정 시 고려하여야 할 사항으로 옳지 않은 것은?
㉮ 직류부로서 흐름과 하상경사가 일정하여야 한다.
㉯ 수위 변화에 횡단 형상이 급변하지 않아야 한다.
㉰ 가급적 수위의 변화가 많은 곳이어야 한다.
㉱ 관측장소의 상, 하류의 유로가 일정한 단면을 갖고 있으며 관측이 편리하여야 한다.

〖해설〗 잔류 및 역류가 없고 지천의 합류점이나 분류점에서 수위의 변화가 생기지 않는 곳이어야 한다.

029 노선의 완화곡선으로써 3차 포물선이 주로 사용되는 곳은?
㉮ 고속도로 ㉯ 일반철도
㉰ 시가지 전철 ㉱ 일반도로

〖해설〗
• 클로소이드 곡선 : 고속도로
• 렘니스케이트 곡선 : 시가지 지하철
• 반파장 sine 곡선 : 고속철도

030 B.M.에서 P점까지의 고저를 관측하는데 10km인 A코스, 2km인 B코스를 각각 수준측량하여 A코스에서 잰 표고는 62.324m, B코스에서의 표고는 62.341m이었다. P점 표고의 최확값은?
㉮ 62.341m ㉯ 62.338m
㉰ 62.333m ㉱ 62.324m

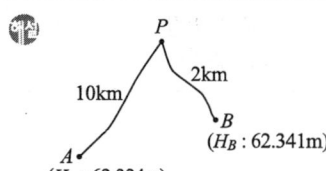

$A : B = \dfrac{1}{10} : \dfrac{1}{2} = 1 : 5$

최확값 $= \dfrac{(62.324 \times 1) + (62.341 \times 5)}{1+5} = 62.338\text{m}$

031 시간과 경비가 많이 들고 조건식수가 많아 조정이 복잡하지만 정확도가 높은 삼각망은?
㉮ 단열 삼각망 ㉯ 유심 삼각망
㉰ 사변형 삼각망 ㉱ 단 삼각망

정답 028. ㉰ 029. ㉯ 030. ㉯ 031. ㉰

해설 • 삼각망의 정도
사변형 삼각망 > 유심 삼각망 > 단열 삼각망 > 단 삼각망

032 하천측량을 실시할 경우 수애선의 기준은?
㉮ 고수위   ㉯ 평수위
㉰ 갈수위   ㉱ 홍수위

해설 • 수애선은 평수위일 때 수면과 해안과의 경계선이다.
보충 • 갈수위
1년을 통하여 355일 이상 유지하는 수위
• 저수위
1년중 275일은 이보다 내려가지 않는 수위

033 노선선정시 고려해야 할 사항 중 적당하지 않은 것은?
㉮ 건설비·유지비가 적게 드는 노선이어야 한다.
㉯ 절토와 성토의 균형을 이루어 토공량이 적게 한다.
㉰ 어떠한 기존시설물도 이전하여 노선은 직선으로 하여야 한다.
㉱ 가급적 급경사 노선은 피하는 것이 좋다.

해설 어떠한 기존시설물이 있는 경우에는 우회하여 노선을 곡선으로 한다.

034 노선측량에서 $R=200m$, $I=38°50'$일 때 단곡선의 접선장과 곡선장은?
㉮ 접선장=135.5m, 곡선장=70.5m
㉯ 접선장=70.5m, 곡선장=135.5m
㉰ 접선장=161m, 곡선장=70.5m
㉱ 접선장=70.5m, 곡선장=161m

해설 • $TL = R\tan\dfrac{I}{2} = 200 \times \tan\dfrac{38°50'}{2} = 70.5m$
• $CL = 0.01745\,RI = 0.01745 \times 200 \times 38°50' = 135.5m$

035 삼각형 ABC의 각을 동일한 정확도로 관측하여 다음과 같은 결과를 얻었다. ∠C의 보정각은?

∠A=41° 37′ 44″,　∠B=61° 18′ 13″,　∠C=77° 03′ 53″

㉮ 77° 03′ 51″   ㉯ 77° 03′ 53″
㉰ 77° 03′ 55″   ㉱ 77° 03′ 57″

해답 032. ㉯ 033. ㉰ 034. ㉯ 035. ㉱

예제 ∠A + ∠B + ∠C − 180° = −10″
조정량은 +3″, +3″, +4″이므로
∠C 보정각 = 77°03′53″ + 4″ = 77°03′57″

- 삼각측량의 삼각망 중 가장 정확도가 높은 망은 사변형 삼각망이다.
- 삼각망 중 각각 삼각형 내각의 합은 180°가 되도록 한다.
- 삼각망의 구성은 등변 삼각형이 가장 좋다.
- 삼각망 중에서 임의 한 변의 길이는 계산 순서에 관계없이 동일하도록 한다.

036 그림과 같은 사각형의 면적은?
㉮ 246.5m²
㉯ 268.4m²
㉰ 275.2m²
㉱ 288.9m²

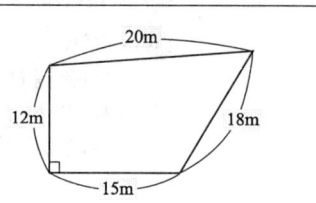

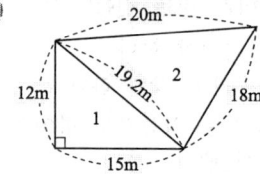
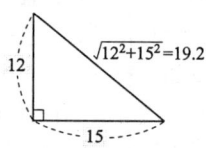

삼각형의 세 변을 이용한 삼변법으로 면적을 계산한다.

$S = \frac{1}{2}(a+b+c)$
$A = \sqrt{S(S-a)(S-b)(S-c)}$
$S_1 = \frac{1}{2}(12+15+19.2) = 23.1\text{m}$
$A_1 = \sqrt{23.1(23.1-12)(23.1-15)(23.1-19.2)} = 90\text{m}^2$
$S_2 = \frac{1}{2}(20+19.2+18) = 28.6\text{m}$
$A_2 = \sqrt{28.6(28.6-20)(28.6-19.2)(28.6-18)} = 156.5\text{m}^2$
∴ $A = A_1 + A_2 = 90 + 156.5 = 246.5\text{m}^2$

037 장애물로 인하여 접근하기 어려운 두 점 P, Q를 간접거리 측량한 결과 그림과 같다. $\overline{AB}$의 거리가 216.90m 일 때 $\overline{PQ}$의 거리는?

㉮ 120.96m
㉯ 142.29m
㉰ 173.39m
㉱ 194.22m

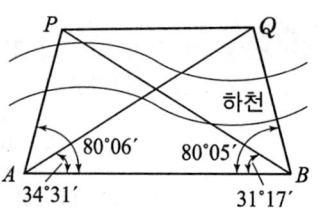

정답 036. ㉮ 037. ㉯

해설
- $\dfrac{AP}{\sin 31°17'} = \dfrac{216.90}{\sin 68°37'}$

  ∴ $AP = 120.96\,\mathrm{m}$

- $\dfrac{AQ}{\sin 80°05'} = \dfrac{216.90}{\sin 65°24'}$

  ∴ $AQ = 234.99\,\mathrm{m}$

- $PQ = \sqrt{(AP)^2 + (AQ)^2 - 2AP \times AQ \cos \angle PAQ}$
  $= \sqrt{120.96^2 + 234.99^2 - 2 \times 120.96 \times 234.99 \cos 45°35'}$
  $= 173.39\,\mathrm{m}$

038
1회 관측에서 ±3mm의 우연오차가 발생하였다. 10회 관측하였을 때의 우연오차는?

㉮ ±3.3mm
㉯ ±0.3mm
㉰ ±9.5mm
㉱ ±30.2mm

해설 우연오차 $= a\sqrt{n} = \pm 3 \times \sqrt{10} = 9.5\,\mathrm{mm}$

039
초점길이 150mm인 카메라로 촬영고도 3000m에서 촬영하였다. 이때의 촬영기선길이가 1920m라면 종중복도는? (단, 사진의 크기 23cm×23cm)

㉮ 50%
㉯ 58%
㉰ 60%
㉱ 65%

해설
- $\dfrac{f}{H} = \dfrac{1}{m} = \dfrac{0.15}{3000} = \dfrac{1}{20000}$

- 촬영기선길이

  $B = m\,a\left(1 - \dfrac{P}{100}\right)$

  $1920 = 20000 \times 0.23 \left(1 - \dfrac{P}{100}\right)$

  ∴ $P = 58\%$

040
수준측량에 관한 설명으로 옳지 않은 것은?

㉮ 전시 후시의 표척간 거리는 등거리로 하는 것이 좋다.
㉯ 왕복관측을 대신하여 2대의 기계로 동일 표척을 관측하는 것이 좋다.
㉰ 왕복관측 도중에 관측자를 바꾸지 않는 것이 좋다.
㉱ 표척을 앞뒤로 서서히 움직여 최소 눈금을 읽는 것이 좋다.

해설
- 기계는 되도록 견고한 곳에 설치하고 표척은 수직으로 세운다.
- 수준측량은 왕복측량을 원칙으로 한다.

정답 038. ㉰ 039. ㉯ 040. ㉯

03 수/리/학

041 콘크리트 직사각형 수로 폭이 8m, 수심이 6m일 때 Chezy의 공식에서 유속계수 (C)의 값은? (단, 매닝의 조도계수 $n=0.014$이다.)
㉮ 79 ㉯ 83
㉰ 87 ㉱ 92

- $R = \dfrac{A}{P} = \dfrac{8 \times 6}{8+6+6} = 2.4\text{m}$
- $C = \dfrac{1}{n} R^{\frac{1}{6}} = \dfrac{1}{0.014} \times 2.4^{\frac{1}{6}} \fallingdotseq 83$

042 부체(浮體)가 불안정한 일반적인 조건으로 옳은 것은?
㉮ 부양면에 대한 단면2차 모멘트가 클수록
㉯ 부양면에 대한 단면2차 모멘트가 작을수록
㉰ 부양면에 대한 단면1차 모멘트가 클수록
㉱ 부양면에 대한 단면1차 모멘트가 작을수록

부양면에 대한 단면2차 모멘트가 클수록 안정하다.

$\dfrac{I}{V} - \overline{CG} > 0$: 안정

$\dfrac{I}{V} > \overline{CG}$: 안정

$\overline{CG}$: 무게중심(G)와 부심(C)와의 거리로 무게중심(G)이 부심(C)보다 위에 있어야 안정하다.

043 동수경사선(hydraulic grade line)에 대한 설명으로 옳은 것은?
㉮ 위치수두를 연결한 선이다.
㉯ 속도수두와 위치수두를 합해 연결한 선이다.
㉰ 압력수두와 위치수두를 합해 연결한 선이다.
㉱ 전수두를 연결한 선이다.

- 동수경사선은 기준면에서 위치수두와 압력수두의 합을 연결한 선이다. 즉, $Z + \dfrac{P}{w}$이다.
- 에너지선은 전수두를 연결한 선으로 $Z + \dfrac{P}{w} + \dfrac{V^2}{2g}$이다.
- 이상유체의 경우 에너지선과 수평기준면은 평행하다.

041. ㉯ 042. ㉯ 043. ㉰

044 배수관망 계산시 Hardy cross법을 사용하는 데 바탕이 되는 가정 사항이 아닌 것은?
㉮ 각 폐합 관로 내에서의 손실수두 합은 0(zero)이다.
㉯ 관의 교차점에서의 수압은 관의 지름에 비례한다.
㉰ 관의 교차점에서의 유량은 정지하지 않고 모두 유출된다.
㉱ 마찰 이외의 손실은 고려하지 않는다.

• 관망 계산은 각 관로의 유량과 손실수두의 관계로부터 해석한다.
• 다수의 분기관과 합류관으로 혼합되어 하나의 관계통으로 연결된 관로를 관망이라 한다.
• 관망 내 모든 교차점에서는 연속방정식을 만족해야 한다.
• 두 교차점의 압력강하량은 항상 일정하다.
• Hazen-Williams 공식에 의해서 반복조사 계산법으로 관망의 유량을 설계, 해석한다.
• 관의 교차점에서의 수압은 관의 지름에 반비례한다.

045 한계류에 대한 설명으로 옳은 것은?
㉮ 유속의 허용한계를 초과하는 흐름
㉯ 유속과 장파의 전파속도의 크기가 동일한 흐름
㉰ 유속이 빠르고 수심이 작은 흐름
㉱ 동압력이 정압력보다 큰 흐름

• 상류의 경우는 장파의 전파속도가 유속보다 크기 때문에 수면에 생긴 변동은 상류측에 영향을 미치게 된다.
• 사류의 경우는 장파의 전파속도가 유속보다 작기 때문에 수면 변동의 영향은 상류측에 전해지지 않는다.

046 다음 중 차원이 있는 것은?
㉮ 조도계수 n ㉯ 동수경사 I
㉰ 상대조도 e/D ㉱ 마찰손실계수 f

• Manning의 조도계수 n 와 관계식에서 단위가 존재한다.
• $f = \dfrac{124.5 n^2}{D^{1/3}}$
• $C = \dfrac{1}{n} R^{1/6}$

047 투수계수가 0.1cm/sec이고 지하수위의 동수경사가 1/10인 지하수 흐름의 속도는?
㉮ 0.005 cm/sec ㉯ 0.01 cm/sec
㉰ 0.5 cm/sec ㉱ 1 cm/sec

$v = ki = 0.1 \times \dfrac{1}{10} = 0.01 \text{cm/sec}$

044. ㉯ 045. ㉯ 046. ㉮ 047. ㉯

048
물의 점성계수(粘性係數)에 대한 설명 중 옳은 것은?

㉮ 점성계수와 동점성계수는 반비례한다.
㉯ 수온이 낮을수록 점성계수는 크다.
㉰ 4°C에서의 점성계수가 가장 크다.
㉱ 수온에는 관계없이 점성계수는 일정하다.

- 동점성계수 $\nu = \dfrac{\mu}{\rho}$
- 점성계수는 수온이 높을수록 작아진다.
- 내부마찰력이 큰 것은 내부마찰력이 작은 것보다 그 점성계수의 값은 크다.
- 물의 밀도(단위중량)는 4°C에서 최대이다.
- 점성계수는 전단응력(τ)을 속도경사($\partial v/\partial y$)로 나눈 값이다. 즉, $\tau = \mu \dfrac{\partial v}{\partial y}$이다.

049
관내의 A_1 단면에서 단면적 일부를 축소시킨 A_2 단면으로 물을 보낼 때 압력강하량을 이용하여 유량을 측정하는 관 오리피스의 유량은? (단, 관내 두 점의 수두차는 H이다.)

㉮ $Q = \dfrac{A_1 A_2}{\sqrt{A_1^2 - A_2^2}} \sqrt{2gH}$

㉯ $Q = \dfrac{A_1 - A_2}{\sqrt{A_1^2 - A_2^2}} \sqrt{2gH}$

㉰ $Q = \dfrac{A_1 A_2}{\sqrt{A_1^2 + A_2^2}} \sqrt{2gH}$

㉱ $Q = \dfrac{A_1 - A_2}{\sqrt{A_1^2 + A_2^2}} \sqrt{2gH}$

050
노즐의 사출수가 도달하는 수평 최대 거리는?

㉮ 최대 연직 높이의 1.3배이다.
㉯ 최대 연직 높이의 1.5배이다.
㉰ 최대 연직 높이의 2.0배이다.
㉱ 최대 연직 높이의 4.0배이다.

- 최대 연직 높이 $y = \dfrac{V^2}{2g}$
- 최대 수평 거리 $x = \dfrac{V^2}{g}$

051
유체 내부의 임의의 점(x, y, z)에 있어서의 속도의 방향 성분을 시간 t에 있어서 각각 u, v, w로 표시할 때 유체의 밀도를 ρ라고 하면 비압축성 유체에 대하여 연속방정식을 간단하게 정리한 식은?

㉮ $\dfrac{\partial u}{\partial x} + \dfrac{\partial y}{\partial y} + \dfrac{\partial w}{\partial z} = 0$

㉯ $\phi\left(\dfrac{\partial u}{\partial x} + \dfrac{\partial v}{\partial y} + \dfrac{\partial w}{\partial z}\right) = 0$

㉰ $\dfrac{\partial \rho}{\partial t} + \dfrac{\partial \rho u}{\partial x} + \dfrac{\partial \rho v}{\partial y} + \dfrac{\partial \rho \omega}{\partial z} = 0$

㉱ $\dfrac{\partial \rho}{\partial t} + \dfrac{\partial u}{\partial x} + \dfrac{\partial v}{\partial y} + \dfrac{\partial w}{\partial z} = 0$

048. ㉯ 049. ㉮ 050. ㉰ 051. ㉮

• 압축성 부정류 흐름
$$\frac{\partial \rho}{\partial t}+\frac{\partial(\rho u)}{\partial x}+\frac{\partial(\rho v)}{\partial y}+\frac{\partial(\rho w)}{\partial z}=0$$
• 비압축성 정류 흐름
$$\frac{\partial u}{\partial x}+\frac{\partial v}{\partial y}+\frac{\partial w}{\partial z}=0$$

052 그림과 같은 수중 오리피스에서 오리피스 단면적이 30cm²일 때 유출량 Q는? (단, 유량계수 $C=0.6$)

㉮ 약 13.7 l/sec
㉯ 약 12.5 l/sec
㉰ 약 10.2 l/sec
㉱ 약 8.0 l/sec

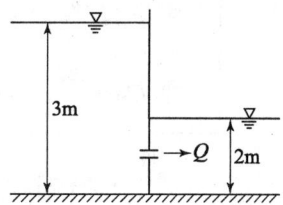

$Q = C \cdot a \sqrt{2gh} = 0.6 \times 30 \sqrt{2 \times 980 \times (300-200)} = 7968.94\text{cm}^3/\text{sec} ≒ 8l/\text{sec}$

• 이론유속 $V_o = \sqrt{2gh}$
• 실제유속 $V = C_v \sqrt{2gh}$
• 유량계수 $C = C_a \cdot C_v$ 여기서, C_a : 수축계수

053 A저수지에서 500m 떨어진 B저수지에 유량 10m³/s를 송수하려고 한다. 저수지의 수면차를 8m로 하기 위한 관의 직경은? (단, 마찰손실만을 고려하며 $f=0.03$이다.)

㉮ 1.52m   ㉯ 1.73m   ㉰ 1.85m   ㉱ 2.25m

• $A = \frac{\pi D^2}{4}$
• $V = \frac{Q}{A} = \frac{10}{\frac{\pi D^2}{4}} = \frac{40}{\pi D^2} = \frac{12.74}{D^2}$
• $h_L = f \frac{l}{D} \frac{V^2}{2g}$

$8 = 0.03 \times \frac{500}{D} \times \frac{\left(\frac{12.74}{D^2}\right)^2}{2 \times 9.8}$

$8 = \frac{124.2}{D^5}$ ∴ $D = 1.73\text{m}$

054 동수반경(R)이 10m이고 동수경사(I)가 1/200인 관로의 마찰손실계수 $f=0.04$일 때 유속은?

㉮ 8.9m/sec   ㉯ 9.9m/sec
㉰ 11.3m/sec   ㉱ 12.3m/sec

052. ㉱ 053. ㉯ 054. ㉯

해설
- $C = \sqrt{\dfrac{8g}{f}} = \sqrt{\dfrac{8 \times 9.8}{0.04}} ≒ 44.3$
- $V = C\sqrt{RI} = 44.3\sqrt{10 \times \dfrac{1}{200}} = 9.9 \text{m/sec}$

055 오리피스의 수축계수와 그 크기로 옳은 것은? (단, a_o는 수축단면적, a는 오리피스 단면적, V_o는 수축 단면의 유속, V는 이론유속이다.)

㉮ $Ca = \dfrac{a_o}{a}$, 1.0~1.1 ㉯ $Ca = \dfrac{V_o}{V}$, 1.0~1.1

㉰ $Ca = \dfrac{a_o}{a}$, 0.6~0.7 ㉱ $Ca = \dfrac{V_o}{V}$, 0.6~0.7

해설
- 수축계수 $C_a = \dfrac{a_o}{a}$, 0.64 정도
- 유속계수 $C_v = 0.96~0.99$
- 유량계수 $C = 0.6$

056 다음 설명 중 옳지 않은 것은?

㉮ 유선이란 임의 순간에 각 점의 속도벡터에 접하는 곡선이다.
㉯ 유관이란 개방된 곡선을 통과하는 유선으로 이루어진 평면을 말한다.
㉰ 흐름이 층류일 때 뉴턴의 점성법칙을 적용할 수 있다.
㉱ 정상류란 한 점에서 흐름의 특성이 시간에 따라 변하지 않는 흐름이다.

해설 유관이란 어떤 폐곡선을 통과하는 여러 개의 유선으로 이루어진 관이다.

057 지하대수층에서의 지하수 흐름에 대하여 Darcy 법칙을 적용하기 위한 가정으로 옳지 않은 것은?

㉮ 수식의 속도는 지하대수층 내의 실제 흐름속도를 의미한다.
㉯ 다공층을 구성하고 있는 물질의 특성이 균일하고 동질이라 가정한다.
㉰ 지하수 흐름이 정상류이며 또한 층류로 가정한다.
㉱ 대수층 내에 모관수대가 존재하지 않는다고 가정한다.

해설 유속은 입자 사이를 흐르는 평균 이론유속이다.

058 개수로의 흐름에서 등류의 흐름일 때 옳은 것은?

㉮ 유속은 점점 빨라진다. ㉯ 유속은 점점 늦어진다.
㉰ 유속은 일정하게 유지된다. ㉱ 유속은 0이다.

해답 055. ㉰ 056. ㉯ 057. ㉮ 058. ㉰

- 등류는 모든 흐름 단면에서 그 흐름이 일정하며 단면이 비교적 일정하고 긴 수로에서 일어난다.
- 등류는 어느 단면에서도 유속, 수심이 시간에 따라 변하지 않는 흐름이다.
- 등류 : $\frac{\partial V}{\partial l} = 0$, $\frac{\partial V}{\partial t} = 0$

059 원형 관수로의 흐름에서 레이놀즈수(R_e)를 유량 Q, 지름 d 및 동점성계수 ν의 함수로 표시한 것으로 옳은 것은?

㉮ $R_e = \dfrac{4Q}{\pi d \nu}$ ㉯ $R_e = \dfrac{Q}{4\pi d \nu}$

㉰ $R_e = \dfrac{\pi \nu}{Q d}$ ㉱ $R_e = \dfrac{\pi d}{\nu Q}$

- $Q = AV$ $V = \dfrac{Q}{A}$
- $R_e = \dfrac{VD}{\nu} = \dfrac{\frac{Q}{A} D}{\nu} = \dfrac{4Q}{\pi d \nu}$

060 수압 98kPa(1kg/cm²)을 압력수두로 환산한 값으로 옳은 것은?

㉮ 1m   ㉯ 10m
㉰ 100m ㉱ 1000m

- $p = wh$
  $1\,\text{kg/cm}^2 = 0.001\,\text{kg/cm}^3 \times h$
  $\therefore h = \dfrac{1}{0.001} = 1000\,\text{cm} = 10\,\text{m}$

04 철/근/콘/크/리/트 /및/ 강/구/조

061 강도설계에서 $f_{ck} = 24\text{MPa}$, $f_y = 280\text{MPa}$를 사용하는 휨부재 단면의 균형철근비는?

㉮ 0.038   ㉯ 0.042
㉰ 0.046   ㉱ 0.050

- $\rho_b = 0.85 \beta_1 \dfrac{f_{ck}}{f_y} \cdot \dfrac{600}{600 + f_y} = 0.85 \times 0.85 \times \dfrac{24}{280} \times \dfrac{600}{600 + 280} = 0.042$
- $\rho_{\max} = 0.643 \rho_b (f_y = 300\text{MPa}$인 경우)
- 인장측 철근이 먼저 항복하는 연성파괴를 유도하기 위해 최대 철근비를 규정한다.

059. ㉮ 060. ㉯ 061. ㉯

062
다음은 프리스트레스트 콘크리트에서 프리텐션 방식과 포스텐션 방식의 장점을 열거한 것이다. 옳지 않은 것은?

㉮ 프리텐션 방식은 일반적으로 공장에서 제조되므로 제품의 품질에 대한 신뢰도가 높다.
㉯ 프리텐션 방식은 PS강재를 곡선으로 배치하기가 쉬워서 대형부재 제작에도 적합하다.
㉰ 프리텐션 방식은 같은 모양과 치수의 프리캐스트 부재를 대량으로 제조할 수 있다.
㉱ 포스트텐션 방식은 프리캐스트 PSC부재의 결합과 조립에 편리하게 이용된다.

해설 포스트텐션 방식은 강재를 곡선 배치할 수 있는 장점이 있다.

063
그림과 같이 인장력을 받는 두 강판을 볼트로 연결할 경우 발생할 수 있는 파괴모드(failure mode)가 아닌 것은?

㉮ 볼트의 전단파괴
㉯ 볼트의 인장파괴
㉰ 볼트의 지압파괴
㉱ 강판의 지압파괴

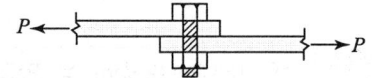

해설 볼트의 전단파괴, 지압파괴, 강판의 지압파괴가 발생한다.

064
그림과 같은 리벳 이음에서 허용 전단응력이 70 MPa이고, 허용 지압응력이 150 MPa일 때 이 리벳의 강도는? (단, 리벳 지름 $d=22$mm, 철판 두께 $t=12$mm이다.)

㉮ 26.6 kN
㉯ 39.6 kN
㉰ 30.4 kN
㉱ 42.2 kN

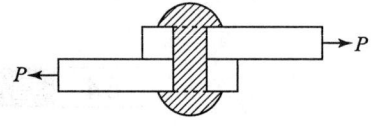

해설
• 전단강도
$$\rho_s = v_a \times \frac{\pi d^2}{4} = 70 \times \frac{3.14 \times 22^2}{4} = 26596\text{N} = 26.6\text{kN}$$

• 지압강도
$$\rho_b = f_{ba} \cdot d \cdot t = 150 \times 22 \times 12 = 39600\text{N} = 39.6\text{kN}$$

∴ 둘 중 작은 값인 26.6kN이다.

062. ㉯   063. ㉯   064. ㉮

065 어떤 철근콘크리트 기둥이 압축지배 단면이며, 나선철근으로 보강된 경우 강도감소계수의 값으로 옳은 것은?

㉮ 0.85   ㉯ 0.75
㉰ 0.70   ㉱ 0.65

- 띠철근 기둥 : 0.65
- 나선철근 기둥 : 0.70
- 전단력과 비틀림모멘트 : 0.75

066 $b_w = 300mm$, $d = 600mm$이고, $A_s = 3,800mm^2$인 단철근 직사각형 보에서 $f_{ck} = 24MPa$, $f_y = 400MPa$일 때 강도설계법에 의한 등가응력의 깊이 a는?

㉮ 203.0mm   ㉯ 248.4mm
㉰ 264.5mm   ㉱ 297.2mm

$C = T$
$0.85 f_{ck} ab = A_s f_y$
$\therefore a = \dfrac{A_s f_y}{0.85 f_{ck} b} = \dfrac{3800 \times 400}{0.85 \times 24 \times 300} = 248.4mm$

067 철근콘크리트 부재에 고정하중 30kN/m, 활하중 50kN/m가 작용한다면 소요강도(U)는?

㉮ 73 kN/m   ㉯ 116 kN/m
㉰ 127 kN/m   ㉱ 155 kN/m

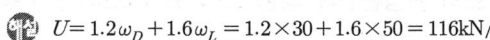
$U = 1.2 \omega_D + 1.6 \omega_L = 1.2 \times 30 + 1.6 \times 50 = 116 kN/m$

068 경간 10m인 대칭 T형 보에서 양쪽 슬래브의 중심간 거리가 2100mm, 플랜지 두께는 100mm, 복부의 폭(b_w)은 400mm일 때 플랜지의 유효폭은?

㉮ 2,500mm   ㉯ 2,250mm
㉰ 2,100mm   ㉱ 2,000mm

- $16t + b_w = 16 \times 100 + 400 = 2000mm$
- 양쪽 슬래브의 중심간 거리 = 2100mm
- 보의 경간의 $\dfrac{1}{4} = \dfrac{10000}{4} = 2500mm$

∴ 가장 작은 값 2000mm이다.

065. ㉰   066. ㉯   067. ㉯   068. ㉱

069 강도설계법에서 휨모멘트 또는 휨모멘트와 축력을 동시에 받는 부재의 콘크리트 압축연단의 극한변형률은 얼마로 가정하는가?

㉮ 0.001　　㉯ 0.002　　㉰ 0.003　　㉱ 0.004

- 콘크리트 압축연단의 최대변형률은 0.003이다.
- 철근과 콘크리트의 변형률은 중립축에서의 거리에 비례한다.
- 휨응력 계산에서 콘크리트의 인장강도는 무시한다.

070 강도 설계법으로 그림과 같은 단철근 T형단면을 설계할 때의 설명 중 옳은 것은? (단, $f_{ck}=21$MPa, $f_y=400$MPa이다.)

㉮ 폭이 1200mm인 직사각형 단면보로 계산한다.
㉯ 폭이 400mm인 직사각형 단면보로 계산한다.
㉰ T형 단면보로 계산한다.
㉱ T형 단면보나 직사각형 단면보나 상관없이 같은 값이 나온다.

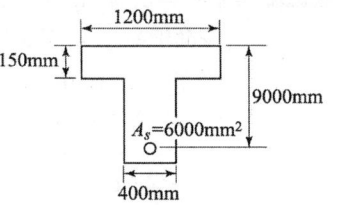

- $a = \dfrac{A_s \cdot f_y}{0.85 f_{ck} \cdot b} = \dfrac{6000 \times 400}{0.85 \times 21 \times 1200} = 112$mm
- $a \le t$이면 폭이 b인 직사각형 단면보로 설계한다.
- $a > t$이면 T형보 단면으로 설계한다.

 071 단면이 300×500mm이고, 150mm²의 PS 강선 6개를 강선군의 도심과 부재단면의 도심축이 일치하도록 배치된 프리텐션 PC 부재가 있다. 강선의 초기 긴장력이 1000MPa일 때 콘크리트의 탄성변형에 의한 프리스트레스의 감소량은? (단, $n=6$)

㉮ 36 MPa　　㉯ 30 MPa　　㉰ 6 MPa　　㉱ 4.8 MPa

- $P = 1000 \times 150 \times 6개 = 900000$N
- $f_{ci} = \dfrac{P}{A} = \dfrac{900000}{300 \times 500} = 6$MPa
- 감소량 $\Delta f_p = n f_{ci} = 6 \times 6 = 36$MPa

 072 강도설계법에서 강도감소계수(ϕ)를 규정하는 목적이 아닌 것은?

㉮ 재료 강도와 치수가 변동할 수 있으므로 부재의 강도저하 확률에 대비한 여유를 반영하기 위해
㉯ 부정확한 설계 방정식에 대비한 여유를 반영하기 위해
㉰ 구조물에서 차지하는 부재의 중요도 등을 반영하기 위해
㉱ 하중의 변경, 구조해석할 때의 가정 및 계산의 단순화로 인해 야기될지 모르는 초과하중에 대비한 여유를 반영하기 위해

069. ㉰　070. ㉮　071. ㉮　072. ㉱

☞ 공칭강도를 계산하는 데 있어서 그 정확성과 재료와 크기의 다양한 변화를 감안하기 위해 강도감소계수 ϕ가 사용된다.

073 강판형(plate girder)의 경제적인 높이는 다음 중 어느 것에 의해 구해지는가?
㉮ 전단력 ㉯ 휨모멘트
㉰ 비틀림모멘트 ㉱ 지압력

☞ • 강판형의 경제적인 높이는 휨모멘트에 의해 구해진다.
• 판형교 단면의 경제적인 높이
$$h = 1.1\sqrt{\frac{M}{f \cdot t}}$$

074 다음 중 프리스트레스트 콘크리트 부재에서 프리스트레스 손실의 원인이 아닌 것은?
㉮ 정착장치에서의 활동 ㉯ 콘크리트의 건조수축
㉰ PS 강재의 항복 ㉱ 콘크리트의 크리프

☞ • 프리스트레스를 도입할 때 손실
① 콘크리트의 탄성변형(탄성수축)에 의한 손실
② 강재와 쉬스의 마찰에 의한 손실
③ 정착단의 활동에 의한 손실
• 프리스트레스를 도입한 후의 손실
① 콘크리트의 건조수축
② 콘크리트의 크리프
③ 강재의 릴랙세이션

075 직사각형 보에서 계수 전단력 $V_u = 70$kN을 전단철근 없이 지지하고자 할 경우 필요한 최소 유효깊이 d는 약 얼마인가? (단, $b_w = 400$mm, $f_{ck} = 21$MPa, $f_y = 350$MPa, $\lambda = 1.0$)
㉮ $d=426$mm ㉯ $d=556$mm
㉰ $d=611$mm ㉱ $d=751$mm

☞ $V_u \leq \frac{1}{2}\phi V_c$인 경우 최소 전단철근을 배치하지 않아도 된다.
$V_u = \frac{1}{2}\phi V_c = \frac{1}{2}\phi \frac{1}{6}\lambda \sqrt{f_{ck}}\, b_w d$
$70000 = \frac{1}{2} \times 0.75 \times \frac{1}{6} \times 1.0 \times \sqrt{21} \times 400 \times d$
∴ $d = 611$mm

073. ㉯ 074. ㉰ 075. ㉰

076 그림과 같은 철근콘크리트보 단면이 파괴시 인장철근의 변형률은? (단, $f_{ck}=28\text{MPa}$, $f_y=350\text{MPa}$, $A_s=1{,}520\text{mm}^2$)

㉮ 0.004
㉯ 0.008
㉰ 0.011
㉱ 0.015

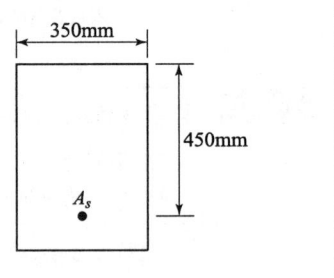

해설
$$a=\frac{A_s f_y}{0.85 f_{ck} b}=\frac{1520\times 350}{0.85\times 28\times 350}=63.87\text{mm}$$
$a=\beta_1 c$ 에서 $c=\dfrac{a}{\beta_1}=\dfrac{63.87}{0.85}=75.14\text{mm}$
$0.003 : 75.14 = \epsilon_s : (450-75.14)$
$\therefore \epsilon_s=\dfrac{0.003\times(450-75.14)}{75.14}=0.015$

077 그림과 같은 띠철근 기둥에서 띠철근의 최대 간격으로 적당한 것은? (단, D10의 공칭직경은 9.5mm, D32의 공칭직경은 31.8mm)

㉮ 400mm
㉯ 450mm
㉰ 500mm
㉱ 550mm

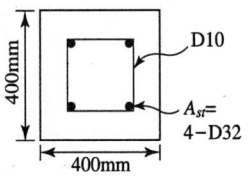

해설
- 종방향 철근 지름의 16배 이하 : $31.8\times 16=508.8\text{mm}$
- 띠철근 지름의 48배 이하 : $9.5\times 48=456\text{mm}$
- 기둥 단면의 최소 치수 이하 : 400mm
∴ 띠철근의 간격은 최소값인 400mm 이하로 하여야 한다.

참고 띠철근 압력부재 단면의 치수는 200mm이고 단면적은 60,000mm² 이상이어야 한다.

078 아래의 표에서 설명하는 철근은?

> 보의 주철근을 둘러싸고 이에 직각되게 또는 경사지게 배치한 복부보강근으로서 전단력 및 비틀림모멘트에 저항하도록 배치한 보강철근

㉮ 주철근   ㉯ 온도철근
㉰ 배력철근 ㉱ 스터럽

정답 076.㉱ 077.㉮ 078.㉱

- **주철근** : 주된 단면력이 작용하는 방향으로 휨모멘트와 축력에 저항하기 위하여 배치하는 철근
- **배력철근** : 하중을 분포시키거나 균열을 제어할 목적으로 주철근과 직각에 가까운 방향으로 배치한 보조철근

079. 다음 중 강도설계법의 장·단점을 설명한 것으로 틀린 것은?

㉮ 파괴에 대한 안전도의 확보가 허용응력설계법보다 확실하다.
㉯ 하중계수에 의하여 하중의 특성을 설계에 반영할 수 있다.
㉰ 서로 다른 재료의 특성을 설계에 합리적으로 반영할 수 있다.
㉱ 사용성 확보를 위해서 별도로 검토해야 하는 등 설계과정이 다소 복잡하다.

서로 다른 재료의 특성을 설계에 합리적으로 반영하기 어렵고 사용성 확보를 위해서는 별도의 검토가 필요하다는 단점이 있다.

080. 그림과 같은 인장을 받는 표준 갈고리에서 정착길이란 어느 것을 말하는가?

㉮ A
㉯ B
㉰ C
㉱ D

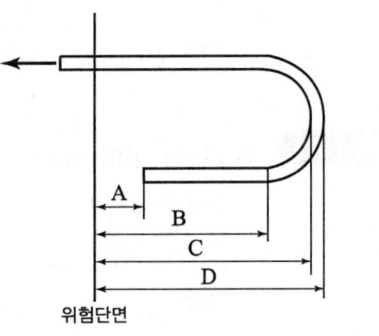

- **정착길이**
  위험단면에서 철근의 설계기준항복강도를 발휘하는데 필요한 최소 묻힘 길이
- 표준 갈고리를 갖는 인장 이형철근의 기본정착길이

$$l_{hb} = \frac{0.24\beta\, d_b f_y}{\lambda \sqrt{f_{ck}}}$$

05 토/질 /및/ 기/초

081. 미세한 모래와 실트가 작은 아치를 형성한 고리모양의 구조로써 간극비가 크고, 보통의 정적 하중을 지탱할 수 있으나 무거운 하중 또는 충격하중을 받으면 흙구조가 부서지고 큰 침하가 발생되는 흙의 구조는?

㉮ 면모구조 ㉯ 벌집구조
㉰ 분산구조 ㉱ 중구조

벌집구조는 공극비가 크고 진동, 충격에 약하다.

079.㉰ 080.㉱ 081.㉯

082 그림과 같은 지반에서 깊이 5m 지점에서의 전단 강도는?
(단, 내부마찰각은 35°, 점착력은 0이다.)

㉮ 3.2 t/m²
㉯ 3.8 t/m²
㉰ 4.5 t/m²
㉱ 6.3 t/m²

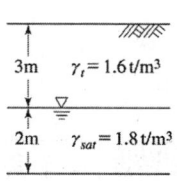

- 유효응력 $\overline{P} = 1.6 \times 3 + 0.8 \times 2 = 6.4 \text{t/m}^2$
- 전단강도 $\tau = \sigma \tan\phi = 6.4 \tan 35° = 4.5 \text{t/m}^2$

083 Rod에 붙인 어떤 저항체를 지중에 넣어 타격, 관입, 인발 및 회전할 때의 저항으로 흙의 전단강도 등을 측정하는 원위치 시험을 무엇이라 하는가?

㉮ 보링(boring) ㉯ 사운딩(sounding)
㉰ 시료 채취(sampling) ㉱ 비파괴 시험(NDT)

정적인 사운딩은 점성토 지반에, 동적인 사운딩은 사질토 지반에 적용한다.

084 함수비가 18%, 습윤단위중량이 1.72g/cm³인 현장토의 건조단위중량은 얼마인가?

㉮ 1.46 g/cm³ ㉯ 1.75 g/cm³
㉰ 1.94 g/cm³ ㉱ 2.06 g/cm³

$\gamma_d = \dfrac{\gamma_t}{1+\dfrac{\omega}{100}} = \dfrac{1.72}{1+\dfrac{18}{100}} = 1.46 \text{g/cm}^3$

085 흙의 다짐에 대한 설명으로 틀린 것은?

㉮ 사질토의 최대 건조단위중량은 점성토의 최대 건조단위중량보다 크다.
㉯ 점성토의 최적함수비는 사질토의 최적함수비보다 크다.
㉰ 영공기 간극곡선은 다짐곡선과 교차할 수 없고, 항상 다짐곡선의 우측에만 위치한다.
㉱ 유기질 성분을 많이 포함할수록 흙의 최대 건조단위중량과 최적함수비는 감소한다.

- 유기질 성분을 많이 포함할수록 흙의 최대 건조단위중량은 감소하고 최적함수비는 증가한다.
- 사질토의 다짐곡선은 구배가 급하다.

082. ㉰ 083. ㉯ 084. ㉮ 085. ㉱

086 절편법에 의한 사면의 안정 해석시 가장 먼저 결정되어야 할 사항은?
- ㉮ 가상활동면
- ㉯ 절편의 중량
- ㉰ 활동면상의 점착력
- ㉱ 활동면상의 내부마찰각

    분할법(절편법)에 의한 사면안정 해석시 제일 먼저 여러 개의 가상활동면으로부터 최소의 안전율을 가진 임계원을 찾는다.

087 점토 지반에서 직경 30cm의 평판재하시험 결과 $30t/m^2$의 압력이 작용할 때 침하량이 5mm라면, 직경 1.5m의 실제기초에 $30t/m^2$의 하중이 작용할 때 침하량의 크기는?
- ㉮ 2mm
- ㉯ 50mm
- ㉰ 14mm
- ㉱ 25mm

    • 점토지반에서 침하량은 재하판의 크기에 비례한다.
    • $0.3 : 5 = 1.5 : x$
$$\therefore x = \frac{5 \times 1.5}{0.3} = 25\text{mm}$$

088 흙의 일축압축시험에 관한 설명 중 틀린 것은?
- ㉮ 내부 마찰각이 적은 점토질의 흙에 주로 적용된다.
- ㉯ 축방향으로만 압축하여 흙을 파괴시키는 것이므로 $\sigma_3 = 0$일 때의 삼축압축시험이라고 할 수 있다.
- ㉰ 압밀비배수(CU) 시험 조건이므로 시험이 비교적 간단하다.
- ㉱ 흙의 내부마찰각 ϕ는 공시체 파괴면과 최대 주응력면 사이에 이루는 각 θ를 측정하여 구한다.

    • 비압밀 비배수(UU)시험 조건에만 적용된다.
    • $C = \frac{q_u}{2}$
    • 점토의 예민비를 구한다.

089 랭킨 토압론의 가정 중 맞지 않은 것은?
- ㉮ 흙은 비압축성이고 균질이다.
- ㉯ 지표면은 무한히 넓다.
- ㉰ 흙은 입자간의 마찰에 의하여 평형조건을 유지한다.
- ㉱ 토압은 지표면에 수직으로 작용한다.

    토압은 지표면에 평행하게 작용한다.

086. ㉮ 087. ㉱ 088. ㉰ 089. ㉱

2017년 9월 23일 시행

090 흙을 다지면 기대되는 효과로 거리가 먼 것은?
- ㉮ 강도 증가
- ㉯ 투수성 증가
- ㉰ 과도한 침하 방지
- ㉱ 함수비 감소

해설) 부착력 증대, 전단강도 증대, 흡수성 감소

091 다음 그림에서 점토 중앙 단면에 작용하는 유효압력은?
- ㉮ 2.8t/m²
- ㉯ 1.2t/m²
- ㉰ 2.5t/m²
- ㉱ 4.4t/m²

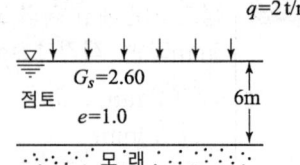

해설)
- $\gamma_{sat} = \dfrac{G_s + e}{1+e}\gamma_w = \dfrac{2.6+1}{1+1} \times 1 = 1.8 \text{t/m}^3$
- $\gamma_{sub} = \gamma_{sat} - 1 = 1.8 - 1 = 0.8 \text{t/m}^3$
- $\overline{p} = q + \gamma_{sub} \cdot h = 2 + 0.8 \times 3 = 4.4 \text{t/m}^2$

092 다음 중 직접 기초에 속하는 것은?
- ㉮ 후팅 기초
- ㉯ 말뚝 기초
- ㉰ 피어 기초
- ㉱ 케이슨 기초

해설) 말뚝 기초, 피어 기초, 케이슨 기초 등은 깊은 기초에 속한다.

참고)
- 직접 기초 : $\dfrac{D_f}{B} < 1$
- 깊은 기초 : $\dfrac{D_f}{B} > 1$
- 직접 기초인 전면 기초는 지지력이 가장 작은 지반에 설치한다.

093 다음 시험 중 흐트러진 시료를 이용한 시험은?
- ㉮ 전단강도시험
- ㉯ 압밀시험
- ㉰ 투수시험
- ㉱ 애터버그 한계시험

해설) 흙의 입도시험, 다짐시험 등도 흐트러진 시료를 이용하여 시험한다.

094 동수경사()의 차원은?
- ㉮ 무차원이다.
- ㉯ 길이의 차원을 갖는다.
- ㉰ 속도의 차원을 갖는다.
- ㉱ 면적과 같은 차원이다.

정답) 090.㉯ 091.㉱ 092.㉮ 093.㉱ 094.㉮

해설
- $i = \dfrac{h(\text{cm})}{L(\text{cm})}$
- 투수계수 $k(\text{cm/s})$는 속도 차원이다.

095. 유선망을 작도하는 주된 목적은?
㉮ 침하량의 결정 ㉯ 전단강도의 결정
㉰ 침투수량의 결정 ㉱ 지지력의 결정

해설 침투수량 $Q = kh\dfrac{N_f}{N_d}$

096. 압밀에 걸리는 시간을 구하는데 관계가 없는 것은?
㉮ 배수층의 길이 ㉯ 압밀계수
㉰ 유효응력 ㉱ 시간계수

해설 압밀계수 $C_v = \dfrac{T_v H^2}{t}$

097. 다음의 토질 시험 중 투수계수를 구하는 시험이 아닌 것은?
㉮ 다짐시험 ㉯ 변수두 투수시험
㉰ 압밀시험 ㉱ 정수두 투수시험

해설
- 다짐시험은 흙의 최대건조밀도와 최적함수비를 구하는 시험이다.
- 정수두 투수시험은 투수계수가 $k > 10^{-3}\text{cm/s}$ 인 사질토에 적용한다.
- 변수두 투수시험은 투수계수가 $10^{-1} \sim 10^{-8}\text{cm/s}$ 에 적용한다.
- 압밀시험은 투수성이 낮은 불투수성 흙에 적용한다.

098. 얕은기초의 근입심도를 깊게 하면 일반적으로 기초지반의 지지력은?
㉮ 증가한다.
㉯ 감소한다.
㉰ 변화가 없다.
㉱ 증가할 수도 있고 감소할 수도 있다.

해설 $q_u = \alpha C N_c + \beta B \gamma_1 N_r + \gamma_2 D_f N_q$ 지지력 공식에서
근입깊이 D_f가 깊을수록 기초지반의 지지력은 증가한다.

정답 095. ㉰ 096. ㉰ 097. ㉮ 098. ㉮

099 전단시험법 중 간극수압을 측정하여 유효응력으로 정리하면 압밀배수 시험(CD-test)과 거의 같은 전단상수를 얻을 수 있는 시험법은?

㉮ 비압밀 비배수시험(UU-test)　　㉯ 직접전단시험
㉰ 압밀 비배수시험(CU-test)　　㉱ 일축압축시험(q_u-test)

해설　압밀 비배수시험(CU-test)
연약 점토지반을 프리로딩(pre-loading)으로 압밀 후 구조물 공사를 할 때 갑자기 파괴될 것을 예상한 경우의 삼축압축시험 방법이다.

100 다음 중 지지력이 약한 지반에서 가장 적합한 기초형식은?

㉮ 독립 확대기초　　㉯ 전면기초
㉰ 복합 확대기초　　㉱ 연속 확대기초

해설
• 하중이 너무 크거나 지반이 연약할 때는 푸팅의 밑면적이 커져야 하므로 푸팅기초보다 전면기초로 하는 것이 좋다.
• 전면기초는 시공면적의 2/3를 넘을 경우의 전체를 기초한다.

06 상/하/수/도/공/학

101 BOD가 94.8mg/L인 오수 5m³/h를 유량이 50m³/h인 하천에 방류한 결과 BOD가 14.1mg/L가 되었다. 오수가 유입되기 이전에 하천의 BOD는?

㉮ 4.0mg/L　　㉯ 6.0mg/L
㉰ 2.0mg/L　　㉱ 8.0mg/L

해설　$14.1 = \dfrac{94.8 \times 5 + x \times 50}{50 + 5}$
∴ $x ≒ 6\text{mg/L}$

102 다음 그림은 어떤 처리방식을 나타낸 것인가?

㉮ 표준 활성슬러지법
㉯ 계단식 폭기법
㉰ 접촉안정법
㉱ 산화구법

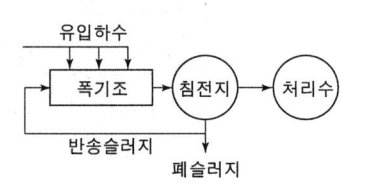

해설　계단식 폭기법으로 폭기조 유입구에서 반송슬러지 전량을 반송하지만 유입하수는 폭기조의 길이에 걸쳐 고르게 분할하여 유입시킨다.

정답　099. ㉰　100. ㉯　101. ㉯　102. ㉯

103 유역면적 2km², 유출계수 0.6인 어느 지역에서 2시간 동안에 70mm의 호우가 내렸다. 합리식에 의한 이 지역의 우수 유출량은?
- ㉮ 10.5m³/sec
- ㉯ 11.7m³/sec
- ㉰ 42.0m³/sec
- ㉱ 70.0m³/sec

해설
- $I = \dfrac{70\,\text{mm}}{2\,\text{hour}} = 35\,\text{mm/hr}$
- $Q = \dfrac{1}{3.6} CIA = \dfrac{1}{3.6} \times 0.6 \times 35 \times 2 = 11.7\,\text{m}^3/\text{sec}$

104 자연유하식 도수관의 허용 최대 평균유속은?
- ㉮ 0.3m/s
- ㉯ 1.0m/s
- ㉰ 3.0m/s
- ㉱ 10.0m/s

해설 도수관, 송수관의 최대 유속은 관로 내면의 마모를 방지하기 위해 3.0m/sec, 최소 유속은 모래 입자의 침전을 방지하기 위해 0.3m/sec로 한다.

105 다음 관거별 계획하수량을 결정할 때 고려하여야 할 사항으로 틀린 것은?
- ㉮ 오수관거는 계획시간 최대우수량으로 한다.
- ㉯ 우수관거는 계획우수량으로 한다.
- ㉰ 합류식 관거는 계획1일 최대오수량에 계획우수량을 합한 것으로 한다.
- ㉱ 차집관거는 우천시 계획오수량으로 한다.

해설 합리식의 계획하수량

하수 시설	하수량
관거	계획 시간 최대 오수량+계획 우수량
차집관거, 펌프장	계획 시간 최대 오수량×3 이상
처리장의 최초 침전지까지의 계통	계획 시간 최대 오수량×3 이상
소독시설의 부대설비	계획 시간 최대 오수량×3 이상
기타 처리장 시설	계획 1일 최대 오수량

106 도수시설에 관한 설명으로 옳지 않은 것은?
- ㉮ 수로의 형식은 관수로식과 개수로식이 있지만, 펌프가압식에서는 관수로식을 채택한다.
- ㉯ 도수관의 노선은 관로가 항상 동수경사선 이하가 되도록 설정하고 항상 정압이 되도록 계획한다.
- ㉰ 자연유하식 도수관인 경우에는 평균유속의 허용최대한도를 3m/sec로 한다.
- ㉱ 오염의 견지에서 볼 때, 개수로가 관수로보다 더 유리하다.

해설
- 오염의 견지에서 관수로가 개수로보다 더 유리하다.
- 도수 및 송수관거의 평균유속은 최대한도를 3m/sec로 한다.
- 도수시설의 계획도수량은 계획취수량을 기준한다.

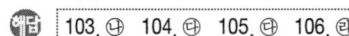
103. ㉯ 104. ㉰ 105. ㉮ 106. ㉱

107 하수관거의 길이가 1.8km인 하수관거 내에서 우수가 1.5m/sec의 유속으로 흐르고, 유입시간이 8분일 때 유달시간은 얼마인가?

㉮ 8분
㉯ 18분
㉰ 28분
㉱ 38분

해설
- 유달시간＝유입시간＋유하시간

$$t = t_1 + \frac{L}{V} = 8 + \frac{1800}{1.5 \times 60} = 28분$$

108 펌프에 연결된 관로에서 압력강하에 따른 부압 발생을 방지하기 위한 방법이 아닌 것은?

㉮ 펌프 토출측 관로에 조압수조(conventional surge tank)를 설치한다.
㉯ 압력수조(air-chamber)를 설치한다.
㉰ 펌프에 플라이휠(fly-wheel)을 붙여 펌프의 관성을 증가시켜 급격한 압력강하를 완화한다.
㉱ 관내 유속을 크게 한다.

해설
- 관내의 유속을 저하시킨다.
- 펌프의 급정지를 피한다.
- 펌프의 토출부에 완폐식 체크 밸브를 설치한다.

109 상수를 처리한 후에 치아의 충치를 예방하기 위해 주입할 수 있으며 원수 중에 과량으로 존재하면 반상치(반점치) 등을 일으키므로 제거하여야 하는 물질은?

㉮ 염소
㉯ 불소
㉰ 산소
㉱ 비소

해설 불소가 물 속에 과다하게 존재하면 반상(반점)치아 등을 발생시킬 수 있다.

110 "BOD 값이 크다"는 것이 의미하는 것은?

㉮ 무기물질이 충분하다.
㉯ 영양염류가 풍부하다.
㉰ 용존산소가 풍부하다.
㉱ 미생물 분해가 가능한 물질이 많다.

해설
- BOD가 큰 물은 용존산소가 낮다.
- BOD는 유기물에 의해서 호기성 상태에서 분해 안정시키는 데 요구되는 산소량이다.
- 오염된 물은 용존 산소량(DO)이 낮다.

정답 107.㉰ 108.㉱ 109.㉯ 110.㉱

111 다음 중 부영양화(Eutrophication)의 주된 원인 물질은?
㉮ 질소 및 인
㉯ 탄소 및 유황
㉰ 중금속
㉱ 염소 및 질산화물

> 부영양화 현상이란
> 가정하수, 공장폐수 등이 하수 또는 저수지 등에 유입하여 질소(N), 인(P) 등 각종 영양물질의 농도가 높으며 조류가 크게 증식되어 COD가 증가되고 호소 바닥부분의 심층수는 용존산소가 줄어든다.

112 관거의 접합방법 중에서 유수(流水)는 원활하지만 관거의 매설깊이가 증가하여 공사비가 많이 들고, 펌프 배수하는 지역에서는 양정이 높게 되는 단점이 있는 것은?
㉮ 수면 접합
㉯ 관저 접합
㉰ 관중심 접합
㉱ 관정 접합

> • 관정 접합으로 관거의 접합에서 관경이 변화하는 경우 관거의 내면 상단부를 동일 높이로 맞추어서 접속한다.
> • 관저 접합은 관의 내면 하부를 일치시키는 방법이다.
> • 관정 접합은 수위차가 크고 자세가 급한 곳에 적합하며 토공량이 많아지는 단점이 있다.
> • 관저 접합은 하수관거의 접합방법 중 수리학적으로 가장 좋지 않은 방법이다.

113 다음 중 계획취수량을 결정할 때의 표준으로 옳은 것은?
㉮ 계획 1일 평균급수량에 10% 정도의 여유 고려
㉯ 계획 1일 최대급수량에 10% 정도의 여유 고려
㉰ 계획 1일 평균급수량에 30% 정도의 여유 고려
㉱ 계획 1일 최대급수량에 30% 정도의 여유 고려

> • 취수량은 계획 1일 최대급수량에 5~10%의 여유를 더해 정한다.
> • 하천의 최대 갈수량이 계획취수량 이상이 되어야 안정적인 취수가 가능하다.

114 폭기조 부피 5000m³, 유입유량 25000m³/day, BOD 농도 120mg/L일 때 BOD 용적 부하는?
㉮ 0.6 kg/m³ · day
㉯ 0.9 kg/m³ · day
㉰ 6 kg/m³ · day
㉱ 9 kg/m³ · day

> BOD 용적 부하
> $\frac{BOD \times Q}{V} = \frac{0.12 \times 25000}{5000} = 0.6 kg/m^3 \cdot day$
> 여기서, BOD 농도 = 120mg/l = 120g/m³ = 0.12kg/m³

111. ㉮ 112. ㉱ 113. ㉯ 114. ㉮

115 우수관거 및 합류관거의 최소 관경(A)과 관거의 최소 흙두께(B)로 옳게 짝지어진 것은?

㉮ A=200mm, B=0.5m ㉯ A=250mm, B=1m
㉰ A=200mm, B=1m   ㉱ A=250mm, B=0.5m

- 오수관거 : 200mm
- 우수관거 및 합류관거 : 250mm
- 관거의 최소 매설깊이 : 1m

116 다음 중 완속여과지에 비하여 급속여과지의 장점이 아닌 것은?

㉮ 여과속도가 빠르다.
㉯ 부지면적이 적게 소요된다.
㉰ 원수가 고농도의 현탁물일 때 유리하다.
㉱ 주로 미생물에 의한 제거 효과가 뚜렷하다.

완속여과는 미생물에 의한 처리 효과를 기대 할 수 있다.

117 취수시설 중 취수탑에 대한 설명으로 틀린 것은?

㉮ 큰 수위변동에 대응 할 수 있다.
㉯ 지하수를 취수하기 위한 탑 모양의 구조물이다.
㉰ 취수구를 상하에 설치하여 수위에 따라 좋은 수질을 선택하여 취수할 수 있다.
㉱ 유량이 안정된 하천에서 대량으로 취수할 때 유리하다.

취수탑은 수원(강이나 저수지)으로부터 취수를 하기 위하여 설치한 탑 모양의 구조물로 갈수기에도 일정 이상의 수심을 확보할 수 있으며 연간 수위 변화가 심한 하천이나 호소, 댐에서의 취수시설로 적합하다.

118 파괴점 염소처리(또는 불연속점 염소처리)에 대한 설명 중 틀린 것은?

㉮ 염소를 주입하여 생성된 클로라민을 모두 파괴하고 유리잔류염소로 소독하는 방법이다.
㉯ 파괴점(break point)은 염소요구량이 소비되고 나서 유리잔류염소가 존재하기 시작하는 점을 말한다.
㉰ 유리잔류염소는 살균력이 강하여 소독효과를 충분히 달성할 수가 있다.
㉱ 파괴점 염소소독을 할 경우 THM 등의 소독부산물 생성을 방지할 수 있다.

- 파괴점 염소소독을 할 경우 THM 등의 소독부산물 생성을 방지할 수 없다.
- 염소와 부식질이 반응하여 발암성 물질인 THM이 생성된다.
- 트리할로메탄(THM) 제거방법으로는 폭기법, 활성탄 흡착법 등을 사용한다.

해답 115.㉯ 116.㉱ 117.㉯ 118.㉱

119 슬러지의 안정화 목적으로 거리가 먼 것은?
㉮ 병원균의 감소 ㉯ 함수율의 감소
㉰ 악취의 제거 ㉱ 부패억제, 감소 또는 제거

해설 슬러지 처리 목표
- 슬러지의 생화학적 안정화
- 최종적인 슬러지의 감량화
- 병원균의 처리로 위생적인 안정화

120 분류식과 합류식 하수 배제방식의 특징으로 틀린 것은?
㉮ 일반적으로 합류식의 관경이 분류식보다 크다.
㉯ 분류식은 우수관과 오수관으로 구분된다.
㉰ 합류식은 초기 우수의 일부를 처리장으로 운송하여 처리한다.
㉱ 분류식은 완전한 우수처리가 가능하다.

해설
- 분류식은 강우초기의 오염된 우수 및 노면의 오염물질이 처리되지 못하고 공공수역으로 방류되는 단점이 있다.
- 분류식은 모든 오수를 처리장으로 수송시킬 수 있다.

정답 119. ㉯ 120. ㉱

2018

기출문제

01 응용역학
02 측량학
03 수리학
04 철근콘크리트 및 강구조
05 토질 및 기초
06 상하수도공학

2018년 3월 4일 시행
2018년 4월 28일 시행
2018년 9월 15일 시행

01 응/용/역/학

001 3힌지(Hinge) 아치의 A점의 수평반력을 구하면?

㉮ 2t
㉯ 4t
㉰ 6t
㉱ 8t

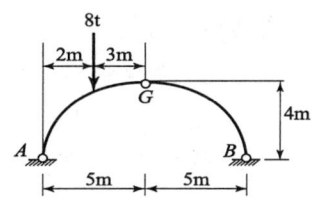

- $\sum M_B = 0$
  $R_A \times 10 - 8 \times 8 = 0$ ∴ $R_A = \dfrac{64}{10} = 6.4t$
- $\sum M_G = 0$
  $6.4 \times 5 - H_A \times 4 - 8 \times 3 = 0$ ∴ $H_A = \dfrac{1}{4}(6.4 \times 5 - 8 \times 3) = 2t$

002 다음 그림과 같은 세 힘에 대한 합력의 작용점은 0점에서 얼마의 거리에 있는가?

㉮ 1m
㉯ 2m
㉰ 3m
㉱ 4m

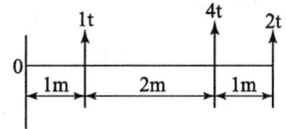

$\sum P = 1 + 4 + 2 = 7t$
$7 \times x = 1 \times 1 + 4 \times 3 + 2 \times 4$ ∴ $x = 3m$

003 지름이 5cm, 길이가 200cm인 탄성체 강봉을 15mm만큼 늘어나게 하려면 얼마의 힘이 필요한가? (단, 탄성계수 $E = 2,100,000 kg/cm^2$)

㉮ 약 2061t   ㉯ 약 206t
㉰ 약 3091t   ㉱ 약 309t

001. ㉮ 002. ㉰ 003. ㉱

해설

$$E = \frac{\sigma}{\epsilon} = \frac{\frac{P}{A}}{\frac{\Delta l}{l}} = \frac{P \cdot l}{A \cdot \Delta l}$$

$$\therefore P = \frac{E \cdot A \cdot \Delta l}{l} = \frac{2,100,000 \times \frac{3.14 \times 5^2}{4} \times 1.5}{200} = 309,094 \text{kg} ≒ 309\text{t}$$

004 그림과 같은 단순보에서 C점의 휨모멘트는?

㉮ 50t·m
㉯ 24t·m
㉰ 16t·m
㉱ 8t·m

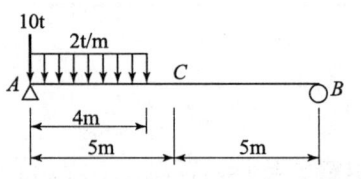

해설 $\sum M_A = 0$
$-R_B \times 10 + 2 \times 4 \times 2 = 0$
$\therefore R_B = \frac{16}{10} = 1.6\text{t}$
$\therefore M_C = 1.6 \times 5 = 8\text{t} \cdot \text{m}$

005 그림과 같은 트러스에서 부재 V(중앙의 연직재)의 부재력은 얼마인가?

㉮ 5ton(압축)
㉯ 5ton(인장)
㉰ 4ton(압축)
㉱ 4ton(인장)

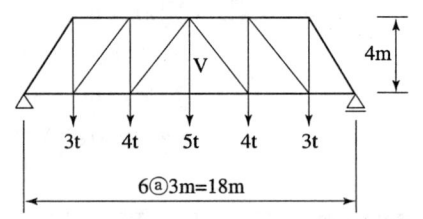

해설 $\sum V = 0$
$-5 + V = 0$
$\therefore V = 5\text{t}(인장)$

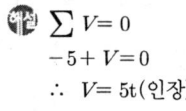 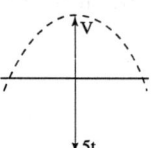

006 단면의 성질을 나타내는 값 중에서 차원(Dimension)이 틀리게 표시된 것은?

㉮ 단면 1차 모멘트 : [L³]   ㉯ 단면 2차 반경 : [L]
㉰ 단면 2차 상승모멘트 : [L³]   ㉱ 단면 2차 극모멘트 : [L⁴]

해설 단면 2차 상승모멘트 $I_{xy} = A \cdot x_o \cdot y_o$
단위는 cm⁴, m⁴이므로 [L⁴]

정답 004. ㉱ 005. ㉯ 006. ㉰

007 푸아송비(Poisson's ratio)가 0.2일 때 푸아송수는?

㉮ 2 ㉯ 3 ㉰ 5 ㉱ 8

- 푸아송비 $\nu = \dfrac{\beta}{\epsilon}$
- 푸아송수 $m = \dfrac{1}{\nu} = \dfrac{1}{0.2} = 5$

008 지간 8m, 높이 30cm, 폭 20cm의 단면을 갖는 단순보에 등분포 하중 $w=400$kg/m가 만재하여 있을 때 최대 처짐은? (단, $E=100,000$kg/cm²)

㉮ 4.74cm ㉯ 2.10cm ㉰ 0.90cm ㉱ 0.009cm

- $I = \dfrac{bh^3}{12} = \dfrac{20 \times 30^3}{12} = 45000 \text{cm}^4$
- $y_{\max} = \dfrac{5wl^4}{384EI} = \dfrac{5 \times 4 \times 800^4}{384 \times 100,000 \times 45,000} = 4.74 \text{cm}$

009 보의 단면에서 휨모멘트로 인한 최대 휨응력이 생기는 위치는 어느 곳인가?

㉮ 중립축
㉯ 중립축과 상단의 중간점
㉰ 단면 상·하단
㉱ 중립축과 하단의 중간점

휨 응력은 단면의 상·하단에서 최대이며 중립축에서는 0이고 직선분포를 나타낸다.

010 지름 D인 원형단면에 전단력 S가 작용할 때 최대 전단응력의 값은?

㉮ $\dfrac{4S}{3\pi D^2}$ ㉯ $\dfrac{2S}{3\pi D^2}$ ㉰ $\dfrac{16S}{3\pi D^2}$ ㉱ $\dfrac{3S}{4\pi D^2}$

$\tau_{\max} = \dfrac{4}{3}\dfrac{S}{A} = \dfrac{4}{3} \times \dfrac{S}{\dfrac{\pi D^2}{4}} = \dfrac{16S}{3\pi D^2}$

011 그림과 같이 단순보에 하중 P가 경사지게 작용할 때 A점에서의 수직반력 V_A를 구하면?

㉮ $\dfrac{Pb}{(a+b)}$
㉯ $\dfrac{Pa}{2(a+b)}$
㉰ $\dfrac{Pa}{(a+b)}$
㉱ $\dfrac{Pb}{2(a+b)}$

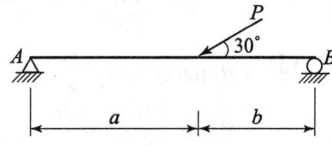

정답 007. ㉰ 008. ㉮ 009. ㉰ 010. ㉰ 011. ㉰

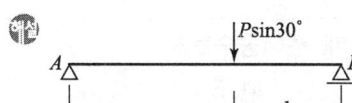

- $\sum M_B = 0$

  $V_A \times (a+b) - P\sin 30° \times b = 0$

  $\therefore V_A = \dfrac{1}{(a+b)} \times \dfrac{1}{2} Pb = \dfrac{Pb}{2(a+b)}$

012 다음의 2경간 연속보에서 지점 A에서의 수직 반력은 얼마인가?

㉮ $\dfrac{5\omega l}{16}$

㉯ $\dfrac{3\omega l}{8}$

㉰ $\dfrac{5\omega l}{8}$

㉱ $\dfrac{3\omega l}{16}$

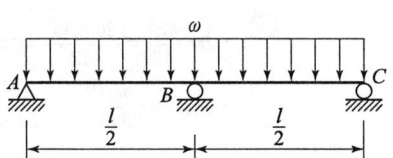

- $V_A = \dfrac{3\omega l}{8} = \dfrac{3\omega\left(\dfrac{l}{2}\right)}{8} = \dfrac{3\omega l}{16}$

- $V_B = \dfrac{5\omega l}{4} = \dfrac{5\omega\left(\dfrac{l}{2}\right)}{4} = \dfrac{5\omega l}{8}$

- $M_B = -\dfrac{\omega l^2}{8} = -\dfrac{\omega\left(\dfrac{l}{2}\right)^2}{8} = -\dfrac{\omega l^2}{32}$

013 반지름 r인 원형 단면의 단주에서 핵반경 e는?

㉮ $\dfrac{r}{2}$　　㉯ $\dfrac{r}{3}$　　㉰ $\dfrac{r}{4}$　　㉱ $\dfrac{r}{5}$

- 핵거리(반지름)

  $e = \dfrac{Z}{A} = \dfrac{\dfrac{\pi D^3}{32}}{\dfrac{\pi D^2}{4}} = \dfrac{D}{8} = \dfrac{2r}{8} = \dfrac{r}{4}$

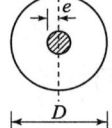

- 핵거리(반지름) : $\dfrac{D}{8}$
- 핵지름 : $\dfrac{D}{8} \times 2 = \dfrac{D}{4}$

012. ㉱　013. ㉰

[014] 다음 부정정 구조물의 부정정 차수를 구한 값은?

㉮ 8
㉯ 12
㉰ 16
㉱ 20

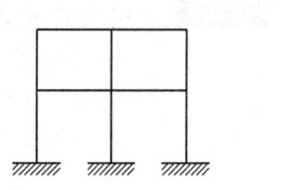

해설 $N = r + m + s - 2k = 9 + 10 + 11 - 2 \times 9 = 12$차 부정정
여기서, r : 반력
m : 부재수(절점 사이 부재수)
s : 강절점수(기존 부재에 붙어 있는 부재수)

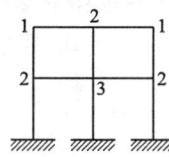 $s = 11$개

k : 지점 및 자유단을 포함하는 절점수

[015] "재료가 탄성적이고 Hooke의 법칙을 따르는 구조물에서 지점침하와 온도 변화가 없을 때 한 역계 Pn에 의해 변형되는 동안에 다른 역계 Pm가 한 외적인 가상일은 Pm역계에 의해 변형하는 동안에 Pn역계가 한 외적인 가상일과 같다"는 것은 다음 중 어느 것인가?

㉮ 가상일의 원리
㉯ 카스틸리아노의 정리
㉰ 베티의 법칙
㉱ 최소일의 정리

해설 베티와 맥스웰의 상반정리 $P_a \delta_{ab} = P_b \delta_{ba}$
$P_a = P_b = 1$이면 $\delta_{ab} = \delta_{ba}$이다.

[016] 그림 (A)의 양단힌지 기둥의 탄성좌굴하중이 10t이었다면, 그림 (B)기둥의 좌굴하중은?

㉮ 2.5 t
㉯ 10 t
㉰ 20 t
㉱ 40 t

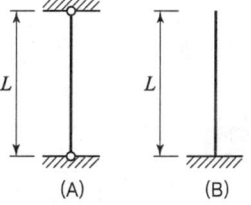

해설
• 좌굴하중 $P = \dfrac{n\pi^2 EI}{l^2}$
• 양단힌지 $n = 1$, 일단 자유 타단 고정 $n = \dfrac{1}{4}$
• (B) 기둥의 좌굴하중 $P = \dfrac{10}{4} = 2.5\text{t}$

정답 014. ㉯ 015. ㉰ 016. ㉮

017 단순보에 하중이 작용할 때 다음 설명으로 틀린 것은?
㉮ 중앙에 집중하중이 작용하면 양 지점에서의 처짐각이 최대가 된다.
㉯ 중앙에 집중하중이 적용하면 중앙점에서 최대처짐이 발생한다.
㉰ 등분포 하중이 만재한 경우 중앙점의 처짐각이 최대가 된다.
㉱ 등분포 하중이 만재한 경우 최대처짐은 중앙점에서 발생한다.

해설 등분포 하중이 만재한 경우 중앙점의 처짐각은 0이다.

018 다음 중 정정구조물의 처짐 해석법에 적용되지 않는 것은?
㉮ 가상일의 원리   ㉯ 처짐각법
㉰ 공액보법   ㉱ 모멘트 면적법

해설
- 처짐각법은 보와 라멘에 적용 가능하고 지점 침하나 부재가 회전했을 경우에도 사용할 수 있으며 고정단 모멘트를 계산해야 한다.
- 처짐각법은 탄성곡선의 기울기를 미지수로 하여 부정정 구조물을 해석하는 방법으로 요각법이라고 한다.

019 그림과 같은 지름 80cm의 원에서 지름 20cm의 원을 도려낸 나머지 부분의 도심(圖心) 위치($\bar{y}$)는?
㉮ 40.125cm
㉯ 40.625cm
㉰ 41.137cm
㉱ 41.333cm

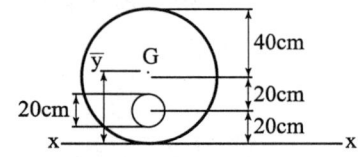

해설
- $G_x = A_1 \cdot y_1 - A_2 \cdot y_2 = \dfrac{\pi \times 80^2}{4} \times 40 - \dfrac{\pi \times 20^2}{4} \times 20 = 194,680 \, \text{cm}^3$
- $A = A_1 - A_2 = \dfrac{\pi \times 80^2}{4} - \dfrac{\pi \times 20^2}{4} = 4,710 \, \text{cm}^3$
- $\therefore \dfrac{G_x}{A} = \dfrac{194,680}{4,710} = 41.333 \, \text{cm}$

020 그림과 같이 600kg의 힘이 A점에 작용하고 있다. 케이블 AC와 강봉 AB에 작용하는 힘의 크기는?
㉮ $F_{AB} = 600 \, \text{kg}$, $F_{AC} = 0 \, \text{kg}$
㉯ $F_{AB} = 734.8 \, \text{kg}$, $F_{AC} = 819.6 \, \text{kg}$
㉰ $F_{AB} = 819.6 \, \text{kg}$, $F_{AC} = 519.6 \, \text{kg}$
㉱ $F_{AB} = 155.3 \, \text{kg}$, $F_{AC} = 519.6 \, \text{kg}$

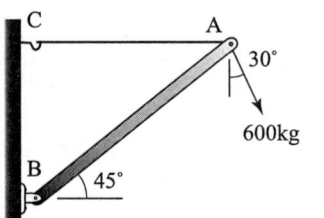

해답 017. ㉰ 018. ㉯ 019. ㉱ 020. ㉰

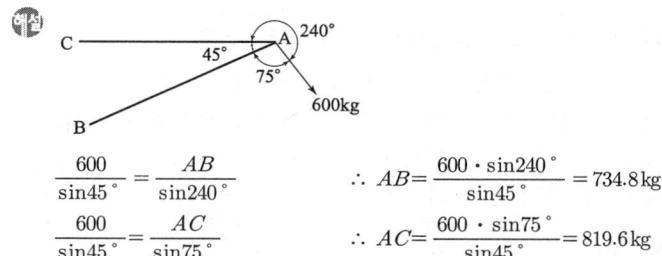

$$\frac{600}{\sin 45°} = \frac{AB}{\sin 240°} \qquad \therefore AB = \frac{600 \cdot \sin 240°}{\sin 45°} = 734.8\,\text{kg}$$

$$\frac{600}{\sin 45°} = \frac{AC}{\sin 75°} \qquad \therefore AC = \frac{600 \cdot \sin 75°}{\sin 45°} = 819.6\,\text{kg}$$

02 측/량/학

021 하천 양안의 고저차를 측정하기 위하여 교호수준측량을 행하는 이유로 가장 옳은 것은?

㉮ 지상의 변화에 의한 오차나 기계오차를 제거하기 위하여
㉯ 기구의 곡률오차를 없애기 위하여
㉰ 과실에 의한 오차를 없애기 위하여
㉱ 개인오차를 없애기 위하여

- 교호수준측량은 지상의 변화에 의한 오차나 기계 오차를 제거하여 정밀도를 높이기 위해 양 측점에서 측량하여 2점의 표고차를 2회 산출하여 평균한다.
- 하천측량시 수준점은 양안에 5km 설치한다.

022 지상 100m×100m의 면적을 4cm²로 나타내기 위해서는 축척을 얼마로 하여야 하는가?

㉮ 1/250   ㉯ 1/500
㉰ 1/2500 ㉱ 1/5000

면적비=(축척비)²

$$\frac{1}{m} = \sqrt{\frac{4}{10000 \times 10000}} = \frac{1}{5000}$$

023 토공작업을 수반하는 종단면도에 계획선을 넣을 때 염두에 두어야 할 것으로 옳지 않은 것은?

㉮ 절토량과 성토량은 거의 같게 한다.
㉯ 절토는 성토로 이용할 수 있도록 운반거리를 고려해야 한다.
㉰ 계획선은 될 수 있는 한 요구에 맞게 한다.
㉱ 경사와 곡선을 병설해야 하고 단조로움을 피하기 위해 가능한 많이 설치한다.

토공 작업시 종단면도 계획선을 넣을 때 경사와 곡선을 병설할 수 없다.

021. ㉮ 022. ㉱ 023. ㉱

024 등고선의 성질에 대한 설명으로 옳지 않은 것은?
㉮ 경사가 급한 지역은 등고선 간격이 좁다.
㉯ 어느 지점의 최대경사 방향은 등고선과 평행한 방향이다.
㉰ 동일 등고선 상의 지점들은 높이가 같다.
㉱ 계곡선은 등고선과 직교한다.

・어느 지점의 최대경사 방향은 등고선에 직각방향이다.
・지표면의 경사가 같을 때는 등고선의 간격은 같고 평행하다.
・높이가 다른 두 등고선은 동굴이나 절벽의 지형이 아닌 곳에서는 교차하지 않는다.
・등고선은 도중에 끊어지는 일이 없고 반드시 일단에서 시작하여 타단에서 끝나든가 도상에서 폐합한다.

025 직접고저측량을 하여 그림과 같은 결과를 얻었다. 이때 B점의 표고는? (단, A점의 표고는 100m이고 단위는 [m]이다.)
㉮ 101.1m
㉯ 101.5m
㉰ 104.1m
㉱ 105.2m

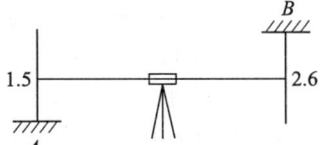

・B점의 표고
(A점의 표고 + 전시) − (후시) = (100 + 1.5) − (−2.6) = 104.1m

026 비행고도 3km에서 초점거리 15cm인 사진기로 항공사진을 촬영하였다면, 길이 40m 교량의 사진상 길이는?
㉮ 0.2cm   ㉯ 0.4cm
㉰ 0.6cm   ㉱ 0.8cm

$\dfrac{f}{H} = \dfrac{l}{L}$, $\dfrac{15}{300000} = \dfrac{l}{4000}$ ∴ $l = \dfrac{15 \times 4000}{300000} = 0.2$cm

027 1 : 10000 축척의 지형도를 이용하여 같은 크기의 1 : 50000 지형도 1장을 완성하려면 1 : 10000 지형도 몇 매가 필요한가?
㉮ 5매   ㉯ 6매
㉰ 25매   ㉱ 36매

(축척비)² = 면적비 관계식에서
$\left(\dfrac{50000}{10000}\right)^2 = 25$ 매

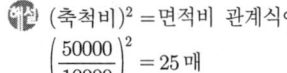

028 그림과 같은 삼각형의 정점 A, B, C의 좌표가 A(50, 20), B(20, 50), C(70, 70)일 때, 정점 A를 지나며 △ABC의 넓이를 3 : 2로 분할하는 P점의 좌표는? (단, 좌표의 단위는 m이다.)

㉮ (40, 58)
㉯ (50, 62)
㉰ (50, 63)
㉱ (50, 65)

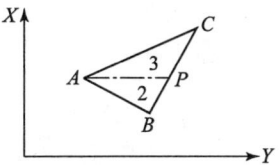

 • P점의 x좌표
$$20+50\times\frac{2}{3+2}=40$$
• P점의 y좌표
$$50+20\times\frac{2}{3+2}=58$$

029 삼각측량을 위한 삼각망 중에서 유심다각망에 대한 설명으로 틀린 것은?

㉮ 농지측량에 많이 사용된다.
㉯ 삼각망 중에서 정확도가 가장 높다.
㉰ 방대한 지역의 측량에 적합하다.
㉱ 동일 측점 수에 비하여 포함면적이 가장 넓다.

• 단열삼각망
하천, 도로, 터널조사를 골조측량에 주로 사용되며 신속, 경제적이지만 정밀도가 낮다.
• 유심삼각망
넓은 지역에 적합하고 농지측량 및 평탄한 지역에 사용되며 정밀도는 단열삼각망보다 높으나 사변형 삼각망보다 낮다.
• 사변형 삼각망
시간과 경비가 많이 소요되나 정밀도가 가장 높고 기선 삼각망에 이용된다.

030 다음은 클로소이드 곡선에 관한 설명이다. 옳은 것은?

㉮ 곡률반경 R, 곡선길이 L, 매개변수 A와의 관계식은 RL=A이다.
㉯ 곡률반경에 비례하여 곡선길이가 증가하는 곡선이다.
㉰ 곡선길이가 일정할 때 곡률반경이 커지면 접선각은 작아진다.
㉱ 곡률반경과 곡선길이가 매개변수 A의 1/2인 점(R=L=A/2)을 클로소이드 특성점이라 한다.

 • $A^2=RL$
• 곡률이 곡선 길이에 비례하는 곡선이다.
• 매개변수 A를 바꾸면 크기가 다른 클로소이드를 무수히 만들 수 있다.

028. ㉮ 029. ㉯ 030. ㉰

031 폐합트래버스에서 위거오차가 −0.35m이고, 경거오차가 +0.45m이며, 전 측선의 거리의 합이 456m일 때 폐합비는 얼마인가?

㉮ 1/204
㉯ 1/456
㉰ 1/800
㉱ 1/1600

• 폐합오차
$$E = \sqrt{(위거\ 오차)^2 + (경거\ 오차)^2} = \sqrt{(E_L)^2 + (E_D)^2} = \sqrt{(-0.35)^2 + (0.45)^2} = 0.57\text{m}$$

• 폐합비
$$R = \frac{E}{\Sigma l} = \frac{0.57}{456} = \frac{1}{800}$$

• 시가지의 허용 측각오차
$$E = 20\sqrt{n} \sim 30\sqrt{n}\ (초)$$
• 트래버스 중 정밀도는 결합 트래버스가 가장 높다.
• 보통 평지의 허용 측각오차
$$E = 1.0\sqrt{n} \sim 0.5\sqrt{n}\ (분)$$

032 수심이 h인 하천에서 수면으로부터 0.2h, 0.6h, 0.8h인 지점의 유속을 측정하여 각각 0.523m/sec, 0.456m/sec, 0.317m/sec를 얻었다. 이때 3점법으로 구한 평균유속은?

㉮ 0.420m/sec
㉯ 0.432m/sec
㉰ 0.438m/sec
㉱ 0.456m/sec

$$V_m = \frac{1}{4}(V_{0.2} + 2V_{0.6} + V_{0.8}) = \frac{1}{4}(0.523 + 2 \times 0.456 + 0.317) = 0.438\text{m/sec}$$

033 3km의 거리를 30m의 테이프로 측정하였을 때 1회 측정의 부정오차를 ±4mm로 보면 부정오차의 총합은?

㉮ ±30mm
㉯ ±35mm
㉰ ±40mm
㉱ ±45mm

• 부정오차는 측정 회수의 제곱근에 비례한다.
• $E = C\sqrt{n} = 4\sqrt{\dfrac{3000}{30}} = \pm 40\text{mm}$

034 개방트래버스에서 DE 측선의 방위는?

㉮ N 50° W
㉯ S 50° W
㉰ N 30° W
㉱ S 30° W

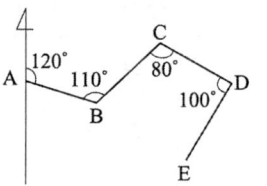

정답 031. ㉰ 032. ㉰ 033. ㉰ 034. ㉯

해설
- DE 측선 방위각 : 230°
- DE 측선 방위 : 230° − 180° = 50°
  ∴ S50°W

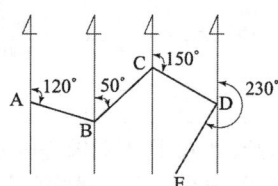

035. 삼각측량을 실시하려고 할 때 가장 정밀한 방법으로 각을 측정할 수 있는 방법은?
㉮ 단각법
㉯ 배각법
㉰ 방향각법
㉱ 각관측법

해설
- 각관측법은 수평각 관측법 중 가장 정확한 방법으로 1, 2등 삼각측량에 주로 사용한다.
- 방향각법은 한 점 주위의 많은 각을 측정할 때 가장 편리한 수평각 관측방법이다.

036. 항공삼각측량에 대한 설명으로 옳은 것은?
㉮ 항공연직사진으로 세부 측량이 기준이 될 사진망을 짜는 것을 말한다.
㉯ 항공사진측량 중 정밀도가 높은 사진측량을 말한다.
㉰ 정밀도화기로 사진모델을 연결시켜 도화작업을 하는 것을 말한다.
㉱ 지상기준점을 기준으로 사진좌표나 모델좌표를 측정하여 측지좌표로 환산하는 측량이다.

해설
- 정밀도화기는 주로 수직사진의 도화에 사용되나 항공삼각측량에는 사용할 수 없다.
- 항공삼각측량은 도화기 또는 좌표 측정기에 의하여 항공사진상에서 측정된 모델좌표 또는 사진좌표를 지상기준점 및 GPS/INS 외부 표정요소를 기준으로 지상좌표로 전환시키는 작업이다.

037. GNSS 위성을 이용한 측위에 측점의 3차원적 위치를 구하기 위하여 수신이 필요한 최소 위성의 수는?
㉮ 2 ㉯ 4 ㉰ 6 ㉱ 8

해설 위성(기지점)으로부터 수신기까지의 거리로 수신지점의 3차원적 위치를 결정하기 위해서는 4개 이상의 위성을 동시에 관측하여야 한다.

038. 그림과 같이 표면 부자를 하천 수면에 띄워 A점을 출발하여 B점을 통과할 때 소요시간이 1분 40초였다면 하천의 평균 유속은? (단, 평균 유속을 구하기 위한 계수는 0.8로 한다.)
㉮ 0.09m/sec
㉯ 0.19m/sec
㉰ 0.21m/sec
㉱ 0.36m/sec

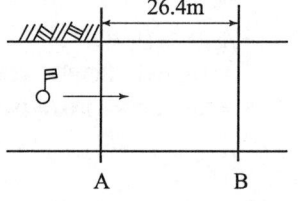

해설 035. ㉱ 036. ㉱ 037. ㉯ 038. ㉰

2018년 3월 4일 시행

$$V = C \times \frac{L}{t} = 0.8 \times \frac{26.4}{100} = 0.21 \text{m/sec}$$

039 그림에서 A, B 사이에 단곡선을 설치하기 위하여 ∠ADB의 2등분선 상의 C점을 곡선의 중점으로 선택하였다면 곡선의 접선 길이는? (단, DC=20m, I=80°20′이다.)

㉮ 64.80m
㉯ 54.70m
㉰ 32.40m
㉱ 27.34m

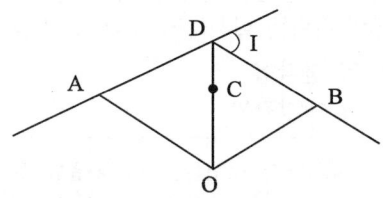

· $E = R\left(\sec\frac{I}{2} - 1\right) = R\left(\frac{1}{\cos\frac{I}{2}} - 1\right)$

$20 = R\left(\dfrac{1}{\cos\dfrac{80°20′}{2}} - 1\right)$

∴ $R = 64.8\text{m}$

· $TL = R\tan\dfrac{I}{2} = 64.8\tan\dfrac{80°20′}{2} = 54.7\text{m}$

040 그림과 같이 2개의 직선구간과 1개의 원곡선 부분으로 이루어진 노선을 계획할 때, 직선구간 AB의 거리 및 방위각이 700m, 80°이고, CD의 거리 및 방위각은 1,000m, 110°이었다. 원곡선의 반지름이 500m라면, A점으로부터 D점까지의 노선 거리는?

㉮ 1830.8m
㉯ 1874.4m
㉰ 1961.8m
㉱ 2048.9m

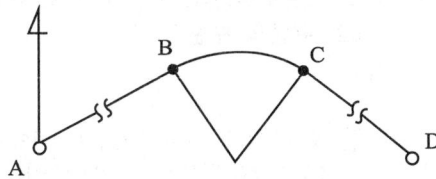

· BC 거리
  $0.01745 RI° = 0.01745 \times 500 \times 30° = 261.8\text{m}$
  여기서, $I = 110° - 80° = 30°$

· A~D 노선 거리
  = AB 거리 + BC 거리 + CD 거리
  = 700 + 261.8 + 1000 = 1961.8m

039. ㉯ 040. ㉰

03 수/리/학

041 다음 중 개수로의 지배단면(control section)에 대한 설명으로 옳은 것은?
㉮ 층류에서 난류로 변하는 지점의 단면
㉯ 상류에서 사류로 변하는 지점의 단면
㉰ 사류에서 상류로 변하는 지점의 단면
㉱ 동일단면에서 최대유량이 흐르는 단면

- 개수로의 지배단면은 상류에서 사류로 변하는 지점의 단면이다.
- 지배단면은 한계 경사인 곳의 단면
  즉, $F_r = \dfrac{V}{\sqrt{gh}} = 1$ 이 되는 단면이다.

042 관수로에 물이 흐를 때 층류(層流)가 되는 경우는? (단, Re는 레이놀즈(Reynolds)수이다.)
㉮ Re > 4000
㉯ 4000 > Re > 2000
㉰ Re > 2000
㉱ Re < 2000

- 층류 : $Re < 2000$
- 층류 영역에서 마찰계수 $f = \dfrac{64}{Re}$

043 동수경사선(hydraulic grade line)에 대한 설명으로 옳은 것은?
㉮ 위치수두를 연결한 선이다.
㉯ 속도수두와 위치수두를 합해 연결한 선이다.
㉰ 압력수두와 위치수두를 합해 연결한 선이다.
㉱ 전수두를 연결한 선이다.

- 동수경사선은 기준면에서 위치수두와 압력수두의 합을 연결한 선이다.
  즉, $Z + \dfrac{P}{w}$ 이다.
- 에너지선은 전수두를 연결한 선으로 $Z + \dfrac{P}{w} + \dfrac{V^2}{2g}$ 이다.
- 이상유체의 경우 에너지선과 수평기준면은 평행하다.
- 에너지선보다 유속수두만큼 아래에 있다.

041. ㉯ 042. ㉱ 043. ㉰

044 그림에서 수문단위폭당 작용하는 F를 구하는 운동량 방정식으로 옳은 것은? (단, 바닥마찰은 무시하며, ω는 물의 단위중량, ρ는 물의 밀도, Q는 단위폭당 유량이다.)

㉮ $\dfrac{\omega y_1^2}{2} - \dfrac{\omega y_2^2}{2} - F = \rho Q(V_2^2 - V_1^2)$

㉯ $\dfrac{\omega y_1^2}{2} - \dfrac{\omega y_2^2}{2} - F = \rho Q(V_2 - V_1)$

㉰ $\dfrac{y_1^2}{2} - \dfrac{y_2^2}{2} - F = \rho Q(V_1 - V_2)$

㉱ $\dfrac{y_1^2}{2} - \dfrac{y_2^2}{2} - F = \rho Q(V_2^2 - V_1^2)$

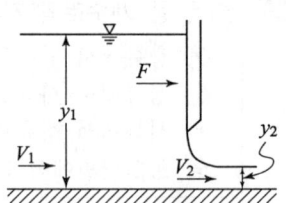

해설 x 방향의 운동량 방정식

$\sum F_x = F_1 - F_2 - F = \rho Q(V_2 - V_1)$

$\therefore F = F_1 - F_2 - \rho Q(V_2 - V_1)$

$= \dfrac{\omega \cdot y_1^2}{2} - \dfrac{\omega \cdot y_2^2}{2} - \rho Q(V_2 - V_1)$

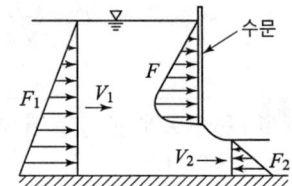

045 정상류의 흐름에 대한 설명으로 가장 적합한 것은?

㉮ 모든 점에서 유동특성이 시간에 따라 변하지 않는다.
㉯ 수로의 어느 구간을 흐르는 동안 유속이 변하지 않는다.
㉰ 모든 점에서 유체의 상태가 시간에 따라 일정한 비율로 변한다.
㉱ 유체의 입자들이 모두 열을 지어 질서있게 흐른다.

해설
• 정상류란 모든 점에서의 흐름과 특성이 시간에 따라 변하지 않는 흐름이다.
• 부정류란 시간에 따라 흐름 특성이 변화하는 것이다.
• 수류의 단면에 따라 유속이 다른 흐름을 부등류라 한다.

046 모세관 현상에 관한 설명 중 옳은 것은?

㉮ 모세관 내의 액체의 상승 높이는 모세관 주위의 중력과 표면장력 등에 관계된다.
㉯ 모세관 내의 액체의 상승 높이는 모세관 지름의 제곱에 반비례한다.
㉰ 모세관 내의 액체의 상승 높이는 모세관의 크기에만 관계된다.
㉱ 모세관의 높이는 어느 액체를 막론하고 주위의 액체면보다 높게 상승한다.

해설
• 모세관 상승높이
$h = \dfrac{4T\cos\theta}{\omega D}$
• 액체의 응집력이 관벽과의 부착력보다 크면 관내 액체의 상승높이는 관내의 액체보다 낮다.

정답 044. ㉯ 045. ㉮ 046. ㉮

047 다음 그림에서 A점에 작용하는 정수압 P_1, P_2, P_3, P_4에 관한 사항 중 옳은 것은?

㉮ P_1이 가장 작다.
㉯ P_2가 가장 크다.
㉰ P_3가 가장 크다.
㉱ P_1, P_2, P_3, P_4의 크기는 같다.

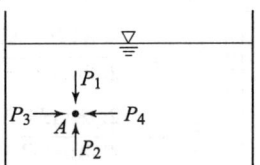

• 깊이가 같은 임의 점에 대한 정수압은 방향에 관계없이 동일하게 작용한다.
• 정수압은 임의의 면에 직각으로 작용한다.

048 직경 2cm인 유리관 속을 8cm³/sec의 물이 흐를 때 관의 길이 20m에 대한 마찰손실수두(h_L)는? (단, 동점성 계수 v=0.012cm²/sec이다.)

㉮ 0.5cm ㉯ 0.8cm
㉰ 5cm   ㉱ 8cm

• $V = \dfrac{Q}{A} = \dfrac{8}{\dfrac{\pi \times 2^2}{4}} = 2.55 \text{cm/sec}$

• $R_e = \dfrac{VD}{v} = \dfrac{2.55 \times 2}{0.012} = 425$

• $f = \dfrac{64}{R_e} = \dfrac{64}{425} = 0.1506$

• $h_L = f \dfrac{l}{D} \dfrac{V^2}{2g} = 0.1506 \times \dfrac{2000}{2} \times \dfrac{2.55^2}{2 \times 980} = 0.5 \text{cm}$

049 정수중의 연직 평판에 작용하는 정수압의 작용점은?

㉮ 도심의 위치를 지난다.
㉯ 도심과 관계없이 작용한다.
㉰ 도심의 위치보다 $\dfrac{I_G}{h_G A}$ 만큼 위에 있다.
㉱ 도심의 위치보다 $\dfrac{I_G}{h_G A}$ 만큼 아래에 있다.

• 수압은 수면 위에서 아래로 작용하며 (+)값을 가진다.
• 그러므로 $P = h_G + \dfrac{I_X}{h_G A}$ 는 도심에서 ⊕해 주기 때문에 도심위치보다 아래에 있다.
• 전수압의 작용점은 항상 도심보다 아래에 있다.

정답 047. ㉱ 048. ㉮ 049. ㉱

[050] 심정(깊은 우물)에서 유량(양수량)을 구하는 식은? (단, H_0 : 우물 수심, r_o : 우물 반경, K : 투수계수, R : 영향원 반경, H : 지하수면 수위)

㉮ $Q = \dfrac{\pi K(H-H_0)}{2.3\log(R/r_0)}$ ㉯ $Q = \dfrac{2\pi K(H-H_0)}{2.3\log(r_0/R)}$

㉰ $Q = \dfrac{2\pi K(H+H_0)^2}{2.3\log(R/r_0)}$ ㉱ $Q = \dfrac{\pi K(H^2-H_0^2)}{2.3\log(R/r_0)}$

해설
- 심정호(깊은 우물)
  자유수면을 갖고 불투수층까지 굴착한 우물(바닥이 불투수층까지 도달한 우물)
- 얕은 우물
  우물 바닥이 불투수층까지 도달하지 않은 우물(물이 측벽과 바닥에서 유입된다.)

[051] 부체의 경심(M), 부심(C), 무게중심(G)에 대하여 부체가 안정되기 위한 조건은?

㉮ $\overline{MG} > 0$ ㉯ $\overline{MG} = 0$
㉰ $\overline{MG} < 0$ ㉱ $\overline{MG} = \overline{CG}$

해설
- 안정
  G(중심) $< M$(경심), $0 < \overline{MG}(h)$, $\overline{CG} < \dfrac{I}{V}(\overline{CM})$
- 중립
  $G = M$, $0 = \overline{MG}$, $\overline{CG} = \dfrac{I}{V}$
- 불안정
  $G > M$, $0 > \overline{MG}$, $\overline{CG} > \dfrac{I}{V}$
- 경심고($\overline{MG}$)가 클수록 부체는 안정하다.(경심 M이 중심 G보다 상부에 있을 때 안정하다.)

[052] 그림과 같은 삼각위어의 수두를 측정한 결과 30cm이었을 때 유출량은? (단, 유량계수는 0.62이다.)

㉮ 0.012m³/sec
㉯ 0.042m³/sec
㉰ 0.130m³/sec
㉱ 0.135m³/sec

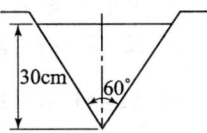

해설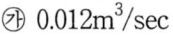
$Q = \dfrac{8}{15} C \tan\dfrac{\theta}{2} \sqrt{2g}\, h^{5/2}$
$Q = \dfrac{8}{15} \times 0.62 \times \tan\dfrac{60°}{2} \times \sqrt{2 \times 9.8} \times 0.3^{5/2} = 0.042 \text{m}^3/\text{sec}$

[053] 다음 중 점성계수(μ)의 차원으로 옳은 것은?

㉮ $[ML^{-1}T^{-1}]$ ㉯ $[L^2T^{-1}]$
㉰ $[LMT^{-2}]$ ㉱ $[L^{-3}M]$

해답 050.㉱ 051.㉮ 052.㉯ 053.㉮

해설
- 점성계수 $\mu = g/cm \cdot sec = ML^{-1}T^{-1}$
- 동점성계수 $v = cm^2/sec = L^2T^{-1}$

054 후르드수와 한계경사 및 흐름의 상태 중 상류일 조건으로 옳은 것은? (단, F_r : 후르드수, I : 수로경사, I_c : 한계경사, V : 유속, V_c : 한계유속, y : 수심, y_c : 한계수심)

㉮ $V > V_c$ ㉯ $F_r > 1$
㉰ $I < I_c$ ㉱ $y < y_c$

해설
- $I < I_c = \dfrac{g}{\alpha C^2}$: 상류(완경사)
- $I = I_c$: 한계류
- $I > I_c$: 사류(급경사)
- $F_r = \dfrac{V}{\sqrt{gh}} < 1$: 상류
- $F_r > 1$: 사류

055 Darcy의 법칙에 대한 설명으로 옳지 않은 것은?

㉮ Darcy의 법칙은 지하수의 층류흐름에 대한 마찰저항공식이다.
㉯ 투수계수는 물의 점성계수에 따라서도 변화한다.
㉰ Reynolds수가 클수록 안심하고 적용할 수 있다.
㉱ 평균유속이 동수경사와 비례관계를 가지고 있는 흐름에 적용될 수 있다.

해설 Darcy 법칙은 흐름이 정상류, 층류, $R_e < 4$의 적용범위로 한다.

056 관수로와 개수로의 흐름에 대한 설명으로 옳지 않은 것은?

㉮ 관수로는 자유표면이 없고 개수로는 있다.
㉯ 관수로는 두 단면 간의 속도차로 흐르고 개수로는 두 단면 간의 압력차로 흐른다.
㉰ 관수로는 점성력의 영향이 크고 개수로는 중력의 영향이 크다.
㉱ 개수로는 후르드 수(Fr)로 상류와 사류로 구분할 수 있다.

해설 관수로는 두 단면 간의 압력차로 흐르고 개수로는 두 단면 간의 속도차로 흐른다.

057 개수로의 단면이 축소되는 부분의 흐름에 관한 설명으로 옳은 것은?

㉮ 상류가 유입되면 수심이 감소하고 사류가 유입되면 수심이 증가한다.
㉯ 상류가 유입되면 수심이 증가하고 사류가 유입되면 수심이 감소한다.
㉰ 유입되는 흐름의 상태(상류 또는 사류)와 무관하게 수심이 증가한다.
㉱ 유입되는 흐름의 상태(상류 또는 사류)와 무관하게 수심이 감소한다.

해답 054. ㉰ 055. ㉰ 056. ㉯ 057. ㉮

해설
- 상류(上流) 흐름이 상류(常流)이면 수심은 감소한다.
- 상류(上流) 흐름이 사류(射流)이면 수심은 증가한다.
- 상류(上流) 흐름이 속도가 아주 크면 파동(波動)이 일어난다.

058 평행하게 놓여 있는 관로에서 A점의 유속이 3m/s, 압력이 294kPa이고, B점의 유속이 1m/s이라면 B점의 압력은? (단, 무게 1kg=9.8N)

㉮ 30kPa
㉯ 31kPa
㉰ 298kPa
㉱ 309kPa

해설
$$\frac{v_1^2}{2g}+\frac{p_1}{\omega}=\frac{v_2^2}{2g}+\frac{p_2}{\omega}$$

$$\frac{300^2}{2\times 980}+\frac{3}{0.001}=\frac{100^2}{2\times 980}+\frac{p_2}{0.001}$$

∴ $p_2 = 3.04\,\text{kg/cm}^2 = 3.04 \div 0.0102 = 298\text{kPa}$

여기서, $1\text{kPa} = 0.0102\,\text{kg/cm}^2$

059 단면적이 1m²인 수조의 측벽에 면적 20cm²인 구멍을 내어서 물을 빼낸다. 수위가 처음의 2m에서 1m로 하강하는데 걸리는 시간은? (단, 유량계수 $C=0.6$)

㉮ 25.0초
㉯ 108.2초
㉰ 155.9초
㉱ 169.5초

해설
$$T=\frac{2A_1A_2}{Ca\sqrt{2g}(A_1+A_2)}(\sqrt{h_1}-\sqrt{h_2})=\frac{2\times 1}{0.6\times 0.002\sqrt{2\times 9.8}}(\sqrt{2}-\sqrt{1})=155.9\text{초}$$

060 수평 원형관 내를 물이 층류로 흐를 경우 Hagen-Poiseuille의 법칙에서 유량 Q에 대한 설명으로 옳은 것은? (여기서, ω : 물의 단위 중량, ℓ : 관의 길이, h_L : 손실수두, μ : 점성계수)

㉮ 유량과 반지름 R의 관계는 $Q=\dfrac{\omega\pi h_L}{128\mu\ell}R^4$이다.

㉯ 유량과 압력차 $\triangle P$의 관계는 $Q=\dfrac{\triangle P\pi}{8\mu\ell}R^4$이다.

㉰ 유량과 동수경사 I의 관계는 $Q=\dfrac{\omega\pi I}{8\mu\ell}R^4$이다.

㉱ 유량과 지름 D의 관계는 $Q=\dfrac{\omega\pi h_L}{8\mu\ell}D^4$이다.

해설
$$Q=\frac{\omega\pi h_L}{8\mu\ell}R^4=\frac{\triangle P\pi}{8\mu\ell}R^4$$

해답 058. ㉰ 059. ㉰ 060. ㉯

04 철/근/콘/크/리/트 /및/ 강/구/조

061 강도설계법에 대한 기본 가정 중 옳지 않은 것은?
㉮ 평면인 단면은 변형 후에도 평면을 유지한다.
㉯ 철근과 콘크리트의 응력과 변형률은 중립축으로부터 거리에 비례한다.
㉰ 압축측 연단에서 콘크리트의 최대 변형률은 0.003으로 가정한다.
㉱ 콘크리트의 인장강도는 휨계산에서 무시한다.

해설 변형률은 중립축으로부터 거리에 비례하지만 응력은 거리에 관계없이 일정하다. 즉 $0.85f_{ck}$로 등분포한다고 가정한다.

062 그림과 같은 복철근 직사각형 보의 $As'=1916mm^2$, $As=4790mm^2$이다. 등가직사각형의 응력의 깊이 a는? (단 $f_{ck}=21MPa$, $f_y=300MPa$이다.)
㉮ $a=150mm$
㉯ $a=161mm$
㉰ $a=171mm$
㉱ $a=180mm$

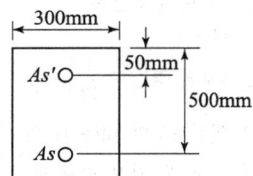

해설 복철근 직사각형 보
$C=T$
$0.85f_{ck}ab+As'f_y=Asf_y$
∴ $a=\dfrac{(As-As')f_y}{0.85f_{ck}b}=\dfrac{(4790-1916)\times300}{0.85\times21\times300}=161mm$

063 강도 설계법에서 f_{ck}가 40MPa일 때 β_1의 값은 얼마인가? (단, β_1은 $a=\beta_1 c$에서 사용되는 계수)
㉮ 0.731 ㉯ 0.766
㉰ 0.836 ㉱ 0.85

해설
• $f_{ck} \leq 28MPa$일 때 $\beta_1=0.85$
• $f_{ck} > 28MPa$일 때 $\beta_1=0.85-0.007(f_{ck}-28)\geq 0.65$
∴ $\beta_1=0.85-0.007(40-28)=0.766$

해답 061. ㉯ 062. ㉯ 063. ㉯

2018년 3월 4일 시행

064 단철근 직사각형보를 강도설계법으로 해석할 때, 그 철근비를 최대철근비 이하로 규제하는 주된 이유는?

㉮ 부재의 경제적인 단면을 설계하기 위하여
㉯ 철근이 먼저 항복하는 것을 막기 위하여
㉰ 압축으로 인한 콘크리트의 취성 파괴를 피하기 위하여
㉱ 처짐을 감소시키기 위하여

해설 최대 철근비 기준은 인장측 철근이 먼저 항복하는 연성파괴로 유도하기 위해 규정하고 있다.

065 T형 콘크리트 단면에서 플랜지의 유효폭 산정시 고려해야 할 사항으로 틀린 것은? (단, t_f =플랜지의 두께, b_w =플랜지가 있는 부재에서의 복부폭을 의미한다.)

㉮ $16t_f + b_w$
㉯ 양쪽 슬래브의 중심간 거리
㉰ 보의 경간의 1/4
㉱ (인접 보와의 내측 거리의 1/2)+b_w

해설 반 T형보의 유효폭
① $6t + b_w$
② $\left(보의 경간의 \dfrac{1}{12}\right) + b_w$
③ 인접보와의 내측거리의 $\dfrac{1}{2} + b_w$
위의 값 중 가장 작은 값을 유효폭으로 한다.

066 그림과 같은 필렛 용접에서 용접부의 목두께로 가장 적합한 것은?

㉮ 7.07mm
㉯ 10.0mm
㉰ 12.6mm
㉱ 15mm

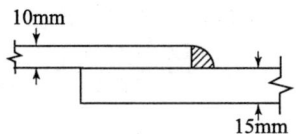

해설 목두께
$a = \dfrac{1}{\sqrt{2}} s$
$= 0.707 \times 10$
$= 7.07\text{mm}$

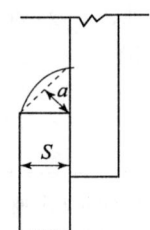

067 강도설계법에서 D25(공칭직경 25.4mm)의 인장철근을 겹침이음할 때 기본 정착길이 l_{db}는 얼마인가? (단, f_{ck} =21MPa, f_y =300MPa이다.)

㉮ 800mm
㉯ 998mm
㉰ 1024mm
㉱ 1138mm

정답 064.㉰ 065.㉰ 066.㉮ 067.㉯

해설 기본 정착길이
$$l_{db} = \frac{0.6 d_b f_y}{\sqrt{f_{ck}}} = \frac{0.6 \times 25.4 \times 300}{\sqrt{21}} = 998\text{mm}$$

068 인장 부재의 볼트 연결부를 설계할 때 고려되지 않는 항목은?
  ㉮ 지압응력
  ㉯ 볼트의 전단응력
  ㉰ 부재의 항복응력
  ㉱ 부재의 좌굴응력

해설 부재의 좌굴응력은 기둥 설계에 고려한다.

069 f_{ck}=24MPa, f_y=300MPa일 때 다음 그림과 같은 보의 균형 철근비(ρ_b)는?
  ㉮ 0.0013
  ㉯ 0.0129
  ㉰ 0.0385
  ㉱ 0.0488

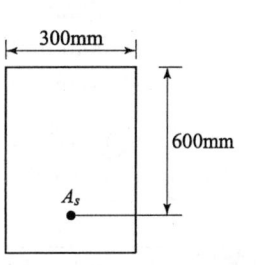

해설 $\rho_b = 0.85 \beta_1 \dfrac{f_{ck}}{f_y} \dfrac{600}{600 + f_y} = 0.85 \times 0.85 \times \dfrac{24}{300} \times \dfrac{600}{600 + 300} = 0.0385$

여기서, β_1 계수는 $f_{ck} \leq 28\text{MPa}$에서는 0.85이다.
$f_{ck} > 28\text{MPa}$일 경우 $\beta_1 = 0.85 - 0.007(f_{ck} - 28) \geq 0.65$

070 프리텐션 PSC 부재의 단면이 300mm×500mm이고 120mm²의 PS 강선 5개가 단면의 도심에 배치되어 있다. 초기 프리스트레스가 1000MPa이고 n=6일 때 콘크리트의 탄성수축에 의한 프리스트레스 감소량은?
  ㉮ 24 MPa
  ㉯ 27 MPa
  ㉰ 32 MPa
  ㉱ 35 MPa

해설 $P = 5 \times 1000 \times 120 \times 10^{-6} = 0.6\text{MN}$
- $f_{ci} = \dfrac{P}{A} = \dfrac{0.6}{(300 \times 500) \times 10^{-6}} = 4\text{MPa}$
- $\Delta f_p = n f_{ci} = 6 \times 4 = 24\text{MPa}$

해답 068.㉱ 069.㉰ 070.㉮

071 철근콘크리트 깊은 보 및 깊은 보에 대한 전단설계에 관한 설명으로 잘못된 것은?

㉮ 순경간(l_n)이 부재 깊이의 4배 이하이거나 하중이 받침부로부터 부재 깊이의 2배 거리 이내에 작용하는 보를 깊은 보라 한다.
㉯ 수직전단철근의 간격은 $d/5$ 이하 또한 300mm 이하로 하여야 한다.
㉰ 수평전단철근의 간격은 $d/5$ 이하 또한 300mm 이하로 하여야 한다.
㉱ 깊은 보에서는 수평전단철근이 수직전단철근보다 전단보강 효과가 더 크다.

해설
- 깊은 보는 주로 아치작용에 의하여 전단력에 저항한다.
- 깊은 보는 수평방향으로 더 많은 전단철근을 더 촘촘히 배치해야 한다.

072 나선철근과 띠철근 기둥에서 종방향 철근의 순간격이 옳게 설명된 것은?

㉮ 40mm 이상, 또한 철근 공칭지름의 1.5배 이상으로 하여야 한다.
㉯ 50mm 이상, 또한 철근 공칭지름 이상으로 하여야 한다.
㉰ 50mm 이하, 또한 철근 공칭지름의 1.5배 이하로 하여야 한다.
㉱ 40mm 이하, 또한 철근 공칭지름 이하로 하여야 한다.

해설
- 띠철근 기둥 단면의 최소 치수는 200mm이고 그 단면적은 60,000mm^2 이상이어야 한다.
- 띠철근 축방향 철근의 철근비는 총 단면적의 1% ~ 8%이어야 한다.

073 폭이 400mm이고 유효깊이가 600mm인 철근콘크리트 직사각형 보에서 전단력과 휨모멘트만을 받는 경우 콘크리트가 받을 수 있는 전단강도 V_c는 얼마인가? (단, f_{ck}=28MPa, f_y=400MPa)

㉮ 143.4 kN ㉯ 158.3 kN
㉰ 199.7 kN ㉱ 211.7 kN

해설
$V_c = \frac{1}{6}\sqrt{f_{ck}}\, b_w d = \frac{1}{6}\sqrt{28} \times 400 \times 600 = 211660\text{N} = 211.7\text{kN}$

074 일반 콘크리트 부재의 해당 지속 하중에 대한 탄성처짐이 30mm이었다면 크리프 및 건조수축에 따른 추가적인 장기처짐을 고려한 최종 총 처짐량은? (단, 하중재하기간은 5년이고, 압축철근비 ρ'는 0.002이다.)

㉮ 80.8mm ㉯ 84.6mm
㉰ 89.4mm ㉱ 95.2mm

해설
- 장기처짐
  탄성처짐 $\times \dfrac{\xi}{1+50\rho'} = 30 \times \dfrac{2.0}{1+50 \times 0.002} = 54.54\text{mm}$
- 총 처짐
  탄성처짐 + 장기처짐 = 30 + 54.54 = 84.6mm

해답 071. ㉱ 072. ㉮ 073. ㉱ 074. ㉯

075 슬래브에 배력철근을 배근하는 이유로 잘못된 것은?
㉮ 응력을 고르게 분산시킨다.
㉯ 주 철근의 간격을 유지시킨다.
㉰ 주 철근의 양을 감소시킨다.
㉱ 콘크리트의 건조 수축이나 온도변화에 의한 수축을 감소시킨다.

해설 배력철근은 응력을 분포시킬 목적으로 정철근 또는 부철근과 직각 또는 직각에 가까운 방향으로 배치된 보조적 철근이다.

076 그림과 같이 지간 중앙점에서 강선을 꺾었을 때 이 중앙점에서 상향력 U의 값은?
㉮ $2F\sin\theta$
㉯ $4F\sin\theta$
㉰ $2F\tan\theta$
㉱ $4F\tan\theta$

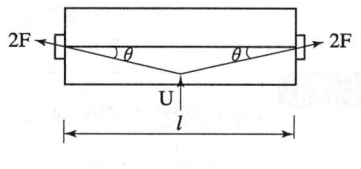

해설 $U = 2F\sin\theta = 2 \times 2F\sin\theta = 4F\sin\theta$

077 강도설계법에서 강도감소계수(ϕ)를 규정하는 목적이 아닌 것은?
㉮ 재료 강도와 치수가 변동할 수 있으므로 부재의 강도저하 확률에 대비한 여유를 반영하기 위해
㉯ 부정확한 설계 방정식에 대비한 여유를 반영하기 위해
㉰ 구조물에서 차지하는 부재의 중요도 등을 반영하기 위해
㉱ 하중의 변경, 구조해석할 때의 가정 및 계산의 단순화로 인해 야기될지 모르는 초과하중에 대비한 여유를 반영하기 위해

해설 공칭강도를 계산하는 데 있어서 그 정확성과 재료와 크기의 다양한 변화를 감안하기 위해 강도감소계수 ϕ가 사용된다.

078 옹벽의 구조해석에 대한 설명으로 틀린 것은?
㉮ 저판의 뒷굽판은 정확한 방법이 사용되지 않는 한 뒷굽판 상부에 재하되는 모든 하중을 지지하도록 설계하여야 한다.
㉯ 부벽식 옹벽의 추가철근은 2변 지지된 1방향 슬래브로 설계하여야 한다.
㉰ 캔틸레버식 옹벽의 저판은 추가철근과의 접합부를 고정단으로 간주한 캔틸레버로 가정하여 단면을 설계할 수 있다.
㉱ 뒷부벽은 T형보로 설계하여야 하며, 앞부벽은 직사각형 보로 설계하여야 한다.

정답 075.㉱ 076.㉯ 077.㉱ 078.㉯

해설
- 부벽식 옹벽의 저판은 부벽 간의 거리를 경간으로 가정하여 고정보 또는 연속보로 설계하여야 한다.
- 부벽식 옹벽의 전면벽은 3변 지지된 2방향 슬래브로 설계한다.
- 캔틸레버 옹벽의 전면벽은 저판에 지지된 캔틸레버로 설계한다.

079 강합성 교량에서 콘크리트 슬래브와 강(鋼)주형 상부 플랜지를 구조적으로 일체가 되도록 결합시키는 요소는?

㉮ 볼트 ㉯ 전단연결재
㉰ 합성철근 ㉱ 접착제

해설 합성보 교량에서 슬래브와 강보 상부 플랜지를 떨어지지 않게 전단 연결재(Shear Connector)로 결합시켜 강거더와 상판 콘크리트를 일체화시킨다.

080 포스트텐션 긴장재의 마찰손실 계산 근사식 $P_{px} = \dfrac{P_{pj}}{(1+kl_{px}+\mu_p\alpha_{px})}$ 에 사용 조건으로 옳은 것은?

㉮ $(kl_{px}+\mu_p\alpha_{px})$ 값이 0.3을 초과할 경우
㉯ $(kl_{px}+\mu_p\alpha_{px})$ 값이 0.3 이하인 경우
㉰ P_{pj}의 값이 5000kN을 초과할 경우
㉱ P_{pj}의 값이 5000kN 이하인 경우

해설 포스트텐션 긴장재의 마찰손실 계산 근사식은 $(kl_{px}+\mu_p\alpha_{px})$ 값이 0.3 이하인 경우에 적용한다.

05 토/질 /및/ 기/초

081 점성토의 전단특성에 관한 설명 중 옳지 않은 것은?

㉮ 일축압축 시험시 peak점이 생기지 않을 경우는 변형률 15%일 때를 기준으로 한다.
㉯ 재성형한 시료를 함수비의 변화 없이 그대로 방치하면 시간이 경과되면서 강도가 일부 회복하는 현상을 액상화 현상이라 한다.
㉰ 전단조건(압밀상태, 배수조건 등)에 따라 강도 정수가 달라진다.
㉱ 포화점토에 있어서 비압밀 비배수 시험의 결과 전단강도는 구속 압력의 크기에 관계없이 일정하다.

해설 재성형한 시료를 함수비의 변화없이 그대로 방치하면 시간이 경과되면서 강도가 일부 회복하는 현상을 틱소트로피라 한다.

보충 액상화 현상 : 느슨하고 포화된 가는 모래지반에 충격을 주면 체적이 수축하여 정(+)의 간극수압이 발생하여 유효응력이 감소되어 전단강도가 작아진다.

정답 079.㉯ 080.㉯ 081.㉯

082 10m×10m의 정방형 기초위에 $q=5t/m^2$의 등분포하중이 작용할 때 지표면 아래 10m에서의 증가 유효 수직응력을 2 : 1 분포법으로 구한 값은?

㉮ 2.30t/m²   ㉯ 1.25t/m²   ㉰ 0.25t/m²   ㉱ 1.80t/m²

해설) $q \cdot (B \times B) = \sigma_Z \cdot (B+Z)(B+Z)$

∴ $\sigma_Z = \dfrac{q \cdot (B \times B)}{(B+Z)(B+Z)} = \dfrac{5 \times (10 \times 10)}{(10+10)(10+10)} = 1.25t/m^2$

083 모래치환법에 의한 흙의 밀도시험에서 모래를 사용하는 이유는?

㉮ 시료의 함수비를 알기 위해서   ㉯ 시료의 무게를 알기 위해서
㉰ 시료의 부피를 알기 위해서   ㉱ 시료의 입경을 알기 위해서

해설) $\gamma_{모래} = \dfrac{W}{V}$ ∴ $V = \dfrac{W}{\gamma_{모래}}$

여기서, V : 굴착한 구멍속 부피

084 지하수위가 지표면과 일치되며 내부마찰각이 30°, 포화단위중량(γ_{sat})2.0t/m³이며 점착력이 0인 사질토로 된 반무한사면이 15°로 경사져 있다. 이때 이 사면의 안전율은?

㉮ 1.00   ㉯ 1.08   ㉰ 2.00   ㉱ 2.15

해설) $F = \dfrac{\dfrac{\gamma_{sub}}{\gamma_{sat}} \cdot \tan\phi}{\tan i} = \dfrac{\dfrac{1}{2} \times \tan 30°}{\tan 15°} = 1.08$

085 다음의 사운딩(Sounding) 방법 중에서 동적인 사운딩(Sounding)은?

㉮ 이스키메타(Iskymeter)
㉯ 베인 전단시험(Vane Shear Test)
㉰ 화란식 원추 관입시험(Dutch Cone Penetration)
㉱ 표준관입시험(Standard Penetration Test)

해설)
• 동적인 사운딩은 표준관입시험, 동적 원추관입시험 등이 있다.
• 동적인 사운딩은 사질토 지반에 사용한다.

086 두께 6m의 점토층이 있다. 이 점토의 간극비는 $e_o=2.0$이고 액성한계는 $\omega_L=70\%$이다. 압밀하중을 2kg/cm²에서 4kg/cm²로 증가시키려고 한다. 예상되는 압밀침하량은? (단, 압축지수 C_c는 Skempton의 식 $C_c=0.009(\omega_L-10)$을 이용할 것.)

㉮ 0.27m   ㉯ 0.33m   ㉰ 0.49m   ㉱ 0.65m

082. ㉯ 083. ㉰ 084. ㉯ 085. ㉱ 086. ㉯

해설
- $C_c = 0.009(\omega_L - 10) = 0.009(70 - 10) = 0.54$
- $\Delta H = \dfrac{C_c}{1+e} \log \dfrac{P_2}{P_1} \cdot H = \dfrac{0.54}{1+2} \log \dfrac{4}{2} \times 6 = 0.33\text{m}$

087 어떤 흙의 시료에 대하여 일축압축 시험을 실시하여 구한 파괴강도는 3.6kg/cm² 이었다. 이 공시체의 파괴각이 52°이면 이 흙의 점착력(c)과 내부마찰각(ϕ)은?

㉮ $c = 1.41\text{kg/cm}^2$, $\phi = 14°$
㉯ $c = 1.80\text{kg/cm}^2$, $\phi = 14°$
㉰ $c = 1.41\text{kg/cm}^2$, $\phi = 0°$
㉱ $c = 1.80\text{kg/cm}^2$, $\phi = 0°$

해설
- $c = \dfrac{q_u}{2\tan\left(45° + \dfrac{\phi}{2}\right)} = \dfrac{36}{2\tan\left(45° + \dfrac{14}{2}\right)} = 1.41\text{kg/cm}^2$
- $\theta = 45° + \dfrac{\phi}{2}$

  $52° = 45° + \dfrac{\phi}{2}$

  ∴ $\phi = 14°$
- $S_t = \dfrac{q_u}{q_{ur}}$

088 어떤 흙의 입경가적곡선에서 $D_{10} = 0.5$mm, $D_{30} = 0.09$mm, $D_{60} = 0.15$mm이었다. 균등계수 C_u와 곡률계수 C_g의 값은?

㉮ $C_u = 3.0$, $C_g = 1.08$
㉯ $C_u = 3.5$, $C_g = 2.08$
㉰ $C_u = 3.0$, $C_g = 2.45$
㉱ $C_u = 3.5$, $C_g = 1.82$

해설
- $C_u = \dfrac{D_{60}}{D_{10}} = \dfrac{0.15}{0.05} = 3.0$
- $C_g = \dfrac{(D_{30})^2}{D_{10} \times D_{60}} = \dfrac{(0.09)^2}{0.05 \times 0.15} = 1.08$

089 흙의 다짐 에너지에 관한 설명 중 틀린 것은?

㉮ 다짐 에너지는 램머(rammer)의 중량에 비례한다.
㉯ 다짐 에너지는 램머(rammer)의 낙하고에 비례한다.
㉰ 다짐 에너지는 시료의 체적에 비례한다.
㉱ 다짐 에너지는 타격수에 비례한다.

해설 다짐 에너지는 시료의 체적에 반비례한다.

해답 087. ㉮ 088. ㉮ 089. ㉰

090 유선망에 관련된 용어의 설명으로 옳지 않은 것은?
- ㉮ 흙 속에서 물 입자의 이동 경로를 유선이라 한다.
- ㉯ 유선과 등수두선이 이루는 통로를 유로라 한다.
- ㉰ 유선망은 유선과 유선상의 수두가 같은 점을 연결한 등포텐셜선으로 이루어지는 망이다.
- ㉱ 유선에서 전수두가 같은 점을 연결한 선을 등수두선이라 한다.

해설
- 유선과 유선이 이루는 통로를 유로라 한다.
- 유선과 등수두선은 직교한다.

091 다음 중 직접기초에 속하지 않는 것은?
- ㉮ 독립기초
- ㉯ 복합기초
- ㉰ 전면기초
- ㉱ 말뚝기초

해설 깊은 기초는 말뚝기초, 피어기초, 케이슨 기초가 있다.

092 일반적인 기초의 필요조건으로 거리가 먼 것은?
- ㉮ 동해를 받지 않는 최소한의 근입깊이를 가질 것
- ㉯ 지지력에 대해 안정할 것
- ㉰ 침하가 전혀 발생하지 않을 것
- ㉱ 시공성, 경제성이 좋을 것

해설 침하가 허용침하량 이내가 되어야 할 것

093 테르쟈기(Terzahi)의 극한 지지력 공식 $q_u = \alpha c N_c + \beta \gamma B N_\gamma + \gamma D_f N_q$에 대한 다음 설명 중 옳지 않은 것은?
- ㉮ α, β는 기초 형상 계수이다.
- ㉯ 원형기초에서 B는 원의 직경이다.
- ㉰ 정사각형 기초에서 α의 값은 1.3이다.
- ㉱ N_c, N_γ, N_q는 지지력 계수로서 흙의 점착력에 의해 결정된다.

해설 N_c, N_r, N_q는 지지력 계수로서 흙의 내부 마찰각에 의해 결정된다.

094 사질토 지반에서 직경 30cm의 평판재하시험 결과 30t/m²의 압력이 작용할 때 침하량이 5mm라면, 직경 1.5m의 실제 기초에 30t/m²의 하중이 작용할 때 침하량의 크기는?
- ㉮ 28mm
- ㉯ 50mm
- ㉰ 14mm
- ㉱ 25mm

정답 090. ㉰ 091. ㉱ 092. ㉰ 093. ㉱ 094. ㉰

해설) $S_B = S_b \cdot \left[\dfrac{2B}{b+B}\right]^2 = 5\left[\dfrac{2\times 1500}{300+1500}\right]^2 = 14\text{mm}$

095 주동토압을 P_A, 수동토압을 P_P, 정지토압을 P_0라 할 때 토압의 크기 순서로 옳은 것은?

㉮ $P_A > P_P > P_0$
㉯ $P_P > P_0 > P_A$
㉰ $P_P > P_A > P_0$
㉱ $P_0 > P_A > P_P$

해설)
- $P_P > P_0 > P_A$
- $K_P > K_0 > K_A$

096 응력경로(stress path)에 대한 설명으로 옳지 않은 것은?

㉮ 응력경로는 Mohr의 응력원에서 전단응력이 최대인 점을 연결하여 구해진다.
㉯ 응력경로란 시료가 받는 응력의 변화과정을 응력공간에 궤적으로 나타낸 것이다.
㉰ 응력경로는 특성상 전응력으로만 나타낼 수 있다.
㉱ 시료가 받는 응력상태에 대해 응력경로를 나타내면 직선 또는 곡선으로 나타내어진다.

해설)
- 응력경로는 전응력 및 유효응력으로 표시할 수 있다.
- 흙의 삼축압축시험시 간극수압계수가 변화하면 유효응력경로는 직선이 되지 않는다.
- 응력경로는 시료가 받는 응력의 변화과정을 연속적으로 살필 수 있는 표현방법이다.

097 어느 흙의 지하수면 아래의 흙의 단위중량이 $1.94\,\text{g/cm}^3$이었다. 이 흙의 간극비가 0.84일 때 이 흙의 비중을 구하면?

㉮ 1.65
㉯ 2.65
㉰ 2.73
㉱ 3.73

해설) $\gamma_{sat} = \dfrac{G_s + e}{1+e}$ $1.94 = \dfrac{G_s + 0.84}{1+0.84}$ $\therefore G_s = 2.73$

098 흙 속으로 물이 흐를 때, Darcy 법칙에 의한 유속(v)과 실제유속(v_s) 사이의 관계로 옳은 것은?

㉮ $v_s < v$
㉯ $v_s > v$
㉰ $v_s = v$
㉱ $v_s = 2v$

해설) $v_s = \dfrac{v}{n}$에서 $v_s > v$ 관계를 알 수 있다.

정답) 095.㉯ 096.㉰ 097.㉰ 098.㉯

099 흙 속에서 물의 흐름에 영향을 주는 주요 요소가 아닌 것은?
㉮ 흙의 유효입경 ㉯ 흙의 간극비
㉰ 흙의 상대밀도 ㉱ 유체의 점성계수

해설
- 흙의 포화도, 흙의 형상계수, 물의 밀도와 관련 있다.
- $k = D_s^2 \dfrac{\gamma_w}{\mu} \dfrac{e^3}{1+e} C$

100 다음과 같은 토질시험 중에서 현장에서 이루어지지 않는 시험은?
㉮ 베인(Vane) 전단시험 ㉯ 표준관입시험
㉰ 수축한계시험 ㉱ 원추관입시험

해설 수축한계시험은 실내시험으로 비중의 근사치, 동상성의 판정, 용적변화를 알 수 있다.

06 상/하/수/도/공/학

101 어느 종말하수처리장의 계획슬러지량은 600m³/일이고 슬러지의 함수율은 98%, 비중은 1.01이라고 한다. 슬러지 농축 탱크의 고형물부하를 60kg/m²·일 기준으로 할 경우 탱크의 소요면적과 유효수심이 3m일 때의 체류시간은?
㉮ 표면적 156m², 체류시간 1.01일 ㉯ 표면적 202m², 체류시간 1.01일
㉰ 표면적 156m², 체류시간 1.51일 ㉱ 표면적 202m², 체류시간 1.51일

해설
- 표면부하율(V)
  60kg/m²·일 ÷ 1000 ÷ 1.01 ÷ 0.02 ≒ 2.97m³/m²·일
- 표면적 $A = \dfrac{Q}{\text{표면부하율}} = \dfrac{600\text{m}^3/\text{일}}{2.97\text{m}^3/\text{m}^2\cdot\text{일}} ≒ 202\text{m}^2$
- 체류시간 $t = \dfrac{h}{V} = \dfrac{3\text{m}}{2.97\text{m}^3/\text{m}^2} ≒ 1.01$일

여기서, 표면부하율 계산은
  60kg/m²·일 ÷ 1000 = 0.06t/m²·일
  0.06t/m² ÷ 1.01 = 0.0594m³/m²·일
  0.0594m³/m²·일 ÷ 0.02 = 2.97m³/m²·일

102 우수 조정지를 설치하여야 하는 곳과 가장 거리가 먼 것은?
㉮ 하류관거의 유하능력이 부족한 곳에 설치한다.
㉯ 하수처리장이 설치되지 않은 곳에 설치한다.
㉰ 하류지역의 펌프장 능력이 부족한 곳에 설치한다.
㉱ 방류수로의 유하능력이 부족한 곳에 설치한다.

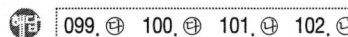
099. ㉰ 100. ㉰ 101. ㉯ 102. ㉯

2018년 3월 4일 시행

해설
- 우수 조정지(유수지)는 초기 강우시 도시의 우수 유출량을 일시 저장하여 하류 지역의 시설 및 방류 수로의 유하 능력을 증가시키기 위한 시설물이다.(도시 지역의 홍수조절용 소규모 저수지)
- 우수 조정지의 방류 방식은 자연 유하를 원칙으로 한다.

103 갈수시에도 일정 이상의 수심을 확보할 수 있으면, 연간의 수위변화가 크더라도 하천이나 호소, 댐에서의 취수시설로서 알맞고 또한 유지관리도 비교적 용이한 취수방법은?

㉮ 취수관거에 의한 방법
㉯ 취수탑에 의한 방법
㉰ 집수매거에 의한 방법
㉱ 깊은 우물에 의한 방법

해설
- 취수탑은 수위 변화가 큰 곳에 적합하다.
- 하천을 수원으로 하는 경우의 취수시설은 취수문, 취수관, 취수탑 등이 있다.
- 취수탑은 다른 취수시설에 비해 시공과 유지관리가 어렵다.
- 취수탑은 유속이 큰 곳이나 하수의 방류점 부근에는 설치를 피한다.

104 상수도 시설의 설계 시 계획취수량, 계획도수량, 계획정수량의 기준이 되는 것은?

㉮ 계획시간 최대급수량
㉯ 계획 1일 최대급수량
㉰ 계획 1일 평균급수량
㉱ 계획 1일 총급수량

해설
- 계획 1일 최대급수량 : 계획 1인 1일 최대급수량×급수인구×보급률
- 하수처리장 시설 : 계획 1일 최대오수량을 기준한다.

105 상수도 시설에 설치되는 펌프에 대한 설명 중 옳지 않은 것은?

㉮ 수량 변화가 큰 경우, 대소 두 종류의 펌프를 설치하거나 또는 회전속도제어 등에 의하여 토출량을 제어한다.
㉯ 펌프는 예비기를 설치하되 펌프가 정지되더라도 급수에 지장이 없는 경우에는 생략할 수 있다.
㉰ 펌프는 용량이 클수록 효율이 낮으므로 가능한 한 소용량으로 한다.
㉱ 펌프는 가능한 한 동일용량으로 하여 소모품이나 예비품의 호환성을 갖게 한다.

해설 펌프는 용량이 클수록 효율이 높으므로 가능한 대용량의 것으로 한다.

106 하수처리법 중 활성슬러지법에 대한 설명으로 옳은 것은?

㉮ 세균을 제거함으로써 슬러지를 정화한다.
㉯ 부유물을 활성화시켜 침전·부착시킨다.
㉰ 1가지 미생물군에 의해서만 처리가 이루어진다.
㉱ 호기성 미생물의 대사작용에 의하여 유기물을 제거한다.

정답 103.㉯ 104.㉯ 105.㉰ 106.㉱

해설 활성슬러지법
최초 침전지에서 제거하지 못한 부유물질 콜로이드성 물질, 용해성 물질을 호기성 미생물의 흡착, 산화, 동화작용으로 안정화시키는 방법이다.

107 "BOD 값이 크다"는 것이 의미하는 것은?
㉮ 무기물질이 충분하다. ㉯ 영양염류가 풍부하다.
㉰ 용존산소가 풍부하다. ㉱ 미생물 분해가 가능한 물질이 많다.

해설
- BOD가 큰 물은 용존산소가 낮다.
- BOD는 유기물에 의해서 호기성 상태에서 분해 안정시키는 데 요구되는 산소량이다.
- 오염된 물은 용존 산소량(DO)이 낮다.

108 송수관로를 계획할 때에 고려사항에 대한 설명으로 옳지 않은 것은?
㉮ 가급적 단거리가 되어야 한다.
㉯ 이상수압을 받지 않도록 한다.
㉰ 송수방식은 반드시 자연유하식으로 해야 한다.
㉱ 관로의 수평 및 연직방향의 급격한 굴곡은 피한다.

해설
- 송수방식에는 자연유하식과 가압식이 있는데 되도록 자연유하식으로 하는 것이 바람직하다.
- 자연유하식은 지형이 평탄하면서 도수로의 길이가 길 때 이용한다.

109 복류수에 대한 설명으로 옳은 것은?
㉮ 비교적 양호한 수질을 얻을 수 있다.
㉯ 지표수의 한 종류로 하천수보다 수질이 양호하다.
㉰ 정수공정에 이용시 침전지를 반드시 확보해야 한다.
㉱ 조류 등의 부유 생물 농도가 높다.

해설
- 복류수의 수질은 부유물 함유량이 적어 대체로 수질이 양호하며 정수 공정에서 침전지를 생략하는 경우도 있다.
- 복류수는 취수를 위한 집수매거의 매설깊이는 2m 이상으로 한다.
- 복류수는 호소 또는 연안부의 모래, 자갈층에 함유되어 있는 물을 말한다.
- 수원을 지표수, 지하수, 기타로 구분할 때 지하수에 해당된다.

110 수원의 구비요건으로 옳지 않은 것은?
㉮ 수질이 좋아야 한다.
㉯ 수량이 풍부해야 한다.
㉰ 가능한 한 낮은 곳에 위치하여야 한다.
㉱ 상수 소비지에서 가까운 곳에 위치하여야 한다.

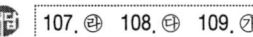

107. ㉱ 108. ㉰ 109. ㉮ 110. ㉰

해설
- 가능한 높은 곳에 위치하여야 한다.
- 수질이 양호하고 장래 오염의 우려가 적은 곳이어야 한다.
- 장래 수도시설의 확장이 가능한 곳이 바람직하다.
- 건설비 및 유지 관리비가 저렴하여야 한다.

문제 111 폭기조 내에서 MLSS를 일정하게 유지하기 위한 방법으로 가장 적절한 것은?
㉮ 폭기율을 조정한다. ㉯ 하수 유입량을 조정한다.
㉰ 슬러지 반송율을 조정한다. ㉱ 슬러지를 바닥에 침전시킨다.

해설
- MLSS는 폭기조 내의 미생물(활성 슬러지) 농도를 나타내는 지표로 일정하게 유지하기 위해서는 침전 슬러지 일부를 다시 폭기조로 반송하여 조절한다.
- 슬러지 반송률 : $r = \dfrac{X-SS}{Xr-X}$
  여기서, X : 폭기조내 MLSS농도, Xr : 반송슬러지 SS농도, SS : 유입수의 SS농도

문제 112 강우강도 $I = \dfrac{4,000}{(t+30)}$ mm/hr [t : 분], 유역면적 5km², 유입시간 420초, 유출계수 0.8, 하수관거 길이 1km, 관내유속 1.2m/sec인 경우의 최대우수유출량을 합리식에 의해 구하면?
㉮ 873 m³/sec ㉯ 87.3 m³/sec
㉰ 873 m³/hr ㉱ 87.3 m³/hr

해설
- 유입시간 $t_1 = 420$초 $= 7$분
- 유하시간 $t_2 = \dfrac{L}{V} = \dfrac{1,000}{1.2 \times 60} = 13.89$분
  ∴ $t = t_1 + t_2 = 7 + 13.89 = 20.89$분
- $I = \dfrac{4,000}{t+30} = \dfrac{4,000}{20.89+30} = 78.6$ mm/hr
- $Q = \dfrac{1}{3.6} CIA = \dfrac{1}{3.6} \times 0.8 \times 78.6 \times 5 = 87.3$ m³/sec

문제 113 탁도가 30mg/L인 원수를 Alum($Al_2(SO_4)_3 \cdot 18H_2O$) 25mg/L를 주입하여 응집처리 할 때 1000m³/day 처리에 대한 Alum 주입량은?
㉮ 25 kg/day ㉯ 30 kg/day
㉰ 35 kg/day ㉱ 55 kg/day

해설
25×10^{-6} kg/$\left(\dfrac{1}{1000}\right)$m³ $= 0.025$ kg/m³
∴ $0.025 \times 1000 = 25$ kg/day

정답 111. ㉰ 112. ㉯ 113. ㉮

114 하수관 중 가장 부식되기 쉬운 곳은?
- ㉮ 관정부
- ㉯ 바닥부분
- ㉰ 양편의 벽쪽
- ㉱ 하수관 전체

해설 하수관거의 관정부식을 유발하는 주요 원인 물질은 황화합물이다.

115 상수도 시설 중 배수관은 급수관을 분기하는 지점에서 배수관내의 최소동수압을 얼마 이상 확보하여야 하는가?
- ㉮ 50kPa
- ㉯ 150kPa
- ㉰ 500kPa
- ㉱ 710kPa

해설 상수도 시설 중 배수관의 압력기준은 최소동수압이 150kPa이고 최대정수압이 700kPa이다.

116 하수도 계획을 하수도의 역할이 다양화되고 있는 사회적인 요구에 부응할 수 있도록 장기적인 전망을 고려하여 수립할 때 포함되어야 하는 사항이 아닌 것은?
- ㉮ 침수방지 계획
- ㉯ 지속발전 가능한 도시구축 계획
- ㉰ 수질보전 계획
- ㉱ 슬러지 처리 및 자원화계획

해설 쾌적한 생활환경을 위해 토지 이용 증대 및 도시 미관의 개선을 도모한다.

117 다음 펌프에 관한 사항 중 옳지 않은 것은?
- ㉮ 펌프의 축동력은 토출량, 전양정 및 펌프 효율에 의한 식으로 구한다.
- ㉯ 원심펌프는 낮은 양정에만 적합하다.
- ㉰ 펌프 가동시 담당하는 수두는 정수두와 마찰수두를 포함한 제반손실 수두의 합이다.
- ㉱ 펌프의 특성곡선이란 유량과 펌프의 양정, 효율, 축동력의 관계를 그래프로 나타낸 것이다.

해설 원심 펌프는 와권실을 가지는 와권 펌프와 터빈펌프로 분류되며 왕복 펌프에 비해 고속운전에 적합하고 양수량 조정이 쉬워 고양정 펌프로 많이 사용된다.

118 합류식 배제방식의 특성과 관계 없는 것은?
- ㉮ 폐쇄의 염려가 없다.
- ㉯ 우수에 의한 관거 내의 자연세척이 이루어진다.
- ㉰ 우천시 월류가 없다.
- ㉱ 검사 및 수리가 비교적 용이하다.

정답 114. ㉮ 115. ㉯ 116. ㉮ 117. ㉯ 118. ㉰

해설
- 우천시 계획 하수량 이상이 되면 하수의 월류현상이 발생한다.
- 강우시에 비점원 오염물질을 하수처리장에 유입시켜 이것에 대한 대책이 필요하다.

문제 119 정수장에서 발생하는 슬러지 처리방법 중 무약품 처리법에 속하지 않는 것은?
㉮ 동결융해법 ㉯ 열처리법
㉰ 분무건조법 ㉱ 조립탈수법

해설 조립탈수법은 슬러지에 약품을 넣고 탈수하여 부피와 중량을 최대한 줄이는 방법이다.

문제 120 장방형 침전지가 수심 3m, 길이 30m이고, 유입유량이 300m³/day일 때 수면적 부하율이 1m/day이면 침전지의 폭은?
㉮ 2m ㉯ 5m
㉰ 8m ㉱ 10m

해설 수면적(표면적) 부하율 $= \dfrac{Q}{A} = \dfrac{Q}{폭 \times 길이}$

$1 = \dfrac{300}{폭 \times 30}$ ∴ 폭 $= 10\text{m}$

정답 119. ㉱ 120. ㉱

01 응/용/역/학

001 다음 그림에서 사선 부분의 도심축 X에 대한 단면 2차 모멘트는?

㉮ 3.19cm^4
㉯ 2.19cm^4
㉰ 1.19cm^4
㉱ 0.19cm^4

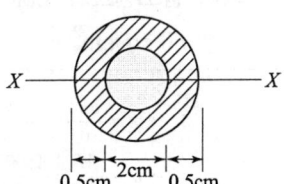

해설 $I_X = \dfrac{\pi D^4}{64} - \dfrac{\pi d^4}{64} = \dfrac{\pi \times 3^4}{64} - \dfrac{\pi \times 2^4}{64} = 3.19\text{cm}^4$

002 지름 1cm, 길이 1m, 탄성계수 10000kg/cm²의 철선에 무게 10kg의 물건을 매달았을 때 철선의 늘어나는 양은?

㉮ 1.27mm ㉯ 1.60mm
㉰ 2.24mm ㉱ 2.63mm

해설 $E = \dfrac{\sigma}{\epsilon} = \dfrac{\dfrac{P}{A}}{\dfrac{\Delta l}{l}} = \dfrac{Pl}{A\Delta l}$

∴ $\Delta l = \dfrac{Pl}{EA} = \dfrac{10 \times 100}{10000 \times \dfrac{\pi \times 1^2}{4}} = 0.127\text{cm} = 1.27\text{mm}$

003 다음 중 변형에너지에 속하지 않는 것은?

㉮ 외력의 일   ㉯ 축방향 내력의 일
㉰ 휨모멘트에 의한 내력의 일   ㉱ 전단력에 의한 내력의 일

해설 외력에 의한 구조물 내부의 응력이 생길 때 이 응력이 한 일을 내력의 일이라 하며 이 내력의 일은 내부에 축적되는 변형에너지라고도 한다.

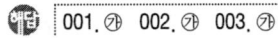
001. ㉮ 002. ㉮ 003. ㉮

004 다음 구조물 중 부정정 차수가 가장 높은 것은?

㉮ 　㉯
㉰　㉱

- 단순 구조물 판별 (외적 판별) $N = r - 3 - h$
- ㉮ $N = 4 - 3 = $ 1차 부정정
- ㉯ $N = 7 - 3 = $ 4차 부정정
- ㉰ $N = 5 - 3 = $ 2차 부정정
- ㉱ $N = 4 - 3 - 1 = $ 정정

005 폭이 20cm이고 높이가 30cm인 사각형 단면의 목재보가 있다. 이 보에 작용하는 최대 휨모멘트가 1.8t·m일 때 최대 휨응력은?

㉮ $60\,\text{kg/cm}^2$　㉯ $120\,\text{kg/cm}^2$　㉰ $260\,\text{kg/cm}^2$　㉱ $300\,\text{kg/cm}^2$

- $Z = \dfrac{bh^2}{6} = \dfrac{20 \times 30^2}{6} = 3000\,\text{cm}^3$
- $\sigma = \dfrac{M}{Z} = \dfrac{180000}{3000} = 60\,\text{kg/cm}^2$

006 그림과 같은 단순지지된 보의 A점에서 수직반력이 '0'이 되게 하려면 C점의 하중 P는?

㉮ 4t
㉯ 6t
㉰ 8t
㉱ 16t

$\Sigma M_B = 0 \quad R_A \times 10 - P \times 2 + 4 \times 4 \times \dfrac{4}{2} = 0$

여기서, A점의 수직반력 $R_A = 0$이므로

$2P = 32 \qquad \therefore P = \dfrac{32}{2} = 16\text{t}$

007 그림과 같은 캔틸레버보에서 B점의 처짐은? (단, EI는 일정하다.)

㉮ $\dfrac{PL^3}{24EI}$
㉯ $\dfrac{5PL^3}{24EI}$
㉰ $\dfrac{PL^3}{48EI}$
㉱ $\dfrac{5PL^3}{48EI}$

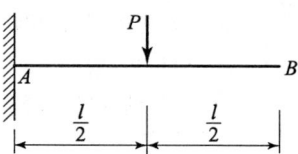

004. ㉯　005. ㉮　006. ㉱　007. ㉱

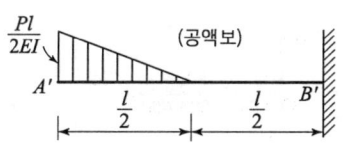

(공액보)

$$y_B = M_{B'} = \frac{1}{2} \times \frac{Pl}{2EI} \times \frac{l}{2} \times \left(\frac{2}{3} \times \frac{l}{2} + \frac{l}{2}\right) = \frac{Pl^2}{8EI} \times \frac{5l}{6} = \frac{5Pl^3}{48EI}$$

008 그림과 같은 3활절 아치의 지점 A에서의 지점반력 V_A와 H_A 값이 옳은 것은?

㉮ $V_A = 18t(\uparrow)$, $H_A = 18t(\rightarrow)$
㉯ $V_A = 18t(\uparrow)$, $H_A = 6t(\rightarrow)$
㉰ $V_A = 18t(\downarrow)$, $H_A = 18t(\leftarrow)$
㉱ $V_A = 18t(\uparrow)$, $H_A = 6t(\leftarrow)$

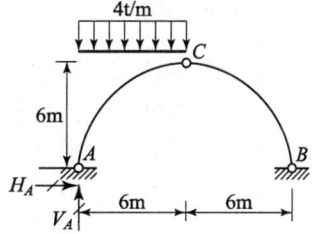

- $\sum M_B = 0$
  $V_A \times 12 - 4 \times 6 \times (3+6) = 0$
  $\therefore V_A = \frac{1}{12}(4 \times 6 \times 9) = 18t(\uparrow)$

- $\sum M_C = 0$
  $18 \times 6 - H_A \times 6 - 4 \times 6 \times 3 = 0$
  $\therefore H_A = \frac{1}{6}(18 \times 6 - 4 \times 6 \times 3) = 6t(\rightarrow)$

009 직사각형 단면의 단순보가 등분포하중 w를 받을 때 발생되는 최대처짐에 대한 설명으로 옳은 것은?

㉮ 보의 폭에 비례한다. ㉯ 보의 높이의 3승에 비례한다.
㉰ 보의 길이의 2승에 반비례한다. ㉱ 보의 탄성계수에 반비례한다.

 $y = \frac{5wl^4}{384EI}$

보의 탄성계수에 반비례한다.

010 그림과 같은 단주에서 편심거리 e에 $P=800$kg 이 작용할 때 단면에 인장력이 생기지 않기 위한 e의 한계는?

㉮ 10cm
㉯ 8cm
㉰ 9cm
㉱ 5cm

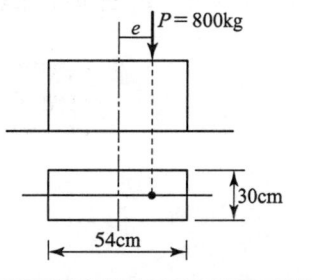

  008. ㉯ 009. ㉱ 010. ㉰

2018년 4월 28일 시행

해설
- $I = \dfrac{b^3 h}{12} = \dfrac{54^3 \times 30}{12} = 393,660 \text{cm}^4$
- $\sigma_c = -\dfrac{P}{A} + \dfrac{M}{I} \cdot y$, $0 = -\dfrac{800}{30 \times 54} + \dfrac{800 \times e}{393,660} \times \dfrac{54}{2}$

$\therefore e = 9\text{cm}$

011 중심축하중을 받는 장주에서 좌굴하중은 Euler 공식 $P_{cr} = n\dfrac{\pi^2 EI}{l^2}$로 구한다. 여기서 n은 기둥의 지지상태에 따르는 계수인데 다음 중에서 n값이 틀린 것은 어느 것인가?

㉮ 일단 고정, 일단 자유단일 때, $n = \dfrac{1}{4}$
㉯ 일단 고정, 일단 힌지일 때, $n = 3$
㉰ 양단 고정일 때, $n = 4$
㉱ 양단 힌지일 때, $n = 1$

해설 일단 고정, 일단 힌지일 때 $n = 2$

012 다음 중 힘의 3요소가 아닌 것은?

㉮ 크기 ㉯ 방향
㉰ 작용점 ㉱ 모멘트

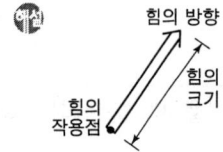

013 단면의 성질에 대한 다음 설명 중 잘못된 것은?

㉮ 단면2차 모멘트의 값은 항상 "0"보다 크다.
㉯ 단면2차 극모멘트의 값은 항상 극을 원점으로 하는 두 직교좌표축에 대한 단면2차 모멘트의 합과 같다.
㉰ 단면1차 모멘트의 값은 항상 "0"보다 크다.
㉱ 단면의 주축에 관한 단면 상승 모멘트의 값은 항상 "0"이다.

해설
- 단면1차 모멘트가 0인 점을 단면의 도심이라 하며 도심은 그 단면의 면적 중심이 된다.
- 단면2차 반경의 제곱에 단면적을 곱하면 단면2차 모멘트이다.
- 도심에서의 단면1차 모멘트는 항상 0이다.

해답 011. ㉯ 012. ㉱ 013. ㉰

014 재료의 역학적 성질 중 탄성계수를 E, 전단탄성계수를 G, 푸아송수를 m이라 할 때 각 성질의 상호 관계식으로 옳은 것은?

㉮ $G = \dfrac{m}{2E(m+1)}$ ㉯ $G = \dfrac{mE}{2(m+1)}$

㉰ $G = \dfrac{m}{2(m-1)}$ ㉱ $G = \dfrac{E}{2(m+1)}$

해설 $G = \dfrac{E}{2(1+v)} = \dfrac{E}{2\left(1+\dfrac{1}{m}\right)} = \dfrac{mE}{2(m+1)}$

보충 푸아송비 $v = \dfrac{\beta}{\epsilon} = \dfrac{1}{m(\text{푸아송수})} = \dfrac{\Delta d/d}{\Delta l/l}$

015 다음 중 부정정 트러스를 해석하는 데 적합한 방법은?

㉮ 3연 모멘트법 ㉯ 모멘트 분배법
㉰ 처짐각법 ㉱ 가상일의 원리

해설 가상일의 원리 : 내부의 발생된 에너지(일)은 외부에서 가해진 에너지(일)과 동일하다는 개념으로 어떤 구조물에 특정 지점에 하중을 가하면 구조물이 조금 변형이 된다. 다시 말하면 어떤 지점에 변위가 발생하는 것과 동일한 것이다. 구조물이 변형이 되는 것은 내부 부재에 변형이 발생한 것이고, 이러한 내부 부재의 변형에 의해 외부 지점에 변위가 발생한다.

016 그림과 같은 라멘에서 C점의 휨모멘트는?

㉮ 12 t·m
㉯ 16 t·m
㉰ 24 t·m
㉱ 32 t·m

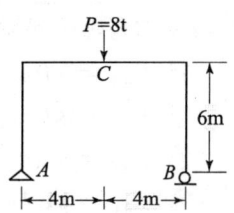

해설
- $\Sigma M_B = 0$
  $R_A \times 8 - 8 \times 4 = 0$
  $\therefore R_A = 4\text{t}$
- $M_C = R_A \times 4 = 4 \times 4 = 16\text{t} \cdot \text{m}$

017 등분포하중 2t/m를 받는 지간 10m의 단순보에서 발생하는 최대 휨모멘트는? (단, 등분포하중은 지간 전체에 작용한다.)

㉮ 15t·m ㉯ 20t·m
㉰ 25t·m ㉱ 30t·m

해설 $M_{\max} = \dfrac{\omega l^2}{8} = \dfrac{2 \times 10^2}{8} = 25\text{t} \cdot \text{m}$

해답 014. ㉯ 015. ㉱ 016. ㉯ 017. ㉰

018 사각형 단면에서의 최대 전단응력은 평균 전단응력의 몇 배인가?
㉮ 1배 ㉯ 1.5배 ㉰ 2.0배 ㉱ 2.5배

☞ 직사각형 단면의 최대 전단응력
$$\frac{3}{2}\frac{S}{A}$$

019 다음 그림과 같은 모멘트 하중을 받는 단순보에서 A점의 반력(R_A)은?

㉮ $\dfrac{M_1}{l}$

㉯ $\dfrac{M_2}{l}$

㉰ $\dfrac{M_1+M_2}{l}$

㉱ $\dfrac{M_1-M_2}{l}$

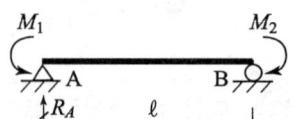

☞ $\Sigma M_B = 0$
$R_A\, l - M_1 + M_2 = 0$
$\therefore R_A = \dfrac{M_1 - M_2}{l}$

020 다음 그림에서 부재 AC와 BC의 단면적은?

㉮ $F_{AC}=6.0\,\text{t},\ F_{BC}=8.0\,\text{t}$
㉯ $F_{AC}=8.0\,\text{t},\ F_{BC}=6.0\,\text{t}$
㉰ $F_{AC}=8.4\,\text{t},\ F_{BC}=11.2\,\text{t}$
㉱ $F_{AC}=11.2\,\text{t},\ F_{BC}=8.4\,\text{t}$

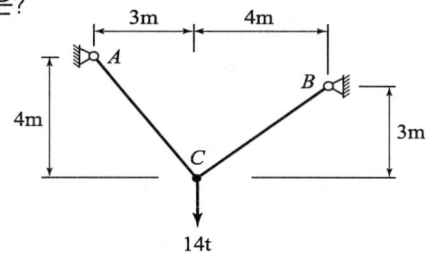

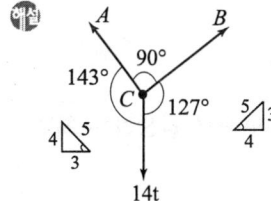

여기서, $143° = 90° + \left(\cos\theta = \dfrac{3}{5}\right)$, $127° = 90° + \left(\cos\theta = \dfrac{4}{5}\right)$

- $\dfrac{14}{\sin 90°} = \dfrac{AC}{\sin 127°}$ $\therefore AC = 11.2\,\text{t}$
- $\dfrac{14}{\sin 90°} = \dfrac{BC}{\sin 143°}$ $\therefore BC = 8.4\,\text{t}$

018. ㉯ 019. ㉱ 020. ㉱

02 측/량/학

021 삼각측량에서 B점의 좌표 X_B=50.000m, Y_B=200.000m, BC의 길이 25.478m, BC의 방위각 77°11′56″일 때 C점의 좌표는?

㉮ X_C=26.156m, Y_C=205.645m ㉯ X_C=55.645m, Y_C=224.845m
㉰ X_C=74.165m, Y_C=194.355m ㉱ X_C=74.845m, Y_C=205.645m

해설
- $X_C = 50 + 25.478\cos 77°11′56″ = 55.645m$
- $Y_C = 200 + 25.478\sin 77°11′56″ = 224.845m$

022 그림과 같이 삼각점 A에 기계를 설치하여 삼각점 B가 시준되지 않으므로 점 P를 관측하여 $T′$=60°32′15″를 얻었다면 각 T는? (단, AP=1.3km, e=5m, ϕ=315°)

㉮ 60°32′23″
㉯ 60°22′54″
㉰ 60°21′09″
㉱ 60°17′09″

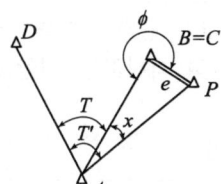

해설
- $\dfrac{\overline{AP}}{\sin(360°-\phi)} = \dfrac{e}{\sin X}$

  $\dfrac{1300}{\sin 45°} = \dfrac{5}{\sin X}$ ∴ $X = 0°9′20.97″$

- $T = T′ - x = 60°32′15″ - 0°9′20.97″ ≒ 60°22′54″$

023 곡선부에서 차량의 뒷바퀴가 앞바퀴보다 안쪽으로 주행하는 현상을 보완하기 위해 설치하는 것은?

㉮ 캔트   ㉯ 확폭   ㉰ 편구배   ㉱ 차폭

해설
- 차량이 곡선부를 주행할 때 뒷바퀴가 앞바퀴보다 안쪽으로 회전하려 한다. 그러므로 곡선부에서 내측의 노폭을 넓히는 것을 확폭이라 한다.
- $\epsilon = \dfrac{L}{2\left(R - \dfrac{W}{2}\right)}$

  여기서, R : 곡선반경, W : 유효폭, L : 차륜간격

024 축척 1 : 50000 지도상에서 4cm²에 대한 지상에서의 실제면적은 얼마인가?

㉮ 1 km²   ㉯ 2 km²
㉰ 100 km² ㉱ 200 km²

정답 021. ㉯ 022. ㉯ 023. ㉯ 024. ㉮

해설 실제면적=(축척분모)^2×도상면적
=(50,000)^2×4=10,000,000,000cm^2=1,000,000m^2=1km^2

025
항공사진의 중복도에 대한 설명으로 옳지 않은 것은?
㉮ 종중복은 동일 촬영경로에서 최소한 40% 이상을 중복한다.
㉯ 종중복도는 입체시를 위하여 일반적으로 60% 중복한다.
㉰ 촬영 경로 사이의 횡중복은 최소 5%이며 일반적으로 30%를 중복한다.
㉱ 산악지역이나 시가지 지역은 10~20% 중복도를 높여 촬영한다.

해설
• 종중복은 입체시를 고려하여 60%, 횡중복은 30%를 표준으로 한다.
• 중복도가 클수록 유효면적이 작아져 사진매수가 늘어나므로 비경제적이다.
• 필요에 따라 촬영 진행 방향으로 80%, 인접 코스 중복을 50%까지 중복하여 촬영할 수 있다.

026
두 지점의 거리($\overline{AB}$)를 관측하는데, 갑은 4회 관측하고, 을은 5회 관측한 후 경중률을 고려하여 최확값을 계산할 때, 갑과 을의 경중률 비(갑 : 을)는?
㉮ 4 : 5   ㉯ 5 : 4
㉰ 16 : 25   ㉱ 25 : 16

해설 경중률은 횟수에 비례하므로 4 : 5이다.

027
수준측량에서 많이 쓰고 있는 기고식 야장법에 대한 설명으로 틀린 것은?
㉮ 후시보다 전시가 많을 때 편리하므로 종단 고저측량에 많이 사용된다.
㉯ 승강식보다 기입사항이 많고 상세하여 중간점이 많을 때에는 시간이 많이 걸린다.
㉰ 중간시가 많은 경우 편리한 방법이나 그 점에 대한 검산을 할 수가 없다.
㉱ 지반고에 후시를 더하여 기계고를 얻고, 다른 점의 전시를 빼면 그 지점에 지반고를 얻는다.

해설
• 기고식 : 중간점이 많을 경우 편리하지만 완전한 검산을 할 수 없는 것이 결점이다.
• 승강식 : 완전한 검사로 정밀측량에 적당하지만 중간점이 많을 경우 계산이 복잡하다.
• 기포관측과 시준선이 평행하지 않기 때문에 생기는 오차를 제거하기 위해 전시와 후시의 시준거리를 같게 한다.

028
교호 수준측량을 하는 주된 이유로 옳은 것은?
㉮ 작업속도가 빠르다.
㉯ 관측 인원을 최소화할 수 있다.
㉰ 전시, 후시의 거리차를 크게 둘 수 있다.
㉱ 굴절 오차 및 시준축 오차를 제거할 수 있다.

정답 025. ㉮ 026. ㉮ 027. ㉯ 028. ㉱

해설 하천 양안의 고저차를 측정하기 위하여 교호수준측량을 행하는 이유는 지상의 변화에 의한 오차나 기계오차를 제거하기 위함이다.

029 삼각망 중 조건식이 가장 많아 가장 높은 정확도를 얻을 수 있는 것은?
㉮ 단열삼각망 ㉯ 사변형삼각망
㉰ 유심다각망 ㉱ 트래버스망

해설
- 조건식의 수가 많아서 가장 높은 정확도를 얻을 수 있어 특별히 높은 정확도를 필요로 하는 삼각측량이나 기선 삼각망 등에 사변형 삼각망을 사용한다.
- 삼각망의 정도 : 단 삼각망 < 단열 삼각망 < 유심 삼각망 < 사변형 삼각망
- 유심 삼각망은 방대한 지역의 측량에 적합하며 동일 측점 수에 대하여 포괄면적이 가장 넓은 삼각망이다.

030 하천의 수위관측소의 설치장소로 적당하지 않은 것은?
㉮ 하상과 하안이 안전한 곳
㉯ 홍수시에도 양수량을 쉽게 알아볼 수 있는 곳
㉰ 수위가 구조물의 영향을 받지 않는 곳
㉱ 수위의 변화가 크게 발생하여 그 변화가 명확한 곳

해설 지천의 합류점에서는 불규칙한 수위의 변화가 없는 곳일 것

031 캔트(C)인 원곡선에서 곡선 반지름을 3배로 하면 변화된 캔트(C')는?
㉮ $\dfrac{C}{9}$ ㉯ $\dfrac{C}{3}$
㉰ $3C$ ㉱ $9C$

해설
- $C = \dfrac{SV^2}{gR}$
- $C' = \dfrac{SV^2}{g\,3R} = \dfrac{1}{3}C$

032 거리와 각도의 조합을 통해 위치를 구하는 다각측량에서 거리의 정밀도가 1/10,000일 때, 이와 같은 정도의 정밀도를 위한 각관측 오차는 약 얼마인가?
㉮ 10″ ㉯ 21″
㉰ 41″ ㉱ 100″

해설
$$\dfrac{1}{m} = \dfrac{\theta}{\rho''}$$
$$\dfrac{1}{10000} = \dfrac{\theta}{206265''}$$
$$\therefore \theta = \dfrac{206265''}{10000} = 21''$$

해답 029.㉯ 030.㉱ 031.㉯ 032.㉯

033 하천의 연직선 내의 평균유속을 구하기 위한 2점법의 관측 위치로 옳은 것은?
㉮ 수면으로부터 수심의 10%, 90% 지점
㉯ 수면으로부터 수심의 20%, 80% 지점
㉰ 수면으로부터 수심의 30%, 70% 지점
㉱ 수면으로부터 수심의 40%, 60% 지점

• 수면으로부터 수심의 $\frac{1}{5}$, $\frac{4}{5}$ 지점
• 2점법 : $V_m = \frac{1}{2}(V_{0.2} + V_{0.8})$

034 1 : 25,000 지형도에서 표고 621.5m와 417.5m 사이에 주곡선 간격의 등고선 수는?
㉮ 5   ㉯ 11
㉰ 15   ㉱ 21

• 표고차 : 621.5−417.5=204m
• 1/25,000 지형도의 주곡선 간격 : 10m
• 주곡선 개수 : 204/10=20+1=21개

035 측지측량 용어에 대한 설명 중 옳지 않은 것은?
㉮ 지오이드란 평균해수면을 육지부분까지 연장한 가상곡면으로 요철이 없는 미끈한 타원체이다.
㉯ 연직선 편차는 연직선과 기준타원체 법선 사이의 각을 의미한다.
㉰ 구과량은 구면삼각형의 면적에 비례한다.
㉱ 기준타원체는 수평위치를 나타내는 기준면이다.

지오이드면은 정지된 평균해수면을 육지까지 연장한 가상곡면으로 굴곡이 심하므로 측지측량의 기준으로 채택하기 어렵다.

036 교각이 60°, 교점까지의 추가거리가 356.21m, 곡선시점까지의 추가거리가 183.00m이면 단곡선의 곡선 반지름은?
㉮ 616.97m   ㉯ 300.01m
㉰ 205.66m   ㉱ 100.00m

$TL = R\tan\frac{I}{2}$
$(356.21-183) = R\tan\frac{60°}{2}$
∴ $R = 300.01$m

해답 033.㉯ 034.㉱ 035.㉮ 036.㉯

037 A점은 30m 등고선 상에 있고 B점은 40m 등고선 상에 있다. AB의 경사가 25%일 때 AB 경사면의 수평거리는?

㉮ 10m ㉯ 20m ㉰ 30m ㉱ 40m

해설
경사(%) $= \dfrac{H}{D} \times 100$

$25\% = \dfrac{(40-30)}{D} \times 100$

∴ $D = 40\,\text{m}$

---

038 초점거리 153mm의 카메라로 고도 800m에서 촬영한 수직사진 1장에 찍히는 실제 면적은? (단, 사진의 크기는 23cm×23cm이다.)

㉮ 1.446km² ㉯ 1.840km²
㉰ 5.228km² ㉱ 5.290km²

해설
$\dfrac{1}{m} = \dfrac{f}{H} = \dfrac{0.153}{800} = \dfrac{1}{5229}$

$A = m^2 \times a^2 = 5229^2 \times 0.23^2 = 1{,}446{,}415\,\text{m}^2 = 1.446\,\text{km}^2$

---

039 원곡선에 의한 종곡선 설치에서 상향기울기 4.5/1000와 하향기울기 35/1000의 종단선형에 반지름 3000m의 원곡선을 설치할 때, 종단곡선의 길이(L)는?

㉮ 240.5m ㉯ 150.2m ㉰ 118.5m ㉱ 60.2m

해설
$L = 2l = R\left(\dfrac{m}{1000} - \dfrac{n}{1000}\right) = 30000\left\{\dfrac{4.5}{1000} - \left(\dfrac{-35}{1000}\right)\right\} = 118.5\,\text{m}$

---

040 그림과 같은 지역을 표고 190m 높이로 성토하여 정지하려 한다. 양단면 평균법에 의한 토공량은? (단, 160m 이하의 부피는 생략한다.)

㉮ 103,500m³
㉯ 74,000m³
㉰ 46,000m³
㉱ 29,000m³

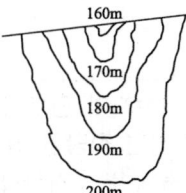

| 160m : 300m² |
| 170m : 900m² |
| 180m : 1800m² |
| 190m : 3500m² |
| 200m : 8000m² |

해설
$V = \dfrac{A_1 + A_2}{2} \times l$ 관련식에서

$V = \left(\dfrac{300+900}{2} \times 10\right) + \left(\dfrac{900+1800}{2} \times 10\right) + \left(\dfrac{1800+3500}{2} \times 10\right) = 46{,}000\,\text{m}^3$

해답 037. ㉱ 038. ㉮ 039. ㉰ 040. ㉰

03 수/리/학

041 다음 중 개수로의 지배단면(control section)에 대한 설명으로 옳은 것은?
㉮ 층류에서 난류로 변하는 지점의 단면
㉯ 상류에서 사류로 변하는 지점의 단면
㉰ 사류에서 상류로 변하는 지점의 단면
㉱ 동일단면에서 최대유량이 흐르는 단면

해설
• 개수로의 지배단면은 상류에서 사류로 변하는 지점의 단면이다.
• 지배단면은 한계 경사인 곳의 단면
즉, $F_r = \dfrac{V}{\sqrt{gh}} = 1$이 되는 단면이다.

042 다음 물리량에 대한 차원을 설명한 것 중 옳지 않은 것은?
㉮ 압력강도 : $[ML^{-1}T^{-2}]$　　㉯ 밀도 : $[ML^{-2}]$
㉰ 점성계수 : $[ML^{-1}T^{-1}]$　　㉱ 표면장력 : $[MT^{-2}]$

해설 밀도(ρ)=g/cm³=$[ML^{-3}]$

043 모세관현상에서 액체기둥의 상승 또는 하강 높이의 크기를 결정하는 힘은 어느 것인가?
㉮ 응집력　　　　　　㉯ 부착력
㉰ 표면장력　　　　　㉱ 마찰력

해설
• 관 벽면에 작용하는 표면장력=상승한 유체에 의한 압력
• $T\cos\theta \cdot \pi d = \dfrac{\pi d^2}{4} \cdot w \cdot h$
∴ $h = \dfrac{4T\cos\theta}{wd}$

044 수면의 높이가 일정한 저수지의 일부에 길이 30m의 월류 위어를 만들어 여기에 40m³/sec의 물을 취수하려면 적당한 위어 마루부로부터의 상류측 수심(H)은?(단, C=1.0으로 보며 접근 유속은 무시한다.)
㉮ 0.80m　　　　　　㉯ 0.85m
㉰ 0.90m　　　　　　㉱ 0.95m

해설 수심에 비해 폭이 대단히 넓어 광정위어이다.
$Q = 1.7CbH^{3/2}$
$40 = 1.7 \times 1 \times 30 \times H^{3/2}$
∴ $H = 0.85$m

045 층류일 때 관수로의 유량에 대한 설명 중 틀린 것은?

㉮ 유량의 크기는 관지름의 4제곱(R^4)에 비례한다.
㉯ 유량의 크기는 손실수두의 크기(h_L)에 비례한다.
㉰ 유량의 크기는 유체의 단위중량 크기(γ)에 반비례한다.
㉱ 유량의 크기는 점성계수의 크기(μ)에 반비례한다.

• $Q = \dfrac{\omega \pi h_L}{8\mu l} r^4 = \dfrac{\pi r^4}{8\mu l} \Delta P$
• 유량의 크기는 유체의 단위중량 크기(ω)에 비례한다.
• 유량의 크기는 단위길이당 압력 강하량에 비례한다.

046 단면이 일정한 긴 관에서 마찰손실만 일어나는 경우 에너지선과 동수 경사선은?

㉮ 서로 나란하다.   ㉯ 일치한다.
㉰ 교차한다.   ㉱ 일정하지 않다.

• 에너지선 : 압력수두+속도수두+위치수두
• 동수경사선 : 압력수두+위치수두
• 마찰손실만 일어난 경우 속도수두$\left(\dfrac{V^2}{2g}\right)$를 제외하면 서로 나란하다.

047 직사각형 개수로에서 수리상 유리한 단면(hydraulic best section)은? (단, b : 직사각형 수로의 폭, h : 수심, A : 단면적)

㉮ $h = 2b$ ㉯ $h = b$
㉰ $h = \sqrt{\dfrac{A}{2}}$ ㉱ $h = b^{\frac{1}{2}}$

• 직사각형 단면의 수리상 유리한 단면은 $b = 2h$ 이다.
• $A = bh = 2h \cdot h = 2h^2$
  $h^2 = \dfrac{A}{2}$
  $\therefore h = \sqrt{\dfrac{A}{2}}$

048 다음 그림과 같이 직경 8cm인 분류가 35m/sec의 속도로 관의 벽면에 부딪힌 후 최초의 흐름 방향에서 150° 수평방향 변화를 하였다. 관의 벽면이 최초의 흐름 방향으로 10m/sec의 속도로 이동할 때, 관벽면에 작용하는 힘은? (단, 무게 1kg=9.8N)

㉮ 3.6kN (0.37ton)
㉯ 6.1kN (0.62ton)
㉰ 8.5kN (0.87ton)
㉱ 9.2kN (0.94ton)

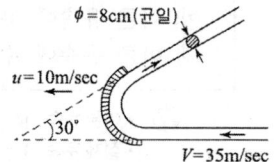

정답 045.㉰ 046.㉮ 047.㉰ 048.㉯

해설
- $F_x = \dfrac{w}{g}Q(V_1 - V_2) = \dfrac{1}{9.8} \times \dfrac{3.14 \times 0.08^2}{4} \times (35-10) \times (-25 - 25\cos 30°) = 0.6\text{t}$
- $F_y = \dfrac{w}{g}Q(V_1 - V_2) = \dfrac{1}{9.8} \times \dfrac{3.14 \times 0.08^2}{4} \times (35-10)(0 - 25\sin 30°) = 0.16\text{t}$
- $\therefore F = \sqrt{F_x^2 + F_y^2} = \sqrt{0.6^2 + 0.16^2} = 0.62\text{t}$

049 지하수 흐름의 기본 방정식으로 이용되는 법칙은?
㉮ Chezy의 법칙　　㉯ Darcy의 법칙
㉰ Manning의 법칙　㉱ Reynolds의 법칙

해설
- 지하수의 흐름은 Darcy 법칙에 적용된다.
- 지하수의 흐름은 층류이며 정상류이다.

050 폭이 2m, 수심이 4m인 직사각형 개수로의 유량은? (단, $n = 0.03$, $I = \dfrac{1}{150}$)
㉮ 18.8 m³/sec　　㉯ 37.6 m³/sec
㉰ 56.4 m³/sec　　㉱ 75.2 m³/sec

해설
- $R = \dfrac{A}{P} = \dfrac{B \times H}{B + 2H} = \dfrac{2 \times 4}{2 + 2 \times 4} = 0.8\text{m}$
- $V = \dfrac{1}{n}R^{2/3}I^{1/2} = \dfrac{1}{0.03} \times 0.8^{2/3} \times \left(\dfrac{1}{150}\right)^{1/2} = 2.345\text{m/sec}$
- $\therefore Q = AV = (2 \times 4) \times 2.345 = 18.8\text{m}^3/\text{sec}$

051 부력과 부체 안정에 관한 설명 중에서 옳지 않은 것은?
㉮ 부심과 경심과의 거리를 경심고라 한다.
㉯ 부체가 수면에 의하여 절단되는 가상면을 부양면이라 한다.
㉰ 부력의 작용선과 물체의 중심측과의 교점을 부심이라 한다.
㉱ 수면에서 부체의 최심부까지의 거리를 홀수라 한다.

해설
- 물체에 의해 배제된 유체의 무게중심을 부심이라 한다.
- 경심은 부심과 물체의 중심선과의 교점이다.
- 부체가 안정하려면 제일 위에 경심, 물체의 중심, 부심 순으로 위치해야 한다.

052 오리피스에서의 실제 유속을 구하기 위한 에너지 손실은 어떻게 고려할 수 있는가?
㉮ 이론 유속에 유속계수를 곱한다.　㉯ 이론 유속에 유량계수를 곱한다.
㉰ 이론 유속에 수축계수를 곱한다.　㉱ 이론 유속에 모형계수를 곱한다.

해설
- 이론유속 $V = \sqrt{2gh}$
- 실제유속 $V = C_v\sqrt{2gh}$
  여기서, C_v : 유속계수

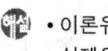 049. ㉯　050. ㉮　051. ㉰　052. ㉮

- 유량계수=수축계수×유속계수
  $C = C_a \cdot C_v$
- 오리피스의 유량 $Q = C \cdot a\sqrt{2gh}$

053
유량 147.6L/s를 송수하기 위하여 내경 0.4m의 관을 700m 설치하였을 때의 관로 경사는? (단, 조도계수 $n = 0.012$, Manning 공식 적용)

㉮ $\dfrac{2}{700}$ ㉯ $\dfrac{2}{500}$ ㉰ $\dfrac{3}{700}$ ㉱ $\dfrac{3}{500}$

해설 $Q = AV$

$$0.1476 = \dfrac{3.14 \times 0.4^2}{4} \times \dfrac{1}{0.012} \times \left(\dfrac{0.4}{4}\right)^{2/3} I^{1/2}$$

$$\therefore I = \dfrac{3}{700}$$

여기서, $A = \dfrac{\pi D^2}{4}$, $V = \dfrac{1}{n} R^{2/3} I^{1/2}$, $R = \dfrac{D}{4}$

054
단면적 2.5cm², 길이 2m인 원형 강철봉의 무게가 대기 중에서 27.5N 이었다면 단위무게가 10kN/m³인 수중에서의 무게는?

㉮ 22.5N ㉯ 25.5N
㉰ 27.5N ㉱ 28.5N

해설 수중에서의 무게

$$27.5 - \left(10{,}000 \times 2.5 \times \dfrac{1}{100 \times 100} \times 2\right) = 22.5\text{N}$$

055
폭 1.5m인 직사각형 수로에 유량 1.8m³/s의 물이 항상 수심 1m로 흐르는 경우 이 흐름의 상태는? (단, 에너지 보정계수 $\alpha = 1.1$)

㉮ 한계류 ㉯ 부정류
㉰ 사류   ㉱ 상류

해설
- $h_c = \left(\dfrac{\alpha Q^2}{g b^2}\right)^{1/3} = \left(\dfrac{1.1 \times 1.8^2}{9.8 \times 1.5^2}\right)^{1/3} = 0.54\text{m}$
- $h_c(0.54\text{m}) < h(1.0\text{m})$인 경우이므로 상류이다.

056
베르누이의 정리에 관한 설명으로 옳지 않은 것은?

㉮ 베르누이의 정리는 (운동에너지)+(위치에너지)가 일정함을 표시한다.
㉯ 베르누이의 정리는 에너지(energy) 불변의 법칙을 유수의 운동에 응용한 것이다.
㉰ 베르누이의 정리는 (속도수두)+(위치수두)+(압력수두)가 일정함을 표시한다.
㉱ 베르누이의 정리는 이상유체에 대하여 유도 되었다.

  053. ㉰ 054. ㉮ 055. ㉱ 056. ㉮

해설 베르누이의 정리는 마찰저항이 없는 비압축성 유체가 동일 유선상에서 정상류로 흐르고 있을 때 위치에너지와 운동에너지를 구하는 경우에 적용한다.

057 1차원 정상류 흐름에서 질량 m인 유체가 유속이 v_1인 단면 1에서 유속이 v_2인 단면 2로 흘러가는 데 짧은 시간 $\triangle t$가 소요된다면 이 경우의 운동량 방정식으로 옳은 것은?

㉮ $F \cdot m = \triangle t(v_1 - v_2)$ ㉯ $F \cdot m = (v_1 - v_2)/\triangle t$
㉰ $F \cdot \triangle t = m(v_2 - v_1)$ ㉱ $F \cdot \triangle t = (v_2 - v_1)/m$

해설
- 운동량 방정식은 Newton의 운동법칙에서
$$F = ma = m\frac{V_2 - V_1}{\triangle t}$$
$$\therefore F \triangle t = m(V_2 - V_1)$$
- 시간당 운동량($\triangle t = 1$이므로)
$$F = m(V_2 - V_1) = \frac{wQ}{g}(V_2 - V_1)$$
- 운동량 방정식은 극히 짧은 시간에 힘이 작용하는 수류에서 단위 시간당의 운동량 변화는 수류가 작용한 힘과 같다는 원리이다.

058 하나의 유관 내의 흐름이 정류일 때, 미소거리 dl만큼 떨어진 1, 2 단면에서 단면적 및 평균유속을 각각 A_1, A_2 및 V_1, V_2라 하면, 이상유체에 대한 연속방정식으로 옳은 것은?

㉮ $A_1 V_1 = A_2 V_2$
㉯ $d(A_1 V_1 - A_2 V_2)/dl =$ 일정(一定)
㉰ $d(A_1 V_1 + A_2 V_2)/dl =$ 일정(一定)
㉱ $A_1 V_2 = A_2 V_1$

해설
- 연속방정식은 수류의 질량불변의 법칙(물질은 변화하여도 질량은 변하지 않고 항상 일정)에 의거 $Q = A_1 V_1 = A_2 V_2$이다.
- 연속방정식의 의미 : 유체는 일반적으로 연속체로 생각할 수 있고 그 운동도 연속적이다.

059 그림과 같이 안지름 10cm의 연직관 속에 1.2m만큼 모래가 들어있다. 모래면 위의 수위를 일정하게 하여 유량을 측정하였더니 유량이 4L/hr이었다면 모래의 투수계수 k는?

㉮ 0.012cm/s
㉯ 0.024cm/s
㉰ 0.033cm/s
㉱ 0.044cm/s

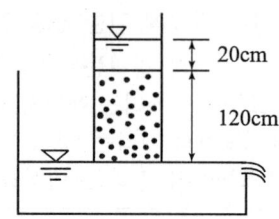

해답 057. ㉰ 058. ㉮ 059. ㉮

해설 $Q = AV = Aki = Ak\dfrac{h}{L}$

∴ $k = \dfrac{QL}{Ah} = \dfrac{0.004 \times 1.2}{\dfrac{3.14 \times 0.1^2}{4} \times 1.4} = 0.436\,\text{m/hr} = 0.012\,\text{cm/s}$

060
저수지로부터 30m 위쪽에 위치한 수조탱크에 0.35m³/s의 물을 양수하고자 할 때 펌프에 공급되어야 하는 동력은? (단, 손실수두는 무시하고 펌프의 효율은 75%이다.)

㉮ 77.2kW
㉯ 102.9kW
㉰ 120.1kW
㉱ 137.2kW

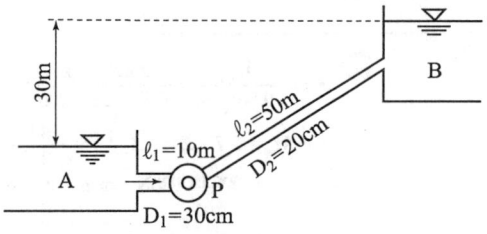

해설 $P_s = \dfrac{9.8\,Q(H+h_f)}{\eta} = \dfrac{9.8 \times 0.35 \times (30+0)}{0.75} = 137.2\,\text{kW}$

04 철/근/콘/크/리/트 /및/ 강/구/조

061
뒷부벽식 옹벽의 뒷부벽은 어떤 보로 보고 설계하는가?

㉮ 직사각형보　　㉯ T형보
㉰ 단순보　　　　㉱ 연속보

해설 앞부벽은 직사각형 보로 설계하며 뒷부벽은 T형보로 보고 설계한다.

062
강도설계법의 가정으로 옳지 않은 것은?

㉮ 철근과 콘크리트의 변형률은 중립축으로부터의 거리에 비례한다.
㉯ 콘크리트의 압축응력은 변형률에 비례하지 않는다.
㉰ 철근의 항복강도 f_y에 해당되는 변형률보다 더 큰 변형률에 대해서는 철근의 응력은 변형률에 비례한다.
㉱ 콘크리트의 압축응력은 $0.85f_{ck}$로 균등하고, 압축연단에서 $a = \beta_{1c}$까지 등분포한다.

해설
- 항복강도 f_y 이상에서의 철근의 응력은 변형률에 관계없이 f_y와 같다.
- 항복강도 f_y 이하에서의 철근의 응력은 변형률에 탄성계수 곱한 값이다.
  즉, $f_s = \epsilon_s \cdot E_s$
- 콘크리트의 인장강도는 휨계산에서 무시한다.

정답 060. ㉱　061. ㉯　062. ㉰

063 다음과 같은 단철근 직사각형 단면보의 설계휨강도 ϕM_n을 구하면? (단, 이 단면은 인장지배단면이며 $A_s = 2000\text{mm}^2$, $f_{ck} = 21\text{MPa}$, $f_y = 300\text{MPa}$)

㉮ 213.1 kN·m
㉯ 266.4 kN·m
㉰ 226.4 kN·m
㉱ 239.9 kN·m

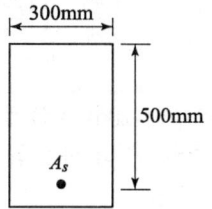

해설
- $a = \dfrac{A_s f_y}{0.85 f_{ck} b} = \dfrac{2000 \times 300}{0.85 \times 21 \times 300} = 112\text{mm}$
- $\phi M_n = \phi T \cdot Z = \phi A_s f_y \left(d - \dfrac{a}{2}\right) = 0.85 \times 2000 \times 300 \left(500 - \dfrac{112}{2}\right)$
  $= 226440000\text{N} \cdot \text{mm} = 226.4\text{kN} \cdot \text{m}$

064 아래 그림과 같은 맞대기 용접의 용접부에 생기는 인장응력은?

㉮ 180MPa
㉯ 141MPa
㉰ 200MPa
㉱ 223MPa

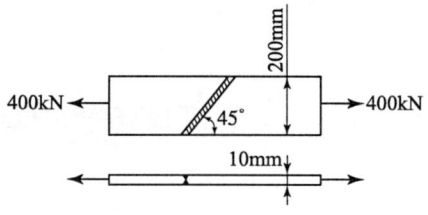

해설 $f = \dfrac{P}{\sum a \cdot l} = \dfrac{400,000}{200 \times 10} = 200\text{MPa}$

065 보통 콘크리트 부재의 해당 지속하중에 대한 탄성처짐이 30mm이었다면 크리프 및 건조수축에 따른 추가적인 장기 처짐을 고려한 최종 총 처짐량은 몇 mm인가? (단, 하중 재하 기간은 10년이고, 압축철근비 ρ'는 0.005이다.)

㉮ 78   ㉯ 68
㉰ 58   ㉱ 48

해설
- 탄성 처짐량 : 30mm
- 장기 처짐량 = 탄성 처짐량 $\times \lambda = 30 \times 1.6 = 48\text{mm}$
  여기서, $\lambda = \dfrac{\xi}{1 + 50\rho'} = \dfrac{20}{1 + 50 \times 0.005} = 1.6$
- 총 처짐량 = 탄성 처짐량 + 장기 처짐량 = 30 + 48 = 78mm

063. ㉰ 064. ㉰ 065. ㉮

066 철근 콘크리트 보에 전단력과 휨만이 작용할 때 콘크리트가 받을 수 있는 설계전단강도(ϕV_c)는 약 얼마인가? (단, b_w=350mm, d=600mm, f_{ck}=28MPa, f_y=400MPa)

㉮ 87.6 kN
㉯ 129.6 kN
㉰ 138.9 kN
㉱ 148.2 kN

해설 $\phi V_c = \phi \frac{1}{6}\sqrt{f_{ck}}\, b_w d = 0.75 \times \frac{1}{6}\sqrt{28} \times 350 \times 600 = 138{,}902\text{N} = 138.9\text{kN}$

067 다음 그림은 필렛(fillet) 용접한 것이다. 목두께 a를 표시한 것으로 옳은 것은?

㉮ $a = S_2 \times 0.707$
㉯ $a = S_1 \times 0.707$
㉰ $a = S_2 \times 0.606$
㉱ $a = S_1 \times 0.606$

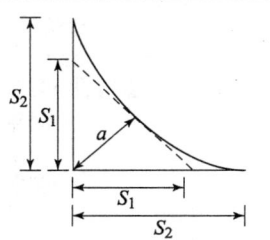

해설 목두께 $a = \dfrac{1}{\sqrt{2}} S_1 = 0.707 S_1$

068 강도 설계법에서 f_{ck}가 40MPa일 때 β_1의 값은 얼마인가? (단, β_1은 $a = \beta_1 c$에서 사용되는 계수)

㉮ 0.731
㉯ 0.766
㉰ 0.836
㉱ 0.85

해설
- $f_{ck} \leq 28\text{MPa}$일 때 $\beta_1 = 0.85$
- $f_{ck} > 28\text{MPa}$일 때 $\beta_1 = 0.85 - 0.007(f_{ck} - 28) \geq 0.65$

∴ $\beta_1 = 0.85 - 0.007(40 - 28) = 0.766$

069 강도설계법에서 단철근 직사각형 보가 f_{ck}=21MPa, f_y=300MPa일 때 균형철근비는?

㉮ 0.34
㉯ 0.034
㉰ 0.044
㉱ 0.0044

해설 $\rho_b = 0.85\beta_1 \dfrac{f_{ck}}{f_y} \dfrac{600}{600+f_y} = 0.85 \times 0.85 \times \dfrac{21}{300} \times \dfrac{600}{600+300} = 0.034$

여기서,
- $f_{ck} \leq 28\text{MPa}$일 때 $\beta_1 = 0.85$
- $f_{ck} > 28\text{MPa}$일 때 $\beta_1 = 0.85 - 0.007(f_{ck} - 28) \geq 0.65$

정답 066. ㉰ 067. ㉯ 068. ㉯ 069. ㉯

070 PS콘크리트의 강도개념(strength concept)을 설명한 것으로 가장 적당한 것은?

㉮ 콘크리트에 프리스트레스가 가해지면 PSC부재는 탄성재료로 전환되고 이의 해석은 탄성이론으로 가능하다는 개념
㉯ PSC 보를 RC 보처럼 생각하여, 콘크리트는 압축력을 받고 긴장재는 인장력을 받게 하여 두 힘의 우력 모멘트로 외력에 의한 휨모멘트에 저항시킨다는 개념
㉰ PS콘크리트는 결국 부재에 작용하는 하중의 일부 또는 전부를 미리 가해진 프리스트레스와 평행이 되도록 하는 개념
㉱ PS콘크리트는 강도가 크기 때문에 보의 단면을 강재의 단면으로 가정하여 압축 및 인장을 단면전체가 부담할 수 있다는 개념

해설
- 응력개념(균등질 보의 개념)
  프리스트레스가 가해지면 콘크리트 부재가 탄성재료로 전환되어 이에 대한 해석이 탄성 이론으로 가능하다는 개념이다.
- 하중평형개념(등가 하중개념)
  프리스트레싱에 의한 작용과 부재에 작용하는 하중을 평형이 되도록 하자는 개념이다.
- 강도개념(내력 모멘트 개념)
  철근 콘크리트와 같이 압축력은 콘크리트가 받고 인장력은 PS 강재가 받는 것으로 하여 두 힘에 의한 내력 모멘트가 외력 모멘트에 저항한다는 개념이다.

071 파셜 프리스트레스 보(partially prestressed beam)란 어떤 보인가?

㉮ 사용하중 하에서 인장응력이 일어나지 않도록 설계된 보
㉯ 사용하중 하에서 얼마간의 인장응력이 일어나도록 설계된 보
㉰ 계수하중 하에서 인장응력이 일어나지 않도록 설계된 보
㉱ 부분적으로 철근 보강된 보

해설 사용하중 하에서 부재에 얼마간의 인장응력이 일어나도록 설계될 때의 보를 파셜 프리스트레스 보라 한다.

072 인장을 받는 이형철근의 기본정착길이(l_{db})를 계산하기 위해 필요한 요소가 아닌 것은?

㉮ 철근의 공칭지름
㉯ 철근의 설계기준 항복강도
㉰ 전단철근의 간격
㉱ 콘크리트의 설계기준 압축강도

해설 $l_{db} = \dfrac{0.6 f_y d}{\sqrt{f_{ck}}}$

정답 070. ㉯ 071. ㉯ 072. ㉰

073 구조물의 부재, 부재간의 연결부 및 각 부재 단면의 휨모멘트, 축력, 전단력, 비틀림 모멘트에 대한 설계강도는 공칭강도에 강도감소계수 ϕ를 곱한 값으로 한다. 무근 콘크리트의 휨모멘트, 압축력, 전단력, 지압력에 대한 강도감소계수는?

㉮ 0.55
㉯ 0.65
㉰ 0.7
㉱ 0.75

해설
- 콘크리트의 지압력 : 0.65
- 전단력과 비틀림모멘트 : 0.75

074 전단철근으로 사용될 수 있는 것이 아닌 것은?

㉮ 스터럽과 굽힘철근의 조합
㉯ 부재축에 직각인 스터럽
㉰ 부재축에 직각으로 배치된 용접철망
㉱ 주인장 철근에 15°의 각도로 구부린 굽힘철근

해설
- 주인장 철근에 30° 이상의 각도로 구부린 굽힘철근
- 주인장 철근에 45° 이상의 각도로 설치되는 스터럽

075 복철근 단면의 보에 대한 설명으로 틀린 것은?

㉮ 보의 단면이 제한될 때, 특히 유효깊이에 제한이 있을 때 사용한다.
㉯ 복철근보의 압축철근은 보의 강성을 증가시키며, 급속파괴의 가능성을 감소시킨다.
㉰ 복철근보의 압축철근은 콘크리트의 크리프와 건조수축에 의한 보의 처짐을 감소시킨다.
㉱ 정(+), 부(-)의 휨모멘트를 겸해서 받는 경우에는 복철근보의 효과가 없다.

해설 정(+), 부(-)의 모멘트가 한 단면에서 반복되는 경우 복철근보로 설계하면 효과가 있다.

076 원형 띠철근으로 둘러싸인 압축부재의 축방향 주철근의 최소 개수는?

㉮ 3개
㉯ 4개
㉰ 5개
㉱ 6개

해설
- 띠철근 기둥에서 축방향 주철근의 최소 개수는 직사각형이나 원형의 경우 4개, 삼각형의 경우 3개이어야 한다.
- 나선철근 기둥에서 축방향 주철근의 최소 개수는 6개이어야 한다.

정답 073.㉮ 074.㉱ 075.㉱ 076.㉯

077 강도 설계법에서 1방향 슬래브(slab)의 구조 상세에 관한 사항 중 틀린 것은?
㉮ 1방향 슬래브의 두께는 최소 100mm 이상이여야 한다.
㉯ 슬래브의 정모멘트 철근 및 부모멘트 철근의 중심 간격은 위험단면에서는 슬래브 두께의 2배 이하이어야 하고 또한 300mm 이하로 하여야 한다.
㉰ 슬래브의 정모멘트 철근 및 부모멘트 철근의 중심 간격은 위험단면 이외의 단면에서는 슬래브 두께의 4배 이하이어야 하고, 또한 600mm 이하로 하여야 한다.
㉱ 1방향 슬래브에서는 정모멘트 철근 및 부모멘트 철근에 직각방향으로 수축·온도철근을 배치하여야 한다.

> 해설 슬래브의 정모멘트 철근 및 부모멘트 철근의 중심 간격은 위험단면 이외의 단면에서는 슬래브 두께의 3배 이하이어야 하고, 또한 450mm 이하로 하여야 한다.

078 프리스트레스의 손실 원인 중 프리스트레스를 도입할 때 즉시 손실의 원인이 되는 것은?
㉮ 콘크리트의 크리프
㉯ PS 강재와 쉬스 사이의 마찰
㉰ PS 강재의 릴랙세이션
㉱ 콘크리트의 건조수축

> 해설
> • 프리스트레스 도입 후 손실 : 콘크리트의 크리프, PS 강재의 릴랙세이션, 콘크리트의 건조수축
> • 프리스트레스 도입시 즉시 손실 : 정착장치의 활동에 의한 손실, PS 강재와 쉬스 사이의 마찰, 콘크리트의 탄성수축에 의한 손실

079 고장력 볼트를 사용한 이음의 종류가 아닌 것은?
㉮ 압축이음
㉯ 마찰이음
㉰ 지압이음
㉱ 인장이음

> 해설
> • 고장력 볼트 이음에는 마찰이음, 지압이음, 인장이음이 있다.
> • 고장력 볼트 이음은 마찰력에 의하여 지배되는 마찰이음을 주로 사용한다.

080 철근 콘크리트 보에 발생하는 장기처짐에 대한 설명으로 틀린 것은?
㉮ 장기처짐은 지속하중에 의한 건조수축이나 크리프에 의해 일어난다.
㉯ 장기처짐은 시간의 경과와 더불어 진행되는 처짐이다.
㉰ 장기처짐은 그 요인이 복잡하므로 실험에 의해 추정하게 된다.
㉱ 장기처짐은 부재가 탄성거동을 한다고 가정하고 역학적으로 계산하여 구한다.

> 해설
> • 장기처짐은 콘크리트의 건조수축과 크리프 등 지속하중에 의한 변형으로 인하여 시간이 경과함과 더불어 진행된다.
> • 장기처짐에 영향을 주는 중요 요인들은 온도, 습도, 양생조건, 재하시의 재령, 지속하중의 크기, 압축 철근량 등이다.
> • 압축 철근은 장기처짐의 감소에 효과적이다.

정답 077.㉱ 078.㉯ 079.㉮ 080.㉱

05 토/질/및/기/초

081 다음 중 사운딩(sounding)이 아닌 것은?
㉮ 표준관입시험 ㉯ 일축압축시험
㉰ 원추관입시험 ㉱ 베인시험

• 사운딩이란 rod 선단에 설치한 저항체를 땅속에 삽입·관입·회전·인발 등의 저항에서 토층의 성상을 탐사하는 것이다.
• 표준관입시험은 동적 사운딩이다.

082 어느 흙에 대하여 직접 전단시험을 하여 수직응력이 $3.0kg/cm^2$일 때 $2.0kg/cm^2$의 전단강도를 얻었다. 이 흙의 점착력이 $1.0kg/cm^2$임을 알고 있다면 내부마찰각은 약 얼마인가?
㉮ 13° ㉯ 15° ㉰ 18° ㉱ 21°

$\tau = C + \sigma\tan\phi$ $2 = 1.0 + 3\tan\phi$ $\therefore \phi = \tan^{-1}\left(\dfrac{1}{3}\right) \fallingdotseq 18°$

083 다음의 연약지반 처리공법에서 일시적인 공법은?
㉮ 웰 포인트 공법 ㉯ 치환 공법
㉰ 콤포져 공법   ㉱ 샌드 드레인 공법

• 웰 포인트 공법 : 사질토 지반의 지하수위를 강제로 배수시켜 낮추는 공법이다.
• 대기압 공법, 동결 공법, 소결 공법 등이 연약지반의 일시처리 공법에 해당한다.

084 포화점토의 일축압축 시험 결과 자연상태 점토의 일축압축 강도와 흐트러진 상태의 일축압축 강도가 각각 $1.8kg/cm^2$, $0.4kg/cm^2$였다. 이 점토의 예민비는?
㉮ 0.72 ㉯ 0.22
㉰ 4.5   ㉱ 6.4

$S_t = \dfrac{q_u}{q_{ur}} = \dfrac{1.8}{0.4} = 4.5$

085 점토질 지반에 있어서 강성기초의 접지압 분포에 관한 다음 설명 가운데 옳은 것은?
㉮ 기초의 모서리 부분에서 최대응력이 발생한다.
㉯ 기초의 중앙부분에서 최대의 응력이 발생한다.
㉰ 기초부분의 응력은 어느 부분이나 동일하다.
㉱ 기초 밑면에서의 응력은 토질에 관계없이 일정하다.

081. ㉯ 082. ㉰ 083. ㉮ 084. ㉰ 085. ㉮

해설 • 사질토 지반에 있어서 강성기초의 접지압 분포는 기초의 중앙부분에서 최대의 응력이 발생한다.
• 휨성기초의 경우 기초 밑면에서의 응력은 토질에 상관없이 일정하다.

086 어떤 흙의 액성한계는 40%, 소성한계는 20%일 때 이 흙의 소성지수는?
㉮ 20%   ㉯ 60%
㉰ 40%   ㉱ 30%

해설 $I_p = \omega_L - \omega_P = 40 - 20 = 20\%$

087 그림과 같은 모래 지반에서 흙의 단위중량이 1.8t/m³이다. 정지토압 계수가 0.5이면 깊이 5m지점에서의 수평응력은 얼마인가?
㉮ 4.5 t/m²
㉯ 8.0 t/m²
㉰ 13.5 t/m²
㉱ 15.0 t/m²

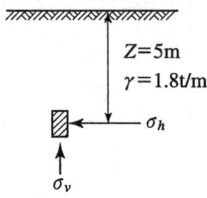

해설 $K_o = \dfrac{\sigma_h}{\sigma_v}$

∴ $\sigma_h = K_o \cdot \sigma_v = 0.5 \times 1.8 \times 5 = 4.5 \text{t/m}^2$

088 압밀시험에서 시간-침하곡선으로부터 직접 구할 수 있는 사항은?
㉮ 압밀계수   ㉯ 선행압밀압력
㉰ 점성보정계수   ㉱ 압축지수

해설 $C_v = \dfrac{T_v \cdot H^2}{t}$ 관련 $\sqrt{t}$ 법과 $\log t$ 법이 있다.

089 말뚝의 재하시험시 연약점토 지반인 경우는 Pile의 타입 후 20일 이상 방치한 후 말뚝 재하시험을 한다. 그 이유는?
㉮ 타입시 말뚝주변의 흙이 교란되었기 때문에
㉯ 부 마찰력이 생겼기 때문에
㉰ 타입된 말뚝에 의해 흙이 압축되었기 때문에
㉱ 주면 마찰력이 너무 크게 작용하였기 때문에

해설 말뚝 항타로 주변 지반이 흐트러지므로(교란되므로) 20일 이상 지난 후 말뚝재하시험을 한다.

정답 086. ㉮ 087. ㉮ 088. ㉮ 089. ㉮

090 노상토의 지지력의 크기를 나타내는 CBR값의 단위는 무엇인가?
- ㉮ kg/cm^2
- ㉯ $kg \cdot cm$
- ㉰ %
- ㉱ kg/cm^3

해설 $CBR = \dfrac{\text{시험하중}}{\text{표준하중}} \times 100$

091 다음 그림과 같은 다층지반에서 연직방향의 등가투수계수를 계산하면 몇 cm/sec인가?
- ㉮ 5.8×10^{-3}
- ㉯ 6.4×10^{-3}
- ㉰ 7.6×10^{-3}
- ㉱ 1.4×10^{-2}

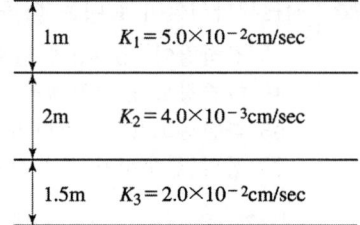

해설
- $k_v = \dfrac{H_0}{\dfrac{H_1}{k_1} + \dfrac{H_2}{k_2} + \dfrac{H_3}{k_3}} = \dfrac{100 + 200 + 150}{\left(\dfrac{100}{5 \times 10^{-2}} + \dfrac{200}{4 \times 10^{-3}} + \dfrac{150}{2 \times 10^{-2}}\right)}$
  $= 7.6 \times 10^{-3} \text{cm/sec}$
- $k_h = \dfrac{1}{H_0}(k_1 \cdot H_1 + k_2 \cdot H_2 + k_3 \cdot H_3)$

092 다음 중 사면의 안정해석방법이 아닌 것은?
- ㉮ 마찰원법
- ㉯ 비숍(Bishop)의 방법
- ㉰ 펠레니우스(Fellenius) 방법
- ㉱ 카사그란데(Casagrande)의 방법

해설 통일분류법은 Casagrande가 고안하였다.

093 다음 중 느슨한 모래의 전단변위와 시료의 부피 변화 관계곡선으로 옳은 것은?
- ㉮ ①
- ㉯ ②
- ㉰ ③
- ㉱ ④

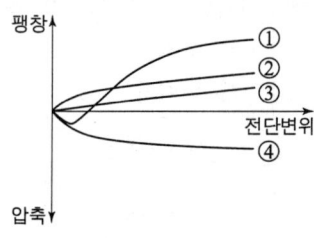

해설
- 느슨한 모래지반에 전단을 주면 부피가 감소되면서 수축(압축)된다.
- 조밀한 모래지반에 전단을 주면 그림 ①과 같이 부피가 증가하면서 팽창된다.

정답 090. ㉰ 091. ㉰ 092. ㉱ 093. ㉱

094 어떤 모래의 입경가적곡선에서 유효입경 D_{10}=0.01mm이었다. Hazen 공식에 의한 투수계수는? [단, 상수(C)는 100을 적용한다.]

㉮ 1×10^{-4}cm/sec
㉯ 1×10^{-6}cm/sec
㉰ 5×10^{-4}cm/sec
㉱ 5×10^{-6}cm/sec

해설 $k = C \cdot D_{10}^2 = 100 \times (0.001)^2 = 0.0001$cm/sec
여기서, D_{10} : 유효입경을 cm 단위로 표시한 것

095 평판재하시험이 끝나는 다음 조건 중 옳지 않은 것은?

㉮ 침하량이 15mm에 달할 때
㉯ 하중강도가 현장에서 예상되는 최대 접지압력을 초과할 때
㉰ 하중강도가 그 지반의 항복점을 넘을 때
㉱ 흙의 함수비가 소성한계에 달할 때

해설 평판재하시험에서 재하판의 크기에 대한 영향을 고려하면 침하량은 점토지반에서 재하판의 크기에 비례한다.

096 다짐시험의 조건이 아래의 표와 같을 때 다짐에너지(E_c)를 구하면?

- 몰드의 부피(V) : 1,000cm³
- 래머의 무게(W) : 2.5kg
- 래머의 낙하높이(h) : 30cm
- 다짐 층수(N_l) : 3층
- 각 층당 다짐횟수(N_b) : 25회

㉮ 5.625 kg · cm/cm³
㉯ 6.273 kg · cm/cm³
㉰ 7.021 kg · cm/cm³
㉱ 7.835 kg · cm/cm³

해설 $E_c = \dfrac{W_R H N_B N_L}{V} = \dfrac{2.5 \times 30 \times 25 \times 3}{1,000} = 5.625$kg · cm/cm³

097 다음의 흙 중 암석이 풍화되어 원래의 위치에서 토층이 형성된 흙은?

㉮ 충적토
㉯ 이탄
㉰ 퇴적토
㉱ 잔적토

해설
- 잔적토
바위가 풍화해서 생성된 토사가 그의 생성된 같은 위치에서 모암상에 남아 있는 흙
- 퇴적토
운반되어 쌓인 흙

  094.㉮ 095.㉱ 096.㉮ 097.㉱

098 비중이 2.60이고 간극비가 0.60인 모래지반의 한계동수경사는?

㉮ 1.0　　㉯ 2.25　　㉰ 4.0　　㉱ 9.0

$$i_c = \frac{G_s - 1}{1+e} = \frac{2.60-1}{1+0.60} = 1.0$$

099 다음 중 얕은 기초에 속하지 않는 것은?

㉮ 피어기초　　㉯ 전면기초
㉰ 독립확대기초　　㉱ 복합확대기초

깊은 기초에는 말뚝 기초, 피어 기초, 케이슨 기초가 있다.

100 그림과 같은 지반에서 포화토 A-A면에서의 유효응력은?

㉮ 2.4t/m²
㉯ 4.4t/m²
㉰ 5.6t/m²
㉱ 7.2t/m²

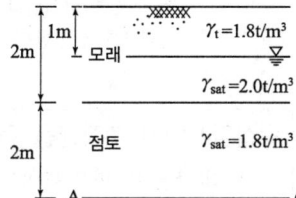

• 전응력
$P = 1.8 \times 1 + 2 \times 1 + 1.8 \times 2 = 7.4 \text{t/m}^2$

• 중립응력(간극수압)
$u = 1 \times 3 = 3 \text{t/m}^2$

• 유효응력
$\bar{p} = P - u = 7.4 - 3 = 4.4 \text{t/m}^2$

06 상/하/수/도/공/학

101 그림에서와 같은 하수관의 접합방식은?

㉮ 관정접합
㉯ 관저접합
㉰ 수면접합
㉱ 중심접합

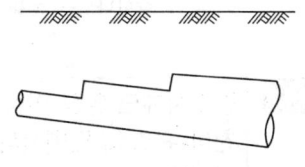

• 관저접합은 관거의 내면 바닥을 일치시키는 방식으로 수리학상 불량하다.
• 관정접합은 하수관거의 접합방식으로 수위차가 크고 지세가 급한 곳에 적합하다.
• 수면접합은 수리학적으로 가장 유리한 방법이다.

098. ㉮　099. ㉮　100. ㉯　101. ㉯

102 염소살균의 장점이 아닌 것은?
- ㉮ 살균력이 뛰어나다.
- ㉯ 설비 및 주입방법이 비교적 간단하다.
- ㉰ THMs의 생성을 방지할 수 있다.
- ㉱ 비용이 비교적 저렴하다.

> • THM의 생성을 방지하기 위해서는 염소주입을 억제하여야 한다.
> • 염소농도가 증가하면 살균력이 증가한다.

103 관로 유속의 급격한 변화로 인한 충격현상으로 관내압력이 급상승 또는 급강하 하는 현상을 무엇이라 하는가?
- ㉮ 공동현상
- ㉯ 수격현상
- ㉰ 진공현상
- ㉱ 부압현상

> • 수격현상은 펌프의 급정지시 발생한다.
> • 수격현상 발생을 경감시키기 위해서는 펌프에 플라이 휠을 부착하거나 토출관에 압력조절 수조를 설치한다. 그리고 관내의 유속을 저하시키거나 토출관로에 안전밸브 또는 공기밸브를 설치한다.

104 수질검사에서 대장균을 검사하는 이유는?
- ㉮ 대장균이 병원체이므로
- ㉯ 대장균을 이용하여 다른 병원체의 존재를 추정하기 위하여
- ㉰ 수질오염을 가져오는 대표적인 세균이므로
- ㉱ 물을 부패시키는 세균이므로

> 인체에 해로운 균은 아니지만 일반적으로 수인성 전염병균의 존재 여부를 간접적으로 나타낸다.

105 수원의 종류별 구분할 때 지표수에 해당하지 않는 것은?
- ㉮ 용천수
- ㉯ 하천수
- ㉰ 호소수
- ㉱ 저수지수

> 지하에서 물이 흐르는 층을 따라 이동하던 지하수가 암석이나 지층의 틈을 통해 지표면으로 솟아나오는 물을 용천수라 한다.

106 갈수시에도 일정 이상의 수심을 확보할 수 있으면, 연간의 수위의 변화가 심한 하천이나 호소, 댐에서의 취수시설로서 알맞고 또한 유지관리도 비교적 용이한 취수방법은?
- ㉮ 취수틀에 의한 방법
- ㉯ 취수문에 의한 방법
- ㉰ 취수탑에 의한 방법
- ㉱ 취수관거에 의한 방법

> 해답 102.㉰ 103.㉯ 104.㉯ 105.㉮ 106.㉰

- 취수탑은 취수관에 비해 건설비가 많이 들지만 수위변호가 큰 곳에 적합하며 취수관에 비해 양질의 물을 취수할 수 있다.
- 취수탑은 최소 수심이 2m 이상인 곳에 위치하여야 하며 유입속도가 0.15~0.3 m/sec 정도가 되어야 한다.

107 다음 중 하수의 살균시 사용하지 않는 물질은?
㉮ 염소
㉯ 오존
㉰ 적외선
㉱ 자외선

해설: 액체 염소, 차아염소산염, 이산화염소, 오존, 자외선 등이 있다.

108 용존산소에 대한 설명 중 옳지 않은 것은?
㉮ 오염된 물은 용존산소량이 적다.
㉯ BOD가 큰 물은 용존산소도 많다.
㉰ 용존산소량이 적은 물은 혐기성 분해가 일어나기 쉽다.
㉱ 용존산소가 극히 적은 물은 어류의 생존에 적합하지 않다.

해설:
- BOD가 높은 물은 오염되어 용존산소(DO)가 낮다.
- 하천의 용존산소를 높이기 위해서는 하천의 유량 증가, 수중 폭기시설 설치, 하천의 유속 증대, 하상의 퇴적물 준설, 비점원 오염원의 감소 등을 조치한다.

109 하수도 시설 중 펌프장 시설의 침사지에 대한 설명 중 틀린 것은?
㉮ 일반적으로 하수 중의 지름 0.2mm 이상의 비부패성 무기물 및 입자가 큰 부유물을 제거하기 위한 것이다.
㉯ 침사지의 지수는 단일 지수를 원칙으로 한다.
㉰ 펌프 및 처리 시설의 파손을 방지하도록 펌프 및 처리시설의 앞에 설치한다.
㉱ 합류식에서는 우천시 계획하수량을 처리할 수 있는 용량이 확보되어야 한다.

해설:
- 침사지의 지수는 단일 지수를 원칙으로 하지 않고 배수구역별로 여러 개를 분할 설치한다.
- 침사지 방식은 중력식, 포기식, 기계식 등이 있다.

110 합류식 하수도에 대한 설명으로 틀린 것은?
㉮ 관거의 단면적이 커서 폐쇄될 가능성이 적다.
㉯ 분류식에 비해 건설비가 적게 든다.
㉰ 관거오접 문제가 발생할 수 있다.
㉱ 강우시 수세효과가 있다.

해설:
- 분류식 하수도의 경우 우수관 및 오수관의 구별이 명확하지 않는 곳에서는 오접의 가능성이 있다.
- 분류식 하수도의 경우 우천시 월류의 우려가 없다.

해답: 107. ㉰ 108. ㉯ 109. ㉯ 110. ㉰

111 급수방식에 대한 설명으로 옳지 않은 것은?

㉮ 급수방식에는 직결식, 저수조식 및 직결·저수조 병용식이 있다.
㉯ 직결식에는 직결직압식과 직결가압식이 있다.
㉰ 급수관으로부터 수돗물을 일단 저수조에 받아서 급수하는 방식을 저수조식이라 한다.
㉱ 수도의 단수 시에도 물을 반드시 확보해야 하는 경우는 직결식을 적용하는 것이 바람직하다.

해설
- 수도의 단수 시에도 물을 반드시 확보해야 하는 경우는 저수조식을 적용하는 것이 바람직하다.
- 배수관의 관경과 수압이 충분할 경우는 직결식을 사용한다.
- 배수관의 수압이 부족할 경우 저수조식을 사용하는 것이 좋다.

112 슬러지의 반송비가 0.3이며 반송슬러지의 농도가 1%일 경우 포기조 내의 MLSS 농도는 얼마인가?

㉮ 1307mg/L
㉯ 2307mg/L
㉰ 3307mg/L
㉱ 4887mg/L

해설 슬러지의 반송비(r)

$$r = \frac{X-SS}{X_r - X}, \quad 0.3 = \frac{X-0}{10000-X} \quad \therefore X = 2307\,\text{mg/L}$$

여기서, 반송 슬러지 농도(X_r) 1%는 1×10^4 (mg/L) = 10000 mg/L이다.

113 상수도 시설의 설계유량에 대한 설명으로 틀린 것은?

㉮ 계획배수량은 원칙적으로 해당 배수구역의 계획 1일 최대배수량으로 한다.
㉯ 계획취수량은 계획 1일 최대급수량을 기준으로 하며, 기타 필요한 작업용수를 포함한 손실수량 등을 고려한다.
㉰ 계획정수량은 계획 1일 최대급수량을 기준으로 하고, 여기에 정수장내 사용되는 작업용수과 기타용수를 합산 고려하여 결정한다.
㉱ 송수시설의 계획송수량은 원칙적으로 계획 1일 최대급수량을 기준으로 한다.

해설 계획배수량은 원칙적으로 해당 배수구역의 평상시 계획 1일 최대급수량으로 한다.

114 하수의 염소요구량이 9.2mg/L일 때 0.5mg/L의 잔류염소량을 유지하기 위하여 2500m³/day의 하수에 1일 주입하여야 할 염소량은?

㉮ 23.0 kg/day
㉯ 1.25 kg/day
㉰ 21.75 kg/day
㉱ 24.25 kg/day

정답 111.㉱ 112.㉯ 113.㉮ 114.㉱

해설
- 염소요구량 : $9.2 \times 10^{-3} \times 2500 = 23 \, kg/day$
- 잔류 염소요구량 : $0.5 \times 10^{-3} \times 2500 = 1.25 \, kg/day$
- ∴ 하수에 1일 주입하여야 할 염소량
  $23 + 1.25 = 24.25 \, kg/day$

115 하수처리장의 위치 선정과 관련하여 고려할 사항으로 거리가 먼 것은?

㉮ 가능한 하수가 자연유하로 유입될 수 있는 곳
㉯ 홍수 시 침수되지 않고 방류선이 확보 되는 곳
㉰ 현재 및 장래에 토지이용계획상 문제점이 없을 것
㉱ 하수를 배출하는 지역에 가까이 있을 것

해설 처리장 부지는 장래의 확장을 고려하여 충분한 여유가 있어야 하며 위치는 주거지나 상업지구는 피하는 것이 좋다.

116 하수처리계획 및 재이용계획의 계획오수량을 정할 때, 1인 1일 최대오수량의 20% 이하로 하며, 지역실태에 따라 필요 시 하수관로 내구연수 경과 또는 관로의 노후도 등을 고려하여 결정하는 것은?

㉮ 지하수량
㉯ 생활오수량
㉰ 공장폐수량
㉱ 재활용수량

해설
- 지하수량은 1인 1일 최대오수량의 10~20%로 한다.
- 생활오수량의 1인 1일 최대오수량은 상수도 계획상의 1인 1일 최대급수량을 감안하여 결정한다.

117 명반(Alum)을 사용하여 상수를 침전 처리하는 경우 약품주입 후 응집조에서 완속 교반을 하는 이유는?

㉮ 명반을 용해시키기 위하여
㉯ 플록(floc)을 공기와 접촉시키기 위하여
㉰ 플록(floc)이 잘 부서지도록 하기 위하여
㉱ 플록(floc)의 크기를 증가시키기 위하여

해설 황산알루미늄(명반)은 저렴하고 무독성으로 수중 탁질에 적합하며 부식성, 자극성이 없다.

118 암모니아성 질소(NH_3-N) 1mg/L를 질산성 질소($NO^{-3}-N$)로 산화하는데 필요한 산소량은?

㉮ 1.71mg/L
㉯ 3.42mg/L
㉰ 4.57mg/L
㉱ 5.14mg/L

 115. ㉱ 116. ㉮ 117. ㉱ 118. ㉰

2018년 4월 28일 시행

[해설] $NH_3 - N + 2O_2 \rightarrow NO^{-3} + H^+ + H_2O$
14(g) : 2×32(g) = 1(mg/L) : x(mg/L)
∴ $x(O_2) = 4.57$(mg/L)

119 관로의 위치가 동수경사선보다 높게 되는 것을 피할 수 없는 경우가 발생할 때 부분적으로 동수경사선을 상승시키는 방법으로 옳은 것은?
㉮ 부압이 생기는 장소의 전체 관경을 줄여준다.
㉯ 부압이 생기는 장소의 전체 관경을 늘려준다.
㉰ 부압이 생기는 장소의 상류측 관경을 크게 하고 하류측 관경을 작게 한다.
㉱ 부압이 생기는 장소의 상류측 관경을 작게 하고 하류측 관경을 크게 한다.

[해설]
- 도수 및 송수관로가 동수경사선보다 높으면 압력이 낮아져 물속에 용해되어 있던 공기가 분리되어 물의 흐름을 방해한다.
- 관로가 동수경사선 이하가 되도록 할 수 없을 때는 감압밸브나 접합정을 설치하거나 상류측 관로의 관경을 크게 한다.

120 하수처리장 2차 침전지에서 슬러지 부상이 일어날 경우 관계되는 작용은?
㉮ 질산화반응   ㉯ 탈질반응
㉰ 핀플록반응   ㉱ 프라즈마반응

[해설] 침전지의 체류시간이 지나치게 길면 침전된 슬러지가 부패되어 슬러지가 부상되는 탈질반응이 작용한다.

[해답] 119. ㉰ 120. ㉯

03 토목산업기사

응용역학 / 측량학 / 수리학 / 철근콘크리트 및 강구조 / 토질 및 기초 / 상하수도공학

[2018년 9월 15일 시행]

▌알려드립니다 ▌

한국산업인력공단의 저작권법 저촉에 대한 언급(2013년 2회 시험)이 있어 과거에 출제된 동일한 문제나 그 유형의 문제로 재구성하였습니다.

01 응/용/역/학

001 장주에서 좌굴응력에 대한 설명 중 틀린 것은?
- ㉮ 탄성계수에 비례한다.
- ㉯ 세장비에 반비례한다.
- ㉰ 좌굴길이의 제곱에 반비례한다.
- ㉱ 단면2차 모멘트에 비례한다.

해설
- 좌굴하중 $P_b = \dfrac{n\pi^2 EI}{l^2}$
- 좌굴응력 $\sigma_b = \dfrac{P_b}{A} = \dfrac{n\pi^2 EI}{l^2 A} = \dfrac{n\pi^2 Er^2}{l^2} = \dfrac{n\pi^2 E}{\lambda^2}$

∴ 세장비(λ) 제곱에 반비례한다.

002 다음 그림의 3활절 원형 아치에서 지점 A의 반력은 얼마인가?

- ㉮ $H_A = wl$, $V_A = \dfrac{wl}{2}$
- ㉯ $H_A = \dfrac{wl}{2}$, $V_A = \dfrac{wl}{2}$
- ㉰ $H_A = \dfrac{wl}{2}$, $V_A = wl$
- ㉱ $H_A = wl$, $V_A = wl$

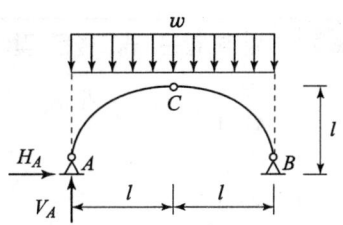

해설
- $R_A = wl$
- $\sum M_C = 0$

$R_A \times l - w \times l \times \dfrac{l}{2} - H_A \times l = 0$

$wl \times l - w \times l \times \dfrac{l}{2} = H_A \times l$

∴ $H_A = \dfrac{wl}{2}$

003 다음 사다리꼴의 도심의 위치(y_o)는?

㉮ $y_o = \dfrac{h}{3} \cdot \dfrac{2a+b}{a+b}$

㉯ $y_o = \dfrac{h}{3} \cdot \dfrac{a+2b}{a+b}$

㉰ $y_o = \dfrac{h}{3} \cdot \dfrac{a+b}{2a+b}$

㉱ $y_o = \dfrac{h}{3} \cdot \dfrac{a+b}{a+2b}$

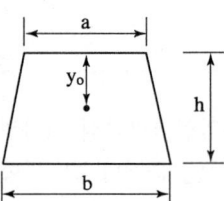

해설 $y_o = \dfrac{G_x}{A} = \dfrac{\left(\dfrac{ah}{2} \times \dfrac{h}{3}\right) + \left(\dfrac{bh}{2} \times \dfrac{2}{3}h\right)}{\dfrac{ah}{2} + \dfrac{bh}{2}} = \dfrac{\dfrac{h^2}{6}(a+2b)}{\dfrac{h}{2}(a+b)} = \dfrac{h}{3} \cdot \dfrac{a+2b}{a+b}$

004 폭이 20cm이고 높이가 30cm인 사각형 단면의 목재보가 있다. 이 보에 작용하는 최대 휨모멘트가 1.8t·m일 때 최대 휨응력은?

㉮ 60 kg/cm² ㉯ 120 kg/cm²
㉰ 260 kg/cm² ㉱ 300 kg/cm²

해설
- $Z = \dfrac{bh^2}{6} = \dfrac{20 \times 30^2}{6} = 3000\,cm^3$
- $\sigma = \dfrac{M}{Z} = \dfrac{180000}{3000} = 60\,kg/cm^2$

005 그림과 같은 구조물은 몇 차 부정정 구조물인가?

㉮ 3
㉯ 4
㉰ 5
㉱ 6

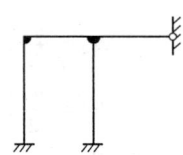

해설 $N = r + m + s - 2k = 8 + 4 + 3 - 2 \times 5 = 5$차 부정정
여기서, m : 부재수(절점 사이 부재수)
s : 강절점수(기존 부재에 붙어 있는 부재수)
k : 지점 및 자유단을 포함하는 절점수

006 변형 에너지(strain energy)에 속하지 않는 것은?

㉮ 외력의 일(external work) ㉯ 축방향 내력의 일
㉰ 휨모멘트에 의한 내력의 일 ㉱ 전단력에 의한 내력의 일

해설 내력 일 = 축방향 내력 일 + 전단력에 의한 내력 일 + 휨모멘트에 의한 내력 일

해답 003. ㉯ 004. ㉮ 005. ㉰ 006. ㉮

007 그림과 같은 정정 트러스에 있어서 a 부재에 일어나는 부재내력은?

㉮ 6t (압축)
㉯ 5t (인장)
㉰ 4t (압축)
㉱ 3t (인장)

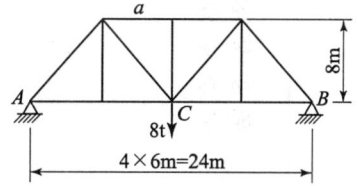

- 대칭이므로 $R_A = 4t$
- $M_C = 0$
  $4 \times 12 - a \times 8 = 0$
  $\therefore a = 6t$ (압축)

008 그림과 같이 단순보에 하중 P가 경사지게 작용할 때 A점에서의 수직반력 V_A를 구하면?

㉮ $\dfrac{Pb}{(a+b)}$

㉯ $\dfrac{Pa}{2(a+b)}$

㉰ $\dfrac{Pa}{(a+b)}$

㉱ $\dfrac{Pb}{2(a+b)}$

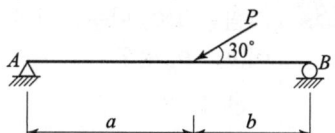

- $\Sigma M_B = 0$
  $V_A \times (a+b) - P\sin 30° \times b = 0$
  $\therefore V_A = \dfrac{1}{(a+b)} \times \dfrac{1}{2} Pb = \dfrac{Pb}{2(a+b)}$

009 반경 r인 원형 단면에서 도심축에 대한 단면 2차 모멘트는?

㉮ $\dfrac{\pi r^4}{64}$

㉯ $\dfrac{\pi r^4}{32}$

㉰ $\dfrac{\pi r^4}{16}$

㉱ $\dfrac{\pi r^4}{4}$

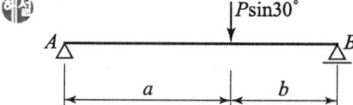
$I_X = \dfrac{\pi D^4}{64} = \dfrac{\pi (2r)^4}{64} = \dfrac{\pi r^4}{4}$

해답 007. ㉮ 008. ㉱ 009. ㉱

010 그림과 같은 구조물에서 부재 AC가 받는 힘의 크기는?

㉮ 6t
㉯ 5t
㉰ 4t
㉱ 3t

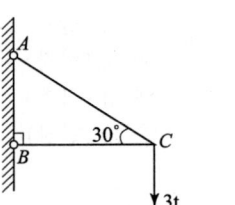

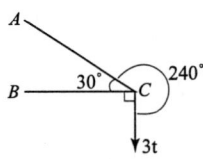

$$\frac{3}{\sin 30°} = \frac{AC}{\sin 90°}$$
$$\therefore AC = 6t$$

011 그림과 같이 단순보에서 B점에 모멘트 하중이 작용할 때 A점과 B점의 처짐각의 비($\theta_A : \theta_B$)는?

㉮ 1 : 2
㉯ 2 : 1
㉰ 1 : 3
㉱ 3 : 1

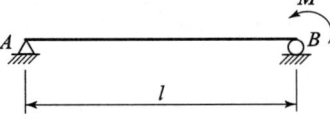

- $\theta_A = \dfrac{Ml}{6EI}$
- $\theta_B = \dfrac{Ml}{3EI}$
- $\theta_A : \theta_B = \dfrac{Ml}{6EI} : \dfrac{Ml}{3EI} = 1 : 2$

012 아래 그림과 같은 단순보에서 최대 처짐은?

㉮ $\dfrac{Pl^3}{48EI}$
㉯ $\dfrac{Pl^2}{36EI}$
㉰ $\dfrac{Pl^2}{24EI}$
㉱ $\dfrac{Pl^3}{12EI}$

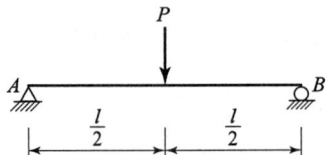

- 처짐 $y = \dfrac{Pl^3}{48EI}$
- 처짐각 $\theta = \dfrac{Pl^2}{16EI}$

010. ㉮ 011. ㉮ 012. ㉮

013

가로 방향의 변형률이 0.0022이고 세로 방향의 변형률이 0.0083인 재료의 푸아송 수는?

㉮ 2.8　　㉯ 3.2　　㉰ 3.8　　㉱ 4.2

해설
- 푸아송의 비

$$\nu = \frac{\beta}{\epsilon} = \frac{\frac{\Delta d}{d}}{\frac{\Delta l}{l}} = \frac{\Delta d \cdot l}{d \cdot \Delta l}$$

$$\nu = \frac{0.0022}{0.0083} = 0.265$$

- 푸아송의 수

$$m = \frac{1}{\nu} = \frac{1}{0.265} = 3.8$$

014

아래 그림과 같은 단순보에 발생하는 최대 전단응력(τ_{max})은?

㉮ $\dfrac{4wL}{9bh}$

㉯ $\dfrac{wL}{2bh}$

㉰ $\dfrac{9wL}{16bh}$

㉱ $\dfrac{3wL}{4bh}$

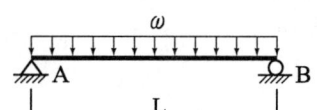 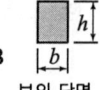

해설
- $S_{max} = R_A = \dfrac{wL}{2}$
- $\tau_{max} = \dfrac{3}{2} \dfrac{S_{max}}{A} = \dfrac{3wL}{4bh}$

015

다음 중 부정정보의 해석방법은?

㉮ 변위일치법　　㉯ 모멘트 면적법
㉰ 탄성하중법　　㉱ 공액보법

해설 부정정보의 해석방법에는 처짐각법, 최소일의 정리, 모멘트 분배법, 변위일치법, 3연 모멘트법이 있다.

016

지름이 D인 원형 단면의 단주에서 핵(core)의 면적으로 옳은 것은?

㉮ $\dfrac{\pi D^2}{4}$　　㉯ $\dfrac{\pi D^2}{16}$

㉰ $\dfrac{\pi D^2}{32}$　　㉱ $\dfrac{\pi D^2}{64}$

해답 013. ㉰　014. ㉱　015. ㉮　016. ㉰

해설)
• 핵 거리(반지름)

$$e = \frac{Z}{A} = \frac{\frac{\pi D^3}{32}}{\frac{\pi D^2}{4}} = \frac{D}{8}$$

• 핵 지름

$$2 \times \frac{D}{8} = \frac{D}{4}$$

• 핵 면적

$$\frac{\pi \left(\frac{D}{4}\right)^2}{4} = \frac{\pi D^2}{64}$$

017 아래 그림과 같이 지름 1cm인 강철봉에 10t의 물체를 매달면 강철봉의 길이 변화량은? (단, 강철봉의 탄성계수 $E = 2.1 \times 10^6 \text{kg/cm}^2$)

㉮ 0.74cm
㉯ 0.91cm
㉰ 1.07cm
㉱ 1.18cm

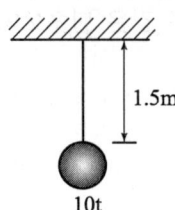

해설)
$$E = \frac{\sigma}{\varepsilon} = \frac{\frac{P}{A}}{\frac{\Delta l}{l}} = \frac{Pl}{A\,\Delta l}$$

$$\therefore \Delta l = \frac{Pl}{EA} = \frac{10000 \times 150}{2.1 \times 10^6 \times \frac{\pi \times 1^2}{4}} = 0.91 \text{cm}$$

018 다음 그림과 같이 0점에 P_1, P_2, P_3의 3힘이 작용하고 있을 때 점 A를 중심으로 한 모멘트의 크기는?

㉮ 8kg·cm
㉯ 10kg·cm
㉰ 15kg·cm
㉱ 18kg·cm

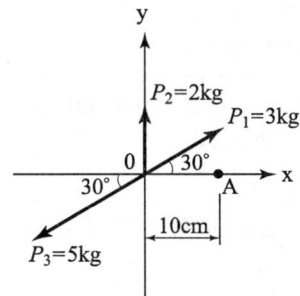

해설) P_1, P_3하중을 분력하여 구하면
$M_A = 2 \times 10 + 3\sin 30° \times 10 - 5\sin 30° \times 10 = 10 \text{kg·cm}$

정답 017. ㉯ 018. ㉯

019 아래 그림과 같은 보에서 C점에서의 휨모멘트는?

㉮ 16t·m
㉯ 20t·m
㉰ 32t·m
㉱ 40t·m

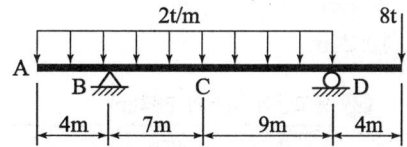

• $\Sigma M_D = 0$

$R_B \times 16 - 2 \times 20 \times \dfrac{20}{2} + 8 \times 4 = 0$

$\therefore R_B = 23\,t$

• $M_C = 23 \times 7 - 2 \times 11 \times \dfrac{11}{2} = 40\,t \cdot m$

020 아래 그림과 같은 내민보에서 지점 A의 수직 반력은 얼마인가?

㉮ 3.2t(↑)
㉯ 5.0t(↑)
㉰ 5.8t(↑)
㉱ 8.2t(↑)

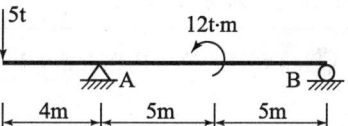

$\Sigma M_B = 0$

$R_A \times 10 - 5 \times 14 - 12 = 0$

$\therefore R_A = 8.2\,t(\uparrow)$

02 측/량/학

021 삼각측량에서 내각을 60°에 가깝도록 정하는 것을 원칙으로 하는 이유로 가장 타당한 것은?

㉮ 시각적으로 보기좋게 배열하기 위하여
㉯ 각 점이 잘 보이도록 하기 위하여
㉰ 측각의 오차가 변장에 미치는 영향을 최소화하기 위하여
㉱ 작업의 일관성을 위하여

• 삼각형의 내각이 30° ~ 120°가 아니면 좋지 않다. 왜냐하면 각의 오차가 변장에 큰 영향을 주기 때문이다.
• 삼각형의 모양은 등변삼각형이 가장 좋다.

022 우리나라의 1 : 50000 축척 지형도에서 주곡선의 간격은 얼마인가?
- ㉮ 5m
- ㉯ 10m
- ㉰ 20m
- ㉱ 50m

해설 등고선의 종류와 간격(m)

축척 종류	$\frac{1}{10,000}$	$\frac{1}{25,000}$	$\frac{1}{50,000}$
주곡선	5	10	20
간곡선	2.5	5	10
조곡선	1.25	2.5	5
계곡선	25	50	100

023 종단면도를 이용하여 유토곡선(mass curve)을 작성하는 목적과 가장 거리가 먼 것은?
- ㉮ 토량의 배분
- ㉯ 토량의 운반거리 산출
- ㉰ 토공기계의 결정
- ㉱ 교통로 확보

해설 유토곡선(토적곡선)은 토공에서 이용된다.

024 그림과 같이 O점에서 같은 정확도로 각을 관측하여 오차를 계산한 결과 $x_3-(x_1+x_2)=+45''$의 식을 얻었을 때 관측값 x_1, x_2, x_3에 대한 보정값 V_1, V_2, V_3는 얼마인가?
- ㉮ $V_1=-12.25''$, $V_2=-12.25''$, $V_3=+22.5''$
- ㉯ $V_1=-15''$, $V_2=-15''$, $V_3=+15''$
- ㉰ $V_1=+12.25''$, $V_2=+12.25''$, $V_3=-22.5''$
- ㉱ $V_1=+15''$, $V_2=+15''$, $V_3=-15''$

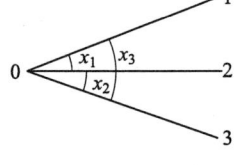

해설 조정량 = $\frac{45''}{3}=15''$
큰 각은 -보정, 작은 각은 +보정
$V_1=+15''$, $V_2=+15''$, $V_3=-15''$

025 삼각측량에서 대표적인 삼각망의 종류가 아닌 것은?
- ㉮ 단열삼각망
- ㉯ 귀심삼각망
- ㉰ 사변형망
- ㉱ 유심삼각망

해설 • 삼각망의 정확도
단삼각망 < 단열삼각망 < 유심삼각망 < 사변형 삼각망

026 접선과 현이 이루는 각을 이용하여 곡선을 설치하는 방법으로 정확도가 비교적 높아 단곡선 설치에 가장 널리 사용되고 있는 방법은?

㉮ 지거설치법 ㉯ 중앙종거법
㉰ 편각설치법 ㉱ 현편거법

• 단곡선 설치 방법 중에 편각설치법이 가장 많이 사용한다.
• 중앙종거법은 기존 설치된 도로를 신도로로 확장 및 포장에 있어 곡선을 정정할 때 많이 쓰이는 방법이다.

027 기포관의 기포를 중앙에 있게 하여 100m 떨어져 있는 곳의 표척 높이를 읽고 기포를 중앙에서 5눈금 이동하여 표척의 눈금을 읽은 결과 그 차가 0.05m이었다면 감도는?

㉮ 19.6″ ㉯ 20.6″
㉰ 21.6″ ㉱ 22.6″

감도 $= \rho'' \times \dfrac{L}{nD} = 206265'' \times \dfrac{0.05}{5 \times 100} = 20.6''$

 028 등경사 지형에서 A점의 표고가 225m, B점의 표고가 125m, AB의 수평거리가 260m이다. 축척 1 : 10000의 지형도 위에 10m마다 등고선을 기입하려 할 때, A점으로부터 200m 등고선까지의 도상 길이는?

㉮ 5.5mm ㉯ 6.5mm
㉰ 7.5mm ㉱ 8.5mm

• $260 : 100 = x : 25$
∴ $x = \dfrac{260 \times 25}{100} = 65m$
• 축척을 고려한 도상거리
$\dfrac{65}{10000} = 0.0065m = 0.65cm = 6.5mm$

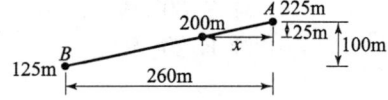

 029 수심 H인 하천의 유속 측정에서 평균유속을 구하기 위한 1점의 관측위치로 가장 적당한 수면으로부터 깊이는?

㉮ $0.2H$ ㉯ $0.4H$
㉰ $0.6H$ ㉱ $0.8H$

• 1점법에 의한 평균유속은 수면으로부터 수심 $0.6H$ 되는 곳의 유속을 말한다.
• 수심이 깊고, 유속이 빠른 장소에는 음향측정기와 수압측정기를 사용한다.

026. ㉰ 027. ㉯ 028. ㉯ 029. ㉰

2018년 9월 15일 시행

030 거리의 정확도 1/10000을 요구하는 100m 거리측량에서 사거리를 측정해도 수평거리로 허용되는 두 점간의 고저차 한계는?

㉮ 0.707m ㉯ 1.414m
㉰ 2.121m ㉱ 2.828m

해설 $C_g = -\dfrac{h^2}{2L}$

∴ $h = \sqrt{2LC_g} = \sqrt{2 \times 100 \times 0.01} = 1.414\,m$

여기서, $C_g = \dfrac{100}{10000} = 0.01$

031 완화곡선에 대한 설명으로 틀린 것은?

㉮ 곡률반지름이 큰 곡선에서 작은 곡선으로의 완화구간 확보를 위하여 설치한다.
㉯ 완화곡선에 연한 곡선 반지름의 감소율은 캔트의 증가율과 동일하다.
㉰ 캔트를 완화곡선의 횡거에 비례하여 증가시킨 완화곡선은 클로소이드이다.
㉱ 완화곡선의 반지름은 시점에서 무한대이고, 종점에서 원곡선의 반지름과 같아진다.

해설
- 종점의 캔트는 원곡선의 캔트와 같다.
- 완화곡선의 곡률(1/R)은 곡선길이에 비례한다.

032 측선 AB의 방위가 N 50° E일 때 측선 BC의 방위는? (단, 내각 ABC=120°이다.)

㉮ S 70° E
㉯ N 110° E
㉰ S 60° W
㉱ E 20° S

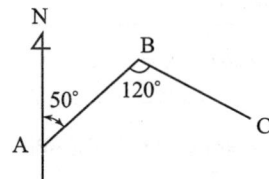

해설 측선 BC 방위각 = 50° + 180° - 120° = 110°
2상환이므로 방위 S 70° E

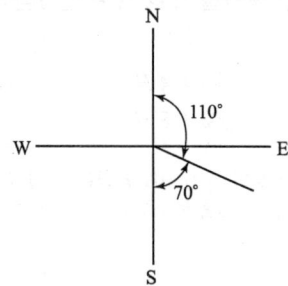

정답 030.㉯ 031.㉰ 032.㉮

033 수위표의 설치장소로 적합하지 않은 곳은?

㉮ 상·하류 최소 300m 정도 곡선인 장소
㉯ 교각이나 기타 구조물에 의한 수위변동이 없는 장소
㉰ 홍수시 유실 또는 이동이 없는 장소
㉱ 지천의 합류점에서 상당히 상류에 위치한 장소

해설
• 상·하류 최소 100m 정도 곡선인 장소
• 하상과 하안이 안전한 장소
• 홍수시에도 양수량을 쉽게 알아볼 수 있는 장소

034 표와 같은 횡단 수준측량 성과에서 우측 12m 지점의 지반고는? (단, 측점 No.10의 지반고는 100.00m이다.)

좌(m)		No	우(m)	
$\dfrac{2.50}{12.00}$	$\dfrac{3.40}{6.00}$	No.10	$\dfrac{2.40}{6.00}$	$\dfrac{1.50}{12.00}$

㉮ 101.50m ㉯ 102.40m ㉰ 102.50m ㉱ 103.40m

해설 우측 12m의 지점이 No.10 지반고 보다 1.5m 높으므로
100+1.5=101.5m

035 노선측량에서 원곡선에 의한 종단곡선을 상향기울기 5%, 하향기울기 2%인 구간에 설치하고자 할 때, 원곡선의 반지름은? (단, 곡선시점에서 곡선 종점까지의 거리=30m)

㉮ 900.24m
㉯ 857.14m
㉰ 775.20m
㉱ 428.57m

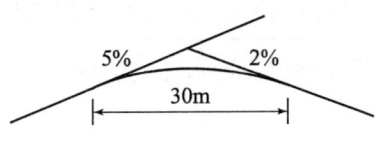

해설 $l = R(m \pm n)$

$30 = R\left(\dfrac{5}{100} - \dfrac{-2}{100}\right)$

∴ $R = 428.57\text{m}$

036 완화곡선 중 곡률이 곡선길이에 비례하는 곡선은?

㉮ 3차 포물선 ㉯ 클로소이드(clothoid) 곡선
㉰ 반파장 싸인(sine) 체감곡선 ㉱ 렘니스케이트(lemniscate) 곡선

해설
• 클로소이드 곡선은 곡률반경의 역수인 곡률(1/R)이 곡선장에 비례하여 증가하는 곡선이다.
• 완화곡선의 극각(σ)이 45°일 때 클로소이드 곡선이 가장 곡률이 큰 곡선이다.

해답 033. ㉮ 034. ㉮ 035. ㉱ 036. ㉯

037 각 측량 시 방향각에 6″의 오차가 발생한다면 3km 떨어진 측점의 거리오차는?

㉮ 5.6cm ㉯ 8.7cm ㉰ 10.8cm ㉱ 12.6cm

거리오차 = $\dfrac{6''}{206265''} \times 300000 = 8.7$ cm

038 항공사진의 특수 3점이 아닌 것은?

㉮ 표정점 ㉯ 주점 ㉰ 연직점 ㉱ 등각점

항공사진의 특수 3점이 하나로 일치되는 사진은 엄밀 수직사진이며 항공사진 측정에는 주로 거의 수직사진을 사용한다.

039 축척 1 : 5000인 도면상에서 택지개발지구의 면적을 구하였더니 34.98cm²이었다면 실제면적은?

㉮ 1749m² ㉯ 87450m²
㉰ 174900m² ㉱ 8745000m²

실제면적 = 도상면적 × m² = $34.98 \times \dfrac{1}{10000} \times 5000^2 = 87450$ m²

040 다음 중 위성에 탑재된 센서의 종류가 아닌 것은?

㉮ 초분광센서(Hyper Spectral Sensor)
㉯ 다중분광센서(Multispectral Sensor)
㉰ SAR(Synthetic Aperture Radar)
㉱ IFOV(Instantaneous Field Of View)

IFOV(Instantaneous Field Of View)는 한 픽셀이 담을 수 있는 화각을 의미한다.

03 수/리/학

041 정상적인 흐름 내의 한 개 유선에서 동수경사선은 다음 중 어느 값을 연결한 선의 기울기인가? (단, v = 유속, g = 중력가속도, w_o = 물의 단위중량, P = 압력, Z = 위치수두)

㉮ $\dfrac{v^2}{2g} + \dfrac{P}{w_o}$ ㉯ $\dfrac{v^2}{2g} + Z$

㉰ $\dfrac{v^2}{2g} + \dfrac{P}{w_o} + Z$ ㉱ $\dfrac{P}{w_o} + Z$

037. ㉯ 038. ㉮ 039. ㉯ 040. ㉱ 041. ㉱

해설
- 동수경사선 $= \dfrac{P}{w} + Z$
- 에너지선 $= \dfrac{V^2}{2g} + \dfrac{P}{w} + Z$

042 개수로에서 수리학상 유리한 단면(best section)에 대한 설명으로 옳은 것은?
㉮ 동수반경이 최소가 되는 단면이다.
㉯ 유량을 최소로 하여 주는 단면이다.
㉰ 윤변(潤邊) 길이를 최대로 하여 주는 단면이다.
㉱ 주어진 유량에 대하여 단면적을 최소로 하는 단면이다.

해설
- 동수반경이 최대가 되는 단면이다.
- 유량을 최대로 흘려 보낼 수 있는 단면이다.
- 윤변이 최소가 되는 단면이다.
- 직사각형 단면일 경우 수심이 폭의 1/2인 단면이다.($B=2h$)

043 Darcy 공식에 관한 설명으로 옳지 않은 것은?
㉮ Darcy 공식은 물의 흐름이 층류인 경우에만 적용할 수 있다.
㉯ 투수계수 k의 차원은 $[LT^{-1}]$이다.
㉰ 투수계수는 흙 입자의 성질에만 관계된다.
㉱ 동수경사는 $I = -\dfrac{dh}{ds}$로 표현할 수 있다.

해설 투수계수는 물의 점성, 단위중량, 입경, 공극비, 포화도 등이 관계된다.

044 다음 중 점성계수(μ)의 차원으로 옳은 것은?
㉮ $[ML^{-1}T^{-1}]$ ㉯ $[L^2T^{-1}]$
㉰ $[LMT^{-2}]$ ㉱ $[L^{-3}M]$

해설
- 점성계수
 $\mu = g/cm \cdot sec = ML^{-1}T^{-1}$
- 동점성계수
 $v = cm^2/sec = L^2T^{-1}$

045 다음 중 사류의 조건에 해당되지 않는 것은? (단, I : 경사, I_c : 한계경사, V : 유속, V_c : 한계유속, h : 수심, h_c : 한계수심, F_r : Froude Nmber)
㉮ $I < I_c$ ㉯ $V > V_c$
㉰ $h < h_c$ ㉱ $F_r > 1$

해설 $I < I_c$: 상류

해답 042. ㉱   043. ㉰   044. ㉮   045. ㉮

046

Darcy-Weisbach의 마찰손실계수가 $f = \dfrac{64}{Re}$ (Re : 레이놀즈 수)이며 지름 0.2cm인 유리관속을 유량 0.8cm³/sec로 흐를 때 관의 길이 1.0m의 손실수두는? (단, 동점성계수 $v = 1.12 \times 10^{-2}$ cm²/sec임)

㉮ $h_L = 11.6$ cm ㉯ $h_L = 23.3$ cm
㉰ $h_L = 2.33$ cm ㉱ $h_L = 1.16$ cm

해설

- $V = \dfrac{Q}{A} = \dfrac{0.8}{\dfrac{3.14 \times 0.2^2}{4}} = 25.5$ cm/sec

- $R_e = \dfrac{VD}{v} = \dfrac{25.5 \times 0.2}{1.12 \times 10^{-2}} = 454.7 < 2000$ 이므로

- $f = \dfrac{64}{R_e} = \dfrac{64}{454.7} = 0.14$

∴ $h_L = f \dfrac{l}{D} \dfrac{V^2}{2g} = 0.14 \times \dfrac{100}{0.2} \times \dfrac{25.5^2}{2 \times 980} = 23.3$ cm

047

사각형 광폭 수로에서 한계류에 대한 설명으로 틀린 것은?

㉮ 주어진 유량에 대해 비에너지가 최소이다.
㉯ 주어진 비에너지에 대해 유량이 최대이다.
㉰ 한계수심은 비에너지의 2/3이다.
㉱ 주어진 유량에 대해 비력이 최대이다.

해설
- 한계류란 상류의 흐름에서 사류의 흐름으로 변화될 때 경계가 되는 단면이다.
- 한계수심은 $F_r = 1$이다.
- 포물선 수로의 한계수심 $h_c = \dfrac{3}{4} H_e$
- 삼각형 수로의 한계수심 $h_c = \dfrac{4}{5} H_e$

048

속도변화를 Δv, 질량을 m이라 할 때, Δt 시간에 외력 F가 작용할 때의 운동량 방정식은?

㉮ $F \cdot \Delta v = m \cdot \Delta t$ ㉯ $F = m \cdot \Delta v \cdot \Delta t$
㉰ $F \cdot \Delta t = m \cdot \Delta v$ ㉱ $\dfrac{F}{\Delta t} = m$

해설
- $F = m \cdot a = m \cdot \dfrac{V_2 - V_1}{\Delta t}$
  $F \cdot \Delta t = m \cdot (V_2 - V_1)$
- 극히 짧은 시간 사이에 유체가 어떤 면에 충돌하여 발생되는 작용, 반작용의 힘을 구하는 경우에 운동량 방정식을 적용한다.

046. ㉯ 047. ㉱ 048. ㉰

[049] 폭이 b인 직사각형 위어에서 양단수축이 생길 경우 폭 b_o는 얼마인가? (단, Francis 공식을 적용한다.)

㉮ $b_o = b - \dfrac{h}{5}$ ㉯ $b_o = 2b - \dfrac{h}{5}$

㉰ $b_o = b - \dfrac{h}{10}$ ㉱ $b_o = 2b - \dfrac{h}{10}$

해설
- $Q = 1.84 b_o h^{\frac{3}{2}}$
- $b_o = b - 0.1 nh$

여기서, 양단수축이므로 $n = 2$

$b_o = b - 0.1 \times 2h = b - 0.2h = b - \dfrac{h}{5}$

[050] 개수로의 특성에 대한 설명으로 옳지 않은 것은?

㉮ 배수곡선은 완경사 흐름의 하천에서 장애물에 의해 발생한다.
㉯ 상류에서 사류로 바뀔 때 한계수심이 생기는 단면을 지배단면이라 한다.
㉰ 사류에서 상류로 바뀌어도 흐름의 에너지선은 변하지 않는다.
㉱ 한계수심으로 흐를 때의 경사를 한계경사라 한다.

해설
- 사류에서 상류로 바뀌면 흐름의 에너지선은 변한다.
- 한계수심은 비에너지가 최소가 될 때의 수심이다.

[051] 수심이 3m, 폭이 2m인 직사각형 수로를 연직으로 가로 막을 때 연직판에 작용하는 전수압의 작용점($\overline{y}$)의 위치는? (단, $\overline{y}$는 수면으로부터의 거리)

㉮ 2m ㉯ 2.5m ㉰ 3m ㉱ 6m

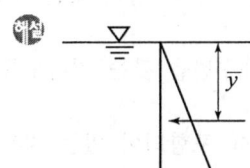

$\overline{y} = \dfrac{2}{3} h = \dfrac{2}{3} \times 3 = 2\text{m}$

[052] 관수로에서 Darcy-Weisbach 공식의 마찰손실계수 f가 0.04일 때 Chezy의 평균 유속공식 $V = C\sqrt{RI}$에서 C는?

㉮ 25.5 ㉯ 44.3 ㉰ 51.1 ㉱ 62.4

해설 $f = \dfrac{8g}{C^2}$ ∴ $C = \sqrt{\dfrac{8g}{f}} = \sqrt{\dfrac{8 \times 9.8}{0.04}} = 44.3$

해답 049. ㉮ 050. ㉰ 051. ㉮ 052. ㉯

053. 관수로 내의 흐름에서 가장 큰 손실수두는?

㉮ 마찰 손실수두 ㉯ 유출 손실수두
㉰ 유입 손실수두 ㉱ 급확대 손실수두

해설
- 관수로에서 관마찰에 의한 손실이 가장 크다.
- 마찰 손실수두 $h_L = f \dfrac{l}{D} \dfrac{V^2}{2g}$

054. 모세관 현상에 대한 설명으로 옳지 않은 것은?

㉮ 모세관 현상은 액체와 벽면 사이의 부착력과 액체분자 간 응집력의 상대적인 크기에 의해 영향을 받는다.
㉯ 물과 같이 부착력이 응집력보다 클 경우 세관 내의 물은 물 표면보다 위로 올라간다.
㉰ 액체와 고체 벽면이 이루는 접촉각은 액체의 종류와 관계없이 동일하다.
㉱ 수은과 같이 응집력이 부착보다 크면 세관 내의 수은은 수은 표면보다 아래로 내려간다.

해설
- 액체와 고체 벽면이 이루는 접촉각은 액체의 종류에 따라 다르다.
- 모세관의 상승 높이는 모세관의 직경 d와 액체의 단위중량에 반비례한다.

$$h = \dfrac{4T\cos\theta}{wd}$$

055. 지하수에 대한 설명으로 옳은 것은?

㉮ 지하수의 연직분포는 지하수위 상부층인 포화대, 지하수위 하부층인 통기대로 구분된다.
㉯ 지표면의 물이 지하로 침투되어 투수성이 높은 암석 또는 흙에 포함되어 있는 포화상태의 물을 지하수라 한다.
㉰ 지하수면이 대기압의 영향을 받고 자유수면을 갖는 지하수를 피압지하수라 한다.
㉱ 상하의 불투수층 사이에 낀 대수층 내에 포함되어 있는 지하수를 비피압지하수라 한다.

해설
- 상하의 불투수층 사이에 낀 대수층 내에 포함되어 있는 지하수를 피압대수층(지하수)이라 하며 이를 양수하는 우물을 굴착정이라 한다.
- 불투수층 위에 대수층 내에 자유 지하수면을 가지는 비피압대수층을 양수하는 우물 중 우물바닥이 불투수층까지 도달한 것을 심정이라 한다.
- 양수하는 우물 중 우물바닥이 불투수층까지 도달하지 않은 것을 천정이라 한다.

정답 053. ㉮ 054. ㉰ 055. ㉯

056 그림과 같이 단면 ①에서 단면적 $A_1 = 10\,cm^2$, 유속 $V_1 = 2\,m/s$이고, 단면 ②에서 단면적 $A_2 = 20\,cm^2$일 때 단면 ②의 유속(V_2)과 유량(Q)은?

㉮ $V_2 = 200\,cm/s$, $Q = 2000\,cm^3/s$
㉯ $V_2 = 100\,cm/s$, $Q = 1500\,cm^3/s$
㉰ $V_2 = 100\,cm/s$, $Q = 2000\,cm^3/s$
㉱ $V_2 = 200\,cm/s$, $Q = 1000\,cm^3/s$

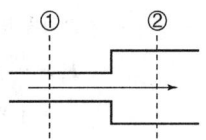

해설 $Q = A_1\,V_1 = A_2\,V_2$이므로
• $Q = A_1\,V_1 = 10 \times 200 = 2000\,cm^3/s$
• $A_1\,V_1 = A_2\,V_2$
$10 \times 200 = 20 \times V_2$
∴ $V_2 = 100\,cm/s$

057 오리피스에서의 실제 유속을 구하기 위하여 에너지 손실을 고려하는 방법으로 옳은 것은?

㉮ 이론 유속에 유속계수를 곱한다. ㉯ 이론 유속에 유량계수를 곱한다.
㉰ 이론 유속에 수축계수를 곱한다. ㉱ 이론 유속에 모형계수를 곱한다.

해설 실제 유속 $V = C_v\sqrt{2gh}$

058 부체에 관한 설명 중 틀린 것은?
㉮ 수면으로부터 부체의 최심부(가장 깊은 곳)까지의 수심을 흘수라 한다.
㉯ 경심은 물체 중심선과 부력 작용선의 교점이다.
㉰ 수중에 있는 물체는 그 물체가 배제한 배수량 만큼 가벼워진다.
㉱ 수면에 떠 있는 물체의 경우 경심이 중심보다 위에 있을 때는 불안정한 상태이다.

해설 • 수면에 떠 있는 물체의 경우 경심(M)이 중심(G)보다 위에 있을 때는 안정한 상태이다.
• 경심고가 클수록 부체는 안정하다.

059 그림과 같이 1/4원의 벽면에 접하여 유량 $Q = 0.05\,m^3/s$이 면적 $200\,cm^2$으로 일정한 단면을 따라 흐를 때 벽면에 작용하는 힘은? (단, 무게 1kg = 9.8N)

㉮ 117.6N
㉯ 176.4N
㉰ 1176N
㉱ 1764N

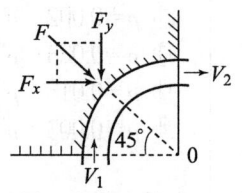

정답 056.㉰ 057.㉮ 058.㉱ 059.㉯

- 수평방향

$$F_x = \frac{w}{g}Q(V_{1x}-V_{2x}) = \frac{wQ}{g}\left(0-\frac{Q}{A}\right) = \frac{1\times 0.05}{9.8}\left(0-\frac{0.05}{200\times 10^{-4}}\right)$$
$$= -1.27\times 10^{-2}\,t$$

- 연직방향

$$F_x = \frac{w}{g}Q(V_{1y}-V_{2y}) = \frac{wQ}{g}\left(\frac{Q}{A}-0\right) = \frac{1\times 0.05}{9.8}\left(\frac{0.05}{200\times 10^{-4}}-0\right)$$
$$= 1.27\times 10^{-2}\,t$$

$$\therefore F = \sqrt{F_x^2+F_y^2} = \sqrt{(-0.0127)^2+(0.0127)^2} = 0.018t\times 1000\times 9.8 = 176.4\text{N}$$

060 폭이 1.5m인 직사각형 단면 수로에 유량 $Q=0.5\text{m}^3/\text{s}$의 물이 흐르고 있다. 수심 $h=1\text{m}$인 경우 이 흐름의 상태는?

㉮ 상류   ㉯ 사류
㉰ 한계류 ㉱ 층류

해설
$$h_c = \left(\frac{\alpha Q^2}{g b^2}\right)^{1/3} = \left(\frac{1.1\times 0.5^2}{9.8\times 1.5^2}\right)^{1/3} = 0.23\text{m}$$
$h > h_c$ 이므로 상류이다.

04 철/근/콘/크/리/트 /및/ 강/구/조

061 콘크리트에 초기 프리스트레스 힘 $P_i=650\text{kN}$을 도입한 후 시간적 손실에 의하여 프리스트레스가 손실되어 유효프리스트레스 힘 P_e가 560kN이 되었다. 유효율은?

㉮ 74%   ㉯ 80%
㉰ 86%   ㉱ 95%

해설 유효율
$$R = \frac{P_e}{P_i}\times 100 = \frac{560}{650}\times 100 ≒ 86\%$$

062 그림과 같은 복철근 직사각형보에서 인장철근비 ρ와 압축철근비 ρ'는 각각 얼마인가?

㉮ $\rho=0.002$ $\rho'=0.018$
㉯ $\rho=0.023$ $\rho'=0.007$
㉰ $\rho=0.015$ $\rho'=0.008$
㉱ $\rho=0.003$ $\rho'=0.006$

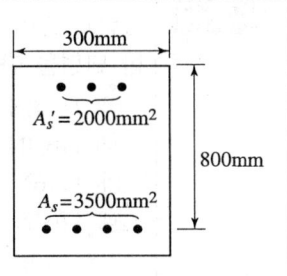

정답 060. ㉮ 061. ㉰ 062. ㉰

해설
- 인장 철근비 $\rho = \dfrac{A_s}{bd} = \dfrac{3500}{300 \times 800} = 0.015$
- 압축 철근비 $\rho' = \dfrac{A_s'}{bd} = \dfrac{2000}{300 \times 800} = 0.008$

063 강도설계법에서 그림의 단면을 가진 압축부재의 최대설계 축방향 하중 P_u는? (단, $f_{ck}=20$MPa, $f_y=300$MPa, $\phi=0.65$, $A_{st}=4000\text{mm}^2$이며 단주임.)

㉮ 2655 kN
㉯ 2406 kN
㉰ 2157 kN
㉱ 2003 kN

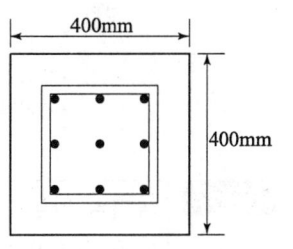

해설
$P_u = \phi P_n$
$= 0.65 \times 0.8 \times \{0.85 f_{ck} A_c + f_y A_{st}\}$
$= 0.65 \times 0.8 \times \{0.85 \times 20 \times (40^2 - 40) \times 10^{-4} + 300 \times 40 \times 10^{-4}\}$
$= 2,003 \text{kN}$

참고 나선 철근 기둥의 경우
$P_u = \phi P_n = 0.7 \times 0.85 \times \{0.85 f_{ck} A_c + f_y A_{st}\}$

064 철근콘크리트 보에 전단력과 휨만이 작용할 때 콘크리트가 받을 수 있는 설계 전단 강도(ϕV_c)는 약 얼마인가? (단, $b_w=300$mm, $d=550$mm, $f_{ck}=27$MPa)

㉮ 101 kN ㉯ 107 kN
㉰ 114 kN ㉱ 122 kN

해설 $\phi V_c = \phi \dfrac{1}{6}\sqrt{f_{ck}}\, b_w d = 0.75 \times \dfrac{1}{6}\sqrt{27} \times 300 \times 550 = 107,170\text{N} \fallingdotseq 107\text{kN}$

065 그림과 같이 지간 중앙점에서 강선을 꺾었을 때 이 중앙점에서 상향력 U의 값은?

㉮ $2F\sin\theta$
㉯ $4F\sin\theta$
㉰ $2F\tan\theta$
㉱ $4F\tan\theta$

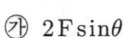

해설 $U = 2F\sin\theta = 2 \times 2F\sin\theta = 4F\sin\theta$

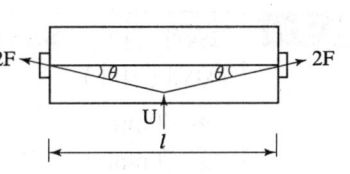

066 단철근 직사각형보에 하중이 작용하여 10mm의 탄성처짐이 발생하였다. 모든 하중이 5년 이상의 장기하중으로 작용한다면 총처짐량은 얼마인가?

㉮ 15mm ㉯ 20mm
㉰ 30mm ㉱ 40mm

해설
- $\lambda = \dfrac{\xi}{1+50\rho'} = \dfrac{2.0}{1+50\times 0} = 2$
- 장기처짐 = 탄성처짐 $\times \lambda = 10 \times 2 = 20$mm
- 총처짐 = 탄성처짐 + 장기처짐 = $10 + 20 = 30$mm

067 옹벽의 안정에 관한 다음 내용 중 잘못된 것은?

㉮ 활동에 대한 저항력은 옹벽에 작용하는 수평력의 1.5배 이상이라야 한다.
㉯ 전도에 대한 저항모멘트는 횡토압에 의한 전도모멘트의 2배 이상이라야 한다.
㉰ 지반에 작용하는 최대 압력이 지반의 허용지지력을 초과하지 않아야 한다.
㉱ 기초지반에 작용하는 외력의 합력 작용점은 반드시 저판 중앙 1/3 안에 위치해야 한다.

해설 모든 외력의 합력의 작용점이 옹벽 저면 중앙 1/3 이내에 있어야 한다.

068 그림과 같이 400mm×12mm의 강판을 홈 용접하려 한다. 500kN의 인장력이 작용하면 용접부에 일어나는 응력은 얼마인가?(단, 전단면을 유효길이로 한다.)

㉮ 92.2 MPa
㉯ 98.2 MPa
㉰ 101.2 MPa
㉱ 104.2 MPa

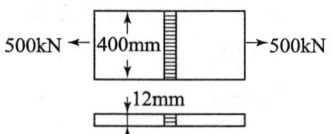

해설 $f = \dfrac{P}{\Sigma a \cdot l} = \dfrac{500000}{400 \times 12} = 104.2$MPa

069 그림과 같은 T형보에 대한 등가깊이 a는 얼마인가? (단, $f_{ck}=21$MPa, $f_y=400$MPa이다.)

㉮ 40mm
㉯ 70mm
㉰ 80mm
㉱ 150mm

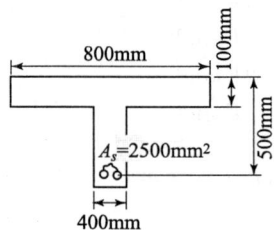

정답 066. ㉰ 067. ㉱ 068. ㉱ 069. ㉯

해설
- $a = \dfrac{A_s f_y}{0.85 b f_{ck}} = \dfrac{2500 \times 400}{0.85 \times 800 \times 21} ≒ 70\,mm$
- $t = 100\,mm$이고 $a = 70\,mm$이므로 즉 $a < t$이므로 폭이 b인 직사각형보이다.

070. 철근콘크리트 구조물의 전단철근에 대한 설명 중 틀린 것은?
㉮ 주인장 철근에 30° 이상의 각도로 구부린 굽힘철근은 전단철근으로 사용할 수 있다.
㉯ 스터럽과 굽힘철근을 조합하여 전단철근으로 사용할 수 없다.
㉰ 주인장 철근에 45° 이상의 각도로 설치되는 스터럽은 전단철근으로 사용할 수 있다.
㉱ 용접 이형철망을 제외한 일반적인 전단철근의 설계기준항복강도는 500MPa를 초과할 수 없다.

해설 스터럽과 굽힘철근을 조합하여 전단철근을 사용할 수 있다.

071. 강도설계법에 의해 보를 설계할 때 압축측 연단에서의 콘크리트의 최대 변형률은 얼마로 가정하는가?
㉮ 0.001   ㉯ 0.002
㉰ 0.003   ㉱ 0.004

해설 단면이 균형 파괴되는 상태는 인장철근이 항복강도 f_y에 도달함과 동시에 압축측 콘크리트가 극한 변형률 0.003에 도달하는 상태이다.

072. f_{ck}=60MPa인 휨부재에서 등가 직사각형 응력블록의 깊이 a를 구하기 위한 $β_1$은 얼마인가?
㉮ 0.612   ㉯ 0.626
㉰ 0.650   ㉱ 0.698

해설
- $β_1 = 0.85 - 0.007(f_{ck} - 28) \geq 0.65$
- $β_1 = 0.85 - 0.007(60 - 28) = 0.626$이나 위 기준에 따라 0.65이다.

073. 강도설계법에서 강도감소계수($φ$)를 규정하는 목적이 아닌 것은?
㉮ 재료 강도와 치수가 변동할 수 있으므로 부재의 강도저하 확률에 대비한 여유를 반영하기 위해
㉯ 부정확한 설계 방정식에 대비한 여유를 반영하기 위해
㉰ 구조물에서 차지하는 부재의 중요도 등을 반영하기 위해
㉱ 하중의 변경, 구조해석할 때의 가정 및 계산의 단순화로 인해 야기될지 모르는 초과하중에 대비한 여유를 반영하기 위해

해답 070.㉯ 071.㉰ 072.㉰ 073.㉱

해설 공칭강도를 계산하는 데 있어서 그 정확성과 재료와 크기의 다양한 변화를 감안하기 위해 강도감소계수 ϕ가 사용된다.

074 강재의 연결부 구조 사항으로 옳지 않은 것은?

㉮ 부재의 변형에 따른 영향을 고려하지 않는다.
㉯ 응력 집중이 없어야 한다.
㉰ 응력의 전달이 확실해야 한다.
㉱ 각 재편에 가급적 편심이 없어야 한다.

해설
• 부재의 변형에 따른 영향을 고려하여야 한다.
• 잔류응력이나 2차응력을 일으키지 않아야 한다.

075 다음 중 강도설계법에서 적용되는 부재별 강도감소계수가 잘못된 것은?

㉮ 인장지배단면 : 0.85
㉯ 압축지배단면 중 나선철근으로 보강된 철근콘크리트 부재 : 0.70
㉰ 무근콘크리트의 휨모멘트, 압축력, 전단력, 지압력을 받는 부재 : 0.55
㉱ 콘크리트의 지압력을 받는 부재 : 0.80

해설
• 콘크리트의 지압력을 받는 부재 : 0.65
• 전단력과 비틀림모멘트 : 0.75

076 아래의 표에서 설명하는 것은?

철근콘크리트 부재가 사용성과 안전성을 만족할 수 있도록 요구되는 단면의 단면력

㉮ 설계기준강도　　㉯ 배합강도
㉰ 공칭강도　　㉱ 소요강도

해설 철근콘크리트 구조물을 설계할 때는 하중계수와 하중조합을 모두 고려하여 해당 구조물에 작용하는 최대 소요강도에 대하여 만족하도록 설계하여야 한다.

077 건조수축 또는 온도변화에 의하여 콘크리트에 발생하는 균열을 방지하기 위한 목적으로 배치되는 철근은?

㉮ 수축·온도철근　　㉯ 비틀림 철근
㉰ 복부보강근　　㉱ 배력철근

해설
• 슬래브에서 휨철근이 1방향으로만 배치되는 경우 휨철근에 직각방향으로 수축·온도철근을 배치하여야 한다.
• 수축·온도철근량은 수축 및 온도 변화에 대한 변형이 심하게 구속되지 않은 휨부재에 적용되는 최소 철근량이므로 심하게 구속된 부재에 대해서는 하중조합을 고려하여 최소 철근량을 증가시켜야 한다.

정답 074.㉮　075.㉱　076.㉱　077.㉮

078 다음 중 풀 프리스트레싱(Full prestressing)에 대한 설명으로 옳은 것은?
㉮ 설계하중 작용 시 단면의 일부에 인장응력이 발생하도록 한 방법
㉯ 설계하중 작용 시 단면의 어느 부위에도 인장응력이 발생하지 않도록 한 방법
㉰ 외적으로 반력을 조절해서 프리스트레스를 도입하는 방법
㉱ 콘크리트가 경화한 뒤에 PS 강재를 긴장하는 방법

해설
- 풀 프리스트레싱
  설계하중 작용 시 단면의 어느 부위에도 인장응력이 발생하지 않도록 한 방법
- 부분 프리스트레싱
  설계하중 작용 시 단면의 일부에 인장응력이 발생하도록 한 방법
- 파셜 프리스트레스 보(partially prestressed beam)
  파셜 프리스트레스 보는 부분 프리스트레스 보이며 설계 하중하에 인장응력이 허용하도록 설계된 보다.

079 지름 30mm인 고력볼트를 사용하여 강판을 연결하고자 할 때 강판에 뚫어야 할 구멍의 지름은? (단, 표준적인 경우)
㉮ 27mm ㉯ 30mm
㉰ 33mm ㉱ 35mm

해설 구멍의 지름 = 30 + 3 = 33mm

080 인장 이형철근의 정착길이에 대한 설명으로 틀린 것은?
㉮ 인장 이형철근의 정착길이(l_d)는 기본 정착길이(l_{db})에 보정계수를 고려하여 구할 수 있다.
㉯ 인장 이형철근의 정착길이는 철근의 항복강도(f_y)에 비례한다.
㉰ 인장 이형철근의 정착길이는 콘크리트의 설계기준 압축강도(f_{ck})의 제곱근에 반비례한다.
㉱ 인장 이형철근의 정착길이(l_d)는 항상 500mm 이상이어야 한다.

해설
- 인장 이형철근의 정착길이(l_d)는 항상 300mm 이상이어야 한다.
- 인장 이형철근의 기본 정착길이(l_{db})
  $$l_{db} = \frac{0.6 d_b f_y}{\lambda \sqrt{f_{ck}}}$$

정답 078. ㉯ 079. ㉰ 080. ㉱

05 토/질 /및/ 기/초

081 기초가 갖추어야 할 조건으로 거리가 먼 것은?

㉮ 동결, 세굴 등에 안전하도록 최소의 근입깊이를 가져야 한다.
㉯ 기초의 시공이 가능하고 침하량이 허용치를 넘지 않아야 한다.
㉰ 상부로부터 오는 하중을 안전하게 지지하고 기초지반에 전달하여야 한다.
㉱ 미관상 아름답고 주변에서 쉽게 구득할 수 있는 재료로 설계되어야 한다.

해설 미관상 아름답게 할 필요는 없다.

082 흙의 전단특성에서 교란된 흙이 시간이 지남에 따라 손실된 강도의 일부를 회복하는 현상을 무엇이라 하는가?

㉮ Dilatancy ㉯ Thixotropy
㉰ Sensitivity ㉱ Iiquefaction

해설
- 딕소트로피(Thixotropy) : 파괴되어 교란된 흙이 시간이 지남에 따라 강도가 일부 회복되는 현상
- 다이러턴시 : 지반에 외부의 충격(전단)으로 체적이 증가 또는 감소되는 현상

083 포화 점토층의 두께가 6.0m이고 점토층 위와 아래는 모래층이다. 이 점토층이 최종 압밀 침하량의 70%를 일으키는 데 걸리는 기간은 몇 일인가? (단, 압밀계수 $C_v = 3.6 \times 10^{-3}$ cm²/sec이고, 압밀도 70%에 대한 시간계수 $T_v = 0.403$이다.)

㉮ 116.6일 ㉯ 342일
㉰ 233.2일 ㉱ 466.4일

해설
$$C_v = \frac{T_v \cdot H^2}{t}$$

$$\therefore t = \frac{T_v \cdot H^2}{C_v} = \frac{0.403 \times \left(\frac{600}{2}\right)^2}{3.6 \times 10^{-3}} = 10,075,000 \sec = 116.6일$$

084 Rod의 끝에 설치한 저항체를 땅속에 삽입하여 관입, 회전, 인발 등의 저항으로 토층의 성질을 탐사하는 것을 무엇이라 하는가?

㉮ Boring ㉯ Sounding
㉰ Sampling ㉱ Wash boring

해설 정적인 사운딩은 점성토 지반에 적합하고 동적인 사운딩은 사질토 지반에 적합하다.

정답 081. ㉱ 082. ㉯ 083. ㉮ 084. ㉯

085 직경 2mm의 유리관을 15°C의 정수중에 세웠을 때 모관상승고는 얼마인가? (단, 물과 유리관의 접촉각은 9°, 표면장력은 0.075g/cm)

㉮ 0.15cm ㉯ 1.1cm
㉰ 1.48cm ㉱ 15.0cm

$h_c = \dfrac{4T\cos\theta}{\gamma_w \cdot D} = \dfrac{4 \times 0.075 \times \cos 9°}{1 \times 0.2} = 1.48\text{cm}$

- $h_c = \dfrac{C}{e \cdot D_{10}}$
- $h_c = \dfrac{0.3}{D}(\text{cm})$
  (수온 15°C, $T = 0.758$g/cm, $\alpha = 0°$인 경우)

086 모래치환법에 의한 현장 흙의 단위무게 실험결과가 아래와 같다. 현장 흙의 건조 단위무게는?

- 실험구멍에서 파낸 흙의 중량 1600g
- 실험구멍에서 파낸 흙의 함수비 20%
- 실험구멍에 채워진 표준모래의 중량 1350g
- 실험구멍에 채워진 표준모래의 단위중량 1.35g/cm³

㉮ 0.93 g/cm³ ㉯ 1.13 g/cm³
㉰ 1.33 g/cm³ ㉱ 1.53 g/cm³

- $\gamma_{모래} = \dfrac{W}{V}$

  $1.35 = \dfrac{1350}{V}$

  $\therefore V = \dfrac{1350}{1.35} = 1000\text{cm}^3$

- $\gamma_t = \dfrac{W}{V} = \dfrac{1600}{1000} = 1.6\text{g/cm}^3$

- $\gamma_d = \dfrac{\gamma_t}{1 + \dfrac{\omega}{100}} = \dfrac{1.6}{1 + \dfrac{20}{100}} = 1.33\text{g/cm}^3$

다짐도 $= \dfrac{\gamma_d}{\gamma_{d\max}} \times 100$

087 다음 중 사면의 안정해석방법이 아닌 것은?

㉮ 마찰원법 ㉯ 비숍(Bishop)의 방법
㉰ 펠레니우스(Fellenius) 방법 ㉱ 카사그란데(Casagrande)의 방법

통일분류법은 Casagrande가 고안하였다.

085. ㉰ 086. ㉰ 087. ㉱

088
비중 2.65, 간극률 50%인 경우에 quick sand 현상을 일으키는 한계 동수 경사는?
- ㉮ 0.325
- ㉯ 0.825
- ㉰ 0.512
- ㉱ 1.013

해설
$$i_c = \frac{\gamma_{sub}}{\gamma_w} = \frac{G_s - 1}{1+e} = \frac{2.65-1}{1+1} = 0.825$$

여기서, $e = \frac{n}{100-n} = \frac{50}{100-50} = 1$

보충
- 분사현상이 안 일어나는 조건
$i < i_c$, $1 < F$

089
연약지반 개량 공법으로 압밀의 원리를 이용한 공법이 아닌 것은?
- ㉮ 프리로딩 공법
- ㉯ 바이브로 플로테이션 공법
- ㉰ 대기압 공법
- ㉱ 페이퍼 드레인 공법

해설 바이브로 플로테이션(vibro flotation) 공법은 사질토 지반 개량 공법으로 느슨한 모래지반에 봉으로 선단에서 물을 뿜어주며 수평진동을 주면서 모래를 채우며 다지는 공법이다.

090
어떤 흙의 간극비(e)가 0.52이고, 흙 속에 흐르는 물의 이론 침투속도(V)가 0.214cm/sec일 때 실제의 침투유속(V_s)은?
- ㉮ 0.424 cm/sec
- ㉯ 0.525 cm/sec
- ㉰ 0.626 cm/sec
- ㉱ 0.727 cm/sec

해설
- $n = \frac{e}{1+e} \times 100 = \frac{0.52}{1+0.52} \times 100 = 34.2\%$
- $V_s = \frac{V}{n} = \frac{0.214}{0.342} = 0.626 \text{cm/sec}$

091
어느 흙의 자연함수비가 그 흙의 액성한계보다 높다면 그 흙은 어떤 상태인가?
- ㉮ 소성상태에 있다.
- ㉯ 액체상태에 있다.
- ㉰ 반고체상태에 있다.
- ㉱ 고체상태에 있다.

해설

정답 088. ㉯ 089. ㉯ 090. ㉰ 091. ㉯

092 다음 중 흙의 투수계수에 영향을 미치는 요소가 아닌 것은?
- ㉮ 흙의 입경
- ㉯ 침투액의 점성
- ㉰ 흙의 포화도
- ㉱ 흙의 비중

해설 공극비, 흙의 형상계수, 물의 밀도와 관련이 있다.

093 다음의 지반개량공법 중 모래질 지반을 개량하는 데 사용되는 것은?
- ㉮ 다짐모래말뚝공법
- ㉯ 페이퍼 드레인 공법
- ㉰ 프리로딩 공법
- ㉱ 생석회 말뚝 공법

해설 사질(모래)지반의 개량공법에는 다짐말뚝공법, 다짐모래말뚝공법, 바이브로 플로테이션 공법, 전기충격공법, 폭파다짐공법, 동압밀공법 등이 있다.

094 말뚝기초에 있어서 말뚝의 정역학적 지지력 공식은?
- ㉮ Hiley 공식
- ㉯ Meyerhof 공식
- ㉰ Sander 공식
- ㉱ Engineering-News 공식

해설 정역학적 공식
Skempton 공식, Meyerhof 공식, Dorr 공식 등

095 점착력이 1.4t/m², 내부마찰각이 30°, 단위중량이 1.85t/m³인 흙에서 인장균열 깊이는 얼마인가?
- ㉮ 1.74m
- ㉯ 2.62m
- ㉰ 3.45m
- ㉱ 5.24m

해설 $Z_c = \dfrac{2C}{\gamma}\tan\left(45° + \dfrac{\phi}{2}\right) = \dfrac{2 \times 1.4}{1.85}\tan\left(45° + \dfrac{30°}{2}\right) = 2.62\text{m}$

096 다음 중 순수한 모래의 전단강도(τ)를 구하는 식으로 옳은 것은? (단, c는 점착력, ϕ는 내부마찰각, σ는 수직응력이다.)
- ㉮ $\tau = \sigma \cdot \tan\phi$
- ㉯ $\tau = c$
- ㉰ $\tau = c \cdot \tan\phi$
- ㉱ $\tau = \tan\phi$

해설
- 순수 점토에서는 $\phi = 0$이므로 $\tau = c$이다.
- 순수 모래에서는 $c = 0$이므로 $\tau = \sigma \cdot \tan\phi$이다.
- 일반 흙에서는 $\phi > 0$, $c > 0$이므로 $\tau = c + \sigma \cdot \tan\phi$이다.

해답 092. ㉱ 093. ㉮ 094. ㉯ 095. ㉯ 096. ㉮

097 점토의 자연시료에 대한 일축압축강도가 0.38MPa이고, 이 흙을 되비볐을 때의 일축압축강도가 0.22MPa이었다. 이 흙의 점착력과 예민비는 얼마인가? (단, 내부마찰각 $\phi = 0$이다.)

㉮ 점착력 : 0.19MPa, 예민비 : 1.73 ㉯ 점착력 : 1.9MPa, 예민비 : 1.73
㉰ 점착력 : 0.19MPa, 예민비 : 0.58 ㉱ 점착력 : 1.9MPa, 예민비 : 0.58

해설
- $C = \dfrac{q_u}{2} = \dfrac{0.38}{2} = 0.19 \text{MPa}$
- $S_t = \dfrac{q_u}{q_{ur}} = \dfrac{0.38}{0.22} = 1.73$

098 다음 중 표준관입시험으로부터 추정하기 어려운 항목은?

㉮ 극한 지지력 ㉯ 상대밀도
㉰ 점성토의 연경도 ㉱ 투수성

해설 표준관입시험 N치로 추정되는 사항

점토지반	사질토 지반
연경도(컨시스턴시)	상대밀도
일축압축강도	내부마찰각
점착력	지지력계수
파괴에 대한 극한지지력	탄성계수
파괴에 대한 허용지지력	침하에 대한 허용지지력

099 흙의 액성한계·소성한계 시험에 사용하는 흙 시료는 몇 mm체를 통과한 흙을 사용하는가?

㉮ 4.75mm체 ㉯ 2.0mm체
㉰ 0.425mm체 ㉱ 0.075mm체

해설 흙의 액성한계·소성한계 시험에 사용하는 흙 시료는 0.425mm(No.40)체 통과하는 시료를 사용한다.

100 다짐에 대한 설명으로 틀린 것은?

㉮ 점토를 최적함수비보다 작은 함수비로 다지면 분산구조를 갖는다.
㉯ 투수계수는 최적함수비 근처에서 거의 최소값을 나타낸다.
㉰ 다짐에너지가 클수록 최대건조단위중량은 커진다.
㉱ 다짐에너지가 클수록 최적함수비는 작아진다.

해설
- 점토를 최적함수비보다 작은 함수비로 다지면 면모구조, 최적함수비보다 많은 함수비로 다지면 이산구조가 된다.
- 조립토는 세립토보다 최대건조단위중량이 커진다.

해답 097. ㉮ 098. ㉱ 099. ㉰ 100. ㉮

06 상/하/수/도/공/학

101 침전지의 효율을 높이기 위한 사항으로서 틀린 것은?

㉮ 침전지의 표면적을 크게 한다.
㉯ 침전지 내 유속을 크게 한다.
㉰ 유입부에 정류벽을 설치한다.
㉱ 지(池)의 길이에 비하여 폭을 좁게 한다.

- 체류시간이 길수록 좋으므로 침전지 내 유속을 작게 한다.
- 수온이 높을수록 좋다.
- 유량(Q)를 적게 한다.
- 입자의 직경 및 응결성이 클수록 좋다.
- 표면부하 $\left(\dfrac{Q}{A}\right)$를 적게 한다.
- 침강 속도 (V_s)를 크게 한다.

102 하수관거가 갖추어야 할 특성에 대한 설명으로 옳지 않은 것은?

㉮ 관내의 내면이 매끈하고 조도계수가 클 것
㉯ 경제성이 있도록 가격이 저렴할 것
㉰ 산·알칼리에 대한 내구성이 양호할 것
㉱ 외압에 대한 강도가 높고 파괴에 대한 저항력이 클 것

- 관내의 내면이 매끈하고 조도계수가 낮을 것
- 유량의 변동에 대해서 유속의 변동이 적은 수리 특성을 가진 단면형일 것

103 하수처리장의 설계기준이 되는 기본적 하수량은 일반적으로 무엇을 기준으로 하는가?

㉮ 계획 1일 평균 오수량   ㉯ 계획 1일 최대 오수량
㉰ 계획 1시간 최소 오수량   ㉱ 계획 1시간 최대 오수량

- 하수처리 시설의 처리용량을 결정하는 기준이 되는 수량은 계획 1일 최대 오수량이다.
- 계획 오수량 : 생활 오수량 + 공장 폐수량 + 지하수량

104 활성슬러지 공법에 대한 설명으로 옳은 것은?

㉮ F/M비가 낮을수록 잉여슬러지 발생량은 증가된다.
㉯ F/M비가 낮을수록 잉여슬러지 발생량은 감소된다.
㉰ F/M비가 낮을수록 잉여슬러지 발생량은 초기 감소된 후 다시 증가된다.
㉱ F/M비와 잉여슬러지는 상관관계가 없다.

해답 101.㉯ 102.㉮ 103.㉯ 104.㉯

2018년 9월 15일 시행

- F/M비가 낮다는 것은 미생물의 먹이가 작다는 의미로 미생물들이 먹이를 먹을 수 있는 활동력이 남아 있다.
- 잉여슬러지는 활성을 잃어 더 이상 활동하지 않는 미생물 덩어리이다.
- F/M비가 낮으면 잉여슬러지의 발생도 적다.

105 지표수의 취수시설로 적당하지 않은 것은?

㉮ 취수문 ㉯ 취수탑
㉰ 취수틀 ㉱ 집수매거

- 하천의 취수시설은 취수문, 취수언, 취수탑, 취수관, 취수틀 등이 있다.
- 집수매거는 복류수(하천이나 호수 바닥 또는 측면부의 자갈 및 모래층에 포함되어 있는 물)를 취수하기 위하여 지중에 매설한 유공 관거 설비이다.
- 집수매거는 가능한 직접 지표수(호소수, 저수지수 등)의 영향을 받지 않도록 매설깊이는 5m 이상으로 하는 것이 바람직하다.

106 BOD 200mg/L, 유량 70000m³/day의 오수가 하천에 방류될 때 합류지점의 BOD 농도는? (단, 오수와 하천수는 완전혼합된다고 가정하고, 오수유입 전 하천수의 BOD 30mg/L, 유량은 3.6m³/sec)

㉮ 43.6mg/L ㉯ 57.3mg/L
㉰ 61.2mg/L ㉱ 79.3mg/L

- 방류 합류지점의 BOD 농도
$$\frac{200 \times 70000 + 30 \times 311040}{70000 + 311040} = 61.2\text{mg/L}$$
여기서, $3.6\text{m}^3/\text{sec} = 3.6 \times 60 \times 60 \times 24 = 311040\text{m}^3/\text{day}$

107 상수도 시설의 설계 시 계획취수량, 계획도수량, 계획정수량의 기준이 되는 것은?

㉮ 계획시간 최대급수량 ㉯ 계획 1일 최대급수량
㉰ 계획 1일 평균급수량 ㉱ 계획 1일 총급수량

- 계획 1일 최대급수량
  계획 1인 1일 최대급수량×급수인구×보급률
- 하수처리장 시설
  계획 1일 최대오수량을 기준한다.

108 포기조에 유입하수량이 4,000m³/day, 유입 BOD가 150mg/L, 미생물의 농도(MLSS)가 2,000mg/L일 때, 유기물질 부하율 0.6kgBOD/m³·day로 설계하는 활성슬러지 공정의 F/M비[kg-BOD/kg-MLSS·day]는?

㉮ 0.3 ㉯ 0.6
㉰ 1.0 ㉱ 1.5

정답 105.㉱ 106.㉰ 107.㉯ 108.㉮

해 • BOD 용적부하(kg · BOD/m³ · day)

$$= \frac{\text{유입 BOD 농도}(kg/m^3) \times \text{유입수량}(m^3/day)}{\text{폭기조부피}(m^3)}$$

$$0.6 = \frac{0.15 \times 4000}{\text{폭기조 부피}}$$

∴ 폭기조 부피(용적) $= \frac{0.15 \times 4000}{0.6} = 1000 m^3$

여기서, 유입 BOD 150mg/l = 0.15kg/m³
MLSS 2000mg/l = 2kg/m³

• F/M비 $= \frac{\text{유입 BOD 농도}(kg/m^3) \times \text{유입유량}(m^3/day)}{\text{MLSS}(kg/m^3) \times \text{폭기조 용적}(m^3)} = \frac{0.15 \times 4000}{2 \times 1000} = 0.3$

109 다음 중 염소 소독시 소독력에 가장 큰 영향을 미치는 수질인자는?
㉮ pH   ㉯ 탁도
㉰ 총 경도   ㉱ 알칼리도

해 염소 처리의 효과는 pH가 낮은 쪽이 가장 높다.

110 A도시는 하수의 배제방식으로서 분류식을 선택하였다. 하수처리장의 가동 후 계획된 오수량에 비해 유입 오수량이 적으며 공공수역의 오염이 해결되지 않았다면, 다음 중 이 문제에 대한 가장 큰 원인으로 생각할 수 있는 것은?
㉮ 우수관의 잘못된 관종 선택   ㉯ 우수관의 지하수 침투
㉰ 오수관의 우수관으로의 오접   ㉱ 하수배제 지역의 강우 빈발

해 • 오수관과 우수관을 각각 분리하여 배제하는 분류식 방식으로 방류 하천의 수질보전이 용이해야 하는데 잘못된 접합으로 인해 오염해결이 되지 않았다.
• 위생상으로는 분류식이, 경제적인 면에서는 합류식이 우수하다고 할 수 있다.

111 다음 중 관거의 관경이 변화하는 경우 또는 2개의 관거가 합류하는 경우의 가장 적합한 접합방법은?
㉮ 관중심 접합   ㉯ 관저 접합
㉰ 수면 접합   ㉱ 단차 접합

해 • 관거의 관경이 변화하는 경우 또는 2개의 관거가 합류하는 경우의 접합 방법은 원칙적으로 수면접합 또는 관정접합으로 한다.
• 관저접합은 관거의 내면 바닥이 일치되도록 하여 굴착깊이를 얕게 하여 공사비를 줄일 수 있어 경제적으로 유리한 접합 방식이지만 수리학적으로 불량하다.
• 수면접합 방법은 수리학적으로 가장 유리하다.
• 관정접합은 수위변화가 크고 지세가 급한 곳에 적당하다.
• 관정접합은 유수가 원활하지만 굴착 깊이가 크게 되어 공사비가 증대되고 펌프 양정고가 증가하는 단점이 있다.

정답 109. ㉮ 110. ㉰ 111. ㉰

112 하수도 계획의 목표연도는 몇 년을 기준하는가?
㉮ 10년　　㉯ 20년　　㉰ 25년　　㉱ 30년

해설 하수도 계획의 목표연도는 20년을 원칙으로 한다.

113 어떤 폐수의 최종 BOD가 300mg/L이고 탈산소계수 K_1는 0.2/day라고 하면 BOD_5 값은?
㉮ 230mg/L
㉯ 240mg/L
㉰ 260mg/L
㉱ 270mg/L

해설 $Y = La(1 - 10^{-k \times t})$
$= 300(1 - 10^{-0.2 \times 5}) = 270 mg/L$

114 상수 취수시설에 있어서 침사지의 설계에 관한 설명 중 틀린 것은?
㉮ 침사지의 형상은 장방형으로 하고 길이가 폭의 3~8배를 표준으로 한다.
㉯ 침사지의 위치는 가능한 한 취수구에 근접하여야 한다.
㉰ 유입 및 유출구에 제수밸브 또는 슬루스게이트를 설치한다.
㉱ 침사지내에서의 평균유속은 10~30cm/sec를 표준으로 한다.

해설 • 침사지 내에서의 평균유속은 2~7cm/sec를 표준으로 한다.
• 침사지의 유효수심은 3~4m를 표준으로 한다.

115 다음 중 펌프에 대한 설명으로 옳지 않은 것은?
㉮ 흡입구경은 토출량과 흡입구의 유속에 의해 결정이 된다.
㉯ 수격현상은 펌프의 급정지시 발생하게 된다.
㉰ 손실수두가 작을수록 실양정은 전양정과 비슷해진다.
㉱ 비속도가 클수록 같은 시간에 많은 물을 송수할 수 있다.

해설 비속도(비교회전도)가 클수록 같은 시간에 많은 물을 송수할 수 없다.

116 정수처리의 단위공정으로 오존처리법이 다른 처리법에 비하여 우수한 점으로 옳지 않은 것은?
㉮ 맛·냄새 물질과 색도제거의 효과가 우수하다.
㉯ 염소에 비하여 높은 살균력을 가지고 있다.
㉰ 염소살균에 비해서 잔류효과가 크다.
㉱ 철·망간의 산화 능력이 크다.

해설 • 염소살균에 비해서 잔류효과(잔류성)가 약하다.
• 오존살균은 소독의 과정 및 그 후에 취기물질이 더 이상 발생하지 않는다.

정답 112.㉯ 113.㉱ 114.㉱ 115.㉱ 116.㉰

117 배수지의 용량에 대한 설명으로 옳은 것은?

㉮ 계획 1일 최대급수량의 6시간분 이상을 표준으로 한다.
㉯ 계획 1일 최대급수량의 12시간분 이상을 표준으로 한다.
㉰ 계획 1일 최대급수량의 18시간분 이상을 표준으로 한다.
㉱ 계획 1일 최대급수량의 24시간분 이상을 표준으로 한다.

해설
• 배수지의 유효수심은 3~6m 정도를 표준으로 한다.
• 자연 유하식 배수지의 표고는 최소 동수압이 확보되는 높이이어야 한다.

118 하수관로에 대한 설명 중 적합하지 않는 것은?

㉮ 우수관로 및 합류식 관로는 계획우수량에 대하여 유속을 최소 0.8m/s, 최대 3.0m/s로 한다.
㉯ 우수관로 및 합류식 관로의 최소관경은 250mm를 표준으로 한다.
㉰ 관로의 최소 흙두께는 원칙적으로 1m로 한다.
㉱ 관로경사는 하류로 갈수록 증가시켜야 한다.

해설
• 관로경사는 하류로 갈수록 감소시켜야 한다.
• 하수관거의 유속을 너무 크게 하면 경사가 급하게 되어 굴착 깊이가 점차 깊어져서 시공이 곤란하고 공사 비용이 증대된다.

119 응집침전에서 무기계 응집제로서 주로 사용되는 것은?

㉮ 황산알루미늄　　㉯ 암모늄명반
㉰ 황산제2철　　　㉱ 염화제2철

해설 상수도에 널리 사용되는 황산알루미늄은 저렴, 무독성이며 수중 탁질에 적합하고 부식성, 자극성이 없다.

120 슬러지 처리 및 이용 계획에 대한 설명으로 옳은 것은?

㉮ 슬러지 안정화 및 감량화보다 매립을 권장한다.
㉯ 슬러지를 녹지 및 농지에 이용하는 것은 배제한다.
㉰ 병원균 및 중금속 검사는 슬러지 이용 관점에서 중요하지 않다.
㉱ 슬러지를 건설자재로 이용하는 것이 권장된다.

해설
• 슬러지 안정화 및 감량화를 권장한다.
• 슬러지를 녹지 및 농지에 이용하는 것을 권장한다.
• 병원균 및 중금속 검사는 슬러지 이용 관점에서 중요하다.

정답 117.㉯ 118.㉱ 119.㉮ 120.㉱

2019

01 응용역학
02 측량학
03 수리학
04 철근콘크리트 및 강구조
05 토질 및 기초
06 상하수도공학

기출문제

2019년 3월 3일 시행
2019년 4월 27일 시행
2019년 9월 21일 시행

토목산업기사

응용역학 / 측량학 / 수리학 / 철근콘크리트 및 강구조 / 토질 및 기초 / 상하수도공학

[2019년 3월 3일 시행]

▌알려드립니다 ▌

한국산업인력공단의 저작권법 저촉에 대한 언급(2013년 2회 시험)이 있어 과거에 출제된 동일한 문제나 그 유형의 문제로 재구성하였습니다.

01 응/용/역/학

문제 001 등분포하중을 받는 직사각형단면의 단순보에서 최대 처짐에 대한 설명으로 옳은 것은?

㉮ 보의 폭에 정비례한다.   ㉯ 지간의 3제곱에 정비례한다.
㉰ 탄성계수에 반비례한다.   ㉱ 보의 높이의 제곱에 반비례한다.

해설 $y_{\max} = \dfrac{5wl^4}{384EI}$ 관련식에서 탄성계수 E는 반비례한다.

문제 002 단면이 원형(지름 D)인 보에 휨모멘트 M이 작용할 때 이 보에 작용하는 최대 휨응력은?

㉮ $\dfrac{12M}{\pi D^3}$ ㉯ $\dfrac{16M}{\pi D^3}$ ㉰ $\dfrac{32M}{\pi D^3}$ ㉱ $\dfrac{38M}{\pi D^3}$

해설 • $Z = \dfrac{\pi D^3}{32}$ • $\sigma = \dfrac{M}{I}y = \dfrac{M}{Z} = \dfrac{32M}{\pi D^3}$

문제 003 그림과 같은 내민보에서 A지점에서 5m 떨어진 C점의 전단력 V_C와 휨모멘트 M_C는?

㉮ $V_C = -14\text{kN},\ M_C = -170\text{kN}\cdot\text{m}$
㉯ $V_C = -18\text{kN},\ M_C = -240\text{kN}\cdot\text{m}$
㉰ $V_C = 14\text{kN},\ M_C = -240\text{kN}\cdot\text{m}$
㉱ $V_C = 18\text{kN},\ M_C = -170\text{kN}\cdot\text{m}$

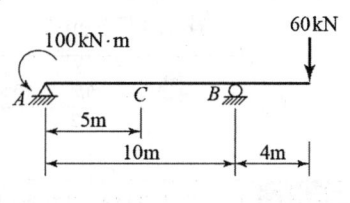

해설
• $\Sigma M_B = 0$
  $R_A \times 10 - 100 + 60 \times 4 = 0$
  $\therefore R_A = \dfrac{1}{10}(100 - 240) = -14\text{kN}$
  $\therefore V_c = R_A = -14\text{kN}$
• $M_C = R_A \times 5 - 100 = -14 \times 5 - 100 = -170\text{kN}\cdot\text{m}$

정답 001. ㉰ 002. ㉰ 003. ㉮

004 직경 20mm, 길이 2m인 봉에 20kN의 인장력을 작용시켰더니 길이가 2.08m, 직경이 19.8mm로 되었다면 포아송비는 얼마인가?

㉮ 0.5　　㉯ 2
㉰ 0.25　　㉱ 4

- 포아송비 = $\dfrac{\text{축과 직각방향의 변형도}}{\text{축방향의 변형도}}$

- $\nu = \dfrac{\beta}{\epsilon} = \dfrac{\frac{\Delta d}{d}}{\frac{\Delta l}{l}} = \dfrac{\Delta d \cdot l}{d \cdot \Delta l} = \dfrac{(20-19.8) \times 2000}{20 \times (2080-2000)} = 0.25$

- 포아송수 $m = \dfrac{1}{\nu}$

- 전단탄성계수 $G = \dfrac{E}{2(1+\nu)}$

005 지름 D, 길이 l인 원형 기둥의 세장비는?

㉮ $\dfrac{4l}{D}$　　㉯ $\dfrac{8l}{D}$　　㉰ $\dfrac{4D}{l}$　　㉱ $\dfrac{8D}{l}$

$\lambda = \dfrac{l}{r} = \dfrac{l}{\sqrt{\dfrac{I}{A}}}$　　$I = \dfrac{\pi D^4}{64}$, $A = \dfrac{\pi D^2}{4}$

$\therefore \lambda = \dfrac{l}{\sqrt{\dfrac{D^2}{16}}} = \dfrac{l}{\dfrac{D}{4}} = \dfrac{4l}{D}$

006 다음 도형의 $x-x$축에 대한 단면 2차 모멘트는?

㉮ 937.5 cm^4
㉯ 1,406.2 cm^4
㉰ 2,812.5 cm^4
㉱ 8,437.5 cm^4

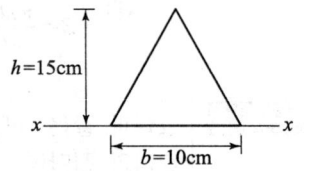

$I_x = \dfrac{bh^3}{12} = \dfrac{10 \times 15^3}{12} = 2,812.5 \text{cm}^4$

007 그림과 같은 구조물에서 부재 AC가 받는 힘의 크기는?

㉮ 6kN
㉯ 5kN
㉰ 4kN
㉱ 3kN

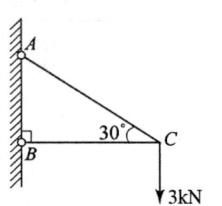

004.㉰　005.㉮　006.㉰　007.㉮

해설)

$\dfrac{3}{\sin 30°} = \dfrac{AC}{\sin 90°}$

∴ $AC = 6\text{kN}$

008
그림과 같은 직사각형 단면에 전단력 $S = 45\text{kN}$이 작용할 때 중립축에서 5cm 떨어진 a-a면에서의 전단응력은?

㉮ 100kPa
㉯ 700kPa
㉰ 1GPa
㉱ 1MPa

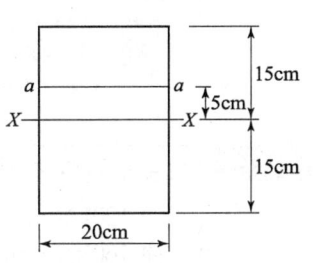

해설)
- $I = \dfrac{bh^3}{12} = \dfrac{200 \times 300^3}{12} = 450{,}000{,}000 \text{mm}^4$
- $G = 200 \times 100 \times \left(\dfrac{100}{2} + 50\right) = 2{,}000{,}000 \text{mm}^3$
- $\tau = \dfrac{GS}{Ib} = \dfrac{2{,}000{,}000 \times 45{,}000}{450{,}000{,}000 \times 200} = 1\text{N/mm}^2 = 1\text{MPa}$

009
다음 단면의 도심 $\bar{y}$를 구하면?

㉮ 2.5cm
㉯ 2.0cm
㉰ 1.5cm
㉱ 1.0cm

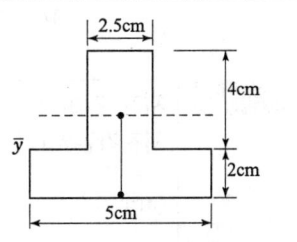

해설)
- $G_X = 2.5 \times 4 \times (2+2) + 5 \times 2 \times 1 = 50 \text{cm}^3$
- $A = 2.5 \times 4 + 5 \times 2 = 20 \text{cm}^2$

∴ $\bar{y} = \dfrac{G_X}{A} = \dfrac{50}{20} = 2.5 \text{cm}$

010
동일 평면상의 한 점에 여러 개의 힘이 작용하고 있을 때, 여러 개의 힘의 어떤 점에 대한 모멘트의 합은 그 합력의 동일점에 대한 모멘트와 같다는 것은 다음 중 어떤 정리인가?

㉮ Mohr의 정리
㉯ Lami의 정리
㉰ Castigliane의 정리
㉱ Varignon의 정리

해설)
- 바리뇽(Varignon)의 정리 : 여러 힘의 임의 한 점에 대한 모멘트의 합은 합력의 그 점에 대한 모멘트와 같다.
- 라미(Lami)의 정리 : 세 힘이 서로 평형(비김)이 되고 있을 때 이들 세 개의 힘은 동일 평면상에 있고 한 점에서 만난다.

정답) 008. ㉱ 009. ㉮ 010. ㉱

011
트러스 해법에 대한 가정 중 틀린 것은?
- ㉮ 각 부재는 마찰이 없는 힌지로 연결되어 있다.
- ㉯ 절점을 잇는 직선은 부재축과 일치한다.
- ㉰ 모든 외력은 절점에만 작용한다.
- ㉱ 각 부재는 곡선재와 직선재로 되어 있다.

해설
- 각 부재는 직선재로 되어 있다.
- 각 부재는 축방향력만 작용하고 전단력이나 휨모멘트는 생기지 않는다.

012
그림과 같은 라멘에서 C점의 휨모멘트는?
- ㉮ 120kN·m
- ㉯ 160kN·m
- ㉰ 240kN·m
- ㉱ 320kN·m

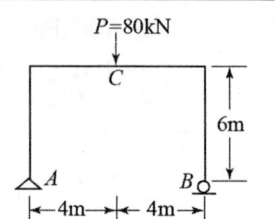

해설
- $\sum M_B = 0$
  $R_A \times 8 - 80 \times 4 = 0$
  ∴ $R_A = 40\text{kN}$
- $M_C = R_A \times 4 = 40 \times 4 = 160\text{kN}\cdot\text{m}$

013
지간 길이 l인 단순보에 등분포 하중 w가 만재되어 있을 때 지간 중앙점에서의 처짐각은? (단, EI는 일정하다.)
- ㉮ 0
- ㉯ $\dfrac{wl^3}{24EI}$
- ㉰ $\dfrac{5wl^3}{384EI}$
- ㉱ $\dfrac{7wl^3}{384EI}$

해설
- 지간 지점의 처짐각 : $\dfrac{wl^3}{24EI}$
- 지간 중앙점의 처짐 : $\dfrac{5wl^3}{384EI}$

014
구조물의 단면계수에 대한 설명으로 틀린 것은?
- ㉮ 차원은 길이의 3제곱이다.
- ㉯ 반지름이 r인 원형 단면의 단면계수는 1개이다.
- ㉰ 비대칭 삼각형의 도심을 통과하는 x축에 대한 단면계수의 값은 2개이다.
- ㉱ 도심축에 대한 단면 2차 모멘트와 면적을 곱한 값이다.

해설 도심축에 대한 단면 2차 모멘트를 압축측 거리 또는 인장측 거리로 나눈 값이다.
즉, $Z = \dfrac{I_X}{y}$ 이다.

해답 011. ㉱ 012. ㉯ 013. ㉮ 014. ㉱

015
직사각형 단면 보에 발생하는 전단응력 τ와 보에 작용하는 전단력 S, 단면 1차 모멘트 G, 단면 2차 모멘트 I, 단면의 폭 b의 관계로 옳은 것은?

㉮ $\tau = \dfrac{GI}{Sb}$ ㉯ $\tau = \dfrac{Sb}{GI}$

㉰ $\tau = \dfrac{SG}{Ib}$ ㉱ $\tau = \dfrac{Gb}{SI}$

해설 전단응력의 일반식
$$\tau = \dfrac{SG}{Ib}$$

016
지름 D인 원형 단면의 단주 기둥에서 핵거리는?

㉮ $\dfrac{1}{2}D$ ㉯ $\dfrac{1}{4}D$

㉰ $\dfrac{1}{8}D$ ㉱ $\dfrac{1}{16}D$

해설 $e = \dfrac{Z}{A} = \dfrac{\pi D^3/32}{\pi D^2/4} = \dfrac{D}{8}$

017
길이 1m, 지름 1cm의 강봉을 80kN으로 당길 때 강봉의 늘어난 길이는? (단, 강봉의 탄성계수 $= 2.1 \times 10^5 \text{MPa}$)

㉮ 4.26mm   ㉯ 4.85mm
㉰ 5.14mm   ㉱ 5.72mm

해설 $E = \dfrac{\sigma}{\epsilon} = \dfrac{P/A}{\Delta l/l} = \dfrac{Pl}{A\Delta l}$

$\therefore \Delta l = \dfrac{Pl}{EA} = \dfrac{80000 \times 1000}{2.1 \times 10^5 \times \dfrac{3.14 \times 10^2}{4}} = 4.85\text{mm}$

018
그림과 같은 내민보에서 B점의 휨모멘트는?

㉮ $\dfrac{wl^2}{12}$

㉯ wl^2

㉰ $-60\text{kN} \cdot \text{m}$

㉱ $-24\text{kN} \cdot \text{m}$

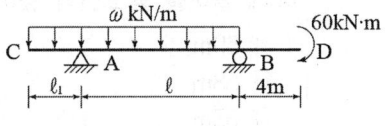

해설 D점에 휨모멘트가 작용하므로 $M_B = -60\text{kN} \cdot \text{m}$이다.

정답 015. ㉰ 016. ㉰ 017. ㉯ 018. ㉰

019 그림과 같은 세 개의 힘이 평형상태에 있다면 C점에서 작용하는 힘 P와 BC 사이의 거리 x는?

㉮ $P=4$kN, $x=3$m
㉯ $P=6$kN, $x=3$m
㉰ $P=4$kN, $x=2$m
㉱ $P=6$kN, $x=2$m

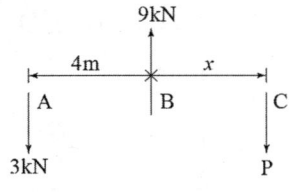

- $\Sigma V = 0$　　$9-3-P=0$　　∴ $P=6$kN
- $\Sigma M_B = 0$　　$-3\times 4 + 6\times x = 0$　　∴ $x=2$m

020 그림과 같은 단순보의 지점 A에서 수직반력은?

㉮ 80kN
㉯ 160kN
㉰ 200kN
㉱ 240kN

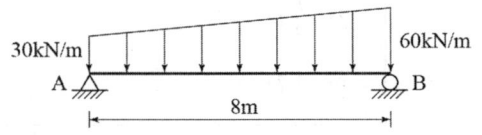

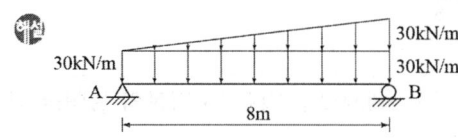

- $\Sigma M_B = 0$

$R_A \times 8 - \dfrac{1}{2}\times 30 \times 8 \times \dfrac{8}{3} - 30\times 8 \times \dfrac{8}{2} = 0$

∴ $R_A = 160$kN

02　측/량/학

021 다음 그림은 레벨을 이용한 등고선 측량도이다. (a)에 들어갈 등고선의 높이는 얼마인가?

㉮ 59m
㉯ 58m
㉰ 55m
㉱ 50m

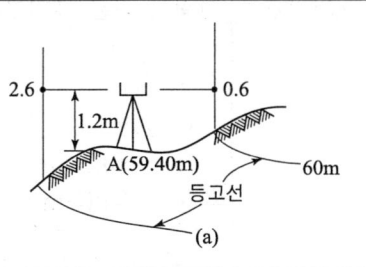

$H_a = H_A + 1.2 - 2.6 = 59.4 + 1.2 - 2.6 = 58$m

019. ㉱　020. ㉯　021. ㉯

022 평면직교좌표계에서 P점의 좌표가 $x=500m$, $y=1,000m$이다. P점으로부터 Q점까지의 거리가 1,500m이고 PQ측선의 방위각이 240°라면 Q점의 좌표는 얼마인가?

㉮ $x=-750m$, $y=-1,299m$
㉯ $x=-1,299m$, $y=-750m$
㉰ $x=-299m$, $y=-250m$
㉱ $x=-250m$, $y=-299m$

해설 Q점 $x=500+1500\cos 240°=-250m$
$y=1000+1500\sin 240°=-299m$

023 수준측량의 야장 기입법 중 중간점(I.P)이 많을 경우 가장 편리한 방법은?

㉮ 승강식
㉯ 횡단식
㉰ 고차식
㉱ 기고식

해설
- 기고식 야장 기입법은 중간점이 많을 때 편리하다.
- 수준 측량시 정밀한 측정에는 승강식 야장 기입법을 사용한다.

024 반지름 400m인 단곡선에서 시단현 15m에 대한 편각은?

㉮ 1° 4′ 27″
㉯ 1° 7′ 29″
㉰ 1° 13′ 33″
㉱ 1° 17′ 42″

해설 $\delta = 1718.87 \dfrac{l}{R}(분) = 1718.87 \times \dfrac{15}{400} = 64.4576′ = 1°4′27″$

보충
- 접선장 $TL = R\tan\dfrac{I}{2}$
- 곡선장 $CL = 0.01745RI$
- 중앙종거 $M = R\left(1-\cos\dfrac{I}{2}\right)$

025 고속도로의 노선설계에 많이 이용되는 완화곡선은?

㉮ 클로소이드 곡선
㉯ 3차 포물선
㉰ 렘니스케이트 곡선
㉱ 반파장 sin 곡선

해설
- 클로소이드 곡선 : 고속도로
- 렘니스케이트 곡선 : 시가지 지하철
- 반파장 sin 곡선 : 고속철도
- 3차 포물선 : 철도

026 축척 1:1200 지도에서 도상면적을 잘못하여 축척 1:1000인 면적으로 계산하여 15,000m²를 얻었다. 실제면적은?

㉮ 10,417m²
㉯ 12,500m²
㉰ 18,000m²
㉱ 21,600m²

해답 022.㉱ 023.㉱ 024.㉮ 025.㉮ 026.㉱

027 어떤 거리를 같은 조건으로 5회 측정하여 다음과 같은 결과를 얻었다. 이 관측값의 최확값은 얼마인가?

[관측값] 121.573m, 121.575m, 121.572m, 121.547m, 121.571m

㉮ 121.572m ㉯ 121.573m
㉰ 121.574m ㉱ 121.575m

• 최확값

$$121.57 + \frac{0.003 + 0.005 + 0.002 + 0.004 + 0.001}{5} = 121.573\text{m}$$

028 기지의 삼각점을 이용하여 새로운 삼각점들을 부설하고자 할 때 삼각측량의 순서로 옳은 것은?

① 도상계획 ② 답사 및 선점 ③ 조표
④ 기선측량 ⑤ 각관측 ⑥ 계산 및 성과표 작성

㉮ ①→②→③→④→⑤→⑥   ㉯ ①→③→②→⑤→④→⑥
㉰ ①→②→④→③→⑤→⑥   ㉱ ①→③→⑤→②→④→⑥

도상계획 → 답사 및 선점 → 조표 → 기선측량 → 각관측 → 삼각점 전개 → 계산 및 성과표 작성

029 A점의 표고가 179.45m이고 B점의 표고가 223.57m이면, 우리나라 국가기본도 축척 1:5,000 지형도에서 AB 사이에 주곡선 간격의 등고선 개수는?

㉮ 7개 ㉯ 8개 ㉰ 9개 ㉱ 10개

• $\frac{1}{5000}$ 지형도의 주곡선 간격은 5m이다.
• $223.57 - 179.45 = 44.12\text{m}$

∴ $\frac{44.12}{5} ≒ 9$개

030 천체의 고도, 방위각, 시각을 관측하여 관측지점의 경위도 및 방위를 구하는 측량은?

㉮ 지형측량 ㉯ 평판측량
㉰ 스타디아 측량 ㉱ 천문측량

별을 이용한 천문 측량시 시차 보정, 기차 보정, 광행차 보정 등을 한다.

027. ㉯ 028. ㉮ 029. ㉰ 030. ㉱

031 하천의 수위표 설치 장소로 적당하지 않은 곳은?

㉮ 상·하류가 곡선으로 연결되어 유속이 크지 않은 곳
㉯ 수위가 교각 등의 영향을 받지 않는 곳
㉰ 홍수시 쉽게 양수표가 유실되지 않는 곳
㉱ 하상과 하안이 세굴이나 퇴적이 되지 않는 곳

• 상·하류의 길이가 약 100m 정도는 직선이고 유속의 크기가 크지 않은 곳
• 지천의 합류점 및 분류점 같은 수위의 변화가 생기지 않는 곳

032 노선의 종단측량 결과는 종단면도에 표시하고 그 내용을 기록하게 된다. 이때 포함되지 않는 내용은?

㉮ 지반고와 계획고의 차   ㉯ 측점의 추가거리
㉰ 계획선의 경사   ㉱ 용지 폭

토공작업을 수반하는 종단면도에 계획선을 넣을 때는 절토량과 성토량을 거의 같게 하며 절토는 성토로 이용할 수 있게 고려하는 데 계획선의 경사를 표시하나 곡선을 병설할 수 없다.

033 교호수준측량을 한 결과 그림과 같을 때 B점의 표고는?
(단, A점의 지반고는 100m이다.)

㉮ 100.535 m
㉯ 100.625 m
㉰ 100.685 m
㉱ 101.065 m

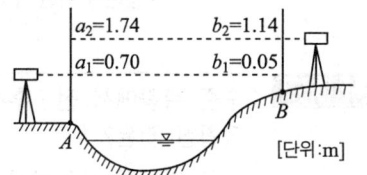

• $H = \frac{1}{2}\{(a_2 - b_2) + (a_1 - b_1)\} = \frac{1}{2}\{(1.74 - 1.14) + (0.7 - 0.05)\} = 0.625\text{m}$

∴ B점의 표고 = 100 + 0.625 = 100.625m

• 하천 양안의 고저차를 측정하기 위하여 교호수준측량을 행하는 이유는 지상의 변화에 의한 오차나 기계오차를 제거하여 정밀도를 높이기 위함이다.

034 삼각측량의 각 삼각점에 있어 모든 각의 관측시 만족되어야 하는 조건이 아닌 것은?

㉮ 하나의 측점을 둘러싸고 있는 각의 합은 360°가 되도록 한다.
㉯ 삼각망 중에서 임의의 한 변의 길이는 계산의 순서에 관계없이 동일하도록 한다.
㉰ 삼각망 중 각각 삼각형 내각의 합은 180°가 되도록 한다.
㉱ 모든 삼각점의 포함면적은 각각 일정해야 한다.

삼각점은 기준점 위치를 결정하기 위한 측량이다.

031. ㉮ 032. ㉱ 033. ㉯ 034. ㉱

035 클로소이드의 기본식은 $A^2 = R \cdot L$을 사용한다. 이때 매개 변수(parameter) A값을 A^2으로 쓰는 이유는 무엇인가?

㉮ 클로소이드의 나선형이 2차곡선 형태이기 때문에
㉯ 도로에서의 완화곡선(클로소이드)은 2차원이기 때문에
㉰ 양변의 차원(demension)을 일치시켜야 하기 때문에
㉱ A값의 단위가 2차원이기 때문에

해설 $A^2 = R \cdot L$에서 매개 변수 A값을 A^2으로 쓰는 이유는 양변의 차원을 일치시키기 위함이다.

036 체적계산에 있어서 양 단면의 면적이 $A_1 = 88m^2$, $A_2 = 44m^2$, 중간 단면적 $A_m = 70m^2$이다. A_1, A_2 단면 사이의 거리 h가 30m이면 체적은 얼마인가? (단, 각주공식 사용)

㉮ 2040m³   ㉯ 2060m³
㉰ 2460m³   ㉱ 2640m³

해설
- $V = \dfrac{l}{6}(A_1 + 4A_m + A_2) = \dfrac{30}{6}(88 + 4 \times 70 + 44) = 2060m^3$
- 양단면 평균 $V = \dfrac{l}{2}(A_1 + A_2)$

037 수준 측량에서 전·후시 시준거리를 같게 하여 소거할 수 있는 기계오차로 가장 적합한 것은?

㉮ 거리의 부등에서 생기는 시준선의 대기중 굴절에서 생긴 오차
㉯ 기포관축과 시준선이 평행하지 않기 때문에 생긴 오차
㉰ 기포관축이 기계의 연직축에 수직하지 않기 때문에 생긴 오차
㉱ 지구의 곡률에 의해서 생긴 오차

해설
- 시준선과 기포관축과 평행하지 않기 때문에 생기는 오차를 제거하기 위해 전시와 후시의 시준거리를 같게 한다.
- 레벨의 조정이 불안전할 경우 오차를 소거하기 위한 가장 좋은 방법은 전시와 후시의 거리를 같도록 측량한다.

038 트래버스 측량에서는 각관측의 정도와 거리관측의 정도가 서로 같은 정밀도로 되어야 이상적이다. 이때 각이 30″의 정밀도로 관측되었다면 각관측과 같은 정도의 거리관측 정밀도는?

㉮ 약 $\dfrac{1}{12500}$ ㉯ 약 $\dfrac{1}{10000}$ ㉰ 약 $\dfrac{1}{8200}$ ㉱ 약 $\dfrac{1}{6800}$

해설 $\dfrac{1}{m} = \dfrac{\theta}{\rho''} = \dfrac{30''}{206265''} ≒ \dfrac{1}{6800}$

정답 035.㉰ 036.㉯ 037.㉯ 038.㉱

039 다각측량(traverse survey)의 특징에 대한 설명으로 옳지 않은 것은?
㉮ 좁고 긴 선로측량에 편리하다.
㉯ 다각측량을 통해 3차원(x, y, z) 정밀 위치를 결정한다.
㉰ 세부측량의 기준이 되는 기준점을 추가 설치할 경우에 편리하다.
㉱ 삼각측량에 비하여 복잡한 시가지 및 지형기복이 심해 시준이 어려운 지역의 측량에 적합하다.

해설) 트래버스 측량의 특징은 거리와 각을 관측하여 도식해법에 의하여 모든 점의 위치를 결정할 때 편리하다.

040 원격탐사(Remote sensing)의 정의로 가장 적합한 것은?
㉮ 지상에서 대상물체의 전파를 발생시켜 그 반사파를 이용하여 관측하는 것
㉯ 센서를 이용하여 지표의 대상물에서 반사 또는 방사된 전자 스펙트럼을 관측하고 이들의 자료를 이용하여 대상물이나 현상에 관한 정보를 얻는 기법
㉰ 물체의 고유 스펙트럼을 이용하여 각각의 구성성분을 지상의 레이더망으로 수집하여 처리하는 방법
㉱ 지상에서 찍은 중복사진을 이용하여 항공사진 측량의 처리와 같은 방법으로 판독하는 작업

해설) 사진측량에 비하여 더욱 넓은 영역을 대상으로 하고, 자료분석을 위주로 하며 경제적인 관측기법이 원격탐사이다. 원격탐사에서의 센서로는 카메라, 다중분광카메라, 적외선 센서, 레이저, 레이다 센서 등이 있다.

03 수/리/학

041 부체(浮體)의 성질 중 옳지 않은 것은?
㉮ 부양면(浮揚面)의 단면 2차 모멘트가 가장 작은 축 위로 기울어지기 쉽다.
㉯ 경심고가 클수록 복원력(復元力)이 크다.
㉰ 경심고가 클수록 부체는 불안정하다.
㉱ 우력(偶力)이 영(零)일 때를 중립이라 한다.

해설)
• 경심고가 클수록 부체는 안정하다.
• 부체의 최심부까지의 수심을 홀수라 한다.

042 다음의 관수로에서의 각종 손실 중 가장 큰 손실은?
㉮ 관의 만곡손실   ㉯ 관의 단면 변화에 의한 손실
㉰ 관의 마찰손실   ㉱ 관의 출구와 입구에 의한 손실

해설
- 마찰손실수두(h_L)는 관수로에서 가장 큰 손실이다.
- $h_L = f \dfrac{l}{D} \dfrac{V^2}{2g}$

  여기서, $f = \dfrac{64}{Re}$ $f = 0.3164 Re^{-\frac{1}{4}}$

  $f = \dfrac{8g}{C^2}$

043. 운동량(運動量)의 차원을 [MLT]계로 표현한 것으로 옳은 것은?

㉮ [MLT]
㉯ [ML⁻¹T]
㉰ [ML⁻¹T⁻²]
㉱ [MLT⁻¹]

해설
- $F = m \cdot a = [M][LT^{-2}] = MLT^{-2}$

  ∴ $M = FL^{-1}T^2$
- 운동량 = 질량(m) × 속도(V) = $[M][LT^{-1}] = [MLT^{-1}]$
- 점성계수 단위(g/cm·sec)의 차원은 $ML^{-1}T^{-1}$ 이다.

044. 그림과 같이 직경 10cm의 단면에 유속 50m/sec의 분류가 판에 충돌하여 90°로 구부러질 때 판에 작용하는 힘은?

㉮ 204N
㉯ 408N
㉰ 1.81kN
㉱ 720N

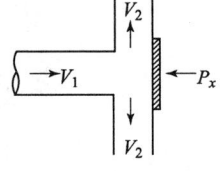

해설 $F = \dfrac{\omega}{g} Q(V_1 - V_2)$ 관련식에서

$V_1 = V$, $V_2 = 0$

∴ $F = \dfrac{\omega}{g} QV = \dfrac{\omega}{g} A \cdot V^2 = \dfrac{1}{9.8} \times \dfrac{3.14 \times 0.1^2}{4} \times 50^2 = 2.003\text{t} = 2003\text{kg} = 204\text{N}$

여기서, 1kg = 9.8N이다.

045. 다음 정수압의 성질 중 옳지 않은 것은?

㉮ 정수압은 수중의 가상면에 항상 수직으로 작용한다.
㉯ 정수압의 강도는 전 수심에 걸쳐 균일하게 작용한다.
㉰ 정수 중의 한 점에 작용하는 수압의 크기는 모든 방향에서 동일한 크기를 갖는다.
㉱ 정수압의 강도는 단위면적에 작용하는 힘의 크기를 표시한다.

해설 수압은 수심에 비례한다.
$P = wh$

정답 043. ㉱ 044. ㉮ 045. ㉯

046 사류의 Froude수 $F_{r1} = \dfrac{V_1}{\sqrt{gh_1}}$ 의 값으로서 완전도수가 발생되는 범위는?

㉮ $1 < F_{r1} < \sqrt{3}$
㉯ $0 < F_{r1} < 0.5$
㉰ $0.5 < F_{r1} < 1$
㉱ $\sqrt{3} < F_{r1}$

- 불완전도수 : $1 < F_{r1} < \sqrt{3}$
- 강도수 : $F_{r1} > 9$
- 완전도수 : $F_{r1} > \sqrt{3}$
- 사류에서 상류로 변할 때 급격한 에너지 손실을 동반하며 수면이 불연속적으로 튀는 현상을 도수라 한다.

047 흐름의 연속방정식은 어떤 법칙을 기초로 하여 만들어진 것인가?

㉮ 질량 보존의 법칙
㉯ 에너지 보존의 법칙
㉰ 운동량 보존의 법칙
㉱ 마찰력 불변의 법칙

- 흐름의 베르누이 방정식은 에너지 불변의 법칙을 기본으로 한다. 그리고 연속방정식, 운동에너지, 위치에너지, 압력에너지와 관계가 깊다.
- 흐름의 연속방정식은 질량보존의 법칙을 기본으로 한다.

048 지하수의 유속 공식에서 투수계수(K)의 변화와 관계가 없는 것은?

㉮ 물의 점성계수
㉯ 지하수위
㉰ 토사의 입경
㉱ 토사의 공극률

- $k = D_s^2 \dfrac{r_w}{\mu} \dfrac{e^3}{1+e} C$

(여기서, D_s : 흙의 입경, μ : 물의 점성계수, e : 공극비, C : 형상계수)

049 모세관 현상에 관한 설명으로 옳지 않은 것은?

㉮ 모세관의 상승높이는 액체의 응집력과 액체와 관 벽의 부착력에 의해 좌우된다.
㉯ 액체의 응집력이 관 벽과의 부착력보다 크면 관내의 액체의 높이는 관 밖의 액체보다 낮게 된다.
㉰ 모세관의 상승높이는 모세관의 직경 d에 반비례한다.
㉱ 모세관의 상승높이는 액체의 단위중량에 비례한다.

- $h = \dfrac{4T\cos\theta}{\omega d}$
- 모세관의 상승높이는 액체의 단위중량에 반비례한다.

046. ㉱ 047. ㉮ 048. ㉯ 049. ㉱

2019년 3월 3일 시행

050 초속 20m/sec, 수평과의 각 60°로 사출된 분수가 도달하는 최대 연직 높이는? (단, 공기 등 기타 저항은 무시한다.)
㉮ 15.3m　㉯ 16.8m
㉰ 17.8m　㉱ 18.8m

해설 $H = \dfrac{V^2}{2g}\sin^2\theta = \dfrac{20^2}{2 \times 9.8}(\sin 60°)^2 = 15.3\text{m}$

051 직사각형 수로의 폭이 4m이고 유량이 12m³/sec가 1.5m의 수심으로 흐를 때 한계유속(V_c)은? (단, $\alpha = 1.1$)
㉮ 1.49 m/sec　㉯ 2.98 m/sec
㉰ 4.47 m/sec　㉱ 5.96 m/sec

해설
- $h_c = \left(\dfrac{\alpha Q^2}{gb^2}\right)^{\frac{1}{3}} = \left(\dfrac{1.1 \times 12^2}{9.8 \times 4^2}\right)^{\frac{1}{3}} = 1\text{m}$
- $V_c = \left(\dfrac{gh_c}{\alpha}\right)^{\frac{1}{2}} = \left(\dfrac{9.8 \times 1}{1.1}\right)^{\frac{1}{2}} = 2.98\text{m/sec}$

052 개수로에서 한계수심에 대한 설명으로 옳은 것은?
㉮ 최대 비에너지에 대한 수심　㉯ 최소 비에너지에 대한 수심
㉰ 상류흐름의 수심　㉱ 사류흐름의 수심

해설
- 개수로의 한계수심(h_c)은 최소 비에너지에 대한 수심이다.
- 비에너지 $H_e = h + \alpha\dfrac{V^2}{2g}$
- $H_c = \dfrac{2}{3}H_e$
- 사각형 단면 $h_c = \left(\dfrac{\alpha Q^2}{gb^2}\right)^{\frac{1}{3}}$

053 깊은 우물(심정호)에 대한 설명으로 옳은 것은?
㉮ 집수 깊이가 100m 이상인 우물
㉯ 집수 우물 바닥이 불투수층까지 도달한 우물
㉰ 집수 우물 바닥이 불투수층을 통과하여 새로운 대수층에 도달한 우물
㉱ 불투수층에서 50m 이상 도달한 우물

해설 심정호 $Q = \dfrac{\pi k(H^2 - h^2)}{2.3\log\dfrac{R}{r}}$

정답 050. ㉮　051. ㉯　052. ㉯　053. ㉯

- 피압지하수 : 두 개의 불투수성 사이에 끼어 있는 지하수면이 없는 지하수
- 굴착정(피압 대수층의 물을 양수)

$$Q = \frac{2\pi a k(H-h)}{2.3\log\frac{R}{r}}$$

여기서, a : 피압 대수층의 두께

054 개수로 구간에 댐을 설치했을 때 수심 h가 상류로 갈수록 등류 수심 h_0에 접근하는 수면곡선을 무엇이라 하는가?
㉮ 저하곡선   ㉯ 배수곡선
㉰ 수문곡선   ㉱ 수면곡선

- 배수곡선은 댐과 같은 장애물을 설치하면 발생되는 상류부의 수면곡선이다.
- 배수곡선 : $h > h_o > h_c$
- 배수곡선 : 댐의 상류부 수면곡선

055 부피가 5.8m³인 액체의 중량이 62.2N일 때, 이 액체의 비중은?
㉮ 0.951   ㉯ 1.094
㉰ 1.117   ㉱ 1.195

$$\gamma = \frac{W}{V} = \frac{62.2 \times \frac{1}{9.8}}{5.8} = 1.094$$

여기서, 1kg = 9.8N이다.

056 베르누이 정리에 관한 설명으로 옳지 않은 것은?
㉮ $Z + \frac{P}{w} + \frac{V^2}{2g}$의 수두가 일정하다.
㉯ 정상류이어야 하며 마찰에 의한 에너지 손실이 없는 경우에 적용된다.
㉰ 동수경사선이 에너지선보다 항상 위에 있다.
㉱ 동수경사선과 에너지선을 설명할 수 있다.

- 동수경사선은 항상 에너지선보다 손실수두 만큼 아래에 위치한다.
- 동수경사선은 기준 수평면에서 위치수두와 압력수두의 합을 연결한 선$\left(Z + \frac{P}{w}\right)$이다.

057 관수로에서 레이놀즈(Reynolds, R_e) 수에 대한 설명으로 옳지 않은 것은? (단, V : 평균유속, D : 관의 지름, ν : 유체의 동점성계수)
㉮ 레이놀즈 수는 $\frac{VD}{\nu}$로 구할 수 있다.
㉯ $R_e > 4000$이면 층류이다.
㉰ 레이놀즈 수에 따라 흐름상태(난류와 층류)를 알 수 있다.
㉱ R_e는 무차원의 수이다.

해답 054.㉯ 055.㉯ 056.㉰ 057.㉯

- $R_e < 2000$: 층류
- $R_e > 4000$: 난류

058 Darcy-Weisbach의 마찰손실 공식으로부터 Chezy의 평균유속 공식을 유도한 것으로 옳은 것은?

㉮ $V = \dfrac{124.5}{D^{1/3}} \sqrt{RI}$ ㉯ $V = \sqrt{\dfrac{8g}{D^{1/3}}} \sqrt{RI}$

㉰ $V = \sqrt{\dfrac{f}{8}} \sqrt{RI}$ ㉱ $V = \sqrt{\dfrac{8g}{f}} \sqrt{RI}$

- $V = \sqrt{\dfrac{8g}{f}} \sqrt{RI}$
- $V = C\sqrt{RI}$

059 오리피스의 지름이 5cm이고, 수면에서 오리피스의 중심까지가 4m인 예연 원형오리피스를 통하여 분출되는 유량은? (단, 유속계수 $C_v = 0.98$, 수축계수 $C_a = 0.62$이다.)

㉮ 1.056L/s ㉯ 2.861L/s
㉰ 10.56L/s ㉱ 28.60L/s

$Q = AV = \left(C_a \dfrac{\pi d^2}{4}\right)\left(C_v \sqrt{2gh}\right)$

$= \left(0.62 \times \dfrac{3.14 \times 5^2}{4}\right)\left(0.98 \sqrt{2 \times 980 \times 400}\right) = 10564\,\text{cm}^3/\text{s} = 10.56\,\text{L/s}$

060 폭이 넓은 직사각형 수로에서 폭 1m당 0.5m³/s의 유량이 80cm의 수심으로 흐르는 경우에 이 흐름은? (단, 이때 동점성계수는 0.012cm²/s이고 한계수심은 29.4cm이다.)

㉮ 층류이며 상류 ㉯ 층류이며 사류
㉰ 난류이며 상류 ㉱ 난류이며 사류

- $h = 80\text{cm} > h_c = 29.4\text{cm}$ 이므로 상류이다.
- $R_e = \dfrac{VD}{\nu} = \dfrac{\left(\dfrac{0.5}{1 \times 0.8}\right)\left(\dfrac{1 \times 0.8}{1 + 2 \times 0.8}\right)}{0.012 \times 10^{-4}} = 160,256$
- $2000 < R_e$ 이므로 난류이다.

058. ㉱ 059. ㉰ 060. ㉱

04 철/근/콘/크/리/트 /및/ 강/구/조

061 단철근 직사각형 단면의 균형 철근비(ρ_b)를 이용하여 균형 철근량을 구하는 식은 어느 것인가? (단, b=폭, d=유효깊이)

㉮ $A_s = \rho_b bd$
㉯ $A_s = \dfrac{\rho_b}{bd}$
㉰ $A_s = \dfrac{\rho_b}{b-d}$
㉱ $A_s = \dfrac{\rho_b - b}{d}$

해설
- $\rho_b = \dfrac{A_s}{bd}$
- $\rho_b = 0.85\beta_1 \dfrac{f_{ck}}{f_y} \cdot \dfrac{600}{600+f_y}$

062 다음 프리스트레스트 콘크리트(PSC)에 의한 교량가설법 중에서 교대 후방의 작업장에서 교량 상부구조를 10~30m의 블록(block)으로 제작한 후, 미리 가설된 교각의 교축방향으로 밀어내고 다음 블록을 다시 제작하고 연결하여 연속적으로 밀어내며 시공하는 공법은?

㉮ 캔틸레버공법(F.C.M.)
㉯ 이동식 지보공공법(M.S.S.)
㉰ 압출공법(I.L.M.)
㉱ 동바리공법(F.S.M.)

해설
- 잭을 이용하여 교대 위에서 밀어내는 압출공법에 해당된다.
- 디비닥공법은 교량의 캔틸레버공법에 이용되고 포스트텐션 방식에 사용된다.

063 축방향 압축력 P=1800kN, 흙의 허용지지력 q_a=2MPa인 정사각형 확대기초의 저판의 한 변 길이는 최소 얼마인가?

㉮ 2m
㉯ 3m
㉰ 4m
㉱ 5m

해설
- $q_a = \dfrac{P}{A}$ ∴ $A = \dfrac{P}{q_a} = \dfrac{1800000}{2} = 900000\text{mm}^2 = 900\text{cm}^2 = 9\text{m}^2$
- 정사각형 확대기초 저판 한변 길이
  $\sqrt{9} = 3\text{m}$

064 강도 설계법에서 균형단면의 단철근 직4각형보의 중립축의 위치 c값을 구하는 식으로 옳은 것은? (단, d : 보의 유효깊이, f_y : 철근의 설계기준항복강도, f_s : 철근의 응력)

㉮ $c = \dfrac{600}{600+f_y}d$
㉯ $c = \dfrac{600}{600-f_y}d$
㉰ $c = \dfrac{600}{600+f_s}d$
㉱ $c = \dfrac{600}{600-f_s}d$

정답 061. ㉮ 062. ㉰ 063. ㉯ 064. ㉮

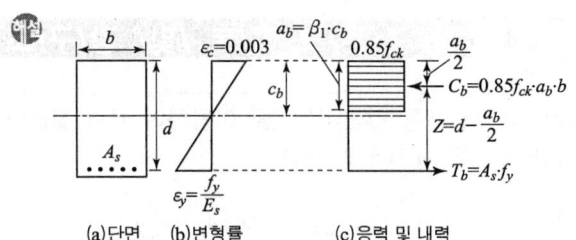

(a)단면　(b)변형률　　(c)응력 및 내력

$C_b : 0.003 = (d - C_b) : \epsilon_y$ 관계식에서

$$\epsilon_y = \frac{0.003d - 0.003C_b}{C_b} = \frac{0.003d}{C_b} - 0.003$$

$$\epsilon_y + 0.003 = \frac{0.003d}{C_b}$$

$$C_b = \frac{0.003}{0.003 + \frac{f_y}{E_s}} \cdot d = \frac{600}{600 + f_y} \cdot d$$

여기서, $E_s = 200,000 \text{MPa}$ 이다.

065

그림과 같이 PS강선을 포물선으로 배치했을 때 중앙점에서 PS강선의 편심은 100mm이고, 양 지점에서는 0이었다. PS강선을 3000kN으로 인장할 때 생기는 등분포 상향력 U는?

㉮ 16.7 kN/m
㉯ 13.3 kN/m
㉰ 1.13 kN/m
㉱ 1.67 kN/m

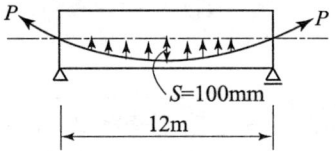

$\dfrac{ul^2}{8} = P \cdot s$

$\therefore u = \dfrac{8P \cdot s}{l^2} = \dfrac{8 \times 3000 \times 0.1}{12^2} = 16.7 \text{kN/m}$

066

다음 그림과 같이 용접이음을 했을 경우 전단응력은?

㉮ 78.9 MPa
㉯ 67.5 MPa
㉰ 57.5 MPa
㉱ 45.9 MPa

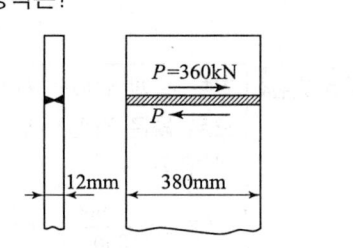

$\nu = \dfrac{P}{\Sigma a \cdot l} = \dfrac{360000}{12 \times 380} = 78.9 \text{MPa}$

065. ㉮　066. ㉮

067 그림과 같은 T형보에 대한 등가직사각형 블록의 깊이(a)는 얼마인가? (단, f_{ck} = 21MPa, f_y = 400MPa이다.)

㉮ 40mm
㉯ 70mm
㉰ 120mm
㉱ 150mm

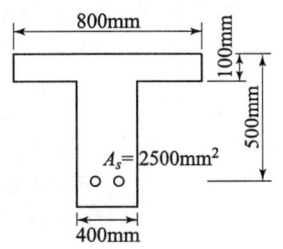

$$a = \frac{A_s f_y}{0.85 f_{ck} b} = \frac{2500 \times 400}{0.85 \times 21 \times 800} = 70\text{mm}$$

068 철근 콘크리트 1방향 슬래브에 대한 설명으로 옳지 않은 것은?

㉮ 1방향 슬래브에서는 정모멘트 철근 및 부모멘트 철근에 직각방향으로 수축·온도철근을 배치하여야 한다.
㉯ 4변에 의해 지지되는 슬래브 중에서 단변에 대한 장변의 비가 2배를 넘으면 1방향 슬래브로 설계하여도 좋으며 이 때 슬래브의 경간은 장변방향으로 취하여야 한다.
㉰ 슬래브의 두께는 최소 100mm 이상으로 하여야 한다.
㉱ 슬래브의 정철근 및 부철근의 중심간격은 위험단면에서 슬래브 두께의 2배 이하이어야 하고 또한 300mm 이하로 하여야 한다.

4변에 의해 지지되는 슬래브 중에서 단변에 대한 장변의 비가 2배를 넘으면 1방향 슬래브로 설계하여도 좋으며 이 때 슬래브의 경간은 단변방향으로 취하여야 한다. 왜냐하면 하중의 대부분이 단변 방향으로 작용하기 때문이다.

069 아래 그림과 같은 직사각형 단철근보의 공칭 전단강도(V_n)는? (단, 철근 D13을 수직 스터럽으로 사용하며, 스터럽 간격은 300mm, 철근 D13 1본의 단면적은 127mm², f_{ck} = 24MPa, f_{yt} = 400MPa이다.)

㉮ 232.3 kN
㉯ 262.6 kN
㉰ 284.7 kN
㉱ 302.5 kN

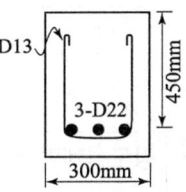

$$V_n = V_c + V_s = \frac{1}{6}\sqrt{f_{ck}}\, b_w d + \frac{A_v f_{yt} d}{s}$$
$$= \frac{1}{6} \times \sqrt{24} \times 300 \times 450 + \frac{(127 \times 2\text{개}) \times 400 \times 450}{300} = 262627\text{N} = 262.6\text{kN}$$

067. ㉯ 068. ㉯ 069. ㉯

070 프리스트레싱 긴장재 한 가닥을 사용한 포스트텐션 방식의 프리스트레스트 콘크리트 부재에는 발생하지 않는 손실은?

㉮ 콘크리트의 탄성수축   ㉯ 긴장재의 마찰
㉰ 정착장치의 활동   ㉱ 긴장재 응력의 릴랙세이션

해설
- 포스트텐션은 정착부의 정착에 의해 응력을 전달한다.
- 프리텐션 방식에서 프리스트레스를 도입할 때 콘크리트의 탄성변형(탄성수축)에 의한 손실이 발생한다.

071 강도 설계법에서 f_{ck}가 40MPa일 때 β_1의 값은 얼마인가? (단, β_1은 $a = \beta_1 c$에서 사용되는 계수)

㉮ 0.731   ㉯ 0.766   ㉰ 0.836   ㉱ 0.85

해설
- $f_{ck} \leq 28$MPa일 때 $\beta_1 = 0.85$
- $f_{ck} > 28$MPa일 때 $\beta_1 = 0.85 - 0.007(f_{ck} - 28) \geq 0.65$
- $\therefore \beta_1 = 0.85 - 0.007(40 - 28) = 0.766$

072 판형에서 보강재(stiffener)의 사용목적은?

㉮ 보 전체의 비틀림에 대한 강도를 크게 하기 위함이다.
㉯ 복부판의 전단에 대한 강도를 높이기 위함이다.
㉰ Flange angle의 간격을 넓게 하기 위함이다.
㉱ 복부판의 좌굴을 방지하기 위함이다.

해설 복부판의 좌굴을 막기 위하여 수직 보강재인 스티프너(stiffener)를 설치한다.

073 단면계수가 1200cm³인 I형강에 102kN·m의 휨모멘트가 작용할 때 하연에 작용하는 휨응력은?

㉮ 85MPa   ㉯ 92MPa   ㉰ 102MPa   ㉱ 120MPa

해설 $\sigma = \dfrac{M}{Z} = \dfrac{102,000,000 \text{N} \cdot \text{mm}}{1,200,000 \text{mm}^3} = 85\text{N/mm}^2 = 85\text{MPa}$

074 강도설계법에 의한 휨부재 설계의 기본가정으로 옳지 않은 것은?

㉮ 콘크리트의 압축연단에서 최대 변형률은 0.003으로 가정한다.
㉯ 철근의 응력은 설계기눈항복강도 f_y 이하일 때 철근의 응력은 그 변형률에 철근의 탄성계수(E_s)를 곱한 값으로 한다.
㉰ 콘크리트의 압축응력분포는 일반적으로 삼각형으로 가정한다.
㉱ 철근과 콘크리트의 변형률은 중립축에서의 거리에 직선 비례한다.

정답 070. ㉮ 071. ㉯ 072. ㉱ 073. ㉮ 074. ㉰

해 콘크리트의 압축응력분포는 가로 $0.85f_{ck}$, 깊이 $a = \beta_1 \cdot c$인 등가 직사각형 분포로 가정한다.

075 콘크리트 구조 철근상세 설계기준에 따르면 압축부재의 축방향 철근이 D32일 때 사용할 수 있는 띠철근에 대한 설명으로 옳은 것은?

㉮ D6 이상의 띠철근으로 둘러싸야 한다.
㉯ D10 이상의 띠철근으로 둘러싸야 한다.
㉰ D13 이상의 띠철근으로 둘러싸야 한다.
㉱ D16 이상의 띠철근으로 둘러싸야 한다.

해 압축부재의 축방향 철근이 D32일 때는 D10 이상, D35 이상의 축방향 철근과 다발철근에 대해서는 D13이상의 띠철근을 사용해야 한다.

076 표준갈고리를 갖는 인장 이형철근의 정착길이를 구하기 위하여 기본정착길이에 곱하는 것은?

㉮ 갈고리 철근의 단면적   ㉯ 갈고리 철근의 간격
㉰ 보정계수   ㉱ 형상계수

해 • 인장 이형철근의 기본정착길이
$$l_{db} = \frac{0.6 d_b f_y}{\lambda \sqrt{f_{ck}}}$$
• 정착길이 $l_d = l_{db} \times$ 보정계수
• 정착길이 300mm 이상으로 한다.

077 철근 콘크리트 부재의 장기처짐 계산시 지속하중의 재하기간 12개월에 적용되는 시간경과계수(ξ)는?

㉮ 1.0   ㉯ 1.2
㉰ 1.4   ㉱ 2.0

해 • 장기처짐계수 $\lambda = \dfrac{\xi}{1 + 50\rho'}$
• 시간경과계수 값

지속하중 재하기간	ξ계수 값
3개월	1.0
6개월	1.2
12개월	1.4
5년 이상	2.0

• 장기처짐=탄성처짐×λ
• 총처짐=탄성처짐+장기처짐

 075. ㉯ 076. ㉰ 077. ㉰

078 철근 콘크리트의 특징에 대한 설명으로 옳지 않은 것은?
㉮ 콘크리트는 납품 시 습식재료인 상태이므로 완성된 상태의 품질 확인이 쉽지 않다.
㉯ 숙련공에 의해 콘크리트의 배합이나 타설이 이루어지지 않으면 요구되는 품질의 콘크리트를 얻기 어렵다.
㉰ 보통 재령 28일의 강도로 품질을 확보하므로 28일 후에 소정의 강도가 나타나지 않을 때 경제적, 시간적 손실을 입기 쉽다.
㉱ 복잡한 여러 구조를 일체적인 하나의 구조로 만드는 것이 거의 불가능하다.

해설) 철근 콘크리트는 복잡한 여러 구조를 일체적인 하나의 구조로 만들 수 있다.

079 기초 위에 돌출된 압축부재로서 단면의 평균 최소치수에 대한 높이의 비율이 3 이하인 부재를 무엇이라 하는가?
㉮ 단주   ㉯ 주각
㉰ 장주   ㉱ 기둥

해설) 주각 : 기초 위에 돌출된 압축부재로서 단면의 평균 최소치수에 대한 높이의 비율이 3 이하인 부재

080 전단철근으로 보강된 보에 사인장균열이 발생한 후, 전단철근이 항복에 이르는 동안에 단면의 내부에서 발생하는 내력의 종류가 아닌 것은?
㉮ 사인장균열이 발생한 부분의 콘크리트가 부담하는 전단력
㉯ 균열면과 교차된 면의 전단철근이 부담하는 전단력
㉰ 인장 휨철근의 다우웰작용(dowel action)에 의한 수직 내력
㉱ 거친 균열면의 상호 맞물림(interlocking)에 의한 내력의 수직 분력

해설) 휨 전단균열(사인장 균열)이 발생한 뒤에도 추가의 하중을 전단철근과 골재의 맞물림(interlocking), 인장 휨철근의 다우웰작용(dowel action)에 의해 최종 파괴가 될 때까지 지지한다.

05 토/질 /및/ 기/초

081 포화단위중량이 2.1t/m³인 모래지반이 있다. 이 포화 모래지반에 침투수압의 작용으로 모래가 분출하고 있다면 한계동수경사는?
㉮ 0.9   ㉯ 1.1
㉰ 1.6   ㉱ 2.1

해설) $i_c = \dfrac{\gamma_{sub}}{\gamma_w} = \dfrac{\gamma_{sat} - \gamma_w}{\gamma_w} = \dfrac{2.1 - 1}{1} = 1.1$

해답 078. ㉱ 079. ㉯ 080. ㉮ 081. ㉯

- 분사현상이 안 일어나는 조건
  ① $i < i_c$
  ② $1 < F$
- 안전율 $F = \dfrac{i_c}{i} = \dfrac{\dfrac{G_s - 1}{1 + e}}{\dfrac{h}{L}}$

082 다음 중에서 동해가 가장 심하게 발생하는 토질은?
㉮ 점토
㉯ 실트
㉰ 콜로이드
㉱ 모래

- 투수성이 크고 모관상승고가 큰 실트가 존재한 경우 동해(동상)가 심하다.
- 동결 깊이 $Z = C\sqrt{F}$

083 다음 그림과 같은 높이가 10m인 옹벽이 점착력이 0인 건조한 모래를 지지하고 있다. 이 모래의 마찰각이 36°, 단위중량 1.6t/m³이라고 할 때 전주동토압을 구하면?
㉮ 20.8 t/m
㉯ 24.3 t/m
㉰ 33.2 t/m
㉱ 39.5 t/m

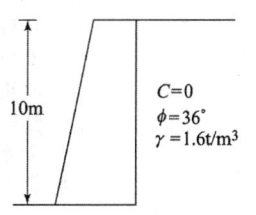

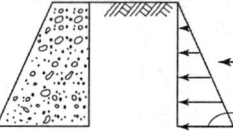

- $K_a = \tan^2\left(45° - \dfrac{\phi}{2}\right) = \tan^2\left(45° - \dfrac{36°}{2}\right) = 0.26$
- $P_a = \dfrac{1}{2}\gamma H^2 K_a = \dfrac{1}{2} \times 1.6 \times 10^2 \times 0.26 = 20.8 \text{t/m}$

084 그림과 같은 지반에서 깊이 5m 지점에서의 전단 강도는?
(단, 내부마찰각은 35°, 점착력은 0이다.)
㉮ 3.2 t/m²
㉯ 3.8 t/m²
㉰ 4.5 t/m²
㉱ 6.3 t/m²

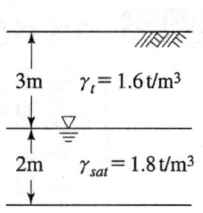

- 유효응력 $\overline{P} = 1.6 \times 3 + 0.8 \times 2 = 6.4 \text{t/m}^2$
- 전단강도 $\tau = \sigma \tan\phi = 6.4 \tan 35° = 4.5 \text{t/m}^2$

 082.㉯ 083.㉮ 084.㉰

2019년 3월 3일 시행

085 입경가적곡선에서 $D_{10}=0.05$mm, $D_{30}=0.06$mm, $D_{60}=0.15$mm인 경우 균등계수(C_u)와 곡률계수(C_g)를 구하면?

㉮ $C_u=3.0$, $C_g=0.48$
㉯ $C_u=3.0$, $C_g=8.00$
㉰ $C_u=0.3$, $C_g=0.48$
㉱ $C_u=0.3$, $C_g=8.00$

해설
- $C_u = \dfrac{D_{60}}{D_{10}} = \dfrac{0.15}{0.05} = 3$
- $C_g = \dfrac{D_{30}^2}{D_{10} \times D_{60}} = \dfrac{(0.06)^2}{0.05 \times 0.15} = 0.48$

086 점성토 지반에 사용하는 연약지반 개량공법으로 거리가 먼 것은?

㉮ Sand drain 공법
㉯ 침투압 공법
㉰ Vibro flotation 공법
㉱ 생석회 말뚝 공법

해설 사질토 지반의 재량 공법
① 다짐 말뚝 공법
② 다짐 모래말뚝 공법
③ Vibro flotation 공법
④ 폭파 다짐 공법
⑤ 전기 충격 공법
⑥ 약액 주입 공법

087 연약점토지반($\phi=0$)의 단위중량이 1.6t/m³, 점착력 2t/m²이다. 이 지반을 연직으로 2m 굴착하였을 때 연직사면의 안전율은?

㉮ 1.5
㉯ 2.0
㉰ 2.5
㉱ 3.0

해설
- $H_C = \dfrac{4C}{\gamma} = \dfrac{4 \times 2}{1.6} = 5$m
- $F = \dfrac{H_c}{H} = \dfrac{5}{2} = 2.5$

088 흙의 다짐에서 다짐 에너지를 증가시키면 어떤 변화가 생기는가?

㉮ 최적 함수비는 증가하고, 최대 건조단위중량은 감소한다.
㉯ 최적 함수비와 최대 건조단위중량은 증가한다.
㉰ 최적 함수비는 감소하고, 최대 건조단위중량은 증가한다.
㉱ 최적 함수비와 최대 건조단위중량은 감소한다.

해설 $E_c = \dfrac{W_R \cdot H \cdot N_B \cdot N_L}{V}$

해답 085.㉮ 086.㉰ 087.㉰ 088.㉰

089. 어떤 시료에 대하여 일축압축 시험을 실시한 결과 일축압축강도가 $3t/m^2$이었다. 이 흙의 점착력은? (단, 이 시료는 $\phi=0°$인 점성토이다.)

㉮ $1.0\ t/m^2$ ㉯ $1.5\ t/m^2$
㉰ $2.0\ t/m^2$ ㉱ $2.5\ t/m^2$

해설 $C = \dfrac{q_u}{2} = \dfrac{3}{2} = 1.5 t/m^2$

090. 포화되어 있는 느슨하고 가는 모래가 지진이나 기타의 진동으로 인해 충격을 받아 전단 강도가 감소되는 현상을 무엇이라고 하는가?

㉮ 침윤세굴(seepage erosian)   ㉯ 틱소트로피(Thixotropy)
㉰ 다이러턴시 현상(Diliatancy)   ㉱ 액상화 현상(Liquefaction)

해설
- 느슨하고 포화된 가는 모래에 충격을 주면 체적이 수축하여 정(+)의 간극수압이 발생하여 유효응력이 감소되어 전단강도가 작아지는 현상을 액상화 현상이라고 한다.
- 틱소트로피 : 교란된 흙이 시간의 경과함에 따라 강도의 일부가 회복되는 현상
- 다이러턴시 : 지반에 전단이 발생하면 부피가 증가 또는 감소하는 현상

091. 다음 그림은 불교란 흙시료를 채취하기 위한 샘플러 선단의 그림이다. 면적비(Area ratio, A_r)를 구하는 식으로 옳은 것은?

㉮ $A_r = \dfrac{(D_s^2 - D_e^2)}{D_e^2} \times 100\,(\%)$

㉯ $A_r = \dfrac{D_w^2 - D_e^2}{D_e^2} \times 100\,(\%)$

㉰ $A_r = \dfrac{D_s^2 - D_e^2}{D_w^2} \times 100\,(\%)$

㉱ $A_r = \dfrac{D_s - D_e}{D_s^2} \times 100\,(\%)$

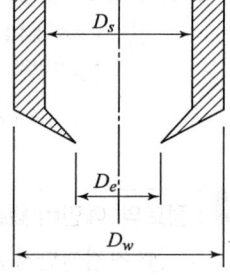

해설 A_r을 10% 이하가 되게 하여 여잉토 혼입을 방지하여야 시료가 교란되지 않는다.

092. 간극비 $e=0.65$, 함수비 $\omega=20.5\%$, 비중 $G_s=2.69$인 사질점토가 있다. 이 흙의 습윤밀도 γ_t는?

㉮ $1.63\ g/cm^3$ ㉯ $1.96\ g/cm^3$
㉰ $1.02\ g/cm^3$ ㉱ $1.35\ g/cm^3$

정답 089. ㉯ 090. ㉱ 091. ㉰ 092. ㉯

해설
- $S \cdot e = G_s \cdot \omega$

  $\therefore S = \dfrac{G_s \cdot \omega}{e} = \dfrac{2.69 \times 20.5}{0.65} = 84.8\%$

- $\gamma_t = \dfrac{G_s + \dfrac{S \cdot e}{100}}{1+e} \cdot \gamma_w = \dfrac{2.69 + \dfrac{84.8 \times 0.65}{100}}{1+0.65} \times 1 = 1.96\,\text{g/cm}^3$

보충
- $\gamma_{sat} = \dfrac{G_s + e}{1+e} \cdot \gamma_w$ • $\gamma_d = \dfrac{G_s}{1+e} \cdot \gamma_w$
- $\gamma_{sub} = \dfrac{G_s - 1}{1+e} \cdot \gamma_w$

093 모래 치환법에 의한 흙의 밀도 측정법에서 모래(표준사)는 무엇을 구하기 위해 사용되는가?
- ㉮ 흙의 중량
- ㉯ 시험구멍의 부피
- ㉰ 흙의 함수비
- ㉱ 지반의 지지력

해설 현장의 다짐도를 알기 위해서 들밀도 시험을 하는데 이때 사용되는 표준사를 이용하여 굴착한 구멍의 체적(V)을 구하고 습윤밀도 및 건조밀도를 추정한다.

094 유선망을 이용하여 구할 수 없는 것은?
- ㉮ 간극수압
- ㉯ 침투수량
- ㉰ 동수경사
- ㉱ 투수계수

해설
- 투수계수는 정수위 투수시험, 변수위 투수시험, 압밀시험으로 알 수 있다.
- 유선망의 침투수량

  $Q = K \cdot H \cdot \dfrac{N_f}{N_d}$

095 점토의 예민비(銳敏比)를 알기 위해 행하는 시험은?
- ㉮ 직접전단시험
- ㉯ 삼축압축시험
- ㉰ 일축압축시험
- ㉱ 표준관입시험

해설
- 예민비

  $S_t = \dfrac{q_u}{q_{ur}}$
- 예민비가 클수록 불안하므로 안전율을 크게 한다.

096 사질토 지반에 0.3×0.3m의 재하판으로 재하시험을 한 결과 10t/m²의 지지력을 얻었다. 같은 지반에 2×2m의 정사각형 기초를 설치할 경우 기대되는 지지력은?
- ㉮ 67 t/m²
- ㉯ 41 t/m²
- ㉰ 33 t/m²
- ㉱ 10 t/m²

해답 093.㉯ 094.㉱ 095.㉰ 096.㉮

해설
- $0.3\text{m} : 10\text{t/m}^2 = 2\text{m} : x$
  $\therefore x = \dfrac{10 \times 2}{0.3} = 67\text{t/m}^2$
- 지지력은 사질토 지반에서 재하판의 크기에 비례한다.

097 기초에 작용하는 접지압 분포가 그림과 같이 되는 것은?
㉮ 점토지반, 강성기초
㉯ 점토지반, 연성기초
㉰ 모래지반, 강성기초
㉱ 모래지반, 연성기초

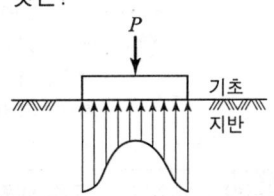

해설 사질(모래)지반에 있어서 강성기초의 접지압 분포는 기초의 중앙부에서 최대응력이 발생한다.

098 압밀계수가 $0.3 \times 10^{-2}\text{cm}^2/\text{sec}$, 일면배수 상태의 3m 두께 점토층에서 90% 압밀이 일어나는데 소요되는 시간은?
㉮ $2.54 \times 10^7 \text{sec}$
㉯ $4.51 \times 10^7 \text{sec}$
㉰ $6.25 \times 10^7 \text{sec}$
㉱ $8.36 \times 10^7 \text{sec}$

해설 $C_v = \dfrac{0.848 H^2}{t_{90}}$
$\therefore t_{90} = \dfrac{0.848 H^2}{C_v} = \dfrac{0.848 \times 300^2}{0.3 \times 10^{-2}} = 25,440,000$초

099 다음 중 말뚝의 정역학적 지지력공식은?
㉮ Sander 공식
㉯ Terzaghi 공식
㉰ Engineering News 공식
㉱ Hiley 공식

해설
- 정역학적 공식 : Terzaghi 공식, Skempton 공식, Meyerhof 공식, Dorr 공식 등
- Hiley 공식은 말뚝의 동역학적 지지력 공식 중 말뚝머리에서 측정되는 리바운드량을 공식에 이용한다.

100 Hazen이 제안한 균등계수가 5 이하인 균등한 모래의 투수계수(k)를 구할 수 있는 경험식으로 옳은 것은? (단, c는 상수이고, D_{10}은 유효입경이다.)
㉮ $k = c\, D_{10} (\text{cm/s})$
㉯ $k = c\, D_{10}^2 (\text{cm/s})$
㉰ $k = c\, D_{10}^3 (\text{cm/s})$
㉱ $k = c\, D_{10}^4 (\text{cm/s})$

해설 $k = c\, D_{10}^2 (\text{cm/s})$
여기서, c : 100~150(둥근 입자의 경우 100)이다.

해답 097. ㉮ 098. ㉮ 099. ㉯ 100. ㉯

06 상/하/수/도/공/학

101 우수관로 및 합류관로에서 계획우수량에 대한 유속은?

㉮ 최소 0.8m/sec, 최대 3.0m/sec ㉯ 최소 0.6m/sec, 최대 5.0m/sec
㉰ 최소 0.5m/sec, 최대 7.0m/sec ㉱ 최소 0.7m/sec, 최대 8.0m/sec

해설
- 우수관거 : 0.8~3.0m/sec
- 오수관거 : 0.6~3.0m/sec
- 하수관거의 이상적인 유속 : 1.0~1.8m/sec

102 상수도의 급수계통으로 알맞은 것은?

㉮ 취수 - 도수 - 정수 - 배수 - 송수 - 급수
㉯ 취수 - 도수 - 송수 - 정수 - 배수 - 급수
㉰ 취수 - 송수 - 정수 - 배수 - 도수 - 급수
㉱ 취수 - 도수 - 정수 - 송수 - 배수 - 급수

해설 상수도의 급수계통도
수원 → 취수탑 → 침사지 → 착수정 → 약품침전지(정수) → 급속여과 → 배수지 → 급수

103 맨홀의 설치장소로 타당하지 않은 곳은?

㉮ 하수관의 방향이 바뀌는 곳   ㉯ 하수관의 관경이 변하는 곳
㉰ 하수관의 경사가 변하는 곳   ㉱ 하구관내 수량변화가 적은 곳

해설
- 하수관내 수량변화가 많은 곳   · 단차가 발생하는 장소
- 관거가 합류하는 장소   · 관거의 유리관리상 필요한 장소

104 염소의 살균능력을 순서대로 표시한 것으로 옳은 것은?

㉮ HOCl > OCl⁻ > 클로라민   ㉯ 클로라민 > OCl⁻ > HOCl
㉰ 클로라민 > HOCl > OCl⁻   ㉱ OCl⁻ > 클로라민 > HOCl

해설
- 염소 살균의 주체는 차아염소산(HOCl)이다.
- 염소 소독은 그 효과가 완전하나 많은 양의 물은 쉽게 소독할 수 없다.
- 염소의 살균효과는 pH가 낮을수록 수온이 높을수록 좋다.

105 합류식과 분류식 하수관로의 특징에 관한 다음 설명 중 가장 거리가 먼 것은?

㉮ 분류식은 합류식에 비해 오접합의 우려가 적다.
㉯ 합류식은 분류식에 비해 처리장으로 다량의 토사유입이 있을 수 있다.
㉰ 합류식은 분류식에 비해 청소, 검사 등이 유리하다.
㉱ 분류식은 합류식에 비해 수세효과를 기대할 수 없다.

정답 101.㉮ 102.㉱ 103.㉱ 104.㉮ 105.㉮

- 분류식은 관거 오접합에 대한 철저한 감시가 필요하다.
- 분류식은 안정적인 하수처리를 실시할 수 있다.
- 분류식은 오수관과 우수관의 별도 매설로 공사비가 많이 든다.

106 신축 자재가 아닌 조인트를 사용하는 관로에 신축 조인트를 설치할 때, 몇 m마다 설치하여야 하는가?

㉮ 5~10m ㉯ 20~30m
㉰ 50~60m ㉱ 100~110m

신축 자재가 아닌 이음을 사용하는 관로에 20~30m마다 신축이음을 설치한다.

107 1인1일 평균급수량의 도시조건에 따른 일반적인 경향에 대한 설명으로 옳지 않은 것은?

㉮ 도시규모가 클수록 수량이 크다.
㉯ 도시의 생활수준이 낮을수록 수량이 크다.
㉰ 기온이 높은 지방은 추운 지방보다 수량이 크다.
㉱ 정액급수의 수도는 계량급수의 수도보다 수량이 크다.

- 생활정도와 생활양식에 있어서는 그 정도가 높을수록 급수량이 증대된다.
- 공업이 번성한 도시는 소도시보다 수량이 크다.
- 1인1일 평균급수량
  $$\frac{평균\ 급수량}{급수\ 인구}$$

108 반송 슬러지 농도를 X_R, 슬러지 반송비를 R이라 할 때, 반응조 내의 MLSS 농도 X를 구하는 식은? (단, 유입수의 SS는 무시함.)

㉮ $X = \dfrac{X_R}{(1-R)}$ ㉯ $X = \dfrac{R \times X_R}{(1+R)}$

㉰ $X = R \times (X_R + 1)$ ㉱ $X = \dfrac{R \times X_R}{(1-R)}$

$R = \dfrac{\text{MLSS 농도}}{\text{반송 슬러지 농도} - \text{MLSS 농도}} = \dfrac{X}{X_R - X}$

109 하수도 계획에서 수질 환경기준에 준하는 배제방식, 처리방법, 시설의 위치 결정에 활용하는 데 필요한 조사는?

㉮ 상수도 급수현황 ㉯ 음용수의 수질기준
㉰ 방류수역의 허용부하량 ㉱ 공업용수도의 현황

- 방류수역의 이수상황 및 주변의 환경조건을 고려한다.
- 방류되는 방류수와 방류수역의 수질보전 효과 등을 고려한다.

정답 106.㉯ 107.㉯ 108.㉱ 109.㉰

110 활성슬러지 공정의 2차 침전지를 설계하는데 다음과 같은 기준을 사용하였다. 이 침전지의 수리학적 체류시간은? (단, 유입수량=5000m³/day, 표면부하율=30m³/m²day, 수심 3.5m)

㉮ 2.8시간   ㉯ 3.5시간   ㉰ 4.3시간   ㉱ 5.2시간

해설 $t = \dfrac{H}{\text{표면 부하율}} = \dfrac{3.5}{30} = 0.117\,\text{day} = 0.117 \times 24 = 2.8\,\text{시간}$

111 하천을 수원으로 하는 경우의 취수시설과 가장 거리가 먼 것은?

㉮ 취수탑   ㉯ 취수틀
㉰ 집수매거   ㉱ 취수문

해설
• 취수시설은 취수문, 취수관, 취수탑 등이 있다.
• 취수탑은 수위변화가 큰 곳에 적합하다.

112 송수시설에 관한 설명으로 옳지 않은 것은?

㉮ 계획송수량은 원칙적으로 계획1일 최대급수량을 기준으로 한다.
㉯ 송수는 관수로로 하는 것을 원칙으로 하되 개수로로 할 경우에는 터널 또는 수밀성의 암거로 한다.
㉰ 송수방식에는 정수시설·배수시설과의 수위관계, 정수장과 배수지 사이의 지형과 지세에 따라 자연유하식, 펌프가압식 및 병용식이 있다.
㉱ 송수관의 유속은 자연유하식인 경우에 허용 최대한도를 5.0m/s로 한다.

해설 송수관의 유속은 자연유하식의 경우에 허용 최대한도를 3.0m/s로 하고, 송수관의 평균 유속의 최소한도는 0.3m/s로 한다.

113 침전지의 침전효율 E와 부유물 침강속도 v_o, 유입유량 Q, 침전지의 표면적 A와의 관계식을 옳게 나타낸 것은?

㉮ $E = \dfrac{Q}{v_o/A}$ ㉯ $E = \dfrac{v_o}{Q/A}$

㉰ $E = \dfrac{Q}{v_o \times A}$ ㉱ $E = \dfrac{v_o}{Q \times A}$

해설 침전지에서의 제거효율(침전효율)

$E = \dfrac{v_s}{Q/A}$ 여기서, v_s : 입자의 침강속도(m/day)
                 Q/A : 표면부하율(m/day)

114 하수도 시설의 목적(역할)과 거리가 먼 것은?

㉮ 공공수역의 확대   ㉯ 생활환경의 개선
㉰ 수질보전 기능   ㉱ 침수피해 방지

해답 110. ㉮ 111. ㉰ 112. ㉱ 113. ㉯ 114. ㉮

- 도시의 오수를 배제, 처리하여 생활환경의 개선을 도모
- 하천 생태계의 변화 및 공공수역의 수질오염 방지
- 우수의 신속한 배제로 침수에 의해 재해방지

115 하수처리에 관한 설명으로 옳지 않은 것은?

㉮ 하수처리 방법은 물리적, 화학적, 생물학적 공정으로 대별할 수 있다.
㉯ 보통 침전은 응집제를 사용하는 화학적 처리공정이다.
㉰ 소독은 화학적 처리공정이라 할 수 있다.
㉱ 생물학적 처리공정은 호기성 분해와 혐기성 분해로 대별할 수 있다.

하수처리 방법 중 침전, 여과, 흡착은 물리적 처리방법이다.

116 하수도 계획 대상유역에서 분할된 각 구역별 유출계수가 표와 같을 때 전체 유역의 유출계수는?

구역	면적(km^2)	토지 상태	유출계수
1	0.05	콘크리트 포장	0.90
2	0.50	교외 주택지역	0.35
3	0.03	아파트 지역	0.60

㉮ 0.360　　　　　　　　　　㉯ 0.410
㉰ 0.447　　　　　　　　　　㉱ 0.534

$$C = \frac{\Sigma C_i \cdot A}{\Sigma A_i} = \frac{0.90 \times 0.05 + 0.35 \times 0.50 + 0.6 \times 0.03}{0.05 + 0.5 + 0.03} = 0.410$$

117 어느 도시의 총인구가 5만명이고, 급수인구는 4만명일 때 1년간 총급수량이 200만m^3이었다. 이 도시의 급수보급률과 1인1일 평균급수량은?

㉮ 125%, 0.110m^3/인·일　　㉯ 125%, 0.137m^3/인·일
㉰ 80%,　0.110m^3/인·일　　㉱ 80%,　0.137m^3/인·일

- 급수보급률 = $\frac{급수인구}{총인구} \times 100 = \frac{40,000}{50,000} \times 100 = 80\%$
- 1인 1일 평균급수량 = $\frac{1년간\ 총급수량}{365 \times 급수인구} = \frac{2,000,000}{365 \times 40,000} = 0.137 m^3$/인·일

118 강우강도(intensity of rainfall)공식의 형태 중 탈보트(Talbot) 형은? (단, t는 지속기간(min)이고, a, b, m, n은 지역에 따라 다른 값을 갖는 상수이다.)

㉮ $I = \dfrac{a}{t^n}$　　　　　　　　　㉯ $I = \dfrac{a}{\sqrt{t}+b}$

㉰ $I = \dfrac{a}{t+b}$　　　　　　　　㉱ $I = \dfrac{a}{t^m+b}$

115. ㉯　116. ㉯　117. ㉱　118. ㉰

해설
- Talbot형 : $I = \dfrac{a}{t+b}$
- Sherman형 : $I = \dfrac{c}{t^n}$
- Japanese형 : $I = \dfrac{d}{\sqrt{t}+e}$

여기서, a, b, c, d, e, n은 지역에 따라 결정되는 상수이다.

119. 자연 유하식 관로를 설치할 때, 수두를 분할하여 수압을 조절하기 위한 목적으로 설치하는 부대설비는?

㉮ 양수정 ㉯ 분수전
㉰ 수로교 ㉱ 접합정

해설 접합정은 물의 흐름을 원활하게 하기 위해 종류가 다른 관이나 도랑의 연결부, 굴곡부 등에 수두를 감쇄하고 관로의 수압을 조절할 목적으로 관로의 도중에 설치하는 시설이다.

120. 일반적인 정수처리공정과 비교할 때 침전공정이 생략된 방식으로 통상적으로 수질 변화가 적고 비교적 양호한 수질에서는 일반 정수처리공정에 비해 설치비 및 운영비가 적게 소요되는 여과방식은?

㉮ 직접여과 ㉯ 내부여과
㉰ 급속여과 ㉱ 표면여과

해설
- 직접여과 : 일반적인 정수처리의 침전공정이 생략된 방식으로 수질 변화가 적고 비교적 양호한 수질에서는 설치비와 운영비가 적게 소요되며, 응집제 주입량을 통상 주입량의 1/2~1/4 정도만 주입하여 플록을 형성시키므로 약품 사용량이 절약되고 슬러지 발생량도 줄일 수 있는 공정이다.
- 내부여과 : 응집과 침전공정이 생략된 방식으로 응집제를 여과지에 유입되는 관로에 주입하는 방식이다.

정답 119. ㉱ 120. ㉮

02 토목산업기사

응용역학 / 측량학 / 수리학 / 철근콘크리트 및 강구조 / 토질 및 기초 / 상하수도공학

[2019년 4월 27일 시행]

▎알려드립니다 ▎

한국산업인력공단의 저작권법 저촉에 대한 언급(2013년 2회 시험)이 있어 과거에 출제된 동일한 문제나 그 유형의 문제로 재구성하였습니다.

---

01 응/용/역/학

001 그림과 같은 장주의 강도를 옳게 관계시킨 것은?
(단, 동질의 동단면으로 한다.)

㉮ (a) > (b) > (c)
㉯ (a) > (b) = (c)
㉰ (a) = (b) = (c)
㉱ (a) = (b) < (c)

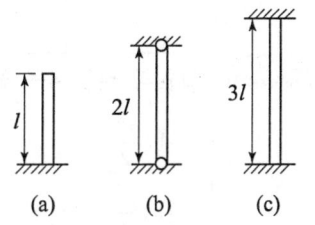

해설
- $P_{(a)} = \dfrac{n\pi^2 EI}{l^2} = \dfrac{\frac{1}{4}}{l^2} = \dfrac{1}{4l^2}$
- $P_{(b)} = \dfrac{n\pi^2 EI}{l^2} = \dfrac{1}{(2l)^2} = \dfrac{1}{4l^2}$
- $P_{(c)} = \dfrac{n\pi^2 EI}{l^2} = \dfrac{4}{(3l)^2} = \dfrac{4}{9l^2}$

∴ (a) = (b) < (c)

002 다음 도형(빗금친 부분)의 X축에 대한 단면 1차 모멘트는?

㉮ 5,000cm³
㉯ 10,000cm³
㉰ 15,000cm³
㉱ 20,000cm³

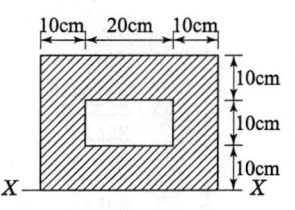

해설 $G_X = G_1 - G_2 = A_1 \cdot y_1 - A_2 \cdot y_2$
$= (40 \times 30 \times 15) - (20 \times 10 \times 15) = 15000 \text{cm}^3$

정답 001. ㉱ 002. ㉰

003 보의 단면이 그림과 같고 지간이 같은 단순보에서 중앙에 집중하중 P가 작용할 경우 처짐 y_1은 y_2의 몇 배인가?

㉮ 1
㉯ 2
㉰ 4
㉱ 8

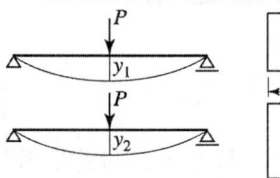

$y = \dfrac{Pl^3}{48EI}$ 관련식에서 $I = \dfrac{bh^3}{12}$ 이므로 처짐은 h의 3승에 반비례한다.

∴ $\dfrac{1}{\left(\dfrac{1}{2}\right)^3} = 8$배

004 그림과 같은 4분 원호에서 x축에 대한 단면 1차 모멘트의 크기는?

㉮ $\dfrac{r^3}{2}$
㉯ $\dfrac{r^3}{3}$
㉰ $\dfrac{r^3}{4}$
㉱ $\dfrac{r^3}{5}$

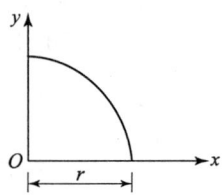

$G_x = A \cdot y_o = \dfrac{\pi r^2}{4} \times \dfrac{4r}{3\pi} = \dfrac{r^3}{3}$

005 그림과 같은 단순보에서 최대 휨응력은?

㉮ $\dfrac{3\omega l^2}{4bh}$
㉯ $\dfrac{3\omega l^2}{8bh}$
㉰ $\dfrac{27\omega l^2}{32bh^2}$
㉱ $\dfrac{27\omega l^2}{64bh^2}$

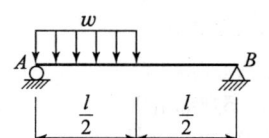 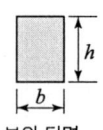

보의 단면

정답 003.㉱ 004.㉯ 005.㉱

- $\sum M_B = 0$

  $R_A \times l - w \times \dfrac{l}{2} \times \left(\dfrac{l}{4} + \dfrac{l}{2}\right) = 0$

  $\therefore R_A = \dfrac{1}{l}\left(w \times \dfrac{l}{2} \times \dfrac{3l}{4}\right) = \dfrac{3wl}{8}$

- $S_x = 0$, $R_A - w \times x = 0$, $\dfrac{3wl}{8} = w \times x$

  $\therefore x = \dfrac{3l}{8}$

- $M_{\max} = \dfrac{3wl}{8} \times \dfrac{3l}{8} - w \times \dfrac{3l}{8} \times \dfrac{\frac{3l}{8}}{2} = \dfrac{9wl^2}{64} - \dfrac{9wl^2}{128} = \dfrac{9wl^2}{128}$

  $\therefore \sigma_{\max} = \dfrac{M}{I}y = \dfrac{M}{Z} = \dfrac{6M}{bh^2} = \dfrac{6 \times \dfrac{9wl^2}{128}}{bh^2} = \dfrac{54wl^2}{128bh^2} = \dfrac{27wl^2}{64bh^2}$

006

그림과 같이 $a \times 2a$의 단면을 갖는 기둥에 편심거리 $\dfrac{a}{2}$만큼 떨어져서 P가 작용할 때 기둥에 발생할 수 있는 최대 압축응력은? (단, 기둥은 단주이다.)

㉮ $\dfrac{4P}{7a^2}$

㉯ $\dfrac{7P}{8a^2}$

㉰ $\dfrac{13P}{2a^2}$

㉱ $\dfrac{5P}{4a^2}$

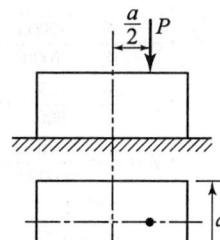

- $I = \dfrac{bh^3}{12} = \dfrac{a \times (2a)^3}{12} = \dfrac{8a^4}{12}$

- $\sigma = \dfrac{P}{A} + \dfrac{M}{I}y = \dfrac{P}{a \times 2a} + \dfrac{P \times \dfrac{a}{2}}{\dfrac{8a^4}{12}} \times \dfrac{2a}{2} = \dfrac{5P}{4a^2}$

007

원형 단면인 보에서 최대 전단응력은 평균 전단응력의 몇 배인가?

㉮ $\dfrac{1}{2}$

㉯ $\dfrac{3}{2}$

㉰ $\dfrac{4}{3}$

㉱ $\dfrac{5}{3}$

- 원형 단면의 경우

  $\tau_{\max} = \dfrac{4}{3}\dfrac{S}{A}$

- 구형 단면의 경우

  $\tau_{\max} = \dfrac{3}{2}\dfrac{S}{A}$

006. ㉱ 007. ㉰

008
길이 10m, 단면 30cm×40cm의 단순보가 중앙에 120kN의 집중하중을 받고 있다. 이 보의 최대 휨응력은? (단, 보의 자중은 무시한다.)

㉮ 55MPa ㉯ 52.5MPa
㉰ 45MPa ㉱ 37.5MPa

해설
- $M = \dfrac{Pl}{4} = \dfrac{120 \times 10000}{4} = 300000 \, \text{kN} \cdot \text{mm}$
- $\sigma = \dfrac{M}{Z} = \dfrac{300000}{\dfrac{300 \times 400^2}{6}} = 0.0375 \, \text{kN/mm}^2 = 37.5 \, \text{N/mm}^2 = 37.5 \, \text{MPa}$

009
단면적 $A = 20\text{cm}^2$, 길이 $L = 0.5\text{m}$인 강봉에 인장력 $P = 80\text{kN}$을 가하였더니 길이가 0.1mm 늘어났다. 이 강봉의 푸아송 수 $m = 3$이라면 전단탄성계수 G는 얼마인가?

㉮ 75000MPa ㉯ 7500MPa
㉰ 25000MPa ㉱ 2500MPa

해설
- $\sigma = \dfrac{P}{A} = \dfrac{80000}{2000} = 40 \, \text{N/mm}^2$
- $\epsilon = \dfrac{\Delta l}{l} = \dfrac{0.1}{500} = 0.0002$
- $E = \dfrac{\sigma}{\epsilon} = \dfrac{40}{0.0002} = 200000 \, \text{N/mm}^2$
- $v = \dfrac{1}{m} = \dfrac{1}{3}$
- $G = \dfrac{E}{2(1+v)} = \dfrac{200000}{2\left(1+\dfrac{1}{3}\right)} = 75000 \, \text{N/mm}^2 = 75000 \, \text{MPa}$

010
다음 그림과 같은 트러스에서 D 부재에 일어나는 부재 내력은?

㉮ 10kN
㉯ 8kN
㉰ 6kN
㉱ 5kN

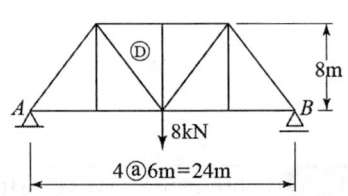

해설
- $R_A = 4\text{kN}$ (좌우 대칭이므로)
- $\Sigma V = 0$

$R_A - D \times \dfrac{8}{10} = 0$

$\therefore D = \dfrac{4}{0.8} = 5\text{kN}$

해답 008. ㉱ 009. ㉮ 010. ㉱

011 그림과 같은 힘의 O점에 대한 모멘트는?

㉮ 240kN·m
㉯ 120kN·m
㉰ 80kN·m
㉱ 60kN·m

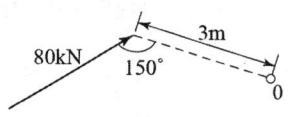

$M_o = 80 \times 3 \cos 60° = 120 \text{kN} \cdot \text{m}$

012 지름 1cm인 강철봉에 80kN의 물체를 매달 때 강철봉의 길이 변화량은? (단, 강철봉의 길이는 1.5m이고, 탄성계수 $E = 2.1 \times 10^5 \text{MPa}$이다.)

㉮ 7.3mm
㉯ 8.5mm
㉰ 9.7mm
㉱ 10.9mm

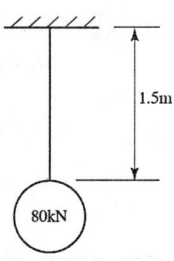

$\delta = \dfrac{Pl}{EA} = \dfrac{80000 \times 1500}{2.1 \times 10^5 \times \dfrac{3.14 \times 10^2}{4}} = 7.3\text{mm}$

013 그림과 같이 D점에 하중 P를 작용하였을 때, C점에 $\Delta_C = 0.2\text{cm}$의 처짐이 발생하였다. 만약 D점의 P를 C점에 작용시켰을 경우 D점에 생기는 처짐 Δ_D의 값은?

㉮ 0.1cm
㉯ 0.2cm
㉰ 0.4cm
㉱ 0.6cm

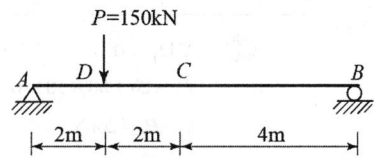

상반작용의 원리

$P_1 \delta_{12} = P_2 \delta_{21}$에서 P_1, P_2 하중을 단일하중($P_1 = P_2 = 1$)으로 할 때 $\delta_{12} = \delta_{21}$이므로 0.2cm 이다.

011. ㉯ 012. ㉮ 013. ㉯

014 그림과 같은 단순보에 모멘트 하중 M_1과 M_2가 작용할 경우 C점의 휨모멘트를 구하는 식은? (단, $M_1 > M_2$)

㉮ $\left(\dfrac{M_1-M_2}{L}\right)x+M_1-M_2$

㉯ $\left(\dfrac{M_2-M_1}{L}\right)x-M_1+M_2$

㉰ $\left(\dfrac{M_1+M_2}{L}\right)x+M_1-M_2$

㉱ $\left(\dfrac{M_1-M_2}{L}\right)x-M_1+M_2$

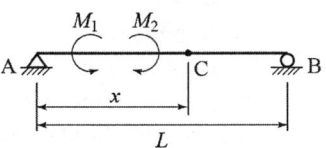

예설
- $\Sigma M_B = 0$
  $R_A \times L - M_1 + M_2 = 0$
  $\therefore R_A = \dfrac{M_1-M_2}{L}$
- $M_C = R_A \times x - M_1 + M_2 = \left(\dfrac{M_1-M_2}{L}\right)x - M_1 + M_2$

015 그림과 같이 50kN의 힘을 왼쪽으로 10m, 오른쪽으로 15m 떨어진 두 지점에 나란히 분배하였을 때 두 힘 P_1, P_2의 값으로 옳은 것은?

㉮ $P_1=10$kN, $P_2=40$kN
㉯ $P_1=20$kN, $P_2=30$kN
㉰ $P_1=30$kN, $P_2=20$kN
㉱ $P_1=40$kN, $P_2=10$kN

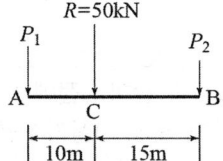

예설
- $\Sigma M_A = 0$
  $P_2 \times 25 + 50 \times 10 = 0$
  $\therefore P_2 = 20$kN
  $\therefore P_1 = 50 - 20 = 30$kN

016 그림과 같은 단면을 갖는 보에서 중립축에 대한 휨(bending)에 가장 강한 형상은? (단, 모두 동일한 재료이며 단면적이 같다.)

㉮ 직사각형(h > b)
㉯ 정사각형
㉰ 직사각형(h < b)
㉱ 원

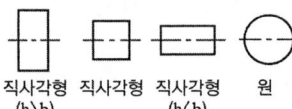

예설 동일한 재료이며 단면적이 같은 경우 단면 2차 모멘트가 크면 휨(굽힘, 좌굴)에 대한 저항이 크고 구조적으로 안전하다. 따라서 폭(b)보다 높이(h)을 크게 해야 한다.

예답 014. ㉱ 015. ㉰ 016. ㉮

017 그림에서 AB, BC 부재의 내력은?

㉮ AB 부재 : 인장 $100\sqrt{3}$ kN
　BC 부재 : 압축 200kN
㉯ AB 부재 : 인장 100kN
　BC 부재 : 인장 100kN
㉰ AB 부재 : 인장 100kN
　BC 부재 : 압축 100kN
㉱ AB 부재 : 압축 $100\sqrt{2}$ kN
　BC 부재 : 인장 $100\sqrt{2}$ kN

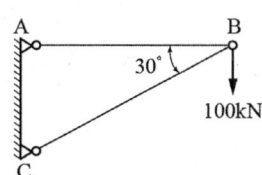

해설
- $\dfrac{AB}{\sin 60°} = \dfrac{100}{\sin 30°}$ ∴ $AB = \dfrac{\sin 60°}{\sin 30°} \times 100 = 173.2$ kN
- $\dfrac{BC}{\sin 90°} = \dfrac{100}{\sin 30°}$ ∴ $BC = \dfrac{\sin 90°}{\sin 30°} \times 100 = 200$ kN

018 그림에 표시한 것은 단순보에 대한 전단력도이다. 이 보의 C점에 발생하는 휨모멘트는? (단, 단순보에는 회전모멘트 하중이 작용하지 않는다.)

㉮ +420kN·m
㉯ +380kN·m
㉰ +210kN·m
㉱ +100kN·m

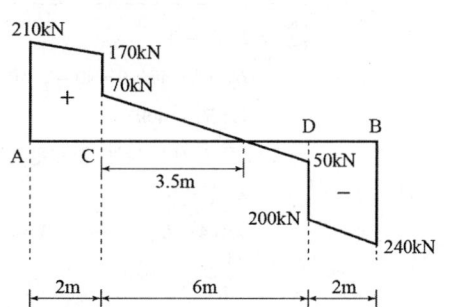

해설 임의 점의 휨모멘트는 구하는 단면에서 좌측 또는 우측의 전단력도의 면적 절대값과 같다. 그러므로 C점의 휨모멘트는 A~C구간의 전단력도 면적과 같다.

$M_C = \dfrac{1}{2}(210+170) \times 2 = +380$ kN·m

019 그림과 같이 등분포하중을 받는 단순보에서 C점과 B점의 휨모멘트비 $\left(\dfrac{M_C}{M_B}\right)$는?

㉮ $\dfrac{4}{3}$
㉯ $\dfrac{3}{2}$
㉰ 2
㉱ $\dfrac{5}{2}$

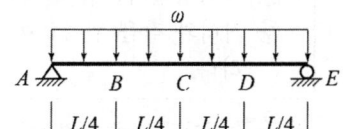

해답 017. ㉮ 018. ㉯ 019. ㉮

해설
- $R_A = R_E = \dfrac{wL}{2}$ (대칭이므로)
- $M_C = \dfrac{wL}{2} \times \dfrac{L}{2} - w \times \dfrac{L}{2} \times \dfrac{L}{4} = \dfrac{wL^2}{8}$
- $M_B = \dfrac{wL}{2} \times \dfrac{L}{4} - w \times \dfrac{L}{4} \times \dfrac{L}{8} = \dfrac{3wL^2}{32}$

$\therefore \dfrac{M_C}{M_B} = \dfrac{\dfrac{wL^2}{8}}{\dfrac{3wL^2}{32}} = \dfrac{32wL^2}{24wL^2} = \dfrac{4}{3}$

020. 그림과 같은 아치에서 AB 부재가 받는 힘은?

㉮ 0
㉯ 20kN
㉰ 40kN
㉱ 80kN

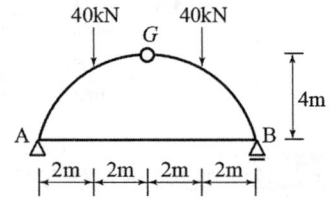

해설
- $\Sigma M_B = 0$
  $R_A \times 8 - 40 \times 6 - 40 \times 2 = 0$
  $\therefore R_A = 40\text{kN}$
- AB 부재가 받는 힘(수평 반력)
  $\Sigma M_G = 0$
  $40 \times 4 - H_A \times 4 - 40 \times 2 = 0$
  $\therefore H_A = 20\text{kN}$

02 측/량/학

021. 다음은 다각측량의 특징을 서술한 것이다. 이에 해당되지 않는 것은?

㉮ 복잡한 시가지나 지형의 기복이 심해 시준이 어려운 지역의 측량에 적합하다.
㉯ 도로, 수로, 철도와 같이 폭이 좁고 긴 지역의 측량에 편리하다.
㉰ 국가평면기준점 결정에 이용되는 측량방법이다.
㉱ 거리와 각을 관측하여 도식해법에 의하여 모든 점의 위치를 결정할 때 편리하다.

해설 국가평면기준점 결정에 이용되는 측량방법은 정도가 높은 삼각측량으로 한다.

020. ㉯ 021. ㉰

022 다각측량에서는 측각의 정도와 측거의 정도가 균형을 이루어야 한다. 지금 측거 100m에 대한 오차가 ±2mm일 때 각관측오차는 얼마인가?
㉮ ±2″　　㉯ ±4″　　㉰ ±6″　　㉱ ±8″

해설
$$\frac{\Delta l}{l} = \frac{\theta''}{\rho''}$$
$$\frac{0.002}{100} = \frac{\theta''}{206265''}$$
$$\therefore \theta'' = \frac{0.002 \times 206265''}{100} ≒ 4''$$

023 지구의 곡선의 반지름이 6,370km이며 삼각형의 구과량이 2.0″일 때 구면삼각형의 면적은?
㉮ 193.4km²　　㉯ 293.4km²
㉰ 393.4km²　　㉱ 493.4km²

해설
$$\frac{\epsilon''}{\rho''} = \frac{F}{R^2}$$
$$\therefore F = \frac{6370^2 \times 2''}{206265''} = 393.4\text{km}^2$$

024 항공사진은 다음 어떤 원리에 의한 지형지물의 상인가?
㉮ 정사투영　　㉯ 평행투영
㉰ 등적투영　　㉱ 중심투영

해설
- 중심투영 : 사진
- 정사투영 : 지도
- 지도 제작에 주로 사용되는 항공사진은 거의 수직사진이 이용된다.
- 저각도 경사사진 : 지평선이 찍히지 않는 사진
- 고각도 경사사진 : 지평선이 나타나는 사진

025 반지름 150m의 단곡선을 설치하기 위하여 교각을 측정한 값이 57° 36′일 때 접선장과 곡선장의 값은 얼마인가?
㉮ 접선장=82.46m, 곡선장=150.80m
㉯ 접선장=82.46m, 곡선장=75.40m
㉰ 접선장=236.36m, 곡선장=75.40m
㉱ 접선장=236.36m, 곡선장=150.80m

해설
- $TL = R\tan\frac{I}{2} = 150 \times \tan\frac{57° 36'}{2} = 82.46\text{m}$
- $CL = RI\frac{\pi}{180} = 150 \times 57°36' \times \frac{\pi}{180} = 150.8\text{m}$

해답 022. ㉯ 023. ㉰ 024. ㉱ 025. ㉮

026 축척 1 : 5000의 지형도에서 두 점 A, B간의 도상거리는 24mm였다. A점의 표고가 115m, B점의 표고가 145m이며, 두 점 A, B간은 등경사라 할 때 120m 등고선이 통과하는 위치는 지상 A로부터 수평거리로 얼마나 떨어져 있는가?

㉮ 5m
㉯ 20m
㉰ 60m
㉱ 100m

해설

- $\dfrac{1}{M} = \dfrac{도상거리}{실제거리}$ $\dfrac{1}{5000} = \dfrac{24}{실제거리}$

  ∴ 실제거리 $= 24 \times 5000 = 120{,}000\text{mm} = 120\text{m}$

- $120 : 30 = x : 5$

  ∴ $x = \dfrac{120 \times 5}{30} = 20\text{m}$

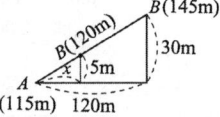

027 폐합트래버스에서 위거오차가 −0.35m이고, 경거오차가 +0.45m이며, 전 측선의 거리의 합이 456m일 때 폐합비는 얼마인가?

㉮ 1/204
㉯ 1/456
㉰ 1/800
㉱ 1/1600

해설

- 폐합오차

  $E = \sqrt{(위거\ 오차)^2 + (경거\ 오차)^2} = \sqrt{(E_L)^2 + (E_D)^2} = \sqrt{(-0.35)^2 + (0.45)^2}$

  $= 0.57\text{m}$

- 폐합비

  $R = \dfrac{E}{\Sigma l} = \dfrac{0.57}{456} = \dfrac{1}{800}$

보충
- 시가지의 허용 측각오차

  $E = 20\sqrt{n} \sim 30\sqrt{n}$ (초)

- 트래버스 중 정밀도는 결합 트래버스가 가장 높다.
- 보통 평지의 허용 측각오차

  $E = 1.0\sqrt{n} \sim 0.5\sqrt{n}$ (분)

028 삼각형의 면적을 측정하고자 한다. 양 변이 각각 82m와 73m이며, 그 사이에 낀 각이 57°일 때 삼각형의 면적은?

㉮ 2,510m²
㉯ 2,634m²
㉰ 2,871m²
㉱ 2,941m²

해설 $A = \dfrac{1}{2}ab\sin c = \dfrac{1}{2} \times 82 \times 73 \times \sin 57° = 2510\text{m}^2$

정답 026. ㉯ 027. ㉰ 028. ㉮

029 삼각형 면적을 계산하기 위해 변길이를 관측한 결과가 그림과 같을 때 이 삼각형의 면적은?

㉮ 1072.7m²
㉯ 1126.2m²
㉰ 1235.6m²
㉱ 1357.9m²

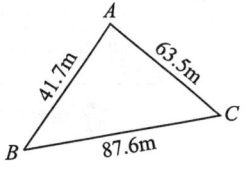

- $S = \dfrac{1}{2}(a+b+c) = \dfrac{1}{2}(87.6+41.7+63.5) = 96.4\text{m}$
- $A = \sqrt{S(S-a)(S-b)(S-c)} = \sqrt{96.4(96.4-87.6)(96.4-41.7)(96.4-63.5)}$
  $= 1235.6\text{m}^2$

030 도로 선형계획시 교각이 25°, 반지름 300m일 때와 교각이 20°, 반지름 400m일 때의 외선장(E)의 차이는?

㉮ 6.284 m   ㉯ 7.284 m
㉰ 2.113 m   ㉱ 1.113 m

- 교각이 25°일 때 외선장

$E = R\left(\dfrac{1}{\cos\dfrac{I}{2}} - 1\right) = 300\left(\dfrac{1}{\cos\dfrac{25°}{2}} - 1\right) = 7.284\text{m}$

- 교각이 20°일 때 외선장

$E = R\left(\dfrac{1}{\cos\dfrac{I}{2}} - 1\right) = 400\left(\dfrac{1}{\cos\dfrac{20°}{2}} - 1\right) = 6.171\text{m}$

- 외선장의 차이
  $7.284 - 6.171 = 1.113\text{m}$

031 캔트(cant)의 계산에서 속도 및 반지름을 2배로 하면 캔트는 몇 배가 되는가?

㉮ 2배   ㉯ 4배
㉰ 8배   ㉱ 16배

- 캔트 $C = \dfrac{SV^2}{gR}$ 관계식에서 속도 V와 반지름 R을 1배로 하면

  $C = \dfrac{S(2V)^2}{g(2R)} = \dfrac{S4V^2}{g2R} = \dfrac{2SV^2}{gR}$

  ∴ 2배

- 캔트가 커지면 곡률 반경은 감소한다.
- 종점에 있는 캔트는 원곡선의 캔트와 같다.
- 캔트란 철도에서는 캔트라 하고 도로에서는 편물매라 하며 곡선부의 바깥쪽을 높이는 것을 뜻한다.

 029.㉰ 030.㉱ 031.㉮

032 하천측량의 종류 중 고저측량에 해당되지 않는 것은?
- ㉮ 심천측량
- ㉯ 횡단측량
- ㉰ 종단측량
- ㉱ 유량측량

해설 하천측량은 평면측량, 수준측량, 유량측량으로 나눈다.

033 노선측량의 완화곡선에 대한 설명 중 옳지 않은 것은?
- ㉮ 완화곡선의 접선은 시점에서 원호에, 종점에서 직선에 접한다.
- ㉯ 완화곡선의 반지름은 시점에서 무한대, 종점에서 원곡선 R로 한다.
- ㉰ 클로소이드의 조합형식에는 S형, 복합형, 기본형 등이 있다.
- ㉱ 모든 클로소이드는 닮은 꼴이며, 클로소이드 요소는 길이의 단위를 가진 것과 단위가 없는 것이 있다.

해설
- 완화곡선의 접선은 시점에서 직선에 종점에서 원호에 접한다.
- 종점의 칸트는 원곡선의 칸트와 같다.
- 완화곡선에 연한 곡선반경의 감소율은 칸트의 증가율과 같다.
- $C = \dfrac{SV^2}{gR}$

034 두 점 간의 고저차를 레벨에 의하여 직접관측할 때 정확도를 향상시키는 방법이 아닌 것은?
- ㉮ 표척을 수직으로 유지한다.
- ㉯ 전시와 후시의 거리를 가능한 같게 한다.
- ㉰ 기계가 침하되거나 교통에 방해가 되지 않는 견고한 지반을 택한다.
- ㉱ 최소 가시거리가 허용되는 한 시준거리를 짧게 한다.

해설 전·후시의 시준거리를 같게하면 오차가 소거된다. 즉, 지구의 곡률오차, 빛의 굴절오차, 기포관축과 시준축이 평행되지 않기 때문에 생기는 오차 등이 소거된다.

035 측지학을 물리학적 측지학과 기하학적 측지학으로 구분할 때, 물리학적 측지학에 속하는 것은?
- ㉮ 면적의 산정
- ㉯ 체적의 산정
- ㉰ 수평위치의 결정
- ㉱ 지자기 측정

해설
- 기하학적 측지학: 천문측량, 위성측지, 높이 결정 등
- 물리학적 측지학: 지구의 형상 해석, 중력측정, 지자기 측정 등

정답 032. ㉱ 033. ㉮ 034. ㉱ 035. ㉱

036 지형도 상의 등고선에 대한 설명으로 틀린 것은?
- ㉮ 등고선의 간격이 일정하면 경사가 일정한 지면을 의미한다.
- ㉯ 높이가 다른 두 등고선은 절벽이나 동굴의 지형에서 교차하거나 만날 수 있다.
- ㉰ 지표면의 최대경사의 방향은 등고선에 수직한 방향이다.
- ㉱ 등고선은 어느 경우라도 도면 내에서 항상 폐합된다.

해설
- 등고선이 도면 내에서 폐합되는 경우는 산정이나 오목지(분지)를 나타낸다.
- 능선 또는 계곡선은 등고선과 직교한다.

037 삼각측량시 삼각망 조정의 세가지 조건이 아닌 것은?
- ㉮ 각조건
- ㉯ 변조건
- ㉰ 측점조건
- ㉱ 구과량조건

해설 삼각망 조정의 세가지 조건은 각조건, 변조건, 측점조건이다.

038 GNSS 관측오차 중 주변의 구조물에 위성 신호가 반사되어 수신되는 오차를 무엇이라고 하는가?
- ㉮ 다중경로 오차
- ㉯ 사이클슬립 오차
- ㉰ 수신기시계 오차
- ㉱ 대류권 오차

해설 다중경로에 따른 오차
GPS 신호는 다중경로의 영향을 받는다. 수신기 주변의 건물 등의 지형 지물로 인해 위성으로부터 송신된 신호가 굴절 반사되는데 이로 인해 오차가 발생한다.

039 어떤 노선을 수준측량한 결과가 표와 같을 때, 측점 1, 2, 3, 4의 지반고 값으로 틀린 것은?

[단위 : m]

측점	후시	전시 이기점	전시 중간점	기계고	지반고
0	3.121			126.688	123.567
1			2.586		
2	2.428	4.065			
3			0.664		
4		2.321			

- ㉮ 측점 1 : 124.102m
- ㉯ 측점 2 : 122.623m
- ㉰ 측점 3 : 124.374m
- ㉱ 측점 4 : 122.730m

해답 036.㉱ 037.㉱ 038.㉮ 039.㉰

측점	후시	전시 이기점	전시 중간점	기계고	지반고
0	3.121			126.688	123.567
1			2.586		124.102
2	2.428	4.065		125.051	122.623
3			0.664		124.387
4		2.321			122.730

• 지반고+후시=기계고
• 기계고−전시=지반고

040 C점의 표고를 구하기 위해 A코스에서 관측한 표고가 83.324m, B코스에서 관측한 표고가 83.341m였다면 C점의 표고는?

㉮ 83.341m
㉯ 83.336m
㉰ 83.333m
㉱ 83.324m

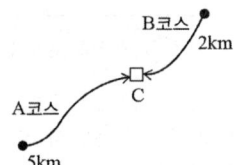

• $P_1 : P_2 = \dfrac{1}{2} : \dfrac{1}{5} = 5 : 2$
• 최확값 $= \dfrac{83.341 \times 5 + 83.324 \times 2}{5+2} = 83.336\,\text{m}$

03 수/리/학

041 밀도의 차원을 공학단위 [FLT]로 옳게 표시한 것은?

㉮ $[FL^{-4}T^2]$ ㉯ $[ML^{-4}T^2]$
㉰ $[FL^{-3}]$ ㉱ $[FL^4T^{-2}]$

• $\rho = [ML^{-3}]$을 FLT계로 표시하면
• $F = m \cdot a$에서 $[F] = [M][LT^{-2}]$ ∴ $[M] = FL^{-1}T^2$
• $\rho = [FL^{-4}T^2]$

042 개수로에서 발생되는 흐름 중 상류와 사류를 구분하는 기준이 되는 것은?

㉮ 프루드(Froude)수 ㉯ 레이놀즈(Reynolds)수
㉰ 마하(mach)각 ㉱ 매닝(Manning)수

040. ㉯ 041. ㉮ 042. ㉮

- $F_r = \dfrac{V}{\sqrt{gh}}$: 한계류
- $F_r < 1$: 상류
- $F_r > 1$: 사류

043 동수경사선(hydraulic grade line)에 대한 설명으로 가장 옳은 것은?

㉮ 위치수두를 연결한 선이다.
㉯ 속도수두와 위치수두를 합해 연결한 선이다.
㉰ 압력수두와 위치수두를 합해 연결한 선이다.
㉱ 전수두를 연결한 선이다.

- 동수경사선 : 기준수평면에서 위치수두와 압력수두의 합을 연결한 선 $\left(Z + \dfrac{P}{w}\right)$
- 에너지선 : 전수두를 연결한 선으로 동수경사선보다 속도수두만큼 위에 위치한 선

044 그림과 같은 용기에 물을 넣고 연직하방향으로 가속도 α를 중력가속도 만큼 작용했을 때 용기 내의 물에 작용하는 압력 P는?

㉮ $P = 0$
㉯ $P = 1\text{t/m}^2$
㉰ $P = 2\text{t/m}^2$
㉱ $P = 3\text{t/m}^2$

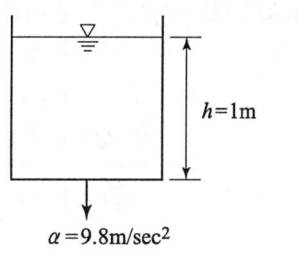

- 상향 $P = wh\left(1 + \dfrac{\alpha}{g}\right)$
- 하향 $P = wh\left(1 - \dfrac{\alpha}{g}\right) = 1 \times 1 \times \left(1 - \dfrac{9.8}{9.8}\right) = 0$

045 그림에서 단면 1, 2에서의 단면적, 평균유속, 압력강도를 각각 a_1, V_1, P_1, a_2, V_2, P_2라 하고 물의 단위 중량을 w_0라 할 때, 다음 중 옳지 않은 것은? (단, $Z_1 = Z_2$이다.)

㉮ $a_1 \cdot V_1 = a_2 \cdot V_2$
㉯ $V_1 < V_2$
㉰ $P_1 > P_2$
㉱ $\dfrac{V_1^2}{2g} + \dfrac{P_1}{w_0} < \dfrac{V_2^2}{2g} + \dfrac{P_2}{w_0}$

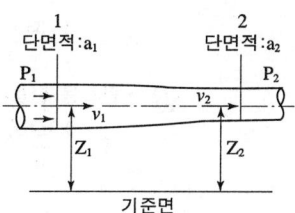

043. ㉰ 044. ㉮ 045. ㉱

해설
- 연속방정식 $Q = a_1 \cdot V_1 = a_2 \cdot V_2$
  $a_1 > a_2$ 이므로 $V_1 < V_2$ 관계 성립
- Bernoulli 정리 $\dfrac{V_1^2}{2g} + \dfrac{P_1}{w_o} = \dfrac{V_2^2}{2g} + \dfrac{P_2}{w_o}$
  $V_1 < V_2$ 이므로 $P_1 > P_2$ 관계 성립

046
유량 1.5m³/sec, 낙차 100m인 지점에서 발전할 때 이론수력은?

㉮ 1470 kW   ㉯ 1995 kW
㉰ 2000 kW   ㉱ 2470 kW

해설 이론 수력
$E = 9.8 QH = 9.8 \times 1.5 \times 100 = 1470\,\text{kW}$
$E = 13.33 QH\,[\text{HP}]$

047
지하수의 유량을 구하는 Darcy의 법칙으로 옳은 것은? (단, Q=유량, k=투수계수, I=동수경사, A=투과 단면적, C=유출계수)

㉮ $Q = CIA$ ㉯ $Q = kIA$
㉰ $Q = C^2 IA$ ㉱ $Q = k^2 IA$

해설
- $V = k \cdot i$
- $Q = A \cdot V = A \cdot k \cdot i = A \cdot k \cdot \dfrac{h}{L}$

048
양정이 6m일 때 4.2마력의 펌프로 0.03m³/sec를 양수했다면 이 펌프의 효율은?

㉮ 42%   ㉯ 57%
㉰ 72%   ㉱ 90%

해설
$E = \dfrac{13.33 Q H_p}{\eta}$

$4.2 = \dfrac{13.33 \times 0.03 \times 6}{\eta}$

$\therefore \eta = \dfrac{13.33 \times 0.03 \times 6}{4.2} = 0.57 = 57\%$

- 펌프용 전동기 동력(kW)
  $E = \dfrac{9.8 Q H_p}{\eta}$

정답 046. ㉮   047. ㉯   048. ㉯

049 그림과 같은 불투수층에 도달하는 집수암거의 집수량은? (단, 투수계수는 k, 암거의 길이는 l이며 양쪽 측면에서 유입됨.)

㉮ $\dfrac{kl}{R}(h_0^2 - h_\omega^2)$

㉯ $\dfrac{kl}{2R}(h_0^2 - h_\omega^2)$

㉰ $\dfrac{\pi k(h_0^2 - h_\omega^2)}{2.3 \log R}$

㉱ $\dfrac{2\pi k(h_0^2 - h_\omega^2)}{2.3 \log R}$

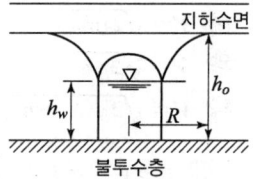

- 한쪽 측면에서 유입할 때
  $\dfrac{kl}{2R}(h_0^2 - h_\omega^2)$

050 Darcy-Weisbach의 마찰손실 공식에 대한 다음 설명 중 틀린 것은?

㉮ 마찰 손실 수두는 관경에 반비례한다.
㉯ 마찰 손실 수두는 관의 조도에 반비례한다.
㉰ 마찰 손실 수두는 물의 점성에 비례한다.
㉱ 마찰 손실 수두는 길이에 비례한다.

- $h_L = f \dfrac{l}{D} \dfrac{V^2}{2g}$
- 마찰 손실 수두는 관의 조도에 비례한다.

051 그림과 같은 역사이폰의 A, B, C, D점에서 압력수두를 각각 P_A, P_B, P_C, P_D라 할 때 다음 사항 중 옳지 않은 것은? (단, 점선은 동수경사선으로 가정한다.)

㉮ $P_A = 0$
㉯ $P_B < 0$
㉰ $P_C > 0$
㉱ $P_C > P_D$

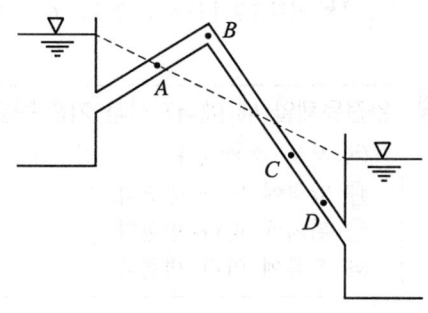

압력수두에 따라 크기가 다르므로 $P_C < P_D$이다.

정답 049. ㉮ 050. ㉯ 051. ㉱

052 그림과 같은 피토관에서 A점의 유속을 구하는 식으로 옳은 것은?

㉮ $V = \sqrt{2gh_1}$
㉯ $V = \sqrt{2gh_2}$
㉰ $V = \sqrt{2gh_3}$
㉱ $V = \sqrt{2g(h_1+h_2)}$

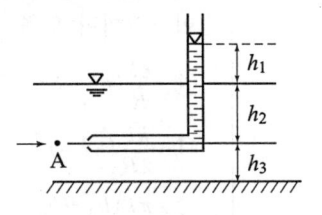

해설 피토관은 유속을 측정하는 기구로 수면 위 h_1는 동압력에 의해 나타낸 것으로
$V = \sqrt{2gh_1}$ 이며 속도수두 $h_1 = \dfrac{V^2}{2g}$ 이다.

053 액체 표면에서 150cm 깊이의 점에서 압력강도가 14.25kN/m²이면 이 액체의 단위중량은?

㉮ 9.5kN/m³
㉯ 10kN/m³
㉰ 12kN/m³
㉱ 16kN/m³

해설 $P = wh$ ∴ $w = \dfrac{P}{h} = \dfrac{14.25}{1.5} = 9.5\text{kN/m}^3$

054 유체의 기본성질에 대한 설명으로 틀린 것은?

㉮ 압축률과 체적탄성계수는 비례관계에 있다.
㉯ 압력 변화량과 체적 변화율의 비를 체적탄성계수라 한다.
㉰ 액체와 기체의 경계면에 작용하는 분자 인력을 표면장력이라 한다.
㉱ 액체 내부에서 유체분자가 상대적인 운동을 할 때 이에 저항하는 전단력이 작용하는데 이 성질을 점성이라 한다.

해설 체적탄성계수(E)는 압축률(C)의 역수이다. 즉, $E = \dfrac{1}{C}$ 반비례관계가 있다.

055 완전유체일 때 에너지선과 기준수평면과의 관계는?

㉮ 서로 평행하다.
㉯ 압력에 따라 변한다.
㉰ 위치에 따라 변한다.
㉱ 흐름에 따라 변한다.

해설 어떠한 경우라도 전단응력 및 인장력이 발생하지 않으며 전혀 압축되지도 않고 마찰저항 $h_L = 0$인 유체를 완전유체라 한다.

정답 052. ㉮ 053. ㉮ 054. ㉮ 055. ㉮

056 내경이 300mm이고 두께가 5mm인 강관이 견딜 수 있는 최대 압력수두는? (단, 강관의 허용인장응력은 1500kg/cm²이다.)

㉮ 300m
㉯ 400m
㉰ 500m
㉱ 600m

해설
- $t = \dfrac{PD}{2\sigma}$

  $\therefore P = \dfrac{2\sigma t}{D} = \dfrac{2 \times 1500 \times 0.5}{30} = 50\text{kg/cm}^2$

- $P = wh$ $\quad \therefore h = \dfrac{P}{w} = \dfrac{50000\,\text{g/cm}^2}{1\,\text{g/cm}^3} = 50000\text{cm} = 500\text{m}$

---

057 지름 20cm인 원형 오리피스로 0.1m³/s의 유량을 유출시키려 할 때 필요한 수심은? (단, 수심은 오리피스 중심으로부터 수면까지의 높이이며, 유량계수 $C=0.6$)

㉮ 1.24m
㉯ 1.44m
㉰ 1.56m
㉱ 2.00m

해설 $Q = CA\sqrt{2gh}$

$0.1 = 0.6 \times \dfrac{3.14 \times 0.2^2}{4} \sqrt{2 \times 9.8 \times h}$

$\therefore h = 1.44\text{m}$

---

058 아래 표의 ( ) 안에 들어갈 알맞은 용어를 순서대로 짝지어진 것은?

> 흐름이 사류에서 상류로 바뀔 때에는 (㉠)을 거치고, 상류에서 사류로 바뀔 때에는 (㉡)을 거친다.

㉮ ㉠ : 도수현상   ㉡ : 대응수심
㉯ ㉠ : 대응수심   ㉡ : 공액수심
㉰ ㉠ : 도수현상   ㉡ : 지배단면
㉱ ㉠ : 지배단면   ㉡ : 공액수심

해설
- 흐름이 사류에서 상류로 바뀔 때에는 (도수현상)을 거치고, 상류에서 사류로 바뀔 때에는 (지배단면)을 거친다.
- 대응수심이란 충격치(비력)에 대한 2개의 서로 다른 수심을 말한다.

---

059 수면으로부터 3m 깊이에 한 변의 길이가 1m이고 유량계수가 0.62인 정사각형 오리피스가 설치되어 있다. 현재의 오리피스를 유량계수가 0.60이고 지름 1m인 원형 오리피스로 교체한다면, 같은 유량이 유출되기 위하여 수면을 어느 정도로 유지하여야 하는가?

㉮ 현재의 수면과 똑같이 유지하여야 한다.
㉯ 현재의 수면보다 1.2m 낮게 유지하여야 한다.
㉰ 현재의 수면보다 1.2m 높게 유지하여야 한다.
㉱ 현재의 수면보다 2.2m 높게 유지하여야 한다.

해답 056. ㉰ 057. ㉯ 058. ㉰ 059. ㉱

해설
- 구형 오리피스
$Q = CA\sqrt{2gH} = 0.62 \times (1\times1)\sqrt{2\times9.8\times3} = 4.75 \text{m}^3/\text{sec}$
- 원형 큰 오리피스
$Q = C\pi r^2 \sqrt{2gH}\left[1 - \frac{1}{32}\left(\frac{r}{H}\right)^2\right]$

$4.75 = 0.6 \times 3.14 \times 0.5^2 \sqrt{2\times9.8\times H}\left[1 - \frac{1}{32}\left(\frac{0.5}{H}\right)^2\right]$

∴ $H = 5.2$m가 되므로 현재 수면으로부터 3m 깊이보다 2.2m 높게 유지하여야 한다.

필수 060 그림과 같은 단선 관수로에서 200m 떨어진 곳에 내경 20cm 관으로 0.0628m³/s의 물을 송수하려고 한다. 두 저수지의 수면차(H)를 얼마로 유지하여야 하는가? (단, 마찰손실계수 $f=0.035$, 급확대에 의한 손실계수 $f_{se}=1.0$, 급축소에 의한 손실계수 $f_{sc}=0.5$이다.)

㉮ 6.45m
㉯ 5.45m
㉰ 7.45m
㉱ 8.27m

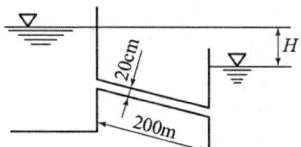

해설
$H_L = h_{sc} + h_L + h_{se} = f_{sc}\frac{V^2}{2g} + f\frac{l}{D}\frac{V^2}{2g} + f_{se}\frac{V^2}{2g}$

$= (f_{sc} + f\frac{l}{D} + f_{se})\frac{V^2}{2g}$

$= \left(0.5 + 0.035 \times \frac{200}{0.2} + 1.0\right) \times \frac{1}{2\times9.8} \times \left(\frac{0.0628}{\pi \times 0.2^2/4}\right)^2 = 7.45$m

04 철/근/콘/크/리/트/및/강/구/조

필수 061 흙에 접하거나 옥외의 공기에 직접 노출되는 현장치기 콘크리트로 D25 이하 철근을 사용하는 경우 최소피복두께는 얼마인가?

㉮ 20mm
㉯ 40mm
㉰ 50mm
㉱ 60mm

해설
- D35 이하 철근을 사용하는 경우 : 20mm
- D25 이하 철근을 사용하는 경우 : 50mm
- 프리캐스트 콘크리트로 벽체에 D35 이하 철근을 사용하는 경우 : 20mm
- 프리스트레스트 콘크리트로 벽체인 경우 : 30mm

정답 060. ㉰ 061. ㉰

062
그림과 같이 단순 지지된 2방향 슬래브에 집중 하중 P가 작용할 때, ab 방향에 분배되는 하중은 얼마인가?

㉮ 0.941P
㉯ 0.059P
㉰ 0.889P
㉱ 0.111P

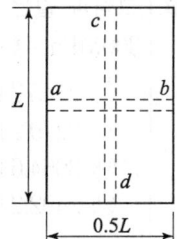

해설
- $P_S = \dfrac{L^3}{L^3 + S^3} \cdot P = \dfrac{L^3}{L^3 + (0.5L)^3} \cdot P = 0.889\,P$
- $P_L = \dfrac{S^3}{L^3 + S^3} \cdot P$
- 등분포하중이 작용할 때
  $w_S = \dfrac{L^4}{L^4 + S^4} \cdot w$
  $w_L = \dfrac{S^4}{L^4 + S^4} \cdot w$

063
강도설계법에 의해 콘크리트 구조물을 설계할 때 안전을 위해 사용하는 강도감소계수 ϕ의 값으로 잘못 이루어진 것은?

㉮ 인장지배단면 : 0.85
㉯ 포스트텐션 정착구역 : 0.85
㉰ 압축지배단면으로서 나선철근으로 보강된 축방향 압축부재 : 0.65
㉱ 전단력과 비틀림모멘트를 받는 부재 : 0.75

해설
- 나선철근 $\phi = 0.7$
- 띠철근 $\phi = 0.65$

064
콘크리트의 크리프에 대한 설명 중 틀린 것은?

㉮ 물-시멘트비가 크면 크리프는 감소한다.
㉯ 응력을 받는 시점의 콘크리트 재령이 클수록 크리프는 감소한다.
㉰ 온도가 높을수록 크리프는 증가한다.
㉱ 습도가 높을수록 크리프는 감소한다.

해설
- 물-시멘트비가 크면 크리프는 증가한다.
- 단면의 치수가 클수록 크리프의 최종값은 작다.
- 응력은 늘지 않았는데 변형은 계속 진행되는 현상을 크리프라 한다.
- 크리프 계수 = $\dfrac{\text{크리프 변형률}}{\text{탄성 변형률}}$

정답 062. ㉰ 063. ㉰ 064. ㉮

065 그림과 같은 띠철근 기둥의 공칭축강도(P_n)는 얼마인가? (단, f_{ck}=24MPa, f_y=300MPa, 종방향 철근의 전체 단면적 A_{st}=2027mm²이다.)

㉮ 2145.7 kN
㉯ 2279.2 kN
㉰ 3064.6 kN
㉱ 3492.2 kN

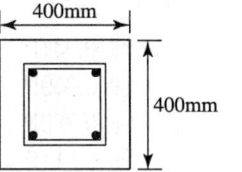

해설
- $P_n = 0.8\left[0.85 f_{ck} A_c + f_y A_{st}\right]$
  $= 0.8\left[0.85 \times 24 \times (400^2 - 2027) + 300 \times 2027\right] = 3064.6\text{kN}$
- 띠철근 기둥의 설계축 강도 $P_u = \phi P_n = 0.65 P_n$
- 나선철근 기둥의 설계축강도 $P_u = \phi P_n = 0.7 P_n$
  여기서, $P_n = 0.85\left[0.85 f_{ck} A_c + f_y A_{st}\right]$

066 폭이 400mm, 유효깊이가 600mm인 직사각형보에서 콘크리트가 부담할 수 있는 전단강도 V_c는 얼마인가? (단, 보통중량 콘크리트이며 f_{ck}는 24MPa임.)

㉮ 196 kN   ㉯ 248 kN
㉰ 326 kN   ㉱ 392 kN

해설
- $V_c = \dfrac{1}{6}\lambda\sqrt{f_{ck}}\,b_w d = \dfrac{1}{6}\times 1.0\sqrt{24}\times 400\times 600 = 195,959\text{N} = 196\text{kN}$
- $V_u \leq \phi(V_c + V_s)$
- $V_u \leq \dfrac{1}{2}\phi V_c$이면 전단철근이 필요하지 않다.

067 다음의 L형강에서 단면의 순단면을 구하기 위하여 전개한 총폭(b_g)은 얼마인가?

㉮ 250mm
㉯ 264mm
㉰ 288mm
㉱ 300mm

해설
- 총폭 $b_g = b_1 + b_2 - t = 150 + 150 - 12 = 288\text{mm}$
- 순폭 $b_n = b_g - 2d = 288 - 2\times 12 = 264\text{mm}$

068 b_w=300mm, d=400mm, A_s=2,400mm², A_s'=1,200mm²인 복철근 직사각형단면의 보에서 하중이 작용할 경우 탄성처짐량이 1.5mm였다. 5년 후 총 처짐량은 얼마인가?

㉮ 2.0mm   ㉯ 2.5mm   ㉰ 3.0mm   ㉱ 3.5mm

해답 065. ㉰ 066. ㉮ 067. ㉰ 068. ㉰

해설
- 압축 철근비 $\rho' = \dfrac{A_s'}{bd} = \dfrac{1,200}{300 \times 400} = 0.01$
- 장기처짐 = 탄성처짐 $\times \dfrac{\xi}{1+50\rho'} = 1.5 \times \dfrac{2.0}{1+50 \times 0.01} = 2\text{mm}$
- 총 처짐 = 탄성처짐 + 장기처짐 = 1.5 + 2 = 3.5mm
- 장기처짐은 주로 건조수축과 크리프에 의해 일어난다.
- 압축철근은 장기처짐의 감소에 효과적이다.

069
PS 콘크리트에서 강선에 긴장을 할 때 긴장재의 허용응력은 얼마인가? (단, 긴장재의 설계기준 인장강도(f_{pu})=1,900MPa, 긴장재의 설계기준 항복강도(f_{py})=1,600MPa)

㉮ 1,440 MPa
㉯ 1,504 MPa
㉰ 1,520 MPa
㉱ 1,580 MPa

해설
- 긴장을 할 때 긴장재의 허용응력
$0.8f_{pu}$ 또는 $0.94f_{py}$ 중 작은 값 이하이므로 $0.94 \times 1,600 = 1,504$MPa이다.

070
보 또는 1방향 슬래브는 휨균열을 제어하기 위하여 휨철근의 배치에 대한 규정으로 인장연단에 가장 가까이 배치되는 휨철근의 중심간격 s를 제한하고 있다. 철근의 응력(f_s)이 210MPa이며, 휨철근의 표면과 콘크리트 표면 사이의 최소두께(C_c)가 40mm로 설계된 휨철근의 중심간격 s는 얼마 이하인가? (단, 건조환경에 노출되는 경우는 제외한다.)

㉮ 275mm
㉯ 300mm
㉰ 325mm
㉱ 350mm

해설
- $s = 300\left(\dfrac{210}{f_s}\right) = 300\left(\dfrac{210}{210}\right) = 300\text{mm}$
- $s = 375\left(\dfrac{210}{f_s}\right) - 2.5\, C_c = 370\left(\dfrac{210}{210}\right) - 2.5 \times 40 = 275\text{mm}$

∴ 두 식 중에 작은 값인 275mm이다.

071
단철근 직사각형 보에서 f_y=400MPa, d=550mm일 때 균형 단면이 되기 위한 중립축 거리(c)는?

㉮ 230mm
㉯ 330mm
㉰ 380mm
㉱ 400mm

해설
$c = \dfrac{600}{600+f_y}d = \dfrac{600}{600+400} \times 550 = 330\text{mm}$

해답 069.㉯ 070.㉮ 071.㉯

072 강도 설계법에서 f_{ck}가 40MPa일 때 β_1의 값은 얼마인가? (단, β_1은 $a=\beta_1 c$에서 사용되는 계수)

㉮ 0.731　　㉯ 0.766　　㉰ 0.836　　㉱ 0.85

- $f_{ck} \leq 28$MPa일 때 $\beta_1 = 0.85$
- $f_{ck} > 28$MPa일 때 $\beta_1 = 0.85 - 0.007(f_{ck} - 28) \geq 0.65$
- ∴ $\beta_1 = 0.85 - 0.007(40-28) = 0.766$

073 철근콘크리트 구조물의 전단철근 상세에 대한 다음 설명 중 잘못된 것은?

㉮ 스터럽의 간격은 어떠한 경우이든 400mm 이하로 하여야 한다.
㉯ 주인장철근에 45도 이상의 각도로 설치되는 스터럽은 전단철근으로 사용할 수 있다.
㉰ 일반적인 전단철근의 설계기준 항복강도 f_y는 500MPa을 초과하여 취할 수 없다.
㉱ 전단철근으로 사용하는 스터럽과 기타 철근 또는 철선은 콘크리트 압축연단부터 거리 d만큼 연장하여야 한다.

- 스터럽의 최대간격은 $0.5d$ 이하 600mm 이하이다.
- 스터럽은 보에 작용하는 전단응력에 의한 균열을 막기 위해 배근한다.
- 철근콘크리트 부재의 경우 주인장 철근에 30° 이상의 각도로 구부린 굽힘철근을 전단철근으로 사용할 수 있다.

074 다음 그림에서 인장력 $P=400$kN이 작용할 때 용접이음부의 응력은 얼마인가?

㉮ 96.2 MPa
㉯ 101.2 MPa
㉰ 105.3 MPa
㉱ 108.6 MPa

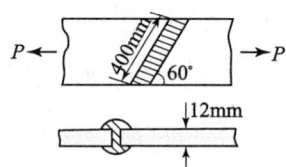

$f = \dfrac{P}{A} = \dfrac{400,000}{12 \times 400\sin 60°} = 96.2$MPa

075 그림과 같은 판형(plate girder)의 각부 명칭으로 틀린 것은?

㉮ A - 상부판(Flange)
㉯ B - 보강재(Stiffener)
㉰ C - 덮개판(cover plate)
㉱ D - 횡구(Bracing)

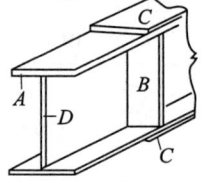

D - 복부판

정답 072.㉯ 073.㉮ 074.㉮ 075.㉱

076 그림과 같은 T형 단면을 강도설계법으로 해석할 경우, 내민 플랜지 단면적을 압축 철근 단면적(A_{sf})으로 환산하면 얼마인가? (여기서, f_{ck}=21MPa, f_y=400MPa이다.)

㉮ A_{sf}=1375.8mm²
㉯ A_{sf}=1275.0mm²
㉰ A_{sf}=1175.2mm²
㉱ A_{sf}=2677.5mm²

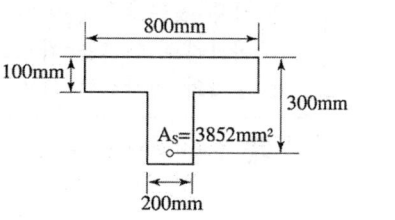

$A_{sf} = \dfrac{0.85 f_{ck}(b-b_w)t}{f_y} = \dfrac{0.85 \times 21 \times (800-200) \times 100}{400} = 2677.5 \text{mm}^2$

077 PSC의 해석의 기본개념 중 아래의 보기에서 설명하는 개념은?

<보기> 프리스트레싱의 작용과 부재에 작용하는 하중을 비기도록 하자는데 목적을 둔 개념으로 등가하중의 개념이라고도 한다.

㉮ 균등질 보의 개념
㉯ 내력 모멘트의 개념
㉰ 하중평형의 개념
㉱ 변형률의 개념

• 응력 개념(균등질 보의 개념) : 프리스트레스가 도입되면 콘크리트 부재에 대한 해석이 탄성이론으로 가능하다는 개념
• 강도 개념(내력 모멘트의 개념) : RC와 같이 압축력은 콘크리트가 받고 인장력은 PC 강재가 받는 것으로 하여 두 힘에 의한 내력 모멘트가 외력 모멘트에 저항한다는 개념

078 철근 콘크리트의 특징에 대한 설명으로 옳지 않은 것은?

㉮ 내구성, 내화성이 크다.
㉯ 형상이나 치수에 제한을 받지 않는다.
㉰ 보수나 개조가 용이하다.
㉱ 유지 관리비가 적게 든다.

• 철근 콘크리트 구조물은 보수나 개조가 어렵다.
• 중량이 비교적 크고 균열이 발생하기 쉽다.

079 프리스트레스 손실 원인 중 프리스트레스를 도입할 때 즉시 손실의 원인이 되는 것은?

㉮ 콘크리트의 건조수축
㉯ PS 강재의 릴랙세이션
㉰ 콘크리트의 크리프
㉱ 정착장치의 활동

프리스트레스를 도입할 때 즉시 손실의 원인
정착장치의 활동, PS 강재와 긴장 덕트의 마찰, 콘크리트의 탄성 수축

076. ㉱ 077. ㉰ 078. ㉰ 079. ㉱

080 휨 부재 단면에서 인장철근에 대한 최소 철근량을 규정한 이유로 가장 옳은 것은?

㉮ 부재의 취성파괴를 유도하기 위하여
㉯ 사용 철근량을 줄이기 위하여
㉰ 콘크리트 단면을 최소화하기 위하여
㉱ 부재의 급작스런 파괴를 방지하기 위하여

해설 부재의 취성파괴를 피하기 위하여 최소 인장철근 단면적을 규정한다.

05 토/질 /및/ 기/초

081 다음 중 점성토 지반의 개량공법으로 적합하지 않은 것은?

㉮ 샌드 드레인 공법 ㉯ 치환 공법
㉰ 바이브로플로테이션 공법 ㉱ 프리로딩 공법

해설 바이브로플로테이션 공법은 사질토 지반의 개량공법에 해당된다.

보충
- sand drain공법의 배열
  ① 정사각형 배열 $d_e = 1.13d$
  ② 정삼각형 배열 $d_e = 1.05d$
- $D = \alpha \dfrac{2(A+B)}{\pi}$

082 연약한 점토지반의 전단강도를 구하는 현장시험 방법은?

㉮ 평판재하 시험 ㉯ 현장 CBR 시험
㉰ 직접 전단 시험 ㉱ Vane 시험

해설 $C = \dfrac{M_{\max}}{\pi D^2 \left(\dfrac{H}{2} + \dfrac{D}{6}\right)}$

보충 직접전단시험 $\tau = \dfrac{S}{A}$, $\tau = \dfrac{S}{2A}$ (2면전단시)

083 해머의 낙하고 2m, 해머의 중량 4t, 말뚝의 최종침하량이 2cm일 때 Sander 공식을 이용하여 말뚝의 허용지지력을 구하면?

㉮ 50t ㉯ 100t
㉰ 80t ㉱ 160t

해설 $R_a = \dfrac{WH}{8\delta} = \dfrac{4 \times 200}{8 \times 2} = 50t$

보충 Meyerhof 공식의 극한지지력 $q_d = 3NB\left(1 + \dfrac{D_f}{B}\right)$

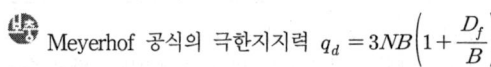
080.㉱ 081.㉰ 082.㉱ 083.㉮

084 다음 기초의 형식 중 얕은 기초인 것은?
- ㉮ footing 기초
- ㉯ 철근콘크리트 말뚝 기초
- ㉰ 공기 케이슨 기초
- ㉱ 우물통 기초

해설 깊은 기초
① 말뚝 기초   ② 피어 기초   ③ 케이슨 기초

$\dfrac{D_f}{B} < 1$: 얕은 기초

085 흙의 2면 전단시험에서 전단응력을 구하려면 다음의 어느 식이 적용되는가? (단, τ=전단응력, A=단면적, S=전단력)
- ㉮ $\tau = \dfrac{S}{A}$
- ㉯ $\tau = \dfrac{S}{2A}$
- ㉰ $\tau = \dfrac{2A}{S}$
- ㉱ $\tau = \dfrac{2S}{A}$

해설 • 2면 전단 $\tau = \dfrac{S}{2A}$ • 1면 전단 $\tau = \dfrac{S}{A}$

086 느슨하고 포화된 사질토에 지진이나 폭파, 기타 진동으로 인한 충격을 받았을 때 전단강도가 급격히 감소하는 현상은?
- ㉮ 액화 현상
- ㉯ 분사 현상
- ㉰ 보일링 현상
- ㉱ 다일러턴시 현상

해설 정(+)의 공극수압이 발생하여 유효응력이 감소되므로 전단응력이 떨어지는 현상을 액화현상이라 한다.

087 다음 표준관입시험에 관한 설명으로 옳지 않은 것은?
- ㉮ 시험결과 N값을 얻는다.
- ㉯ 63.5kg 해머를 76cm 낙하시켜 Split spoon Sampler를 30cm 관입시킨다.
- ㉰ 시험결과로부터 흙의 내부마찰각 등의 공학적 성질을 추정할 수 있다.
- ㉱ 이 시험은 사질토에서보다 점성토에서 더 유리하게 이용된다.

해설 이 시험은 점성토에서보다 사질토에서 더 유리하게 이용된다.

088 다음 중 흙지반의 투수계수에 영향을 미치지 않는 것은?
- ㉮ 물의 점성
- ㉯ 유효 입경
- ㉰ 간극비
- ㉱ 흙의 비중

해설
• 흙의 비중은 투수계수에 영향을 미치지 않는다.
• 포화도는 투수계수 시험시 관계된다.

084. ㉮ 085. ㉯ 086. ㉮ 087. ㉱ 088. ㉱

089 흙의 동상에 대한 방지대책으로 잘못된 것은?

㉮ 배수구를 설치하여 지하수위를 낮추는 방법
㉯ 지표의 흙을 화학 약액으로 처리하는 방법
㉰ 동결심도 아래 있는 흙을 사질토로 치환하는 방법
㉱ 흙속에 단열재료를 매설하는 방법

· 동결심도 위에 있는 흙을 사질토로 치환한다.
· 동결심도 $Z = C\sqrt{F}$

090 흙의 다짐에 대한 다음 사항 중 옳지 않은 것은?

㉮ 최적 함수비로 다질 때 건조밀도는 최대가 된다.
㉯ 세립토의 함유율이 증가할수록 최적 함수비는 증대된다.
㉰ 다짐에너지가 클수록 최적 함수비는 커진다.
㉱ 점성토는 조립토에 비하여 다짐곡선의 모양이 완만하다.

· 다짐에너지가 클수록 최적 함수비는 작아진다.
· 다짐에너지 $E_c = \dfrac{W_R \cdot H \cdot N_B \cdot N_L}{V}$
· 조립토일수록 다짐곡선이 급경사를 이루며 최대건조밀도가 크고 최적 함수비는 작다.

091 다음 중 말뚝에 부마찰력이 생기는 원인 또는 부마찰력과 관계가 없는 것은?

㉮ 말뚝이 연약지반을 관통하여 견고한 지반에 박혔을 때 발생한다.
㉯ 지반에 성토나 하중을 가할 때 발생한다.
㉰ 지하수위 저하로 발생한다.
㉱ 말뚝의 타입시 항상 발생하며 그 방향은 상향이다.

연약한 지반에 말뚝을 타입시 발생하며 그 방향은 하향이다.

092 그림에서 주동토압의 크기를 구한 값은? (단, 흙의 단위중량은 $1.8\,t/m^3$이고 내부 마찰각은 30°이다.)

㉮ 5.6 t/m
㉯ 10.8 t/m
㉰ 15.8 t/m
㉱ 23.6 t/m

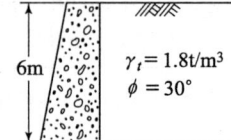

$P_a = \dfrac{1}{2}\gamma H^2 K_a = \dfrac{1}{2}\gamma H^2 \tan^2\left(45° - \dfrac{\phi}{2}\right) = \dfrac{1}{2} \times 1.8 \times 6^2 \times \tan^2\left(45° - \dfrac{30°}{2}\right) = 10.8\,t/m$

093 어떤 유선망도에서 상하류면의 수두차가 4m, 등수두면의 수가 13개, 유로의 수가 7개일 때 단위폭 1m당 1일 침투수량은 얼마인가? (단, 투수층의 투수계수 $K=2.0\times10^{-4}$cm/sec)

㉮ 8.0×10^{-1}m³/day
㉯ 9.62×10^{-1}m³/day
㉰ 3.72×10^{-1}m³/day
㉱ 1.83×10^{-1}m³/day

해설 $Q = k \cdot H \cdot \dfrac{N_f}{N_d} = 2\times10^{-4} \times \dfrac{1}{100} \times 4 \times \dfrac{7}{13} \times 1 = 4.3\times10^{-6}$m³/sec
$= 4.3\times10^{-6} \times 60 \times 60 \times 24 = 3.72\times10^{-1}$m³/day

094 그림에서 모래층에 분사현상이 발생되는 경우는 수두 h가 몇 cm 이상일 때 일어나는가? (단, $G_s=2.68$, $n=60\%$)

㉮ 20.16cm
㉯ 10.52cm
㉰ 13.73cm
㉱ 18.05cm

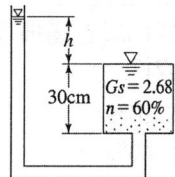

해설 • 분사현상이 일어나는 조건

$i \geq i_c \qquad \dfrac{h}{L} \geq \dfrac{G_s-1}{1+e}$

$h \geq \dfrac{G_s-1}{1+e} \times L \quad h \geq \dfrac{2.68-1}{1+1.5} \times 30 = 20.16$cm

여기서, $e = \dfrac{n}{100-n} = \dfrac{60}{100-60} = 1.5$

095 어떤 흙의 전단실험결과 $c=1.8$kg/cm², $\phi=35°$, 토립자에 작용하는 수직응력이 $\sigma=3.6$kg/cm²일 때 전단강도는?

㉮ 4.89 kg/cm²
㉯ 4.32 kg/cm²
㉰ 6.33 kg/cm²
㉱ 3.86 kg/cm²

해설 $\tau = c + \sigma\tan\phi = 1.8 + 3.6\tan35° = 4.32$kg/cm²

096 예민비가 큰 점토란 다음 중 어떠한 것을 의미하는가?

㉮ 점토를 교란시켰을 때 강도가 많이 감소하는 시료
㉯ 점토를 교란시켰을 때 수축비가 적은 시료
㉰ 점토를 교란시켰을 때 강도가 증가하는 시료
㉱ 점토를 교란시켰을 때 수축비가 큰 시료

해설 예민비가 큰 점토는 교란시에 강도가 많이 감소하므로 안전율을 크게 고려해야 한다.

정답 093. ㉰ 094. ㉮ 095. ㉯ 096. ㉮

097 현장다짐을 실시한 후 들밀도시험을 수행하였다. 파낸 흙의 체적과 무게가 각각 365.0cm³, 745g이었으며, 함수비는 12.5%였다. 흙의 비중이 2.65이며, 실내표준다짐 시 최대 건조단위 중량이 $\gamma_{d\max}=1.90 t/m^3$일 때 상대다짐도는?

㉮ 88.7% ㉯ 93.1% ㉰ 95.3% ㉱ 97.8%

해설
- $\gamma_t = \dfrac{W}{V} = \dfrac{745}{365} = 2.04 g/cm^3$
- $\gamma_d = \dfrac{\gamma_t}{1+\dfrac{\omega}{100}} = \dfrac{2.04}{1+\dfrac{12.5}{100}} = 1.81 g/cm^3$
- 다짐도 $= \dfrac{\gamma_d}{\gamma_{d\max}} \times 100 = \dfrac{1.81}{1.9} \times 100 = 95.3\%$

098 비중이 2.5인 흙에 있어서 간극비가 0.5이고 포화도가 50%이면 흙의 함수비는 얼마인가?

㉮ 10% ㉯ 25% ㉰ 40% ㉱ 62.5%

해설 $S\,e = G_s\,w$
∴ $w = \dfrac{S\,e}{G_s} = \dfrac{50 \times 0.5}{2.5} = 10\%$

099 사면의 안정해석 방법에 관한 설명 중 옳지 않은 것은?

㉮ 마찰원법은 균일한 토질지반에 적용한다.
㉯ Fellenius 방법은 절편의 양측에 작용하는 힘의 합력은 0이라고 가정한다.
㉰ Bishop 방법은 흙의 장기안정 해석에 유효하게 쓰인다.
㉱ Fellenius 방법은 간극수압을 고려한 $\phi=0$ 해석법이다.

해설 Fellenius 방법은 간극수압을 고려하지 않고 사면의 단기안정 해석에 유효하며 $\phi=0$ 해석법이다.

100 어떤 점토의 압밀시험에서 압밀계수(C_v)가 $2.0\times10^{-3} cm^2/s$라면 두께 2cm인 공시체가 압밀도 90%에 소요되는 시간은? (단, 양면배수 조건이다.)

㉮ 5.02분 ㉯ 7.07분 ㉰ 9.02분 ㉱ 14.07분

해설 $C_v = \dfrac{T_v H^2}{t}$

∴ $t = \dfrac{T_v \left(\dfrac{H}{2}\right)^2}{C_v} = \dfrac{0.848 \left(\dfrac{2}{2}\right)^2}{2.0\times10^{-3}} = 424초 = 7.07분$

정답 097.㉰ 098.㉮ 099.㉱ 100.㉯

06 상/하/수/도/공/학

101 펌프를 선택할 때 고려해야 할 사항으로 적당하지 않은 것은?
㉮ 펌프의 특성 ㉯ 양정
㉰ 동력 ㉱ 펌프의 무게

- 배출량이 많고 비교적 고양정이며 효율이 높을 것
- 양정의 변동이 용이하고 효율의 저하 및 운동력의 증감에 변화가 적을 것
- 펌프 내부의 검사 청소에 편리한 구조일 것
- 구조가 간단해서 취급이 간편할 것
- 모래와 니토(泥吐) 등이 혼입한 하수를 양수할 수 있을 것

102 급속여과방식의 정수방법에서는 전처리로서 응집제의 투입이 불가피하다. 다음 중 응집제로 적절하지 않은 것은?
㉮ 염화제2철 ㉯ 황산알루미늄
㉰ 수산화나트륨 ㉱ 황산제1철

 응집제 : 황산반토(황산알루미늄), 고분자 응집제(PAC), 명반, 황산제1철, 염화제2철 등

103 급수방식의 종류가 아닌 것은?
㉮ 직결식 급수방식 ㉯ 역류식 급수방식
㉰ 저수조식 급수방식 ㉱ 병용식 급수방식

- 배수관의 관경과 수압이 충분할 경우는 직렬식을 사용한다.
- 배수관의 수압이 부족할 경우에는 저수조식(탱크식)을 사용하는 것이 좋다.

104 마을 전체의 수압을 안정시키기 위해서는 급수탑 바로 밑의 관로 계기수압이 $3.5kg/cm^2$가 되어야 한다. 이를 만족시키기 위하여 급수탑은 관로로부터 몇 m 높이에 수위를 유지하여야 하는가?
㉮ 35m ㉯ 25m
㉰ 15m ㉱ 5m

 $P = \omega h$
$\therefore h = \dfrac{P}{\omega} = \dfrac{35000 kg/m^2}{1000 kg/m^3} = 35m$

101. ㉱ 102. ㉰ 103. ㉯ 104. ㉮

105 관로접합에 대한 설명으로 옳지 않은 것은?

㉮ 관거의 관경이 변화하는 경우 또는 2개의 관거가 합류하는 경우의 접합방법은 원칙적으로 수면접합 또는 관정접합으로 한다.
㉯ 2개의 관거가 곡선을 갖고 합류하는 경우의 곡률반경은 내경의 3배 이하로 한다.
㉰ 2개의 관거가 합류하는 경우의 중심교각은 되도록 60° 이하로 한다.
㉱ 지표의 경사가 급한 경우에는 관경 변화에 대한 유무에 관계없이 원칙적으로 지표의 경사에 따라서 단차접합 또는 계단접합으로 한다.

해설
- 2개의 관거가 곡선을 갖고 합류하는 경우의 곡률반경은 내경의 5배 이상으로 한다.
- 대구경 관거에 소구경 관거가 합류하는 경우 소구경 관거의 지름이 대구경 관거 지름의 1/2 이하이다.
- 수면접합 혹은 관정접합에 의한 접합이상으로 낙차를 붙이는 경우 중심교각은 90°까지를 한도로 해도 지장이 없다.

106 인구 20만 도시에 계획 1인 1일 최대급수량 500L, 급수보급률 85%를 기준으로 상수도 시설을 계획할 때 이 도시의 계획 1일 최대급수량은?

㉮ 170,000m³ ㉯ 120,000m³
㉰ 100,000m³ ㉱ 85,000m³

해설
- 계획 1일 최대급수량
  계획 1인 1일 최대급수량×계획 급수인구 = $0.5 \times 200,000 \times 0.85 = 85,000 m^3$
  여기서, 500L = $0.5 m^3$

107 관거별 계획 하수량에 대한 설명으로 옳은 것은?

㉮ 우수관거는 계획우수량으로 한다.
㉯ 오수관거는 계획1일 최대오수량으로 한다.
㉰ 차집관거에서는 청천시 계획오수량으로 한다.
㉱ 합류식 관거는 계획1일 최대오수량에 계획우수량을 합한 것으로 한다.

해설
- 오수관거는 계획시간 최대오수량으로 한다.
- 차집관거에서는 우천시 계획오수량으로 한다.
- 합류식 관거는 계획시간 최대오수량에 계획우수량을 합한 것으로 한다.

108 침전지의 침전효율을 증대시키기 위한 사항으로 옳지 않은 것은?

㉮ 침전지의 길이에 비하여 폭을 좁게 한다.
㉯ 침전지의 표면적을 크게 한다.
㉰ 유입부에 정류벽을 설치한다.
㉱ 침전지 내의 유속을 빠르게 한다.

해설 침전지 내의 유속을 적게(늦게) 한다.

 105.㉯ 106.㉱ 107.㉮ 108.㉱

109 하수배제 방식 중 합류식 하수관거에 대한 설명으로 옳지 않은 것은?

㉮ 대구경 관거가 되면 좁은 도로에서의 매설에 어려움이 있다.
㉯ 하수처리장에 유입하는 하수의 수질변동이 비교적 작다.
㉰ 일정량 이상이 되면 우천시 오수가 월류한다.
㉱ 기존의 측구를 폐지할 경우 도로폭을 유효하게 이용할 수 있다.

해설
- 하수처리장에 유입하는 하수의 수질변동이 비교적 크다.
- 대구경 관거가 되면 1계통으로 건설되어 오수관거와 우수관거의 2계통을 건설하는 것보다 저렴하다.
- 우천시 계획 하수량 이상이 되면 하수의 월류 현상이 발생하고 오염 물질을 하수처리장에 유입시키므로 대책이 필요하다.

110 상수의 공급과정을 바르게 나타낸 것은?

㉮ 취수 → 도수 → 정수 → 송수 → 배수 → 급수
㉯ 취수 → 도수 → 정수 → 배수 → 송수 → 급수
㉰ 취수 → 송수 → 도수 → 정수 → 배수 → 급수
㉱ 취수 → 송수 → 배수 → 정수 → 도수 → 급수

해설
- 상수도 공급 계통 : 수원 → 취수 → 도수 → 정수 → 송수 → 배수 → 급수
- 취수 지점에서 정수장까지의 원수를 수송하는 것을 도수라 한다.

111 하수관로 시설에서 분류식에 대한 설명으로 옳지 않은 것은?

㉮ 매설비용을 절약할 수 있다.
㉯ 안정적인 하수처리를 실시할 수 있다.
㉰ 모든 오수를 처리할 수 있으므로 수질개선에 효과적이다.
㉱ 분류식의 오수관은 유속이 빠르므로 관내에 침전물이 적게 발생한다.

해설
- 분류식은 오수관과 우수관을 별도로 배치하므로 합류식에 비해 관거의 부설비가 많이 든다.
- 합류식의 경우 저지대에서 하수를 펌프로 배제할 경우 분류식보다 유리하다.

112 유역면적이 100ha이고 유출계수가 0.70인 지역의 우수유출량은? (단, 강우강도는 3mm/min이다.)

㉮ 0.35m³/s ㉯ 0.58m³/s
㉰ 35m³/s ㉱ 58m³/s

해설
- $I = 3\text{mm/min} = 180\text{mm/hr}$
- $Q = \dfrac{1}{360}CIA = \dfrac{1}{360} \times 0.7 \times 180 \times 100 = 35\text{m}^3/\text{s}$

정답 109.㉯ 110.㉮ 111.㉮ 112.㉰

113 슬러지 소각에 대한 설명으로 틀린 것은?

㉮ 부패성이 없다.
㉯ 위생적으로 안전하다.
㉰ 슬러지 용적이 1/50~1/100로 감소한다.
㉱ 타 처리방법에 비하여 소요 부지면적이 크다.

[해설] 타 처리방법에 비하여 소요 부지면적이 작다.

114 취수탑에 대한 설명으로 옳지 않은 것은?

㉮ 부대설비인 관리교, 조명설비, 유목제거기, 협잡물 제거설비 및 피뢰침을 설치한다.
㉯ 하천의 경우 토사 유입을 적게하기 위하여 유입속도 15~30cm/s를 표준으로 한다.
㉰ 취수구 시설에 스크린, 수문 또는 수위조절판을 설치하여 일체가 되어 작동한다.
㉱ 취수탑의 설치 위치에서 갈수 수심이 최소 2m 이상이 아니면, 계획취수량의 취수에 필요한 취수구의 설치가 곤란하다.

[해설] 취수구 시설에 스크린 및 사용수량을 조절하기 위해 여러 가지 제수밸브를 설치한다.

115 토지 이용도별 기초유출계수의 표준값으로 옳지 않은 것은?

㉮ 수면 : 1.0 ㉯ 도로 : 0.65~0.75
㉰ 지붕 : 0.85~0.95 ㉱ 공지 : 0.10~0.30

[해설] 도로 : 0.70~0.95

116 활성슬러지법의 변법 중 미생물에 의한 유기물 흡수와 흡수된 유기물의 산화가 별도의 처리조에서 수행되는 것은?

㉮ 산화구법 ㉯ 접촉안정법
㉰ 장기 포기법 ㉱ 계단식 포기법

[해설]
• 접촉안정법 : 활성슬러지 플록의 흡착과 흡착된 플록의 산화 또는 안정화를 별개의 폭기조에서 각각 분리하여 진행시키는 방법이다.
• 장시간 폭기법 : 잉여 슬러지량을 크게 감소시키기 위한 방법으로 BOD-SS부하를 아주 작게, 폭기시간을 길게하여 내생호흡상으로 유지되도록 하는 활성슬러지 변법이다.
• 계단식 폭기법 : 반송슬러지를 폭기조의 유입구에 전량 반송하지만 유입하수는 폭기조의 길에 걸쳐 골고루 분할하여 유입시키는 방식으로 활성슬러지 변법이다.

[정답] 113. ㉱ 114. ㉰ 115. ㉯ 116. ㉯

117 2000t/day의 하수를 처리할 수 있는 원형 방사류식 침전지에서 체류시간은? (단, 평균수심 3m, 지름 8m)
㉮ 1.6시간　　㉯ 1.7시간
㉰ 1.8시간　　㉱ 1.9시간

해설
- $1t = 1m^3$ 이므로 $Q = 2000m^3/day \div 24시간 = 83.3m^3/hr$
- 침전속도
$$V = \frac{Q}{A} = \frac{83.3}{\frac{\pi \times 8^2}{4}} = 1.65 m/hr$$
- 침전시간
$$V = \frac{h}{t}$$
$$\therefore t = \frac{h}{V} = \frac{3}{1.65} = 1.8시간$$

118 수원에 관한 설명 중 틀린 것은?
㉮ 심층수는 대수층 주위의 지질에 따른 고유의 특징이 있다.
㉯ 복류수는 어느 정도 여과된 것이므로 지표수에 비해 수질이 양호하다.
㉰ 천층수는 지표면에서 깊지 않은 곳에 위치하므로 지표수의 영향을 받기 쉽다.
㉱ 용천수는 지하수가 자연적으로 지표로 솟아나온 것으로 그 성질은 지표수와 비슷하다.

해설 용천수는 지하수가 자연적으로 지표로 솟아나온 것으로 그 성질은 지하수와 비슷하다.

 119 배수면적 0.35km², 강우강도 $I = \frac{5200}{t+40}$ mm/h, 유입시간 7분, 유출계수 $C=0.7$, 하수관내 유속 1m/s, 하수관 길이 500m인 경우 우수관의 통수 단면적은? (단, t의 단위는 [분]이고, 계획 우수량은 합리식에 의함)
㉮ 4.2m²　　㉯ 5.1m²
㉰ 6.4m²　　㉱ 8.5m²

해설
- 유달시간(t)
유입시간+유하시간 $= t_1 + \frac{L}{V} = 7 + \frac{500}{1 \times 60} = 15.33분$
- 강우강도
$$I = \frac{5200}{t+40} = \frac{5200}{15.33+40} = 93.98 mm/h$$
- $Q = \frac{1}{3.6} CIA = \frac{1}{3.6} \times 0.7 \times 93.98 \times 0.35 = 6.4 m^3/s$
- $Q = AV$
$$\therefore A = \frac{Q}{V} = \frac{6.4}{1} = 6.4 m^2$$

해답 117. ㉰　118. ㉱　119. ㉰

120 폭 10m, 길이 25m인 장방형 침전조에 면적 100m²인 경사판 1개를 침전조 바닥에 대하여 15°의 경사로 설치하였다면, 이 침전조의 제거효율은 이론적으로 몇 % 증가하겠는가?

㉮ 약 10.0%   ㉯ 약 20.0%
㉰ 약 28.6%   ㉱ 약 38.6%

 · 초기 침전면적
$A_1 = 10 \times 25 = 250 \text{m}^2$

· 경사판 설치 후 침전면적
$A_2 = A_1 + n\, A_i \cos\theta = 250\text{m}^2 + 1개 \times 100\text{m}^2 \times \cos 15° = 346.6\text{m}^2$

· 제거효율
$\dfrac{A_2}{A_1} = \dfrac{346.6}{250} = 1.386$배

120. ㉱

03 토목산업기사

응용역학 / 측량학 / 수리학 / 철근콘크리트 및 강구조 / 토질 및 기초 / 상하수도공학

[2019년 9월 21일 시행]

▌ 알려드립니다 ▐

한국산업인력공단의 저작권법 저촉에 대한 언급(2013년 2회 시험)이 있어 과거에 출제된 동일한 문제나 그 유형의 문제로 재구성하였습니다.

01 응/용/역/학

001 어떤 재료의 탄성계수가 E, 푸아송비가 ν일 때 이 재료의 전단 탄성계수 G는 어떻게 표시되는가?

㉮ $G = \dfrac{E}{1+\nu}$ ㉯ $G = \dfrac{E}{1-\nu}$

㉰ $G = \dfrac{E}{2(1+\nu)}$ ㉱ $G = \dfrac{E}{2(1-\nu)}$

해설 $E = 2G(1+\nu)$

∴ $G = \dfrac{E}{2(1+\nu)}$

002 휨 강성이 EI로 일정한 균일 단면을 가지는 단순보에 집중하중 P가 작용한다. 이 보의 최대 처짐은?

㉮ $\dfrac{Pl^3}{8EI}$ ㉯ $\dfrac{5Pl^3}{384EI}$

㉰ $\dfrac{Pl^3}{24EI}$ ㉱ $\dfrac{Pl^3}{48EI}$

해설
- 처짐각 $\theta = \dfrac{Pl^2}{16EI}$
- 처짐 $y = \dfrac{Pl^3}{48EI}$

003 경간 $l = 10\text{m}$인 단순보에 그림과 같은 방향으로 이동하중이 작용할 때 절대 최대 휨모멘트를 구한 값은?

㉮ 45 kN·m
㉯ 52 kN·m
㉰ 68 kN·m
㉱ 81 kN·m

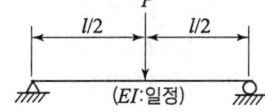

해답 001. ㉰ 002. ㉱ 003. ㉱

[해설] $40 \times x = 10 \times 4$

∴ $x = 1\text{m}$ ($\frac{x}{2}$의 위치를 중앙점에 일치시킨다.)

$\Sigma M_B = 0$
$R_A \times 10 - 30 \times 5.5 - 10 \times 1.5 = 0$
∴ $R_A = 18\text{kN}$
$M_{\max} = 18 \times 4.5 = 81\text{kN} \cdot \text{m}$

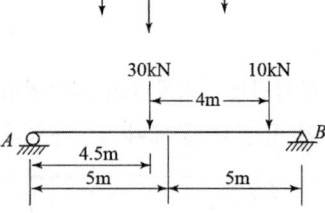

[004] 다음과 같은 단순보의 양단에 모멘트 하중 M이 작용할 경우 최대 처짐은? (단, EI는 일정)

㉮ $\dfrac{ML^2}{4EI}$ ㉯ $\dfrac{ML^2}{8EI}$

㉰ $\dfrac{ML}{4EI}$ ㉱ $\dfrac{ML}{8EI}$

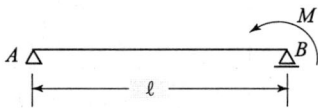

[해설] $y_{\max} = \dfrac{Ml^2}{8EI}$

$y_{\max} = \dfrac{Ml^2}{9\sqrt{3}\,EI}$

[005] 그림과 같은 봉단면의 단순보가 중앙에 200kN 하중을 받을 때 최대 전단력에 의한 최대 전단응력은 얼마인가? (단, 자중은 무시한다.)

㉮ 1.06MPa
㉯ 1.19MPa
㉰ 4.25MPa
㉱ 4.78MPa

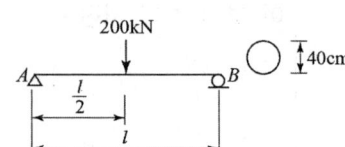

[해설] • $S_{\max} = V_A = V_B = 100\text{kN}$

• $\tau_{\max} = \dfrac{4}{3} \cdot \dfrac{S}{A} = \dfrac{4}{3} \times \dfrac{100000}{\dfrac{\pi \times 400^2}{4}} = 1.06\,\text{N/mm}^2 = 1.06\text{MPa}$

[006] 그림과 같은 3-Hinge 아치의 수평반력 H_A는 몇 ton인가?

㉮ 60kN
㉯ 80kN
㉰ 100kN
㉱ 120kN

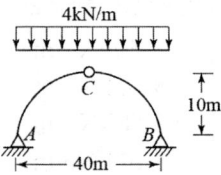

[해답] 004. ㉯ 005. ㉮ 006. ㉯

해설
- 대칭으로 $V_A = V_B = \dfrac{\omega l}{2} = \dfrac{4 \times 40}{2} = 80\,\text{kN}$
- $\Sigma M_{CL} = 0$

  $V_A \times 20 - H_A \times 10 - 4 \times 20 \times 10 = 0$

  $\therefore H_A = \dfrac{1}{10}(80 \times 20 - 4 \times 20 \times 10) = 80\,\text{kN}$

007
다음 그림과 같은 단순보에서 B점의 수직반력 R_B가 50kN까지의 힘을 받을 수 있다면 하중 80kN은 A점에서 몇 m까지 이동할 수 있는가?

㉮ 2.823m
㉯ 3.375m
㉰ 3.823m
㉱ 4.375m

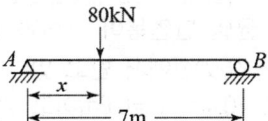

해설 $\Sigma M_A = 0 \qquad -R_B \times 7 + 80 \times x = 0$

$\therefore x = \dfrac{50 \times 7}{80} = 4.375\,\text{m}$

008
그림과 같이 직경 d인 원형 단면의 $B-B$축에 대한 단면 2차 모멘트는?

㉮ $\dfrac{3}{64}\pi d^4$
㉯ $\dfrac{5}{64}\pi d^4$
㉰ $\dfrac{7}{64}\pi d^4$
㉱ $\dfrac{9}{64}\pi d^4$

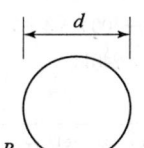

해설 $I_x = I_X + A \cdot y^2 = \dfrac{\pi d^4}{64} + \dfrac{\pi d^2}{4} \times \left(\dfrac{d}{2}\right)^2 = \dfrac{5\pi d^4}{64}$

009
그림과 같은 빗금 부분의 단면적 A인 단면에서 도심 $\bar{y}$를 구한 값은?

㉮ $\dfrac{5D}{12}$
㉯ $\dfrac{6D}{12}$
㉰ $\dfrac{7D}{12}$
㉱ $\dfrac{8D}{12}$

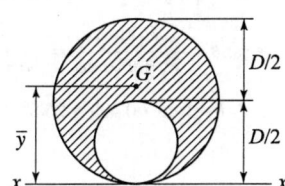

정답 007. ㉱ 008. ㉯ 009. ㉰

해설

- $G_x = A_1 \cdot y_1 - A_2 \cdot y_2 = \dfrac{\pi D^2}{4} \cdot \dfrac{D}{2} - \dfrac{\pi \left(\dfrac{D}{2}\right)^2}{4} \cdot \dfrac{D}{4} = \dfrac{\pi D^3}{8} - \dfrac{\pi D^3}{64} = \dfrac{7\pi D^3}{64}$

- $A = A_1 - A_2 = \dfrac{\pi D^2}{4} - \dfrac{\pi \left(\dfrac{D}{2}\right)^2}{4} = \dfrac{\pi D^2}{4} - \dfrac{\pi D^2}{16} = \dfrac{3\pi D^2}{16}$

$\therefore y = \dfrac{G_x}{A} = \dfrac{\dfrac{7\pi D^3}{64}}{\dfrac{3\pi D^2}{16}} = \dfrac{7D}{12}$

010 균질한 균일 단면봉이 그림과 같이 P_1, P_2, P_3의 하중을 B, C, D점에서 받고 있다. 각 구간의 거리 a=1.0m, b=0.4m, c=0.6m이고 P_2=100kN, P_3=50kN의 하중이 작용할 때 D점에서의 수직방향 변위가 일어나지 않기 위한 하중 P_1은 얼마인가?

㉮ 240kN
㉯ 200kN
㉰ 160kN
㉱ 130kN

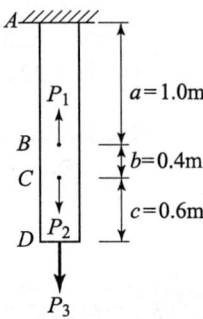

해설 $\Sigma M_A = 0$
$P_1 \times 1 - 100 \times 1.4 - 50 \times 2 = 0$
$\therefore P_1 = 240\,\text{kN}$

011 다음 그림에서 두 힘(P_1=50kN, P_2=40kN)에 대한 합력(R)의 크기와 합력의 방향(θ)값은?

㉮ R=78.10kN, θ=26.3°
㉯ R=78.10kN, θ=28.5°
㉰ R=86.97kN, θ=26.3°
㉱ R=86.97kN, θ=28.5°

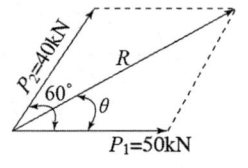

해설
- $R = \sqrt{P_1^2 + P_2^2 + 2P_1P_2\cos\alpha} = \sqrt{50^2 + 40^2 + 2 \times 50 \times 40 \times \cos 60°} = 78.10\,\text{kN}$

- $\tan\theta = \dfrac{P_2 \sin\alpha}{P_1 + P_2 \cos\alpha} = \dfrac{40\sin 60°}{50 + 40\cos 60°} = 0.495$

$\therefore \theta = \tan^{-1} 0.495 = 26.3°$

정답 010. ㉮ 011. ㉮

012 그림과 같이 양단고정인 기둥의 유효 세장비는?

㉮ 35
㉯ 43
㉰ 55
㉱ 63

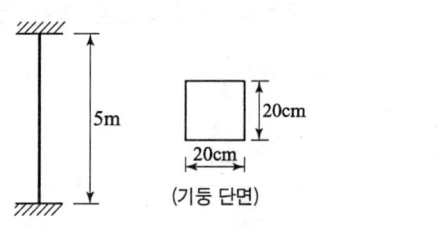

해설
- $I = \dfrac{bh^3}{12} = \dfrac{20 \times 20^3}{12} = 13,333 \text{cm}^4$
- $l_k = 0.5l = 0.5 \times 500 = 250 \text{cm}$
- $\lambda = \dfrac{l_k}{\sqrt{\dfrac{I_{min}}{A}}} = \dfrac{250}{\sqrt{\dfrac{13,333}{20 \times 20}}} = 43$

013 외력을 받으면 구조물의 일부나 전체의 위치가 이동될 수 있는 상태를 무엇이라 하는가?

㉮ 안정
㉯ 불안정
㉰ 정정
㉱ 부정정

해설 외력이 작용했을 경우 구조물이 평형을 이루지 못하고 위치나 모양이 변하는 상태를 불안정이라 한다.

014 다음 그림에서 힘들의 합력 R의 위치(x)는 몇 m인가?

㉮ $5\dfrac{2}{3}$
㉯ $5\dfrac{1}{3}$
㉰ $4\dfrac{2}{3}$
㉱ $4\dfrac{1}{3}$

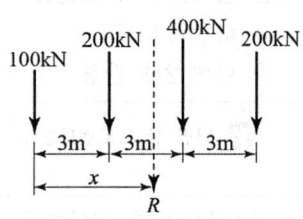

해설
- 합력 $R = 100 + 200 + 400 + 200 = 900 \text{kN}$
- 왼쪽 끝점에 하중 모멘트를 적용하면
  $900 \cdot x = 200 \times 3 + 400 \times 6 + 200 \times 9$
  $\therefore x = 5.33 \text{m}$

정답 012.㉯ 013.㉯ 014.㉯

2019년 9월 21일 시행

[015] 직사각형 단면으로 된 보의 단면적을 $A\,\text{cm}^2$, 전단력을 $V\,\text{kg}$이라 하면 최대 전단응력을 구한 값으로 맞는 것은?

㉮ $\dfrac{V}{A}$ ㉯ $\dfrac{4V}{3A}$

㉰ $\dfrac{3V}{2A}$ ㉱ $2\dfrac{V}{A}$

해설
- 직사각형 $\tau_{\max} = 1.5\dfrac{S}{A}$
- 원형 $\tau_{\max} = \dfrac{4}{3}\dfrac{S}{A}$
- 전단응력 $\tau = \dfrac{SG}{Ib}$

[016] 지점 B에서의 수직반력의 크기는?

㉮ 0kN
㉯ 5kN
㉰ 10kN
㉱ 20kN

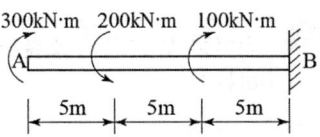

해설
- 수직하중이 없으므로 전단력도 없다.
- $S_B = 0$
- $M_B = 300 + 100 - 200 = 200\,\text{kN}\cdot\text{m}$

[017] 다음 중 정(+)의 값뿐만 아니라 부(−)의 값도 갖는 것은?

㉮ 단면계수   ㉯ 단면 2차 모멘트
㉰ 단면 2차 반경   ㉱ 단면 상승 모멘트

해설 단면 상승 모멘트는 $x,\,y$ 값에 따라 양수(+), 0, 음수(−) 값이 모두 나올 수 있다.

[018] 트러스(Truss)를 해석하기 위한 가정 중 틀린 것은?

㉮ 모든 하중은 절점에만 작용한다.
㉯ 작용하중에 의한 트러스의 변형은 무시한다.
㉰ 부재들은 마찰이 없는 힌지로 연결되어 있다.
㉱ 각 부재는 직선재이며, 절점의 중심을 연결하는 직선은 부재축과 일치하지 않는다.

해설 각 부재는 직선재이며, 절점의 중심을 연결하는 직선은 부재축과 일치한다.

정답 015. ㉰ 016. ㉮ 017. ㉱ 018. ㉱

019 전단력을 S, 단면 2차 모멘트를 I, 단면 1차 모멘트를 Q, 단면의 폭을 b라 할 때 전단응력도의 크기를 나타낸 식으로 옳은 것은? (단, 단면의 형상은 직사각형이다.)

㉮ $\dfrac{Q \times S}{I \times b}$ ㉯ $\dfrac{I \times S}{Q \times b}$ ㉰ $\dfrac{I \times b}{Q \times S}$ ㉱ $\dfrac{Q \times b}{I \times S}$

해설 $\tau = \dfrac{Q \cdot S}{I \cdot b}$ 에서 직사각형 단면은 $\tau_{\max} = 1.5 \dfrac{S}{A}$ 이다.

020 지지조건이 양단힌지인 장주의 좌굴하중이 1000kN인 경우 지점조건이 일단힌지, 타단고정으로 변경되면 이때의 좌굴하중은? (단, 재료 성질 및 기하학적 형상은 동일하다.)

㉮ 500kN   ㉯ 1000kN   ㉰ 2000kN   ㉱ 4000kN

해설 • 좌굴하중
$$P_{cr} = \dfrac{n\pi^2 EI}{l}$$
• 양단힌지의 경우 $n=1$
• 일단힌지, 타단고정의 경우 $n=2$
 n 계수 값이 양단힌지의 2배이므로 $1000 \times 2 = 2000 \text{kN}$ 이다.

02 측/량/학

021 지구의 반경을 6400km로 하고 거리의 허용정도를 $1/10^5$이라고 할 때 반경 몇 km 까지를 평면으로 볼 수 있는가?

㉮ 70.11   ㉯ 55.20   ㉰ 35.05   ㉱ 11.00

해설 $\dfrac{d-D}{D} = \dfrac{1}{12}\left(\dfrac{D}{R}\right)^2$

$\dfrac{1}{100,000} = \dfrac{1}{12}\left(\dfrac{D}{6400}\right)^2$

∴ $D = 70\text{km}$ 이며 반경 = 35km

022 $\overline{AB}$ 측선의 방위각이 50° 30′이고 그림과 같이 편각관측하였을 때 $\overline{CD}$ 측선의 방위각은?

㉮ 125° 00′
㉯ 131° 00′
㉰ 141° 00′
㉱ 150° 00′

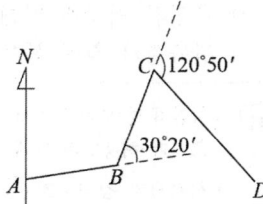

해설 $\overline{CD}$ 측선 방위각
20°10′ + 120°50′ = 141°00′

023
수준측량의 야장 기입법 중 중간점(I.P)이 많을 경우 가장 편리한 방법은?

㉮ 승강식   ㉯ 횡단식
㉰ 고차식   ㉱ 기고식

해설
• 기고식 야장 기입법은 중간점이 많을 때 편리하다.
• 수준 측량시 정밀한 측정에는 승강식 야장 기입법을 사용한다.

024
다음 조건에 따른 점 C의 높이 최확값은?

> A점에서 측정한 C점의 높이 : 243.23m
> B점에서 측정한 C점의 높이 : 243.35m
> A~C의 거리 : 5km, B~C의 거리 : 10km

㉮ 243.27m   ㉯ 243.29m
㉰ 243.31m   ㉱ 243.35m

해설
• 경중률은 노선의 길이에 반비례
$P_1 = \dfrac{1}{5}$, $P_2 = \dfrac{1}{10}$

$\dfrac{1}{5} : \dfrac{1}{10} = 2 : 1$

• 최확값

$$H_c = \dfrac{\sum P \cdot H}{\sum P} = \dfrac{P_1 \cdot H_1 + P_2 \cdot H_2}{P_1 + P_2} = \dfrac{2 \times 243.23 + 1 \times 243.35}{2 + 1} = 243.27\text{m}$$

025
산지에서 동일한 각관측의 정확도로 폐합 트래버스를 관측한 결과 관측점 수가 11개이고, 측각오차는 1′15″였다면 어떻게 처리해야 하는가?

㉮ 오차가 1′ 이상이므로 재측해야 한다.
㉯ 각 측점간 거리에 반비례하여 배분한다.
㉰ 각 측점간 거리에 비례하여 배분한다.
㉱ 각 관측점의 각에 등분하여 배분한다.

해설
• 산림지 및 복잡한 경사지 측각오차의 허용범위가 $1.5\sqrt{n}$ (분) $= 1.5\sqrt{11} = 4′58″$으로 측각오차가 허용범위 내에 있으므로 각각에 등분배한다.
• 시가지의 경우 : $20\sqrt{n} \sim 30\sqrt{n}$ (초)
• 평지의 경우 : $1.0\sqrt{n}$ (분)

해답 023. ㉱ 024. ㉮ 025. ㉱

026 수준측량에서 전후시의 거리를 같게 취하는 가장 중요한 이유는?
- ㉮ 시준선과 기포관축이 나란하지 않아 생기는 오차를 제거하기 위해
- ㉯ 표척의 0눈금의 오차를 제거하기 위해
- ㉰ 시차에 대한 오차를 제거하기 위해
- ㉱ 표척의 기울기에 의해 생기는 오차를 제거하기 위해

해설 시준선과 기포관축과 평행하지 않기 때문에 생기는 오차를 제거하기 위해 전시와 후시의 시준거리를 같게 한다.

027 그림의 등고선에서 AB의 수평거리가 50m일 때 AB의 기울기는 얼마인가?
- ㉮ 10%
- ㉯ 20%
- ㉰ 50%
- ㉱ 60%

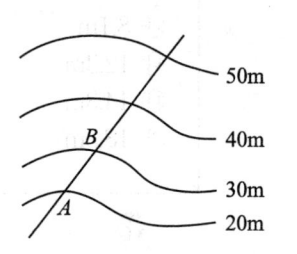

해설 기울기 $= \dfrac{10}{50} \times 100 = 20\%$

028 다음과 같은 관측값을 보정한 ∠AOC는?
- ㉮ 70°19′04″
- ㉯ 70°19′08″
- ㉰ 70°19′11″
- ㉱ 70°19′18″

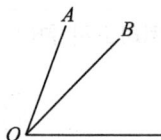

∠AOB = 23°45′30″ (1회 관측)
∠BOC = 46°33′20″ (2회 관측)
∠AOC = 70°19′11″ (4회 관측)

해설
- 측각오차
  70°19′11″ − 23°45′30″ − 46°33′20″ = 0°0′21″
- 보정량(경중률에 반비례)
  $\dfrac{1}{1} : \dfrac{1}{2} : \dfrac{1}{4} = 4 : 2 : 1$
- ∠AOC의 보정량
  $\dfrac{1 \times (-21)}{4+2+1} = -3″$
- ∠AOC의 최확치
  70°19′11″ − 3″ = 70°19′08″

해답 026. ㉮ 027. ㉯ 028. ㉯

029 매개변수 $A=100m$인 클로소이드 곡선길이 $L=50m$에 대한 반지름은?

㉮ 20m ㉯ 150m
㉰ 200m ㉱ 500m

$A^2 = R \cdot L$

$\therefore R = \dfrac{A^2}{L} = \dfrac{100^2}{50} = 200m$

030 다음 도로의 횡단면도에서 AB의 수평거리는?

㉮ 8.1m
㉯ 12.3m
㉰ 14.3m
㉱ 18.5m

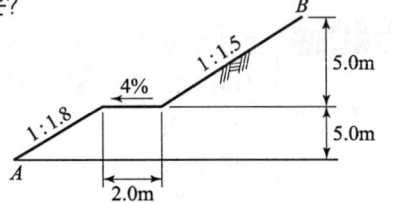

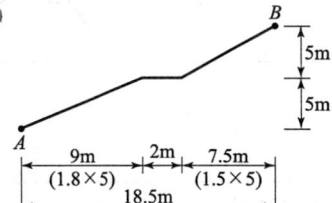

031 편각법에 의하여 원곡선을 설치하고자 한다. 곡선 반지름이 500m, 시단현이 12.3m일 때 시단현의 편각은?

㉮ 36′ 27″ ㉯ 39′ 42″
㉰ 42′ 17″ ㉱ 43′ 43″

- $\delta_1 = 1718.87 \dfrac{l}{R}(분) = 1718.87 \times \dfrac{12.3}{500} = 42′ 17″$
- $BC = IP - TL$
- $EC = BC + CL$

032 축척 1:1,000에서의 면적을 측정하였더니 도상면적이 3cm²이었다. 그런데 이 도면 전체가 가로, 세로 모두 1%씩 수축되어 있었다면 실제면적은?

㉮ 306m² ㉯ 294m²
㉰ 30.6m² ㉱ 29.4m²

$A = m^2 \cdot a = 1000^2 \times 3 = 3,000,000 cm^2$

여기서, 도면 전체가 1% 수축된 상태이므로

$3,000,000 \times (1.01)^2 = 3,060,300 cm^2 = 306 m^2$

029. ㉰ 030. ㉱ 031. ㉰ 032. ㉮

033 삼각점 표석에서 반석과 주석에 대한 내용으로 틀린 것은?

㉮ 반석과 주석의 설치를 위해 인조점을 설치한다.
㉯ 반석과 주석의 십자선 중심은 동일 연직선 상에 있다.
㉰ 반석과 주석의 두부상면은 서로 수평이 되도록 설치한다.
㉱ 반석과 주석의 재질은 주로 금속을 이용한다.

해설 반석과 주석의 재질은 화강암을 이용한다.

034 다음 부지의 토량은 얼마인가?

㉮ 1200m³
㉯ 1755m³
㉰ 2037m³
㉱ 2276m³

1.2	1.4	1.8	2.1
1.5	2.1	2.4	1.4
1.2	1.2	1.8	

[단위 : m]

해설
$$V = \frac{a}{4}\{\Sigma h_1 + 2\Sigma h_2 + 3\Sigma h_3 + 4\Sigma h_4\}$$
$$= \frac{10 \times 20}{4}\{(1.2+2.1+1.4+1.8+1.2)+2(1.4+1.8+1.2+1.5)+3(2.4)+4(2.1)\}$$
$$= 1755 m^3$$

035 하천의 평균유속을 구할 때 횡단면의 연직선 내에서 일점법으로 가장 적합한 관측 위치는?

㉮ 수면에서 수심의 2/10 되는 곳
㉯ 수면에서 수심의 4/10 되는 곳
㉰ 수면에서 수심의 6/10 되는 곳
㉱ 수면에서 수심의 8/10 되는 곳

해설 1점법에 의한 평균유속은 수면으로부터 수심 0.6H 되는 곳의 유속을 말한다.

036 지형도를 작성할 때 지형 표현을 위한 원칙과 거리가 먼 것은?

㉮ 기복을 알기 쉽게 할 것
㉯ 표현을 간결하게 할 것
㉰ 정량적 계획을 엄밀하게 할 것
㉱ 기호 및 도식은 많이 넣어 세밀하게 할 것

해설 기호 및 도식은 적게 넣으며 간단하면서도 정확하게 할 것

해답 033. ㉱ 034. ㉯ 035. ㉰ 036. ㉱

037 지구 전체를 경도는 6°씩 60개로 나누고, 위도는 8°씩 20개(남위 80°~북위 84°)로 나누어 나타내는 좌표계는?

㉮ UPS 좌표계 ㉯ UTM 좌표계
㉰ 평면직각 좌표계 ㉱ WGS 84 좌표계

해설 UTM 좌표계
- 중앙 자오선에서 축척계수는 0.9996이다.
- 우리나라는 51구역(ZONE)과 52구역(ZONE)에 위치하고 있다.
- 적도를 횡축, 자오선을 종축으로 한다.

038 표고 100m인 촬영기준면을 초점거리 150mm 카메라로 사진축척 1:20000의 사진을 얻기 위한 촬영 비행고도는?

㉮ 1333m ㉯ 2900m
㉰ 3000m ㉱ 3100m

해설
$$\frac{1}{m} = \frac{f}{H-h}$$
$$\frac{1}{20000} = \frac{0.15}{H-100} \quad \therefore H = 3100\,m$$

039 종단 및 횡단측량에 대한 설명으로 옳은 것은?

㉮ 종단도의 종축척과 횡축척은 일반적으로 같게 한다.
㉯ 노선의 경사도 형태를 알려면 종단도를 보면 된다.
㉰ 횡단측량은 종단측량보다 높은 정확도가 요구된다.
㉱ 노선의 횡단측량을 종단측량보다 먼저 실시하여 횡단도를 작성한다.

해설
- 종단도의 종축척 소축척으로 횡축척은 대축척으로 한다.
- 종단측량은 횡단측량보다 높은 정확도가 요구된다.
- 노선의 종단측량을 횡단측량보다 먼저 실시하여 횡단도를 작성한다.
- 종단도를 보면 노선의 형태를 알 수 있으나 횡단도를 보면 알 수 없다.

040 위성의 배치상태에 따른 GNSS의 오차 중 단독측위(독립측위)와 관련이 없는 것은?

㉮ GDOP ㉯ RDOP
㉰ PDOP ㉱ TDOP

해설
- GDOP : 기하학적인 정도 열화치
- PDOP : 3차원 측위 정도 열화치
- TDOP : 시간 측위 정도 열화치
- HDOP : 수평(2차원) 측위 정도 열화치
- VDOP : 고도 측위 정도 열화치

정답 037. ㉯ 038. ㉱ 039. ㉯ 040. ㉯

03 수/리/학

041 그림과 같은 유관(流管)에 물이 흐르고 있다. 단면 I 에서의 유속이 1.5m/sec일 경우, 단면 II에서의 유속은? (단, 단면 I 의 관지름 3.0m, 단면 II의 관지름 1.5m이다.)

㉮ 3.5m/sec
㉯ 6.0m/sec
㉰ 3.0m/sec
㉱ 5.5m/sec

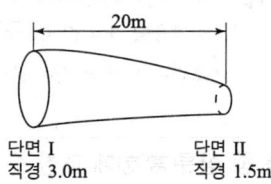

해설
$A_1 \cdot V_1 = A_2 \cdot V_2$

$\dfrac{3.14 \times 3^2}{4} \times 1.5 = \dfrac{3.14 \times 1.5^2}{4} \times V_2$

$\therefore V_2 = 6.0$m/sec

042 10m 깊이의 해수 중에서 작업하는 잠수부가 받는 압력은? (단, 해수의 비중은 1.025)

㉮ 약 1기압   ㉯ 약 2기압
㉰ 약 3기압   ㉱ 약 4기압

해설 수면에서 대기압은 1기압이고 수심 10m당 약 1기압이 증가되므로 2기압이 된다.

043 정수(靜水) 중의 한 점에 작용하는 정수압의 크기는 방향에 관계 없이 일정한데 그 이유로 가장 옳은 것은?

㉮ 정수면은 수평이고 표면장력이 작용하기 때문이다.
㉯ 수심이 일정하여 정수압의 크기가 수심에 반비례하기 때문이다.
㉰ 물의 단위중량이 9.81kN/m³으로 일정하기 때문이다.
㉱ 정수압은 면에 수직으로 작용하고 한 점에 작용하는 정수압은 방향에 관계 없이 크기가 같기 때문이다.

해설
• 정수중 한 점의 수압 크기는 모든 방향에서 같다.
• 정수는 유체입자와 입자 사이에 서로 상대적인 움직임이 없는 경우로서 정지상태의 경우나 상대 정지의 경우를 의미한다.
• 정수중 수압(정수압)은 항상 면에 직각으로 작용하면 수심에 비례($P=\omega h$)하고 깊이가 같은 임의 점에 대한 수압은 항상 같다.

정답 041.㉯ 042.㉯ 043.㉱

044 오리피스에서 수축계수(C_a)가 0.64, 유속계수(C_v)가 0.98일 때 유량계수(C)는 얼마인가?

㉮ 0.63　　㉯ 0.81　　㉰ 0.98　　㉱ 1.53

- $C = C_a \times C_v = 0.64 \times 0.98 = 0.63$
- 실제유속 $V = C_v \sqrt{2gh}$
- 오리피스 유량 $Q = Ca\sqrt{2gh} = C_a \cdot C_v \cdot a\sqrt{2gh}$

045 흐름 중 상류(常流)에 대한 수식으로 옳지 않은 것은? (단, H_c : 한계수심, I_c : 한계경사, V_c : 한계유속, I : 수로경사, H : 수심, V : 유속)

㉮ $H_c < H$　　㉯ $I_c > I$

㉰ $\dfrac{V}{\sqrt{gH}} > 1$　　㉱ $V_c > V$

- $F_r = \dfrac{V}{\sqrt{gh}} < 1$: 상류
- $F_r = \dfrac{V}{\sqrt{gh}} > 1$: 사류
- 상류조건 : $F_r < 1$, $h_c < h$, $I_c > I$, $V_c > V$
- 사류조건 : $F_r > 1$, $h_c > h$, $I_c < I$, $V_c < V$

046 유체의 점성(viscosity)에 대한 설명으로 옳은 것은?

㉮ 점성계수는 전단응력(τ)을 속도 경사($\partial v/\partial y$)로 나눈 값이다.
㉯ 동점성계수는 점성계수에 밀도를 곱한 값이다.
㉰ 액체의 경우 온도가 상승하면 점성도 함께 커진다.
㉱ 유체의 비중을 알 수 있는 척도이다.

- 전단응력 $\tau = \mu \cdot \dfrac{dv}{dy}$

  $\therefore \mu = \dfrac{\tau}{\dfrac{dv}{dy}}$

- 동점성계수

  $v = \dfrac{\mu}{\rho}$

- 수온이 낮을수록 점성계수는 크다.

047 관수로의 흐름을 지배하는 주된 힘은?

㉮ 점성력　　㉯ 중력
㉰ 사류　　㉱ 층류

정답　044. ㉮　045. ㉰　046. ㉮　047. ㉮

해설 개수로 흐름은 유수의 표면이 대기와 접하면서 중력의 영향에 의해 흐르는 수로이나 관수로의 흐름은 점성력의 영향이 크게 지배한다.

048
단면적이 200cm²인 90° 굽어진 관(1/4 원의 형태)을 따라 유량 $Q=0.05m^3/sec$의 물이 흐르고 있다. 이 굽어진 면에 작용하는 힘(P)은? (단, 무게 1kg=9.8N)

㉮ 157 N
㉯ 177 N
㉰ 1,570 N
㉱ 1,770 N

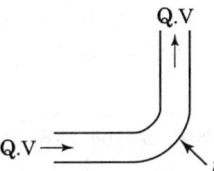

해설
- 수평방향
$$F_x = \frac{w}{g}Q(V_{1x}-V_{2x}) = \frac{w}{g}Q\left(\frac{Q}{A}-0\right) = \frac{1}{9.8}\times 0.05 \times \left(\frac{0.05}{200\times 10^{-4}}-0\right) = 0.01275t$$

- 연직방향
$$F_y = \frac{w}{g}Q(V_{1y}-V_{2y}) = \frac{w}{g}Q\left(0-\frac{Q}{A}\right) = \frac{1}{9.8}\times 0.05 \times \left(0-\frac{0.05}{200\times 10^{-4}}\right) = -0.01275t$$

- 굽어진 면에 작용하는 힘
$$F = \sqrt{F_x^2+F_y^2} = \sqrt{(0.001275)^2+(-0.001275)^2} = 0.0018t = 18kg \fallingdotseq 177N$$

049
그림과 같이 지름 3m, 길이 8m인 수문에 작용하는 수평분력의 작용점까지 수심(h_c)는?

㉮ 2.00m
㉯ 2.12m
㉰ 2.34m
㉱ 2.43m

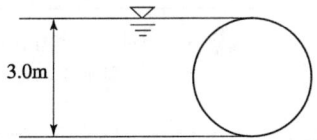

해설
- $h_c = \frac{2}{3}d = \frac{2}{3}\times 3 = 2m$

050
사다리꼴 수로에서 수리학상 가장 경제적인 단면의 조건은? (단, R : 동수반경, B : 수면 폭, H : 수심)

㉮ $B=H$
㉯ $B=2H$
㉰ $R=2H$
㉱ $R=\dfrac{H}{2}$

해설
- 수리학상 유리한 단면은 동일 단면에 최대 유량이 흐를 수 있는 단면이다.
- 경심 R이 최대인 단면, 윤변 P가 최소인 단면에 해당된다.
- 경심 $R=\dfrac{A}{P}$이며 사다리꼴 단면에서는 $R_{max}=\dfrac{H}{2}$이다.

051 Darcy의 법칙을 지하수에 적용시킬 때 가장 잘 일치되는 경우는?
㉮ 층류인 경우 ㉯ 난류인 경우
㉰ 상류인 경우 ㉱ 사류인 경우

- 흐름은 정상류이다.
- 흐름은 층류이다.
- 투수물질은 균일하고 동질이다.
- 대수층 내의 모관수대는 존재하지 않는다.

052 지하수의 흐름에 대한 Darcy의 법칙은? (단, V는 지하수의 유속, k는 투수계수, Δh는 길이 Δl에 대한 손실수두임.)
㉮ $V = k(\Delta h/\Delta l)^2$ ㉯ $V = k(\Delta h/\Delta l)$
㉰ $V = k(\Delta h/\Delta l)^{-1}$ ㉱ $V = k(\Delta h/\Delta l)^{-2}$

$V = k \cdot i = k \cdot \dfrac{h}{L}$

053 에너지선을 설명한 것으로 옳은 것은?
㉮ 이상유체에서는 수평기준면과 평행하다.
㉯ 위치수두와 압력수두를 합한 점을 연결한 선이다.
㉰ 유체 흐름의 방향을 결정한다.
㉱ 유량이 일정한 흐름에서는 동수경사선과 평행하다.

- 에너지선은 위치수두, 압력수두, 속도수두 세 항을 합한 점을 연결한 선이다.
- 완전유체에서 기준면과 에너지선은 평행하다.

054 도수 전후의 수심이 각각 2m, 4m이다. 도수로 인한 에너지 손실(수두)은 얼마인가?
㉮ 0.1m ㉯ 0.2m
㉰ 0.25m ㉱ 0.5m

- $\Delta H_e = \dfrac{(h_2-h_1)^3}{4h_1 h_2} = \dfrac{(4-2)^3}{4\times 2\times 4} = 0.25\text{m}$
- $F_r = \dfrac{V_1}{\sqrt{gh_1}}$
- $h_2 = \dfrac{h_1}{2}(-1+\sqrt{1+8F_r^2})$

051. ㉮ 052. ㉯ 053. ㉮ 054. ㉰

055 지름 0.3cm의 작은 물방울에 표면장력 $T_{15}=0.00075$N/cm가 작용할 때 물방울 내부와 외부의 압력차는?

㉮ 30Pa ㉯ 50Pa
㉰ 80Pa ㉱ 100Pa

해설 $T=\dfrac{Pd}{4}$

$\therefore P=\dfrac{4T}{d}=\dfrac{4\times 0.00075}{0.3}=0.01\text{N/cm}^2=100\text{N/m}^2=100\text{Pa}$

056 위어(weir) 중에서 수두변화에 따른 유량 변화가 가장 예민하여 유량이 적은 실험용 소규모 수로에 주로 사용하며 비교적 정확한 유량측정이 필요할 경우 사용하는 것은?

㉮ 원형 위어 ㉯ 삼각 위어
㉰ 사다리꼴 위어 ㉱ 직사각형 위어

해설 삼각 위어는 2등변 삼각형을 역으로 한 형이며 적은 유량(일반적으로 유량이 30l/sec 이하일 때)을 측정하는데 적합하고 직사각형 위어보다 정확하게 측정할 때에 사용하는 위어이다.

057 반지름 1.5m의 강관에 압력수두 100m의 물이 흐른다. 강재의 허용응력이 147MPa일 때 강관의 최소 두께는?

㉮ 0.5cm ㉯ 0.8cm
㉰ 1.0cm ㉱ 10cm

해설 $t=\dfrac{PD}{2\sigma}=\dfrac{(0.0000098\times 100000)\times 3000}{2\times 147}=10\text{mm}=1.0\text{cm}$

058 관수로의 관망설계에서 각 분기점 또는 합류점에 유입하는 유량은 그 점에서 정지하지 않고 전부 유출하는 것으로 가정하여 관망을 해석하는 방법은?

㉮ Manning 방법 ㉯ Hardy-Cross 방법
㉰ Darcy-Weisbach 방법 ㉱ Ganguillet-Kutter 방법

해설 Hardy-Cross 방법
- 관망에서의 유량과 손실수두를 정확히 계산할 수 있다.
- 각 교차점의 유입량의 합은 유출량의 합과 동일하다.
- 각 폐합관에서 발생하는 손실수두의 합은 0이다.

059 개수로에서 파상도수가 일어나는 범위는? (단, Fr_1 : 도수 전의 Froude number)

㉮ $Fr_1=\sqrt{3}$ ㉯ $1<Fr_1<\sqrt{3}$
㉰ $2<Fr_1<\sqrt{3}$ ㉱ $\sqrt{2}<Fr_1<\sqrt{3}$

해답 055. ㉱ 056. ㉯ 057. ㉰ 058. ㉯ 059. ㉯

해설
- 완전도수
  $Fr_1 \geq \sqrt{3}$
- 불완전도수(파상도수)
  $1 < Fr_1 < \sqrt{3}$

060 마찰손실계수(f)가 0.03일 때 Chezy의 평균유속계수(C, $m^{1/2}/s$)는? (단, Chezy의 평균유속 $V = C\sqrt{RI}$)

㉮ 48.1 ㉯ 51.1
㉰ 53.4 ㉱ 57.4

해설 $C = \sqrt{\dfrac{8g}{f}} = \sqrt{\dfrac{8 \times 9.8}{0.03}} = 51.1$

04 철/근/콘/크/리/트/및/ 강/구/조

061 그림과 같은 단순보에서 자중을 포함하여 계수하중이 20kN/m 작용하고 있다. 이 보의 위험단면에서 전단력은 얼마인가?

㉮ 100kN
㉯ 90kN
㉰ 80kN
㉱ 70kN

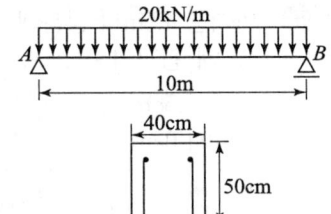

해설 $V_u = \dfrac{wl}{2} - w \cdot d = \dfrac{20 \times 10}{2} - 20 \times 0.5 = 90\,\text{kN}$

062 직사각형 단면 300mm×400mm인 프리텐션부재에 550mm²의 단면적을 가진 PS 강선을 단면도심에 배치하고 1350MPa의 인장응력을 가하였다. 콘크리트의 탄성변형에 따라 실제로 부재에 작용하는 유효프리스트레스량은 얼마인가? (단, $n = 6$)

㉮ 1313 MPa ㉯ 1432 MPa
㉰ 1512 MPa ㉱ 1618 MPa

해설
- $\Delta f_{pe} = n f_{ci} = n \cdot \dfrac{P_i}{A_c} = 6 \times \dfrac{1350 \times 5.5 \times 10^{-4}}{0.3 \times 0.4} = 37.125\,\text{MPa}$
- $f_{ps} = f_{pi} - \Delta f_{pe} = 1350 - 37.125 = 1313\,\text{MPa}$

정답 060. ㉯ 061. ㉯ 062. ㉮

063 PSC(Prestressed Concrete)의 원리를 설명할 수 있는 기본 개념으로 옳지 않은 것은?

㉮ 응력개념   ㉯ 강도개념
㉰ 변형도개념   ㉱ 하중평형개념

해설
- 응력개념(균등질 보의 개념)
- 강도개념(내력 모멘트 개념)
- 하중평형개념

064 $f_{ck}=30$MPa, $f_y=350$MPa인 단철근 직사각형 보의 균형철근비는?

㉮ 0.0321   ㉯ 0.0356
㉰ 0.0385   ㉱ 0.0392

해설
- $\beta_1 = 0.85 - 0.007(f_{ck} - 28) = 0.85 - 0.007(30 - 28) = 0.836$
- $\rho_b = 0.85\beta_1 \dfrac{f_{ck}}{f_y} \dfrac{600}{600+f_y} = 0.85 \times 0.836 \times \dfrac{30}{350} \times \dfrac{600}{600+350} = 0.0385$

065 경간 10m인 대칭 T형 보에서 양쪽 슬래브의 중심간 거리가 2100mm, 플랜지 두께는 100mm, 복부의 폭(b_w)은 400mm일 때 플랜지의 유효폭은?

㉮ 2,500mm   ㉯ 2,250mm
㉰ 2,100mm   ㉱ 2,000mm

해설
- $16t + b_w = 16 \times 100 + 400 = 2000$mm
- 양쪽 슬래브의 중심간 거리 = 2100mm
- 보의 경간의 $\dfrac{1}{4} = \dfrac{10000}{4} = 2500$mm

∴ 가장 작은 값 2000mm이다.

066 1방향 슬래브에 대한 설명으로 틀린 것은?

㉮ 슬래브의 정모멘트 철근 및 부모멘트 철근의 중심간격은 위험단면에서는 슬래브 두께의 3배 이하이어야 하고, 또한 450mm 이하로 하여야 한다.
㉯ 1방향 슬래브의 두께는 최소 100mm 이상으로 하여야 한다.
㉰ 1방향 슬래브에서는 정모멘트 철근 및 부모멘트 철근에 직각방향으로 수축·온도 철근을 배치하여야 한다.
㉱ 4변에 의해 지지되는 2방향 슬래브 중에서 단변에 대한 장변의 비가 2배를 넘으면 1방향 슬래브로서 해석한다.

해설 1방향 슬래브의 정모멘트 철근 및 부모멘트 철근의 중심간격은 위험단면에서는 슬래브 두께의 2배 이하이어야 하고 또한 300mm 이하로 하여야 한다. 기타의 단면에서는 슬래브 두께의 3배 이하이어야 하고 또한 450mm 이하로 하여야 한다.

정답 063. ㉯ 064. ㉰ 065. ㉱ 066. ㉮

067 철근과 콘크리트가 합성체로서 일체가 되어 외력에 저항할 수 있는 이유에 대한 설명으로 틀린 것은?

㉮ 콘크리트와 철근의 탄성계수가 비슷하기 때문이다.
㉯ 콘크리트 속에 묻어 둔 철근은 녹이 잘 슬지 않기 때문이다.
㉰ 콘크리트와 철근과의 부착강도가 비교적 크기 때문이다.
㉱ 콘크리트와 철근의 온도 변화에 대한 선팽창계수가 거의 같기 때문이다.

[해설] 콘크리트는 철근에 비해 탄성계수가 상당히 작다.

068 다음 그림의 고장력 볼트 마찰이음에서 필요한 볼트 수는 몇 개인가? (단, 볼트는 M24(=ø24mm), F10T를 사용하며, 마찰이음의 허용력은 56kN이다.)

㉮ 5개
㉯ 6개
㉰ 7개
㉱ 8개

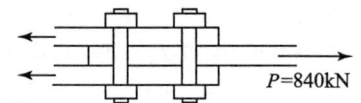

[해설]
• 허용전단응력
$$v_a = \frac{허용력}{단면적} = \frac{56000}{\frac{\pi \times 24^2}{4}} = 124\text{MPa}$$

• 전단강도
$$\rho_s = v_a \times \frac{\pi d^2}{4} \times 2 = 124 \times \frac{\pi \times 24^2}{4} \times 2 = 112000\text{MPa}$$

∴ 리벳 수 $n = \frac{p}{\rho_s} = \frac{840000}{112000} ≒ 8$개

069 하중 재하 기간이 5년이 넘은 경우 장기 처짐량은 얼마인가? (단, 단기의 순간탄성처짐량은 30mm이고, 이 보는 단순부재로서 중앙 단면의 압축철근비 ρ'는 0.02이다.)

㉮ 10mm   ㉯ 30mm
㉰ 40mm   ㉱ 60mm

[해설]
• 장기처짐 = 탄성처짐 × $\frac{\xi}{1+50\rho'}$ = $30 \times \frac{2.0}{1+50\times 0.02}$ = 30mm
• 총처짐 = 탄성처짐 + 장기처짐

070 콘크리트 설계기준강도가 24MPa, 철근의 항복강도가 300MPa로 설계된 지간 5m인 단순지지 1방향 슬래브가 있다. 처짐을 계산하지 않는 경우의 최소 두께는?

㉮ 200mm   ㉯ 215mm
㉰ 250mm   ㉱ 500mm

[해답] 067. ㉮   068. ㉱   069. ㉯   070. ㉯

• $f_y = 400$MPa의 철근은 사용한 1방향 슬래브의 최소 두께 단순지지 부재의 경우 : $l/20$

• $f_y = 400$MPa 이외의 경우에는 추가로 $\left(0.43 + \dfrac{f_y}{700}\right)$을 곱한다.

∴ $\dfrac{l}{20}\left(0.43 + \dfrac{f_y}{700}\right) = \dfrac{500}{20}\left(0.43 + \dfrac{300}{700}\right) = 21.5\text{cm} = 215\text{mm}$

071 폭이 400mm이고 유효깊이가 600mm인 철근콘크리트 직사각형 보에서 전단력과 휨모멘트만을 받는 경우 콘크리트가 받을 수 있는 전단강도 V_c는 얼마인가? (단, $f_{ck} = 28$MPa, $f_y = 400$MPa)

㉮ 143.4 kN ㉯ 158.3 kN ㉰ 199.7 kN ㉱ 211.7 kN

$V_c = \dfrac{1}{6}\sqrt{f_{ck}}\,b_w\,d = \dfrac{1}{6}\sqrt{28} \times 400 \times 600 = 211660\text{N} = 211.7\text{kN}$

072 $b = 250$mm, $d = 500$mm, 압축연단에서 중립축까지의 거리$(c) = 200$mm, $f_{ck} = 24$MPa의 단철근 직사각형 보에서 콘크리트의 공칭 휨강도 M_n은?

㉮ 305.8 kN·m ㉯ 359.8 kN·m
㉰ 364.3 kN·m ㉱ 423.3 kN·m

• $a = \beta_1 c = 0.85 \times 200 = 170$mm

• $M_n = 0.85 f_{ck}\,ab\left(d - \dfrac{a}{2}\right) = 0.85 \times 24 \times 170 \times 250 \times \left(500 - \dfrac{170}{2}\right)$
 $= 359,805,000$N·mm $= 359.8$kN·m

073 콘크리트의 설계기준 압축강도가 25MPa, 철근의 항복강도가 300MPa로 설계된 부재에서 공칭지름이 25mm인 인장 이형철근의 기본정착길이는?

㉮ 300mm ㉯ 600mm ㉰ 900mm ㉱ 1,200mm

• 기본정착길이
$l_{db} = \dfrac{0.6 d_b f_y}{\sqrt{f_{ck}}} = \dfrac{0.6 \times 25 \times 300}{\sqrt{25}} = 900$mm

• 정착길이
l_d = 기본정착길이 × 보정계수, 정착길이는 300mm 이상이어야 한다.

074 프리스트레스트 콘크리트에서 강재의 프리스트레스 도입시 발생되는 즉시 손실에 해당되지 않는 것은?

㉮ 정착장치의 활동에 의한 손실
㉯ PS 강재와 긴장 덕트의 마찰에 의한 손실
㉰ PS 강재의 릴랙세이션 손실
㉱ 콘크리트의 탄성 수축에 의한 손실

071. ㉱ 072. ㉯ 073. ㉰ 074. ㉰

해설 프리스트레스 도입 후 손실은 콘크리트의 건조수축, 콘크리트 크리프, 강재의 릴랙세이션이다.

075 다음 중 용접이음을 한 경우 용접부의 결함을 나타내는 용어가 아닌 것은?

㉮ 언더 컷(under cut)   ㉯ 오버 랩(over lap)
㉰ 크랙(crack)   ㉱ 필렛(fillet)

해설 접대기 이음을 하거나 T형으로 부재를 연결할 때 접합부의 구석에 용접하는 것을 필렛용접이라 한다.

076 강판을 리벳 이음할 때 지그재그(zigzag)형으로 리벳을 배치할 경우 재편의 순폭은 최초의 리벳구멍에 대하여 그 지름을 빼고 다음 것에 대하여는 다음 중 어느 식을 사용하여 빼 주는가? (단, g : 리벳 선간거리, p : 리벳의 피치)

㉮ $d - \dfrac{g^2}{4p}$ ㉯ $d - \dfrac{4p^2}{g}$

㉰ $d - \dfrac{p^2}{4g}$ ㉱ $d - \dfrac{4g}{p^2}$

해설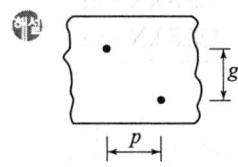

077 전체 깊이가 900mm를 초과하는 휨부재 복부의 양 측면에 부재 축방향으로 배근하는 철근의 명칭은?

㉮ 배력철근   ㉯ 표피철근
㉰ 피복철근   ㉱ 연결철근

해설 보나 장선의 깊이 h가 900mm를 초과하면 종방향 표피철근을 인장 연단으로부터 $h/2$ 지점까지 부재 양쪽 측면을 따라 균일하게 배치하여야 한다.

078 그림과 같은 단철근 직사각형 보에서 등가응력사각형의 깊이(a)를 구하면?
(단, f_{ck}=24MPa, f_y=400MPa)

㉮ 79.35mm
㉯ 89.35mm
㉰ 99.35mm
㉱ 109.35mm

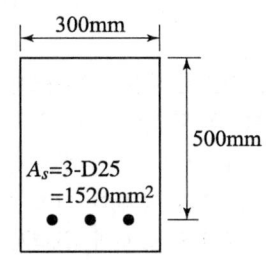

해답 075.㉱ 076.㉰ 077.㉯ 078.㉰

해설) $a = \dfrac{A_s f_y}{0.85 f_{ck} \cdot b} = \dfrac{1520 \times 400}{0.85 \times 24 \times 300} = 99.35 \text{mm}$

079 옹벽에 대한 설명으로 틀린 것은?
㉮ 옹벽의 앞부벽은 직사각형보로 설계하여야 한다.
㉯ 옹벽의 뒷부벽은 T형보로 설계하여야 한다.
㉰ 옹벽의 안정조건으로서 활동에 대한 저항력은 옹벽에 작용하는 수평력의 3배 이상이어야 한다.
㉱ 전도 및 지반 지지력에 대한 안정조건은 만족하지만, 활동에 대한 안정조건만을 만족하지 못할 경우에는 활동방지벽 등을 설치하여 활동 저항력을 증대시킬 수 있다.

해설) 옹벽의 안정조건으로서 활동에 대한 저항력은 옹벽에 작용하는 수평력의 1.5배 이상이어야 한다.

080 단철근 직사각형보에서 인장철근량이 증가하고 다른 조건은 동일할 경우 중립축의 위치는 어떻게 변하는가?
㉮ 인장철근 쪽으로 중립축이 내려간다.
㉯ 중립축의 위치는 철근량과는 무관하다.
㉰ 압축부 콘크리트 쪽으로 중립축이 올라간다.
㉱ 증가된 철근량에 따라 중립축이 위 또는 아래로 움직인다.

해설) 과다철근비(균형철근비 초과)가 되면 중립축이 인장측으로 하향 이동한다. 콘크리트의 취성파괴가 일어나므로 위험하다.

05 토/질/및/기/초

081 모래치환법에 의한 흙의 들밀도 시험에서 모래를 사용하는 목적은 무엇을 알기 위해서인가?
㉮ 시험구멍에서 파낸 흙의 중량 ㉯ 시험구멍의 부피
㉰ 시험구멍에서 파낸 흙의 함수상태 ㉱ 시험구멍의 밑면의 지지력

해설)
- $\gamma_t = \dfrac{W}{V}$
- $\gamma_d = \dfrac{\gamma_t}{1 + \dfrac{w}{100}}$
- 다짐도(%) $= \dfrac{\gamma_d}{\gamma_{d\max}} \times 100$
- 굴착한 시험구멍의 체적(V)을 구하기 위하여 표준사를 이용한다.

해답) 079. ㉰ 080. ㉮ 081. ㉯

2019년 9월 21일 시행

082 점토층에서 채취한 시료의 압축지수 $C_c = 0.39$, 간극비 $e = 1.26$이다. 이 점토층 위에 구조물이 축조되었다. 축조되기 이전의 유효압력은 8.0t/m², 축조된 후에 증가된 유효압력은 6.0t/m²이다. 점토층의 두께가 3m일 때 압밀 침하량은 얼마인가?
㉮ 12.6cm ㉯ 9.1cm
㉰ 4.6cm   ㉱ 1.3cm

$$\Delta H = \frac{C_c}{1+e} \log \frac{P_2}{P_1} \cdot H = \frac{0.39}{1+1.26} \log \frac{8+6}{8} \times 300 = 12.6 \text{cm}$$

083 일반적인 기초의 필요조건으로 거리가 먼 것은?
㉮ 동해를 받지 않는 최소한의 근입깊이를 가질 것
㉯ 지지력에 대해 안정할 것
㉰ 침하가 전혀 발생하지 않을 것
㉱ 시공성, 경제성이 좋을 것

침하가 허용침하량 이내가 되어야 할 것

084 동해(凍害)의 정도는 흙의 종류에 따라 다르다. 다음 중 우리나라에서 가장 동해가 심한 것은?
㉮ silt   ㉯ colloid
㉰ 점토   ㉱ 굵은 모래

• 모관 상승고가 크고 투수성도 큰 실트질 흙이 가장 동해가 심하다.
• 토층의 동결은 지표면에서 아래쪽을 향하여 진행된다.
• 실트질, 물의 공급, 영하의 온도가 지속되어야 동상이 일어난다.
• 동상작용을 받은 흙은 동상작용을 받기 전의 흙에 비해 함수비가 증가한다.

085 예민비가 큰 점토란?
㉮ 입자 모양이 둥근 점토
㉯ 흙을 다시 이겼을 때 강도가 크게 증가하는 점토
㉰ 입자가 가늘고 긴 형태의 점토
㉱ 흙을 다시 이겼을 때 강도가 크게 감소하는 점토

• 예민비 $S_t = \dfrac{q_u}{q_{ur}}$
• 예민비가 클수록 강도의 변화가 크므로 공학적 성질이 나쁘다.

082. ㉮ 083. ㉰ 084. ㉮ 085. ㉱

086 높이 15cm, 지름 10cm인 모래시료에 정수위 투수시험한 결과 정수두 30cm로 하여 10초간의 유출량이 62.8cm³이었다. 이 시료의 투수계수는?

㉮ 8×10^{-2}cm/sec   ㉯ 8×10^{-3}cm/sec
㉰ 4×10^{-2}cm/sec   ㉱ 4×10^{-3}cm/sec

해설 $Q = AVt = Akit = Ak\dfrac{h}{L}t$

∴ $k = \dfrac{QL}{Aht} = \dfrac{62.8 \times 15}{\dfrac{3.14 \times 10^2}{4} \times 30 \times 10} = 0.04$cm/sec

087 다음 중 흙의 전단강도를 감소시키는 요인과 관계가 없는 것은?

㉮ 함수비의 감소에 따른 흙의 단위중량의 감소
㉯ 공극수압의 증대
㉰ 수축, 팽창 등에 의한 미세한 균열
㉱ 수분 증가로 인해 점토의 팽창

해설 함수비의 감소에 따른 흙의 단위중량의 감소는 전단강도가 증가시킨다.

088 현장에서 다짐도가 95%라는 것은 무엇을 말하는가?

㉮ 다짐된 토사의 포화도가 95%를 말한다.
㉯ 흐트러진 시료와 흐트러지지 않은 시료와의 강도의 비가 95%를 말한다.
㉰ 실험실의 실내다짐 최대 건조 밀도에 대한 95% 다짐을 말한다.
㉱ 최적함수비 95%에 대한 다짐밀도를 말한다.

해설 다짐도 $= \dfrac{\gamma_d}{\gamma_{d\max}} \times 100$ 여기서, γ_d : 시공후 현장밀도
$\gamma_{d\max}$: 시공전 시험실에서의 최대건조밀도

089 다음의 연약지반개량공법 중에서 사질지반의 개량공법에 속하지 않는 것은?

㉮ 생석회 말뚝공법   ㉯ 다짐말뚝공법
㉰ 폭파다짐공법   ㉱ 다짐모래말뚝공법

해설 생석회말뚝공법은 점성토 지반의 개량공법이 종류에 속한다.

090 다음 중 흙의 투수계수에 영향을 미치는 요소가 아닌 것은?

㉮ 흙의 입경   ㉯ 침투액의 점성
㉰ 흙의 포화도   ㉱ 흙의 비중

해설 공극비, 흙의 형상계수, 물의 밀도와 관련이 있다.

예답 086.㉯ 087.㉮ 088.㉰ 089.㉮ 090.㉱

091. 평판 재하 실험에서 재하판의 크기에 의한 영향(scale effect)에 관한 설명으로 틀린 것은?

㉮ 사질토 지반의 지지력은 재하판의 폭에 비례한다.
㉯ 점토 지반의 지지력은 재하판의 폭에 무관하다.
㉰ 사질토 지반의 침하량은 재하판의 폭이 커지면 약간 커지기는 하지만 비례하는 정도는 아니다.
㉱ 점토 지반의 침하량은 재하판의 폭에 무관하다.

해설 점토 지반의 침하량은 재하판의 폭에 비례한다.

092. 파이핑(Piping) 현상을 일으키지 않는 동수경사(i)와 한계동수경사(i_c)의 관계로 옳은 것은?

㉮ $\dfrac{h}{L} > \dfrac{G_s - 1}{1+e}$ 　　㉯ $\dfrac{h}{L} < \dfrac{G_s - 1}{1+e}$

㉰ $\dfrac{h}{L} > \dfrac{G_s - 1}{1+e} \cdot \gamma_w$ 　　㉱ $\dfrac{h}{L} < \dfrac{G_s - 1}{1+e} \cdot \gamma_w$

해설 분사현상(파이핑 현상)이 일어나지 않는 조건

- $\dfrac{h}{L} < \dfrac{G_s - 1}{1+e}$
- $1 < F$

093. 어느 흙 시료의 액성한계 시험결과 낙하횟수 40일 때 함수비가 48%, 낙하횟수 4일 때 함수비가 73%였다. 이때 유동지수는?

㉮ 24.21%　　㉯ 25.0%
㉰ 26.23%　　㉱ 27.0%

해설 $I_f = \dfrac{w_1 - w_2}{\log \dfrac{N_2}{N_1}} = \dfrac{73 - 48}{\log \dfrac{40}{4}} = 25\%$

094. 포화도가 100%인 시료의 체적이 1000cm³이었다. 노건조 후에 측정한 결과, 물의 질량이 400g이었다면 이 시료의 간극률(n)은 얼마인가?

㉮ 15%　　㉯ 20%
㉰ 40%　　㉱ 60%

해설 $n = \dfrac{V_v}{V} \times 100 = \dfrac{40}{1000} \times 100 = 40\%$

정답 091. ㉱　092. ㉯　093. ㉯　094. ㉰

095 Dunham의 공식으로, 모래의 내부마찰각(ϕ)과 관입저항치(N)와의 관계식으로 옳은 것은? (단, 토질은 입도배합이 좋고 둥근 입자이다.)

㉮ $\phi = \sqrt{12N} + 15$ ㉯ $\phi = \sqrt{12N} + 20$
㉰ $\phi = \sqrt{12N} + 25$ ㉱ $\phi = \sqrt{12N} + 30$

해설
- 입자가 둥글고 입도 분포가 나쁜 경우
  $\phi = \sqrt{12N} + 15$
- 입자가 둥글고 입도 분포가 양호한 경우, 또는 입자가 모나고 입도 분포가 나쁜 경우
  $\phi = \sqrt{12N} + 20$
- 입자가 모나고 입도 분포가 좋은 경우
  $\phi = \sqrt{12N} + 25$

096 기존 건물에 인접한 장소에 새로운 깊은 기초를 시공하고자 한다. 이때 기존 건물의 기초가 얕아 보강하는 공법 중 적당한 것은?

㉮ 압성토 공법 ㉯ 언더피닝 공법
㉰ 프리로딩 공법 ㉱ 치환 공법

해설 underpinning 공법
- 기존 구조물의 보강을 위해 지반 또는 기초 보강
- 증축, 개축을 위해 기초 보강할 경우
- 근접 시공 등의 경우 적용

097 일축압축강도가 32kN/m², 흙의 단위중량이 16kN/m³이고, $\phi = 0$인 점토지반을 연직굴착할 때 한계고는 얼마인가?

㉮ 2.3m ㉯ 3.2m
㉰ 4.0m ㉱ 5.2m

해설 $H_c = \dfrac{2q_u}{\gamma} = \dfrac{2 \times 32}{16} = 4.0\,\text{m}$

098 압축작용(pressure action)과 반죽작용(kneading action)을 함께 가지고 있는 롤러는?

㉮ 평활 롤러(Smooth wheel roller)
㉯ 양족 롤러(Sheep's foot roller)
㉰ 진동 롤러(Vibratory roller)
㉱ 타이어 롤러(Tire roller)

해설 타이어 롤러(Tire roller)는 점착력이 적은 사질토에 적합하며 노상, 노반의 전압과 아스팔트 포장의 다짐에 사용한다.

해답 095. ㉯ 096. ㉯ 097. ㉰ 098. ㉱

099 다음 중 전단강도와 직접적으로 관련이 없는 것은?
㉮ 흙의 점착력 ㉯ 흙의 내부마찰각
㉰ Barron의 이론 ㉱ Mohr-Coulomb의 파괴이론

해설) Barron의 이론은 압밀거동에 관련이 있다.

100 그림과 같은 옹벽에서 전주동 토압(P_a)과 작용점의 위치(y)는 얼마인가?
㉮ $P_a = 37\,\text{kN/m}$, $y = 1.21\,\text{m}$
㉯ $P_a = 47\,\text{kN/m}$, $y = 1.79\,\text{m}$
㉰ $P_a = 47\,\text{kN/m}$, $y = 1.21\,\text{m}$
㉱ $P_a = 54\,\text{kN/m}$, $y = 1.79\,\text{m}$

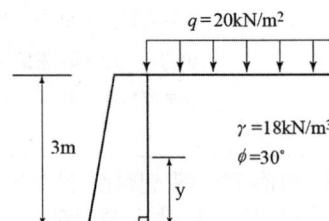

해설)
- $P_a = q \cdot H \cdot K_a + \dfrac{1}{2}\gamma \cdot H^2 \cdot K_a$
  $= 20 \times 3 \times \tan^2\left(45° - \dfrac{30°}{2}\right) + \dfrac{1}{2} \times 18 \times 3^2 \times \tan^2\left(45° - \dfrac{30°}{2}\right) = 47\,\text{kN/m}$
- $y = \dfrac{H}{3} \cdot \dfrac{H + 3\Delta H}{H + 2\Delta H} = \dfrac{3}{3} \times \dfrac{3 + 3 \times 1.11}{3 + 2 \times 1.11} = 1.21\,\text{m}$

여기서, $\Delta H = \dfrac{q}{\gamma} = \dfrac{20}{18} = 1.11\,\text{m}$

06 상/하/수/도/공/학

101 상수처리시 혼화지 다음의 설비로서 완속교반을 행하는 설비를 무엇이라고 하는가?
㉮ 여과지 ㉯ 침전지
㉰ 침사지 ㉱ floc 형성지

해설)
- 플록(floc)의 크기를 증가시키기 위하여 응집조에서 완속교반을 한다.
- floc 형성시간은 20~40분을 표준한다.

102 현재 인구가 20만명이고 연평균 인구증가율이 4.5%인 도시의 10년 후 인구를 등비급수법에 의하여 추정하면?
㉮ 126,202명 ㉯ 310,594명
㉰ 324,571명 ㉱ 290,000명

정답) 099.㉰ 100.㉰ 101.㉱ 102.㉱

해설
- 등비 급수법
  $P_n = P_o(1+r)^n = 200,000(1+0.045)^{10} = 310,594$명
- 등차 급수법
  $P_n = P_o + na, \ a = \dfrac{P_o - P_t}{t}$

103 취수탑에 대한 설명으로 잘못된 것은?
㉮ 년중 수위변화의 폭이 큰 지점에는 부적합하다.
㉯ 취수탑의 취수구 전면에는 스크린을 설치한다.
㉰ 최소 수심이 갈수기에도 2m 이상은 확보되어야 한다.
㉱ 토사유입의 가능성이 큰 하천에서는 유입속도를 15~30cm/sec 정도로 한다.

해설
- 수위변화가 클 때도 안정된 취수가 가능하다.
- 양질이 물 취수가 가능하고 하천수나 저수지수 취수에 유리하다.

104 급수보급율 95%, 계획 1인 1일 최대급수량 400L/인·일, 인구 15만명의 도시에 급수계획을 하고자 한다. 이 도시의 계획 1일 최대급수량은?
㉮ 39900m³/day ㉯ 48450m³/day
㉰ 57000m³/day ㉱ 65550m³/day

해설 계획1일 최대급수량
$400 \times 150,000 \times 0.95 = 57,000,000 l/day = 57,000 m^3/day$

105 우리나라 하수도 계획의 목표연도는 원칙적으로 몇 년 정도로 하는가?
㉮ 5년   ㉯ 10년
㉰ 20년 ㉱ 30년

해설
- 하수도 계획의 목표연도는 20년을 원칙으로 한다.
- 상수도 시설의 신설 및 확장은 5~15년간의 경제성을 고려하여 각 시설들의 계획년도를 결정한다.

106 상수의 소독방법 중 염소살균과 오존살균의 장·단점을 잘못 설명한 것은?
㉮ 염소살균은 발암물질인 트리할로메탄(THM)을 생성시킬 가능성이 있다.
㉯ 오존살균은 염소살균에 비하여 잔류성이 약하다.
㉰ 오존의 살균력은 염소보다 우수하다.
㉱ 오존살균은 염소살균에 비해 경제적이다.

해설 오존살균은 잔류효과(잔류성)가 약하기 때문에 염소살균에 비해 비경제적이다.

해답 103.㉮ 104.㉰ 105.㉰ 106.㉱

107 다음 중 대장균군이 오염지표로 널리 사용되는 이유로 가장 알맞은 것은?
㉮ 인체의 배설물 중에 존재하지 않는다.
㉯ 소화기계 병원균보다 저항력이 약하다.
㉰ 검출이 어렵다.
㉱ 시험방법이 용이하다.

해설
- 소화기 계통의 전염병균보다 살균에 대한 저항력이 크므로 대장균의 유무에 의해 다른 병원균의 유무를 판단하는 데 간편하고 정확성 보장되므로 적합하다.
- 소화기 계통의 전염병균이 대장균군과 같이 존재하기 때문에 적합하다.
- 병원균보다 검출이 용이하고 검출속도가 빠르기 때문에 적합하다.
- 대장균은 인체에 직접적인 해를 끼치지는 않지만 병원균이 함께 존재할 가능성이 높아 병원균 유무판단의 간접지표가 된다.
- 음료수에서 대장균은 500ml 중에서 검출되어서는 안 된다.

108 수격현상의 발생을 경감시킬 수 있는 방안이 아닌 것은?
㉮ 펌프의 속도가 급격히 변화하는 것을 방지한다.
㉯ 관내의 유속을 크게 한다.
㉰ 안전밸브를 설치한다.
㉱ 압력조정 수조를 설치한다.

해설
- 관내의 유속을 저하시킨다.
- 펌프에 플라이 휠을 붙여 펌프의 관성을 증가시킨다.
- 토출측 관로에 안전밸브 또는 공기밸브를 설치한다.

109 호기성 소화와 혐기성 소화를 비교할 때, 혐기성 소화에 대한 설명으로 틀린 것은?
㉮ 높은 온도를 필요로 하지 않는다.
㉯ 유효한 자원인 메탄이 생성된다.
㉰ 처리후 슬러지 생성량이 적다.
㉱ 운전시 체류시간, 온도, pH 등에 영향을 크게 받는다.

해설
- 혐기성 소화에는 온도에 따라 저온, 중온, 고온 소화를 이용한다.
- 처리수의 수질이 좋지 못하고 슬러지에서 냄새가 많이 난다.
- 시설비가 많이 들고 운전에 숙련이 필요하다.

110 계획배수량의 원칙적으로 기준으로 옳은 것은?
㉮ 해당 급수구역의 계획1일 최대배수량(m^3/d)
㉯ 해당 배수구역의 계획1일 최대배수량(m^3/d)
㉰ 해당 급수구역의 계획시간 최대배수량(m^3/h)
㉱ 해당 배수구역의 계획시간 최대배수량(m^3/h)

해답 107.㉱ 108.㉯ 109.㉮ 110.㉱

해설
- 계획배수량은 원칙적으로 해당 배수구역의 계획시간 최대배수량으로 한다.
- 배수지 용량은 계획1일 최대급수량의 12시간분 이상을 표준으로 하며 지역 특성과 상수도 시설의 안정성 등을 고려하여 결정한다.

111. 하천에 오수가 유입될 때 하천의 자정작용 중 최초의 분해지대에서 BOD가 감소하는 주원인은?

㉮ 유기물의 침전 ㉯ 탁도의 증가
㉰ 온도의 변화 ㉱ 미생물의 번식

해설 분해지대 : 세균의 수가 증가하고 유기물을 많이 함유하는 슬러지의 침전이 많아지며 용존산소의 양이 크게 줄어들고 pH가 감소하면서 탄산가스 양이 많아진다.

112. 계획오수량 산정에서 고려되는 것이 아닌 것은?

㉮ 생활오수량 ㉯ 공장폐수량
㉰ 지하수량 ㉱ 차집하수량

해설
- 계획1일 최대오수량
  1인 1일 최대오수량×계획인구＋공장폐수＋지하수량＋기타 배수량
- 지하수량은 1인 1일 최대오수량의 10~20%로 한다.
- 계획시간 최대오수량은 1인 1일 최대오수량의 1시간당 수량 1.3~1.8배를 표준으로 한다.
- 합류식에서 우천시 계획오수량은 원칙적으로 계획시간 최대오수량의 3배 이상으로 한다.

113. 유입하수량 50000m³/day, 유입 BOD 200mg/L, 유입 SS 150mg/L이고, BOD제거율이 90%, SS제거율이 80%일 경우 유출 BOD와 유출SS의 농도는?

㉮ 10mg/L, 20mg/L ㉯ 20mg/L, 10mg/L
㉰ 20mg/L, 30mg/L ㉱ 30mg/L, 40mg/L

해설
- BOD농도
  $200 \times 0.1 = 20\,mg/L$
- SS농도
  $150 \times 0.2 = 30\,mg/L$

114. 펌프의 운전 중 펌프의 임펠러 입구에서 유체의 압력이 그 때의 수온에 대한 포화증기압 이하로 되었을 때 유체의 기화로 기포가 발생하여 유체 중의 공동이 생기는 현상은?

㉮ Cavitation ㉯ Positive Head
㉰ Specific Speed ㉱ Characteristic Curves

해설 Cavitation(공동현상)
펌프 내부에서도 흡상양정이 높거나 유속의 급변 또는 와류의 발생, 유로에서의 장애 등에 의해 압력이 국부적으로 포화 증기압 이하로 내려가 기포가 발생되는 현상

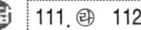

정답 111. ㉱ 112. ㉱ 113. ㉰ 114. ㉮

2019년 9월 21일 시행

115 다음 중 하수 관정부식(crown corrosion)의 원인이 되는 물질은?

㉮ NH_4　　㉯ H_2S　　㉰ PO_4　　㉱ SS

> • H_2S(황화수소)가 하수관내의 공기중으로 올라가 호기성 미생물에 의해 SO_2, SO_3로 산화되어 관정부의 물방울에 녹아 H_2SO_4(황산)이 되며 이 황산이 콘크리트 관을 부식시킨다.
> • 하수관거내 관정부식의 주된 원인의 물질은 황(S)화합물이다.

116 하수관거의 경사와 유속에 대한 설명 중 틀린 것은?

㉮ 하수관거의 최대 유속은 계획시간 최대오수량에 대하여 1.0m/s로 한다.
㉯ 관거의 경사는 하류로 갈수록 감소시켜야 한다.
㉰ 유속을 너무 크게 하면 경사가 급하게 되어 굴착 깊이가 점차 깊어져서 시공이 곤란하고 공사 비용이 증대된다.
㉱ 유속이 너무 크면 관거를 손상시키고 내용년수를 줄어들게 한다.

> 오수관거의 최대 유속은 계획시간 최대오수량에 대하여 3.0m/s, 최소 유속은 0.6m/s로 한다.

117 분류식에서 사용되는 중계 펌프장 시설의 계획하수량은?

㉮ 계획1일 최대오수량　　㉯ 계획1일 평균오수량
㉰ 우천시 평균오수량　　㉱ 계획시간 최대오수량

> 배수 펌프 : 계획시간 최대오수량

118 하수배제방식 중 분류식과 비교하여 합류식이 갖는 특징으로 옳지 않은 것은?

㉮ 폐쇄될 염려가 적다.
㉯ 검사 및 수리가 비교적 쉽다.
㉰ 관로의 접합, 연결 등 시공이 복잡하다.
㉱ 강우 시 초기 우수의 처리대책이 필요하다.

> 관로의 접합, 연결 등 시공이 용이하다.

119 침전시설과 여과시설 등을 거친 정수장의 배출수는 최종적으로 적절한 배출수 처리설비를 거쳐 방류된다. 배출수 처리에 대한 설명으로 옳지 않은 것은?

㉮ 발생 슬러지는 위해하므로 주로 매립하고 재활용은 제한한다.
㉯ 재순환되는 세척배출수의 목표수질은 평균적인 원수수질과 같거나 더 양호해야 한다.
㉰ 슬러지 처리시설은 정수 처리시설에서 발생하는 슬러지를 처리하고 처분하는데 충분한 기능과 능력을 갖추어야 한다.
㉱ 세척 배출수에서 발생된 슬러지와 정수공정의 침전 슬러지는 배출수 처리시설의 농축조에서 농축처리하며 그 상징수는 정수공정으로 반송하지 않는다.

정답 115. ㉯　116. ㉮　117. ㉱　118. ㉰　119. ㉮

[해설] 정수장의 배출수는 매립, 해양배출, 재활용 등으로 처리한다.

문제 120 하수처리장의 반응조에서 미생물의 고형물 체류시간(SRT)을 구할 때 무시될 수 있는 항목은?
㉮ 생물반응조 용량
㉯ 유출수 내의 SS 농도
㉰ 잉여찌꺼기(슬러지)량
㉱ 생물반응조 MLSS 농도

[해설] 최종 침전지내에서 분리된 고형물은 일부는 폐기되고 일부는 다시 반송되어 슬러지는 폭기 시간보다 긴 체류시간 동안 폭기조 내에 체류하게 되는 기간을 고형물 체류시간이라 하며 유출수 내의 SS 농도는 무시한다.

[정답] 120. ㉯

토목산업기사

2020

01 응용역학
02 측량학
03 수리학
04 철근콘크리트 및 강구조
05 토질 및 기초
06 상하수도공학

기출문제

2020년 6월 13일 시행
(1·2회 통합 시험)
2020년 8월 23일 시행

01 응/용/역/학

001 그림과 같은 단면에서 직사각형 단면의 최대 전단응력도는 원형단면의 최대 전단응력도의 몇 배인가? (단, 두 단면적과 작용하는 전단력의 크기는 같다.)

㉮ $\dfrac{9}{8}$ 배

㉯ $\dfrac{8}{9}$ 배

㉰ $\dfrac{6}{5}$ 배

㉱ $\dfrac{5}{6}$ 배

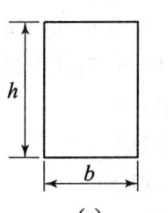
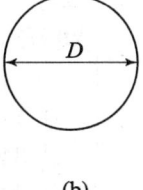

해설
- $\tau_a = \dfrac{3}{2} \times \dfrac{S}{A}$
- $\tau_b = \dfrac{4}{3} \times \dfrac{S}{A}$

$\therefore \dfrac{\tau_a}{\tau_b} = \dfrac{\frac{3S}{2A}}{\frac{4S}{3A}} = \dfrac{9}{8}$

002 다음과 같은 단면적이 A인 임의의 부재단면이 있다. 도심축으로부터 y_1 떨어진 축을 기준으로 한 단면2차모멘트의 크기가 I_{x1}일 때, 도심축으로부터 $3y_1$ 떨어진 축을 기준으로한 단면2차모멘트의 크기는?

㉮ $I_{x1} + 2Ay_1^2$

㉯ $I_{x1} + 3Ay_1^2$

㉰ $I_{x1} + 4Ay_1^2$

㉱ $I_{x1} + 8Ay_1^2$

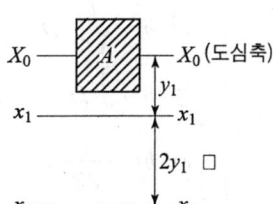

해설
$I_{x1} = I_{X0} + A \cdot y_1^2$
$I_{x2} = I_{X0} + A \cdot (3y_1)^2 = I_{X0} + 9Ay_1^2 = I_{X0} + Ay_1^2 + 8Ay_1^2 = I_{x1} + 8Ay_1^2$

정답 001. ㉮   002. ㉱

003 다음 3힌지 아치의 A점의 수평반력은?

㉮ 50 kN(→)
㉯ 75 kN(←)
㉰ 100 kN(→)
㉱ 150 kN(←)

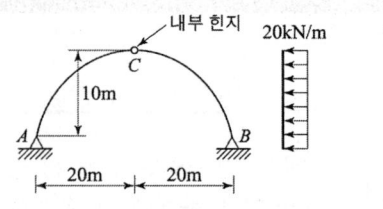

해설
- $\sum M_B = 0$
  $R_A \times 40 - 20 \times 10 \times 5 = 0$
  $\therefore R_A = 25\text{kN}$
- $\sum M_C = 0$
  $25 \times 20 - H_A \times 10 = 0$
  $\therefore H_A = 50\text{kN}$

004 그림에서 C점에 얼마의 힘(P)으로 당겼더니 부재 BC에 200kN의 장력이 발생하였다면 AC에 발생하는 장력은?

㉮ 34.6 kN
㉯ 115.5 kN
㉰ 346.4 kN
㉱ 400.0 kN

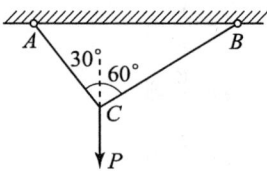

해설 $\dfrac{BC}{\sin 150°} = \dfrac{AC}{\sin 120°}$

$\therefore AC = \dfrac{200 \times \sin 120°}{\sin 150°} = 346.4\text{kN}$

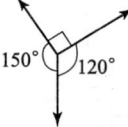

005 지름이 D인 원목을 직사각형 단면으로 제재하고자 한다. 휨모멘트에 대한 저항을 크게 하기 위해 최대 단면계수를 갖는 직사각형 단면을 얻으려면 적당한 폭 b는?

㉮ $b = \dfrac{\sqrt{3}}{2}D$
㉯ $b = \sqrt{\dfrac{2}{3}}D$
㉰ $b = \dfrac{1}{2}D$
㉱ $b = \dfrac{1}{\sqrt{3}}D$

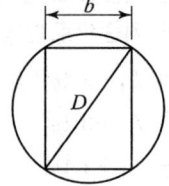

해설
- $b : D = 1 : \sqrt{3}$
- $b : h = 1 : \sqrt{2}$

해답 003. ㉮ 004. ㉰ 005. ㉱

006 그림과 같이 폭(b)이 20cm, 높이(h)가 30cm인 직4각형 단면의 x, y 축에 대한 단면상승모멘트 I_{xy} 는?

㉮ 30,000 cm^4
㉯ 60,000 cm^4
㉰ 90,000 cm^4
㉱ 120,000 cm^4

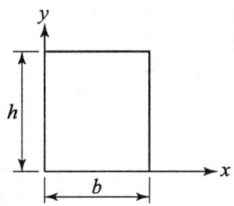

- $I_{xy} = A \cdot x_0 \cdot y_0 = bh \times \dfrac{b}{2} \times \dfrac{h}{2} = \dfrac{b^2 h^2}{4} = \dfrac{20^2 \times 30^2}{4} = 90,000 \text{cm}^4$
- 단면이 대칭이고 x 축 또는 y 축 가운데 한 개의 축이 도심을 지날 때 $I_{xy} = 0$
- 축이동에 대한 상승모멘트 $I_{xy} = I_{XY} + A \cdot x_0 \cdot y_0$

007 그림과 같은 단순보의 B지점에 모멘트가 50kN·m가 작용할 때 C점의 휨모멘트는?

㉮ -20 kN·m
㉯ $+20$ kN·m
㉰ -30 kN·m
㉱ $+30$ kN·m

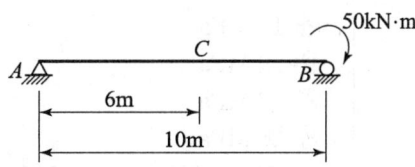

- $\Sigma M_B = 0$
  $R_A \times 10 + 50 = 0$ ∴ $R_A = -5$kN
- $M_C = R_A \times 6 = -5 \times 6 = -30$kN·m

008 다음 트러스의 부재 $U_1 L_2$ 의 부재력은?

㉮ 25kN(인장)
㉯ 20kN(인장)
㉰ 25kN(압축)
㉱ 20kN(압축)

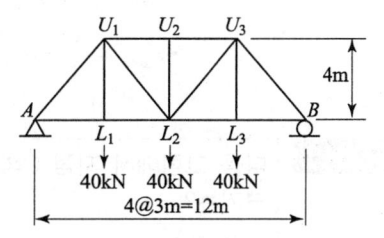

 대칭 작용이므로 $R_A = R_B = 60$kN

절단법에 의하면 $60 - 40 - U_1 L_2 \times \dfrac{4}{5} = 0$

∴ $U_1 L_2 = 25$kN(인장)

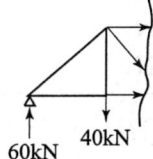

정답 006. ㉰ 007. ㉰ 008. ㉮

009 반지름 r인 원형 단면의 단주에서 핵반경 e는?

㉮ $\dfrac{r}{2}$ ㉯ $\dfrac{r}{3}$ ㉰ $\dfrac{r}{4}$ ㉱ $\dfrac{r}{5}$

• 핵거리(반지름)

$$e = \dfrac{Z}{A} = \dfrac{\dfrac{\pi D^3}{32}}{\dfrac{\pi D^2}{4}} = \dfrac{D}{8} = \dfrac{2r}{8} = \dfrac{r}{4}$$

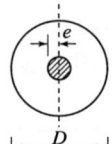

• 핵거리(반지름) : $\dfrac{D}{8}$

• 핵지름 : $\dfrac{D}{8} \times 2 = \dfrac{D}{4}$

010 다음과 같은 단순보에서 최대 휨응력은? (단, 단면은 폭 300mm, 높이 400mm의 직사각형이다.)

㉮ 15 MPa
㉯ 18 MPa
㉰ 22 MPa
㉱ 26 MPa

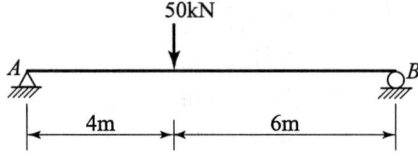

• $Z = \dfrac{bh^2}{6} = \dfrac{30 \times 40^2}{6} = 8000 \text{cm}^3 = 8000000 \text{mm}^3$

• $\sum M_B = 0$

$V_A \times 10 - 50 \times 6 = 0$ ∴ $V_A = \dfrac{1}{10}(50 \times 6) = 30 \text{kN}$

• 집중하중 작용점의 휨모멘트

$M = V_A \times 4 = 30 \times 4 = 120 \text{kN} \cdot \text{m}$

• $\sigma_{\max} = \dfrac{M}{Z} = \dfrac{120000000}{8000000} = 15 \text{MPa}$

011 다음 그림에서 지점 C의 반력이 영(零)이 되기 위해 B점에 작용시킬 집중하중의 크기는?

㉮ 8kN
㉯ 10kN
㉰ 12kN
㉱ 14kN

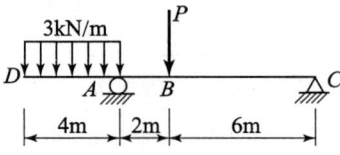

$\sum M_A = 0$

$V_C \times 8 + P \times 2 - 3 \times 4 \times 2 = 0$

∴ $V_C = \dfrac{1}{8}(-P \times 2 + 24)$ 에서 $V_C = 0$이 되려면 $P = 12 \text{kN}$ 이다.

009. ㉰ 010. ㉮ 011. ㉰

012

지간 8m, 높이 30cm, 폭 20cm의 단면을 갖는 단순보에 등분포 하중 w=4kN/m가 만재하여 있을 때 최대 처짐은? (단, E=10,000MPa)

㉮ 47.4mm   ㉯ 21.0mm
㉰ 9.0mm   ㉱ 0.09mm

해설
- $I = \dfrac{bh^3}{12} = \dfrac{20 \times 30^3}{12} = 45000\text{cm}^4 = 450000000\text{mm}^4$
- $y_{\max} = \dfrac{5wl^4}{384EI} = \dfrac{5 \times 4 \times 8000^4}{384 \times 10000 \times 450000000} = 47.4\text{mm}$

013

지름이 D인 원형단면보에 휨모멘트 M이 작용할 때 최대 휨응력은?

㉮ $\dfrac{16M}{\pi D^3}$ ㉯ $\dfrac{6M}{\pi D^3}$
㉰ $\dfrac{32M}{\pi D^3}$ ㉱ $\dfrac{64M}{\pi D^3}$

해설
- $Z = \dfrac{\pi D^3}{32}$
- $\sigma = \dfrac{M}{I} \cdot y = \dfrac{M}{Z} = \dfrac{32M}{\pi D^3}$

014

단순보에 아래 그림과 같이 집중하중 P와 등분포하중 ω가 작용할 때 중앙점에서의 휨모멘트는?

㉮ $\dfrac{Pl}{4} + \dfrac{\omega l^2}{8}$
㉯ $\dfrac{Pl}{4} + \dfrac{\omega l^2}{4}$
㉰ $\dfrac{Pl}{8} + \dfrac{\omega l^2}{8}$
㉱ $\dfrac{Pl}{8} + \dfrac{\omega l^2}{2}$

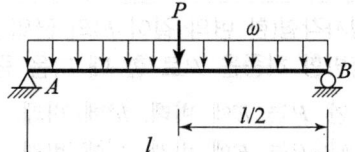

해설
- 단순보에 집중하중 P 작용
  $M_{\max} = \dfrac{Pl}{4}$
- 단순보에 등분포하중 ω 작용
  $M_{\max} = \dfrac{\omega l^2}{8}$

해답 012. ㉮   013. ㉰   014. ㉮

015 아래 그림과 같은 단순보에서 최대 처짐은?

㉮ $\dfrac{Pl^3}{48EI}$

㉯ $\dfrac{Pl^2}{36EI}$

㉰ $\dfrac{Pl^2}{24EI}$

㉱ $\dfrac{Pl^3}{12EI}$

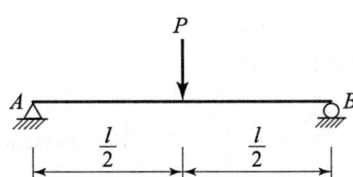

해설 • 처짐 $y = \dfrac{Pl^3}{48EI}$ • 처짐각 $\theta = \dfrac{Pl^2}{16EI}$

016 동일 평면상의 한 점에 여러 개의 힘이 작용하고 있을 때, 여러 개의 힘의 어떤 점에 대한 모멘트의 합은 그 합력의 동일점에 대한 모멘트와 같다는 것은 다음 중 어떤 정리인가?

㉮ Mohr의 정리　　　　㉯ Lami의 정리
㉰ Castigliane의 정리　㉱ Varignon의 정리

해설 • 바리뇽(Varignon)의 정리 : 여러 힘의 임의 한 점에 대한 모멘트의 합은 합력의 그 점에 대한 모멘트와 같다.
• 라미(Lami)의 정리 : 세 힘이 서로 평형(비김)이 되고 있을 때 이들 세 개의 힘은 동일 평면상에 있고 한 점에서 만난다.

017 정사각형(한 변의 길이 h)의 균일한 단면을 가진 길이 L의 기둥이 견딜 수 있는 축방향 하중을 P로 할 때 다음 중 옳은 것은? (단, EI는 일정하다.)

㉮ P는 E에 비례, h^3에 비례, L에 반비례한다.
㉯ P는 E에 비례, h^3에 비례, L^2에 비례한다.
㉰ P는 E에 비례, h^4에 비례, L에 비례한다.
㉱ P는 E에 비례, h^4에 비례, L^2에 반비례한다.

해설 좌굴하중 $P = \dfrac{n\pi^2 EI}{l^2} = \dfrac{n\pi^2 E h^4}{12 l^2}$　　여기서, $I = \dfrac{h^4}{12}$

018 지름이 6cm, 길이가 100cm의 둥근 막대가 인장력을 받아서 0.5cm 늘어나고 동시에 지름이 0.006cm 만큼 줄었을 때 이 재료의 푸아송 비(ν)는?

㉮ 0.2　　　　㉯ 0.5
㉰ 2.0　　　　㉱ 5.0

해답　015. ㉮　016. ㉱　017. ㉱　018. ㉮

해설

푸아송 비 $=\dfrac{\beta}{\varepsilon}=\dfrac{\dfrac{\Delta d}{d}}{\dfrac{\Delta l}{l}}=\dfrac{\Delta d \cdot l}{d \cdot \Delta l}=\dfrac{0.006\times 100}{6\times 0.5}=0.2$

 019 어떤 재료의 탄성계수(E)가 210000MPa, 푸아송 비(ν)가 0.25, 전단변형률(γ)이 0.1이라면 전단응력(τ)은?

㉮ 8400MPa ㉯ 4200MPa
㉰ 2400MPa ㉱ 1680MPa

해설
- $G=\dfrac{E}{2(1+\nu)}=\dfrac{210000}{2(1+0.25)}=84000\,\mathrm{MPa}$
- $G=\dfrac{\tau}{\gamma}$ ∴ $\tau=G\cdot\gamma=840000\times 0.1=84000\,\mathrm{MPa}$

020 아래 그림에서 A점으로부터 합력(R)의 작용위치(C점)까지의 거리(x)는?

㉮ 0.8m
㉯ 0.6m
㉰ 0.4m
㉱ 0.2m

해설
- 합력 $R=300+200=500\mathrm{kN}$
- A점에 하중 모멘트를 적용하면 $500\times x=200\times 2$ ∴ $x=0.8$

02 측/량/학

 021 어떤 측선의 방위가 S 30°W이고 길이가 150m라면 그 측선의 경거는?

㉮ −75m ㉯ 75m
㉰ −130m ㉱ 130m

해설
- $150\times\cos 60°=-75\mathrm{m}$ (W 위치이므로 −)
- $150\sin 30°=-75\mathrm{m}$ (W 위치이므로 −)

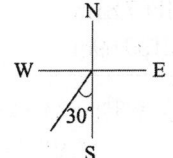

정답 019. ㉮ 020. ㉮ 021. ㉮

022 30m 테이프의 길이를 표준자와 비교 검증하였더니 30.03m이었다. 만약 이 테이프를 사용하여 면적을 계산하였다면 면적정밀도는 얼마인가?

㉮ $\dfrac{1}{50}$ ㉯ $\dfrac{1}{100}$

㉰ $\dfrac{1}{500}$ ㉱ $\dfrac{1}{1000}$

해설 면적의 정밀도

$$\dfrac{dA}{A} = 2 \cdot \dfrac{dl}{l} = 2 \times \dfrac{0.03}{30} = \dfrac{1}{500}$$

023 노선측량에서 노선선정을 할 때 가장 중요한 것은?

㉮ 곡선의 대소(大小) ㉯ 공사기일
㉰ 곡선설치의 난이도 ㉱ 수송량 및 경제성

해설 노선의 선정은 원활한 교통수송량 및 경제성을 고려하여 결정한다.

024 하천의 유속측정에 있어서 수면깊이가 수심에 대한 비가 0.2, 0.6, 0.8인 지점의 유속이 0.562m/sec, 0.497m/sec, 0.364m/sec일 때 평균유속을 구한 것이 0.463m/sec이었다면 이 평균유속을 구한 방법으로 옳은 것은?

㉮ 2점법 ㉯ 3점법
㉰ 4점법 ㉱ 평균유속법

해설
• 2점법 평균유속
$$V_m = \dfrac{V_{0.2} + V_{0.8}}{2} = \dfrac{0.562 + 0.364}{2} = 0.463 \text{m/sec}$$
• 3점법 평균유속
$$V_m = \dfrac{V_{0.2} + 2V_{0.6} + V_{0.8}}{4}$$

025 노선측량에서 곡선 시점까지의 추가거리가 2315.25m이다. 교각이 60°, 곡률반경이 200m이라면 곡선의 종점까지 총거리는?

㉮ 1867.81m ㉯ 2105.81m
㉰ 2199.69m ㉱ 2524.69m

해설 총거리 $= CL + 2315.25 = 0.01745\,RI° + 2315.25$
$= 0.01745 \times 200 \times 60° + 2315.25 ≒ 2524.69\text{m}$

해답 022. ㉰ 023. ㉱ 024. ㉮ 025. ㉱

026

최소 제곱법의 원리를 이용하여 처리할 수 있는 오차는?

㉮ 정오차 ㉯ 부정오차
㉰ 착오 ㉱ 물리적 오차

해설
- 부정오차(우연오차)는 최소 자승법의 원리를 이용하여 처리한다.
- 부정오차는 오차의 발생 원인이 불분명하여 주의해도 없앨 수 없는 오차로 우차, 상차, 추차라 불린다.

참고
- 정오차는 원인이 분명하여 항상 일정량의 오차가 발생한다.(측정횟수에 비례하여 증가하므로 누차라고 한다.) $E = \delta \cdot n$
- 우연오차는 측정횟수의 제곱근에 비례한다.($E = \delta \cdot \sqrt{n}$)

027

폐합트래버스 측량의 내업을 하기 위하여 각 측선의 경거, 위거를 계산한 결과 측선 34의 자료가 없었다. 측선 34의 방위각은? (단, 폐합오차는 없는 것으로 가정한다.)

㉮ 64° 10′ 44″
㉯ 15° 49′ 14″
㉰ 244° 10′ 44″
㉱ 115° 49′ 14″

측선	위거(m)		경거(m)	
	N	S	E	W
12		2.33		8.55
23	17.87			7.03
34				
41		20.19	5.97	

해설
- $\overline{34}$의 위거 : $(2.33 + 20.19) - 17.87 = 4.65$
- $\overline{34}$의 경거 : $(8.55 + 7.03) - 5.97 = 9.61$
- $\tan\theta = \dfrac{경거}{위거} = \dfrac{9.61}{4.65} = 2.066$

∴ $\theta = \tan^{-1} 2.066 = 64° 10′ 44″$

028

수준측량의 오차 최소화 방법 중 틀린 것은?

㉮ 표척의 영점오차는 기계의 정치 횟수를 짝수로 세워 오차를 최소화한다.
㉯ 시차는 망원경의 접안경 및 대물경을 명확히 조절한다.
㉰ 눈금오차는 기준자와 비교하여 보정값을 정하고 온도에 대한 온도보정도 실시한다.
㉱ 표척 기울기에 대한 오차는 표척을 앞뒤로 흔들 때의 최대값을 읽음으로 최소화한다.

해설 표척 기울기에 대한 오차는 표척을 앞뒤로 흔들 때의 최소값을 읽음으로 최소화한다.

정답 026. ㉯ 027. ㉮ 028. ㉱

029

측선 AB를 기준하여 C방향의 협각을 관측한 결과 247° 26′ 27″이었다. 그런데 B점에 편위가 있어 그림과 같이 실제 관측한 점이 B'이었다면 정확한 협각은?
(단, $BB' = 30cm$, $\angle B'BA = 150°$, $AB = 3km$)

㉮ 247° 26′ 37″
㉯ 247° 26′ 30″
㉰ 247° 26′ 20″
㉱ 247° 26′ 17″

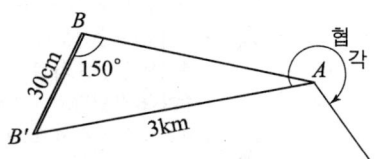

예설
- $AB = 3,000m$
- $\dfrac{e}{\sin\gamma} = \dfrac{AB}{\sin 150°}$

  $\therefore \gamma = \dfrac{e \sin 150°}{AB} = \dfrac{0.3 \times 0.5}{3,000}$ radian $= \dfrac{0.3 \times 0.5}{3,000} \times 206265″ ≒ 10″$

- 협각 : $247° 26′ 27″ - 10″ = 247° 26′ 17″$

030

매개변수 $A = 100m$인 클로소이드 곡선길이 $L = 50m$에 대한 반지름은?

㉮ 20m ㉯ 150m
㉰ 200m ㉱ 500m

예설 $A^2 = R \cdot L$

$\therefore R = \dfrac{A^2}{L} = \dfrac{100^2}{50} = 200m$

031

그림에서 AC 및 DB간에 그림과 같이 곡선을 넣으려 할 때 교점(P)에 장애물이 있어 $\angle ACD = 150°$, $\angle CDB = 90°$ 및 CD의 거리 400m를 측정하였다. C점으로부터 A(B.C)점까지의 거리는? (단, 곡선의 반지름은 500m로 한다.)

㉮ 461.88m
㉯ 453.15m
㉰ 425.88m
㉱ 404.15m

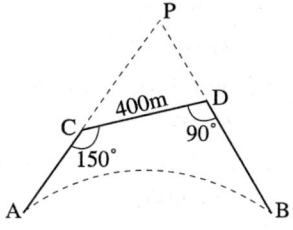

예설 $\angle C = 180° - 150° = 30°$
$\angle D = 180° - 90° = 90°$
$\angle I \cdot P = 180° - (30° + 90°) = 60°$
$I = 180° - 60° = 120°$

029. ㉱ 030. ㉰ 031. ㉱

- $TL = R\tan\dfrac{I}{2} = 500\tan\dfrac{120°}{2} = 866.025\text{m}$

  $\dfrac{400}{\sin 60°} = \dfrac{\overline{CP}}{\sin 90°}$

  $\therefore \overline{CP} = \dfrac{400 \times \sin 90°}{\sin 60°} = 461.88\text{m}$

- $\overline{AC} = TL - \overline{CP} = 866.025 - 461.88 = 404.15\text{m}$

032 갑, 을 두 사람이 A, B 두 점간의 고저차를 구하기 위하여 서로 다른 표척을 갖고 여러 번 왕복측정한 결과가 갑은 38.994m±0.008m, 을은 39.003m±0.004m일 때, 두 점간의 고저차의 최확값은?

㉮ 38.995m
㉯ 38.999m
㉰ 39.001m
㉱ 39.003m

- $P_1 : P_2 = \dfrac{1}{(0.008)^2} : \dfrac{1}{(0.004)^2} = 1 : 4$
- 최확값

  $H_0 = 38.0 + \dfrac{1 \times 0.994 + 4 \times 1.003}{1+4} = 39.0012\text{m}$

033 초점길이가 210mm인 카메라를 사용하여 비고 600m인 지점을 사진축척 1:20000으로 촬영한 수직사진의 촬영고도는?

㉮ 1200m
㉯ 2400m
㉰ 3600m
㉱ 4800m

$\dfrac{1}{m} = \dfrac{f}{H-h}$ $\dfrac{1}{20000} = \dfrac{0.21}{H-600}$ $\therefore H = 4800\text{m}$

034 하천의 종단측량에서 4km 왕복측량에 대한 허용오차가 C라고 하면 8km 왕복측량의 허용오차는?

㉮ $\dfrac{C}{2}$
㉯ $\sqrt{2}\,C$
㉰ $2C$
㉱ $4C$

$E = C\sqrt{L}$ 관계식에서

$C : \sqrt{4} = x : \sqrt{8}$ $\therefore x = \sqrt{2}\,C$

035 삼각점으로부터 출발하여 다른 삼각점에 결합시키는 형태로써 측량결과의 검사가 가능하며 높은 정확도의 다각측량이 가능한 트래버스의 형태는?

㉮ 결합 트래버스 ㉯ 개방 트래버스
㉰ 폐합 트래버스 ㉱ 기지 트래버스

해설 트래버스 중 가장 정도가 높은 것은 결합 트래버스이며 오차점검이 가능하다.

036 50m에 대해 20mm 늘어나 있는 줄자로 정사각형의 토지를 측량한 결과, 면적이 62500m²이었다면 실제면적은?

㉮ 62450m² ㉯ 62475m²
㉰ 62525m² ㉱ 62550m²

해설 $A_0 = A(1 \pm \frac{\Delta l}{l})^2 = 62500(1 + \frac{0.02}{50})^2 = 62550 \text{m}^2$

037 경사가 일정한 경사지에서 두 점간의 경사거리를 관측하여 150m를 얻었다. 두 점간의 고저차가 20m이었다면 수평거리는?

㉮ 148.3m ㉯ 148.5m
㉰ 148.7m ㉱ 148.9m

해설
- 경사 보정량 $C_h = -\frac{h^2}{2L} = -\frac{20^2}{2 \times 150} ≒ -1.3\text{m}$
- 수평거리 $D = L + C_h = 150 - 1.3 = 148.7\text{m}$

038 지형을 보다 자세하게 표현하기 위해 다양한 크기의 삼각망을 이용하여 수치지형을 표현하는 모델은?

㉮ TIN ㉯ DEM
㉰ DSM ㉱ DTM

해설 TIN : 경사, 각도, 표면적, 길이의 계산, 부피측정과 토공량 분석, 등고선 생성 등에 유용하다.

039 삼각점을 선점할 때의 유의사항에 대한 설명으로 틀린 것은?

㉮ 정삼각형에 가깝도록 할 것
㉯ 영구 보존할 수 있는 지점을 택할 것
㉰ 지반은 가급적 연약한 곳으로 선정할 것
㉱ 후속작업에 편리한 지점일 것

해설 견고한 지반에 설치하여 이동, 침하 등이 없도록 할 것

정답 035. ㉮ 036. ㉱ 037. ㉰ 038. ㉮ 039. ㉰

040 측량결과 그림과 같은 지역의 면적은?

㉮ 66m²
㉯ 80m²
㉰ 132m²
㉱ 160m²

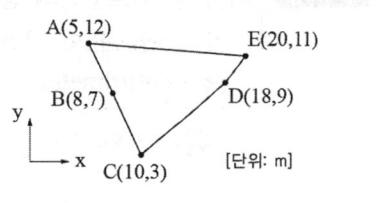

해설 좌표법에 의한 면적

$\frac{1}{2}\Sigma\{$그 측점 y좌표(앞 측선 x좌표 - 다음 측선 x좌표)$\}$

$\frac{1}{2}\{12(8-20)+7(10-5)+3(18-8)+9(20-10)+11(5-18)\}=66\text{m}^2$

---

03 수/리/학

041 한계수심에 대한 설명 중 옳지 않은 것은?

㉮ 유량계측의 수단이 된다.
㉯ 유량이 최대이다.
㉰ 비에너지가 최소이다.
㉱ 프루드수(Froude number)가 1보다 크다.

해설
• 한계수심으로 흐를 때 Fr = 1인 경우이다.
• 상류일 때 Fr < 1, $h_c < h$
• 사류일 때 Fr > 1, $h_c > h$

042 원통형의 용기에 깊이 1.5m까지는 비중이 1.35인 액체를 넣고 그 위에는 2.5m까지의 깊이로 비중 0.95인 액체를 넣었을 때의 밑바닥이 받는 총압력은? (단, 물의 단위중량은 9.81kN/m³이며, 밑바닥의 직경은 2m이다.)

㉮ 125.5kN
㉯ 135.6kN
㉰ 145.5kN
㉱ 155.6kN

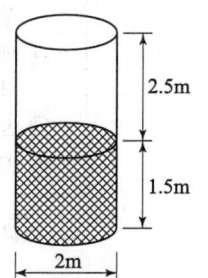

해설
• $P = w \cdot h \cdot A = (9.81 \times 1.35 \times 1.5 + 9.81 \times 0.95 \times 2.5) \times \frac{3.14 \times 2^2}{4} = 135.6\text{kN}$

정답 040. ㉮ 041. ㉱ 042. ㉯

2020년 6월 13일 시행

043. 다음 중 베르누이의 정리를 응용한 것이 아닌 것은?
㉮ Torricelli의 정리 ㉯ Pitot tube
㉰ Venturimeter ㉱ Pascal의 원리

해설 토리첼리 정리, 피토트 튜브, 벤츄리메터 등은 베르누이의 정리를 응용한 것이다.

044. 수두(水頭)가 2m인 오리피스에서의 유량은? (단, 오리피스의 지름 10cm, 유량계수 $C=0.76$)
㉮ 0.017m³/sec ㉯ 0.020m³/sec
㉰ 0.027m³/sec ㉱ 0.037m³/sec

해설 $Q = CA\sqrt{2gh} = 0.76 \times \dfrac{3.14 \times 0.1^2}{4} \times \sqrt{2 \times 9.8 \times 2} = 0.037\,\text{m}^3/\text{s}$

045. 개수로에서 수심 $h=1.2$m이고, 평균유속 $V=4.54$m/sec인 흐름의 비에너지(Specific energy)는? (단, $\alpha=1$이다.)
㉮ 1.25m ㉯ 2.25m
㉰ 2.75m ㉱ 3.25m

해설
- $H_e = h + \alpha \dfrac{V^2}{2g} = 1.2 + 1 \times \dfrac{4.54^2}{2 \times 9.8} = 2.25\,\text{m}$
- 최대유량이 생기는 한계수심 $h_c = \dfrac{2}{3}H_e$

046. 모세관 현상에 관한 설명으로 옳지 않은 것은?
㉮ 모세관의 상승높이는 액체의 응집력과 액체와 관 벽의 부착력에 의해 좌우된다.
㉯ 액체의 응집력이 관 벽과의 부착력보다 크면 관내의 액체의 높이는 관 밖의 액체보다 낮게 된다.
㉰ 모세관의 상승높이는 모세관의 직경 d에 반비례한다.
㉱ 모세관의 상승높이는 액체의 단위중량에 비례한다.

해설
- $h = \dfrac{4T\cos\theta}{\omega d}$
- 모세관의 상승높이는 액체의 단위중량에 반비례한다.

정답 043. ㉱ 044. ㉱ 045. ㉯ 046. ㉱

047 하천수를 펌프로 양수할 때 펌프의 출력(kW)을 산출하는 식은? (단, 유량 Q, 양정 H, 총 손실수두 $\sum h_L$, 효율 η)

㉮ $\dfrac{9.8\,Q(H+\sum h_L)}{\eta}$ ㉯ $\dfrac{13.3\,Q(H+\sum h_L)}{\eta}$

㉰ $9.8\,Q(H-\sum h_L)\eta$ ㉱ $13.3\,Q(H+\sum h_L)\eta$

해설 양수 동력
- $E = \dfrac{9.8\,QH_p}{\eta}$ [kW]
- $E = \dfrac{13.3\,QH_p}{\eta}$ [HP]   여기서, $H_p = H + \sum h_L$

048 단위시간에 속도변화가 V_1에서 V_2로 변할 때의 운동량 방정식은? (단, 유체밀도 ρ, 질량 m, 중력가속도 g, 유체의 단위중량 ω, 유량 Q)

㉮ $F = \omega Q(V_2 - V_1)$ ㉯ $F = \dfrac{\omega}{g}Q(V_2 - V_1)$

㉰ $F = \dfrac{\omega Q}{\rho}(V_2 - V_1)$ ㉱ $F = \dfrac{gQ}{\omega}(V_2 - V_1)$

해설 $F = \rho Q(V_2 - V_1) = \dfrac{\omega}{g}Q(V_2 - V_1)$

049 폭 20m인 직사각형 단면수로에 30.6m³/sec의 유량이 0.8m의 수심으로 흐를 때 Froude수와 흐름은?

㉮ 0.683, 상류   ㉯ 0.683, 사류
㉰ 1.464, 상류   ㉱ 1.464, 사류

해설
- $V = \dfrac{Q}{A} = \dfrac{30.6}{20 \times 0.8} = 1.9125 \text{m/sec}$
- $F_r = \dfrac{V}{\sqrt{gh}} = \dfrac{1.9125}{\sqrt{9.8 \times 0.8}} = 0.683$
- $F_r < 1$: 상류, $F_r > 1$: 사류

050 다음 중 Darcy의 법칙을 층류에만 적용해야 하는 이유는?

㉮ 유속과 손실수두가 비례하기 때문이다.
㉯ 지하수 흐름은 항상 층류이기 때문이다.
㉰ 투수계수의 물리적 특성 때문이다.
㉱ 레이놀즈수가 작기 때문이다.

해설 층류는 유속이 매우 느린 가는 관내의 흐름이나 지하수의 흐름 등에서 볼 수 있으며 물 입자가 흐름의 방향에 연직인 속도 성분을 거의 가지지 않고 똑바로 유선상을 운동하여 정연하게 층상을 이루는 흐름이므로 유속과 손실수두에 비례한다.

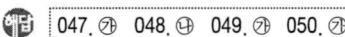

051 관망 문제해석에서 손실수두를 유량의 함수로 표시하여 사용할 경우 지름 D인 원형 단면관에 대하여 $h_L = kQ^2$으로 표시할 경우 이 관의 특성 제원에 따라 결정되는 상수 k 값은? (여기서, f : 마찰손실계수, l : 관의 길이, 다른 손실은 무시한다.)

㉮ $0.0827 \dfrac{f \cdot l}{D^2}$
㉯ $0.0827 \dfrac{f \cdot l}{D^5}$
㉰ $0.0827 \dfrac{f \cdot D}{l^5}$
㉱ $0.0827 \dfrac{f \cdot D}{l^2}$

해설
$$h_L = f\frac{l}{D}\frac{v^2}{2g} = f\frac{l}{D}\frac{1}{2g}\left(\frac{Q}{A}\right)^2 = kQ^2$$
$$\therefore k = f\frac{l}{D}\frac{1}{2g}\left(\frac{1}{A}\right)^2 = f\frac{l}{D}\frac{1}{2g}\left(\frac{4}{\pi D^2}\right)^2 = \frac{4^2}{2g\pi^2}\frac{f \cdot l}{D^5} = 0.0827\frac{f \cdot l}{D^5}$$

052 물의 성질을 설명한 것 중 옳지 않은 것은?

㉮ 압력이 증가하면 물의 압축계수(C_w)는 감소하고 체적탄성계수(E_w)는 증가한다.
㉯ 내부마찰력이 큰 것은 내부마찰력이 작은 것보다 그 점성계수의 값이 크다.
㉰ 물의 점성계수는 수온(℃)이 높을수록 그 값이 커지고 수온이 낮을수록 그 값은 작아진다.
㉱ 공기에 접촉하는 액체의 표면장력은 온도가 상승하면 감소한다.

해설
- 물의 점성계수는 수온이 높을수록 그 값이 작아지고 수온이 낮을수록 그 값이 커진다.
- 물의 밀도나 단위중량은 4℃에서 최대이고 온도가 낮거나 높아지면 감소한다.
- 동점성계수는 수온에 따라 변하며 온도가 낮을수록 그 값은 크다.
- 물은 일정한 체적을 갖고 있으나 온도와 압력의 변화에 따라 어느 정도 팽창 또는 수축을 한다.

053 동수경사선에 관한 설명으로 옳지 않은 것은?

㉮ 항상 에너지선과 평행하다.
㉯ 개수로 수면이 동수경사선이 된다.
㉰ 에너지선보다 속도수두만큼 아래에 있다.
㉱ 압력수두와 위치수두의 합을 연결한 선이다.

해설
- 흐름 속에 액주계를 세웠을 때 물이 오르는 높이를 연결한 선을 동수경사선이라 한다.
- 자유수면을 가진 수로에서는 수면경사를 말한다.
- 보통 수리학에서 $I = \dfrac{h_L}{l}$ 로 표시된다.

정답 051. ㉯ 052. ㉰ 053. ㉮

054 지름 7cm의 연직관에 높이 1m만큼 모래를 넣었다. 이 모래 위에 물을 20cm만큼 일정하게 유지하여 투수량(透水量) $Q=5.0L/h$를 얻었다. 모래의 투수계수(k)를 구한 값은?

㉮ 6.495m/h
㉯ 649.5m/h
㉰ 1.083m/h
㉱ 108.3m/h

해설 $Q=AV=Aki=Ak\dfrac{h}{L}$

$\therefore k=\dfrac{QL}{Ah}=\dfrac{5000\times100}{\dfrac{3.14\times7^2}{4}\times120}=108.2\text{cm/h}=1.082\text{m/h}$

055 경심에 대한 설명으로 옳은 것은?

㉮ 물이 흐르는 수로
㉯ 물이 차서 흐르는 횡단면적
㉰ 유수 단면적을 윤변으로 나눈 값
㉱ 횡단면적과 물이 접촉하는 수로 벽면 및 바닥 길이

해설 경심 $R=\dfrac{A}{P}$

056 밑면적 A, 높이 H인 원주형 물체의 흘수가 h라면 물체의 단위중량 w_m은? (단, 물의 단위중량은 w_0이다.)

㉮ $w_m = w_0 \times \dfrac{H}{h}$
㉯ $w_m = w_0 \times \dfrac{h}{H}$
㉰ $w_m = w_0 \times \dfrac{H-h}{h}$
㉱ $w_m = w_0 \times \dfrac{H-h}{H}$

해설 흘수선 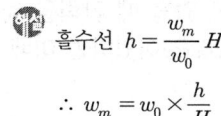 $h=\dfrac{w_m}{w_0}H$

$\therefore w_m = w_0 \times \dfrac{h}{H}$

057 위어에 있어서 수맥의 수축에 대한 일반적인 설명으로 옳지 않은 것은?

㉮ 정수축은 광정위어에서 생기는 수축현상이다.
㉯ 연직수축이란 면수축과 정수축을 합한 것이다.
㉰ 단수축은 위어의 측벽에 의해 월류 폭이 수축하는 현상이다.
㉱ 면수축은 물의 위치에너지가 운동에너지로 변화하기 때문에 생긴다.

해설 정수축은 위어의 끝이 날카롭기 때문에 생기는 수축이므로 광정위어에서는 발생하지 않는다.

정답 054. ㉰ 055. ㉰ 056. ㉯ 057. ㉮

물이 흐르고 있는 벤추리미터(Venturi meter)의 관부와 수축부에 수은을 넣은 U자형 액주계를 연결하여 수은주의 높이차 $h_m = 10\text{cm}$를 읽었다. 관부와 수축부의 압력수두의 차는? (단, 수은의 비중은 13.6이다.)

㉮ 1.26m ㉯ 1.36m
㉰ 12.35m ㉱ 13.35m

- $\Delta P = w'h - wh = (w' - w)h = (13.6 - 1) \times 0.1 = 1.26 \text{t/m}^2$
- $H = \dfrac{\Delta P}{w} = \dfrac{1.26}{1} = 1.26\text{m}$

 수면경사가 1/500인 직사각형 수로에 유량이 50m³/s로 흐를 때 수리상 유리한 단면의 수심(h)은? (단, Manning 공식을 이용하며, $n = 0.023$)

㉮ 0.8m ㉯ 1.1m
㉰ 2.0m ㉱ 3.1m

- 수리상 유리한 단면 $b = 2h$
- $V = \dfrac{Q}{A} = \dfrac{Q}{bh} = \dfrac{Q}{2h^2}$
- $R = \dfrac{bh}{b+2h} = \dfrac{2h^2}{2h+2h} = \dfrac{h}{2}$
- $V = \dfrac{1}{n} R^{2/3} I^{1/2}$

$\dfrac{Q}{A} = \dfrac{1}{n} \left(\dfrac{h}{2}\right)^{2/3} I^{1/2}$

$\dfrac{50}{2h^2} = \dfrac{1}{0.023} \left(\dfrac{h}{2}\right)^{2/3} \left(\dfrac{1}{500}\right)^{1/2}$

$\therefore h = 3.1\text{m}$

 관의 단면적이 4m²인 관수로에서 물이 정지하고 있을 때 압력을 측정하니 500kPa 이었고 물을 흐르게 했을 때 압력을 측정하니 420kPa이었다면 이때 유속(V)은? (단, 물의 단위중량은 9.81kN/m³이다.)

㉮ 10.05m/s ㉯ 11.16m/s
㉰ 12.65m/s ㉱ 15.22m/s

- $P_2 - P_1 = 500 - 420 = 80\text{kPa} = 80\text{kN/m}^2$
- $h = \dfrac{P_2 - P_1}{w} = \dfrac{80}{9.81} = 8.15\text{m}$
- $V = \sqrt{2gh} = \sqrt{2 \times 9.8 \times 8.15} = 12.65\text{m/s}$

058. ㉮ 059. ㉱ 060. ㉰

04 철/근/콘/크/리/트 /및/ 강/구/조

061 300mm 이상의 유효깊이를 갖는 상부 인장이형철근의 정착길이를 구하려고 한다. $f_{ck}=21$MPa, $f_y=300$MPa을 사용한다면 상부철근으로서의 보정계수를 사용할 때 정착길이는 얼마 이상이어야 하는가? (단, D29 철근으로 공칭지름은 28.6mm, 공칭단면적은 642mm²이고, 기타의 보정계수는 적용하지 않는다.)

㉮ 1460mm ㉯ 1123mm
㉰ 987mm   ㉱ 865mm

해설
- 기본 정착길이
$$l_{db} = \frac{0.6 d_b f_y}{\sqrt{f_{ck}}} = \frac{0.6 \times 28.6 \times 300}{\sqrt{21}} = 1123 \text{mm}$$
- 정착길이
$l_d =$ 보정계수 $\times l_{db} = 1.3 \times 1123 = 1460$mm
- 보정계수
  - 상부철근 : 1.3
  - 피복두께가 $3d_b$ 미만 또는 순간격이 $6d_b$ 미만인 철근 : 1.5
- 인장을 받는 이형철근의 정착길이는 300mm 이상이어야 한다.

062 복철근 직사각형 단면의 해석을 위한 아래 그림에서 $\varepsilon_s{'}$의 값은?

㉮ 0.003의 85%
㉯ $0.003\left(\dfrac{c+d'}{c}\right)$
㉰ $0.003\left(\dfrac{c-d'}{c}\right)$
㉱ $\dfrac{1}{3} \times 0.003$

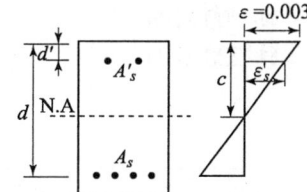

해설 $0.003 : c = \varepsilon_s{'} : (c-d')$

$\therefore \varepsilon_s{'} = \dfrac{0.003(c-d')}{c}$

063 처짐을 계산하지 않는 경우의 길이 l인 1방향 슬래브의 최소두께(h)로 옳은 것은? [단, 보통 콘크리트($m_c=2,300$kg/m³)와 설계기준 항복강도 400MPa의 철근을 사용한 부재]

㉮ $\dfrac{l}{20}$ ㉯ $\dfrac{l}{24}$ ㉰ $\dfrac{l}{28}$ ㉱ $\dfrac{l}{34}$

해설 • 단순지지 1방향 슬래브 : $\dfrac{l}{20}$ • 단순지지 부재의 보 : $\dfrac{l}{16}$

정답 061. ㉮ 062. ㉰ 063. ㉮

064 프리스트레스트 콘크리트에서 콘크리트의 건조수축 변형률이 19×10^{-5}일 때 긴장재의 인장응력 감소는 얼마인가? (단, 긴장재의 탄성계수(E_{ps})=2.0×10^5MPa)
- ㉮ 38 MPa
- ㉯ 41 MPa
- ㉰ 42 MPa
- ㉱ 45 MPa

해설 $E = \dfrac{\sigma}{\varepsilon}$

∴ $\sigma = E\varepsilon = 2.0 \times 10^5 \times 19 \times 10^{-5} = 38$MPa

065 철근콘크리트가 성립하는 이유에 대한 설명으로 틀린 것은?
- ㉮ 철근과 콘크리트와의 부착력이 크다.
- ㉯ 콘크리트 속에 묻힌 철근은 부식하지 않는다.
- ㉰ 철근과 콘크리트의 탄성계수는 거의 같다.
- ㉱ 철근과 콘크리트는 온도에 대한 팽창계수가 거의 같다.

해설 철근의 탄성계수가 콘크리트의 탄성계수보다 크다.

066 아래 그림과 같은 맞대기 용접의 용접부에 생기는 인장응력은?
- ㉮ 180 MPa
- ㉯ 141 MPa
- ㉰ 200 MPa
- ㉱ 223 MPa

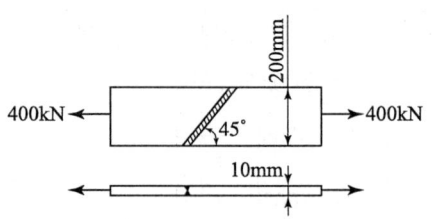

해설 $f = \dfrac{P}{\sum a \cdot l} = \dfrac{400,000}{200 \times 10} = 200$MPa

067 PS 강재에 요구되는 일반 성질 중 옳지 않은 것은?
- ㉮ 늘음과 인성(靭性)이 없을 것
- ㉯ 인장강도가 클 것
- ㉰ 릴랙세이션(relaxation)이 적을 것
- ㉱ 응력부식에 대한 저항성이 클 것

해설
- 적당한 연성과 인성이 있어야 한다.
- 콘크리트와 부착강도가 커야 한다.
- 직선성이 좋아야 한다.
- 항복비가 커야 한다.
- 피로강도가 좋아야 한다.

정답 064. ㉮ 065. ㉯ 066. ㉰ 067. ㉮

068 직사각형보($b_w = 300$mm, $d = 550$mm)에서 콘크리트가 부담할 수 있는 공칭 전단강도는? (단, $f_{ck} = 24$MPa, $\lambda = 1.0$)

㉮ 639.2kN
㉯ 741.5kN
㉰ 968.3kN
㉱ 134.7kN

해설 $V_c = \dfrac{1}{6} \lambda \sqrt{f_{ck}}\, b_w d = \dfrac{1}{6} \times 1.0 \times \sqrt{24} \times 300 \times 550 = 134,721\text{N} = 134.7\text{kN}$

069 깊은 보(deep beam)에 대한 설명으로 옳은 것은?

㉮ 순경간(l_n)이 부재 깊이의 3배 이하이거나 하중이 받침부로부터 부재 깊이의 0.5배 거리 이내에 작용하는 보
㉯ 순경간(l_n)이 부재 깊이의 4배 이하이거나 하중이 받침부로부터 부재 깊이의 2배 거리 이내에 작용하는 보
㉰ 순경간(l_n)이 부재 깊이의 5배 이하이거나 하중이 받침부로부터 부재 깊이의 4배 거리 이내에 작용하는 보
㉱ 순경간(l_n)이 부재 깊이의 6배 이하이거나 하중이 받침부로부터 부재 깊이의 5배 거리 이내에 작용하는 보

해설 깊은 보에 대한 전단설계는 순경간(l_n)이 부재 깊이(d)의 4배 이하이거나 하중이 받침부로부터 부재 깊이의 2배 거리 이내에 작용하고 하중의 작용점과 받침부가 서로 반대면에 있어서 하중 작용점과 받침부 사이에 압축대가 형성될 수 있는 부재에 적용한다.

070 강도설계법에서 휨 부재의 등가 사각형 압축응력분포의 깊이 $a = \beta_1 c$인데 이 중 f_{ck}가 35MPa이라면 계수 β_1의 값은?

㉮ 0.850
㉯ 0.801
㉰ 0.776
㉱ 0.754

해설 $\beta_1 = 0.85 - 0.007(f_{ck} - 28) = 0.85 - 0.007(35 - 28) = 0.801$
여기서, $\beta_1 \geq 0.65$이어야 한다.

071 아래 그림과 같은 판형에서 stiffener(보강재)의 사용 목적은?

㉮ Web plate의 좌굴을 방지하기 위하여
㉯ Flange angle의 간격을 넓게 하기 위하여
㉰ Flange의 강성을 보강하기 위하여
㉱ 보 전체의 비틀림에 대한 강도를 크게 하기 위하여

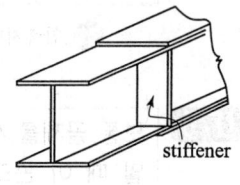

해설
- 보강재는 복부판의 전단력에 따른 좌굴을 방지하는 역할을 한다.
- 복부판(web plate)의 좌굴을 막기 위해 수직 보강재인 스티프너를 설치한다.

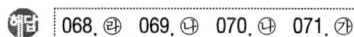

2020년 6월 13일 시행

072

그림과 같은 리벳 이음에서 허용 전단응력이 70 MPa이고, 허용 지압응력이 150 MPa 일 때 이 리벳의 강도는? (단, 리벳 지름 $d=22mm$, 철판 두께 $t=12mm$이다.)

㉮ 26.6 kN
㉯ 39.6 kN
㉰ 30.4 kN
㉱ 42.2 kN

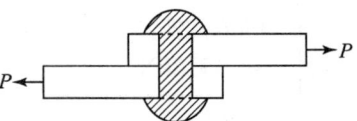

• 전단강도
$$\rho_s = v_a \times \frac{\pi d^2}{4} = 70 \times \frac{3.14 \times 22^2}{4} = 26596N = 26.6kN$$

• 지압강도
$$\rho_b = f_{ba} \cdot d \cdot t = 150 \times 22 \times 12 = 39600N = 39.6kN$$

∴ 둘 중 작은 값인 26.6kN이다.

073

$M_u = 200kN \cdot m$의 계수모멘트가 작용하는 단철근 직사각형 보에서 필요한 철근량(A_s)은 약 얼마인가? (단, $b_w = 300mm$, $d = 500mm$, $f_{ck} = 28MPa$, $f_y = 400MPa$, $\phi = 0.85$이다.)

㉮ 1072.7mm²
㉯ 1266.3mm²
㉰ 1524.6mm²
㉱ 1785.4mm²

$$M_u = \phi TZ = \phi A_s f_y \left(d - \frac{a}{2}\right) = \phi A_s f_y \left(d - \frac{1}{2} \cdot \frac{A_s f_y}{0.85 f_{ck} \cdot b}\right)$$

$$200\,000\,000 = 0.85 A_s \times 400 \left(500 - \frac{1}{2} \times \frac{A_s \times 400}{0.85 \times 28 \times 300}\right)$$

∴ $A_s = 1266.3mm^2$

074

다음 중 부재에 따른 강도감소계수가 틀린 것은?

㉮ 인장지배 단면 : 0.85
㉯ 압축지배 단면 중 띠철근으로 보강된 철근콘크리트 부재 : 0.70
㉰ 포스트텐션 정착구역 : 0.85
㉱ 무근 콘크리트의 휨모멘트 : 0.55

압축지배단면 중 띠철근 기둥은 0.65, 나선철근 기둥은 0.7이다.

075

보통 골재를 사용한 콘크리트(단위질량=2300kg/m³)의 설계기준강도(f_{ck})가 30MPa 일 때 이 콘크리트의 할선탄성계수는?

㉮ 16524 MPa
㉯ 20136 MPa
㉰ 27536 MPa
㉱ 32315 MPa

정답 072.㉮ 073.㉯ 074.㉯ 075.㉱

$E_c = 8500\sqrt[3]{f_{cu}} = 8500\sqrt[3]{34} = 27536\text{MPa}$

여기서, $f_{cu} = f_{ck} + \Delta f = 30 + 4 = 34\text{MPa}$

076 옹벽의 안정에 대한 설명으로 틀린 것은?
- ㉮ 전도에 대한 저항휨모멘트는 횡토압에 의한 전도모멘트의 1.5배 이상이어야 한다.
- ㉯ 활동에 대한 저항력은 옹벽에 작용하는 수평력의 1.5배 이상이어야 한다.
- ㉰ 전도 및 지반지지력에 대한 안정조건은 만족하지만, 활동에 대한 안정조건만을 만족하지 못할 경우에는 활동 방지벽 혹은 횡방향 앵커 등을 설치하여 활동저항력을 증대시킬 수 있다.
- ㉱ 지반에 유발되는 최대 지반반력이 지반의 허용지지력을 초과하지 않아야 한다.

전도에 대한 저항 휨모멘트는 횡토압에 의한 전도모멘트의 2배 이상이어야 한다.

077 $b = 300\text{mm}$, $d = 500\text{mm}$인 단철근 직사각형 보에서 균형철근비(ρ_b)가 0.0285일 때, 이 보를 균형철근비로 설계한다면 철근량(A_s)은?
- ㉮ 2820mm²
- ㉯ 3210mm²
- ㉰ 4225mm²
- ㉱ 4275mm²

$A_s = \rho_b\, b\, d = 0.0285 \times 300 \times 500 = 4275\text{mm}^2$

078 프리스트레스트 콘크리트 부재의 제작과정 중 프리텐션 공법에서 필요하지 않는 것은?
- ㉮ 콘크리트 치기 작업
- ㉯ PS강재에 인장력을 주는 작업
- ㉰ PS강재에 준 인장력을 콘크리트 부재에 전달시키는 작업
- ㉱ PS강재와 콘크리트를 부착시키는 그라우팅 작업

PS강재와 콘크리트를 부착시키는 그라우팅 작업은 포스트텐션 공법 마지막 공정이다.

079 전단철근에 대한 설명으로 틀린 것은?
- ㉮ 철근 콘크리트 부재의 경우 주인장 철근에 45° 이상의 각도로 설치되는 스터럽을 전단철근으로 사용할 수 있다.
- ㉯ 철근 콘크리트 부재의 경우 주인장 철근에 30° 이상의 각도로 구부린 굽힘철근을 전단철근으로 사용할 수 있다.
- ㉰ 전단철근의 설계기준 항복강도는 500MPa를 초과할 수 없다.
- ㉱ 전단철근으로 사용하는 스터럽과 기타 철근 또는 철선은 콘크리트 압축연단부터 거리 d/2만큼 연장하여야 한다.

076. ㉮ 077. ㉱ 078. ㉱ 079. ㉱

㉣ 전단철근으로 사용하는 스터럽과 기타 철근 또는 철선은 콘크리트 압축연단부터 거리 d만큼 연장하여야 한다.

080 최소철근량 보다 많고 균형철근량 보다 적은 인장철근량을 가진 철근 콘크리트 보가 휨에 의해 파괴되는 경우에 대한 설명으로 옳은 것은?

㉮ 연성파괴를 한다.
㉯ 취성파괴를 한다.
㉰ 사용 철근량이 균형철근량 보다 적은 경우는 보로서 의미가 없다.
㉱ 중립축이 인장측으로 내려오면서 철근이 먼저 항복한다.

해설 철근 콘크리트 보의 경우 압축측 콘크리트 보다 인장측 철근이 먼저 항복하면 철근의 연성으로 인해 보의 파괴가 단계적으로 서서히 일어나는 연성파괴가 된다. 이 때 중립축은 압축측인 위로 이동한다.

05 토/질 /및/ 기/초

081 다음 중 흙 속에서의 물의 흐름이 연직유효응력의 증가를 가져오는 것은?

㉮ 정수압 상태
㉯ 하향 흐름
㉰ 상향 흐름
㉱ 수평 흐름

해설 $\overline{P} = \gamma_{sub} \cdot h + \gamma_w \Delta h$ 와 같이 물이 아래로 흐르는 경우 연직유효응력은 침투압만큼 증가된다.
참고 물이 위로 흐르는 경우 $\overline{P} = \gamma_{sub} \cdot h - \gamma_w \Delta h$

082 점토의 자연 시료에 대한 일축압축강도가 36kN/m²이고, 이 흙을 되비볐을 때의 파괴압축 응력이 12kN/m²이었다. 이 흙의 점착력(C)과 예민비(S_t)는 얼마인가?

㉮ $C = 18$kN/m², $S_t = 3$
㉯ $C = 18$kN/m², $S_t = 2$
㉰ $C = 24$kN/m², $S_t = 3$
㉱ $C = 24$kN/m², $S_t = 2$

해설
• $C = \dfrac{q_u}{2} = \dfrac{36}{2} = 18$kN/m²
• $S_t = \dfrac{q_u}{q_{ur}} = \dfrac{36}{12} = 3$

참고 • 예민비가 크면 불안정한 흙으로 안전율을 크게 고려해야 한다.
• $S_t < 2$: 비예민하다.

정답 080. ㉮ 081. ㉯ 082. ㉮

083 다음 기초의 형식 중 얕은 기초인 것은?
- ㉮ footing 기초
- ㉯ 철근콘크리트 말뚝 기초
- ㉰ 공기 케이슨 기초
- ㉱ 우물통 기초

해설) 깊은 기초
① 말뚝 기초 ② 피어 기초 ③ 케이슨 기초

보충) $\dfrac{D_f}{B} < 1$: 얕은 기초

084 풍화작용에 의하여 분해되어 원 위치에서 이동하지 않고 모암의 광물질을 덮고 있는 상태의 흙은?
- ㉮ 호상토(Lacustrine soil)
- ㉯ 충적토(Alluvial soil)
- ㉰ 빙적토(Glacial soil)
- ㉱ 잔적토(Residual soil)

해설) 잔적토(정적토) : 풍화작용에 의해 암이 분해되어 모암에 잔류 퇴적한 흙

085 현장밀도시험의 결과로부터 건조밀도(γ_d)를 구하는 식으로 옳은 것은? (단, V : 시험구멍의 부피, W : 시험구멍에서 파낸 흙의 습윤중량, w : 시험구멍에서 파낸 흙의 함수비)

- ㉮ $\gamma_d = \dfrac{1}{V}\left(\dfrac{W}{1+w/100}\right)$
- ㉯ $\gamma_d = W\left(\dfrac{V}{1+w/100}\right)$
- ㉰ $\gamma_d = \dfrac{1}{W}\left(\dfrac{V}{1+w/100}\right)$
- ㉱ $\gamma_d = V\left(\dfrac{w}{1+W/100}\right)$

해설) $\gamma_t = \dfrac{W}{V}$ $\gamma_d = \dfrac{\gamma_t}{1+\dfrac{w}{100}}$

086 다음 그림에서 분사 현상에 대한 안전율은 얼마인가? (단, 모래의 비중은 2.65, 간극비는 0.6이다.)
- ㉮ 1.01
- ㉯ 2.44
- ㉰ 1.54
- ㉱ 1.86

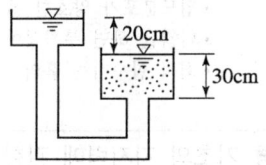

해설) $F = \dfrac{i_c}{i} = \dfrac{\dfrac{G_s-1}{1+e}}{\dfrac{h}{L}} = \dfrac{\dfrac{2.65-1}{1+0.6}}{\dfrac{20}{30}} = 1.54$

답) 083. ㉮ 084. ㉱ 085. ㉮ 086. ㉰

087 포화점토의 비압밀 비배수 시험에 대한 설명으로 옳지 않은 것은?

㉮ 구속압력을 증대시키면 유효응력은 커진다.
㉯ 구속압력을 증대한 만큼 간극수압은 증대한다.
㉰ 구속압력의 크기에 관계없이 전단강도는 일정하다.
㉱ 시공 직후의 안정 해석에 적용된다.

해설 구속압력을 증대시키면 유효응력은 작아진다.

088 수직응력이 $60 kN/cm^2$이고 흙의 내부 마찰각이 $45°$일 때 모래의 전단강도는? (단, 점착력=0)

㉮ $60 kN/m^2$ ㉯ $48 kN/m^2$
㉰ $36 kN/m^2$ ㉱ $24 kN/m^2$

해설 모래의 전단강도 = $C + \sigma \tan\phi = 0 + 60\tan 45° = 60 kN/m^2$

089 Sand drain 공법에서 U_v(연직방향의 압밀도)=0.9, U_h(수평방향의 압밀도)=0.2인 경우 수직·수평방향을 고려한 평균 압밀도(U)는 얼마인가?

㉮ 90%   ㉯ 91%
㉰ 92%   ㉱ 93%

해설 $U = 1 - (1-U_h)(1-U_v) = 1 - (1-0.2)(1-0.9) = 0.92 = 92\%$

090 흙의 다짐에 관한 설명 중 틀린 것은?

㉮ 사질토는 흙의 건조밀도-함수비 곡선의 경사가 완만하다.
㉯ 최대 건조밀도는 사질토가 크고, 점성토가 작다.
㉰ 모래질 흙은 진동 또는 진동을 동반하는 다짐방법이 유효하다.
㉱ 건조밀도-함수비 곡선에서 최적함수비와 최대건조밀도를 구할 수 있다.

해설
- 사질토는 흙의 건조밀도-함수비 곡선의 경사가 급하다.
- 입도분포가 양호한 흙의 건조밀도는 크다.
- 다짐을 하면 부착성이 양호해지고 투수성과 압축성이 작아진다.
- 최적 함수비는 흙의 종류와 다짐방법에 따라 다르다.

091 말뚝 기초의 지지력에 관한 설명으로 틀린 것은?

㉮ 부의 마찰력은 아래 방향으로 작용한다.
㉯ 말뚝 선단부의 지지력과 말뚝 주변 마찰력의 합이 말뚝의 지지력이 된다.
㉰ 점성토 지반에는 동역학적 지지력 공식이 잘 맞는다.
㉱ 재하시험 결과를 이용하는 것이 신뢰도가 큰 편이다.

정답 087. ㉮ 088. ㉮ 089. ㉰ 090. ㉮ 091. ㉰

해설
- 사질토 지반에는 동역학적 지지력 공식이 잘 맞는다.
- 부마찰력이 생기면 말뚝의 지지력은 감소한다.
- 말뚝의 지지력을 추정하는 데는 말뚝재하시험이 가장 정확하다.
- 연약한 점토 지반에 대한 말뚝의 지지력은 항타 직후보다 시간이 경과함에 따라 증가한다.

092 주동토압계수를 K_A, 수동토압계수를 K_p, 정지토압계수를 K_o라 할 때 그 크기의 순서가 맞는 것은?

㉮ $K_A > K_o > K_p$
㉯ $K_p > K_o > K_A$
㉰ $K_o > K_A > K_p$
㉱ $K_o > K_p > K_A$

해설
- $K_a < K_o < K_p$
- $P_a < P_o < P_p$

093 다음 투수층에서 피에조미터를 꽂은 두 지점 사이의 동수경사(i)는 얼마인가? (단, 두 지점간의 수평거리는 50m이다.)

㉮ 0.060
㉯ 0.079
㉰ 0.080
㉱ 0.160

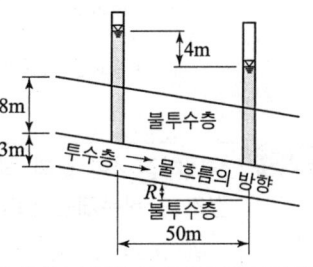

해설
- $50 = L\cos i$

  $\therefore L = \dfrac{50}{\cos i} = \dfrac{50}{\cos 8°} = 50.49\text{m}$

- $i = \dfrac{h}{L} = \dfrac{4}{50.49} = 0.079$

094 10개의 무리 말뚝기초에 있어서 효율이 0.8, 단항으로 계산한 말뚝 1개의 허용지지력이 100kN일 때 군항의 허용 지지력은?

㉮ 500kN
㉯ 800kN
㉰ 1000kN
㉱ 1250kN

해설 $R_{ag} = E \cdot N \cdot R_a = 0.8 \times 10 \times 100 = 800\text{kN}$

095 가로 2m, 세로 3m인 직사각형 케이슨을 지중에 12m 관입하였다. 단위면적당 마찰력 $f = 0.3\text{ kN/m}^2$일 경우에 케이슨에 작용하는 주면마찰력은?

㉮ 7.2 kN
㉯ 36 kN
㉰ 86.4 kN
㉱ 105 kN

해설 주면마찰력 = $0.3 \times 12 \times (2+2+3+3) = 36\text{kN}$

096 평균 기온에 따른 동결지수가 520℃ days였다. 이 지방의 정수 $C = 4$일 때 동결깊이는? (단, 데라다 공식을 이용)

㉮ 130cm
㉯ 91.2cm
㉰ 45.6cm
㉱ 22.8cm

해설 $Z = C\sqrt{F} = 4\sqrt{520} = 91.2\text{cm}$

097 채취된 시료의 교란정도는 면적비를 계산하여 통상 면적비가 몇 % 이하이면 잉여토의 혼입이 불가능한 것으로 보고 불교란 시료로 간주하는가?

㉮ 5%
㉯ 7%
㉰ 10%
㉱ 15%

해설 불교란 시료를 채취할려면 면적비가 10% 이내가 되게 하여 잉여토의 혼입을 막는다.

보충
- 면적비 $A_r = \dfrac{D_w^2 - D_e^2}{D_e^2} \times 100$
- 불교란 시료가 필요한 시험에는 전단강도, 압밀시험 등이 있다.

098 실내다짐시험 결과 최대건조 단위무게가 15.6kN/m³이고, 다짐도가 95%일 때 현장 건조 단위무게는 얼마인가?

㉮ 16.40 kN/m³
㉯ 15.62 kN/m³
㉰ 14.82 kN/m³
㉱ 13.60 kN/m³

해설 다짐도 $= \dfrac{\gamma_d}{\gamma_{d\max}} \times 100$

$95 = \dfrac{\gamma_d}{15.6} \times 100$

$\therefore \gamma_d = \dfrac{95 \times 15.6}{100} = 14.82\text{kN/m}^3$

099 절편법에 의한 사면의 안정 해석시 가장 먼저 결정되어야 할 사항은?

㉮ 가상활동면
㉯ 절편의 중량
㉰ 활동면상의 점착력
㉱ 활동면상의 내부마찰각

해설 분할법(절편법)에 의한 사면안정 해석시 제일 먼저 여러 개의 가상활동면으로부터 최소의 안전율을 가진 임계원을 찾는다.

정답 096. ㉯ 097. ㉰ 098. ㉰ 099. ㉮

100 점토 덩어리는 재차 물을 흡수하면 고체-반고체-소성-액성의 단계를 거치지 않고 물을 흡착함과 동시에 흙 입자 간의 결합력이 감소되어 액성상태로 붕괴한다. 이러한 현상을 무엇이라 하는가?

㉮ 비화작용(Slaking) ㉯ 팽창작용(Bulking)
㉰ 수화작용(Hydration) ㉱ 윤활작용(Lubrication)

- 점토가 물을 흡수하여 고체, 반고체, 소성, 액성의 단계를 거치지 않고 갑자기 붕괴되는 현상을 비화작용이라 한다.
- 모래 속에 있는 물의 표면장력으로 팽창하는 현상을 팽창작용이라 한다.

06 상/하/수/도/공/학

101 취수장에서부터 가정에 이르는 상수도계통을 옳게 나열한 것은?

㉮ 취수시설-정수시설-도수시설-송수시설-배수시설-급수시설
㉯ 취수시설-도수시설-송수시설-정수시설-배수시설-급수시설
㉰ 취수시설-도수시설-정수시설-송수시설-배수시설-급수시설
㉱ 취수시설-도수시설-송수시설-배수시설-정수시설-급수시설

상수도 계통
수원 → 취수탑 → 도수관 → 여과지(정수) → 송수관 → 배수지 → 급수관

102 다음은 관로의 접합방법에 관한 설명이다. 틀린 것은?

㉮ 수면접합 : 수리학적으로 대개 계획수위를 일치시켜 접합시키는 것으로서 양호한 방법이다.
㉯ 관정접합 : 유수는 원활한 흐름이 되지만 굴착깊이가 증가되어 공사비가 증대된다.
㉰ 관중심접합 : 수면접합과 관정접합의 중간적인 방법이나 보통 수면접합에 준용된다.
㉱ 관저접합 : 수위상승을 방지하고 양정고를 줄일 수 있으나 굴착깊이가 증가되어 공사비가 증대된다.

- 관저접합은 관거의 내면 바닥이 일치되도록 접합하는 방법이다. 굴착깊이를 얕게 함으로 공사비용을 줄일 수 있으며 수위상승을 방지하고 양정고를 줄일 수 있어 펌프 배수지역에 적합하다.
- 수면접합은 유수의 흐름이 가장 안정적인 접합방법으로 수리학적으로 가장 유리하다.
- 관정접합은 수위의 저하가 크고 지세가 급한 곳에 적당하다.
- 하수관 접합방식 중 수리학적으로 가장 좋지 않은 방식은 관저접합이다.

100. ㉮ 101. ㉰ 102. ㉱

103 상수 원수의 수질을 검사한 결과가 다음과 같을 때 경도(hardness)를 $CaCO_3$ 농도로 표시하면 몇 mg/L인가? (단, 분자량은 Ca : 40, Cl : 35.5, HCO_3 : 61, Mg : 24, Na : 23, SO_4 : 96, $CaCO_3$: 100임)

Na^+ : 71 mg/L	Ca^{++} : 98 mg/L
Mg^{++} : 22 mg/L	Cl^- : 89 mg/L
HCO_3^- : 317 mg/L	SO_4^{-2} : 125 mg/L

㉮ 352.5 mg/L ㉯ 336.7 mg/L
㉰ 340.1 mg/L ㉱ 370.4 mg/L

해설
- Ca^{++} 1당량 = $\frac{40}{2}$ = 20
- Mg^{++} 1당량 = $\frac{24}{2}$ = 12
- $CaCO_3$ 1당량 = $\frac{100}{2}$ = 50
- Ca^{++} 당량수 = $\frac{98}{20}$ = 4.9 mg/L
- Mg^{++} 당량수 = $\frac{22}{12}$ = 1.83 mg/L
- $CaCO_3$ 농도 = $(4.9 + 1.83) \times 50 \fallingdotseq 336.7$ mg/L

104 유효수심이 3.2m, 체류시간이 2.7시간인 침전지의 수면적부하는 얼마인가?

㉮ 20.25 $m^3/m^2 \cdot$ day ㉯ 28.44 $m^3/m^2 \cdot$ day
㉰ 11.19 $m^3/m^2 \cdot$ day ㉱ 31.22 $m^3/m^2 \cdot$ day

해설
- $V = \frac{h}{t} = \frac{3.2}{\frac{2.7}{24}} = 28.44 \, m^3/\text{day}$
  ∴ $V = 28.44 \, (m^3/m^2 \cdot \text{day})$
- 수면적부하 = 표면부하율 $V = \frac{h}{t} = \frac{Q}{A}$

105 내경 1,000mm의 강관에 압력수두 100m의 물이 흐르게 하려면 강관의 최소 두께는 얼마로 해야 하는가? (단, 강재의 허용인장응력은 1,100 kg/cm^2이다.)

㉮ 4.6mm ㉯ 5.2mm
㉰ 10.5mm ㉱ 12.1mm

해설
$t = \frac{PD}{2\sigma_{ta}} = \frac{whD}{2\sigma_{ta}} = \frac{0.001 \times 10000 \times 100}{2 \times 1100} = 0.46 \, cm = 4.6 \, mm$

정답 103. ㉯ 104. ㉯ 105. ㉮

106 하수도시설의 계획우수량 산정시 고려사항 및 이에 대한 설명으로 옳은 것은?
- ㉮ 우수 유출량의 산정식 : Hazen-Williams 식에 의한다.
- ㉯ 확률년수 : 원칙적으로 20년을 원칙으로 하되, 이를 넘지 않도록 한다.
- ㉰ 하상계수 : 토지이용도별 기초계수로 지역의 총괄계수를 구하는 것이 원칙이다.
- ㉱ 유달시간 : 유입시간과 유하시간을 합한 것이다.

해설
- 우수 유출량의 산정식은 합리식 $Q = \frac{1}{360}CIA$에 의한다.
- 계획우수량의 확률년수는 5~10년을 원칙으로 한다.
- 계획우수량의 산정시 유출계수는 토지 이용도별 기초유출계수와 기초면적으로 구한다.

107 염소 요구량(A), 필요 잔류염소량(B), 염소 주입량(C)과의 관계로 옳은 것은?
- ㉮ $A = B + C$
- ㉯ $C = A + B$
- ㉰ $A = B - C$
- ㉱ $C = A \times B$

해설 염소 요구(소비)량 = 염소 주입량 - 잔류염소량, $A = C - B$ 관계가 성립된다.

108 송수관로를 계획할 때에 고려사항에 대한 설명으로 옳지 않은 것은?
- ㉮ 가급적 단거리가 되어야 한다.
- ㉯ 이상수압을 받지 않도록 한다.
- ㉰ 송수방식은 반드시 자연유하식으로 해야 한다.
- ㉱ 관로의 수평 및 연직방향의 급격한 굴곡은 피한다.

해설
- 송수방식에는 자연유하식과 가압식이 있는데 되도록 자연유하식으로 하는 것이 바람직하다.
- 자연유하식은 지형이 평탄하면서 도수로의 길이가 길 때 이용한다.

109 하천, 저수지, 호수의 바닥이나 자갈, 모래층에 흐르는 물로 수원으로 사용하기도 하는 것은?
- ㉮ 심층수
- ㉯ 복류수
- ㉰ 용천수
- ㉱ 천층수

해설
- **심층수** : 피압면 지하수
- **천층수** : 자유면 지하수
- **용천수** : 지하에서 솟아 나오는 물

정답 106.㉱ 107.㉯ 108.㉰ 109.㉯

110 수원의 구비조건으로 옳지 않은 것은?

㉮ 최대갈수기에도 계획수량의 확보가 가능해야 한다.
㉯ 수질이 양호해야 한다.
㉰ 오염 회피를 위하여 도심에서 멀리 떨어진 곳일수록 좋다.
㉱ 수리권의 획득이 용이하고, 건설비 및 유지관리가 경제적이어야 한다.

해설 풍부한 수량, 양질의 물, 충분한 수두, 급수구역과 가까운 곳에 수원지를 취한다.

111 계획1일 평균급수량이 400L이고 계획1일 최대급수량이 500L일 경우에 계획첨두율은?

㉮ 1.56　　㉯ 1.25
㉰ 0.8　　㉱ 0.64

해설 계획첨두율 $= \dfrac{\text{계획1일 최대급수량}}{\text{계획1일 평균급수량}} = \dfrac{500}{400} = 1.25$

112 다음의 소독방법 중 발암물질인 THM 발생 가능성이 가장 높은 것은?

㉮ 염소 소독　　㉯ 오존 소독
㉰ 이산화염소 소독　　㉱ 자외선 소독

해설
- 폐수의 염소처리에서 발생한 THM(트리할로메탄)은 발암물질로서 상수도 수원에 심각한 문제를 발생시킨다.
- THM 대책
  ① 오존처리 ② 활성탄 흡착법 ③ 폭기법 ④ 이산화염소 ⑤ 클로라민(결합 염소)

113 송수시설의 계획송수량의 원칙적 기준이 되는 것은?

㉮ 계획1일 평균급수량　　㉯ 계획1일 최대급수량
㉰ 계획시간 평균급수량　　㉱ 계획시간 최대급수량

해설 취수, 도수, 정수, 송수시설은 계획1일 최대급수량을 기준으로 한다.

114 하수도 계획의 자연적 조건에 관한 조사 중 하천 및 수계현황에 관하여 조사하여야 하는 사항에 포함되는 것은?

㉮ 지질도　　㉯ 지형도
㉰ 지하수위와 지반침하 상황　　㉱ 하천 및 수로의 종·횡단면도

해설
- 방류수역의 수위, 수량 등을 조사한다.
- 하수관거의 유속은 하류로 갈수록 유량이 증대되고 관경이 커지므로 유속도 점차 커지도록 하며 구배(경사)는 완만(감소)하게 한다.

정답 110.㉰ 111.㉯ 112.㉮ 113.㉯ 114.㉱

115 오수관로 설계 시 계획시간 최대오수량에 대한 최소 유속(㉠)과 최대 유속(㉡)으로 옳은 것은?

㉮ ㉠ : 0.1m/s, ㉡ : 0.5m/s ㉯ ㉠ : 0.6m/s, ㉡ : 0.8m/s
㉰ ㉠ : 0.1m/s, ㉡ : 1.0m/s ㉱ ㉠ : 0.6m/s, ㉡ : 3.0m/s

• 오수관로는 계획시간 최대오수량에 대하여 유속을 최소 0.6m/s, 최대 3.0m/s로 한다.
• 우수관로 및 합류관로는 계획우수량에 대하여 유속을 최소 0.8m/s, 최대 3.0m/s로 한다.

116 가정하수, 공장폐수 및 우수를 혼합해서 수송하는 하수관로는?

㉮ 우수관로(storm sewer)
㉯ 가정하수관로(sanitary sewer)
㉰ 분류식 하수관로(separate sewer)
㉱ 합류식 하수관로(comlined sewer)

• 합류식 하수관로는 오수 및 우수를 혼합해서 수송하는 하수관로이다.
• 위생상 견지에서는 분류식 하수관로가 우수하고 경제적인 견지에서는 합류식 하수관로가 우수하다.

117 찌꺼기(슬러지) 처리에 관한 일반적인 내용으로 옳지 않은 것은?

㉮ 호기성 소화는 찌꺼기(슬러지)의 소화방법이 아니다.
㉯ 하수 찌꺼기(슬러지)는 매우 높은 함수율과 부패성을 갖고 있다.
㉰ 찌꺼기(슬러지)의 기계탈수 종류로는 가압탈수기, 원심탈수기, 벨트 프레스 탈수기 등이 있다.
㉱ 찌꺼기(슬러지)의 농축은 찌꺼기(슬러지)의 부피 감소 과정으로 찌꺼기(슬러지) 소화의 전단계 공정이다.

호기성 소화는 찌꺼기(슬러지)의 소화방법으로 냄새가 없는 슬러지를 생산하며 비료가치가 크다.

118 하수처리 과정 중 3차 처리의 주 제거 대상이 되는 것은?

㉮ 발암물질   ㉯ 부유물질
㉰ 영양염류   ㉱ 유기물질

• 스크린에서 최초 침전지까지 1차 처리, 폭기조에서 소독시설까지 2차 처리하는데 이 때 영양염류(질소, 인)의 제거가 어려우므로 고도 하수처리인 3차 처리를 실시하여 제거한다.
• 3차 처리(고도 하수처리)방법의 하나인 암모니아 스트리핑법을 이용하여 질소를 제거한다.

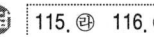

115. ㉱ 116. ㉱ 117. ㉮ 118. ㉰

문제 119 다음과 같은 수질을 가진 공장폐수를 생물학적 처리 중심으로 처리하는 경우 어떤 순서로 조합하는 것이 가장 적정한가?

- 공장폐수 수질 : pH 3.0
- BOD : 300mg/L
- 질소 : 40mg/L
- SS : 3000mg/L
- COD : 900mg/L
- 인 : 8mg/L

㉮ 중화 → 침전 → 생물학적 처리
㉯ 침전 → 생물학적 처리 → 중화
㉰ Screening → 생물학적 처리 → 침전
㉱ 생물학적 처리 → Screening → 중화

해설 공장폐수의 경우 화학약품을 많이 함유하고 있기 때문에 중화시키고 침전 시킨 후 미생물을 이용하여 물을 정화하는 생물학적 처리를 실시한다.

문제 120 우수조정지를 설치하는 목적으로 옳지 않은 것은?

㉮ 유달시간의 증대
㉯ 유출계수의 증대
㉰ 첨두유량의 감소
㉱ 시가지의 침수방지

해설
- 우수조정지의 설치로 유출계수를 감소시킬 수 있다.
- 우수조정지는 방류수역의 유하능력이 부족한 곳에 설치한다.

정답 119. ㉮ 120. ㉯

02 토목산업기사

응용역학 / 측량학 / 수리학 / 철근콘크리트 및 강구조 / 토질 및 기초 / 상하수도공학

[2020년 8월 23일 시행]

▌알려드립니다 ▌

한국산업인력공단의 저작권법 저촉에 대한 언급(2013년 2회 시험)이 있어 과거에 출제된 동일한 문제나 그 유형의 문제로 재구성하였습니다.

01 응/용/역/학

001 지름이 $D=2$m인 원형단면의 극 2차 모멘트는?

㉮ $\pi \text{ m}^4$
㉯ $\dfrac{\pi}{2}\text{m}^4$
㉰ $\dfrac{\pi}{4}\text{m}^4$
㉱ $\dfrac{\pi}{8}\text{m}^4$

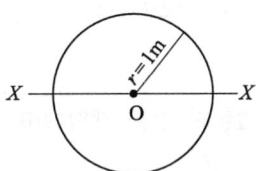

해설) $I_P = I_X + I_Y = 2I_X = 2 \times \dfrac{\pi D^4}{64} = 2 \times \dfrac{\pi (2)^4}{64} = \dfrac{32\pi}{64} = \dfrac{\pi}{2}\text{m}^4$

002 등분포하중을 받는 단순보에서 지점 A의 처짐각으로 옳은 것은?

㉮ $\dfrac{5wl^3}{384EI}$
㉯ $\dfrac{wl^3}{48EI}$
㉰ $\dfrac{wl^3}{24EI}$
㉱ $\dfrac{wl^3}{16EI}$

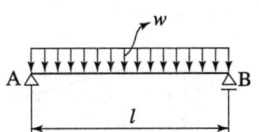

해설)
- $\theta_A = \dfrac{wl^3}{24EI}$ 　　• $y_C = \dfrac{5wl^4}{384EI}$
- 단순보의 중앙점에 집중하중이 작용할 때 $\theta_A = \dfrac{Pl^2}{16EI}$, $y_C = \dfrac{Pl^3}{48EI}$

해답 001. ㉯　002. ㉰

003 캔틸레버 보에서 보의 B점에 집중하중 P와 우력모멘트 M_o가 작용하고 있다. B점에서의 처짐각(θ_b)는 얼마인가? (단, 보의 EI는 일정하다.)

㉮ $\theta_b = \dfrac{PL^2}{4EI} - \dfrac{M_oL}{EI}$

㉯ $\theta_b = \dfrac{PL^2}{2EI} + \dfrac{M_oL}{EI}$

㉰ $\theta_b = \dfrac{PL^2}{2EI} - \dfrac{M_oL}{EI}$

㉱ $\theta_b = \dfrac{PL^2}{4EI} + \dfrac{M_oL}{EI}$

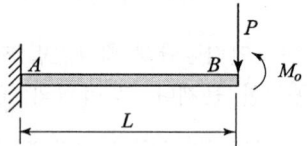

해설
- 집중하중 P작용 시 $\quad \theta_b = \dfrac{PL^2}{2EI}$
- 우력모멘트 M_o작용 시 $\quad \theta_b = \dfrac{M_oL}{EI}$

004 아래 그림과 같은 캔틸레버 보에서 C점의 휨모멘트는?

㉮ $-\dfrac{\omega l^2}{8}$

㉯ $-\dfrac{5\omega l^2}{12}$

㉰ $-\dfrac{5\omega l^2}{24}$

㉱ $-\dfrac{5\omega l^2}{48}$

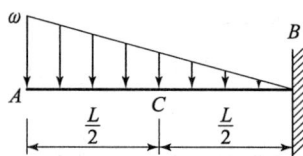

해설
- $l : \omega = \dfrac{l}{2} : x \qquad \therefore x = \dfrac{\omega}{2}$

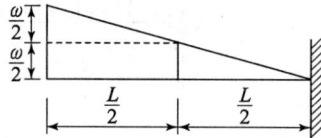

- $M_c = -\dfrac{1}{2} \times \dfrac{\omega}{2} \times \dfrac{l}{2} \times \dfrac{2}{3} \times \dfrac{l}{2} - \dfrac{\omega}{2} \times \dfrac{l}{2} \times \dfrac{1}{2} \times \dfrac{l}{2} = -\dfrac{\omega l^2}{24} - \dfrac{\omega l^2}{16} = -\dfrac{5\omega l^2}{48}$

정답 003. ㉰ 004. ㉱

005

그림과 같이 단면의 폭이 b이고, 높이가 h인 단순보에서 발생하는 최대전단응력 τ_{max}를 구하면?

㉮ $\dfrac{\omega L}{2bh}$

㉯ $\dfrac{3\omega L}{8bh}$

㉰ $\dfrac{3\omega L}{4bh}$

㉱ $\dfrac{9\omega L}{16bh}$

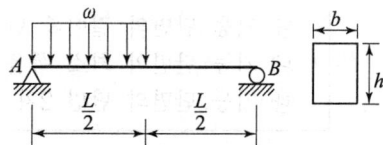

예설
- $\Sigma M_B = 0$
  $R_A \times L - \omega \times \dfrac{L}{2} \times \left(\dfrac{L}{4} + \dfrac{L}{2}\right) = 0$
  $\therefore R_A = \dfrac{3\omega L}{8}$
- $\Sigma V = 0$
  $R_A + R_B = \omega \times \dfrac{L}{2}$
  $\therefore R_B = \dfrac{\omega L}{2} - \dfrac{3\omega L}{8} = \dfrac{\omega L}{8}$
- $S_{max} = R_A = \dfrac{3\omega L}{8}$
- $\tau_{max} = 1.5 \dfrac{S_{max}}{A} = 1.5 \times \dfrac{\dfrac{3\omega L}{8}}{bh} = \dfrac{9\omega L}{16bh}$

006

그림과 같은 3힌지 라멘에 등분포 하중이 작용할 경우 A점의 수평반력은?

㉮ 0

㉯ $\dfrac{\omega l^2}{8}(\rightarrow)$

㉰ $\dfrac{\omega l^2}{4h}(\rightarrow)$

㉱ $\dfrac{\omega l^2}{8h}(\rightarrow)$

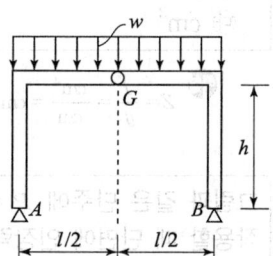

예설
- $R_A = R_B = \dfrac{wl}{2}$
- $\Sigma M_G = 0$
  $R_A \times \dfrac{l}{2} - H_A \times h - w \times \dfrac{l}{2} \times \dfrac{l}{4} = 0$
  $\therefore H_A = \dfrac{1}{h}\left(\dfrac{wl}{2} \times \dfrac{l}{2} - \dfrac{wl^2}{8}\right) = \dfrac{wl^2}{8h}$

정답 005. ㉱ 006. ㉱

007 기둥의 해석 및 단주와 장주의 구분에 사용되는 세장비에 대한 설명으로 옳은 것은?

㉮ 기둥 부재의 길이를 단면의 최소 회전반경으로 나눈 값이다.
㉯ 기둥 단면의 길이를 단면 2차 모멘트로 나눈 값이다.
㉰ 기둥 단면의 최소 폭을 부재의 길이로 나눈 값이다.
㉱ 기둥 단면의 단면 2차 모멘트를 부재의 길이로 나눈 값이다.

해설 세장비 $\lambda = \dfrac{l}{r} = \dfrac{l}{\sqrt{I/A}}$

008 다음 단면의 도심 y를 구하면?

㉮ 2.5cm
㉯ 2.0cm
㉰ 1.5cm
㉱ 1.0cm

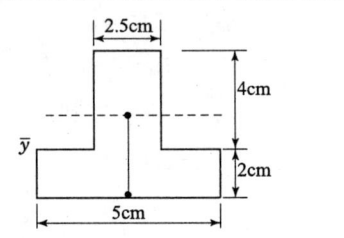

해설
- $G_X = 2.5 \times 4 \times (2+2) + 5 \times 2 \times 1 = 50 \text{cm}^3$
- $A = 2.5 \times 4 + 5 \times 2 = 20 \text{cm}^2$

$\therefore y = \dfrac{G_X}{A} = \dfrac{50}{20} = 2.5 \text{cm}$

009 다음 중 단면계수의 단위로서 옳은 것은?

㉮ cm
㉯ cm^2
㉰ cm^3
㉱ cm^4

해설 $Z = \dfrac{I}{y} = \dfrac{cm^4}{cm} = cm^3$

010 그림과 같은 단주에 $P=230$kN의 편심하중이 작용할 때 단면에 인장력이 생기지 않기 위한 편심거리 e의 최대값은?

㉮ 4.11cm
㉯ 5.76cm
㉰ 6.67cm
㉱ 7.77cm

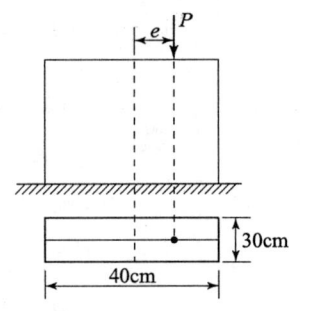

해설 $e = \dfrac{h}{6} = \dfrac{40}{6} = 6.67 \text{cm}$

해답 007. ㉮ 008. ㉮ 009. ㉰ 010. ㉰

011 그림과 같은 30° 경사진 언덕에 40kN의 물체를 밀어 올릴 때 필요한 힘 P는 최소 얼마 이상이어야 하는가? (단, 마찰계수는 0.3이다.)

㉮ 20.0kN
㉯ 30.4kN
㉰ 34.6kN
㉱ 35.0kN

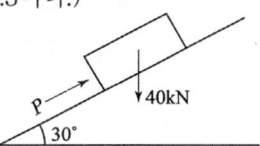

해설 $P_H = 40 \times \sin 30° = 20$kN $P_V = 40 \times \cos 30° = 34.6$kN
마찰력 $F = P_V \times \mu = 34.6 \times 0.3 = 10.4$kN
∴ $P = P_H + F = 20 + 10.4 = 30.4$kN

---

012 다음 그림에서 연행 하중으로 인한 최대 반력 R_A는?

㉮ 60kN
㉯ 50kN
㉰ 30kN
㉱ 10kN

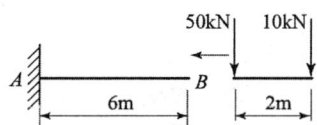

해설 캔틸레버보는 지점이 한 곳으로 고정단에서 모든 외력을 받으므로 최대 반력은 50+10=60kN이다.

---

013 지름 20cm의 통나무에 자중과 하중에 의한 9kN·m의 외력모멘트가 작용한다면 최대 휨응력은?

㉮ 20.2MPa   ㉯ 15.4MPa
㉰ 11.5MPa   ㉱ 21.9MPa

해설
- $Z = \dfrac{\pi D^3}{32} = \dfrac{3.14 \times 200^3}{32} = 785,000 \text{mm}^3$
- $\sigma = \dfrac{M}{Z} = \dfrac{9,000,000}{785,000} = 11.5 \text{N/mm}^2 = 11.5 \text{MPa}$

---

014 그림과 같이 로프 C점에 500kg의 무게가 작용할 때 AC가 받는 장력은?

㉮ 288kN(인장)
㉯ 288kN(압축)
㉰ 433kN(인장)
㉱ 433kN(압축)

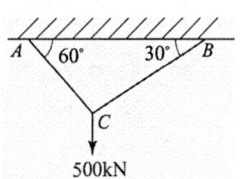

해답 011. ㉯ 012. ㉮ 013. ㉰ 014. ㉰

⊙ 라미의 정리(sin법칙) 적용

$$\frac{500}{\sin 90°} = \frac{AC}{\sin 120°}$$

$$\therefore AC = \frac{500 \times \sin 120°}{\sin 90°} = 433 \text{kN}$$

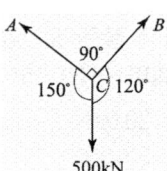

015. 다음 단순보에서 지점의 반력을 계산한 값으로 옳은 것은?

㉮ $R_A = 10\text{kN}, \ R_B = 10\text{kN}$
㉯ $R_A = 19\text{kN}, \ R_B = 1\text{kN}$
㉰ $R_A = 14\text{kN}, \ R_B = 6\text{kN}$
㉱ $R_A = 1\text{kN}, \ R_B = 19\text{kN}$

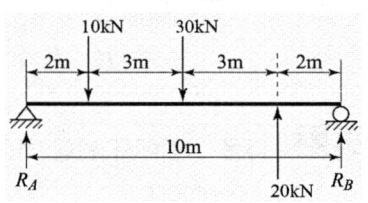

⊙ • $\Sigma M_B = 0$
$R_A \times 10 - 10 \times 8 - 30 \times 5 + 20 \times 2 = 0$
∴ $R_A = 19\text{kN}$
• $\Sigma V = 0$
$R_A + R_B + 20 - 10 - 30 = 0$
∴ $R_B = 1\text{kN}$

016. 그림과 같은 게르버보의 A점의 전단력으로 맞는 것은?

㉮ 40kN
㉯ 60kN
㉰ 120kN
㉱ 240kN

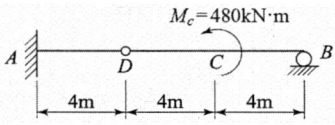

⊙ • $D \sim B$ 구간
$\Sigma M_B = 0$
$R_D \times 8 - 480 = 0$
∴ $R_D = 60\text{kN}$

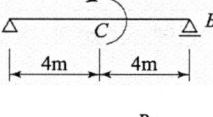

• $A \sim D$ 구간
$S_A = 60\text{kN}$

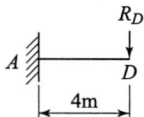

015. ㉯ 016. ㉯

017 그림과 같은 트러스에서 사재(斜材) D의 부재력은?

㉮ 31.12kN
㉯ 43.75kN
㉰ 54.65kN
㉱ 65.22kN

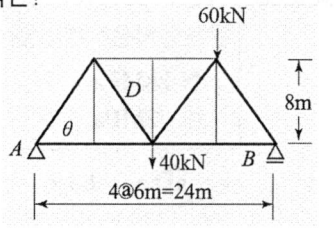

- $\sum M_B = 0$
  $V_A \times 24 - 40 \times 12 - 60 \times 6 = 0$
  $\therefore V_A = 35kN$
- $\sum V = 0$ (D사재를 절단법에 의해)
  $35 - D \times \dfrac{8}{10} = 0$
  $\therefore D = 43.75kN$

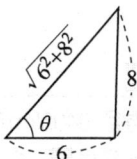

018 다음 그림과 같은 역계에서 작용하중의 합력(R)의 위치 x값은?

㉮ 6m
㉯ 9m
㉰ 10m
㉱ 12m

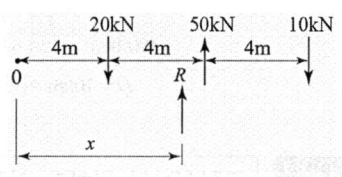

- 합력 $\quad R = -20 + 50 - 10 = 20kN(\uparrow)$
- 합력의 위치 $\quad -20 \times x = 20 \times 4 - 50 \times 8 + 10 \times 12$
  $\therefore x = 10m$

019 단면이 15cm×15cm인 정사각형이고, 길이가 1m인 강재에 120kN의 압축력을 가했더니 1mm가 줄어들었다. 이 강재의 탄성계수는?

㉮ 5333.3MPa　　　　　　㉯ 5333.3kPa
㉰ 8333.3MPa　　　　　　㉱ 8333.3kPa

$$E = \dfrac{\sigma}{\varepsilon} = \dfrac{\dfrac{P}{A}}{\dfrac{\Delta l}{l}} = \dfrac{Pl}{A \cdot \Delta l} = \dfrac{120000 \times 1000}{(150 \times 150) \times 1} = 5333.3 N/mm^2 = 5333.3 MPa$$

* 1MPa=1000kPa임.

017. ㉯　018. ㉰　019. ㉮

020 양단이 고정되어 있는 지름 3cm 강봉을 처음 10℃에서 25℃까지 가열하였을 때 온도응력은? (단, 탄성계수는 2×10^5MPa, 선팽창계수는 1.2×10^{-5}이다.)

㉮ 28MPa
㉯ 36MPa
㉰ 42MPa
㉱ 48MPa

해설 $\sigma_t = E\alpha(t_2 - t_1) = 2 \times 10^5 \times 1.2 \times 10^{-5}(25-10) = 36$MPa

02 측/량/학

021 지구의 반경을 6400km로 하고 거리의 허용정도를 $1/10^5$이라고 할 때 반경 몇 km까지를 평면으로 볼 수 있는가?

㉮ 70.11
㉯ 55.20
㉰ 35.05
㉱ 11.00

해설
$$\frac{d-D}{D} = \frac{1}{12}\left(\frac{D}{R}\right)^2$$
$$\frac{1}{100,000} = \frac{1}{12}\left(\frac{D}{6400}\right)^2$$
∴ $D = 70$km 이며 반경 = 35km

022 교점(I.P.)의 위치가 기점으로부터 200.12m, 곡률반경 200m, 교각 45° 00′인 단곡선의 시단현의 길이는? (단, 측점간 거리는 20m로 한다.)

㉮ 17.28m
㉯ 2.72m
㉰ 17.16m
㉱ 2.84m

해설
- $TL = R\tan\frac{I}{2} = 200\tan\frac{45°}{2} = 82.84$m
- $BC = IP - TL = 200.12 - 82.84 = 117.28$m

∴ $l_1 = 120 - 117.28 = 2.72$m

∴ $\delta_1 = 1718.87\frac{l_1}{R}$(분)

023 다음 완화곡선에 대한 설명 중 잘못된 것은?

㉮ 곡선반경은 완화곡선의 시점에서 무한대이다.
㉯ 완화곡선의 접선은 시점에서 직선에 접한다.
㉰ 종점에 있는 캔트는 원곡선의 캔트와 같다.
㉱ 완화곡선의 길이는 도로폭에 따라 결정된다.

해답 020.㉯ 021.㉰ 022.㉯ 023.㉱

해설
- 완화곡선의 길이 구하는 공식

$$L = \frac{C \cdot N}{1000} = \frac{N}{1000} \cdot \frac{S \cdot V^2}{gR}$$

- C(캔트)에 따라 완화곡선의 길이가 달라진다.
- 완화곡선의 접선은 시점에서 직선에 종점에서 원호에 접한다.
- 완화곡선은 직선부에서 곡선부로 가면서 곡률반경이 점차 작아지는 특수곡선이다.

024 다음 열거한 등고선의 성질 중 틀린 것은?

㉮ 등고선은 도면 내·외에서 반드시 폐합한다.
㉯ 최대 경사방향은 등고선과 직각방향으로 교차한다.
㉰ 등고선은 급경사지에서는 간격이 넓어지며, 완경사지에서는 간격이 좁아진다.
㉱ 등고선이 도면내에서 폐합하는 경우 산정이나 분지를 나타낸다.

해설
- 등고선은 급경사지에서는 간격이 좁고 완경사지에서는 간격이 넓어진다.
- 볼록한 등경사면의 등고선 간격은 산정으로 갈수록 넓어진다.

025 항공사진측량과 평판측량을 비교할 때 다음과 같은 특성들이 있다. 이 중 항공사진측량의 장점이 아닌 것은?

㉮ 분업에 의해 작업하므로 능률적이다.
㉯ 정도가 균일하며 상대오차가 양호하다.
㉰ 축척 변경이 용이하다.
㉱ 대축척 측량일수록 경제적이다.

해설 항공사진 측량은 촬영면적이 넓을수록 소축척 측량일수록 경제적이다.

026 수평각 측정법 중에서 가장 정확한 값을 얻을 수 있는 방법은?

㉮ 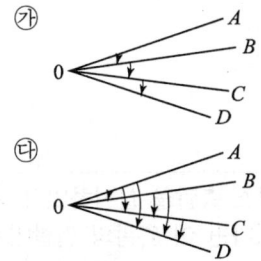 ㉯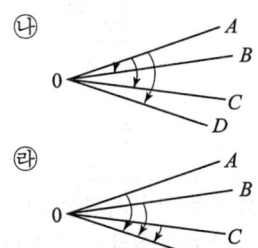

㉰ ㉱

해설
- 각 관측법은 조건식의 수가 많으므로 정확한 보정이 되어 정밀도가 가장 좋아 1등 삼각측량에 주로 이용된다.
- 한 점 주위의 여러 개의 각을 정밀하게 측정하는 방법을 각관측법이라 한다.

정답 024. ㉰ 025. ㉱ 026. ㉰

027 축척 1 : 50000 지도상에서 4cm² 에 대한 지상에서의 실제면적은 얼마인가?
㉮ 1 km²
㉯ 2 km²
㉰ 100 km²
㉱ 200 km²

실제면적=(축척분모)²×도상면적
=(50,000)²×4=10,000,000,000cm²=1,000,000m²=1km²

028 교호수준측량을 한 결과 다음과 같을 때 B점의 표고는? (단, A점의 지반고는 100m이다.)
㉮ 100.535m
㉯ 100.625m
㉰ 100.685m
㉱ 101.065m

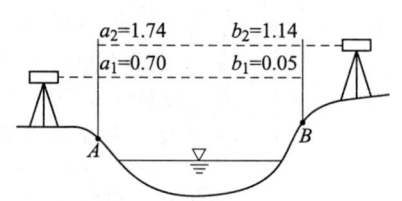

$h = \dfrac{1}{2}\{(a_1 - b_1) + (a_2 - b_2)\} = \dfrac{1}{2}\{(0.7 - 0.05) + (1.74 - 1.14)\} = 0.625m$

∴ $H_B = H_A + h = 100 + 0.625 = 100.625m$

029 다음 중 $\overline{AB}$의 관측거리가 100m일 때, B점의 X(N) 좌표값이 가장 큰 것은? (단, A의 좌표 $X_A = 0m$, $Y_A = 0m$)
㉮ $\overline{AB}$의 방위각(α)=30°
㉯ $\overline{AB}$의 방위각(α)=60°
㉰ $\overline{AB}$의 방위각(α)=90°
㉱ $\overline{AB}$의 방위각(α)=120°

$X = 100\cos 30° = 86.6m$

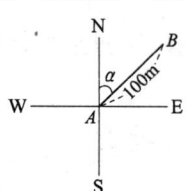

030 기지점 A로부터 기지점 B에 결합하는 트래버스 측량을 실시하였다. X좌표의 결합차 +0.15m, Y좌표의 결합차 +0.20m를 얻었다면 이 측량의 결합비는? (단, 전체 노선거리는 2,750m이다.)
㉮ 1/11000
㉯ 1/14000
㉰ 1/16000
㉱ 1/18000

폐합비(결합비) = $\dfrac{E}{\sum l} = \dfrac{\sqrt{0.15^2 + 0.2^2}}{2750} = \dfrac{1}{11000}$

027. ㉮ 028. ㉯ 029. ㉮ 030. ㉮

031 축척 1:500지형도(30cm×30cm)를 기초로 하여 축척이 1:2500인 지형도(30cm× 30cm)를 제작하기 위해서는 축척 1:500지형도가 몇 매 필요한가?

㉮ 5매   ㉯ 10매
㉰ 15매   ㉱ 25매

해설 $\left(\dfrac{1}{500}\right)^2 : \left(\dfrac{1}{2,500}\right)^2$, 즉 $\dfrac{1}{250,000} : \dfrac{1}{6,250,000}$ 이므로 1:25가 되어 25매가 필요하다.

032 완화곡선 중 고속도로의 노선설계에 많이 이용되는 것은?

㉮ 클로소이드 곡선   ㉯ 반파장 sin 곡선
㉰ 3차 포물선   ㉱ 렘니스케이트 곡선

해설
- 반파장 sin 곡선 : 고속철도
- 3차 포물선 : 철도
- 렘니스케이트 곡선 : 시가지 지하철

033 그림과 같이 A점에 있어서 B점에 대하여 장애물이 있어 시준을 못하고 B'점을 시준하였다. 이때 B점의 방향각 T_B를 구함에 있어서 B'점의 방향각 T_B'에 대한 보정각(x)는? (단, $e<1.0$m, $\rho=206265''$, $S ≒ 4$km)

㉮ $x = \rho\dfrac{e}{S}\sin\phi$

㉯ $x = \rho\dfrac{e}{S}\cos\phi$

㉰ $x = \rho\dfrac{S}{e}\sin\phi$

㉱ $x = \rho\dfrac{S}{e}\cos\phi$

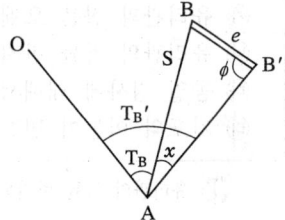

해설
- $T_B = T_B' - x$

$\dfrac{e}{\sin x} = \dfrac{S}{\sin\phi}$ $\sin x = \dfrac{e\sin\phi}{S}$ $x = \dfrac{e\sin\phi}{S}\rho''$

034 지상고도 3,000m의 비행기 위에서 초점거리 150.0mm인 사진기로 촬영한 항공사진에서 길이가 30m인 교량의 사진에서의 길이는?

㉮ 1.3mm   ㉯ 2.3mm
㉰ 1.5mm   ㉱ 2.5mm

해설 $\dfrac{f}{H} = \dfrac{l}{L}$

$\dfrac{150}{3,000} = \dfrac{l}{30}$

$\therefore l = \dfrac{150 \times 30}{3,000} = 1.5\text{mm}$

해답 031.㉱ 032.㉮ 033.㉮ 034.㉰

035 수준측량에서 전시와 후시의 시준거리를 같게 함으로써 소거할 수 있는 오차는?
㉮ 시준축이 기포관축과 평행하지 않기 때문에 발생하는 오차
㉯ 표척 눈금의 오독으로 발생하는 오차
㉰ 표척을 연직방향으로 세우지 않아 발생하는 오차
㉱ 시차에 의해 발생하는 오차

해설 시준선과 기포관축이 평행하지 않기 때문에 생기는 오차를 제거하기 위해 전시와 후시의 시준거리를 같게 한다.

036 노선의 횡단측량에서 No. 1+15 측점의 절토 단면적 $100m^2$, No. 2 측점의 절토 단면적 $40m^2$일 때 이 측점사이의 절토량은? (단, 중심말뚝 간격은 20m임.)
㉮ $350m^3$
㉯ $700m^3$
㉰ $1,200m^3$
㉱ $1,400m^3$

해설 양단면 평균법
$$V = \frac{(A_1 + A_2)}{2} \cdot l = \frac{(100 + 40)}{2} \times 5 = 350m^3$$

037 수준측량 장비인 레벨의 기포관이 구비해야 할 조건으로 가장 거리가 먼 것은?
㉮ 유리관의 질은 오랜 시간이 흘러도 내부 액체의 영향을 받지 않을 것
㉯ 유리관의 곡률 반지름이 중앙부위로 갈수록 작아질 것
㉰ 동일 경사에 대해서는 기포의 이동이 동일할 것
㉱ 기포의 이동이 민감할 것

해설 유리관의 곡률 반지름이 모든 점에서 균일할 것

038 폐합 트래버스 측량에서 각 관측의 정밀도가 거리 관측의 정밀도보다 높을 때 오차를 배분하는 방법으로 옳은 것은?
㉮ 해당 측선 길이에 비례하여 배분한다.
㉯ 해당 측선 길이에 반비례하여 배분한다.
㉰ 해당 측선의 위거와 경거의 크기에 비례하여 배분한다.
㉱ 해당 측선의 위거와 경거의 크기에 반비례하여 배분한다.

해설
• 각 관측의 정밀도가 거리 관측의 정밀도보다 높을 때는 위거와 경거의 크기에 비례하여 오차를 배분한다.
• 각 관측의 정밀도와 거리 관측의 정밀도가 동일 할 때는 각 측선의 길이에 비례하여 오차를 배분한다.

해답 035. ㉮ 036. ㉮ 037. ㉯ 038. ㉰

039 기하학적 측지학에 속하지 않는 것은?
㉮ 측지학적 3차원 위치의 결정 ㉯ 면적 및 체적의 산정
㉰ 길이 및 시(時)의 결정 ㉱ 지구의 극운동과 자전운동

- 기하학적 측지학은 지구 표면상에 있는 점들간의 상호 위치관계를 결정하는 것이다.
- 기하학적 측지학에는 천문측량, 위성측지, 높이 결정 등이 있다.
- 천문측량은 경위도 원점, 도서지역의 위치, 연직선 편차 결정, 측지측량망의 방위각 조정 등을 목적으로 한다.

040 곡선 반지름이 200m인 단곡선을 설치하기 위하여 그림과 같이 교각 I를 관측할 수 없어 ∠AA'B', ∠BB'A'의 두 각을 관측하여 각각 141° 40'과 90° 20'의 값을 얻었다. 교각 I는? (단, A : 곡선시점, B : 곡선종점)

㉮ 38° 20'
㉯ 38° 40'
㉰ 89° 40'
㉱ 128° 00'

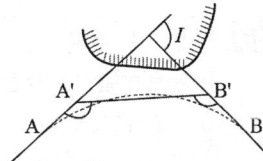

- A' 내각 = 180° − 141° 40' = 38° 20'
- B' 내각 = 180° − 90° 20' = 89° 40'
∴ 교각 I = 180° − (180° − A' 내각 − B' 내각) = 180° − (180° − 38° 20' − 89° 40') = 128° 00'

03 수/리/학

 041 레이놀즈의 실험장치에 의해서 구별할 수 있는 것은?
㉮ 층류와 난류 ㉯ 정류와 부정류
㉰ 상류와 사류 ㉱ 등류와 부등류

- 층류의 경우 : $R_e < 2000$일 때 $f = \dfrac{64}{R_e}$
- 난류의 경우 : $R_e > 2000$일 때 $f = \phi''\left(\dfrac{1}{R_e}, \dfrac{e}{D}\right)$

 042 다음은 베르누이 정리를 압력의 항으로 표시한 것이다. 이 중 동압력(動壓力) 항에 해당하는 것은?
㉮ P ㉯ $\rho g z$
㉰ $\dfrac{1}{2}\rho V^2$ ㉱ $\dfrac{V^2}{2g}$

039. ㉱ 040. ㉱ 041. ㉮ 042. ㉰

해설
- 동압력 = $\dfrac{\rho V^2}{2}$
- 마찰항력 = $C_p \cdot A \cdot \dfrac{1}{2}\rho V^2$

043 모세관 현상에서 모세관고(h)와 관의 지름(D)의 관계는?
㉮ h는 D의 제곱에 비례한다. ㉯ h는 D에 비례한다.
㉰ h는 D^{-1}에 비례한다. ㉱ h는 D^{-2}에 비례한다.

해설
- $h = \dfrac{4T\cos\alpha}{w \cdot D}$
- 모세관의 상승여부는 액체의 응집력과 액체와 관벽의 부착력에 의해 좌우된다.
- 액체의 응집력이 관벽과의 부착력보다 크면 관내 액체의 상승높이는 관밖보다 낮다.

044 제외지 수위 6m, 제내지 수위 2m, 투수계수 $k = 0.5$m/s, 침투수가 통하는 길이 $l = 50$m일 때 하천 제방단면 1m당 누수량은?
㉮ 0.16m³/sec ㉯ 0.32m³/sec
㉰ 0.96m³/sec ㉱ 1.28m³/sec

해설 $Q = \dfrac{k}{2l}(h_1^2 - h_2^2) = \dfrac{0.5}{2 \times 50}(6^2 - 2^2) = 0.16$m³/sec

045 다음과 같은 작은 오리피스에서 유속을 구한 값은?
(단, 유속계수 C_v는 0.9이다.)
㉮ 8.9m/sec
㉯ 9.9m/sec
㉰ 12.6m/sec
㉱ 14.0m/sec

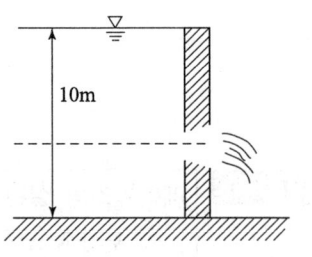

해설 $V = C_v\sqrt{2gh} = 0.9\sqrt{2 \times 9.8 \times 10} = 12.6$m/sec

046 수로폭 4m, 수심 1.5m인 직사각형 수로에서 유량 24m³/sec가 흐를 때 프루드수(Froude number)와 흐름의 상태는?
㉮ 1.04, 상류 ㉯ 1.04, 사류
㉰ 0.74, 상류 ㉱ 0.74, 사류

해설
- $F_r = \dfrac{V}{\sqrt{gh}} = \dfrac{\frac{24}{4 \times 1.5}}{\sqrt{9.8 \times 1.5}} = 1.04$
- $F_r > 1$: 사류
- $F_r < 1$: 상류

해답 043. ㉱ 044. ㉮ 045. ㉰ 046. ㉯

047 수축단면에 대한 설명 중 옳은 것은?

㉮ 상류에서 사류로 변화할 때 발생한다.
㉯ 수축단면에서의 유속을 오리피스의 평균유속이라 한다.
㉰ 사류에서 상류로 변화할 때 발생한다.
㉱ 오리피스의 유출수맥에서 발생한다.

해설
- 원형 오리피스에서 수축단면은 오리피스 지름의 $\frac{1}{2}$ 되는 위치에 생긴다.
- 수축단면은 모든 예연(칼날형) 오리피스에서 발생된다.
- 유출 수류가 최소단면적이 되었다가 다시 커지는데 이와 같은 최소단면적을 수축단면이라 한다.
- 오리피스의 단면적과 수축단면적의 비를 수축계수라 한다.

048 유량 Q, 유속 V, 단면적 A, 도심거리 h_G라 할 때 충력치(M)의 값은? (단, 충력치는 비력이라고도 하며, η : 운동량 보정계수, g : 중력 가속도, W : 물의 중량, ω : 물의 단위중량)

㉮ $\eta \dfrac{Q}{g} + W h_G A$ ㉯ $\eta \dfrac{gV}{Q} + h_G A$

㉰ $\eta \dfrac{Q}{g} V + h_G A$ ㉱ $\eta \dfrac{Q}{g} V + \dfrac{1}{2}\omega^2$

해설 충력치는 단위무게당의 정수압과 동수압(운동량)을 합한 값으로서 모든 단면에서 일정하다.

049 긴 관로상의 유량조절 밸브를 갑자기 폐쇄시키면 관로 내의 유량은 갑자기 크게 변화하게 되며 관내의 물의 질량과 운동량 때문에 관벽에 큰 힘을 가하게 되어 정상적인 동수압보다 몇 배의 큰 압력 상승이 일어난다. 이와 같은 현상을 무엇이라 하는가?

㉮ 공동현상 ㉯ 도수현상
㉰ 수격작용 ㉱ 배수현상

해설 관수로에 물이 흐를 때 밸브를 갑자기 막으면 순간적으로 유속은 0이 되고 이로 인해 압력의 증가가 발생하여 관내에 충격을 주는 작용을 수격작용이라 한다.

050 관로의 평균유속 공식 중 Chezy 공식과 Manning 공식의 관계를 옳게 나타낸 것은? (단, C : Chezy의 유속계수, R : 경심, n : Manning의 조도계수)

㉮ $C = \dfrac{1}{n} R^{\frac{1}{6}}$ ㉯ $C = \dfrac{1}{n} R^{\frac{1}{3}}$

㉰ $C = \dfrac{1}{n} R^{\frac{1}{2}}$ ㉱ $C = \dfrac{1}{n} R$

해답 047. ㉱ 048. ㉰ 049. ㉰ 050. ㉮

해설
- $f = \dfrac{8g}{C^2}$
- $f = \dfrac{124.5n^2}{D^{1/3}}$
- $f = \dfrac{64}{R_e}$
- $C = \dfrac{1}{n}R^{1/6}$
- $f = 0.3164 R_e^{-\frac{1}{4}}$
- 수심 h가 폭 b에 비해서 매우 작아 $R \fallingdotseq h$가 될 경우 $C = \dfrac{1}{n}h^{1/6}$이다.

051
Darcy의 법칙에 관한 설명으로 옳지 않은 것은?

㉮ Darcy의 법칙은 물의 흐름이 층류일 경우에만 적용 가능하고, 흐름 방향과는 무관하다.
㉯ 대수층의 입자가 균일하고 등방향성이면, 유속은 동수경사에 비례한다.
㉰ 유속 v는 입자 사이를 흐르는 실제유속을 의미한다.
㉱ 투수계수 k는 속도와 같은 차원이며, 흙입자 크기, 공극률, 물의 점성계수 등에 관계된다.

해설 유속은 입자 사이를 흐르는 평균이론 유속이며 흐름은 정상류이다.

052
물의 체적 탄성계수 $E = 2 \times 10^5 \text{MPa}$일 때 물의 체적을 1% 감소시키기 위해 가해야 할 압력은?

㉮ $2 \times 10 \text{MPa}$
㉯ $2 \times 10^2 \text{MPa}$
㉰ $2 \times 10^3 \text{MPa}$
㉱ $2 \times 10^4 \text{MPa}$

해설 $E = \dfrac{\Delta P}{\dfrac{\Delta V}{V}}$ ∴ $\Delta P = E \cdot \dfrac{\Delta V}{V} = 2 \times 10^5 \times 0.01 = 2000 \text{MPa}$

053
보통 정도의 정밀도를 필요로 하는 관수로 계산에서 마찰 이외의 손실을 무시할 수 있는 L/D의 값으로 옳은 것은? (단, L : 관의 길이, D : 관의 지름)

㉮ 500 이상
㉯ 1000 이상
㉰ 2000 이상
㉱ 3000 이상

해설 마찰 이외의 손실을 무시할 수 있는 장관일 때는 L/D > 3000 경우이다.

054
수면 아래 20m 지점의 수압으로 옳은 것은? (단, 물의 단위중량은 9.81kN/m³이다.)

㉮ 0.1MPa
㉯ 0.2MPa
㉰ 1.0MPa
㉱ 20MPa

해설 $P = wh = 9.81 \times 20 = 196.2 \text{kN/m}^2 = 196200 \text{N}/(1000^2)\text{mm}^2 = 0.2 \text{N/mm}^2 = 0.2 \text{MPa}$

정답 051. ㉰ 052. ㉱ 053. ㉱ 054. ㉯

055 집중호우로 인한 홍수 발생 시 지표수의 흐름은?
㉮ 등류이고, 정상류이다. ㉯ 등류이고, 비정상류이다.
㉰ 부등류이고, 정상류이다. ㉱ 부등류이고, 비정상류이다.

- $\frac{\partial v}{\partial t} \neq 0$, $\frac{\partial v}{\partial l} \neq 0$ (부정 부등류)
- 홍수시의 하천은 부정류로 부정 부등류가 된다.
- 부정류는 속도, 유량, 밀도가 시간에 따라 변한다.
  즉, $\frac{\partial v}{\partial t} \neq 0$, $\frac{\partial Q}{\partial t} \neq 0$, $\frac{\partial \rho}{\partial t} \neq 0$ 이다. 아울러 일정한 구간의 속도도 일정하지 않고 변한다.

056 지름 D인 관을 배관할 때 마찰 손실이 elbow에 의한 손실과 같도록 직선 관을 배관한다면 직선 관의 길이는? (단, 관의 마찰손실계수 $f=0.025$, elbow에 의한 미소손실계수 $k=0.9$)
㉮ $4D$ ㉯ $8D$ ㉰ $36D$ ㉱ $42D$

- $h_b = f_b \frac{v^2}{2g}$
- $h_L = f \frac{l}{D} \frac{v^2}{2g}$
- $f_b \frac{v^2}{2g} = f \frac{l}{D} \frac{v^2}{2g}$ 에서 $h_b = f \frac{l}{D}$
- $\therefore l = \frac{f_b \cdot D}{f} = \frac{0.9\,D}{0.025} = 36D$

057 사이폰의 이론 중 동수경사선에서 정점부까지의 이론적 높이(㉠)와 실제 설계 시 적용하는 높이의 범위(㉡)로 옳은 것은?
㉮ ㉠ : 7.0m, ㉡ : 5.6~6.0m ㉯ ㉠ : 8.0m, ㉡ : 6.4~6.8m
㉰ ㉠ : 9.0m, ㉡ : 6.5~7.0m ㉱ ㉠ : 10.3m, ㉡ : 8.0~8.5m

- 최고 위치의 압력 $P_a = 1.033\text{kg/cm}^2$ 이므로 이론적 사이폰 높이는
  $H_c = \frac{P_a}{w} = \frac{1033\text{g/cm}^2}{1\text{g/cm}^3} = 1033\text{cm} = 10.33\text{m}$ 이다.
- 사이폰의 정점과 동수경사선과의 고저차는 8.0m 이하로 설계하는 것이 보통이다.
- 사이폰은 2개의 수조를 연결한 관수로의 일부가 동수경사선보다 위로 올라가며 이 부분의 압력은 대기압보다 낮아져서 부압이 생긴다.

058 10m³/sec의 유량을 흐르게 할 수리학적으로 가장 유리한 직사각형 개수로 단면을 설계할 때 개수로의 폭은? (단, Manning 공식을 이용하며, 수로경사 $I=0.001$, 조도계수 $n=0.02$이다.)
㉮ 2.66m ㉯ 3.16m ㉰ 3.66m ㉱ 4.16m

정답 055.㉱ 056.㉰ 057.㉱ 058.㉰

해설 • 수리학적으로 가장 유리한 직사각형 개수로 단면

$B = 2H$, $R = \dfrac{H}{2}$

• $A = B \cdot H = 2H \cdot H = 2H^2$
• $V = \dfrac{1}{n} R^{2/3} I^{1/2}$
• $Q = A \cdot V = (2H^2) \cdot \dfrac{1}{n} R^{2/3} I^{1/2}$

$10 = (2H^2) \times \dfrac{1}{0.02} \left(\dfrac{H}{2}\right)^{2/3} (0.001)^{1/2}$

∴ $H = 1.83$m

• 개수로 폭 $B = 2H = 2 \times 1.83 = 3.66$m

문제 059 뉴턴 유체(Newtonian fluids)에 대한 설명으로 옳은 것은?

㉮ 물이나 공기 등 보통의 유체는 비뉴턴 유체이다.
㉯ 각 변형률 $\left(\dfrac{dv}{dy}\right)$의 크기에 따라 선형으로 점도가 변한다.
㉰ 전단응력(τ)과 각 변형률 $\left(\dfrac{dv}{dy}\right)$의 관계는 원점을 지나는 직선이다.
㉱ 유체가 압력의 변화에 따라 밀도의 변화를 무시할 수 없는 상태가 된 유체를 의미한다.

해설 전단응력과 각 변형율(속도구배)간의 관계가 선형(직선관계)인 유체로 점성법칙을 따른다.

문제 060 그림과 같은 폭 2m의 직사각형 판에 작용하는 수압 분포도는 삼각형 분포도를 얻었는데, 이 물체에 작용하는 전수압(㉠)과 작용점의 위치(㉡)로 옳은 것은? (단, 물의 단위중량은 9.81kN/m³이며, 작용의 위치는 수면을 기준으로 한다.)

㉮ ㉠ : 100.25kN, ㉡ : 1.7m
㉯ ㉠ : 145.25kN, ㉡ : 3.3m
㉰ ㉠ : 200.25kN, ㉡ : 1.7m
㉱ ㉠ : 245.25kN, ㉡ : 3.3m

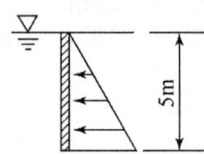

해설 • $P = w h_G A = 9.81 \times \dfrac{5}{2} \times (2 \times 5) = 245.25$kN

• $h_c = h_G + \dfrac{I_G}{h_G A} = \dfrac{5}{2} + \dfrac{\dfrac{2 \times 5^3}{12}}{\dfrac{5}{2} \times (2 \times 5)} = 3.3$m

• $h_c = \dfrac{2h}{3} = \dfrac{2 \times 5}{3} = 3.3$m

정답 059. ㉰ 060. ㉱

04 철/근/콘/크/리/트 /및/ 강/구/조

061 그림에 나타난 직사각형 단철근 보가 공칭 휨강도 M_n에 도달할 때 압축측 콘크리트가 부담하는 압축력을 계산하면? (단, 철근 D22 4본의 단면적은 15.48cm², f_{ck}=28MPa, f_y=350MPa이다.)

㉮ 0.543MN
㉯ 0.637MN
㉰ 0.724MN
㉱ 0.833MN

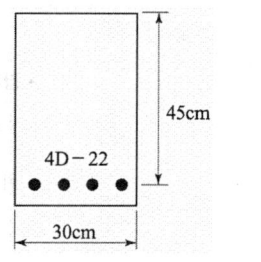

해설
- $a = \dfrac{A_s \cdot f_y}{0.85 f_{ck} b} = \dfrac{15.48 \times 10^{-4} \times 350}{0.85 \times 28 \times 0.3} = 0.076\text{m}$
- $C = 0.85 f_{ck} \cdot a \cdot b = 0.85 \times 28 \times 0.076 \times 0.3 = 0.543\text{MN}$

062 리벳의 값을 결정하는 방법 중 옳은 것은?

㉮ 허용전단력과 허용압축력으로 각각 결정한다.
㉯ 허용전단력과 허용지압력중 큰 것으로 한다.
㉰ 허용전단력과 허용압축력의 평균치로 결정한다.
㉱ 허용전단력과 허용지압력중 작은 것으로 한다.

해설
- 전단강도 $v_a = \dfrac{\rho_s}{A}$ ∴ $\rho_s = v_a \times A = v_a \times \dfrac{\pi d^2}{4}$
- 지압강도 $f_{bd} = \dfrac{\rho_b}{A}$ ∴ $\rho_b = f_{ba} \times A = f_{ba} \cdot d \cdot t$

063 그림과 같은 지간 8m인 단순보에 등분포하중(자중포함) w=30kN/m가 작용하며 PS강재는 단면도심에 배치되어 있다. full Prestressing이 되기 위해서는 최소한의 인장력 P를 얼마로 해야 하는가?

㉮ 1800 kN
㉯ 2400 kN
㉰ 2600 kN
㉱ 3100 kN

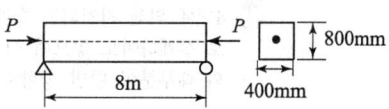

해설
- $M = \dfrac{wl^2}{8} = \dfrac{30 \times 8^2}{8} = 240\text{kN}\cdot\text{m}$
- $I = \dfrac{bh^3}{12} = \dfrac{0.4 \times 0.8^3}{12} = 0.0171\text{cm}^4$
- $y = \dfrac{h}{2} = \dfrac{0.8}{2} = 0.4\text{m}$
- $A = 0.4 \times 0.8 = 0.32\text{m}^2$
- $f = \dfrac{P}{A} - \dfrac{M}{I}y = 0$

$\dfrac{P}{0.32} - \dfrac{240}{0.0171} \times 0.4 = 0$ ∴ $P \fallingdotseq 1800\text{kN}$

해답 061. ㉮ 062. ㉱ 063. ㉮

보충 • 강재가 직선으로 도심에 배치된 경우

$$f = \frac{P}{A} \pm \frac{M}{I}y$$

위 식에서 ① 상연 응력의 경우 $f = \frac{P}{A} + \frac{M}{I}y$

② 하연 응력의 경우 $f = \frac{P}{A} - \frac{M}{I}y$

• 강재가 직선으로 편심 배치된 경우

$$f = \frac{P}{A} \mp \frac{P \cdot e}{I}y \pm \frac{M}{I}y$$

위 식에서 ① 상연 응력의 경우 $f = \frac{P}{A} - \frac{P \cdot e}{I}y + \frac{M}{I}y$

② 하연 응력의 경우 $f = \frac{P}{A} + \frac{P \cdot e}{I}y - \frac{M}{I}y$

064. 기둥 연결부에서 단면치수가 변하는 경우에 배치되는 구부린 주철근은?

㉮ 옵셋 굽힘철근 ㉯ 연결철근
㉰ 종방향 철근   ㉱ 인장타이

해설 • 옵셋 굽힘철근의 굽힘부에서 기울기는 1/6을 초과하지 않아야 한다.
• 옵셋 굽힘철근의 굽힘부를 벗어난 상·하부 철근은 기둥 축에 평행하여야 한다.
• 옵셋 굽힘철근은 거푸집 내에 배치하기 전에 굽혀 두어야 한다.

065. 철근 콘크리트 1방향 슬래브에 대한 설명으로 옳지 않은 것은?

㉮ 1방향 슬래브에서는 정모멘트 철근 및 부모멘트 철근에 직각방향으로 수축·온도철근을 배치하여야 한다.
㉯ 4변에 의해 지지되는 슬래브 중에서 단변에 대한 장변의 비가 2배를 넘으면 1방향 슬래브로 설계하여도 좋으며 이 때 슬래브의 경간은 장변방향으로 취하여야 한다.
㉰ 슬래브의 두께는 최소 100mm 이상으로 하여야 한다.
㉱ 슬래브의 정철근 및 부철근의 중심간격은 위험단면에서 슬래브 두께의 2배 이하이어야 하고 또한 300mm 이하로 하여야 한다.

해설 4변에 의해 지지되는 슬래브 중에서 단변에 대한 장변의 비가 2배를 넘으면 1방향 슬래브로 설계하여도 좋으며 이 때 슬래브의 경간은 단변방향으로 취하여야 한다. 왜냐하면 하중의 대부분이 단변 방향으로 작용하기 때문이다.

066. 강도설계법에 의한 나선철근 압축부재의 공칭 축강도 P_n의 값으로 옳은 것은? (단, A_g=160,000mm², f_{ck}=22MPa, f_y=350MPa, $A_{st}=6-D32$=4,765mm²)

㉮ 3,657 kN   ㉯ 3,885 kN
㉰ 4,428 kN   ㉱ 4,967 kN

064. ㉮ 065. ㉯ 066. ㉯

- $P_n = 0.85\,[0.85 f_{ck} A_c + A_{st} f_y]$
  $= 0.85\,[0.85 \times 22 \times (160,000 - 4,765) + 4,765 \times 350]$
  $= 3,885,047\,N = 3,885\,kN$
- 설계 축하중강도 $P_u = \phi P_n = 0.7 \times P_n$

067 보의 길이가 25m, 활동량이 3mm, 긴장재의 탄성계수(E_p) 200,000MPa일 경우 프리스트레스 감소량(Δf_p)은? (단, 일단 정착이다.)

㉮ 0.25 MPa ㉯ 8 MPa
㉰ 24 MPa   ㉱ 32 MPa

$\Delta f_p = E_p \dfrac{\Delta l}{l} = 200,000 \times \dfrac{3}{25,000} = 24\,MPa$

068 강도설계법에서 f_{ck}=30MPa, f_y=350MPa일 때 단철근 직사각형보의 균형철근비는?

㉮ 0.0351 ㉯ 0.0369
㉰ 0.0385 ㉱ 0.0391

- $\beta_1 = 0.85 - 0.007(30-28) = 0.836$
- $\rho_b = 0.85\beta_1 \dfrac{f_{ck}}{f_y} \dfrac{600}{600+f_y} = 0.85 \times 0.836 \times \dfrac{30}{350} \times \dfrac{600}{600+350} = 0.0385$

069 강도설계법에서 f_{ck}가 40MPa일 때 β_1의 값은 얼마인가? (단, β_1은 $a = \beta_1 c$에서 사용되는 계수)

㉮ 0.731 ㉯ 0.766
㉰ 0.836 ㉱ 0.85

- $f_{ck} \leq 28\,MPa$일 때 $\beta_1 = 0.85$
- $f_{ck} > 28\,MPa$일 때 $\beta_1 = 0.85 - 0.007(f_{ck} - 28) \geq 0.65$
- $\therefore \beta_1 = 0.85 - 0.007(40-28) = 0.766$

070 철근 콘크리트 부재에 전단철근으로 사용할 수 없는 것은?

㉮ 주인장 철근에 30°의 각도로 설치되는 스터럽
㉯ 주인장 철근에 30°의 각도로 구부린 굽힘철근
㉰ 스터럽과 굽힘철근의 조합
㉱ 부재축에 직각으로 배치한 용접철망

- 주인장 철근에 45° 이상의 각도로 설치되는 스터럽
- 주인장 철근에 30° 이상의 각도로 구부린 굽힘철근
- 부재축에 직각으로 배치한 용접철망
- 나선철근, 원형 띠철근, 또는 후프철근

067. ㉰ 068. ㉰ 069. ㉯ 070. ㉮

071 PSC 부재의 프리스트레스 감소원인 중 프리스트레스를 도입한 후 시간의 경과에 의해 발생하는 것은?

㉮ PS강재의 릴랙세이션으로 인한 손실
㉯ PS강재와 쉬스의 마찰로 인한 손실
㉰ 정착장치의 활동으로 인한 손실
㉱ 콘크리트의 탄성변형으로 인한 손실

해설 프리스트레스를 도입한 후의 손실(시간적 손실)
① 강재의 릴랙세이션
② 콘크리트의 건조수축
③ 콘크리트의 크리프

072 강도설계법으로 부재를 설계할 때 사용하중에 하중계수를 곱한 하중을 무엇이라고 하는가?

㉮ 하중조합 ㉯ 고정하중
㉰ 활하중 ㉱ 계수하중

해설 • 사용하중에 하중계수를 곱한 것을 계수하중이라 한다.
• 하중계수는 하중의 공칭치와 실제하중과의 차이 등을 고려하기 위한 안전계수이다.

073 아래 그림과 같은 강판에서 순폭은? [단, 볼트 구멍의 지름(d)은 25mm이다.]

㉮ 150mm
㉯ 175mm
㉰ 204mm
㉱ 225mm

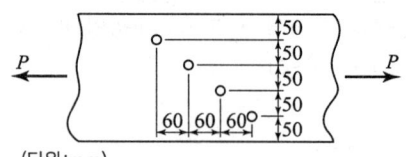
(단위:mm)

해설 • $d = 25$mm
• $\omega = d - \dfrac{p^2}{4g} = 25 - \dfrac{60^2}{4 \times 50} = 7$mm
① $b_n = b_g - d = 250 - 25 = 225$mm
② $b_n = b_g - d - \omega = 250 - 25 - 7 = 218$mm
③ $b_n = b_g - d - 2\omega = 250 - 25 - 2 \times 7 = 211$mm
④ $b_n = b_g - d - 3\omega = 250 - 25 - 3 \times 7 = 204$mm
∴ 204mm

074 $b_w = 300$mm, $d = 600$mm이고, $A_s = 3,800$mm²인 단철근 직사각형 보에서 $f_{ck} = 24$MPa, $f_y = 400$MPa일 때 강도설계법에 의한 등가응력의 깊이 a는?

㉮ 203.0mm ㉯ 248.4mm
㉰ 264.5mm ㉱ 297.2mm

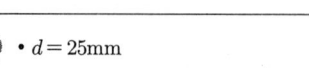 071.㉮ 072.㉱ 073.㉰ 074.㉰

예설 $C = T$

$0.85 f_{ck} ab = A_s f_y$

$\therefore a = \dfrac{A_s f_y}{0.85 f_{ck} b} = \dfrac{3800 \times 400}{0.85 \times 24 \times 300} = 248.4 \text{mm}$

075 $P=300\text{kN}$의 인장응력이 작용하는 판두께 10mm인 철판에 ø19mm인 리벳을 사용하여 접합할 때의 소요 리벳 수는? (단, 허용전단응력=110MPa, 허용지압응력=220MPa)

㉮ 8개   ㉯ 10개
㉰ 12개   ㉱ 14개

예설
- $\rho_s = v_s \cdot \dfrac{\pi d^2}{4} = 110 \times \dfrac{3.14 \times 19^2}{4} = 31172 \text{N}$
- $\rho_b = f_{ba} dt = 220 \times 19 \times 10 = 41800 \text{N}$

둘 중 작은 값인 31172N가 리벳의 강도이다.

$\therefore n = \dfrac{P}{\rho} = \dfrac{300000}{31172} ≒ 10$개

076 옹벽의 설계에 대한 설명 중 옳지 않은 것은?

㉮ 지반에 유발되는 최대 지반반력이 지반의 허용지지력을 초과하지 않아야 한다.
㉯ 활동에 대한 저항력은 옹벽에 작용하는 수평력이 1.5배 이상이어야 한다.
㉰ 뒷부벽은 직사각형보로 설계한다.
㉱ 전도에 대한 저항모멘트는 횡토압에 의한 전도모멘트의 2배 이상이어야 한다.

예설
- 뒷부벽은 T형보로, 앞부벽은 직사각형보로 설계한다.
- 부벽식 옹벽의 저판은 부벽간의 거리를 경간으로 가정하여 고정보 또는 연속보로 설계하여야 한다.
- 부벽식 옹벽의 전면벽은 3변 지지된 2방향 슬래브로 설계한다.
- 캔틸레버 옹벽의 전면벽은 저판에 지지된 캔틸레버로 설계한다.

077 전단철근이 부담하는 전단력 $V_s = 150\text{kN}$일 때, 수직스터럽으로 전단보강을 하는 경우 최대 배치간격은 얼마 이하인가? (단, $f_{ck} = 28\text{MPa}$, 전단철근 1개 단면적=125mm², 횡방향 철근의 설계기준항복강도(f_{yt}) = 400MPa, $b_w = 300\text{mm}$, $d = 500\text{mm}$, $\lambda = 1.0$)

㉮ 600mm   ㉯ 333mm
㉰ 250mm   ㉱ 167mm

정답 075. ㉯ 076. ㉰ 077. ㉱

- $\dfrac{1}{3}\lambda\sqrt{f_{ck}}\,b_w d = \dfrac{1}{3}\times 1.0\sqrt{28}\times 300\times 500 = 264{,}575\text{N} = 264\text{kN}$

- $V_s = \dfrac{A_v f_{yt} d}{s}$

  $\therefore\ s = \dfrac{A_v f_{yt} d}{V_s} = \dfrac{(2\times 125)\times 400\times 500}{150000} = 333\text{mm}$

- $V_s < \dfrac{1}{3}\lambda\sqrt{f_{ck}}\,b_w d$ 이므로 $s \leq \dfrac{d}{2} = \dfrac{500}{2} = 250\text{mm}$

  $s < 600\text{mm}$

  ∴ 철근간격 s는 최소값인 250mm 이하여야 한다.

078
프리스트레스하지 않는 현장치기 콘크리트에서 옥외의 공기나 흙에 직접 접하지 않는 콘크리트 벽체에서 D35 초과하는 철근의 최소 피복두께는 얼마인가?

㉮ 20mm　　㉯ 40mm　　㉰ 50mm　　㉱ 60mm

환경 조건 및 부재		최소 피복 두께(mm)
수중에 타설하는 콘크리트		100
흙에 영구히 묻혀 있는 콘크리트		80
흙에 접하거나 옥외의 공기에 직접 노출되는 콘크리트	D29 이상 철근	60
	D25 이상 철근	50
	D16 이하 철근	40
옥외의 공기나 흙에 접하지 않는 콘크리트 — 슬래브, 벽체, 장선	D35 초과하는 철근	40
	D35 이하 철근	20
옥외의 공기나 흙에 접하지 않는 콘크리트 — 보, 기둥		40

079
콘크리트 구조 기준에 따른 '단면의 유효깊이'를 설명하는 것은?

㉮ 콘크리트의 압축연단에서부터 최외단 인장철근의 도심까지의 거리
㉯ 콘크리트의 압축연단에서부터 다단 배근된 인장철근 중 최외단 철근 도심까지의 거리
㉰ 콘크리트의 압축연단에서부터 모든 인장철근군의 도심까지의 거리
㉱ 콘크리트의 압축연단에서부터 모든 철근군의 도심까지의 거리

 유효깊이란 콘크리트의 압축연단에서부터 모든 인장철근군의 도심까지의 거리

080
강도감소계수(ϕ)에 대한 설명으로 틀린 것은?

㉮ 설계 및 시공상의 오차를 고려한 값이다.
㉯ 하중의 종류와 조합에 따라 값이 달라진다.
㉰ 인장지배단면에 대한 강도감소계수는 0.85이다.
㉱ 전단력과 비틀림모멘트에 대한 강도감소계수는 0.75이다.

강도감소계수는 재료의 공칭강도와 실제 강도 사이의 차이, 시공의 불확실성, 부재 강도의 추정과 해석에 관련된 불확실을 고려한 안전계수이다.

정답 078. ㉯　079. ㉰　080. ㉯

05 토/질/및/기/초

081 분할법으로 사면안정 해석시에 제일 먼저 결정되어야 할 사항은?
- ㉮ 분할세면의 중량
- ㉯ 활동면상의 마찰력
- ㉰ 가상활동면
- ㉱ 각 세면의 공극수압

해설) 사면안정 해석시 분할법에서는 안전율의 값이 최소인 가상활동면을 제일 먼저 결정한다.
- 임계원 : 임계활동면이 원형일 때를 말한다.
- 전단응력 < 전단저항(전단강도) : 안정

082 말뚝재하 실험시 연약점토지반인 경우는 pile의 타입 후 20여 일이 지난 다음 말뚝재하 실험을 한다. 그 이유로 가장 타당한 것은?
- ㉮ 주면 마찰력이 너무 크게 작용하기 때문에
- ㉯ 부마찰력이 생겼기 때문에
- ㉰ 타입시 주변이 교란되었기 때문에
- ㉱ 주위가 압축되었기 때문에

해설) 타입으로 교란된 지반이 어느 정도 회복한 후에 말뚝재하시험을 한다.
틱소트로피 : 교란된 흙은 시간이 지남에 따라 손실된 강도의 일부를 회복하는 현상

083 말뚝 기초에서 부마찰력에 대한 설명이다. 옳지 않은 것은?
- ㉮ 지하수위 저하로 지반이 침하할 때 발생한다.
- ㉯ 지반이 압밀진행 중인 연약점토지반인 경우에 발생한다.
- ㉰ 발생이 예상되면 대책으로 말뚝 주면에 역청으로 코팅하는 것이 좋다.
- ㉱ 말뚝 주면에 상방향으로 작용하는 마찰력이다.

해설) 말뚝주면에 하향방향으로 작용하는 마찰력이며 극한지지력이 감소한다.
부마찰력이 생기는 원인
① 연약지반 표면에 재하중이 있을 때
② 점성토가 사질토 위에 놓일 때
③ 연약지반을 통해 견고지층까지 박을 경우

084 다음 그림의 파괴 포락선 중에서 완전포화된 점성토에 대해 비압밀비배수 삼축압축(UU)시험을 했을 때 생기는 파괴 포락선은 어느 것인가?
- ㉮ ①
- ㉯ ②
- ㉰ ③
- ㉱ ④

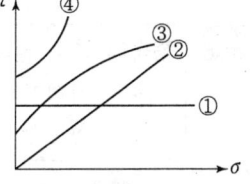

해설) $C = \dfrac{\sigma_1 - \sigma_3}{2}$

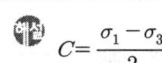

081. ㉰ 082. ㉰ 083. ㉱ 084. ㉮

085 흙의 다짐 에너지에 관한 설명 중 틀린 것은?
- ㉮ 다짐 에너지는 램머(rammer)의 중량에 비례한다.
- ㉯ 다짐 에너지는 램머(rammer)의 낙하고에 비례한다.
- ㉰ 다짐 에너지는 시료의 체적에 비례한다.
- ㉱ 다짐 에너지는 타격수에 비례한다.

해설 다짐 에너지는 시료의 체적에 반비례한다.

086 어떤 퇴적지반의 수평방향 투수계수가 4.0×10^{-3} cm/sec, 수직방향 투수계수가 3.0×10^{-3} cm/sec일 때 등가투수계수는 얼마인가?
- ㉮ 3.46×10^{-3} cm/sec
- ㉯ 5.0×10^{-3} cm/sec
- ㉰ 6.0×10^{-3} cm/sec
- ㉱ 6.93×10^{-3} cm/sec

해설 $k = \sqrt{4.0 \times 10^{-3} \times 3.0 \times 10^{-3}} = 3.46 \times 10^{-3}$ cm/sec

087 어느 모래층의 간극률이 30%, 비중이 2.7이다. 이 모래의 한계동수경사는?
- ㉮ 0.75
- ㉯ 0.99
- ㉰ 1.19
- ㉱ 1.29

해설
- $e = \dfrac{n}{100-n} = \dfrac{30}{100-30} = 0.43$
- $i_c = \dfrac{G_s - 1}{1+e} = \dfrac{2.7-1}{1+0.43} = 1.19$

 • 안전율
$F = \dfrac{i_c}{i}$

088 주동토압을 P_A, 수동토압을 P_P, 정지토압을 P_0라 할 때 토압의 크기 순서로 옳은 것은?
- ㉮ $P_A > P_P > P_0$
- ㉯ $P_P > P_0 > P_A$
- ㉰ $P_P > P_A > P_0$
- ㉱ $P_0 > P_A > P_P$

해설 • $P_P > P_0 > P_A$ • $K_P > K_0 > K_A$

089 흙속의 물이 얼어서 빙층(ice lens)이 형성되기 때문에 지표면이 떠오르는 현상은?
- ㉮ 연화현상
- ㉯ 다이러턴시(dilatancy)
- ㉰ 동상현상
- ㉱ 분사현상

해설 흙속의 공극수가 동결되어 도중에 빙층이 형성되기 때문에 지표면층이 떠올라오는 현상을 동상현상이라 한다.

정답 085. ㉰ 086. ㉮ 087. ㉰ 088. ㉯ 089. ㉰

- 연화현상 : 얼음이 녹아서 흙속의 과잉수분에 의한 연약화된 현상
- 동결심도 : $Z = C\sqrt{F}$

090. 통일 분류법에서 실트질 자갈을 표시하는 약호는?

㉮ GW
㉯ GP
㉰ GM
㉱ GC

- GC : 점토질 자갈
- GP : 입도가 불량한 자갈
- CH : 압축성이 높은(소성이 큰) 점토
- GW : 입도가 양호한 자갈

091. 사질토 지반에 축조되는 강성기초의 접지압 분포에 대한 설명 중 맞는 것은?

㉮ 기초 모서리 부분에서 최대 응력이 발생한다.
㉯ 기초에 작용하는 접지압 분포는 토질에 관계없이 일정하다.
㉰ 기초의 중앙 부분에서 최대 응력이 발생한다.
㉱ 기초 밑면의 응력은 어느 부분이나 동일하다.

- 휨성기초의 경우 기초에 작용하는 접지압 분포는 토질에 관계없이 일정하다.
- 점성토 지반에 축조되는 강성기초의 접지압 분포는 기초 모서리 부분에서 최대 응력이 발생한다.

092. 흙의 전단강도에 대한 설명으로 틀린 것은?

㉮ 흙의 전단강도와 압축강도는 밀접한 관계에 있다.
㉯ 흙의 전단강도는 입자간의 내부마찰각과 점착력으로부터 주어진다.
㉰ 외력이 증가하면 전단응력에 의해서 내부의 어느 면을 따라 활동이 일어나 파괴된다.
㉱ 일반적으로 사질토는 내부마찰각이 작고 점성토는 점착력이 작다.

일반적으로 사질토는 내부마찰각이 크며 점성토는 점착력이 크다.

093. 흙의 투수계수에 대한 설명으로 틀린 것은?

㉮ 투수계수는 온도와는 관계가 없다.
㉯ 투수계수는 물의 점성과 관계가 있다.
㉰ 흙의 투수계수는 보통 Darcy 법칙에 의하여 정해진다.
㉱ 모래의 투수계수는 간극비나 흙의 형상과 관계가 있다.

수온이 상승하면 투수계수는 증가한다.

090. ㉰ 091. ㉯ 092. ㉱ 093. ㉮

094 흙의 연경도에 대한 설명 중 틀린 것은?

㉮ 액성한계는 유동곡선에서 낙하회수 25회에 대한 함수비를 말한다.
㉯ 수축한계 시험에서 수은을 이용하여 건조토의 무게를 정한다.
㉰ 흙의 액성한계·소성한계 시험은 425μm 체를 통과한 시료를 사용한다.
㉱ 소성한계는 시료를 실 모양으로 늘렸을 때, 시료가 3mm의 굵기에서 끊어질 때의 함수비를 말한다.

해설 수축한계 시험에서 수은을 이용하여 건조토의 부피를 정한다.

095 흙의 다짐 특성에 대한 설명으로 옳은 것은?

㉮ 다짐에 의하여 흙의 밀도와 압축성은 증가된다.
㉯ 세립토가 조립토에 비하여 최대건조밀도가 큰 편이다.
㉰ 점성토를 최적함수비보다 습윤측으로 다지면 이산구조를 가진다.
㉱ 세립토는 조립토에 비하여 다짐 곡선의 기울기가 급하다.

해설 • 다짐에 의하여 흙의 밀도는 증가되고 압축성은 감소된다.
• 세립토가 조립토에 비하여 최대건조밀도가 작은 편이다.
• 세립토는 조립토에 비하여 다짐 곡선의 기울기가 완만하다.

096 연약지반개량공법에서 Sand Drain 공법과 비교한 Paper Drain 공법의 특징이 아닌 것은?

㉮ 공사비가 비싸다.
㉯ 시공속도가 빠르다.
㉰ 타입 시 주변 지반 교란이 적다.
㉱ Drain 단면이 깊이 방향에 대해 일정하다.

해설 공사비가 싸며 초기 배수 효과가 커 단기간 배수 효과가 좋다.

097 2면 직접전단시험에서 전단력이 300N, 시료의 단면적이 10cm²일 때의 전단응력은?

㉮ 75kN/m² ㉯ 150kN/m²
㉰ 300kN/m² ㉱ 600kN/m²

해설 $\tau = \dfrac{S}{2A} = \dfrac{300 \times \dfrac{1}{1000}}{2 \times 10 \times \left(\dfrac{1}{100}\right)^2} = 150 \text{kN/m}^2$

정답 094.㉯ 095.㉰ 096.㉮ 097.㉯

098 두께 6m의 점토층에서 시료를 채취하여 압밀시험한 결과 하중강도가 200kN/m²에서 400kN/m²으로 증가되고 간극비는 2.0에서 1.8로 감소하였다. 이 시료의 압축계수(a_v)는?

㉮ 0.001m²/kN ㉯ 0.003m²/kN
㉰ 0.006m²/kN ㉱ 0.008m²/kN

해설 $a_v = \dfrac{e_1 - e_2}{P_2 - P_1} = \dfrac{2.0 - 1.8}{400 - 200} = 0.001 \text{m}^2/\text{kN}$

099 포화점토에 대해 베인전단시험을 실시하였다. 베인의 지름과 높이는 각각 75mm와 150mm이고 시험 중 사용한 최대 회전모멘트는 30N·m이다. 점성토의 비배수 전단강도(c_u)는?

㉮ 1.62kN/m² ㉯ 1.94kN/m²
㉰ 16.2kN/m² ㉱ 19.4kN/m²

해설 $c_u = \dfrac{M_{\max}}{\pi D^2 \left(\dfrac{H}{2} + \dfrac{D}{6} \right)} = \dfrac{30 \times \dfrac{1}{1000}}{3.14 \times 0.075^2 \left(\dfrac{0.15}{2} + \dfrac{0.075}{6} \right)} = 19.4 \text{kN/m}^2$

100 도로의 평판재하시험(KS F 2310)에서 변위계 지지대의 지지 다리 위치는 재하판 및 지지력 장치의 지지점에서 몇 m 이상 떨어져 설치하여야 하는가?

㉮ 0.25m ㉯ 0.50m
㉰ 0.75m ㉱ 1.00m

해설 변위계 지지대의 지지 다리 위치는 재하판 및 지지력 장치의 지지점에서 1m 이상 떨어져 설치하여야 한다.

06 상/하/수/도/공/학

101 도시하수가 하천으로 유입되는 경우에 일어나는 현상으로 틀린 것은?

㉮ BOD의 증가 ㉯ SS의 증가
㉰ DO의 증가 ㉱ 세균수의 증가

해설
- 용존산소(DO)의 감소
- 오염된 물은 용존산소량이 낮다.
- 용존산소(DO)는 수중에 용해되어 있는 산소로 수중에 염류의 농도가 증가할수록, 온도가 높을수록 DO는 감소한다.

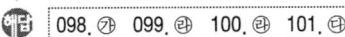
098. ㉮ 099. ㉱ 100. ㉱ 101. ㉰

102 강우강도 $I=4,000/(t+30)$mm/hr, 유역면적 5km², 유입시간 420초, 유출계수 0.8, 하수관거 길이 1km, 관내유속 1.2m/sec인 경우의 최대우수유출량을 합리식에 의해 구하면?

㉮ 87.3m³/hr ㉯ 873m³/hr
㉰ 87.3m³/sec ㉱ 873m³/sec

• 유달시간(T) = $t_1 + \dfrac{L}{V}$ = 7분 + $\dfrac{1000}{1.2 \times 60}$ 분 = 20.9분
• 강우강도 $I = \dfrac{4000}{t+30} = \dfrac{4000}{20.9+30} = 78.6$ 분
• 유출량 $Q = \dfrac{1}{3.6}CIA = \dfrac{1}{3.6} \times 0.8 \times 78.6 \times 5 = 87.3$m³/sec

103 유효수심이 3.2m, 체류시간이 2.7시간인 침전지의 수면적부하는 얼마인가?

㉮ 20.25m³/m²·day ㉯ 28.44m³/m²·day
㉰ 11.19m³/m²·day ㉱ 31.22m³/m²·day

• $V = \dfrac{h}{t} = \dfrac{3.2}{\frac{2.7}{24}} = 28.44$ m³/day
  ∴ $V = 28.44$(m³/m²·day)
• 수면적부하=표면부하율 $V = \dfrac{h}{t} = \dfrac{Q}{A}$

104 함수율 98%인 슬러지를 농축하여 함수율 96%로 낮추었다면 슬러지 부피 감소율은?

㉮ 40% ㉯ 45%
㉰ 50% ㉱ 55%

$\dfrac{V_1}{V_2} = \dfrac{100-\omega_2}{100-\omega_1} = \dfrac{100-96}{100-98} = 2$
∴ $V_2 = \dfrac{V_1}{2} = 50\%$

105 취수지점의 위치 선정시 고려할 사항 중 틀린 것은?

㉮ 구조상 안정이 확보되어야 한다.
㉯ 장래에도 양호한 수질이 확보되어야 한다.
㉰ 하천관리 시설물이 근접하지 않아야 한다.
㉱ 유속이 완만한 지점은 피해야 한다.

유속이 완만한 지점을 선택한다.

106 정수장으로부터 배수지까지 정수를 수송하는 시설은?
㉮ 도수시설 ㉯ 송수시설
㉰ 정수시설 ㉱ 배수시설

해설
• 송수시설
  정수장에서 배수지까지 수송하는 시설
• 도수시설
  원수를 취수지점으로부터 정수장까지 수송하는 시설
• 상수도의 급수계통
  수원→취수→도수→정수→송수→배수→급수

107 저수조식(탱크식) 급수방식을 채택하는 이유와 관련이 먼 것은?
㉮ 배수관의 수압이 소요압에 비해 부족할 경우
㉯ 일시에 많은 수량을 필요로 하는 경우
㉰ 역류에 의해 배수관의 수질을 오염시킬 우려가 없는 경우
㉱ 항시 일정한 수량을 필요로 하는 경우

해설
• 역류에 의해 배수관의 수질을 오염시킬 우려가 있는 경우
• 배수관의 고장에 따른 단수에도 어느 정도의 급수를 지속시킬 필요가 있을 경우
• 배수관의 수압이 과대하여 급수장치에 고장을 일으킬 염려가 있을 경우

108 도수관에 설치되는 공기밸브에 대한 설명 중 틀린 것은?
㉮ 관로 중 제수밸브 사이에 공기밸브를 설치할 경우 낮은 쪽 제수밸브 바로 위에 설치한다.
㉯ 공기밸브에는 보수용의 제수밸브를 설치한다.
㉰ 매설관에 설치하는 공기밸브에는 밸브실을 설치한다.
㉱ 관로의 종단도 상에서 상향돌출부의 상단에 설치한다.

해설
• 관로 중 제수밸브 사이에 공기밸브를 설치할 경우 높은 쪽 제수밸브 바로 밑에 설치한다.
• 공기밸브 설치의 목적은 관내에 공기를 배제하거나 흡입하기 위해서이다.
• 관경 400mm 이상의 관에는 반드시 쌍구 공기밸브 또는 급속 공기밸브를 설치한다.

109 자연유하식 도수관의 허용 최대 평균유속은?
㉮ 0.3m/s ㉯ 1.0m/s
㉰ 3.0m/s ㉱ 10.0m/s

해설 도수관, 송수관의 최대 유속은 관로 내면의 마모를 방지하기 위해 3.0m/sec, 최소 유속은 모래 입자의 침전을 방지하기 위해 0.3m/sec로 한다.

정답 106. ㉯ 107. ㉰ 108. ㉮ 109. ㉰

2020년 8월 23일 시행

110 취수시설 중 취수탑에 대한 설명으로 틀린 것은?
㉮ 큰 수위변동에 대응 할 수 있다.
㉯ 지하수를 취수하기 위한 탑 모양의 구조물이다.
㉰ 취수구를 상하에 설치하여 수위에 따라 좋은 수질을 선택하여 취수할 수 있다.
㉱ 유량이 안정된 하천에서 대량으로 취수할 때 유리하다.

취수탑은 수원(강이나 저수지)으로부터 취수를 하기 위하여 설치한 탑 모양의 구조물로 갈수기에도 일정 이상의 수심을 확보할 수 있으며 연간 수위 변화가 심한 하천이나 호소, 댐에서의 취수시설로 적합하다.

111 오수관거의 계획하수량을 결정할 때 고려하여야 할 것은?
㉮ 계획시간 최대오수량
㉯ 계획평균오수량
㉰ 계획우수량
㉱ 계획시간 최대오수량+계획우수량

• 우수관거 : 계획우수량 기준
• 합류관거 : 계획시간 최대오수량+계획우수량 기준
• 차집관거 : 우천시 계획오수량(계획시간 최대오수량의 3배 이상) 기준

112 호소의 부영양화에 관한 설명으로 옳지 않은 것은?
㉮ 부영양화의 원인물질은 질소와 인 성분이다.
㉯ 부영양화된 호소에서는 조류의 성장이 왕성하여 수심이 깊은 곳까지 용존산소 농도가 높다.
㉰ 조류의 영향으로 물에 맛과 냄새가 발생되어 정수에 어려움을 유발시킨다.
㉱ 부영양화는 수심이 낮은 호소에서도 잘 발생된다.

• 수심이 깊은 곳은 조류의 사체 등에 의한 침전물로 용존산소 농도가 낮다.
• 부영양화란 하수 및 폐수 등이 호소에 유입되어 질소, 인 등의 각종 물질이 증가되어 물 속에 수중 생물체인 플랑크톤, 녹조류 등의 조류가 과도하게 번식하므로 수질이 악화되는 현상이다.

113 유역면적 100ha, 유출계수 0.6, 강우강도 2mm/min인 지역의 합리식에 의한 우수량은?
㉮ $2m^3/s$
㉯ $3.3m^3/s$
㉰ $20m^3/s$
㉱ $33m^3/s$

• $I = 2 \times 60 = 120$mm/hr
• $A = 100$ha $= 100 \times 10,000 = 1,000,000m^2 = 1km^2$
∴ $Q = 0.2778\,CIA = 0.2778 \times 0.6 \times 120 \times 1 = 20m^3/s$

110. ㉯ 111. ㉮ 112. ㉯ 113. ㉰

114 하수도 설계기준의 관로시설 설계기준에 따른 관로의 최소 관경으로 옳은 것은?
- ㉮ 오수관로 200mm, 우수관로 및 합류관로 250mm
- ㉯ 오수관로 200mm, 우수관로 및 합류관로 400mm
- ㉰ 오수관로 300mm, 우수관로 및 합류관로 350mm
- ㉱ 오수관로 350mm, 우수관로 및 합류관로 400mm

관로의 최소 관경 오수관로 200mm, 우수관로 및 합류관로 250mm이다.

115 급속여과에 대한 설명으로 틀린 것은?
- ㉮ 여과속도는 120~150m/d를 표준으로 한다.
- ㉯ 여과지 1지의 여과면적은 250m² 이상으로 한다.
- ㉰ 급속여과지의 형식에는 중력식과 압력식이 있다.
- ㉱ 탁질의 제거가 완속여과보다 우수하여 탁한 원수의 여과에 적합하다.

- 여과지 1지의 여과면적은 250m² 이하로 한다.
- 여과모래의 유효경은 0.45~1.0mm 범위로 한다.

116 하수의 배수계통(排水系統)으로 옳지 않은 것은?
- ㉮ 방사식
- ㉯ 연결식
- ㉰ 직각식
- ㉱ 차집식

- 방사식 : 지역이 광대해서 하수를 한 곳으로 모으기 힘들 때 채용되는 배수형식이다.
- 직각식 : 계획구역이 하천에 접하거나 바다에 근접해 있는 경우 하수를 신속히 배출할 수 있는 가장 경제적인 배수형식이다.
- 차집식 : 간선하수거로 유하한 하수를 차집거에서 차집하여 하수종말처리장으로 유하되도록 하는 배수형식이다.
- 선형식 : 지형이 한 방면으로 경사져서 그 배수 계통을 나뭇가지 형태로 배치하는 배수형식이다.

117 첨두율에 관한 설명으로 옳은 것은?
- ㉮ 실제 하수량을 평균 하수량으로 나눈 값이다.
- ㉯ 평균 하수량을 최대 하수량으로 나눈 값이다.
- ㉰ 지선 하수관로보다 간선 하수관로가 첨두율이 크다.
- ㉱ 인구가 많은 대도시일수록 첨두율이 커진다.

- 실제 하수량을 평균 하수량으로 나눈 값이다.
- 지선 하수관로보다 간선 하수관로가 첨두율이 작다.
- 인구가 많은 대도시일수록 첨두율이 작아진다.

114. ㉮ 115. ㉯ 116. ㉯ 117. ㉮

118 정수처리에 관한 설명으로 옳지 않은 것은?
- ㉮ 부유물질의 제거는 일반적으로 스크린을 이용한다.
- ㉯ 세균의 제거에는 침전과 여과를 통해 거의 이루어지며 소독을 통해 완전히 처리된다.
- ㉰ 용해성물질 중에서 일부는 흡착제로 사용되는 활성탄이나 제오라이트 등으로 제거한다.
- ㉱ 용해성물질은 일반적으로 여과와 침전으로 제거되지 않으므로 이를 불용해성으로 변화시켜 제거한다.

해설 물속의 부유물질 및 콜로이드성 물질은 응집침전으로 제거한다.

119 완속여과 방식으로 제거할 수 없는 물질은?
- ㉮ 냄새
- ㉯ 맛
- ㉰ 색도
- ㉱ 철

해설 색도 제거는 오존처리, 활성탄처리, 약품침전, 전염소처리 등으로 한다.

120 활성슬러지법에 의한 폐수처리시 BOD 제거 기능에 대하여 가장 영향이 작은 것은?
- ㉮ pH
- ㉯ 온도
- ㉰ 대장균수
- ㉱ BOD 농도

해설 pH증가, 온도 상승, BOD 농도 등에 따라 영향이 있으며 활성슬러지법은 호기성 세균의 대사작용에 의해 유기물을 제거한다.

정답 118. ㉮ 119. ㉰ 120. ㉰

7개년 과년도 시리즈
토목 산업기사 7개년 과년도
정가 30,000원

- 저　자　고　행　만
- 발 행 인　차　승　녀

- 2006년　2월　3일　제1판 제1인쇄 발행
- 2015년　1월　5일　제10판 제1인쇄 발행
- 2015년 10월 30일　제11판 제1인쇄 발행
- 2016년　1월 15일　제11판 제2인쇄 발행
- 2016년 12월 20일　제12판 제1인쇄 발행
- 2017년 11월 10일　제13판 제1인쇄 발행
- 2018년 12월 20일　제14판 제1인쇄 발행
- 2019년 10월 31일　제15판 제1인쇄 발행
- 2020년　3월 25일　제15판 제2인쇄 발행
- 2020년 10월 15일　제16판 제1인쇄 발행

도서출판 건기원

(등록 : 제11-162호, 1998. 11. 24)

경기도 파주시 연다산길 244(연다산동 186-16)
TEL : (02)2662-1874~5　　FAX : (02)2665-8281

★ 건기원은 여러분을 책의 주인공으로 만들어 드리며, 출판 윤리 강령을 준수합니다.
★ 본 수험서를 복제·변형하여 판매·배포·전송하는 일체의 행위를 금하며, 이를 위반할 경우 저작권법 등에 따라 처벌받을 수 있습니다.

ISBN　979-11-5767-524-1　　13530